Electricidad

Nivel dos

UNDÉCIMA EDICIÓN

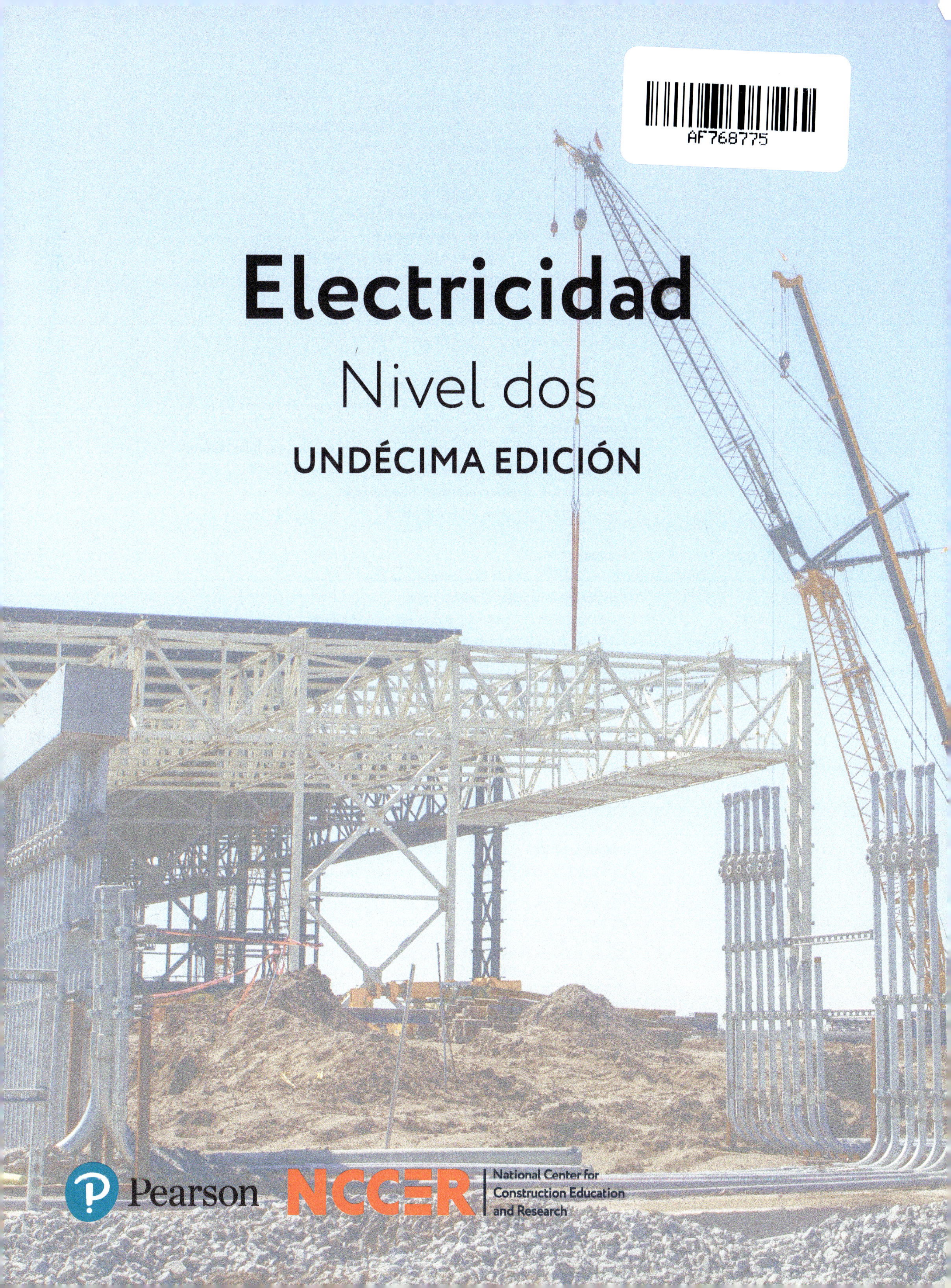

Pearson
NCCER | National Center for Construction Education and Research

NCCER
Presidente y director ejecutivo: Boyd Worsham
Vicepresidenta de Innovación y Desarrollo: Jennifer Wilkerson
Directora de Educación: Lisa Strite
Director sénior de Desarrollo Curricular: Chris Wilson
Directora sénior de Producción: Erin DuRant
Director de Proyectos Eléctricos: Douglas Hancock
Director de Redacción Técnica: Gary Ferguson
Redactores técnicos: Troy Staton, Karen Serink, Gary Ferguson
Gerente de arte: Bree Rodriguez
Ilustradores técnicos: Judd Ivines, Liza Wailes
Artista de producción: Chris Kersten
Especialista en permisos: Adam Black
Editor jefe: Graham Hack
Editoras principales: Karina Kuchta, Hannah Murray
Editores: Zi Meng, Alexandria Willbond, James Singer III, Melina Redondo
Director de autoedición: Eric Caraballoso
Especialistas en producción: Daphney Milian, Olga Anisimova, Julie Watkins
Directora de Contenidos Digitales: Kelly Beck
Coordinadora de contenidos digitales: Yesenia Tejas
Coordinadora de proyectos: Chelsi Santana

Pearson
Directora de Alianzas de Asociación: Tanja Eise
Directora de Programas: Vanessa Price
Productora sénior de contenido digital: Shannon Stanton
Productor de contenido: Arup Kumar Ghosh
Coordinadora de Soluciones de Empleabilidad: Mónica Pérez
Diseño de portada: Mary Siener
Derechos y permisos: Jenell Forschler

Redacción: NCCER
Tecnologías de contenidos: Gnostyx
Imprenta: Lakeside Book Company
Impresión de portada: Lakeside Book Company

Imagen de portada
Fuente de la foto de portada: utilizada con permiso de Haskell.

1 2024

Código de impresión automatizado Scout

Pearson

NCCER | National Center for Construction Education and Research

Tapa rústica:
ISBN-13: 978-0-13-823167-5

Tapa dura:
ISBN-13: 978-0-13-823172-9

PRÓLOGO

Para el aprendiz

Bienvenido al plan de estudios de capacitación en oficios de *Electricidad* de NCCER. Los electricistas desempeñan una función fundamental en la sociedad porque la electricidad es parte integral de nuestra cotidianidad. Alimenta las aplicaciones que aumentan la productividad y mejoran nuestro nivel de vida. Como consecuencia, aún hay mucha demanda de electricistas especializados y las oportunidades en el campo de la electricidad siguen aumentando. Los conocimientos de un electricista garantizan la seguridad y la fiabilidad de los equipos y sistemas que las personas usan a diario, ya sea en su casa o en el trabajo.

Según la *U.S. Bureau of Labor Statistics* (Oficina de Estadísticas Laborales de EE. UU.), se prevé que la demanda de electricistas especializados seguirá creciendo y, por lo tanto, habrá muchas oportunidades laborales para profesionales formados en el campo de la electricidad. Las personas que desean convertirse en electricistas especializados se capacitan a través de programas de formación en oficios y formación práctica. Los programas de formación práctica ofrecen una combinación de instrucción en el aula y aprendizaje en el puesto de trabajo con electricistas expertos.

Los recursos de formación en oficios de NCCER ofrecen a los estudiantes los conocimientos y habilidades que necesitan para alcanzar el éxito en el competitivo mercado actual. Ya se trate de aprender a leer planos de construcción, comprender los códigos de seguridad, instalar o terminar conductores o instalar aparatos eléctricos en un edificio, los estudiantes que siguen el plan de estudios de *Electricidad* de NCCER tienen las capacidades necesarias para satisfacer las exigencias cada vez mayores de la actualidad. Al final, los alumnos adquirirán las habilidades necesarias para instalar, mantener y reparar componentes y equipos eléctricos en obras residenciales, comerciales e industriales.

NCCER le proporciona herramientas de formación integral que combinan la instrucción en el aula con la experiencia práctica. Como resultado, los estudiantes tendrán las habilidades y la confianza que necesitan para alcanzar el éxito en la profesión exigente y gratificante de la electricidad. Nuestro compromiso es ayudarlo a lograr sus objetivos, y esperamos que este plan de estudios sea un valioso recurso una vez que se dedique al apasionante oficio de electricista.

Novedades del *Nivel dos de Electricidad*

El NCCER y Pearson se complacen en presentar el *Nivel dos de Electricidad*, con un nuevo formato para proporcionar una mejor experiencia tanto a los aprendices de electricidad como a los instructores. *El Nivel dos de Electricidad* se actualizó para cumplir el *Código Eléctrico Nacional®* 2023; también se actualizó el arte en todo el manual.

Además de los cambios del código 2023, esta edición del *Nivel dos de Electricidad* incluye varios módulos actualizados. El Módulo 26202-23 de NCCER, *Motores: teoría y aplicación*, y el Módulo 26211-23 de NCCER, *Sistemas de control y conceptos fundamentales*, se revisaron para presentar mejor los conceptos tanto en el texto como en las imágenes. Las figuras y tablas de todos los módulos se actualizaron para reflejar el código nuevo y la tecnología nueva.

Le deseamos mucho éxito en este programa de capacitación. Si tiene algún comentario sobre mejoras que el NCCER podría implementar en este libro de texto, escanee el código QR que está al lado y llene el formulario de actualización por los usuarios. El NCCER valora y agradece los comentarios de los clientes. Puede enviar los suyos por correo electrónico a **support@nccer.org**. Cuando lo haga, identifique los comentarios acerca de este título con *#ElectricalL2* en la línea del asunto.

Nuestro sitio web, **www.nccer.org**, contiene información sobre las últimas novedades sobre productos y capacitaciones.

ESCANÉAME

Planes de estudios estandarizados de NCCER

El NCCER es una fundación de educación sin fines de lucro 501(c)(3) creada en 1996 por las empresas de construcción más importantes y vanguardistas del mundo y las asociaciones nacionales de la construcción. Se fundó para hacer frente a la grave escasez de mano de obra que afecta al sector y desarrollar un proceso de capacitación y planes de estudios estandarizados. En la actualidad, NCCER cuenta con el apoyo de cientos de empresas líderes en construcción y mantenimiento, fabricantes y asociaciones nacionales. Los planes de estudios estandarizados de NCCER han sido elaborados por NCCER en asociación con Pearson, la principal editorial de educación del mundo.

Algunas características de los planes de estudios estandarizados de NCCER son las siguientes:

- Un historial de éxito comprobado en el sector.
- Planes de estudios desarrollados por el sector, para el sector.
- Estandarización nacional que permite transferir las habilidades laborales y los créditos de estudios adquiridos.
- Cumplimiento de los requisitos de la Oficina de Aprendizaje para la correspondiente capacitación en el aula (*CFR 29:29*)
- Información práctica, actualizada y explicada con buenos ejemplos.

NCCER cuenta con una base de datos segura en Internet que proporciona certificados, insignias digitales, expedientes académicos y tarjetas de bolsillo a las personas que completen con éxito los programas de una organización acreditada por NCCER o a través de uno de los programas virtuales de NCCER que el estudiante puede tomar a su propio ritmo. Este sistema también permite que particulares y empresas hagan seguimiento y verifiquen en tiempo real las credenciales y certificaciones reconocidas en el sector.

Para obtener información sobre las credenciales de NCCER, llame a la línea de Servicio al Cliente de NCCER al 1-888-622-3720 o visite **https://www.nccer.org**.

Credenciales digitales

Muestre en línea sus credenciales reconocidas por el sector con las insignias digitales de NCCER.

Actualmente, el NCCER entrega credenciales en línea. Transforme sus conocimientos, habilidades y logros en credenciales que puede compartir en las plataformas de redes sociales, enviar a su red y agregar a su currículum. Para obtener más información, visite **www.nccer.org**.

Imagen de la portada

Construcción de una instalación de maintenance, repair and overhaul - MRO (mantenimiento, reparación y revisión) de 370,000 pies cuadrados (34,374 metros cuadrados) en el aeropuerto Cecil de Florida. Las instalaciones, que Haskell está construyendo, serán el primer centro de MRO digital de Boeing, con 270,000 pies cuadrados de hangares y 100,000 pies cuadrados (92,290 metros cuadrados) de oficinas. La experiencia de Haskell en la gestión de la construcción y su capacidad para realizar por sí misma la fabricación de acero y los trabajos de concreto ayudarán a garantizar que el proyecto se complete en el plazo previsto, con una fecha de finalización prevista para 2023. Las instalaciones desempeñarán un papel fundamental en el mercado aeroespacial, por lo que se trata de un proyecto emblemático tanto para Boeing como para Haskell. Para obtener más información, visite **www.haskell.com**.

CARACTERÍSTICAS DE DISEÑO

El contenido está organizado y se presenta en una estructura funcional que permite a los aprendices acceder a la información cuando la necesiten.

Los aprendices pueden navegar por el texto de Electricidad mediante las pestañas de colores de la esquina superior derecha.

Objetivos

La finalización exitosa de este módulo lo prepara para hacer lo siguiente:

1. Explicar el propósito y la historia del *NEC*®.
   a. Identificar las fechas claves en la historia del *NEC*®.
   b. Describir cómo se hacen cambios en el *NEC*®.
   c. Identificar las otras organizaciones que producen normas para la fabricación y el uso de productos eléctricos.
2. Explorar el *NEC*®.
   a. Explicar la disposición del *NEC*®.
   b. Utilizar el *NEC*® para encontrar requisitos de instalación específicos.

NOTA

NFPA 70®, *National Electrical Code*® y *NEC*® son marcas registradas de la National Fire Protection Association, Quincy, MA.

Los objetivos enumeran las habilidades y los conocimientos que los aprendices necesitan para completar el módulo con éxito.

Tareas de desempeño

Bajo supervisión, usted debería poder hacer lo siguiente:

1. Utilizar el *artículo 90 del NEC* para determinar el alcance del *NEC*®. Indicar qué cubre y qué no cubre el *NEC*®.
2. Encontrar la definición del término *alimentador* en el *NEC*®.
3. Buscar los requisitos del *NEC*® para instalar un tomacorriente cerca de una piscina.
4. Encontrar el espacio mínimo para doblar cables requerido para dos conductores 1/0 AWG instalados en una caja de conexiones o un gabinete y que ingresan frente a la terminal.

Las Tareas prácticas le brindan la oportunidad de aplicar sus conocimientos a tareas del mundo real.

Descripción general

El *National Electrical Code*® o *NEC*®, establece normas mínimas para la instalación segura de cableado y equipos eléctricos. En este módulo aprenderá el propósito y la historia del *NEC*®. También aprenderá a explorar el *NEC*® para encontrar requisitos de instalación específicos.

NCCER Credenciales reconocidas en el sector

Si se está capacitando a través de un patrocinador acreditado por NCCER, puede ser elegible para obtener credenciales del NCCER. El número de identificación de este módulo es 26105-23. Tenga en cuenta que este módulo puede haber sido utilizado en otros planes de estudios de NCCER y puede aplicarse a la realización de otros niveles. Comuníquese con NCCER al 1.888.622.3720 o visite **www.nccer.org** para obtener más información

También puede mostrar en línea sus credenciales reconocidas por el sector con las insignias digitales de NCCER. Transforme sus conocimientos, habilidades y logros en insignias que puede compartir en las plataformas de redes sociales, enviar a su red y agregar a su currículum. Para obtener más información, visite **www.nccer.org**.

Recursos digitales sobre Electricidad

Escanee este código con la cámara de su celular o dispositivo móvil para ver los recursos digitales relacionados con este oficio.

ESCANEAR

1.0.0 Cómo pelar conductores y colocarlos de manera que no queden tensados

Tareas prácticas	Objetivo
1. Terminar conductores con terminales y conectores de crimpado y mecánicos seleccionados por el instructor. 2. Terminar conductores en una regleta de terminales.	Explicar cómo pelar conductores y colocarlos de manera que no queden tensados. a. Explicar cómo pelar conductores pequeños. b. Explicar cómo pelar conductores grandes. c. Explicar cómo doblar conductores de cables y colocar conductores de manera que no queden tensados.

Las personas que trabajen con sistemas eléctricos deben conocer los conectores y **empalmes de cables.** Una conexión eléctrica correctamente elaborada debería durar tanto como el aislamiento del cable; por el contrario, una conexión mal hecha suele ser una fuente de problemas. Las malas conexiones suelen provocar calor excesivo, daños en el aislamiento y daños en el equipo o en el punto de conexión. La mayoría de las fallas eléctricas físicas se producen en las **terminaciones.**

Empalmes: conexiones electromecánicas entre dos o más conductores.

Terminaciones: conexiones de alambres o cables, debidamente preparados, a los terminales.

Las Introducciones de sección ofrecen una estructura de organización visual de la información. Para cada sección, se encuentran desglosados los Objetivos y las Tareas prácticas.

1.1.0 Terminología de las ondas sinusoidales

Varios términos del voltaje de CA son específicos de las ondas sinusoidales. Es importante entender esta terminología cuando se trabaja con CA. En las siguiente secciones, se tratan algunos de estos términos, como **frecuencia**, período, longitud de onda, valor máximo, valor medio y valor efectivo.

Frecuencia: número de ciclos que experimenta una corriente eléctrica alterna, una onda sonora o un objeto vibrante por segundo.

1.1.1 Frecuencia

La frecuencia de una forma de onda corresponde a la cantidad de veces por segundo que se repite un patrón idéntico. Cada vez que la forma de onda cambia de cero a un valor máximo y de nuevo a cero se denomina alternancia. Dos alternancias forman un ciclo. La cantidad de ciclos por segundo es la frecuencia. La unidad de frecuencia es el **hercio (Hz)**. Un Hz es igual a un ciclo por segundo (cps).

Hercio (Hz): unidad de frecuencia; un hercio (Hz) es igual a un ciclo por segundo (cps).

Los Términos del oficio aparecen en la página, adyacentes al texto donde se presentan por primera vez.

2.0.0 Unknown Values in AC Circuits 25

Resuelva X_L de la siguiente manera:

Paso 1 Calcule el valor de X_L

$X_L = 2\pi fL$

$X_L = 6.28 \times 100 \text{ Hz} \times 4\text{H}$

$X_L = 2{,}512\ \Omega$

Paso 2 Trace los vectores R y X_L como se muestra en la *figura 19*. R se traza en sentido horizontal porque la corriente del circuito y el voltaje a través del vector R están en fase. Por tanto, se convierte en la línea de referencia a partir de la cual se miden otros ángulos. X_L se traza hacia arriba en 90° desde R porque el voltaje a través de X_L conduce la corriente del circuito a través de R.

Paso 3 Calcule el valor de la impedancia Z del circuito, que es igual a la suma vectorial de X_L y R.

$tan = \frac{X_L}{R} = \frac{2{,}512}{1{,}500} = 1.67$

$\arctan(1.67) = 59.1°$

$\cos(59.1°) = 0.5135$

Halle Z usando la función coseno.

$cos = \frac{R}{7}$

$Z = \frac{R}{cos}$

$Z = \frac{1{,}500}{0.5135} = 2{,}921\ \Omega$

Las ecuaciones matemáticas paso a paso ayudan a que los conceptos sean claros y fáciles de entender.

Los códigos QR conectan a los alumnos directamente con videos que destacan el contenido actual.

HISTORIAS DE ÉXITO: *Importancia de las credenciales: Empiece hoy mismo a desarrollar su carrera profesional*

Escanee este código con la cámara de su teléfono o dispositivo móvil para ver los recursos digitales relacionados con este oficio.

La información importante está resaltada, ilustrada y se presenta para facilitar el aprendizaje.

La ubicación de las imágenes cerca de la descripción del texto y detalles, como leyendas y etiquetas, ayudan a que los alumnos asimilen la información.

Preparación de taladros con portabrocas sin llave

La mayoría de los taladros inalámbricos utilizan un portabrocas sin llave. Aunque los pasos para preparar un taladro inalámbrico son similares, existen algunas pequeñas diferencias. Siga estos pasos al prepararse para usar un taladro con portabrocas sin llave:

Paso 1 Desconecte el taladro de su fuente de alimentación extrayendo la batería antes de cargar una broca.

Paso 2 Como se india en la *figura 7A*, abra el portabrocas girándolo en sentido antihorario hasta que las mordazas tengan la amplitud suficiente para insertar el vástago de la broca.

Paso 3 Inserte el vástago de la broca en la abertura del portabrocas (*figura 7B*). Mantenga la broca centrada en la abertura y apriete el portabrocas con la mano hasta que las mordazas sujeten el vástago.

Paso 4 Apriete bien el portabrocas con la mano para que la broca no se mueva (*figura 7C*). Ya está listo para utilizar el taladro inalámbrico.

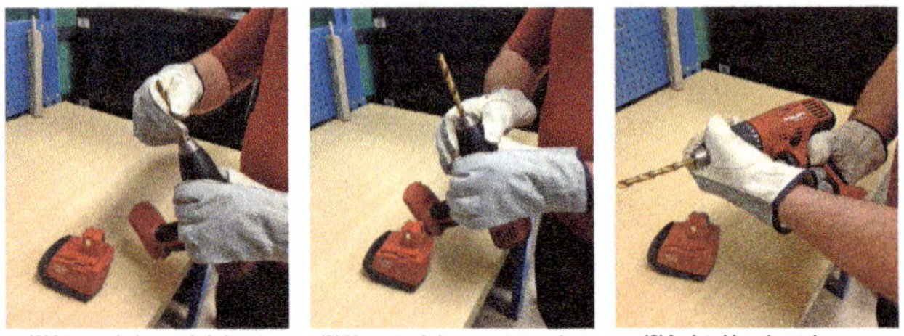

(A) Inserte el vástago de la broca. (B) Mantenga la broca recta y apriete Parcialmente el portabrocas. (C) Apriete bien el portabrocas.

Figura 7 Cómo cargar la broca en un portabrocas sin llave.
Fuente: Cianbro Corporation

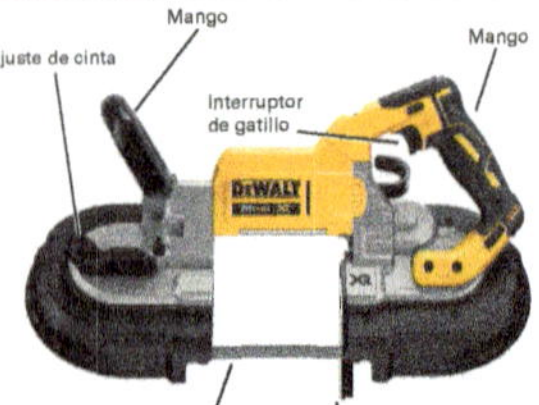

Figura 27 Sierra de cinta portátil de mano.
Fuente: Imagen propiedad de Stanley Black & Decker. Utilizada con permiso

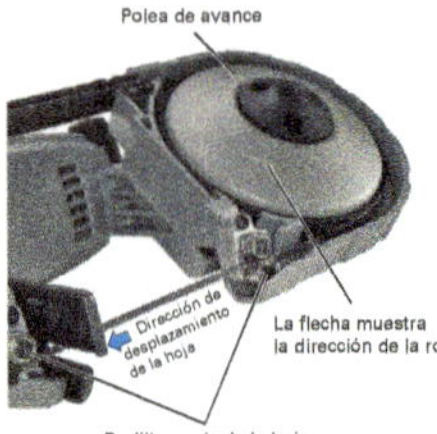

Figura 28 Polea de la sierra de cinta y rodillos guía de la hoja.
Fuente: Cortesía de Milwaukee Electric Tool Corporation

La longitud de la hoja se determina consultando la documentación del fabricante. Como la mayoría de las hojas, se clasifican según el número de dientes por centímetro o por pulgada (TPI). Por regla general, los TPI más altos producen cortes más finos. Los materiales más gruesos requieren hojas más bastas. Sin embargo, si la hoja es demasiado basta para el material, los dientes pueden empezar a romperse. La *figura 28* muestra el recorrido de la hoja alrededor de las poleas y a través de las guías de la hoja.

Aunque algunas sierras de cinta tienen varias velocidades, no es el caso de la mayoría. La sierra de cinta portátil suele cortar mejor a baja velocidad, ya que a mayor velocidad los dientes de la hoja rozan en lugar de cortar. Esto puede generar calor por fricción, lo que reduce la vida útil de la hoja.

Los nuevos recuadros destacan información sobre seguridad y otros aspectos importantes para los alumnos. Los recuadros de Advertencia resaltan las situaciones potencialmente peligrosas, mientras que los recuadros de Precaución alertan a los alumnos de los peligros que pueden dañar los equipos. Los recuadros de Notas ofrecen información adicional sobre un tema.

¡ADVERTENCIA!

Una sierra de cinta portátil siempre corta en la dirección del usuario. Por esa razón, los trabajadores deben tener especial cuidado para evitar lesiones cuando usen este tipo de sierra. Use siempre el EPP adecuado y mantenga la concentración en el trabajo.

PRECAUCIÓN

Nunca presuponga nada. No está de más hacer preguntas; en cambio, dejar de hacerlas puede causar resultados desastrosos. Por ejemplo, no dé por sentado que una fuente de alimentación eléctrica está apagada. En primer lugar, pregunte si la alimentación está desconectada y, luego, compruébelo usted mismo para estar completamente seguro.

NOTA

Esta capacitación por sí sola no proporciona ningún nivel de certificación en el uso de equipos de detención ni de contención de caídas. Los aprendices no deben asumir que los conocimientos impartidos en este módulo son suficientes para certificarse sobre el uso de equipos de detención de caídas en el campo.

¿Sabías qué?

Pararrayos

Un dato interesante sobre la puesta a tierra es que un pararrayos (terminal aéreo) no tiene el propósito de dirigir las descargas atmosféricas a la tierra. Para ello, el diámetro de los conductores tendría que medir varios pies (1 m o más). El propósito del pararrayos es disipar la carga estática negativa que causaría la carga positiva del rayo al caer sobre la casa.

Estos recuadros contienen información adicional que complementa el texto.

Planos ortogonales

Los planos ortogonales se utilizan para los planos de alzado. Muestran una vista en línea recta de los distintos lados de un objeto con dimensiones proporcionales a las dimensiones físicas reales. En los planos ortogonales, el diseñador traza líneas que son representaciones a escala reducida de las dimensiones reales. Por ejemplo, cada 12 pulgadas pueden representarse por ¼ de pulgada en el plano. De igual modo, en un ejemplo en el que se utilicen medidas métricas con una proporción de 1:2, cada 30 milímetros pueden representarse con 15 milímetros en el plano.

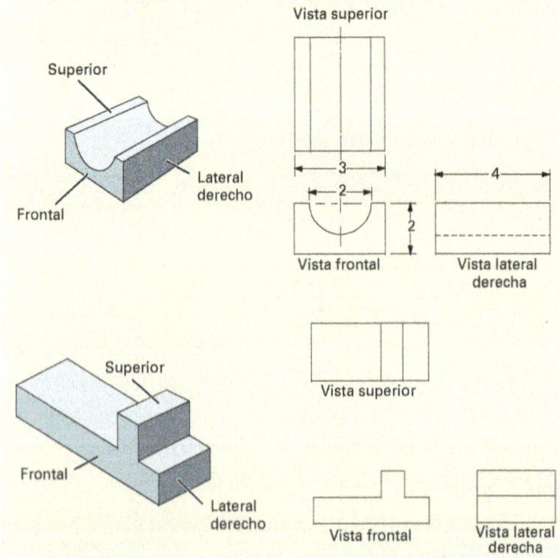

En todo el mundo

Pronóstico meteorológico

Los barómetros miden la presión atmosférica. Por lo general, cuando aumenta la presión significa que el clima es agradable. Una presión baja indica que el tiempo está nublado o lluvioso.

Los cambios en la presión barométrica se utilizan para predecir cambios en las condiciones meteorológicas. Por ejemplo, si está lloviendo afuera, pero el barómetro está subiendo, significa que se avecina un tiempo mejor. En medio de un huracán, la presión barométrica es un indicador de la intensidad. En los huracanes intensos, las presiones son extremadamente bajas. Aunque los barómetros tradicionales funcionan muy bien, las estaciones meteorológicas más avanzadas recopilan muchos más datos y pueden transmitirlos por medios inalámbricos.

Iniciativa verde

Energía solar residencial

Cada vez más, los clientes residenciales buscan formas de reducir su dependencia de combustibles fósiles, como el carbón y el petróleo, y recurren a la energía solar. Por lo general, quieren instalar paneles fotovoltaicos (FV) en los techos de sus casas o en sus patios. Un sistema FV residencial suele incluir los paneles FV, una estructura de montaje que pueda soportar los paneles, un inversor para convertir la electricidad de corriente continua (CC) generada por los módulos solares fotovoltaicos en electricidad de corriente alterna (CA), y una batería (o baterías) para almacenar la energía. La mayoría de los estados exigen que un electricista certificado instale los sistemas de energía solar, pero usted debe verificar los requisitos locales. (Fuente: https://www.energy.gov/eere/solar/how-does-solar-work)

La Iniciativa verde señala formas de preservar el medio ambiente, ahorrar energía y tomar buenas decisiones en relación con la salud del planeta.

Piedra angular del oficio

John Lupacchino
Ingeniero de diseño sénior
Gaylor Electric, Inc.

¿Cómo eligió una carrera en el sector?
Supe que esto era lo que quería hacer desde que estaba en 7.º grado.

¿Quién lo inspiró para entrar en la industria?
Mi abuelo, que era electricista, me inspiró para que yo también lo fuera.

¿Qué tipos de capacitación ha recibido?
Fui a una escuela técnica profesional de bachillerato y estudié electricidad. Luego completé un programa de formación práctica en el estado de Connecticut.

¿Qué importancia tienen la educación y la capacitación en la construcción?
La capacitación y la educación son muy importantes en el sector de la construcción. Los trabajadores especializados deben participar en cursos de formación continua para ir a la par con los avances tecnológicos.

¿Qué importancia tienen las credenciales de NCCER para su carrera profesional?
Las credenciales NCCER son muy importantes porque permiten demostrar las habilidades y capacidades de forma estandarizada.

¿Qué tipos de trabajo ha realizado en su carrera?
He trabajado en todos los ámbitos de la electricidad: residencial, comercial e industrial. Algunos de los tipos de instalaciones en los que he trabajado son casas, tiendas, fábricas, almacenes, hospitales, correccionales, acerías, instalaciones solares, cementeras y muchos otros.

Háblenos de su trabajo actual.
En mi trabajo actual, como ingeniero de diseño sénior, soy responsable de calcular, diseñar y gestionar proyectos de construcción eléctrica. También tengo la responsabilidad de interpretar y cumplir el código eléctrico.

¿Qué es lo que más disfruta de su trabajo?
Mi trabajo trae desafíos y cambios constantemente. Nunca es aburrido. Me parece estupendo participar en una construcción que beneficia a los demás.

¿Qué factores han contribuido más a su éxito?
Aprovecho las oportunidades que se me presentan, sobre todo la capacitación. Aplicar mis habilidades y esforzarme al máximo ha sido sin duda un aporte para mi éxito.

¿Sugeriría la construcción como carrera profesional a otras personas? ¿Por qué?
¡Sí! El sector de la construcción ofrece oportunidades ilimitadas. Siempre será necesario construir y realizar el mantenimiento de instalaciones, lo que significa que siempre se necesitarán trabajadores especializados.

¿Qué consejo les daría a quienes son nuevos en este campo?
Aprovechen todas las oportunidades de capacitación que encuentren. Sean puntuales en su trabajo y tengan la mentalidad de "manos a la obra". Hagan todo lo posible por ser los mejores.

¿Cuál es un hecho o logro interesante relacionado con su carrera?
He podido adquirir licencias en todo el país para poder trabajar en distintos lugares. También he tenido la oportunidad de ser instructor en el programa local de formación práctica de ABC durante más de 20 años.

¿Cómo define ser especialista en este oficio?
La especialización en este oficio es la calidad que surge de la

Los recuadros de Piedra angular del oficio presentan historias de profesionales que trabajan en campos afines.

Conozca el código

Continuidad eléctrica de canalizaciones, armaduras de cables y recintos de metal
Sección 300.10 del NEC

Los recuadros de Conozca el código hacen referencia al *National Electrical Code®*.

Las preguntas de repaso al final de cada sección y módulo permiten a los alumnos medir sus avances.

2.0.0 Repaso de la sección

1. Un tendido recto contiene dos canalizaciones. Una de las canalizaciones tiene un tamaño comercial de 3" y la otra de 2". La longitud de la caja *debe* ser de _____.
   a. 16"
   b. 24"
   c. 26"
   d. 32"
2. Cuando se hagan tendidos en ángulo o en U, para determinar la distancia entre entradas de la canalización que encierren el mismo conductor, hay que multiplicar el tamaño comercial de la canalización más grande por _____.
   a. dos
   b. cuatro
   c. seis
   d. ocho
3. Si es posible, las cajas de paso se deben instalar _____.
   a. alto en la pared por seguridad
   b. a una altura o en un lugar que facilite el tendido de los conductores
   c. detrás de los revestimientos de la pared para un aspecto más ordenado
   d. con orificios ciegos adicionales abiertos para el flujo de aire

Al final de cada sección encontrará un Repaso de la sección para comprobar sus conocimientos del contenido. Incluye preguntas de repaso para reforzar los conocimientos adquiridos.

Módulo 26107-23 Preguntas de repaso

1. Al iniciar el corte inicial con un cortatubos, gírelo siempre _____.
   a. en el sentido contrario a las agujas del reloj
   b. en el sentido de las agujas del reloj
   c. a favor de la veta
   d. en contra de la veta
2. El número de roscas por pulgada para troqueles de conductos oscila entre _____.
   a. 2 y 8
   b. 8 y 18
   c. 18 y 24
   d. 24 y 32
3. Puede utilizar una barra dobladora de tubos para doblar _____.
   a. RMC
   b. EMT
   c. PVC
   d. HDPE
4. ¿Cuál es la clave para un doblado uniforme con una dobladora manual?
   a. Tamaño y longitud correctos del mango
   b. Presión constante del pie sobre el mango
   c. Uso únicamente de la marca correcta del doblador
   d. Inversión correcta de la dobladora de conductos
5. El doblado de PVC en campo requiere _____.
   a. una barra dobladora de tubos
   b. un doblador segmentado
   c. un doblador de un solo paso
   d. una unidad de calentamiento

Módulo 26104-23 Ejercicios suplementarios

1. ¿Cuál es la fórmula para calcular la resistencia total en un circuito en serie con tres resistencias?
   ____
   ____
2. ¿Cuál es la fórmula para calcular la resistencia total en un circuito en paralelo con tres resistencias?
   ____
   ____
3. Si se conectan dos o más resistencias en paralelo, la resistencia total es siempre _________.
4. ¿Verdadero o falso? Los circuitos en paralelo son divisores de corriente.
5. Al calcular circuitos combinados en serie y en paralelo, ¿cuál de las siguientes opciones es importante?
   a. Reducir a cargas en serie y luego sumar las cargas.
   b. Sustituir las combinaciones en paralelo por un valor.

Los Ejercicios suplementarios sirven de práctica adicional para reforzar la comprensión del material.

NCCERCONNECT

Este curso interactivo en línea es un complemento único en plataforma web que contiene una serie de elementos visuales, auditivos e interactivos para mejorar la capacitación. También se incluye un texto completo en formato electrónico.

Visite **www.nccerconnect.com** para obtener más información.

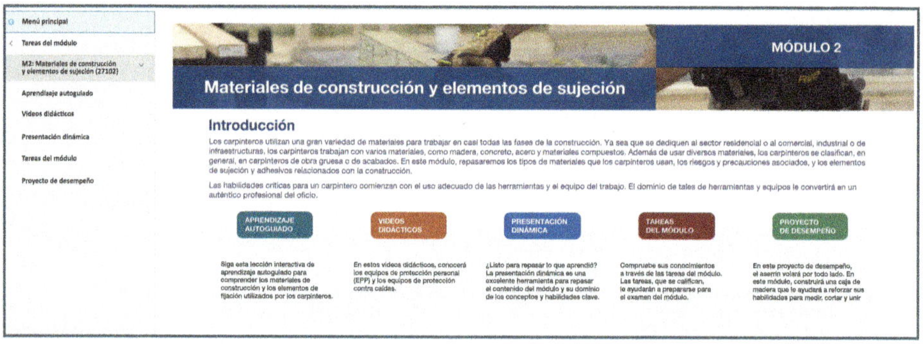

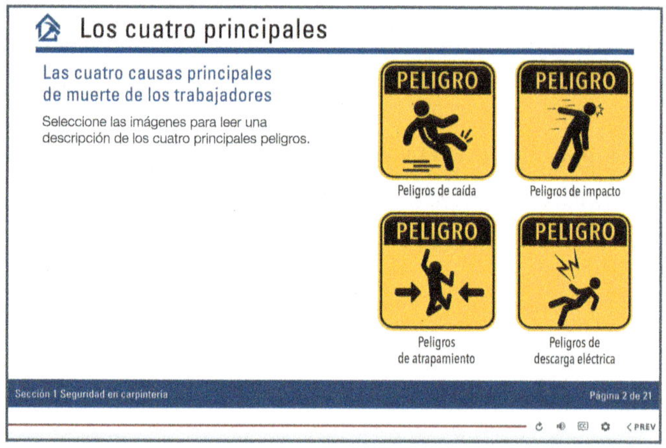

Utilice la lección interactiva autodidacta para comprender los conceptos y términos importantes necesarios para una profesión en el sector de la construcción.

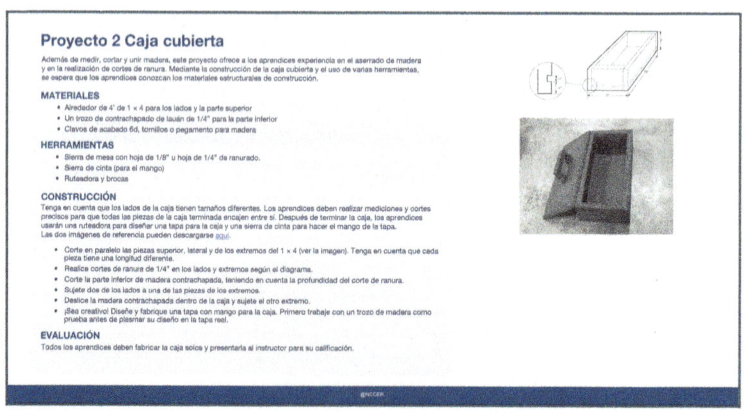

RECONOCIMIENTOS

Este plan de estudios ha sido revisado gracias a la visión y el liderazgo de los siguientes patrocinadores:

Burkhead Electric
Carter Electric, Inc.
Cianbro Corporation
Construction Industry Training Council of Washington
Delta Electrical, Inc.
Elm Electrical, Inc.
Gaylor Electric, Inc.
Interstates, Inc.
Kansas City Veterans Administration Medical Center
M. Davis & Sons, Inc.
MMR Constructors, Inc.
Virginia Technical Academy
Willmar Electric Service Corp

Este plan de estudios no existiría sin la dedicación y la energía desinteresada de los voluntarios que han formado parte del equipo de redacción. Expresamos nuestro más sincero agradecimiento a las siguientes personas:

Paul Asselin
Timothy Burkhead
Jason Canarr
Tim Dean
David Gillespie
Kenneth Hill
Justin Johnson
John Lupacchino II
Patrick Martin
Larry Meeks
Nicholas Mobley
John Mueller
Roy Oliver Jr.
Lowell Reith
Scott Robertson
Karl J Segner
Richard St. Vincent

SOCIOS DE NCCER

Para ver una lista completa de los socios de NCCER, visite:

www.nccer.org/about-us/partners.

ESCANÉAME

También puede escanear este código con la cámara de su teléfono o dispositivo móvil para conocer las organizaciones asociadas.

CONTENIDO

Módulo 26201-23 Corriente alterna

Módulo 26202-23 Motores: teoría y aplicación

Módulo 26203-23 Iluminación eléctrica

Módulo 26204-23 Doblado de conductos

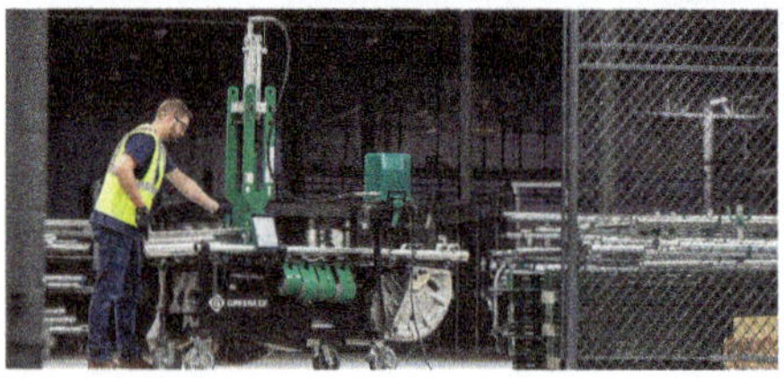

Módulo 26205-23 Cajas de paso y de conexiones

Módulo 26206-23 Instalaciones de conductores

Módulo 26207-23 Bandeja portacables

Módulo 26208-23 Terminaciones y empalmes de conductores

Módulo 26209-23 Puesta a tierra y unión equipotencial

Módulo 26210-23 Interruptores automáticos y fusibles

Módulo 26211-23 Sistemas de control y conceptos fundamentales

Electricidad Apéndices

MÓDULO 26201-23

Corriente alterna

Fuente: iStock@TebNad

Objetivos

La exitosa finalización de este módulo te prepara para realizar lo siguiente:

1. Identificar formas de onda de CA.
   a. Definir la terminología de las ondas sinusoidales.
   b. Definir las relaciones de fase de CA.
   c. Identificar formas de onda no sinusoidales.
2. Determinar valores desconocidos en circuitos de CA.
   a. Encontrar valores desconocidos en circuitos de CA puramente resistivos.
   b. Encontrar valores desconocidos en circuitos de CA inductivos.
   c. Encontrar valores desconocidos en circuitos de CA capacitivos.
   d. Encontrar valores desconocidos en circuitos combinados.
3. Hacer cálculos de potencia en un circuito de CA.
   a. Calcular la potencia real.
   b. Calcular la potencia aparente.
   c. Calcular la potencia reactiva.
   d. Calcular el factor de potencia.
   e. Calcular valores desconocidos utilizando el triángulo de potencias.
4. Identificar los transformadores y explicar su funcionamiento.
   a. Identificar los componentes básicos de un transformador.
   b. Identificar las características de funcionamiento de los transformadores.
   c. Calcular las relaciones de espiras y voltaje.
   d. Identificar los distintos tipos de transformadores y sus aplicaciones.

NOTA

NFPA 70®, *National Electrical Code®* y *NEC®* son marcas registradas de la National Fire Protection Association, Quincy, MA.

Tareas prácticas

Este es un módulo de conocimiento teórico. No hay tareas prácticas.

Visión general

Para realizar instalaciones eléctricas seguras y satisfactorias, es importante conocer en detalle los principios eléctricos de la corriente continua (CC) y la corriente alterna (CA). La electricidad de CA también tiene un componente de frecuencia, por lo que es esencial conocer las formas de onda de CA y los efectos de los componentes reactivos e inductivos en un circuito. Este módulo describe los circuitos de corriente alterna y explica cómo aplicar la ley de Ohm para resolver valores desconocidos del circuito.

Recursos digitales sobre Electricidad

Escanee este código con la cámara de su teléfono o dispositivo móvil para ver los recursos digitales relacionados con este oficio.

ESCANÉAME

Credenciales reconocidas la industria

Si se está capacitando a través de un patrocinador acreditado por NCCER, puede ser elegible para obtener credenciales de NCCER. El número de identificación de este módulo es 26201-23. Tenga en cuenta que este módulo puede haber sido utilizado en otros planes de estudios de NCCER y se puede aplicar a la realización de otros niveles. Comuníquese con NCCER al 1.888.622.3720 o visite **www.nccer.org** para obtener más información.

También puede mostrar en línea sus credenciales reconocidas por el sector con las insignias digitales de NCCER. Transforme sus conocimientos, habilidades y logros en insignias que puede compartir en las plataformas de redes sociales, enviar a su red y agregar a su currículum. Para obtener más información, visite **www.nccer.org**.

1.0.0 Formas de onda de CA

Tareas prácticas

Esta sección no contiene tareas prácticas.

Objetivo

Identificar formas de onda de CA.

a. Definir la terminología de las ondas sinusoidales.
b. Definir las relaciones de fase de CA.
c. Identificar formas de onda no sinusoidales.

La corriente alterna (CA) es un tipo de corriente eléctrica en la que la dirección y la intensidad, o voltaje, de la corriente cambian con el tiempo. Este cambio se produce en un patrón denominado *forma de onda*, en el que la corriente va y viene entre polaridades positivas y negativas. En una forma de onda completa, o ciclo, la corriente cambia de polaridad dos veces. El tipo más común de forma de onda se denomina onda sinusoidal.

Para entender cómo se genera la onda sinusoidal de CA, conviene repasar algunos de los principios básicos. Dos principios forman la base de todos los sucesos electromagnéticos:

- Una corriente eléctrica en un conductor crea un campo magnético que rodea al conductor.
- El movimiento entre un conductor y un campo magnético crea un voltaje en el conductor solo si uno de los componentes se mueve perpendicularmente a la dirección del campo.

En la *figura 1* se muestra cómo se aplican estos principios para generar una forma de onda de CA en un sencillo generador rotativo de un bucle. El bucle conductor gira a través del campo magnético para generar el voltaje de CA inducido a través de sus terminales abiertos. El flujo magnético, o flujo del campo magnético, que se muestra en la *figura 1* es vertical.

Hay tres factores que afectan la cantidad de voltaje que desarrolla un conductor a través de un campo magnético. Estos factores incluyen la intensidad del campo magnético, la longitud del conductor y la velocidad a la que el conductor atraviesa directa o perpendicularmente el campo magnético.

Suponiendo que la intensidad del campo magnético y la longitud del conductor que forma el bucle son constantes, el voltaje producido variará según la velocidad a la que el bucle corta directamente el campo magnético.

La velocidad a la que el conductor corta el campo magnético depende de la velocidad del generador en revoluciones por minuto (rpm) y el ángulo al que el conductor atraviesa el campo. Si el generador funciona a un rpm constante, el voltaje producido en cualquier momento dependerá del ángulo con el que el conductor corta el campo en ese instante.

En la *figura 2*, el campo magnético se muestra como líneas paralelas llamadas *líneas de flujo*. Estas líneas siempre van de los polos norte a sur en un generador. La flecha grande muestra el movimiento del conductor.

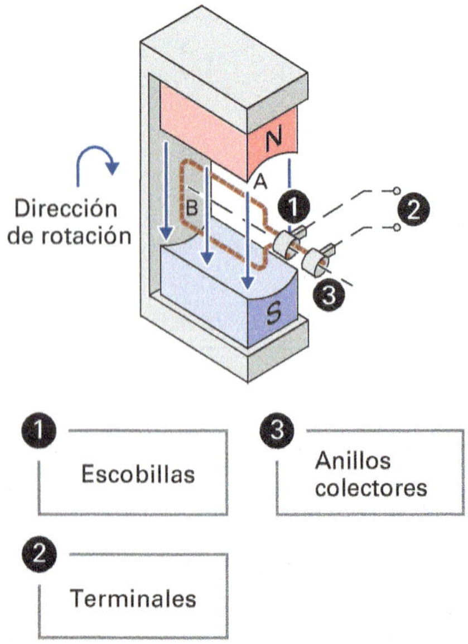

Figura 1 Un conductor se mueve por un campo magnético.

¿Por qué las compañías de electricidad generan y distribuyen energía de CA en lugar de energía de CC?

El transformador es la clave. Las centrales eléctricas generan y distribuyen energía de CA porque permiten el uso de transformadores, lo que hace que el suministro de energía sea más rentable. Los transformadores utilizados en las plantas de generación aumentan el voltaje de CA, lo que disminuye la corriente. La disminución de la corriente permite el uso de cables de menor tamaño para las líneas de transmisión de energía. Los cables más pequeños son menos costosos y más fáciles de soportar en las largas distancias que debe recorrer la energía desde la planta de generación hasta las subestaciones remotas. En las subestaciones, se vuelven a utilizar transformadores para reducir los voltajes de CA a un nivel adecuado para la distribución a hogares y empresas.

No existen los transformadores de corriente continua (CC). Esto significa que la energía de CC tendría que transmitirse a bajos voltajes y altas corrientes a través de cables muy grandes, lo que haría que el proceso fuera muy costoso. Cuando se requiere CC para aplicaciones especiales, el voltaje de CA se puede convertir en voltaje de CC mediante el uso de *rectificadores* o mediante el uso de conjuntos de motor de CA y generador de CC. Un rectificador cambia la corriente eléctricamente, mientras que un conjunto de motor de CA y generador de CC realiza el cambio mecánicamente.

Cuando el ángulo entre el flujo y el movimiento del conductor aumenta y la velocidad del conductor es constante, aumenta la velocidad a la que se cortan las líneas de flujo. Cuando el conductor se mueve en paralelo a las líneas de flujo (ángulo de 0°), no corta ninguna de ellas y el voltaje será cero.

El ángulo entre las líneas de flujo y el movimiento del conductor se denomina *phi* (ϕ), la octava letra del alfabeto griego. La magnitud del voltaje producido será proporcional al seno del ángulo. El seno es una función trigonométrica. Cada ángulo tiene un valor de seno que nunca cambia.

El seno de 0° es 0. El seno máximo de un ángulo es 1 a 90°. De 90° a 180°, el seno vuelve a disminuir hasta 0. De 180° a 270°, el seno disminuye a –1. Luego, de 270° a 360° (de regreso a 0°), el seno aumenta hasta su 0 original.

Debido a que el voltaje es proporcional al seno del ángulo, a medida que el bucle recorre 360° alrededor del círculo, el voltaje aumentará de 0 a su máximo de 1 a 90°, de nuevo a 0 a 180°, hasta su valor máximo negativo de –1 a 270° y vuelve a 0 a 360°, como se muestra en la *figura 3*.

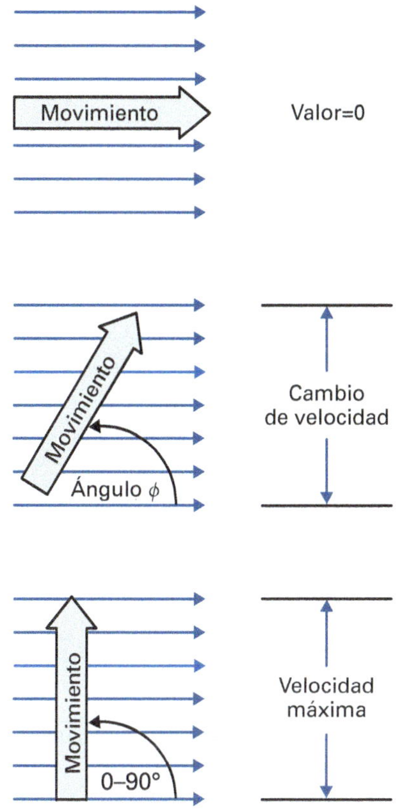

Figura 2 Comparación del ángulo con la velocidad a la que un conductor giratorio corta las líneas de flujo.

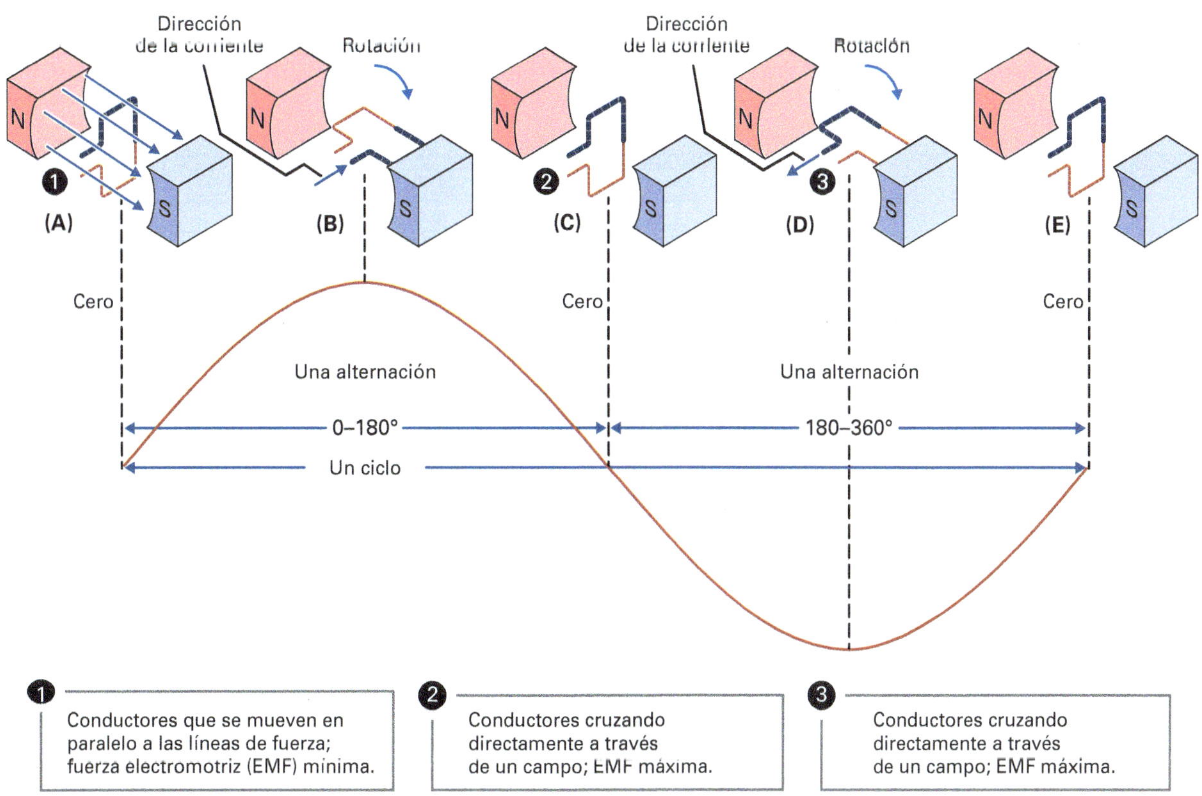

Figura 3 Un ciclo de voltaje alterno.

Cabe señalar que la polaridad se invierte a 180°. Esto se debe a que el conductor ha girado completamente y ahora corta las líneas de flujo en la dirección opuesta. La curva que se muestra en la *figura 3* se denomina *onda sinusoidal* porque su forma se genera mediante la función trigonométrica seno. El valor del voltaje en cualquier punto a lo largo de la onda sinusoidal puede calcularse si se conocen el ángulo y el voltaje máximo obtenible ($E_{máx}$). Esta es la fórmula que se utiliza:

$$E = E_{máx} \times \text{seno}(\phi)$$

Donde:

E = voltaje inducido

$E_{máx}$ = voltaje inducido máximo

ϕ = ángulo en el que se induce el voltaje

Con esta fórmula, se pueden calcular los valores de voltaje en cualquier punto a lo largo de la onda sinusoidal de la *figura 3*. Los valores del seno se pueden obtener con una calculadora científica o con tablas trigonométricas. Como ejemplo, los siguientes valores se pueden calcular a lo largo de una onda sinusoidal con un $E_{máx}$ de 10 voltios (V):

ϕ = 0°; seno (0°) = 0
$E = E_{máx} \times \text{seno}(\phi)$
E = (10 V)(0)
E = 0 V

ϕ = 45°; seno (45°) = 0.707
$E = E_{máx} \times \text{seno}(\phi)$
E = (10 V) (0.707)
E = 7.07 V

ϕ = 90°; seno (90°) = 1
$E = E_{máx} \times \text{seno}(\phi)$
E = (10 V)(1)
E = 10 V

ϕ = 135°; seno (135°) = 0.707
$E = E_{máx} \times \text{seno}(\phi)$
E = (10 V) (0.707)
E = 7.07 V

ϕ = 180°; seno (180°) = 0
$E = E_{máx} \times \text{seno}(\phi)$
E = (10 V)(0)
E = 0 V

ϕ = 225°; seno (225°) = −0.707
$E = E_{máx} \times \text{seno}(\phi)$
E = (10 V) (−0.707)
E = −7.07 V

ϕ = 270°; seno (270°) = −1
$E = E_{máx} \times \text{seno}(\phi)$
E = (10 V) (−1)
E = −10 V

$\phi = 315°$; seno $(315°) = -0.707$

$E = E_{máx} \times \text{seno}(\phi)$

$E = (10\ V)\ (-0.707)$

$E = -7.07\ V$

1.1.0 Terminología de las ondas sinusoidales

Varios términos del voltaje de CA son específicos de las ondas sinusoidales. Es importante entender esta terminología cuando se trabaja con CA. En las siguiente secciones, se tratan algunos de estos términos, como **frecuencia**, período, longitud de onda, valor pico, valor medio y valor efectivo.

Frecuencia (*Frequency*): número de ciclos que experimenta una corriente eléctrica alterna, una onda sonora o un objeto vibrante por segundo.

1.1.1 Frecuencia

La frecuencia de una forma de onda corresponde a la cantidad de veces por segundo que se repite un patrón idéntico. Cada vez que la forma de onda cambia de cero a un valor pico y de nuevo a cero se denomina *alternancia*. Dos alternancias forman un ciclo. La cantidad de ciclos por segundo es la frecuencia. La unidad de frecuencia es el **hercio (Hz)**. Un Hz es igual a un ciclo por segundo (cps).

Hercio (*Hz*): unidad de frecuencia; un hercio (Hz) es igual a un ciclo por segundo (cps).

La frecuencia (f) de una forma de onda se calcula usando la siguiente fórmula:

$$f = \frac{\text{ciclos}}{\text{segundos}}$$

Por ejemplo, determinemos la frecuencia de la forma de onda que se muestra en la *figura 4*. En medio segundo, la onda sinusoidal básica se repite cinco veces. Por lo tanto, la frecuencia se calcula de la siguiente manera:

$$f = \frac{5\ \text{ciclos}}{0.5\ \text{segundos}} = 10\ \text{cps}\ (10\ \text{Hz})$$

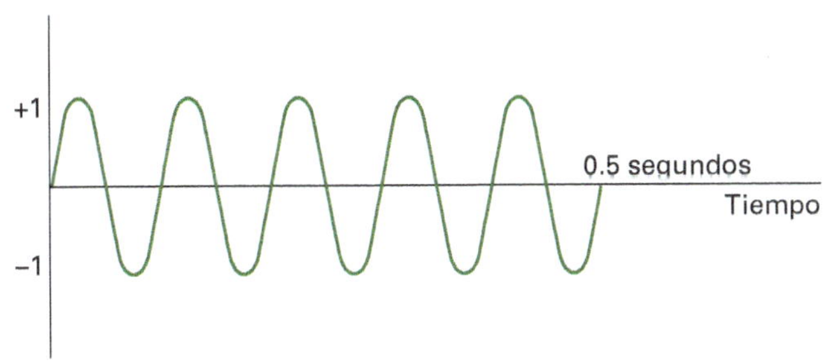

Figura 4 Medición de frecuencia.

1.1.2 Período

El *período* de una forma de onda es el tiempo (t) necesario para completar un ciclo. El período es el inverso de la frecuencia y se calcula mediante la siguiente fórmula:

$$t = \frac{1}{f}$$

Donde:

t = período (segundos)

f = frecuencia (Hz o cps)

Por ejemplo, determinemos el período de la forma de onda de la *figura 4*. Si hay cinco ciclos en medio segundo, la frecuencia para un ciclo es de 10 Hz, como se calculó antes. Por lo tanto, el período es:

$$t = \frac{1}{\text{Hz}} = \frac{1}{10} = 0.1\ \text{segundos}$$

Piénselo

Frecuencia

La frecuencia de la energía eléctrica generada en los Estados Unidos es normalmente de 60 Hz. En algunos países europeos y en otros lugares, la energía eléctrica suele generarse a una frecuencia de 50 Hz. ¿Cuál de estas frecuencias (60 Hz o 50 Hz) tiene el período más corto?

1.1.3 Longitud de onda

La longitud de onda, o *lambda* (λ), se refiere a la distancia recorrida por una forma de onda durante un período. Debido a que la radiación electromagnética viaja a la velocidad de la luz (186,000 millas/segundo o 300,000 kilómetros/segundo), la longitud de onda de las formas de onda eléctricas es igual al producto del período por la velocidad de la luz (*c*):

$$\lambda = tc$$

o:

$$\lambda = \frac{c}{f}$$

Donde:

λ = longitud de onda (metros)
t = período (segundos)
c = velocidad de la luz (metros/segundo)
f = frecuencia (Hz o cps)

1.1.4 Valor pico

Voltaje pico (*Peak voltage*): nivel de voltaje máximo alcanzado en una forma de onda de corriente alterna (CA) tanto en dirección positiva como negativa. Es el punto más alejado del voltaje cero en una forma de onda de CA.

Un *valor pico* es el valor máximo de voltaje (V_M) o de corriente (I_M). Por ejemplo, especificar que una onda sinusoidal tiene un **voltaje pico** de 170 V se aplica tanto al pico positivo como al negativo. Para incluir ambas amplitudes pico, se puede especificar el valor pico a pico (p-p).

En este ejemplo, el valor p-p es de 340 V, el doble del voltaje pico de 170 V, porque los picos positivo y negativo son simétricos. Sin embargo, los dos valores pico opuestos no pueden ocurrir al mismo tiempo. El valor pico positivo y el valor p-p de una onda sinusoidal se muestran en la *figura 5*. Además, en algunas formas de onda, los dos picos no son iguales.

1.1.5 Valor promedio

El valor promedio se calcula a partir de todos los valores de una onda sinusoidal para una alternancia o medio ciclo. El medio ciclo se utiliza para el promedio porque en un ciclo completo el valor promedio es cero, lo que resulta inútil a efectos de comparación. Si se suman los valores seno de todos los ángulos hasta 180° en una alternancia y luego se dividen por el número de valores, el promedio es igual a 0.637.

Dado que el valor pico del seno es 1 y el promedio es igual a 0.637, el valor promedio puede calcularse del siguiente modo:

$$\text{Valor promedio} = 0.637 \times \text{valor pico}$$

Por ejemplo, con un pico de 170 V, el valor promedio es de 0.637 × 170 V, lo que equivale a aproximadamente 108 V. En la *figura 5* se muestra dónde se situaría el valor promedio en una onda sinusoidal.

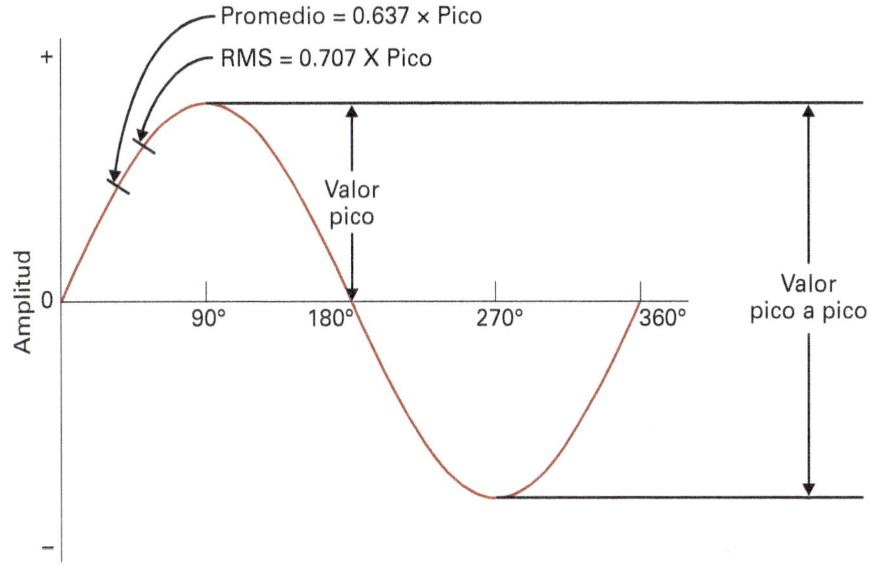

Figura 5 Valores de amplitud de una onda sinusoidal.

1.1.6 Raíz cuadrada media o valor efectivo

Los medidores que se utilizan en los circuitos de CA indican un valor denominado *valor efectivo*. El valor efectivo de una corriente o voltaje alterno es la medida de transferencia de energía equivalente a una corriente o voltaje continuo.

Las corrientes continua y alterna pueden compararse en función del calor que producen. La cantidad de calor producida por la corriente solo se ve afectada por la amplitud de la corriente y no por su dirección. Por lo tanto, el calor se produce por las dos alternancias de la onda de CA, aunque la dirección no es lo que produce el calor.

En un circuito de CC, la corriente mantiene una amplitud constante. Por lo tanto, el calor producido es constante e igual a I^2R. En un circuito de CA, la corriente cambia continuamente: periódicamente alta, periódicamente baja y periódicamente cero. Para producir la misma cantidad de calor con CA que con una cantidad equivalente de CC, el valor instantáneo de la CA debe superar en ocasiones al de la CC.

Al promediar los efectos de calentamiento de todos los valores instantáneos durante un ciclo de CA, es posible calcular el calor promedio producido por la CA durante el ciclo. La cantidad de CC necesaria para producir ese mismo calor será igual al valor efectivo de la onda de CA.

El método más común de medir una onda sinusoidal de voltaje o de corriente es indicando su valor a 45°, que es el 70.7 % del pico. Este es su valor de la **raíz de la media cuadrática (rms)**. Por lo tanto, la rms se calcula mediante la siguiente fórmula:

$$\text{Valor de rms} = 0.707 \times \text{valor pico}$$

Por ejemplo, con un pico de 170 V, el valor rms es 0.707 × 170, lo que equivale a aproximadamente 120 V. Este es el voltaje de la línea de alimentación de CA comercial, que siempre se da en valor rms.

Raíz de la media cuadrática (rms – *Root-mean-square*): la multiplicación de la raíz cuadrada del valor medio (promedio) por la función al cuadrado de los valores instantáneos a lo largo del período. El valor rms de un voltaje de CA o corriente es el valor efectivo del voltaje o la corriente.

Amplitud RMS

El valor cuadrático medio (rms), también llamado *valor eficaz*, es el valor asignado a un voltaje o corriente alterna que da lugar a la misma disipación de potencia en una resistencia dada que un voltaje o corriente continua del mismo valor numérico. Como se muestra, un voltaje pico de 120 VCA no producirá la misma luz (350 lúmenes) que 120 VCC (500 lúmenes) de una lámpara de 60 W. Para producir la misma luz (500 lúmenes), hay que aplicar 120 VCA a la lámpara. Esto requiere que la forma de onda sinusoidal de CA aplicada tenga un voltaje pico de unos 170 V (170 V × 0.707 V = 120 V).

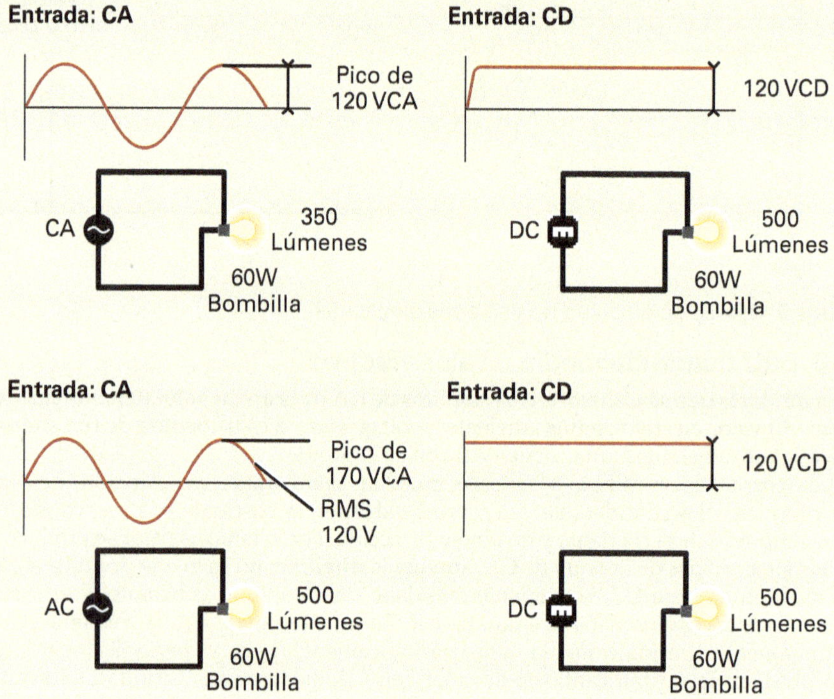

1.2.0 Relaciones de fase en CA

En los sistemas de CA, la fase interviene de dos formas: la ubicación de un punto de una onda de voltaje o corriente en relación con el punto inicial de la onda o en relación con algún punto correspondiente de la misma onda. En el caso de dos ondas de la misma frecuencia, es el momento en que se produce un evento en una onda en comparación con el momento en que se produce un evento similar en la otra.

A menudo, el evento es el inicio de las ondas en cero o los puntos en los que las ondas alcanzan sus valores máximos. Cuando se comparan dos ondas de este modo, una onda puede estar por delante de la otra (adelanto de fase) o por detrás (retraso de fase), a menos que se alternen al unísono, en cuyo caso se dice que están en fase.

1.2.1 Ángulo de fase

En la *figura 6*, se muestran dos ondas con diferentes voltajes de salida. Supongamos que un generador comienza su ciclo a 90°, donde se produce la máxima salida de voltaje (onda B), en lugar de comenzar en el punto de salida cero (onda A). Cada una es la misma forma de onda de voltaje alterno, pero la onda B comienza en el valor máximo mientras que la onda A comienza en cero. El ciclo completo de la onda B a través de 360° la devuelve al valor máximo del que partió.

La onda A comienza y termina su ciclo en cero. El voltaje generado por la onda B está adelantado en el tiempo con respecto al voltaje generado por la onda A. El tiempo que se adelanta equivale a un cuarto de revolución, es decir, 90°. Esta diferencia angular se denomina ángulo de fase entre las ondas B y A. La onda B está adelantada con respecto a la onda A por el ángulo de fase de 90°.

El ángulo de fase de 90° entre las ondas B y A se mantiene durante todo el ciclo completo y en todos los ciclos sucesivos mientras ambas tengan la misma frecuencia. En cualquier instante de tiempo, la onda B tiene el valor que A tendrá 90° más tarde. Por ejemplo, a 180°, la onda A está en cero, pero la onda B ya está en su valor negativo máximo, el punto donde estará la onda A más tarde, a 270°.

Para comparar el ángulo de fase entre dos ondas, ambas deben tener la misma frecuencia. De lo contrario, la fase relativa cambia constantemente. Ambas ondas también deben tener variaciones sinusoidales, dado que este es el único tipo de onda que se mide en unidades angulares de tiempo. No obstante, las amplitudes pueden ser diferentes para las dos ondas. Se pueden comparar las fases de dos voltajes, dos corrientes o una corriente con un voltaje.

1.2.2 Diagramas de ángulo de fase

Para comparar fases de CA, es mucho más conveniente utilizar diagramas vectoriales correspondientes a las formas de onda de voltaje y corriente, como se muestra en la *figura 6*. V_A y V_B representan las magnitudes vectoriales correspondientes a los voltajes del generador.

Un vector es una cantidad que tiene magnitud y dirección. La longitud de la flecha indica la magnitud del voltaje en rms, el pico o cualquier valor de CA siempre y cuando se utilice la misma unidad para todos los vectores. El ángulo de la flecha con respecto al eje horizontal indica un ángulo de onda.

En la *figura 6*, el vector V_A representa la onda A, con un ángulo de 0°. Este ángulo puede considerarse como el plano del bucle en el generador giratorio donde comienza con voltaje de salida cero. El vector V_B es vertical para mostrar el ángulo de 90° de la onda B, correspondiente al bucle vertical del generador al inicio de su ciclo. El ángulo entre los dos vectores es el *ángulo de fase*.

El símbolo de un ángulo de fase es ϕ (*phi*). En la *figura 7*, ϕ = 0°. En la *figura 7* se muestran las formas de onda y el diagrama vectorial de dos ondas que están en fase, pero tienen amplitudes diferentes.

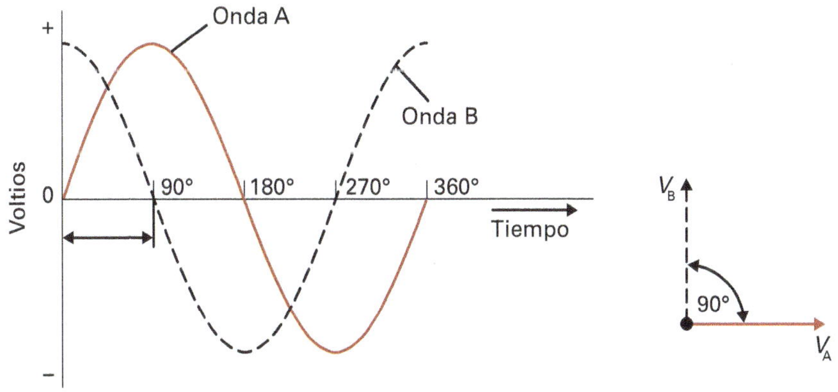

Figura 6 Formas de onda de voltaje desfasadas 90°.

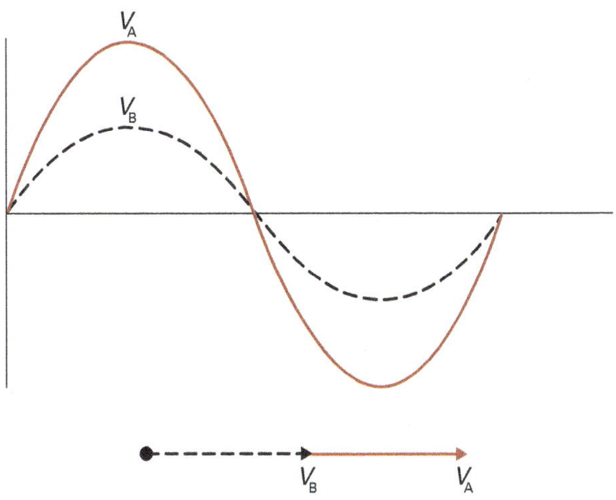

Figura 7 Ondas en fase.

Piénselo

Ángulo de fase

¿Por qué el ángulo de fase es de 90° en la *figura 6* y de 0° en la *figura 7*? ¿Por qué el diagrama vectorial de la *figura 7* se muestra como una línea recta?

1.3.0 Formas de onda no sinusoidales

Radián (*Radian*): ángulo formado en el centro de un círculo por un arco opuesto del círculo de longitud igual al radio.

Osciloscopio (*Oscilloscope*): instrumento utilizado para visualizar y analizar formas de onda.

La onda sinusoidal es la forma de onda básica de las variaciones de CA por varias razones. Esta forma de onda es producida por un generador rotativo. La salida es proporcional al ángulo de rotación. Puesto que procede de un movimiento circular, cualquier onda sinusoidal puede analizarse en medida angular. La medida angular se expresa en grados de 0° a 360° o en **radianes** de 0 a 2π.

Sin embargo, en muchas aplicaciones electrónicas son importantes otras formas de onda. Cualquier forma de onda que no sea sinusoidal (o cosenoidal) es una *forma de onda no sinusoidal*. Ejemplos comunes son la *onda cuadrada* y la *onda en diente de sierra* que se muestran en la *figura 8*. Un dispositivo que genera una forma de onda en diente de sierra es un **osciloscopio**.

En el caso de las formas de onda no sinusoidales, tanto de voltaje como de corriente, hay que tener en cuenta diferencias y similitudes importantes. Observe las siguientes comparaciones con las ondas sinusoidales:

- En todos los casos, el ciclo se mide entre dos puntos que tienen la misma amplitud y varían en la misma dirección. El período es el tiempo de un ciclo.
- En todos los casos, la amplitud pico se mide desde el eje cero hasta el valor positivo o negativo máximo. Sin embargo, la amplitud pico a pico es mejor para medir formas de onda no sinusoidales porque pueden tener picos asimétricos, como ocurre con la *onda rectangular* de la *figura 8*.
- El factor rms de 0.707 solo se aplica a las ondas sinusoidales, ya que este factor se basa en los valores sinusoidales de la medida angular utilizada únicamente para la forma de onda sinusoidal.
- Los ángulos de fase solo se aplican a las ondas sinusoidales, ya que la medida angular únicamente se utiliza para las ondas sinusoidales. Observe que el ángulo de fase solo se indica en la onda sinusoidal de la *figura 8*

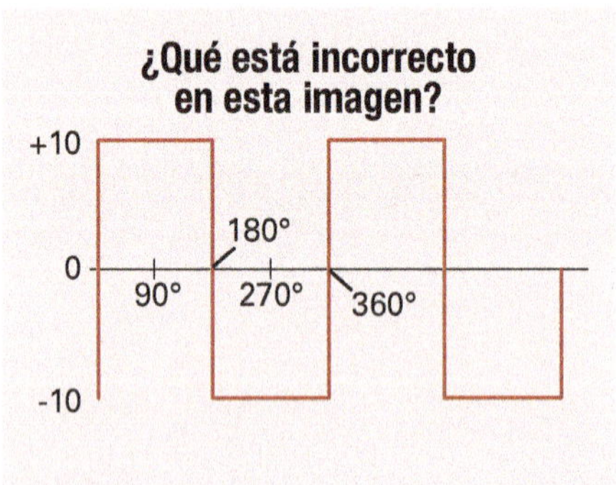

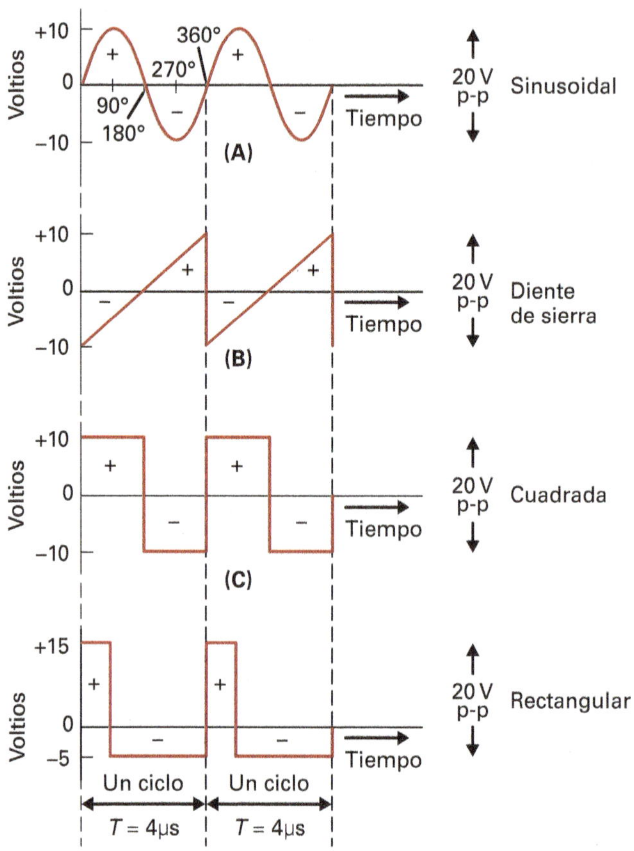

Figura 8 Formas de onda de CA.

1.0.0 Repaso de la sección

1. Si una onda sinusoidal se repite 10 veces por medio segundo, su frecuencia es _____.
   a. 10 Hz
   b. 20 Hz
   c. 40 Hz
   d. 60 Hz

2. Para comparar el ángulo de fase entre dos ondas, ambas *deben* tener la misma o el mismo _____.
   a. voltaje
   b. corriente
   c. potencial
   d. frecuencia

3. Un dispositivo que genera una forma de onda en diente de sierra es un _____.
   a. refrigerador
   b. compresor
   c. taladro eléctrico
   d. osciloscopio

2.0.0 Valores desconocidos en circuitos de CA

Objetivo

Determinar valores desconocidos en circuitos de CA.

a. Encontrar valores desconocidos en circuitos de CA puramente resistivos.
b. Encontrar valores desconocidos en circuitos de CA inductivos.
c. Encontrar valores desconocidos en circuitos de CA capacitivos.
d. Encontrar valores desconocidos en circuitos combinados.

Tareas prácticas

Esta sección no contiene tareas prácticas.

Un circuito de CA tiene una fuente de voltaje de CA. Observe el símbolo circular con la onda sinusoidal en su interior que se muestra en la *figura 9*. Se utiliza para cualquier fuente de voltaje alterno de onda sinusoidal. Este voltaje conectado a través de una resistencia de carga externa produce una corriente alterna de la misma forma de onda, frecuencia y fase que el voltaje aplicado.

De acuerdo con la ley de Ohm, la corriente (I) es igual al voltaje (E) dividido entre la resistencia (R). Cuando E es un valor rms, I también lo es. Para cualquier valor instantáneo de E durante el ciclo, el valor de I es para el instante de tiempo correspondiente.

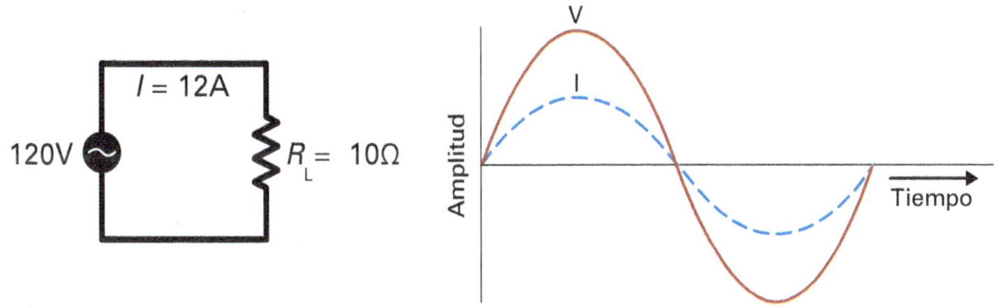

Figura 9 Circuito resistivo de CA.

2.1.0 Circuitos de CA puramente resistivos

En un circuito de CA con solo resistencia, las variaciones de corriente están en fase con el voltaje aplicado, como se muestra en la *figura 9*. Esta relación en fase entre E e I significa que un circuito de CA de este tipo puede analizarse con los mismos métodos utilizados para los circuitos de CC, ya que no hay un ángulo de fase que considerar. Los componentes que solo tienen resistencia incluyen las resistencias, los filamentos de las bombillas incandescentes y los calentadores de tubos de vacío.

En los circuitos de CA puramente resistivos, el voltaje, la corriente y la resistencia están relacionados por la ley de Ohm porque el voltaje y la corriente están en fase:

$$I = \frac{E}{R}$$

Esta ecuación puede reordenarse para resolver el valor deseado ($E = IR$ y $R = E \div I$). A menos que se indique lo contrario, los cálculos en circuitos de CA se realizan generalmente en valores rms. Por ejemplo, en la *figura 9*, los 120 V aplicados a través de la resistencia R_L de 10 Ω producen una corriente rms de 12 A. Esto se determina de la siguiente manera:

$$I = \frac{E}{R} = \frac{120V}{10\Omega} = 12A$$

Como el circuito es puramente resistivo, la corriente y el voltaje están en fase y son directamente proporcionales. Por ello, se puede utilizar la ley de Ohm para el voltaje ($E = I \times R$) para hallar la potencia real de un circuito de CA puramente resistivo.

Dado que la potencia es el producto de la corriente y el voltaje como se muestra en la ley de Ohm ($P = I \times E$), la potencia real del circuito (P_T), también conocida como la *disipación de potencia rms*, se puede encontrar sustituyendo la ecuación para el voltaje E en lugar de su variable. La sustitución es la siguiente:

$$P = I \times E$$
$$P = I \times I \times R$$
$$P_T = I^2R$$

Entonces, aplicando esta fórmula al ejemplo anterior, la potencia real se determina de la siguiente manera:

$$P_T = I^2R$$
$$P_T = 12\ A^2 \times 10\ \Omega$$
$$P_T = 144\ A \times 10\Omega$$
$$P_T = 1{,}440\ W$$

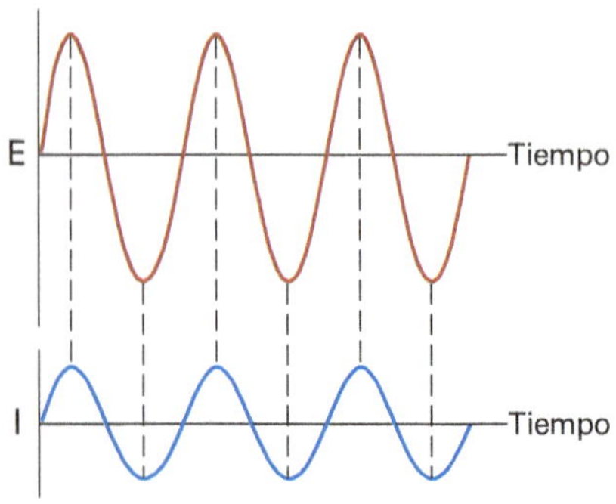

Figura 10 Voltaje y corriente en un circuito resistivo de CA.

En la figura 10 se muestra la relación entre el voltaje y la corriente en circuitos de CA puramente resistivos. El voltaje y la corriente están en fase, sus ciclos comienzan y terminan al mismo tiempo y sus picos se producen simultáneamente.

El valor del voltaje que se muestra en la *figura 10* depende del voltaje aplicado al circuito. El valor de la corriente depende del voltaje aplicado y de la cantidad de resistencia. Si se modifica la resistencia, solo afectará la magnitud de la corriente.

La resistencia total en cualquier circuito de CA, ya sea en serie, paralelo o mixto, se calcula utilizando las mismas reglas que aprendió y aplicó a los circuitos de CC con resistencia. Los cálculos de la potencia se analizan más adelante en este módulo.

2.2.0 Circuitos de CA inductivos

La característica de un circuito eléctrico que se opone al cambio del flujo de corriente se denomina **inductancia**. Esta es el resultado de la expansión y el colapso del campo provocados por la corriente cambiante. Este flujo en movimiento atraviesa los conductores del circuito, incluido el que suministra la corriente, e induce voltaje en el propio cable. Cualquiera de estos conductores en el campo, sea que transporte corriente o no, también tiene voltaje inducido. Esta corriente inducida se opone al flujo de corriente que la generó.

Inductancia (*Inductance*): creación de un voltaje debido a una corriente que cambia con el tiempo. También, la oposición resultante al cambio de corriente, que hace que los cambios de corriente se retrasen con respecto a los cambios de voltaje. La unidad de medida de la inductancia es el henrio (H).

En los circuitos de CC, debe iniciarse un cambio en el circuito para causar inductancia. La corriente debe cambiar para proporcionar movimiento al flujo. Una CC constante de 10 A no puede producir ningún voltaje inducido mientras el valor de la corriente sea constante. Una corriente de 1 A que cambia a 2 A sí induce voltaje. Además, cuanto más rápido cambia la corriente, mayor es el voltaje inducido. Esto se debe a que cuando el flujo se mueve a mayor velocidad, puede inducir más voltaje.

Sin embargo, en un circuito de CA, la corriente cambia continuamente y produce voltaje inducido. Las frecuencias más bajas de CA requieren más inductancia para producir la misma cantidad de voltaje inducido que una corriente de frecuencia más alta. La corriente puede tener cualquier forma de onda siempre que la amplitud sea cambiante.

La capacidad de un conductor de inducir voltaje en sí mismo cuando cambia la corriente se denomina **autoinductancia**. El símbolo de la inductancia es L y su unidad es el henrio (H). Un henrio es la cantidad de inductancia que permite inducir un voltio cuando la corriente cambia a razón de un amperio por segundo.

Autoinductancia (*Self-inductance*): un campo magnético inducido en el conductor que transporta la corriente.

2.2.1 Factores que afectan la inductancia

Un inductor puede ser una bobina de alambre enrollada sobre un núcleo de metal o papel, o puede ser autoportante. Puede consistir en espiras de alambre colocadas una al lado de la otra para formar una capa de alambre sobre el núcleo o el soporte de bobina. La inductancia de una bobina o inductor depende de su construcción física. Algunos de los factores que afectan la inductancia son los siguientes:

- *Número de espiras:* cuanto mayor sea el número de espiras, mayor será la inductancia. Además, la separación de las espiras de una bobina también afecta la inductancia. Una bobina con espiras muy separadas tiene una inductancia menor que otra con el mismo número de espiras más juntas. La razón de esta mayor inductancia es que las espiras muy juntas producen un campo magnético más concentrado, generando una mayor inductancia.
- *Diámetro de la bobina:* la inductancia aumenta directamente al aumentar la sección transversal de la bobina.
- *Longitud de la bobina:* si se reduce la longitud de la bobina, se reduce la separación entre espiras, lo que aumenta la inductancia de la bobina.
- *Material del núcleo:* el núcleo de la bobina puede ser magnético (como el hierro) o no magnético (como el papel o el aire). Las bobinas enrolladas sobre un núcleo magnético producen un campo magnético más potente que las que tienen núcleos no magnéticos, lo que les otorga valores de inductancia más elevados. Las bobinas con núcleo de aire se utilizan cuando se requieren pequeños valores de inductancia.
- *Bobinado por capas*: cuantas más capas se utilicen para formar una bobina, mayor será el efecto del campo magnético sobre el conductor. El bobinado en capas puede aumentar la inductancia.

Estos factores que afectan la inductancia de una bobina pueden verse en la *figura 11*.

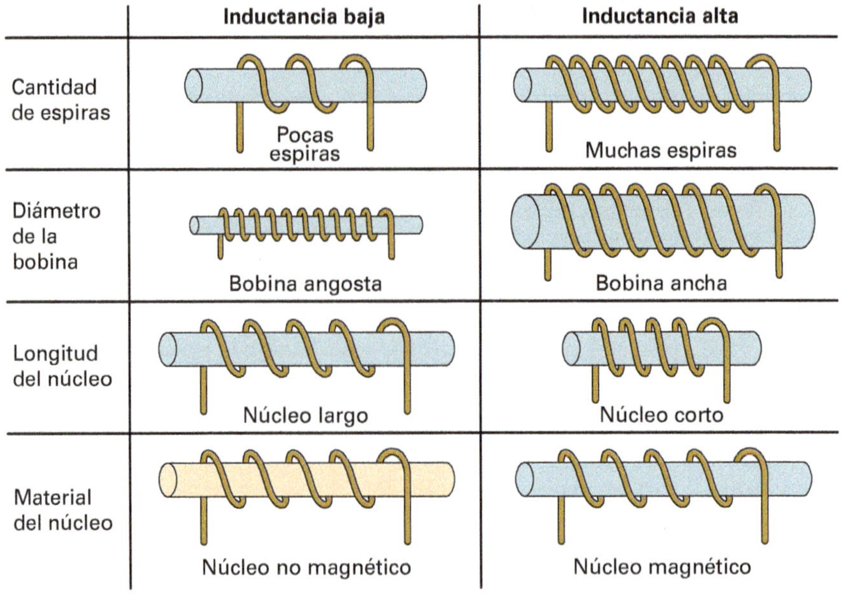

Figura 11 Factores que afectan la inductancia de una bobina.

2.2.2 Voltaje y corriente en un circuito de CA inductivo

El voltaje autoinducido a través de una inductancia L es producido por un cambio en la corriente con respecto al tiempo ($\Delta i/\Delta t$) y puede expresarse de la siguiente manera:

$$V_L = L\frac{\Delta i}{\Delta t}$$

Donde:

V_L = voltaje autoinducido (V)
L = inductancia (H)
Δ = delta, que significa cambio
$\Delta i/\Delta t$ = Δi es un cambio en la corriente y Δt es una cambio en el tiempo (amperios por segundo)

> **Piénselo**
>
> **Inductancia en un circuito de CA**
>
> ¿Puede nombrar tres dispositivos eléctricos de uso común que introducen inductancia en un circuito de CA?

Esta fórmula proporciona el voltaje en términos de cuánto flujo magnético se corta por segundo. Cuando el flujo magnético asociado a la corriente varía lo mismo que la corriente I, esta fórmula arroja los mismos resultados para calcular el voltaje inducido. Recuerde que el voltaje inducido a través de la bobina es el resultado de inducir a los electrones a moverse en el conductor, por lo que también hay una corriente inducida.

Por ejemplo, ¿cuál es el voltaje autoinducido V_L a través de una inductancia de 4 H producido por un cambio de corriente de 12 A por segundo?

$$V_L = L\frac{\Delta i}{\Delta t}$$

$$V_L = 4\text{H} \times \frac{12\text{A}}{1\text{ segundo}}$$

$$V_L = 4 \times 12 = 48\text{V}$$

Micro (μ): prefijo que designa la millonésima parte de una unidad. Por ejemplo, un microfaradio es una millonésima parte de un faradio.

Este es un segundo ejemplo. La corriente a través de un inductor de 200 microhenrios (μH) cambia de 0 a 200 miliamperios (mA) en 2 microsegundos (μseg). Observe que el prefijo **micro (μ)** significa una millonésima parte, por lo que un μH equivale a una millonésima parte de un H ($1\mu\text{H} = 1 \times 10^{-6}\text{H}$). ¿Qué es el V_L?

$$V_L = L\frac{\Delta i}{\Delta t}$$

$$V_L = (200 \times 10^{-6})\frac{200 \times 10^{-3}}{2 \times 10^{-6}}$$

$$V_L = 20\text{V}$$

El voltaje inducido es un voltaje real que se puede medir, aunque V_L se produce únicamente mientras la corriente está cambiando. Cuando $\Delta i/\Delta t$ está presente solo por un breve período, V_L se presenta en forma de un pulso de voltaje. Con una corriente de onda sinusoidal que cambia constantemente, V_L es un voltaje sinusoidal que está desfasado 90° con respecto a I_L.

La corriente que circula por un inductor es inducida por el campo magnético variable que rodea al inductor. Este campo magnético variable es producido por una fuente de voltaje de CA que se aplica al inductor. La magnitud y la polaridad de la corriente inducida dependen de la intensidad del campo, la dirección y la velocidad a la que el campo corta los devanados del inductor. El efecto general es que la corriente está desfasada y retrasada con respecto al voltaje aplicado por 90°.

A 0° en la *figura 12* (A), el voltaje aplicado está en su valor positivo máximo, pero su razón de cambio es cero en ese preciso momento. Por lo tanto, el campo que produce ya no se está expandiendo y no está cortando el conductor. Dado que no hay movimiento relativo entre el campo y el conductor, no se induce corriente. Por lo tanto, a 0° el voltaje está en su valor positivo máximo, mientras que la corriente es cero.

A los 90° en la *figura 12* (A), el voltaje ha llegado a cero, pero está disminuyendo en dirección negativa a su mayor razón de cambio. Debido a que el voltaje aplicado está disminuyendo, el campo magnético colapsa hacia el interior del conductor. Esto tiene el efecto de invertir la dirección de movimiento entre el campo y el conductor que existía a 0°.

Como resultado, la corriente comenzará a fluir en dirección opuesta a como se aproximó a 0°. Además, debido a que el voltaje aplicado está disminuyendo a su mayor velocidad, el campo está colapsando a su mayor velocidad. Esto causa que el flujo corte el conductor a la mayor velocidad, causando que la magnitud de la corriente inducida alcance su máximo. A 90°, el voltaje aplicado es cero, disminuyendo en dirección negativa, mientras que la corriente está en su valor positivo máximo.

Cuando las líneas de flujo cortan el conductor, inducen una corriente en él. La corriente inducida está en su valor máximo a 90° porque las líneas de flujo se están expandiendo hacia afuera a través del conductor a su mayor velocidad. La dirección de la corriente inducida está en oposición a la fuerza que la generó.

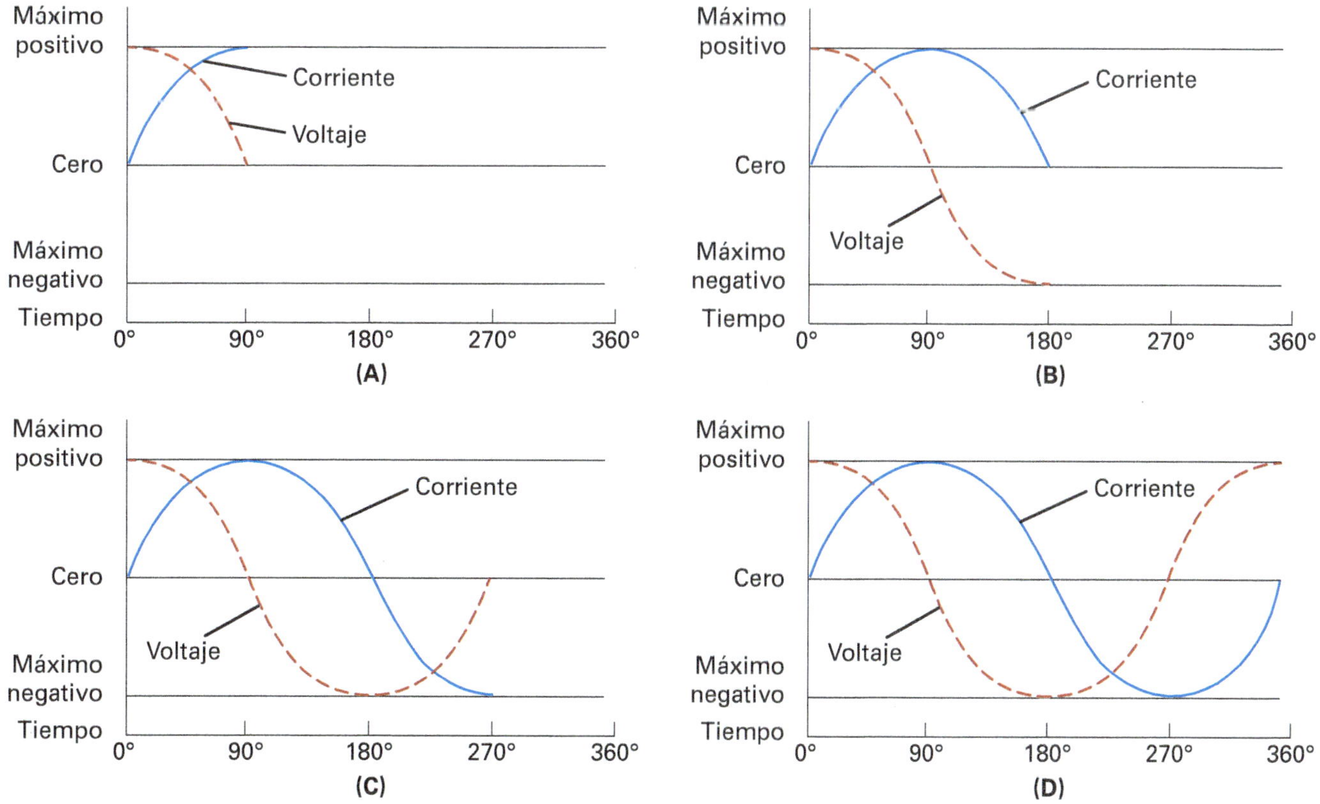

Figura 12 Relación entre el voltaje y la corriente del inductor.

NOTA

Esto se puede recordar fácilmente utilizando esta frase "ELI el hombre ICE". ELI representa el voltaje (*E*), la inductancia (*L*) y la corriente (*I*). En un inductor, el voltaje está adelantado con respecto a la corriente del mismo modo que la letra *E* está por delante de la letra *I*. La palabra ICE se explicará en la *Sección 2.3.4*.

Reactancia (*Reactance*): la oposición a la CA debida a la capacitancia (X_C) y/o inductancia (X_L).

A 180° en la *figura 12* (B), el voltaje aplicado está en su valor negativo máximo, pero al igual que a 0°, su velocidad de cambio es cero. A 180°, por tanto, la corriente inducida es cero. Esta explicación muestra que el voltaje alcanza primero su pico positivo y, 90° después, la corriente alcanza su pico positivo. Así, la corriente va retrasada 90° con respecto al voltaje aplicado en un inductor.

En la *figura 12* (C), la fuerza electromotriz (EMF) aplicada es cero a 270°, pero está aumentando en la dirección positiva a su mayor tasa de cambio. La corriente está en su valor negativo máximo, pero cambia de dirección para empezar a seguir el aumento del voltaje. La corriente sigue 90° por detrás del voltaje.

En la *figura 12* (D), el ciclo ha completado una rotación de 360°. El voltaje vuelve a estar en su valor máximo mientras que la corriente está en cero. El ciclo vuelve a empezar a 0°.

2.2.3 Reactancia inductiva

La fuerza opuesta que presenta un inductor al flujo de CA no puede llamarse resistencia, porque no es el resultado de la fricción dentro de un conductor. El nombre que se da a esta fuerza es **reactancia** inductiva porque es la reacción del inductor a la CA. La reactancia inductiva se mide en ohmios y su símbolo es X_L.

Recuerde que el voltaje inducido en un conductor es proporcional a la velocidad a la que las líneas de fuerza magnéticas cortan el conductor. Cuanto mayor sea la velocidad, o cuanto mayor sea la frecuencia, mayor será la fuerza contraelectromotriz (counter-electromotive force, CEMF). Además, el voltaje inducido aumenta con el incremento de la inductancia; cuantas más espiras, mayor es la CEMF. La reactancia aumenta con el aumento de la frecuencia y de la inductancia. La fórmula de la reactancia inductiva es la siguiente:

$$X_L = 2\pi f L$$

Donde:

X_L = reactancia inductiva (ohmios)

2π = 6.28; la letra griega pi (π) representa una constante de 3.14, luego $2 \times \pi = 6.28$

f = frecuencia de la CA (Hz)

L = inductancia (H)

Por ejemplo, si *f* es igual a 60 Hz y *L* es igual a 20 H, calcule X_L:

$$X_L = 2\pi f L$$
$$X_L = 6.28 \times 60 \text{ Hz} \times 20 \text{ H}$$
$$X_L = 7{,}536\Omega$$

Una vez calculado, el valor de X_L se usa como la resistencia en una fórmula de la ley de Ohm:

$$I = \frac{E}{X_L}$$

Donde:

I = corriente efectiva (amperios)

E = voltaje efectivo (voltios)

X_L = reactancia inductiva (ohmios)

A diferencia de una resistencia, en un inductor ideal no hay disipación de potencia. Un inductor limita la corriente, pero no consume energía neta. La energía necesaria para crear el campo en el inductor se devuelve al circuito cuando el campo se colapsa.

ELI como en «ELI el hombre ICE»

Recordar la frase "ELI", como en "ELI el hombre ICE", es una manera fácil de recordar las relaciones de fase que siempre existen entre voltaje y corriente en un circuito inductivo. Un circuito inductivo es un circuito que tiene más reactancia inductiva que capacitiva. La *L* en ELI indica inductancia. La *E* (voltaje) está antes de la *I* (corriente) en ELI, lo que significa que el voltaje se adelanta con respecto a la corriente en un circuito inductivo.

2.3.0 Circuitos de CA capacitivos

Un **condensador** es un dispositivo que almacena una carga eléctrica en un material dieléctrico (aislado). La **capacitancia** es la capacidad para almacenar una carga. Cuando almacena una carga, un condensador se opone al cambio de voltaje. En la *figura 13* se muestra un condensador simple en un circuito, una representación esquemática de dos tipos de condensadores y una foto de condensadores comunes.

En la figura 14 (A) se muestra un condensador en un circuito de CC. Cuando se aplica voltaje, el condensador comienza a cargarse, como se muestra en la *figura 14* (B). La corriente de carga es temporal dado que solo continúa hasta que la diferencia de potencial en el condensador es igual al voltaje aplicado. Entonces no hay corriente en el circuito. En la *figura 14* (C) se muestra esto con el voltaje a través del condensador igual al voltaje de la batería o 10 V.

Condensador (*Capacitor*): dispositivo pasivo de almacenamiento de energía eléctrica que contiene dos placas metálicas separadas por un material aislante (dieléctrico).

Capacitancia (*Capacitance*): almacenamiento de electricidad en un condensador; la capacitancia produce una oposición al cambio de voltaje. La unidad de medida de la capacitancia es el faradio (F) o el microfaradio (μF).

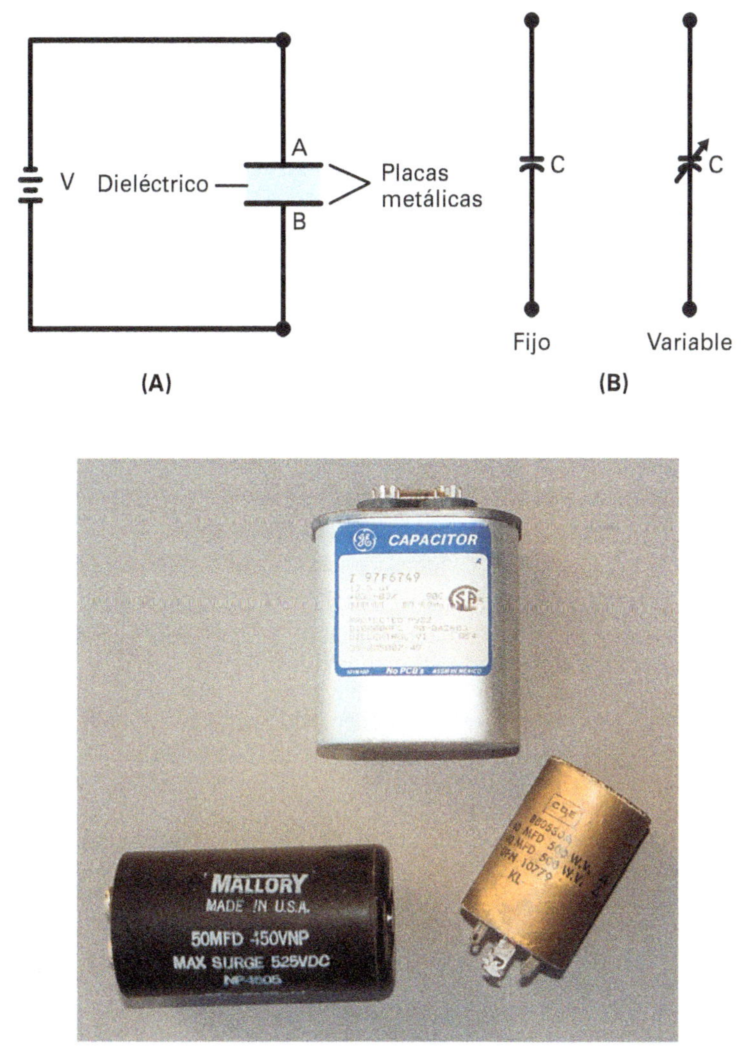

Figura 13 Condensadores.

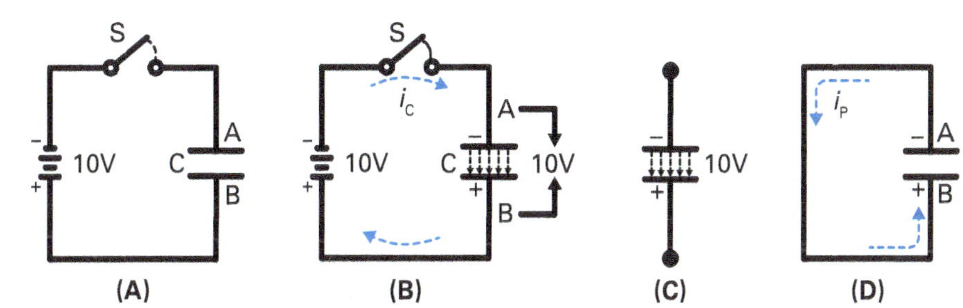

Figura 14 Carga y descarga de un condensador.

El condensador se puede descargar si se conecta una trayectoria conductora a través del material dieléctrico. Cuando esto ocurre, la diferencia de potencial de la carga almacenada a través del dieléctrico crea una corriente de descarga, como se muestra en la *figura 14* (D). Una vez que el condensador está completamente descargado, no habrá voltaje a través de él y no hay corriente de descarga.

En un circuito capacitivo, la corriente de carga y la de descarga deben ir siempre en direcciones opuestas. La corriente fluye en una dirección para cargar el condensador y en la dirección opuesta para descargarlo.

Con voltaje de CA aplicado, la corriente fluirá en un circuito capacitivo debido a la corriente de carga y descarga del condensador. No hay corriente a través del dieléctrico. Mientras el condensador se carga al aumentar el voltaje aplicado, la corriente de carga fluye en una dirección hacia las placas. Mientras el condensador se descarga al disminuir el voltaje aplicado, la corriente de descarga fluye en dirección inversa. Con voltaje de CA aplicado, el condensador se carga y descarga de forma alternada.

Primero, el condensador se carga en una polaridad y luego se descarga. Entonces, el condensador se carga en la polaridad opuesta y se descarga de nuevo. Los ciclos de corriente de carga y descarga proporcionan CA en el circuito a la misma frecuencia que el voltaje aplicado. La cantidad de capacitancia en el circuito determinará la cantidad de flujo de corriente que se permite.

La capacitancia se mide en faradios (F), donde un faradio corresponde a la capacitancia cuando se almacena un culombio (unidad SI de carga eléctrica) en el dieléctrico con una diferencia de potencial de un voltio. Los valores más pequeños se miden en microfaradios (μF). Un condensador pequeño tiene más oposición a la CA porque permite que fluya menos corriente de carga y descarga con el mismo voltaje aplicado. Un condensador más grande permitiría el paso de más corriente y tendría menos resistencia.

En resumen, la capacitancia posee las siguientes características:

- Un condensador bloquea la CC. Una vez cargado, no circulará corriente en el circuito.
- La CA circula en un circuito capacitivo con un voltaje de CA aplicado.
- Una capacitancia menor permite menos corriente.

2.3.1 Factores que afectan la capacitancia

Un condensador consta de dos conductores separados por un dieléctrico. Existen muchos tipos y tamaños de condensadores con diferentes materiales dieléctricos. Tres factores determinan la capacitancia de un condensador:

- *El área de las placas:* el desplazamiento inicial de la carga en un conjunto de placas de condensador está relacionado con el número de electrones libres en cada placa. Las placas más grandes producirán una mayor capacitancia que las más pequeñas. Por lo tanto, la capacitancia de un condensador varía directamente con el área de las placas. Por ejemplo, si se duplica el área de las placas, se duplica la capacitancia. Si el tamaño de las placas se reduce en un 50 %, la capacitancia también se reducirá en un 50 %.
- *La distancia entre las placas:* a medida que se acercan las placas de dos condensadores, más electrones se moverán de la placa con carga positiva y hacia la placa con carga negativa. Esto se debe a que la atracción mutua entre las cargas opuestas de las placas aumenta a medida que las placas se acercan. Este movimiento adicional de carga causa un aumento de la capacitancia del condensador. En un condensador que tiene dos placas de igual área, la capacitancia disminuirá al aumentar la distancia entre las placas y viceversa. Por ejemplo, si la distancia se reduce a la mitad, la capacitancia se duplicará. Si se duplica la distancia, la capacitancia será la mitad.

Capacitancia

Por lo general, el concepto de capacitancia, como muchas cantidades eléctricas, es difícil de visualizar o comprender. Una comparación con un globo puede ayudar a aclarar este concepto. La capacitancia eléctrica tiene un efecto de carga similar al de inflar un globo y mantenerlo cerrado. La capacidad del globo de expandirse se puede cambiar modificando el espesor de las paredes del globo.

Un globo con paredes gruesas se expandirá menos (tendrá menos capacidad) que uno con paredes delgadas. Esto es como un pequeño condensador de 10 μF que tiene menos capacidad y aceptará una carga menor que un condensador de 100 μF.

- *Permitividad dieléctrica:* el dieléctrico es el material entre las placas del condensador donde aparece el campo eléctrico. La permitividad relativa es una relación que compara la intensidad del campo eléctrico en un dieléctrico con la intensidad del campo eléctrico en el vacío. La permitividad no tiene nada que ver con la resistencia del material dieléctrico ni con el voltaje de ruptura. Un material aislante que resiste un voltaje aplicado más alto que otra sustancia no siempre tiene una permitividad dieléctrica más alta. Por ejemplo, muchos materiales aislantes tienen una permitividad dieléctrica mayor que el aire. Para un determinado voltaje aplicado, una mayor permitividad significa que existe una mayor atracción entre las cargas opuestas de las placas del condensador. Esto significa que es más fácil crear un campo eléctrico que cuando el dieléctrico es el aire. Por lo tanto, la capacitancia del condensador aumenta cuando aumenta la permitividad dieléctrica si todos los demás factores permanecen invariables.

2.3.2 Capacitancia equivalente

Los condensadores pueden conectarse en paralelo o en serie. Conectar condensadores en paralelo equivale a sumar las áreas de las placas. Por lo tanto, la capacitancia total es la suma de las capacitancias individuales, como se ilustra en la *figura 15.*

Por ejemplo, un condensador de 10 µF en paralelo con otro de 5 µF, proporciona una capacitancia de 15 µF. El voltaje es el mismo a través de los condensadores en paralelo. Tenga en cuenta que añadir capacitancia en paralelo es igual que combinar resistencias en serie.

Conectar condensadores en serie es como aumentar el espesor del dieléctrico. Esto hace que la capacitancia combinada sea menor que el valor individual más pequeño. La capacitancia equivalente combinada se calcula con la fórmula recíproca, como se muestra en la *figura 16.*

Los condensadores (C) conectados en serie se combinan como las resistencias en paralelo; se puede utilizar cualquiera de las fórmulas (y cálculos "abreviados") utilizadas para calcular los valores de resistencia en paralelo. Por ejemplo, la capacitancia combinada de dos capacitores iguales de 10 µF en serie puede calcularse utilizando el método del producto sobre la suma, de la siguiente manera:

$$C_T = \frac{C_1 \times C_2}{C_1 + C_2}$$

$$C_T = \frac{10\mu F \times 10\mu F}{10\mu F + 10\mu F}$$

$$C_T = \frac{100\mu F}{20\mu F}$$

$$C_T = 5\mu F$$

Los condensadores se utilizan en serie para proporcionar un mayor valor nominal de ruptura de voltaje para la combinación. Esto significa que la serie puede manejar un voltaje más alto antes de romperse, ya que cada condensador solo maneja una parte del voltaje total. Por ejemplo, si se conectan en serie tres condensadores de igual capacidad, cada uno de ellos gestionará un tercio del voltaje aplicado.

Al estar en serie, el voltaje a través de cada condensador es inversamente proporcional a su capacitancia. La menor capacitancia tiene la mayor proporción del voltaje aplicado. La razón es que todas las capacitancias en serie tienen la misma carga porque se encuentran en una trayectoria de corriente. Como todos tienen la misma carga, un condensador más pequeño tendrá una diferencia de potencial mayor.

2.3.3 Especificaciones de los condensadores

Las especificaciones de un condensador indican la diferencia de potencial máxima que puede aplicarse a través de las placas sin perforar el dieléctrico. El voltaje nominal suele ser para temperaturas de hasta 60 °C. A temperaturas elevadas, el voltaje nominal es menor. Los valores del voltaje nominal de los condensadores de papel, mica y cerámica de uso general suelen ser de 200 V a 500 V. También existen condensadores cerámicos de 1 a 5 kilovoltios (kV).

$$C_T = C_1 + C_2$$

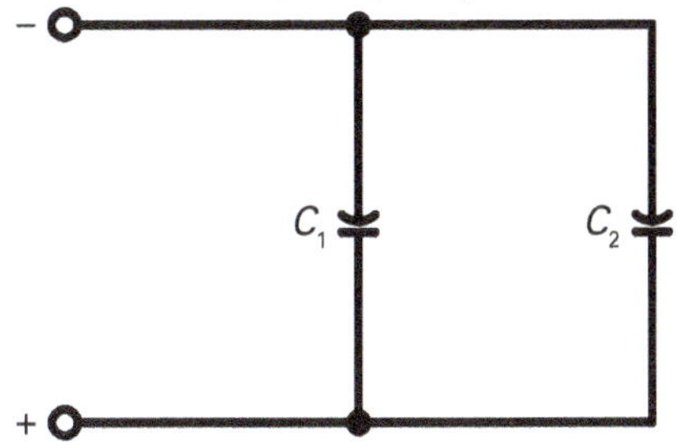

Figura 15 Condensadores en paralelo.

NOTA

Los cálculos generales de circuitos, la ley de Ohm y los métodos utilizados para calcular la resistencia se abarcan con más detalle en los módulos 26103, *Introducción a los circuitos eléctricos* y 26104, *Teoría eléctrica* de NCCER.

$$C_T = \frac{1}{\frac{1}{C_1} + \frac{1}{C_2}}$$

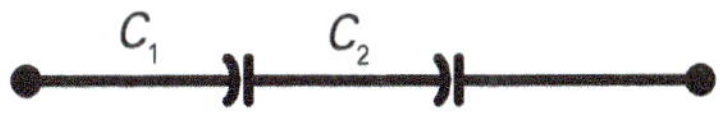

Figura 16 Condensadores en serie.

Piénselo

Capacitancia

Suponga que tiene un motor con un condensador de arranque de 30 μF defectuoso y no hay ningún condensador de reemplazo directo de 30 μF disponible. Como medida temporal, lo autorizan a reemplazarlo por dos condensadores del mismo valor. ¿Qué tamaño de condensadores, en microfaradios, se debe utilizar si los conecta en paralelo?

Los condensadores electrolíticos son comunes en capacidades de 25 V, 150 V y 450 V. Además, en circuitos de transistores, a menudo se utilizan condensadores electrolíticos de 6 V y 10 V. Para aplicaciones en las que se permite un voltaje nominal más bajo, un condensador de menor tamaño puede contener más capacitancia.

La diferencia de potencial a través del condensador depende del voltaje aplicado y no es necesariamente igual al voltaje nominal. Un voltaje nominal superior a la diferencia de potencial aplicada a través del condensador garantiza un servicio duradero. Sin embargo, en el caso de los condensadores electrolíticos, la aplicación de un voltaje cercano al voltaje nominal del condensador ayuda a producir la película de óxido que confiere al condensador su capacidad especificada.

Los voltajes nominales son para voltaje de CC aplicado. El valor nominal de ruptura es inferior para el voltaje de CA debido al calor interno que se produce por la carga y descarga continuas.

Los condensadores también se clasifican por su resistencia de fuga en megaohmios (MΩ). Una vez que se ha eliminado el voltaje de carga, un condensador perfecto mantendría su carga de forma indefinida. Sin embargo, después de un período, la carga se neutraliza debido a una pequeña corriente de fuga que fluye a través del dieléctrico y a través de la carcasa aislada entre los terminales. Esto se debe a que no existe un aislante perfecto. En el caso de los condensadores de papel, cerámica y mica, la corriente de fuga es muy pequeña, lo que significa que la resistencia de fuga es muy alta. Para condensadores de papel, cerámica o mica, la resistencia es de 100 MΩ o más. Los condensadores electrolíticos pueden tener una resistencia de fuga de 0.5 MΩ o menos.

2.3.4 Voltaje y corriente en un circuito de CA capacitivo

En un circuito capacitivo potenciado por una fuente de voltaje de CA, el voltaje cambia continuamente. Por lo tanto, la carga del condensador también varía constantemente. Las cuatro partes de la *figura 17* muestran la variación del voltaje y la corriente alternos en un circuito capacitivo para cada cuarto de un ciclo.

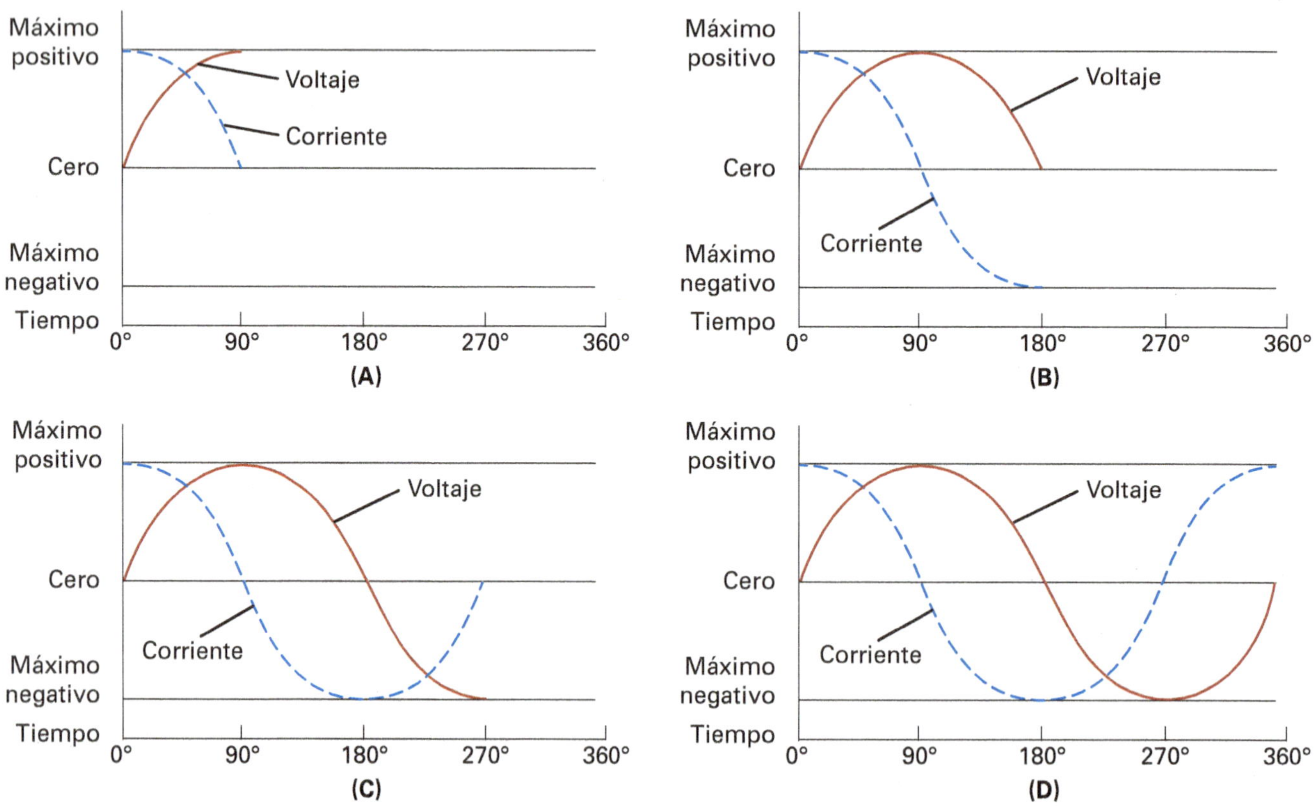

Figura 17 Voltaje y corriente en un circuito capacitivo de CA.

La línea roja continua representa el voltaje a través del condensador. La línea de puntos azules representa la corriente. La línea que pasa por el centro es el punto cero de referencia tanto para el voltaje como para la corriente. La base marca el tiempo del ciclo en términos de grados eléctricos. Supongamos que el voltaje de CA ha estado actuando sobre el condensador durante algún tiempo antes del tiempo del punto de inicio representado por la onda sinusoidal.

Consulte la *figura 17* (A). Al principio del primer cuarto de ciclo (0° a 90°), el voltaje acaba de pasar por cero y está aumentando en dirección positiva. Como el punto cero es la parte más pronunciada de la onda sinusoidal, el voltaje está cambiando a su mayor velocidad.

La carga de un condensador varía directamente con el voltaje. Por lo tanto, la carga del condensador también cambia a su mayor velocidad al principio del primer cuarto de ciclo. En otras palabras, el mayor número de electrones se desplaza de una placa a la otra. Por lo tanto, la corriente del condensador está en su valor máximo.

A medida que el voltaje avanza hacia su máximo a 90°, su tasa de variación se hace cada vez menor, haciendo que la corriente disminuya hacia cero. A 90°, el voltaje a través del condensador está en su máximo, el condensador está completamente cargado y no hay más movimiento de electrones de una placa a otra. Por eso la corriente a 90° es cero.

Al final del primer cuarto de ciclo, el voltaje de CA deja de aumentar en la dirección positiva y comienza a disminuir. Sigue siendo un voltaje positivo; pero para el condensador, la disminución del voltaje significa que la placa que ha acumulado un exceso de electrones debe perder algunos de ellos. Por lo tanto, el flujo de corriente debe invertir su dirección.

La figura 17 (B) muestra que la curva de corriente está por debajo de la línea cero (dirección negativa de la corriente) durante el segundo cuarto de ciclo. A 180°, el voltaje ha bajado a cero. Esto significa que, durante un breve instante, los electrones se distribuyen por igual entre las dos placas. La corriente es máxima porque el voltaje ha alcanzado su máxima razón de cambio.

En la *figura 17* (C), justo después de 180°, el voltaje ha invertido la polaridad y comienza a aumentar hasta su pico negativo máximo. Este pico se alcanza al final del tercer cuarto de ciclo (180° a 270°). Durante el tercer cuarto de ciclo, la razón de cambio del voltaje disminuye gradualmente a medida que la carga aumenta hasta su máximo a 270°. En este punto, el condensador está totalmente cargado y transporta todo el voltaje impreso. Cuando está completamente cargado, ya no hay intercambio de electrones y el flujo de corriente es nulo. Las condiciones son las mismas que al final del primer cuarto de ciclo (90°), pero la polaridad está invertida.

En la *figura 17* (D), justo después de 270°, el voltaje aplicado comienza a disminuir una vez más. El condensador debe perder electrones de la placa negativa. Debe descargarse, comenzando con un flujo mínimo y aumentando hasta un máximo. Esta acción de descarga continúa durante el último cuarto de ciclo (270° a 360°) hasta que el voltaje impreso llega a cero. En la marca de 360°, todo vuelve a empezar.

En la *figura 17*, observe que la corriente siempre llega a un determinado punto del ciclo 90° por delante del voltaje debido a la acción de carga y descarga. Esta relación de fase entre voltaje y corriente en un circuito capacitivo es exactamente opuesta a la de un circuito inductivo. La corriente a través de un condensador está adelantada 90° con respecto al voltaje a través del condensador. Una manera práctica de recordar esto es la frase "ELI el hombre ICE" (ELI se refiere a los inductores, como explicamos anteriormente). ICE se aplica a los condensadores de la siguiente manera:

- I = corriente
- C = condensador
- E = voltaje

En los condensadores (C), la corriente (I) se adelanta en 90° al voltaje (E).

Es importante saber que tanto la corriente como el voltaje atraviesan sus ciclos individuales al mismo tiempo durante el período en que se aplica el voltaje de CA. La corriente no atraviesa una parte de su ciclo (carga o descarga) y luego se detiene y espera a que el voltaje la alcance. La amplitud y polaridad del voltaje y la amplitud y dirección de la corriente cambian continuamente.

Sus posiciones, con respecto a la otra y a la línea cero en cualquier instante eléctrico o cualquier grado entre 0° y 360°, se pueden ver al leer de forma ascendente desde la línea tiempo-grado. La oscilación de la corriente desde el pico positivo a 0° hasta el pico negativo a 180° no es una medida del número de electrones o de la carga de las placas. Es una imagen de la dirección y la fuerza de la corriente en relación con la polaridad y la fuerza del voltaje que aparece a través de las placas.

2.3.5 Reactancia capacitiva

Los condensadores ofrecen una oposición muy real al flujo de corriente. Esta oposición se debe a que, a un voltaje y frecuencia determinados, el número de electrones que se mueven de una placa a otra está limitado por la capacidad de almacenamiento o capacitancia del condensador. A medida que aumenta la capacitancia, un mayor número de electrones cambia de placa en cada ciclo. Dado que la corriente es una medida del número de electrones que pasan por un punto determinado a lo largo del tiempo, la corriente aumenta.

Al aumentar la frecuencia también disminuirá la oposición que ofrece un condensador. Esto ocurre porque el condensador tiene menos tiempo para cargarse hasta su potencial máximo, por lo que pasarán más electrones por un punto determinado a lo largo del tiempo. Esto significa que fluirá más corriente. La oposición que ofrece un condensador a la CA es, por consiguiente, inversamente proporcional a la frecuencia y a la capacitancia. Esta oposición se denomina *reactancia capacitiva*. La reactancia capacitiva disminuye al aumentar la frecuencia o, para una frecuencia dada, la reactancia capacitiva disminuye al aumentar la capacitancia. El símbolo de la reactancia capacitiva es X_C. La fórmula es la siguiente:

$$X_C = \frac{1}{2\pi fC}$$

Donde:

X_C = reactancia capacitiva (ohmios)
f = frecuencia (Hz)
C = capacitancia (F)
$2\pi = 6.28\ (2 \times 3.14)$

Por ejemplo, ¿cuál es la reactancia capacitiva de un condensador de 0.05 μF en un circuito cuya frecuencia es de 1 megahercio (MHz)? Tenga en cuenta que la frecuencia en la fórmula anterior está en Hz, no en MHz. Un MHz equivale a 1,000,000 Hz. Eso debe considerarse como se muestra aquí, con la frecuencia representada por 10^6 Hz:

$$X_C = \frac{1}{2\pi fC}$$

$$X_C = \frac{1}{(6.28)(10^6\,\text{Hz})(5 \times 10^{-8}\text{F})}$$

$$X_C = \frac{1}{3.14 \times 10^{-1}} = \frac{1}{0.314} = 3.18\Omega$$

Por lo tanto, la reactancia capacitiva de un condensador de 0.05 μF que funciona a una frecuencia de 1 MHz es igual a 3.18 Ω. Supongamos que este mismo condensador funciona a una frecuencia más baja de 1,500 Hz, en lugar de 1 MHz. ¿Entonces cuál es la reactancia capacitiva? Aquí usamos 1.5×10^3 Hz para representar 1,500 Hz:

$$X_C = \frac{1}{2\pi fC}$$

$$X_C = \frac{1}{(6.28)(1.5 \times 10^3\,\text{Hz})(5 \times 10^{-8}\text{F})}$$

$$X_C = \frac{1}{4.71 \times 10^{-4}} = \frac{1}{0.000471} = 2{,}123\Omega$$

Fíjese en un punto muy interesante de estos dos ejemplos. Al disminuir la frecuencia de 1 MHz a 1,500 Hz, la reactancia capacitiva aumenta de 3.18 Ω a 2,123 Ω. Por lo tanto, la reactancia capacitiva aumenta a medida que disminuye la frecuencia.

Piénselo

Frecuencia y reactancia capacitiva

Se utiliza un condensador variable en el sintonizador de una radio AM para sintonizar la radio en la estación deseada. ¿Su valor de reactancia capacitiva será mayor o menor cuando está sintonizado en el extremo inferior de la banda de frecuencia (550 kHz) que cuando está sintonizado en el extremo alto de la banda (1,440 kHz)?

ICE como en «ELI el hombre ICE»

Recordar la frase "ICE", como en "ELI el hombre ICE", es una manera fácil de recordar las relaciones de fase que siempre existen entre voltaje y corriente en un circuito capacitivo. Un circuito capacitivo es un circuito en el que hay más reactancia capacitiva que inductiva. Esto se indica por la *C* de ICE. La *I* (corriente) está antes de la *E* (voltaje) en ICE, lo que significa que la corriente se adelanta con respecto al voltaje en un circuito capacitivo.

2.4.0 Circuitos de combinación

Los circuitos de corriente alterna suelen contener inductores, condensadores o resistencias conectados en serie o en paralelo. Cuando esto ocurre, es importante determinar la relación de fase resultante entre el voltaje aplicado y la corriente en el circuito.

El método más sencillo para combinar factores que tienen distintas relaciones de fase es usando la suma vectorial, que emplea funciones trigonométricas. Cada cantidad se muestra como un vector y luego se halla el vector resultante y el ángulo de fase.

En los circuitos puramente resistivos, el voltaje y la corriente están en fase. En los circuitos inductivos, el voltaje está adelantado 90° con respecto a la corriente. En los circuitos capacitivos, la corriente está adelantada 90° con respecto al voltaje. En la *figura 18* se muestran las relaciones de fase de estos componentes utilizados en los circuitos de corriente alterna. Recordemos que estas características se resumen en la frase "ELI el hombre ICE". El voltaje (*E*) se adelanta a la corriente (*I*) en un circuito inductivo. La corriente (*I*) se adelanta al voltaje (*E*) en un circuito capacitivo. Esto se enuncia matemáticamente del siguiente modo:

ELI = **E** se adelanta con respecto a **I** (inductivo)

ICE = **I** se adelanta con respecto a **E** (capacitivo)

La **impedancia** (*Z*) de un circuito se define como la oposición total al flujo de corriente. La magnitud de la impedancia *Z* viene dada por la siguiente ecuación en un circuito en serie:

Impedancia (*Impedance*): oposición al flujo de corriente en un circuito de CA. La impedancia incluye resistencia (*R*), reactancia capacitiva (X_C) y reactancia inductiva (X_L). La impedancia se mide en ohmios (Ω).

$$Z = \sqrt{R^2 + X^2}$$

Donde:

Z = impedancia (Ω)

R = resistencia (Ω)

X = reactancia neta (Ω)

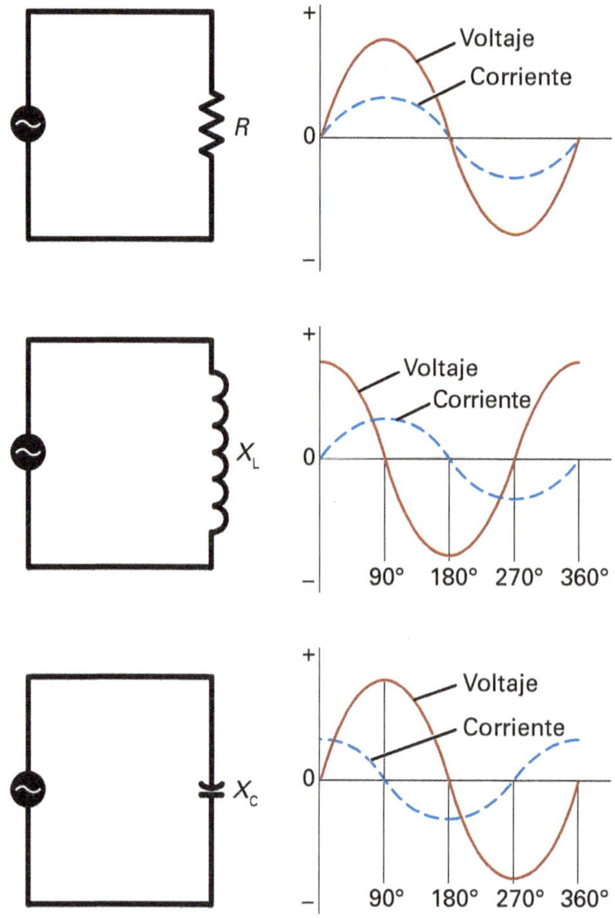

Figura 18 Resumen de las relaciones de fase de los circuitos de CA.

La corriente que atraviesa una resistencia está siempre en fase con el voltaje que se le aplica; la resistencia se muestra a lo largo del eje de 0°. El voltaje a través de un inductor se adelanta a la corriente por 90°, por lo que la reactancia inductiva se muestra a lo largo del eje de 90°. El voltaje a través de un condensador se atrasa 90° con respecto a la corriente, por lo que la reactancia capacitiva se muestra a lo largo del eje de -90°. La *reactancia neta* es la diferencia entre la reactancia inductiva y la reactancia capacitiva:

- X = reactancia neta (Ω)
- X_L = reactancia inductiva (Ω)
- X_C = reactancia capacitiva (Ω)

La impedancia Z es la suma vectorial de la resistencia R y la reactancia neta X. El ángulo, denominado *ángulo de fase*, proporciona la relación de fase entre el voltaje aplicado y la corriente.

2.4.1 Circuitos RL

Los circuitos RL combinan resistencias e inductores en una configuración en serie, paralelo o mixta. En un circuito puramente inductivo, la corriente está retrasada con respecto al voltaje por un ángulo de 90°. En un circuito que contenga resistencia e inductancia, la corriente estará retrasada con respecto al voltaje por un ángulo comprendido entre cero y 90°.

La figura 19 muestra un circuito RL conectado en serie y un diagrama vectorial. Al tratarse de un circuito en serie, la corriente es la misma en todas las partes del bucle. Utilizando los valores que se muestran en la *figura 19*, analice el circuito.

Resuelva X_L de la siguiente manera:

Paso 1 Calcule el valor de X_L.

$X_L = 2\pi f L$

$X_L = 6.28 \times 100 \text{ Hz} \times 4 \text{ H}$

$X_L = 2{,}512\Omega$

Paso 2 Trace los vectores R y X_L como se muestra en la *figura 19*. R se traza en sentido horizontal porque la corriente del circuito y el voltaje a través del vector R están en fase. Por tanto, se convierte en la línea de referencia a partir de la cual se miden otros ángulos. X_L se traza hacia arriba en 90° desde R porque el voltaje a través de X_L está adelantado con respecto a la corriente del circuito a través de R.

Paso 3 Calcule el valor de la impedancia Z del circuito, que es igual a la suma vectorial de X_L y R.

$$tan = \frac{X_L}{R} = \frac{2{,}512}{1{,}500} = 1.67$$

$$\arctan(1.67) = 59.1°$$

$$\cos(59.1°) = 0.5135$$

Halle Z usando la función coseno.

$$cos = \frac{R}{Z}$$

$$Z = \frac{R}{cos}$$

$$Z = \frac{1{,}500}{0.5135} = 2{,}921\Omega$$

Paso 4 Calcule la corriente del circuito utilizando la ley de Ohm para circuitos de CA.

$$I = \frac{E}{Z} = \frac{100\text{V}}{2{,}921\Omega} = 0.034\text{A}$$

Paso 5 Calcule las caídas de voltaje en el circuito.

$E_L = IX_L = 0.034 \times 2{,}512 = 85 \text{ V}$

$E_R = IR = 0.034 \times 1{,}500 = 51 \text{ V}$

Observe que las caídas de voltaje a través de la resistencia y el inductor no son iguales al voltaje de suministro porque deben sumarse vectorialmente. Esto se haría de la siguiente manera. Tenga en cuenta que, debido al redondeo, los números no son exactos.

$$tan = \frac{E_L}{E_R} = \frac{85}{51} = 1.67$$

$$\arctan(1.67) = 59.1°$$

$$cos = \frac{E_R}{E_Z}$$

$$E_Z = \frac{E_R}{cos}$$

$$E_Z = \frac{51}{0.5135} = \text{aprox. } 100\text{V} = E_S$$

En este circuito inductivo, la corriente está retrasada con respecto al voltaje aplicado por un ángulo igual a 59.1°.

NOTA

También puede utilizar el teorema de Pitágoras, que se tratará más adelante en la *Sección 3.5.0*, para resolver el problema.

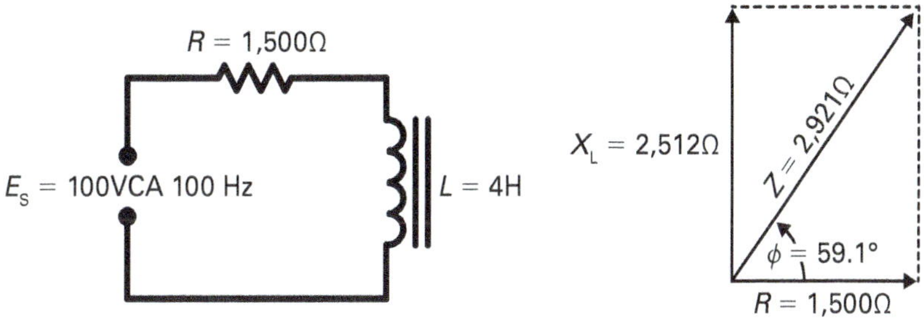

Figura 19 Circuito RL en serie y diagrama vectorial.

Análisis vectorial

Cuando se utiliza el análisis vectorial, la línea horizontal es el valor en fase y la línea vertical que apunta hacia arriba representa el valor principal. La línea vertical que apunta hacia abajo representa el valor de retraso.

La figura 20 muestra otro circuito RL conectado en serie, sus formas de onda asociadas y diagramas vectoriales. Esta figura muestra las características de un circuito RL en serie:

- La corriente I fluye a través de todos los componentes de la serie.
- El voltaje V_L a través de X_L se puede considerar la caída de un voltaje IX_L, tal como V_R se usa para una caída de voltaje IR.
- La corriente I a través de X_L debe estar retrasada con respecto a V_L por 90°. A través de una inductancia, este es el ángulo entre la corriente y su voltaje autoinducido (recuerde "ELI el hombre ICE").
- La corriente I a través de R y su caída de voltaje IR tienen la misma fase. No hay reactancia a la corriente de onda sinusoidal en ninguna resistencia. Por lo tanto, I y IR tienen la misma fase, o este ángulo de fase es 0°.
- V_T es la suma vectorial de los dos voltajes desfasados V_R y V_L.
- La corriente del circuito I está retrasada con respecto a V_T por el ángulo de fase.
- La impedancia del circuito Z es la suma vectorial de R y X_L.

En un circuito en serie, cuanto mayor sea el valor de X_L en comparación con R, más inductivo será el circuito. Esto significa que hay más caída de voltaje a través de la reactancia inductiva, aumentando el ángulo de fase hacia 90°. El circuito será más inductivo y la corriente en serie estará retrasada con respecto al voltaje del generador aplicado.

En la tabla 1 aparecen varias combinaciones de X_L y R en serie con su impedancia y *ángulo de fase* resultantes. Observe que una relación de 10:1 o más para X_L y R significa que el circuito es prácticamente todo inductivo. El ángulo de fase de 84.3° es solo ligeramente inferior a 90° para la relación de 10:1 y la impedancia total Z es aproximadamente igual a X_L. La caída de voltaje a través de X_L en el circuito en serie será igual al voltaje aplicado, con casi ninguno a través de R.

TABLA 1 Combinaciones en serie de R y X_L

R	X_L	Z (aprox.)	Ángulo de fase (ϕ)
1 Ω	10 Ω	$\sqrt{101}$ = 10 Ω	84.3°
10 Ω	10 Ω	$\sqrt{200}$ = 14 Ω	45°
10 Ω	1 Ω	$\sqrt{101}$ = 10 Ω	5.7°

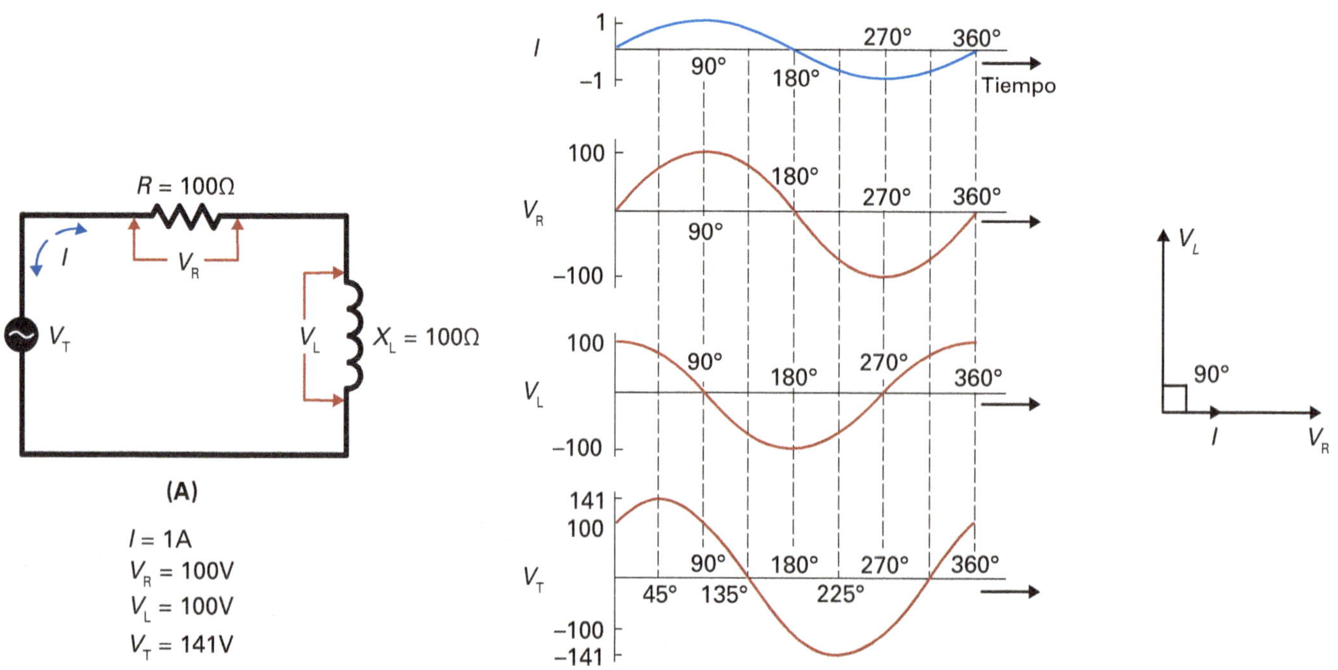

Figura 20 Circuito RL en serie con formas de onda y diagrama vectorial.

En el extremo opuesto, cuando R es 10 veces mayor que X_L, el circuito en serie es principalmente resistivo. El ángulo de fase de 5.7° significa que la corriente tiene casi la misma fase que el voltaje aplicado, la impedancia total Z es aproximadamente igual a R y la caída de voltaje a través de R es prácticamente igual al voltaje aplicado, con casi ninguna a través de X_L.

En un circuito RL paralelo, la resistencia y la inductancia se conectan en paralelo a través de la misma fuente de voltaje. Por lo tanto, el circuito tiene dos derivaciones: una resistiva y otra inductiva.

El ángulo de fase de 90° debe considerarse para la corriente de cada derivación, en lugar de las caídas de voltaje como en un circuito en serie. Recuerde que en cualquier circuito en serie, hay diferentes caídas de voltaje, pero una corriente común. Un circuito paralelo tiene diferentes corrientes de derivación, pero un voltaje común.

En el circuito paralelo de la *figura 21*, el voltaje aplicado V_A es el mismo enX_L, R y el generador. Esto se debe a que todos están en paralelo. No puede haber ninguna diferencia de fase entre estos voltajes. Cada derivación, sin embargo, tiene su corriente individual. En la derivación resistiva, $I_R = V_A \div R$. En la derivación inductiva, $I_L = V_A \div X_L$.

La corriente de la derivación resistiva I_R tiene la misma fase que el voltaje V_A del generador. Sin embargo, la corriente de la derivación inductiva I_L está retrasada con respecto a V_A porque la corriente en una inductancia se retrasa con respecto al voltaje a través de ella por 90°.

Por lo tanto, la corriente de línea total está conformada por I_R e I_L, que están desfasadas 90° entre sí. La suma fasorial (suma de los vectores giratorios) de I_R e I_L es igual a la corriente total de línea I_T. Las formas de onda y los vectores de la *figura 21* muestran estas relaciones de fase. I_T se retrasará con respecto a V_A en algún ángulo de fase que resulte de la suma vectorial de I_R e I_L.

La impedancia Z de un circuito RL paralelo es la oposición total al flujo de corriente por la resistencia R de la derivación resistiva y la reactancia inductiva X_L de la derivación inductiva. Dado que X_L y R son cantidades vectoriales, deben sumarse vectorialmente.

Si se conocen la corriente de línea y el voltaje aplicado, Z también puede calcularse mediante la siguiente ecuación:

$$Z = \frac{V_A}{I_{Line}}$$

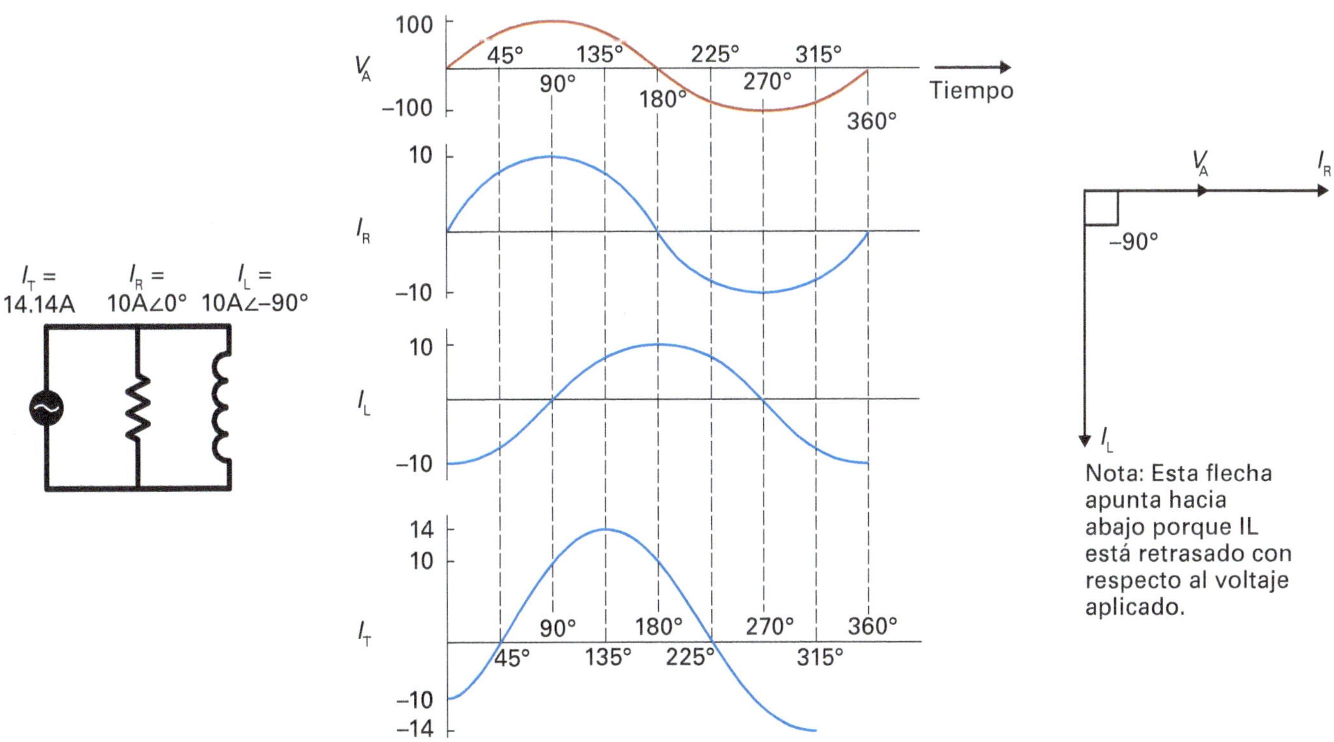

Figura 21 Circuito RL en paralelo con formas de onda y diagrama vectorial.

TABLA 2 Combinaciones en paralelo de R y X_L

R	X_L	I_R	I_L	I_T (aprox.)	$Z = V_A \div I_L$	Ángulo de fase (ϕ_I)
1 Ω	10 Ω	10 A	1 A	$\sqrt{101}$ = 10 A	1 Ω	–5.7°
10 Ω	10 Ω	1 A	1 A	$\sqrt{2}$ = 1.4 A	7.07 Ω	-45°
10 Ω	1 Ω	1 A	10 A	$\sqrt{101}$ = 10 A	1 Ω	–84.3°

La Z de un circuito RL paralelo es siempre menor que la R o X_L de cualquiera de las derivaciones. La derivación de un circuito RL paralelo que ofrece la mayor oposición al flujo de corriente tiene el menor efecto sobre el ángulo de fase de la corriente.

En la tabla 2 se presentan varias combinaciones de X_L y R en *paralelo*. Cuando X_L es 10 veces R, el circuito paralelo es prácticamente resistivo porque hay poca corriente inductiva en la línea. El valor pequeño de I_L es consecuencia de la elevada X_L. Por lo tanto, la impedancia total Z del circuito paralelo es aproximadamente igual a la resistencia R. Esto se debe a que el valor alto de X_L en una derivación paralela tiene poco efecto. El ángulo de fase de -5.7° es prácticamente 0° porque la mayor parte de la corriente de la línea es resistiva.

Como X_L se hace más pequeña, proporciona más corriente inductiva en la línea principal. Cuando X_L es $^1/_{10}$ de R, prácticamente toda la corriente de línea es la componente I_L. Entonces el circuito paralelo es prácticamente todo inductivo, con una impedancia total casi igual a X_L. El ángulo de fase de -84.3° es casi de -90° porque la corriente de la línea es mayormente inductiva. Note que estas condiciones son opuestas al caso de X_L y R en serie.

2.4.2 Circuitos RC

Los circuitos RC contienen una resistencia y un condensador. En un circuito que solo contiene resistencias, la corriente y el voltaje están en fase. En un circuito de capacitancia pura, la corriente se adelanta al voltaje en un ángulo de 90°. En los circuitos RC que tienen resistencia y capacitancia, la corriente se adelantará al voltaje en algún ángulo entre 0° y 90°.

En un circuito RC en serie, la corriente I es la misma en X_C y R ya que están en serie. La *figura* 22 (A) muestra un circuito RC en serie con resistencia R en serie con reactancia capacitiva X_C. Cada uno tiene su propia caída de voltaje en serie, igual a IR para la resistencia y IX_C para la reactancia.

En la *figura* 22 (B), el fasor, o vector giratorio, se muestra en posición horizontal como fase de referencia. Esto se debe a que I es la misma en todo el circuito en serie. La caída de voltaje resistiva IR tiene la misma fase que I. El voltaje del condensador IX_C debe estar a 90° en el sentido de las agujas del reloj con respecto a I e IR, ya que el voltaje capacitivo se retrasa con respecto a la corriente. Obsérvese que el fasor IX_C apunta hacia abajo, exactamente opuesto al fasor IX_L si lo hubiera. Esto se debe a que tienen ángulos de fase opuestos.

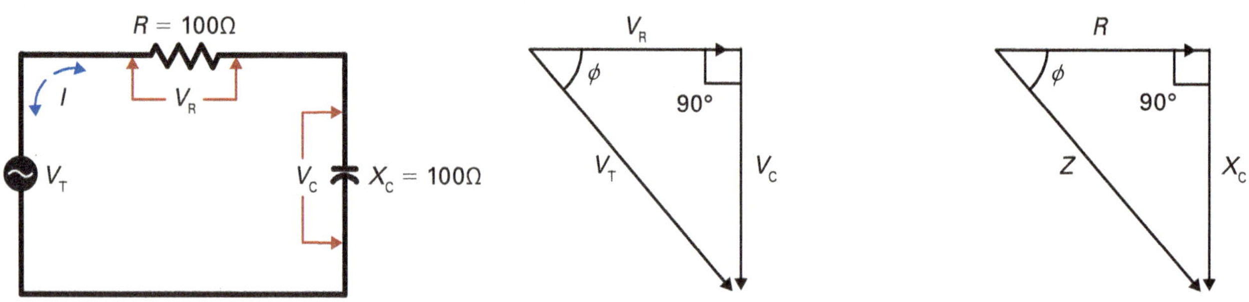

(A)

$I = 1A$
$V_R = 100V$
$V_C = 100V$
$V_T = 141V$

(B)

$\phi = -45°$
$V_R = I \times R = 100V$
$V_C = I \times X_C = 100V$
$V_T = \sqrt{V_R^2 + V_C^2} = 141V$

(C)

$\phi = -45°$
$R = 100\Omega$
$X_C = 100\Omega$
$Z = \sqrt{R^2 + X_C^2} = 141\Omega$

Figura 22 Circuito RC en serie con diagramas vectoriales.

Como se muestra en la *figura 22* (C), si se considera solo la reactancia capacitiva, su caída de voltaje se retrasa con respecto a la corriente en serie I por 90°. Sin embargo, el voltaje IR tiene la misma fase que I, porque la resistencia no proporciona desplazamiento de fase. Por lo tanto, R y X_C combinados en serie deben sumarse como vectores porque están desfasados 90° entre sí.

Como en el caso de la reactancia inductiva, phi (ϕ) es el ángulo de fase entre el voltaje del generador y su corriente en serie. Como se muestra en la *figura 22* (B) y la *figura 22* (C), ϕ puede calcularse a partir del triángulo de voltaje o impedancia.

Con X_C en serie, el ángulo de fase es negativo, en el sentido de las agujas del reloj respecto al ángulo de referencia cero de I porque el voltaje de X_C se retrasa con respecto a su corriente. Para indicar el ángulo de fase negativo, este fasor de 90° apunta hacia abajo desde la referencia horizontal, en lugar de hacia arriba como ocurre con la reactancia inductiva en serie.

En serie, cuanto mayor sea X_C en comparación con R, más capacitivo será el circuito. Hay más caída de voltaje a través de la reactancia capacitiva y el ángulo de fase aumenta hacia -90°. La X_C en serie siempre hace que la corriente se adelante con respecto al voltaje aplicado. Con X_C y sin R, todo el voltaje aplicado está a través de X_C y es igual a -90°. En la tabla 3 figuran varias combinaciones de X_C y R en *serie*.

TABLA 3 Combinaciones en serie de R y X_C

R	X_C	Z (aprox.)	Ángulo de fase (ϕ_Z)
1 Ω	10 Ω	$\sqrt{101} = 10$ Ω	84.3°
10 Ω	10 Ω	$\sqrt{200} = 14$ Ω	45°
10 Ω	1 Ω	$\sqrt{101} = 10$ Ω	5.7°

En un circuito RC paralelo, como se muestra en la *figura 23* (A), se conectan una derivación capacitiva y una derivación resistiva a través de una fuente de voltaje. La corriente que sale de la fuente de voltaje se divide entre las derivaciones, por lo que hay corrientes diferentes en cada derivación. Por lo tanto, la corriente no es la misma en todo el circuito, como ocurre en el circuito RC en serie.

En un circuito RC paralelo, el voltaje aplicado es el mismo en cada derivación. Por lo tanto, los voltajes de las derivaciones tienen el mismo valor que el voltaje aplicado y todos los voltajes están en fase. Dado que el voltaje es común en todo el circuito RC paralelo, sirve como cantidad común en cualquier representación vectorial de circuitos RC paralelos. Esto significa que el vector de referencia tendrá la misma relación de fase o dirección que el voltaje del circuito. Observe en la *figura* 23 (B) que V_A y I_R se muestran como referencia 0°.

La corriente dentro de una derivación individual de un circuito paralelo RC depende del voltaje a través de la derivación y de R o X_C que contiene la derivación. La corriente en la derivación resistiva está en fase con el voltaje de la derivación, que es el voltaje aplicado. La corriente en la derivación capacitiva se adelanta a V_A en 90°. Como los voltajes de las derivaciones son iguales, I_C se adelanta a I_R en 90°, como se muestra en la *figura 23* (B). Como las corrientes de derivación están desfasadas, deben sumarse vectorialmente para obtener la corriente de la línea.

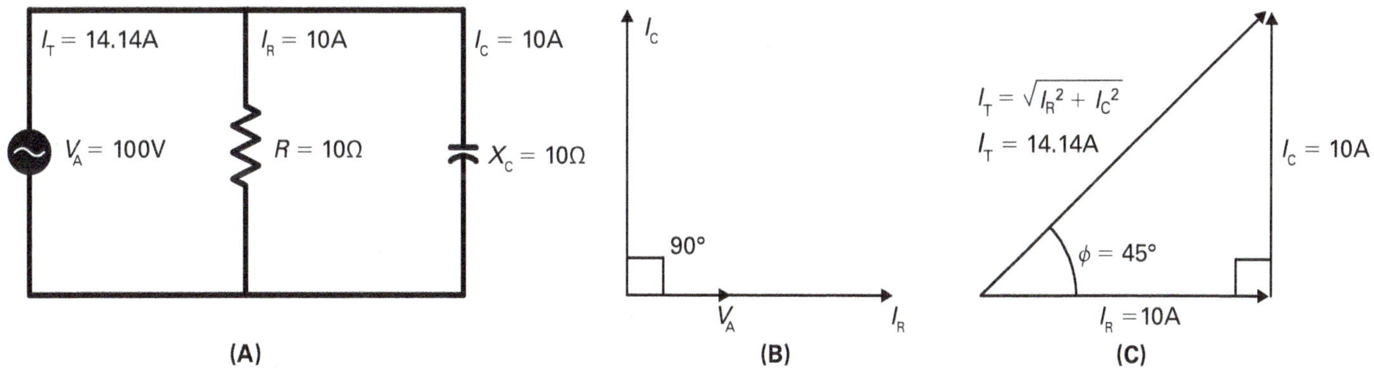

Figura 23 Circuito RC en paralelo con diagramas vectoriales.

Como se muestra en la *figura* 23 (C), el ángulo de fase (ϕ) es de 45° porque R y X_C son iguales, lo que da lugar a corrientes de derivación iguales. El ángulo de fase se produce entre la corriente total I_T y el voltaje del generador V_A. Sin embargo, la fase de V_A es la misma que la de I_R. Por lo tanto, ϕ también está entre I_T e I_R.

La impedancia de un circuito RC paralelo es la oposición total al flujo de corriente causada por la resistencia y la reactancia capacitiva del circuito. Esta es la ecuación para calcular la impedancia de un circuito RC paralelo:

$$Z = \frac{RX_C}{\sqrt{R^2 + X_C^2}}$$

o:

$$Z = \frac{V_A}{I_T}$$

En el ejemplo de la *figura 23*, Z se calcula como se indica:

$$Z = \frac{V_A}{I_T} = \frac{100V}{14.14A} = 7.07\Omega$$

Esta es la impedancia a través del generador. Esta Z de 7.07 Ω es igual a la resistencia de 10 Ω en paralelo con la reactancia de 10 Ω. Observe que, a pesar de lo que se puede esperar, la impedancia de los valores iguales R y X_C no es la mitad. En cambio, es el 70.7 % de cualquiera de los dos valores.

Cuando X_C es alto en relación con R, el circuito paralelo es prácticamente resistivo porque hay poca corriente capacitiva de entrada en la línea principal. El pequeño valor de I_C se debe a la elevada reactancia de X_C. La impedancia total del circuito paralelo es aproximadamente igual a la resistencia porque el alto valor de X_C en una derivación paralela tiene poco efecto.

A medida que X_C disminuye, proporciona más corriente capacitiva principal en la línea principal. Cuando X_C es muy pequeño en relación con R, prácticamente toda la corriente de línea es la componente I_C. El circuito paralelo es prácticamente todo capacitivo, con una impedancia total prácticamente igual a X_C.

En la *tabla* 4 se muestran las características de distintos circuitos.

2.4.3 Circuitos LC

Un circuito LC combina una inductancia y una capacitancia conectadas en serie o en paralelo con una fuente de voltaje. No existe una resistencia física o específica en un circuito LC, pero todos los circuitos contienen algún nivel de resistencia. Dado que la resistencia del circuito del cableado y la fuente de voltaje suele ser tan pequeña, apenas afecta el funcionamiento del circuito.

En un circuito con X_L y X_C, los ángulos de fase opuestos permiten que uno anule el efecto del otro. Para X_L y X_C en serie, la reactancia neta es la diferencia entre las dos reactancias en serie, resultando una reactancia menor que cualquiera de las dos. En los circuitos en paralelo, las corrientes de derivación I_L e I_C se anulan. La corriente de línea neta es entonces la diferencia entre las dos corrientes de derivación, lo que da como resultado una corriente de línea total menor que la de cualquiera de las dos derivaciones.

Como en todos los circuitos en serie, la corriente en un circuito LC en serie es la misma en todos los puntos. Por lo tanto, la corriente en el inductor es la misma y está en fase con la corriente en el condensador. Debido a esto, en el diagrama vectorial de un circuito LC en serie, la dirección del vector de corriente es la referencia en la dirección 0°, como se muestra en la *Figura 24*.

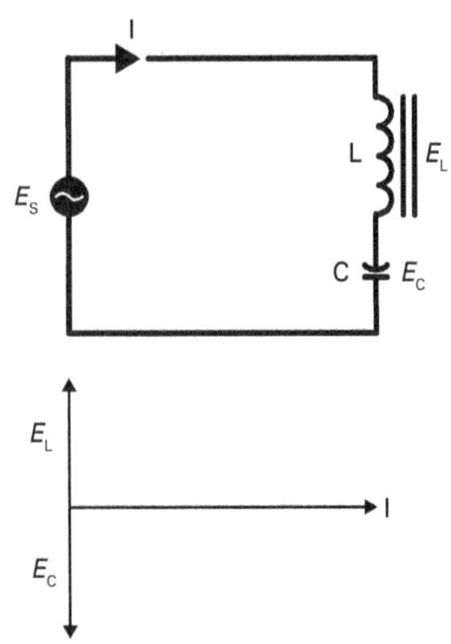

Figura 24 Circuito LC en serie con diagrama vectorial.

TABLA 4 Combinaciones en paralelo de R y X_C

R	X_C	I_R	I_C	I_T (aprox.)	Z (aprox.)	Ángulo de fase (ϕ)
1 Ω	10 Ω	10 A	1 A	√101 = 10 A	1 Ω	5.7°
10 Ω	10 Ω	1 A	1 A	√2 = 1.4 A	7.07 Ω	45°
10 Ω	1 Ω	1 A	10 A	√101 = 10 A	1 Ω	84.3°

Cuando hay flujo de corriente en un circuito LC en serie, las caídas de voltaje a través del inductor y el condensador dependen de la corriente del circuito y de los valores de X_L y X_C. La caída de voltaje a través del inductor adelanta la corriente del circuito en 90° y la caída de voltaje a través del condensador retrasa la corriente del circuito en 90°. Utilizando la ley de voltaje de Kirchhoff, el voltaje de la fuente es igual a la suma de las caídas de voltaje a través del inductor y el condensador, con respecto a la polaridad de cada uno.

Como la corriente que circula por ambos es la misma, el voltaje a través del inductor adelanta al voltaje a través del condensador en 180°. El método utilizado para sumar los dos vectores de voltaje consiste en restar el vector menor del mayor. Una vez calculado, asigna la dirección del vector mayor al resultado para que sea inductivo o capacitivo. Cuando se aplica a un circuito LC en serie, esto significa que el voltaje aplicado es igual a la diferencia entre las caídas de voltaje (E_L y E_C). Mientras que el ángulo de fase entre el voltaje aplicado (E_T) y la corriente del circuito viene determinado por la mayor caída de voltaje.

En un circuito LC en serie, una o ambas caídas de voltaje son siempre mayores que el voltaje aplicado. Pero recuerde que están desfasados 180°. Una de ellas anula una parte de la otra, de modo que la caída de voltaje total es siempre igual al voltaje aplicado.

Recordemos que X_L está desfasado 180° con respecto a X_C. La impedancia es entonces la suma vectorial de las dos reactancias. La suma de sus vectores se obtiene restando el menor del mayor. A diferencia de los circuitos RL y RC, la impedancia en un circuito LC es puramente inductiva o puramente capacitiva.

En un circuito LC paralelo, hay una inductancia y una capacitancia conectadas en paralelo a través de una fuente de voltaje. La *figura 25* muestra un circuito LC paralelo con su diagrama vectorial.

Como en cualquier circuito en paralelo, el voltaje a través de las derivaciones es el mismo que el voltaje aplicado. Esto significa que los voltajes están en fase. Por ello, el voltaje se utiliza como referencia de fase 0° y las fases de las demás magnitudes del circuito se expresan en relación con el voltaje.

Las corrientes en las derivaciones de un circuito LC paralelo están desfasadas con respecto al voltaje del circuito. La corriente en la derivación inductiva (I_L) se retrasa 90° con respecto al voltaje, mientras que la corriente en la derivación capacitiva (I_C) se adelanta 90° con respecto al voltaje. Como el voltaje es el mismo en ambas derivaciones, las corrientes I_L e I_C están, por lo tanto, desfasadas 180°. Las amplitudes de las corrientes de derivación dependen del valor de la reactancia en las respectivas derivaciones.

Con las corrientes de derivación desfasadas 180°, la corriente de línea es igual a su suma vectorial. Esta suma vectorial se realiza restando la corriente de derivación menor de la mayor.

Por lo tanto, la corriente de línea de un circuito LC paralelo tiene las características de fase de la corriente de derivación mayor. Por lo tanto, si la corriente de la derivación inductiva es la mayor, la corriente de línea es inductiva y se retrasa 90° con respecto al voltaje aplicado. Si la corriente de la derivación capacitiva es la mayor, la corriente de línea es capacitiva y se adelanta al voltaje aplicado en 90°.

La corriente de línea en un circuito LC paralelo siempre es menor que al menos una de las corrientes de derivación, a veces ambas. Esto se debe a que las dos corrientes de derivación están desfasadas 180°. Como resultado de la diferencia de fase, se produce cierta cancelación entre las dos corrientes cuando se combinan para producir la corriente de línea. La impedancia de un circuito LC paralelo se puede encontrar utilizando las siguientes ecuaciones:

$$Z = \frac{X_L \times X_C}{X_L - X_C} \text{ (para } X_L \text{ mayor que } X_C\text{)}$$

o:

$$Z = \frac{X_L \times X_C}{X_C - X_L} \text{ (para } X_C \text{ mayor que } X_L\text{)}$$

Al utilizar estas ecuaciones, la impedancia tendrá las características de fase de la reactancia más pequeña.

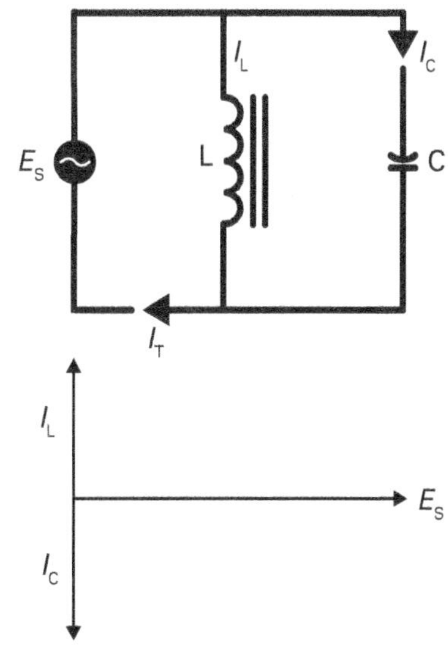

Figura 25 Circuito LC en paralelo con diagrama vectorial.

2.4.4 Circuitos RLC

Los circuitos en los que la inductancia, la capacitancia y la resistencia están conectadas en serie se denominan *circuitos RLC en serie*. Las propiedades fundamentales de los circuitos RLC en serie son similares a las de los circuitos LC en serie. Las diferencias se deben a los efectos de la resistencia.

Cualquier circuito LC en serie contiene cierta resistencia. Cuando la resistencia es muy pequeña comparada con la reactancia del circuito, casi no tiene efecto sobre el circuito y puede considerarse nula. Sin embargo, cuando la resistencia es considerable, tiene un efecto significativo en el funcionamiento del circuito y, por lo tanto, debe tenerse en cuenta en cualquier análisis de circuito.

En un circuito RLC en serie, por cada componente circula la misma corriente. Las relaciones de fase entre las caídas de voltaje son las mismas que en los circuitos RC, RL y LC en serie. Las caídas de voltaje en la inductancia y la capacitancia están desfasadas 180°. Teniendo como referencia que la corriente es la misma en todo el circuito, la caída de voltaje inductivo (E_L) se adelanta en 90° con respecto a la caída de voltaje resistivo (E_R), y la caída de voltaje capacitivo (E_C) se retrasa en 90° con respecto a la caída de voltaje resistivo.

La figura 26 muestra un circuito RLC en serie y el diagrama vectorial utilizado para determinar el voltaje aplicado. La suma vectorial de las tres caídas de voltaje es igual al voltaje aplicado. Sin embargo, para calcular esta suma vectorial, se debe utilizar una combinación de los métodos aprendidos para los circuitos LC, RL y RC.

En primer lugar, calcula la caída de voltaje combinada (E_X) de las dos reactancias. Al igual que en los circuitos LC puros, este valor se obtiene restando la caída de voltaje reactiva más pequeña de la más grande. Esto se muestra en la *figura 26*. El resultado es la caída de voltaje reactivo neto y es inductiva o capacitiva, dependiendo de qué caída de voltaje sea mayor. En la *figura 26*, la caída de voltaje reactivo neto es inductiva porque $E_L > E_C$. Una vez conocida la caída de voltaje reactivo neto, se añade vectorialmente a la caída de voltaje a través de la resistencia.

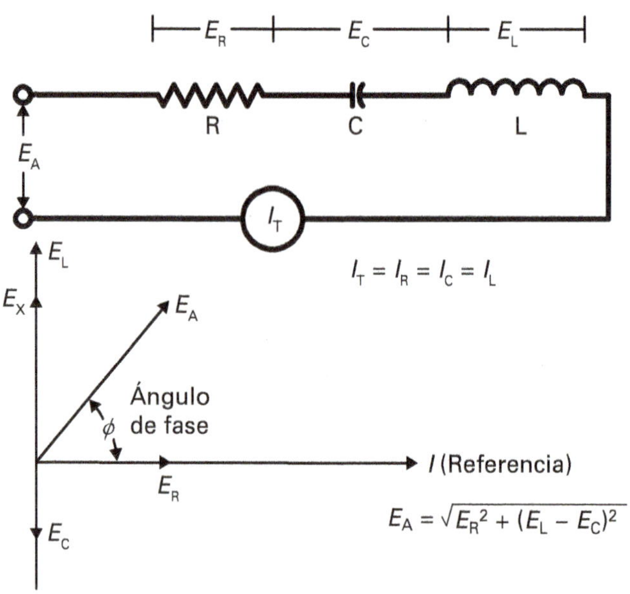

Figura 26 Circuito RLC en serie y diagrama vectorial.

El ángulo entre el voltaje aplicado E_A y el voltaje a través de la resistencia E_R es el mismo que el ángulo de fase entre E_A y la corriente del circuito. La razón es que E_R e I están en fase.

La impedancia de un circuito RLC en serie es la suma vectorial de la reactancia inductiva, la reactancia capacitiva y la resistencia. Se calcula con el mismo método utilizado para calcular la caída de voltaje.

Cuando X_L es mayor que X_C, la reactancia neta es inductiva y el circuito actúa esencialmente como un circuito RL. Del mismo modo, cuando X_C es mayor que X_L, la reactancia neta es capacitiva y el circuito actúa como un circuito RC.

En cada parte de un circuito RLC en serie circula la misma corriente. La corriente siempre se adelanta con respecto al voltaje a través de la capacitancia por 90° y está en fase con el voltaje a través de la resistencia. Sin embargo, la relación de fase entre la corriente y el voltaje aplicado depende de la impedancia del circuito. Si la impedancia es inductiva (X_L mayor que X_C), la corriente es inductiva y se retrasa con respecto al voltaje aplicado en algún ángulo de fase inferior a 90°. Si la impedancia es capacitiva (X_C mayor que X_L), la corriente es capacitiva y se adelanta con respecto al voltaje aplicado por algún ángulo de fase también menor que 90°. El ángulo de adelanto o retraso viene determinado por los valores relativos de la reactancia neta y la resistencia.

Cuanto mayor sea el valor de *X* o menor el valor de *R*, mayor será el ángulo de fase y más reactiva (o menos resistiva) será la corriente. Del mismo modo, cuanto menor sea el valor de *X* o mayor sea el valor de *R*, más resistiva (o menos reactiva) será la corriente. Si *R* o *X* es 10 o más veces mayor que el otro, el circuito actuará esencialmente como si fuera puramente resistivo o puramente reactivo, dependiendo de cuál sea mayor.

Un circuito RLC paralelo es básicamente un circuito LC paralelo con una derivación paralela añadida de resistencia. La solución de un circuito paralelo implica la solución de un circuito LC paralelo y un circuito RL o RC paralelo. Esto se debe a que una combinación en paralelo de *L* y *C* aparece para la fuente como una *L* pura o una *C* pura. Así, resolviendo primero la parte *LC* de un circuito RLC paralelo, el circuito se reduce a un circuito RL o RC equivalente.

La distribución del voltaje en un circuito RLC paralelo no difiere de la de un circuito LC paralelo o de la de cualquier circuito paralelo. Las derivaciones de voltaje son todas iguales y están en fase, ya que coinciden con el voltaje aplicado. La resistencia es simplemente otra derivación donde aparece el voltaje aplicado. Dado que los voltajes en todo el circuito son los mismos, el voltaje aplicado se utiliza de nuevo como la referencia de fase ϕ. La relación de corrientes en un circuito RLC paralelo se muestra en la *figura 27*.

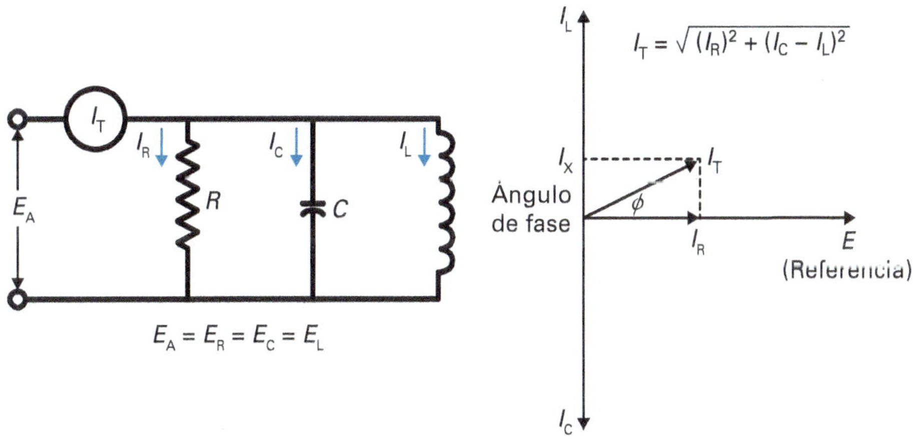

Figura 27 Circuito RLC en paralelo con diagrama vectorial.

Las tres corrientes derivadas en un circuito RLC en paralelo son una corriente inductiva I_L, una corriente capacitiva I_C y una corriente resistiva I_R. Cada una es independiente de las demás. Solo dependen del voltaje aplicado y de la resistencia o reactancia de la derivación.

Las tres corrientes de derivación tienen fases diferentes con respecto a los voltajes de derivación. I_L se retrasa con respecto al voltaje 90°, I_C se adelanta con respecto al voltaje 90°, e I_R está en fase con el voltaje. Como los voltajes son los mismos, I_L e I_C están desfasados 180° entre sí y ambos están desfasados 90° con I_R. Puesto que I_R está en fase con el voltaje, tiene la misma dirección de referencia cero que el voltaje. Así, I_C se adelanta con respecto a I_R en 90°, e I_L se retrasa con respecto a I_R en 90°.

La corriente de línea (I_T), o corriente total, es la suma vectorial de las tres corrientes de derivación. Puede calcularse sumando vectorialmente I_L, I_C e I_R. Que la corriente de línea se adelante o se atrase con respecto al voltaje aplicado depende de cuál de las corrientes reactivas de derivación (I_L o I_C) sea mayor. Si I_L es mayor, I_T se retrasa con respecto al voltaje aplicado. Si I_C es mayor, I_T se adelanta con respecto al voltaje aplicado.

Para determinar la impedancia de un circuito RLC paralelo, determine primero la reactancia neta *X* de las derivaciones inductiva y capacitiva. A continuación, utilice *X* para determinar la impedancia *Z*, igual que en un circuito RL o RC en paralelo.

Siempre que *Z* sea inductiva, la corriente de línea estará retrasada con respecto al voltaje aplicado. Del mismo modo, cuando *Z* es capacitiva, la corriente de línea se adelantará con respecto al voltaje aplicado.

Piénselo

Circuitos de CA

Esta imagen muestra un circuito en serie sencillo formado por un interruptor de encendido/apagado, una lámpara pequeña, un motor y un condensador. ¿Cómo clasificaría este circuito? ¿Qué componentes, cuando están energizados, introducen resistencia, reactancia inductiva y reactancia capacitiva en el circuito?

2.0.0 Repaso de la sección

1. Cuál es el voltaje (*E*) en un circuito puramente resistivo con una corriente (*I*) de 22 A y una resistencia (*R*) de 10 Ω?
   a. 32 V
   b. 120 V
   c. 220 V
   d. 440 V

2. ¿Cuál de las siguientes bobinas es probable que muestre la inductancia *más alta?*
   a. Una bobina con pocas espiras
   b. Una bobina con un núcleo no magnético
   c. Una bobina estrecha
   d. Una bobina con un núcleo corto

3. La capacitancia total de tres condensadores de 10 μF y uno de 5 μF conectados en *paralelo* es _____.
   a. 5 μF
   b. 10 μF
   c. 15 μF
   d. 35 μF

4. La impedancia de un circuito se representa con la letra _____.
   a. *I*
   b. *R*
   c. *X*
   d. *Z*

3.0.0 Potencia en circuitos de CA

Objetivo

Hacer cálculos de potencia en un circuito de CA.

a. Calcular la potencia real.
b. Calcular la potencia aparente.
c. Calcular la potencia reactiva.
d. Calcular el factor de potencia.
e. Calcular valores desconocidos utilizando el triángulo de potencias.

Tareas prácticas

Esta sección no contiene tareas prácticas.

En los circuitos de CC, la potencia usada por el circuito es la suma de todo el calor I^2R de las resistencias. También es igual a la potencia producida por la fuente, que es el producto del voltaje de fuente y la corriente. Lo mismo ocurre en los circuitos de corriente alterna que solo contienen resistencias.

3.1.0 Potencia real

La potencia que consume la resistencia se denomina *potencia real* (P_T) y se mide en vatios (W). La potencia real es el producto de la corriente de la resistencia (I) al cuadrado y la resistencia (R):

$$P_T = I^2R$$

Esta fórmula se aplica porque la corriente y el voltaje tienen la misma fase a través de una resistencia. Para obtener el valor correspondiente de la potencia como producto del voltaje y la corriente, este producto debe multiplicarse por el coseno del ángulo de fase ϕ:

$$P_T = I^2R$$

o:

$$P_T = E \times I \times \cos(\phi)$$

Donde E e I están en valores rms, la multiplicación de I por el coseno del ángulo de fase proporciona la resistencia para la potencia real en la fórmula I^2R.

Por ejemplo, un circuito RL en serie tiene una corriente de 2 A que pasa a través de una resistencia de 100 Ω en serie con el X_L de 173 Ω. La potencia real se calcula de la siguiente manera:

$$P_T = I^2R$$
$$P_T = 2\ A^2 \times 100\Omega$$
$$P_T = 400\ W$$

Además, en este circuito el ángulo de fase es de 60° con un coseno de 0.5. El voltaje aplicado es 400 V. Utilizando estas cifras, el problema se resuelve del siguiente modo:

$$P_T = E \times I \times \cos(\phi)$$
$$P_T = 400\ V \times 2\ A \times 0.5$$
$$P_T = 400\ W$$

En ambos casos, la potencia real es la misma (400 W) porque esta es la cantidad de potencia suministrada por el generador y disipada en la resistencia. Se puede utilizar cualquiera de las dos fórmulas para calcular la potencia real.

Armónicos de tercer orden

Los armónicos son frecuencias múltiplos de una frecuencia básica. Por ejemplo, 180 Hz es tres veces la frecuencia de 60 Hz y, por lo tanto, se conoce como *armónico de tercer orden.*

Los armónicos son causados por diversos dispositivos, como computadoras personales, fuentes de alimentación ininterrumpida, variadores de velocidad y balastos electrónicos. Los armónicos de tercer orden, también conocidos como *múltiplos impares del tercer armónico* o *triples*, pueden provocar el sobrecalentamiento del transformador. Deben tenerse en cuenta a la hora de dimensionar los transformadores.

3.2.0 Potencia aparente

En los circuitos de CA ideales que contienen resistencias, condensadores e inductores, el único mecanismo de consumo de energía es el calor I^2R en las resistencias. Esto se debe a que los inductores y condensadores no consumen energía. La única función de los inductores y condensadores es almacenar y liberar energía. Sin embargo, debido a los desfases que introducen estos elementos, la potencia consumida por las resistencias no es igual al producto del voltaje de fuente y la corriente. El producto del voltaje de fuente y la corriente se denomina *potencia aparente* (P_A) y tiene unidades de voltio-amperios (VA).

La potencia aparente es el producto del voltaje de fuente (E_A) y la corriente total (I_T). Por lo tanto, la potencia aparente es la potencia real suministrada por la fuente. La fórmula de la potencia aparente es:

$$P_A = (E_A)(I_T)$$

En la figura 28 se muestra un circuito RL en serie y su diagrama vectorial asociado. Este circuito se utiliza para calcular la potencia aparente y compararla con la potencia real del circuito de la siguiente manera:

$$P_A = (E_A)(I_T)$$

$$P_A = (400V)(2A)$$

$$P_A = 800VA$$

$$P_T = E \times I \times \cos(\phi)$$

$$\phi = \frac{R}{Z} = \frac{100}{200} = \cos(60°)$$

$$P_T = 400V \times 2A \times \cos(60°)$$

$$P_T = 400V \times 2A \times 0.5$$

$$P_T = 400W$$

Tenga en cuenta que la fórmula de la potencia aparente es el producto de *EI* solo sin considerar el coseno del ángulo de fase.

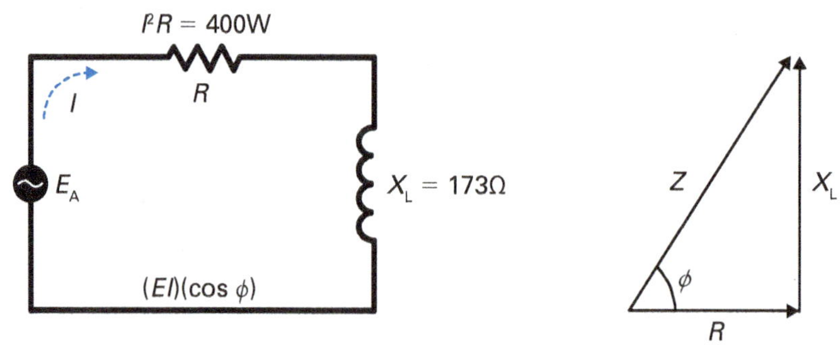

$I = 2A$
$R = 100\Omega$
$(EI)(\cos \phi) = 400W$
$E_A = 400V$

$\phi = 60°$
$Z = 200\Omega$
$X_L = 173\Omega$
$R = 100\Omega$

Figura 28 Cálculos de potencia en un circuito de CA.

3.3.0 Potencia reactiva

La potencia reactiva es la parte de la potencia aparente causada por los inductores y condensadores del circuito. La inductancia y la capacitancia siempre están presentes en los circuitos de CA reales. La potencia reactiva no realiza ningún trabajo; la potencia se almacena en los inductores y condensadores y luego se devuelve al circuito. Por lo tanto, la potencia reactiva siempre está desfasada con respecto a la potencia real. La unidad de medida de la potencia reactiva es el voltio-amperio-reactivo (VAR).

En general, para cualquier ángulo de fase ϕ entre E e I, la multiplicación de EI por el seno ϕ proporciona el componente vertical a 90° para el valor VAR. En la *figura 28*, el seno de 60° es 800 × 0.866 = 692.8 VAR.

Tenga en cuenta que el factor seno ϕ de los VAR proporciona el componente vertical o reactivo de la potencia aparente EI. Sin embargo, si se multiplica EI por el coseno ϕ como factor de potencia, se obtiene el componente horizontal o resistivo de la potencia real.

3.4.0 Factor de potencia

El coseno ϕ es el factor de potencia (*pf*) del circuito porque indica el componente resistivo. Por lo tanto, convierte el producto EI a la potencia real. Para circuitos en serie, utilice la siguiente fórmula:

$$pf = \cos(\phi) = \frac{R}{Z}$$

Para circuitos paralelos, utilice la siguiente fórmula:

$$pf = \cos(\phi) = \frac{I_R}{I_T}$$

Consulte la *figura 28* como ejemplo de un circuito en serie, los valores de R y Z se utilizan para los siguientes cálculos:

$$pf = \cos(\phi) = \frac{R}{Z} = \frac{100\text{W}}{200\text{W}} = 0.5$$

El factor de potencia no es una medida angular sino una relación numérica con un valor entre 0 y 1, igual al coseno del ángulo de fase. En muchos casos, el número se convierte en porcentaje. Por ejemplo, un factor de potencia de 0.96 puede escribirse como 96 %.

Con toda resistencia y reactancia cero, R y Z son iguales para un circuito en serie de I_R e I_T y son iguales para un circuito en paralelo. La razón es 1. Por lo tanto, un factor de potencia unitario, representado por el número entero 1, significa un circuito resistivo. En el extremo opuesto, toda reactancia con resistencia cero hace que el factor de potencia sea cero, lo que significa que todo el circuito es reactivo.

El factor de potencia indica la relación entre la potencia aparente y la potencia real. Por consiguiente, el factor de potencia puede definirse como la relación entre la potencia real y la potencia aparente:

$$pf = \frac{P_T}{P_A}$$

Por ejemplo, calcule el factor de potencia del circuito de la *figura 29*. La potencia real se determinará primero, que es el producto de la corriente de la resistencia al cuadrado y la resistencia como se muestra aquí:

$$P_T = I^2R$$
$$P_T = 10\text{ A}^2 \times 10\Omega$$
$$P_T = 100\text{ A} \times 10\Omega$$
$$P_T = 1{,}000\text{ W}$$

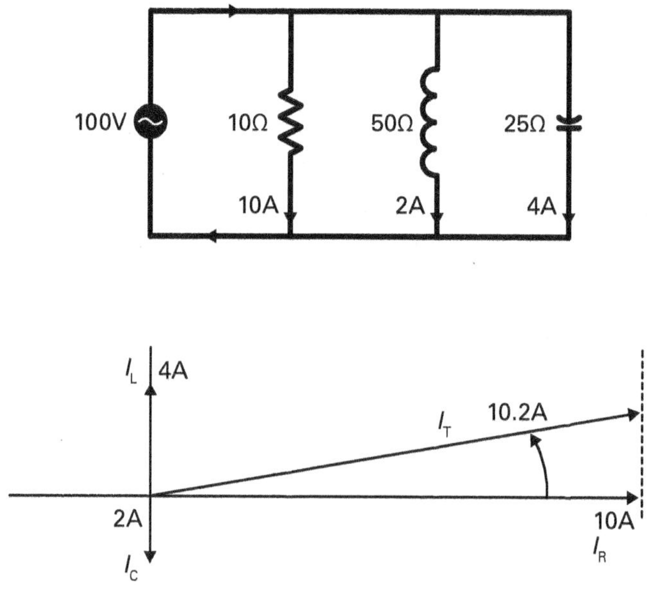

Figura 29 Cálculo de circuito RLC.

La potencia aparente es el producto del voltaje de fuente y la corriente total que se calcula de la siguiente manera:

$$P_A = (I_T)(E)$$
$$P_A = 10.2 \text{ A} \times 100 \text{ V}$$
$$P_A = 1{,}020 \text{ VA}$$

La corriente total se calcula de la siguiente manera:

$$I_T = \sqrt{I_R^2 + (I_C - I_L)^2} = \sqrt{10A^2 + (4A - 2A)^2}$$
$$I_T = \sqrt{100A + (2A)^2} = \sqrt{100A + 4A}$$
$$I_T = \sqrt{104A} = 10.2A$$

El factor de potencia es la relación entre la potencia real y la potencia aparente que se calcula de la siguiente manera:

$$pf = \frac{P_T}{P_A}$$
$$pf = \frac{1{,}000}{1{,}020}$$
$$pf = 0.98, \text{ o } 98\%$$

Como se ilustra en el ejemplo anterior, el factor de potencia es determinado por la carga del sistema. Si la carga solo contiene la resistencia, la potencia aparente sería igual a la potencia real y el factor de potencia alcanzaría su valor máximo de uno. Los circuitos puramente resistivos tienen un factor de potencia unitario o uno.

Si la carga es más inductiva que capacitiva, la potencia aparente se retrasará con respecto a la potencia real y el factor de potencia también se retrasará. Si la carga es más capacitiva que inductiva, la potencia aparente se adelantará con respecto la potencia real y el factor de potencia estará adelantado. Si hay alguna carga reactiva en el sistema, la potencia aparente será mayor que la potencia real y el factor de potencia será algún valor menor que uno.

3.5.0 Triángulo de potencia

Las relaciones de fase entre los tres tipos de potencia de CA se visualizan fácilmente en el triángulo de potencia que se muestra en la *figura 30*. La potencia real (W) es el lado horizontal, la potencia aparente (VA) es la hipotenusa y el coseno del ángulo de fase entre ambos es el factor de potencia. El lado vertical del triángulo es la potencia reactiva y su medida es VAR.

Como se ilustra en la *figura 30*, la potencia aparente será siempre mayor que la potencia real o reactiva. Además, la potencia aparente es el resultado de la suma vectorial de la potencia real y reactiva. Las relaciones de magnitudes de potencia que se muestran en la *figura 30* pueden derivarse del teorema de Pitágoras para triángulos rectángulos:

$$c^2 = a^2 + b^2$$

Por lo tanto, c también es igual a la raíz cuadrada de $a^2 + b^2$, como se muestra a continuación:

$$c = \sqrt{a^2 + b^2}$$

$$P_A = \sqrt{(P_T^2) + (P_{RX}^2)}$$

$$P_T = \sqrt{(P_A^2) - (P_{RX}^2)}$$

$$P_{RX} = \sqrt{(P_A^2) - (P_T^2)}$$

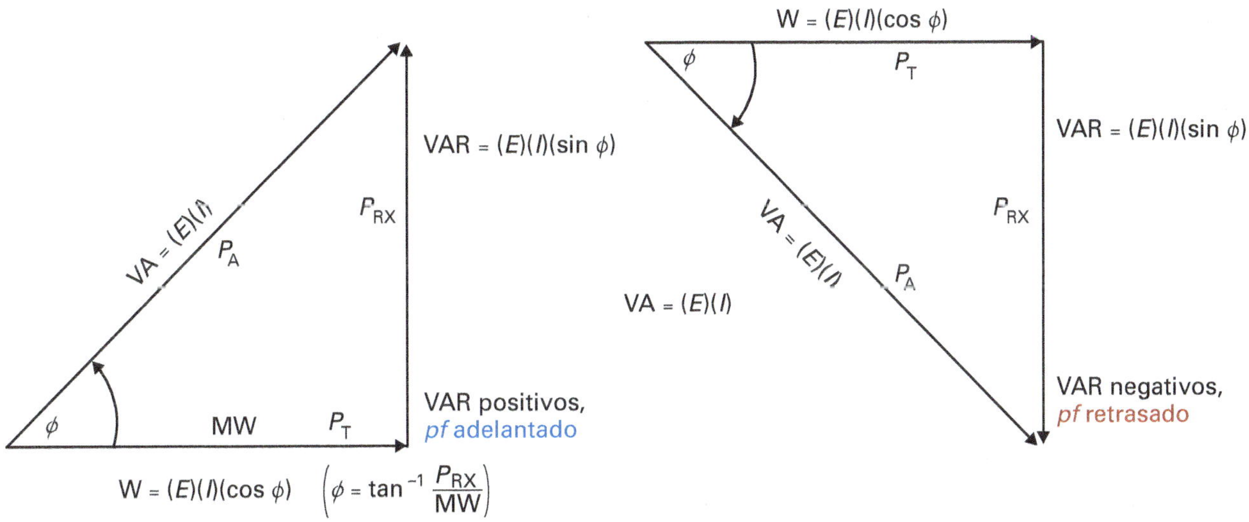

Figura 30 Triángulo de potencia.

3.0.0 Repaso de la sección

1. La potencia real es el producto de la corriente de la resistencia al cuadrado y _____.
   a. resistencia
   b. voltaje
   c. frecuencia
   d. reactancia

2. La potencia aparente es el producto del voltaje de fuente y la _____.
   a. resistencia
   b. frecuencia
   c. corriente total
   d. reactancia

3. ¿Cuál de las siguientes afirmaciones sobre la potencia reactiva es *correcta*?
   a. La potencia reactiva no realiza ningún trabajo.
   b. La potencia reactiva siempre está en fase con la potencia real.
   c. La potencia reactiva se mide en vatios.
   d. La potencia reactiva es causada por los armónicos del circuito.

4. El factor de potencia de un circuito en serie con una resistencia R de 75 Ω y una impedancia Z de 150 Ω es _____.
   a. 1
   b. 0.75
   c. 0.5
   d. 0.25

5. La potencia aparente es el resultado de la suma vectorial de la potencia real y _____.
   a. el factor de potencia
   b. la potencia reactiva
   c. la inductancia
   d. el ángulo de fase

4.0.0 Transformadores

Tareas prácticas

Esta sección no contiene tareas prácticas.

Objetivo

Identificar los transformadores y explicar su funcionamiento.

a. Identificar los componentes básicos de un transformador.
b. Identificar las características de funcionamiento de los transformadores.
c. Calcular las relaciones de espiras y voltaje.
d. Identificar los distintos tipos de transformadores y sus aplicaciones.

Un transformador es un dispositivo que transfiere energía eléctrica de un circuito a otro por inducción electromagnética. La energía eléctrica se transfiere siempre sin cambio de frecuencia, pero puede implicar cambios en las magnitudes de voltaje y corriente. Dado que un transformador funciona según el principio de inducción electromagnética, debe impulsarse con un voltaje de fuente que varíe en amplitud.

4.1.0 Componentes de un transformador

Los componentes básicos de un transformador se muestran en la *figura 31*. En su forma más básica, un transformador consta de lo siguiente:

- Bobina o devanado primario
- Bobina o devanado secundario
- Un núcleo que soporta las bobinas o devanados

La *figura 32* muestra la actividad de un transformador simple. El devanado primario está conectado a una fuente de voltaje de CA de 60 Hz. El campo o flujo magnético se acumula (expande) y colapsa (contrae) alrededor del devanado primario. El campo magnético que se expande y contrae alrededor del devanado primario corta a través del devanado secundario e induce un voltaje alterno. Este voltaje hace que la corriente alterna fluya a través de la carga. El voltaje puede aumentar o disminuir dependiendo del diseño de los devanados primario y secundario.

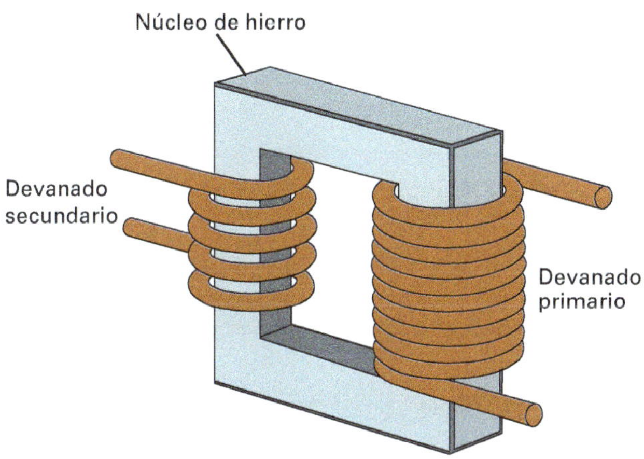

Figura 31 Construcción básica de un transformador.

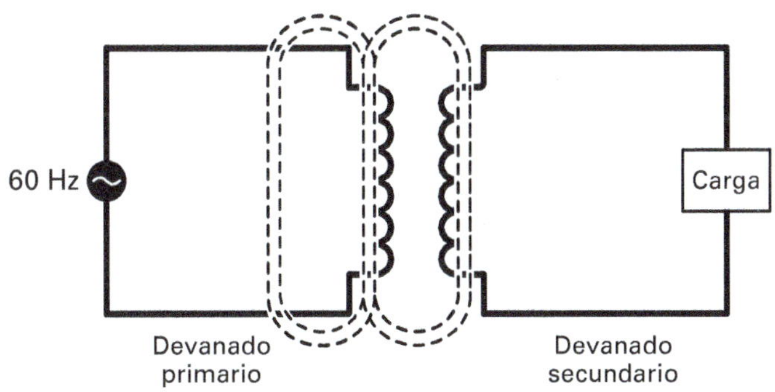

Figura 32 Actividad del transformador.

Piénselo

Factor de potencia

En los circuitos de distribución de energía, se recomienda lograr un factor de potencia cercano a un valor de 1 para obtener la transferencia de energía más eficiente. En circuitos de CA donde hay grandes cargas inductivas, como motores y transformadores, el factor de potencia puede ser considerablemente inferior a 1. Por ejemplo, en un circuito de motor altamente inductivo, donde el voltaje es de 120 V, la corriente es de 12 A y la corriente está retrasada con respecto al voltaje en 60°, el factor de potencia es 0.5 o 50 % (coseno de 60° = 0.5). La potencia aparente es de 1,440 VA (120 V × 12 A), pero la potencia real es de solo 720 W [120 V × (0.5 × 12 A) = 720 W]. Este es un circuito muy ineficiente. ¿Qué le haría usted a este circuito para lograr un circuito con un factor de potencia lo más cercano posible a 1?

4.1.1 Características básicas

Los materiales del núcleo más utilizados incluyen aire, hierro blando y acero. Cada uno de estos materiales es adecuado para algunas aplicaciones e inadecuado para otras. En general, los transformadores con núcleo de aire se utilizan cuando la fuente de voltaje tiene una frecuencia alta (superior a 20 kHz). Los transformadores con núcleo de hierro usualmente se utilizan cuando la frecuencia de la fuente es baja (inferior a 20 kHz). Los transformadores con núcleo de hierro proporcionan una mejor transferencia de potencia que los transformadores con núcleo de aire. Un transformador de núcleo de hierro blando también es muy útil cuando el transformador debe ser pequeño físicamente, pero eficiente.

A menudo, se utilizan placas de acero laminado en un transformador para reducir un tipo de pérdida de potencia conocida como *corriente parásita*. Se trata de corrientes no deseadas, inducidas al interior del núcleo, que circulan a su alrededor. La laminación del núcleo reduce estas corrientes. Estas láminas de acero se aíslan con un material no conductor, como barniz, y luego se forma un núcleo como el que se muestra en la *figura 33*. Se necesitan unas 50 láminas de este tipo para obtener un núcleo de 1" (~25 mm) de espesor. El núcleo de transformador más eficaz es el que ofrece el mejor camino para el mayor número de líneas de flujo, con la menor cantidad de pérdida de energía magnética y eléctrica.

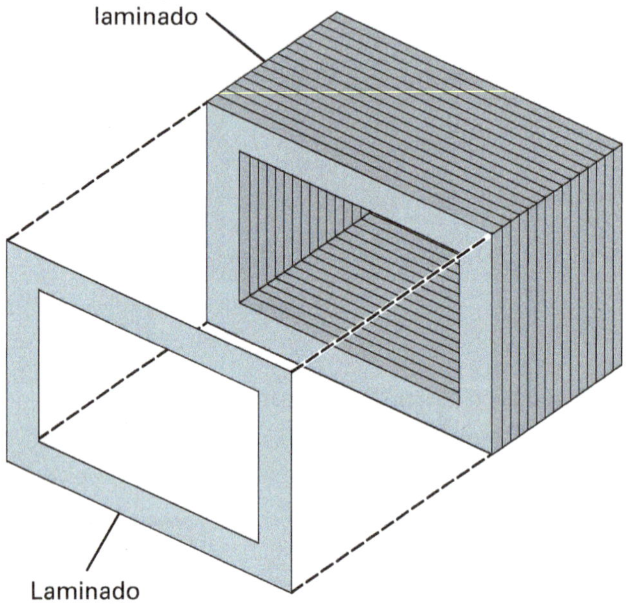

Figura 33 Núcleo de acero laminado.

4.1.2 Devanados del transformador

Un transformador consta de dos bobinas de cable llamadas *devanados*, que se enrollan alrededor de un núcleo. El transformador funciona cuando se conecta una fuente de voltaje de CA a uno de los devanados. El devanado que está conectado a la fuente de potencia se denomina *devanado primario*. El devanado en el que se induce el voltaje y está conectado a una carga se denomina *devanado secundario*. En la *figura 34* se muestra una vista en corte de un transformador típico.

El cable está recubierto de barniz, de modo que cada espira del devanado está aislada de las demás. En un transformador diseñado para aplicaciones de voltaje alto, se colocan láminas de material aislante, como papel, entre las capas de devanados para proporcionar aislamiento adicional.

Una vez que el devanado primario está completamente bobinado, se envuelve en papel o tela aislante. Luego el devanado secundario se enrolla sobre el primario. Una vez completado el devanado secundario, también se cubre con papel aislante. A continuación, el núcleo de hierro se inserta en los devanados y a su alrededor.

Transformadores

Los transformadores son esenciales para todos los sistemas eléctricos y todos los tipos de equipos electrónicos. Son especialmente importantes para el funcionamiento de los sistemas de distribución de energía de CA. Los transformadores se utilizan para aumentar y disminuir el voltaje durante todo el proceso de transmisión y distribución.

Por ejemplo, una planta de generación de energía típica podría generar energía de CA a 13,800 V y luego aumentarla a 230,000 V para distribuirla a través de líneas de transmisión largas. En las subestaciones ubicadas para distribución local a lo largo del camino, se reduce nuevamente a 13,800 V. Por último, en los puntos más cercanos al consumidor, se reduce de nuevo a voltajes utilizables como 240 V y 120 V.

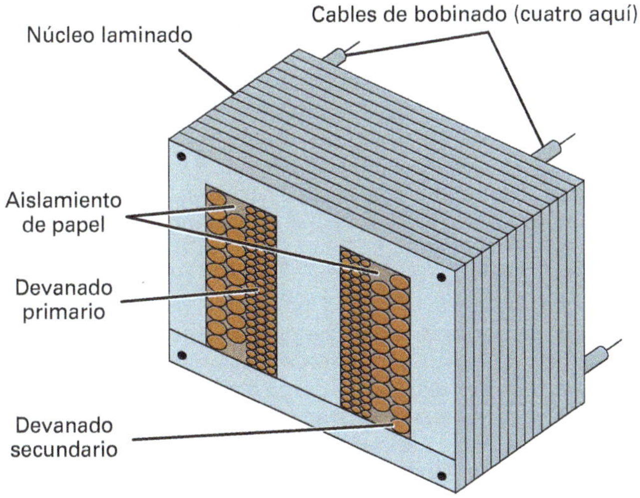

Figura 34 Vista en corte del núcleo de un transformador.

Deben preverse puntos de terminación para la conexión a los devanados. En la *figura 34* se muestran cuatro cables, dos del primario y dos del secundario (un cable no se ve). Estos cables se conectarán a la fuente y a la carga, respectivamente. Como se verá en las siguientes secciones, algunos transformadores tienen más cables que el ejemplo que se muestra en la *figura 34*. Estos cables se conectan a varios puntos a lo largo de los devanados para mayor flexibilidad de aplicación.

4.2.0 Características de funcionamiento

Las características de funcionamiento de los transformadores vienen determinadas por el voltaje aplicado y el diseño del devanado. Estos afectan la corriente de excitación (o la corriente que fluye a través del transformador cuando no está bajo carga) y la relación de fase entre los devanados mientras el transformador está funcionando.

4.2.1 Energizado sin carga

Se dice que existe una *condición sin carga* cuando se aplica un voltaje al primario, pero no hay carga conectada al secundario. Supongamos que la salida del secundario está conectada a una carga mediante un interruptor que está abierto. Debido al interruptor abierto, no circula corriente por el devanado secundario. Sin embargo, con el interruptor abierto y un voltaje de CA aplicado al primario, hay una cantidad muy pequeña de corriente, llamada *corriente de excitación*, que fluye en el primario. En esencia, lo que hace esta corriente es excitar la bobina del primario para crear un campo magnético.

La cantidad de corriente de excitación es determinada por tres factores: la cantidad de voltaje aplicado (E_A), la resistencia (R) del alambre de la bobina del primario y las pérdidas en el núcleo y la reactancia inductiva (X_L), que depende de la frecuencia de la corriente de excitación. Todos estos factores se controlan mediante el diseño del transformador.

Esta pequeñísima cantidad de corriente de excitación cumple dos funciones:

- Gran parte de la corriente de excitación se utiliza para soportar el campo magnético del primario.
- Se utiliza una pequeña cantidad de corriente para vencer la resistencia del cable y el núcleo. Esta energía se disipa en forma de calor, que representa una pérdida de potencia.

En el devanado primario siempre circula una corriente de excitación para mantener el campo magnético, pero no se produce ninguna transferencia de energía mientras el circuito secundario esté sin carga.

4.2.2 Relación de fase

El voltaje secundario de un transformador simple puede estar en fase o desfasado con respecto al primario. Esto depende de la dirección en la que estén bobinados los devanados y de la disposición de la conexión a la carga secundaria. En términos simples, esto significa que los dos voltajes pueden subir y bajar a la vez, o uno puede subir mientras el otro baja. Los transformadores en los que el voltaje secundario está en fase con el primario se denominan *transformadores de bobinado similar*. Los transformadores en los que los voltajes están desfasados 180° se denominan *transformadores de bobinado diferente*.

Los puntos se utilizan para indicar puntos en el símbolo esquemático de un transformador que tienen la misma polaridad instantánea (puntos que están en fase). En la *figura 35* se ilustra el uso de los puntos de indicación de fase. En la *figura 35* (A), tanto el devanado primario como el secundario están bobinados de arriba abajo en el sentido de las agujas del reloj, visto desde arriba. Cuando se construye de esta manera, el conductor superior del primario y el conductor superior del secundario tienen la misma polaridad. Así lo indican los puntos del símbolo del transformador.

La *figura 35* (B) ilustra un transformador en el que el primario y el secundario están bobinados en sentidos opuestos. Visto desde arriba, el primario está bobinado en el sentido de las agujas del reloj, de arriba abajo, mientras que el secundario está bobinado en el sentido contrario. Fíjese en que los conductores superiores del primario y del secundario tienen polaridades opuestas. Así lo indican los puntos situados en los extremos opuestos del símbolo del transformador. Por lo tanto, la polaridad del voltaje en los terminales del transformador depende de la dirección en la que el secundario está bobinado con respecto al primario.

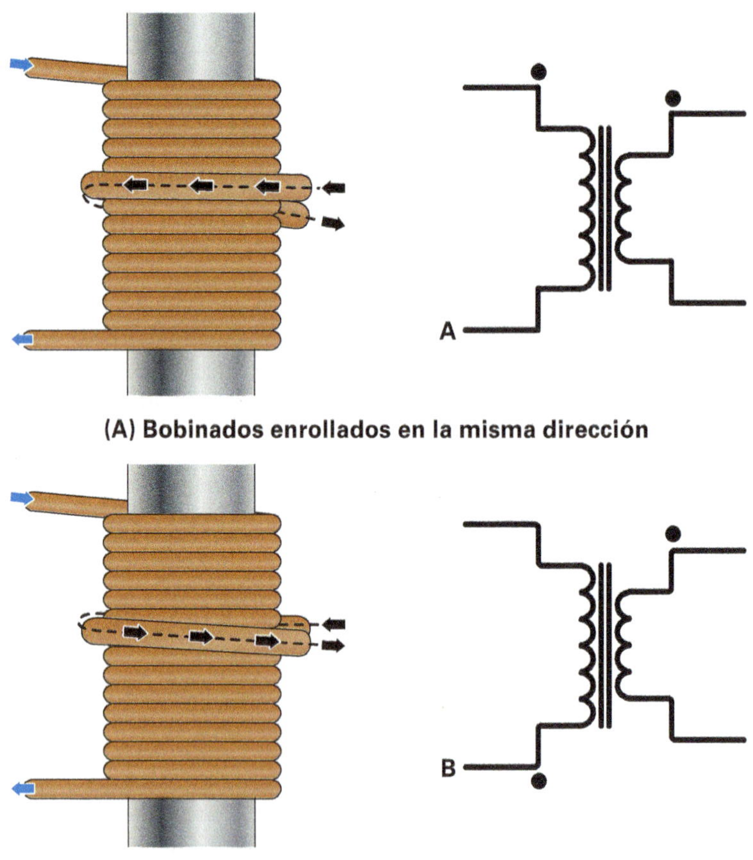

(A) Bobinados enrollados en la misma dirección

(B) Bobinados enrollados en dirección opuesta

Figura 35 Polaridad del devanado del transformador.

4.3.0 Relaciones de espiras y voltaje

Para entender cómo se puede utilizar un transformador para aumentar o disminuir el voltaje, hay que comprender el término de *relación de espiras*. La relación de voltaje inducido en el devanado secundario de un transformador es determinada por la relación del número de espiras en el primario y el número de espiras en el secundario. Por lo tanto, el voltaje inducido en el secundario cambia en esa relación a medida que cambia el voltaje aplicado al primario. La fórmula para determinar la relación de espiras es la siguiente:

$$\text{Relación de espiras} = \frac{\text{número de espiras en el primario}}{\text{número de espiras en el secundario}}$$

En la *figura 36* (A), el transformador tiene un devanado primario de 10 espiras y un devanado secundario de una sola espira. A medida que las líneas de flujo generadas por el primario se expanden y colapsan, cortan las 10 espiras del primario y la única espira del secundario. Dado que la longitud del alambre en el secundario es aproximadamente igual a la longitud del alambre en cada espira del primario, la EMF inducida en el secundario será idéntica a la EMF inducida en cada espira del primario.

Esto significa que, si el voltaje aplicado al devanado primario es de 10 V, la CEMF en el primario es de casi 10 V. Por lo tanto, cada espira del primario tendrá una CEMF inducida de aproximadamente $^1/_{10}$ del voltaje total aplicado o 1 V. Dado que las mismas líneas de flujo cortan las espiras del secundario y del primario, cada espira tendrá una EMF inducida de 1 V. El transformador solo tiene una espira en el secundario, por lo que la EMF a través del secundario es de 1 V.

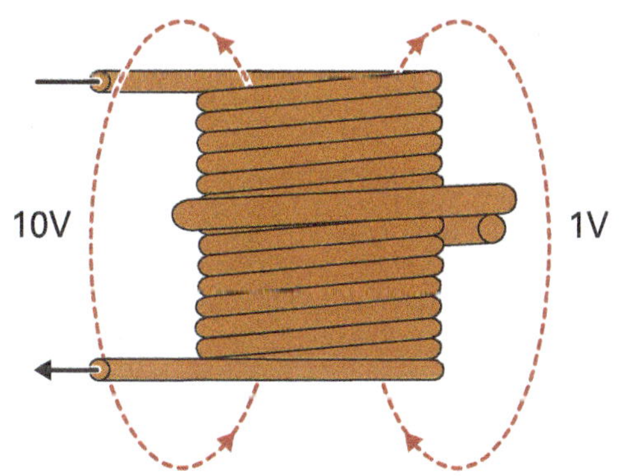

(A) Primario = 10 bobinados; secundario = 1 bobinado

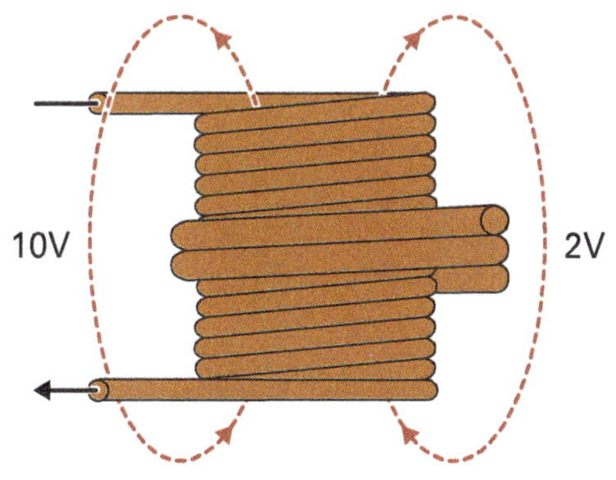

(B) Primario = 10 bobinados; secundario = 2 bobinados

Figura 36 Relación de espiras del transformador.

El transformador de la *figura 36* (B) tiene un devanado primario de 10 espiras y un devanado secundario de dos espiras. Como el flujo induce 1 V por espira, el voltaje total a través del secundario es de 2 V. Observe que los voltios por espira son iguales para los devanados primario y secundario. Dado que la CEMF en el primario es igual (o casi igual) al voltaje aplicado, se puede establecer una proporción para expresar el valor del voltaje inducido en términos del voltaje aplicado y el número de espiras. Esta proporción también muestra la relación entre el número de espiras de cada devanado y el voltaje a través de cada devanado, y se expresa mediante la siguiente ecuación:

$$\frac{E_S}{E_P} = \frac{N_S}{N_P}$$

Donde:

E_P = voltaje aplicado al primario

E_S = voltaje inducido en el secundario

N_S = número de espiras en el secundario

N_P = número de espiras en el primario

La ecuación muestra que la relación entre el voltaje secundario y el voltaje primario es igual a la relación entre las espiras secundarias y las espiras primarias. Esto permite que la ecuación también se escriba de la siguiente manera:

$$E_P N_S = E_S N_P$$

Por ejemplo, un transformador tiene un devanado primario de 100 espiras, un devanado secundario de 50 espiras y 120 VCA aplicados al devanado primario (E_P). ¿Cuál es el voltaje a través del devanado secundario (E_S)?

$$\frac{E_S}{E_P} = \frac{N_S}{N_P} \quad \text{o} \quad E_S = \frac{E_P N_S}{N_P}$$

$$E_S = \frac{120\text{V} \times 50 \text{ espiras}}{100 \text{ espiras}} = 60\text{VCA}$$

Tenga en cuenta que los transformadores de la *figura 36* tienen menos espiras en el secundario que en el primario. Como resultado, hay menos voltaje a través del devanado secundario que a través del devanado primario. Un transformador en el que el voltaje a través del secundario es menor que el voltaje a través del primario se llama *transformador reductor*. La relación de un transformador reductor de 10 a 1 se escribe 10:1.

Un transformador que tiene menos espiras en el primario que en el secundario producirá un voltaje mayor a través del secundario que el voltaje aplicado al primario. Este tipo de transformador se denomina *transformador elevador*. La relación de un transformador elevador de 1 a 4 se escribe 1:4. Observe que el valor del devanado primario siempre se indica en primer lugar en la relación.

Piénselo

Relaciones de espiras y voltaje

¿Cuál es la magnitud del voltaje y la corriente suministrados por el secundario del transformador en el circuito que se muestra?

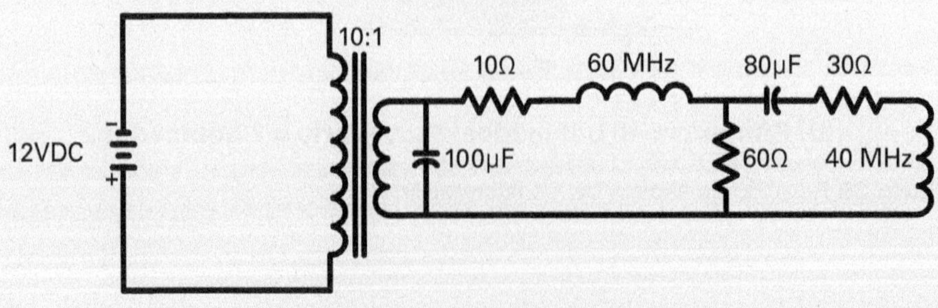

4.4.0 Tipos de transformadores

Los transformadores se utilizan ampliamente para permitir el uso de bobinas de interrupción e instrumentos de capacidades de corriente y voltaje moderadas y para medir las características de circuitos de alto voltaje y alta corriente. Dado que el voltaje y la corriente secundarios están directamente relacionados con el voltaje y la corriente primarios, las mediciones se pueden realizar en el circuito secundario para determinar las características del circuito primario. *Los transformadores de desenganche* y los *transformadores de instrumentos* son ejemplos de esta aplicación.

Las bobinas primarias o secundarias de un transformador se pueden roscar para permitir múltiples voltajes de entrada y salida. La *figura 37* muestra varias disposiciones de derivación del transformador. El transformador con tomasen el centro es particularmente importante porque se puede usar junto con otros componentes para convertir una entrada de CA en una salida de CC. También puede haber más de un devanado secundario, lo que permite proporcionar dos voltajes diferentes.

4.4.1 Transformadores de aislamiento

Los transformadores de aislamiento están bobinados de manera que sus voltajes primario y secundario sean iguales. Su propósito es aislar eléctricamente un equipo eléctrico del sistema de distribución de energía.

Muchos equipos electrónicos utilizan el chasis metálico en el que se montan los componentes como parte del circuito (*figura 38*). El personal que trabaja con este equipo puede entrar accidentalmente en contacto con el chasis, completar el circuito a tierra y recibir una descarga eléctrica como resultado. Si las resistencias de sus cuerpos y de la trayectoria a tierra son bajas, la descarga puede ser mortal.

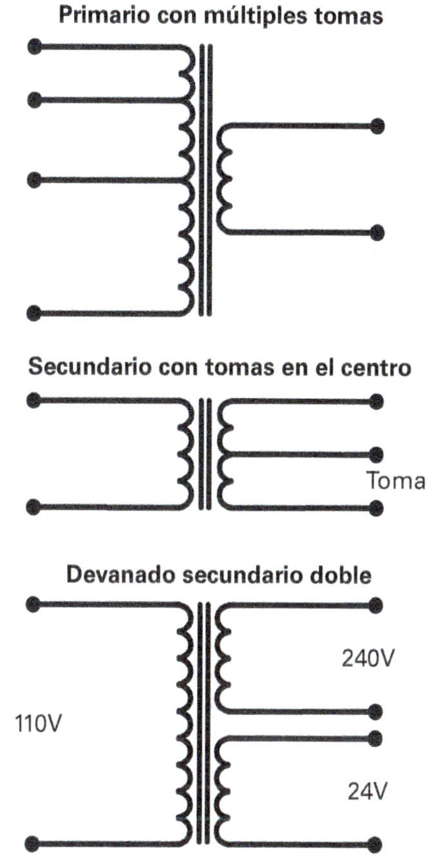

Figura 37 Transformadores con tomas.

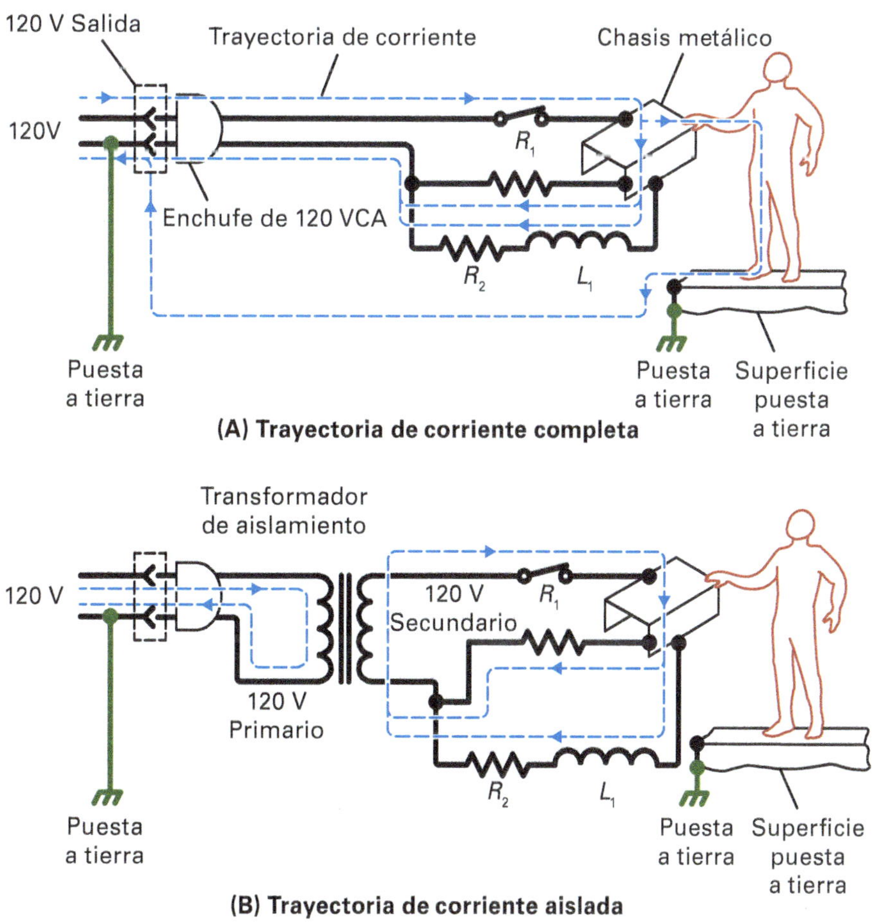

Figura 38 Importancia de un transformador de aislamiento.

Transformadores de aislamiento

Además de usarse para proteger al personal de recibir descargas eléctricas, los transformadores de aislamiento blindados se usan ampliamente para evitar que las perturbaciones eléctricas en las líneas eléctricas se transmitan a los circuitos de carga. El transformador de aislamiento blindado tiene un blindaje electrostático conectado a tierra entre los devanados primario y secundario que actúa para dirigir señales no deseadas a tierra, en lugar de los circuitos de carga.

Colocar un transformador de aislamiento en el circuito interrumpe el camino de la corriente a tierra que incluye al trabajador. La corriente ya no puede fluir desde la fuente de alimentación a tierra a través del chasis. No obstante, el equipo sigue recibiendo el voltaje y la corriente normales de funcionamiento.

4.4.2 Autotransformador

En un transformador, no es necesario que el primario y el secundario sean devanados separados y distintos. En la *figura 39* se muestra un diagrama esquemático de lo que se conoce como *autotransformador*. Tenga en cuenta que se rosca una sola bobina de alambre para producir lo que eléctricamente es un devanado primario y secundario.

El voltaje en el devanado secundario tiene la misma relación con el voltaje primario que tendría si fueran dos devanados distintos. La toma móvil en el secundario se utiliza para seleccionar un voltaje de salida mayor o menor que E_P, dentro del rango del transformador. Cuando la toma está en el punto A, E_S es menor que E_P; cuando la toma está en el punto B, E_S es mayor que E_P.

Los autotransformadores dependen de la autoinducción para inducir su voltaje secundario. El término *autotransformador* se puede dividir en dos palabras: *auto* que significa automático y *transformador* que significa cambiar de potencial. El autotransformador se puede usar como un transformador elevador o reductor. Entre los usos más comunes de los autotransformadores se encuentran los suministros de voltaje variable de CA y los transformadores de balastos de luz fluorescente. También se utilizan para reducir el voltaje de línea de varios tipos de arrancadores de motor de bajo voltaje.

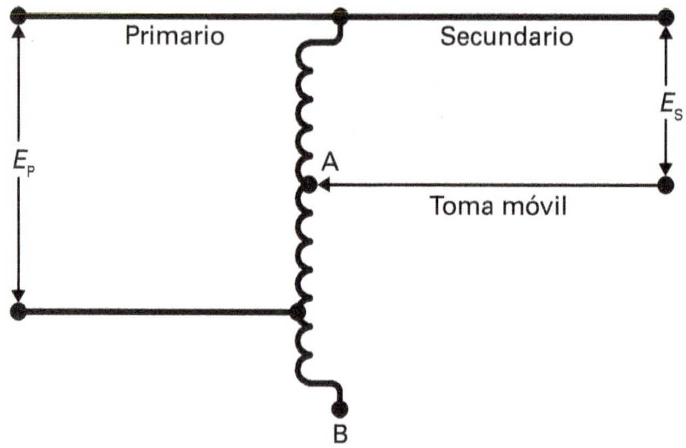

Figura 39 Diagrama esquemático del autotransformador.

4.4.3 Transformador de corriente

Un transformador de corriente (*figura 40*) se diferencia de otros transformadores en que el primario es un conductor para la carga y el secundario es una bobina enrollada alrededor del cable para la carga. Al igual que los amperímetros se conectan en línea con un circuito, el transformador de corriente se conecta en serie con la corriente que se va a medir.

Debido a que los transformadores de corriente son transformadores en serie, no se aplican las relaciones habituales de voltaje y corriente. Los transformadores de corriente varían considerablemente en cuanto a la corriente primaria nominal, pero suelen diseñarse con relaciones de espiras que suministran 5 A a plena carga del devanado primario.

Los transformadores de corriente generalmente se construyen con solo unas pocas espiras en el primario. Sin embargo, a veces, no tienen espiras. El voltaje en el secundario es inducido por el campo magnético variable que existe alrededor de un solo conductor. El secundario se enrolla en un núcleo circular hueco. El conductor largo que constituye el primario pasa por el centro del núcleo.

Debido a que el primario tiene pocas o ninguna espira, el secundario debe tener muchas espiras (lo que proporciona una relación de espiras alta) para producir un voltaje utilizable. La ventaja de esto es que usted obtiene una salida del secundario proporcional a la corriente que fluye a través del primario, sin una caída apreciable de voltaje en el primario. Esto se debe a que el voltaje primario es igual a la corriente multiplicada por la impedancia. La impedancia se mantiene cerca de cero mediante el uso muy pocas o ninguna espira en el primario.

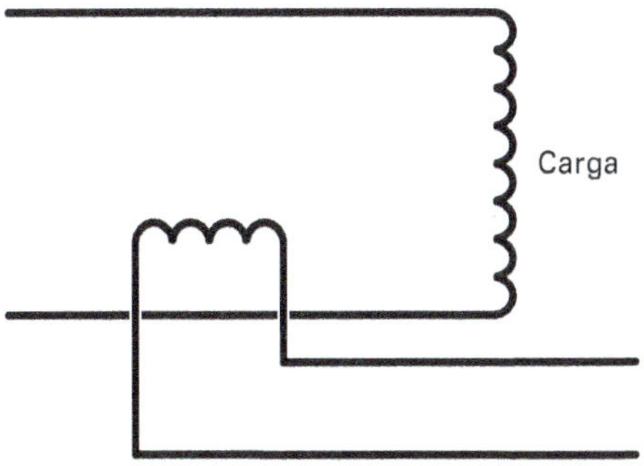

Figura 40 Diagrama esquemático del transformador de corriente.

Una desventaja del diseño es que no se puede abrir el circuito secundario mientras el devanado primario está energizado. Al hacerlo, la corriente secundaria cae rápidamente a cero y su campo magnético se colapsa con rapidez. El colapso del campo magnético secundario a través de la gran cantidad de espiras del devanado secundario induce un voltaje peligrosamente alto en el secundario, creando potencialmente un peligro.

¡ADVERTENCIA!

No abra el circuito secundario de un transformador de corriente mientras el devanado primario esté energizado. Esto puede producir un voltaje peligrosamente alto en el devanado secundario. El secundario de un transformador de corriente nunca debe dejarse en circuito abierto a menos que la fuente de alimentación esté bloqueada. El circuito secundario debe cerrarse antes de restablecer la alimentación.

Debido a que la salida de los transformadores de corriente es proporcional a la corriente en el primario, se utilizan con mayor frecuencia para alimentar relés y medidores sensores de corriente. Esto permite que los instrumentos respondan a la corriente en el primario sin tener que manejar magnitudes extremas de corriente.

4.4.4 Transformador de potencial

El primario de un transformador de potencial está conectado a través o en paralelo con el voltaje que se va a medir, tal como un voltímetro está conectado a través de un circuito. En la *figura 41* se muestra un diagrama esquemático de un transformador de potencial.

Los transformadores de potencial son básicamente iguales a cualquier otro transformador monofásico. Aunque los valores nominales de voltaje primario varían ampliamente según la aplicación específica, los valores nominales de voltaje secundario suelen ser 120 V, lo que es un voltaje conveniente para medidores, relés y otros dispositivos.

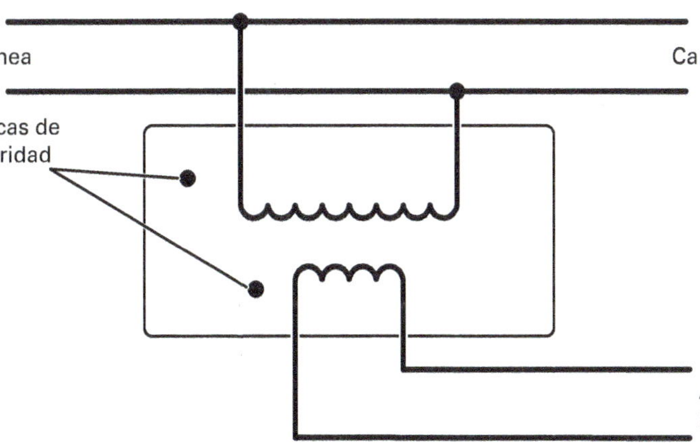

Figura 41 Diagrama esquemático del transformador de potencial.

Historial de caso

Potencia CA

Trabajar con potencia CA puede ser peligroso, a menos que se sigan los procedimientos de seguridad adecuados. El *National Institute for Occupational Safety and Health* - NIOSH (Instituto Nacional de Seguridad y Salud Ocupacionales) investigó 224 incidentes de electrocuciones que resultaron en muertes ocupacionales. 121 de las víctimas estaban empleadas en la industria de la construcción. 221 de los incidentes (99 %) involucraron CA. De las 221 electrocuciones por CA, 74 (33 %) involucraron voltajes de CA inferiores a 600 V. De las 74 electrocuciones de bajo voltaje, 40 involucraron 120/240 V. Las 147 (66 %) restantes de las 221 electrocuciones involucraron 600 V o más.

Los factores relacionados con las causas de estas electrocuciones incluyeron la falta de cumplimiento de las políticas existentes de los empleadores. Esto incluye el uso de EPP y la falta de intervención supervisora cuando se violan las políticas existentes. De las 224 víctimas, 194 (80 %) tenían algún tipo de capacitación en seguridad eléctrica. 39 víctimas no tenían ningún tipo de capacitación. Cabe destacar que 100 de las víctimas llevaban menos de un año en el trabajo.

Además, la capacitación en seguridad es inútil si usted no la pone en práctica todos los días. ¡Siempre priorice la seguridad!

Conclusión: Nunca asuma que está seguro cuando trabaja con voltajes más bajos. Todos los niveles de voltaje deben considerarse potencialmente mortales.

Piénselo

Todo reunido

El sistema de distribución de energía de una empresa eléctrica tiene bancos de condensadores que se conectan automáticamente al sistema mediante un termostato cuando hace calor. ¿Por qué podría hacerse eso?

Debido a que la salida de los transformadores de potencial es proporcional al voltaje de fase a fase del primario, a menudo, se utilizan para alimentar relés y medidores sensores de voltaje. Esto permite que los instrumentos respondan al voltaje primario mientras tienen que manejar solo 120 V.

Además, los transformadores de potencial son esencialmente transformadores reductores monofásicos. Por lo tanto, se pueden utilizar para suministrar energía a equipos auxiliares de bajo voltaje asociados con aparatos de conexión de alto voltaje, mediante las líneas de alto voltaje.

Transformadores de potencial

Además de utilizarse para reducir altos voltajes con fines de medición segura, los transformadores de potencial se emplean ampliamente en todo tipo de dispositivos de control en los que es necesario supervisar altos voltajes.

Un ejemplo de ello es el uso de un contactor accionado por transformador de potencial en circuitos de generadores de reserva de alumbrado de emergencia. En condiciones normales, con la red eléctrica conectada, el contactor se excita y sus contactos normalmente cerrados se abren. Si falla la alimentación, el contactor se desenergiza, haciendo que sus contactos se cierren y activando el circuito del generador de reserva.

4.0.0 Repaso de la sección

1. ¿Cuál de las siguientes afirmaciones sobre los núcleos de transformadores es *correcta*?
   a. Los transformadores con núcleo de aire solo se utilizan cuando la fuente de voltaje tiene una frecuencia por debajo de 20 kHz.
   b. El transformador con núcleo de hierro proporciona una mejor transferencia de potencia que el transformador con núcleo de aire.
   c. Se utilizan placas de acero laminado para aumentar las corrientes parásitas.
   d. Los transformadores más eficientes son los que tienen menos laminaciones.

2. En el esquema de un transformador, los puntos se utilizan para indicar _____.
   a. interruptores
   b. polaridad
   c. cantidad de espiras
   d. tipo de núcleo

3. Un transformador tiene 200 espiras en el devanador primario, 100 espiras en el devanador secundario y 120 VCA aplicados al devanador primario (E_P). El voltaje a través del devanador secundario (E_S) es _____.
   a. 480 VCA
   b. 240 VCA
   c. 120 VCA
   d. 60 VCA

4. Es probable que un relé sensor de voltaje esté alimentado por un _____.
   a. transformador de aislamiento
   b. transformador de potencial
   c. autotransformador
   d. transformador de corriente

Módulo 26201-23 Preguntas de repaso

1. Una corriente eléctrica *siempre* produce _____.
   a. inductancia mutua
   b. un campo magnético
   c. reactancia capacitiva
   d. alto voltaje

2. El número de ciclos que completa una forma de onda por segundo determina _____.
   a. el amperaje
   b. la frecuencia
   c. el voltaje
   d. la resistencia

3. ¿Cuál es el voltaje pico en un circuito con un voltaje rms de 120 VCA?
   a. 117 V
   b. 120 V
   c. 150 V
   d. 170 V

4. ¿Cuál de las siguientes condiciones se da en un circuito de resistencia pura?
   a. El voltaje y la corriente están en fase.
   b. El voltaje y la corriente están desfasados 90°.
   c. El voltaje y la corriente están desfasados 180°.
   d. El voltaje y la corriente están desfasados 270°.

5. En un circuito de CA puramente resistivo donde se aplican 240 V a través de una resistencia de 10 Ω, el amperaje es _____.
   a. 10 A
   b. 24 A
   c. 60 A
   d. 120 A

6. Cuando la corriente aumenta en un circuito de CA, ¿qué papel desempeña la inductancia?
   a. Aumenta la corriente.
   b. No desempeña ningún papel.
   c. Provoca la apertura de la protección contra sobrecorriente.
   d. Reduce la corriente.

7. ¿Cuál de las siguientes bobinas es probable que muestre la inductancia *más baja?*
   a. Una bobina con muchas espiras
   b. Una bobina con un núcleo magnético
   c. Una bobina con un diámetro estrecho
   d. Una bobina con un núcleo corto

8. ¿Cuál de las siguientes condiciones se da en un circuito de inductancia pura?
   a. El voltaje y la corriente están en fase.
   b. El voltaje y la corriente están desfasados 90°.
   c. El voltaje y la corriente están desfasados 120°.
   d. El voltaje y la corriente están desfasados 180°.

9. La reactancia aumenta con un aumento de _____.
   a. la capacitancia
   b. la inductancia
   c. el magnetismo
   d. la resistencia

10. La capacitancia se mide en _____.
   a. faradios
   b. joules
   c. henrios
   d. amperios

11. La capacitancia total de dos condensadores de 15 μF conectados en *paralelo* es _____.
   a. 5 μF
   b. 10 μF
   c. 15 μF
   d. 30 μF

12. La capacitancia total de dos condensadores de 15 μF conectados en *serie* es _____.
   a. 5 μF
   b. 7.5 μF
   c. 15 μF
   d. 30 μF

13. La capacitancia total de dos condensadores de 5 μF y uno de 10 μF conectados en *paralelo* es _____.
   a. 5 μF
   b. 15 μF
   c. 20 μF
   d. 25 μF

14. La oposición al flujo de corriente que ofrece la capacitancia de un circuito se conoce como _____.
   a. inductancia mutua
   b. resistencia pura
   c. reactancia inductiva
   d. reactancia capacitiva

15. La oposición total al flujo de corriente en un circuito de CA se conoce como _____.
   a. la resistencia
   b. reactancia capacitiva
   c. reactancia inductiva
   d. impedancia

16. La potencia real en un circuito con una corriente de 4 A que pasa a través de una resistencia de 50 Ω es _____.
   a. 200 W
   b. 400 W
   c. 600 W
   d. 800 W

17. El factor de potencia en un circuito con una resistencia de 50 Ω y una impedancia de 100 Ω es _____.
   a. 0.25
   b. 0.5
   c. 0.75
   d. 1.0

18. Un factor de potencia no es una medida angular sino una relación numérica con un valor entre 0 y 1, igual a _____.
    a. seno del ángulo de fase
    b. tangente del ángulo de fase
    c. coseno del ángulo de fase
    d. cotangente del ángulo de fase

19. Los dos devanados de un transformador convencional se conocen como _____.
    a. devanados mutuo e inductivo
    b. devanados de alto y bajo voltaje
    c. devanados primario y secundario
    d. devanados elevador y reductor

20. Un transformador con 10 espiras en el primario y dos espiras en el secundario tiene una relación de espiras de _____.
    a. 5:1
    b. 8:1
    c. 10:1
    d. 20:1

Las respuestas a las preguntas impares de repaso del módulo se encuentran en el *Apéndice A*.

Módulo 26201-23 Ejercicios suplementarios

1. En un circuito que solo contiene resistencias, el voltaje y la corriente están _________ entre sí.
2. La potencia consumida por _________ se denomina potencia real.
3. El factor de potencia es la relación entre la potencia _________ y la potencia _________.
4. Los circuitos LC están formados por un(a) _________ y un(a) _________ conectados en serie o en paralelo con una fuente de voltaje.
5. Como en todos los circuitos en serie, la _________ en un circuito LC en serie es la misma en todos los puntos.
6. En un transformador con 100 V aplicados al devanador primario, 200 espiras en el devanador primario y 100 espiras en el devanador secundario, el voltaje secundario es _________ voltios.
7. Se puede usar _________ para aislar eléctricamente un equipo del sistema de distribución de energía.
8. La potencia reactiva es la parte de la potencia aparente causada por _________ y _________ del circuito.
9. El devanado primario de un transformador está conectado a _________.
10. La potencia aparente es el producto del _________ de fuente y la _____.
11. El devanado secundario de un transformador está conectado a _________.

12. La potencia reactiva se mide en _________.
13. El VAR es la unidad de medida de la potencia _________.
14. ¿Verdadero o falso? El valor promedio se calcula a partir de todos los valores de una onda sinusoidal para solo medio ciclo.
15. El valor promedio = _________ x valor pico.
16. En circuitos puramente resistivos, la corriente y el voltaje están relacionados por la ley de Ohm, que es $E = IR$. Defina estas tres variables.

    E = _________
    I = _________
    R = _________

Las respuestas a los ejercicios suplementarios impares se encuentran en el *Apéndice B*.

Respuestas a las preguntas de repaso de la sección

Respuesta	Referencia de la sección	Objetivo
Sección 1.0.0		
1. b	1.1.1	1a
2. d	1.2.1	1b
3. d	1.3.0	1c
Sección 2.0.0		
1. c	2.1.0	2a
2. d	2.2.1	2b
3. d	2.3.2	2c
4. d	2.4.0	2d
Sección 3.0.0		
1. a	3.1.0	3a
2. c	3.2.0	3b
3. a	3.3.0	3c
4. c	3.4.0	3d
5. b	3.5.0	3e
Sección 4.0.0		
1. b	4.1.1	4a
2. b	4.2.2	4b
3. d	4.3.0	4c
4. b	4.4.4	4d

Cálculos del repaso de la sección

Sección 1.0.0

Pregunta 1

Divida el número de ciclos (veces que se repite la onda sinusoidal) por la cantidad de tiempo en segundos para determinar la frecuencia en Hz (ciclos por segundo):

$$f = \frac{10 \text{ ciclos}}{0.5 \text{ segundos}} = 20 \text{ cps } (20 \text{ Hz})$$

La frecuencia es **20 Hz**.

Sección 2.0.0

Pregunta 1

Utilice la ley de Ohm para encontrar el voltaje (resuelva E):

$$E = IR$$

$$E = 22 \text{ A} \times 10\Omega$$

$$E = 22 \text{ V}$$

El voltaje es **220 V**.

Pregunta 3

Sume los valores de capacitancia para hallar su capacitancia combinada en paralelo:

$$C_T = C_1 + C_2 + C_3 + C_4$$

$$C_T = 10\ \mu\text{F} + 10\ \mu\text{F} + 10\ \mu\text{F} + 5\ \mu\text{F}$$

$$C_T = 35\ \mu\text{F}$$

La capacitancia total es **35 µF**.

Sección 3.0.0

Pregunta 4

Divida la resistencia por la impedancia para hallar el factor de potencia:

$$pf = \frac{R}{Z} = \frac{75\Omega}{150\Omega} = 0.5$$

El factor de potencia es **0.5**.

Sección 4.0.0

Pregunta 3

Utilice la fórmula para determinar el voltaje en el secundario:

$$N_S = 100 \text{ espiras}$$

$$\frac{E_S}{E_P} = \frac{N_S}{N_P} \text{ or } E_S = \frac{E_P N_S}{N_P}$$

$$E_S = \frac{120\text{V} \times 100 \text{ espiras}}{200 \text{ espiras}} = 60\text{VCA}$$

El voltaje a través del secundario es **60 VCA**.

Actualización de usuario

¿Ha encontrado un error? Para enviar una corrección, visite https://www.nccer.org/olf o escanee el código QR con su dispositivo móvil.

ESCANÉAME

MÓDULO 26202-23

Motores: teoría y aplicación

Fuente: iStock@Smoczyslaw

Objetivos

La finalización exitosa de este módulo lo prepara para hacer lo siguiente:

1. Identificar los motores de corriente continua (CC) y describir sus características de funcionamiento.
   a. Describir el funcionamiento de los motores de CC.
   b. Identificar los tipos de motores de CC.
2. Identificar los motores de corriente alterna (CA) y describir sus características de funcionamiento.
   a. Describir el funcionamiento de los motores de CA.
   b. Identificar los motores de inducción trifásicos.
   c. Identificar los motores síncronos.
   d. Identificar los motores de inducción monofásicos.
3. Identificar los variadores de velocidad y describir sus características de funcionamiento.
   a. Identificar los tipos de cargas de velocidad regulable.
   b. Identificar los tipos de control de velocidad del motor.
   c. Identificar los métodos de frenado.
4. Identificar los cerramientos del motor, las designaciones de armazón y las características de funcionamiento.
   a. Identificar los tipos de cerramientos de motor.
   b. Identificar las designaciones de armazón NEMA.
   c. Identificar las características de funcionamiento del motor utilizando los datos de la placa de características.
5. Identifique las conexiones y las marcas de los terminales para motores de CA.
   a. Identificar los terminales de los motores conectados en estrella.
   b. Identificar los terminales de los motores conectados en delta.
6. Identificar los requisitos del *NEC®* para los motores.
   a. Identificar los requisitos de instalación del *NEC®*.
   b. Identificar los requisitos de protección de motores del *NEC®*.

Tareas prácticas

Bajo supervisión, usted debería poder hacer lo siguiente:

1. Identificar los distintos tipos de motores y sus aplicaciones.
2. Recopilar datos de la placa de características de un motor.
3. Conectar los terminales de un motor de CA de doble voltaje.

NOTA

Recursos digitales sobre electricidad

Escanee este código con la cámara de su teléfono o dispositivo móvil para ver los recursos digitales relacionados con este oficio.

ESCANÉAME

Visión general

El motor eléctrico es el caballo de tiro de la industria moderna. Sus funciones tienen un alcance casi ilimitado. Para alimentar y controlar motores, necesitamos circuitos eléctricos de potencia compatibles con determinadas características. Deben suministrar la corriente eléctrica que hace que el motor funcione según lo necesario para que pueda realizar la función prevista. En este módulo, se describe la construcción y las características de los motores de corriente alterna (CA) y de corriente continua (CC) para que el electricista pueda comprender mejor sus requisitos de potencia y control.

NCCER Credenciales reconocidas en la industria

Si se está capacitando a través de un patrocinador acreditado por NCCER, puede ser elegible para obtener credenciales de NCCER. El número de identificación de este módulo es 26202-23. Tenga en cuenta que este módulo puede haber sido utilizado en otros planes de estudios de NCCER y se puede aplicar a la realización de otros niveles. Comuníquese con NCCER al 1.888.622.3720 o visite **www.nccer.org** para obtener más información.

También puede mostrar en línea sus credenciales reconocidas por la industria con las insignias digitales de NCCER. Transforme sus conocimientos, habilidades y logros en insignias que puede compartir en las plataformas de redes sociales, enviar a su red y agregar a su currículum. Para obtener más información, visite **www.nccer.org**.

1.0.0 Funcionamiento del motor de CC

Tarea práctica

1. Identificar los distintos tipos de motores y sus aplicaciones.

Objetivo

Identificar los motores de corriente continua (CC) y describir sus características de funcionamiento.

a. Describir el funcionamiento de los motores de CC.
b. Identificar los tipos de motores de CC.

Para alimentar y controlar los motores, se utilizan circuitos eléctricos de potencia compatibles con características específicas. Estas características incluyen el suministro de corriente eléctrica y la protección frente a condiciones mecánicas y eléctricas adversas. Estas funciones suelen combinarse en equipos eléctricos conocidos como *centros de control de motores (CCM)*.

Es importante conocer los CCM en profundidad tanto desde el punto de vista del mantenimiento como de la resolución de problemas. Los CCM con un mantenimiento adecuado sirven para minimizar el tiempo de inactividad por reparaciones no programadas, aumentar la productividad y contribuir a un entorno de trabajo más seguro.

1.1.0 Cómo funcionan los motores de CC

Cuando una barra de material magnético recibe una carga magnética inducida, se desarrolla un campo de fuerza magnética alrededor de la barra. Imagine que este campo está formado por líneas magnéticas de fuerza, o *flujo*, que están en el espacio que rodea la barra. Estas líneas de fuerza parecen salir de un extremo de la barra y extenderse por el exterior hasta el extremo opuesto.

El extremo de donde parten las líneas magnéticas se denomina *polo norte*, y el extremo por donde vuelven a entrar en el imán se denomina *polo sur*. En realidad, las líneas se extienden por el interior del imán desde el polo sur hasta el polo norte, hasta formar un bucle cerrado. Este principio se muestra en la *Figura 1*.

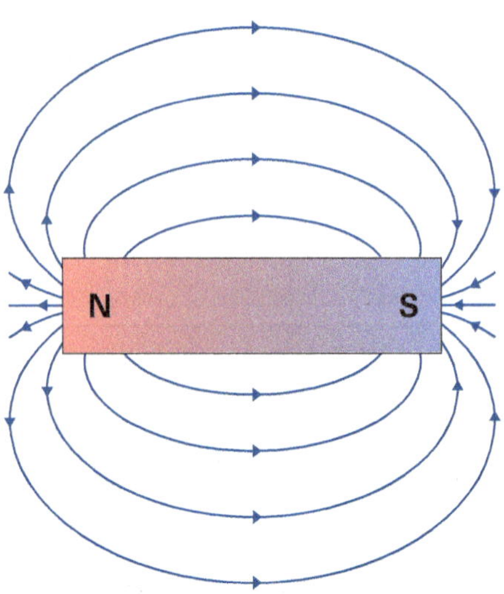

Figura 1 Campo magnético.

Deben recordarse varias características de estas líneas magnéticas de fuerza cuando se trata de motores eléctricos:

- Las líneas magnéticas de fuerza son continuas y siempre forman bucles cerrados.
- Las líneas magnéticas de fuerza no se cruzan.
- Las líneas magnéticas de fuerza con polaridades en la misma dirección se repelen. En otras palabras, un polo norte repelerá a un polo norte y un polo sur repelerá a un polo sur.

- Las líneas magnéticas de fuerza con polaridades en sentidos opuestos tienden a atraerse y combinarse. En otras palabras, el polo norte atraerá al polo sur y viceversa.
- Las líneas magnéticas de fuerza tienden a acortarse. Por lo tanto, las líneas magnéticas de fuerza entre dos polos opuestos provocan que los polos se acerquen.
- Las líneas magnéticas de fuerza atraviesan todos los materiales conocidos, magnéticos o no magnéticos. Algunos materiales ofrecen una trayectoria mucho más fácil para estas líneas que otros.

1.1.1 Componentes de motores de CC

Los motores de corriente continua (CC) constan de unos cuantos componentes principales, cada uno con un fin específico en el funcionamiento del motor.

El **inducido** es un electroimán móvil situado entre los polos de otro imán permanente fijo (campo), como se muestra en la *Figura 2*. El campo magnético de los conductores del inducido interactúa con el campo magnético del imán de campo. El resultado de la interacción de los campos es la rotación del motor.

Inducido (*Armature*): devanados giratorios de un motor de CC.

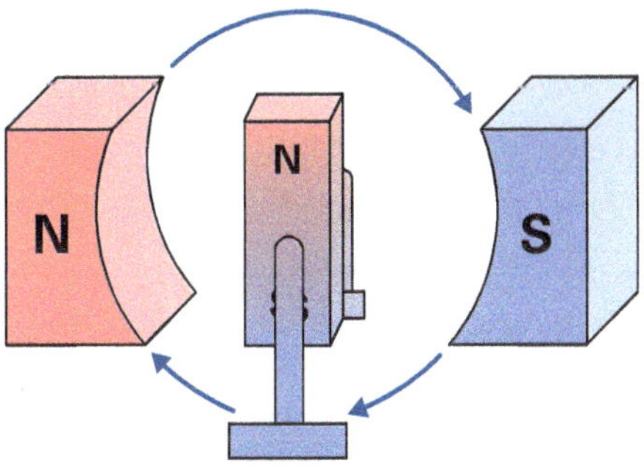

Figura 2 Movimiento de un motor básico.

La corriente en un conductor también tiene un campo magnético asociado. Cuando se coloca un conductor en otro campo magnético procedente de una fuente distinta, los dos campos pueden reaccionar para producir una acción motriz. El conductor debe ser perpendicular al campo magnético (*Figura 3*). De este modo, el campo magnético perpendicular de la corriente se encuentra en el mismo plano que el campo magnético exterior.

A menos que los dos campos estén en el mismo plano, no pueden afectarse entre sí. Sin embargo, las líneas de fuerza que van en la misma dirección en el mismo plano se refuerzan para crear un campo más fuerte, mientras que las líneas que van en dirección opuesta se anulan y generan un campo más débil. Un campo más fuerte tiende a empujar al conductor hacia el campo más débil, como se muestra en la *Figura 3*. Estas direcciones se resumen a continuación:

- Cuando el conductor está a 90°, o perpendicular al campo exterior, la reacción entre los dos campos magnéticos es la máxima.
- Cuando el conductor está a 0°, o paralelo al campo exterior, no hay ningún efecto entre ellos.
- Cuando la elevación del conductor alcanza un ángulo de 0° a 90°, solo el componente perpendicular es efectivo.

En la acción motriz, el cable solo se mueve en línea recta. El cable se detiene cuando está fuera del campo, aunque siga habiendo corriente. Un motor práctico debe presentar un movimiento giratorio continuo. Para ello, debe desarrollarse una fuerza giratoria denominada torque o *par*.

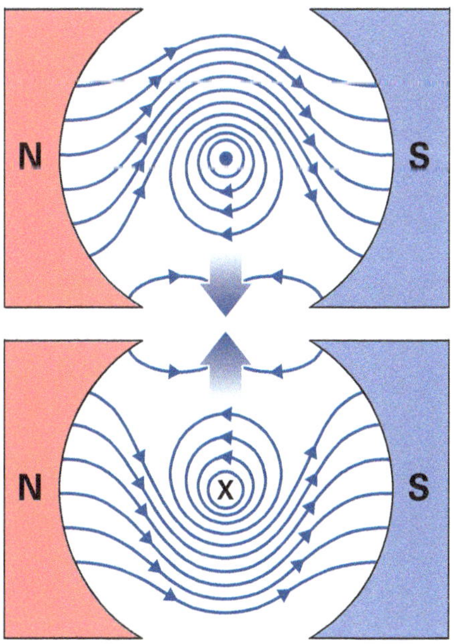

Figura 3 Acción motriz.

¿Sabías qué?

Primeros motores eléctricos

La primera patente de EE. UU. de un motor se concedió a Thomas Davenport en 1837. Él indicó que utilizó seda del vestido de novia de su mujer como aislante para los conductores. A pesar de este sacrificio, su motor no tuvo éxito comercial. Los motores eléctricos prácticos, como la bombilla práctica, no aparecieron hasta finales del siglo XIX.

El par se produce montando una espira en un campo magnético fijo. Se aplica corriente y las líneas de flujo en ambos lados de la espira interactúan. Esto causa que la espira actúe como una palanca que ejerce fuerza sobre sus dos lados en direcciones opuestas (*Figura 4*).

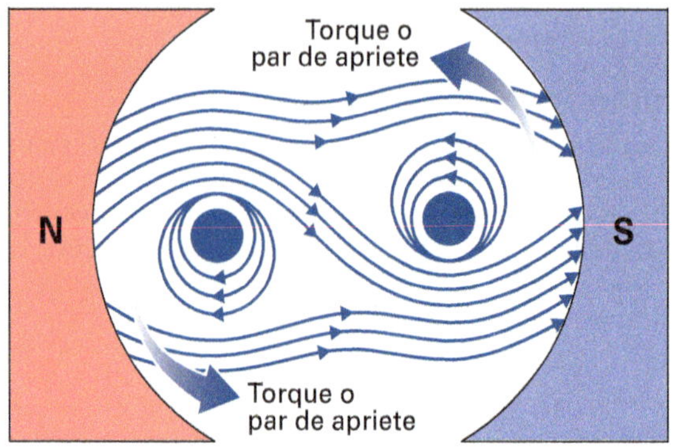

Figura 4 Torque.

La combinación de las fuerzas provocan una fuerza giratoria o torque porque el rotor o inducido está colocado de tal manera que gire sobre su eje. La fuerza giratoria total sobre el inducido depende de varios factores, como la intensidad de campo, la intensidad de corriente del inducido y la construcción física del inducido, en particular la distancia que hay entre los lados de la espira y las líneas del eje.

Debido a la acción de palanca, la fuerza en los lados del inducido aumentará a medida que los lados del bucle se alejen del eje. Por lo tanto, los inducidos más grandes producirán un par mayor.

En la práctica, el par de un motor determina la energía disponible para realizar un trabajo. A mayor par, mayor energía. Si un motor no desarrolla par suficiente para hacer girar su carga, se frena.

Para lograr una rotación continua, el inducido debe mantenerse en movimiento en la misma dirección. Para ello, es necesario invertir el sentido de la corriente en el inducido cada 180° de revolución. Esta acción de cambio de dirección se logra con un **conmutador** (*Figura 5*).

Conmutador (*Commutator*): componente de los motores o generadores eléctricos que sirve para invertir una corriente unidireccional.

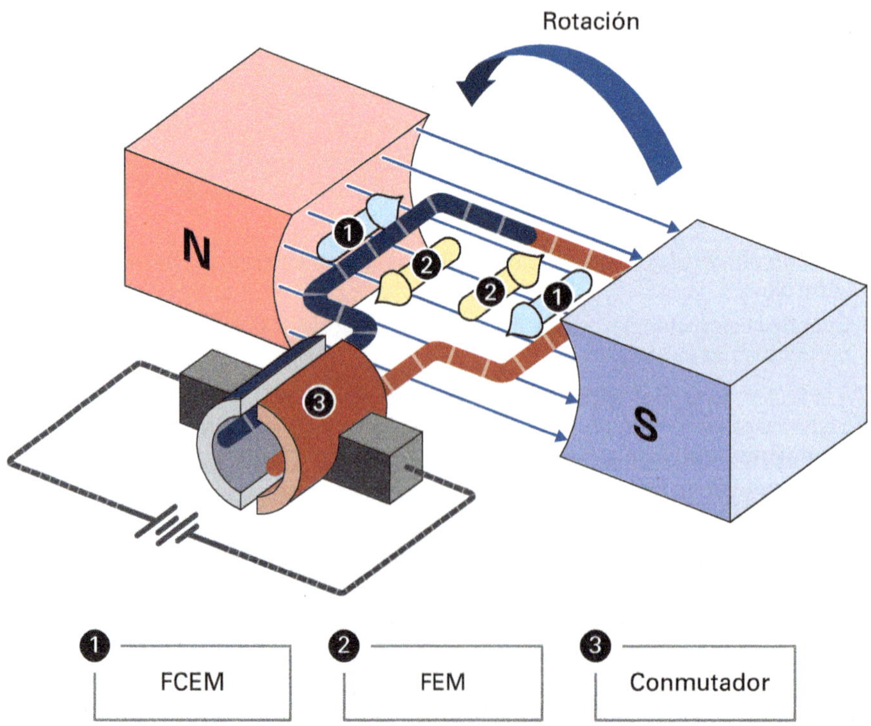

Figura 5 Motor de corriente continua de inducido simple.

El conmutador de un motor de CC es un anillo conductor dividido en dos segmentos, cada uno de los cuales está conectado a un extremo del inducido. La corriente entra por el lado del inducido más cercano al polo sur del campo y sale por el lado más cercano al polo norte del campo. La interacción de los dos campos produce un par, y el inducido gira en esa dirección.

Una **escobilla** hace contacto con cada segmento del conmutador a medida que gira, proporcionando una conexión entre el conmutador móvil y la fuente de alimentación de CC estacionaria. La *Figura 6* muestra diversas conexiones de escobillas y conmutador que se usan en los motores de corriente continua.

Escobilla (*Brush*): conductor entre las partes fijas y giratorias de un motor. Por lo general, es de carbón.

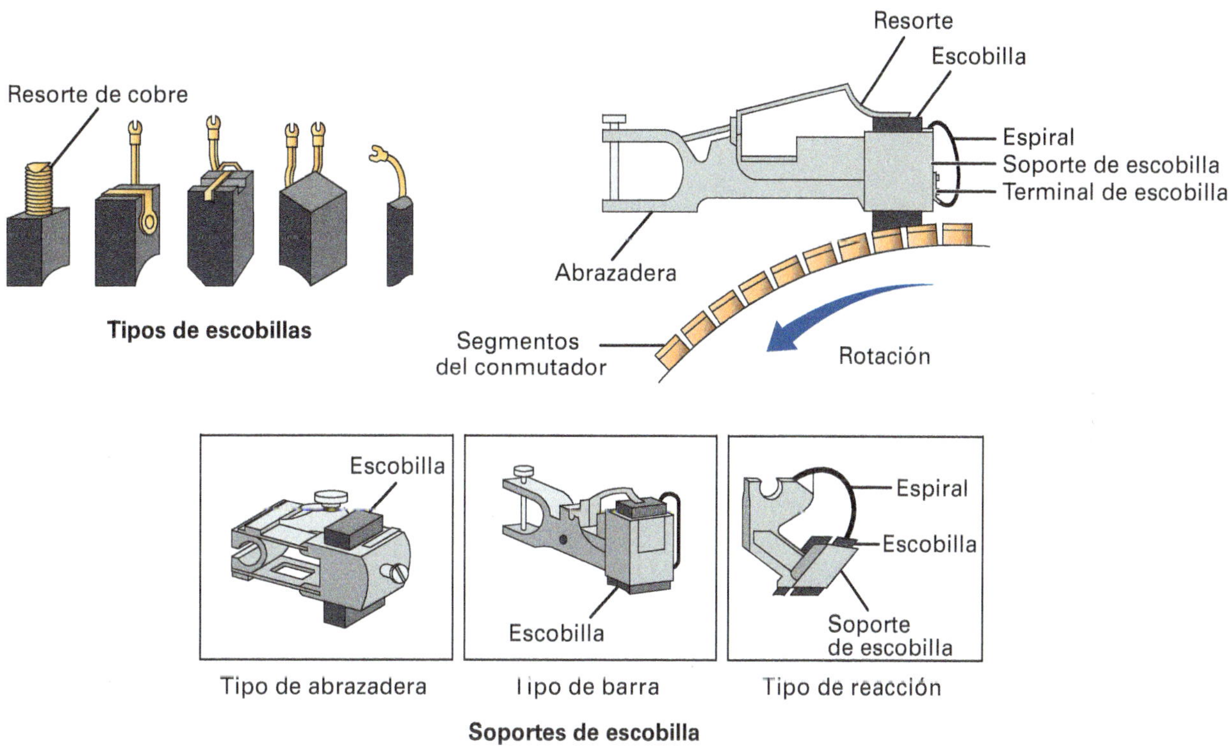

Figura 6 Escobillas, aparejos de escobillas y conexiones de conmutador.

El problema de cambiar los segmentos del conmutador en un motor simple de una sola espira es que, cuando el motor se detiene, no hay forma de predecir la posición del inducido. Si el inducido se detiene en una posición en la que el conmutador está en medio del cambio de dirección, el motor no arrancará a menos que se gire físicamente el inducido.

Este problema puede solucionarse enrollando más bobinas en el inducido y utilizando más segmentos conmutadores. Así, se producirá un motor de arranque automático. El motor de la *Figura 7* utiliza tres bobinas de inducido y tres segmentos conmutadores. Independientemente del punto en el que el inducido se detenga, siempre hay una trayectoria para la corriente que producirá un par que lo hará girar.

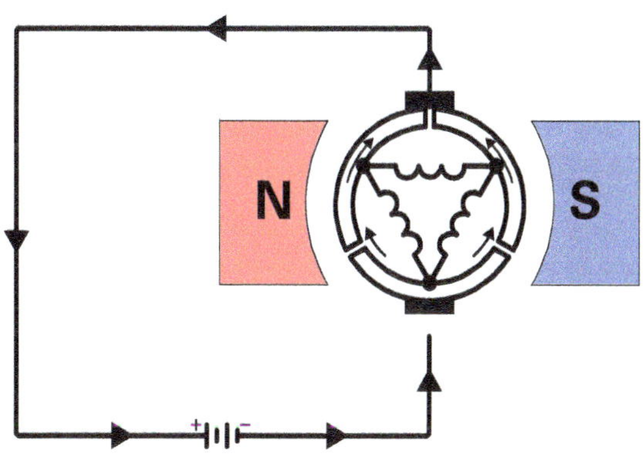

Figura 7 Motor de arranque automático.

NOTA

El motor de CC sin escobillas se creó para eliminar los problemas de conmutadores en misiles y naves espaciales que operan fuera de la atmósfera terrestre. Existen dos tipos generales de motores sin escobillas: el motor de inducción con inversor y el motor de CC con conmutador electrónico.

Motores de CC sin escobillas

Los motores de CC sin escobillas no producen polvo de carbón, que se desarrolla a medida que las escobillas se desgastan por la fricción. Por eso, son ideales para aplicaciones electrónicas sensibles. Los motores de CC sin escobillas se utilizan habitualmente en carcasas de computadoras para refrigeración, en reproductores de CD/DVD, sistemas transportadores y muchos tipos de equipos de fabricación.

1.1.2 El plano neutro

El inducido gira cuando se produce un par, y este se produce mientras los campos del imán y del inducido sigan interactuando. Cuando la espira alcanza una posición perpendicular al campo, se detiene la interacción de los campos magnéticos. Esta posición es el *plano neutro* (*Figura 8*).

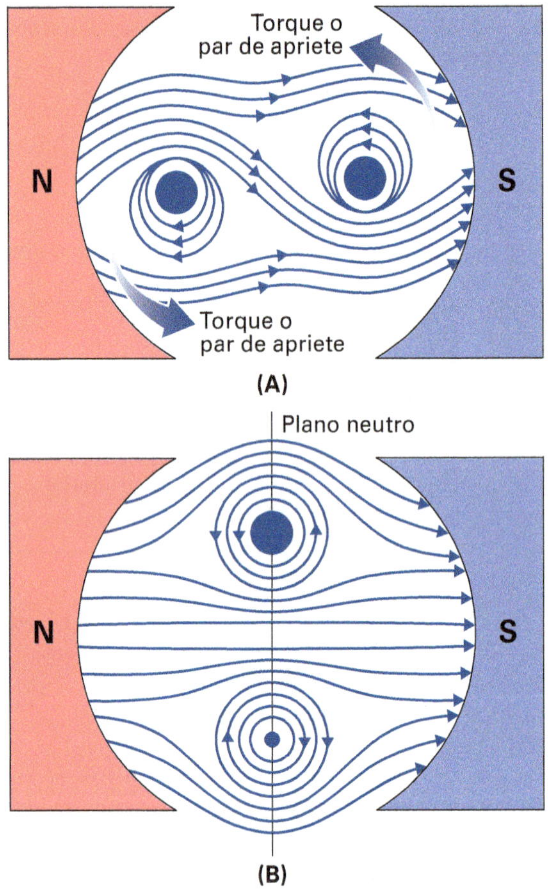

Figura 8 Plano neutro.

En el plano neutro no se produce ningún par. Por lo tanto, la rotación del inducido podría detenerse ya que no hay fuerza que la empuje para que continúe. Sin embargo, la inercia tiende a mantener el inducido en movimiento incluso después de eliminar la fuerza motriz principal. De este modo, el inducido tiende a girar después de sobrepasar el plano neutro.

En la posición neutra, el conmutador se desconecta de las escobillas. Cuando el inducido sobrepasa el punto muerto, los lados de la espira invierten sus posiciones. Esta acción de conmutación mantiene la dirección de la corriente a través del inducido. La corriente sigue entrando por el lado del inducido que está más cerca del polo sur.

Como la dirección del campo magnético es la misma en todo momento, la interacción de los campos después de la conmutación mantiene el par en la dirección original. De este modo, se mantiene una rotación continua (*Figura 9*).

Construir y hacer funcionar un motor de CC elemental de este tipo es posible; sin embargo, tiene dos problemas graves que afectan su utilidad. En primer lugar, un motor de este tipo no siempre puede arrancar solo. En segundo lugar, una vez puesto en marcha, funciona de forma muy irregular.

El funcionamiento de un motor de CC elemental es errático porque produce par irregular. El par máximo solo se produce cuando el plano del inducido de una sola espira es paralelo al plano del campo. Es la posición en ángulo recto respecto al plano neutro. Cuando el inducido sobrepasa este plano de par máximo, se desarrolla cada vez menos par hasta llegar de nuevo al plano neutro. La inercia arrastra el inducido más allá del plano neutro y el motor sigue girando. Sin embargo, su irregularidad a la hora de producir par impide que el motor de CC elemental de una sola espira se pueda usar en trabajos prácticos.

Piénselo

Teoría del torque o par

Un motor proporciona un par (una fuerza de giro) similar a la necesaria para hacer girar una tuerca. En la imagen, ¿qué llave debería poder girar la tuerca con más facilidad?

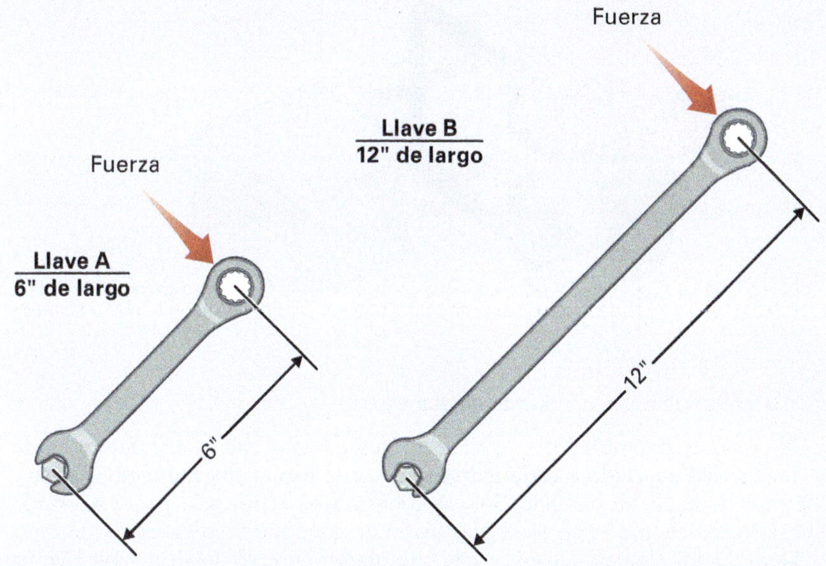

Piénselo

Motores de CC de dos espiras

Utilizando los principios básicos de la acción motriz, explique por qué el motor de CC de dos espiras es de arranque automático y por qué su par es errático.

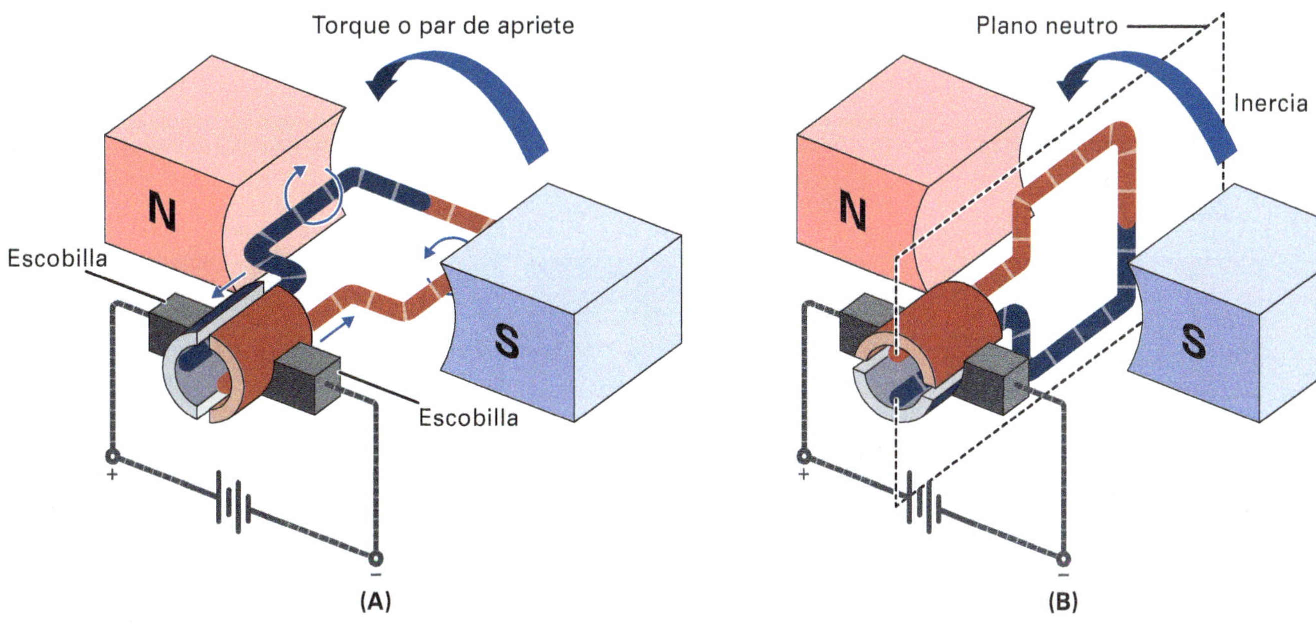

Figura 9 Plano neutro en un motor de corriente continua de una sola espira.

El motor de CC básico se mejora construyendo el inducido con dos o más espiras. Las espiras se colocan en ángulo recto. Cuando una espira está en el plano neutro, la otra está en el plano de par máximo (*Figura 10*).

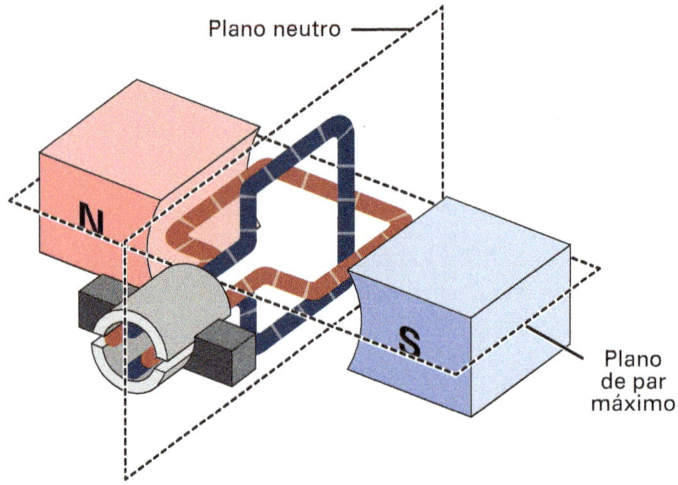

Figura 10 Motor de CC con inducido de dos espiras.

En este caso, el conmutador se divide en dos pares o cuatro segmentos, cada uno de los cuales está asociado a cada extremo de cada espira del inducido. Así se crean dos circuitos de bucle en paralelo. Solo se conecta una espira a la vez si se suministra corriente a través de un par de escobillas fijas a un conjunto de segmentos anulares.

En este inducido de varias espiras, el conmutador cumple dos funciones. En primer lugar, mantiene constantemente la corriente a través del inducido en la misma dirección. En segundo lugar, conmuta la corriente que va a la espira del inducido cuando se acerca a la posición de par máximo.

Este motor es de arranque automático porque al menos un devanado interactuará con el campo principal. Con este sistema de dos espiras, el par desarrollado es más estable y fuerte. Sin embargo, sigue siendo algo errático porque solo una espira a la vez proporciona un par para accionar el motor.

1.1.3 Reacción del inducido

Cuando se suministra corriente al inducido de un motor, se crea un flujo magnético alrededor de los conductores de los devanados del inducido. La reacción del inducido la causan dos campos magnéticos: el campo magnético principal de los imanes de campo y el campo magnético producido por el inducido. Estos dos campos se combinan para producir un nuevo campo magnético resultante.

El campo resultante se distorsiona y se desplaza en sentido opuesto al campo principal y opuesto al sentido de giro del inducido. Esta distorsión desplaza el plano neutro del motor. La *Figura 11* ilustra la reacción del inducido.

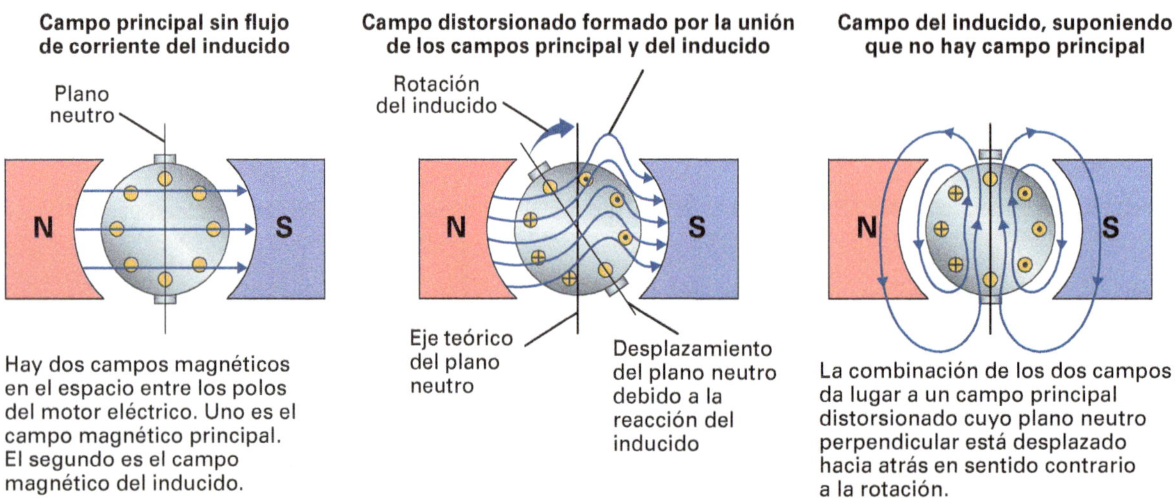

Figura 11 Reacción del inducido.

La magnitud de reacción del inducido determina el desplazamiento del plano neutro. La magnitud de reacción del inducido depende de la cantidad y dirección de la corriente del inducido. La preocupación por el desplazamiento del plano neutro se debe a la necesidad de conmutación.

La conmutación, o cambio de polaridad del inducido, debe producirse en el plano neutro para permitir que la corriente de salida del motor se mantenga en la misma dirección sin formar arcos. Cuando la conmutación tiene lugar en cualquier lugar que no sea el plano neutro, es como un interruptor abierto en un circuito de alta corriente: se formará un arco.

Esta reacción del inducido puede superarse instalando *devanados interpolares* (*Figura 12*). Los interpolos son piezas especiales de polos electromagnéticos que se conectan en serie con el devanado del inducido. La corriente del inducido forma un campo magnético alrededor de los devanados. Su acción se autorregula, y el campo interpolar aplicará la cantidad adecuada de campo de anulación en cualquier conjunto de condiciones. En el caso de una alta reacción del inducido, el campo de anulación es fuerte. En el caso de una baja reacción del inducido, el campo de anulación es más débil.

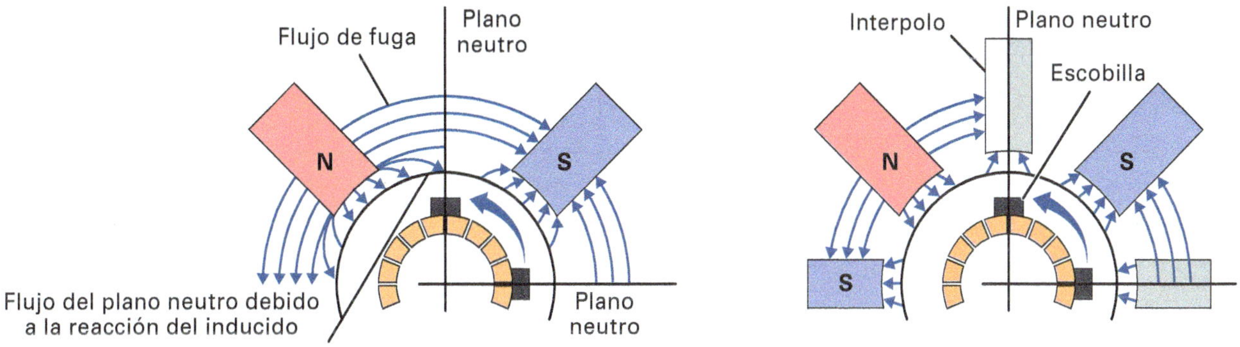

Los interpolos producen un campo local en el plano neutro que se opone al flujo producido por la reacción del inducido para restablecer el plano neutro original.

Para contrarrestar la reacción del inducido, en los motores de CC se utilizan interpolos.

Figura 12 Interpolos.

1.1.4 Fuerza contraelectromotriz (FCEM)

Cuando un motor de CC está en funcionamiento, actúa de forma muy parecida a un generador de CC. Los **polos del campo** producen un campo magnético, y una espira de alambre el inducido gira y corta este campo magnético.

Polos de campo (*Field poles*): partes fijas de un motor de CC que producen el campo magnético.

NOTA

Fuerza electromotriz es otra palabra para *voltaje* y también puede denominarse *presión eléctrica* o *diferencia de potencial*.

Para entender *la fuerza contraelectromotriz (FCEM)*, primero hay que ignorar el hecho de que se está aplicando corriente externa al rotor a través de las escobillas de carbón de los segmentos del conmutador. Al girar los cables del inducido y cortar el campo magnético de los polos del campo, se induce un voltaje en ellos. Este voltaje inducido, o *fuerza electromotriz (FEM)*, provoca que fluya una corriente en el inducido y se genere un campo magnético.

Antes de analizar la dirección relativa entre la corriente inducida en los devanados del inducido y la corriente que la causó en los polos de campo, recordemos primero la *regla de la mano izquierda*. Ubique su mano izquierda de manera que el dedo índice apunte en la dirección del campo magnético (de norte a sur) y el pulgar en la dirección de la fuerza de rotación sobre un conductor determinado. El dedo corazón apuntará ahora en la dirección del flujo de corriente de ese conductor. Esta corriente se opone a la corriente que fluye desde la batería.

Como este voltaje inducido y esta corriente inducida contrarrestan las de la batería, se denominan FCEM en lugar de FEM. Las dos corrientes fluyen en direcciones opuestas, lo que significa que el voltaje de la batería y la FCEM son de polaridad opuesta (*Figura 13*).

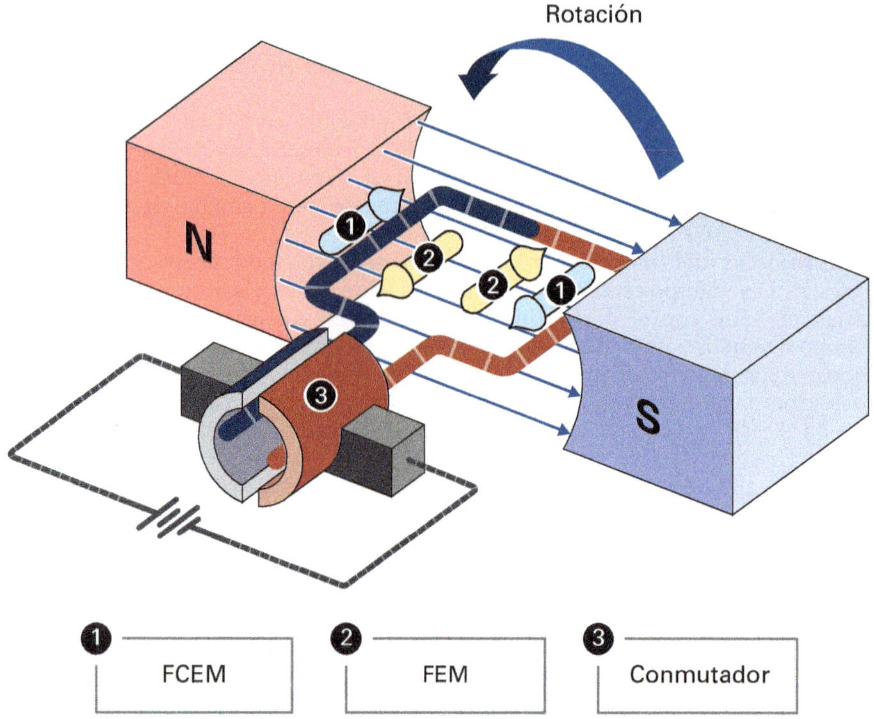

Figura 13 FCEM.

Cuando hablamos por primera vez de FCEM, no tuvimos en cuenta el hecho de que se estaba aplicando CC externa al inducido a través de las escobillas. Se demostró que el voltaje inducido y el flujo de corriente resultante fluyen en sentido opuesto a la corriente aplicada externamente. Se trata de una simplificación excesiva, ya que solo circula una corriente. Como la FCEM nunca puede ser tan grande como el voltaje aplicado de una fuente externa y como son de polaridad opuesta, la FCEM solo anula una parte del voltaje aplicado. La corriente única que fluye es menor debido a la FCEM.

Dado que la FCEM de un motor es generada por los devanados del inducido cortando las líneas de fuerza establecidas por los polos de campo, su valor dependerá de la intensidad de campo y de la velocidad del inducido. El voltaje efectivo que actúa en el inducido es igual al voltaje en terminales (V_T) menos la FCEM. Con la ley de Ohm se puede determinar el valor de la corriente del inducido a través de esta ecuación:

$$\text{Inducido } (I_A) = \frac{V_T - \text{FCEM}}{\text{Resistencia del inducido } (R_A)}$$

Donde:

$$\text{FCEM} = V_T - (I_A \times R_A)$$

Ejemplo:

Hallar la FCEM de un motor de CC cuando el voltaje en terminales es de 240 V, la corriente del inducido es de 60 A y la resistencia del inducido es de 0.08 Ω.

$$\text{FCEM} = V_T - (I_A \times R_A)$$

$$\text{FCEM} = 240 - (60 \times 0.08)$$

$$\text{FCEM} = 240 - 4.8$$

$$\text{FCEM} = 235.2 \text{ V}$$

La FCEM actúa como un limitador automático de corriente que reduce la corriente del inducido a un nivel adecuado para accionar el motor, pero no tan grande como para correr el riesgo de quemar el inducido. La FCEM actúa como una carga para la fuente de CC que alimenta el motor, de modo que los devanados de baja resistencia del motor no consuman cantidades excesivas de corriente.

Si el inducido se frena y no se produce FCEM, el motor consume tanta corriente que se calienta. Esta reacción se muestra en la *Figura 14*. La FCEM está presente en todos los motores y es necesaria para su funcionamiento.

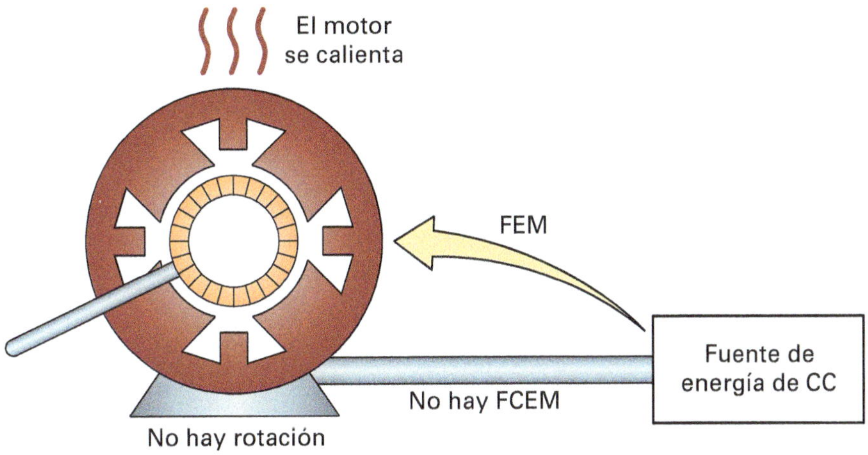

Figura 14 Reacción resultante cuando no se produce FCEM.

1.1.5 Resistencia inicial

Los motores de CC grandes requieren que se inserte una resistencia de arranque en serie con el inducido del motor. La corriente absorbida por el inducido se rige por la FCEM y la resistencia del inducido. Al arrancar, la FCEM será cero porque el rotor está detenido. Tampoco hay reactancia inductiva, como en los motores de inducción de corriente alterna (CA). Esto significa que la corriente de arranque será anormalmente alta a menos que esté limitada por una resistencia de arranque externa.

La Figura 15 muestra un motor en derivación conectado directamente a una línea de 250 VCC. La resistencia del inducido es de 0.5 Ω, la corriente a plena carga del motor es de 25 A y la corriente de campo en derivación es de 1 A. Como resultado, la corriente del inducido en condiciones de plena carga sería de 24 A.

Piénselo

FCEM

¿Puede la FCEM de un motor ser igual al voltaje aplicado en los terminales? Explique su respuesta.

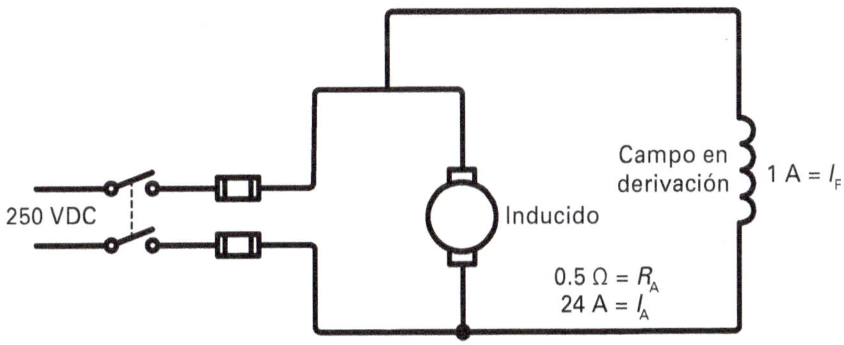

Figura 15 Motor en derivación.

Si no se utiliza una resistencia de arranque, el valor de la corriente del inducido (I_A) puede hallarse utilizando la siguiente ecuación:

$$I_A = \frac{V_T - \text{FCEM}}{R_A}$$

$$I_A = \frac{250\ \text{V} - 0\ \text{V}}{0.5\ \Omega}$$

$$I_A = 500\ \text{A}$$

Esta cantidad de corriente de arranque es demasiado alta y puede provocar un par excesivo y calor que puede dañar el motor. Cuando se añade una resistencia de arranque en serie con el inducido, la corriente de arranque puede limitarse a 1,.5 veces el valor de la corriente a plena carga:

$$I_A \text{ de arranque} = 1.5 \times \text{corriente a plena carga}$$

$$I_A \text{ de arranque} = 1.5 \times 24 \text{ A}$$

$$I_A \text{ de arranque} = 36 \text{ A}$$

Tras el arranque, esta resistencia externa puede ponerse fuera de servicio. Si queremos limitar la corriente de arranque del inducido a 1.5 veces el valor de plena carga, podemos hallar el tamaño de la resistencia que se necesitaría utilizando las ecuaciones anteriores. En el momento del arranque del motor, cuando el rotor está detenido y la FCEM es de cero, la resistencia en serie será:

$$R_{\text{arranque}} = \frac{(V_T - \text{FCEM}) - (I_A \times R_A)}{I_A}$$

$$R_{\text{arranque}} = \frac{(250 \text{ V} - 0 \text{ V}) - (36 \text{ A} \times 0.5\ \Omega)}{36 \text{ A}} = 6.44\ \Omega$$

Para hallar la potencia en vatios que se necesita en la resistencia de arranque, se toma el cuadrado de la corriente multiplicado por la resistencia, donde la pérdida en vatios se calcula por el método I^2R.

Ejemplo:

Caballos de fuerza (*Horsepower*): unidad de medida de la potencia que se usa para evaluar la capacidad de salida de los motores. Se basa en el torque máximo, que es el mayor par que puede desarrollar un motor sin que se produzca una caída brusca de la velocidad. Un caballo de potencia (hp) equivale a 550 pies-libra de par por segundo, o 745.7 vatios (a menudo redondeado a 746 vatios para los cálculos).

Hallar la potencia desarrollada tanto en vatios como en **caballos** en un motor de CC que tiene un voltaje de 240 V en terminales y una corriente de 60 A y una resistencia de 0.08 Ω en el inducido.

Primero, halle la FCEM como se muestra en la siguiente ecuación:

$$\text{FCEM} = V_T - (I_A \times R_A)$$

$$\text{FCEM} = 240 - (60 \times 0.08)$$

$$\text{FCEM} = 240 - 4.8$$

$$\text{FCEM} = 235.2 \text{ V}$$

Luego, use el valor del a FCEM con la ecuación de potencia para determinar la potencia en vatios, de la siguiente manera:

$$\text{Potencia} = IE$$

$$\text{Potencia} = 60 \text{ A} \times 235.2 \text{ V}$$

$$\text{Potencia} = 14{,}112 \text{ W}$$

Ahora, conviértela en caballos de fuerza. Esto significa que está convirtiendo una unidad de medida eléctrica (vatios) en una unidad de medida mecánica (caballos de potencia). Para la conversión a caballos de fuerza, use esta ecuación:

$$\text{Caballos de fuerza} = \frac{\text{Vatios}}{746}$$

$$\text{Caballos de fuerza} = \frac{14{,}112 \text{ W}}{746}$$

$$\text{Caballos de fuerza} = 18.92 \text{ hp}$$

1.2.0 Tipos de motores de CC

Existen dos tipos básicos de conexiones de motores de CC: *motor en serie* y *motor en derivación*. El motor en serie tiene bobinas de campo conectadas en serie con el devanado del inducido. Las bobinas de campo de un motor en derivación están conectadas en paralelo. Otro tipo de motor de CC es el *motor compuesto*.

1.2.1 Motores de CC en derivación

El circuito de campo de un motor en derivación se conecta a través de la línea de alimentación y está en paralelo con el inducido. La *Figura 16* muestra la conexión de un motor en derivación.

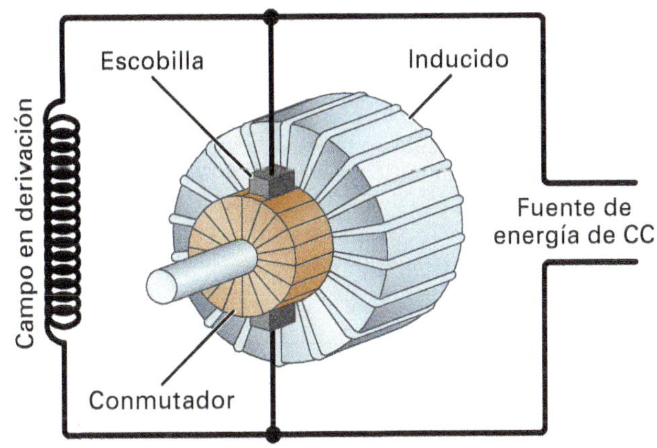

Figura 16 Motor de CC en derivación.

Cuando se aplica una carga externa al motor en derivación, este tiende a ralentizarse. La leve disminución de la velocidad provoca una disminución correspondiente de la FCEM. Como la resistencia del inducido es baja, el aumento resultante de la corriente y del par del inducido es relativamente grande. Por lo tanto, el par aumenta hasta que coincide con el par opuesto de la carga. A continuación, la velocidad del motor se mantiene constante en el nuevo valor mientras la carga sea constante.

Si se reduce la carga del motor en derivación, este tiende a acelerarse. El aumento de la velocidad provoca un aumento correspondiente de la FCEM y una disminución relativamente grande de la corriente y el par del inducido.

La cantidad de corriente que atraviesa el inducido de un motor en derivación depende en gran medida de la carga. Cuanto mayor sea la carga, mayor será la corriente del inducido; cuanto menor sea la carga, menor será la corriente del inducido. El cambio de velocidad provoca un cambio en la FCEM y en la corriente del inducido en cada caso.

La principal ventaja de un motor bobinado en derivación es que su velocidad de giro es bastante constante, y solo cambia en una cuantas **revoluciones por minuto (rpm)** cuando cambia la cantidad de carga. La principal desventaja es que el motor no desarrolla mucho par cuando se pone en marcha por primera vez. Si un motor va a arrancar con una carga grande, generalmente se conecta en serie.

Revoluciones por minuto (rpm – *Revolutions per minute*): número de rotaciones del eje por minuto, que se prevé que será la velocidad aproximada a plena carga de un motor a la frecuencia de potencia nominal. La velocidad de un motor viene determinada por el número de polos del devanado.

¡ADVERTENCIA!

Por ningún motivo abra el circuito de derivación de campo de un motor de CC cuando esté en funcionamiento y, en particular, cuando esté descargado. Un campo abierto puede hacer que el motor gire a velocidades altas y peligrosas. Los motores en derivación de CC grandes tienen un reóstato de campo con una función de desconexión de campo que desconecta el motor de la fuente de alimentación si se abre el circuito de campo.

Estas son las características de funcionamiento de un motor bobinado en derivación:

- *Torque o par:* un motor de CC en derivación tiene un par elevado a cualquier velocidad nominal. En el arranque, un motor de CC en derivación puede desarrollar hasta el 150% de su par normal de funcionamiento siempre que las resistencias del circuito de arranque puedan soportar el efecto de calentamiento de la corriente.
- *Control de velocidad:* los motores de CC tienen un excelente control de velocidad. Para que el motor funcione por encima de la velocidad nominal, se utiliza un reóstato de campo para reducir la corriente y el flujo de campo. Para que funcione por debajo de la velocidad nominal, se utilizan resistencias para reducir el voltaje del inducido.
- *Regulación de la velocidad:* la regulación de la velocidad de un motor en derivación cae del 5% al 10% desde vacío hasta plena carga.

Las características de funcionamiento de un motor deben adaptarse a la aplicación. La *Figura 17* muestra un ejemplo de las características de funcionamiento de un motor en derivación de CC específico.

Observe que la velocidad del motor en la *Figura 17* es relativamente independiente del par (carga aplicada) del 0% al 150% de la capacidad nominal del motor. Básicamente, significa que este motor es adecuado para aplicaciones que requieren una velocidad relativamente constante en un intervalo de carga amplio.

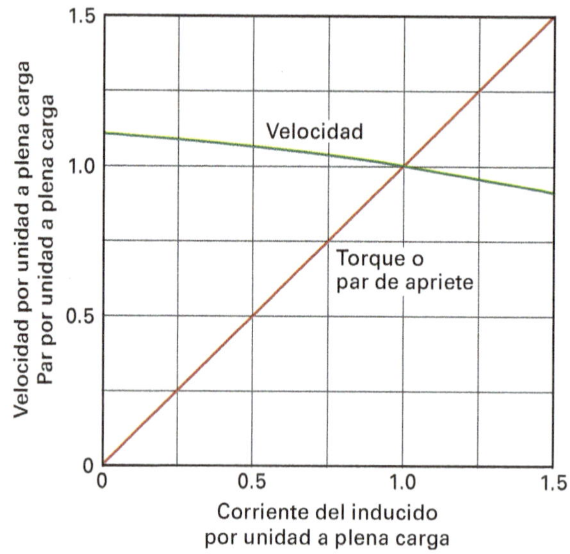

Figura 17 Ejemplo de características de funcionamiento de un motor de CC en derivación.

1.2.2 Motores de CC en serie

Las bobinas de campo de un motor de CC en serie están conectadas en serie con el inducido (*Figura 18*). El valor de la corriente que atraviesa el inducido y el campo es el mismo. Por lo tanto, si la corriente del inducido cambia, la corriente de campo también debe cambiar.

A medida que el motor acelera, la corriente del inducido y la corriente de campo disminuyen. Con un campo más débil, la velocidad del inducido seguirá aumentando. El factor que limita la velocidad es la carga.

Si no hay carga en el motor, el inducido se acelerará a tal punto que los devanados podrían salir despedidos de las ranuras y el conmutador se destruiría por la fuerza centrífuga excesiva. Por este motivo, los motores en serie no se conectan a sus cargas mediante una correa. La correa podría romperse y dejar que el motor se autodestruya. Por lo general, los motores en serie se conectan a sus cargas directamente o a través de engranajes.

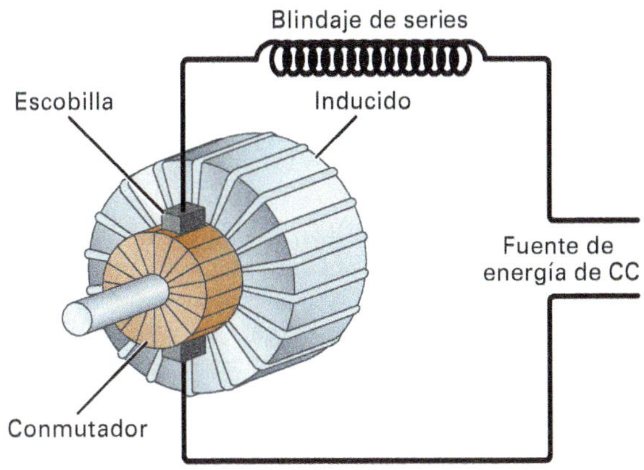

Figura 18 Motor de CC en serie.

El motor en serie se utiliza cuando los requisitos de par y velocidad varían sobremanera, como en equipos de tracción, ventiladores, polipastos, grúas, etc. La *Figura 19* es una representación gráfica de las características de funcionamiento de un motor de CC en serie típico, que se describen a continuación:

- *Torque o par:* un motor de CC en serie desarrolla el 500% de su par a plena carga en el arranque. Por lo tanto, este tipo de motor se utiliza en aplicaciones en las que se necesitan grandes cantidades de par de arranque, como grúas y aplicaciones ferroviarias, entre otras. Con un motor en serie, cualquier aumento de la carga provoca un aumento tanto de la corriente del inducido como de la corriente de campo. Como el par depende de la interacción de estos dos campos de flujo, este aumenta a medida que aumenta el valor cuadrático de la corriente. Por lo tanto, los motores en serie producen un par mayor que los motores en derivación con el mismo aumento de corriente. En un motor en serie, hay una mayor reducción de la velocidad con un cambio igual de la carga.
- *Control de velocidad:* el control de velocidad de un motor en serie es más deficiente que el de un motor en derivación porque hay una reducción simultánea de la corriente en los devanados del inducido y del campo cuando se reduce la carga. Por lo tanto, el aumento de velocidad es mayor que en un motor con bobinado en derivación. Si se desconectara completamente la carga mecánica de un motor en serie, el motor seguiría acelerando hasta que se autodestruiría el inducido del motor. Por esta razón, los motores de bobinado en serie siempre están conectados permanentemente a sus cargas.
- *Regulación de la velocidad:* la velocidad de un motor de corriente continua en serie se controla variando el voltaje aplicado. Un **controlador** de motor en serie suele estar diseñado para arrancar, detenerse, invertir y regular la velocidad. La dirección de rotación de un motor en serie se cambia invirtiendo el flujo de corriente del devanado del inducido o del campo.

Controlador (*Controller*): dispositivo que sirve para regular, de forma predeterminada, la potencia eléctrica suministrada al aparato al que está conectado.

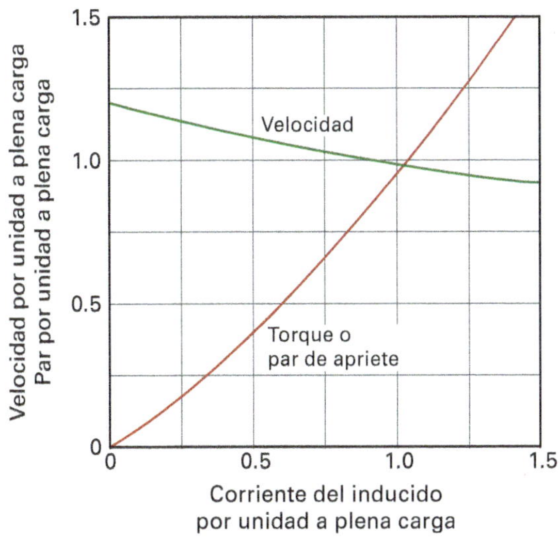

Figura 19 Ejemplo de características de funcionamiento de un motor de CC en serie.

Observe que la velocidad del motor varía mucho con respecto al par (carga aplicada). Con menos de la mitad de su carga nominal aplicada, el motor funciona a más del 150% de su velocidad nominal. Cuando al motor se aplica el 150% de la carga nominal, su velocidad nominal baja al 75%. Estos motores se utilizan cuando existe una carga pesada constante y se toleran variaciones de velocidad significativas.

1.2.3 Motores de CC compuestos

Los motores de CC compuestos se utilizan cuando se necesitan características de regulación de velocidad que no se pueden obtener con el motor de bobinado en derivación o en serie. Como muchas aplicaciones requieren un par de arranque elevado y una velocidad constante bajo carga, se utiliza el motor compuesto. Algunas aplicaciones industriales incluyen accionamientos para ascensores, prensas de estampación, máquinas de laminación y cizallas de corte de metales.

El motor de CC compuesto tiene un devanado en derivación normal y un devanado en serie en cada polo de campo. Pueden conectarse en derivación larga, como se muestra en la *Figura 20* (A), o en derivación corta, como se muestra en la *Figura 20* (B). Cuando el devanado en serie se conecta en apoyo al devanado en derivación, el motor se conoce como *motor compuesto acumulativo*. Cuando el campo en serie se opone al campo en derivado, el motor se denomina *motor compuesto diferencial*.

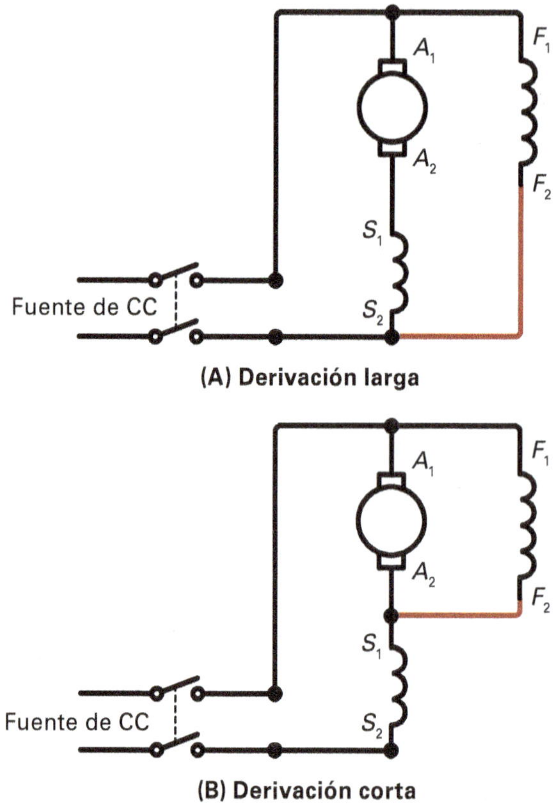

Figura 20 Derivaciones largas y cortas en motores de CC compuestos.

Motores de CC compuestos

El motor compuesto evita algunas de las limitaciones de los motores devanados en serie y devanados en derivación. El campo en derivación tiene una corriente constante, por lo que el motor no se autodestruirá como un motor en serie. El devanado en serie, en cambio, proporciona un par motor potente.

Motores de CC de imanes permanentes

Muchos motores de CC de velocidad variable de $\frac{1}{4}$ hp a 3 hp disponibles para aplicaciones de par constante o decreciente utilizan imanes permanentes para los polos de campo en lugar de devanados en serie o en derivación. Emplean tensiones de inducido de CC variables de hasta 90 V o 180 V para controlar la velocidad. Sin embargo, son ineficaces cuando solo utilizan el control del reóstato del voltaje del inducido.

La *Figura 21* es una representación gráfica de las características de funcionamiento de un motor de CC compuesto, que se describen a continuación:

- *Torque o par:* el par de un motor de bobinado compuesto acumulativo es una combinación del motor en serie y el motor en derivación. Un motor de bobinado compuesto acumulativo desarrolla un par elevado para soportar un aumento repentino de la carga.
- *Control de velocidad:* a diferencia del motor en serie, el motor de bobinado compuesto acumulativo tiene velocidades en vacío definidas y no acumula velocidades autodestructivas si se retira la carga. El control de velocidad de un motor de bobinado compuesto acumulativo puede controlarse insertando resistencias en el circuito del inducido para reducir el voltaje aplicado. En instalaciones en las que la rotación del motor deba invertirse con frecuencia, el controlador debe disponer de resistencias de caída de voltaje y dispositivos de conmutación. Algunas de estas instalaciones son los ascensores, los montacargas y los ferrocarriles.
- *Regulación de la velocidad:* la regulación de la velocidad de un motor de bobinado compuesto acumulativo es inferior a la de un motor en derivación, pero superior a la de un motor en serie.

Observe que la velocidad del motor es relativamente constante en todo el intervalo de funcionamiento. La variación de la velocidad con el par es algo mayor que la del motor en derivación, pero no se desplaza ni disminuye notablemente, como ocurre con el motor en serie. Estos motores se utilizan cuando la carga no se conoce con exactitud o cuando se tolera cierta variación de la velocidad con la variación de la carga.

Piénselo

Motores de CC

Dadas las características de velocidad y par de los motores en derivación y de CC, ¿cuál sería el más adecuado para las cargas variables de las escaleras mecánicas de un aeropuerto?

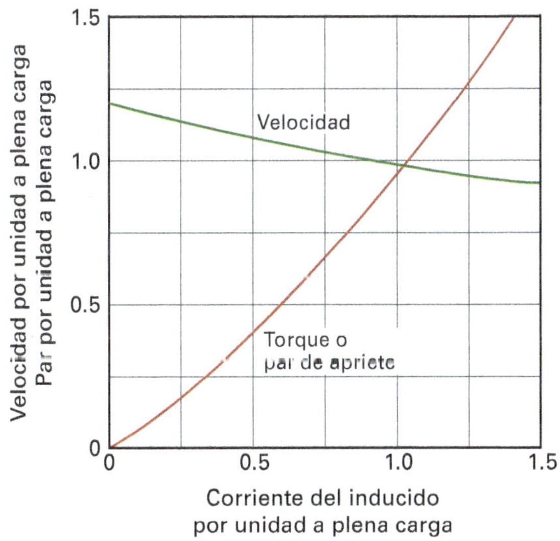

Figura 21 Ejemplo de características de funcionamiento de un motor de CC compuesto.

1.0.0 Repaso de la sección

1. Al estudiar el funcionamiento de los motores eléctricos, es importante recordar que las líneas de fuerza magnéticas _____.
   a. forman líneas rectas infinitas
   b. no se cruzan
   c. atraen materiales con la misma polaridad
   d. solo atraviesan materiales conductores

2. Un motor con las bobinas de campo conectadas en paralelo con el devanado del rotor es un _____.
   a. motor blindado
   b. motor en serie
   c. motor en derivación
   d. motor sellado

2.0.0 Funcionamiento del motor de CA

Tarea práctica

1. Identificar los distintos tipos de motores y sus aplicaciones.

Objetivo

Identificar los motores de corriente alterna (CA) y describir sus características de funcionamiento.

a. Describir el funcionamiento de los motores de CA.
b. Identificar los motores de inducción trifásicos.
c. Identificar los motores síncronos.
d. Identificar los motores de inducción monofásicos.

Los motores de CA pueden dividirse en dos grandes tipos: *motores monofásicos* y *motores polifásicos*. El motor monofásico suele estar disponible en potencias fraccionarias muy pequeñas, como $^{1}/_{150}$ hp, hasta unos 5 hp. Se suelen utilizar para alimentar ventiladores, bombas, electrodomésticos y aparatos similares. La mayoría de los motores monofásicos no están conectados a circuitos de control de motores complicados.

Los motores polifásicos pueden accionar cargas considerablemente mayores y presentan varias ventajas sobre los motores monofásicos. No requieren un bobinado separado u otro dispositivo para arrancar el motor y ofrecen un par de arranque relativamente alto y una buena respuesta a la regulación de la velocidad.

Existen dos clases de motores polifásicos: de *inducción* y *síncronos*. El rotor de un motor síncrono gira a la **velocidad síncrona** o la velocidad del campo magnético giratorio en el estator. El rotor de un motor de inducción gira a una velocidad algo inferior a la velocidad síncrona. Las diferencias de velocidad del rotor se deben a diferencias de construcción y funcionamiento. Ambas se analizarán con más detalle tras un repaso de la teoría básica sobre motores.

Velocidad síncrona (*Synchronous speed*): velocidad del campo giratorio del estator de un motor, que depende de la frecuencia de alimentación y del número de polos del bobinado del estator.

2.1.0 Cómo funcionan los motores de CA

Los motores de CA constan de dos partes principales: el *estator* (la parte fija) y el *rotor* (la parte giratoria). El estator se conecta a la corriente alterna trifásica de entrada. Mientras que el rotor de un motor de inducción no está conectado a una fuente de alimentación, el de un motor síncrono sí lo está. Tanto los motores de inducción como los síncronos funcionan según el principio de un campo magnético giratorio.

2.1.1 Campos giratorios

Esta sección muestra cómo los devanados del estator pueden conectarse a una entrada de CA trifásica para crear un campo magnético giratorio. Se puede crear otro campo magnético del rotor para que lo persiga cuando el campo del estator lo atraiga y repela. Como el rotor gira libremente, sigue el campo magnético giratorio del estator.

La CA polifásica se introduce en el estator y se conecta a devanados que están físicamente desplazados 120° entre sí. Estos devanados se conectan para formar los polos magnéticos norte y sur. Un análisis de la polaridad electromagnética de los polos en los puntos 1 a 7 de la *Figura 22* muestra cómo la CA trifásica crea campos magnéticos giratorios.

En el punto 1 de rotación, el campo magnético en la bobina (polo) 1-1A es máximo. Los valores de voltaje negativos se muestran en 2A-3 y 3A-2. Los voltajes negativos en estos bobinados crean campos magnéticos más pequeños que tenderán a favorecer al campo establecido en 1-1A.

En el punto 2, la fase 3 crea un flujo negativo máximo en los devanados 3-3A. Este fuerte campo negativo se ve favorecido por los campos magnéticos más débiles de 1-2A y 2-1A.

La entrada de CA trifásica sube y baja con cada ciclo. El análisis de cada punto de la gráfica de voltaje muestra que el campo magnético resultante gira en el sentido de las agujas del reloj. Cuando la entrada trifásica completa un ciclo completo en el punto 7, el campo magnético ha completado una revolución entera de 360°.

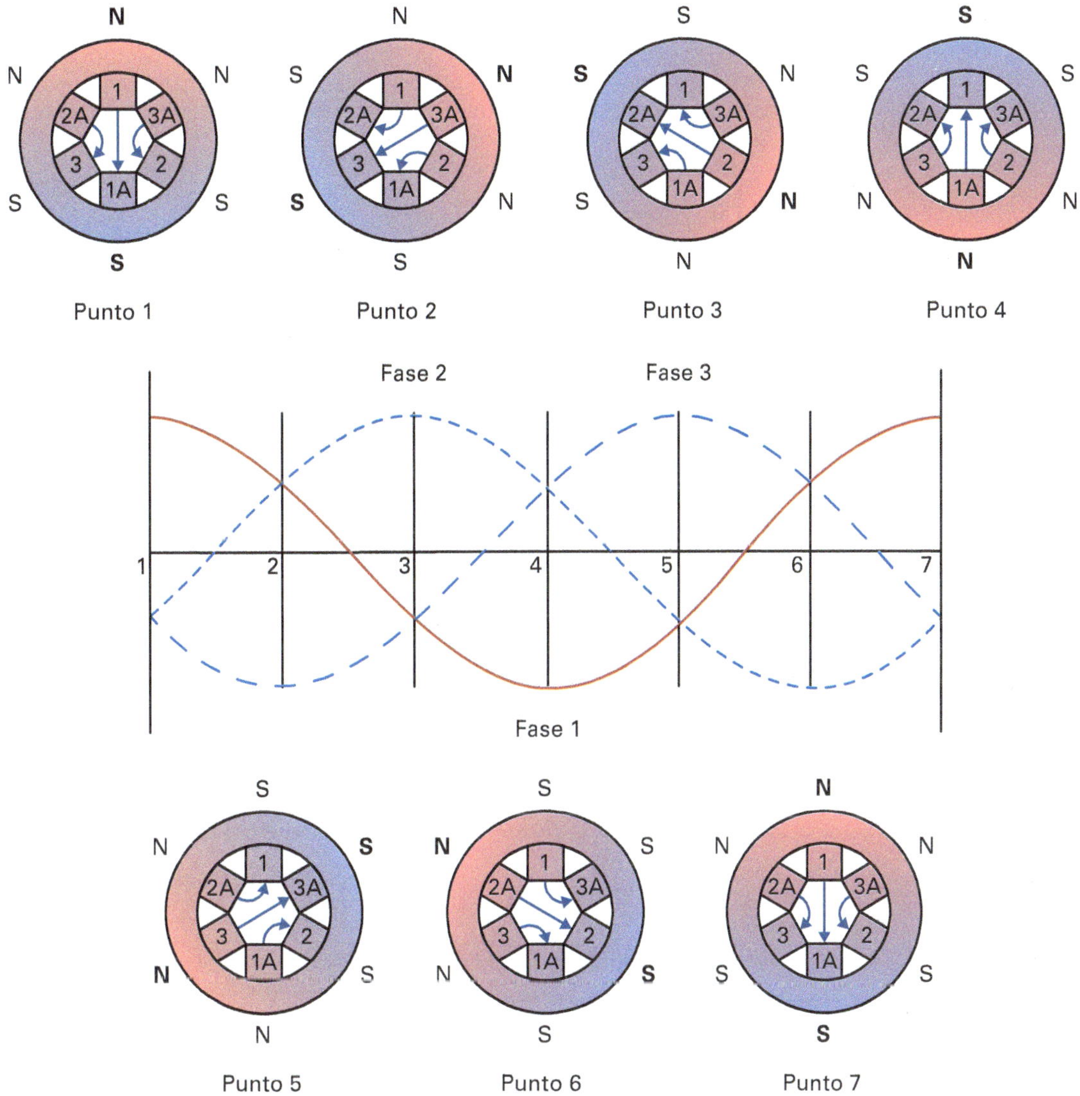

Figura 22 Generación de CA.

2.1.2 Comportamiento del rotor en un campo giratorio

Una simplificación del comportamiento del rotor muestra cómo el campo magnético del estator influye en el rotor. Supongamos que se coloca una barra magnética simple en el centro de los diagramas del estator, como se muestra en la *Figura 22*. Supongamos también que la barra magnética puede girar libremente. Se alineó de tal forma que en el punto 1, el polo sur está opuesto al polo norte grande del campo del estator.

Cuando la CA completa un ciclo, desde el punto 1 hasta el punto 7, el campo del estator gira y arrastra consigo la barra magnética, ya que los polos opuestos se atraen y los polos semejantes se repelen. La barra magnética gira a la misma velocidad que el flujo giratorio del estator. La velocidad del flujo giratorio representa la velocidad síncrona. La velocidad síncrona de un motor se determina mediante esta ecuación:

$$N_S = \frac{120f}{P}$$

Donde:

N_S = velocidad síncrona en rpm

f = frecuencia en ciclos por segundo (cps)

P = número de polos magnéticos

120 = una constante que se obtiene multiplicando 60 segundos/minuto (para convertir la velocidad en rpm a segundos) por 2 (para un par de polos)

2.1.3 Inducción

La corriente que circula por un conductor genera un campo magnético alrededor de todo el conductor. Por el contrario, un conductor en un campo magnético producirá una corriente cuando las líneas de flujo magnético atraviesen el conductor. Esta acción se denomina *inducción* porque no existe ninguna conexión física entre el campo magnético y el conductor. Se induce corriente en el conductor.

2.1.4 Torque o par

El par del rotor de un motor de inducción tiende a girar el rotor en la misma dirección que el campo giratorio. Si el motor no está accionando una carga, acelerará casi a la misma velocidad que el campo giratorio. A medida que el rotor acelera, la magnitud del voltaje inducido en el rotor disminuye. Esto se debe a que se reduce el movimiento relativo entre el campo giratorio y los conductores del rotor. Es imposible que un motor de inducción funcione a velocidad síncrona porque no habría movimiento relativo entre el campo giratorio y el rotor. Por lo tanto, no habría tensión inducida, ni corriente en el rotor, ni campo magnético en el rotor, ni par motor.

2.1.5 Deslizamiento

En un motor de inducción, la velocidad de giro del rotor siempre es inferior a la velocidad síncrona. La velocidad del rotor es tal que se produce un par suficiente para equilibrar el par de retención causado por la fricción del motor y la carga mecánica. La diferencia entre la velocidad síncrona y la velocidad del rotor se denomina *deslizamiento*. El deslizamiento se expresa matemáticamente del siguiente modo:

$$S = \frac{N_S - N_R}{N_S} \times 100$$

Donde:

S = deslizamiento

N_S = velocidad síncrona

N_R = velocidad del rotor

En esta fórmula, la cantidad se multiplica por 100 para convertirla en porcentaje.

Ejemplo:

Un motor de inducción trifásico de cuatro polos, 208 VCA, 2 hp, 60 Hz, tiene una velocidad en vacío de 1,790 rpm y una velocidad a plena carga de 1,650 rpm. Halle el porcentaje de deslizamiento para cada uno de estos tres casos:

- Condición de vacío
- Condición de plena carga
- Condición de rotor bloqueado (parada)

En primer lugar, determine la velocidad síncrona:

$$N_S = \frac{120f}{P}$$

$$N_S = \frac{120 \times 60}{4}$$

$$N_S = 1{,}800 \text{ rpm}$$

Utilizando la fórmula para hallar el deslizamiento, inserte N_S y la velocidad del rotor para calcular el deslizamiento en vacío:

$$S = \frac{N_S - N_R}{N_S} \times 100$$

$$S = \frac{1{,}800 - 1{,}790}{1{,}800} \times 100$$

$$S = 0.556\%$$

A continuación, calcule el deslizamiento a plena carga:

$$S = \frac{N_S - N_R}{N_S} \times 100$$

$$S = \frac{1{,}800 - 1{,}650}{1{,}800} \times 100$$

$$S = 8.33\%$$

Por último, calcule el deslizamiento en la condición de rotor bloqueado:

$$S = \frac{N_S - N_R}{N_S} \times 100$$

$$S = \frac{1{,}800 - 0}{1{,}800} \times 100$$

$$S = 100\%$$

La respuesta del 100% tiene sentido porque el rotor no gira en absoluto.

La *Figura 23* muestra la relación entre el par y la velocidad en el intervalo de funcionamiento de un motor. Tenga en cuenta que la velocidad es proporcional al par en el lado izquierdo hasta el punto de torque de arranque. Sin embargo, más allá de este punto, el par disminuye a medida que aumenta la velocidad.

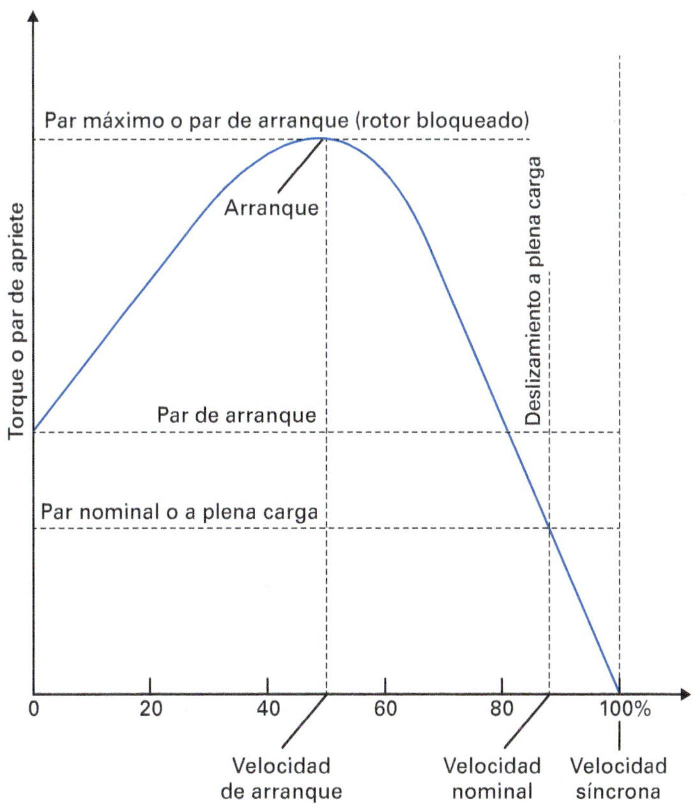

Figura 23 Curva típica par-velocidad.

Aplicaciones de motores de rotor devanado

Al igual que los motores de corriente continua, los *motores de rotor devanado* se utilizan cuando es necesario arrancar cargas de gran inercia de manera fácil o frecuente. Los motores de rotor devanado tienen pares de arranque del orden del 225% del par a plena carga. Se utilizan para polipastos, compuertas hidráulicas, locomotoras de patio y grúas.

El deslizamiento es la diferencia entre la velocidad síncrona y la velocidad real del rotor en un motor de inducción. El deslizamiento es necesario para permitir la acción motriz. Al aumentar la carga, aumenta el par del rotor. Como el porcentaje de deslizamiento es proporcional al par, la cantidad de deslizamiento aumentará. Con este aumento, el motor consume más corriente debido a la mayor diferencia entre el rotor y el campo magnético. Los voltajes de alimentación del motor, la corriente, el par, la velocidad y la impedancia del rotor están estrechamente relacionados. Al cambiar la resistencia y la reactancia del rotor, se pueden modificar las características del motor. Sin embargo, en un rotor de cualquier diseño en particular, estas características son fijas.

2.1.6 Corriente de arranque

En el momento en que un motor de inducción trifásico recibe alimentación, la corriente suministrada a los terminales del estator puede llegar a ser seis veces superior a la corriente de plena carga del motor. Esto se debe a que el rotor está en reposo en el arranque. Por lo tanto, el campo magnético giratorio del estator corta el rotor al máximo, induciendo grandes cantidades de FEM en el rotor.

Esto da lugar a corrientes proporcionalmente altas en los terminales de entrada del motor. Debido a esta elevada irrupción, la protección de la corriente del motor debe permitir hasta el 300% de la corriente a plena carga para que el motor pueda arrancar y alcanzar su velocidad. Sin embargo, este nivel de protección solo puede permitirse durante un breve período. Si el rotor no se mueve nunca (bloqueado), es necesario desenergizar el motor una vez que transcurra un tiempo adecuado.

Dado que existe un deslizamiento del 100% en el instante en que el motor recibe corriente, la corriente del rotor se atrasa con respecto a la FEM del rotor en un ángulo amplio. Esto significa que el flujo de corriente máximo se produce en un conductor del rotor en un momento posterior al paso del flujo máximo del estator. El resultado es una corriente de arranque elevada con un factor de potencia bajo, lo que se traduce en un par de arranque bajo.

A medida que el rotor acelera, la frecuencia y la reactancia del rotor disminuyen, y aumentan el par hasta su valor máximo, que luego disminuya hasta el valor necesario para soportar la carga.

2.1.7 Torque o par cargado

Si se aplica una carga sobre el eje del motor, el rotor tenderá a ralentizarse. A medida que se ralentiza, se cortan más líneas de flujo hasta que se desarrolla un par suficiente para superar la carga ejercida sobre el eje.

El motor funciona ahora bajo carga a una velocidad más lenta que antes de colocar la carga en el eje. Este intervalo normal de funcionamiento se muestra en la línea punteada inferior de la *Figura 23* como par nominal o a plena carga.

En este intervalo, el deslizamiento variará del 2% al 10%, dependiendo de la carga aplicada y del motor. El deslizamiento nominal se producirá en el punto en el que se aplique el 100% de la carga nominal. A mayor carga, mayor deslizamiento, lo que significa que el rotor gira más despacio. Un motor de inducción se considera un motor de velocidad constante. Ahora, veamos la fluctuación de la velocidad desde la velocidad en vacío hasta la velocidad a plena carga.

Ejemplo:

Un motor de inducción bipolar tiene un deslizamiento en vacío del 2% y a plena carga del 8%. Determine la velocidad en vacío, la velocidad a plena carga y la variación porcentual de la velocidad:

$$\text{Nominal} = \frac{120 \times 60}{2} = 3{,}600 \text{ rpm}$$

$$\text{Velocidad sin carga} = \frac{100\% - 2\%}{100\%} \times 3{,}600 \text{ rpm} = 3{,}528 \text{ rpm}$$

$$\text{Velocidad a plena carga} = \frac{100\% - 8\%}{100\%} \times 3{,}600 \text{ rpm} = 3{,}312 \text{ rpm}$$

$$\text{Porcentaje de cambio de velocidad} = \frac{\text{velocidad sin carga - velocidad a plena carga}}{\text{velocidad sin carga}} \times 100\%$$

$$\text{Porcentaje de cambio de velocidad} = \frac{3{,}528 - 3{,}312}{3{,}528} \times 100\% = 6.12\%$$

2.1.8 Condición de sobrecarga

Si se aumenta la carga por encima de la carga nominal, todo sucede como se ha indicado anteriormente para aumentar el par hasta un cierto punto. La *Figura 24* muestra las curvas típicas de par y corriente. Observe cómo aumenta el par a medida que aumenta la carga.

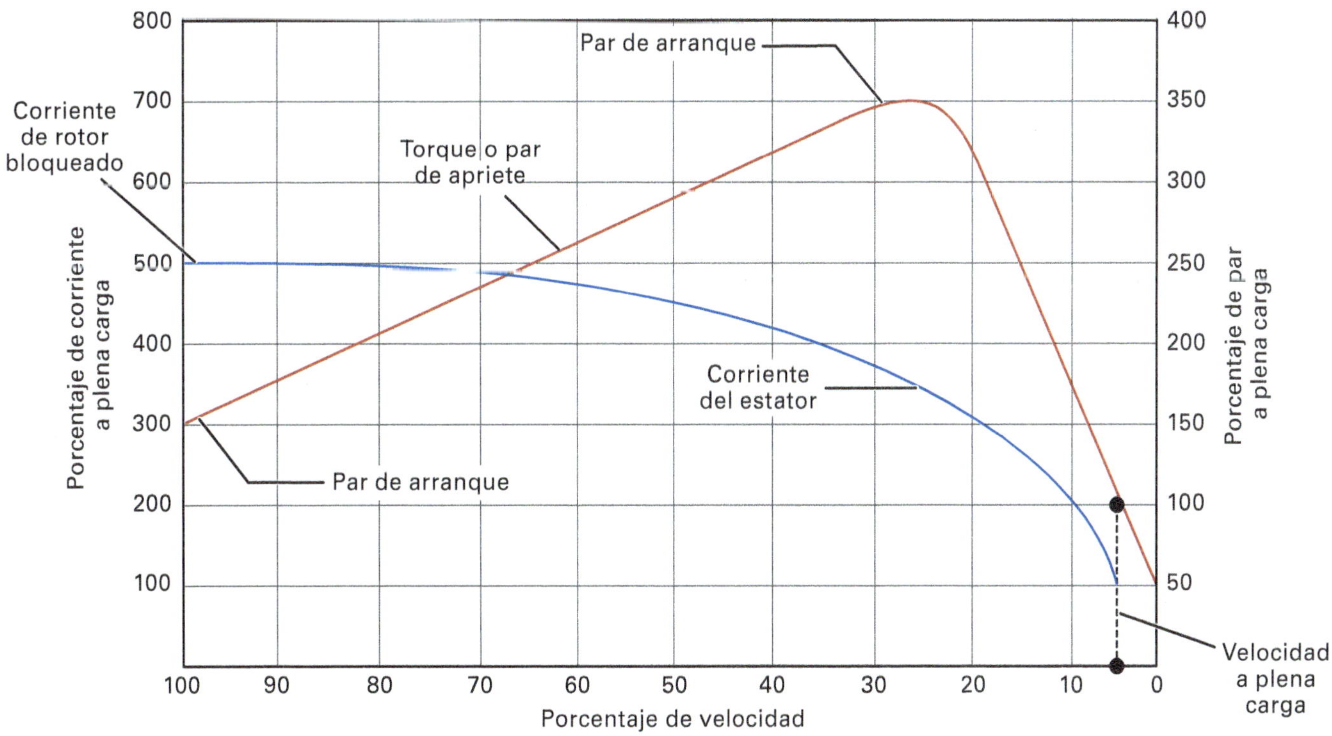

Figura 24 Curvas de par y corriente.

Esto continuará a medida que aumente la carga hasta que se alcance el punto de par de arranque. Después de este punto, el par disminuye y el motor se frena rápidamente. Una situación típica es cuando una sierra circular de banco se frena al cortar madera gruesa o la madera se introduce en la sierra con demasiada rapidez. La velocidad del motor se reducirá a medida que aumente su carga de corte hasta que se frena repentinamente y produce un zumbido o murmullo fuerte. Esta situación seguirá hasta que se alivie la carga, se funda un fusible o se dispare un disyuntor. Simplemente, el motor ha llegado a un punto en el que no puede seguir aumentando su par. Es lo que se denomina una condición de **sobrecarga**. Cualquier aumento adicional de la carga provocará un frenado.

Sobrecarga (*Overload*): funcionamiento de un equipo o un conductor eléctrico por encima de su capacidad nominal, lo que acabará provocando daños o un sobrecalentamiento peligroso.

2.1.9 Factor de potencia

El factor de potencia de un motor de inducción es bajo en vacío y a baja carga. En vacío, el factor de potencia puede ser tan bajo como un atraso del 15%. Sin embargo, a medida que aumenta la carga, aumenta el factor de potencia. Con una carga elevada, el factor de potencia puede alcanzar un atraso del 85% al 90%.

El factor de potencia a velocidad en vacío es bajo porque el componente magnetizante de la corriente de entrada es una gran parte de la corriente de entrada total del motor. Cuando se aumenta la carga del motor, la corriente en fase suministrada al motor aumenta, pero el componente magnetizante de la corriente es prácticamente el mismo. Esto significa que la corriente de línea resultante está más cerca de estar en fase con el voltaje, y el factor de potencia mejora cuando el motor está cargado en comparación con un motor sin carga, que consume principalmente su corriente magnetizante.

La *Figura 25* muestra el aumento del factor de potencia desde las condiciones de vacío hasta las de plena carga. En el diagrama de condiciones de vacío, la corriente en fase ($I_{\text{Energía}}$) es pequeña en comparación con la corriente magnetizante (I_M). En consecuencia, el factor de potencia es bajo en vacío. En el diagrama a plena carga, la corriente en fase ha aumentado, mientras que la corriente magnetizante sigue igual. Como resultado, el ángulo de atraso de la corriente de línea disminuye y el factor de potencia aumenta.

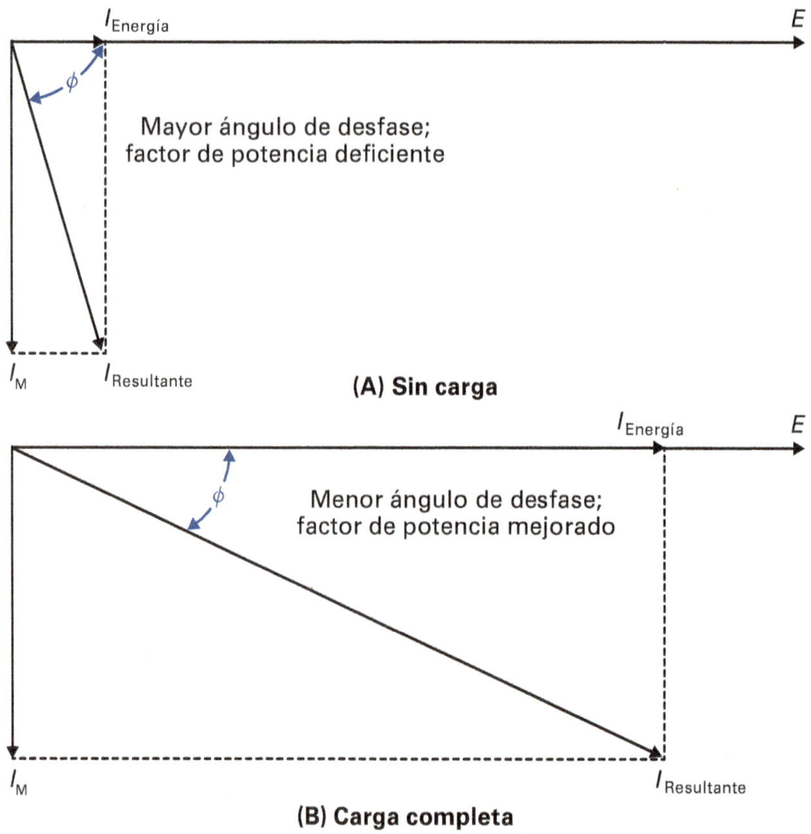

Figura 25 Factor de potencia frente a la carga en un motor de inducción.

2.1.10 Rotación inversa

El sentido de rotación de un motor de inducción trifásico puede invertirse fácilmente. El motor girará en sentido contrario si se invierten las conexiones de dos cables cualesquiera (*Figura 26*).

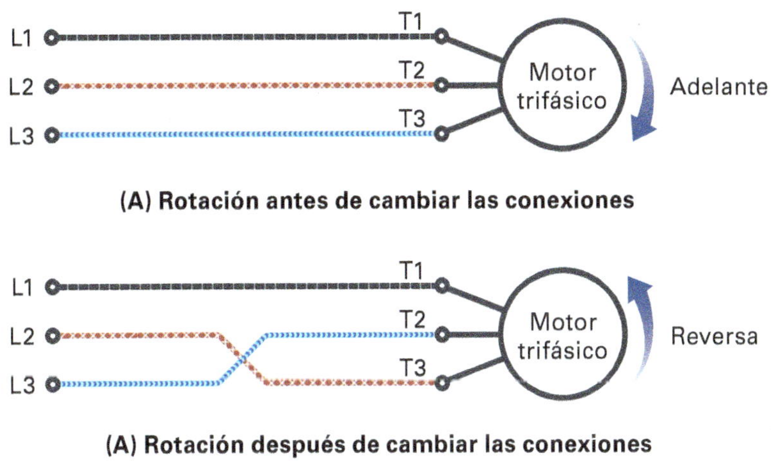

Figura 26 Cambio del sentido de giro del motor de inducción trifásico.

2.2.0 Motores de inducción trifásicos

En un motor de inducción trifásico, el par motor se produce por la reacción de un conductor portador de corriente en un campo magnético. En los motores de inducción, las corrientes del rotor se alimentan por inducción electromagnética. Los devanados del estator reciben alimentación trifásica y producen un campo magnético giratorio.

El rotor no está conectado eléctricamente a la fuente de alimentación. El motor de inducción debe su nombre a la inductancia mutua que se produce entre el estator y el rotor en condiciones de funcionamiento. El campo giratorio producido por el estator corta los conductores del rotor, induciendo un voltaje en los conductores. El voltaje inducido provoca la corriente del rotor. Desarrolla el par motor debido a la reacción de un conductor de corriente en un campo magnético. Este par hace girar el rotor. Este principio se muestra en la *Figura 27*.

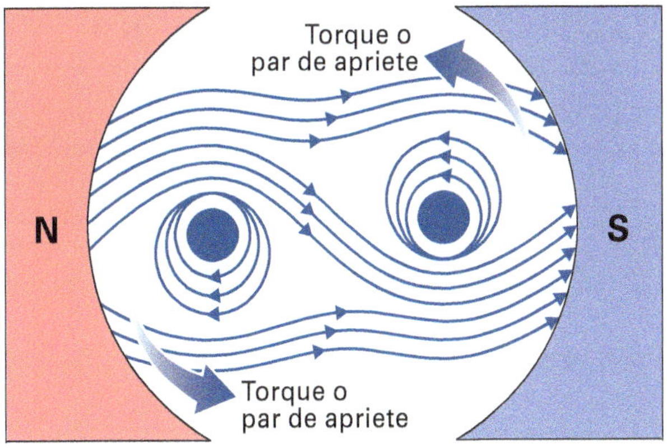

Figura 27 Producción de par.

El motor de inducción trifásico (ϕ) tiene un bastidor o parte fija: el estator. El estator está formado por anillos de acero laminado con ranuras en la circunferencia interior. Los devanados del estator del motor son los devanados de fase. Los devanados están colocados simétricamente en el estator y pueden estar conectados en estrella o en delta. Dependiendo del devanado del estator, puede tener dos, cuatro o cualquier número par de polos.

Existen dos tipos de motores de inducción trifásicos: el motor de rotor en jaula de ardilla y el motor de rotor bobinado.

NOTA

Aunque a menudo se encuentra el símbolo incorrecto para la fase eléctrica, el símbolo correcto es la letra griega minúscula *fi* (ϕ). Tenga en cuenta que la forma del símbolo también cambia según el tipo de letra que se use en los materiales impresos.

2.2.1 Motor de inducción de barras

La jaula de ardilla es el diseño de rotor más utilizado para los motores trifásicos. Los motores de inducción trifásicos de jaula de ardilla constan de un estator, un rotor y dos escudos extremos que alojan los rodamientos que soportan el eje del rotor. El bastidor suele ser de acero fundido. El núcleo del estator se introduce a presión en el bastidor.

La Figura 28 muestra los principales componentes de un motor de inducción. Las barras de un rotor de jaula de ardilla están unidas en los extremos por anillos de cortocircuito de material similar. Las barras conductoras transportan corrientes altas a voltajes bajos. Los rodamientos pueden ser de manguito o de bolas.

La Figura 29 muestra cómo se construye un rotor de jaula de ardilla. No es necesario aislar las barras del núcleo porque la corriente seguirá la trayectoria de menor resistencia y se limitará a los devanados de la jaula.

La velocidad de un motor trifásico de inducción de jaula de ardilla depende de la frecuencia del voltaje aplicado y del número de polos. Por ello, estos motores se utilizan en aplicaciones en las que la velocidad permanece constante o puede controlarse por otros medios, por ejemplo, con variadores de frecuencia.

El motor de jaula de ardilla es un motor de uso general. Se usa para accionar cargas que requieren un par variable a una velocidad relativamente constante con un alto rendimiento a plena carga, por ejemplo, para impulsar sopladores, bombas centrífugas y ventiladores. Debido a la ausencia de contactos eléctricos móviles, son adecuados para lugares expuestos a polvos o gases inflamables.

Si la carga requiere características especiales de funcionamiento, como un par de arranque elevado, el rotor de jaula de ardilla puede incluir barras de alta resistencia para un circuito de arranque y barras de baja resistencia para el funcionamiento en marcha. Un rotor de este tipo se denomina *rotor de jaula de ardilla doble*.

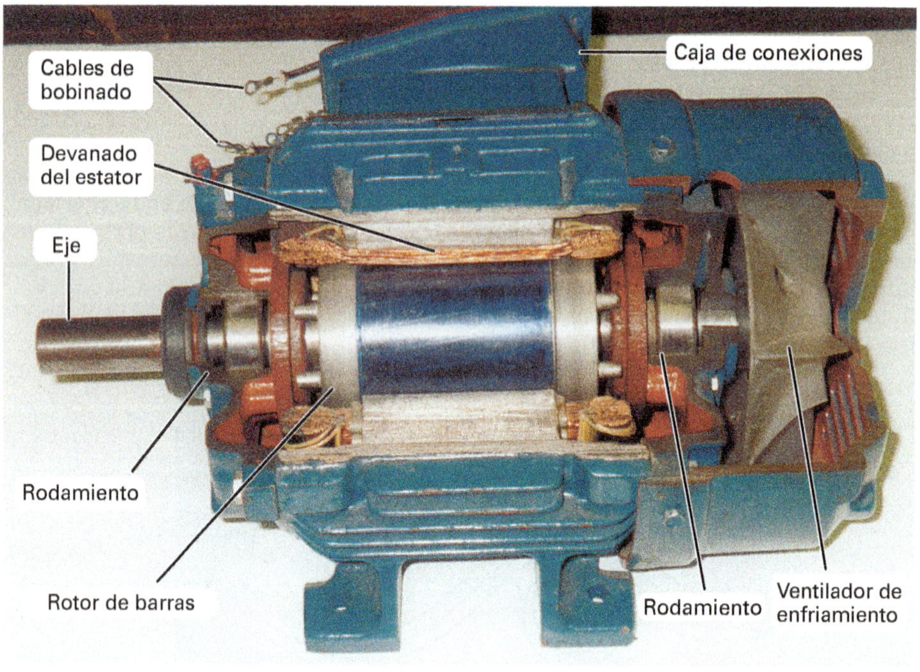

Figura 28 Principales componentes de un motor de inducción.

Aplicaciones de motores de jaula de ardilla

Los motores de inducción de jaula de ardilla tienen muchos beneficios. Por ejemplo, los costos de mantenimiento son bajos porque no tienen escobillas ni anillos colectores. También tienen un alto par de arranque, por lo que son útiles en aplicaciones comunes como puertas basculantes, grandes compresores, ventiladores y prensas de impresión.

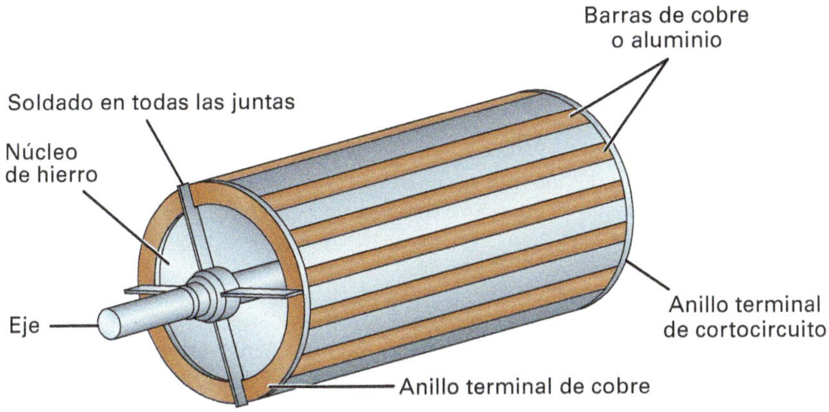

Figura 29 Rotor de jaula de ardilla.

2.2.2 Motor de inducción de rotor bobinado

Un rotor bobinado (*Figura 30*) tiene un devanado similar a los devanados trifásicos del estator. Los extremos libres del devanado del rotor suelen estar conectados en estrella a tres anillos colectores montados en el eje del rotor. En la *Figura 30* se muestran los anillos colectores montados físicamente en el extremo del eje del rotor. Se utilizan con escobillas para formar una conexión electromecánica con el rotor.

Los *anillos colectores* son superficies de contacto instaladas en el eje de un motor o generador a las que se conectan los devanados del rotor y contra las que se desplazan las escobillas. Las escobillas son contactos deslizantes, por lo general, de carbón, que forman una conexión eléctrica continua con la parte giratoria de un motor o generador.

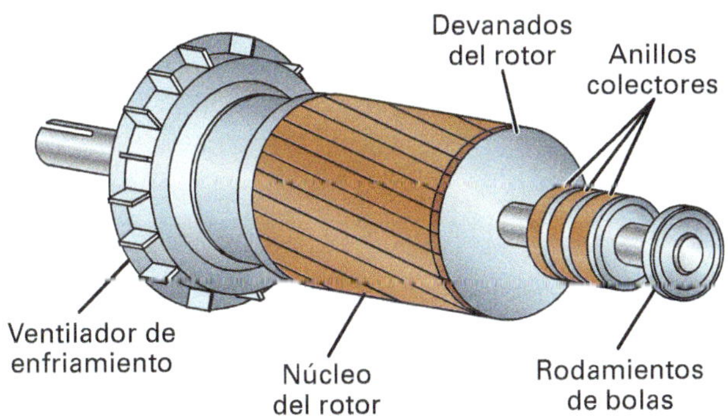

Figura 30 Rotor devanado.

La *Figura 31* es una representación esquemática de un motor de rotor bobinado. A menudo, el motor de rotor bobinado usa una resistencia externa conectada en estrella al rotor mediante anillos colectores. La resistencia permite variar la resistencia del rotor. De este modo, el motor produce un mayor par de arranque. A medida que el motor acelera, la resistencia se reduce. Cuando el motor alcanza la velocidad máxima, los anillos colectores entran en cortocircuito y el funcionamiento es similar al de un motor de inducción de rotor de jaula de ardilla.

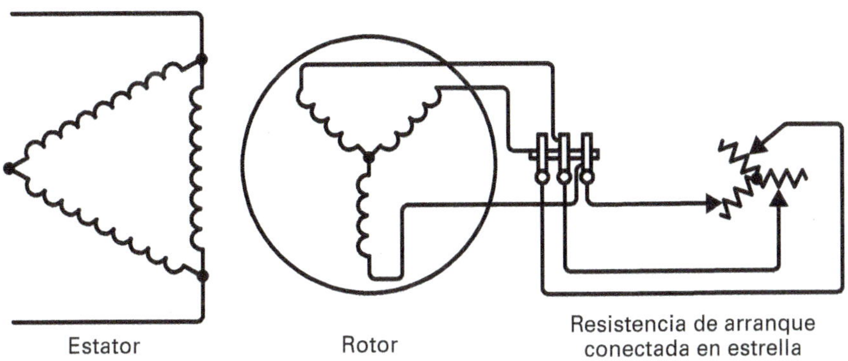

Figura 31 Circuito del motor de rotor devanado.

Piénselo

Motores de rotor devanado

¿Cuándo se puede necesitar que un motor de rotor devanado funcione como un motor de jaula de ardilla a máxima velocidad?

En un motor de inducción de rotor bobinado, la inserción de una resistencia en el circuito del rotor no solo limita el pico de corriente de arranque, sino que también produce un elevado par de arranque y proporciona un medio para ajustar la velocidad. La velocidad puede variar entre un 50% y un 75%. Cuanto mayor sea la resistencia insertada en el circuito del rotor, menor será la velocidad por debajo de la velocidad síncrona.

Cuando el motor funciona por debajo de la velocidad máxima, el porcentaje de deslizamiento aumenta y el motor funciona con menor rendimiento y potencia. Cuando se elimina por completo toda resistencia, la velocidad es un poco menor a la obtenida con rotores de jaula de ardilla.

Si se corta toda la resistencia del regulador de velocidad en el circuito del rotor cuando el motor está en marcha, la corriente del rotor disminuye y el motor se ralentiza. A medida que disminuye la velocidad del rotor, se induce más tensión en los devanados del rotor y se desarrolla más corriente para crear el par necesario a la velocidad reducida del rotor.

Si se elimina toda la resistencia del circuito del rotor, aumentarán tanto la corriente como la velocidad del motor. Sin embargo, la velocidad del rotor siempre será inferior a la velocidad síncrona de campo que desarrollan los devanados del estator. Lo mismo ocurre con un motor de inducción de jaula de ardilla. La velocidad de un motor de rotor bobinado se puede controlar de forma manual o automática con relés temporizadores, contactores y botones de selección de velocidad.

El motor de inducción de rotor bobinado se utiliza cuando es necesario variar la resistencia del rotor, limitar la corriente de arranque o variar la velocidad del motor. Dado que el calor del circuito del rotor que se genera es en gran medida externo a los devanados del rotor, el motor de rotor bobinado se usa en aplicaciones que requieren arranques frecuentes sin sobrecalentar el motor.

Las ventajas del motor de rotor bobinado son un elevado par de arranque con una corriente de arranque media, una aceleración uniforme bajo carga pesada, un menor calentamiento durante el arranque, buenas características de funcionamiento y control de velocidad ajustable. La desventaja principal es que tanto el costo inicial como los costos de mantenimiento son superiores a los del motor de rotor de jaula de ardilla.

Respeto por el medio ambiente

Variadores de velocidad

Los variadores de velocidad (variable speed drives, VSD), también conocidos como *variadores de velocidad ajustables* (*adjustable speed drives, ASD*), son potentes dispositivos electrónicos para motores prácticamente de cualquier tamaño. De los distintos tipos de VSD disponibles, las versiones más eficientes para motores de CA son los variadores de frecuencia (variable frequency drives, VFD). Los VFD controlan tanto la frecuencia como el voltaje que se aplican al motor. Al modificar la frecuencia del campo giratorio del estator, se modifica la velocidad del rotor y, de este modo, la velocidad del motor.

Los VSD se usan a menudo para ahorrar energía al soportar cargas variables, como las que se producen en los sistemas de calefacción, ventilación y aire acondicionado. Además de controlar la velocidad de un motor, los VSD pueden controlar las funciones de arranque y parada del motor, así como proporcionar una aceleración y deceleración controladas.

2.3.0 Motores síncronos

El motor síncrono es un motor trifásico que funciona sin deslizamiento desde condiciones de vacío hasta condiciones de plena carga. Estos motores se utilizan en aplicaciones de precisión, como equipos de fabricación.

2.3.1 Características de funcionamiento

Un motor síncrono tiene un campo giratorio alimentado por una fuente independiente del devanado del estator. El rotor es activado por una fuente de CC. El campo magnético creado por la corriente continua en el rotor se une al campo magnético giratorio del estator y hace girar el rotor a una velocidad síncrona.

Cambiando la magnitud de la excitación de la CC, el factor de potencia del motor puede cambiar de adelantado a atrasado. Debido a la capacidad única de los motores síncronos para cambiar los factores de potencia, a menudo se utilizan como correctores del factor de potencia. Se usan sobre todo en aplicaciones que requieren una velocidad constante desde condiciones de vacío hasta condiciones de plena carga.

2.3.2 Construcción

En esencia, la construcción de los motores síncronos es la misma que la de los generadores trifásicos. Tienen tres devanados de estator a 120° de distancia y un rotor bobinado que está conectado a anillos colectores donde se aplica la corriente de excitación del rotor.

Cuando se aplica corriente alterna trifásica al estator, se crea un campo magnético giratorio igual que en los motores de inducción. El rotor recibe CC, lo que crea un campo magnético alrededor del rotor. El fuerte campo magnético giratorio del estator atraeel campo del rotor. Como resultado, se produce una gran fuerza de giro en el eje del rotor.

Así funciona el motor síncrono una vez que arranca. Sin embargo, una de las desventajas de este tipo de motor es que no puede arrancar simplemente aplicando CA al estator. Cuando se aplica CA al estator, el campo magnético giratorio de alta velocidad pasa con tal rapidez por los polos del rotor que este no tiene oportunidad de ponerse en marcha. El rotor se bloquea; se repele en una dirección y luego en otra. En su forma más pura, el motor síncrono no tiene par de arranque.

Consulte la *Figura 32*. Cuando los campos del estator y del rotor están energizados, los polos del campo giratorio se aproximan a los polos del rotor de polaridad opuesta. La fuerza de atracción tenderá a hacer girar el rotor en dirección opuesta al campo giratorio. Cuando el rotor empieza a moverse en esa dirección, el campo giratorio pasa por delante de los polos del rotor y tiende a atraer el rotor en la misma dirección que el campo giratorio. Como resultado, no hay par de arranque en absoluto.

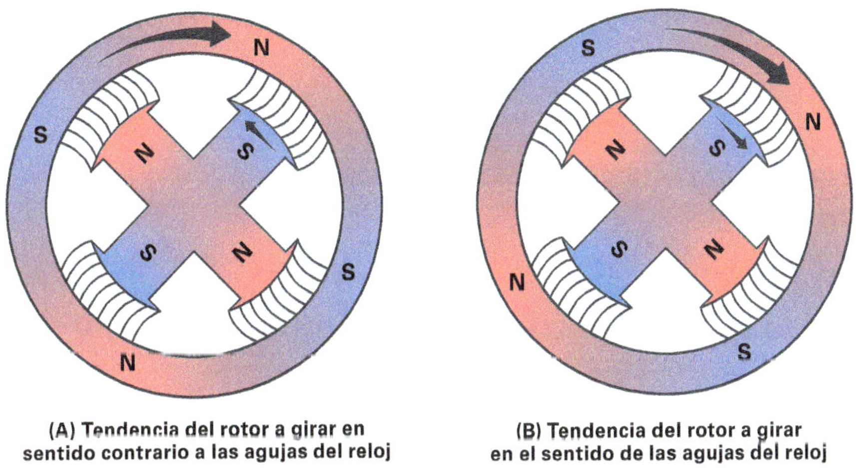

Figura 32 Funcionamiento del motor síncrono en el arranque.

Para que este tipo de motor pueda arrancar, se añade al rotor un devanado de jaula de ardilla, Que se denomina *devanado amortiguador*. Los devanados del rotor se fabrican de modo que tengan polos norte y sur definidos. Estos polos, al ser excitados por la CC, se bloquearán con el campo giratorio. Los devanados del rotor se bobinan alrededor de los polos del campo saliente, que están conectados en serie para tener una polaridad opuesta.

Iniciativa verde

Motores síncronos

Los motores síncronos trifásicos pueden utilizarse en aplicaciones industriales para corregir el bajo factor de potencia de muchos motores de inducción u otras cargas inductivas que funcionan a niveles de carga inferiores a los nominales. Los motores síncronos pueden corregir el factor de potencia mientras accionan sus propias cargas mecánicas.

La corrección de un factor de potencia bajo creado por cargas inductivas mediante el uso de motores síncronos reduce los costos de energía al hacer un uso eficiente de la potencia suministrada a la instalación industrial. El uso de motores síncronos puede eliminar la necesidad de baterías de condensadores dedicadas o baterías de condensadores conmutadas y evitar las sobretensiones que provocan.

El número de polos del campo debe ser igual al número de polos del estator. Los devanados del campo del rotor se exponen a los anillos colectores del eje del rotor. La corriente de campo se suministra a través de escobillas de carbón a los devanados de campo. La *Figura 33* muestra una simplificación de un motor síncrono. La *Figura 34* muestra la construcción del conjunto de polos del rotor.

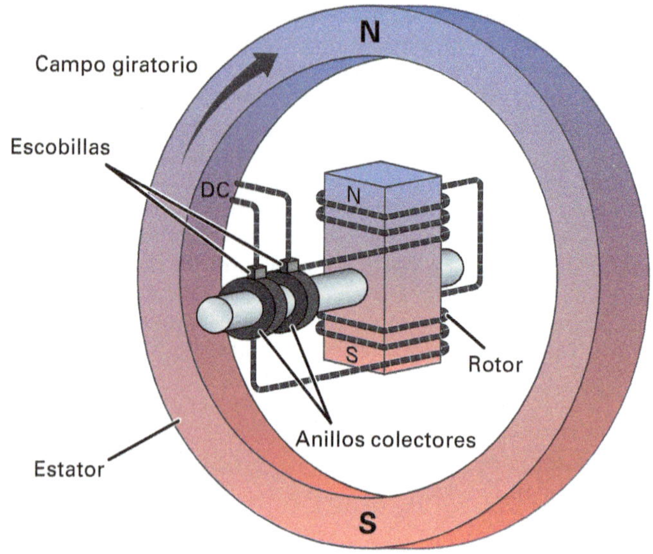

Figura 33 Simplificación de un motor síncrono.

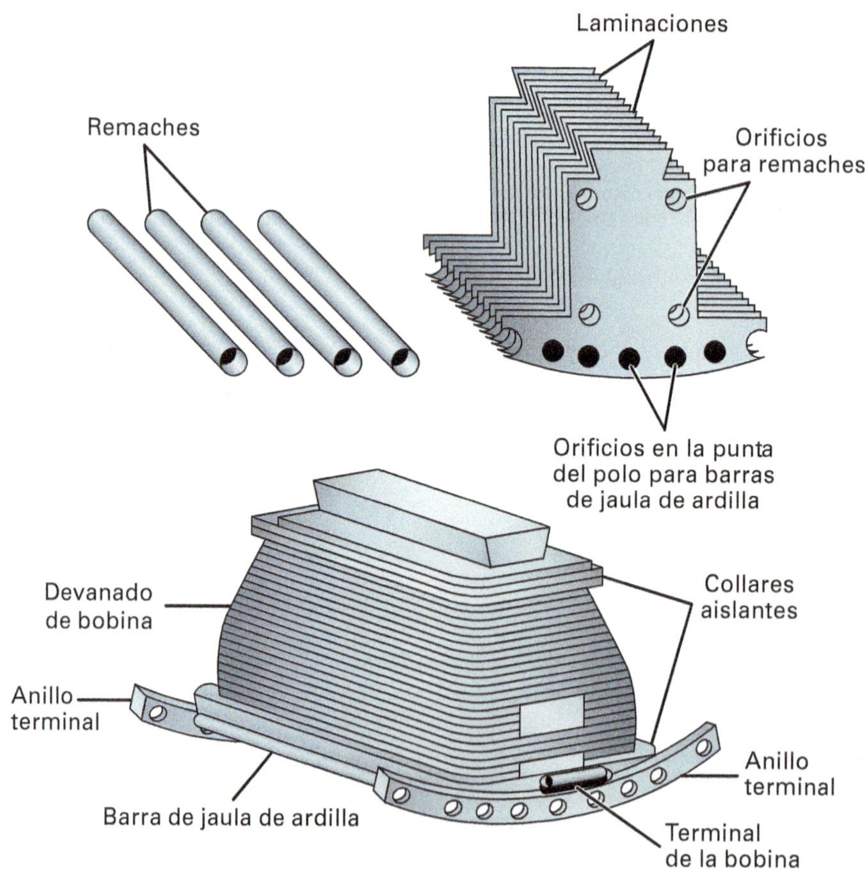

Figura 34 Montaje de polos.

2.3.3 Principios de funcionamiento

Cuando se pone en marcha un motor síncrono, primero se aplica corriente a los devanados del estator Al inducir corriente en el devanado amortiguador, el motor arranca como un motor de inducción. Luego, el motor alcanza una velocidad casi síncrona (entre un 5% y un 10% de deslizamiento). En ese momento, el campo se excita y el motor, que gira a gran velocidad, alcanza la velocidad síncrona. El bobinado de jaula de ardilla no generará corriente y, por tanto, no afectará al funcionamiento del motor.

Los devanados amortiguadores tienen una función adicional. Cuando la carga cambia con frecuencia, la velocidad del motor no es constante. Esto se debe a que el ángulo de torque (de cual hablaremos en la *sección 2.3.6*) oscila (cambia) de un lado a otro, al tratar de fijarse en el valor que requiere. Este cambio momentáneo de velocidad crea una corriente a causa de la inducción, y el devanado amortiguador desarrolla un par. Este par momentáneo sirve para amortiguar o estabilizar el ángulo de par oscilante. A eso se debe su nombre de *devanados amortiguadores*.

2.3.4 Excitación del campo del rotor

El rotor debe excitarse desde una fuente externa de CC. La *Figura 35* muestra un circuito de excitación de motor síncrono simplificado. Tenga en cuenta que la corriente continua de campo puede variarse mediante el reóstato. Sin embargo, esto no cambia la velocidad del motor, Sino solo el factor de potencia del circuito del estator.

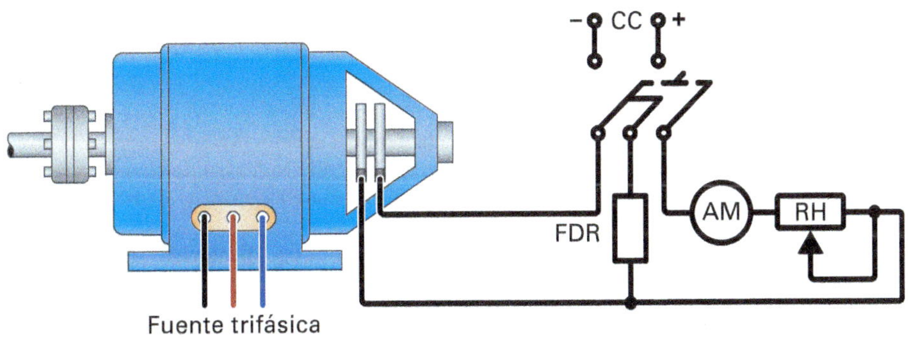

Figura 35 Circuito simplificado de excitación del motor síncrono.

Si se aplica una resistencia total al circuito de campo del rotor, la intensidad de campo del rotor es mínima y el factor de potencia se atrasa sobremanera. A medida que aumenta la intensidad del campo de CC, mejora el factor de potencia. Si la corriente aumenta lo suficiente, el factor de potencia puede aproximarse a la unidad, o al 100%. Este valor de la corriente de campo se denomina *excitación normal*.

Al aumentar aún más la intensidad de campo del rotor, el factor de potencia disminuye, pero hacia delante. Esto significa que el circuito del estator se vuelve capacitivo y se dice que el motor está *sobreexcitado*. El motor síncrono puede utilizarse para contrarrestar el factor de potencia en atraso añadiendo reactancia capacitiva al circuito, con lo que el factor de potencia general se aproxima a la unidad.

Si los devanados de campo de CC del rotor de un motor síncrono están abiertos cuando el estator se energiza, se le inducirá un alto voltaje de CA porque el campo giratorio realiza un barrido a través del gran número de vueltas a velocidad síncrona.

Por lo tanto, es necesario conectar una resistencia de bajo valor a través del devanado de campo de CC del rotor durante el período de arranque. Durante el cual, el devanado de campo de CC se desconecta de la fuente y la resistencia se conecta a través de los terminales de campo. Esto permite que la CA fluya en el devanado de campo de CC. Dado que la impedancia del devanado es elevada en comparación con la resistencia externa insertada, la caída de voltaje interno limita el voltaje en los terminales a un valor seguro.

2.3.5 Arranque del motor síncrono

Cuando un motor síncrono se convierte en asíncrono al conectarse, se dice que está *fuera de fase*. Esto ocurre en una o varias de las siguientes situaciones:

- Carga excesiva aplicada al eje
- Reducción excesiva del voltaje de alimentación
- Excitación del motor perdida o muy baja

Las pulsaciones de par aplicadas al eje de un motor síncrono también son una posible causa de pérdida de sincronismo si las pulsaciones se producen en un período desfavorable con respecto a la frecuencia natural del rotor con respecto al sistema de alimentación.

Una causa frecuente de pérdida de sincronismo es una falla en el suministro eléctrico. La subexcitación del rotor también es una posibilidad clara.

El arranque de los motores síncronos es importante porque el devanado de jaula de ardilla o amortiguador está diseñado únicamente para el arranque. Por lo tanto, no es tan resistente como los que se encuentran en los motores de inducción. El devanado amortiguador no se sobrecalentará si el motor arranca, acelera y alcanza la velocidad síncrona dentro de un intervalo de tiempo que se considere normal para el motor. Sin embargo, el motor debe seguir funcionando a velocidad síncrona. Si el motor funciona a una velocidad inferior a la síncrona, el devanado amortiguador puede sobrecalentarse y sufrir daños.

Un motor síncrono puede protegerse contra la pérdida de sincronismo mediante relés de frecuencia de campo polarizado y relés de pérdida de fase, así como mediante diversos métodos digitales.

2.3.6 Ángulo de torque del motor síncrono

Cuando el rotor alcanza una velocidad elevada (cercana a la velocidad de sincronización), se bloquea en el campo magnético giratorio. En estas condiciones, se desarrollará el par de marcha. El rotor girará a velocidad sincrónica en una dirección y a una velocidad determinadas por la velocidad sincrónica.

Mientras el motor esté en marcha, los dos campos giratorios se alinearán a la perfección. El polo del rotor siempre se atrasará por detrás del polo del estator en algún ángulo. Este ángulo se denomina *ángulo de par* (*Figura 36*).

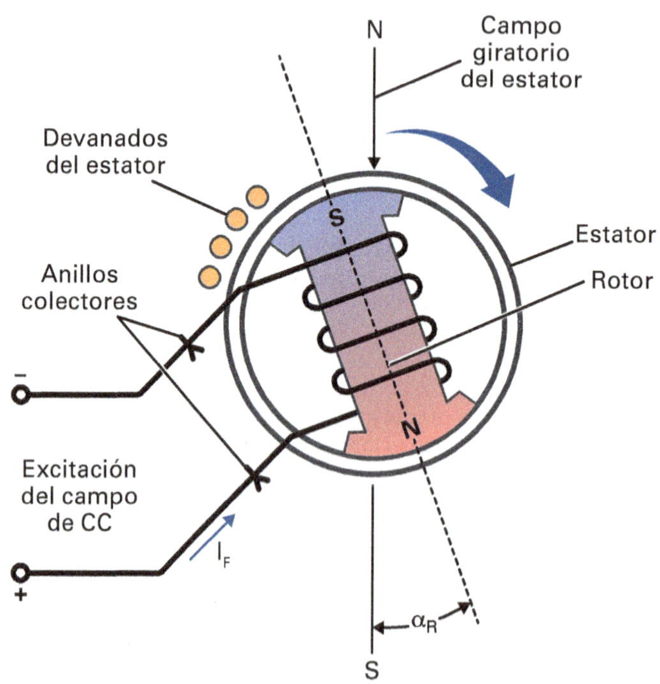

Figura 36 Ángulo de par.

A medida que aumenta la carga en el eje, aumenta el ángulo de par aunque el rotor siga girando a velocidad síncrona. Este comportamiento continúa hasta que el ángulo de par sea de aproximadamente 90°. En ese momento, el motor desarrolla el par máximo. Todo aumento adicional de la carga provocará una de las siguientes situaciones:

- Si el aumento de carga es momentáneo o muy pequeño, el rotor deslizará un polo. En otras palabras, el campo del estator se soltará del rotor y volverá a aferrarse a este la próxima vez.
- Si el aumento de carga es bastante grande y no es momentáneo, el motor perderá sincronismo y se frenará o el rotor sufrirá daños térmicos.

En ambos casos, se notará un sonido de esfuerzo.

Un motor síncrono no debe utilizarse en aplicaciones en las que las fluctuaciones del par sean violentas. Por regla general, el motor síncrono tampoco se utiliza en tamaños pequeños (menos de 50 hp) porque requiere excitación de CC. Es más difícil de arrancar que los motores de inducción y se desajusta fácilmente cuando se producen perturbaciones en el sistema. Las aplicaciones más comunes de los motores síncronos son los grupos motogeneradores, los compresores de aire y los compresores de plantas frigoríficas.

2.4.0 Motores de inducción monofásicos

Aunque los motores monofásicos son más fáciles de fabricar en tamaños pequeños y son menos caros que los trifásicos, no pueden hacer el mismo trabajo sin utilizar conductores mucho más grandes para transportar corrientes mayores.

Algunos ejemplos de las muchas aplicaciones actuales de los motores monofásicos de CA son los refrigeradores, las lavadoras y secadoras, las herramientas eléctricas y los sistemas de HVACR.

2.4.1 Motores de inducción monofásicos

Los motores monofásicos de inducción de CA (*Figura 37*) son bastante comunes. A diferencia de los motores de inducción polifásicos, el campo estator del motor monofásico no gira. En su lugar, simplemente alterna la polaridad entre los polos a medida que el voltaje de CA cambia de polaridad.

Figura 37 Ejemplos de motores de inducción de CA monofásicos.

Al inducir voltaje en el rotor, se produce un campo magnético a su alrededor. Este campo siempre se opondrá al campo del estator. Sin embargo, la interacción entre los campos del rotor y del estator no producirá rotación (*Figura 38*). Como esta fuerza atraviesa el rotor y las piezas polares, no se produce ningún movimiento giratorio, solo una acción de empuje o tracción a lo largo de esta línea.

Si una fuerza exterior hace girar el rotor (con la mano, por ejemplo), se altera la fuerza de empuje y tracción a lo largo de la línea. Observe los campos de la *Figura 38* cuando el motor comienza a girar. En ese instante, el polo izquierdo atrae el polo sur del rotor. El polo derecho atrae el polo norte del rotor. Todo esto es el resultado de la rotación de 90° que la fuerza exterior produce en el rotor.

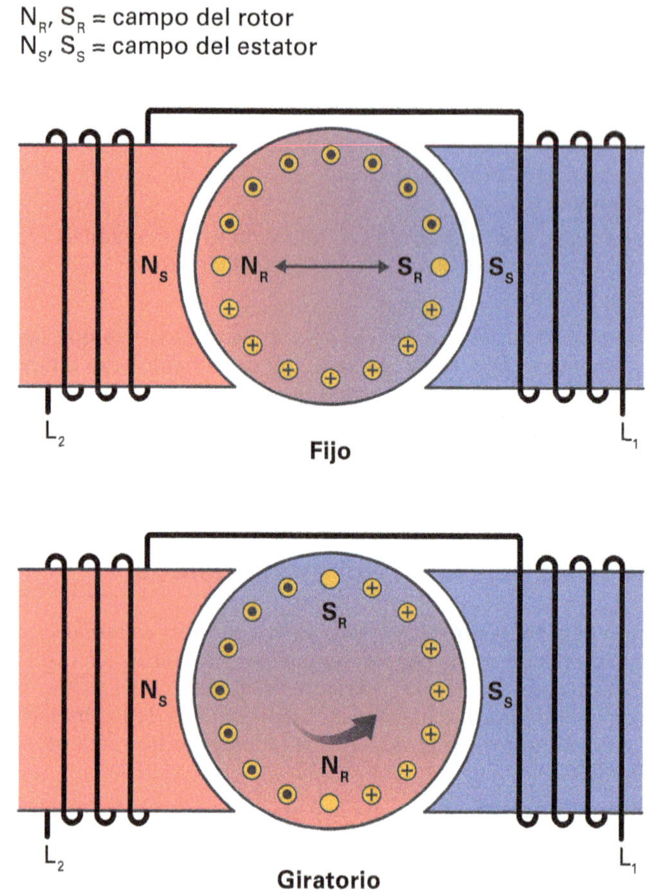

Figura 38 Motor de inducción de CA.

La atracción que existe ahora entre los dos campos se convierte en una fuerza que hace girar el rotor hacia la correspondencia magnética con el estator. Como los dos campos se alternan continuamente, nunca se alinearán realmente y el rotor seguirá girando una vez puesto en marcha.

Como un rotor monofásico girará si tiene un campo magnético giratorio presente, solo queda encontrar un medio de generar un campo giratorio en el arranque. Para ello, hay varios métodos. Todos los que se usan en motores de inducción monofásicos implican la simulación de una segunda fase para un circuito de arranque.

2.4.2 Motor de inducción de fase dividida

El motor de fase dividida, cuya representación esquemática se puede ver en la *Figura 39,* tiene un estator compuesto por láminas ranuradas que contienen un devanado auxiliar (de arranque) y un devanado de marcha (principal). Los ejes de estos dos devanados están desplazados en un ángulo de 90°.

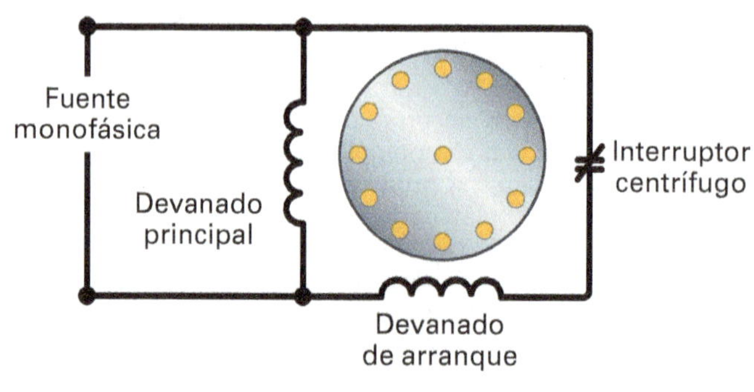

Figura 39 Motor de fase dividida.

El devanado de arranque tiene menos vueltas y un cable más pequeño que el devanado de marcha y, por lo tanto, tiene características eléctricas diferentes. El devanado principal ocupa la mitad inferior de las ranuras, y el devanado de arranque, la mitad superior. Los dos devanados se conectan en paralelo a través de la línea monofásica que alimenta el motor. El motor debe su nombre a la acción del estator durante el período de arranque.

Cuando se energizan con CA monofásica, la diferencia entre los dos devanados en cuanto a posición y construcción es suficiente como para producir un campo magnético giratorio alrededor del entrehierro del estator a velocidad síncrona. A medida que el campo giratorio se desplaza por el entrehierro, atraviesa los conductores del rotor e induce un voltaje en ellos. La interacción entre el rotor y el estator hace acelerar el rotor en la dirección en la que gira el campo del estator.

Cuando el rotor alcanza aproximadamente el 75% de la velocidad síncrona, un interruptor de accionamiento centrífugo desconecta el devanado de arranque de la fuente de alimentación y el motor sigue funcionando únicamente con el devanado principal. Con el paso del tiempo, los contactos del interruptor centrífugo tienden a picarse y a corroerse. Cuando esto ocurre, los contactos pueden pegarse en la posición cerrada. Para evitar que el devanado se queme, también se utiliza un relé térmico. Si el motor consume una corriente de arranque elevada durante más de 5 o 10 segundos, el relé desconectará el motor.

En un motor de fase dividida, el par de arranque es del 150% al 200% del par a plena carga. La corriente de arranque es entre seis y ocho veces superior a la corriente a plena carga. Los motores de fase dividida de potencia fraccionaria se utilizan en diversos dispositivos, como lavadoras, quemadores de aceite y ventiladores. El sentido de giro de un motor de fase dividida puede invertirse intercambiando los cables del devanado de arranque.

Motor de inducción de fase dividida moderno

La imagen de la izquierda es la de un interruptor de devanado de arranque de accionamiento centrífugo que se cierra cuando el motor está en reposo. El interruptor de devanado de arranque se abre y se cierra mediante el movimiento de un disco actuador contra una palanca de contacto. El disco actuador se mueve hacia delante y hacia atrás en el eje del rotor mediante un conjunto de pesas centrífugas.

Cuando el motor está en reposo, los resortes retraen las pesas y hacen que el disco del accionamiento se desplace hacia el rodamiento situado en el extremo del eje. Esto empuja la palanca de contacto, cerrando los contactos del interruptor. Después de que el motor arranque y alcance aproximadamente el 75% de su velocidad nominal, las pesas oscilan hacia fuera a pesar de la tensión del muelle y retraen el disco de contacto de la palanca de contacto. Esto abre los contactos del interruptor, eliminando el devanado de arranque del circuito. Si el interruptor no se abre tras el arranque, el motor funcionará a velocidad reducida hasta que sobrecaliente el devanado de arranque y active el relé térmico. La imagen de la derecha muestra el devanado de arranque (verde) y el de marcha (cobre).

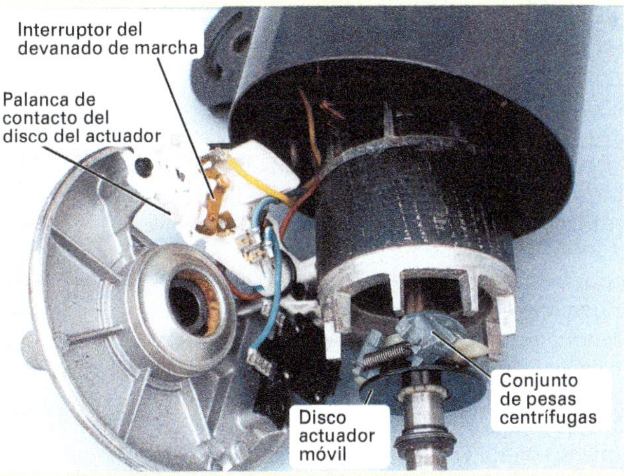

(A) Interruptor de bobinado de arranque accionado centrífugamente

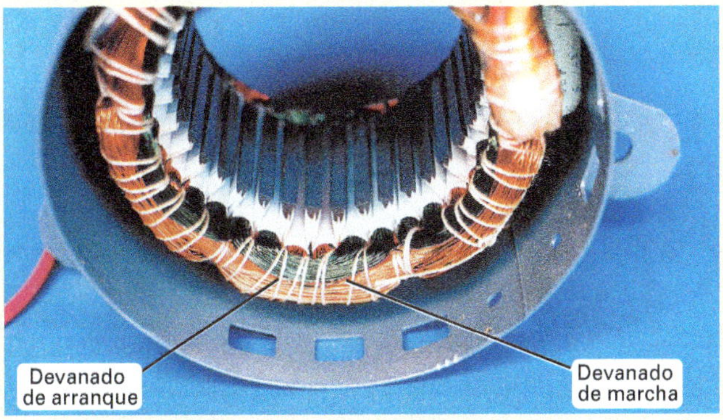

(B) Devanado de arranque y devanado de marcha

Figura 40 Motor de condensador.

2.4.3 Motor de inducción de condensador

El motor de condensador (*Figura 40*) es una forma modificada del motor de fase dividida. El condensador se encuentra en la parte superior del motor.

Para desarrollar un par de arranque mayor que el de un motor de fase dividida estándar, se coloca un condensador en serie con el devanado auxiliar del motor (*Figura 41*). Se denomina *motor de arranque por condensador* y es la forma más común de motor de condensador.

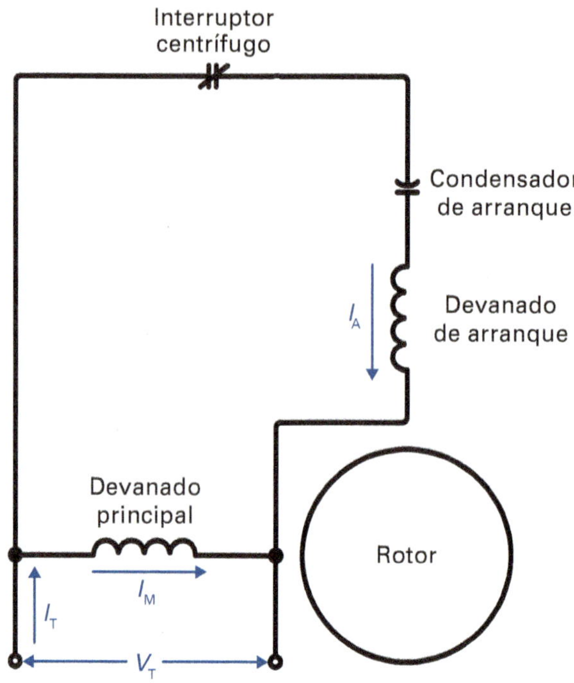

Figura 41 Esquema del motor de arranque por condensador.

El condensador tiende a crear una mayor separación de fase eléctrica de los dos devanados. Como la reactancia de un condensador está desfasada 180° con respecto a la reactancia inductiva de los devanados del motor cuando se combinan, producen una impedancia total menor. Esto permite que una corriente mayor produzca un campo magnético mayor.

El efecto neto del condensador es proporcionar al motor un par de arranque aproximadamente cuatro veces superior a su par nominal. En cambio, el motor de fase dividida produce un par de arranque de una a dos veces su par nominal. Cuando el motor de condensador ha alcanzado la velocidad y se ha desconectado el devanado de arranque, tendrá las mismas características de funcionamiento que el motor de fase dividida.

Para invertir el sentido de giro del motor de arranque por condensador y del motor de fase dividida, debe invertirse la conexión de cualquiera de los devanados. Dado que el devanado de arranque se desconecta a alta velocidad, esta inversión solo puede realizarse en parada o a baja velocidad, cuando el interruptor centrífugo sigue cerrado.

Los motores de arranque por condensador se fabrican en potencias de $\frac{1}{4}$ hp a 10 hp (de 150 W a 7.5 kW). El condensador de arranque es electrolítico de tipo seco especial para CA. Los valores típicos son de 200 a 600 microfaradios (µF). La *Figura 42* muestra una comparación de las curvas de deslizamiento del par para un motor de fase dividida y de arranque por condensador. También muestra el efecto típico del condensador de arranque.

Una variación del motor de arranque por condensador es en la que el condensador y el devanado auxiliar no están desconectados. Se elimina el interruptor centrífugo de la *Figura 41* y el devanado auxiliar permanece activado tras el arranque. Este motor se denomina *motor de condensador permanente*.

El condensador que se usa para el funcionamiento continuo no es el mismo que el que se necesita para el arranque. Los condensadores de arranque no pueden utilizarse como condensadores de marcha. El resultado del cambio es un motor con mejores características de funcionamiento. Sin embargo, un condensador de marcha no proporciona tanto par de arranque como un condensador de arranque.

Algunas mejoras son un mayor rendimiento y factor de potencia a carga nominal, una menor corriente de línea y un funcionamiento más silencioso. También hay que señalar que el devanado de arranque debe estar diseñado para un funcionamiento continuo. Un motor diseñado para su uso con un condensador de arranque no debe volver a cablearse para funcionar solo con un condensador de marcha.

Otra variante es el motor de arranque por condensador y condensador permanente (CSCR) (*Figura 43*). Se trata de un motor que combina las características útiles de los motores de arranque por condensador y de condensador permanente al usar dos condensadores diferentes.

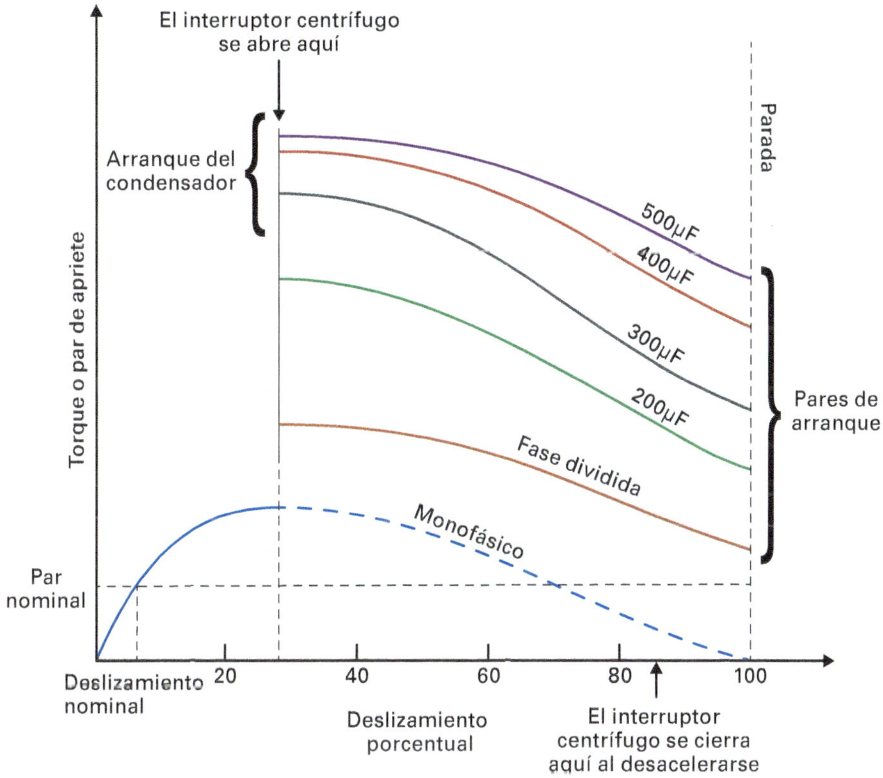

Figura 42 Curvas de deslizamiento del par.

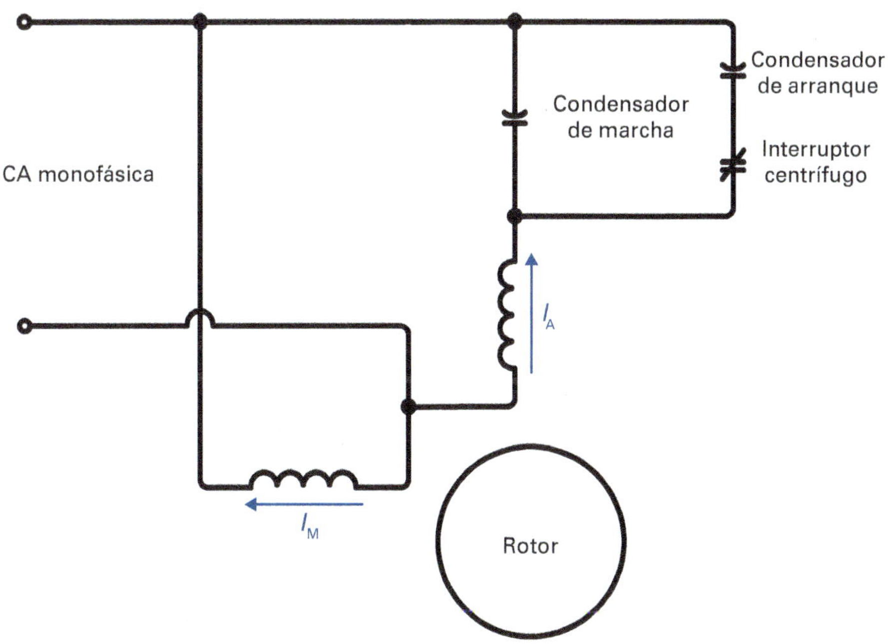

Figura 43 Esquema de motor con arranque por condensador y funcionamiento por condensador.

2.4.4 Motor de inducción de polos sombreados

El motor de polos sombreados emplea un estator de polos salientes y un rotor de jaula. Los polos salientes del estator se asemejan a los de los motores de CC, con la diferencia de que todo el circuito magnético está laminado y una parte de cada polo está dividida para alojar una cinta de cobre en cortocircuito denominada *bobina de sombra*. Este motor se fabrica en potencias bajas de hasta aproximadamente $^1/_{20}$ hp. La *Figura 44* es la de un motor tetrapolar de polos sombreados.

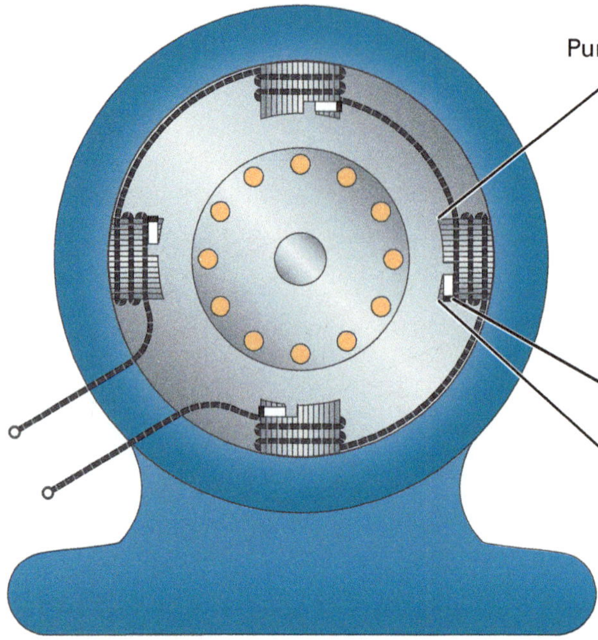

Figura 44 Motor tetrapolar de polos sombreados.

Las bobinas de sombra se colocan alrededor de la punta del polo de entrada, y el devanado del polo principal se concentra y se enrolla alrededor de todo el polo. Las cuatro bobinas que componen el devanado principal están conectadas en serie a través de los terminales del motor. En la *Figura 45* se muestra un motor bipolar sencillo con bobinas de sombra.

La *Figura 45* muestra que durante una parte del ciclo en que aumenta el flujo del polo principal (ϕ_1), la bobina de sombra es cortada por el flujo, y la FEM inducida y la corriente resultantes en la bobina de sombra tienden a impedir que el flujo aumente fácilmente a través de ella. Así, la mayor parte del flujo se eleva en la parte del polo que no se encuentra en las proximidades de la bobina de sombra ($\phi_1 > \phi_2$). Cuando el flujo alcanza su valor máximo, la tasa de cambio del flujo es cero, y el voltaje y la corriente en la bobina de sombra también son cero. En este momento, el flujo se distribuye de manera más uniforme por toda la cara del polo ($\phi_1 = \phi_2$).

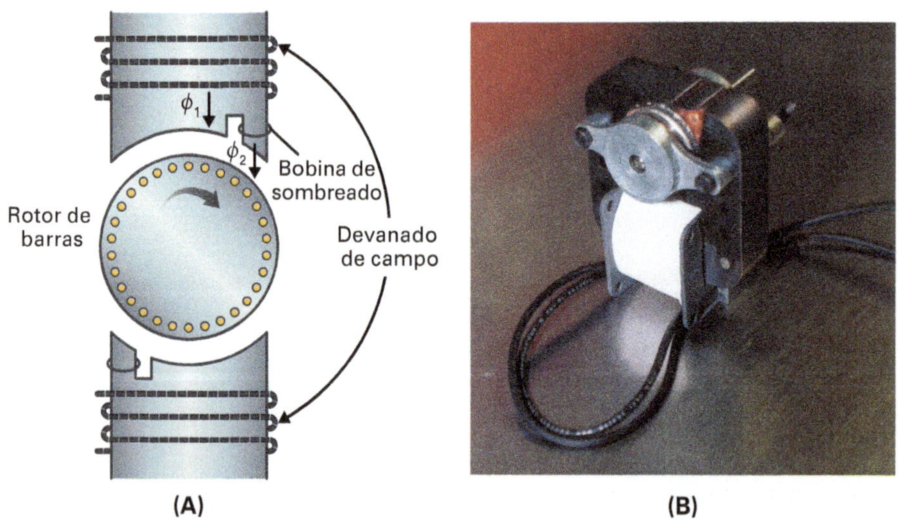

Figura 45 Motor de dos polos sombreados.

Motores de polos sombreados

La eficiencia de este tipo de motor puede llegar a ser del 5%. Sin embargo, su eficiencia no suele ser significativa, ya que estos motores consumen muy poca energía para empezar. ($^1/_{20}$ hp o menos).

Motores CSCR

Los motores CSCR funcionan de forma silenciosa y suave y tienen un elevado par de arranque. Su construcción es similar a la de un motor de fase dividida, ya que utilizan un interruptor centrífugo para quitar solo el condensador de arranque del devanado de arranque, dejando el condensador de funcionamiento conectado al devanado. Estos motores tienen un factor de potencia más elevado que los motores trifásicos ordinarios.

A medida que el flujo principal disminuye hacia cero, el voltaje y la corriente inducidos en la bobina de sombra invierten su polaridad. La fuerza resultante tiende a impedir que el flujo colapse a través del hierro en la región de la bobina de sombra ($\phi_2 > \phi_1$). El resultado es que el flujo principal aumenta primero en la parte no sombreada del polo y después en la parte sombreada. Esta acción equivale a un movimiento de barrido del campo a través de la cara del polo en la dirección del polo sombreado. Los conductores del rotor de la jaula son cortados por este campo móvil y la fuerza ejercida sobre ellos hace que el rotor gire en la dirección del campo de barrido.

La mayoría de los motores de polos sombreados solo tienen un borde del polo dividido; por lo tanto, el sentido de giro no es reversible. Sin embargo, algunos motores de polos sombreados tienen las puntas de los polos de salida y de entrada divididas para alojar las bobinas de sombra. Las bobinas de sombra de la punta del polo de entrada forman un grupo en serie y las bobinas de sombreado de la punta del polo de salida forman otro grupo en serie. Solo las bobinas de sombreado de un grupo están activas simultáneamente, mientras que las del otro grupo están en circuito abierto.

Las características de funcionamiento del motor de polos sombreados son similares a las del motor de fase dividida. El primero tiene las ventajas de una construcción más sencilla y un menor costo. No tiene contactos eléctricos deslizantes y su funcionamiento es confiable. Sin embargo, tiene un bajo par de arranque, una baja eficiencia y un alto nivel de ruido. Normalmente se utiliza en ventiladores pequeños. La bobina de sombra y el polo dividido también se utilizan en los temporizadores para hacerlos autoarrancables.

2.4.5 Motor síncrono monofásico

El motor síncrono monofásico, como su nombre indica, funciona a velocidad síncrona. Se utiliza cuando se necesita una velocidad constante, como en grabadoras y relojes. Arranca del mismo modo que cualquiera de los motores de inducción monofásicos y, por tanto, tiene un campo giratorio. Al tener un rotor modificado, el motor entra en sincronismo y funciona a velocidad síncrona.

2.4.6 Motores de inducción de varias velocidades

La velocidad de un motor de inducción depende de la frecuencia de alimentación y del número de pares de polos. Así, para modificar la velocidad del motor, basta con cambiar uno de estos dos factores. Por mucho, el método más común consiste en cambiar el número de polos, generalmente a través de algún tipo de controlador externo, o incluso cambiando manualmente las conexiones del cableado.

Existen dos tipos comunes de motores de inducción de jaula de ardilla de velocidad múltiple: el motor de devanado múltiple y el motor de polos consecutivos. Ambos disponen de polos que pueden cambiarse según sea necesario desplazando las conexiones externas clave. De este modo, el motor puede funcionar a un número limitado de diferentes velocidades. Los dos motores se describen a continuación:

- *Motor de devanado múltiple:* en este motor, se colocan dos o más devanados separados en las ranuras del núcleo del estator, uno sobre otro (*Figura 46*). Por ejemplo, un devanado de cuatro polos puede colocarse en las ranuras del núcleo y tener un devanado de dos polos encima. Los devanados están aislados entre sí y dispuestos de modo que solo se pueda dar corriente a un devanado cada vez. La conmutación de velocidades se realiza normalmente mediante contactos de conmutación que se encuentran en el controlador del motor, externos al motor en sí.

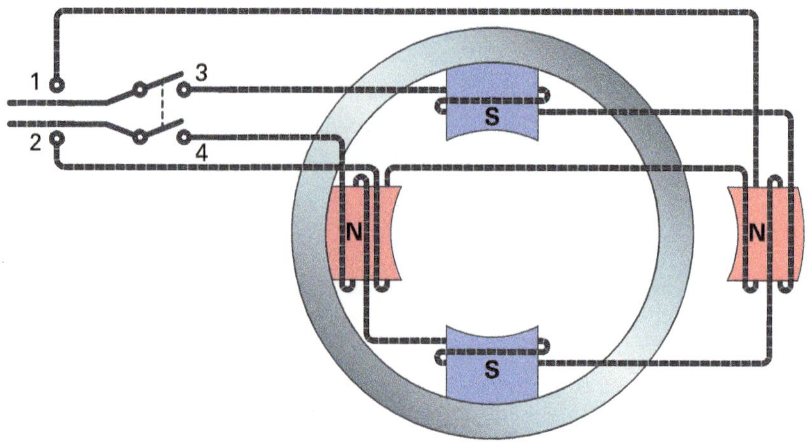

Figura 46 Motor de dos devanados y dos velocidades.

- *Motor de polos consecuentes:* Los motores de polos consecuentes tienen un único devanado con dos velocidades. La construcción del motor le permite tener cierto número de polos para funcionar a alta velocidad y, mediante una acción de conmutación, duplicar este número de polos para funcionar a baja velocidad. La acción de conmutación se muestra en la *Figura 47*. Si se rastrea el cableado, se puede ver cómo se producen ambos polos magnéticos norte y sur en las proyecciones del devanado. Cuando se aplica corriente al motor bipolar, se produce un campo magnético giratorio a 3,600 rpm.

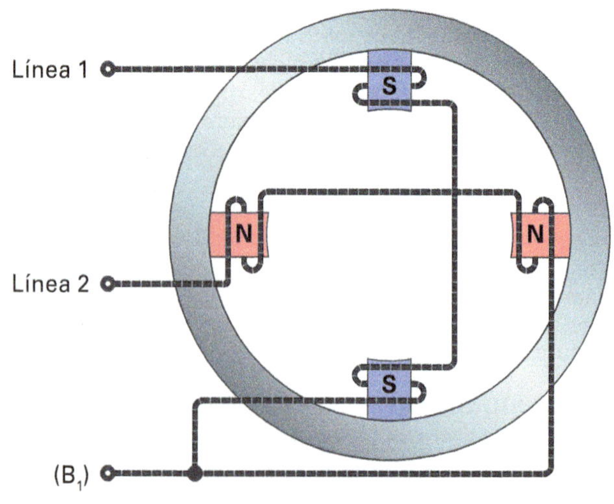

Figura 47 Motor de polos consecutivos de alta velocidad.

En la *Figura 48*, se cambian las conexiones para que el sistema produzca cuatro polos norte magnéticos en las proyecciones de los devanados. Como todo polo norte debe tener un polo sur, entre los polos norte que se proyectan se producen los consiguientes polos sur. En consecuencia, en la *Figura 48*, hay el doble de grupos de polos que en la *Figura 47*. Por lo tanto, se produce un campo magnético giratorio de cuatro polos de 1,800 rpm.

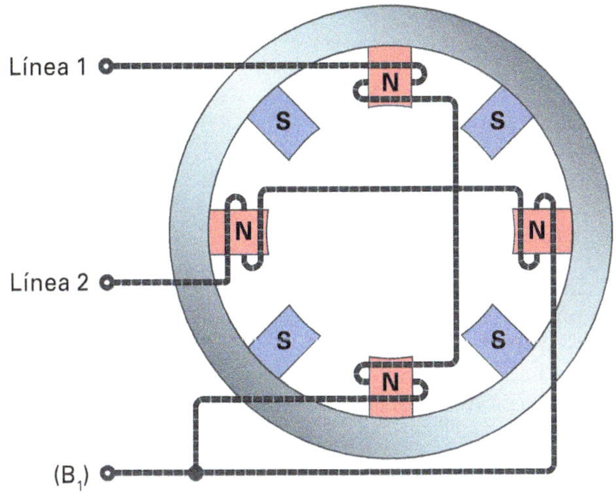

Figura 48 Motor de polos consecutivos de baja velocidad.

La Figura 49 muestra la disposición de los puentes de cortocircuito de un motor de polos consecuentes. Todos los devanados están en serie y se producen polos norte y sur alternos. Para producir polos consecuentes, la conexión en serie se sustituye por una conexión en paralelo que se realiza mediante la disposición de puentes largos. Al conectar el motor de esta manera, se producen cuatro monopolos salientes y, como resultado, se crean cuatro polos consecuentes opuestos. En un motor de polos consecuentes práctico, todos los reajustes necesarios de las conexiones internas se realizan en un panel de control externo.

Las características del motor de polos consecuentes dependen de la aplicación. En un motor de potencia constante, el par varía inversamente a la velocidad. Suele utilizarse para impulsar maquinaria.

En un motor de par constante, la potencia varía directamente con la velocidad. Se utiliza para accionar bombas y compresores de aire, así como en sopladores de presión constante. En un motor de par y potencia variables, tanto el par como la potencia cambian con la velocidad. Es el tipo de motor que se encuentra en los ventiladores domésticos y en los aparatos de aire acondicionado.

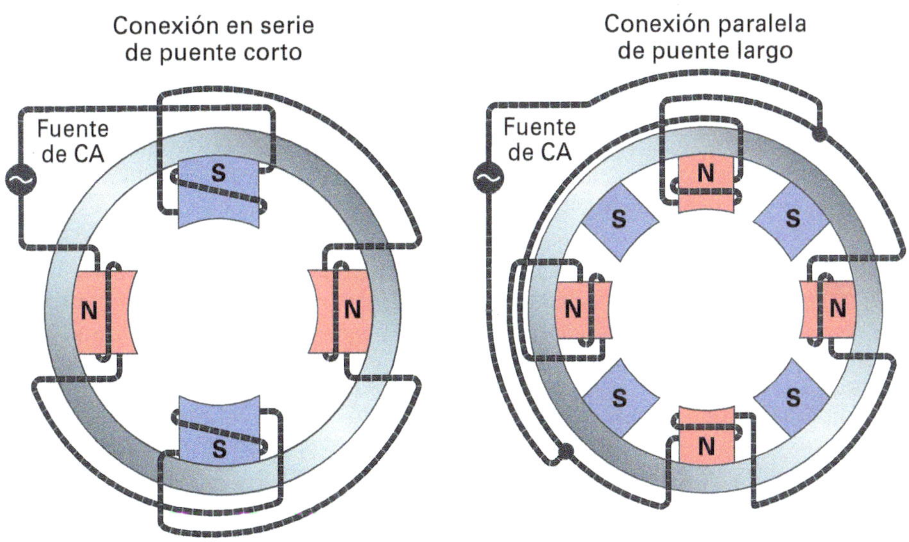

Figura 49 Motor monofásico de polos consecutivos.

Motor síncrono de histéresis

Este inusual motor síncrono tiene un rotor externo. Estos motores tienen bajos niveles de ruido, alta eficiencia y velocidad constante. Se utilizan en aplicaciones como grabadoras y relojes.

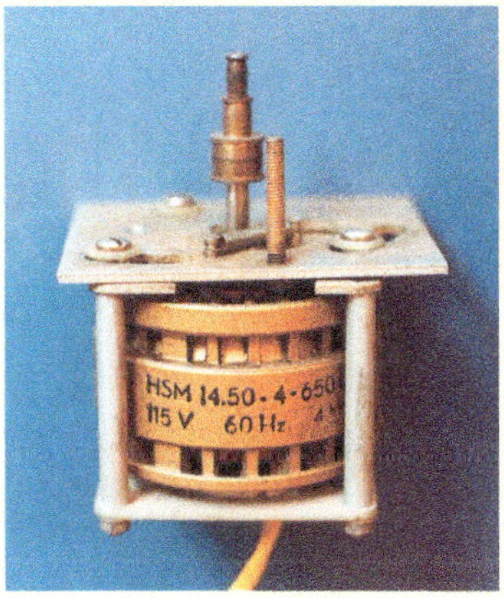

2.0.0 Repaso de la sección

1. Si un motor tiene cuatro polos y funciona a una frecuencia de 60 Hz, su velocidad síncrona es _____.
   a. 240 rpm
   b. 480 rpm
   c. 1,200 rpm
   d. 1,800 rpm

2. El tipo de motor que es *más* probable que se use en un lugar con polvo inflamable y fluctuaciones de par es un _____.
   a. motor de inducción monofásico
   b. motor de inducción de rotor bobinado
   c. motor de inducción de jaula de ardilla
   d. motor síncrono

3. Un tipo de motor utilizado en aplicaciones de precisión que requieren una velocidad constante con deslizamiento cero es un _____.
   a. motor de inducción monofásico
   b. motor de inducción de rotor bobinado
   c. motor de inducción de jaula de ardilla
   d. motor síncrono

4. Lo *más* probable es que un sistema de calefacción utilice un _____.
   a. motor de inducción monofásico
   b. motor de inducción de rotor bobinado
   c. motor de inducción de jaula de ardilla
   d. motor síncrono

3.0.0 Variadores de velocidad

Tareas prácticas

En esta sección no hay tareas prácticas.

Objetivo

Identificar los variadores de velocidad y describir sus características de funcionamiento.

a. Identificar los tipos de cargas de velocidad regulable.
b. Identificar los tipos de control de velocidad del motor.
c. Identificar los métodos de frenado.

Cada vez más se necesita un control de velocidad en equipos industriales debido a la necesidad de un mejor control de la producción y de ahorrar energía cuando se requiere menos potencia. Los accionamientos de CA compiten con los de CC, los de corrientes de Foucault y los sistemas mecánicos e hidráulicos como métodos para controlar la velocidad. La fiabilidad, el costo y la capacidad de control son los principales factores en la elección de un sistema.

Un sistema de accionamiento incluye tanto el controlador como el motor accionado. Este módulo se centra específicamente en los componentes electrónicos de los accionamientos y abarca diversos tipos de control tanto para accionamientos de CC como de CA. Esta sección presenta un análisis básico de algunos principios fundamentales que hay que entender durante el arranque, funcionamiento o solución de problemas de un sistema de variador de velocidad.

3.1.0 Cargas de velocidad ajustable

La mayoría de los controladores de accionamiento pueden ajustarse o modificarse para optimizar el rendimiento y ofrecer el accionamiento más eficaz y rentable, de acuerdo con las características de carga de la aplicación.

Es importante conocer las características de velocidad y par, así como los requisitos de potencia máxima para el tipo de carga en consideración. Con base en esto, se selecciona un controlador de par constante o un controlador de par variable. Los tipos de cargas más comunes se muestran en la *Figura 50*. Tenga en cuenta que una carga requiere la misma cantidad de par a baja velocidad que a alta velocidad.

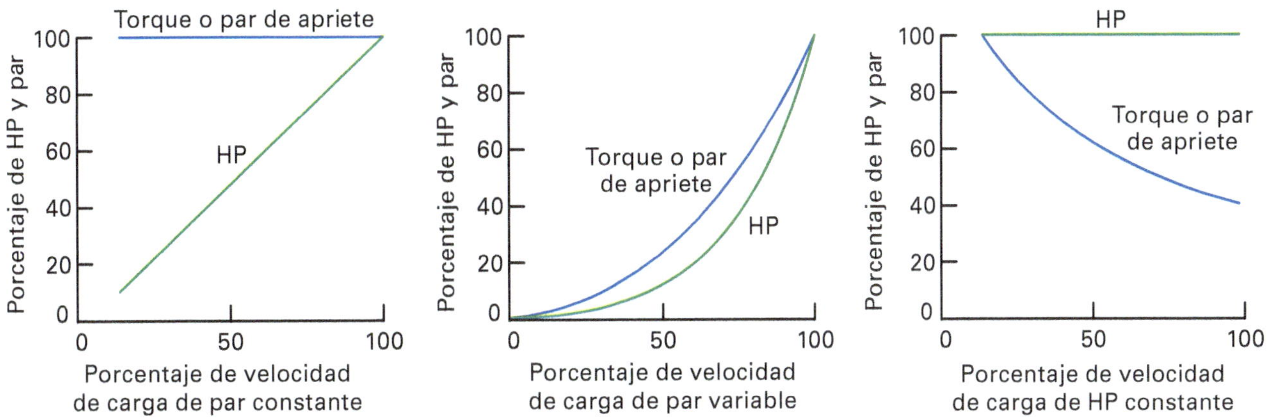

Figura 50 Tipos de cargas de velocidad ajustable.

Para una carga de par constante, el par se mantiene constante en toda la gama de velocidades y la potencia aumenta y disminuye en proporción directa a la velocidad. Esto sucede en aplicaciones como bandas transportadoras, así como en aquellas en las que se producen cargas de choque, sobrecargas o cargas de gran inercia.

Una carga de par variable requiere un par mucho menor a velocidades más bajas. Esto se aplica a aplicaciones como ventiladores centrífugos, bombas y sopladores.

Una carga de potencia constante requiere un par elevado a bajas velocidades, un par bajo a altas velocidades y, por tanto, una potencia constante a cualquier velocidad. Se aplica a aplicaciones como tornos que requieren velocidades lentas para cortes profundos y velocidades altas para el acabado. Por lo general, se requieren pares de arranque muy elevados.

En el caso de las aplicaciones industriales, los motores deben funcionar con pares y velocidades variables y en sentido de avance y retroceso. Además de funcionar como fuente de energía, un motor también puede funcionar como freno o generador durante breves períodos. En la *Figura 51* se muestran los distintos modos de funcionamiento de los accionamientos industriales. La velocidad positiva y la velocidad negativa se representan en el eje horizontal, y el par en el eje vertical. Los cuadrantes de funcionamiento se denominan 1, 2, 3 y 4.

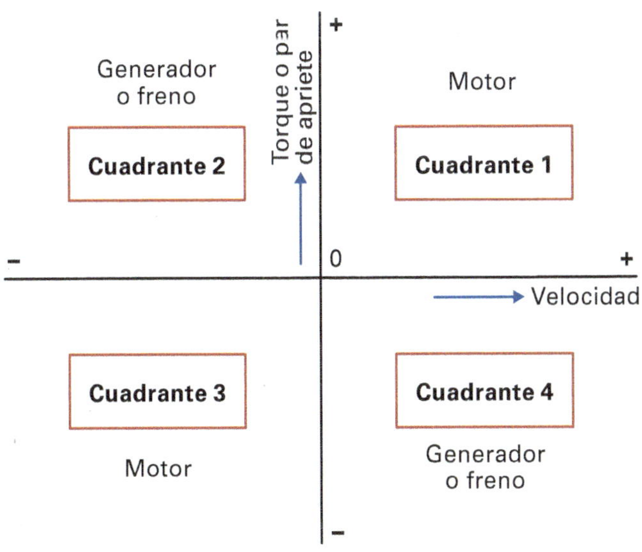

Figura 51 Accionamiento eléctrico en cuatro cuadrantes.

Un motor que funciona en el cuadrante 1 tiene par y velocidad positivos, lo que significa que ambos actúan en la misma dirección (sentido horario). Un motor de este cuadrante funciona como motor y suministra potencia mecánica a una carga. El motor también actuará como motor en el cuadrante 3, pero el par y la velocidad se invierten respecto al cuadrante 1 (sentido antihorario).

Mientras funciona en el cuadrante 2, un motor desarrollará un par positivo y una velocidad negativa. El par actúa en el sentido de las agujas del reloj y la velocidad en sentido contrario. En este cuadrante, el motor absorbe la energía mecánica de la carga y funciona como un generador. Esta energía mecánica se convierte en energía eléctrica y, por lo general, se transmite de nuevo a la línea. La energía eléctrica también puede disiparse en una resistencia externa, lo que se conoce como *frenado dinámico.*

Dependiendo de sus conexiones, un motor también puede utilizarse como freno mientras funciona en el cuadrante 2. La energía mecánica absorbida se convierte en energía eléctrica y, luego, en calor. Si el motor absorbe energía de la línea eléctrica al convertir la energía mecánica en eléctrica, funciona como un freno. Ambas entradas de energía se disipan en forma de calor. Los accionamientos grandes rara vez utilizan el modo de funcionamiento con freno porque es muy ineficiente. El circuito se elige generalmente de modo que el motor funcione como generador cuando funciona en el cuadrante 2. El funcionamiento del cuadrante 4 es idéntico al del cuadrante 2, salvo que la velocidad y el par se invierten.

3.1.1 Curvas típicas de par-velocidad

Un motor trifásico tiene una curva par-velocidad que es un buen ejemplo del comportamiento de un motor como freno de un generador. La curva continua de la *Figura 52* es la curva par-velocidad de un motor en el cuadrante 1, un freno en el cuadrante 2 y un generador en el cuadrante 4.

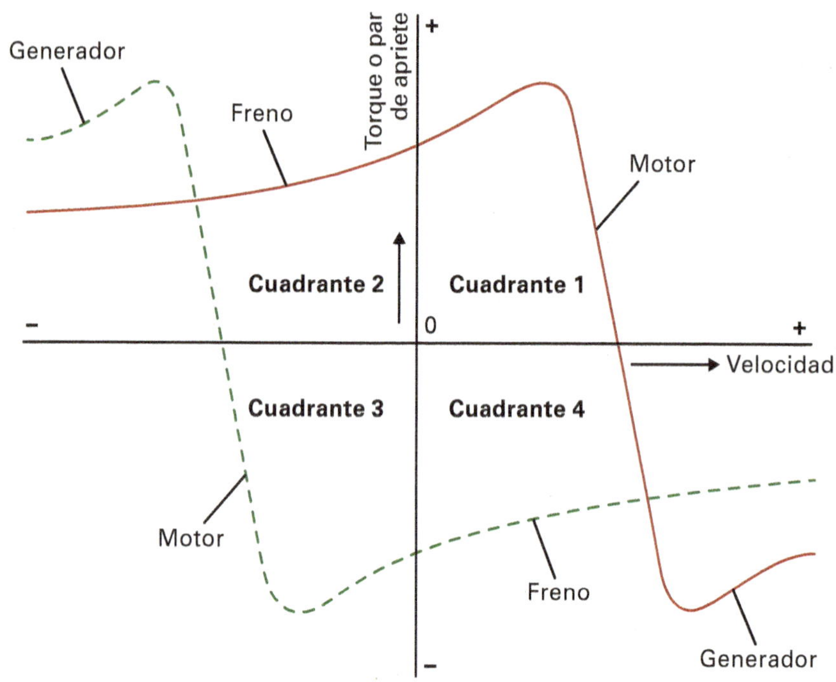

Figura 52 Funcionamiento en cuatro cuadrantes de un motor de jaula de ardilla.

Si se invierten los cables del estátor, la curva par-velocidad es la punteada. Ahora el motor funciona como motor en el cuadrante 3, como generador en el cuadrante 2 y como freno en el cuadrante 4. El motor funciona como freno o generador en los cuadrantes 2 y 4, pero siempre funciona como motor en los cuadrantes 1 y 3.

La *Figura 53* muestra la curva par-velocidad de un motor en derivación de CC. Los modos de motor, generador y freno son evidentes. La curva punteada representa los cables invertidos del inducido.

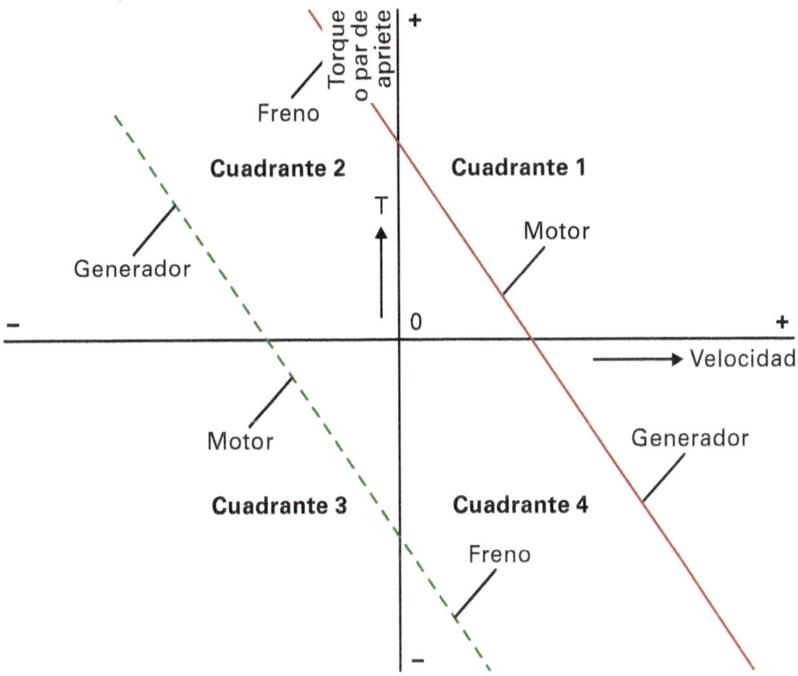

Figura 53 Funcionamiento en cuatro cuadrantes de un motor de CC.

Los variadores de velocidad eléctricos están diseñados para variar la velocidad y el par de forma uniforme y continua para satisfacer los requisitos de la carga. Por lo general, esto se consigue desplazando la característica par-velocidad hacia delante y hacia atrás a lo largo del eje horizontal. La característica par-velocidad del motor se modifica variando el voltaje del inducido. Además, la curva de un motor de inducción puede desplazarse variando el voltaje y la frecuencia que se aplican al estator.

Al describir los distintos métodos de control de motores, solo hablaremos del comportamiento de los circuitos de potencia. No se tratarán las múltiples formas de modelar y controlar los impulsos de disparo. Constituyen un tema complejo en el que intervienen sofisticados componentes electrónicos, circuitos lógicos, circuitos integrados y microprocesadores.

3.1.2 Calentamiento del motor

Dado que un sistema de variador de velocidad incluye tanto el controlador como el motor, el ingeniero de diseño siempre debe tener en cuenta la capacidad del motor para lograr un funcionamiento aceptable en las condiciones deseadas. Un factor a tener en cuenta es el calentamiento del motor. Cuando un motor funciona a velocidades reducidas, la capacidad de disipar el calor también se reduce debido a la menor velocidad del ventilador de refrigeración. Este factor debe tenerse en cuenta a la hora de realizar el mantenimiento del motor, modificar su carcasa o el área circundante o solucionar problemas del sistema de accionamiento.

3.2.0 Control de velocidad del motor

Es importante saber cómo se puede variar la velocidad del motor de CC o CA para entender cómo un controlador de accionamiento realiza esa tarea. En esta sección, repasaremos los fundamentos del control de velocidad de motores de CC y CA.

3.2.1 Variación de la velocidad de un motor en derivación de CC

La *Figura 54* (A) es un motor en derivación de CC. Básicamente, hay dos formas de variar la velocidad de funcionamiento de un motor en derivación de CC:

- Ajustar la tensión (e intensidad) que se aplican al devanado de campo. Al aumentar el voltaje del campo, el motor se ralentiza. Este método se muestra en la *Figura 54* (B).
- Ajustar la tensión (e intensidad) que se aplican al inducido. Al aumentar el voltaje del inducido, el motor acelera. Este método se muestra en la *Figura 54* (C).

Al aumentar el voltaje del campo reduciendo el reóstato (R_V) en la *Figura 54* (B), la corriente de campo (I_F) aumenta. El resultado es un campo magnético más intenso, que induce una FCEM mayor en el devanado del inducido. Una mayor FCEM tiende a oponerse al voltaje continuo aplicado y reduce la corriente del inducido (I_A). Por lo tanto, un aumento de I_F ralentiza el motor hasta que la FCEM inducida regrese casi a su valor normal.

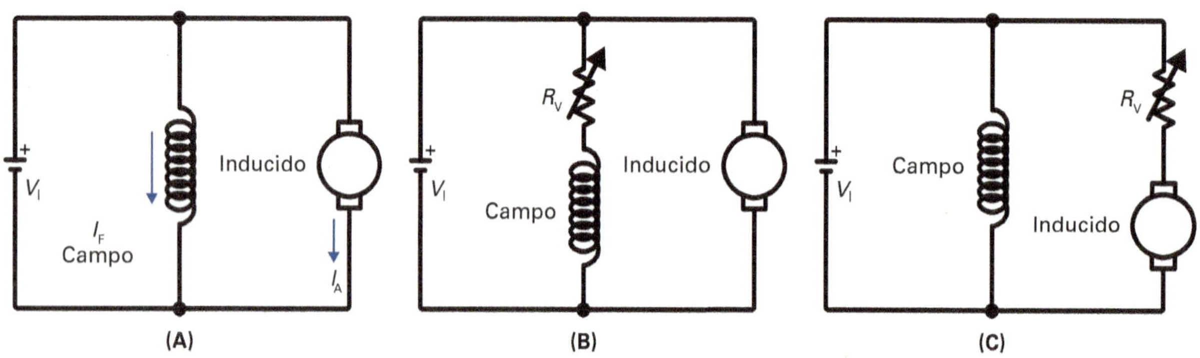

Figura 54 Esquema del motor de CC en derivación.

Hacia la otra dirección, si I_F se reduce, el campo magnético se debilita. Esto provoca una reducción de la FCEM creada por el devanado giratorio del inducido. La I_A aumenta, y fuerza el motor a girar más rápido, hasta que la FCEM vuelve a ser aproximadamente igual a la que tenía antes. Un aumento de la velocidad del inducido compensa la reducción de la intensidad del campo magnético.

Este método de control de la velocidad tiene ciertas características positivas. Se puede conseguir con un reóstato pequeño y barato porque la corriente en el devanado de campo es bastante baja. Además, debido al bajo valor de I_F, el R_V no disipa mucha energía. Por lo tanto, este método es de bajo consumo energético.

Sin embargo, el control de velocidad desde el devanado de campo tiene un gran inconveniente: para aumentar la velocidad, hay que reducir la I_F y debilitar el campo magnético, lo que disminuye la capacidad de producción de par del motor. La capacidad de un motor para generar par depende de dos factores: la corriente en los conductores del inducido y la intensidad del campo magnético. A medida que se reduce la I_F, el campo magnético se debilita y disminuye la capacidad de producción de par del motor. Desafortunadamente, es en este punto cuando el motor necesita toda la capacidad de producción de par que pueda lograr, pues probablemente necesite un par mayor para impulsar la carga a mayor velocidad.

Desde el punto de vista de la producción de par, el control del inducido es mucho mejor, como se muestra en la *Figura 54* (C). Al aumentar el voltaje y la corriente del inducido reduciendo la R_V, el motor empieza a funcionar más rápido, lo que normalmente requiere más par. La razón por la que aumenta la velocidad es que un mayor voltaje en el inducido exige un aumento de la FCEM para limitar el aumento de I_A a una magnitud razonable. La única forma de aumentar la FCEM es logrando que el devanado del inducido gire más rápido, ya que la intensidad del campo magnético es fija. En este caso, se dan todos los elementos para aumentar la producción de par, ya que la intensidad del campo magnético se mantiene constante y la I_A aumenta.

El problema con el método de control del inducido de la *Figura 54* (C) es que el R_V debe controlar la I_A, que es relativamente grande. Por lo tanto, el R_V debe ser de gran tamaño y costoso, y desperdiciará una cantidad considerable de energía.

3.2.2 Variación de la velocidad de un motor de CA

El principio del control de velocidad de los variadores de frecuencia se basa en la siguiente fórmula para un motor de CA estándar:

$$N_S = \frac{120f}{P}$$

Donde:

N_S = velocidad síncrona (rpm)
f = frecuencia
P = número de polos
120 = constante

El número de polos de un motor determinado se determina en su diseño y fabricación.

El sistema de variador de frecuencia controla la frecuencia (f) que se aplica al motor. La velocidad (N_S) del motor es entonces proporcional a esta frecuencia aplicada. La frecuencia de control se ajusta mediante un potenciómetro o una señal externa, según la aplicación.

La salida de frecuencia del regulador es ajustable en su intervalo de velocidad de diseño. Por lo tanto, la velocidad del motor es ajustable en este mismo intervalo. Como se utiliza un medio electrónico para generar frecuencias variables, la gama de velocidades suele superar la velocidad nominal de 60 Hz del motor.

Cuando se emplea el control de velocidad de frecuencia variable, no se puede permitir que el voltaje de alimentación del motor permanezca en un valor constante. La magnitud del voltaje del motor debe aumentar o disminuir en proporción a la frecuencia. Es decir, la *relación voltaje/frecuencia*, o *V/f*, debe permanecer aproximadamente constante. La relación voltaje-frecuencia se denomina a veces *relación voltios por hertz*.

Por ejemplo, si el motor tiene una potencia nominal de 240 V a 60 Hz, la relación voltaje-frecuencia es 4 (240 ÷ 60 = 4). Si el motor se acelera ajustando su variador de frecuencia a 90 Hz, la magnitud del voltaje debe aumentarse a 360 V (4 × 90 = 360). Si el motor se ralentiza ajustando la frecuencia del inversor a 45 Hz, la magnitud de la tensión debe reducirse a 180 V (4 × 45 = 180).

La intensidad del campo magnético del estator debe permanecer constante en todas las condiciones de funcionamiento. Si la intensidad de campo del estator aumentara muy por encima del valor de diseño, el material del núcleo del motor entraría en saturación magnética. Esto reduciría efectivamente la permeabilidad del núcleo, impidiendo la inducción adecuada de voltaje y corriente en las espiras (o barras) del rotor y mermando la capacidad de producción de par del motor. Por otra parte, si la intensidad de campo del estator cayera muy por debajo del valor de diseño, el campo magnético debilitado simplemente induciría valores más bajos de voltaje y corriente en las espiras del rotor. Esto también mermaría la capacidad de producción de par del motor.

Por lo tanto, el campo magnético producido por los devanados del estator debe mantener un valor eficaz constante, independientemente de la frecuencia. La corriente magnetizante de un motor de inducción es la que circula por el devanado del estator cuando el rotor gira a velocidad en régimen permanente sin carga de par. La corriente magnetizante de un motor de inducción viene dada por la ley de Ohm:

$$I_{mag} = \frac{V}{X_L}$$

Donde:

V = valor en rms del voltaje aplicado al estátor
X_L = reactancia inductiva del devanado del estator

En la ecuación, X_L no permanece constante a medida que se ajusta la frecuencia de alimentación, sino que varía en proporción a la frecuencia ($X_L = 2\pi fL$). Por lo tanto, V también debe variar en proporción a la frecuencia para que la operación de división de la ley de Ohm produzca un valor invariable de corriente magnetizante.

Iniciativa verde

Uso de un motor como generador y como freno

Los motores de CC que propulsan los vagones de metro también se utilizan para el frenado regenerativo. Cuando es accionado por el impulso del tren, como cuando frena al acercarse a una estación, el motor actúa como generador y devuelve corriente al sistema. Más concretamente, los motores del tren no consumen energía para producir movimiento. En cambio, la gran inercia de avance del tren hace girar los motores, produciendo corriente. Al mismo tiempo, el par resistivo resultante de la generación de energía supera el impulso de avance del tren y lo frena. El mismo proceso de frenado regenerativo se utiliza en muchos automóviles híbridos.

Como alternativa, utilizando $X_L = 2\pi fL$, la ecuación se puede reescribir de la siguiente manera:

$$I_{mag} = \frac{V}{X_L}$$

$$I_{mag} = \frac{V}{2\pi fL}$$

$$I_{mag} = \frac{1}{2\pi L} \times \frac{V}{f}$$

Dado que $1 \div 2\pi L$ es una constante determinada por la construcción del motor, la corriente magnetizante se mantiene constante manteniendo la relación *V*/*f*.

El controlador puede mantener automáticamente la relación voltios/ciclo (V/Hz) necesaria para el motor a cualquier velocidad. Esto proporciona la máxima capacidad del motor en toda la gama de velocidades.

Por lo general, la relación V/Hz viene preajustada de fábrica. Sin embargo, en muchos controladores, se puede ajustar o cambiar para afinar el funcionamiento del controlador.

3.3.0 Métodos de frenado

La mayoría de las personas piensan en el frenado en términos de frenado mecánico por fricción, como el que se utiliza en los automóviles. Sin embargo, el frenado por fricción requiere una conexión física entre las piezas móviles, lo que se traduce en desgaste y mantenimiento. En muchos motores, suele ser más eficaz el *frenado por inyección* o el *frenado dinámico*.

3.3.1 Freno de inyección de CC

El frenado por inyección de CC se produce cuando se aplica CC a los devanados estacionarios de un motor de CA después de suprimir el voltaje de CA. Se trata de un método eficiente y eficaz para detener la mayoría de los motores de CA. El frenado por inyección de CC proporciona una acción de frenado rápida y suave en todo tipo de cargas, incluidas las de alta velocidad y alta inercia.

En un motor de inducción de CA, cuando se suprime la tensión de CA, el motor se detiene por inercia con el tiempo porque no hay campo inducido que lo mantenga girando. Dado que el tiempo de marcha por inercia puede ser inaceptable, sobre todo en caso de emergencia, se puede utilizar el frenado eléctrico para alcanzar un frenado más inmediato.

Al aplicar una tensión continua a los devanados estacionarios cuando se elimina la CA, se crea un campo magnético en el estator que no cambiará de polaridad. Este campo magnético constante en el estator crea un campo magnético en el rotor. Como el campo magnético del estator no cambia de polaridad, intentará detener el rotor cuando los campos magnéticos estén alineados. Cuando los campos están alineados al norte y al sur, los dos campos magnéticos se atraen. La tracción resistiva de los campos se utiliza para detener la inercia de rotación del motor. Lo mismo ocurre cuando los polos magnéticos son iguales, pero en lugar de atraerse, las fuerzas magnéticas se repelen y ralentizan el motor.

El tiempo de frenado depende de la cantidad de CC aplicada. Por lo general, la corriente aplicada es tres veces la corriente a plena carga del motor. Cuanto mayor sea el nivel de corriente, más rápido se detendrá el motor. Por ejemplo, en las fábricas de papel donde el tiempo de parada repentina del motor es un problema, la corriente aplicada es menor de lo normal para no desgarrar el papel.

Lo único que puede impedir que el rotor se detenga con la primera alineación es la inercia rotacional de la carga conectada al eje del motor. Sin embargo, como la acción de frenado del estator está siempre presente, el motor se va frenando rápida y suavemente hasta detenerse por completo.

Como no hay piezas que entren en contacto físico durante el frenado, el mantenimiento se reduce al mínimo.

3.3.2 Frenado dinámico

El frenado dinámico se logra volviendo a conectar un motor en marcha para que actúe como generador inmediatamente después de apagarlo, deteniendo rápidamente el motor. La acción del generador convierte la energía mecánica de rotación en energía eléctrica que puede disiparse en forma de calor en una resistencia o utilizarse como carga al igual que en un generador. Usar el motor como generador no es muy práctico, ya que el tiempo de detención del motor es muy limitado.

El frenado dinámico de un motor de CC puede ser necesario porque los motores de CC se usan a menudo para levantar y mover cargas pesadas que pueden ser difíciles de detener. Por ejemplo, los montacargas suelen emplear el frenado dinámico.

Debe haber acceso a los devanados del rotor para volver a conectar el motor para que actúe como generador. En un motor de CC, el acceso se realiza a través de las escobillas del conmutador. Los terminales del inducido del motor de CC se desconectan de la fuente de alimentación y se conectan inmediatamente a una resistencia que actúa como carga. Cuanto menor sea el valor de la resistencia, mayor será la velocidad de disipación de energía y más rápido se ralentizará el motor.

Los devanados de campo del motor de CC se dejan conectados a la fuente de alimentación. El inducido genera FCEM, que hace que la corriente fluya a través de la resistencia y el inducido. La corriente hace disipar el calor en la resistencia, eliminando energía del sistema y ralentizando la rotación del motor.

La FCEM generada disminuye a medida que se reduce la velocidad del motor. A medida que la velocidad del motor se aproxima a cero, el voltaje generado también se aproxima a cero. Esto significa que la acción de frenado disminuye a medida que disminuye la velocidad del motor. En consecuencia, un motor no puede frenarse hasta detenerse por completo utilizando el frenado dinámico. El frenado dinámico tampoco puede mantener una carga una vez detenida porque sin la FCEM generada ya no hay acción de frenado.

Por tal motivo, los frenos electromecánicos de fricción se emplean a menudo junto con el frenado dinámico en aplicaciones que requieren que la carga se mantenga, o en aplicaciones en las que hay que detener una carga grande y pesada.

3.0.0 Repaso de la sección

1. Con una carga de par constante, la potencia en hp _____.
   a. varía en proporción directa a la velocidad
   b. varía inversamente con la velocidad
   c. permanece constante
   d. atrasa la velocidad en un 10 %

2. Cuando se utiliza el control de velocidad de frecuencia variable en un motor con una potencia nominal de 480 V a 60 Hz, la relación voltaje-frecuencia es de _____.
   a. 1
   b. 2
   c. 4
   d. 8

3. Cuando se utiliza un motor con frenado dinámico, _____.
   a. los devanados de campo se desconectan durante la acción de frenado
   b. se pueden necesitar frenos de fricción electromecánicos con grandes cargas
   c. la acción de frenado puede utilizarse para mantener una carga después de que se haya detenido
   d. una carga grande puede frenarse hasta detenerse de inmediato

4.0.0 Cerramientos de motor, designaciones de armazón y características de funcionamiento

Tarea práctica

2. Recopilar datos de la placa de características de un motor.

Objetivo

Identificar los cerramientos de motor, las designaciones de armazón y las características de funcionamiento.

a. Identificar los tipos de cerramientos de motor.
b. Identificar las designaciones de armazón NEMA.
c. Identificar las características de funcionamiento del motor utilizando los datos de la placa de características.

La National Electrical Manufacturers Association - NEMA (Asociación Nacional de Fabricantes Eléctricos) clasifica los motores según el tamaño del cerramiento y la designación del armazón. Estas clasificaciones se desarrollaron para que los motores de diferentes fabricantes se pudieran intercambiar.

4.1.0 Cerramientos de motor

Los motores suelen estar diseñados con cubiertas sobre las piezas móviles. La NEMA clasifica estas cubiertas, denominadas *cerramiento,* según el grado de protección ambiental que ofrecen y el método de refrigeración. Si la cubierta tiene aberturas, el motor se clasifica como *motor abierto.* Si el cerramiento es completo, el motor se clasifica como *motor totalmente cerrado.* Cada uno de estos tipos de motores tiene muchas variantes. La *Tabla 1* enumera varios tipos de motores abiertos y totalmente cerrados.

TABLA 1 Tipos de cerramientos de motores

Abierto	Totalmente cerrado
De propósito general	Sin ventilación
A prueba de goteo	Refrigerado por ventilador
A prueba de salpicaduras	Refrigerado por ventilador protegido
Protegido	A prueba de explosiones
Semiprotegido	A prueba de polvo e ignición
Protegido a prueba de goteo	De ventilación por tubo
De ventilación exterior	Refrigerado por agua
De ventilación por tubo	Refrigerado por agua y aire
Protegido de la intemperie (tipo I y tipo II)	
Devanados encapsulados	
De devanado sellado	

4.1.1 Motor abierto

El tipo de motor más común es el motor abierto. Dispone de aberturas de ventilación que permiten el paso de aire de refrigeración por encima y alrededor de sus devanados. Si estos tienen un tamaño y una forma limitados, el motor se considera protegido, ya que está protegido de cualquier trozo grande de material que pueda entrar de algún modo en el motor, dañando así sus piezas internas. Un motor protegido también impide que una persona toque las partes giratorias o eléctricamente energizadas.

Entre los tipos de motores abiertos que la NEMA define están:

- *Propósito general:* este tipo tiene aberturas de ventilación que permiten el paso de aire de refrigeración externo sobre los devanados del motor y a su alrededor.
- *A prueba de goteo:* las aberturas de ventilación están construidas de manera que el funcionamiento correcto no se vea afectado por gotas de líquido o partículas sólidas que golpeen o entren en el cerramiento en cualquier ángulo de 0° a 15° hacia abajo desde la vertical.
- *A prueba de salpicaduras:* las aberturas de ventilación están construidas de manera que el funcionamiento correcto no se vea afectado por gotas de líquido o partículas sólidas que golpeen o entren en el cerramiento en cualquier ángulo no mayor de 100° hacia abajo desde la vertical.

- *Protegido:* las aberturas que dan acceso directo a partes vivas metálicas o giratorias (excepto superficies lisas) están limitadas en tamaño por las piezas estructurales o por pantallas, deflectores, rejillas, metal expandido u otros medios para evitar el contacto accidental con piezas peligrosas.
- *Semiprotegido:* algunas de las aberturas de ventilación, normalmente en la mitad superior, están protegidas como en el caso de un motor protegido, pero las demás se dejan abiertas.
- *Protegido a prueba de goteo:* este tipo de motor tiene aberturas de ventilación como las de un motor protegido.
- *Con ventilación exterior:* designa un motor que recibe aire gracias a un ventilador motorizado independiente montado en el cerramiento. Este motor se conoce a veces como *motor con ventilador* o *motor de ventilación forzada.*
- *Ventilación por tubo:* las aberturas para la admisión de aire de ventilación están dispuestas de forma que puedan conectarse a ellas conductos o tuberías de entrada.
- *Protegido de la intemperie* Tipo I: Los conductos de ventilación están diseñados para evitar en lo posible que la lluvia, la nieve y las partículas en suspensión en el aire entren a las piezas eléctricas. Tipo II: Además del encerramiento de un motor de tipo I, los conductos de ventilación tanto en la admisión como en la descarga están dispuestos de modo que el aire a alta velocidad y las partículas en suspensión que se introducen en el motor debido a tormentas o vientos fuertes puedan descargarse sin entrar en los conductos de ventilación internos que conducen directamente a las piezas eléctricas.
- *Devanados encapsulados:* motor de CA de jaula de ardilla formado por devanados aleatorios rellenos de una resina aislante, que también forma una capa protectora.
- *Devanados sellados:* motor de CA de jaula de ardilla compuesto por bobinas enrolladas y un sistema de aislamiento que utiliza materiales, procesos o ambos para sellar los devanados y las conexiones contra los contaminantes.

4.1.2 Motor totalmente cerrado

El motor totalmente cerrado está diseñado para evitar el libre intercambio de aire entre el interior y el exterior de la carcasa del motor. Se utiliza cuando existen condiciones ambientales hostiles y, por lo tanto, se requiere proteger al máximo las piezas internas del motor.

Entre los tipos de motores totalmente cerrados que la NEMA define están:

- *Sin ventilación:* no cuenta con refrigeración externa para las piezas encerradas.
- *Refrigerado por ventilador:* cuenta con refrigeración exterior mediante uno varios ventiladores integrados en el motor, pero externos a las piezas encerradas.
- *Protegido y refrigerado por ventilador:* todas las aberturas que den acceso directo al ventilador estén limitadas en tamaño por el diseño de las partes estructurales o por pantallas, rejillas, metal expandido, etc., para evitar el contacto accidental con el ventilador.
- *A prueba de explosiones:* diseñado para resistir una explosión interna de un gas o vapor específico. También evita la ignición del gas o vapor especificado en el entorno circundante, que puede ser causada por chispas, destellos o explosiones dentro del cerramiento del motor.
- *A prueba de polvo e ignición:* diseñado para mantener alejado el polvo que podría inflamarse o afectar al rendimiento o los valores nominales. Impide que los arcos, las chispas o el calor en el interior del cerramiento enciendan el polvo acumulado en el exterior o suspendido en las proximidades del cerramiento.
- *Ventilación por tubo:* las aberturas están dispuestas de tal manera que, cuando se conectan a ellas conductos o tuberías de entrada y salida, no hay intercambio libre del aire interior o exterior.
- *Refrigeración por agua:* enfriado por circulación de agua, con el agua o los conductores de agua en contacto directo con algunas piezas.
- *Refrigeración por agua y aire:* refrigerado por aire circulante, que a su vez es refrigerado por agua circulante.

4.2.0 Designaciones de armazón NEMA

La NEMA desarrolló estos tamaños de armazones para poder intercambiar motores de diferentes fabricantes. Los tamaños de armazones están en las placas de características de los motores y contienen información sobre sus dimensiones físicas. Las dimensiones principales están en la *Figura 55* y la *Figura 56*. Algunas de estas dimensiones pueden describirse del siguiente modo:

- Distancia entre las patas del motor y la línea central del eje (dimensión D)
- Distancia entre centros de los agujeros para tornillos entre las patas delanteras y traseras (dimensión 2F)
- Distancia del eje expuesto desde el extremo del eje hasta el resalte del eje (dimensión N-W)

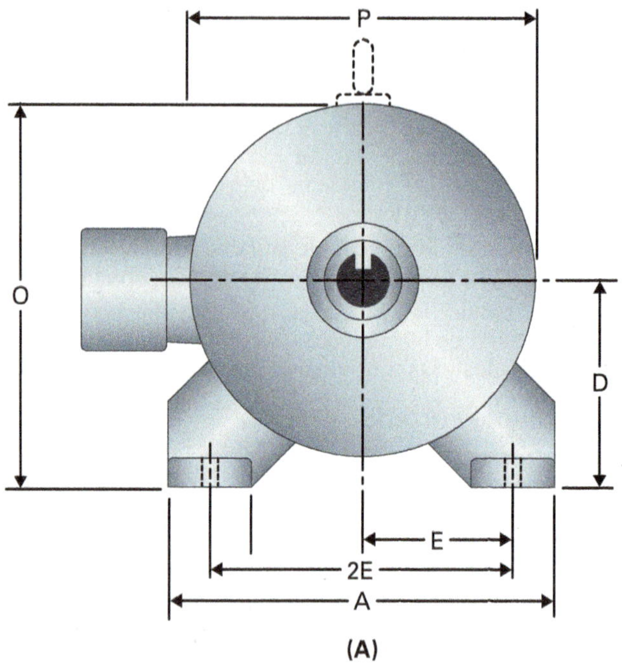

Figura 55 Vista del extremo de un motor de pie.

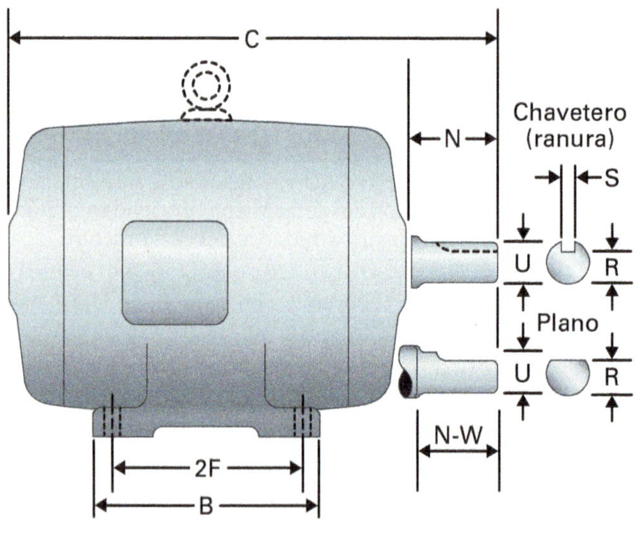

Figura 56 Identificadores de dimensiones para motores de pie (vista lateral).

TABLA 2 Tabla de dimensiones del armazón del motor: Dimensión 2F

Serie de número de armazón	Tercer/cuarto dígito del número de armazón								
	D	1	2	3	4	5	6	7	8
140	3.50	3.00	3.50	4.00	4.50	5.00	5.50	6.25	7.00
160	4.00	3.50	4.00	4.50	5.00	5.50	6.25	7.00	8.00
180	4.50	4.00	4.50	5.00	5.50	6.25	7.00	8.00	9.00
200	4.50	4.50	5.00	5.50	6.50	7.00	8.00	9.00	10.00
210	5.00	4.50	5.00	5.50	6.50	7.00	8.00	9.00	10.00
220	5.50	5.00	5.50	6.25	6.75	7.50	9.00	10.00	11.00
250	6.25	5.50	6.25	7.00	8.25	9.00	10.00	11.00	12.50
280	7.00	6.25	7.00	8.00	9.50	10.00	11.00	12.50	14.00
320	8.00	7.00	8.00	9.00	10.50	11.00	12.00	14.00	16.00
360	9.00	8.00	9.00	10.00	11.25	12.25	14.00	16.00	18.00
400	10.00	9.00	10.00	11.00	12.25	13.75	16.00	18.00	20.00
440	11.00	10.00	11.00	12.50	14.50	16.50	18.00	20.00	22.00
500	12.50	11.00	12.50	14.00	16.00	18.00	20.00	22.00	25.00
580	14.50	12.50	14.00	16.00	18.00	20.00	22.00	28.00	28.00
680	17.00	16.00	18.00	20.00	22.00	25.00	28.00	32.00	36.00

Nota: Esta tabla es solo una muestra, incompleta, y no debe utilizarse como referencia de campo.

Fuente: National Electrical Manufacturers Association

Los fabricantes crean tablas para correlacionar el tamaño del armazón con las dimensiones del motor. En la *Tabla 2* se muestra un ejemplo. El sistema de designación de los armazones de motores y generadores consiste en una serie de números combinados con letras. Tenga en cuenta que los tamaños métricos varían, pero estos tamaños también utilizan un sistema alfanumérico con dimensiones dadas en milímetros.

Un diseño más compacto, una mejor ventilación y sistemas de aislamiento con mayores índices de temperatura han permitido a los fabricantes alojar motores en armazones cada vez más pequeños. La NEMA reclasificó los motores en 1952 y 1964. Los fabricados entre 1952 y 1964 se denominan *motores de armazón en U*; los fabricados a partir de 1964 se denominan *motores de armazón en T.*

4.2.1 Motores pequeños

El número de armazón para motores pequeños es la dimensión D en pulgadas multiplicada por 16. Las letras siguientes siguen inmediatamente al número de armazón para denotar variaciones:

- *B* - Motores de bombas de carbonatación
- *C* - Motores de montaje frontal
- *G* - Motores de bombas de gasolina
- *H* - Un armazón con una dimensión F mayor que la del mismo armazón sin el sufijo H
- *J* - Motores de bombas de chorro
- *K* - Motores de bombas de sumidero
- *M* - Motores para quemadores de gasóleo (brida de $6^3/_4''$)
- *N* - Motores para quemadores de gasóleo (brida de $7^1/_4''$)
- *Y* - Dimensiones de montaje especiales (debe obtenerse el diagrama dimensional del fabricante)
- *Z* - Eje extendido

4.2.2 Motores medianos

El sistema de numeración de los armazones de los motores medianos es el siguiente:

- Los dos primeros dígitos del número de armazón equivalen a cuatro veces la dimensión D en pulgadas. (Si este producto no es un número entero, los dos primeros dígitos del número de armazón serán el número entero inmediatamente superior).
- El tercer y, si se necesita, el cuarto dígito del número de armazón se obtienen a partir del valor de 2F en pulgadas.

La Figura 55 muestra una vista típica del extremo de un motor de pie. Las diferentes dimensiones pueden consultarse en una hoja de dimensiones. La designación del armazón de la NEMA proporcionará información sobre las dimensiones D y 2F.

La Tabla 2 puede utilizarse para determinar la dimensión D y la dimensión 2F para motores de tamaño mediano La dimensión D es la distancia desde la línea central del eje hasta la parte inferior de las patas. La dimensión 2F es la distancia entre las líneas centrales de los orificios de montaje en las patas o la base del motor.

Los motores medianos también utilizan letras que denotan variaciones. Estas letras siguen al número de bastidor. Puesto que hay muchas más variedades de motores de tamaño mediano, la letra se refiere a los distintos aspectos del montaje y la orientación del eje.

Por ejemplo, para entender la designación del armazón de NEMA, tome la designación de un armazón de motor típico y determine las dimensiones D y 2F. Luego, use estas dimensiones para determinar el número de designación del armazón.

Ejemplo 1:

Un número de armazón de motor de tamaño mediano común es 256T. Como se trata de un armazón mediano, divida los dos primeros dígitos por 4:

$$25 \div 4 = 6.25$$

Por lo tanto, la dimensión D es 6.25".

Para determinar la dimensión 2F, utilice la *Tabla 2* y el tercer dígito del número de armazón. El tercer dígito es 6, y el armazón es de la serie 250. Utilizando la tabla, la dimensión 2F es 10". La T en el número de armazón se incluye como parte de una designación de armazón para la que se han establecido dimensiones estándar.

Los armazones medianos pueden tener varias letras que denotan una variedad de aplicaciones y disposiciones diferentes. Un 256AT tiene las mismas dimensiones, en la que se añadió la A para denotar un motor industrial de CC.

Ejemplo 2:

Un armazón tiene una dimensión D de 3.5" y una dimensión 2F de 4", y se han establecido todas las dimensiones estándar. Al multiplicar la dimensión D por 4 se obtienen los dos primeros dígitos de la designación del armazón:

$$3.5 \times 4 = 14$$

Utilizando la *Tabla 2*, una serie de armazón 140 y una dimensión 2F de 4", se obtendrá el tercer dígito de 3. Al tratarse de un armazón de dimensiones estándar, la letra será el sufijo. Este armazón tiene una designación de 143T.

El par a plena carga (y no la potencia) determina el tamaño del armazón necesario para alojar el motor. Así, un motor que desarrolla una gran cantidad de caballos de fuerza a alta velocidad puede tener el mismo tamaño de armazón que uno que desarrolla menos caballos de fuerza a una velocidad más lenta.

4.3.0 Valores nominales del motor y datos de la placa de características

La información específica que debe figurar en la placa de características de un motor está regulada en la *sección 430.7 del NEC*. Los requisitos también pueden encontrarse en las *normas MG-1* y *MG-2 de NEMA*. La placa de características de un motor eléctrico (*Figura 57*) puede incluir los siguientes valores nominales:

- Voltaje
- Amperaje
- Velocidad
- Caballos de fuerza
- Letras de diseño de NEMA
- Clase de aislamiento
- Frecuencia
- Factor de servicio
- Letras del código kVA de NEMA
- Rodamientos
- Factor de potencia
- Servicio del régimen

Conozca el código

Motores, circuitos de motores y controladores
Artículo 430 del NEC

Servicio (*Duty*): describe la duración de la operación. Hay cuatro designaciones para el régimen de servicio de un circuito: *continuo*, *periódico*, *intermitente* y *variable*.

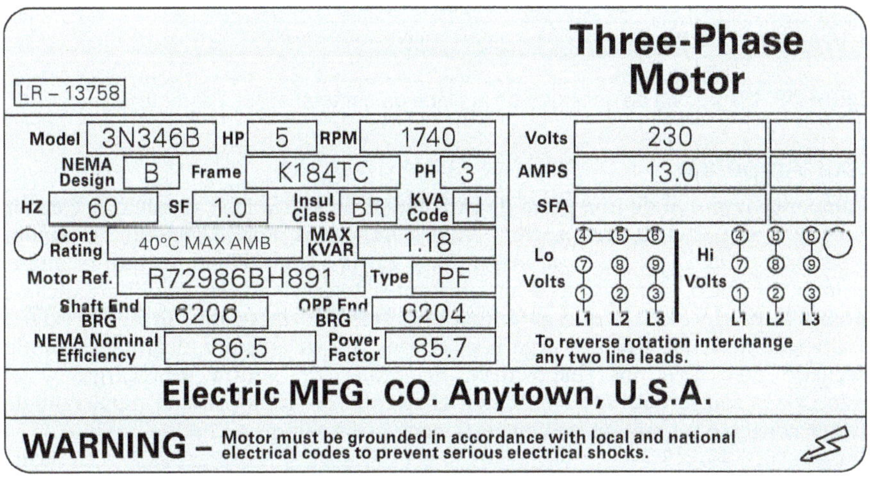

Figura 57 Ejemplo de placa de características de motor.

4.3.1 Voltaje

Hay que tener en cuenta dos voltajes: el voltaje nominal y el voltaje mínimo de arranque. El voltaje nominal es del diseño de funcionamiento del motor. El voltaje mínimo de arranque puede definirse como el voltaje más bajo a la que un motor arrancará sin consumir una corriente excesiva y sin que se disparen los dispositivos de protección.

TABLA 3 Voltajes del motor de inducción

Voltaje del sistema	Voltaje nominal
216	208
240	230
480	460
600	575
2,400	2,300
4,160	4,000
4,800	4,600
6,900 y 7,200	6,600
13,200 y 13,800	13,200

Los motores de inducción de las centrales eléctricas están diseñados para funcionar con una fuente de voltaje trifásica equilibrada en los terminales. El voltaje nominal indicado en la placa de características suele ser inferior al voltaje del sistema eléctrico. Por ejemplo, un motor de 460 V está diseñado para funcionar en un sistema de 480 V. En este caso, los fabricantes de motores suponen que habrá una caída de voltaje de 20 V desde el transformador hasta los terminales del motor (*Tabla 3*). El voltaje nominal o de la placa de características es el que de mayor eficacia para el funcionamiento del motor. Si se aplica un voltaje distinto del nominal, el rendimiento cambiará y la vida útil del motor puede reducirse.

Muchos motores trifásicos tienen varios voltajes en la placa de características. Por ejemplo, 230/460 V significa que el motor funcionará a 230 V o 460 V al conectarlo. En estos casos, se suele encontrar un esquema de conexión en la placa de características (*Figura 58*). Estos esquemas se refieren a las conexiones de bajo y alto voltaje, ya que se trata de un motor de doble voltaje.

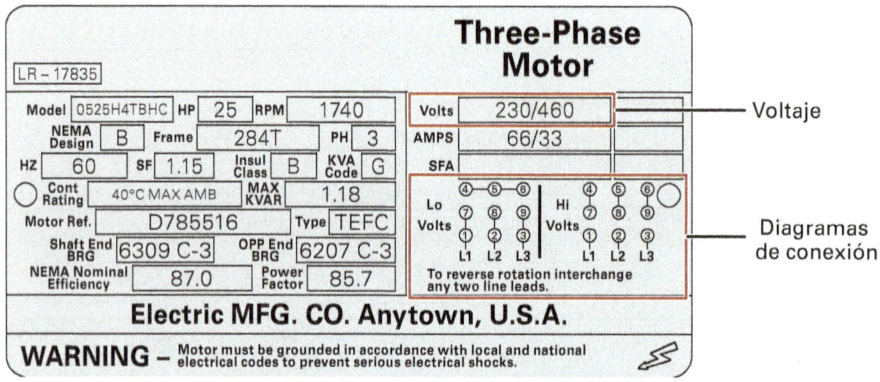

Figura 58 Diagramas de conexión de la placa de características del motor.

4.3.2 Amperaje

El amperaje nominal de una placa de características indica la corriente que consumirá el motor a la potencia, frecuencia y voltaje indicados. Por lo general, se denomina amperios *a plena carga* (*full-load amps, FLA*). En la *Figura 59* se muestra el amperaje de un motor típico. La mayoría de los fabricantes determinan este valor periódicamente durante la producción, lo que garantiza una precisión razonable. El *NEC*® exige que la corriente nominal a plena carga sea la base para determinar el dimensionamiento adecuado del cable, los dispositivos de protección contra sobrecargas y otras protecciones contra **sobrecorrientes** en el circuito del motor. Como muchos motores pueden conectarse a más de un voltaje, tienen varios valores nominales de FLA.

Sobrecorrientes (*Overcurrent*): cualquier corriente que supere la corriente nominal de un equipo o la ampacidad de un conductor. Puede deberse a una sobrecarga, un cortocircuito o una falla a tierra.

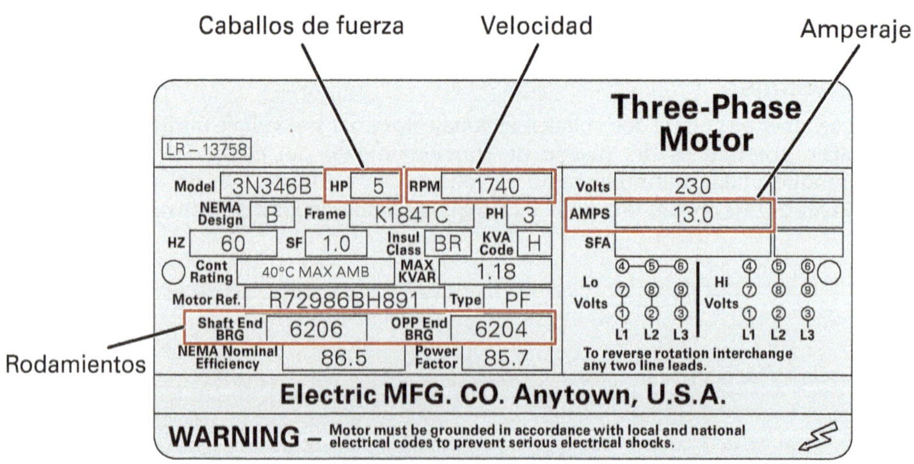

Figura 59 Placa de características con indicación de amperaje, velocidad, caballos de fuerza y los números de rodamientos.

Los valores de FLA están garantizados si el motor de inducción funciona a plena carga y el voltaje y la frecuencia aplicados son los mismos que los de la placa de características. Sin embargo, cuando el voltaje y la frecuencia no son los mismos, la corriente que el motor consume a plena carga será diferente de la placa de características (*Tabla 4*). Es posible dañar un motor que funcione por debajo de su voltaje o frecuencia nominales porque la corriente que consume a plena carga aumenta en ambos casos. Si el dispositivo de protección contra sobrecargas no tiene la capacidad correcta, esta condición de sobrecorriente puede reducir la vida útil del motor.

Corriente de arranque

La corriente de arranque instantánea total comprende la corriente de rotor bloqueado más la corriente de arranque transitoria que fluye hasta que se estabiliza el campo magnético del motor.

TABLA 4 Funcionamiento del motor

Modo	Corriente a plena carga
110% de los voltios nominales	Disminución del 7%
90% de los voltios nominales	Aumento del 11%
105% de la frecuencia nominal	Disminución del 5% al 6%
95% de la frecuencia nominal	Aumento del 5% al 6%

4.3.3 Velocidad

La velocidad nominal a plena carga es el valor en rpm en la placa de características. Es la velocidad a la que el eje girará a la potencia nominal cuando se suministra energía al voltaje y la frecuencia nominales. Si la carga accionada es inferior a la potencia indicada en la placa de características, el eje girará a una velocidad superior a la de plena carga.

Si el motor funciona en vacío, el eje girará muy cerca de la velocidad de sincronismo. Por ejemplo, con una velocidad a plena carga de 1,740 rpm, puede deducirse que la velocidad síncrona del motor es de 1,800 rpm. El motor funcionará aproximadamente entre 1,800 rpm y 1,740 rpm, desde condiciones nominales en vacío hasta plena carga.

Las velocidades síncronas habituales son 3,600 rpm, 1,800 rpm, 1,200 rpm, 900 rpm y 600 rpm. La velocidad síncrona rara vez figura en la placa de características del motor, a menos que este haya sido reequipado y aún no se haya comprobado su velocidad a plena carga.

4.3.4 Caballos de fuerza

Un motor de inducción es básicamente un generador de par. Produce el par necesario a un motor accionado a una velocidad determinada. Aunque el *par motor* y los *caballos de fuerza* están estrechamente relacionados, no son lo mismo. El par es la fuerza de torsión de un motor, y los caballos de fuerza indican la tasa, o velocidad, de esta fuerza. Esto se ilustra en la siguiente ecuación:

$$\text{hp} = \frac{T \times \text{rpm}}{5{,}250}$$

Donde:

hp = caballos de fuerza

T = par de carga en pies-libra

rpm = velocidad del eje

5,250 = una constante matemática

Los caballos de fuerza es un índice utilizado para especificar la capacidad de un motor eléctrico de producir potencia mecánica para accionar un equipo específico. En el caso de los motores de inducción fabricados según las normas NEMA, las potencias nominales oscilarán entre $\frac{1}{2}$ hp y 400 hp, con 24 categorías en total. Si la potencia requerida está comprendida entre los dos valores nominales, debe seleccionarse el motor de mayor tamaño.

Recuerde que un motor de inducción tratará de producir cualquier cantidad de caballos de fuerza que la carga requiera. Si tienen las dimensiones correctas, la mayoría de los motores funcionan a una potencia inferior a la indicada en la placa de características. Los motores estándar están diseñados para funcionar a los valores indicados en la placa de características desde el nivel del mar hasta una altitud de 3,300′ (~1,006 m) si la temperatura ambiente no supera los 104 °F (40 °C). En una altitud mayor, los caballos de fuerza nominales ya no tendrán validez.

> **Piénselo**
>
> **Potencia y velocidad del motor**
>
> ¿Se puede sustituir un motor de ventilador con una potencia y velocidad determinadas por otro con la misma potencia pero mayor velocidad para aumentar el caudal de aire? Si la respuesta es no, ¿por qué?

Las normas de NEMA presentan un método para determinar el aumento de temperatura adecuado, o la nueva temperatura ambiente máxima, a mayores elevaciones. Sin embargo, las normas no proporcionan un método directo para obtener los caballos de fuerza. Existen varios métodos para estimar los caballos de fuerza reales del motor.

4.3.5 Letras de diseño de NEMA

La letra de diseño de NEMA define las características del par de arranque de un motor de inducción. Es uno de los datos más importantes de la placa de características. Desafortunadamente, cuando se sustituye un motor, se suele ignorar la letra de diseño de NEMA, lo que a menudo conduce a una aplicación incorrecta del nuevo motor. En el caso de ventiladores o bombas centrífugas, los requisitos de par de arranque aumentan con el valor cuadrático del cambio de velocidad. Sin embargo, para mezcladoras o bandas transportadoras con carga, los requisitos de par de arranque cambian muy poco con la velocidad.

Para tener en cuenta estas diferencias, NEMA formuló las letras de diseño A, B, C, D y F. La diferencia entre los motores con estas letras radica principalmente en el diseño del rotor, aunque también existen algunas diferencias externas. Los motores de diseño A y B están pensados para accionar cargas convencionales como ventiladores, sopladores y bombas centrífugas. Alrededor del 80% de los motores industriales son de diseño D de NEMA (*Figura 60*).

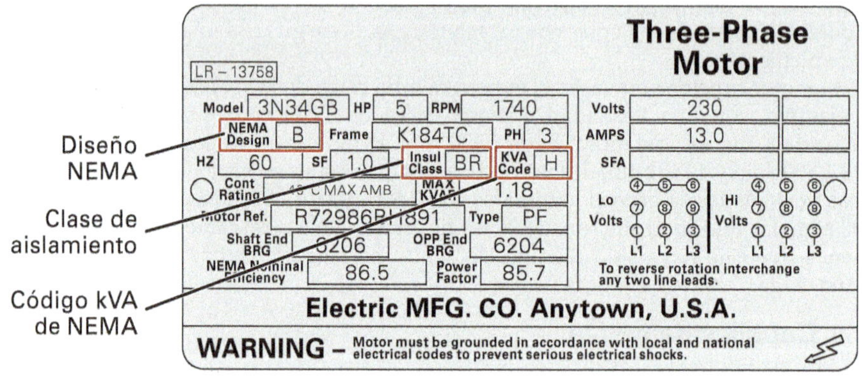

Figura 60 Placa de características con letra de diseño NEMA, clase de aislamiento y código KVA.

Por lo general, la corriente de arranque es de cinco a siete veces superior que la corriente nominal a plena carga. En la *Tabla 5*, se puede ver que la corriente de arranque de un motor grande es significativa. El arranque a través de la línea de motores más grandes podría dar lugar a caídas de voltaje inaceptables en la línea. Estas caídas de voltaje pueden provocar que otros equipos de control se apaguen debido al voltaje bajo e incluso que las luces se atenúen momentáneamente.

4.3.6 Clase de aislamiento

El sistema de aislamiento eléctrico de un motor determina su vida útil más que cualquier otro componente. Según algunas estimaciones, más del 60% de los motores que llegan a los talleres lo hacen por un fallo prematuro del sistema de aislamiento.

La clase de aislamiento es una designación de NEMA para identificar la clase de material utilizado para aislar los bobinados. Las cuatro letras que designan las cuatro clasificaciones son A, B, F y H. La clase de aislamiento define la temperatura a la que puede someterse el aislamiento sin sufrir daños. La clase de aislamiento se indica en la placa de características de la *Figura 60*.

La clase A ha quedado obsoleta en lo que respecta a los motores industriales. En su momento, la clase A fue la clasificación más común para el aislamiento de motores, en particular de motores pequeños. La clase A comprende materiales o combinaciones de materiales como el algodón o el papel, cuando están adecuadamente impregnados o recubiertos para resistir el calor, u otros materiales que pueden funcionar al aumento de temperatura asignado al aislamiento de clase A.

TABLA 5 Corrientes típicas para motores de jaula de ardilla de 220 VCA y 60 ciclos

Caballos de fuerza (hp)	Corriente nominal a plena carga	Corriente de arranque (máxima)	Corriente de arranque (máxima)
		Clases B, C, D	Clase F
½	2.0	12	–
1	3.5	24	–
1½	5.0	35	–
2	6.5	45	–
3	9	60	–
5	15	90	–
7½	22	120	–
10	27	150	–
15	40	220	–
20	52	290	–
25	64	365	–
30	78	435	270
40	104	580	360
50	125	725	450
60	150	870	540
75	185	1,085	675
100	246	1,450	900
125	310	1,815	1,125
150	360	2,170	1,350
200	480	2,900	1,800

Fuente: National Electrical Manufacturers Association

La clase B es la clase de aislamiento predominante en la fabricación y rebobinado de motores en la actualidad. Esta clase es la norma básica del sector. Incluye mica, fibra de vidrio, poliéster, laminados de aramida, así como materiales con sustancias de unión adecuadas u otros que pueden funcionar al aumento de temperatura asignado para el aislamiento de clase B. La clase de aislamiento puede designarse de forma más específica mediante letras adicionales, como la BR que se muestra en la *Figura 60*.

La clase F incorpora materiales que son como los de la clase B, pero que pueden funcionar al aumento de temperatura asignado para el aislamiento de clase F.

Los sistemas de aislamiento de clase H comprenden materiales, solos o combinados, tales como elastómero de silicona, mica, fibra de vidrio, poliéster, laminados de aramida, así como materiales con sustancias de unión adecuadas u otros que pueden funcionar al aumento de temperatura asignado para el aislamiento de clase H.

Al reemplazar los motores, verifique que la clase de aislamiento es igual o mejor que la del motor sustituido.

4.3.7 Frecuencia

Como ya sabemos, la frecuencia de los motores de corriente alterna se expresa en hertz (Hz) o ciclos por segundo (cps). Las frecuencias estándar para los motores de CA son 50 Hz y 60 Hz. La frecuencia de CA en los Estados Unidos es de 60 Hz.

4.3.8 Factor de servicio

El factor de servicio es un multiplicador el valor nominal de caballos de fuerza que determina la cantidad de sobrecarga que puede soportar el motor. Esta potencia adicional está disponible si el motor ya está funcionando al voltaje y la frecuencia nominales y se encuentra en un entorno que no supere la temperatura ambiente nominal. El factor de servicio más común en la placa de características de un motor es 1.15.

4.3.9 Letras del código kVA de NEMA

El elevado consumo de corriente del motor durante los primeros momentos del arranque se denomina *corriente de arranque* o de *rotor bloqueado*. Es la corriente en régimen permanente de un motor con el rotor bloqueado y el voltaje nominal aplicado. Puede deducirse de la letra del código kVA de la placa de características del motor.

La letra corresponde a los kilovoltios-amperios por caballo de fuerza nominal (kVA/hp) que el motor necesita durante los primeros instantes del arranque. La NEMA ha designado un conjunto de letras de código para definir los kVA/hp del rotor bloqueado. Esta letra de código aparece en la placa de características de todos los motores de inducción de jaula de ardilla de CA. La *Tabla 6* es una síntesis de estos valores.

TABLA 6 Letras clave indicadoras de rotor bloqueado (ejemplo resumido)

Código de letra	kVA/hp con rotor bloqueado
A	0–3.14
B	3.15–3.54
C	3.55–3.99
D	4.0–4.49

Conozca el código

Motores, circuitos de motores y controladores
Artículo 430 del NEC

Interruptor automático (*Circuit breaker*): dispositivo diseñado para abrir y cerrar un circuito manualmente y para abrir el circuito automáticamente a un valor de corriente predeterminado sin dañarse cuando se aplica correctamente dentro de su capacidad nominal.

La tabla completa muestra el valor kVA/hp utilizando las letras de la A a la V, excluyendo I, O y Q. Observe que la *Figura 60* muestra este valor en la placa de características de ejemplo. El código es H, que indica una relación kVA/hp de 6.3-7.09. La tabla completa de valores establecidos por NEMA también se puede encontrar en la ***tabla 430.7(B) del NEC***.

La corriente de rotor bloqueado se necesita para dimensionar los fusibles o seleccionar un **interruptor automático** para el circuito de un motor de inducción. El valor nominal en kVA es una indicación de la corriente e, indirectamente, de la impedancia en la condición de rotor bloqueado. La corriente que el motor consume en condiciones de bloqueo puede calcularse utilizando los valores indicados en la tabla completa.

4.3.10 Rodamientos

Los motores de inducción polifásicos requieren rodamientos antifricción o de manguito. Los rodamientos antifricción son estándar en motores de potencia media hasta 125 hp y 1,800 rpm. Son opcionales en motores de 150 hp a 600 CV que funcionan a 1,800 rpm. Los rodamientos de manguito son estándar en los motores de 500 hp o más que funcionan a 3,600 rpm. Los rodamientos de manguito también se utilizan en los motores más pequeños. Por supuesto, siempre hay excepciones a estos amplios rangos de aplicación de los rodamientos.

Como las cargas radiales son mayores en el extremo de accionamiento del motor, el rodamiento de este extremo debe tener una capacidad de carga mayor que el rodamiento del extremo opuesto. En la *Figura 59* se muestra un ejemplo de números de rodamiento en la placa de características de un motor.

4.3.11 Factor de potencia

El *factor de potencia* (*pf*) es la relación entre la potencia activa de una corriente alterna o pulsante (cuando se mide con un vatímetro) y la potencia aparente indicada por un amperímetro y un voltímetro. También se denomina *factor de fase*. El factor de potencia es la medida de la eficiencia del sistema o equipo.

4.3.12 Cargas nominales

Todos los motores de inducción polifásicos tienen un valor nominal de servicio o de tiempo, que es el tiempo durante el cual el motor puede funcionar a la potencia nominal sin reducir su vida útil. El tiempo nominal de un motor se determina haciendo funcionar el motor a plena carga y midiendo el tiempo que tardan los devanados en calentarse hasta alcanzar la temperatura nominal del aislamiento.

Los tiempos estándar son 5 minutos, 15 minutos, 30 minutos y 60 minutos y continuo. Un motor con un régimen de servicio distinto del continuo suele ser un motor más pequeño al que se le asigna una potencia superior durante un período más corto, reduciendo así el tamaño y el costo. Muchos motores pueden funcionar continuamente a 104°F (40°C).

La clasificación de régimen más común es la de **servicio continuo**, que define la potencia (en kilovatios para los generadores de CC, kilovoltios-amperios con un factor de potencia especificado para los generadores de CA y caballos de fuerza para los motores) que puede transportarse indefinidamente sin superar las limitaciones establecidas. Los motores de **servicio intermitente**, **servicio periódico** o **servicio variable** pueden recibir una clasificación de corta duración que define la carga que puede soportar durante un tiempo específico. Los períodos estándar para los regímenes de corta duración son 5 minutos, 15 minutos, 30 minutos y 60 minutos. Las velocidades, las tensiones y las frecuencias también se especifican en valores nominales, y se prevén posibles variaciones de voltaje y frecuencia.

Por ejemplo, los motores deben funcionar correctamente a voltajes un 10% superiores e inferiores al voltaje nominal y, en el caso de los motores de CA, a frecuencias un 5% superiores e inferiores a la frecuencia nominal. La variación combinada de voltaje y frecuencia no puede superar el 10%. Se establecen otras condiciones de rendimiento para que se puedan soportar sobrecargas razonables de corta duración. El usuario de un motor puede esperar poder aplicar una sobrecarga del 25% durante un breve período al 90% del voltaje normal con un amplio margen de seguridad.

Servicio continuo (*Continuous duty*): funcionamiento a una carga prácticamente constante durante un tiempo indefinidamente largo.

Servicio intermitente (*Intermittent duty*): funcionamiento durante intervalos que alternan de (1) carga y sin carga, (2) carga y parada, o (3) carga, sin carga y parada.

Servicio periódico (*Periodic duty*): funcionamiento intermitente en condiciones de carga prácticamente constantes durante un tiempo breve y definido.

Servicio variable (*Varying duty*): funcionamiento a distintas cargas o durante distintos intervalos de tiempo.

Clasificaciones de servicio

La clasificación de servicio de los motores eléctricos depende del tipo de servicio para el que están diseñados. Los motores de propósito general están diseñados para utilizarse sin restricciones en una aplicación concreta. Cumplen determinadas especificaciones normalizadas por NEMA. Un motor de propósito definido está diseñado con valores nominales estándar y características de funcionamiento estándar para su uso en condiciones de servicio inusuales o para su uso en un tipo particular de aplicación. Un motor especial es un motor con características especiales de funcionamiento o construcción mecánica especial, o ambas, diseñado para una aplicación concreta y que no se ajusta a la definición de motor de propósito general o de propósito definido.

4.0.0 Repaso de la sección

1. La designación NEMA de un tipo de motor cerrado es _____.
   a. a prueba de salpicaduras
   b. a prueba de goteo
   c. a prueba de explosiones
   d. protegido

2. Utilizando las designaciones de armazón de la NEMA, la distancia desde las patas del motor hasta la línea central del eje se conoce como _____.
   a. Dimensión C
   b. Dimensión D
   c. Dimensión F
   d. Dimensión S

3. ¿Qué característica de un motor determina más que ninguna otra su vida útil?
   a. Valor nominal de caballos de fuerza
   b. Tamaño de armazón de NEMA
   c. Tamaño y tipo de rodamiento
   d. El sistema de aislamiento eléctrico

5.0.0 Conexiones y marcas de terminales para motores de CA

Tarea práctica

3. Conecte los terminales de un motor de CA de doble voltaje.

Objetivo

Identifique las conexiones y las marcas de los terminales para motores de CA.

a. Identificar los terminales de los motores conectados en estrella.
b. Identificar los terminales de los motores conectados en delta.

Las marcas en los cables externos de un motor de inducción a veces faltan o son ilegibles, por lo que debe realizarse una identificación adecuada antes de conectar el motor a la línea. En esta sección se describen los procedimientos de identificación de conductores en motores trifásicos.

Los materiales necesarios para este procedimiento son:

- EPP adecuado
- Batería de 12 VCC, como la de un automóvil
- Medidor analógico con una escala grande y un intervalo bajo (es posible que los medidores digitales no capten claramente el golpe de voltaje)
- Cables de prueba y puentes
- Interruptor de botón de contacto momentáneo, normalmente abierto (NA)
- Etiquetas para marcar los cables a medida que se identifican
- Motor de inducción trifásico de nueve polos

Antes de empezar, identifique si el motor que se va a etiquetar está conectado en estrella o en delta. Compare los dos diagramas de conexión de la *Figura 61* y la *Figura 62*. Verá que ambos tipos de motores tienen nueve cables y seis bobinas. En un **motor conectado en estrella**, tres bobinas están conectadas y otras tres están aisladas. Un **motor conectado en delta** tiene tres conjuntos de dos bobinas conectadas cada uno.

Con un óhmetro, aísle todos los cables del motor entre sí y compruebe la continuidad entre cada cable. Comience colocando una sonda en un cable y continúe este proceso para probar los demás cables. A medida que identifique las pistas que muestran continuidad, agrúpelas. Siga este procedimiento con cada cable hasta que todos los cables estén agrupados.

Cuando haya finalizado este procedimiento, debería tener tres cables en un grupo y tres conjuntos de dos cables agrupados, lo que indicaría un motor conectado en estrella, o tres conjuntos de tres cables agrupados, lo que indicaría un motor conectado en delta.

Motor conectado en estrella (*Wye-connected motor*): disposición de los terminales del motor en la que tres bobinas están conectadas y otras tres aisladas.

Motor conectado en delta (*Delta-connected motor*): disposición de los terminales del motor en la que se conectan tres juegos de dos bobinas cada uno.

NOTA

Si los cables están parcialmente unidos, márquelos o identifíquelos de forma que pueda volver a conectarlos correctamente una vez que finalice el procedimiento de prueba.

Figura 61 Conexión trifásica en estrella de doble voltaje.

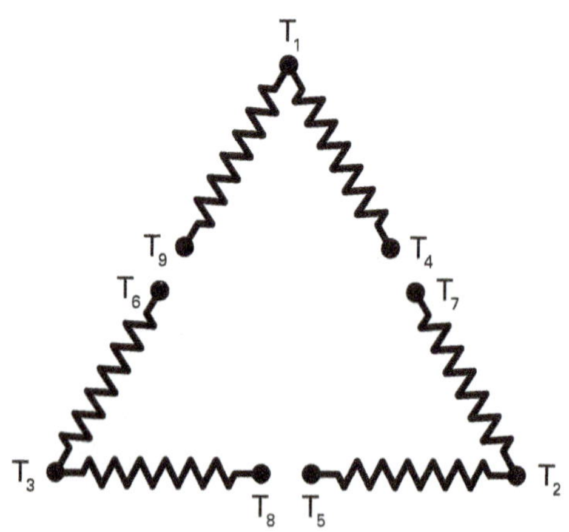

Figura 62 Conexión trifásica en delta de doble voltaje.

5.1.0 Terminales de motor conectados en estrella

La disposición de la bobina para un motor trifásico conectado en estrella se muestra en la *Figura 63*. Para identificar los terminales de un motor conectado en estrella, siga este procedimiento:

Paso 1 Tome el grupo de tres cables comunes y, sin ningún orden en particular, identifíquelos como cables 7, 8 y 9.

Paso 2 Utilizando el diagrama de la *Figura 64* como guía, conecte el cable positivo de la batería al cable 7. Conecte el cable negativo de la batería a través del interruptor NA a los cables 8 y 9 simultáneamente.

Paso 3 Conecte uno de los otros tres pares de cables a los terminales del voltímetro.

Paso 4 Cierre el interruptor NA mientras observa el voltímetro de CC. Utilice la escala más baja posible sin sobrepasar la escala del medidor. Si la desviación del medidor es hacia arriba, anote la lectura de voltaje. Observe que la lectura se produce solo en la energización inicial de los devanados y luego decae. Observe únicamente la lectura de pico e ignore la desviación en sentido contrario que se produce al abrir el interruptor. Si el medidor se desvía inicialmente hacia abajo, invierta las conexiones de los cables de prueba.

Paso 5 Continúe con los otros dos pares de cables. El par con la lectura de voltaje más alta es el devanado asociado al cable 7. El cable con polaridad positiva se identifica como cable 4, y el cable con polaridad negativa es el cable 1.

Paso 6 Repita el *Paso 3* pero aplique el polo positivo de la batería al polo 8 y el polo negativo de la batería a los polos 7 y 9. El cable positivo del par con el voltaje más alto se identifica como cable 5, y el cable con polaridad negativa es el cable 2.

Paso 7 Repita el *Paso 3* pero aplique el polo positivo de la batería al polo 9 y el polo negativo de la batería a los polos 7 y 8. El cable positivo del par con el voltaje más alto se identifica como cable 6, y el cable negativo es el cable 3.

Paso 8 Para confirmar que todos los cables están correctamente identificados, conecte el motor al circuito. Siga siempre los procedimientos de conexión adecuados para el voltaje aplicado. Después de conectar el motor al circuito, póngalo en marcha y tome las lecturas de corriente en las tres líneas. Si el motor arranca correctamente y las lecturas de corriente son aproximadamente iguales, el procedimiento fue exitoso.

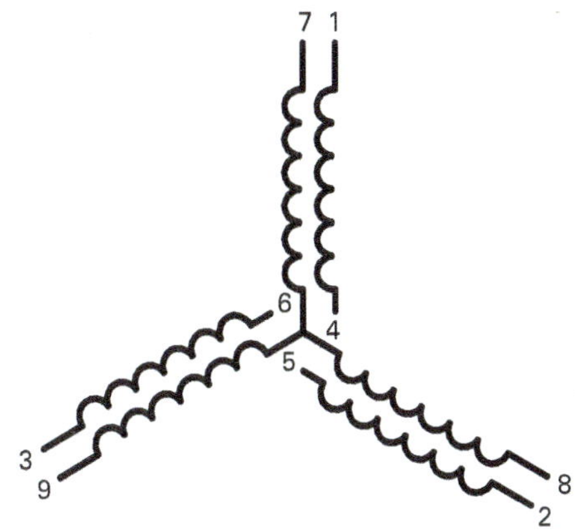

Figura 63 Disposición de la bobina en un motor conectado en estrella.

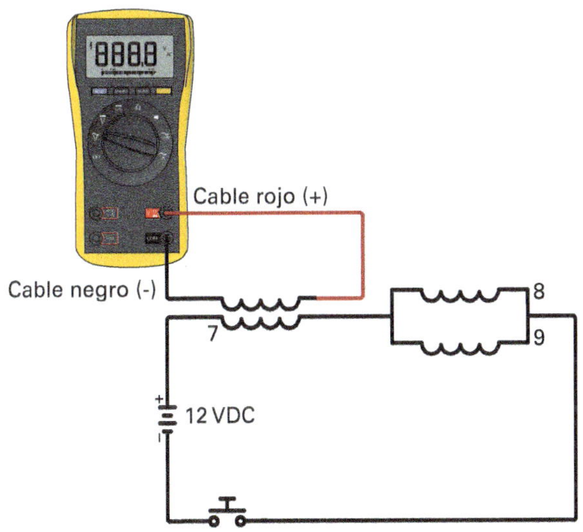

Figura 64 Conexión de la batería para la identificación del cable del motor conectado en estrella.

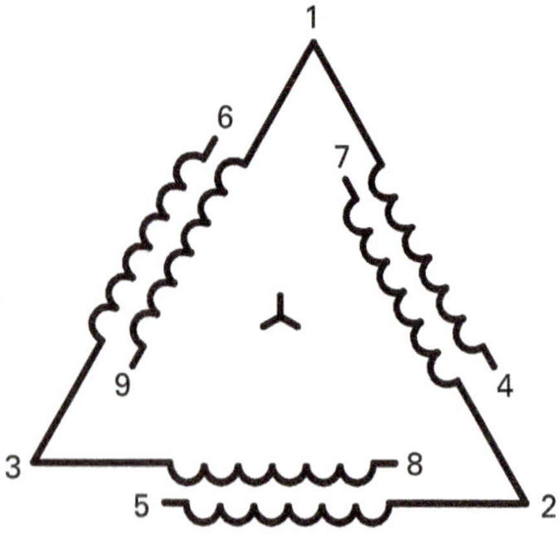

Figura 65 Disposición de la bobina en un motor conectado en delta.

5.2.0 Terminales de motor conectados en delta

Un motor conectado en delta tiene tres juegos de tres cables. La *Figura 65* muestra la disposición de las bobinas en un motor trifásico conectado en delta. En esta figura, las bobinas que están una al lado de la otra están enrolladas en los mismos polos del motor. Como vimos anteriormente, esto permitirá cierta interacción transformador entre las bobinas adyacentes. Para identificar los terminales de un motor conectado en delta, siga este procedimiento:

Paso 1 Con un óhmetro de escala baja, mida la resistencia entre cada uno de los tres cables de un grupo. Al realizar esta medición, debería ver que la resistencia entre dos de los cables es aproximadamente el doble que entre cualquiera de esos dos y el tercero. El cable que muestre la menor resistencia a los otros dos será el cable 1. Refiérase a los tres cables de este juego como juego 1.

Paso 2 Repita el *Paso 1* con el segundo conjunto para identificar el cable con la menor resistencia como cable 2. Refiérase a los tres cables de este conjunto como conjunto 2.

Paso 3 Repita el *Paso 1* con el último conjunto de cables para identificar el cable con la menor resistencia como el cable 3. Refiérase a los tres cables de este conjunto como conjunto 3.

Paso 4 Utilizando el diagrama de la *Figura 66* como guía, conecte el cable 1 al terminal positivo de una fuente de voltaje continuo y uno de los demás cables de ese conjunto (conjunto 1) al terminal negativo. Conecte el cable rojo (positivo) del voltímetro al cable 2 y el cable negro (negativo) a uno de los dos cables desconocidos del conjunto 2. Oprima el botón y observe la aguja del medidor. Si se seleccionaron los cables correctos, se inducirá un voltaje en esta bobina. De lo contrario, conecte el segundo cable al voltímetro y repita la prueba. Si aún no hay voltaje inducido, desconecte el cable desconocido del juego 1 del voltaje continuo y conecte el otro cable desconocido a la fuente negativa. Repita la prueba hasta identificar los cables con voltaje inducido. Una vez que localice estos cables, identifique el cable conectado al terminal negativo de la fuente de voltaje continuo como cable 4 y el cable conectado a la sonda negativa del voltímetro como cable 7. Identifique el otro cable del conjunto 2 como cable 5.

Paso 5 El otro cable del conjunto 1 será el cable 9. Dejando el cable 1 en el terminal positivo de CC, conecte el terminal negativo al cable 9. Conecte el cable rojo del voltímetro al cable 3 y el cable negro a uno de los dos cables desconocidos del conjunto 3. Oprima el botón y observe la aguja del medidor. Si se seleccionaron los cables correctos, se inducirá un voltaje en esta bobina. De lo contrario, conecte el segundo cable al voltímetro y repita la prueba. Una vez que localice estos cables, identifique el cable conectado a la sonda negativa del voltímetro como cable 6.

Paso 6 El otro cable del conjunto 3 es el cable 8. Para comprobarlo, conecte el cable 3 al terminal positivo de la fuente de voltaje continuo y el cable 8 al terminal negativo. Conecte el cable rojo del voltímetro al cable 2 y el cable negro al cable 5. Oprima el botón y observe la aguja del medidor. Si los resultados son correctos, se inducirá un voltaje en esta bobina, lo que provocará la desviación de la aguja del medidor.

Paso 7 Para confirmar que todos los cables están correctamente identificados, conecte el motor al circuito. Siga siempre los procedimientos de conexión adecuados para el voltaje aplicado. Cuando el motor está conectado al circuito, póngalo en marcha y tome las lecturas de corriente en las tres líneas. Si el motor arranca correctamente y las lecturas de corriente son aproximadamente iguales, el procedimiento fue exitoso.

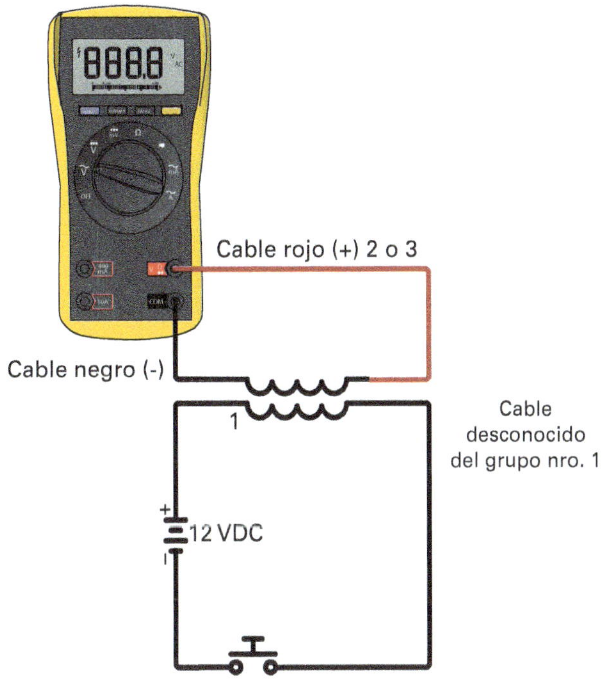

Figura 66 Conexión de la batería para la identificación del cable del motor conectado en delta.

5.0.0 Repaso de la sección

1. Un motor conectado en estrella _____.
   a. no tiene ningún punto común
   b. tiene tres bobinas conectadas y tres bobinas aisladas
   c. tiene dos conjuntos de tres bobinas conectadas
   d. tiene cuatro conjuntos de bobinas

2. Un motor conectado en delta tiene _____.
   a. muchos puntos comunes
   b. cuatro bobinas conectadas y cuatro aisladas
   c. tres conjuntos de dos bobinas conectadas cada uno
   d. tres pares de bobinas conectadas en serie

6.0.0 Requisitos del *NEC*® para motores

Tareas prácticas

En esta sección no hay tareas prácticas.

Objetivo

Identificar los requisitos del *NEC*® para los motores.

a. Identificar los requisitos de instalación del *NEC*®.

b. Identificar los requisitos de protección de motores del *NEC*®.

Ni los mejores motores del mercado funcionarán si están mal instalados. Por lo tanto, todas las personas que participen en la instalación del motor deben conocer los distintos procedimientos. A menudo, más de un oficio debe participar en la instalación de un motor. Además de entender el proceso para realizar terminaciones de motor correctas y sólidas, los electricistas también deben conocer los respectivos requisitos de instalación y protección de motores del *NEC*®.

6.1.0 Instalación del motor

El *artículo 430 de NEC* trata de la aplicación e instalación de motores, circuitos de motores y conexiones de control de motores, incluidos conductores, protección contra cortocircuitos y fallas a tierra, arrancadores, desconexiones y protección contra sobrecargas.

El *artículo 440 de NEC* contiene disposiciones para equipos accionados por motor y para **circuitos ramales** y controladores para equipos HVAC.

Circuitos ramales (*Branch circuits*): conductores del circuito entre el dispositivo final de sobrecorriente que protege los conductores y la(s) salida(s).

Conozca el código

Motores, circuitos de motores y controladores
Artículo 430 del NEC

Conozca el código

Equipos de aire acondicionado y refrigeración
Artículo 440 del NEC

Conozca el código

Requisitos generales de las instalaciones eléctricas
Artículo 110 del NEC

Conozca el código

Requisitos generales sobre métodos y materiales de cableado
Artículo 300 del NEC

Todos los motores deben instalarse en un lugar con una ventilación adecuada para refrigerarlos. Además, los motores deben estar situados de forma que las labores de mantenimiento, identificación y solución de problemas y reparación puedan realizarse fácilmente. Estos trabajos pueden consistir en lubricar los rodamientos del motor o sustituir las escobillas desgastadas. En ocasiones, también puede ser necesario comprobar si el motor tiene devanados abiertos o fallas a tierra.

Cuando los motores deban instalarse en lugares donde pueda haber material combustible, polvo o materiales similares, hay que tomar precauciones especiales al seleccionar e instalar los motores.

Todas las partes vivas expuestas de los motores que funcionen a 50 V o más entre terminales deben protegerse, es decir, deben instalarse en un cuarto, recinto o lugar al que solo puedan acceder personas calificadas (personal de mantenimiento eléctrico). Si tal cuarto, recinto o lugar no es factible, una alternativa es elevar los motores según el voltaje entre conductores no puestos a tierra. Según las *secciones 110.27(A)(4)(a) a (c) del NEC*, la elevación requerida es la siguiente:

- Mínimo de 8′ (2.5 m) por encima del piso para 50 V a 300 V entre conductores no puestos a tierra.
- Mínimo de 8′ 6″ (2.6 m) para 301 V a 600 V.
- Mínimo de 8′ 7″ (2.62 m) para 601 V a 1,000 V.

En todos los casos, debe haber un espacio adecuado alrededor de los motores con partes vivas expuestas, incluso cuando estén correctamente puestos a tierra, para permitir el mantenimiento, la identificación y solución de problemas y las reparaciones. La *Tabla 7* es un resumen de los requisitos del *NEC*® para la instalación de motores.

TABLA 7 Resumen de los requisitos del *NEC*® para instalación de motores

Aplicación	Requisito	*Referencia del NEC*®
Ubicación	Los motores deben instalarse en zonas con ventilación adecuada. También deben disponerse de modo que haya espacio suficiente para las labores de reemplazo y mantenimiento.	*Sección 430.14(A) del NEC*
	Los motores abiertos deben estar ubicados o protegidos de modo que las chispas no puedan alcanzar a los materiales combustibles.	*Sección 430.14(B) del NEC*
	En lugares donde acumule polvo o material transportado por el aire sobre los motores o dentro de ellos en cantidades que puedan interferir gravemente en su ventilación o refrigeración y, por consiguiente, dar lugar a temperaturas peligrosas, se deben utilizar tipos adecuados de motores encerrados que no se sobrecalienten en las condiciones prevalentes.	*Sección 430.16 del NEC*
Medios de desconexión	El medio de desconexión del motor debe estar a la vista desde el lugar del controlador (con excepciones) y desconectar tanto el motor como el controlador.	*Sección 430.102(A) del NEC*
	El medio de desconexión debe ser fácilmente accesible e indicar claramente si está en posición abierta (off) o cerrada (on).	*Sección 430.104 del NEC*
	Los circuitos de control del motor requieren un medio de desconexión para desconectarlos de todas las fuentes de alimentación.	*Sección 430.75 del NEC*
	El medio de desconexión debe ser uno de los especificados en el código.	*Sección 430.109 del NEC*
Los métodos de cableado	Las conexiones flexibles, como el cable tipo AC, el cable flexible, el conducto metálico flexible, etc., son estándar para las conexiones de motores.	*Artículos 300 y 430 del NEC*
Circuitos de control de motores	Todos los conductores de un circuito de control remoto de motores fuera del dispositivo de control deben instalarse en una canalización o tener otro tipo de protección.	*Sección 430.73 del NEC*
	El circuito debe estar cableado de forma que una falla a tierra accidental en el circuito de control separado del controlador no arranque el motor, ni anule ningún dispositivo de desconexión de seguridad.	*Sección 430.74 del NEC*
Protectores	Las partes vivas expuestas de los motores y controladores que funcionen a 50 V o más deben protegerse instalándolos en un cuarto, recinto u otro lugar al que solo puedan acceder personas calificadas, o estar elevarse a 2.5 m (8') o más por encima del suelo.	*Sección 430.232 del NEC*
Sistemas de variador de velocidad ajustable	Se aplican requisitos especiales a los variadores de velocidad ajustable y sus motores.	*Artículo 430, Parte X del NEC*
Motores que funcionan a más de 1,000 V	Se aplican normas de instalación especiales a los motores que funcionan a más de 1,000 V.	*Artículo 430, Parte XI del NEC*
Puesta a tierra de controladores	Los envolventes de los controladores de motores deben estar puestos a tierra.	*Sección 430.244 del NEC*

En la *Figura 67* se muestra un resumen del ***artículo 430 de NEC***. Encontrará información detallada en el *NEC*®, en los artículos o secciones indicados.

¡ADVERTENCIA!

Cuando reciba un motor en la obra, consulte siempre las instrucciones del fabricante y sígalas al pie de la letra. De lo contrario, podrían causarse lesiones graves o incluso la muerte. Instale y ponga a tierra de acuerdo con los requisitos del *NEC*® y las buenas prácticas. Consulte al personal cualificado ante cualquier duda o problema.

Tenga en cuenta lo siguiente cuando instale motores nuevos:

- *Desembalaje:* Después de desembalar el motor con cuidado, compruebe si se ha producido algún daño durante la manipulación. Revise que el eje y el inducido giran libremente. También es un buen momento para revisar si el motor estuvo expuesto a suciedad, grasa, arenilla o humedad excesiva durante el transporte o el almacenamiento. Los ejes de los motores almacenados deben voltearse una vez al mes para redistribuir la grasa en los rodamientos. Una buena manera de comprobar la humedad es midiendo la resistencia del aislamiento con un megóhmetro. Limpie la suciedad o la arenilla del motor.

¡ADVERTENCIA!

No ponga nunca en marcha un motor que haya estado mojado hasta que se haya secado por completo y haya probado bien que no tenga cortocircuitos, las puestas a tierra y la resistencia adecuada del aislamiento.

- *Elevación:* Los cáncamos o argollas de elevación de los motores están previstos únicamente para elevar el motor y los accesorios estándar montados en fábrica. Estos elementos de elevación no deben utilizarse nunca para levantar o manipular el motor cuando está unido a otros equipos como una sola unidad. La capacidad nominal de elevación del cáncamo se basa en su alineación con la línea central del cáncamo. La capacidad disminuye si no se alinea correctamente.
- *Protecciones:* las piezas giratorias como poleas, acoplamientos, ventiladores externos y prolongaciones de eje deben estar permanentemente protegidas contra el contacto accidental con la ropa o las extremidades del cuerpo.
- *Requisitos:* todos los motores deben instalarse, protegerse y tener fusibles de acuerdo con el ***artículo 430 de NEC***. Para obtener información general sobre la puesta a tierra, consulte el ***artículo 250 del NEC*** y el ***artículo 430 del NEC, parte XIII***.
- *Información sobre la protección térmica:* la placa de características del motor puede llevar o no un sello que indique la protección térmica.

¿Sabías qué?

Alineación del eje del motor

A menudo, el eje de los motores debe alinearse con precisión con el eje de carga de las bombas y muchos otros tipos de equipos. Se consideran aplicaciones de transmisión directa. La desalineación del eje provoca vibraciones y puede destruir rápidamente tanto el motor como los rodamientos de carga. Tradicionalmente, la alineación de ejes se realiza utilizando indicadores de cuadrante para medir la desalineación en milésimas de pulgada (0.001") e incluso en diezmilésimas de pulgada (0.0001").

Aunque todavía se utilizan indicadores de cuadrante, hoy en día muchas alineaciones se realizan con equipos de alineación láser que analizan la posición de los dos ejes con extrema precisión. El software utiliza los datos para ilustrar sus posiciones relativas en pantalla y ofrecen una guía en la instalación de cuñas debajo de las patas de montaje para alinear los ejes.

Los operarios de maquinaria y los mecánicos industriales realizan este tipo de trabajo. Por lo general, los electricistas se encargan de proporcionar la alimentación eléctrica, conectar el motor y supervisar sus características de funcionamiento durante el arranque inicial.

Conozca el código

Puesta a tierra y unión equipotencial
Artículo 250 del NEC

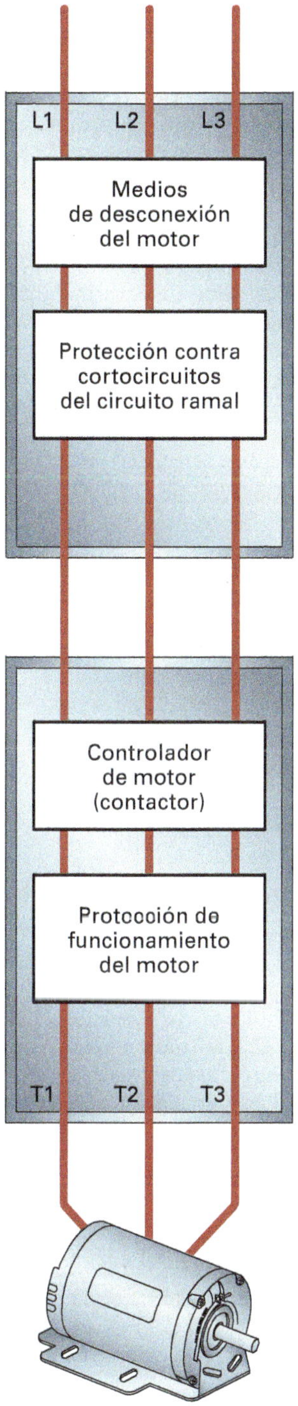

Artículo 430, Parte IX, del NEC

Desconecta el motor y los controladores del circuito.

1. Todos los medios de desconexión del circuito del motor deben cumplir los requisitos de las ***Secciones 430.108, 430.109 y 430.110 del NEC.***.
2. Clasificación continua del 115 % de la corriente de carga completa del motor (FLC).
3. Debe colocarse a la vista de la ubicación del motor y de la maquinaria accionada. Los medios de desconexión del controlador pueden servir como medios de desconexión si el medio de desconexión del controlador está colocado a la vista de la ubicación del motor y de la maquinaria accionada.

Artículo 430, Parte IV, del NEC

Protege el circuito ramal de cortocircuitos o masas.

1. Debe transportar corriente de arranque del motor.
2. Las calificaciones no deben exceder los valores de la ***Tabla 430.52(C)(1) del NEC.***
3. Los valores de los dispositivos de protección del circuito ramal no pueden exceder las excepciones que figuran en la ***Sección 430.52(C)(1)(a) o 430.52(C)(1(b) del NEC.***

Artículo 430, Parte VII, del NEC

Se utiliza para arrancar y detener motores.

1. Debe poder interrumpir LRC.
2. Debe estar clasificado según lo especificado en la ***Sección 430.83 del NEC.***

Artículo 430, Parte III, del NEC

Protege el motor y el controlador contra el calor excesivo debido a la sobrecarga del motor.

1. Debe dispararse al siguiente porcentaje o menos del FLC del motor en el caso de motores continuos con capacidad de más de un caballo de fuerza.
   a) FLC de 125 % para motores con un factor de acometida marcado de no menos de 1.15 o un aumento de temperatura marcado de no más de 40 °C.
   b) FLC de 115 % para todos los demás (consulte el NEC® para conocer otros tipos de protección).
2. Se requieren tres unidades térmicas para cualquier motor trifásico de CA.
3. Debe permitir que el motor arranque.
4. Seleccione el tamaño de FLC en la placa de identificación del motor.

Artículo 430, Parte II, del NEC

Especifica los tamaños de conductores capaces de transportar la corriente del motor sin sobrecalentarse.

1. Para determinar la ampacidad de los conductores, interruptores, dispositivos de sobreintensidad del circuito ramal, etc., se utilizarán los valores de corriente a plena carga que se indican en las ***Tablas 430.247 a 430.250 del NEC,*** en lugar de la intensidad nominal real marcada en la placa de características del motor (consulte la ***Sección 430.6 del NEC).***
2. Según la ***Sección 430.22 del NEC,*** los conductores del circuito ramal que alimenten a un motor único utilizado en una aplicación de servicio continuo deberán tener una ampacidad no inferior al 125 % de FLC del motor, determinada por la ***Sección 430.6(A)(1) del NEC.***

Figura 67 Resumen de los requisitos del *NEC*® para motores, circuitos de motor y controladores.

6.2.0 Protección del motor

Los fusibles se utilizan normalmente para la protección contra sobrecargas del motor. Cuando se utilicen, deben instalarse fusibles en cada conductor no puesto a tierra, así como en el conductor puesto a tierra de un sistema de CA trifásico y trifilar con un conductor puesto a tierra. Cuando se utilicen dispositivos de protección contra sobrecargas sin fusibles, consulte la *sección 430.37* y la *tabla 430.37 de NEC*. Tenga en cuenta que cada devanado del motor debe estar protegido individualmente contra cortocircuitos y fallas a tierra.

Conozca el código

Motores, circuitos de motores y controladores
Artículo 430 del NEC

En general, al proporcionar protección contra sobrecorriente para circuitos de motores por fallas a tierra y cortocircuitos, siga la guía de la *sección 430.52 del NEC*. La *tabla 430.52(C)(1) del NEC* contiene valores de retardo y de disparo instantáneo para varios tipos de motores como porcentaje de la corriente a plena carga. Las *secciones 430.52(C)(1)(a) y (b) de NEC* describen las posibles excepciones a los valores de la tabla del *NEC®*. La *Tabla 8* muestra un ejemplo de la información relevante para motores de jaula de ardilla, pero debe consultar la tabla del *NEC®* para obtener información completa.

TABLA 8 Valor nominal o ajuste máximo de los dispositivos de protección del circuito ramal del motor

Tipo de motor	Fusible sin retardo de tiempo*	Fusible de doble elemento (retardo de tiempo)	Interruptor automático de disparo instantáneo	Interruptor automático de tiempo inverso
Motores de jaula de ardilla (distintos de los modelos de eficiencia energética de diseño B o de eficiencia superior)	300	175	800	250

*Los valores de la columna *Fusible sin retardo de tiempo* se aplican a los fusibles con retardo de tiempo de clase CC.

Al dimensionar la protección contra sobrecarga de motores de servicio continuo de más de 1 hp, consulte la *sección 430.32(A) del NEC*. Los motores que tengan un factor de servicio de 1.15 o un aumento máximo de temperatura de 40 °C deberán estar provistos de una protección contra sobrecarga limitada al 125% de la corriente a plena carga del motor. Esto también se aplica al circuito secundario de un motor de rotor devanado. Todos los demás motores se limitarán al 115% de la corriente a plena carga. Los motores con una potencia nominal inferior a 1 hp se rigen por normas distintas que se encuentra en la *sección 430.32(B) del NEC*.

Si los valores nominales de sobrecarga deseados no están disponibles al dimensionar la protección contra sobrecarga del motor, use el siguiente valor nominal de sobrecarga más alto disponible. Esto se permite siempre que no se supere el 140% de la corriente a plena carga con motores que tengan un factor de servicio de 1.15 o un aumento máximo de temperatura de 40 °C. Para todos los demás motores, este valor máximo sería del 130% en lugar del 115%, como se ha indicado anteriormente.

Además, en determinadas situaciones, es posible que los motores con sobrecargas instaladas, según lo indicado anteriormente, no arranquen o no puedan soportar la carga del sistema. En estos casos, se puede aumentar los ajustes de sobrecarga al valor respectivo de 140% o 130%. Cuando el arranque del motor siga siendo un problema, el dispositivo de protección contra sobrecargas puede cortocircuitarse durante la secuencia de arranque del equipo. Esto solo puede ocurrir si el interruptor automático o fusible que protege el ramal no está ajustado a más del 400% del valor de corriente a plena carga, y el motor no tiene un arrancador automático.

La protección contra sobrecargas de los variadores de velocidad ajustable se basa en la entrada nominal del equipo de conversión de potencia. Si la protección contra sobrecarga se suministra con el equipo, no se necesita ninguna otra protección contra sobrecarga. El valor nominal de este medio de desconexión no será inferior al 115% de la corriente nominal de entrada del equipo de conversión de potencia, y estará situado físicamente en la línea de entrada. La protección contra sobrecargas, si no está en derivación, debe permitir un retardo de tiempo suficiente para que el motor arranque y acelere.

6.2.1 Protectores térmicos

A menudo se utiliza un **protector térmico** integrado en el motor para protegerlo de sobrecargas y fallas de arranque. Todos los motores con un voltaje nominal superior a 1,000 V deben tener un protector térmico y la protección contra sobrecarga no debe disponer de reinicio automático. El protector térmico no se disparará por encima de los siguientes porcentajes de corriente a plena carga:

Protector térmico (*Thermal protector*): dispositivo de protección que forma parte integrante de un motor o compresor y que protege el motor contra un sobrecalentamiento peligroso debido a una sobrecarga o a una falla de arranque.

- 170%: para corriente a plena carga no superior a 9 A
- 156%: para corriente a plena carga de 9.1 A a 20 A
- 140%: para corriente a plena carga superior a 20 A

Este requisito se basa en la corriente máxima a plena carga del motor que figura en las tablas del ***artículo 430 del NEC***.

Los motores de más de 1,500 hp incluyen un dispositivo que se ajusta para desactivar el motor cuando el aumento de temperatura real es igual al aumento de temperatura nominal del aislamiento del motor. Por lo general, el fabricante del motor suele dimensionar e instalar los protectores térmicos.

6.2.2 Consideraciones de derivación

De acuerdo con la ***sección 430.22 del NEC***, cuando un solo motor que se usa en una aplicación de servicio continuo se alimenta desde un circuito ramal, la ampacidad del circuito ramal no debe ser inferior al 125% de la corriente a plena carga del motor determinada por la ***sección 430.6(A)(1) del NEC*** o a la requerida en las ***secciones 430.22(A) a (G) del NEC***.

Si se utiliza un motor de varias velocidades, la ampacidad se basará en el mayor de los valores nominales de corriente a plena carga que se indiquen en la placa de características del motor. Cuando los motores tengan requisitos inusuales de ciclo de servicio, utilice los requisitos señalados en la ***sección 430.22(E) del NEC***.

De acuerdo con la ***sección 430.24 del NEC***, cuando se dimensionen conductores que alimenten varios motores, la capacidad no deberá ser inferior al 125% del motor más grande más la suma de los valores nominales de corriente a plena carga de todos los demás motores del grupo, tal como se determina en la ***sección 430.6(A) del NEC***. Se permiten varios motores o cargas en un circuito ramal si se cumple lo siguiente:

- El voltaje del sistema es inferior a 1,000 V.
- El dispositivo de protección ramal protege el motor más pequeno.
- Todos los motores del circuito no deben tener más de 1 hp y menos de 20 A (15 A) en circuitos de 120 V (1,000 V) en los que cada motor consuma menos de 6 A. Además, deben instalarse sobrecargas en los motores, y la corriente de cortocircuito y la corriente de falla a tierra no deben superar la capacidad nominal del circuito ramal.
- Forma parte de un conjunto de fábrica.

En los casos en que se utilicen derivaciones, es posible que no se requiera protección contra corriente de cortocircuito y corriente de falla a tierra. Esto ocurre siempre que la derivación utilizada tenga la misma ampacidad que el circuito ramal al que está conectada. Además, la derivación no puede tener más de 25′ (7.5 m) de longitud y debe estar protegida físicamente para que no sufra daños.

Piénselo

Todo reunido

Cuente los motores de su casa. Un hogar típico puede tener fácilmente más de 30 motores, incluidos equipos electrónicos y herramientas eléctricas. Hace un siglo, una casa típica podría no haber tenido ninguno.

Intente también determinar qué tipos básicos de motores tiene. Por ejemplo, ¿son de CA o CC? ¿Qué información de identificación puede determinar examinando cada placa de características del motor a la que pueda acceder de forma fácil y segura?

6.0.0 Repaso de la sección

1. Todas las partes vivas expuestas de los motores *deben* estar protegidas si el motor _____.
   a. funciona a 50 V o más entre terminales
   b. funciona a 120 V o más entre terminales
   c. funciona a 240 V o más entre terminales
   d. funciona a 480 V o más entre terminales

2. Según la ***sección 430.32 del NEC***, la protección contra sobrecargas de un motor con un factor de servicio de 1.0 *debe* dispararse al _____.
   a. 175% de la corriente a plena carga
   b. 150% de la corriente a plena carga
   c. 125% de la corriente a plena carga
   d. 115% de la corriente a plena carga

Módulo 26202-23 Preguntas de repaso

1. El nombre de la pieza del motor de CC que gira durante el funcionamiento es _____.
   a. estator
   b. condensador
   c. escobillas
   d. inducido

2. La principal razón para desarrollar el motor de CC sin escobillas fue _____.
   a. eliminar los problemas del conmutador
   b. mejorar la eficacia
   c. aumentar los caballos de fuerza
   d. mejorar los aviones

3. La energía eléctrica que se necesita para producir 1 hp de energía mecánica es de _____.
   a. 476 W
   b. 647 W
   c. 746 W
   d. 864 W

4. Cuando existe una gran diferencia en los requisitos de par y velocidad, ¿qué tipo de motor de CC se aplicaría *mejor*?
   a. Motor de CC sin escobillas
   b. Motor de CC compuesto
   c. Motor de CC en serie
   d. Motor de CC en derivación

5. El nombre de la pieza estacionaria del motor que produce el campo magnético durante el funcionamiento es _____.
   a. estator
   b. derivación
   c. escobillas
   d. inducido

6. Las revoluciones de un motor de 60 Hz con dos polos son de _____.
   a. 1,200 rpm
   b. 2,400 rpm
   c. 3,600 rpm
   d. 4,800 rpm

7. En los motores trifásicos, el tipo de rotor *más común* es el _____.
   a. rotor devanado
   b. rotor de jaula de ardilla
   c. rotor síncrono
   d. rotor de par

8. Las características del par de arranque de un motor de rotor devanado se definen según la _____.
   a. resistencia del rotor
   b. corriente de arranque
   c. carga
   d. resistencia del estator

9. Un motor síncrono trifásico se pone en marcha con un(a) _____.
   a. barra de jaula de ardilla
   b. disco actuador móvil
   c. conjunto de pesas centrífugas
   d. devanado amortiguador

10. La velocidad de un motor de inducción depende de la frecuencia de alimentación y _____.
    a. la corriente
    b. el voltaje
    c. el tamaño
    d. el número de polos

11. Por lo general, la velocidad de un motor de devanado múltiple se modifica _____.
    a. intercambiando los contactos en el controlador del motor
    b. invirtiendo dos de los cables de entrada
    c. conectando una resistencia externa en estrella
    d. con relés de temporización

12. Un motor de polos consecuentes tiene _____.
    a. una sola velocidad
    b. dos velocidades
    c. tres velocidades
    d. cuatro velocidades

13. El método de frenado en el que se aplica CC a los devanados del motor después de eliminar la CA se conoce como _____.
    a. frenado por inyección
    b. frenado por fricción
    c. frenado dinámico
    d. frenado regenerativo

14. Reconectar un motor en marcha para que actúe como generador se conoce como _____.
    a. frenado por inyección
    b. frenado por fricción
    c. frenado regenerativo
    d. frenado dinámico

15. Los dos grandes tipos de cerramientos de motores según la clasificación de la NEMA son _____.
    a. de propósito general y protegido
    b. abierto y totalmente cerrado
    c. protegido y semiprotegido
    d. sin ventilación y con ventilación exterior

16. Un motor de CA de jaula de ardilla abierto que utiliza bobinas enrolladas y un sistema de aislamiento se conoce como _____.
    a. motor semiprotegido
    b. motor de devanado sellado
    c. motor sin ventilación
    d. motor a prueba de explosiones

17. La designación de armazón de NEMA para motores de bombas de gasolina es _____.
    a. B
    b. C
    c. G
    d. Z

18. Las letras FLA en la placa de características de un motor significan _____.
    a. fused last application (última aplicación de fusible)
    b. fast lower arm (brazo inferior rápido)
    c. full-load amps (amperios a plena carga)
    d. full-load armature (inducido a plena carga)

19. Para determinar la potencia nominal de un motor ya instalado y en su sitio, _____.
    a. hay que multiplicar el voltaje nominal por el FLA
    b. hay que dividir el rendimiento nominal por el factor de potencia
    c. hay que consultar los datos de la placa de características
    d. hay que usar una llave dinamométrica y los datos de caballos de fuerza

20. *La mayoría* de los motores industriales tienen el siguiente diseño de NEMA:
    a. A
    b. B
    c. D
    d. F

21. El multiplicador del valor nominal de caballos de fuerza se denomina _____.
    a. kVAR máximo
    b. factor de servicio
    c. factor de potencia
    d. eficiencia nominal de NEMA

22. Se puede utilizar una prueba de resistencia del aislamiento para determinar _____.
    a. el valor nominal de hp del motor
    b. el valor nominal de FLA de un motor
    c. si un motor está mojado
    d. la intensidad de campo de un motor

23. Los requisitos del código para los desconectadores de motor se tratan en _____.
    a. *el artículo 430, Parte VIII del NEC*
    b. *el artículo 430, Parte IX del NEC*
    c. *el artículo 430, Parte X del NEC*
    d. *el artículo 430, Parte XI del NEC*

24. Todos los motores *deben* tener un protector térmico si su voltaje nominal es superior a _____.
    a. 120 V
    b. 240 V
    c. 600 V
    d. 1,000 V

25. Para proteger el motor de sobrecargas y fallas de arranque, se emplea un _____.
    a. fusible
    b. interruptor automático
    c. interruptor centrífugo
    d. protector térmico

Las respuestas a las preguntas de repaso impares del módulo se encuentran en el *Apéndice A*.

Módulo 26202-23 Ejercicios suplementarios

1. Las bobinas de campo de un motor en serie están conectadas en serie con _________.

2. Un(a) _________ se utiliza para proporcionar la acción de conmutación necesaria para la rotación continua del motor de CC.

3. La clase de aislamiento más común utilizada en la fabricación y rebobinado de motores es la _________ de NEMA.

4. ¿Qué tipo de motor requiere escobillas, anillos colectores y un devanado amortiguador?

   ____

   ____

5. Los dos tipos básicos de conexiones de motores de CC son _________ y _________.

6. Defina *deslizamiento*.

   ____

   ____

7. ¿Qué tipo de rotor es el más utilizado en un motor de inducción?

   ____

   ____

8. Cuando se alimenta un solo motor de servicio continuo desde un circuito ramal, la ampacidad del circuito ramal debe ser _________ de la corriente a plena carga del motor, tal como se determina en la ***sección 430.6(A)(1) del NEC***.

9. ¿Cómo se modifica normalmente la velocidad en un motor de inducción de varias velocidades?

   ____

   ____

10. Nombre tres condiciones que pueden provocar el desfase de un motor síncrono.

    ____

    ____

Las respuestas a los ejercicios suplementarios impares se encuentran en el *Apéndice B*.

Respuestas a las preguntas de repaso de la sección

Respuesta	Referencia de la sección	Objetivo
Sección 1.0.0		
1. b	1.1.0	1a
2. c	1.2.0	1b
Sección 2.0.0		
1. d	2.1.2	2a
2. c	2.2.1	2b
3. d	2.3.0	2c
4. a	2.4.0	2d
Sección 3.0.0		
1. a	3.1.0	3a
2. d	3.2.2	3b
3. b	3.3.2	3c
Sección 4.0.0		
1. c	4.1.2	4a
2. b	4.2.0	4b
3. d	4.3.6	4c
Sección 5.0.0		
1. b	5.0.0	5
2. c	5.0.0	5
Sección 6.0.0		
1. a	6.1.0	6a
2. d	6.2.0	6b

Cálculos del repaso de la sección

Sección 2.0.0

Pregunta 1

Multiplique la frecuencia por 120 y divida el resultado por el número de polos magnéticos:

$$N = \frac{120f}{P}$$

$$N = \frac{120 \times 60 \text{ Hz}}{4}$$

$$N = 1{,}800 \text{ rpm}$$

La velocidad síncrona es de **1,800 rpm**.

Sección 3.0.0

Pregunta 2

Divida el voltaje por la frecuencia para determinar la relación voltaje-frecuencia (relación voltios por hertz):

$$480 \text{ V} \div 60 \text{ Hz} = 8$$

La relación voltaje-frecuencia es **8**.

Actualización de usuario

¿Ha encontrado un error? Para enviar una corrección, visite **https://www.nccer.org/olf** or escanee el código QR con su dispositivo móvil.

ESCANÉAME

MÓDULO 26203-23

Iluminación eléctrica

Fuente: iStock@sborisov

Objetivos

La finalización exitosa de este módulo lo prepara para hacer lo siguiente:

1. Explicar la relación entre la visión humana y la luz.
   a. Explicar el funcionamiento del ojo humano.
   b. Identificar las características de la luz.
2. Evaluar fuentes de luz y luminarias para resolver necesidades comunes de iluminación.
   a. Comparar las fuentes de luz y las tendencias de uso.
   b. Elegir el equipo auxiliar necesario para las distintas fuentes de luz.
3. Describir la selección e instalación de luminarias para diversas aplicaciones.
   a. Identificar las luminarias y sus aplicaciones.
   b. Explicar cómo almacenar y manipular lámparas y luminarias.
   c. Explicar cómo instalar las luminarias.

Tarea práctica

Bajo supervisión, usted debería poder hacer lo siguiente:

1. Instale una o más de las siguientes luminarias y sus lámparas asociadas:
   - De montaje superficial
   - Empotradas
   - Suspendidas
   - De montaje en rieles

Visión general

La iluminación eléctrica se utiliza mucho en edificios residenciales y comerciales, plantas industriales y exteriores. Lo ideal es que los sistemas y dispositivos de iluminación proporcionen una iluminación que se adapte al entorno y, al mismo tiempo, maximice la comodidad y minimice la fatiga visual. Este módulo presenta los principios de la visión humana y las características de la luz. También presenta una variedad de fuentes de luz y describe las características de funcionamiento y los requisitos de instalación de diversos dispositivos de iluminación.

NOTA

Recursos digitales sobre electricidad

Escanee este código con la cámara de su teléfono dispositivo móvil para ver los recursos digitales relacionados con este oficio.

ESCANÉAME

NCCER Credenciales reconocidas en la industria

Si se está capacitando a través de un patrocinador acreditado por NCCER, puede ser elegible para obtener credenciales del NCCER. El número de identificación de este módulo es 26203-23. Tenga en cuenta que este módulo puede haber sido utilizado en otros planes de estudios de NCCER y se puede aplicar a la realización de otros niveles. Comuníquese con NCCER al 1.888.622.3720 o visite **www.nccer.org** para obtener más información.

También puede mostrar en línea sus credenciales reconocidas por la industria con las insignias digitales de NCCER. Transforme sus conocimientos, habilidades y logros en insignias que puede compartir en las plataformas de redes sociales, enviar a su red y agregar a su currículum. Para obtener más información, visite **www.nccer.org**.

1.0.0 Percepción de la luz

Tareas prácticas

En esta sección no hay tareas prácticas.

Objetivo

Explicar la relación entre la visión humana y la luz.

a. Explicar el funcionamiento del ojo humano.
b. Identificar las características de la luz.

Luminancia (Luminance): medida de la intensidad de la luz que viaja en una dirección determinada desde cualquier superficie. Se mide en candelas por metro cuadrado (cd/m^2). El término se utiliza comúnmente para expresar el brillo.

La iluminación eléctrica se utiliza para complementar o sustituir a la luz solar en los lugares donde vivimos, trabajamos y jugamos. El color, la **luminancia** (brillo) y el contraste entre las superficies iluminadas pueden proporcionar los siguientes resultados positivos:

- Mejorar el ambiente
- Proporcionar iluminación para diversas tareas
- Mejorar la eficiencia de los trabajadores
- Ayudar en la venta de mercancías
- Aumentar la producción
- Reducir los errores
- Aumentar la seguridad
- Ayudar a centrar la atención

Independientemente de la aplicación, una iluminación eléctrica de buen diseño sirve para iluminar las tareas que requieran el uso de la vista con la máxima comodidad y la mínima fatiga y cansancio ocular. Esto permite que las personas puedan realizar sus tareas cotidianas y laborales con mayor facilidad.

Daltonismo

Cerca del 8% de los hombres y un porcentaje mucho menor de mujeres carecen de uno o más tipos de células cónicas o presentan variaciones en una célula cónica que hace variar su sensibilidad cromática máxima. Esta afección puede causar dificultades para distinguir entre determinados colores y, en algunos casos, para ver colores en absoluto. En conjunto, estas variaciones se denominan *daltonismo*.

El daltonismo suele ser genético, pero también se puede deber a enfermedades u otras afecciones. Dependiendo del tipo exacto de daltonismo, una persona puede no tener la capacidad para realizar un trabajo en el que sea esencial distinguir los colores, como las que trabajan con códigos de colores o pilotan un avión. Existen lentes de contacto y gafas especiales que pueden ayudar a los daltónicos a diferenciar los colores. También existen aplicaciones para celulares que permiten identificar los colores.

1.1.0 Visión

La visión humana es un proceso que ocurre en parte en el ojo y en parte en el cerebro. La luz entra en el ojo a través de una fina capa transparente llamada córnea y, luego, atraviesa la pupila (la abertura del iris que controla la cantidad de luz que entra). Después, la luz entra en el cristalino, que enfoca la imagen, hasta que finalmente llega a la retina.

La superficie de la retina está formada por dos tipos de células sensibles a la luz denominadas *bastones* y *conos*. En los seres humanos, los casi 90 millones de bastones son sensibles a niveles bajos de luz y están repartidos por toda la retina. Los casi 5 millones de conos son de tres tipos y se concentran cerca del centro de la visión. Nos permiten ver el color y los detalles con niveles de luz más altos. Consulte la *Figura 1*.

El ojo humano puede distinguir más de un millón de colores y matices diferentes. En cualquier instante, el ojo puede ver objetos cuyo brillo varía en casi 10,000:1. Con los cambios en la apertura de la pupila y los cambios químicos en las células de la retina (adaptación a la oscuridad), la gama total de brillo que el ojo puede ver supera 1,000,000:1. Estas capacidades del ojo humano son mayores que las de cualquier cámara de video o de cine.

Los bastones y los conos envían su información al cerebro a través del nervio óptico. En el cerebro, la imagen se recuerda y se compara con otras imágenes y recuerdos para influir en las emociones, las acciones y los pensamientos.

Por lo tanto, la iluminación desempeña un papel importante en la forma en que las personas se sienten en su entorno y en los edificios que ocupan. Se pueden utilizar diferentes técnicas de iluminación para resaltar las características arquitectónicas especiales de un edificio y, al mismo tiempo, proporcionar luz para fines funcionales. La iluminación puede utilizarse para realzar la decoración de un edificio y su mobiliario, facilitar las tareas de las personas y ayudar a la seguridad y comodidad.

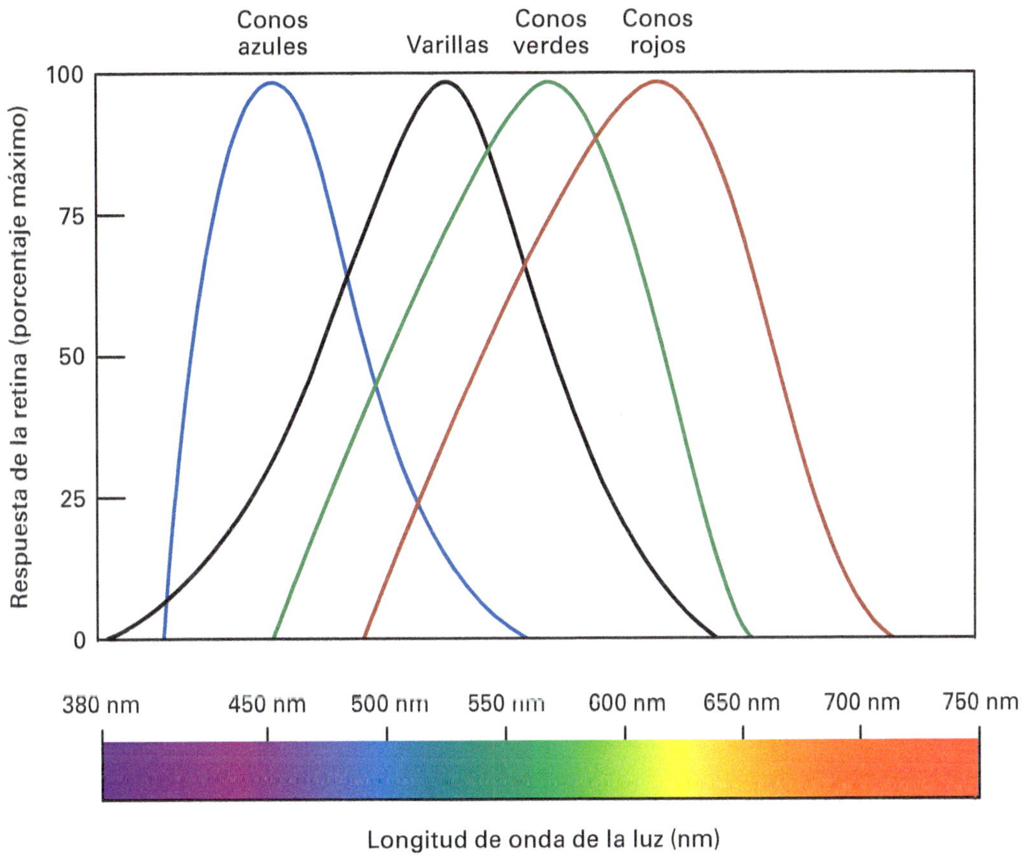

Figura 1 Sensibilidad cromática de los bastones y los conos.

1.2.0 Características de la luz

La luz visible es una forma de energía radiante y constituye una porción muy pequeña del espectro electromagnético. Las ondas de radio y los rayos X también forman parte de este mismo espectro (*Figura 2*). Dada la importancia de la luz para la vida, en esta sección se analizarán algunas de sus características.

1.2.1 Luz incidente y reflejada

La **luz incidente** es la que incide sobre una superficie u objeto, independientemente de la fuente. Si un objeto no genera luz, la luz que emite se denomina **luz reflejada**. Así pues, la luz incidente que incide sobre un objeto o superficie incluye la luz procedente de todas las fuentes de luz más aquella que se refleja en los objetos o superficies cercanos. Si ninguna luz incidente incide sobre un objeto o superficie, no habrá luz reflejada.

Algunas superficies y materiales reflejan la luz mejor que otros. Las superficies claras o muy pulidas reflejan más luz que las oscuras o mates. Esto se debe a que los materiales blancos y de colores claros absorben menos energía luminosa que las superficies oscuras u opacas y, de este modo, hay más energía disponible para reflejarla. El color de las paredes, cielorrasos y pisos y su capacidad reflectante son consideraciones importantes en el diseño de la iluminación interior.

Luz incidente (Incident light): luz que incide sobre una superficie o un objeto. Incluye la luz procedente de cuerpos luminosos, como el sol o la luz eléctrica, así como la luz reflejada.

Luz reflejada (Reflected light): toda luz procedente de una superficie que no es un cuerpo luminoso.

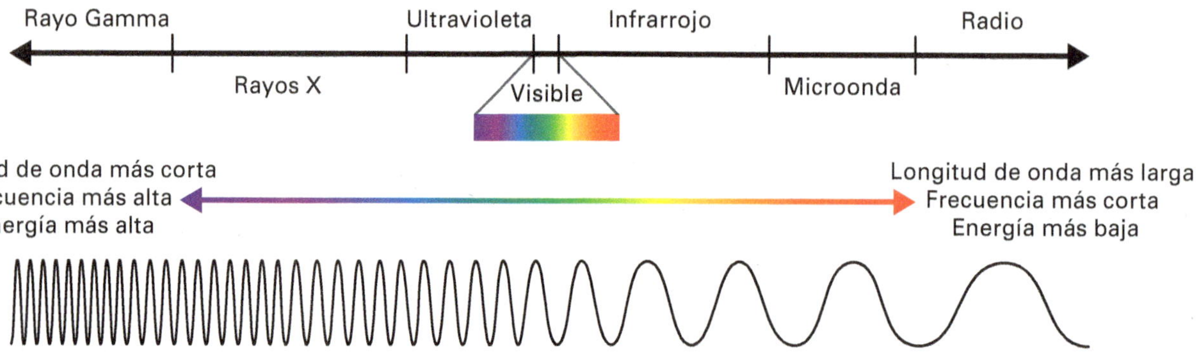

Figura 2 El espectro electromagnético.

Por lo general, las zonas con superficies más oscuras necesitarán más luz artificial. La *Tabla 1* muestra algunos ejemplos típicos de los porcentajes de luz reflejada por materiales comunes.

TABLA 1 Porcentajes de luz reflejada por materiales comunes

Material de la superficie	Porcentaje de luz reflejada
Yeso blanco	De 90% a 92%
Vidrio espejo	De 80% a 90%
Pintura blanca	De 75% a 85%
Aluminio pulido	De 75% a 87%
Cobre, muy pulido	De 70% a 75%
Acero inoxidable	De 55% a 65%
Piedra caliza	De 35% a 65%
Mármol (blanco)	De 30% a 70%
Concreto en bruto	De 20% a 30%
Ladrillos rojo oscuro	De 10% a 15%

1.2.2 Absorción, reflexión y refracción de la luz

Absorción (Absorption): proceso por el que la materia absorbe la luz y la convierte en energía.

Reflexión (Reflection): rebote de las ondas o rayos luminosos en una superficie.

Toda la luz que incide sobre la superficie de un objeto será absorbida, reflejada o transmitida, como se muestra en la *Figura 3*. Los porcentajes relativos de **absorción**, **reflexión** y transmisión son determinados por la composición del objeto, la textura de la superficie, la forma general y las complejidades internas, así como por las longitudes de onda de la luz incidente.

Cuando un objeto absorbe energía luminosa, la almacena en forma de calor. Por esta razón, las paredes, los pisos, los metales, etc. se calientan cuando se exponen a la luz solar directa o a la luz de una fuente de luz artificial intensa.

Cuando la energía luminosa se refleja en la superficie de un objeto, las diferentes longitudes de onda de la luz tendrán diferentes cantidades de reflexión, dependiendo de las sustancias químicas de la superficie. Así se crea el color de un objeto.

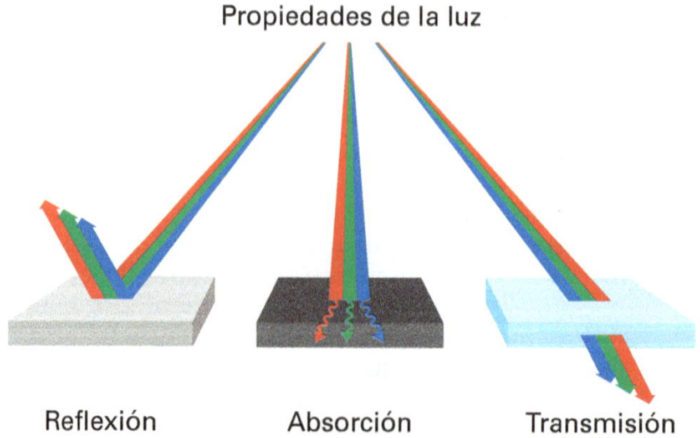

Figura 3 Reflexión, absorción y transmisión de la luz.

Cuando la energía luminosa penetra oblicuamente en una superficie transparente, se curva en ángulos diferentes según su longitud de onda. El rojo es el que menos se curva, mientras que el violeta es el que más se curva. Esto se llama **refracción** y tiene muchos usos en la ciencia y otras profesiones.

Refracción (Refraction): curvatura de una onda o rayo luminoso al atravesar medios de distinta densidad o capas de distinta densidad en un mismo medio.

1.2.3 Colores de la luz

La luz está formada por la porción del espectro electromagnético que abarca longitudes de onda comprendidas entre 380 nanómetros (nm) y 780 nm. La luz violeta se encuentra en el extremo inferior del espectro y la roja en el extremo superior (*Figura 4*). Un nanómetro es la milmillonésima parte (1,000,000,000) de un metro.

Cuando todas las longitudes de onda del espectro luminoso llegan al ojo en proporciones casi iguales, la luz que se ve es blanca. Cuando un haz estrecho de luz solar atraviesa un prisma, como se muestra en la *Figura 5*, el espectro luminoso se refracta en ángulos diferentes según su longitud de onda. Tanto la *Figura 4* como la *Figura 5* muestran los seis nombres comunes de los colores. Dado que el espectro es continuo, el número real de colores es infinito, pero las pruebas demuestran que pueden identificarse unos 125 colores individuales dentro del espectro visible.

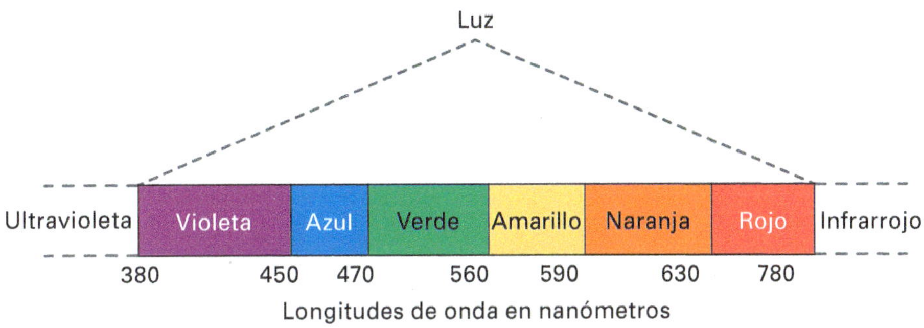

Figura 4 Espectro de luz visible.

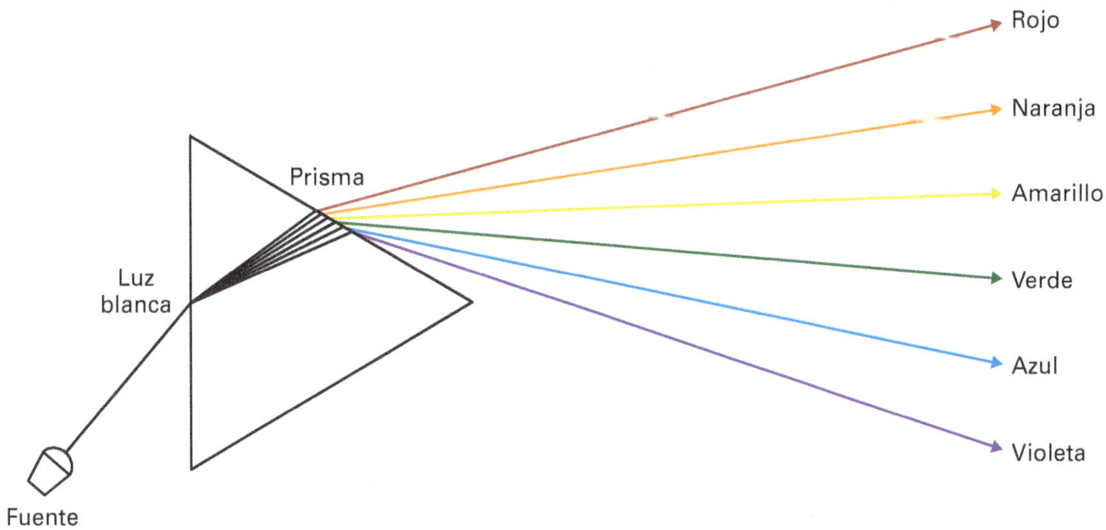

Figura 5 Luz refractada en los colores que la componen al atravesar un prisma.

Como ya se explicó, la cantidad de energía luminosa que un objeto absorbe depende de las longitudes de onda de la luz incidente que incide sobre el objeto. Todos los objetos absorben luz de distintas longitudes de onda en proporciones diferentes. Esto se denomina *absorción selectiva*. Prácticamente todos los objetos de color deben sus colores a la absorción selectiva en alguna parte del espectro de luz visible, con la consiguiente reflexión y transmisión en otras partes seleccionadas del espectro. Esta característica nos permite distinguir los colores cuando vemos diferentes objetos, superficies, etc.

El aspecto de un objeto es el resultado de la forma en que refleja la luz que incide sobre él. Por ejemplo, bajo la luz blanca, una manzana parece roja porque tiende a reflejar la luz de la porción roja del espectro y absorbe la luz de otras longitudes de onda (colores).

Comprender estos conceptos básicos de la luz y cómo se percibe le ayudará a seleccionar la lámpara eléctrica o **luminaria** adecuada para proporcionar luz en cualquier aplicación residencial, comercial e industrial.

Luminaria (Luminaire): unidad de iluminación completa formada por una fuente de luz, como una lámpara, y las piezas diseñadas para colocar y proteger la fuente y distribuir la luz. También puede incluir componentes que modifican la fuente de alimentación para satisfacer las necesidades de la fuente de luz.

Piénselo

Espectro de luz visible

¿Se le ocurre algún ejemplo de la naturaleza que sustente el hecho de que la luz blanca está compuesta de diferentes colores?

1.0.0 Repaso de la sección

1. Los conos son células _____.
   a. sensibles a la luz tenue
   b. que se extienden por toda la retina
   c. sensibles a diferentes colores
   d. más abundantes que los bastones

2. Los objetos de color deben su color a _____.
   a. la absorción selectiva
   b. la luminancia específica
   c. el resplandor
   d. la frecuencia

2.0.0 Fuentes de luz

Tareas prácticas

En esta sección no hay tareas prácticas.

Objetivo

Evaluar fuentes de luz y luminarias para resolver necesidades comunes de iluminación.

a. Comparar las fuentes de luz y las tendencias de uso.

b. Elegir el equipo auxiliar necesario para las distintas fuentes de luz.

Desde la prehistoria hasta la actualidad, se han utilizado diversas fuentes para crear luz. Todos han necesitado energía, primero de combustibles como la madera o el gas, y ahora de la electricidad. La seguridad, la facilidad de uso y el costo han sido los criterios de selección de las fuentes de luz que utilizamos hoy en día. Dado que casi todas las fuentes de luz utilizan electricidad, un electricista debe conocer las diferencias entre las fuentes de luz, las ventajas y desventajas de cada tipo, los requisitos para su instalación y uso y los requisitos del *NEC*®.

2.1.0 Comparación de fuentes

Los siguientes puntos generalmente se aplican a todas las fuentes de luz eléctrica:

- El **mantenimiento del lumen** (potencia luminosa) disminuye con el tiempo debido a los cambios físicos y químicos de la fuente.
- Cuando se comparan dos lámparas del mismo tipo, la de mayor potencia luminosa tendrá una mayor **eficacia**.
- En el caso de las fuentes no incandescentes, la vida útil de la lámpara es el tiempo que transcurre hasta que la potencia luminosa disminuye hasta el 70% de su valor inicial.
- Asimismo, se requieren componentes auxiliares, como un arrancador, un encendedor, un **balasto** o un **controlador**.

Los colores se ven diferentes bajo distintas fuentes de luz. La luz solar es la fuente con la que se comparan todas las demás. Tiene un espectro continuo al que el ojo humano está muy bien adaptado. El **índice de reproducción cromática (IRC)** se define como la correspondencia de una fuente de luz con el espectro solar. El índice oscila entre 0 (el amarillo monocromático de una lámpara de sodio de baja presión) y 100, que representa la luz solar. Los fabricantes de lámparas usan el IRC para indicar el grado de normalidad y naturalidad con que los objetos se ven bajo la luz de una lámpara determinada. En general, cuanto mayor es el IRC, mejor se ven las personas y los objetos.

La diferencia entre el IRC de las lámparas no suelen ser perceptible a menos que sea superior a tres o cinco puntos. Tenga en cuenta que el IRC de diferentes lámparas solo se puede comparar si las fuentes tienen aproximadamente la misma temperatura de color (TC). La temperatura de color, expresada en *Kelvin (K)*, es la forma en que los fabricantes de lámparas suelen describir el tono de color (cálido o frío) que produce una lámpara. Estas diferencias en la TC y el IRC son importantes a la hora de seleccionar y utilizar distintas fuentes de luz.

Las lámparas pueden crear ambientes de apariencia cálida o fría. Estos son varios ejemplos:

- Los colores de temperatura de 3,000 K o menos se describen como tonos cálidos y realzan ligeramente los rojos y amarillos.
- Un color de temperatura de 3,500 K se considera de tono moderado, esto es, un equilibrio entre los tonos cálidos y fríos.
- Los colores de temperatura de 4,100 K o más se consideran tonos fríos, y tienden ligeramente hacia los azules y los verdes.

La electricidad produce luz de muchas maneras. Algunas son la Incandescencia, el plasma ionizado, la inducción, la fluorescencia, la descarga gaseosa y las transiciones de energía de los electrones. Pueden utilizarse por separado o en combinación. Las lámparas que utilizan estos métodos se fabrican en muchas formas, tamaños, acabados y casquillos de instalación.

2.1.1 Lámparas incandescentes estándar

Las lámparas incandescentes se inventaron hace más de 200 años y se empezaron a utilizar en 1880. Desde entonces, siguen casi iguales y la única mejora importante fue el cambio de un filamento de carbono a uno de tungsteno alrededor de 1920. Su construcción básica no ha cambiado, aunque el número de tamaños, usos y otros detalles han aumentado enormemente.

Por lo general, las lámparas incandescentes consisten en un fino filamento de alambre de tungsteno conformado o enrollado, que se sostiene dentro de un envolvente de vidrio al vacío lleno de un gas inerte. Técnicamente, el envolvente de vidrio suele denominarse *envoltura*. El gas suele ser una mezcla de argón y nitrógeno (*Figura 6*). Al cargar la envoltura con gas inerte, aumenta la vida útil de la lámpara.

Mantenimiento del lumen (Lumen maintenance): medida de cómo una lámpara mantiene su potencia luminosa con el paso del tiempo. Puede expresarse numéricamente o como un gráfico de la potencia luminosa en función del tiempo. Un valor bastante utilizado es L_{70}, el número de horas antes de que la potencia de la lámpara descienda al 70% de su valor inicial.

Eficacia (Efficacy): la potencia luminosa visible de una fuente de luz dividida por la potencia total de entrada a esa fuente. Se expresa en *lúmenes por vatio (LPW)*. La eficacia máxima teórica es de 683 LPW a 540 nm, lo que produce una luz de color verde.

Balasto (Ballast): componente eléctrico de las luminarias fluorescentes y de descarga de alta intensidad (HID) que proporciona el aumento de voltaje que se necesita en el arranque y controla el flujo de corriente posterior a través de la lámpara durante el funcionamiento.

Controlador (Driver): componente del circuito de iluminación LED que toma la energía entrante y la convierte en el voltaje y la corriente estables que se necesitan para el LED.

Índice de reproducción cromática (IRC) (Color rendering index – CRI): medida de la forma en que una fuente de luz reproduce el color, que va de 0 a 100. Cuanto mayor sea el número del índice, más se acercarán los colores a la apariencia de un objeto a plena luz del sol o con luz incandescente.

NOTA

A diferencia de las unidades Celsius y Fahrenheit, Kelvin no se expresa en grados. Por lo tanto, no se utiliza ningún símbolo de grado.

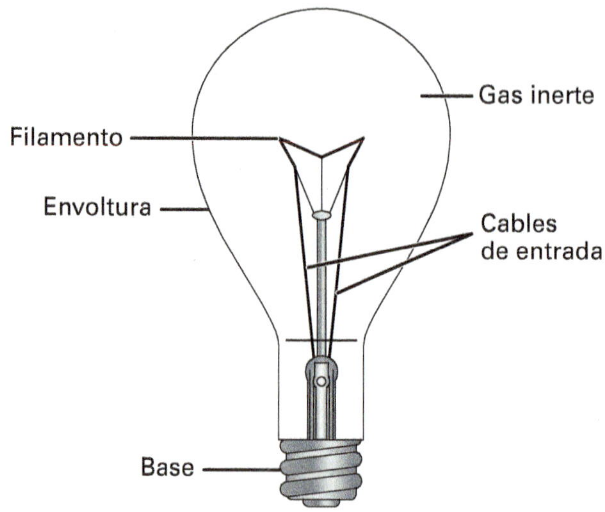

Figura 6 Componentes de una lámpara incandescente.

La envoltura de vidrio suele ser de plomo normal o de vidrio sodocálcico blando. Las envolturas que deben soportar temperaturas más elevadas o utilizarse en el exterior suelen fabricarse con vidrio borosilicato más duro y resistente al calor. El casquillo de la lámpara soporta la envoltura y el filamento y proporciona la conexión eléctrica entre la lámpara y su fuente de alimentación.

Incandescencia (Incandescence): emisión de energía radiante visible de un cuerpo luminoso al alcanzar más de 750 K de temperatura. Suele producirse cuando se hace pasar una corriente eléctrica por el filamento de una lámpara incandescente.

Lumen (lm): medida básica de la luz. La medición se realiza con una fuente luminosa de una candela situada en el centro de una esfera de un pie de radio. Un lumen equivaldría a la cantidad de luz proyectada sobre un pie cuadrado de la superficie interior de la esfera.

En una lámpara incandescente, la luz se genera haciendo pasar una corriente eléctrica a través de un filamento, cuya resistencia lo calienta hasta el punto de **incandescencia** para que libere energía radiante visible. Existe una relación directa entre el voltaje y la potencia luminosa. Si el voltaje de la lámpara aumenta un 5%, por ejemplo, el filamento se calienta un 2 % más y la potencia luminosa aumenta un 20%. Sin embargo, la vida útil se reduce a la mitad. Estas relaciones pueden verse en la *Figura 7*.

De este modo, el diseño y la selección de cada tipo de lámpara se trata de un punto medio entre la eficacia y la vida útil de la lámpara. También explica por qué lámparas de la misma potencia pueden tener valores diferentes de **lumen (lm)** y vida útil. La gama de temperaturas de color de las bombillas incandescentes es de aproximadamente 2,400 K a 3,000 K, dependiendo de la potencia. Tenga en cuenta que las lámparas de alta potencia se calientan más.

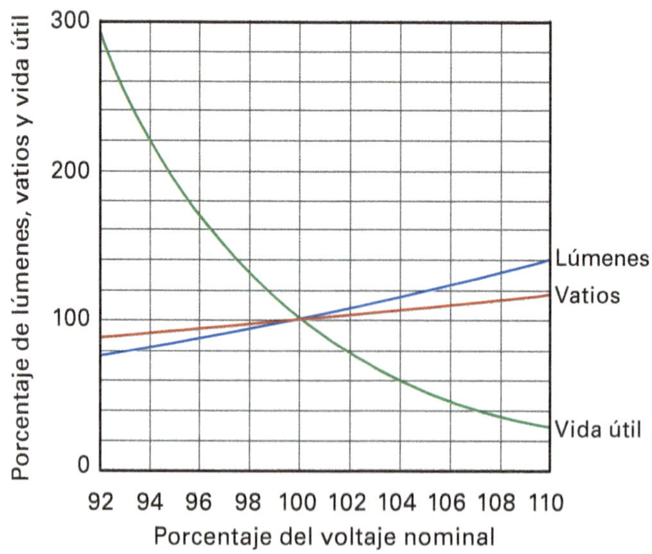

Figura 7 Relación entre el voltaje nominal y los lúmenes, vatios y vida útil de una lámpara.

Las ventajas de las lámparas incandescentes son las siguientes:

- Vienen en muchos tamaños, formas y potencias.
- No necesitan balasto.
- Son regulables.
- Ofrecen un IRC muy alto, cercano a 100.

Las desventajas de las lámparas incandescentes son las siguientes:

- Son la fuente de luz menos eficiente, con una eficacia de 5 a 22 **lúmenes por vatio (LPW)**.
- Más del 90% de la energía que consumen se desprende en forma de calor, como se observa en la *Figura 8*. El calor puede dañar la luminaria y el cableado, además de aumentar los costos de aire acondicionado.
- Tienen la esperanza de vida más corta de todos los tipos de lámparas, normalmente entre 750 y 2,000 horas en promedio, dependiendo del tipo.
- La resistencia del filamento es mucho menor cuando está frío que cuando está encendido. Por lo general, la falla de la lámpara, que suele ocurrir junto con destello brillante, se debe a una elevada corriente de irrupción a través de un filamento frío.
- Con el tiempo, el tungsteno se evapora del filamento caliente y se deposita en la envoltura, oscureciéndola y reduciendo la potencia luminosa.

Lúmenes por vatio (LPW) (Lumens per watt): medida de la eficacia de una fuente de luz. La eficacia se calcula dividiendo la potencia luminosa de una lámpara por la potencia de entrada. Por ejemplo, una lámpara de 100 W que produce 1,750 lúmenes tiene una eficacia de 17.5 lúmenes por vatio.

En 2007, el Congreso de los EE. UU. aprobó la Energy Independence and Security Act - EISA (Ley de Independencia y Seguridad Energética), que ordenó que se eliminaran progresivamente las lámparas incandescentes de uso general de 40 W a 100 W. Sin embargo, algunas lámparas incandescentes están exentas de la normativa y seguirán fabricándose para aplicaciones como electrodomésticos y uso marino.

La sentencia inicial se ha ido aplazando con los años. Sin embargo, en el momento de redactar este texto, la prohibición de la mayoría de las lámparas incandescentes entrará en vigencia en julio de 2023. Las lámparas también tendrán que emitir un mínimo de 45 LPW.

PRECAUCIÓN

Es importante tener en cuenta que es posible que los tipos de lámparas de repuesto no funcionen con los reguladores de intensidad de las lámparas incandescentes. Las lámparas de repuesto que funcionan con reguladores de intensidad tienen una marca clara en el embalaje del producto y deben corresponder con el tipo adecuado de dispositivo de atenuación.

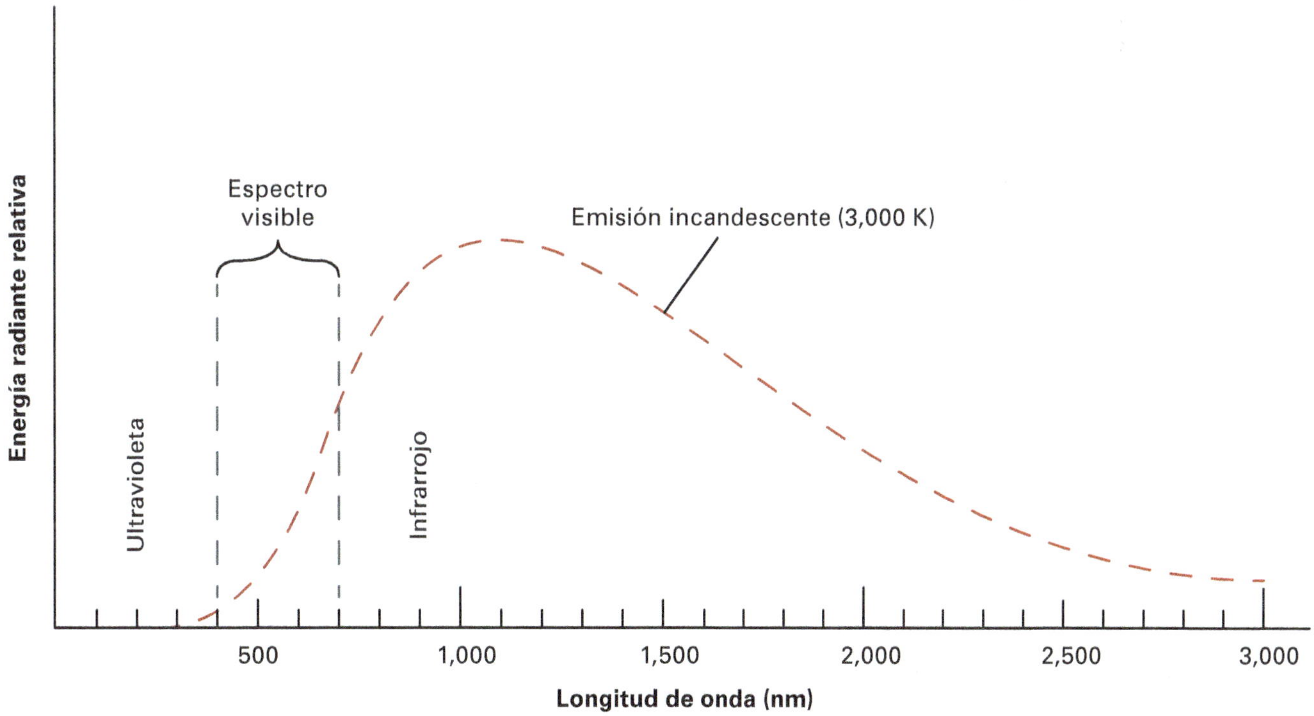

Figura 8 Espectro de una lámpara incandescente.

2.1.2 Lámparas incandescentes de tungsteno-halógeno

Las lámparas incandescentes halógenas de tungsteno o, simplemente, *lámparas halógenas*, son un perfeccionamiento de la lámpara incandescente estándar. Dos cambios permiten que las lámparas halógenas tengan un filamento más caliente y una vida más larga. El primero es que se añadió una pequeña cantidad de un gas halógeno (normalmente yodo o bromo). El segundo es un vidrio de sílice fundida o similar resistente al calor que rodea el filamento y los gases. Esto permite que el tungsteno que se evapora del filamento se acumule en la pared más caliente y se recicle de nuevo en el filamento.

Las ventajas de las lámparas halógenas son las siguientes:

- Al igual que las lámparas incandescentes estándar, las lámparas halógenas se fabrican en muchos tamaños, formas y potencias.
- En comparación con una lámpara incandescente estándar, ofrecen mayor eficacia (de 12 a 36 LPW), mayor vida útil (de 2,000 a 5,000 horas en promedio) y luz de mejor calidad.
- El filamento de una lámpara halógena funciona a unos 3,300 K, que es mucho más caliente que una lámpara incandescente estándar, para que la luz parezca más blanca y brillante.
- Al igual que las lámparas incandescentes estándar, las lámparas halógenas tienen un IRC de casi 100, lo que equivale a la luz solar.
- El mantenimiento del lumen es muy bueno y la lámpara suele ser mucho más pequeña que una lámpara incandescente estándar de potencia similar.

Las desventajas de las lámparas halógenas son las siguientes:

- Debido a las altas temperaturas de funcionamiento del filamento, las lámparas halógenas generan una cantidad significativa de radiación ultravioleta (UV). Esto puede dañar tejidos, obras de arte, la piel humana y superficies similares si no se utilizan filtros UV.
- Se requiere una manipulación y limpieza especiales, ya que la suciedad, las huellas dactilares y otras marcas similares en la superficie de la lámpara provocarán fallas prematuras.
- Su eficacia es inferior a la de muchos otros tipos de lámparas, por lo que las lámparas halógenas de uso general se están eliminando progresivamente o están prohibidas por ley en muchos países.
- La alta temperatura de las lámparas halógenas presenta un riesgo de incendio y requiere el uso de protectores adecuados o diseños de luminarias de protección. Cuando el fabricante los especifica, se deben cumplir los requisitos de la *sección 110.3(B) del NEC*.

Es importante señalar que la mayoría de las lámparas halógenas se eliminarán progresivamente junto con las incandescentes en julio de 2023, debido a su ineficacia.

Conozca el código

Requisitos generales
de las instalaciones eléctricas
Artículo 110 del NEC

PRECAUCIÓN

El funcionamiento de las lámparas halógenas a voltajes superiores o inferiores al que recomienda el fabricante puede tener efectos adversos en el proceso químico interno debido a la diferencia de temperatura de operación. Además, es importante seguir las instrucciones del fabricante de la lámpara halógena en cuanto a la posición de encendido, la manipulación de la lámpara y las temperaturas de la luminaria.

2.1.3 Lámparas fluorescentes

Las lámparas fluorescentes constan de una envoltura tubular de vidrio recubierta de fósforo que contiene una mezcla a baja presión de mercurio y un gas inerte como el argón (*Figura 9*). La luz se genera al pasar un arco eléctrico entre dos cátodos de tungsteno situados en extremos opuestos del tubo. Este arco excita los átomos de mercurio, haciendo que emitan radiación UV. Esto hace que el recubrimiento de fósforo en el interior del tubo sea fluorescente y produzca luz visible.

Las lámparas fluorescentes son muy eficaces con 75 a 100 LPW. También tienen una larga vida útil, de 12,000 a 24,000 horas en promedio, y muchas duran incluso más. Requieren un medio para iniciar el arco y un balasto para controlar la corriente a través del arco de baja resistencia.

El revestimiento de fósforo de las lámparas fluorescentes produce un espectro de luz no continuo que parece blanco, pero tienen un IRC más bajo que las lámparas incandescentes y halógenas. Gracias a diferentes recubrimientos de fósforo, la potencia luminosa espectral de una lámpara fluorescente puede producir diferentes colores, así como al menos 20 tonos de blanco diferentes, todos con diferentes IRC. Las potencias más altas equivalen a tubos más largos. Por ejemplo, una lámpara tubular recta de 40 W tiene aproximadamente el doble de longitud que una de 20 W.

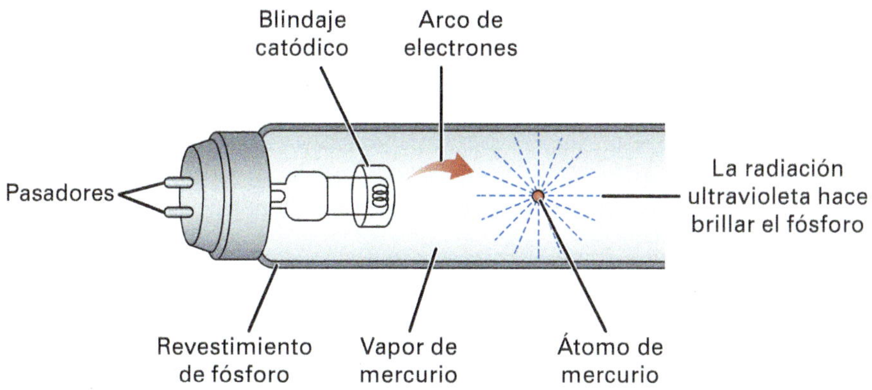

Figura 9 Componentes de una lámpara fluorescente.

Colores de las lámparas fluorescentes

Al volver a encender una luminaria, verifique que la lámpara de repuesto coincida con las demás que estén en uso. Esto se debe a los diferentes valores de IRC y temperaturas de color de las lámparas fluorescentes. Cuando las lámparas coinciden, se evita la distracción visual que suponen los diferentes colores de las lámparas en la misma luminaria o en luminarias cercanas. Si se desea un cambio en la apariencia del color, la mejor opción es cambiar todas las lámparas en grupo.

Las lámparas fluorescentes tienen dos requisitos eléctricos únicos. Para encender la lámpara, se necesita una sobretensión para establecer un arco en el vapor de mercurio. Una vez encendida la lámpara, el gas ofrece una resistencia decreciente, lo que significa que la corriente debe regularse para adaptarse a esta caída. De lo contrario, la lámpara consumiría cada vez más energía y se quemaría rápidamente. El balasto suministra el voltaje necesario en el momento del encendido y, luego, controla el flujo de corriente que llega a la lámpara. Las lámparas y luminarias fluorescentes se clasifican de la siguiente manera:

- *Precalentamiento:* las lámparas y luminarias de precalentamiento tienen un retardo entre el encendido y el momento en que se produce la luz. Están casi obsoletas y no se usan en las nuevas construcciones.
- *Encendido rápido:* una luminaria de encendido rápido está prevista para encender la lámpara calentando o precalentando continuamente los electrodos de la lámpara mediante bobinados calefactores integrados en el balasto. Para que encienda correctamente, la luminaria debe estar correctamente puesta a tierra. Durante el funcionamiento, las lámparas de encendido rápido estándar consumen unos 430 mA de corriente. Las lámparas de encendido rápido tienen un casquillo de dos clavijas en cada extremo.
- *Encendido instantáneo:* una luminaria de encendido instantáneo se utiliza para encender lámparas especialmente diseñadas sin la ayuda de un encendedor. Para provocar el arco de forma instantánea, el circuito usa un alto voltaje de circuito abierto, unas tres veces superior al voltaje de operación normal de la lámpara. Este valor es muy superior al necesario para una lámpara de encendido rápido de la misma longitud. Las lámparas de encendido instantáneo tienen una sola clavija en cada extremo de la lámpara.

Por lo general, las lámparas que se identifican como de precalentamiento, de encendido rápido o de encendido instantáneo solo deben utilizarse con el tipo de balasto correspondiente. Otros términos comunes para designar los tipos de lámparas fluorescentes son los siguientes:

- *Lámparas slimline:* grupo de lámparas de encendido instantáneo con un casquillo de una clavija.
- *Lámparas de alto rendimiento (HO):* grupo de lámparas de encendido rápido que producen mayores niveles de luz al funcionar a corrientes de operación más altas (800 mA a 1,000 mA). Estas lámparas tienen una casquillo empotrado de doble contacto y requieren un portalámparas que haga juego. Las lámparas HO suelen utilizarse en zonas industriales y tiendas con techos altos.
- *Lámparas de muy alto rendimiento (VHO):* grupo de lámparas de encendido rápido que producen niveles de luz aún mayores al funcionar a 1,500 mA. Debido a las corrientes de operación más altas, las lámparas también tienen un casquillo empotrado de doble contacto. Las lámparas VHO se utilizan normalmente en fábricas, almacenes, gimnasios y espacios abiertos.

NOTA

Aunque los casquillos de las lámparas HO y VHO son iguales, cada uno debe adaptarse al balasto correcto.

- *Lámparas fluorescentes compactas (CFL):* en los Estados Unidos, estas lámparas están formadas por uno o varios tubos en forma de U o de espiral que terminan en un casquillo de plástico y pueden incluir un bulbo exterior de tamaño y forma similares a los de una lámpara incandescente (*Figura 10*). El casquillo contiene los cátodos y, en algunas versiones, un balasto magnético o electrónico. Se utilizan para sustituir a las lámparas incandescentes y son compatibles con las luminarias incandescentes. Pueden proporcionar un ahorro hasta del 75 % en costos de energía en comparación con las lámparas incandescentes de potencia luminosa similar. Algunas son regulables.
- *Lámparas T-5:* las lámparas T-5 son más nuevas y consumen menos energía que las T-8 o T-12. Solo pueden utilizarse con balastos electrónicos y producen casi el doble de potencia luminosa que las lámparas T-8 o T-12 tradicionales.

La vida útil de una lámpara fluorescente depende del número de veces que se enciende. El encendido frecuente de las lámparas fluorescentes reduce su vida útil, mientras que el funcionamiento continuo proporciona la vida útil más larga. Los valores típicos de las lámparas fluorescentes de uno de los principales fabricantes se basan en tres horas de funcionamiento por encendido. Por ejemplo, si una lámpara tiene una vida media de 12,000 horas, esto se debe a que se ha encendido 4,000 veces y se ha dejado encendida tres horas por encendido en promedio.

A medida que las lámparas fluorescentes envejecen, la potencia luminosa disminuye. El tungsteno se evapora de los cátodos en cada extremo del tubo, provocando el oscurecimiento en los extremos. Este oscurecimiento es útil para identificar visualmente las lámparas que necesitan reemplazarse

Las ventajas de las lámparas fluorescentes son las siguientes:

- Menor brillo superficial que muchos otros tipos, lo que reduce la fatiga visual o la dificultad para ver objetos cercanos.
- Más eficientes que las lámparas incandescentes o halógenas

Las desventajas de las lámparas fluorescentes son las siguientes:

- Requisitos especiales de eliminación debido al contenido de mercurio
- La lámpara y el balasto deben ser compatibles
- Vida útil más corta con encendidos frecuentes
- El recubrimiento de fósforo es ineficaz cuando está frío o caliente, con potencia luminosa baja en estos ambientes

(A) Fluorescente con forma de bombilla clásica

(B) Fluorescente compacto en espiral

Figura 10 Lámparas fluorescentes compactas.
Fuente: Halco Lighting Technologies

2.1.4 Lámparas de diodos emisores de luz (LED)

Desde 1909 se sabe que todos los diodos emiten luz. Sin embargo, hubo que esperar algunas décadas para que se utilizaran en aplicaciones de iluminación. Estos diodos especiales se denominan *diodos emisores de luz* (*LED*).

Al principio, solo emitían luz infrarroja y roja. Los nuevos materiales semiconductores han permitido que los LED produzcan colores amarillo, verde, azul, violeta y ultravioleta. Al igual que los tubos fluorescentes, los LED blancos utilizan un recubrimiento de fósforo sobre un LED azul o violeta para producir luz blanca. El uso de dos fósforos da como resultado un IRC de solo 60-70, pero las mezclas más recientes de cuatro fósforos han permitido la producción de LED con un IRC de hasta 99.

A diferencia de las lámparas incandescentes con filamento y pérdidas de energía superiores al 90 %, los LED pierden muy poca energía. Los electrones de los diodos producen luz mediante un proceso conocido como *electroluminiscencia*. Por ello, las lámparas LED consumen mucha menos energía que las incandescentes.

Debido a su tamaño reducido y vida útil que puede superar las 100,000 horas (de 15 a 30 años de uso normal), los LED no se limitan a venderse como lámparas de repuesto para diseños de luminarias ya existentes, sino que se están convirtiendo en partes integrantes de luminarias completas de formas y aplicaciones muy diversas.

Las características de los LED requieren una fuente de alimentación de CC muy estable, de unos pocos voltios. Esta fuente de alimentación de bajo voltaje se denomina *controlador*. Los controladores pueden servir para un solo LED o para un conjunto de LED conectados en serie. Los controladores LED solo regulan la corriente o el voltaje, a diferencia de los balastos de las lámparas fluorescentes o de descarga de alta intensidad (HID), que necesitan proporcionar un alto voltaje de encendido y regular la corriente a través del arco. A menudo, los controladores LED proporcionan una atenuación del 0% al 100% de la potencia luminosa.

Los LED se utilizan en semáforos, iluminación de salidas y emergencias, iluminación de escalones y pantallas de video rojas, verdes y azules (RGB) de emisión directa de gran tamaño (*Figura 11*). También se utilizan para iluminación de acento, iluminación de escaparates, iluminación de letreros, barras luminosas en vehículos de emergencia, linternas, luces de alta intensidad, luces traseras de vehículos, luces de árboles de Navidad, guirnaldas de luces, retroiluminación de televisores con pantalla de cristal líquido (LCD), controles remotos por infrarrojos, comunicaciones por fibra óptica y un sinfín de otras aplicaciones. Los LED también son el principal sustituto de las lámparas incandescentes prohibidas.

(A) Gran pantalla de video RGB

(B) Señal de tránsito

(C) Iluminación de salidas y emergencias

(D) Iluminación de caminos y escaleras

Figura 11 Aplicaciones típicas de los LED.
Fuente: Graham Hack (A)

Aplicaciones de los LED

Las luminarias LED se utilizan actualmente para proporcionar una iluminación de bajo consumo y mantenimiento en diversas aplicaciones, como esta iluminación paisajística.

Fuente: Halco Lighting Technologies

Los LED de alta potencia se utilizan ahora en luminarias de calles, carreteras, almacenes de gran altura y estadios deportivos. Las lámparas LED tipo filamento se comercializan mucho por su aspecto vintage. Las luminarias LED de color regulable se utilizan mucho en invernaderos porque su potencia luminosa puede ajustarse muy bien a la luminosidad y el espectro más adecuados para las plantas. Los LED orgánicos (OLED) permiten iluminar dentro de una fina película sobre superficies planas semiflexibles y de gran tamaño. Los LED también se utilizan en esterilización, control de insectos y aplicaciones hospitalarias especializadas.

Las ventajas de las lámparas LED son las siguientes:

- Alta eficiencia, que va del 80 LPW a más de 200 LPW
- Son regulables
- Son de menor tamaño
- Funcionan a baja temperatura
- Los encendidos repetidos no afectan la vida útil
- No necesitan tiempo de calentamiento visible ni enfriarse antes de volver a encenderse
- Son resistentes a golpes y vibraciones
- Los colores cambian mediante LED de RGB
- Proporcionan diversos efectos de iluminación mediante circuitos de control especiales o con aplicaciones en teléfonos inteligentes y otros dispositivos digitales
- Puede usarse en una amplia gama de temperaturas desde –40 °C a 100 °C

Las desventajas de las lámparas LED son las siguientes:

- La corriente y la vida útil dependen de los cambios de voltaje. Un pico o una sobretensión incontrolados en la alimentación de entrada pueden quemar el controlador o los LED.
- Una mayor cantidad del azul proveniente de muchas luminarias LED blancas para carreteras y calles aumenta la contaminación lumínica del cielo nocturno.
- Los controladores mal diseñados imponen una gran cantidad de ruido armónico en las líneas eléctricas, lo que provoca diversos problemas en el sistema.
- Para aplicaciones de estudio, radiodifusión y cine, incluidos los partidos deportivos, los LED típicos tienen lagunas en su espectro de color (con un IRC bajo de 60 a 80). Para estos usos existen LED con un IRC muy alto (de 95 a 99), pero a un costo más alto.

Iniciativa verde

Modernización

De cada dólar que se gasta en iluminación, entre el 80% y el 88% se destina a la electricidad para las lámparas, mientras que el resto se gasta en la compra de lámparas, mantenimiento, etc. Cuando se realizan trabajos de modernización, hay muchas oportunidades de incorporar lámparas de menor consumo. De este modo, no solo se reducen los costos de energía, sino que se consigue una iluminación de igual o mejor calidad. Otra posibilidad es cambiar a luminarias de menor consumo de energía. El gasto inicial se recuperará con el ahorro en energía que se obtendrá a largo plazo.

La *National Energy Policy Act - EPACT* (Ley Nacional de Política Energética), aprobada en 1992, exige usar lámparas y luminarias de alta eficiencia en todas las construcciones nuevas y en la mayoría de modernizaciones en los Estados Unidos. Los LED tienen la mayor eficiencia.

- Cuando están encendidos, los controladores LED tienen una corriente de encendido alta, hasta 100 veces superior a la corriente en estado permanente. Solo dura unos milisegundos, pero cuando se encienden muchos LED a la vez, esta irrupción puede disparar el interruptor automático, soldar los contactos del relé o dañar un interruptor de la luz. Algunos métodos para evitar que esto ocurra incluyen reducir el número de luminarias en el circuito, cambiar a conmutación secuenciada, utilizar un relé de estado sólido de cruce por cero voltaje, instalar un limitador de corriente de irrupción y cambiar el diseño del controlador LED.

Hay disponibles varias lámparas LED de color fijo para su uso en luminarias existentes. Los proyectores LED también están disponibles con distintos haces y formas. Las luminarias LED de alta potencia se utilizan habitualmente para la iluminación de grandes bahías, carreteras, estadios deportivos y estacionamientos (*Figura 12*). Los LED de alta potencia pueden tener eficiencias de hasta 100 a 150 LPW, IRC de 95 o más y una vida útil nominal de 65,000 horas a más de 80,000 horas.

Por su tamaño reducido, larga vida útil, alta eficacia y menor costo, los LED se están convirtiendo rápidamente en la fuente de luz preferida. A diferencia de la tecnología tradicional que se usa en la mayoría de los demás tipos de iluminación, la tecnología LED avanza a un ritmo vertiginoso gracias a muchas empresas.

Figura 12 Luminaria LED de un estacionamiento.
Fuente: Hubbell Incorporated

2.1.5 Lámparas de descarga de alta intensidad (HID)

Las lámparas de descarga de alta intensidad (high-intensity discharge, HID) tienen una vida útil y una eficiencia similares a las de las lámparas fluorescentes. A diferencia de las lámparas fluorescentes, los gases del tubo de arco mucho más corto de la lámpara HID funcionan a presiones mucho más altas, y la mayor parte de la luz emitida se encuentra en la parte visible del espectro.

Al igual que las lámparas fluorescentes, necesitan un balasto para iniciar el arco y controlar la corriente. En algunos diseños se utiliza un encendedor independiente. El balasto HID y la lámpara deben coincidir exactamente. En algunas lámparas HID, se utiliza un recubrimiento de fósforo para difundir la luz y cambiar los colores de la luz para proporcionar un IRC más alto.

Los tipos más comunes de lámparas HID son los siguientes:

- *Lámparas de vapor de mercurio:* las lámparas de vapor de mercurio son las más antiguas de los tipos de lámparas HID. Su emisión de luz verde azulada tiene un IRC relativamente bajo y una eficacia moderada de 50 a 60 LPW. Su uso está desapareciendo con rapidez porque otros tipos de lámparas y luminarias tienen un IRC mucho mejor, una mayor eficacia y una vida útil más prolongada. Actualmente están prohibidas en la Unión Europea y se han propuesto prohibiciones en otros países. Las lámparas CFL y LED de repuesto para las luminarias de vapor de mercurio actuales son fáciles de conseguir y producen más luz a menor costo. Debido a que el arco de vapor de mercurio produce una cantidad considerable de luz UV, si el bulbo exterior de cristal se rompe, causará una exposición insegura a esta luz ultravioleta. El modo de fallo típico de las lámparas de vapor de mercurio es una potencia luminosa muy baja.
- *Lámparas de sodio de baja presión (low-pressure sodium, LPS):* puesto que funcionan a menor presión que otras lámparas HID, las lámparas LPS están muy relacionadas con las lámparas fluorescentes, con una longitud que varía en función de su potencia. Producen una luz amarilla monocromática debido a su IRC de 0 (todos los objetos aparecen amarillos o negros), pero tienen una eficacia muy alta (200 LPW o más). Debido a la disminución de su uso, los principales fabricantes de lámparas LPS han anunciado que dejarán de producirla.
- *Lámparas de sodio de alta presión (high-pressure sodium, HPS):* al utilizar una presión mucho más alta para el tubo de arco, las lámparas HPS producen una luz blanca dorada en comparación con el amarillo puro de las lámparas LPS. Las lámparas HPS tienen un mejor IRC y mayor potencia luminosa que las lámparas de vapor de mercurio. También tienen la vida útil más larga de cualquier tipo de lámpara HID. Las lámparas HPS suelen apagarse y volver a encenderse a intervalos de unos segundos a un minuto o más cuando fallan, debido a la pérdida de sodio en el tubo de arco.

Iniciativa verde

Eficiencia

Los distintos tipos de lámparas tienen diferentes capacidades para convertir la energía eléctrica en luz visible. La cantidad de luz emitida, medida en lúmenes, se divide por la potencia de entrada para determinar la eficacia de una lámpara. La eficacia se expresa en LPW y es una medida de la eficiencia energética. Por ejemplo, una lámpara de 60 W que produce 800 lúmenes de luz tiene una eficacia de 13 LPW. La misma potencia luminosa de una CFL consume 13 W, es decir, una eficacia de 62 LPW. En un LED, esta potencia luminosa consume 7 W, es decir, una eficacia de 114 LPW.

Conozca el código

Luminarias, portalámparas y lámparas
Artículo 410 del NEC

- *Lámparas de halogenuros metálicos:* De todos los tipos de lámparas HID, las lámparas de halogenuros metálicos, también llamadas *lámparas multivapor*, tienen el IRC más alto. Las lámparas de halogenuros metálicos y HPS son los dos tipos más comunes de lámparas HID (*Figura 13*). Puede ser peligroso que el tubo de arco se rompa. La *sección 410.130(F)(5) del NEC* exige que todas las lámparas de halogenuros metálicos tengan una barrera de contención, como un lente, o sean de tipo O con un casquillo protegido. La única excepción a este requisito son los reflectores aluminizados parabólicos (PAR) de cristal grueso. Las lámparas de tipo O tienen una cubierta interna que protege la bombilla exterior de posibles daños en caso de que el tubo de arco se rompa. Un casquillo exclusivo impide el uso de cualquier lámpara excepto una de tipo O en un portalámparas protegido. La *Figura 14* muestra una lámpara de halogenuros metálicos con casquillo de tipo O. El modo de fallo normal de las lámparas de halogenuros metálicos es un fallo de encendido.

Figura 13 Dos lámparas de descarga de alta intensidad.
Fuente: Halco Lighting Technologies

Las ventajas de las lámparas HID son las siguientes:

- Tamaño de artefacto compacto
- Mayor iluminación que las lámparas fluorescentes o incandescentes

Las desventajas de las lámparas HID son las siguientes:

- Requisitos especiales de eliminación debido al contenido de mercurio
- Peligro de explosión de la lámpara debido a la alta presión
- La luz ultravioleta daña pinturas, plásticos y otros objetos si no se utiliza un filtro UV.
- Retraso de 3 a 7 minutos desde el encendido hasta que la luz alcanza su intensidad máxima
- Período de enfriamiento necesario antes de volver a encender cuando se apaga por cualquier motivo (p. ej., un breve corte de corriente puede ir seguido de 10 a 15 minutos de oscuridad casi total).

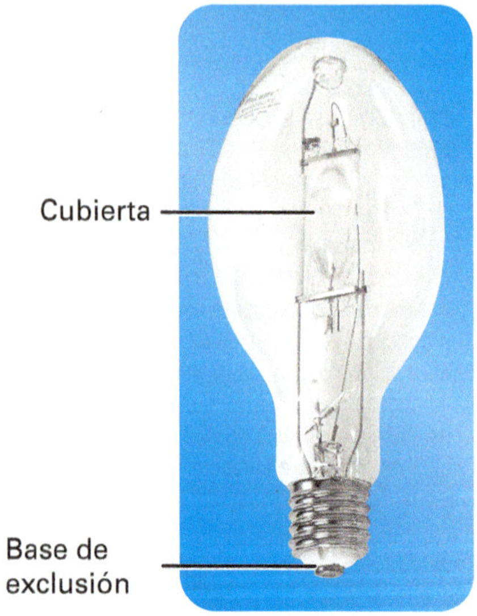

Figura 14 Lámpara de halogenuros metálicos.
Fuente: Halco Lighting Technologies

2.1.6 Lámparas de inducción magnética

Las lámparas de inducción son esencialmente un tipo de lámpara fluorescente sin electrodos. Funcionan como un transformador con un devanado primario externo en forma toroidal (rosquilla) y un tubo de descarga circular lleno de gas a baja presión que actúa como devanado secundario. Debido a la ausencia de electrodo, la vida útil puede ser de hasta 100,000 horas.

Cuando se utilizan con controles electrónicos, pueden funcionar a altas frecuencias que evitan el parpadeo. Algunos tipos utilizan la inducción por radiofrecuencia para alimentar la lámpara, pero es importante seleccionar frecuencias que no interfieran con las comunicaciones.

Las lámparas de inducción están disponibles como repuestos atornillables, kits de modernización para luminarias HID y como luminarias completas. Su larga vida útil, amplio rango de temperaturas, buena eficacia y ausencia de tiempo de calentamiento las convierten en una buena elección para cámaras frigoríficas y lugares de difícil acceso. Sin embargo, las lámparas LED ofrecen las mismas ventajas, así como una mayor eficacia.

Una variación de las lámparas de inducción utiliza frecuencias más altas para energizar el contenido del tubo y convertirlo en plasma. A su temperatura de operación de diseño, la lámpara tiene un IRC muy alto. Estos tipos de lámparas utilizan un magnetrón y una guía de ondas para introducir la energía en la lámpara, lo que reduce su vida útil.

Las ventajas de las lámparas de inducción magnética son las siguientes:

- Larga duración
- Encendido y reencendido instantáneos
- Sin parpadeo, luz estroboscópica ni ruido
- Funcionamiento a baja temperatura
- Algunas son regulables
- Alto factor de potencia

Las desventajas de las lámparas de inducción magnética son las siguientes:

- Requisitos especiales de eliminación debido al contenido de mercurio
- Uso limitado

2.1.7 Lámparas de arco de xenón

Entre los primeros tipos de lámparas de arco estaban las de arco de carbono y las de cal. Las lámparas de arco modernas utilizan un arco de xenón de muy alta presión para producir luz blanca pura (IRC de 95 o más) con una temperatura de color de 6,000 K. El arco se encuentra en una zona muy pequeña que rodea el cátodo de la lámpara (*Figura 15*). Esto permite concentrar la salida de luz en un haz muy controlado con usos que van desde linternas a instrumentos científicos, faros, reflectores y proyectores de teatro.

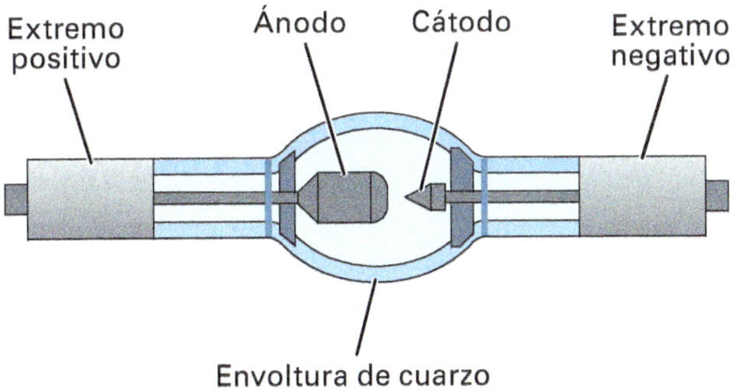

Figura 15 Lámpara de arco de xenón.

Las ventajas de las lámparas de arco de xenón son las siguientes:

- Uso de la gran potencia de la luz UV en la generación de ozono, la desinfección y la investigación médica
- Sin pérdida de potencia luminosa durante la vida útil de la lámpara
- Vida útil equiparable a la de las lámparas LED
- Son regulables

Las desventajas de las lámparas de arco de xenón son las siguientes:

- Peligro de explosión de la lámpara debido a la gran presión, por lo que se requiere un manejo especial
- La luz ultravioleta daña pinturas, plásticos y otros objetos si no se utiliza un filtro UV.

2.2.0 Componentes de las luminarias

Los componentes de las luminarias incluyen varios tipos de formas de lámparas, portalámparas y el correspondiente cableado. Tanto las lámparas fluorescentes como las HID requieren el uso de balastos, mientras que las lámparas LED incorporan controladores.

2.2.1 Formas y dimensiones de las lámparas

Las lámparas se fabrican en numerosos tamaños y formas, con diferentes casquillos de instalación. La *Figura 16* muestra algunos ejemplos de formas típicas de lámparas incandescentes. Las lámparas se identifican con una letra que hace referencia a su forma y un número que indica el diámetro máximo expresado en octavos de pulgada. Por ejemplo, en los Estados Unidos, una A-40 identifica una lámpara con forma de A de $^{40}/_{8}$" (5") de diámetro, mientras que una lámpara con la designación T-12 tiene $^{12}/_{8}$" ($1^{1}/_{2}$") de diámetro. Los tamaños métricos varían ampliamente; consulte siempre el catálogo del fabricante de la lámpara para obtener información específica.

Figura 16 Formas de lámparas incandescentes.

Las lámparas con envolventes de formas estándar, tubulares y similares proporcionan iluminación en todas las direcciones (omnidireccionales). Aquellas que tienen formas designadas como R, ER y PAR son todas lámparas de tipo reflector. Dirigen su luz hacia el frente reflejándola desde sus paredes interiores.

Las lámparas fluorescentes se designan con la letra F, seguida de la potencia en vatios, la letra T por su forma tubular, el diámetro (en octavos de pulgada), el color y cualquier otra característica. Si la lámpara fluorescente está doblada en U o en círculo, la letra F va seguida de una U o una C. Las lámparas fluorescentes compactas no tienen una convención de etiquetado estándar. Las lámparas HID tienen algunas de las mismas formas que las lámparas incandescentes, además de las formas BT (tubular convexa) y ED (elíptica cóncava).

La luminaria y el tamaño de la lámpara deben trabajar juntos para colocar la salida de luz en el lugar deseado. El error más común es confundir cuando se necesita una lámpara de tipo reflector o de tipo no reflector. Otro error es elegir una lámpara que no quepa en la luminaria debido a su tamaño. Esto sucede en particular al sustituir una lámpara incandescente por una CFL, ya que el casquillo de plástico que contiene el conductor puede que no se enrosque por completo en el casquillo.

2.2.2 Portalámparas

Los portalámparas permiten instalar la lámpara en una luminaria en la posición y orientación correctas. Deben coincidir con el tipo y el tamaño de la lámpara, incluida la potencia, el voltaje y el voltaje de impulso en el caso de los tipos HID. También deben ser adecuados para la temperatura, el ambiente, el material de la luminaria, el método de cableado, el número de lámparas, el control del interruptor y otros factores.

Los portalámparas suelen fallar por calor, rotura o corrosión. La causa de la falla de un portalámparas debe identificarse antes de proceder a reemplazarlo. El portalámparas de repuesto debe coincidir en todo lo posible con el original, a menos que el original no fuera adecuado para el uso previsto.

Los portalámparas se identifican generalmente con una letra que identifica el tipo y un diámetro o tamaño de separación en milímetros. Así, un *portalámparas de rosca* (casquillo Edison) puede ir desde un E10 para una linterna hasta un E27, que es el casquillo mediano estándar. La gama continúa hasta un E40, o tipo *mogul*.

Otras designaciones de portalámparas son BA para los tipos de bayoneta; G, GU, GY y GX para los tipos de una o dos clavijas; y W para los tipos de cuña. Algunos portalámparas de tipo E tienen un punto de contacto adicional para su uso con lámparas de tres vías. Algunos tipos G tienen uno o dos contactos para usarlos con tubos fluorescentes y lámparas LED de repuesto, mientras que otros tienen dos o incluso cuatro contactos para usarlos lámparas compactas fluorescentes y LED. En la *Figura 17* se muestran dos portalámparas fluorescentes de tipo G habituales.

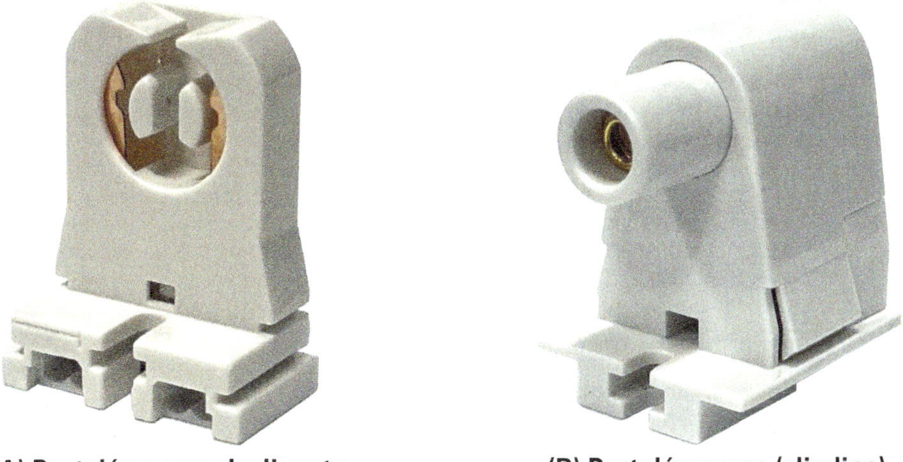

(A) Portalámparas deslizante de dos clavijas

(B) Portalámparas (slimline) deslizante de una clavija

Figura 17 Portalámparas fluorescentes comunes.

2.2.3 Instalación de lámparas

Siga estas pautas generales cuando instale lámparas en luminarias:

- Verifique que la lámpara y la luminaria son compatibles.
- En las lámparas HID, revise que la orientación en la luminaria (por ejemplo, con el casquillo hacia arriba) coincide con la posición de encendido marcada en la lámpara. Asegúrese también de que el código ANSI (American National Standards Institute) de la lámpara coincide con el código ANSI del balasto.
- Revise que la lámpara tiene el voltaje nominal correcto para la luminaria. Esto es especialmente importante cuando se instalan lámparas incandescentes, ya que una pequeña diferencia entre el voltaje nominal y el real afecta la vida útil y la potencia luminosa de la lámpara.
- Revise que la lámpara de repuesto o la combinación de lámparas no superen la potencia nominal máxima de la luminaria; de lo contrario, la luminaria podría sobrecalentarse y provocar un incendio. En luminarias empotradas con protectores térmicos incorporados, las lámparas se encenderán y apagarán cíclicamente a medida que la luminaria se sobrecalienta y luego se enfría.
- Cuando instale lámparas fluorescentes y HID, asegúrese de que el tipo de lámpara y la potencia corresponden a la de la luminaria y el balasto. Instale siempre las lámparas que el fabricante de la luminaria especifique.
- Cuando instale lámparas fluorescentes de dos clavijas, gírelas girarlas $\frac{1}{4}$ de vuelta para asentarlas y conectarlas. Las tapas metálicas de los extremos de los tubos tienen marcas para la alineación.
- No instale lámparas que tengan rasguños o daños en la envoltura.
- Utilice un paño suave o guantes para manipular una lámpara halógena tubular no encapsulada. Así se evita que el aceite de las manos entre en contacto con la bombilla. Las paredes del tubo de cuarzo pueden soportar altas temperaturas de operación, pero se sobrecalientan y agrietan si se contaminan con huellas dactilares u otros materiales. Revise también que ningún material combustible pueda entrar en contacto con la lámpara cuando esté encendida.
- A diferencia de las lámparas estándar, las lámparas halógenas y HID pueden seguir encendidas aunque se rompa el cristal de la lámpara exterior. Sustituya la lámpara de inmediato, independientemente de que siga encendida o no.
- En algunas aplicaciones, como plantas de procesamiento de alimentos, panaderías, lecherías, escuelas y almacenes, deben utilizarse fundas de seguridad para cubrir las lámparas fluorescentes. Esto ayuda a contener los cristales rotos y los fósforos en caso de que la lámpara se rompa, caiga o reviente.
- Trabaje siempre de manera segura. Revise que la alimentación está desconectada, protéjase las manos y los ojos, use una escalera segura y adecuada y tenga cuidado con las lámparas o luminarias calientes y el polvo acumulado.

En general, la legislación energética recomienda sustituir las lámparas incandescentes estándar por lámparas LED y fluorescentes compactas; las lámparas incandescentes reflectoras por halógenas PAR, y las lámparas de potencia plena por fluorescentes de mayor eficiencia, como las T-5. Si es necesario volver a instalar la lámpara en una luminaria existente que se diseñó para un tipo de lámpara descatalogada o ineficiente, sustituya la lámpara por un repuesto de bajo consumo aprobado. Verifique que el regulador que use es compatible con la lámpara de repuesto. Los distribuidores de iluminación y electricidad tienen listas de repuestos aprobados.

Las lámparas fluorescentes pueden utilizarse en circuitos con un voltaje de circuito abierto superior a 300 V, o en circuitos que permitan que una lámpara se ionice y conduzca corriente con un solo extremo en el portalámparas. La *sección 410.71 del NEC* requiere algún medio automático para desenergizar el circuito cuando se retira la lámpara. Normalmente, se encuentra en el portalámparas, que abre el circuito primario del balasto cuando se retira la lámpara. Los casquillos de contacto empotrados para lámparas HO y VHO han eliminado la necesidad de esta característica de desconexión en sus portalámparas.

Conozca el código

Luminarias, portalámparas y lámparas
Artículo 410 del NEC

2.2.4 Balastos para luminarias fluorescentes

En las luminarias fluorescentes, los balastos desempeñan las siguientes funciones:

- Proporcionar el voltaje adecuado para establecer un arco entre dos electrodos.
- Regular la corriente eléctrica que circula por la lámpara para estabilizar la potencia luminosa.
- Suministrar el voltaje que se necesita para el correcto funcionamiento de la lámpara y compense las variaciones de voltaje en la alimentación de entrada.
- Proporcionar voltaje continuo para mantener el calor en los electrodos de la lámpara mientras esta funciona (circuitos de encendido rápido).

Cada lámpara fluorescente debe funcionar con un balasto diseñado específicamente para proporcionar los voltajes de encendido y operación adecuados. Los fabricantes de lámparas y luminarias producen una gran variedad de balastos para luminarias que admiten varios modos de encendido de la lámpara. Los balastos se fabrican para una, dos, tres y cuatro lámparas.

Los componentes magnéticos del balasto pierden entre un 5% y un 20% de la energía de entrada de la luminaria, por lo que se instalan y encapsulan en una carcasa metálica para disipar este calor. Los componentes magnéticos vibran a la frecuencia de línea, produciendo un zumbido perceptible que puede resultar molesto en ambientes más silenciosos. Por lo general, sirven para operar solo una o dos lámparas de encendido rápido o instantáneo. Desde 1988, se exige que se fabriquen con componentes de alta eficiencia. Debido a la creciente disponibilidad, la mayor aplicabilidad y el ahorro energético de los balastos electrónicos, los balastos magnéticos están desapareciendo.

Hay un tipo de balasto híbrido que emplea componentes magnéticos para operar la lámpara y componentes electrónicos para apagar el calor de los cátodos una vez que la lámpara está en funcionamiento, lo que se traduce en menores pérdidas de energía. Sin embargo, los balastos electrónicos son los más eficientes.

Los balastos electrónicos eliminan la pérdida de calor causada por los componentes magnéticos mediante fuentes de alimentación electrónicas para obtener los voltajes más altos que se necesitan para iniciar el arco en el tubo fluorescente, limitando al mismo tiempo la corriente. Pueden operar de una a cuatro lámparas. Con los balastos electrónicos, la potencia de entrada es de 50 Hz a 60 Hz, pero el balasto opera lámparas de 20 kHz a 50 kHz, lo que mejora la eficacia del balasto y de las lámparas y elimina los zumbidos y el parpadeo de las lámparas.

Algunos balastos con circuitos integrados son compatibles con diversos sistemas de regulación, sensores de ocupación, sensores de luz diurna y tecnologías de control inalámbricas. Muchos balastos electrónicos no traen cables, sino arneses de cables enchufables o con cables individuales y terminales a presión.

Iniciativa verde

Factor de potencia

El factor de potencia es la conversión en porcentaje del ángulo de fase entre el voltaje y la corriente. En otras palabras, el factor de potencia indica la concordancia entre el voltaje y la corriente. Un factor de potencia de 1 (100 %) significa que el voltaje y la corriente están en fase, lo que es ideal. Los balastos con un factor de potencia de 0.9 (90 %) o más se consideran muy eficientes. Instalar un balasto con un factor de potencia bajo reduce la eficacia de una luminaria.

Balastos electrónicos para luminarias

Los balastos electrónicos modernos para luminarias ofrecen una flexibilidad de aplicación superior. Estos balastos pueden tener capacidad para dos, tres o cuatro lámparas. Además, también pueden utilizarse para operar un número de lámparas inferior al máximo indicado. Por ejemplo, un balasto con capacidad para cuatro lámparas puede utilizarse para operar una luminaria de dos o tres lámparas. Los balastos electrónicos también permiten utilizar lámparas de distintas longitudes.

Historial de caso

La importancia de la puesta a tierra

El pintor de una instalación industrial estaba en una escalera de madera pintando vigas en I de acero. Recibió una descarga mortal al apoyarse en una de las muchas luminarias fluorescentes suspendidas mientras el otro brazo estaba en contacto con un tubo metálico. Una investigación posterior reveló que el cable de puesta a tierra de la luminaria no estaba conectado. Al parecer el cable de puesta a tierra no se había vuelto a conectar la última vez que se sustituyó el balasto. Se observaron muchas marcas de quemaduras dentro de la luminaria en los puntos donde los conductores estaban conectados al balasto.

Conclusión: No olvide conectar el cable verde (tierra) cuando sustituya cualquier aparato eléctrico.

Conozca el código

Luminarias, portalámparas y lámparas
Artículo 410 del NEC

PRECAUCIÓN

Cuando instale un balasto de repuesto, asegúrese de desechar el antiguo de forma adecuada. A menos que vea una etiqueta con la inscripción "Sin PCB" (abreviatura de *bifenilos policlorados*) en el balasto dañado, debe suponer que contiene PCB tóxicos, y debe desecharlo de acuerdo con los requisitos vigentes de la EPA y las autoridades locales. De lo contrario, tanto usted como su empresa pueden quedar expuestos a una posible responsabilidad civil de limpieza de PCB en caso de fuga.

Los nombres que se usan para identificar los distintos tipos de balastos pueden variar según el fabricante, pero suelen ser de los siguientes tipos:

- *Balastos de encendido rápido:* estos balastos aplican voltaje de operación a la lámpara al tiempo que calientan los cátodos. La lámpara se enciende rápidamente, pero si el cátodo no se calienta del todo, parte del material se desprende, lo que provoca un lento deterioro de los cátodos y, finalmente, su falla. Estos balastos están diseñados únicamente para lámparas de encendido rápido (dos clavijas en cada extremo). La duración de la lámpara es media.
- *Balastos de encendido instantáneo:* estos balastos funcionan con un voltaje de encendido más alto para proporcionar una iluminación inmediata. Ofrecen la menor potencia del sistema y la mayor eficacia a costa de una menor vida útil de la lámpara.
- *Balastos electrónicos de encendido programado:* estos balastos ofrecen la mayor vida útil a las lámparas gracias al daño mínimo de los cátodos en el encendido y su consumo de energía es casi tan bajo como el de los balastos de encendido instantáneo debido al menor calentamiento de los cátodos. A menudo, los balastos electrónicos son la mejor opción, sobre todo para luminarias que se apagan y encienden con frecuencia, como las que tienen sensores de ocupación. No están disponibles en versión magnética.
- *Balastos de iluminación de emergencia:* para algunas luminarias fluorescentes se fabrican balastos de emergencia especiales con fuentes de alimentación autónomas sin cable. Si se pierde la alimentación de entrada a la luminaria, estos balastos suelen operar una lámpara de 8′ (2.5 m) a niveles de iluminación de emergencia durante unos 90 minutos, o una lámpara de 4′ (1.2 m) durante unos 120 minutos.

La sección 410.130(E)(1) del NEC exige que todos los balastos de luminarias fluorescentes de interiores, incluidos los balastos de repuesto, dispongan de un dispositivo de protección térmica en su interior (Clase P). Se exceptúan los balastos de reactancia simple que se usan en luminarias fluorescentes con lámparas tubulares rectas, los balastos de luminarias de letreros de salidas y el alumbrado de emergencia de salidas. Los balastos de clase P con protección térmica evitan los incendios abriendo automáticamente el circuito si la temperatura supera un límite establecido debido a una falla en la luminaria.

Cuando sustituya los balastos, asegúrese de utilizar un repuesto equivalente exacto. En la mayoría de los casos, si la luminaria no dispone de un dispositivo de desconexión, deberá instalarse uno, tal y como lo exige la *sección 410.71 del NEC*.

2.2.5 Balastos para luminarias HID

Las lámparas HID requieren el uso de un balasto para proporcionar la tensión suficiente para que se forme un arco en la lámpara. Esta función la puede realizar el balasto solo o junto con un circuito de encendido electrónico independiente. Un encendedor (*Figura 18*) es un dispositivo electrónico utilizado en los circuitos de las lámparas de sodio de alta presión y algunas lámparas HID de halogenuros metálicos. Proporciona un voltaje alto que oscila entre 3,000 V y 4,000 V en promedio para iniciar el arco a través de un espacio. Cuando la luminaria recibe corriente, el encendedor mantiene el arco hasta que la lámpara está completamente encendida y, luego, se apaga automáticamente.

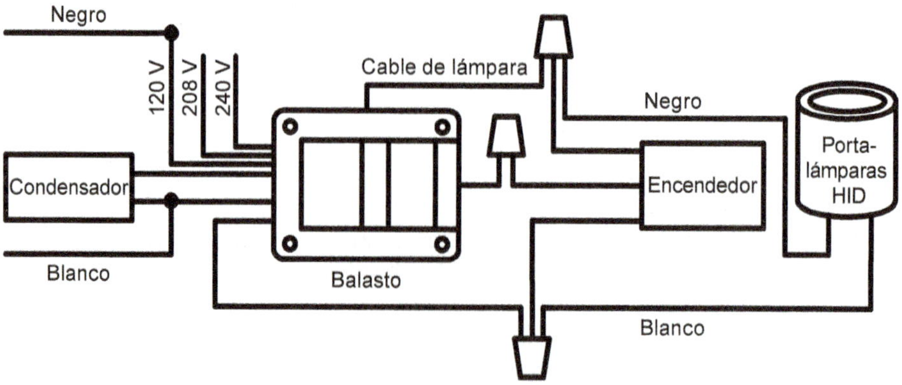

Figura 18 Circuito simplificado de encendido de lámparas HID.

El balasto de la lámpara HID también actúa para controlar la potencia del arco durante el calentamiento y el funcionamiento normal. Además, algunos balastos tiene una función de transformador de igualación del voltaje de línea, mejoran la regulación de la potencia con respecto a los cambios en el voltaje de línea o el voltaje de la lámpara y, a veces, tienen funciones de regulación o de control.

Hay muchos tipos y tamaños de balastos para las lámparas HID. Para poder intercambiarlos independientemente del fabricante, cada balasto tiene un código ANSI. Este código ANSI debe coincidir con el código ANSI de la lámpara.

Los balastos HID pueden agruparse en tres categorías básicas, según su funcionamiento:

- *Balastos de circuito lineal no regulable:* estos balastos son los más sencillos y básicos, ya que no compensan las caídas ni las interrupciones de voltaje. Hay una versión de retardo automático (auto-lag) que ofrece cierta regulación de la tensión de entrada.
- *Balastos con autotransformador de potencia constante (CWA)*: el uso de la saturación magnética en estos balastos proporciona una buena **tolerancia a la caída de tensión** y mantiene una mejor regulación de la potencia de las lámparas. Esto evita la pérdida de luz debida a la extinción de un arco de bajo voltaje y los 10 a 15 minutos necesarios para que la lámpara se enfríe, vuelva a encenderse y se caliente de nuevo. Los balastos CWA vienen en diferentes versiones para lámparas de halogenuros metálicos o de vapor de mercurio.
- *Balastos de tres bobinas:* estos balastos brindan la mejor estabilidad de potencia luminosa y tolerancia a las caídas durante períodos de fluctuación de voltaje. También prolongan la vida útil de la lámpara. Hay dos versiones relacionadas que se utilizan específicamente con lámparas HPS y de halogenuros metálicos. Cuestan más que los otros tipos.

Tolerancia a las caídas de voltaje (Dip tolerance): capacidad de una lámpara HID o de un circuito de luminaria para tolerar fluctuaciones de voltaje sin que la lámpara se apague y se entrie.

Cableado de balastos

Los fabricantes codifican por colores el cableado del balasto para facilitar la instalación. Siga siempre el código de colores del fabricante al cablear los balastos.

Cuando se instalan luminarias nuevas, el balasto y el cableado de la lámpara suelen venir de fábrica; el instalador solo tiene que conectar el voltaje de línea a los conductores que coincidan con el voltaje de entrada del balasto. Sin embargo, al sustituir un balasto, es esencial adquirir el repuesto adecuado y prestar mucha atención a los esquemas de cableado tanto de la luminaria como del nuevo balasto.

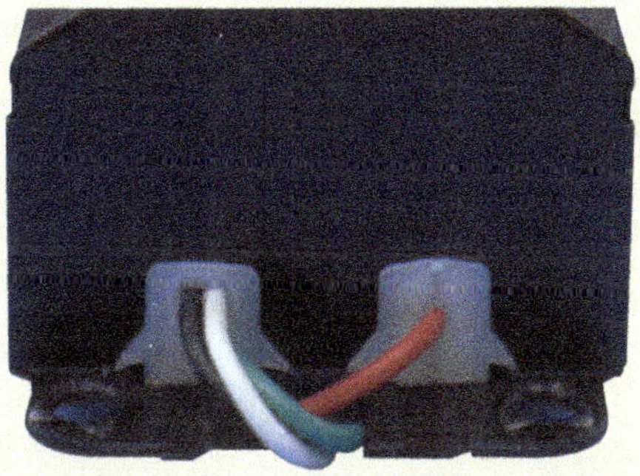

Derivaciones sin usar

Algunos balastos se fabrican con conductores primarios que permiten conectar el balasto a diferentes voltajes de alimentación, como 120 V, 208 V, 240 V o 277 V. Estos balastos se denominan balastos *multiderivación.* Al igual que en los transformadores multiderivación, es muy importante que solo se conecte al voltaje de línea el cable de voltaje adecuado y que los demás estén aislados eléctricamente.

2.2.6 Controladores LED

Los controladores LED proporcionan una fuente de alimentación estable con un voltaje o corriente continuos y controlados. Las lámparas LED que sustituyen a las incandescentes tienen el controlador en el casquillo y se reemplaza como una sola unidad. En algunos casos, las lámparas LED requieren un casquillo especial que la fija a la luminaria, mientras que el controlador está en la luminaria como tal.

En el caso de las lámparas fluorescentes de repuesto, el controlador y la lámpara LED ahorran energía y están disponibles en las siguientes variantes:

- *Controlador integrado previsto para funcionar a 120 V:* requiere que se retire el balasto y volver a cablear la luminaria.
- *Controlador integrado previsto para funcionar con el balasto y el cableado instalados:* el más sencillo, pero consume más energía porque se sigue utilizando el balasto.
- *Controlador integral de tipo híbrido:* el más versátil y está previsto para operar mientras el balasto está en funcionamiento; también puede funcionar a 120 V sin balasto.
- *Controlador independiente montado en la luminaria en lugar del balasto:* requiere recableado de la luminaria.

Para trabajos nuevos y de modernización, una luminaria LED puede tener el controlador en su interior, pero a menudo es un componente aparte instalado en una caja de conexiones cercana con latiguillos especiales para la luminaria. Los diferentes métodos de atenuación, así como el cambio de color de los LED RGB programados o programables, son posibles cuando se selecciona el controlador adecuado y los LED compatibles.

Los controladores de LED utilizan componentes electrónicos de estado sólido, que pueden resultar dañados por un calor excesivo. Suelen identificarse con una vida útil típica (como 50,000 horas) a cierta temperatura máxima de operación. La temperatura máxima suele designarse en el caso del controlador como t_c. Si la temperatura de operación es superior a su valor nominal máximo, cada aumento de 18 °F (10 °C) reducirá a la mitad la vida útil del controlador. En exteriores, la exposición directa a la luz solar puede causar que la temperatura exceda bastante el límite. Cuando esto ocurre, habrá una falla sin lugar a dudas.

Los controladores de LED pueden provocar, y a menudo provocan, distorsiones armónicas en la línea eléctrica de entrada, lo que eleva la temperatura de los transformadores y conductores de alimentación. Los controladores LED pueden diseñarse con un factor de potencia más alto y filtrado de armónicos para eliminar estos efectos. Los controladores LED también pueden resultar dañados por picos, aumentos de voltaje y otros tipos de ruido en la línea eléctrica. De nuevo, pueden fabricarse con supresión de sobretensiones o instalarse en alimentadores con supresión de sobretensiones.

Cuando una luminaria LED falla antes de la vida útil prevista y tiene un controlador accesible, el primer paso para solucionar el problema es verificar si el controlador funciona. Los controladores de repuesto deben ajustarse a las necesidades de voltaje y corriente de la luminaria, con un margen de seguridad de al menos el 10 % de su corriente máxima de salida.

En lo posible, los controladores de repuesto deben obtenerse del fabricante de la luminaria. Algunos proveedores de controladores de LED tienen versiones que pueden programarse para una corriente máxima; sin embargo, si se suministra demasiada corriente a los LED (conocido como *sobrealimentación*), se reducirá la duración de los LED.

2.0.0 Repaso de la sección

1. La lámpara con *menor* esperanza de vida es la _____.
   a. lámpara fluorescente
   b. lámpara HID
   c. lámpara incandescente
   d. lámpara de halógeno

2. Se utiliza un balasto para _____.
   a. prolongar la vida de una lámpara incandescente
   b. atenuar una lámpara incandescente
   c. convertir a una lámpara LED de repuesto con rosca
   d. regular la corriente de una lámpara fluorescente

3.0.0 Luminarias

Objetivo

Describir la selección e instalación de luminarias para diversas aplicaciones.

a. Identificar las luminarias y sus aplicaciones.
b. Explicar cómo almacenar y manipular lámparas y luminarias.
c. Explicar cómo instalar las luminarias.

Tarea prácticas

1. Instale una o más de las siguientes luminarias y sus lámparas asociadas:
   - De montaje superficial
   - Empotradas
   - Suspendidas
   - De montaje en rieles

En el oficio eléctrico, los términos *luminaria* y *artefacto de iluminación* se utilizan indistintamente. *Luminaria* es el término internacionalmente aceptado. Una luminaria se define como una unidad de iluminación completa formada por una o varias lámparas, incluidas las piezas diseñadas para distribuir la luz, colocar y proteger las lámparas y conectar las lámparas a una fuente de alimentación.

3.1.0 Luminarias y sus aplicaciones

Las luminarias se clasifican de muchas maneras, por fuente de luz, método de montaje, estética y función. Desde el punto de vista del instalador, las luminarias se clasifican mejor por la forma en que se instalan. Las opciones de instalación son las siguientes:

- De montaje superficial
- Empotradas
- Suspendidas
- De montaje en rieles
- De montaje en poste

3.1.1 Luminarias de montaje superficial

Las luminarias de montaje superficial se instalan directamente en el cielorraso o la pared. Pueden ser incandescentes, fluorescentes, LED o HID. En la *Figura 19* y en la *Figura 20*, respectivamente, se muestran algunos ejemplos de luminarias de montaje superficial en cielorrasos y paredes interiores. La *Figura 21* muestra un ejemplo de luminaria de exterior montada en la pared.

Figura 19 Luminarias de montaje superficial para cielorraso.
Fuentes: iStock@trainman111 (arriba a la izquierda); iStock@SVproduction (arriba a la derecha); iStock@OLGA Zhukovskaya (abajo a la izquierda); iStock@Cindhy Ade Hapsari (abajo a la derecha)

Figura 20 Luminaria de montaje superficial para pared interior.
Fuente: iStock@Radist

Figura 21 Luminaria de montaje superficial para pared exterior.
Fuente: iStock@Robin Gentry

3.1.2 Luminarias empotradas

Como su nombre lo indica, las luminarias empotradas se instalan en una superficie, casi siempre el cielorraso, de modo que no se pueda ver el cuerpo principal de la luminaria. La *Figura 22* muestra ejemplos de luminarias empotradas. Como se puede ver, una luminaria típica para una obra nueva consta de una carcasa, una caja de conexiones y un marco de montaje que sirve para fijarla a la estructura del cielorraso. Todos estos componentes de la luminaria están situados por encima de la línea del cielorraso. Solo el lente o difusor y la moldura se pueden ver en la superficie del cielorraso.

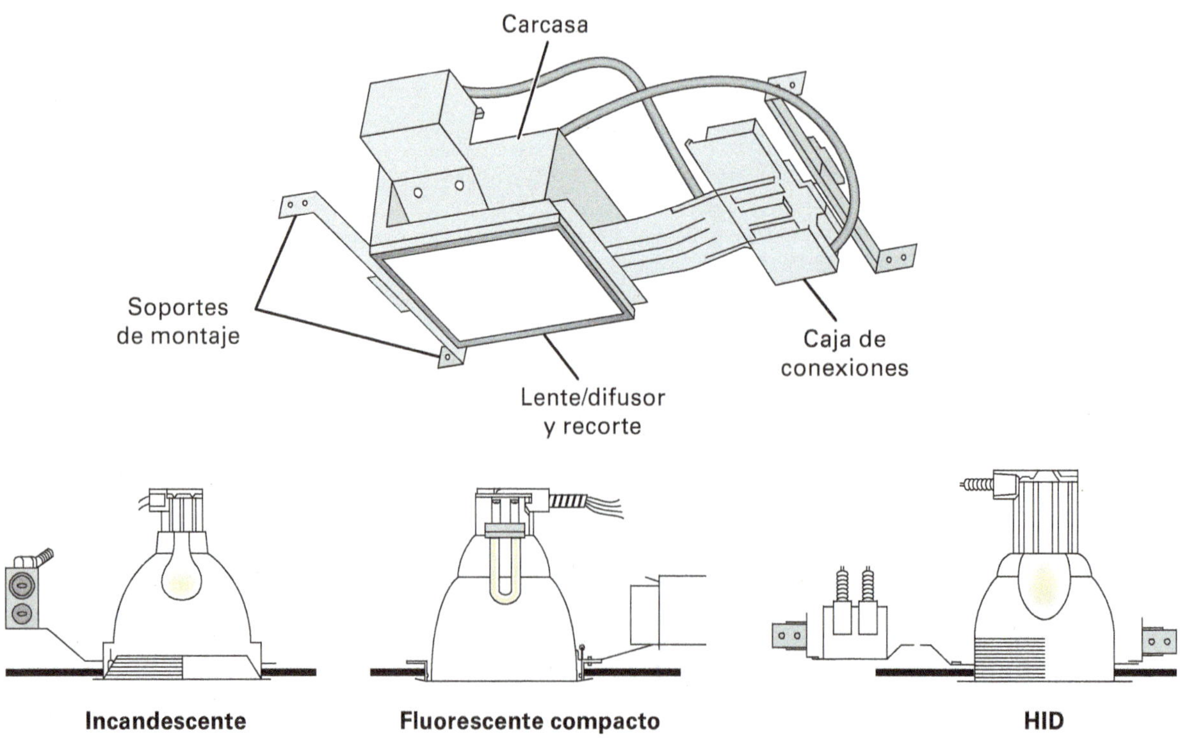

Figura 22 Luminarias empotrables típicas.

Otras luminarias empotradas, denominadas tipo **plafón**, son unidades cuadradas o rectangulares que se instalan sobre el cielorraso. En los Estados Unidos suelen ser unidades de 2′ × 2′ o 2′ × 4′, que contienen dos o tres lámparas fluorescentes T-8, T-10 o T-12 o lámparas LED. Estas dimensiones son también las habituales para las aberturas de cielorrasos suspendidos con perfiles en T. La *Figura 23* es un cielorraso suspendido típico con luminarias modulares. A veces se denominan *plafón tipo rejilla*.

Plafones (Troffers): luminarias empotradas instaladas con la abertura a ras con el cielorraso.

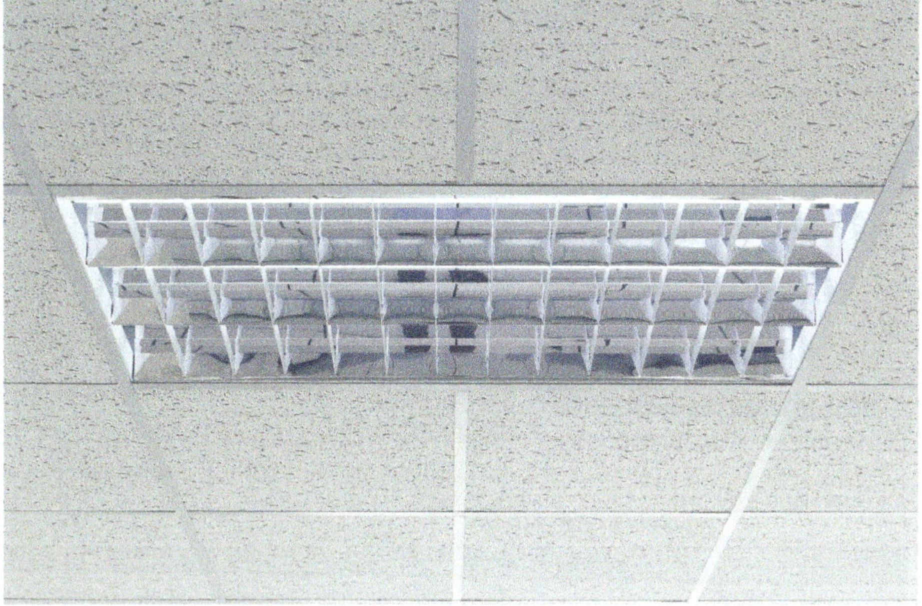

Figura 23 Luminaria fluorescente de plafón típica en un cielorraso suspendido.
Fuente: iStock@RonFullHD

Algunas luminarias tipo plafón tienen una brida de instalación o un kit independiente con soportes para que se puedan instalar en aberturas de cielorraso debajo de los sistemas de cielorraso de estuco, cartón yeso o marco oculto (*Figura 24*). Las luminarias LED son excelentes opciones para plafones porque su calibre delgado (de tan solo $\frac{5}{8}$″ o 16 mm) significa que necesitan poco espacio libre por encima del cielorraso. Esto permite montarlas debajo de ductos o tuberías que, a menudo, no se pueden evitar.

PRECAUCIÓN

Las luminarias empotradas incandescentes generan una cantidad considerable de calor dentro de su envolvente y constituyen un gran riesgo de incendio si no se instalan correctamente. Por este motivo, al instalarlas deben observarse varias precauciones y requisitos del *NEC*®. Estas precauciones y requisitos se tratan más adelante, en la *sección 3.3.2* de este módulo.

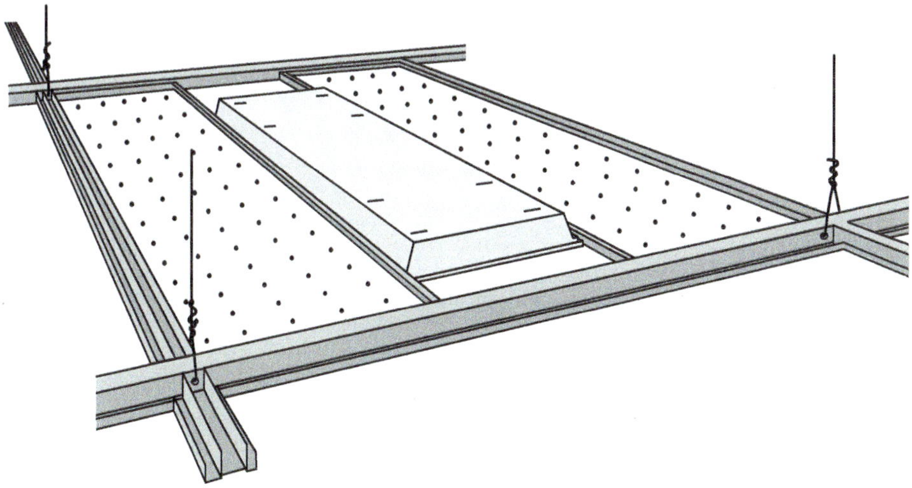

Figura 24 Luminaria fluorescente de plafón instalada en cielorraso suspendido.

Luminarias LED

Las luminarias LED están sustituyendo rápidamente a las incandescentes en la iluminación empotrada y en muchas otras aplicaciones. Las nuevas leyes que prohíben las lámparas incandescentes en el mercado a partir de 2023 acelerará sin duda el uso de LED tanto en proyectos de modernización como de nuevas construcciones.

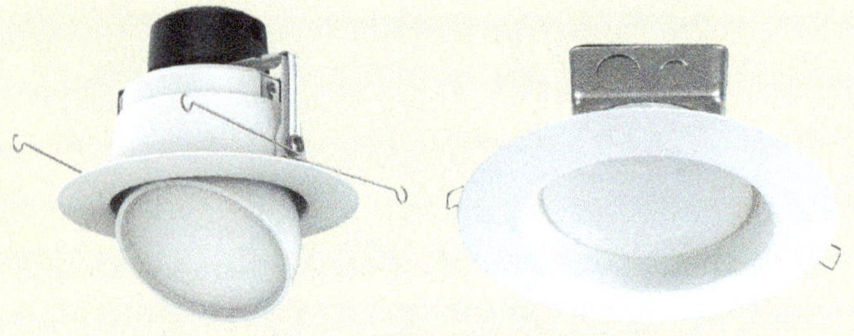

(A) Empotrado LED regulable

(B) Empotrada LED de modernización comercial

Fuente: Halco Lighting Technologies

3.1.3 Luminarias suspendidas

Las luminarias suspendidas se cuelgan del cielorraso mediante una cadena, un cable para aviación, una cuerda o un vástago metálico. En este grupo se incluyen los candelabros de techo y las unidades colgantes (*Figura 25*).

Figura 25 Luminarias suspendidas.
Fuentes: iStock@olga_prava (arriba a la izquierda); iStock@EzumeImages (arriba a la derecha); iStock@Matthew Troke (abajo a la izquierda); iStock@Wirestock (abajo a la derecha)

Uso de luminarias en cielorraso

En habitaciones residenciales grandes, el uso de más de una luminaria instalada en el cielorraso mejora la eficacia y la uniformidad de la iluminación en todo el espacio. Una sola luminaria en el centro puede ser demasiado brillante y dejar oscuras las paredes y las esquinas. Una alternativa muy utilizada es instalar también luminarias empotradas perimetrales para iluminar las paredes y las esquinas de la habitación.

3.1.4 Luminarias de montaje en rieles

Los sistemas de iluminación montados en rieles (*Figura 26*) incluyen el riel, una caja de alimentación eléctrica y una o más luminarias que pueden colocarse a lo largo del riel. El cableado de estas luces está dentro de los canales metálicos del riel. Se pueden utilizar cableados de circuito único o de circuito múltiple para controlar dos o más conjuntos de luminarias de forma independiente. En todos los tipos de rieles de iluminación, las luminarias, el riel y los accesorios deben estar homologados para usarlos de forma conjunta. Aunque algunas marcas parecen intercambiables, una conexión o una instalación incorrectas pueden causar un incendio o fallas en la luminaria.

Por lo general, los rieles se montan o se suspenden de un cielorraso, pero también pueden montarse horizontal o verticalmente en paredes.

Figura 26 Rieles de iluminación.
Fuente: iStock@dontree_m

3.1.5 Luminarias de montaje en poste

Las luminarias de montaje en poste (*Figura 27*) pueden utilizarse para la iluminación de zonas, calles y campos deportivos, así como para bolardos y postes. El cableado hasta la luminaria puede realizarse a través de una bajada aérea hasta la parte superior del poste, un conducto de montaje superficial en postes de madera o internamente con un pozo de registro cerca de la parte inferior. Aunque se pueden utilizar muchos tipos de fuentes de luz con las luminarias montadas en poste, la tendencia es hacia los LED.

La elección de la luminaria suele correr a cargo de un especialista en iluminación y viene dictada por consideraciones como la altura del poste, la separación entre postes, la iluminación necesaria, la difusión de la luz, la reproducción cromática, etc. Como se muestra en la *Figura 27*, los mismos postes sirven a menudo como un punto conveniente para la instalación de cámaras, antenas, paneles solares fotovoltaicos (FV) y otros equipos afines.

Figura 27 Alumbrado público con cámaras de vigilancia.
Fuente: iStock@Aleksandr Bushkov

3.2.0 Almacenamiento y manipulación de lámparas y luminarias

Antes de la instalación, es muy importante que las lámparas y luminarias se manipulen y almacenen correctamente, tanto durante el transporte como en el lugar de trabajo. De lo contrario, las lámparas y luminarias podrían romperse o dañarse.

La correcta manipulación y almacenamiento de lámparas y luminarias empieza por el sentido común. Los fabricantes de lámparas y luminarias marcan sus cajas de envío, palés, etc. con instrucciones de manipulación y almacenamiento. Primero siempre hay que leer y seguir todas las instrucciones. Obviamente, las lámparas y luminarias son frágiles; por lo tanto, los palés o cajas de cartón no deben dejarse caer ni manipularse con brusquedad.

Si es usted el responsable de recibir un envío de productos de iluminación, revise que no las cajas de embalaje no tengan daños evidentes. Muchas luminarias son frágiles. Revise también que el pedido esté completo o que el comprobante de entrega indique los faltantes. Cualquier daño o discrepancia entre los productos recibidos y la lista de entrega del transportista debe comunicarse a un supervisor.

Si las lámparas o luminarias no se van a instalar de inmediato, guárdelas en un lugar seco protegidas de pérdidas o daños. Si deben almacenarse en varios lugares, lleve un registro de lo que se almacena en cada lugar.

Cuando abra las cajas de envío de las luminarias, hágalo con cuidado para no dañar la luminaria. No rasgue ni corte la caja de cartón con cuchillos de hoja larga, destornilladores o herramientas similares que puedan dañar la luminaria. La mayoría de los cartones pueden abrirse con una navaja multiusos de hoja corta.

Cuando manipule una luminaria, utilice guantes limpios para evitar que la grasa, la suciedad, etc. entren en contacto con las superficies decorativas y para protegerse de posibles cortes. Asimismo, no pierda ni extravíe los herrajes de montaje y el aislamiento que vienen con la luminaria.

La mayoría de las luminarias requieren una preparación mínima antes de usarlas. Algunas se envían totalmente ensambladas, mientras que otras requieren un montaje menor, que siempre debe hacerse siguiendo las instrucciones del fabricante.

3.3.0 Instalación de luminarias

Antes de empezar a instalar las luminarias, es muy importante revisar el plano de la planta de iluminación y las respectivas listas de luminarias para conocer los distintos tipos de luminarias y el lugar donde se instalarán. Con esta información, puede distribuir los distintos tipos de luminarias entre las zonas del edificio donde se instalarán. La *Figura 28* es un ejemplo de un plano de planta de iluminación y una lista de luminarias típicos.

En el apéndice 26203-23A, hay un resumen de los símbolos que se usan con frecuencia en planos de plantas y edificios para identificar los distintos tipos de luminarias. El *apéndice 26203-23B* indica los procedimientos de solución de problemas de diversas luminarias. Antes de proceder a la instalación, deben estudiarse los planos de taller y, en caso de duda, consultar al fabricante de la luminaria o al diseñador de iluminación.

Lea siempre las etiquetas o las instrucciones de instalación de la luminaria para conocer sus características. Esta información le puede ayudar a evitar una instalación incorrecta o inadecuada. La *Figura 29* es un ejemplo de las instrucciones de instalación de un fabricante de iluminación.

Piénselo

Seguimiento de la instalación

Cuando se tiende el cableado del circuito de iluminación, ¿cómo se puede hacer un seguimiento del trabajo realizado?

La información típica que se puede encontrar marcada en las etiquetas de las luminarias o en las instrucciones de instalación incluye lo siguiente:

- Tipo y potencia máxima de la lámpara que se pueden usar con la luminaria
- Homologación para su uso en cielorrasos suspendidos, cielorrasos sin aislamiento aislados (no IC) o con aislamiento (IC)
- Intervalo de temperaturas ambiente para el funcionamiento de la luminaria
- Tipo de cable para las conexiones de alimentación de las luminarias
- Protección térmica
- Capacidad para instalarse solo en pared o cielorraso
- Capacidad para usarse en lugares húmedos o mojados
- Capacidad para usarse como canalización
- Capacidad para instalarse en concreto
- Instrucciones de instalación mecánica
- Instrucciones de conexión eléctrica
- Detalles para la instalación del controlador de la luminaria LED

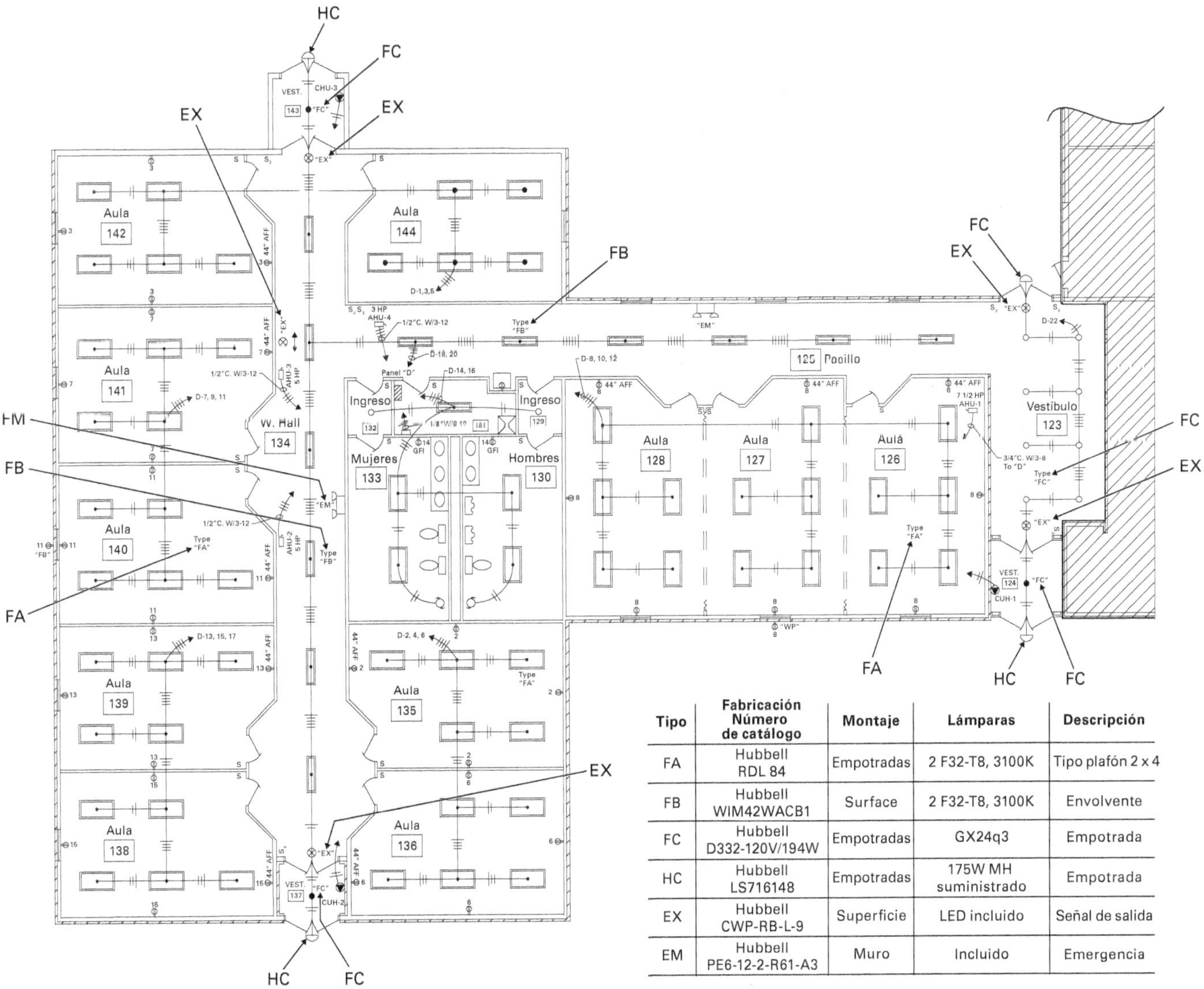

Tipo	Fabricación Número de catálogo	Montaje	Lámparas	Descripción
FA	Hubbell RDL 84	Empotradas	2 F32-T8, 3100K	Tipo plafón 2 x 4
FB	Hubbell WIM42WACB1	Surface	2 F32-T8, 3100K	Envolvente
FC	Hubbell D332-120V/194W	Empotradas	GX24q3	Empotrada
HC	Hubbell LS716148	Empotradas	175W MH suministrado	Empotrada
EX	Hubbell CWP-RB-L-9	Superficie	LED incluido	Señal de salida
EM	Hubbell PE6-12-2-R61-A3	Muro	Incluido	Emergencia

Figura 28 Plano de planta de iluminación y lista de luminarias típicos.

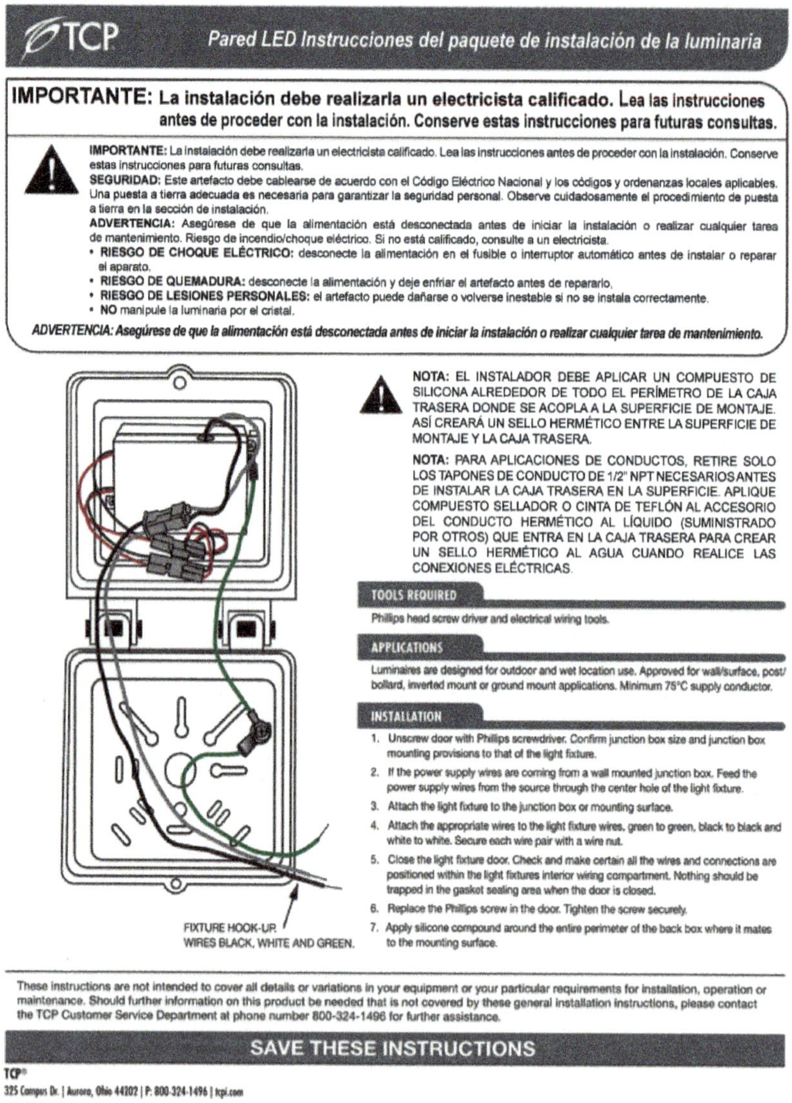

TCP Pared LED Instrucciones del paquete de instalación de la luminaria

IMPORTANTE: La instalación debe realizarla un electricista calificado. Lea las instrucciones antes de proceder con la instalación. Conserve estas instrucciones para futuras consultas.

IMPORTANTE: La instalación debe realizarla un electricista calificado. Lea las instrucciones antes de proceder con la instalación. Conserve estas instrucciones para futuras consultas.
SEGURIDAD: Este artefacto debe cablearse de acuerdo con el Código Eléctrico Nacional y los códigos y ordenanzas locales aplicables. Una puesta a tierra adecuada es necesaria para garantizar la seguridad personal. Observe cuidadosamente el procedimiento de puesta a tierra en la sección de instalación.
ADVERTENCIA: Asegúrese de que la alimentación está desconectada antes de iniciar la instalación o realizar cualquier tarea de mantenimiento. Riesgo de incendio/choque eléctrico. Si no está calificado, consulte a un electricista.

- **RIESGO DE CHOQUE ELÉCTRICO:** desconecte la alimentación en el fusible o interruptor automático antes de instalar o reparar el aparato.
- **RIESGO DE QUEMADURA:** desconecte la alimentación y deje enfriar el artefacto antes de repararlo.
- **RIESGO DE LESIONES PERSONALES:** el artefacto puede dañarse o volverse inestable si no se instala correctamente.
- **NO** manipule la luminaria por el cristal.

ADVERTENCIA: Asegúrese de que la alimentación está desconectada antes de iniciar la instalación o realizar cualquier tarea de mantenimiento.

NOTA: EL INSTALADOR DEBE APLICAR UN COMPUESTO DE SILICONA ALREDEDOR DE TODO EL PERÍMETRO DE LA CAJA TRASERA DONDE SE ACOPLA A LA SUPERFICIE DE MONTAJE. ASÍ CREARÁ UN SELLO HERMÉTICO ENTRE LA SUPERFICIE DE MONTAJE Y LA CAJA TRASERA.

NOTA: PARA APLICACIONES DE CONDUCTOS, RETIRE SOLO LOS TAPONES DE CONDUCTO DE 1/2" NPT NECESARIOS ANTES DE INSTALAR LA CAJA TRASERA EN LA SUPERFICIE. APLIQUE COMPUESTO SELLADOR O CINTA DE TEFLÓN AL ACCESORIO DEL CONDUCTO HERMÉTICO AL LÍQUIDO (SUMINISTRADO POR OTROS) QUE ENTRA EN LA CAJA TRASERA PARA CREAR UN SELLO HERMÉTICO AL AGUA CUANDO REALICE LAS CONEXIONES ELÉCTRICAS.

FIXTURE HOOK-UP.
WIRES BLACK, WHITE AND GREEN.

TOOLS REQUIRED

Phillips head screw driver and electrical wiring tools.

APPLICATIONS

Luminaires are designed for outdoor and wet location use. Approved for wall/surface, post/bollard, inverted mount or ground mount applications. Minimum 75°C supply conductor.

INSTALLATION

1. Unscrew door with Phillips screwdriver. Confirm junction box size and junction box mounting provisions to that of the light fixture.
2. If the power supply wires are coming from a wall mounted junction box. Feed the power supply wires from the source through the center hole of the light fixture.
3. Attach the light fixture to the junction box or mounting surface.
4. Attach the appropriate wires to the light fixture wires, green to green, black to black and white to white. Secure each wire pair with a wire nut.
5. Close the light fixture door. Check and make certain all the wires and connections are positioned within the light fixtures interior wiring compartment. Nothing should be trapped in the gasket sealing area when the door is closed.
6. Replace the Phillips screw in the door. Tighten the screw securely.
7. Apply silicone compound around the entire perimeter of the back box where it mates to the mounting surface.

These instructions are not intended to cover all details or variations in your equipment or your particular requirements for installation, operation or maintenance. Should further information on this product be needed that is not covered by these general installation instructions, please contact the TCP Customer Service Department at phone number 800-324-1496 for further assistance.

SAVE THESE INSTRUCTIONS

TCP®
325 Campus Dr. | Aurora, Ohio 44202 | P: 800-324-1496 | tcpi.com

Figura 29 Ejemplo de instrucciones de instalación de una luminaria.
Fuente: Technical Consumer Products, Inc

Conozca el código

Luminarias, portalámparas y lámparas
Artículo 410 del NEC

Conozca el código

Iluminación de bajo voltaje
Artículo 411 del NEC

Conozca el código

Cajas de salida, de dispositivos, de paso y de conexiones; cajas de conductos; accesorios y cajas de registro.
Artículo 314 del NEC

El *artículo 410 del NEC* establece la mayoría de los requisitos para la instalación de luminarias. El *artículo 411 del NEC* trata de los sistemas de iluminación y sus componentes asociados que funcionan a no más de 30 VCA o 60 VCC. Debe cumplir todos los requisitos del *NEC®* o de los códigos locales, incluidos los de instalación, soporte, puesta a tierra, exposición a partes vivas, distancias de aislamiento, tipos de conductores de alimentación, potencias máximas de las lámparas, etc. Siempre que tenga dudas o necesite aclaraciones sobre el método que debe utilizar, consulte los códigos correspondientes.

Es importante comprender cómo se pueden fijar de forma segura los distintos tipos de luminarias a una estructura o caja de toma de corriente. Los requisitos del código para la instalación de luminarias, cajas de salida de alumbrado y métodos de soporte relacionados se tratan en las *secciones 314.23(F), 314.27(A) y (C)* y el *artículo 410, Partes III y IV del NEC*. Los métodos específicos y los herrajes utilizados para el montaje y soporte de las luminarias dependen de varios factores, entre ellos:

- Tipo de luminaria
- Ubicación de la luminaria
- Construcción de la superficie de montaje
- Peso de la luminaria
- Instrucciones de instalación del fabricante

3.3.1 Luminarias de montaje superficial

Las luminarias de montaje superficial incluyen aquellas que se instalan directamente en el cielorraso o la pared. Los métodos generales de instalación mecánica de luminarias en cielorraso y pared son básicamente los mismos; solo difiere la ubicación de la caja de salida.

Una luminaria debe instalarse en su caja de salida utilizando los herrajes de montaje que vienen con la luminaria y siguiendo las instrucciones del fabricante. Si no conoce completamente la luminaria, primero lea y comprenda los documentos del producto del fabricante y las instrucciones de instalación que vienen con la luminaria o que están impresas en la caja de embalaje.

En todos los tipos de edificios, el cableado de los circuitos ramales para las salidas de corriente de las luminarias de montaje superficial en el cielorraso o la pared termina normalmente en cajas octogonales o redondas (*Figura 30*). Algunos pueden terminar en cajas cuadradas o rectangulares. La caja tipo panqueque de la *Figura 30* puede utilizarse en la parte inferior de una vigueta del techo, con la tablarroca recortada alrededor para que la cara de la caja quede prácticamente a ras de la pared. Pueden utilizarse cajas metálicas y no metálicas. El diseño de las cajas permite cubrirlas con la base de montaje de una luminaria más grande de forma similar.

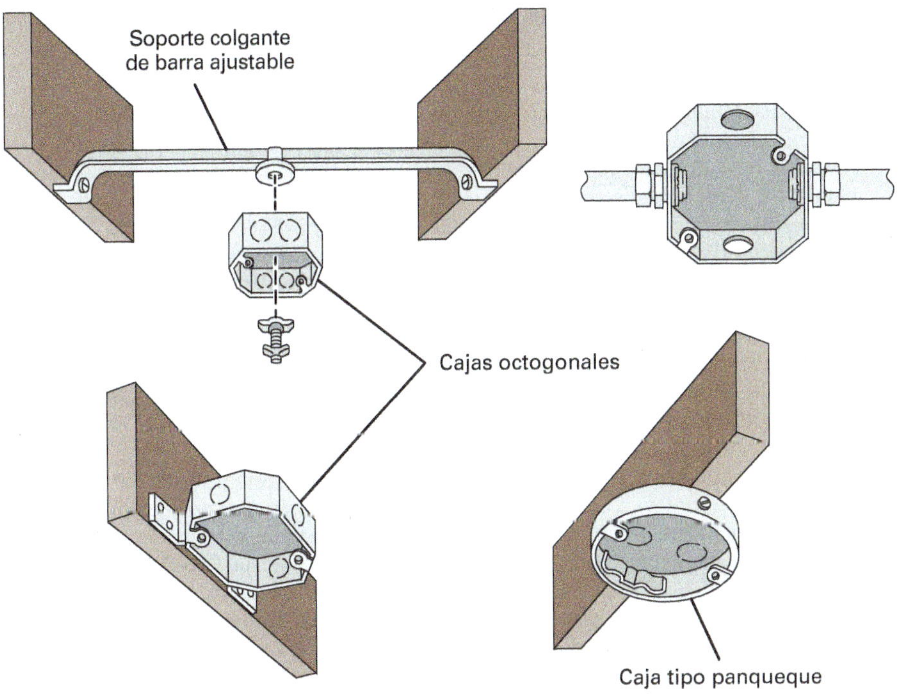

Figura 30 Cajas de salida típicas utilizadas con luminarias de montaje superficial.

Para el cableado oculto en construcciones con entramado de madera, las cajas de salida se fijan directamente a los montantes, vigas u otros elementos estructurales mediante clavos o tornillos. Algunas cajas de salida de cielorraso se montan en un soporte colgante de barra ajustable (*Figura 30*) para que la caja pueda instalarse en el espacio entre dos vigas del techo. La caja se fija a un soporte colgante de barra mediante un espárrago o dos pernos.

Cuando se instalan correctamente, la cara frontal de todas las cajas ocultas de cielorraso y pared deben quedar a ras con el cielorraso o la pared acabados. En el caso de los conductos expuestos instalados sobre concreto u otras superficies de mampostería, las cajas de salida deben fijarse con tornillos y tarugos de expansión, anclajes, elementos de sujeción accionados por pólvora u otros similares adecuados. En trabajos de acero, deben atornillarse o sujetarse al acero. Las cajas de salida embebidas en concreto se mantienen fijas en su posición gracias al concreto endurecido.

Instalación de luminarias fluorescentes de cielorraso

Al subirse a una escalera para instalar una luminaria fluorescente en el cielorraso, es mucho más fácil marcar la ubicación de los orificios de montaje de la luminaria en el cielorraso con una plantilla de cartón que hacerlo con la luminaria en sí.

Algunos fabricantes incluyen una plantilla con el producto. De lo contrario, fabrique una plantilla con una parte de la caja de cartón de embalaje de la luminaria. Transfiera a la plantilla la ubicación de todos los orificios de montaje de la luminaria y de cualquier otro orificio necesario. Recorte estos orificios y, luego, use la plantilla para localizar y marcar la posición de los orificios de montaje en el cielorraso.

PRECAUCIÓN

Si el fabricante proporciona aislamiento con una luminaria de montaje superficial, ¡no lo tire! Debe colocarse entre la luminaria y la superficie para aislar la superficie de montaje y el cableado de la caja del artefacto del calor que genera la luminaria. Instale cualquier aislamiento de este tipo según las indicaciones del fabricante y sustitúyalo por material igual si está dañado o lo desechó.

Conozca el código

Cajas de salida, de dispositivos, de paso y de conexiones; cajas de conductos; accesorios y cajas de registro.
Artículo 314 del NEC

El tamaño y el peso de la luminaria determinan qué tipo de caja de salida debe utilizarse. Cuando se instalan luminarias que pesan más de 50 lb (23 kg) en un cielorraso, la *sección 314.27(A)(2) del NEC* requiere que la luminaria se apoye aparte de la caja de salida, a menos que esta pueda soportar el peso. Las cajas que se empleen en las salidas de las luminarias en una pared deben estar diseñadas para tal fin y tener marcado el peso máximo de la luminaria que debe soportar, si es distinto de 23 kg (50 lb), según la *sección 314.27(A)(1) del NEC*. Además de cumplir estrictamente el código, también hay que ejercer un razonamiento adecuado. Recuerde que los códigos solo indican los requisitos mínimos para las instalaciones eléctricas y no necesariamente para las instalaciones de máxima calidad.

Estas son algunas de las consideraciones para la instalación de diversos tipos de luminarias de montaje superficial:

- *Luminarias de tambor, globo, aplique y similares:* La *Figura 31* muestra algunos métodos comunes de instalación de luminarias de tambor, globo, aplique y similares para interiores en una caja de salida. Por lo general, este tipo de luminarias puede instalarse directamente en la caja de salida sin soportes adicionales. Como se muestra en la *Figura 31* (A), la luminaria portalámparas común de tipo porcelana se atornilla directamente a las orejas de la caja de salida. Otras luminarias de cielorraso y apliques de pared se fijan a la caja de salida mediante una barra de montaje que se fija a un espárrago roscado de la caja, como se muestra en la *Figura 31* (B). La barra de montaje se coloca en el espárrago y se fija en su sitio con una contratuerca. Una vez finalizado el cableado de la luminaria, los orificios de montaje de la base de la luminaria se deslizan sobre los tornillos de máquina instalados en la barra de montaje. Luego, se instalan tuercas ciegas en los tornillos y se aprietan hasta que la luminaria quede a ras con la superficie. Las luminarias pueden instalarse en una caja de salida sin espárrago de manera similar, atornillando una barra de montaje a las orejas de la caja, como se muestra en la *Figura 31* (C). Otra forma habitual de instalar luminarias es atornillando una tuerca reductora y un niple a un espárrago de caja, como se muestra en la *Figura 31* (D). Luego, se coloca el orificio del centro de la base de la luminaria sobre el niple, se instala una tuerca ciega en el niple y se aprieta hasta que la luminaria quede a ras con la superficie. Un método similar consiste en enroscar un niple en el orificio central roscado de una barra de montaje fijada a las orejas de la caja de salida.
- *Luminarias fluorescentes y LED:* Algunas luminarias livianas de montaje superficial pueden sostenerse directamente de una caja de salida. Estos tipos suelen utilizar un espárrago, una tuerca reductora y un niple en la caja, con una barra de montaje dentro de la carcasa, como se muestra en la *Figura 32*. El conjunto se sujeta con una contratuerca. Las luminarias más pesadas y de mayor tamaño se sujetan directamente desde el cielorraso con anclajes mariposa, tornillos para madera en las viguetas, anclajes de mampostería u otros elementos de fijación adecuados. Estas luminarias tienen una abertura de acceso que debe colocarse directamente debajo de la caja de salida cuando la luminaria esté en su lugar. Muchas luminarias de montaje superficial tienen topes o crestas en sus superficies de montaje para dejar un leve espacio de aire para disipar el calor.

Piénselo

Instalación de luminarias de montaje superficial en armarios

¿Qué precauciones hay que tomar al instalar luminarias de montaje superficial en techos o paredes de roperos?

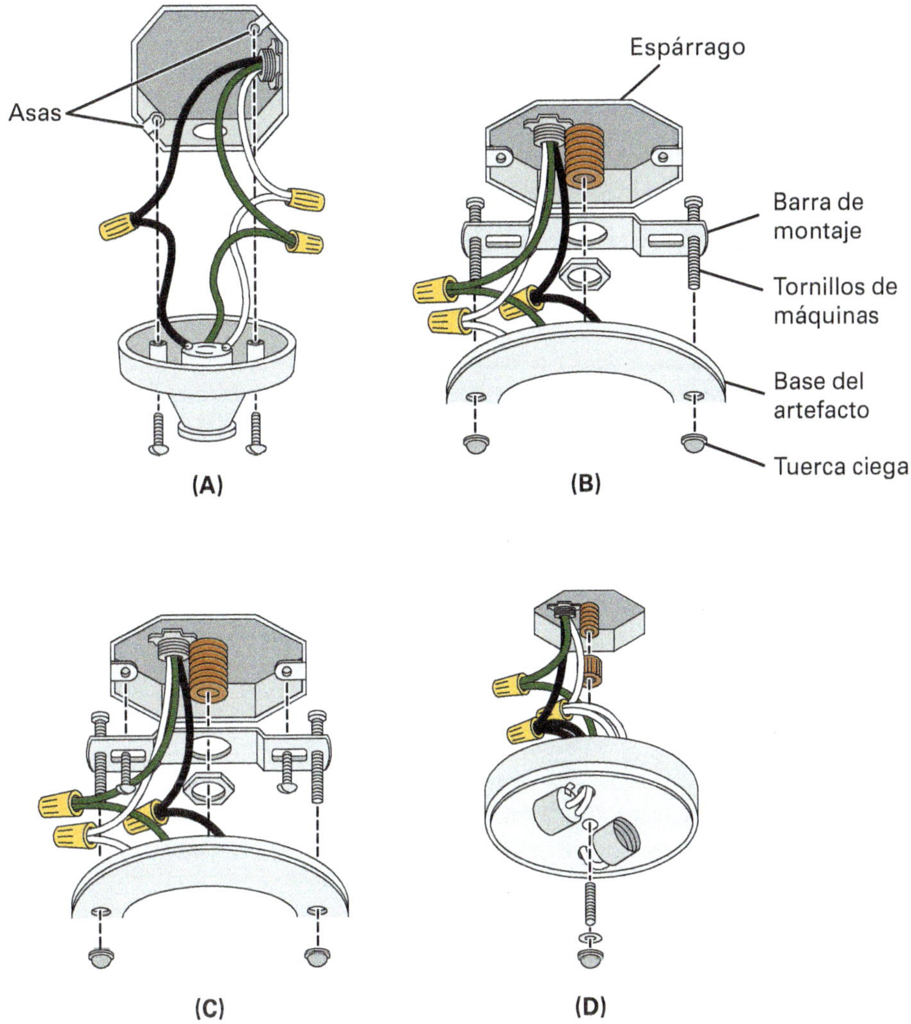

Figura 31 Métodos habituales de instalación de luminarias de montaje superficial.

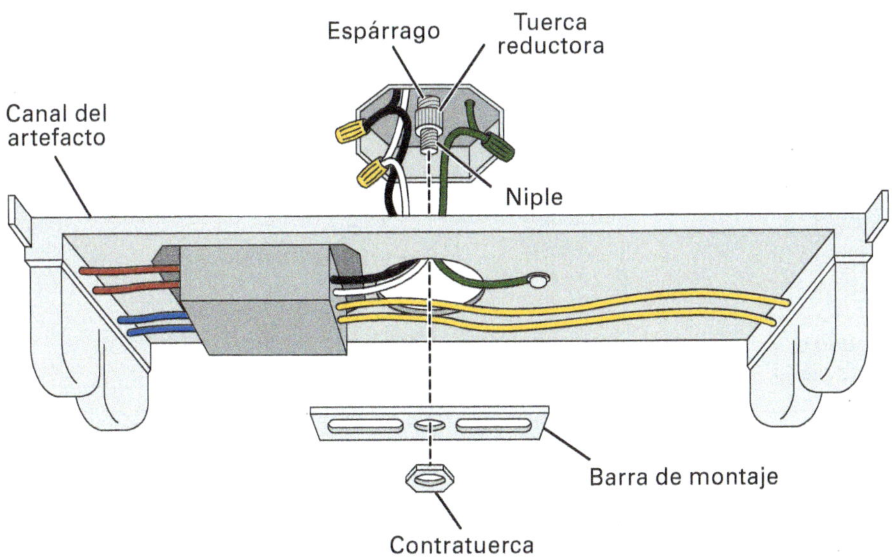

Figura 32 Instalación típica de una luminaria pequeña en una caja de salida.

Instalación de candelabros de techo y lámparas colgantes

Es importante instalar los candelabros de techo o las luminarias colgantes a la altura adecuada. Por ejemplo, hay que tener en cuenta el espacio libre de las puertas al instalarla en un vestíbulo o el pasillo de una entrada. Una luminaria de este tipo también debe colgarse a una altura suficiente para que personas altas puedan pasar con seguridad.

Si la luminaria se cuelga sobre una mesa, debe ser más estrecha que la anchura de la mesa para que las personas no se golpeen la cabeza al sentarse o levantarse.

- *Candelabros de techo y lámparas colgantes:* En la *Figura 33* se muestran los métodos típicos de sujeción de candelabros de techo a una caja de salida. Por lo general, los candelabros de techo son pesados y es necesario instalarlos en una caja con un espárrago. Se instala un adaptador, o un adaptador junto con otro conector roscado, sobre la cadena y los cables de la luminaria y luego se atornilla al espárrago. Luego, la base de la luminaria se fija al adaptador o conector roscado con una contratuerca o tuerca ciega. Algunos se fijan a una barra de montaje mediante un niple. Las luminarias colgantes suelen sujetarse con cadenas, vástagos metálicos, cables delgados o cables retráctiles. La mayoría están diseñadas para conectarse directamente a una caja de salida de cielorraso, al igual que los candelabros de techo.

¡ADVERTENCIA!

La sección 410.10(D)(1) del NEC prohíbe instalar luminarias suspendidas y otras luminarias colgantes en una zona con una longitud horizontal de 3' (900 mm) y vertical de 8' (2.5 m) desde la parte superior del borde de una tina o de la parte superior el espacio de una ducha. De acuerdo con la *sección 410.10(D)(2) del NEC*, cualquier luminaria que se encuentre en estas zonas debe ser apta para lugares húmedos y, si está expuesta a salpicaduras de una ducha, debe ser apta para lugares mojados.

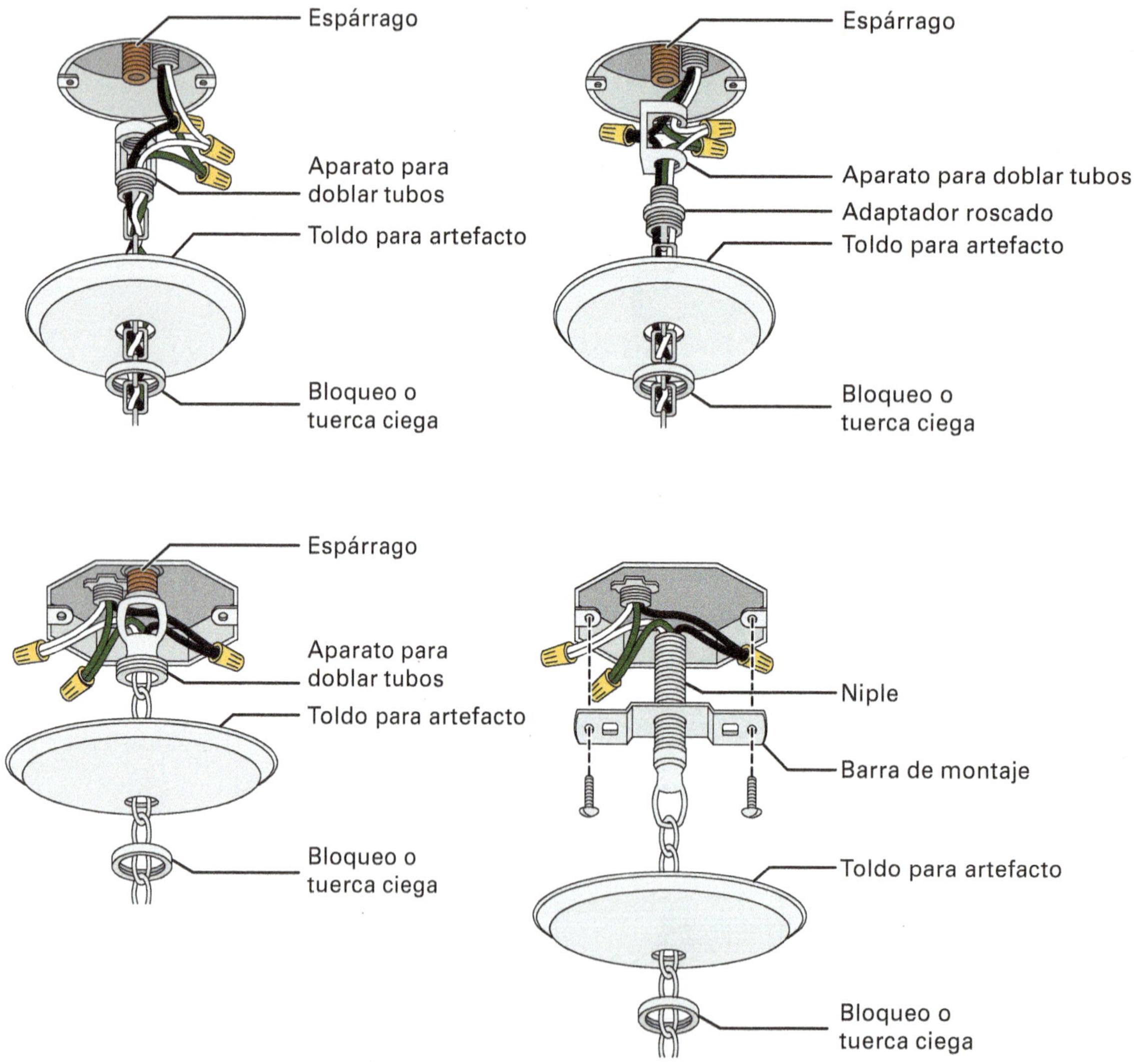

Figura 33 Métodos para fijar candelabros de techo a una caja de salida.

- *Ventiladores/luminarias de cielorraso:* La *sección 422.18 del NEC* trata de la sujeción de ventiladores suspendidos de cielorraso (de aspas). Hace referencia a las *secciones 314.27(C) y (E) del NEC.La sección 314.27(C) del NEC* establece que para ventiladores que pesen 70 lb (32 kg) o menos, la caja de salida puede utilizarse como único soporte del ventilador si está homologada y marcada para tal uso. El código también exige que las cajas diseñadas para soportar ventiladores que pesen más de 35 lb (16 kg) estén homologadas para tal uso y marcadas con el peso máximo que pueden soportar. Se puede proporcionar un soporte adicional montando la caja en un soporte de viga de ventilador (*Figura 34*). La *sección 314.27(E) del NEC* permite el uso de un soporte homologado de bloqueo y un receptáculo de montaje, en combinación con un accesorio de sujeción compatible instalado en fábrica y diseñado para sostener la luminaria o ventilador dentro de los límites homologados de peso y orientación de la instalación. El método específico de instalación de los ventiladores de cielorraso varía según el fabricante; por lo tanto, el ventilador debe instalarse en la caja de salida siguiendo las instrucciones del fabricante. La *sección 410.10(D)(1) del NEC* también prohíbe instalar ventiladores suspendidos del cielorraso en una zona con una longitud horizontal de 3' (900 mm) y vertical de 8' (2.5 m) desde la parte superior del borde de una tina o de la parte superior el espacio de una ducha.

Conozca el código

Electrodomésticos
Artículo 422 del NEC

Conozca el código

Cajas de salida, de dispositivos, de paso y de conexiones; cajas de conductos; accesorios y cajas de registro.
Artículo 314 del NEC

Conozca el código

Luminarias, portalámparas y lámparas
Artículo 410 del NEC

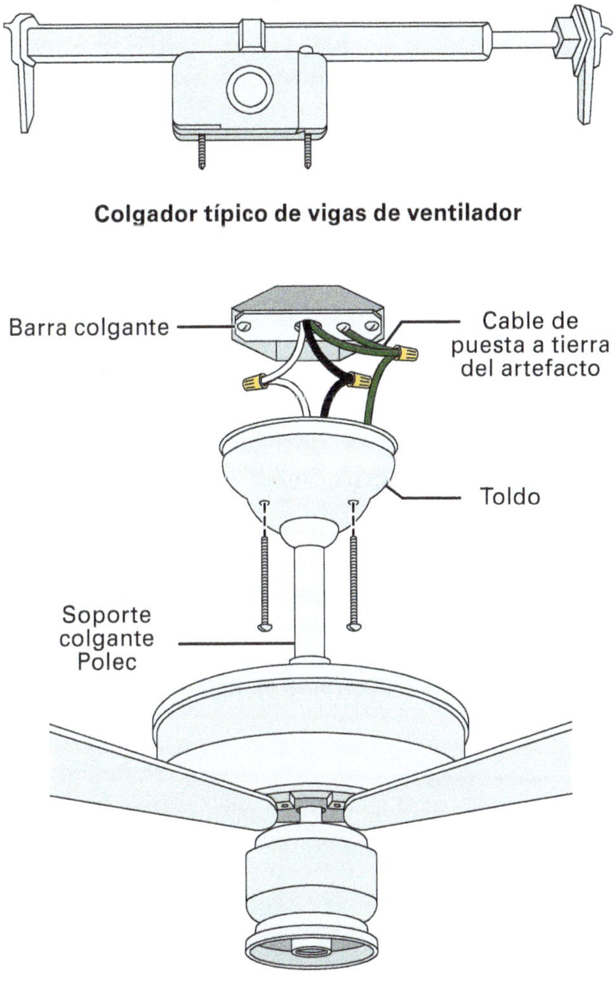

Figura 34 Método típico de instalación de ventiladores en cielorraso.

- *Luminarias de exteriores:* Los métodos para sujetar las luminarias de exteriores de montaje superficial a las cajas de salida son básicamente los mismos que los descritos para las luminarias de interior de montaje superficial. Sin embargo, la instalación debe realizarse de forma que el conjunto final sea estanco. Todas las luminarias instaladas en lugares mojados deben estar marcadas como adecuadas para lugares mojados. Todas las luminarias instaladas en lugares húmedos deben estar marcadas como adecuadas para lugares mojados o húmedos. Cuando se monte una luminaria en una caja de salida que esté totalmente expuesta a la intemperie, la caja de salida debe ser una caja metálica resistente a la intemperie. Todas las arandelas, juntas, etc. que se requieren para hacer un conjunto hermético al agua deben instalarse correctamente según las indicaciones del fabricante. La *Figura 35* es un ejemplo de una luminaria de reflector común para exteriores. Con esta luminaria, se deben insertar arandelas de fibra impermeables en los casquillos de la luminaria e instalar juntas de goma en el extremo de cada casquillo. Además, debe instalarse una junta entre la base de la luminaria y la cara de la caja de salida.

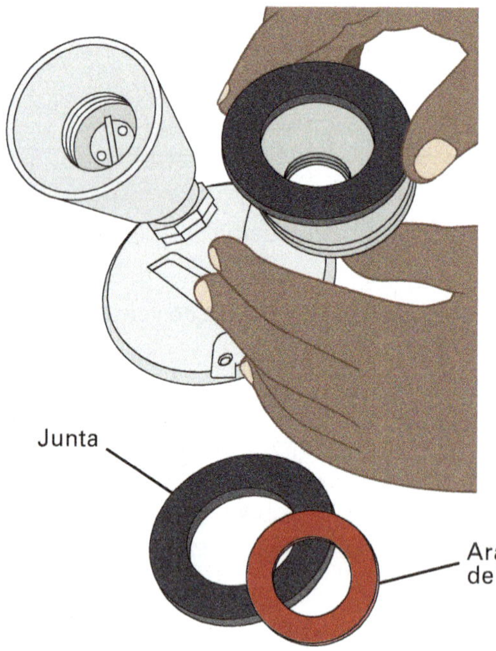

Figura 35 Instalación de arandelas y juntas en luminarias de exterior.

¿Qué está incorrecto en esta imagen?

3.3.2 Luminarias empotradas

Las luminarias empotradas se instalan en las aberturas del cielorraso, de modo que no se pueda ver el cuerpo principal de la luminaria. La *Figura 36* indica algunos de los requisitos del código para luminarias empotradas.

¡ADVERTENCIA!

Las luminarias empotradas generan una cantidad considerable de calor dentro de sus envolventes y constituyen un riesgo de incendio si no se instalan correctamente. Por tal motivo, al instalar estas luminarias deben cumplirse estrictamente los requisitos del ***artículo 410 del NEC***, así como las secciones que se mencionan en la *Figura 36*.

Conozca el código

Luminarias, portalámparas y lámparas
Artículo 410 del NEC

Conozca el código

Conducto metálico flexible (FMC)
Artículo 348 del NEC

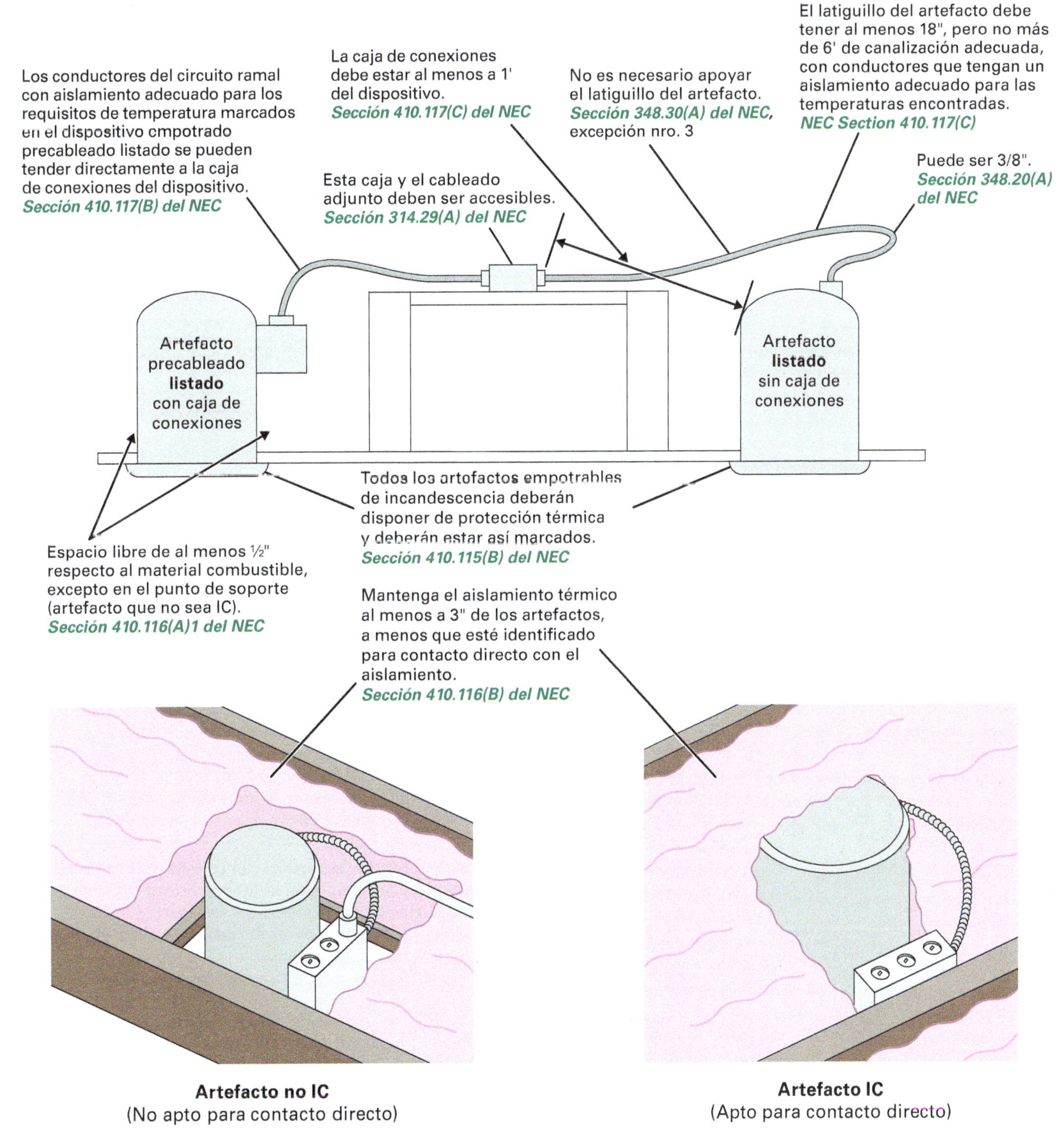

Figura 36 Resumen de los requisitos del *NEC*® para luminarias empotradas.

El cableado de las luminarias suspendidas del cielorraso se instala en tubería metálica eléctrica (EMT), cable armado (AC), cable con cubierta envolvente no metálica (NM) u otros métodos aceptables indicados en el *NEC*®. Las cajas de salida sujetadas de forma correcta se colocan por encima del cielorraso a una distancia mínima de 1′ (300 mm) de la luminaria. Entre la caja de salida y la luminaria se realiza una conexión flexible, comúnmente llamada *latiguillo* (*Figura 36*). La longitud del latiguillo de la luminaria debe oscilar entre un mínimo de 18″ (450 mm) y un máximo de 6′ (1.8 m). Los latiguillos se pueden hacer de cualquiera de las siguientes opciones:

- Conducto metálico flexible de tamaño comercial de $^3/_8$′, o designador métrico (MD) 12, utilizando conductores adecuados para el requisito de temperatura indicado en la etiqueta de la luminaria
- Cable armado (CA) con conductores adecuados para la temperatura indicada en la etiqueta de la luminaria
- Conducto flexible no metálico de tamaño comercial de $^3/_8$″ (MD 12) con conductores y un conductor de puesta a tierra adecuado para al menos 194 °F (90 °C)

PRECAUCIÓN

Cuando instale una luminaria, siga siempre las instrucciones del fabricante.

El procedimiento general de instalación completo incluye estos pasos:

Paso 1 Extienda las barras de montaje de la luminaria hasta alcanzar los elementos estructurales.

Paso 2 Ubique correctamente la luminaria en las barras de montaje.

Paso 3 Alinee los bordes inferiores de las barras de montaje con la cara inferior de los miembros estructurales y, luego, clave, atornille o fije de cualquier otro modo las barras a los elementos estructurales.

Paso 4 Retire la tapa de la caja de conexiones y abra un orificio ciego por cada cable que entre en la caja.

Paso 5 Si es necesario, instale abrazaderas de cable en cada orificio ciego abierto y apriete la contratuerca.

Paso 6 Pase el cableado del circuito ramal por las abrazaderas de cable hacia la caja de conexiones de la luminaria.

Paso 7 Realice las conexiones eléctricas.

Paso 8 Una vez colocado el cielorraso terminado, instale el lente o difusor o la moldura en la luminaria. Las combinaciones de las molduras para luminarias están marcadas en la etiqueta que está dentro de la luminaria.

PRECAUCIÓN

El uso de un tipo de moldura que no esté homologado para la luminaria puede causar un sobrecalentamiento y posibles ciclos de encendido y apagado del dispositivo de protección térmica de la luminaria. La incompatibilidad de estos componentes infringe la *sección 110.3(B) del NEC*, que establece que los equipos homologados o etiquetados deben instalarse y utilizarse de acuerdo con las instrucciones incluidas en la lista o etiqueta.

Conozca el código

Requisitos generales de las instalaciones eléctricas
Artículo 110 del NEC

Estas son algunas de las consideraciones para la instalación de diversos tipos de luminarias empotradas:

- *Luminarias empotradas incandescentes, fluorescentes compactas y HID:* todas estas luminarias se montan en el cielorraso básicamente de la misma manera. La instalación de este tipo de luminarias debe completarse antes de instalar el material del cielorraso. Como se muestra en la *Figura 37*, suelen incluir soportes colgantes de barra ajustable aprisionados para fijarlos a viguetas de madera o los perfiles en T del entramado de un techo. Las luminarias empotradas adecuadas para que pasen cables a través de ella incluyen cajas de conexiones de paso, que permiten cablear juntas una serie de artefactos o alimentar circuitos ramales a través de la caja de conexiones de la carcasa. Las luminarias empotradas suelen cablearse con conductos, cable con cubierta envolvente NM o cable armado (AC), según la aplicación.
- *Luminarias fluorescentes y plafón LED:* los requisitos del código para la instalación de luminarias empotradas fluorescentes y plafón LED son básicamente los mismos que para otros tipos de luminarias empotradas. Estas se insertan en la abertura de la pared de yeso, estuco u otros tipos de cielorraso y se fijan en su lugar mediante diversos dispositivos. Algunas tienen soportes de montaje que se utilizan para sujetar la luminaria a la estructura del cielorraso y se pueden ajustar desde el interior de la luminaria instalada. Si un cielorraso suspendido soporta plafones fluorescentes empotrados u otras luminarias, la ***sección 410.36(B) del NEC*** exige que todos los elementos estructurales del cielorraso estén firmemente sujetados entre sí y a la estructura del edificio. Por lo general, este trabajo lo realiza el instalador del entramado del cielorraso. El soporte adecuado de las luminarias suspendidas es una cuestión de seguridad crítica tanto para los ocupantes como para el personal de emergencia que pueda ser requerido en el edificio en caso de terremoto, incendio, etc. Por tal motivo, todas las luminarias, incluidas

las modulares, tales como las fluorescentes o plafón LED, también deben sujetarse de forma segura a los elementos estructurales principales del cielorraso mediante medios mecánicos como pernos, tornillos, remaches o ganchos homologados que se identifiquen para este fin específico. El electricista tiene la responsabilidad de instalar estos herrajes. La mayoría de los fabricantes ofrecen ahora ganchos de bloqueo en las placas terminales de los plafones. Estos ganchos simplemente se doblan de forma perpendicular a la placa terminal, de modo que al bajar la placa al entramado del cielorraso, el clip se bloquea sobre la parte superior de la T. La *Figura 38* muestra una lista de ganchos que se suelen usar para sujetar plafones modulares a sistemas de red suspendida.

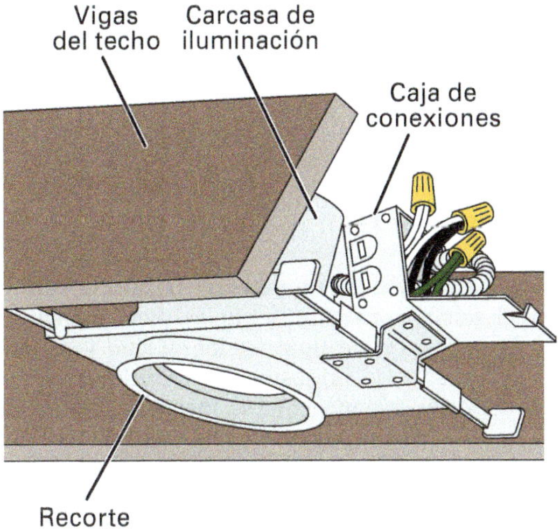

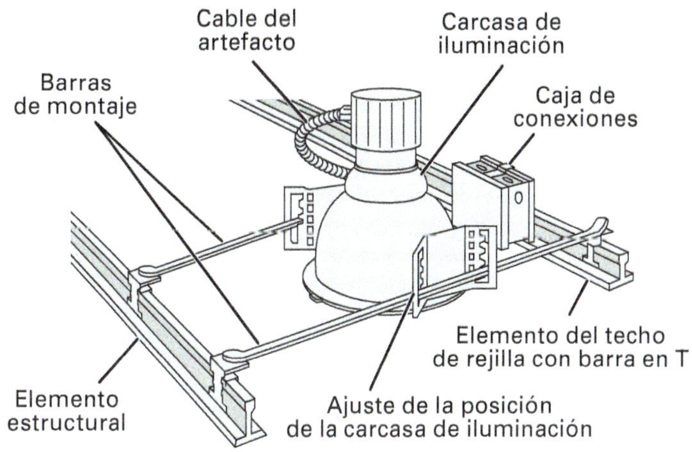

Figura 37 Instalación típica de una luminaria empotrada.

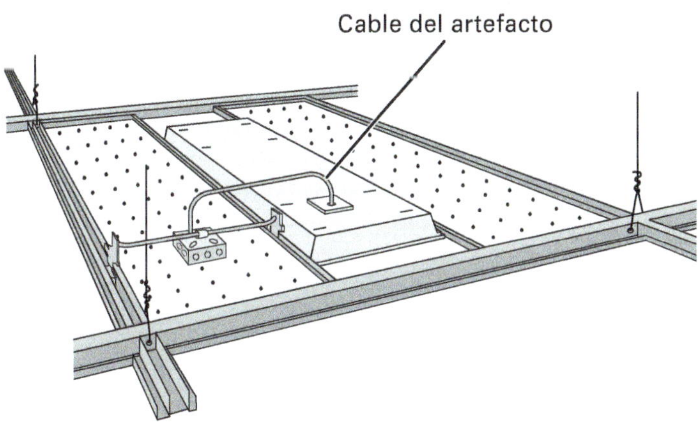

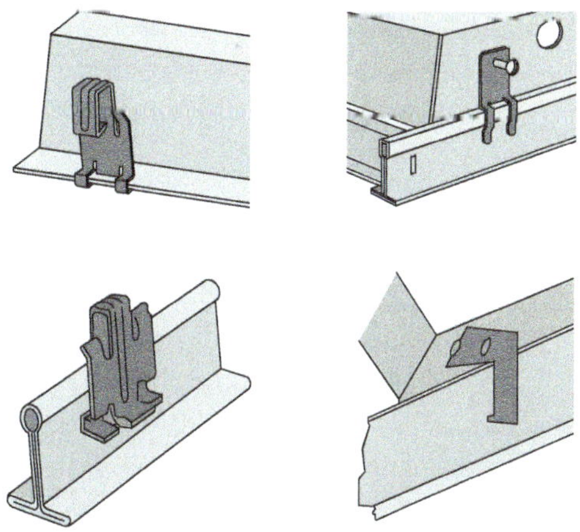

Figura 38 Ganchos típicos para sujetar los paneles de yeso laminado a los sistemas de red suspendida de cielorrasos.

Piénselo

Instalación de luminarias empotradas

Al instalar luminarias empotradas, ¿está permitido cablear una serie de luminarias de una a otra o pasar el cableado de un circuito ramal a través de una caja de conexiones para luminaria? Si es así, ¿en qué momento?

Historial de caso

Instalación de luminarias

Un grupo de electricistas y aprendices estaban cableando luminarias fluorescentes en un cielorraso suspendido del nuevo pabellón de un hospital. Primero había que cablear las luminarias de emergencia en un circuito separado y, luego, desenergizar las luminarias temporales existentes. El equipo decidió que este proceso era demasiado lento. En contra de las instrucciones del supervisor, desconectaron las luminarias provisionales y comenzaron a cablear las luminarias restantes mientras algunos circuitos seguían energizados. Los compañeros de trabajo advirtieron al equipo que probaran primero los circuitos para ver si estaban energizados.

Un aprendiz estaba en una escalera de madera con el cuerpo extendido por encima del entramado del cielorraso mientras cableaba una luminaria fluorescente. Estaba empapado en sudor y se apoyó en el entramado del cielorraso mientras trabajaba. Los compañeros oyeron un ruido y, al investigar, encontraron al aprendiz colgando inconsciente del entramado del cielorraso. La víctima fue liberada y se le practicó RCP, pero la descarga que recibió fue mortal.

Conclusión: Este accidente podría haberse evitado si se hubieran tomado las medidas de seguridad habituales:

- El equipo debió seguir las instrucciones del supervisor.
- El circuito ramal que alimentaba la luminaria se debió desenergizar y se debieron seguir los procedimientos adecuados de bloqueo/etiquetado.
- El aprendiz debió trabajar bajo la supervisión de un electricista cualificado que debió probar antes los cables del circuito ramal que alimentaban la luminaria con un probador de tensión para verificar que estuviera desenergizados.

3.3.3 Luminarias suspendidas

Las luminarias suspendidas que se usan en edificios comerciales e industriales pueden apoyarse de numerosas formas en los elementos estructurales del edificio, dependiendo de la construcción del mismo y de la aplicación de iluminación. Como los métodos de sujeción pueden variar en gran medida, sería imposible describirlos todos aquí. La *Figura 39* muestra algunos tipos de soportes colgantes que se suelen usar para sujetar varillas de soporte, cables, cadenas, etc.

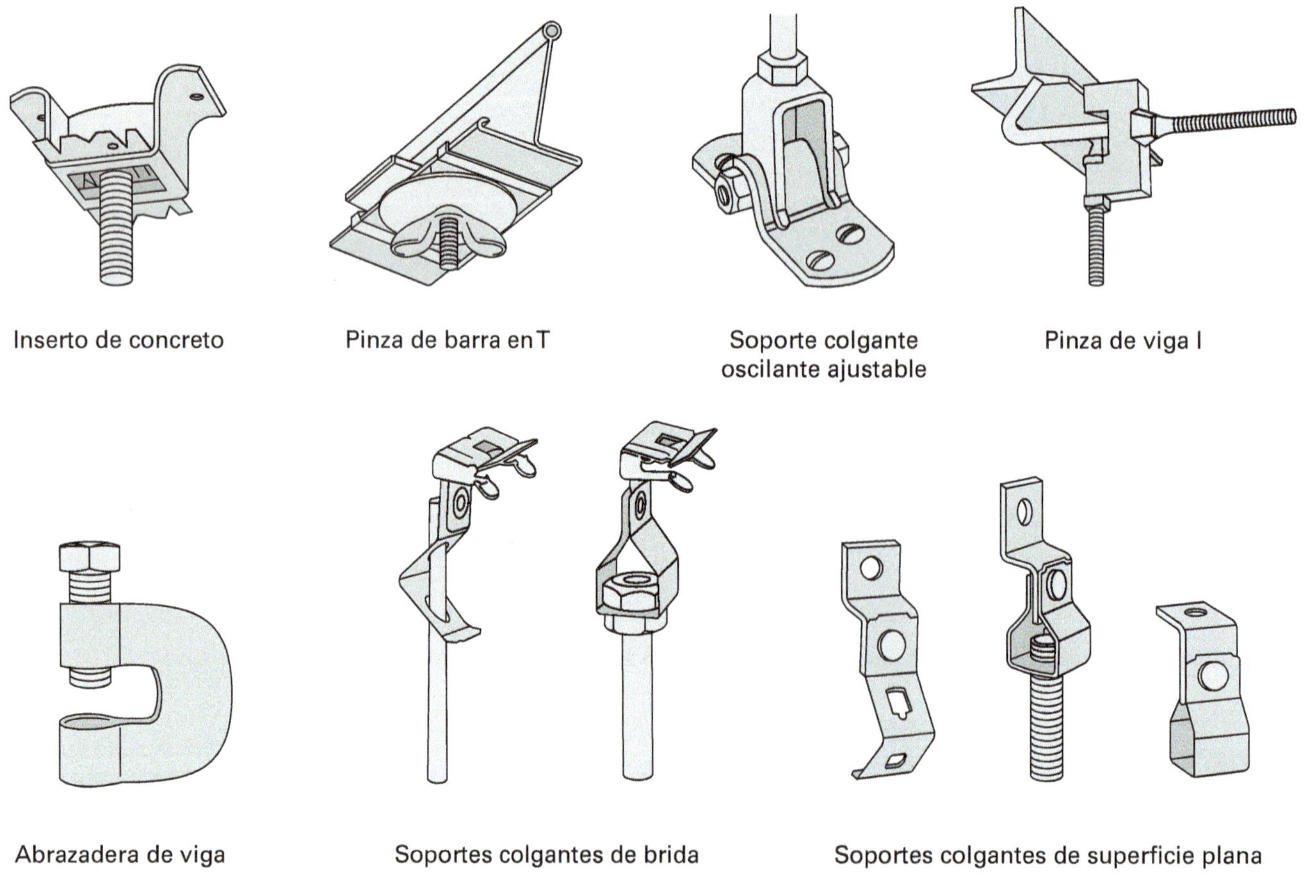

Figura 39 Ejemplos de soportes colgantes que se usan para sujetar las luminarias a los elementos estructurales del edificio.

Por lo general, en grandes obras de construcción, el método específico para colgar las luminarias suspendidas se indica en los planos de construcción. Sin embargo, en muchos trabajos de menor magnitud, el método suele dejarse en manos del electricista. Esto puede ser un problema para los electricistas menos experimentados.

Por fortuna, es fácil de conseguir ayuda técnica. Para ayudar a los clientes, los fabricantes de elementos de sujeción y dispositivos de entramados metálicos elaboran numerosos catálogos y boletines técnicos de productos con ejemplos de soluciones a problemas habituales de suspensión. Otras buenas fuentes de asesoría técnico son un supervisor, otros electricistas cualificados y los ingenieros o representantes de ventas de empresas de tornillería.

La *Figura 40* muestra algunos ejemplos de los diferentes tipos de métodos de sujeción que se usan con luminarias fluorescentes y LED suspendidas. La *Figura 41* muestra los métodos de sujeción de luminarias que suelen encontrarse en los obras comerciales e industriales.

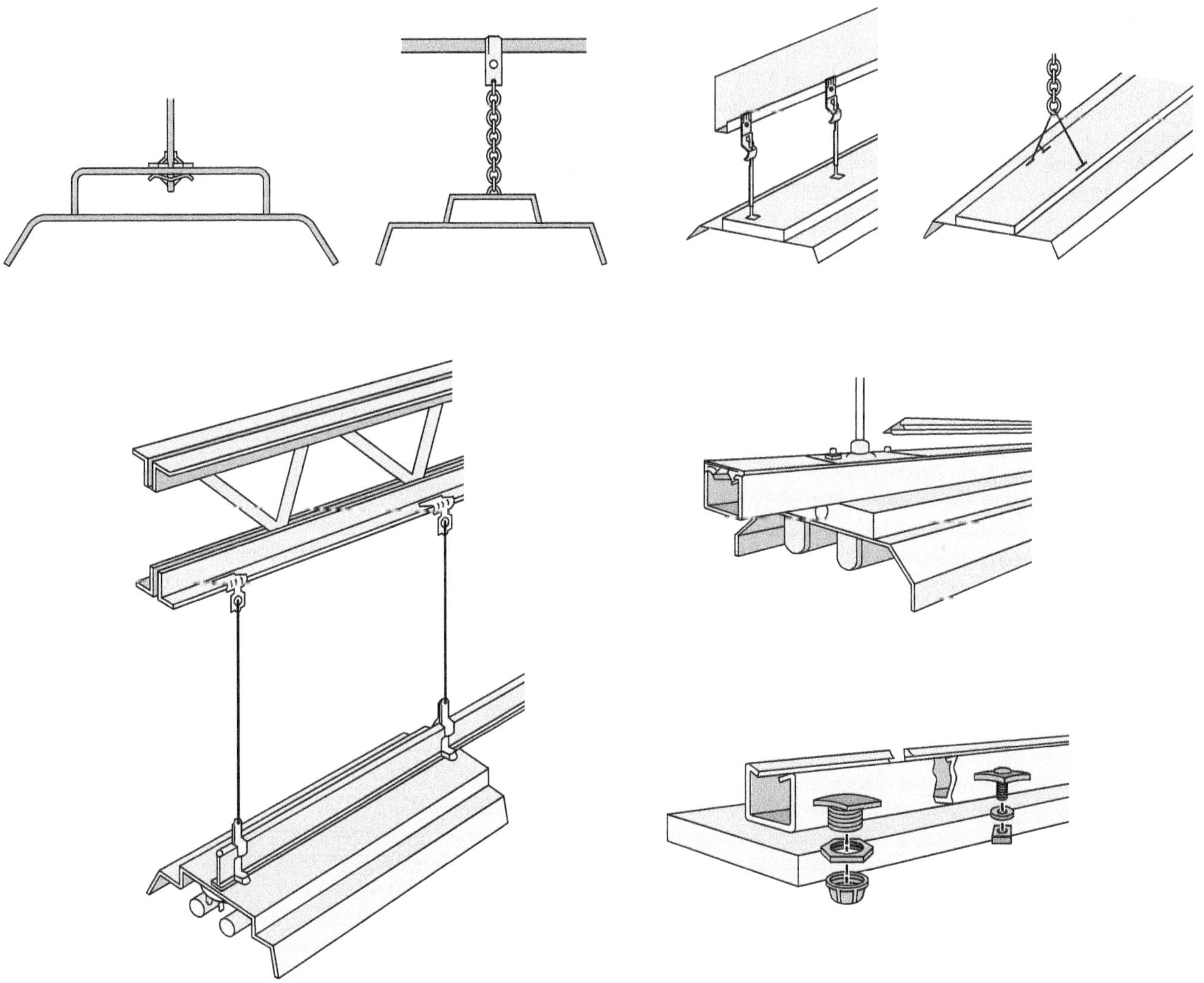

Figura 40 Algunos métodos de sujeción de luminarias fluorescentes y LED suspendidas.

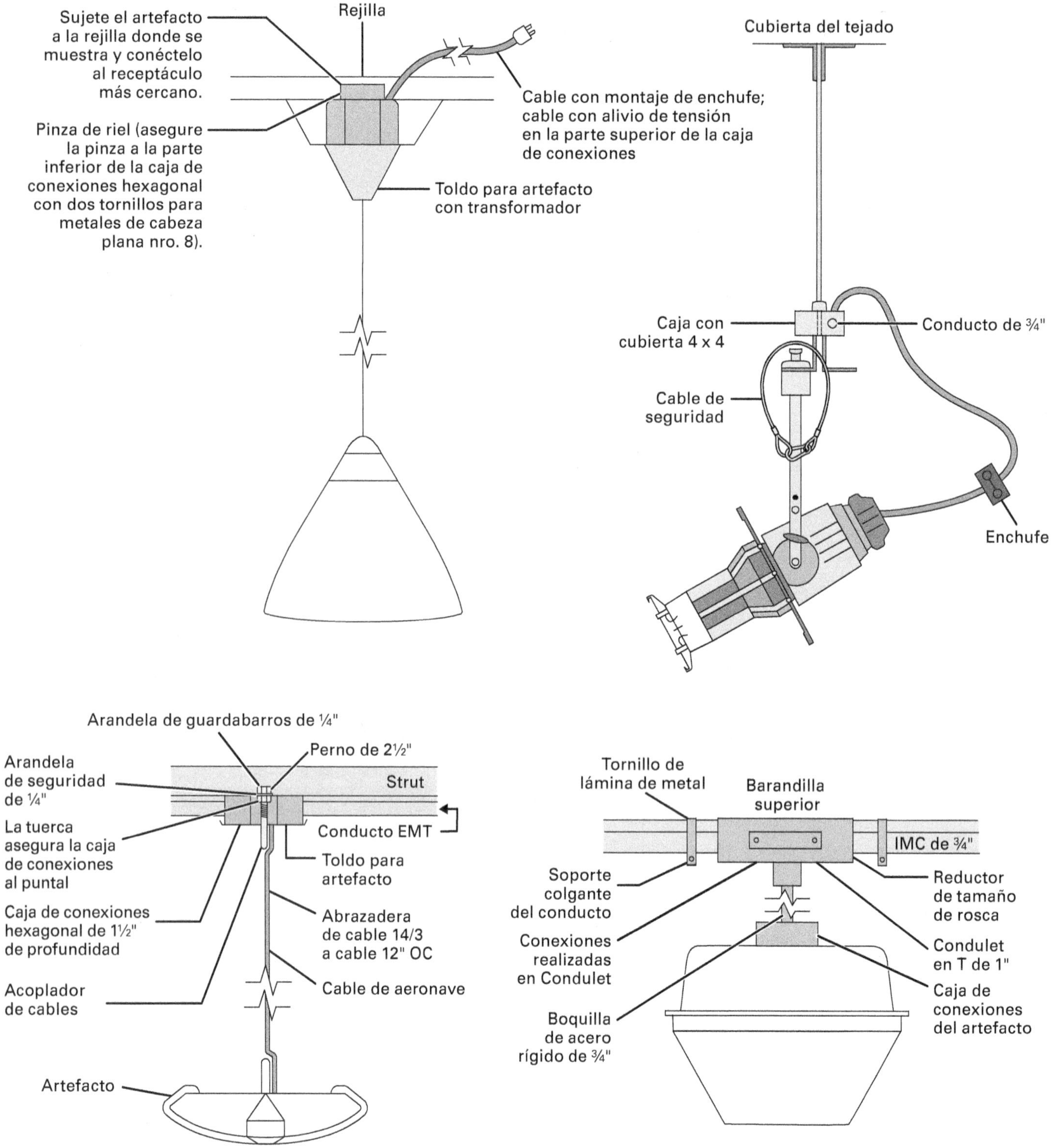

Figura 41 Algunos soportes de luminarias utilizados para aplicaciones comerciales o industriales.

3.3.4 Luminarias en rieles

Los sistemas de iluminación en rieles incluyen el riel, una caja de alimentación eléctrica, dos o más luminarias que pueden colocarse a lo largo del riel, y varios tipos de accesorios y otros componentes que permiten el montaje en cualquier patrón (*Figura 42*).

El cableado de los rieles de iluminación está en los rieles metálicos. Los circuitos simples o múltiples del riel permiten controlar dos o más conjuntos de luces de forma independiente. El riel es un canal de aluminio extruido que aloja dos o más conductores eléctricos en ranuras aisladas separadas dentro del canal. Las superficies interiores de los conductores están desnudas. Cuando una luminaria se encaja en el riel, dos terminales entran en contacto con los conductores del riel para suministrar energía a la luminaria.

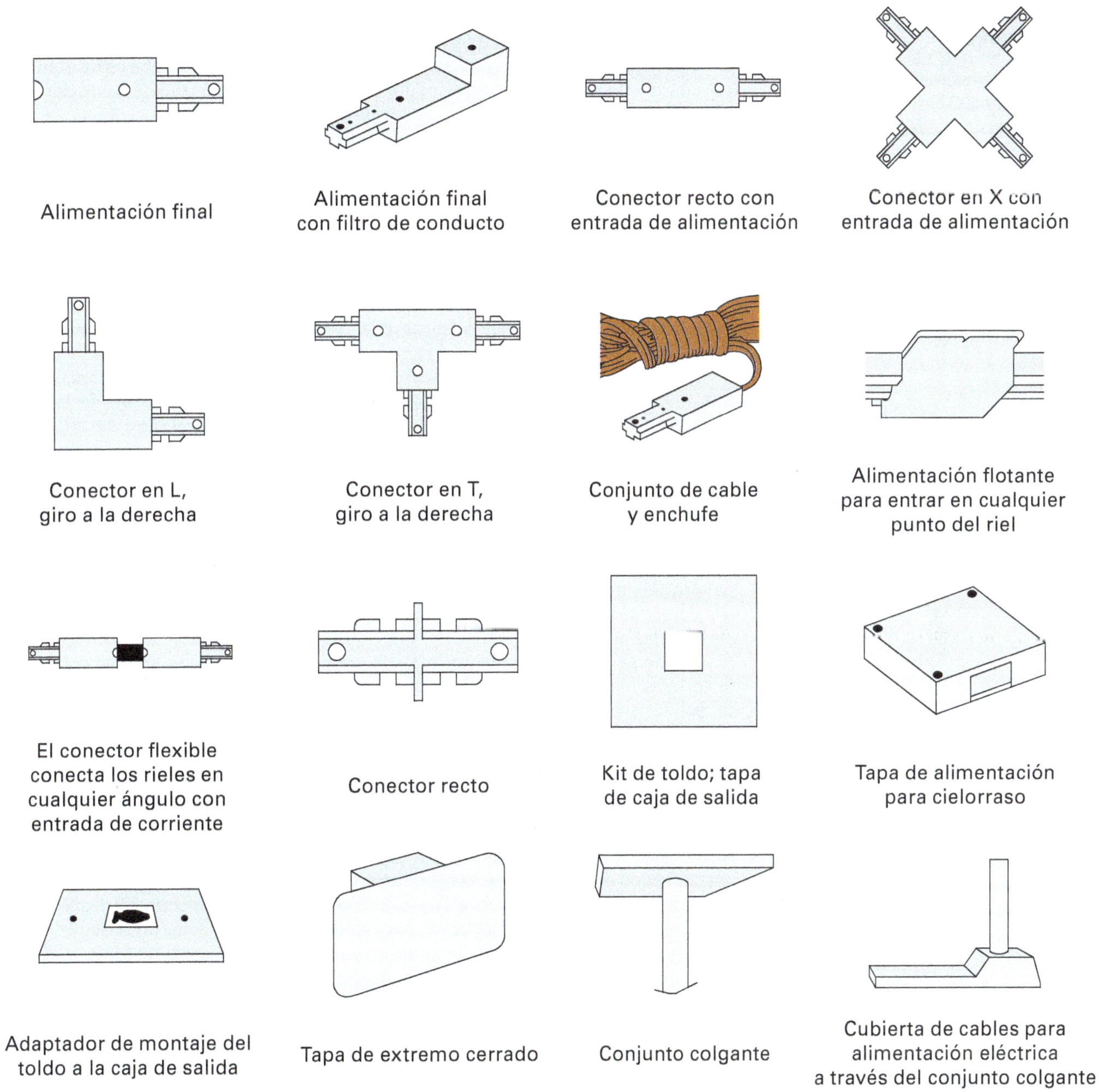

Figura 42 Accesorios y componentes para rieles de iluminación.

Al fabricar los sistemas de rieles de iluminación, siempre se mantiene la polaridad eléctrica adecuada. Las líneas de polaridad dentro del riel deben estar alineadas cuando se instalen los tramos de riel. Las luminarias encajarán en el riel de una sola manera. El *NEC®* exige que las luminarias, accesorios, etc. que se vayan a instalar en un sistema de rieles estén específicamente diseñados para el riel.

Los tramos del riel se fabrican en varias longitudes y se unen mediante conectores rectos, flexibles, en X, en L o en T. Las tapas terminales proporcionan un aspecto acabado. Los rieles de iluminación pueden conectarse a la caja de salida de un circuito ramal de muchas formas, tales como usar un conector de alimentación de potencia flotante, final o en X, L o T. Algunos se conectan a una salida de receptáculo mediante un cable y un conector.

Conozca el código

Luminarias, portalámparas y lámparas
Artículo 410 del NEC

Las ***secciones 410.150 a 410.155 del NEC*** tratan de los requisitos de instalación para rieles de iluminación. El riel se instala directamente en el cielorraso o la pared mediante tornillos, anclajes mariposa u otros elementos de sujeción adecuados instalados a través de los orificios del riel. Cuando se instala en una pared, el riel debe estar al menos a 5' (1.5 m) por encima del piso terminado, excepto cuando está protegido de daños físicos o cuando se utiliza un riel de bajo voltaje (menos de 30 V rms).

El *NEC®* exige que el riel se fije de tal forma que cada elemento de sujeción sea adecuado para soportar el peso máximo de las luminarias que se pueden instalar. A menos que se identifique su uso con soportes a intervalos mayores, una sola sección de riel de 4' (1.2 m) o menos de longitud debe sujetarse al menos en dos puntos. Si se utiliza más riel, debe utilizarse al menos un soporte adicional por cada tramo individual de 4' (1.2 m) de longitud o menos.

En una instalación típica, primero se fija el conjunto de alimentación eléctrica del riel a la caja de salida designada. Si usa un conector final de alimentación de potencia, la placa adaptadora del riel cubre la caja de salida y sujeta el conector y la carcasa eléctrica.

Si se usa un conector cableado, se instalan ganchos separados a la distancia requerida para mantener el riel a una distancia de ¼" a ½" (6 mm a 13 mm) de la superficie de montaje en cielorraso o pared. Los ganchos se sujetan en su sitio con tornillos, anclajes mariposa u otros elementos de sujeción adecuados. Se recomienda trazar una línea con tiza desde el centro de la caja de salida o la ranura central del conector del riel hasta el extremo previsto del tramo del riel. Puede utilizarse como guía para la instalación del riel.

Una vez instalados los ganchos, el primer tramo de riel se encaja firmemente en el conector de riel y, luego, el riel se encaja en los ganchos. A continuación, se aprietan los tornillos prisioneros de los laterales de los ganchos para sujetar el riel con firmeza. Los demás tramos del riel se instalan de la misma manera utilizando los conectores y accesorios adecuados.

Cuando se necesite cortar un tramo de riel a medida, puede hacerse con una sierra de corte de metal. Siga las instrucciones del fabricante que indican el lugar y la manera de realizar el corte y cómo cerrarlo con una tapa adecuada.

Conozca el código

Sistemas de distribución de energía en cielorrasos suspendidos de bajo voltaje
Artículo 393 del NEC

Otro tipo de rieles de iluminación son los *sistemas de distribución de energía de baja tensión en cielorrasos*, que se tratan en el ***artículo 393 del NEC***. Funcionan como circuitos de clase 2 limitados a 30 VCA o 60 VCA para suministrar energía a los sistemas de luminarias, control y señalización que funcionan dentro de estos límites.

3.3.5 Conexiones eléctricas de luminarias

Las conexiones eléctricas entre la luminaria y el cableado de la caja se realizan en el punto adecuado durante la instalación. La forma específica en que los cables de la caja de salida se conectan a los cables de la luminaria varía según el diseño del circuito ramal y de la forma en que se tiende el cable del circuito ramal o el cableado de la canalización. Por lo tanto, debe consultar el plano de iluminación para determinar las conexiones exactas.

El tipo de conexión eléctrica más habitual es la instalación convencional con cable. La conexión del cableado de la luminaria a los cables de alimentación de la caja de salida debe realizarse de acuerdo con las instrucciones del fabricante. El procedimiento general es el mismo en esencia, independientemente del tipo de luminaria que se conecte.

¡ADVERTENCIA!

Antes de intentar conectar luminarias a la caja de salida de un circuito ramal, verifique que el circuito ramal esté apagado y siga los procedimientos de bloqueo y etiquetado vigentes.

Cuando corte los cables de la caja de salida para preparar la conexión de la luminaria, no corte los cables del circuito ramal ni muy cortos ni muy largos. La *sección 300.14 del NEC* requiere que se deje un tramo libre de conductor de al menos 6" (150 mm) en cada de salida o de conexiones en el punto de salida de la cubierta o canalización. En el caso de empalmes o conexiones de luminarias o dispositivos, cada conductor debe extenderse al menos 3" (75 mm) fuera de cualquier abertura de caja que tenga menos de 8" (200 mm) en cualquier dimensión. La longitud de 75 mm (3") se mide generalmente desde el borde exterior de la caja. Tenga en cuenta que dejar los cables muy largos puede dificultar su colocación en la caja y abarrotarla, lo que podría provocar un sobrecalentamiento.

Conozca el código

Requisitos generales sobre métodos y materiales de cableado
Artículo 300 del NEC

Los cables negros de la luminaria se conectan a los cables energizados de la caja de salida (negro, rojo o con la marca "HOT"). Los cables blancos se conectan a cables blancos (*Figura 43*). Si se trata de cables no metálicos y cajas metálicas, los cables desnudos de puesta a tierra deben empalmarse con uno de los extremos del puente de puesta a tierra. El otro extremo del puente debe unirse a la caja mediante un clip o el tornillo de puesta a tierra de la caja. Si se trata de cables no metálicos y cajas de salida no metálicas, los cables desnudos de puesta a tierra deben empalmarse entre sí. En algunos casos, un cable verde procedente de la luminaria y los cables desnudos se conectarán a un tornillo de puesta a tierra previsto en la barra de montaje que viene con la luminaria.

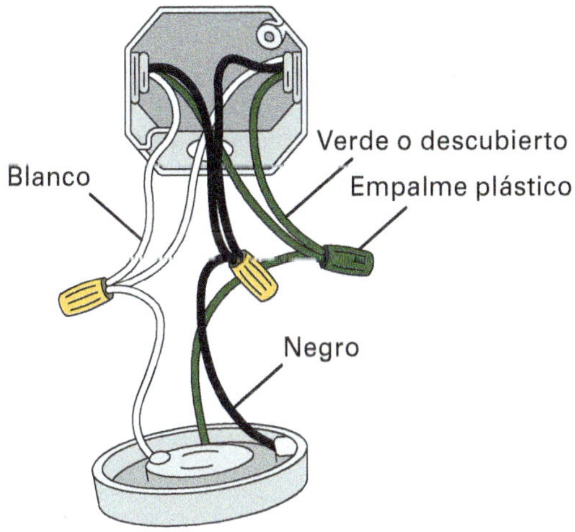

Figura 43 Ejemplo de conexiones básicas de luminarias.

Todos los empalmes deben realizarse utilizando las tuercas adecuadas según el número y el calibre de los cables. En caso de duda, los fabricantes de tuercas para cables marcan en los empaques el número mínimo y máximo de cables que pueden conectarse con el producto. Los catálogos también contienen esta información. Si se instalan y aprietan correctamente, las tuercas para cables deben cubrir todos los conductores desnudos portadores de corriente. Algunos fabricantes de tuercas para cables recomiendan retorcer los cables entre sí antes de instalar la tuerca, mientras que otros no lo hacen. Siga las instrucciones del fabricante.

El *NEC®* requiere que todas las luminarias con partes metálicas expuestas estén puestas a tierra. Si la luminaria dispone de un cable de tierra verde independiente, deberá empalmarse con los demás cables de puesta a tierra. Una vez que la caja de la luminaria o la cinta metálica de soporte estén puestas a tierra, el niple o los tornillos que sujetan la luminaria pondrán la luminaria a tierra.

Además de los sistemas convencionales cableados, también se utilizan habitualmente otros tipos de sistemas de cableado. Las pautas para realizar otros tipos de conexiones de cableado son las siguientes:

- *Cableado del sistema modular:* en algunas instalaciones, las luminarias se conectan mediante un sistema de cableado modular (*Figura 44*). El cableado modular ofrece un método alternativo al cableado rígido convencional para la alimentación de mamparas de oficina abiertas y luminarias en cielorrasos suspendidos tipo rejilla. Los componentes del sistema modular son intercambiables y reutilizables. Las etiquetas de los componentes están codificadas por colores para identificar el voltaje nominal, y las unidades están codificadas para evitar incompatibilidades. El cableado del circuito ramal de iluminación se realiza desde el panel del edificio hasta una salida o caja de conexiones que sirve como punto de partida para el cableado modular. Allí se cablea y monta un adaptador de alimentador de sistema modular. A partir de este punto, todo el cableado de las luminarias es modular, utilizando componentes especificados que pueden conectarse o desconectarse de forma segura sin tener que cortar la corriente.
- *Cableado del canal del puntal:* los puntales no perforados y otros elementos estructurales similares se utilizan con frecuencia para sostener y ofrecer una canalización de cableado para alimentar luminarias en sistemas de iluminación comercial o industrial. Se pueden utilizar varios métodos de soporte y cableado, dependiendo de la aplicación. Los distintos tipos soportes colgantes y otros herrajes de sujeción de luminarias de las secciones del puntal están especialmente diseñados por el fabricante del puntal para tal fin. La *Figura 45* es un método para suspender luminarias de un puntal. Para cerrar la parte superior abierta del puntal una vez finalizado el montaje y el cableado, hay tiras protectoras que se encajan a presión.
- *Electroductos de troles para iluminación:* los electroductos de troles para iluminación (*Figura 46*) utilizan un canal especial similar al puntal, con conductores aislados instalados de forma similar a los rieles de iluminación. Los dispositivos fijos enchufables, comúnmente denominados *retorcidos,* se fabrican para acoplar luminarias en puntos fijos. Los troles con ruedas permiten desplazar las luminarias acopladas donde se desee. Los electroductos de troles para iluminación se usan en aplicaciones de iluminación industrial y algunas comerciales porque permiten reconfigurar el sistema de iluminación según las necesidades. Los electroductos de trole para iluminación se fabrican con diferentes amperajes nominales y números de conductores para usarlos a un voltaje máximo de 300 V (CA o CC). El ***artículo 368.56(C) del NEC*** se refiere a su uso.

Conozca el código

Electroductos
Artículo 368 del NEC

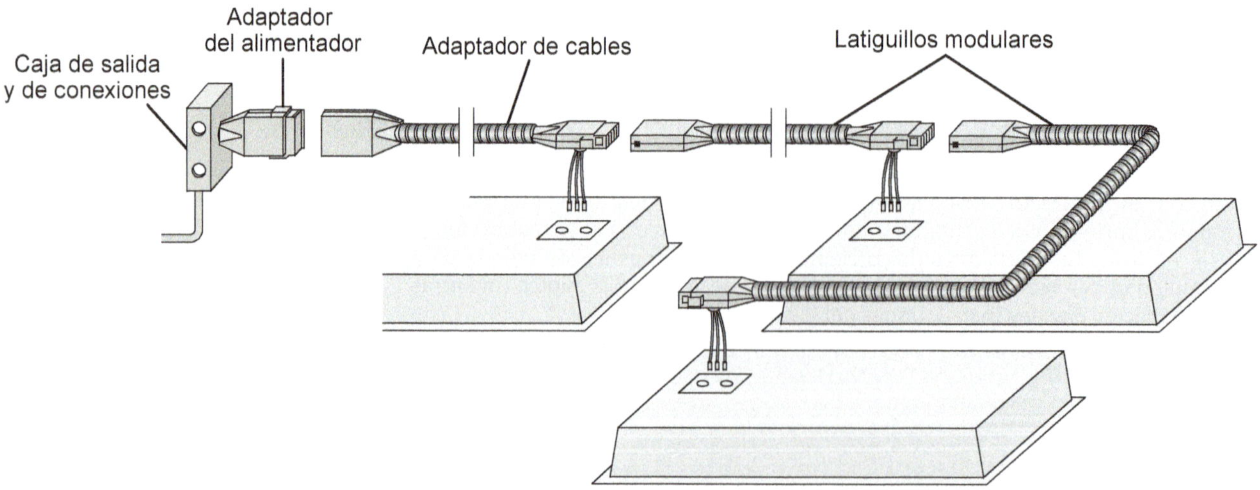

Figura 44 Sistema básico de cableado modular.

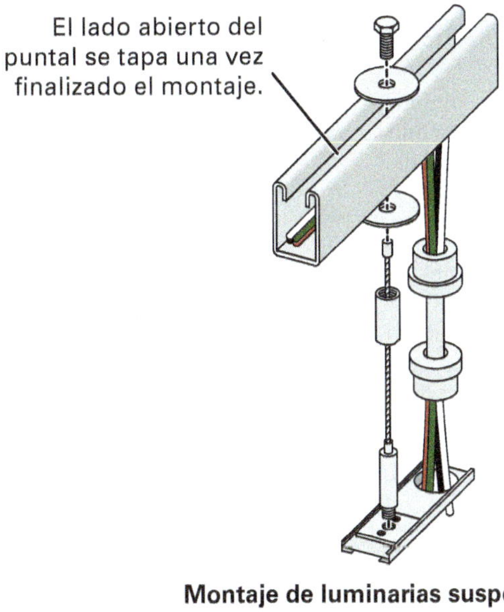

Figura 45 Uso de un puntal para sostener y alimentar las luminarias.

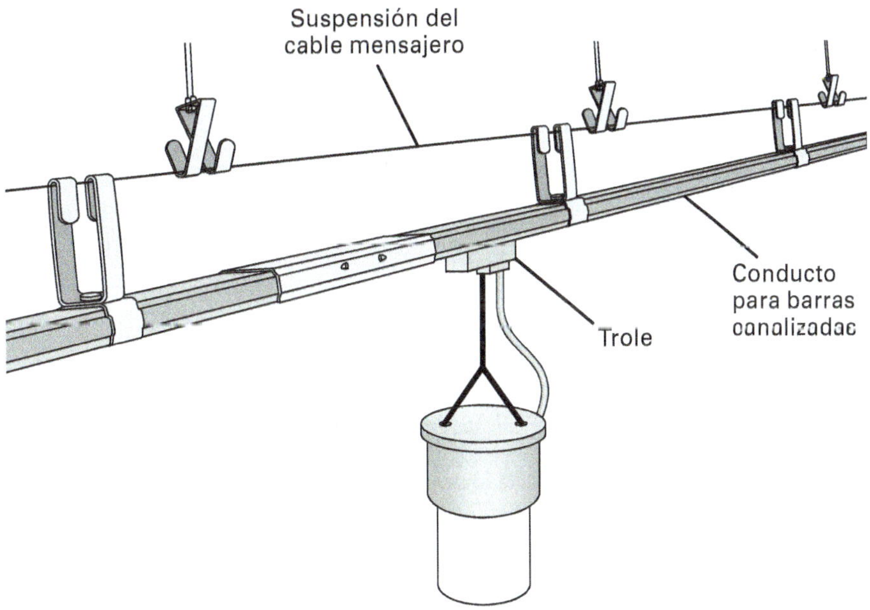

Figura 46 Electroducto de troles para iluminación.

3.0.0 Repaso de la sección

1. Por lo general, los plafones fluorescentes o LED son un tipo de _____.
   a. luminaria de montaje superficial
   b. luminaria empotrada
   c. luminaria colgante
   d. luminaria de montaje en rieles

2. ¿Cuál de las siguientes es la *mejor* herramienta para abrir una caja de luminarias?
   a. Destornillador
   b. Cuchillo de hoja larga
   c. Cuchillo para uso general
   d. Llaves

3. Salvo que se indique lo contrario, las cajas para luminarias de interior de montaje en cielorraso pueden soportar una luminaria cuyo peso *no* supere _____.
   a. 25 lb (11 kg)
   b. 35 lb (16 kg)
   c. 50 lb (23 kg)
   d. 70 lb (32 kg)

Módulo 26203-23 Preguntas de repaso

1. La energía luminosa que *no* es absorbida por un objeto puede _____.
   a. ser especialmente peligrosa para los ojos desprotegidos
   b. almacenarse en forma de calor
   c. reflejarse o transmitirse a través del objeto
   d. disiparse en forma de calor en el objeto

2. Una luz que se considera de tono cálido es la que producen las lámparas con temperaturas de color de _____.
   a. 3,000 K
   b. 3,500 K
   c. 4,100 K
   d. 5,000 K

3. La resistencia de un filamento de tungsteno es _____.
   a. mucho mayor después de encender la lámpara
   b. menor después de encender la lámpara
   c. algo mayor después de encender la lámpara
   d. la misma si la lámpara está encendida o apagada

4. El filamento de una lámpara halógena de tungsteno está encerrado en una cápsula que suele contener yodo o _____.
   a. gas bromo
   b. gas argón
   c. gas nitrógeno
   d. gas xenón

5. Durante su funcionamiento, una lámpara fluorescente de alto rendimiento (HO) suele consumir una corriente de _____.
   a. 400 mA a 600 mA
   b. 800 mA a 1,000 mA
   c. 1,100 mA a 1,300 mA
   d. 1,500 mA a 1,700 mA

6. El tipo *más antiguo* de lámpara de descarga de alta intensidad (HID) es la _____.
   a. lámpara de sodio de baja presión
   b. lámpara de sodio de alta presión
   c. lámpara de vapor de mercurio
   d. lámpara de halogenuros metálicos

7. El diámetro de una lámpara fluorescente T-12 de 4′ de longitud es de _____.
   a. 1"
   b. $1\frac{1}{8}$″
   c. $1\frac{1}{4}$"
   d. $1\frac{1}{2}$"

8. Para mejorar tanto la eficiencia del balasto como la eficacia de la lámpara, un balasto electrónico suele operar lámparas fluorescentes conectadas a una frecuencia de _____.
   a. 50 Hz a 60 Hz
   b. 10 kHz a 20 kHz
   c. 20 kHz a 50 kHz
   d. 60 kHz a 100 kHz

9. ¿A qué tipo de lámpara suministra potencia estable un controlador?
   a. Incandescente
   b. LED
   c. Fluorescente
   d. HID

10. La mayoría de los requisitos de los códigos que rigen la instalación de luminarias, portalámparas y lámparas se tratan en el _____.
    a. ***Artículo 370 del NEC***
    b. ***Artículo 410 del NEC***
    c. ***Artículo 411 del NEC***
    d. ***Artículo 422 del NEC***

11. Los latiguillos que conectan una luminaria a una caja de conexiones cercana montada sobre un cielorraso suspendido deben tener una longitud *mínima* de _____.
    a. 18″ (450 mm)
    b. 2' (600 mm)
    c. 4' (1.2 m)
    d. 6' (1.8 m)

12. La longitud *máxima* del latiguillo de la luminaria cuando se cablean luminarias de cielorraso suspendido es de _____.
    a. 4' (1.2 m)
    b. 6' (1.8 m)
    c. 8' (2.5 m)
    d. 10' (3 m)

13. Las luminarias suspendidas que se usan en edificios comerciales e industriales se sujetan mediante _____.
    a. conductores
    b. toldos ornamentales de luminarias
    c. panel de yeso de cielorraso o falso techo
    d. los elementos estructurales del edificio

14. Cuando se instala en una pared, el riel de iluminación debe ubicarse a un *mínimo* de _____.
    a. 4′ (1.2 m) por encima del piso terminado
    b. 5′ (1.5 m) por encima del piso terminado
    c. 6′ (1.8 m) por encima del piso terminado
    d. 7′ (2.1 m) por encima del piso terminado

15. Cuando se cortan los cables del circuito ramal en una caja de salida para preparar la conexión de una luminaria, la longitud libre del conductor que debe dejarse donde sale de la cubierta del cable o de la canalización es de _____.
    a. 3″ (75 mm)
    b. 4″ (100 mm)
    c. 6" (150 mm)
    d. 8″ (200 mm)

Las respuestas a las preguntas de repaso impares del módulo se encuentran en el *Apéndice A*.

Módulo 26203-23 Ejercicios suplementarios

1. Cuando la luz incide sobre un objeto, puede _________ y almacenarse en forma de calor, transmitirse a través del objeto y _________, o puede _________ del objeto.

2. Cuando la luz atraviesa un prisma, el espectro oscila de _________ en la longitud de onda superior y _________ en la inferior.

3. ¿Verdadero o falso? Las lámparas de igual potencia tienen los mismos valores de lúmenes y vida útil.

4. ¿Cuál lámpara HID produce la luz con la mejor reproducción cromática?
   a. De halogenuros metálicos
   b. De vapor de mercurio
   c. De sodio de alta presión
   d. De sodio de baja presión

5. ¿Verdadero o falso? Al instalar una lámpara fluorescente de dos clavijas, debe girarse $\frac{1}{4}$ de vuelta en su portalámparas para asentarla y conectarla.

6. ¿Cuál de los siguientes tipos de balastos para lámparas fluorescentes proporciona la mejor vida útil de la lámpara?
   a. Balastos de encendido instantáneo
   b. Balastos de encendido rápido
   c. Balastos electrónicos de encendido programado
   d. Balastos de encendido híbrido

7. Un balasto suministra energía a una lámpara HID; del mismo modo, un(a) _________ suministra energía a un LED.

8. Al abrir una caja de cartón que contenga una luminaria, hay que usar _________.

9. ¿Verdadero o falso? Cuando se instale una luminaria de montaje en cielorraso que pese más de 50 lb (23 kg), siempre debe sujetarse aparte de la caja de salida, a menos que la caja esté homologada y etiquetada para tal uso.

10. El latiguillo de una luminaria conectado entre una caja de conexiones montada sobre el cielorraso suspendido y una luminaria instalada en un cielorraso suspendido debe tener una longitud mínima de _________ y no ser más largo que _________.

11. Las luminarias empotradas no etiquetadas como Tipo IC deben instalarse de forma que queden a una distancia mínima de _________ de cualquier aislamiento adyacente.

12. Cuando se instalan luminarias fluorescentes o plafón LED y otras luminarias en un cielorraso suspendido, los elementos estructurales del techo deben estar firmemente sujetos entre sí y a la estructura del techo _________.

13. ¿Verdadero o falso? Las luminarias o los accesorios de los sistemas de rieles de iluminación pueden utilizarse indistintamente entre sistemas de distintos fabricantes.

14. Cuando se cortan los cables del circuito ramal para preparar la conexión de una luminaria, hay que dejar al menos _________ de longitud de conductor libre en la caja de salida donde el cable sale de su cubierta o canalización.

Las respuestas a los ejercicios suplementarios impares se encuentran en el *Apéndice B*.

Respuestas a las preguntas de repaso de la sección

Respuesta	Referencia de la sección	Objetivo
Sección 1.0.0		
1. c	1.1.0	1a
2. a	1.2.3	1b
Sección 2.0.0		
1. c	2.1.1	2a
2. d	2.2.4	2b
Sección 3.0.0		
1. b	3.1.2	3a
2. c	3.2.0	3b
3. c	3.3.1	3c

Actualización de usuario

NCCER

ESCANÉAME

¿Ha encontrado un error? Para enviar una corrección, visite **https://www.nccer.org/olf** o escanee el código QR con su dispositivo móvil.

MÓDULO 26204-23

Doblado de conductos

Fuente: Ridge Tool Company

Objetivos

La exitosa finalización de este módulo te prepara para realizar lo siguiente:

1. Identificar los requisitos del *NEC*® para doblado de conductos.
   a. Identificar los requisitos de radio mínimo de los distintos tipos de conductos.
   b. Calcular el número de dobleces por tendido.
2. Usar ecuaciones para hallar las distancias de los dobleces.
   a. Usar la trigonometría para hallar las distancias de los dobleces.
   b. Usar la circunferencia de un círculo para determinar las distancias de los dobleces.
3. Demostrar cómo utilizar dobladoras mecánicas.
   a. Trazar una dobladora mecánica.
   b. Resumir cómo hacer dobleces mecánicos.
4. Demostrar cómo usar dobladoras eléctricas e hidráulicas de conductos.
   a. Explicar cómo utilizar dobladoras de conductos eléctricas.
   b. Explicar cómo utilizar las dobladoras hidráulicas de conductos.
5. Demostrar cómo instalar conductos de PVC.
   a. Describir cómo unir conductos de PVC.
   b. Describir cómo doblar un conducto de PVC.

Tareas prácticas

Bajo supervisión, deberías poder hacer lo siguiente:

1. Utilizar una dobladora eléctrica o hidráulica para doblar un codo a una distancia exacta por encima de la cubierta.
2. Hacer un doblez desplazado en un conducto para evitar una obstrucción con 1" (~25 mm) de espacio libre entre el tubo y la obstrucción.
3. Hacer un doblez de ensillado en un tramo de conducto para cruzar un tubo con un espacio libre de 1" (~25 mm) entre el tubo y el conducto.

Visión general

La instalación de conductos de metal intermedio, conductos de metal rígido y tubería metálica eléctrica, a menudo, requiere muchos cambios de dirección en los tendidos, desde simples dobleces desplazados en el punto de terminación hasta complicados dobleces desplazados angulares en columnas, vigas y obstrucciones similares. Este módulo describe cómo realizar dobleces de conductos utilizando equipos mecánicos, hidráulicos y eléctricos.

NOTA

NFPA 70®, *National Electrical Code*® y *NEC*® son marcas registradas de la National Fire Protection Association, Quincy, MA.

Recursos digitales sobre Electricidad

NCCER

ESCANÉAME

Escanee este código con la cámara de su teléfono o dispositivo móvil para ver los recursos digitales relacionados con este oficio.

NCCER Credenciales reconocidas en la industria

Si se está capacitando a través de un patrocinador acreditado por el NCCER, puede ser elegible para obtener credenciales del NCCER. El número de identificación de este módulo es 26204-23. Tenga en cuenta que este módulo puede haber sido utilizado en otros planes de estudios del NCCER y se puede aplicara la realización de otros niveles. Comuníquese con el NCCER al 1.888.622.3720 o visite **www.nccer.org** para obtener más información.

También puede mostrar en línea sus credenciales reconocidas por el sector con las insignias digitales de NCCER. Transforme sus conocimientos, habilidades, y logros en insignias que puede compartir en tus redes sociales, enviar a su red y agregar a su currículum. Para obtener más información, visite **www.nccer.org**.

1.0.0 Requisitos del *NEC*® para doblado de conductos

Tareas prácticas

Esta sección no contiene tareas prácticas.

Objetivo

Identificar los requisitos del *NEC*® para doblado de conductos.

a. Identificar los requisitos de radio mínimo de los distintos tipos de conductos.
b. Calcular el número de dobleces por tendido.

La instalación de conductos metálicos intermedios (IMC), conductos metálicos rígidos (RMC) y tubería metálica eléctrica (EMT) suele requerir cambios de dirección a lo largo del recorrido. Estos cambios de dirección van desde un simple **doblez desplazado** en las cajas de salida hasta complejos dobleces desplazados angulares en columnas, vigas y otras obstrucciones.

A menos que las especificaciones del contrato indiquen lo contrario, los cambios de dirección, especialmente en el caso de los conductos de tamaños más pequeños, se realizan doblando el **conducto**. En el caso de conductos más grandes, los cambios de dirección se consiguen, a veces, con el uso de un **codo** elaborado en fábrica o una caja conducto. En la mayoría de los casos, sin embargo, es más económico hacer estos dobleces de conductos en el campo.

También se realizan dobleces de conductos en el lugar de trabajo cuando se instalan varios tendidos de conductos de mayor tamaño. Es más fácil mantener una alineación de múltiples tendidos más paralela al usar dobleces de conductos en el lugar de trabajo que al usar codos de fábrica. Dichos dobleces pueden hacerse todos desde el mismo centro, utilizando los del conducto más grande del tendido como patrón para todos los demás dobleces. Esta es solo una de las técnicas útiles de doblado de conductos que se abarcan en este módulo.

El trabajo con conductos expuestos es un área del oficio que pone de manifiesto las habilidades de los electricistas. Los conductos expuestos reflejan directamente la habilidad y capacidad del instalador. Le beneficiará aprender varios métodos que le garantizarán un conducto doblado de manera adecuada y precisa, un conducto del cual podrá estar orgulloso porque quedó doblado correctamente la primera vez.

Doblez desplazado (*Offset*): dos dobleces iguales realizados para evitar una obstrucción que bloquea el tendido de un conducto.

Conducto (*Conduit*): productos para tubería diseñados para contener y proteger conductores eléctricos.

Codo (*Elbow*): doblez de 90° u otro ángulo; a menudo, en inglés se abrevia y pronuncia *ell*.

Conozca el código

Métodos y materiales de cableado
Capítulo 3 del NEC

Conozca el código

Conducto metálico rígido (RMC)
Artículo 344 del NEC

Conozca el código

Tablas
Capítulo 9 del NEC

1.1.0 Requisitos de radio mínimo

El *Capítulo 3 del NEC* contiene los requisitos de instalación de varios tipos de conductos. El *Artículo 344 del NEC* se refiere a los conductos metálicos rígidos. La *Sección 344.24(A) del NEC* establece que todos los dobleces de conductos se realicen de manera que los conductos no se dañen y que el diámetro interno del conducto no se reduzca en tamaño.

Para lograrlo, el *NEC*® especifica además que el **radio** de doblez mínimo (*Figura 1*), medido a la línea central del conducto no debe ser inferior al indicado en el *Capítulo 9, tabla 2 del NEC*. Tenga en cuenta que la tabla proporciona el radio mínimo para múltiples métodos de doblado. Por ejemplo, la tabla del *NEC*® indicada muestra que el conducto de 2" tiene un radio de doblez mínimo de 9½" (241.3 mm), como se muestra en la *Figura 1*. Sin embargo, esto solo es cierto si el doblez se realiza utilizando los métodos de doblado de *un solo paso* o de *zapata completa*, que se describen más adelante en este módulo. Si el doblez se crea utilizando otros métodos, el radio mínimo pasa a ser de 12".

Radio (*Radius*): distancia desde el centro de un círculo hasta el borde externo o *circunferencia*. En doblado de conductos, se refiere a la distancia desde el centro de un círculo imaginario a la línea central del conducto doblado.

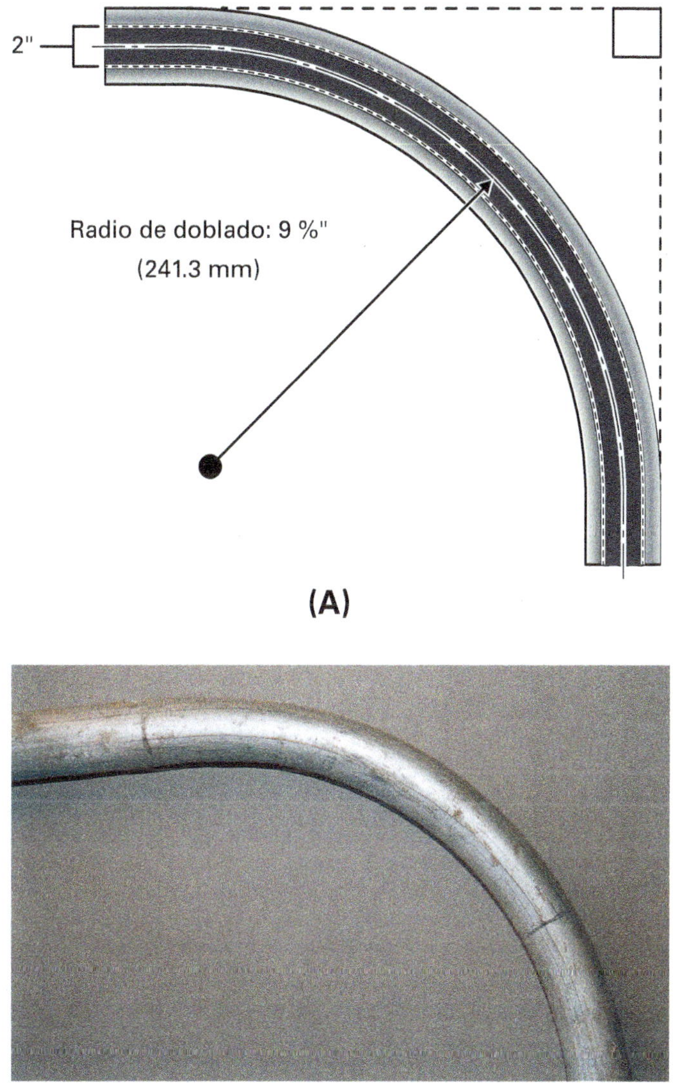

Figura 1 Radio del doblez del conducto.

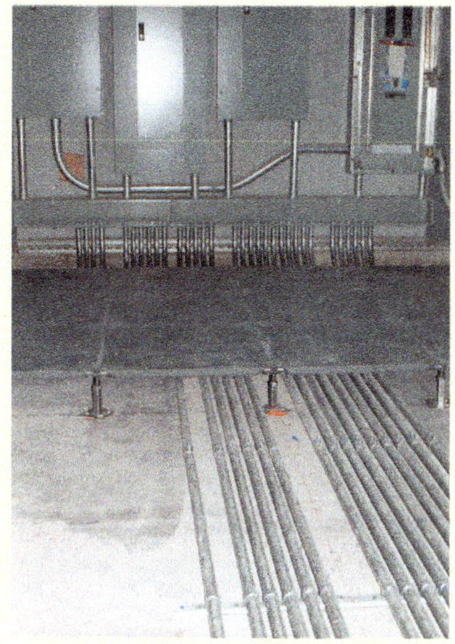

Enorgullézcase de su trabajo

Aunque el conducto en esta instalación quedará oculto por el suelo y el acabado final de la pared, observe cómo el electricista instalador hizo un esfuerzo especial para mantener los dobleces perfectamente espaciados y alineados. Hacer un buen trabajo aunque nunca se vea ni se admire es la marca de un verdadero profesional del oficio.

Existe una buena razón para seguir los requisitos en relación con el radio de los dobleces establecidos en el *Capítulo 9 tabla 2 del NEC*. Cuando los dobleces son demasiado cerrados o el conducto se distorsiona, el tendido de cables se vuelve difícil y el aislamiento de los conductores puede dañarse.

NOTA

El radio de doblez mínimo y el número máximo de dobleces en el tendido de un conducto pueden variar según el país. Este módulo solo se aplica a los requisitos del *NEC*®.

1.2.0 Número de dobleces por tendido

Cada cambio de dirección en un tendido de conductos añade dificultad al tendido. El *NEC*® establece específicamente que no se pueden realizar más de 360° de dobleces (como, por ejemplo, cuatro dobleces de 90°) en un tendido de conducto individual entre cajas de salida, armarios, paneles o cajas de conexiones o puntos de tendido. Estas ubicaciones proporcionan acceso para tender los cables. Los tipos de dobleces de conductos son los siguientes:

- *Codo: es* un doblez de 90° que se utiliza cuando un conducto debe girar en un ángulo de 90°. Frecuentemente, se usan dos codos para crear un **doblez en paralelo**. En tendidos de conductos individuales, cuando se instalan conductos de mayor tamaño, se suelen utilizar codos de fábrica para ahorrar mano de obra a la hora de montar un equipo, calcular y marcar los conductos y, por último, realizar el doblez. Sin embargo, en tendidos de conductos múltiples, se obtendrá un trabajo más ordenado si se calculan e instalan correctamente múltiples juegos prácticos del **doblez de ángulo amplio** o del doblez concéntrico (*Figura 2*). Todos los dobleces concéntricos de la *Figura 2* se basan en un punto central común a partir del cual se mide el radio del doblez.

Doblez en paralelo (*Back-to-back bend*): doblez formado por dos codos de 90° con una sección recta de conducto entre los codos.

Doblez de ángulo amplio (*Sweep bend*): doblez de 90° con un radio mayor que el producido por una zapata estándar de un solo paso.

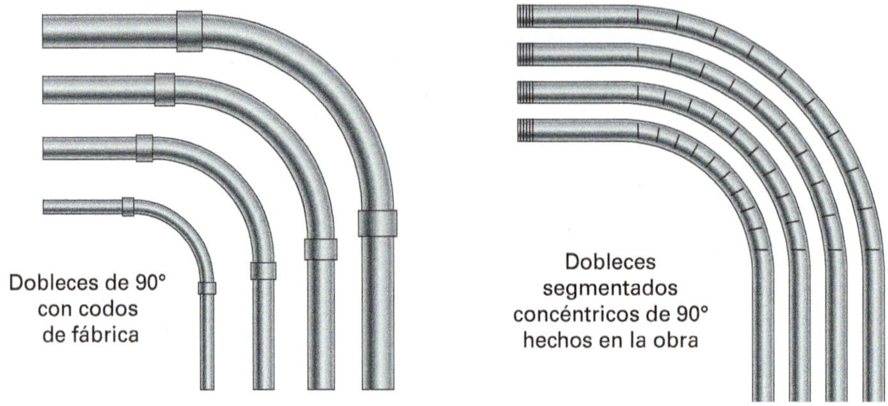

Figura 2 Dobleces típicos de 90°

Diferencias internacionales

En otros países, los conductos se miden con el sistema de designación métrica (MD), por lo que puede ser útil que se familiarice con estos valores, especialmente si vive cerca de la frontera canadiense o mexicana. Las tablas del *Capítulo 9 del NEC* presentan tanto los valores MD como los valores de tamaño comercial (estándar de EE. UU.).

- *Doblez desplazado:* consta de dos dobleces iguales y se utiliza cuando el tendido del conducto debe pasar por encima, por debajo o alrededor de un obstáculo. También se utiliza un doblez desplazado en cajas de salida, armarios, paneles de distribución y cajas de paso (*Figura 3*).
- *Ensillado:* se utiliza para cruzar una pequeña obstrucción u otros tendidos de conducto. Se realiza marcando el conducto en el punto en el que se necesita el ensillado y colocando la dobladora a unas pulgadas por delante de este punto. El doblez de ensillado se realiza en secuencias, como se muestra en la *Figura 4*. Dependiendo del tipo de obstrucción, se pueden utilizar tanto ensillados de tres dobleces como de cuatro.
- *Desvío:* un **desvío** es un único cambio de dirección de un tramo de conductos inferior a 90°. Se utiliza sobre todo cuando el conducto va a quedar oculto en la cubierta. El primer doblez en un doblez desplazado, por ejemplo, es en realidad un desvío (*Figura 5*). Otro desvío en la dirección opuesta transforma el doblez en un doblez desplazado.

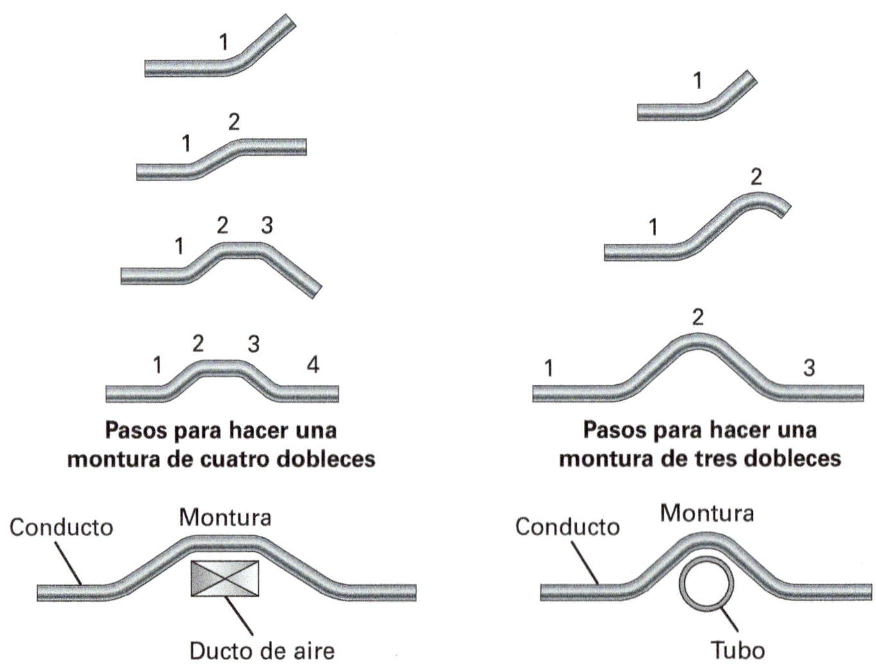

Figura 4 Secuencias y aplicación del doblez de ensillado.

NOTA

El acrónimo MD se utiliza como designador de tamaño comercial métrico de conductos. Es importante entender que estos números son solo identificadores. La designación en sí no es una medida ni una dimensión.

Desvío (*Kick*): doblez con un ángulo inferior a 90° para cambiar la dirección del conducto.

Figura 3 Ejemplos de desplazamientos de conductos. *Fuente:* Tim Ely (3B)

Algunos electricistas creen que los dobleces desplazados, los desvíos y los ensillados no son dobleces, especialmente en áreas donde los inspectores eléctricos son laxos. Estos electricistas solo cuentan los dobleces que son de 90°. El error se hace patente rápidamente al tender los cables. Los dobleces desplazados (o desplazamientos) y los ensillados añaden tanta resistencia al tendido de los conductores como cualquier codo de 90°. Un desplazamiento de 45°, por ejemplo, requiere dos dobleces de 45°, que equivalen a 90°. Un ensillado puede requerir tan solo 60° de doblez o hasta 180° de doblez, dependiendo de la aplicación.

Un desvío de 15° en un tendido de conducto puede parecer insignificante, pero después de incorporar varias de estos en el tendido, la dificultad de tender los cables a través del conducto se hace evidente. En ningún caso la suma de todos los ángulos de doblez debe superar los 360°, y el ángulo de cada desvío, por pequeño que sea, debe incluirse en el total.

Por ejemplo, podría tener un ensillado de 90° y dos codos de 90° en un tendido. Un ensillado de 90°, como la de tres dobleces de la *Figura 4*, requiere dos dobleces de 45° y uno de 90°. Entonces, solo el ensillado requiere 180° de doblez. Si se añaden otros dos dobleces de 90°, el total asciende a 360°.

Muchos electricistas prefieren instalar las cajas de paso a intervalos más cortos para reducir el número de dobleces, especialmente cuando deben tenderse conductores de mayor tamaño. Sobrepasar el límite de los 360° no siempre es deseable o necesario. El costo adicional de las cajas de paso y de la mano de obra para instalarlas suele compensarse con la mano de obra que se ahorra al crear dobleces y tender conductores en torno a múltiples espiras.

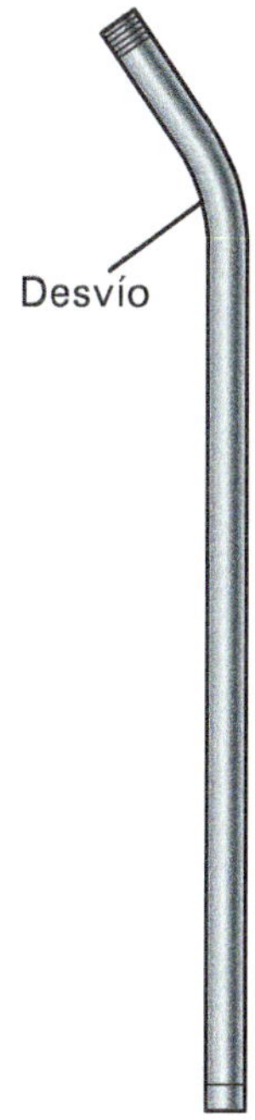

Figura 5 Desvío de conducto.

Compruébelo

Al hacer dobleces complejos, es una buena idea probar primero los dobleces con un trozo de alambre y luego utilizar el alambre doblado como plantilla para el doblez. Esto le dará una idea de si el doblez servirá para el trabajo antes de malgastar material.

1.0.0 Repaso de la sección

1. Para cada tamaño de conducto, existe un radio de doblez mínimo que *debe* respetarse.
   a. Verdadero
   b. Falso

2. Lo *más* probable es que el tipo de doblez necesario donde el conducto entra en un panel de distribución sea un(a) _____.
   a. codo
   b. doblez desplazado
   c. desvío
   d. ensillado

Tareas prácticas

Esta sección no contiene tareas prácticas..

2.0.0 Distancias de dobleces

Objetivo

Usar ecuaciones para hallar las distancias de los dobleces.

a. Usar la trigonometría para hallar las distancias de los dobleces.

b. Usar la circunferencia de un círculo para determinar las distancias de los dobleces.

Aprender a doblar conductos implica utilizar unas cuantas ecuaciones sencillas para hallar diversas distancias. El doblez de 90° es muy común, independientemente del tipo de conducto que se instale.

2.1.0 Encontrar distancias de dobleces con trigonometría

Un triángulo rectángulo, como se muestra en la *Figura 6* (A), se define como cualquier triángulo con un ángulo recto de 90°. El lado directamente opuesto al ángulo de 90° se llama *hipotenusa* y el lado sobre el que se asienta el triángulo es la *base*. El lado vertical se denomina *altura* o *altitud*. En el caso de los dobleces desplazados, las funciones trigonométricas se pueden aplicar porque el desplazamiento forma la hipotenusa de un triángulo rectángulo, como se muestra en la *Figura 6* (B).

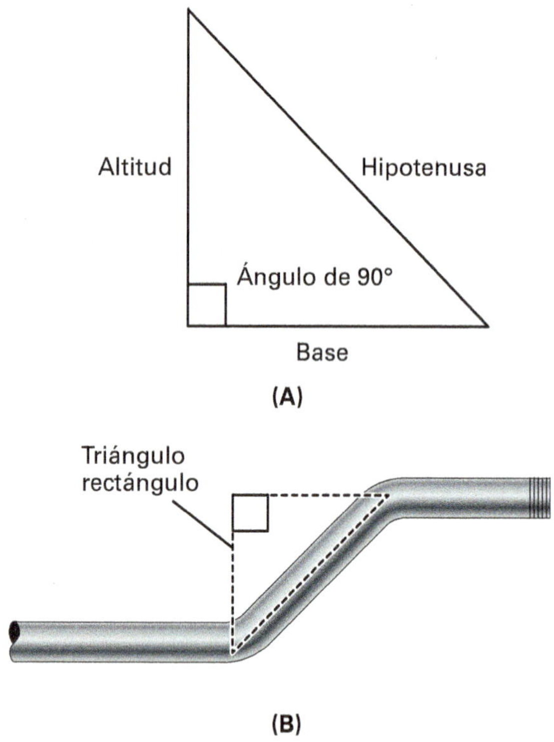

Figura 6 Un triángulo rectángulo y su relación con el desplazamiento de un conducto.

Elevación (Rise): longitud de la sección doblada del conducto medida desde la parte inferior, la línea central o la parte superior de una sección recta hasta el extremo de la sección doblada.

Subida (Stub-up): otro nombre para la *elevación* en una sección de un conducto.

Los triángulos rectángulos se utilizan para desarrollar ecuaciones trigonométricas. Estas ecuaciones pueden utilizarse para determinar la distancia **elevación** o la **subida** entre los puntos de doblado, la distancia entre las juntas de doblado, la distancia a la que debe estar un desvío por encima de la superficie o la cantidad de conducto adicional necesario. Se necesitarán seis funciones trigonométricas básicas:

- Seno
- Coseno
- Tangente
- Cosecante
- Secante
- Cotangente

La función seno puede calcularse dividiendo la hipotenusa por el lado opuesto al ángulo considerado (*Figura 7*). Esta función puede representarse mediante la siguiente ecuación:

$$\text{Seno} = \frac{\text{opuesto}}{\text{hipotenusa}} = \frac{O}{H}$$

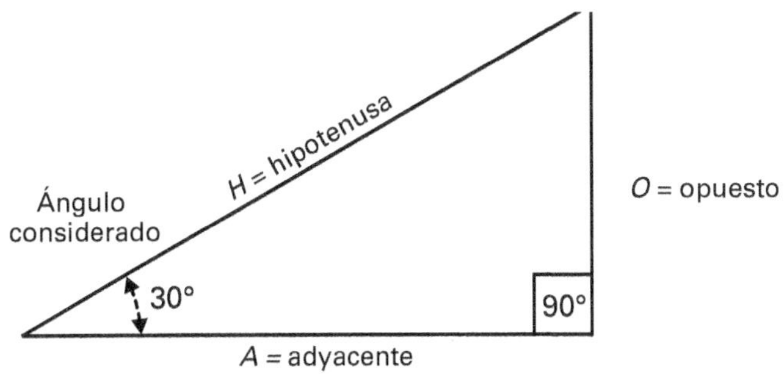

Figura 7 Fundamentos de trigonometría de un triángulo rectángulo.

Las ecuaciones para las otras funciones son las siguientes:

$$\text{Coseno} = \frac{\text{adyacente}}{\text{hipotenusa}} = \frac{A}{H}$$

$$\text{Tangente} = \frac{\text{opuesto}}{\text{adyacente}} = \frac{O}{A}$$

$$\text{Cosecante} = \frac{\text{hipotenusa}}{\text{opuesto}} = \frac{H}{O}$$

$$\text{Secante} = \frac{\text{hipotenusa}}{\text{adyacente}} = \frac{H}{A}$$

$$\text{Cotangente} = \frac{\text{adyacente}}{\text{opuesto}} = \frac{A}{O}$$

Donde:

H = hipotenusa, lado que mira hacia el ángulo recto (90°)
O = lado opuesto al ángulo con el que se está trabajando
A = lado adyacente al ángulo con el que se está trabajando, pero no la hipotenusa

Por lo tanto, en la *Figura 6* (B), la hipotenusa o distancia entre los dos dobleces podría calcularse utilizando la siguiente función trigonométrica de cosecante:

$$\text{Cosecante} = \frac{\text{hipotenusa}}{\text{opuesto}} = \frac{H}{O}$$

Digamos que el ángulo del primer doblez es de 30° y la elevación o el lado opuesto es de 12". Esto lleva al siguiente resultado:

$$\text{Cosecante } (30°) = \frac{H}{12"}$$

La cosecante de 30° es 2 (verifique con su calculadora).

$$2 = \frac{H}{12"}$$

Luego, realice la multiplicación cruzada:

$$H = 2 \times 12"$$
$$H = 24"$$

Por lo tanto, la hipotenusa o distancia entre dobleces sería de 24".

Este es otro ejemplo. En este caso, se debe realizar un desvío en el extremo de un pedazo de conducto (*Figura 8*). El ángulo del desvío será de 30°. La hipotenusa del desvío es de 20". Determine a qué distancia de la superficie debe estar el extremo del desvío.

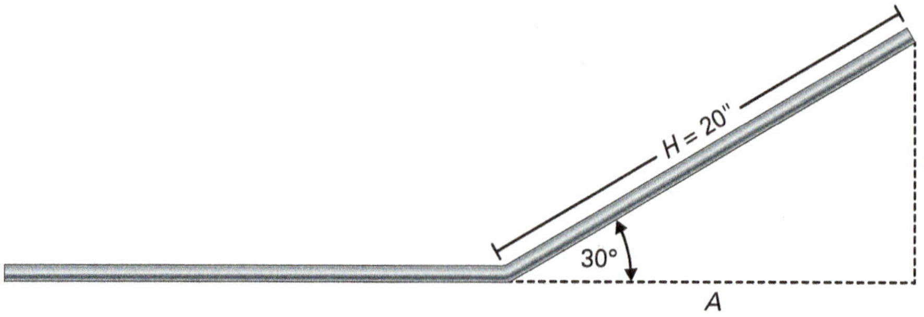

Figura 8 Ejemplo de desvío.

Al calcular la hipotenusa de un doblez, se multiplica la cosecante del ángulo por el lado opuesto. Si se conocen el ángulo y la hipotenusa, puede utilizarse la inversa para determinar el lado opuesto. Por lo tanto, divida 20" entre la cosecante de 30°:

$$\frac{20''}{2} = 10''$$

Entonces, el extremo del conducto debe estar a 10" de la superficie para obtener un doblez de 30°.

Estas ecuaciones también se aplican a los ejemplos métricos. Por ejemplo, si la hipotenusa fuera de 400 mm en un desvío de 30°, divida 400 mm entre la cosecante de 30°:

$$\frac{400 \text{ mm}}{2} = 200 \text{ mm}$$

En este ejemplo, el extremo del conducto debe alejarse 200 mm de la superficie para un doblez de 30°.

2.2.0 Encontrar distancias de dobleces con circunferencia

Un *círculo* se define como una línea curva cerrada cuyos puntos están todos a la misma distancia de su centro, como se muestra en la *Figura 9* (A). La distancia desde el punto central hasta el borde del círculo se denomina *radio* y la longitud de una línea recta desde un borde que pasa por el centro hasta el otro borde se denomina *diámetro*. La distancia alrededor del círculo se denomina *circunferencia*.

Un círculo puede dividirse en cuatro cuadrantes iguales, como se muestra en la *Figura 9* (B). Cada cuadrante representa 90°, lo que hace un total de 360°. Un doblez de 90° se basa en un cuarto de círculo o un cuadrante.

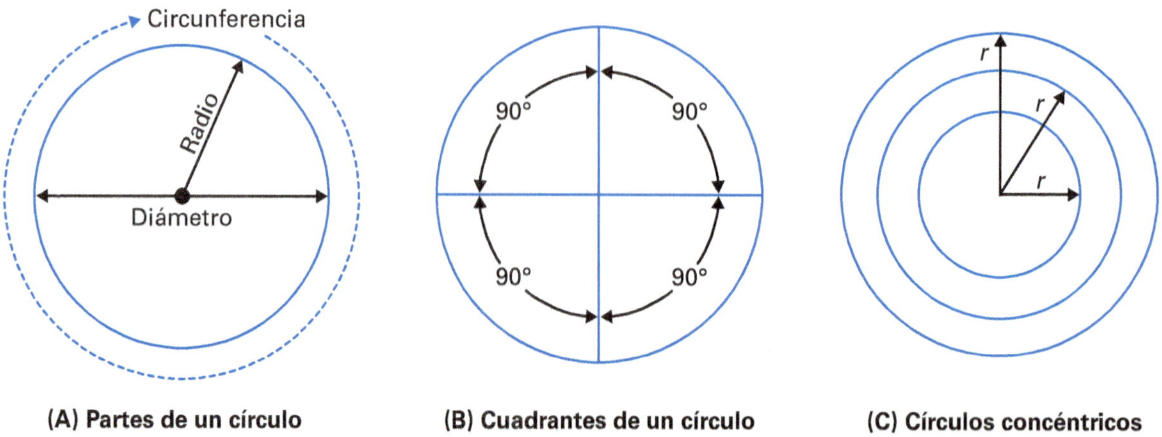

Figura 9 Terminología relacionada con el círculo.

Los círculos concéntricos, que se muestran en la *Figura 9* (C), son varios círculos que tienen un centro común pero radios diferentes. El concepto de círculos concéntricos puede aplicarse a los dobleces concéntricos de 90° en conductos. Dichos dobleces tienen el mismo punto central, pero el radio de cada unF es diferente. La *Figura 10* muestra cómo se relacionan las partes de un círculo con un doblez de conducto de 90°.

Para doblar conductos, es necesario comprender la dinámica del *círculo unitario* (*Figura 11*). Se trata de un círculo con un radio dado de 1.

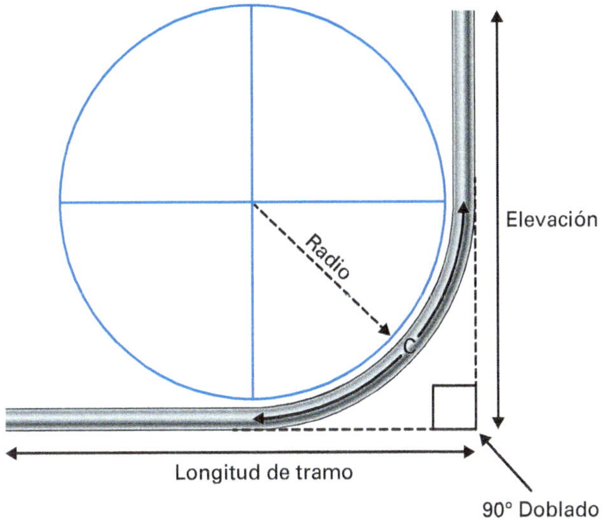

Figura 10 Partes de un círculo relacionadas con el doblado de conductos.

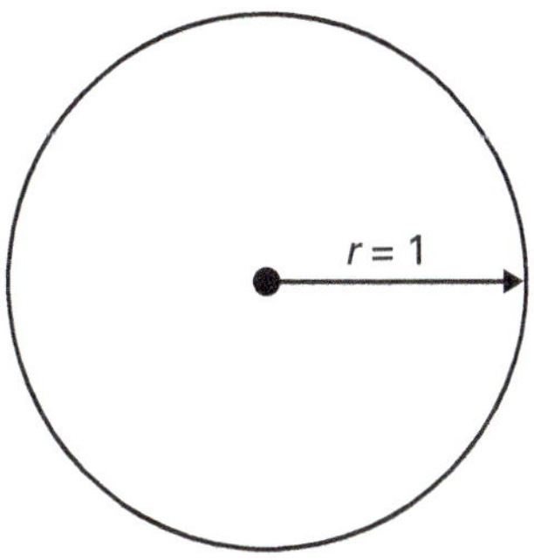

Figura 11 Círculo unitario

2.2.1 Longitud desarrollada

La **longitud desarrollada** se refiere a la longitud de una pieza recta de conducto necesaria para completar un doblez con el radio requerido. Para determinar la longitud desarrollada, se requieren algunas ecuaciones relacionadas con el círculo.

Longitud desarrollada (*Developed length*): cantidad de tubo recto necesaria para completar un doblez con un radio determinado; la longitud real del conducto que se va a doblar.

Cuando se calcula una circunferencia, se utiliza la siguiente fórmula:

$$C = 2\pi r$$

Donde:

C = circunferencia
π = 3.14
r = radio

Insertando el radio del círculo unitario en la fórmula se obtiene lo siguiente:

$$C = 2\pi \times 1$$

Por supuesto, cualquier número multiplicado por 1 es igual a ese número:

$$1 \times 2 = 2$$

Por lo tanto, $2\pi \times 1 = 2\pi$. Esto significa que, en términos de pi (π), la circunferencia del círculo unitario es 2π; 360° es 2π y 180° es π (*Figura 12*).

Si se mira 90° en términos de π, 90° es la mitad de 180° o la mitad de π. Así que 90° es igual a $\frac{1}{2}\pi$ o $\pi \div 2$. De nuevo, π es un símbolo para el valor numérico 3.14 (redondeado). Por lo tanto, $\pi \div 2$ es $3.14 \div 2$ o 1.57. Por lo tanto, 90° está representado por el valor numérico 1.57.

Volviendo a la fórmula de la circunferencia, observe que multiplicando 2π, o 6.28, por el radio dado del círculo se obtiene la distancia lineal (circunferencia) alrededor del círculo. Teniendo esto en cuenta, si multiplica 1.57 por el radio dado, se obtendrá la distancia lineal de 0° a 90° en el círculo, un cuadrante del círculo. Esta distancia lineal se conoce como *longitud desarrollada* e indica la cantidad de conducto que se necesita para hacer un doblez de ángulo amplio de 90°.

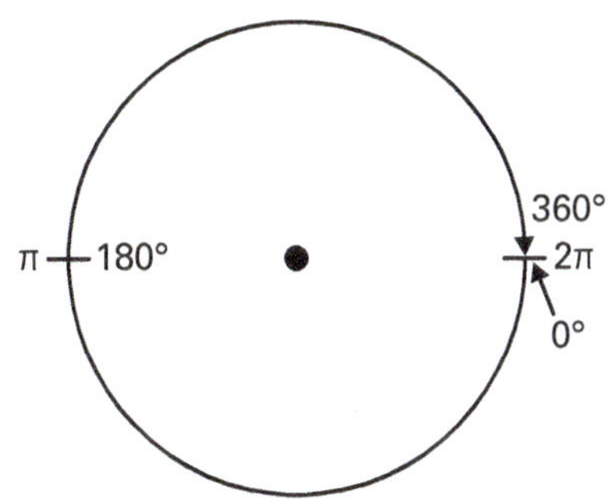

Figura 12 π y 2π.

Por ejemplo, si el radio de un círculo mide 2', la longitud desarrollada se puede encontrar de la siguiente manera:

Longitud desarrollada = 1.57r
Longitud desarrollada = 1.57 × 2' = 3.14'

Utilizando un ejemplo métrico con un radio de 200 mm, la longitud desarrollada puede hallarse del siguiente modo:

Longitud desarrollada = 1.57 × 200 mm = 314 mm

2.2.2 Ganancia

Ganancia (*Gain*): cantidad de tubo que se ahorra al doblarlo en un radio, en lugar de en un ángulo agudo.

Los dobleces del conducto forman parte de la circunferencia del círculo y no se hacen en ángulos rectos agudos. Por lo tanto, la longitud del conducto necesaria para un doblez no será igual a las distancias A y B, como se muestra en la *Figura 13*. La **ganancia** es la diferencia entre las distancias en ángulo A y B y la distancia más corta C, la longitud de conducto realmente necesaria para el doblez.

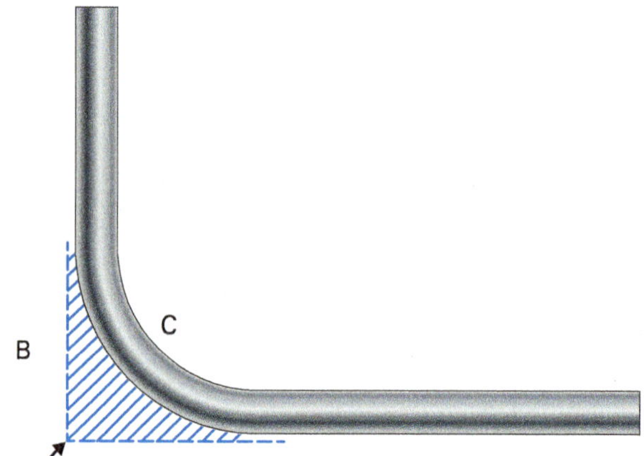

Figura 13 Ganancia.

La ganancia de un doblez se calcula multiplicando el radio del doblez por el factor de ganancia correspondiente. Los factores de ganancia para dobleces de 0° a 90° se muestran en la *tabla 1*. La columna de la izquierda de la tabla muestra los grados en incrementos de 10, mientras que la fila superior muestra incrementos de un grado. Entonces, si necesita encontrar el factor de ganancia de un doblez de 45°, localizará 40° en la columna de la izquierda y luego leerá hacia la derecha hasta encontrar la columna etiquetada como 5°. El factor de ganancia sería entonces 0.043. Este factor de ganancia se multiplica por el radio del doblez.

Grados, radianes y gradientes

Además de las medidas en grados de 0° a 360°, los ángulos también pueden indicarse en radianes o gradientes. Los radianes van de 0 a 6.28 o de 0 a 2π. Los gradientes van de 0 a 400 gradientes. Estas medidas pueden compararse de la siguiente manera:

$90° = \frac{\pi}{2}$ o 1.57 radianes = 100 gradientes

$180° = \pi$ o 3.14 radianes = 200 gradientes

$270° = \frac{3\pi}{2}$ o 4.71 radianes = 300 gradientes

$360° = 2\pi$ o 6.28 radianes = 400 gradientes

TABLA 1 Factores de ganancia

	–	1°	2°	3°	4°	5°	6°	7°	8°	9°
0°	0	0	0	0	0	0	0.0001	0.0001	0.0003	0.0003
10°	0.0005	0.0006	0.0008	0.001	0.0013	0.0015	0.0018	0.0022	0.0026	0.0031
20°	0.0036	0.0042	0.0048	0.0055	0.0062	0.0071	0.0079	0.009	0.01	0.0111
30°	0.0126	0.0136	0.015	0.0165	0.0181	0.0197	0.0215	0.0234	0.0254	0.0276
40°	0.0298	0.0322	0.0347	0.0373	0.04	0.043	0.0461	0.0493	0.0527	0.0562
50°	0.06	0.0637	0.0679	0.0721	0.0766	0.0812	0.086	0.0911	0.0963	0.1018
60°	0.1075	0.1134	0.1196	0.126	0.1327	0.1397	0.1469	0.1544	0.1622	0.1703
70°	0.1787	0.1874	0.1964	0.2058	0.2156	0.2257	0.2361	0.247	0.2582	0.2699
80°	0.2819	0.2944	0.3074	0.3208	0.3347	0.3491	0.364	0.3795	0.3955	0.4121
90°	0.4292	—	—	—	—	—	—	—	—	—

Ejemplo:

La ganancia de un doblez de 90° se halla multiplicando el radio del doblez por 0.43 (redondeado desde el valor de 0.4292 en la *tabla 1*). Por lo tanto, si el radio del doblez en la *Figura 13* es de 2', la ganancia puede hallarse de la siguiente manera:

Ganancia = radio × factor de ganancia
Ganancia = 2' × 0.43 = 0.86'
Convertido a pulgadas, 0.86' × 12" por pie = 10.32"

2.2.3 Aplicación de las matemáticas a un doblez de 90°

El doblez de 90° es un doblez común y básico. Se utiliza a menudo, independientemente del tipo de conducto que se instale. Antes de empezar a hacer el doblez, necesita saber dos medidas:

- La elevación o la subida deseados
- La **longitud de la curva** (deducción) de la dobladora

Longitud de la curva [*deducción*] (*take-up (deduct)*): cantidad que debe restarse de la longitud de la subida deseada para que el doblado salga correctamente utilizando un punto de referencia en la dobladora o la zapata de doblado.

La elevación deseada es la altura de la subida. Piense en la longitud de la curva como la cantidad de conducto que la dobladora utilizará para formar el doblez. Las distancias de longitud de curva suelen indicarse en el manual de instrucciones del fabricante de la dobladora.

Una vez determinada la longitud de la curva, réstela de la altura de la subida. Haga una marca a lo largo de todo el conducto que esté a esa distancia del extremo. La marca indicará el punto en el que comenzará a doblar el conducto. Alinee el punto inicial del conducto con el punto inicial de la dobladora. La mayoría de las dobladoras tienen una flecha u otra marca para alinear con un punto de partida.

NOTA

Cuando se dobla un conducto, este se coloca en la dobladora y el doblez se hace mirando hacia el extremo el conducto desde el que se tomaron las medidas.

Como se comentó anteriormente, si el radio del doblez en la *Figura 13* es de 2', la ganancia es de 10.32".

La *tabla 2* muestra las fracciones equivalentes para muchos decimales. Para 10.32" busque 0.32 en la tabla en la columna de decimales. El decimal más cercano en la tabla es 0.3125, equivalente a $^{5}/_{16}$. Por lo tanto, el número en cuestión se convierte en $10^{5}/_{16}$".

Un decimal puede convertirse matemáticamente en una fracción. Para ello, elimine el punto decimal del número, que se convierte entonces en el numerador (la parte superior de la fracción). El denominador (parte inferior de la fracción) es siempre un uno con tantos ceros como decimales tenga el número decimal. Por ejemplo:

NOTA

Los decimales también pueden convertirse rápidamente en fracciones utilizando una calculadora con la tecla adecuada.

$$0.75 = {}^{75}/_{100} = {}^{3}/_{4}$$

o:

$$0.375 = {}^{375}/_{1000} = {}^{3}/_{8}$$

Supongamos que desea encontrar la ganancia en un doblez de conducto de 45° con un radio de línea central de 15". Usando la *tabla 1*, el factor de ganancia de un doblez de 45° es 0.043.

Multiplique el factor de ganancia por el radio de la línea central (15") para ver la ganancia total de un doblez de 45°.

$$0.043 \times 15' = 0.645"$$

Para convertir esta cifra en una cifra legible en una cinta métrica, convierta el decimal en una fracción común: $^{645}/_{1000} = \sim ^{5}/_{8}$. Así, la ganancia total del doblez de 45° es $^{5}/_{8}$".

Una vez conocida la ganancia de un doblez determinado, se puede utilizar para encontrar la longitud de corte.

Ejemplo:

La ganancia de un doblez dado es $2^{1}/_{2}$". En la *Figura 14*, hay dos dobleces de 90° consecutivos. La elevación del primer doblez de 90° es de 2' para ingresar a una caja de paso y la del segundo doblez de 90° es de 3'. La medida de la unión para estos dobleces es de 4'. Debe determinar la longitud de conducto recto necesaria para ir de punto en punto. El conducto debe cortarse a medida y roscarse antes de doblarlo.

TABLA 2 Equivalentes decimales de fracciones comunes

Fracción (en pulgadas)	Decimal	Milímetros	Fracción (en pulgadas)	Decimal	Milímetros
1/64	0.015625	0.397	33/64	0.515625	13.097
1/32	0.03125	0.794	17/32	0.53125	13.494
3/64	0.046875	1.191	35/64	0.546875	13.891
1/16	0.0625	1.588	9/16	0.5625	14.288
5/64	0.078125	1.984	37/64	0.578125	14.684
3/32	0.09375	2.381	19/32	0.59375	15.081
7/64	0.109375	2.778	39/64	0.609375	15.478
1/8	0.125	3.175	5/8	0.625	15.875
9/64	0.140625	3.572	41/64	0.640625	16.272
5/32	0.15625	3.969	21/32	0.65625	16.669
11/64	0.171875	4.366	43/64	0.671875	17.066
3/16	0.1875	4.763	11/16	0.6875	17.463
13/64	0.203125	5.159	45/64	0.703125	17.859
7/32	0.21875	5.556	23/32	0.71875	18.256
15/64	0.234375	5.953	47/64	0.734375	18.653
1/4	0.25	6.35	3/4	0.75	19.05
17/64	0.265625	6.747	49/64	0.765625	19.447
9/32	0.28125	7.144	25/32	0.78125	19.844
19/64	0.296875	7.54	51/64	0.796875	20.241
5/16	0.3125	7.938	13/16	0.8125	20.638
21/64	0.32812	8.334	53/64	0.828125	21.034
11/32	0.34375	8.731	27/32	0.84375	21.431
23/64	0.359375	9.128	55/64	0.859375	21.828
3/8	0.375	9.525	7/8	0.875	22.225
25/64	0.390625	9.922	57/64	0.890625	22.622
13/32	0.40625	10.319	29/32	0.90625	23.019
27/64	0.421875	10.716	59/64	0.921875	23.416
7/16	0.4375	11.113	15/16	0.9375	23.813
29/64	0.453125	11.509	61/64	0.953125	24.209
15/32	0.46875	11.906	31/32	0.96875	24.606
31/64	0.484375	12.303	63/64	0.984375	25.003
1/2	0.5	12.7	1	1	25.4

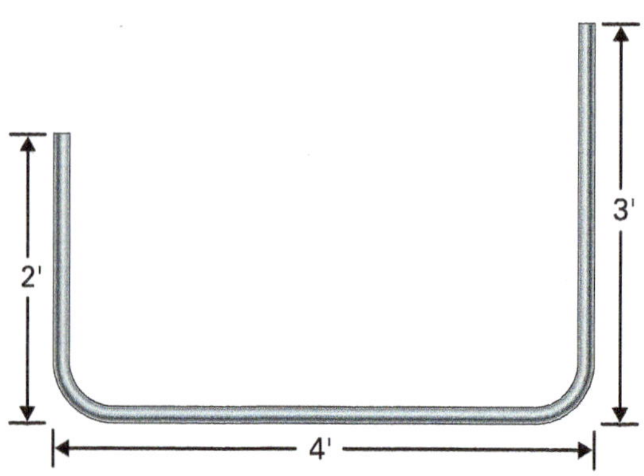

Figura 14 Dobleces en U de 90° con elevaciones.

Recuerde que la ganancia es la cantidad de conducto que se ahorra por el radio del doblez. La cantidad de conducto que se ahorra es de $2^1/_2$" por doblez de 90°. En esta situación, hay dos dobleces de 90° o un ahorro total de 5". Las longitudes rectas totales suman 9' de conducto. La longitud de corte se calcula restando la ganancia de las mediciones de la longitud recta:

conducto de 9' – ganancia de 5" = longitud de corte de 8'-7"

2.0.0 Repaso de la sección

1. Al aplicar funciones trigonométricas a dobleces de conductos, la distancia entre dobleces está representada por la/el _____ del triángulo.
   a. hipotenusa
   b. lado opuesto
   c. lado adyacente
   d. base

2. La ganancia para un doblez de 90° con un radio de 6" es _____.
   a. 1.08"
   b. 2.58"
   c. 4.72"
   d. 6.64"

3.0.0 Dobladores mecánicos

Objetivo

Demostrar cómo utilizar dobladoras mecánicas.

a. Trazar una dobladora mecánica.
b. Resumir cómo hacer dobleces mecánicos.

Tareas prácticas

Esta sección no contiene tareas prácticas.

Los dobleces de conductos se hacen normalmente en los tamaños y pesos de conductos y tuberías más pequeños a mano con el uso de *curvadoras* y otras herramientas de doblado manual. Sin embargo, en muchos proyectos, el equipo mecánico de doblado con topes y guías ajustables adecuados ofrece muchas ventajas. Con el equipo adecuado, se puede duplicar cualquier doblez de forma rápida y uniforme.

En la *Figura 15* se muestra un doblador mecánico ampliamente utilizado. Este dispositivo se denominó originalmente doblador Chicago, porque el original fue fabricado por la Chicago Equipment and Manufacturing Company. Actualmente, varias compañías fabrican una herramienta muy similar. El nombre correcto es *dobladora de conductos mecánica portátil*. Sin embargo, es posible que siga oyendo el término dobladora de Chicago en algunos lugares de trabajo.

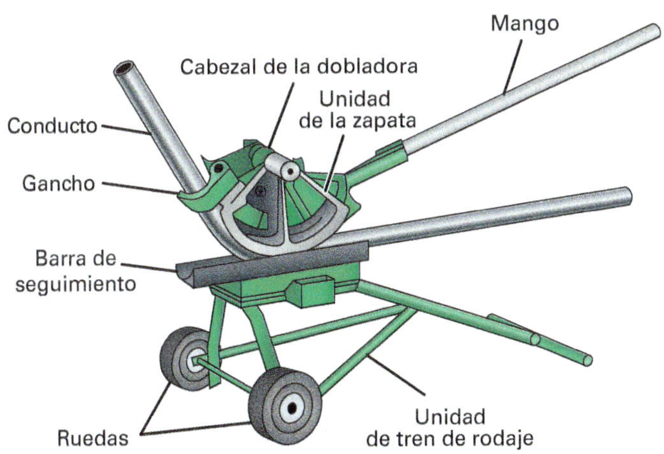

Figura 15 Dobladora de conductos mecánica portátil.

Cómo hacer desplazamientos precisos

Asegúrese de utilizar el mismo ángulo para ambos dobleces de un desplazamiento. Para evitar dobleces torcidos, conocidos como *patas de perro*, asegúrese de que el primer doblez esté alineado uniformemente con el resto del conducto, el mango y la dobladora. Tómese su tiempo y asegúrese de que está bien alineado antes de hacer el segundo doblez.

Un No-Dog® es un dispositivo simple de bolsillo que puede utilizarse para evitar dobleces torcidos. Se enrosca en el extremo del conducto y tiene un nivel incorporado para garantizar dobleces rectos.

Para obtener más información sobre cómo mantener la precisión del doblez, consulte la *Sección 4.1.1*.

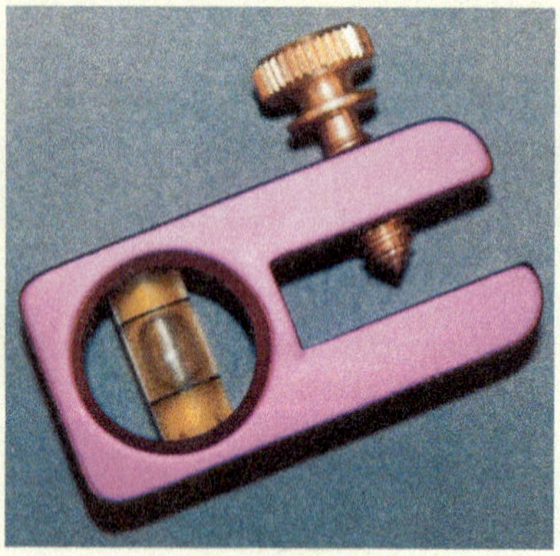

Este tipo de dobladora es muy común entre muchos contratistas eléctricos. Para utilizarla, se coloca un tramo de conducto y se asegura en su sitio. A continuación, se tira de un mango largo para doblar y se completa el doblez.

La dobladora de conductos mecánica portátil puede utilizarse como dobladora de un solo paso para conductos de tamaño pequeño. Esto significa que el doblez se realiza con un solo movimiento, evitando el mecanismo de trinquete. Sin embargo, el mecanismo de trinquete suele activarse al doblar los conductos de mayor tamaño para facilitar el trabajo. Esta dobladora suele ser adecuada para realizar dobleces en conductos de hasta 2" EMT (MD 53), $1\frac{1}{4}$" IMC (MD 35) y $1\frac{1}{2}$" RMC (MD 41), con los accesorios adecuados instalados (por ejemplo, zapatas de doblado y barras de seguimiento).

Las zapatas de doblado y las barras de seguimiento están diseñadas para formar un doblez de radio particular para un determinado tipo y tamaño de conducto (EMT, IMC o RMC). Estos accesorios deben tratarse como instrumentos de precisión; cualquier daño provocará dobleces imprecisos, torceduras y otros defectos. La primera consideración es utilizar únicamente la zapata y la barra de seguimiento adecuados para el tipo y el tamaño del conducto que se va a doblar; hacerlo de otra forma puede dañar la herramienta y provocar dobleces imprecisos. Por ejemplo, nunca utilice una zapata EMT para doblar RMC.

La función de trinquete se activa normalmente para los conductos de mayor tamaño, mientras que un trinquete accionado por resorte activa el trinquete para facilitar el doblado en segmentos. En el caso de los conductos más pequeños, se puede prescindir del trinquete, de modo que el doblez se pueda hacer de un solo paso.

Los siguientes son algunos consejos generales a tener en cuenta al doblar con un doblador de conductos mecánico portátil:

- Una regla de ingeniero marcada en centésimas de pulgada simplificará el doblado al eliminar la necesidad de convertir a fracciones.
- Cuando se doblan codos de longitud mínima, la zapata tiende a arrastrarse y deforma el extremo del conducto y las roscas. Atornillar un acoplamiento al tubo impide que la zapata se arrastre hacia delante y protege las roscas.
- Cuando se doblan desplazamientos, puede elevarse temporalmente la parte delantera del doblador para cumplir los requisitos de espacio libre.
- La mayoría de las zapatas de doblado están hechos de aluminio fundido y se pican y ranuran con facilidad si se introduce material extraño entre ellos y el tubo. Para prolongar la vida útil de las zapatas, manténgalos limpios y también el tubo.
- Cuando el tramo de tubo restante es demasiado corto como para alcanzar el rodillo o el soporte de tubo, se puede deslizar un conducto de mayor diámetro sobre el tubo que se está doblando para completar el doblez. Si el tubo tiene roscas, atornille un acoplamiento y un trozo corto de tubo.
- Con este doblador se puede realizar el **doblado concéntrico** y de segmento de tubos de tamaños más pequeños. Doble un trozo de tubo y mida desde el centro del doblez hasta la parte delantera de la zapata. Utilice esta medida para ajustar la marca de inicio utilizando los procedimientos de doblado concéntrico y de segmento.
- Es útil tener un calibrador de doblado con un puntero ajustable en el doblador cuando se hacen múltiples dobleces en el mismo ángulo. Este puntero se ajusta en el ángulo deseado y luego se aprieta el tornillo de fijación. A medida que se realiza el doblez, se acciona el mango hasta que el puntero alcanza la marca de índice. Para asegurar el ángulo correcto de doblado, debe comprobarse el primer doblado con un **transportador de doblado** (*Figura 16*) y realizar los ajustes necesarios en el puntero del calibrador de doblado antes de continuar. Todos los dobleces sucesivos serán exactamente iguales al primero.
- Para hacer dobleces coincidentes en dos tamaños diferentes de conducto cuando se utiliza un doblador mecánico, haga ambos dobleces utilizando la zapata más grande.

Doblez concéntrico (*Concentric bending*): proceso de realización de dobleces de 90° en tramos paralelos de conductos, que requiere aumentar el radio de cada doblez sucesivo a partir del primer doblez interior y hacia el exterior.

Transportador de doblado (*Bending protractor*): herramienta diseñada para su uso con dobladoras montadas en mesas de doblado. Se utiliza para medir el ángulo de doblez.

NOTA

Los equivalentes métricos de los distintos valores de doblez varían en función de la dobladora utilizada. Para realizar cualquier cálculo, consulte las tablas facilitadas por el fabricante de la dobladora.

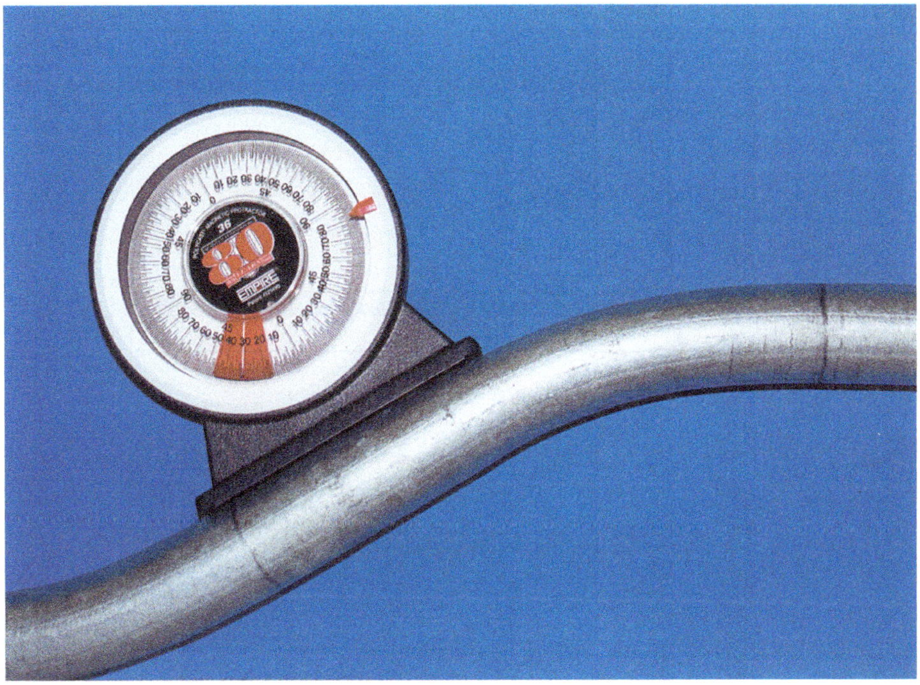

Figura 16 Transportador de doblado.

3.1.0 Trazado de un doblador mecánico

Las dobladoras suelen suministrarse con tablas o calcomanías que indican la ganancia y las distancias entre ejes de varias dobleces. Se trata de datos críticos que varían en función del tipo de dobladora que se utilice.

Si no se dispone de esta información, la dobladora puede trazarse utilizando un trozo de conducto. Esta tabla contendrá las distancias mínimas de tamaño, ganancia y línea central desde la flecha del doblador hasta el centro del doblez para ángulos de 15°, 30°, 45° y 60°. Consulte la *Figura 17*.

Paso 1 En el caso de una pieza de trabajo, adquiera una sección de 3 pies de largo de conducto de ½".

Paso 2 Coloque una marca en el conducto a una distancia determinada del extremo del conducto. Aquí, la marca será 10" adentro del extremo del conducto.

Paso 3 Tome un doblador de conductos de ½" y coloque la flecha, que representa la curvatura o elevación mínima de la dobladora, en la marca a 10" del extremo de la dobladora. Coloque un nivel transportador en el conducto frente a la dobladora. Doble la parte de 10" en un ángulo de 15°. Retire la dobladora del conducto.

Paso 4 Tome un instrumento de borde recto y colóquelo en la parte interior del doblez, de forma que quede a través del doblez y apoyado contra la parte recta del conducto. Con un lápiz o marcador fino, trace una línea a través del doblez del conducto.

Paso 5 Ahora tome la regla de borde recto y colóquelo a través del conducto de manera que quede contra el lado adyacente a la posición anterior. Debe extenderse a través del doblez una vez más. Trace una línea a través del doblez del conducto.

Paso 6 Las dos líneas de lápiz deben cruzarse para formar una X en el conducto. Esto representa el centro del doblez (*Figura 18*).

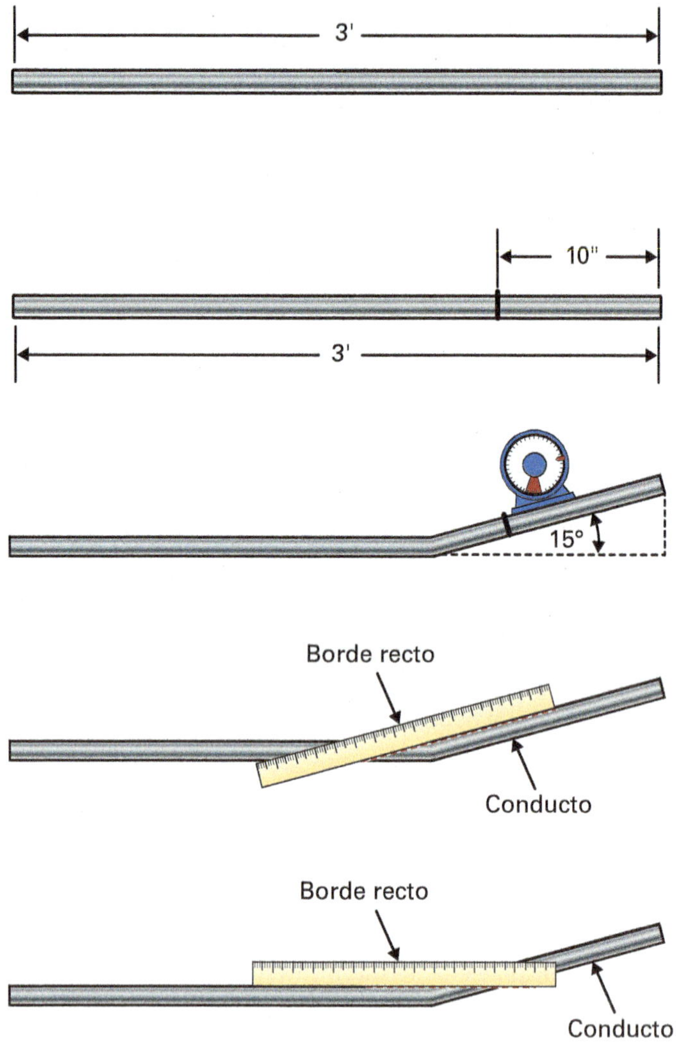

Figura 17 Trazado de una dobladora.

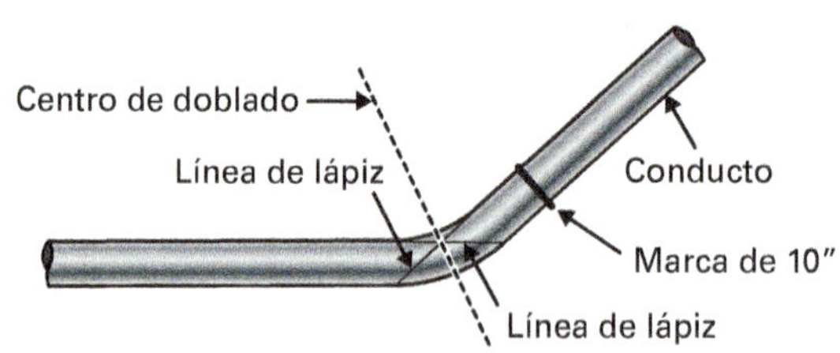

Figura 18 Marcas resultantes en el centro del doblez.

15° = 1" (registre su valor medido)

Paso 7 Ahora tome una cinta métrica y mida desde la marca de 10" hasta la línea central del doblez. Tenga en cuenta que lo siguiente es solo un ejemplo y que debe registrar su propia medida en el gráfico que está construyendo.

15° = 1"
30° = 1½" (registre su valor medido)

Paso 8 Ahora vuelva a colocar la dobladora en el conducto de manera que la flecha de curvatura esté en la marca de 10" del conducto. Vuelva a colocar el nivel transportador en el conducto. Doble el conducto hasta que el nivel transportador indique 30°. Retire el doblador del conducto y repita el proceso de cruce de líneas del que se habló para 15°, utilizando la misma regla de borde recto. Una vez más, mida desde la marca de 10" hasta el punto donde se cruzan las líneas de lápiz en el centro del doblez. Registre esta medida debajo de la primera.

15° = 1"
30° = 1½"
45° = 2" (registre su valor medido)

Paso 9 Repita el proceso anterior para 45°. Registre esta medida.

Paso 10 Repita el proceso anterior para 60°. Registre esta medida. Esta parte de la tabla ahora está completa.

15° = 1"
30° = 1$\frac{1}{2}$"
45° = 2"
60° = 2$\frac{1}{4}$" (registre su valor medido)

Paso 11 El siguiente paso es determinar la elevación mínima de la dobladora. Vuelva a colocar la dobladora en el conducto de manera que la marca de la dobladora esté en la marca de 10" del conducto. Vuelva a colocar el nivel transportador en el conducto y doble el conducto hasta que el nivel transportador indique 90°.

Paso 12 Retire la dobladora del conducto. Mida desde la parte de atrás del conducto hasta la marca de 10". Supondremos que la medida es 5". Esta es la longitud mínima del codo de 90° (*Figura 19*). Registre esta medida debajo de los demás valores.

15° = 1"
30° = 1$\frac{1}{2}$"
45° = 2"
60° = 2$\frac{1}{4}$"
Elevación mínima = 5"

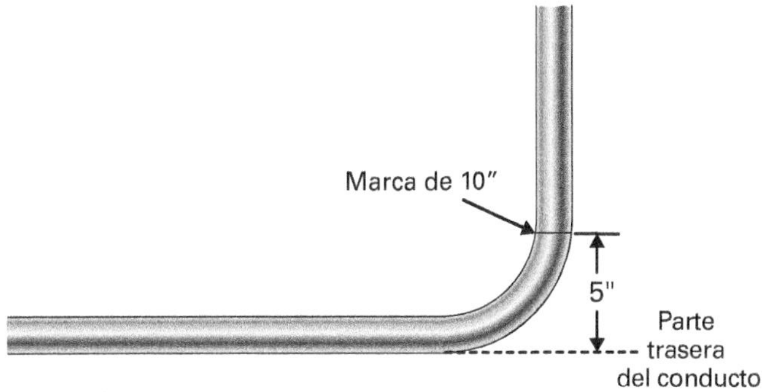

Figura 19 Codo de 90°.

Paso 13 Luego determine la ganancia de la dobladora para 90°. Mida la longitud de ambos lados del trozo de conducto (*Figura 20*).

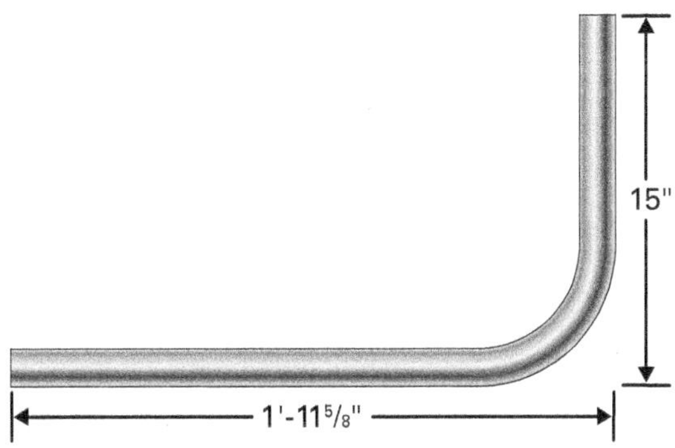

Figura 20 Codo de 90°.

Paso 14 Sume las dos longitudes medidas de los codos.

15" + 1'-11$\frac{5}{8}$" = 3'-2$\frac{5}{8}$"

Paso 15 Reste la longitud original del conducto, que era de 3', de 3'-2$\frac{5}{8}$".

3'-2$\frac{5}{8}$" − 3' = 2$\frac{5}{8}$"

Paso 16 Esta es la ganancia de esta dobladora de conductos de $\frac{1}{2}$" en particular. Registre esta información para completar su cuadro.

15° = 1"
30° = 1$\frac{1}{2}$"
45° = 2"
60° = 2$\frac{1}{4}$"
Elevación mínima = 5"
Ganancia = 2$\frac{5}{8}$"

Esta dobladora de $\frac{1}{2}$" ya está trazada. Este mismo proceso podría repetirse para cualquier otro tipo de dobladora envolvente. Este proceso debería ayudarlo a comprender cómo el fabricante de una dobladora consigue las marcas que permiten dobleces precisos.

La marca en forma de estrella que aparece en muchas dobladoras se utiliza para los dobleces paralelos en U. Está a $2\frac{5}{8}$" de la marca de elevación mínima (curvatura). En otras palabras, es la distancia de ganancia medida desde la marca de elevación mínima. Las marcas de la línea central se utilizan para alinear los centros de los dobleces para varios tamaños de conductos. También pueden utilizarse para alinear los ensillados en las líneas centrales de las vigas en I y las tuberías de proceso.

3.2.0 Elaboración de dobleces mecánicos

Otros dos dobleces habituales son los codos y los desplazamientos. Los dos tipos se hacen rápida y fácilmente con dobladoras mecánicas.

3.2.1 Doblado de codos

Para hacer codo es necesario conocer la curvatura de la dobladora, o deducción, para el tipo y tamaño del conducto. En muchas dobladoras se incluye una calcomanía de deducción con esta información, pero, a veces, estas calcomanías se dañan, haciéndolas ilegibles. Por lo tanto, siempre es una buena idea tener la suya propia.

El siguiente es un ejemplo de hacer un codo de 90° a una altura dada. Supongamos que está trabajando en una cubierta y necesita múltiples codos rígidos de 1" con una altura de 15" cada uno. Cuando se comprueba la tabla de deducciones de la dobladora para un tramo de 15" utilizando un conducto rígido de 1", se observa que deben deducirse 11" de la elevación total de 15".

Dado que 15" – 11" = 4", mida 4" hacia atrás desde el extremo del conducto y haga una marca. Delinee todo el conducto en este punto para que no pierda la marca cuando el conducto esté colocado en la dobladora. A muchos electricistas les gusta utilizar un marcador negro para marcar los conductos.

Coloque el conducto en el doblador de forma que la marca quede alineada con la parte delantera del gancho del doblador. Enganche el trinquete y comience a bombear el mango del doblador hasta que el puntero del doblador alcance la marca de índice preestablecida para 90°. Mueva el mango del doblador hacia delante; luego, retire el conducto del doblador y revise su altura, que debería ser exactamente de 15".

Si la altura del doblez está ligeramente desviada, realice los ajustes necesarios antes de continuar. Cuando se alcance la altura correcta, los demás dobleces también serán correctos.

3.2.2 Dobleces desplazados

La tabla de la calcomanía de la dobladora que proporciona información de deducción para los codos también contiene datos para hacer desplazamientos que requieren dobleces de 20°, 30° y 45°. Esta tabla es necesaria para hacer desplazamientos perfectas cada vez que se utiliza el doblador mecánico.

Suponga que va a instalar un sistema de canalización con un conducto rígido de $\frac{1}{2}$" y que debe desviarse un conducto de aire, lo que requiere que el conducto se desplace. Después de tomar medidas en el trabajo, descubre que se necesita un desplazamiento de 12" para despejar el conducto de aire.

Mida la distancia desde el extremo del conducto hasta el inicio del primer doblez y marque la distancia alrededor del conducto. Consulte la calcomanía de la dobladora para ver la información sobre el desplazamiento, decida hacerla con dos dobleces de 45°. La tabla indica que la distancia entre dobleces es de $16\frac{5}{16}$". Por lo tanto, mida y marque esta distancia hacia atrás desde la primera marca.

Inserte el conducto en la dobladora y alinee la primera marca con la parte delantera del gancho de la dobladora. Se puede utilizar el trinquete, pero para conductos de $^1/_2$", normalmente se emplea el control manual del trinquete situado en la parte delantera de la zapata de la dobladora. Haga el primer doblez de 45°. Mueva el mango del doblador hacia delante para soltar el conducto. Ahora deslice el conducto hacia delante a través del gancho de la dobladora hasta que la segunda marca se alinee con la parte delantera de este y luego gire la dobladora de modo que el extremo del conducto apunte hacia abajo, hacia la cubierta. Asegúrese también de que el primer codo esté alineado con el siguiente para evitar que el conducto quede torcido (lo que se conoce como *pata de perro*). Cuando todo esté alineado, enganche el mango de la dobladora y haga otro doblez de 45°. La altura del desplazamiento debe ser exactamente 12" (*Figura 21*).

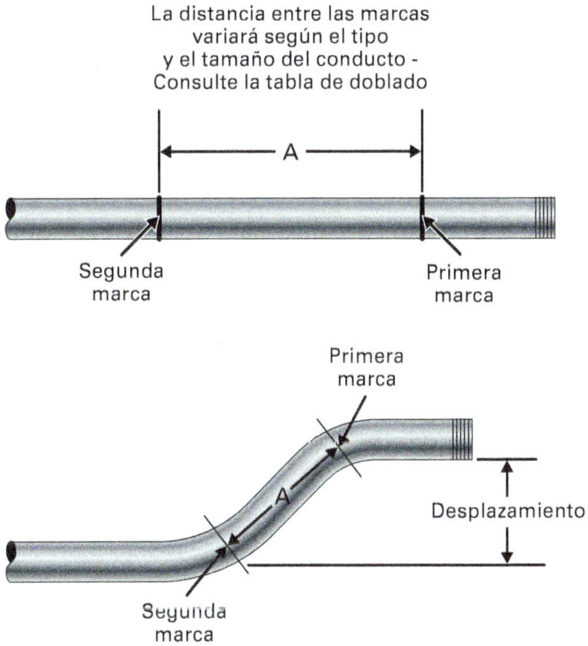

Figura 21 Doblado de desplazamientos en un conducto.

Las distancias entre las marcas de dobleces desplazados variarán según el tamaño y el tipo de conducto que se esté doblando, por lo que siempre se debe comprobar la información de desplazamiento que aparece en la dobladora.

3.0.0 Repaso de la sección

1. Si va a utilizar una dobladora y la etiqueta se ha desgastado, debe _____.
   a. tirarla porque ya no se puede utilizar
   b. trazar la dobladora
   c. utilizar la ganancia y las distancias entre ejes de una dobladora similar
   d. estimar estos valores basándose en la experiencia previa

2. Usted va a hacer un codo de 12" en EMT de 1" y la deducción de la dobladora Figura como 8". ¿Dónde hace su *primera* marca?
   a. 2" desde el extremo del conducto
   b. 3" desde el extremo del conducto
   c. 4" desde el extremo del conducto
   d. 5" desde el extremo del conducto

4.0.0 Dobladoras eléctricas e hidráulicas

Tareas prácticas

1. Utilizar una dobladora eléctrica o hidráulica para doblar un codo a una distancia exacta por encima de la cubierta.
2. Hacer un doblez desplazado en un conducto para evitar una obstrucción con 1" (~25 mm) de espacio libre entre el tubo y la obstrucción.
3. Hacer un doblez de ensillado en un tramo de conducto para cruzar un tubo con un espacio libre de 1" (~25 mm) entre el tubo y el conducto.

Objetivo

Demostrar cómo usar dobladoras eléctricas e hidráulicas de conductos.

a. Explicar cómo utilizar dobladoras de conductos eléctricas.
b. Explicar cómo utilizar las dobladoras hidráulicas de conductos.

Las dobladoras eléctricas o hidráulicas se utilizan para doblar conductos de mayor tamaño. Existen muchos tipos de dobladoras eléctricas e hidráulicas. La mayoría de las dobladoras incluyen tablas de doblado, o incluso un programa informático, para determinar los ajustes de la dobladora de distintos tamaños y ángulos de conducto. Los equipos de doblado más sofisticados del mercado actual pueden doblar un tramo completo de conducto en ángulos y longitudes predeterminados y, a continuación, etiquetar cada pieza para su rápida instalación.

Tenga siempre en cuenta las siguientes directrices de seguridad al doblar conductos:

- Lea y comprenda el manual de instrucciones antes de utilizar cualquier herramienta. Utilice siempre la herramienta adecuada para el trabajo; nunca utilice herramientas de doblado para otros fines.
- Nunca opere herramientas con piezas o protectores dañados o faltantes.
- Cuidado con los puntos de atrapamiento en todas las herramientas de doblado.
- Utilice las herramientas en un área bien iluminada y despejada, con espacio suficiente para que el conducto se mueva mientras se maneja.
- Esté preparado para lo inesperado.
- Asegúrese de que todas las conexiones hidráulicas estén limpias y apretadas. Reemplace las mangueras dañadas o desgastadas antes de utilizarlas.
- Asegúrese de que las herramientas estén completas y correctamente ensambladas antes de utilizarlas.
- Las zapatas de doblado y las barras de seguimiento deben tratarse como instrumentos de precisión. No las tire nunca a una caja de herramientas ni deje que se dañen o se deformen. La calidad del trabajo final dependerá del uso adecuado de las zapatas y barras de seguimiento en buenas condiciones.

4.1.0 Dobladoras eléctricas

Las dobladoras eléctricas de conductos se basan en motores, engranajes, presión hidráulica y otras ventajas mecánicas para realizar la tarea. Existen varios tipos de dobladoras eléctricas en el mercado. En la *Figura 22* se muestra una unidad eléctrica típica. Esta dobladora hará codos, desplazamientos y ensillados rápida y fácilmente en cualquier lugar donde haya alimentación de 120 V disponible. Esta dobladora hará dobleces de 90° de un solo paso en EMT, IMC o RMC de $\frac{1}{2}$" a 2" (MD 16 a MD 53).

A menudo, se incluyen tablas de doblado en forma de calcomanías adheridas a la dobladora para una consulta rápida en el trabajo. Estas contienen cifras de deducción y **recuperación elástica** junto con información para realizar desplazamientos. *Recuperación elástica* es cuando el conducto se relaja a un ángulo de doblado ligeramente más flojo cuando se suelta la dobladora.

Recuperación elástica (*Springback*): grado en que una sección doblada de un conducto tiende a enderezarse después de liberar la presión. Por ejemplo, un doblez de 90°, después de liberar la presión, se recuperará unos 2°.

NOTA

Los equivalentes métricos de deducción y recuperación elástica varían en función de la dobladora utilizada. Para realizar cualquier cálculo, consulte las tablas facilitadas por el fabricante de la dobladora.

Muchas dobladoras eléctricas se venden como una unidad de potencia y se venden las zapatas de doblado para varios tipos de conductos como accesorios. Estas zapatas se encajan rápidamente en la unidad de potencia y están listos para su uso en cuestión de segundos.

Para describir la operación de la dobladora de ejemplo, suponga que necesita un codo de 16" en un trozo de conducto rígido de $1\frac{1}{4}$". Mida y marque un trozo de conducto a 16" de un extremo. Si revisa la tabla de deducciones de la dobladora para este tamaño de conducto, la cifra es $12\frac{3}{4}$". Por lo tanto, hay que restar $12\frac{3}{4}$" de 16", lo que deja $3\frac{1}{4}$". Entonces se hace una marca a esta distancia del extremo del conducto. Delinee todo el contorno del conducto para que sea bien visible durante el doblez.

Figura 22 Dobladora eléctrica de conductos.
Fuente: Ridge Tool Company

Inserte el conducto en la dobladora y alinee la marca con la parte delantera del gancho de la dobladora. Para este doblez en particular, la marca está a $3\frac{1}{4}$" del extremo del conducto.

El interruptor operativo de tres posiciones de la dobladora de ejemplo está unido a un cable flexible. La posición apagado (centro) desenergiza la máquina, la posición Arriba (adelante) es para doblar y la posición Abajo (atrás) es para descargar el conducto después de haber hecho el doblez. Al soltarlo, el interruptor salta automáticamente a la posición de apagado. Un puntero en la zapata indica el grado del doblez a medida que este se realiza.

Se hace avanzar o retroceder la máquina hasta que el puntero de la zapata se alinee con la marca cero de la escala de grados. Luego se presiona el interruptor hacia arriba y se mantiene en esta posición para iniciar el doblez. A medida que el puntero se acerca a la marca de 90°, consulte la tabla de recuperación elástica para el tamaño y tipo de conducto que se está doblando. En este caso, para un conducto rígido de $1\frac{1}{4}$", la tabla indica 95°. Por lo tanto, el puntero debe pasar la marca de 90° y detenerse en 95° para permitir la recuperación elástica cuando se retira el conducto de la dobladora. El codo está listo para la instalación.

Se realiza un doblez desplazado en la dobladora eléctrica de forma similar al método descrito en la dobladora mecánica; es decir, se ubica la primera marca en el conducto y luego se obtiene la información de desviación de la tabla de la dobladora. En el caso de un desplazamiento de 16" en un tramo de conducto rígido de $1\frac{1}{4}$", la tabla indica una distancia de $22\frac{5}{8}$" entre marcas utilizando dobleces de 45°.

Marque el conducto e insértelo en la zapata de doblado, colocando la primera marca de manera que quede nivelada con la parte delantera del gancho de la dobladora. Inicie el doblado como se indicó anteriormente hasta que el puntero llegue a la marca de 45° de la escala; permita la recuperación elástica que se indica en la tabla. Invierta el motor hasta que el conducto quede suelto y luego dele la vuelta al conducto. Coloque la segunda marca en la parte delantera del gancho de la dobladora, asegurándose de que el conducto esté alineado para evitar una pata de perro en el doblez. Inicie el segundo doblado hasta que el puntero llegue a la marca de 45°, invierta la dobladora y descargue el conducto. Un nivel torpedo magnético colocado en el lateral del conducto ayudará a alinear los dobleces para los desplazamientos. Para ello también se puede utilizar un dispositivo anti patas de perro.

Por último, revise si los dobleces son precisos. Aunque es posible volver a doblar, no es una buena práctica. Esto ejerce una presión considerable sobre el conducto y, aunque no se rompa, el revestimiento puede agrietarse y provocar corrosión.

4.1.1 Eliminación de patas de perro

Uno de los problemas que existen al hacer un desplazamiento o un ensillado es la creación de una *pata de perro*. Ocurre cuando la línea central que recorre la longitud del conducto no se mantiene en ambos dobleces de un desplazamiento y en los cuatro dobleces de un ensillado. Las patas de perro pueden eliminarse utilizando un dispositivo anti patas de perro o siguiendo el procedimiento descrito en esta sección.

Cuando la dobladora haya ajustado el conducto, tome un trozo de puntal y sujételo al extremo del conducto más alejado de la zapata de doblado (*Figura 23*). Antes de apretar la correa del conducto, nivele el puntal. Luego haga su primer doblez. Suelte el conducto de la zapata de doblado y desplácelo hacia delante hasta la siguiente marca de doblado. Gire el conducto 180° y vuelva a nivelar el puntal. Apriete el conducto en la dobladora y asegúrese de nuevo de que el puntal esté nivelado. Haga el segundo doblez y tendrá un desplazamiento sin pata de perro.

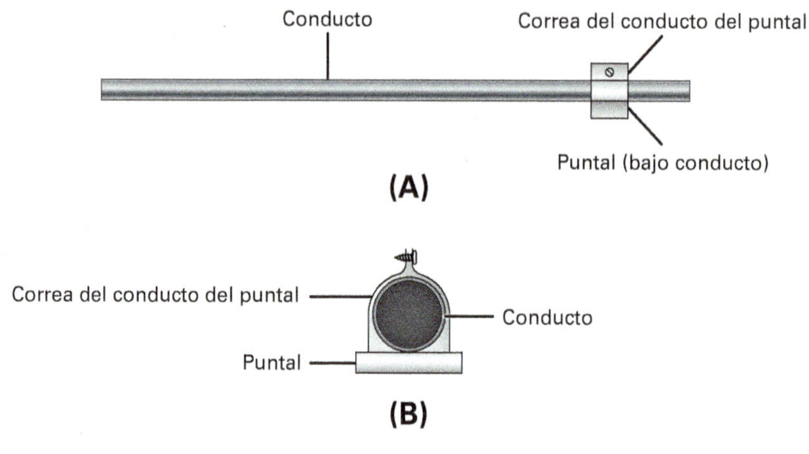

Figura 23 Eliminación de patas de perro.

4.1.2 Uso de una tabla o madera contrachapada para encontrar la longitud añadida

Se puede utilizar la esquina de una mesa o la esquina de una hoja de madera contrachapada para determinar la cantidad de conducto adicional necesario para ir de un punto a otro cuando se ha hecho un doblez. Por ejemplo, supongamos que la distancia entre puntos es de 8' y el desplazamiento deseado es de 25" (*Figura 24*). El grado de doblado es 30°.

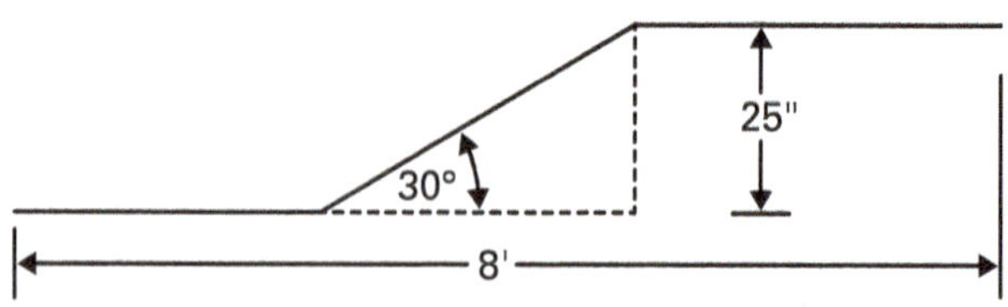

Figura 24 Desplazamiento de 25".

Como se muestra en la *Figura 25*, mida 25" hacia arriba en un lado de la hoja de madera contrachapada o en la esquina de una mesa. La hipotenusa del triángulo será 2 × 25" o 50" (2 es la cosecante de 30°). Mida desde la marca de 25" hasta la superficie que es tangente al lado que mide 25", hasta que la marca de 50" de la cinta métrica cruce el lado de la tangente. Marca este punto de 50". Luego, coloque el extremo de la regla en la marca de 50" y deje que el punto de 50" de la regla se extienda más allá del extremo de la madera contrachapada o de la mesa.

La cantidad de cinta que se extiende más allá de la madera contrachapada o el borde de la mesa es la cantidad de conducto adicional que se necesita para lograr este doblez. Esto es $6^5/_8$" más de conducto que si se va en línea recta durante 8'.

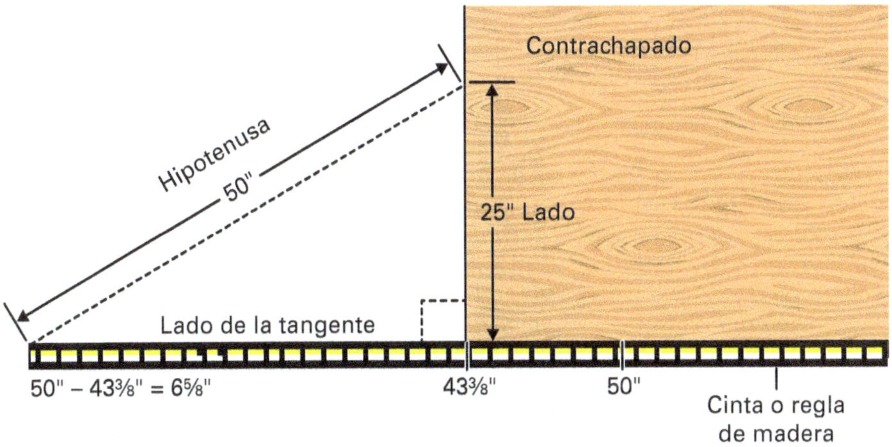

Figura 25 Conducto extra.

4.1.3 Dobladoras rápidas

Una dobladora rápida opera básicamente de la misma manera que la dobladora estándar, excepto que la primera utiliza un control digital con tablas e instrucciones de doblado fáciles de usar para asegurar dobleces rápidos, precisos y consistentes en tamaños de conductos de ½" a 2" (MD 16 a MD 53).

Esta dobladora puede ser operada en posición vertical o acostada sobre su parte posterior en grandes desplazamientos y ensillados. En lugar de mantener el interruptor en la posición de doblado, como ocurre con la dobladora estándar, el operador ajusta el doblado deseado mediante controles digitales. La dobladora se dobla automáticamente a ese grado cuando el conducto se coloca en la zapata de doblado y se activa el control de inicio. De lo contrario, el conducto se marca y se dobla del mismo modo que se describe en la dobladora estándar.

4.2.0 Dobladoras hidráulicas

La dobladora hidráulica es indispensable para doblar conductos grandes (sobre 2" EMT/ MD 53, 1¼" IMC/MD 35 o 1½" RMC/MD 41). Solo añadiendo la bomba hidráulica y el cilindro a un bastidor de doblado se tiene la potencia necesaria para doblar conductos rígidos de hasta 5" (MD 129).

La dobladora hidráulica típica (*Figura 26*) proporciona una mayor capacidad de doblado, pero también requiere una responsabilidad adicional. El equipo de doblado hidráulico requiere una gran inversión inicial y la dobladora debe cuidarse adecuadamente para proporcionar la duración de acometida necesaria para justificar el costo.

¡ADVERTENCIA!

Las dobladoras hidráulicas desarrollan una presión hidráulica considerable. Así que tenga cuidado cuando trabaje con o cerca de ellas. Inspeccione cuidadosamente todos las mangueras y accesorios hidráulicos antes de utilizar el equipo y use siempre el EPP requerido.

El bastidor de la dobladora, las zapatas, las barras de seguimiento y las monturas requerirán poco más que una limpieza ocasional para eliminar la suciedad y la película de aceite. La bomba, el cilindro y las mangueras hidráulicas, sin embargo, requerirán más atención.

El nivel de líquido de la bomba debe revisarse periódicamente. La baja presión del fluido impedirá que la bomba desarrolle su presión hidráulica nominal. Cuando el nivel sea bajo y sea necesario añadir líquido, utilice únicamente aceite hidráulico aprobado. El aceite normal dañará el conjunto de la bomba.

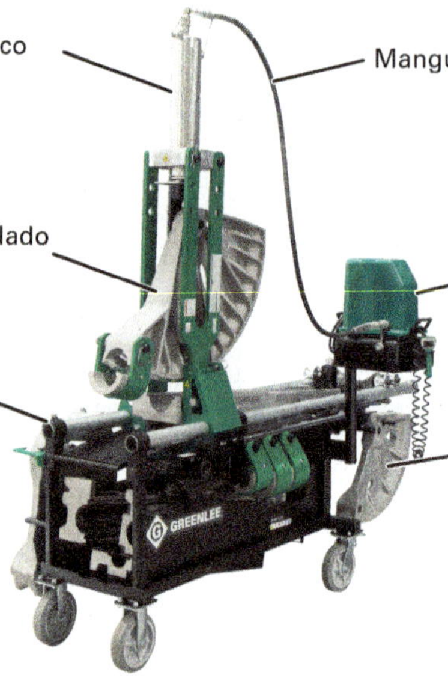

Figura 26 Dobladora hidráulica de conductos.
Fuente: Ridge Tool Company

Zapata de un solo paso (*One-shot shoe*): zapata de doblado grande que está diseñada para hacer dobleces de 90° en un movimiento.

Zapata de segmento (*Segment shoe*): zapata de doblado más pequeño diseñada específicamente para fabricar dobleces segmentados.

Doblez segmentado (*Segmented bend*): doblez más grande formado por una serie de dobleces más pequeños de unos pocos grados cada uno, en lugar de un único doblez de un solo paso.

Las dobladoras hidráulicas tienen dos tipos de zapatas de doblado: la **zapata de un solo paso** y la **zapata de segmento**. La zapata de un solo paso tiene un radio completo de 90°. El conducto puede formarse alrededor de la zapata hasta un doblez completo de 90° sin colapsar las paredes del tubo. Las dobladoras de un solo paso no requieren nuevas técnicas de doblado. La curvatura se calcula en el centro del doblez y la zapata de la dobladora tendrá una marca indicadora en su centro. Si en el bastidor o en la caja de almacenamiento de la dobladora no se indican los valores de curvatura, se puede doblar un trozo de tubo para hallar las cifras de la curvatura. Todos los métodos y las técnicas de trazado comentados para EMT y conductos de metal rígido pueden utilizarse con una dobladora hidráulica y zapatas de un solo paso. Los desplazamientos tendrán que ajustarse (menos ángulo de doblado) para que el espacio entre las marcas de doblado esté lo suficientemente separado como para permitir que el primer doblado se gire 180° y avance lo suficiente como para despejar la zapata.

Las zapatas de segmento son más cortas y tienen un radio muy inferior a 90°. Un doblez de 90° no puede realizarse en una sola operación con estas zapatas, ya que las paredes del conducto colapsarían. Los dobleces, por lo tanto, deben hacerse en varios pasos (tan pocos como cuatro y tantos como 30) para formar un radio liso. La zapata de segmento permite doblar tubos con radios de mayor tamaño.

Las zapatas de segmento se suelen utilizar para crear un **doblez segmentado** para dobleces concéntricos (doblado de varios conductos con radios crecientes o decrecientes). Las zapatas de un solo paso pueden utilizarse para un doblez segmentado, pero no son tan cómodas como las zapatas de segmento. La *Sección 4.2.4* abarca el doblez concéntrico con más detalle.

Es posible doblar con precisión grandes conductos, pero requiere práctica, paciencia y conocimiento. Con pocas excepciones, se aplicarán todas las fórmulas y técnicas de doblado comentadas hasta ahora.

Seguridad de las dobladoras hidráulicas

Un doblador hidráulico genera una enorme cantidad de potencia y opera bajo presiones peligrosas. No intente utilizar una dobladora hidráulica, a menos que haya recibido la capacitación adecuada y esté completamente familiarizado con las instrucciones operativas y de seguridad de la unidad. Aun así, extreme las precauciones y trabaje siempre con un compañero de doblado.

4.2.1 Doblado de aluminio rígido

El conducto rígido de aluminio está disponible en todos los tamaños comerciales de $^1/_2$" a 6" (MD 12 a MD 155). Es ligero y resistente a la corrosión y tiene una baja impedancia a tierra. Sin embargo, el conducto rígido de aluminio es difícil de doblar de manera consistente y precisa. Dos tubos del mismo haz actuarán de forma diferente al doblarse. Aunque se doblen dos tubos utilizando el mismo trazado, no siempre salen iguales. No se desanime por ello; es la naturaleza del metal.

Otro inconveniente del aluminio es que una zapata de doblado de un solo paso perforará y rayará el tubo. Además, donde el tubo se apoya en la zapata, es propenso a arrugarse y rayarse. Aplicar vaselina o un lubricante como WD-40® a la zapata permitirá que el tubo se deslice sin que la zapata se clave. La vaselina también facilitará la retirada del conducto una vez finalizado el doblez.

4.2.2 Doblado de un solo paso

Las dobladoras hidráulicas permiten realizar fácilmente codos precisos de un solo paso, aplicando un poco de geometría básica y conociendo los principios operativos de la dobladora. La *Figura 27* muestra los puntos de referencia de un doblez común de 90°. Para hacer dobleces de 90° de un solo paso, determine primero la **longitud del tramo** y la elevación, la ganancia, el radio del doblez y la semiganancia.

Longitud de tramo (*Leg length*): distancia desde el extremo de la sección recta del conducto hasta el doblez, medida hasta la línea central, dentro de la superficie, o fuera de la superficie del material según la aplicación.

Consulte la *Figura 27* y use el siguiente procedimiento para diseñar codos precisos:

Paso 1 Determine las longitudes *A* y *B*.

Paso 2 Sume las longitudes *A* y *B*. Reste *X* para la longitud de tubo necesaria.

Paso 3 Reste *Y* a la longitud *A* o *B* para obtener el centro del doblez.

Paso 4 Calcule la longitud desarrollada y la longitud de conducto necesaria.

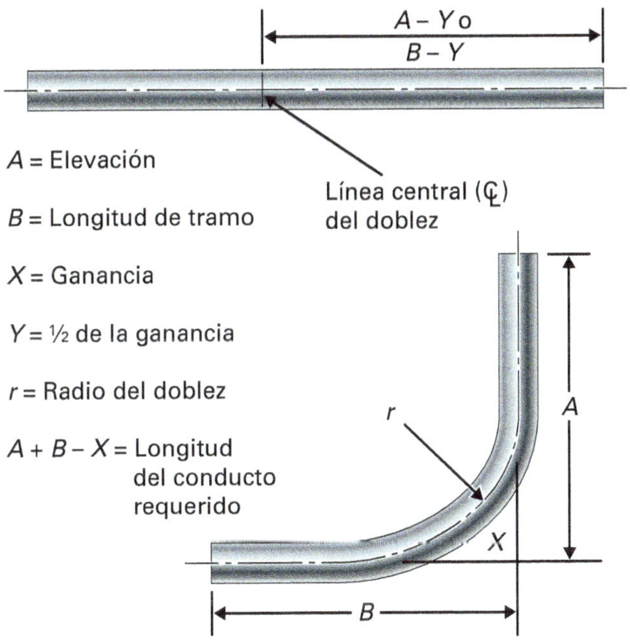

Figura 27 Trazado de codos.

Consulte la *tabla 3* para encontrar un ejemplo de dimensiones de codos para distintos tamaños de conductos.

TABLA 3 Dimensiones de codos de distintos tamaños de conductos

Tamaño de tubo y conducto	Radio del doblez (*r*)	Longitud mínima desarrollada (90°)	Ganancia (*X*)	½ Ganancia (*Y*)
½"	4"	6 5/16"	1 11/16"	27/32"
¾"	4½"	7 1/16"	1 15/16"	31/32"
1"	5¾"	9"	2½"	1¼"
1¼"	7¼"	11⅜"	3⅛"	1 9/16"
1½"	8¼"	13"	3½"	1¾"
2"	9½"	14 15/16"	4 1/16"	2 1/32"

4.2.3 Dobleces segmentados de 90°

Al doblar conductos en segmentos con una dobladora hidráulica, deben determinarse los siguientes factores:

- El tamaño del conducto a doblar
- El radio del doblez
- El número total de grados en el doblez
- La longitud desarrollada
- La ganancia del doblez

Para determinar la longitud desarrollada de un doblez de 90°, multiplique el radio por 1.57. El siguiente paso es ubicar el centro del doblez. La mayoría de las dobladoras tienen la marca central indicada en las zapatas de doblado. Cuando se encuentre la marca central en el conducto, es fácil ubicar las otras marcas de doblez (*Figura 28*).

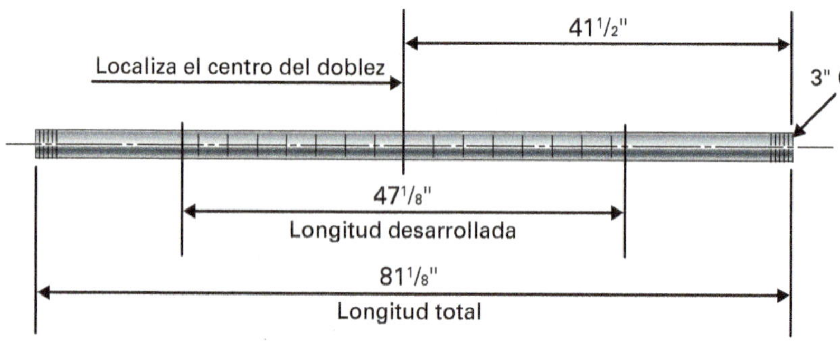

Figura 28 Trazado de dobleces de segmentos.

Pasos de doblado (*Bending shots*): se refiere al número de veces que se reposiciona una dobladora y se realiza un movimiento de doblez para completar una doblez. Una dobladora de un solo paso, por ejemplo, solo requiere una posición y un movimiento de doblez para completar un doblez.

Ahora debe determinar cuántos **pasos de doblado** se requieren para realizar el doblez. Es mejor un número impar para que haya el mismo número de doblez a cada lado de la marca central.

A continuación, calcule el ancho de los espacios para cada doblez de segmento y realice el trazado en el conducto. Haga el mismo número de espacios a cada lado de la marca central. La ganancia solo debe determinarse si el doblez se instala entre dos conductos o cajas de conexiones existentes.

Para determinar los datos para un doblez de 90° utilizando un conducto de 3" con una elevación de 48", una longitud de tramo de 46" y un radio de línea central de 30", proceda de la siguiente manera (consulte la *Figura 29*).

30" × 1.57 = 47.10" o $47\frac{1}{8}$" longitud desarrollada (redondeado al octavo de pulgada más cercano para una medición práctica)	**Paso 1** Multiplique el radio por la mitad de π, o 1.57, para determinar la longitud desarrollada.
Ganancia = (2 × *r*) - longitud desarrollada Ganancia = (2 × 30") – $47\frac{1}{8}$" = $12\frac{7}{8}$"	**Paso 2** Determine la ganancia para un doblez de 90°.
LG = longitud de tramo + elevación - ganancia *LG* = 46" + 48" – $12\frac{7}{8}$" *LG* = $81\frac{1}{8}$"	**Paso 3** Para calcular la *longitud general* (*LG*) del conducto, sume las longitudes tramo y de los codos y reste la ganancia.
$\frac{1}{2}$ ($47\frac{1}{8}$") = $23\frac{9}{16}$" Redondeado a $23\frac{1}{2}$"	**Paso 4** Ahora ubique el centro del doblez requerido. Primero, determine la mitad de la longitud desarrollada. Dado que los dobleces de los conductos rara vez se calculan con una precisión de dieciseisavos de pulgada, el resultado se redondea a $23\frac{1}{2}$".
48" – 30" + $23\frac{1}{2}$" = $41\frac{1}{2}$"	**Paso 5** Utilice la medida de elevación o codo de 48". Reste el radio (30") y sume la mitad de la longitud desarrollada:

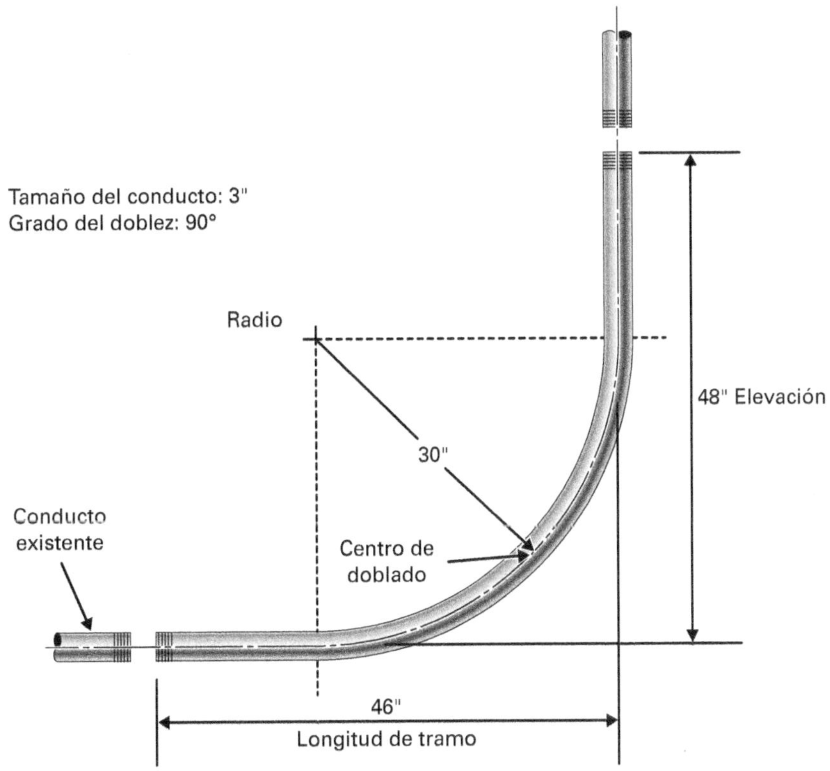

Figura 29 Especificaciones para un doblez de muestra.

Paso 6 En general, 6° o menos por doblez producirán un buen doblez para un radio de 30". En este caso, se utilizarán 6° por doblez, haciendo 15 dobleces de segmentos (90° ÷ 6° = 15 dobleces). Un número impar de dobleces de segmentos es fácil de trazar porque coloca el mismo número de espacios a cada lado de la marca central.

Paso 7 Para determinar el espacio entre las marcas de segmento, divida la longitud desarrollada por el número total de segmentos. El cálculo se facilita cambiando la longitud fraccionaria desarrollada de $47^{1}/_{8}$" a un decimal y, a continuación, volviendo a convertir el resultado en una fracción.

$47^{1}/_{8}$" = 47.125"
47.125" ÷ 15 = 3.14"
3.14" = $3^{1}/_{8}$"

Paso 8 Ahora, coloque el conducto en los soportes para tubos, asegurándose de sujetarlos firmemente.

Paso 9 Coloque la marca central $41^{1}/_{2}$" de un extremo del conducto. A continuación, marque siete puntos a cada lado del punto central, con una separación de $3^{1}/_{8}$", para un total de 15 marcas. Estos son los centros de los dobleces de segmentos.

Paso 10 Es una buena idea revisar la distancia entre la primera y la última marca de doblado para asegurarse de que el trazado sea correcto antes de comenzar el primer doblez. La distancia desde la primera marca hasta la última es la longitud desarrollada menos la longitud de un doblez. Técnicamente, está restando la mitad de un doblez de segmento de cada extremo del conducto.

$47^{1}/_{8}$" − $3^{1}/_{8}$" = 44"

Paso 11 Después de colocar y fijar el conducto en la dobladora según las instrucciones de uso de la dobladora en uso, fije el transportador de doblado en un lugar conveniente.

Paso 12 Empiece doblando 6° en la primera marca. Una vez hecho esto, el transportador marcará 6°. Libere la presión y revise si hay recuperación elástica; si se encuentra alguna, vuelva a doblar la misma cantidad para lograr el doblez de 6°.

Paso 13 Cuando utilice una dobladora con un bastidor rígido, mueva el soporte de tubo (hacia el pistón) una posición de orificio hacia el lado en el que dobló el conducto.

Recorrido aproximado del pistón (*Approximate ram travel*): distancia que recorre el pistón de una dobladora hidráulica para hacer un doblez. En muchas operaciones de doblez, el grado de doblez puede convertirse en pulgadas de recorrido del pistón.

Paso 14 Doble a 12° en la segunda marca y verifique la recuperación elástica. Cuando el primer doblez del conducto se desplaza más allá de un soporte de tubo, el **recorrido aproximado del pistón** de los dobleces restantes será el mismo.

Paso 15 Siga este procedimiento hasta llegar a la última marca, donde doblará hasta alcanzar 90°. Deténgase exactamente a 90°, libere la presión, revise la recuperación elástica y corrija el ángulo final si es necesario. El resultado será un doblez de 90° sin arcos ni torceduras.

Piénselo

Longitud desarrollada

¿Por qué se multiplica el radio por 1.57 para determinar la longitud desarrollada de un doblez de 90°?

Este es otro ejemplo. Suponga que la tarea consiste en hacer un doblez de ángulo amplio de 90° con un radio de 25". Este doblez de ángulo amplio en particular no tiene una altura definida. Esto se hará en una dobladora hidráulica utilizando un proceso de doblado segmentado.

El primer paso es determinar la longitud desarrollada del conducto que se va a utilizar para el doblez. Esto puede hacerse multiplicando el radio de 25" por 1.57. El resultado es 39.25, como se muestra en la siguiente ecuación:

$$1.57 \times 25" = 39.25"$$

Por lo tanto, se necesitan 39.25" de conducto para realizar un doblez de 90° con un radio de 25".

El siguiente paso es decidir cómo trazar el número de segmentos que hay que doblar para crear el doblez de ángulo amplio de 90°. Por regla general, habrá 20 segmentos, completados en 21 pasos. Hay 21 pasos porque el doblez de ángulo amplio se traza siempre desde el centro de la longitud desarrollada. Cuando se haya establecido el centro de la longitud desarrollada, se mide la mitad de esta en cada dirección a partir de la línea central (*Figura 30*).

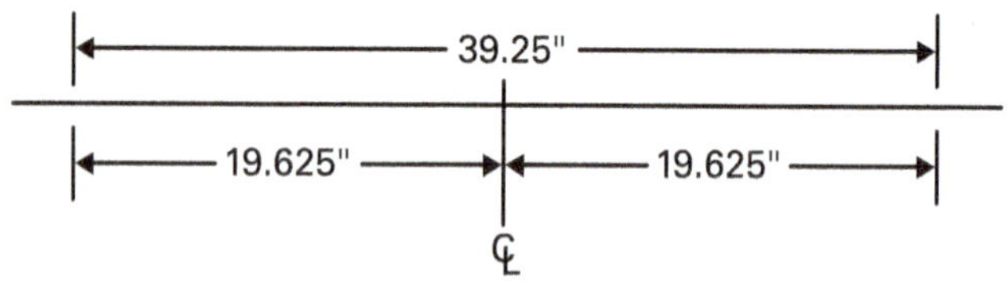

Figura 30 Centro del conducto.

Para establecer la distancia lineal entre segmentos, divida la longitud desarrollada entre el número de segmentos (39.25" ÷ 20) para obtener 1.9625" entre segmentos. En la *Figura 31*, se trazó la mitad de la longitud desarrollada.

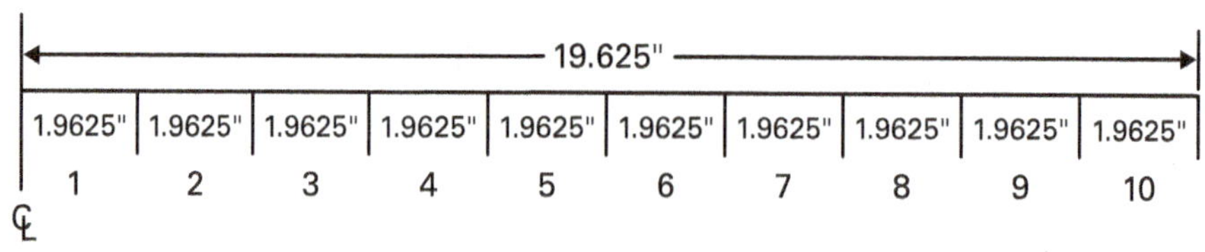

Figura 31 Segmentos para un doblez de 21 pasos.

Cuando se hayan trazado los 20 segmentos, hay que determinar el número de grados por paso. Hay 21 pasos, por lo que dividiendo 90° entre 21 obtendremos el número de grados por paso:

$$90° \div 21 = 4.29°$$

Ya está listo para hacer el doblado. Comenzando en un extremo de la longitud desarrollada, coloque la línea central de la zapata de doblado en la marca del primer paso y doble a 4.29°. Repita el proceso para las 20 marcas de doblez restantes. Si el doblez no alcanza los 90°, realice el ajuste final en el último doblez.

Hay otra forma de colocar las marcas de segmento para la longitud desarrollada de un doblez. Corte un trozo de cinta elástica blanca de la longitud del radio exterior del doblez más interior y colóquelo sobre una mesa. Asegúrese de que no esté estirado. Desde un extremo del elástico, mida 15 marcas espaciadas uniformemente y marque estos puntos con un rotulador de tinta de punta fina. Ahora coloque el extremo de la cinta elástica en la línea central de la longitud desarrollada del doblez. Estire el elástico hasta que la marca 15 se encuentre en el extremo de la longitud desarrollada. Coloque una marca en el conducto junto a cada marca de la cinta elástica. Repita este proceso en la otra mitad de la longitud desarrollada. Ya está listo para hacer los dobleces segmentados.

Ahora que entiende el procedimiento de trazado del conducto con marcas de doblado, su siguiente paso es el doblado. Dado que el doblado de segmento requiere varios dobleces de ángulos pequeños para completar un codo de 90°, será necesario algún método para medir la cantidad de doblado. Esto puede hacerse de cuatro maneras:

- Método de transportador de grados de dobleces
- Método de buscador magnético de ángulos
- Método de cantidad de recorrido
- Método de número de bombeos

Método de transportador de grados de dobleces

Un transportador de grados de dobleces es un dispositivo que se engancha al tubo que se está doblando. La cara circular está dividida en cuatro secciones (18, 20, 21 y 30 pasos) y es posible girarla a la escala que se vaya a utilizar. El puntero indicador está lastrado y oscila libremente. Para utilizar este dispositivo, proceda de la siguiente manera:

Paso 1 Nivele el conducto y asegúrelo utilizando un tornillo de banco para tubos u otros medios.

Paso 2 Gire la cara a la escala deseada que corresponda al número de pasos que se estén utilizando.

Paso 3 Ajuste la escala de modo que el puntero quede en 0.

Paso 4 Doble el tubo hasta que el puntero llegue a la primera marca. (Doble un poco más allá para compensar la recuperación elástica, libere la presión y luego revise el puntero. Solo serán necesarios unos cuantos dobleces para averiguar cuánto debe doblar más allá de la marca para permitir la recuperación elástica.)

Paso 5 Mueva el tubo hacia adelante en el doblador hasta la segunda marca de doblado y doble hasta que el puntero llegue a la segunda marca en la cara del transportador (de nuevo, compense la recuperación elástica).

Paso 6 Mueva el conducto hasta la tercera marca y doble el tubo de modo que el puntero quede en la tercera marca (después de permitir la recuperación elástica). Siga este procedimiento en cada marca de doblez hasta que se logre el codo de 90°, el tubo esté nivelado y la dobladora esté en posición vertical.

NOTA

Es una buena idea revisar la longitud desarrollada del codo antes de hacer los últimos dobleces. Haga las correcciones de espaciado necesarias (p. ej., acorte el espaciado si el codo se queda corto). Si se alcanza la longitud del codo antes de que este esté a plomo, no doble en ninguna de las marcas restantes. En su lugar, mueva el tubo en el doblador y dóblelo en la marca de inicio. De este modo, el codo quedará a plomo sin aumentar su longitud.

Método de buscador magnético de ángulos

Con el buscador magnético de ángulos, el tubo debe mantenerse nivelado y doblado verticalmente (la dobladora está en posición vertical). Cuando se utiliza un buscador magnético de ángulos, hay que tener cuidado con cada doblez porque un error muy pequeño puede magnificarse de 15 a 30 veces, dando lugar a un error mayor. Para utilizar el buscador de ángulos, proceda de la siguiente manera:

Paso 1 Nivele el conducto y coloque el buscador de ángulos en el extremo del tubo. El buscador de ángulos indicará el número de grados de cada doblez según el número de pasos (por ejemplo, para 20 pasos, cada doblez es de unos $4\frac{1}{2}$°).

Paso 2 Doble el tubo hasta que el buscador de ángulos indique que el doblez está justo más allá del grado de doblez deseado. Esto permite recuperación elástica. Libere la presión hidráulica. Si realizó la cantidad adecuada de sobredoblado para permitir recuperación elástica, el medidor de ángulo debe indicar el ángulo de doblado deseado. Si dobló demasiado o demasiado poco, haga el ajuste en el siguiente doblez. En dos o tres dobleces, encontrará la cantidad correcta de sobredoblado en cada marca para permitir recuperación elástica.

Paso 3 Mueva el tubo hasta la segunda marca de doblez. Doble en esta marca hasta que el puntero del buscador de ángulos indique el siguiente ajuste (permitiendo recuperación elástica). (Por ejemplo, primer doblez $4^1/_2$°, segundo doblez 9°, tercer doblez $13^1/_2$°, etc.)

Paso 4 Doble el tubo en cada marca de doblado sucesiva utilizando el buscador de ángulos para indicar el grado de doblez adecuado.

NOTA

De nuevo, revise la longitud desarrollada del codo antes de hacer los últimos dobleces. Ajuste el espaciado o la cantidad de doblado según sea necesario.

Método de cantidad de recorrido

Cuando usa este método, el tubo puede doblarse en cualquier posición. Para hallar el recorrido teórico de un doblez de 90°, proceda de la siguiente manera:

Paso 1 Ajuste la dobladora con las zapatas de pivote en los agujeros apropiados del conducto que se va a doblar.

Paso 2 Mida la distancia de centro a centro entre los pasadores de la zapata de pivote (es decir, del centro del pasador A al centro del pasador B). El émbolo (también llamado *pistón*) tendrá que recorrer la mitad de esta distancia para doblar un codo completo de 90°.

Paso 3 El recorrido por paso (recorrido del pistón) es la mitad de la distancia de pasador a pasador dividida entre el número de pasos. Por ejemplo, suponga que la distancia desde el centro de los pasadores es de 24" y el tubo debe doblarse en 18 pasos. El recorrido por paso es igual a la mitad de la distancia desde el centro de los pasadores (12") dividido entre el número de pasos (18). Esto equivale a 0.666" o aproximadamente $^2/_3$" de recorrido por paso.

Paso 4 El doblado con este método seguirá un procedimiento un poco diferente, que se realiza en el siguiente orden:

1. Coloque el centro de la zapata de doblado en la primera marca de doblado (no la marca de inicio) y active la bomba hasta que se mida $^2/_3$" de recorrido del pistón. No permita recuperación elástica con este método.
2. Mueva el tubo hasta la siguiente marca y active la bomba hasta que se haya medido otro $^2/_3$" de recorrido del pistón. Continúe moviendo el tubo y mida el recorrido del pistón.
3. Al acercarse a las últimas marcas (4 o 5), revise tanto la longitud del codo en desarrollo como el ángulo del doblez. En estas últimas marcas se puede ajustar el espaciado o la cantidad de recorrido, según sea necesario.

NOTA

Cuando haya encontrado la cantidad de recorrido para 90°, también puede encontrar la cantidad de recorrido para cualquier otro ángulo para desplazamientos, desvíos, etc.

Método de número de bombeos

El tubo puede doblarse en cualquier posición. Este método depende del hecho de que una bomba hidráulica determinada producirá la misma cantidad de dobleces para un número determinado de bombeos del mango. Sin embargo, no tiene en cuenta que el número de bombeos cambiará con un cambio en el nivel de fluido, el estado de la bomba y el estado de las juntas tóricas.

Por ejemplo, si se necesitan 40 bombeos para doblar un codo de 90°, solo deberían necesitarse 20 bombeos para lograr 45°, 10 bombeos para $22^1/_2$°, 2 bombeos para $4^1/_2$°, etc. Como puede ver, este método debería funcionar muy bien, pero requerirá tiempo adicional para determinar los valores de bombeo y de grado. Sin embargo, esto puede compensarse al no tener que medir el recorrido del pistón en cada doblez, como exige el método de la cantidad de recorrido.

Utilice el mismo procedimiento para doblar que el descrito en el método de la cantidad de recorrido. Revise la longitud del codo en desarrollo y el grado de doblado antes de doblar los últimos pasos. Utilice estos pasos restantes para los ajustes finales de la longitud del codo y para revisar el doblez de 90°.

NOTA

Utilice cualquiera de los cuatro métodos que le resulte más cómodo, pero tenga en cuenta que en todos ellos hay que tener extremo cuidado y prestar atención a los detalles. Un pequeño error en cada doblez se agravará y será imposible conseguir precisión en el doblado.

Ejemplo de doblez hidráulico

Para facilitar el doblez hidráulico, es necesario contar con una *mesa de doblado*, ya sea un modelo comercial o uno construido en el trabajo. La mesa sostendrá el conducto y la dobladora, facilitará la nivelación y el aplomado y producirá dobleces más precisos. La mesa también eliminará la necesidad de forcejear continuamente con el conducto y la dobladora.

Considere un ejemplo en el que la tarea consiste en doblar un desplazamiento que contiene dos dobleces amplios. El radio de los dos dobleces de ángulo amplio es de 30". Esto se hará en una dobladora hidráulica utilizando un proceso de doblado segmentado. Los ángulos de los dobleces de ángulo amplio serán de 30° cada uno. La altura del desplazamiento será de 30" (*Figura 32*).

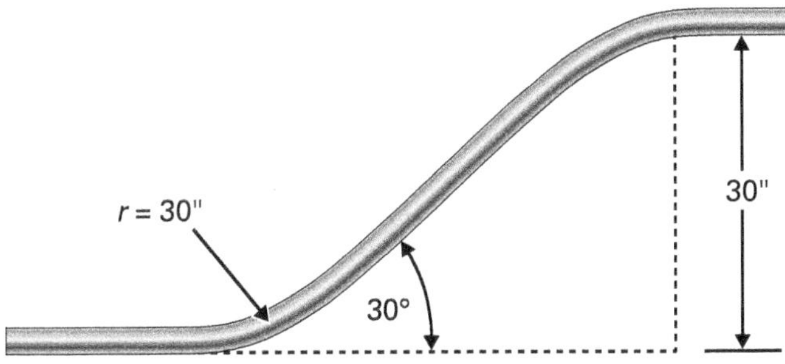

Figura 32 Dos dobleces de ángulo amplio de 30°.

Este ejemplo incorpora el concepto de circunferencia unitaria, junto con la función trigonométrica cosecante.

Para continuar con el concepto del círculo unitario y la distancia lineal en la circunferencia en términos de π, es necesario comprender el desarrollo de la relación pi de 0° a 90°. Todas estas relaciones de 0° a 90° y otros ángulos de intervalo en el círculo son siempre en referencia a 180°. Por ejemplo:

$$360° = 2\pi \text{ o } 2 \times 180°$$
$$180° = \pi \text{ o } 1 \times 180°$$
$$90° = {}^1\!/_2\pi \text{ o } {}^1\!/_2 \times 180°$$

El mismo proceso es válido para cualquier ángulo de 0° a 90° (*Figura 33*). Por ejemplo:

$$60° = {}^1\!/_3\pi \text{ o } {}^1\!/_3 \times 180°$$
$$45° = {}^1\!/_4\pi \text{ o } {}^1\!/_4 \times 180°$$
$$30° = {}^1\!/_6\pi \text{ o } {}^1\!/_6 \times 180°$$
$$15° = {}^1\!/_{12}\pi \text{ o } {}^1\!/_{12} \times 180°$$

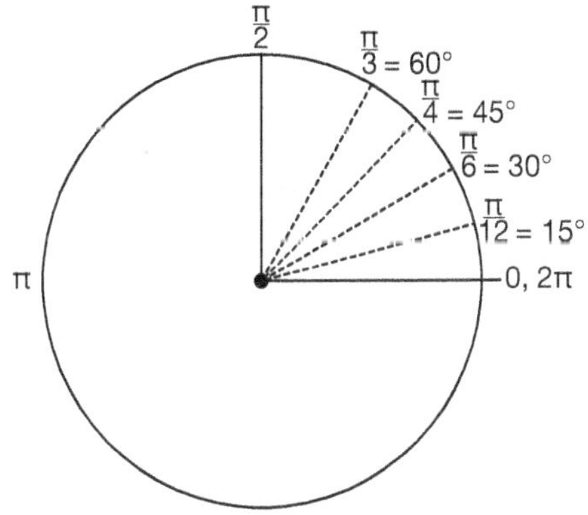

Figura 33 Radianes y grados.

Para calcular la longitud desarrollada del conducto a utilizar por una oscilación en el radio de 30", simplemente multiplique ${}^1\!/_6\pi$, que representa π a 30°, por el radio de 30". No es más que una fórmula de circunferencia convertida.

$$C = 2\pi r \text{ (distancia lineal alrededor de un círculo completo)}$$
$$C = {}^1\!/_6\pi r \text{ (distancia lineal de 0° a 30°)}$$
$$C = 0.523 \times r$$
$$C = 0.523 \times 30"$$
$$C = 15.7"$$

La longitud desarrollada del primer radio es de 15.7". Eso significa que la longitud desarrollada para el segundo radio de ángulo amplio es también de 15.7". La cantidad total de conducto utilizado para desarrollar los dos dobleces de ángulo amplio es de 31.4".

El siguiente paso es calcular la distancia entre la línea central de cada uno de estos dobleces en la hipotenusa del triángulo imaginario. Para hacerlo, simplemente use la cosecante del ángulo o cosecante = $H \div O$. Al convertir la fórmula se obtiene $H = O \times$ cosecante. Dado que la cosecante de 30° es 2, H = 30" × 2 o 60". El trazado de estas mediciones se muestra en la *Figura 34*.

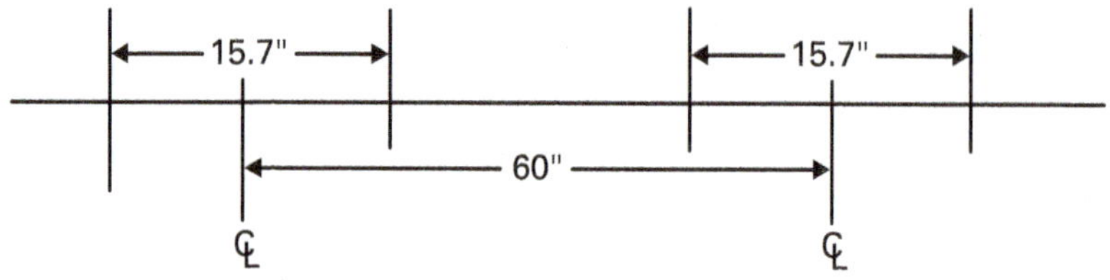

Figura 34 Distancia entre líneas centrales de dobleces.

De nuevo, el trazado de los segmentos para el proceso de doblado se realiza desde la línea central de la longitud desarrollada de cada doblez de ángulo amplio (*Figura 35*). Por lo tanto:

15.7" ÷ 2 = 7.85"

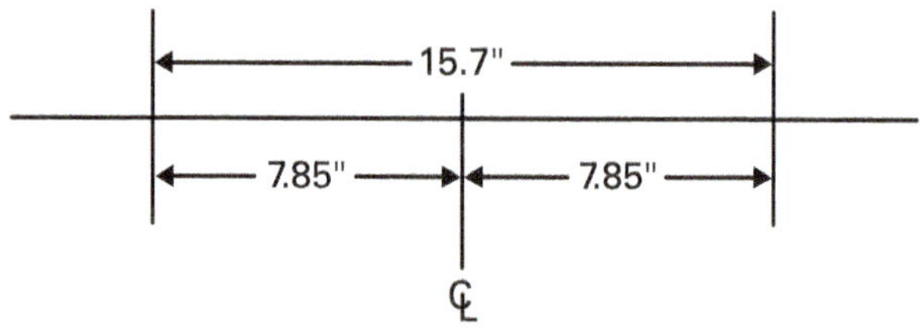

Figura 35 Línea central de doblez.

Cuando se crea un doblez de ángulo amplio de 90°, la regla general es 21 pasos o 20 segmentos. Esto le da al conducto la apariencia de ser un doblez de ángulo amplio natural y no una línea de segmentos rectos (aparecerá de nuevo el mismo proceso de plano impar/segmento par). Si elige tener siete pasos o seis segmentos dentro de las 15.7" de longitud desarrollada, cada segmento tendrá 15.7" ÷ 6 o 2.62" de longitud.

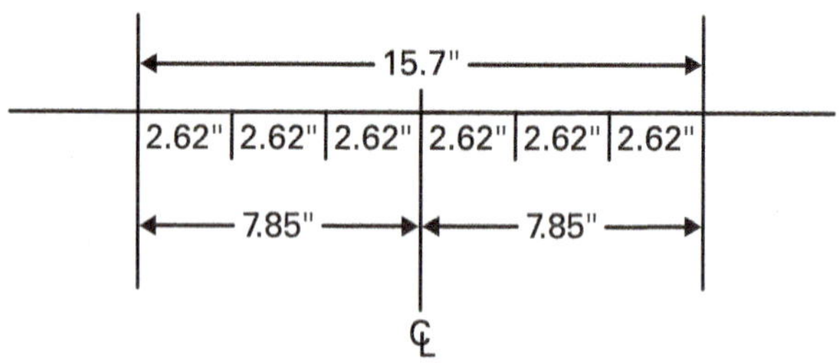

Figura 36 Segmentos del doblez.

Como hay siete pasos (dobleces), cada paso será de 30° ÷ 7 o 4.29°. El trazado del doblez se muestra en la *Figura 36*.

Cuando tenga ambos dobleces de ángulo amplio trazados y las líneas centrales de estos ángulos amplios estén a 60" de distancia, estará listo para comenzar el proceso de doblado. De nuevo, comience en un extremo del desplazamiento y gire la zapata segmentada de la dobladora hacia abajo sobre el conducto. Como se está trabajando en un desplazamiento, se debe fijar un dispositivo anti patas de perro a un extremo del conducto. Este dispositivo mantiene la línea central de cada doblez. Comience haciendo el primer doblez de ángulo amplio y, cuando lo haya hecho, enrolle el conducto en la dobladora y vuelva a nivelar el dispositivo anti patas de perro. Haga el segundo doblez de ángulo amplio y habrá creado su desplazamiento. Las medidas finales deben ser las siguientes:

Longitud desarrollada de cada doblez de ángulo amplio = 15.7"

Distancia entre la línea central de cada doblez de ángulo amplio = 60"

Distancia entre marcas de paso en cada doblez de ángulo amplio = 2.62"

Grados por paso en cada doblez de ángulo amplio = 4.29°

4.2.4 Dobleces concéntricos

Si deben doblarse dos o más tramos paralelos de conducto en la misma dirección, los mejores resultados se obtendrán utilizando dobleces concéntricos. Al trazar dobleces concéntricos, se calcula primero el doblez del conducto más interior. En el ejemplo que se muestra en la *Figura 37* el primer doblez tiene un radio de 20". Si se multiplica esta dimensión por 1.57, se obtiene un valor de $31^{13}/_{32}$". Esta es la longitud desarrollada del doblez de radio más corto.

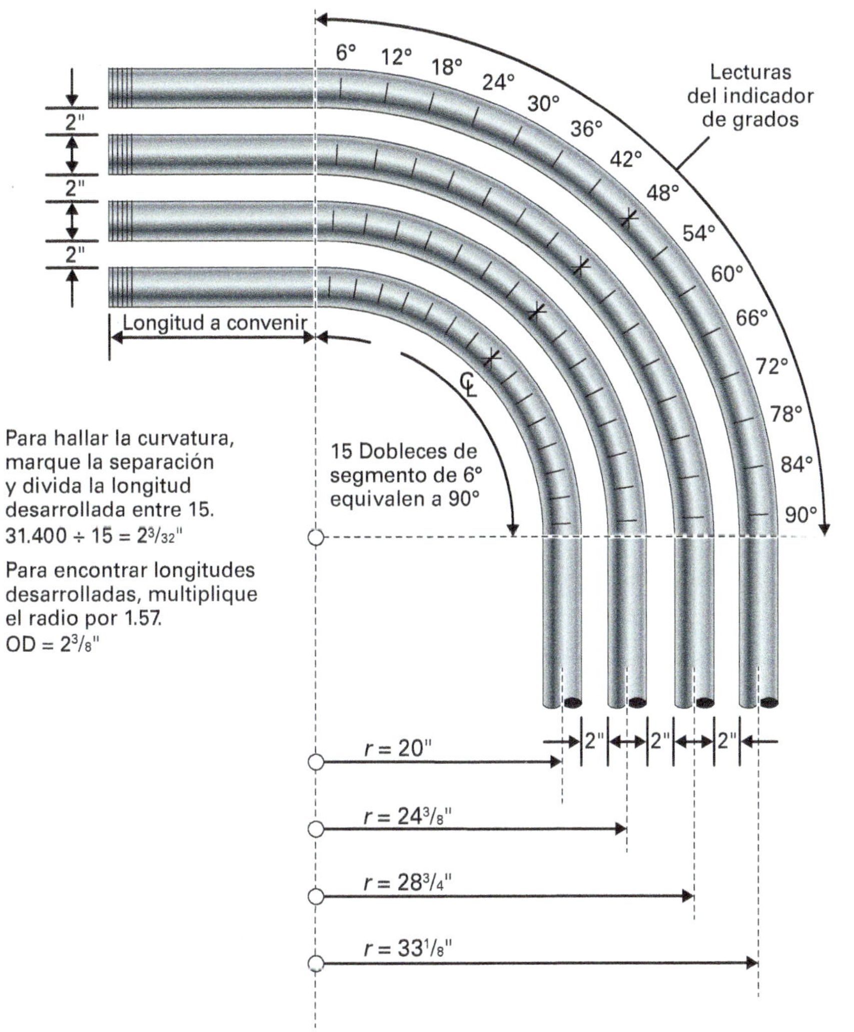

Figura 37 Principios de doblado concéntrico.

El segundo radio se halla sumando el tamaño del **diámetro exterior (DE)** del primer tubo al radio de este y el espaciado deseado entre tubos. En este ejemplo el radio del segundo doblez sería igual a $24\frac{3}{8}$" (*Figura 37*).

Radio del primer tubo = 20"

DE del primer tubo = $2\frac{3}{8}$"

Espaciado entre tubos = 2"

Radio del segundo tubo = 20" + $2\frac{3}{8}$" + 2" = $24\frac{3}{8}$" o 24.375"

Cuando se halle la longitud desarrollada del segundo radio, se puede determinar el espaciado entre marcas. La marca de inicio debe estar a la misma distancia del extremo del segundo tubo que la del primero. Lo mismo sucederá con cada tubo adicional. El espaciado entre marcas aumentará a medida que aumente el radio de los tubos. Esto es por el aumento de la longitud desarrollada. Los tubos de la *Figura 37* están todos dispuestos para 15 pasos.

La ecuación de la longitud desarrollada es 1.57 × *r*. La longitud desarrollada del segundo doblez es 1.57 × 24.375" o 38.27".

El radio y la longitud desarrollada de cada doblez sucesivo se hallan de manera similar. Una vez determinada la longitud desarrollada, hay que establecer el número de dobleces de segmentos necesarios para formar cada doblez de 90°. En el doblez concéntrico, cada doblez debe recibir el mismo número de dobleces de segmentos para mantener la concentricidad. Como se ilustra, 15 dobleces de segmentos de 6° cada uno totalizarán 90°.

Diámetro exterior - DE (Outside diameter - OD): tamaño del conducto medido de pared exterior a pared exterior pasando por el centro. El diámetro exterior de un determinado tamaño de conducto varía según el tipo de conducto utilizado.

NOTA

El cambio de radio de un doblez a otro afecta al espaciado de los dobleces de segmentos. Para hallar el espaciado entre dobleces de segmentos, divida la longitud desarrollada de cada doblez entre 15. Para el primer doblez ilustrado, el espaciado para cada doblez de segmento es de $2\frac{3}{32}$", para el segundo doblez es de $2\frac{9}{16}$ y así sucesivamente (*Figura 37*).

Si los tramos de los dobleces deben ser de cierta longitud, la ganancia debe ser considerada igual que en cualquier procedimiento de doblado de segmento. Cuando los tramos de conducto no son del mismo tamaño, el radio de cada doblez sucesivo puede calcularse de la siguiente manera:

Paso 1 Determinar el radio del doblez más interior.

Paso 2 Calcule la mitad del diámetro exterior del conducto más interior y del siguiente conducto adyacente.

Paso 3 Note la distancia entre los dos tramos de conducto.

Paso 4 Sume estas cantidades.

4.2.5 Dobleces desplazados

Muchas situaciones requieren que un conducto se doble para que pueda pasar entre o por encima de objetos como vigas o para entrar en paneles de distribución y cajas de conexiones. Los dobleces utilizados para este fin se denominan *desplazamientos o dobleces desplazados*.

Para producir un desplazamiento, se necesitan dos dobleces iguales de menos de 90° a una distancia específica. Esta distancia viene determinada por el ángulo de los dos dobleces y puede calcularse mediante el siguiente procedimiento y la tabla de la *Figura 38*.

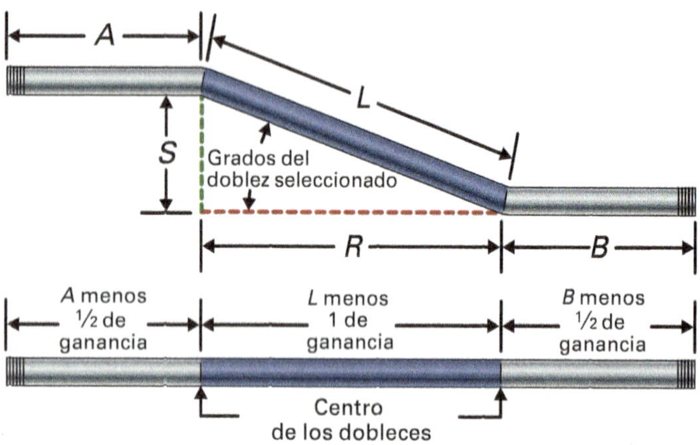

A = longitud de tendido superior
B = longitud de tendido inferior
L = distancia entre los centros de doblez
R = compensación por desplazamiento
S = altura del desplazamiento

Para determinar la longitud total (*OL*) entre dos puntos fijos:
$OL = (A + L + B) - (2 \times \text{ganancia})$

Localice y marque
Centros de los dobleces

Conocido	Multiplicado por el multiplicador correspondiente es igual a								Desconocido
	Multiplicadores para grados de dobleces seleccionados								
	5⅝°	**11¼°**	**15°**	**22½°**	**30°**	**37½°**	**45°**	**60°**	
S	10.207	5.126	3.864	2.613	2.00	1.643	1.414	1.155	*L*
L	0.098	0.195	0.259	0.383	0.50	0.609	0.707	0.866	*S*
S	10.158	5.027	3.732	2.414	1.732	1.303	1.00	0.577	*R*
R	0.098	0.199	0.268	0.414	0.577	0.767	1.00	1.732	*S*
R	1.005	1.02	1.035	1.082	1.155	1.260	1.414	2.00	*L*
L	0.995	0.981	0.966	0.933	0.866	0.793	0.707	0.50	*R*
Factor de ganancia	0.0002	0.0006	0.0015	0.0051	0.0124	0.0212	0.0430	0.1076	Factor de ganancia

Figura 38 Tabla de doblado de desplazamientos de conductos.

Deje espacio para la expansión del sistema

Es buena idea hacer el primer doblez concéntrico lo suficientemente grande como para que quepan uno o dos dobleces más en su interior en caso de que deba añadir otros tendidos de conductos más adelante. Otro método consiste en añadir cualquier tendido de conducto adicional en el exterior del doblez original. Ambos métodos producen una instalación ordenada y profesional.

Primero, determine el desplazamiento necesaria y el grado de doblado. Nuestro ejemplo se basará en un conducto de 3" con una altura de desplazamiento de 18" usando dos dobleces de 45°.

A continuación, multiplique la altura de desplazamiento (*S*) por el multiplicador de la tabla de la *Figura 38* para determinar la distancia entre los dobleces. Observe que esto se aplica a todos los tamaños de conductos. El gráfico de la *Figura 38* indica que, para determinar la longitud desconocida *L* para dobleces de 45°, el multiplicador es 1.414:

> Altura de desplazamiento de 18" × multiplicador 1.414 para un desplazamiento de 45° = $25\frac{1}{2}$" entre dobleces

Por lo tanto, la longitud *L*, o la distancia entre dobleces, es $25\frac{1}{2}$". En resumen, puede crear un desplazamiento de 18" de alto utilizando dos ángulos de 45° colocando los dos dobleces a $25\frac{1}{2}$" de separación.

Sin embargo, a veces, puede ser necesario fabricar una sección de conducto con un desplazamiento que debe encajar entre dos puntos fijos. Para conectar los dos extremos de un desplazamiento a dos piezas de conducto que ya están fijas en el lugar es necesario conocer la longitud total *OL* del desplazamiento de extremo a extremo antes de iniciar el doblado.

Observe la siguiente ecuación:

$$LG = (A + L + B) - (2 \times \text{ganancia})$$

Donde:

- *LG* = longitud general
- *A* = longitud recta necesaria en la parte superior del desplazamiento
- *L* = distancia entre los centros de doblez
- *B* = longitud recta necesaria en la parte inferior del desplazamiento
- Ganancia = longitud ganada por curvatura frente a un ángulo agudo

En nuestro ejemplo, supongamos que necesita 36" de conducto recto en la parte superior del doblez para llegar al punto de conexión. En la parte inferior del desplazamiento, necesita 48" de conducto recto para llegar al segundo punto de conexión. Estos valores, junto con el valor de *L*, se muestran en la *Figura 39*.

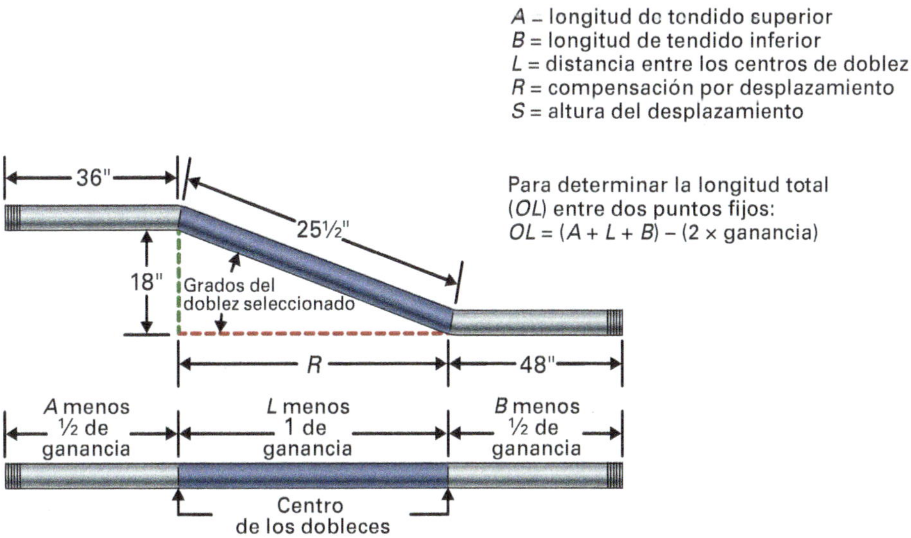

Figura 39 Factores para el cálculo de desplazamientos.

Como puede ver en la ecuación de la longitud total, necesitamos determinar la ganancia antes de poder completar el cálculo. La ganancia se calcula multiplicando el radio del doblez por el factor de ganancia indicado en la parte inferior de la tabla en *Figura 38*.

Este desplazamiento utilizará un radio de 15" para los dobleces. El factor de ganancia indicado en la *Figura 38* para una doblez de 45° es de 0.0430. Por lo tanto, la ganancia para un solo doblez se calcula de la siguiente manera:

> 15" de radio de doblez × 0.0430 de factor de ganancia = 0.645" de ganancia por doblez

Piénselo

Dobleces concéntricos

¿Qué significa *concéntrico?* ¿Por qué no puede doblar todas las secciones del conducto con el mismo radio y colocarlas una al lado de la otra?

Fuente: iStock@SuriyaKK

Ahora podemos completar la ecuación original para determinar la longitud total del conducto a cortar. Una vez realizados los dobleces desplazados, la pieza debe encajar perfectamente entre los dos puntos fijos.

$$LG = (A + L + B) - (2 \times \text{ganancia})$$
$$LG = (36" + 25\tfrac{1}{2}" + 48") - (2 \times 0.645" \text{ ganancia})$$
$$LG = 109.5" - 1.29"$$
$$LG = 108.21" \text{ o cerca de } 108\tfrac{7}{32}"$$

Para hacer el desplazamiento, el conducto se coloca en la dobladora hidráulica (*Figura 40*). La zapata de doblado hace un doblez de 45° en la primera marca central, se invierte el conducto en la dobladora y se hace el siguiente doblez de 45° en la segunda marca. Al hacer dobleces, consulte siempre las tablas de doblado que vienen con la dobladora que se utiliza para la operación.

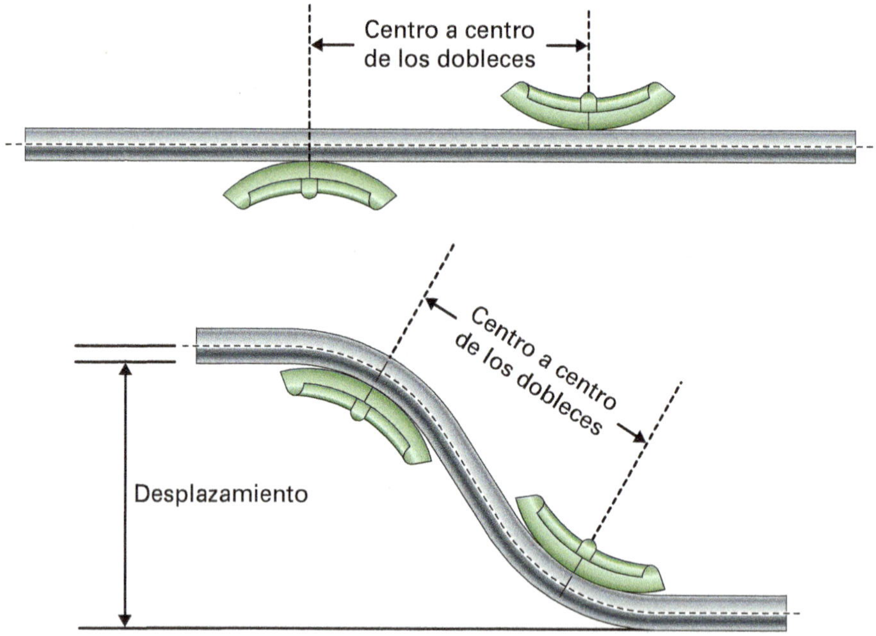

Figura 40 Posición de un conducto en una dobladora para hacer desplazamientos.

Por ejemplo, se va a crear un desplazamiento para pasar por encima de una viga en I de 24" de altura. La distancia desde el extremo del tendido del conducto hasta la caja de conexiones en el lado opuesto de la viga en I es de 8' (*Figura 41*).

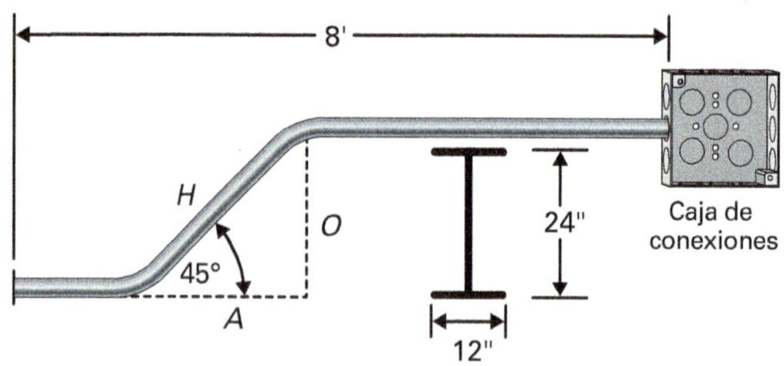

Figura 41 Desplazamientos de 24".

La tarea es determinar la distancia entre los puntos de doblado cuando se utiliza un doblez de 45°. Determine la longitud exacta del conducto que necesita para poder enroscarlo antes de doblarlo. El conducto no tendrá espacio libre sobre la parte superior de la viga en I.

Para hallar la distancia entre los puntos de doblado, multiplique la cantidad de desplazamiento necesaria por la cosecante del ángulo de doblado (en este caso, 45°):

$$24" \times 1.414 = 33.94"$$

La distancia recta desde el extremo del tendido del conducto hasta la caja de conexiones es de 8'. Para averiguar la cantidad de conducto que hay que añadir debido al doblez de 45°, utilice la fórmula del coseno (Coseno = $A \div H$). La hipotenusa o la distancia entre los puntos de doblado es de 33.94". El lado adyacente se halla convirtiendo Coseno (45°) =$A \div H$ a A = Coseno (45°) × H, como se demuestra en la siguiente ecuación:

$$A = 0.707 \times 33.94'' = 23.99''$$

Reste 23.99" de 33.94" y esto da la cantidad de conducto extra necesario al hacer este doblez de 45°:

$$33.94'' - 23.99'' = 9.95''$$

Sume las 9.95" a 8' y la cantidad de conducto recto necesaria se determina:

8' + 9.95" = 8'-9.95" de conducto recto

Las medidas finales deben ser las siguientes:

Distancia entre puntos de doblado = 33.94"

Longitud de conducto recto = 8'-9.95"

Este es otro ejemplo. En este caso, se debe hacer un desplazamiento sin utilizar un nivel transportador. El desplazamiento será de 20" de altura (*Figura 42*). El ángulo del doblez es de 45°. Explique el proceso necesario para lograrlo.

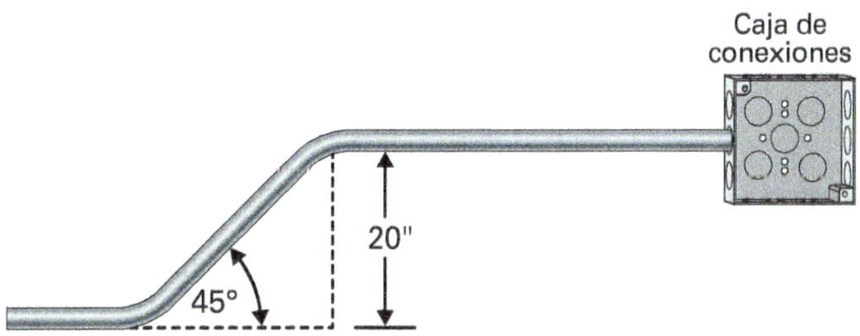

Figura 42 Desplazamiento de 20".

La cosecante para 45° es 1.414. La distancia entre los puntos de doblado es de 1.414 × 20". Por lo tanto:

$$1.414 \times 20'' = 28.28''$$

La primera marca en el conducto se coloca a 14.14" del extremo de dicho conducto. El extremo del conducto debe elevarse 10" para lograr un doblez de 45°. La segunda marca en el conducto se coloca a 28.28" de la primera marca. La dobladora se coloca en la segunda marca y el conducto se dobla hasta que las dos superficies queden paralelas. En este punto se creó un desplazamiento de 20".

Para hacer desplazamientos concéntricos, utilice el mismo procedimiento que para los codos de 90°. Aumente el radio del segundo tubo sumando el radio del primero, el tamaño del DE del primero y el espaciado deseado entre tubos. Aunque los ejemplos utilizados para explicar el doblado de desplazamientos tenían varios pasos por doblado, se pueden utilizar menos pasos. Se pueden hacer buenos desplazamientos con solo dos o tres pasos por doblez. Sin embargo, con desplazamientos, dobleces de 90° o cualquier otro doblez de segmento, el tiempo extra empleado en hacer dobleces con radios más suaves (más pasos) se recupera cuando los conductores se introducen en la canalización terminada.

4.2.6 Dobleces de ensillado

Los dobleces de ensillado se utilizan para cruzar pequeñas obstrucciones u otros tramos de conducto. Los dobleces de ensillado en conductos con **diámetro interior (DI)** de hasta 4" (MD 103) pueden hacerse en dobladoras hidráulicas de conductos. Consulte siempre las tablas que vienen con la dobladora.

Diámetro interior - DI (*Inside diameter – ID*): el tamaño del conducto medido de pared interior a pared interior pasando por el centro. Todo el tamaño de los conductos eléctricos se basa en el diámetro interior nominal.

Por ejemplo, para hacer un doblez de ensillado en un tramo de conducto rígido de 2" de modo que pueda pasar por encima de un tubo de agua de 3" con un espacio libre de ¼", se necesitan tres operaciones de doblado (*Figura 43*). El doblez se calcula consultando las tablas de doblado apropiadas. El cuadro que se muestra en la *tabla 4* da medidas de conducto de 2" con un espacio libre de ¼". Por lo tanto, busque en la columna de la izquierda de *conducto de tendido recto* y baje hasta llegar a la fila de 3". Moviéndose hacia la derecha en esta fila, observe que el espaciado entre dobleces es de 15⅝" al centro y los dobleces número 1 y número 3 serán de 15°, mientras que el doblez del centro (doblez n.° 2) es de 30°.

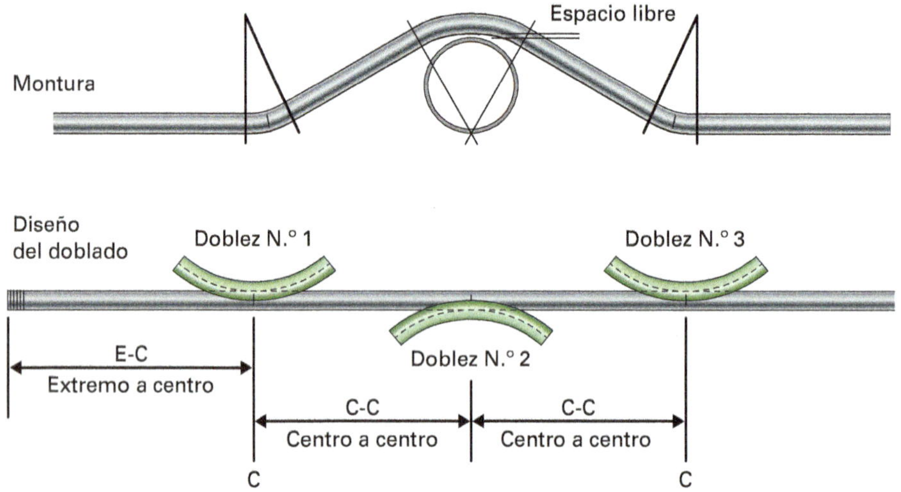

Figura 43 Principios del doblez de ensillado.

TABLA 4 Tabla de ensillados

Conducto de tendido recto	Longitud mínima (E-C)	Espaciado de doblez (C-C)	Grados de los dobleces		
			N.° 1	N.° 2	N.° 3
1"	20"	16"	6	12	6
1¼"	20"	16"	7	14	7
1½"	20"	16"	8	16	8
2"	20"	15⅞"	10	20	10
2½"	20"	15¾"	12½	25	12½
3"	20"	15⅝"	15	30	15
3½"	20"	15½"	18	36	18
4"	20"	15½"	20	40	20

Utilizando la información de la tabla de doblado, marque el conducto según corresponda. Inserte el conducto en la dobladora y haga el doblez número 1 a 15°. Reduzca la presión de la bomba, invierta el conducto en la dobladora y haga el doblez número 2 a 30°. Reduzca la presión de la bomba, invierta el conducto en la dobladora y haga el doblez número 3 a 15°. Libere la presión de la bomba, retire el conducto de la dobladora y revise la precisión del ensillado.

Para poner otro ejemplo, suponga que se va a crear un ensillado de conducto rígido de 1" para pasar por encima de una viga en I de 10" de altura (*Figura 44*). La distancia desde el extremo del conducto hasta el centro de la viga en I es de 3'.

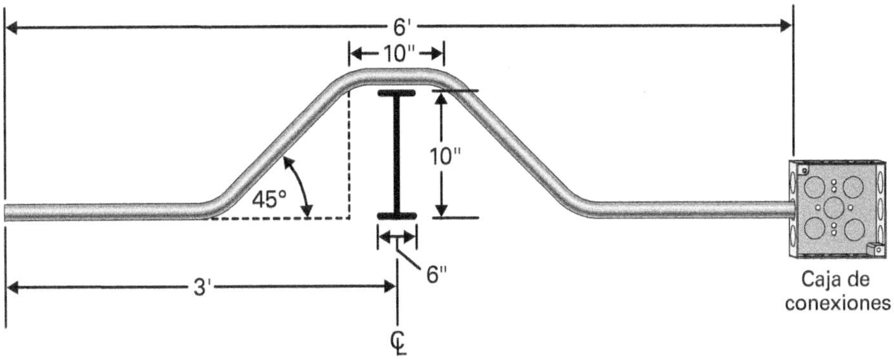

Figura 44 Ensillado de 11" (obstrucción de 10" con espacio libre de 1").

La tarea es determinar la distancia entre los puntos de doblado cuando se utiliza un doblez de 45°. Determine la longitud exacta de conducto necesaria para poder hacer el roscado antes de doblar. El conducto debe sobresalir 1" por encima de la viga en I. Determine el trazado de la línea central del ensillado (*Figura 45*).

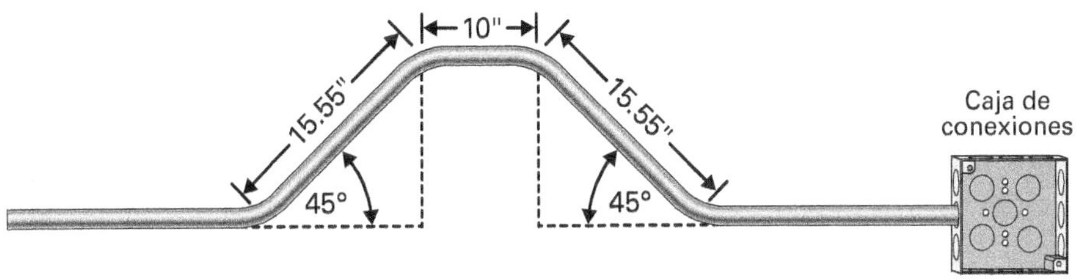

Figura 45 Ensillado.

Las 10" entre puntos de dobleces en este problema es una medida arbitraria. Esto lo determina la persona que hace el doblez. Debe utilizarse suficiente conducto para que sobrepase las dimensiones exteriores de la viga en I, de modo que el radio de cada doblez no entre en dicha viga.

La distancia entre los puntos de doblado en la hipotenusa del triángulo imaginario se calcula multiplicando la altura total de la viga en I (10" + 1" de espacio libre = 11") por la cosecante del ángulo de 45° del doblez:

$$1.414 \times 11" = 15.55"$$

La marca de trazado de la línea central del ensillado sería de 3' si el conducto se instalara en línea recta desde el final del tramo existente hasta el centro de la viga en I. Sin embargo, el conducto no se instala en línea recta. La medida debe incluir la cantidad de conducto adicional necesario debido al ángulo de desviación de 45° (*Figura 46*). La cantidad de conducto adicional es igual al lado adyacente restado de la hipotenusa.

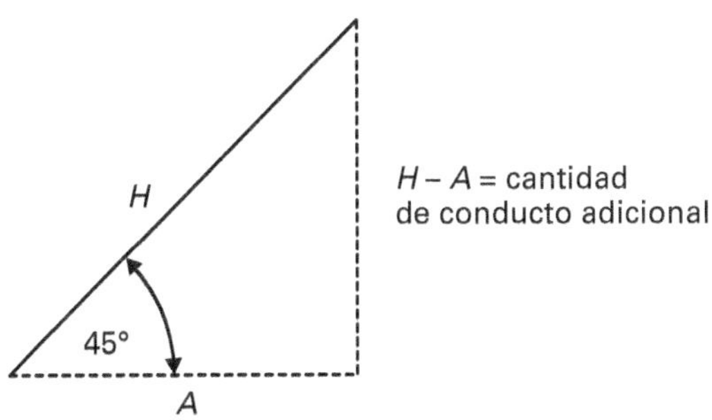

Figura 46 Función coseno.

Nivel magnético

Se puede fijar un nivel torpedo magnético directamente al conducto. Este permanecerá donde lo coloque, incluso si se le da la vuelta al conducto.

Primero hay que calcular el lado adyacente (*A*) y luego esa medida se puede restar de la hipotenusa (15.55"). Para calcular el lado adyacente, utilice la fórmula del coseno (Coseno = $A \div H$). Como está buscando *A*, convierta la fórmula a A = Coseno × H con este resultado:

$$A = 0.707 \times 15.55"$$
$$A = 10.99"$$

Reste 10.99 a 15.55, como se muestra en la siguiente ecuación:

$$15.55" - 10.99" = 4.56"$$

Ese es el conducto adicional que se necesita para llevar el centro del ensillado al centro de la viga en I. Por lo tanto, la marca de trazado del ensillado se calcula como se indica en la siguiente ecuación:

$$3' + 4.56" = 3'\text{-}4.56" \text{ o } 40.56"$$

El trazado del conducto se muestra en la *Figura 47*. Tenga en cuenta que cuando se utiliza una dobladora eléctrica, el punto de referencia para la alineación del doblez en la zapata no es donde se producirá la doblez real. La distancia desde el extremo del conducto hasta la marca de trazado central del ensillado debe incluir la deducción de la dobladora. La deducción de un doblez de 90° utilizando RMC de 1" es de 11". Como estamos utilizando dobleces de 45°, debemos utilizar la mitad de esta deducción. Entonces la deducción de un doblez de 45° en RMC de 1" es de 5.5". El resultado se muestra en la siguiente ecuación:

$$40.56" - 5.5" = 35.06"$$

Las medidas finales deben ser las siguientes:

Distancia entre puntos de doblado en la parte superior del ensillado = 10"

Distancia entre los puntos de doblado que forman cada hipotenusa = $15^{55}/_{100}$" o 15.55"

Distancia desde el extremo del conducto hasta la marca de trazado central del ensillado = 35.06"

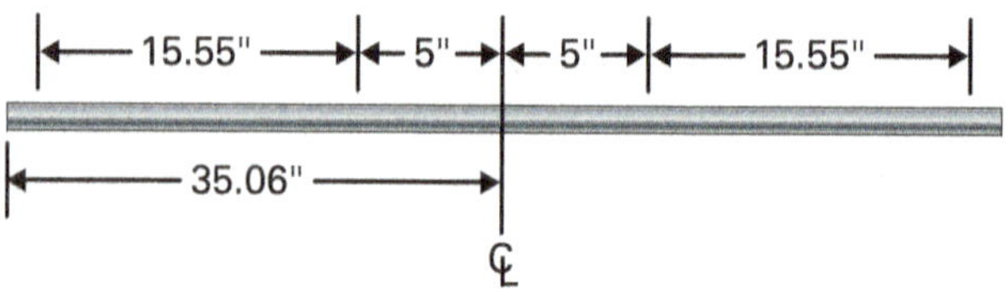

Figura 47 Trazado de un conducto.

Dobleces de ensillado

Siempre que sea posible, una montura de tres dobleces no debe ser más aguda que 30°. Si el objeto al que intenta hacer la montura o ensillado tiene más de 6" de diámetro, utilice un ensillado de cuatro dobleces, en lugar de uno de tres. En esta instalación que se muestra en esta Figura, se necesitaron dos ensillados de tres dobleces.

El doblez se realizará en progresión lineal de un extremo a otro, girando el conducto entre dobleces según sea necesario. Tenga en cuenta que la longitud total del conducto depende del tamaño y tipo de conducto, así como del tipo de dobladora. Siga siempre las instrucciones del fabricante de la dobladora que esté utilizando.

4.0.0 Repaso de la sección

1. Para hacer un doblez de 90° en RMC, el conducto puede doblarse a 95° para tener en cuenta la _____.
   a. longitud de la curva
   b. ganancia
   c. longitud desarrollada
   d. recuperación elástica

2. Una dobladora hidráulica no mantiene su presión hidráulica nominal. Lo *más* probable es que se deba a _____.
   a. fluctuación de voltaje
   b. radio de doblez insuficiente
   c. presión baja del fluido
   d. zapata de doblado incorrecta

5.0.0 Instalación de conductos de PVC

Objetivo

Demostrar cómo instalar conductos de PVC.

a. Describir cómo unir conductos de PVC.

b. Describir cómo doblar un conducto de PVC.

Tareas prácticas

En esta sección no hay tareas prácticas.

Los conductos y accesorios eléctricos rígidos de policloruro de vinilo (PVC) pueden utilizarse directamente bajo tierra, en paredes, suelos y techos de edificios, en rellenos de ceniza y en lugares húmedos y secos. El *NEC*® prohíbe el conducto de PVC en ciertas ubicaciones peligrosas, como soporte para accesorios u otros equipos, donde está sujeto a daños físicos, y para varias otras aplicaciones. Consulte el ***Artículo 352 del NEC*** para comprender mejor el uso, las limitaciones y los requisitos de instalación de los conductos de PVC.

El conducto de PVC puede cortarse fácilmente en la obra sin herramientas especiales, aunque los cortadores de PVC ayudan a cortar extremos a escuadra. Los tamaños de ½" a 1½" (MD 16 a MD 41) se pueden cortar con una sierra de dientes finos o cortadores de PVC. Los cortes a escuadra son más fáciles de realizar cuando se utiliza una caja de ingletes.

Para tamaños de 2" a 6" (MD 53 a MD 155), una caja de ingletes o una guía de sierra similar es aún más importante para mantener el conducto firme y asegurar un corte a escuadra. Para que la unión sea satisfactoria, hay que tener cuidado para evitar deformar el extremo del conducto al cortarlo.

Después de cortar, desbarbar los extremos del tubo y limpiarlos de polvo, suciedad y virutas de plástico. El desbarbado se logra fácilmente utilizando una lima o una herramienta de desbarbado de tuberías estándar. La ***Sección 352.28 del NEC*** exige el desbarbado de los conductos de PVC.

¡ADVERTENCIA!

No utilice una navaja o herramienta similar para desbarbar tuberías de ningún tipo. Utilice herramientas diseñadas específicamente para el desbarbado para evitar lesiones personales.

PRECAUCIÓN

Los conductos eléctricos de PVC deben estar catalogados para uso eléctrico. Los tubos de PVC utilizados en plomería y aplicaciones similares no suelen estar catalogados para uso eléctrico. Asegúrese siempre de que el producto utilizado está catalogado para la aplicación.

Los tubos de PVC para plomería suelen ser blancos. Los conductos eléctricos de PVC suelen ser grises debido a la protección adicional contra la luz ultravioleta (UV). Tales aditivos los hacen inadecuados para su uso con agua potable. Por este motivo, nunca deben utilizarse conductos eléctricos en trabajos de plomería. Utilice el producto adecuado en el lugar adecuado.

Conozca el código

Conducto rígido de cloruro de polivinilo (PVC)
Artículo 352 del NEC

5.1.0 Unión de PVC

Una ventaja importante del conducto de PVC, comparado con otros materiales de conductos rígidos, es la facilidad y la rapidez con que pueden hacerse las uniones cementadas con disolvente. Para lograr una unión adecuada es necesario seguir estos pasos:

Paso 1 Asegúrese de que el conducto esté limpio y seco.

Paso 2 Aplique una capa completa uniforme de cemento para PVC al extremo del conducto y al accesorio. El cemento debe cubrir el área que se insertará en el accesorio.

Paso 3 Presione firmemente el conducto y el accesorio con un ligero movimiento de torsión hasta que toque fondo y luego gire el conducto en el accesorio (aproximadamente media vuelta) para distribuir el cemento uniformemente. Evite la acumulación de cemento en el interior del conducto. La operación de cementación y unión no debe superar los 20 segundos.

Paso 4 Cuando se haya aplicado la cantidad adecuada de cemento, se formará un cordón de cemento en la junta. Limpie la junta con un cepillo para eliminar el exceso de cemento. La junta no debe tocarse durante al menos 10 minutos. El tiempo de curado varía y se prolonga en climas húmedos o fríos.

¡ADVERTENCIA!

El cemento utilizado con PVC puede ser peligroso. Proporcione una ventilación adecuada, evite el contacto con la piel y consulte siempre las hojas de datos de seguridad (SDS) y siga las instrucciones de uso y seguridad del fabricante.

5.2.0 Cómo doblar PVC

La mayoría de los fabricantes de conductos de PVC ofrecen dobleces de diversos radios en varios segmentos. Cuando se requieren dobleces especiales, el tubo de PVC es fácil de doblar en la obra. Con los tubos de PVC, al igual que con los metálicos, es posible realizar codos, monturas, dobleces concéntricos, desplazamientos y desvíos.

El conducto de PVC se dobla con ayuda de una unidad de calefacción. El PVC debe calentarse uniformemente en toda la longitud de la curva. Las unidades de calefacción utilizan diversas fuentes de calor que pueden adaptar conductos de todos los diámetros (*Figura 48*).

Figura 48 Unidades de calefacción de campo para PVC.

Aunque algunos calefactores utilizan propano o gas natural como fuente de calor, la mayoría emplean calor por infrarrojos. Los diámetros pequeños están listos para doblarse tras unos segundos en una caja de calefacción. Los diámetros mayores requieren dos o tres minutos, según las condiciones. Otros métodos para calentar conductos de PVC para doblarlos son las mantas calefactoras y los sopladores de aire caliente. No se recomienda el uso de sopletes u otros dispositivos con llama. Los conductos de PVC expuestos a temperaturas excesivamente altas pueden adquirir un color parduzco. Las secciones que muestren signos de abrasión deben desecharse.

¡ADVERTENCIA!

Utilice siempre guantes adecuados cuando trabaje con equipos de calefacción y manipule conductos calientes.

Si se necesitan varios dobleces idénticos, puede ser útil una plantilla (*Figura 49*). Se puede hacer una plantilla sencilla serrando una hoja de madera contrachapada para que coincida con el doblez deseado. Clávela a una segunda hoja de madera contrachapada. La sección de conducto calentada se coloca en la plantilla, se limpia con una esponja con agua para que se enfríe y ya está lista para instalarse. Debe tenerse cuidado de mantener completamente el diámetro interior del conducto al doblarlo.

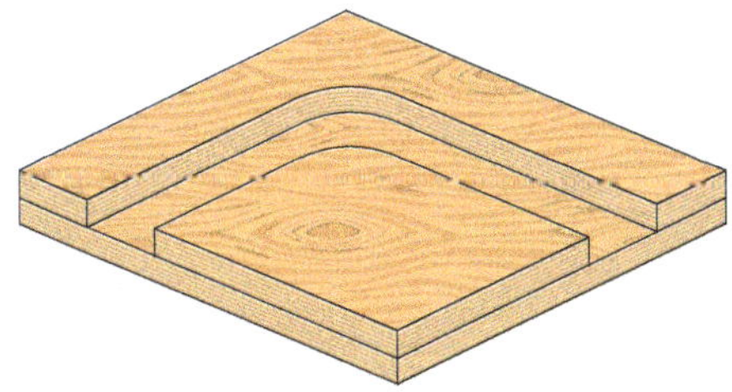

Figura 49 Plantilla de madera contrachapada.

Si solo se necesitan unos pocos dobleces, trace una línea de tiza en el suelo o en el banco de trabajo. A continuación, haga coincidir el conducto calentado con la línea de tiza y enfríelo. El conducto debe mantenerse en la posición deseada hasta que esté relativamente frío, porque el material de PVC tenderá a volver a su forma original. También hay plantillas disponibles para muchos dobleces.

Otro método consiste en llevar la sección del conducto calentado hasta el punto de instalación y darle la forma que se ajuste a la instalación real (*Figura 50*). Este método es especialmente efectivo para hacer dobleces ciegos o compuestos utilizando tamaños más pequeños de PVC. Después de doblar, pase un trapo húmedo sobre el doblez para enfriarlo (*Figura 51*).

Los dobleces en conductos de PVC de diámetro pequeño (hasta $1\frac{1}{2}$" o MD 41) no requieren relleno para los radios aprobados por el código. Al doblar PVC de 2" (MD 53) o más de diámetro, existe el riesgo de arrugar o aplanar el doblez. Para eliminar este problema, se utiliza un *conjunto de tapones*. Se inserta un tapón en cada extremo de la pieza de PVC que se va a doblar y luego se presuriza el conducto utilizando una bomba manual o el calor de la dobladora, según el tipo de tapón utilizado.

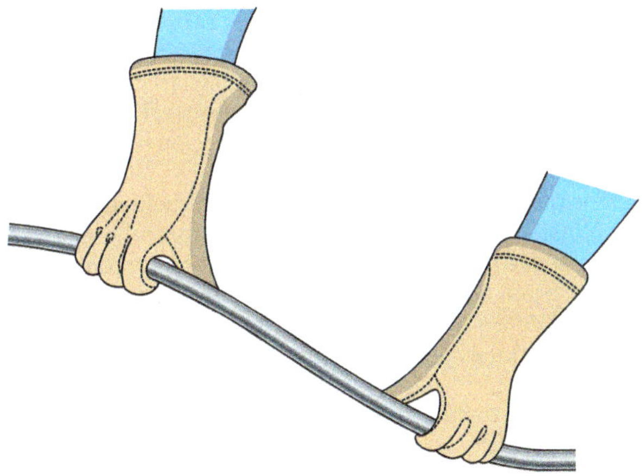

Figura 50 Algunos dobleces de PVC pueden formarse a mano.

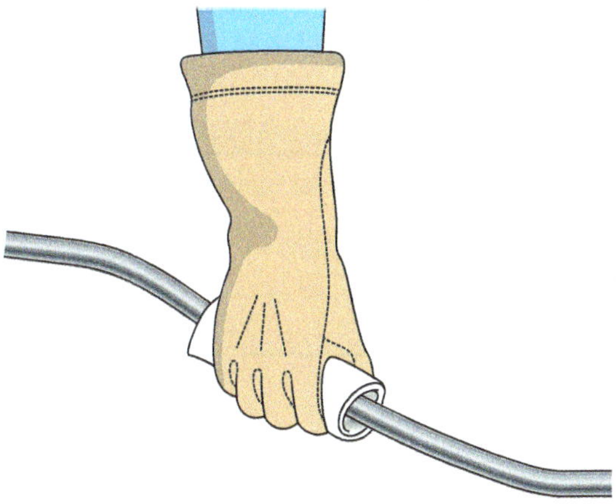

Figura 51 Una vez formado el doblez, use un trapo húmedo para enfriarlo.

Coloque tapones herméticos (*Figura 52*) en cada extremo de la sección del conducto antes de calentarlo. El aire retenido se expandirá durante el proceso de calentamiento y mantendrá el conducto abierto durante el doblado. No retire los tapones hasta que el conducto se haya enfriado.

Figura 52 Conjunto típico de tapones.

En aplicaciones donde la instalación del conducto está sujeta a cambios constantes de temperatura y los tramos son largos, se deben tomar precauciones para permitir la expansión y contracción del conducto de PVC. Cuando la expansión y la contracción son factores, debe instalarse un acoplamiento de expansión con junta tórica cerca del extremo fijo del tramo o accesorio para absorber cualquier expansión o contracción que pueda ocurrir. Confirme las longitudes de expansión y contracción disponibles en estos accesorios, ya que pueden variar según el fabricante. Existen tablas que indican cuánta expansión puede esperarse a distintos niveles de temperatura. La *tabla 5* enumera las tasas de expansión de varias temperaturas. La misma información puede encontrarse en la *tabla 352.44(A) del NEC*.

Los acoplamientos de expansión rara vez son necesarios en aplicaciones subterráneas o de losa. En general, la expansión y la contracción pueden controlarse arqueando ligeramente el conducto o enterrándolo inmediatamente. Una vez enterrado el conducto, la expansión y la contracción dejan de ser factores determinantes. Hay que tener cuidado al crear una instalación enterrada. Si el conducto se deja expuesto durante un período prolongado en condiciones de temperatura variables, deberá tenerse en cuenta la expansión y la contracción.

En instalaciones sobre el suelo, se debe tener cuidado de proporcionar un soporte adecuado al conducto de PVC debido a su semirrigidez. Esto es especialmente importante a altas temperaturas. La distancia entre soportes debe basarse en las temperaturas encontradas en la instalación específica. Existen tablas que indican claramente a cuáles intervalos se requiere soporte para los conductos de PVC a distintos niveles de temperatura.

Conozca el código

Conducto rígido de cloruro de polivinilo (PVC)
Artículo 352 del NEC

Doblado de conductos de PVC

El conducto de PVC tiene "memoria". En cuanto haya terminado de doblar el PVC, enfríelo con toallas frías y húmedas o lávelo con agua fría. De lo contrario, comenzará a volver a su posición original.

TABLA 5 Tasas de expansión del PVC

Cambio de temperatura (°F)	Cambio de longitud (pulgadas por 100 pies)	Cambio de temperatura (°F)	Cambio de longitud (pulgadas por 100 pies)
5	0.2	105	4.2
10	0.4	110	4.5
15	0.6	115	4.7
20	0.8	120	4.9
25	1.0	125	5.1
30	1.2	130	5.3
35	1.4	135	5.5
40	1.6	140	5.7
45	1.8	145	5.9
50	2.0	150	6.1
55	2.2	155	6.3
60	2.4	160	6.5
65	2.6	165	6.7
70	2.8	170	6.9
75	3.0	175	7.1
80	3.2	180	7.3
85	3.4	185	7.5
90	3.6	190	7.7
95	3.8	195	7.9
100	4.1	200	8.1

Piénselo

Reuniendo todo

Examine los dobleces visibles de los conductos en su casa o lugar de trabajo. ¿Están ordenados y hechos con profesionalidad? En caso negativo, ¿qué podría haber hecho de forma diferente para mejorar la instalación?

5.0.0 Repaso de la sección

1. Al unir PVC, aplique cemento para PVC a _____.
   a. el extremo del conducto y el accesorio
   b. el extremo del conducto únicamente
   c. el accesorio únicamente
   d. el extremo del conducto y la imprimación al accesorio

2. Para prepararlo para el doblez, el PVC de gran diámetro debe calentarse durante _____.
   a. 2 a 3 segundos
   b. 2 a 3 minutos
   c. 20 a 30 minutos
   d. 2 a 3 horas

Módulo 26204-23 Preguntas de repaso

1. ¿Cuál de las siguientes opciones describe *mejor* un desplazamiento en un tramo de conducto?
   a. Una serie de pequeños dobleces utilizados para crear un doblez de gran radio
   b. Dos dobleces de 45° para cambiar de dirección 90
   c. Dos dobleces de 90° en la misma dirección para cambiar de dirección 180°
   d. Dos dobleces iguales para evitar un obstáculo

2. Los ensillados y los desplazamientos suelen tener el mismo número de dobleces.
   a. Verdadero
   b. Falso

3. El número *máximo* de dobleces de 90° permitidos entre puntos de tendido en un sistema de conductos es _____.
   a. uno
   b. dos
   c. tres
   d. cuatro

4. Un doblez de ensillado se cuenta como _____.
   a. 90°
   b. 120°
   c. 180°
   d. 60° a 180°, según el tipo de dobleces

5. Cuando se habla de los dos dobleces necesarios para hacer un desplazamiento en un tramo de conducto, ¿cuál de las siguientes afirmaciones es siempre *verdadera*?
   a. El grado de doblado de cada uno debe ser exactamente 45°.
   b. El grado de doblado de cada uno debe ser exactamente 30°.
   c. El grado de doblado de cada uno debe ser igual.
   d. El grado de doblado de cada uno debe ser desigual.

6. La razón para hacer un doblez de ensillado en un tramo de conducto es _____.
   a. cambiar de dirección en la altura de un tramo de conducto
   b. hacer un doblez de 90°
   c. cruzar un pequeño obstáculo
   d. hacer una terminación de conducto en una caja de salida

7. ¿Cuál de las siguientes fórmulas debe utilizarse para hallar el lado adyacente?
   a. Seno = $O \times H$
   b. Seno = $O \div H$
   c. Coseno = $A \div H$
   d. Coseno = $A \times H$

8. La ecuación utilizada para calcular una circunferencia es _____.
   a. $C = 2\pi r$
   b. $C = \pi r$
   c. $C = \pi r^2$
   d. $C = \pi^2$

9. El equivalente fraccionario del decimal 0.015625 es _____.
   a. $1/64$
   b. $1/32$
   c. $3/64$
   d. $1/16$

10. Dos o más dobleces paralelos que se hacen en la misma dirección se conocen como _____.
    a. codos
    b. dobleces perpendiculares
    c. dobleces concéntricos
    d. dobleces axiales

11. Usted va a hacer un doblez concéntrico y el radio del primer doblez es de 16", el diámetro exterior del primer conducto es de 2" y el espacio entre tramos es de 3". ¿Cuál es el radio del segundo doblez?
    a. 16"
    b. 18"
    c. 19"
    d. 21"

12. Usted va a hacer un desplazamiento de 20" con dos dobleces de 30°. La distancia entre dobleces es _____.
    a. 10"
    b. 15"
    c. 40"
    d. 50"

13. Una montura o ensillado para cruzar una tubería de 3" requiere _____.
    a. dos dobleces
    b. tres dobleces
    c. cuatro dobleces
    d. cinco dobleces

14. Una precaución de seguridad importante al trabajar con conductos de PVC es _____.
    a. proporcionar una ventilación adecuada para evitar los humos del cemento para juntas
    b. utilizar longitudes de PVC no superiores a 8'
    c. utilizar diámetros interiores de 4" o menos
    d. nunca utilizar guantes que puedan adherirse al cemento para juntas

15. Para evitar el aplanamiento al doblar tubos de PVC de mayor diámetro, utilice _____.
    a. tapones y presión de aire
    b. relleno de arena
    c. relleno de agua
    d. una temperatura más alta

Las respuestas a las preguntas de repaso impares del módulo se encuentran en el *Apéndice A*.

Módulo 26204-23 Ejercicios suplementarios

1. ¿En qué capítulo del *NEC*® encontrará los requisitos de instalación de conductos?
   a. *capítulo 2*
   b. *capítulo 3*
   c. *capítulo 4*
   d. *capítulo 5*

2. El número máximo de grados permitido entre puntos de tendido en un tramo de conducto es ________.

3. Los desplazamientos y los ensillados ___________________.
   a. no necesitan contarse si son inferiores a 15°
   b. deben incluirse al calcular el total de grados entre puntos de tendido
   c. no añaden resistencia
   d. todos cuentan como 30°

4. Un tramo de conducto con _____________ es aceptable para tender cables.
   a. dos dobleces de 90°, cuatro de 45° y un desplazamiento de caja
   b. dos dobleces de 90°, tres de 45° y un ensillado
   c. dos dobleces de 90°, dos de 45° y dos de 30°
   d. cuatro dobleces de 90° y dos desplazamientos de caja

5. ¿Se puede doblar RMC de 4″ con una dobladora mecánica?

   ____

   ____

6. El tamaño máximo de IMC que puede doblarse utilizando una dobladora de conductos mecánica portátil es __________________.

7. El código exige un radio mínimo para los dobleces de conductos rígidos porque cuando los dobleces son demasiado rígidos, ________________.

8. Un doblez utilizado para un cambio de dirección de menos de 90° se denomina __________.
   a. desvío
   b. ensillado
   c. codo
   d. doblez desplazado

9. Una dobladora mecánica puede utilizarse para hacer dobleces en un___________.
   a. EMT de 2"
   b. RMC de 4"
   c. PVC de 1½"
   d. conducto IMC solamente

10. Para hacer dobleces coincidentes en IMC de ½" y 1" cuando se utiliza una dobladora mecánica, ________.
    a. ajuste la longitud de deducción para el conducto de ½"
    b. utilice la zapata de ½" para el conducto de ½" y la zapata de 1" para el conducto de 1"
    c. utilice la zapata de 1" para ambos conductos
    d. consiga con el fabricante pares iguales de zapatas de conductos

11. Las dobladoras rápidas pueden doblar conductos hasta ____________.

12. ¿Verdadero o falso? Las zapatas de un solo paso utilizadas con dobladoras hidráulicas pueden hacer dobleces de 90° en una sola operación.

13. Un método para doblar segmentos es utilizar _________.
    a. un método de tiempo transcurrido para realizar un seguimiento de cada doblez
    b. un medidor de tensión para monitorear cada doblez
    c. un nivel para monitorear cada doblez
    d. el método de la cantidad de recorrido para monitorear cada doblez

14. Se instalan tapones herméticos en los extremos de los conductos de PVC de gran tamaño durante el doblado para _____________.
    a. evitar que el conducto arrugue o aplane el doblez
    b. mantener el calor dentro del conducto para que siga siendo flexible
    c. evitar la condensación dentro del conducto
    d. evitar que se escapen los gases mortales del PVC

15. Una desventaja de los conductos de aluminio es que __________.
    a. no pueden doblarse con dobladores de un solo paso
    b. son difíciles de doblar de manera consistente y precisa
    c. deben utilizarse zapatas de doblado especiales
    d. el aluminio se tuerce cuando se dobla

Las respuestas a los ejercicios suplementarios impares se encuentran en el *Apéndice B*.

Respuestas a las preguntas de repaso de la sección

Respuesta	Referencia de la sección	Objetivo
Sección 1.0.0		
1. b	1.1.0	1a
2. b	1.2.0	1b
Sección 2.0.0		
1. a	2.1.0	2a
2. b	2.2.2	2b
Sección 3.0.0		
1. b	3.1.0	3a
2. c	3.2.1	3b
Sección 4.0.0		
1. d	4.1.0	4a
2. c	4.2.0	4b
Sección 5.0.0		
1. a	5.1.0	5a
2. b	5.2.0	5b

MÓDULO 26205-23

Cajas de paso y de conexiones

Fuente: Ridge Tool Company

Objetivos

La finalización exitosa de este módulo lo prepara para hacer lo siguiente:

1. Identificar cajas y accesorios.
   a. Seleccionar cajas de paso y de conexiones.
   b. Seleccionar e instalar accesorios.
2. Determinar el tamaño de las cajas de paso y de conexiones.
   a. Determinar el tamaño de las cajas de paso y de conexiones de sistemas de menos de 1,000 V.
   b. Determinar el tamaño de las cajas de paso y de conexiones de sistemas de más de 1,000 V.
3. Identificar recintos especiales.
   a. Identificar cajas de conductos (*conduit*) y otros recintos fundidos.
   b. Seleccionar e instalar pozos de registro.

Tareas prácticas

Bajo supervisión, usted debería poder hacer lo siguiente:

1. Identificar varias cajas NEMA.
2. Seleccionar adecuadamente, instalar y apoyar cajas de paso y de conexiones de más de 100 in^3 (1,650 cm^3) de tamaño.
3. Identificar varias cajas de conductos y accesorios.

Visión general

En una instalación eléctrica se proporcionan cajas de paso y de conexiones para facilitar la instalación de los conductores y proporcionar un lugar seguro para su conexión. Este módulo describe cómo determinar el tamaño de las cajas de paso y de conexiones y cómo instalarlas. También identifica varios recintos eléctricos, incluidas varias cajas de conductos y pozos de registro.

NCCER Credenciales reconocidas en la industria

Si se está capacitando a través de un patrocinador acreditado por el NCCER, puede ser elegible para obtener credenciales del NCCER. El número de identificación de este módulo es 26205-23. Tenga en cuenta que este módulo puede haber sido utilizado en otros planes de estudios del NCCER y se puede aplicara la realización de otros niveles. Comuníquese con el NCCER al 1.888.622.3720 o visite **www.nccer.org** para obtener más información.

También puede mostrar en línea sus credenciales reconocidas por el sector con las insignias digitales de NCCER. Transforme sus conocimientos, habilidades, y logros en insignias que puede compartir en tus redes sociales, enviar a su red y agregar a su currículum. Para obtener más información, visite **www.nccer.org**.

NOTA

NFPA 70®, *National Electrical Code®* y *NEC®* son marcas registradas de la National Fire Protection Association, Quincy, MA.

Recursos digitales sobre Electricidad

ESCANÉAME

Escanee este código con la cámara de su teléfono o dispositivo móvil para ver los recursos digitales relacionados con este oficio.

1.0.0 Cajas y accesorios

Tarea práctica

1. Identificar varias cajas NEMA.

Objetivo

Identificar cajas y accesorios.

a. Seleccionar cajas de paso y de conexiones.

b. Seleccionar e instalar accesorios.

NOTA

Los conductores más pequeños pueden utilizar una caja de dispositivos octagonal o cuadrada normal con una cubierta en blanco como caja de conexiones.

Caja de paso (*Pull box*): gabinete o recinto con forma de caja de lámina de metal que se usa en tramos de conductos para facilitar la extracción de cables de un punto a otro en tramos largos, permitir la instalación de pasacables de soporte de conductos necesarios para soportar el peso de cables verticales largos y proporcionar giros en múltiples tramos de conductos.

Caja de conexiones (*Junction box*): gabinete o recinto donde entran una o más canalizaciones o cables y en el cual los conductores eléctricos se pueden empalmar.

En una instalación eléctrica se proporcionan **cajas de paso** y **caja de conexiones** (*Figura 1*) para facilitar la instalación de los conductores, para proporcionar un punto de conexión o para ambas cosas. En algunos casos, la ubicación y el tamaño de las cajas de paso están designadas en los planos. En la mayoría de los casos, sin embargo, los electricistas de la obra tendrán que determinar el número, la ubicación y el tamaño adecuados de las cajas de paso o de conexiones para facilitar la instalación de los conductores.

Figura 1 Cajas de paso y de conexiones
Fuente: Hubbell Wiegmann

1.1.0 Cajas de paso y de conexiones

Las cajas de paso y de conexiones se deben dimensionar, instalar y apoyar para cumplir los requisitos del *Artículo 314 del NEC*. Dado que el *NEC*® limita el número de conductores permitidos en cada caja en función de su volumen, usted debe instalar cajas lo suficientemente grandes como para albergar el número de conductores que deben empalmarse en la caja o introducirse a través de ella. Por lo tanto, es esencial conocer los distintos tipos de cajas y sus volúmenes.

Además de poder calcular los tamaños de caja necesarios, también debe saber seleccionar el tipo de caja adecuado para cualquier aplicación dada. Por ejemplo, las cajas metálicas utilizadas en los vertidos de cubiertas de concreto son diferentes de las utilizadas como cajas de paso y conexiones en edificios residenciales o comerciales. Las cajas para uso en ubicaciones peligrosas deben estar clasificadas como **a prueba de explosiones**.

También debe saber qué accesorios hay disponibles para terminar los conductores en estas cajas.

Conozca el código

Cajas de salida, de dispositivos, de paso y de conexiones; cajas de conductos; accesorios y cajas de registro.
Artículo 314 del NEC

A prueba de explosiones (*Explosion proof*): diseñado y construido para resistir una explosión interna sin crear una explosión externa o un incendio.

1.1.1 Cajas para lugares húmedos y mojados

En lugares húmedos o mojados, las cajas y los accesorios deben colocarse o equiparse de forma que se impida la entrada y acumulación de humedad o agua en su interior. Se recomienda utilizar cajas aprobadas de material no conductor con cables con revestimiento no metálico o conductos no metálicos aprobados cuando el cable o el conducto se utilicen en lugares propensos a la humedad. Las cajas instaladas en lugares húmedos deben estar catalogadas para tal fin según la *Sección 314.15 del NEC.*

Un lugar húmedo es cualquier lugar sujeto a saturación de agua u otros líquidos, como lugares expuestos a la intemperie o al agua, lavabos, garajes e interiores que puedan ser regados con manguera. Las instalaciones subterráneas o en losas de concreto o mampostería en contacto directo con la tierra deben considerarse ubicaciones húmedas. Los equipos **impermeables a la lluvia**, a prueba de agua o equipos **impermeables al agua** (incluidos los accesorios) pueden satisfacer los requisitos de los equipos **a prueba de intemperie**. Las cajas con bujes de conductos roscados y tapas con juntas normalmente impedirán la entrada de agua en la caja, excepto en el caso de condensación dentro de las cajas.

Un lugar húmedo es un lugar sujeto a cierto grado de humedad. Tales ubicaciones incluyen lugares al aire libre parcialmente protegidos, como bajo toldos, marquesinas y porches abiertos con techo. También incluye lugares interiores sujetos a grados moderados de humedad, como algunos sótanos, algunos graneros y almacenes frigoríficos.

Impermeable a la lluvia (*Raintight*): construido o protegido de forma que la exposición a una lluvia torrencial no provoque la entrada de agua en las condiciones de ensayo especificadas.

Impermeable al agua (*Watertight*): construido para que el agua no entre en la caja en las condiciones de prueba especificadas.

A prueba de intemperie (*Weatherproof*): construido o protegido de manera que la exposición a la intemperie no interfiera en su buen funcionamiento.

Cajas de piso

Cuando las cajas de conexiones se instalan en el piso, se requiere una caja de piso que esté catalogada específicamente para esa instalación. Las cajas de piso catalogadas están provistas de tapas y juntas para excluir el agua superficial y los compuestos de limpieza.

Cajas externas

El cableado externo debe resistir la entrada de agua. Las cajas externas son impermeables al goteo, lo que significa que están selladas contra la caída de agua desde arriba o impermeables al agua, lo que significa que están selladas contra el agua desde cualquier dirección. *Las cajas impermeables al goteo* simplemente tienen tapas que desvían la lluvia, pero no son a prueba de agua. *Las cajas impermeables al agua* están selladas con juntas para impedir la entrada de agua desde cualquier ángulo.

Conozca el código

Requisitos generales
de las instalaciones eléctricas
Artículo 110 del NEC

1.1.2 Clasificaciones NEMA e IP de recintos

Al igual que las cajas de interruptores, las cajas de paso y de conexiones también se clasifican según el grado de protección que ofrecen frente a los elementos. *La tabla 110.28 del NEC* ofrece una guía en la selección de cajas para diversas condiciones.

Las clasificaciones de cajas de la Asociación Nacional de Fabricantes Eléctricos (*National Electrical Manufacturers Association* - NEMA) se describen a continuación:

- *NEMA Tipo 1 - Propósito general:* esta caja está destinada principalmente a evitar el contacto accidental con el aparato encerrado. Es adecuado para aplicaciones interiores de uso general en las que no esté expuesto a condiciones de acometida inusuales. Una caja NEMA Tipo 1 protege contra la caída de suciedad, pero no es hermética al polvo.
- *NEMA Tipo 3 - Hermético al polvo y a la lluvia:* esta caja está diseñada para brindar protección adecuada contra riesgos climáticos específicos. Una caja NEMA Tipo 3 es adecuada para aplicaciones en exteriores, como trabajos de construcción.
- *NEMA Tipo 3R - Resistente a la lluvia y al aguanieve:* esta caja protege contra las interferencias en el funcionamiento del equipo debidas a la lluvia y resiste los daños causados por la exposición al aguanieve. Está diseñada con bujes de conductos y montaje externo, así como disposiciones de drenaje.
- *NEMA Tipo 4 - Impermeable al agua:* una caja impermeable al agua está diseñada para superar una prueba de manguera, que consiste en un chorro de agua de una manguera contra incendios con una boquilla de 1" (25 mm), que suministra al menos 65 galones (246 litros) por minuto. El agua se dirige sobre la caja desde una distancia no inferior a 10' (3 m) durante cinco minutos. En este período, puede apuntarse en una o varias direcciones, según se desee. En estas condiciones, no debe haber fugas de agua en la caja.
- *NEMA Tipo 4X - Impermeable al agua, resistente a la corrosión:* estas cajas se construyen generalmente siguiendo las líneas de las cajas NEMA Tipo 4, excepto que están hechas de un material altamente resistente a la corrosión. Por este motivo, son ideales en aplicaciones como el empaquetado de carne y plantas químicas, donde los contaminantes destruirían normalmente una caja de acero con el paso del tiempo.
- *NEMA Tipo 12 - Uso industrial:* este tipo de caja está diseñada para su uso en industrias en las que se desea excluir materiales como polvo, pelusas, fibras y partículas volantes, filtraciones de aceite o de refrigerante. No hay aberturas para conductos ni orificios ciegos en la caja y el montaje se realiza mediante bridas o patas de montaje.
- *NEMA Tipo 13 - Hermética al aceite y al polvo:* estas cajas suelen ser de hierro fundido, con juntas o permiten su uso en los mismos entornos que los dispositivos NEMA Tipo 12. La diferencia esencial es que, debido a su carcasa de fundición, se proporciona una entrada de conducto como parte integral de la caja NEMA Tipo 13 y el montaje se realiza mediante orificios ciegos en lugar de soportes de montaje.
- *NEMA Tipo 7 - Ubicaciones peligrosas, clase I:* estas cajas están diseñadas para cumplir los requisitos de aplicación del *NEC®* para ubicaciones peligrosas de clase I. Los lugares de clase I son aquellos en los que hay o puede haber gases o vapores inflamables en el aire en cantidades suficientes para producir mezclas explosivas o inflamables. En este tipo de equipos, la interrupción del circuito se produce en el aire.
- *NEMA Tipo 9 - Ubicaciones peligrosas, clase II:* estas cajas están diseñadas para cumplir los requisitos de aplicación del *NEC®* para ubicaciones peligrosas de clase II. Las ubicaciones de clase II son peligrosas por la presencia de polvo combustible. La letra o letras que siguen al número de tipo indican el grupo o grupos particulares de ubicaciones peligrosas (tal como se definen en el *NEC®*) para los que está diseñada la caja. La designación está incompleta sin una o varias letras de sufijo.

La tabla 1 explica el sistema de clasificación de la protección contra la penetración (IP). Cada caja se designa como IP seguido de un número de dos dígitos. El primer número describe el nivel de protección contra objetos sólidos y el segundo, el grado de protección contra el agua. Por ejemplo, una caja impermeable al polvo apta para inmersión continua sería una IP68. La *tabla 2* es una referencia cruzada de las clasificaciones de cajas NEMA e IP.

TABLA 1 Sistema de clasificación IP

Primer número Grado de protección contra objetos sólidos	Segundo número Grado de protección contra el agua
0. Sin protección	0. Sin protección
1. Protección contra un objeto sólido de más de 50 mm, como una mano	1. Protección contra el goteo vertical de agua, como condensación
2. Protección contra un objeto sólido de más de 12 mm, como un dedo	2. Protección contra el goteo de agua cuando se inclina hasta 15°.
3. Protección contra un objeto sólido de más de 2.5 mm, como un cable o herramienta	3. Protección contra el agua cuando se rocía en un ángulo de hasta 60°.
4. Protección contra un objeto sólido de más de 1 mm, como un cable o tiras delgadas de metal	4. Protección contra salpicaduras de agua desde cualquier dirección
5. Protección contra el polvo (evita la entrada de polvo suficiente para causar daños)	5. Protección contra chorros de agua desde cualquier dirección
6. Hermético al polvo (no entra polvo)	6. Protección contra marejadas o chorros de agua potentes e impide la entrada de agua suficiente para causar daños.
	7. Protección contra la entrada nociva de agua cuando se sumerge entre 150 mm y 1 m de profundidad
	8. Protección contra la inmersión y adecuado para la inmersión continua en agua.

TABLA 2 Recintos NEMA e IP

Tipo de recinto NEMA	Clasificación IP
1	IP20
2	IP21
3	IP54
3R	IP24
3S	IP54
4,4X	IP56
5	IP52
6,6P	IP67
12,12K	IP52
13	IP54

1.2.0 Accesorios

Todos los sistemas de canalización requieren determinados accesorios para unir tramos de conductos y cuando la canalización termina en una caja de salida u otra caja. La mayoría de las canalizaciones metálicas pueden utilizarse como conductores de puesta a tierra de equipos siempre que estén firmemente conectados en cada unión y punto de terminación para proporcionar una ruta de puesta a tierra continua.

1.2.1 Accesorios EMT

Dado que la tubería metálica eléctrica (EMT) o los conductos de pared delgada son demasiado finos para aceptar roscas, deben utilizarse accesorios especiales. En lugares mojados o húmedos, se utilizan accesorios de compresión como los que se muestran en la *Figura 2*. Este tipo de accesorio contiene anillos de compresión de plástico u otro material blando que forma un cierre hermético.

NOTA

Para ser utilizado en entornos exteriores, un accesorio de compresión EMT debe estar catalogado como a prueba de lluvia.

(A) Conector recto aislado: impermeable a la lluvia

(B) Acoplamiento:

Figura 2 Ejemplos de accesorios de compresión EMT.
Fuente: Eaton's Crouse-Hinds Business

Los accesorios EMT para ubicaciones secas pueden ser de tipo tornillo prisionero o de compresión. Para utilizar el tipo de tornillo prisionero, los extremos escariados del EMT se insertan en el manguito y los tornillos prisioneros se aprietan con un destornillador para asegurarlos y fijar el conducto en su lugar. En la *Figura 3* se muestran varios tipos de acoplamientos roscados. La EMT también requiere conectores en cada punto de terminación. Existen conectores EMT que se adaptan a los acoplamientos de compresión y de tornillo prisionero descritos anteriormente. Son similares a los acoplamientos, salvo que un extremo del conector está roscado para aceptar una contratuerca y un pasacables.

Figura 3 Accesorios de tornillo prisionero.
Fuente: Tim Ely

Piénselo

Tornillo prisionero y accesorios de compresión

Esta imagen muestra el tornillo prisionero y los accesorios de compresión. ¿Qué tipo proporciona una mejor conexión? ¿Por qué?

Conozca el código

Conducto metálico rígido (RMC)
Artículo 344 del NEC

1.2.2 Accesorios rígidos, de aluminio e IMC

Los conductos metálicos rígidos (RMC), los conductos de aluminio y los conductos metálicos intermedios (IMC) tienen espesores de pared suficientes para permitir el roscado. Por consiguiente, los tres tipos pueden unirse con acoplamientos roscados (*Figura 4*). Cuando cualquiera de estos tipos termina en una caja de salida u otra caja, se utilizan contratuercas dobles, bujes roscados o bujes para fijar el conducto a la abertura de la caja. No se admiten roscas pasantes para la conexión en acoplamientos. Consulte la ***Sección 344.42(B) del NEC***.

En ocasiones, los conductos o tubos rígidos deben conectarse a conductos metálicos flexibles para conectarlos a motores eléctricos y otra maquinaria que pueda vibrar durante su funcionamiento. Para realizar la transición se utilizan acoplamientos combinados (*Figura 5*). Cuando utilice acoplamientos combinados, asegúrese de introducir al máximo posible el conducto flexible en el acople. Así se cubren los bordes afilados del conducto para proteger a los conductores de posibles daños.

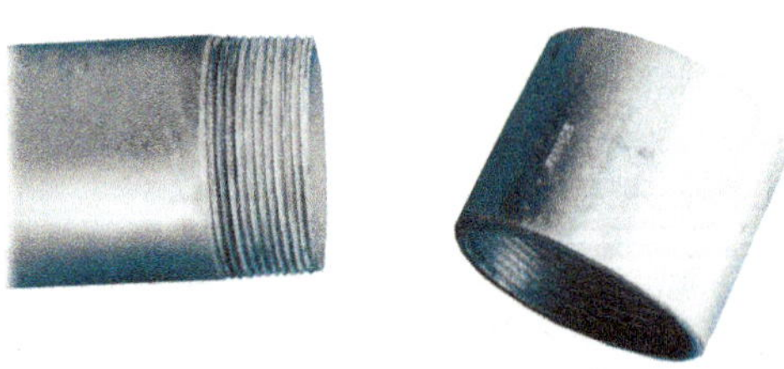

Figura 4 Conducto metálico rígido roscado con acoplamiento.

Figura 5 Acoplamiento de flexible a rígido.
Fuente: Eaton's Crouse-Hinds Business

Los acoplamientos y conectores sin rosca también pueden utilizarse en determinadas condiciones con conductos rígidos, IMC y de aluminio. Cuando se utilicen, deben montarse a prueba de llaves y, si se entierran en mampostería o concreto, deben ser impermeables al concreto. Si se instalan en lugares húmedos, deben ser resistentes a la lluvia. Este tipo de acoplamiento no está permitido en la mayoría de los lugares peligrosos.

En la *Figura 6* se muestran otros tipos de accesorios utilizados con los sistemas de canalización.

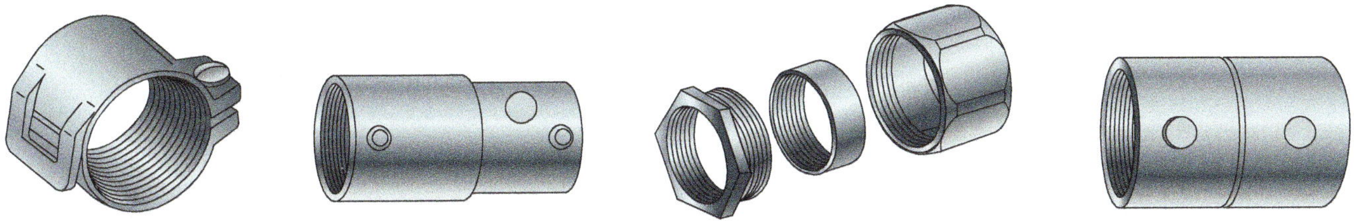

Acoples articulados — EMT a rígido — Acople de tres piezas — Tornillo prisionero para concreto

Figura 6 Acoples para conductos metálicos.

1.2.3 Contratuercas y pasacables

En general, las contratuercas se utilizan en las paredes interiores y exteriores de las cajas de salida u otras cajas a las que se conectan conductos roscados. Cuando se utilizan conectores de conductos, como los conectores EMT, solo se requiere una contratuerca en las roscas que sobresalen dentro de la caja. Puede ser necesaria una contratuerca de puesta a tierra si se utilizan puentes de conexión dentro de la caja o cerramiento. También hay disponibles contratuercas de sellado especiales para su uso en lugares húmedos. En la *Figura 7*, se muestran algunos tipos comunes de contratuercas.

Los pasacables protegen los cables de los bordes afilados del conducto o conector. Los pasacables suelen ser de plástico, fibra o metal. Algunos pasacables metálicos tienen un tornillo de puesta a tierra para poder instalar un equipo o alambre de unión equipotencial. En la *Figura 8* se muestran varios tipos de pasacables.

Los pasacables se instalan en el extremo roscado del conducto que entra en una caja de lámina de metal. El objetivo de los pasacables es proteger a los conductores de los daños provocados por los bordes afilados del extremo roscado del conducto. Cualquier conductor sin conexión a tierra, de calibre AWG nro. 4 o superior, que entre en un armario, canalización, caja o cerramiento debe protegerse mediante un método conforme a las *Secciones 300.4(G), 312.6(C) y 314.17(C) del NEC*.

Un pasacables de puesta a tierra tiene disposiciones para proteger los conductores y para la conexión de un cable de tierra (*Figura 9*). El cable de tierra, una vez conectado al pasacables de puesta a tierra, puede conectarse a la caja a la que está conectado el conducto.

Conozca el código

Requisitos generales sobre métodos y materiales de cableado
Artículo 300 del NEC

Conozca el código

Gabinetes, cajas de conexiones y recintos de tomas de contadores
Artículo 312 del NEC

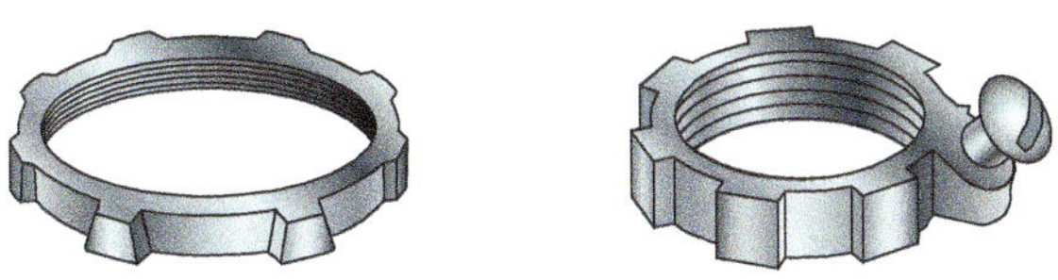

Contratuerca estándar — Contratuerca de puesta a tierra

Figura 7 Tipos comunes de contratuercas.

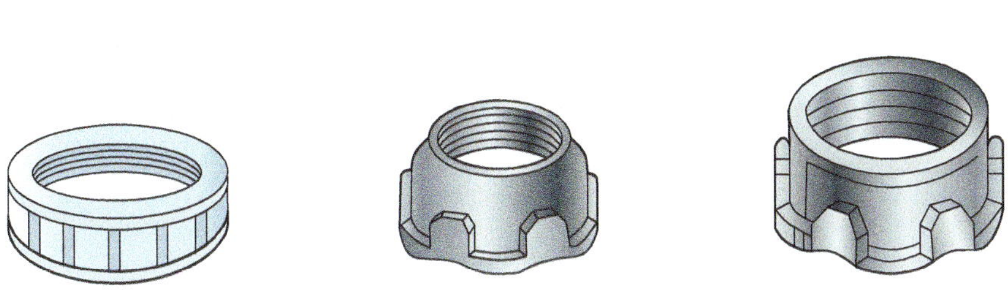

Pasacables de plástico — Pasacables metálico aislado — Pasacables metálico

Figura 8 Pasacables típicos utilizados en los puntos de terminación.

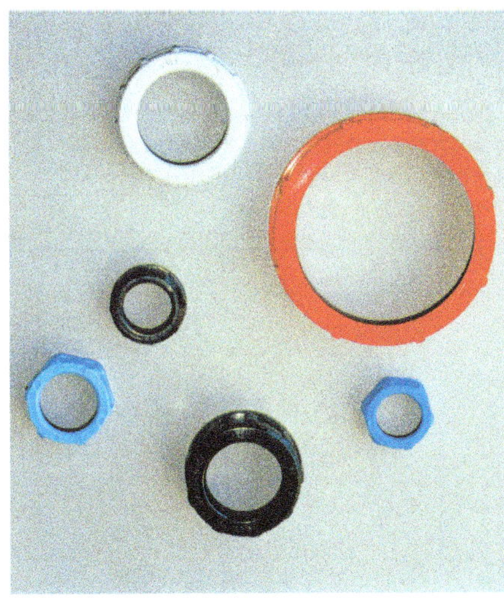

(A) Pasacables aisladores regulares

(B) Pasacables aisladores de puesta a tierra

Figura 9 Pasacables.

De acuerdo con la ***Sección 314.15 del NEC***, las cajas, las cajas de conductos, las cubiertas de las cajas de salida y los accesorios instalados en lugares húmedos o mojados deben estar catalogados y ofrecer protección contra la entrada de humedad. Para ello se puede utilizar una contratuerca de sellado o un accesorio con junta. Los *bujes Myers* son accesorios con junta tórica integrada que proporcionan un sellado hermético a cajas instaladas en lugares húmedos (*Figura 10*).

Los bujes Myers se utilizan a menudo en lugar de las contratuercas de sellado porque proporcionan un sellado más fiable en zonas donde tiende a acumularse el agua. Por ejemplo, en lugares húmedos en los que la entrada en orificio ciego se encuentra en el lateral de la caja, podría utilizarse una contratuerca de sellado, ya que el agua tiende a salirse por sí sola. Sin embargo, si hay un orificio ciego en la parte superior de la caja donde el agua tiende a asentarse, se debe utilizar un buje Myers porque proporciona un mejor sellado. Los bujes Myers también están catalogados para su uso en determinadas ubicaciones peligrosas.

Debe preverse una abertura en la caja de salida o cerramiento para la entrada de conductos y conectores cuando termine los sistemas de canalización. La mayoría de las cajas y cerramientos cuentan con una cantidad adecuada de orificios ciegos concéntricos. Sin embargo, es posible que algunos no dispongan de orificios ciegos precortados o que los disponibles no se encuentren en la ubicación requerida. En estos casos, debe utilizarse un punzón para hacer un orificio ciego en la conexión del conducto. Un punzón manual de orificios ciegos se muestra en la *Figura 11*.

NOTA

Muchos fabricantes anularán la garantía de una caja hermética si se utiliza algo que no sea un buje Myers u otro accesorio con junta. Lea y siga siempre las instrucciones del fabricante de cualquier producto que vaya a instalar.

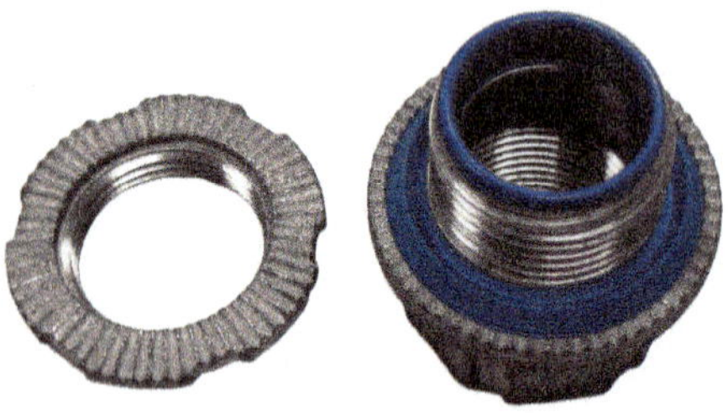

Figura 10 Buje Myers.
Fuente: Tim Ely

Conozca el código

Cajas de salida, de dispositivos, de paso y de conexiones; cajas de conductos; accesorios y cajas de registro.
Artículo 314 del NEC

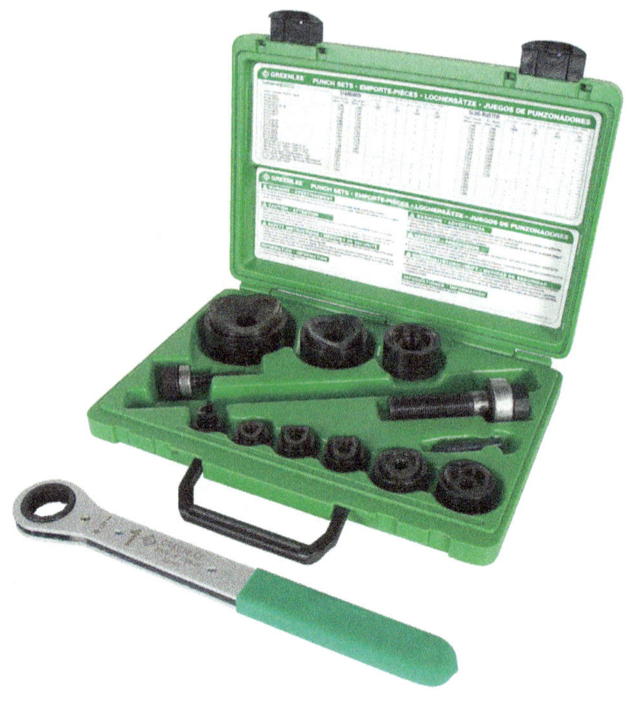

Figura 11 Kit de perforación manual de orificios ciegos.
Fuente: Ridge Tool Company

Para utilizar el punzón de orificios ciegos, se marca el centro del orificio en la caja o cerramiento con un punzón central. A continuación, se taladra un orificio piloto para que acepte el perno roscado de accionamiento del punzón de orificios ciegos. El punzón se separa del tornillo de arrastre y se coloca a través del orificio piloto con la matriz en un lado de la pared de la caja. A continuación, se alinea el punzón y se enrosca a mano en el tornillo de arrastre, en cuyo caso el punzón debe picar ligeramente la pared de la caja. Por último, se utiliza una llave para apretar la tuerca de arrastre hasta que el punzón atraviese limpiamente la pared de la caja, formando una abertura circular limpia.

Cuando hay que hacer muchas aberturas de este tipo, o cuando hay que cortar orificios para conductos de mayor tamaño, se suelen utilizar herramientas eléctricas para acelerar el proceso. Tanto el kit de perforación a batería que se muestra en la *Figura 12* como el kit hidráulico que se muestra en la *Figura 13* pueden utilizarse para perforar aberturas lo suficientemente grandes como para alojar conductos de hasta 4" (MD 103).

Figura 12 Kit de perforación que funciona con baterías.
Fuente: Ridge Tool Company

Figura 13 Kit hidráulico de perforación.
Fuente: Ridge Tool Company

Brocas de paso

Las brocas de paso se pueden utilizar para crear rápidamente orificios para conductos de menor tamaño.

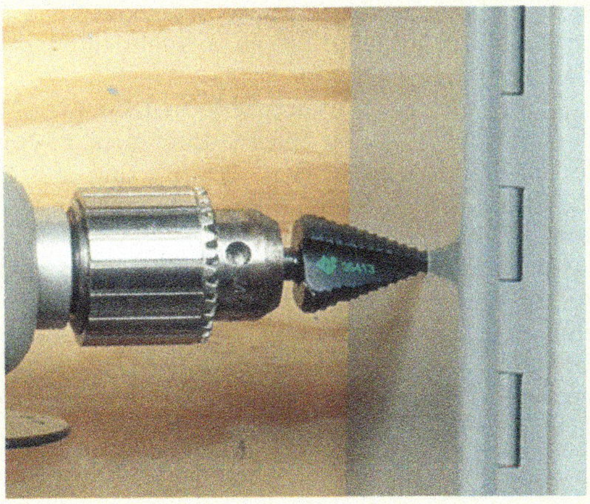

Fuente: Ridge Tool Company

Bujes con juntas de acero inoxidable

Los bujes con juntas de acero inoxidable están disponibles para su uso con sistemas de conductos de acero inoxidable. El acero inoxidable se utiliza habitualmente en la industria alimentaria.

Fuente: Eaton's Crouse-Hinds Business

1.0.0 Repaso de la sección

1. Una caja para uso en una zona sometida a un lavado regular es la _____.
   e. NEMA Tipo 1
   f. NEMA Tipo 2
   g. NEMA Tipo 3
   h. NEMA Tipo 4

2. Cualquier conductor sin conexión a tierra que entre en una canalización, caja o recinto *debe* protegerse de la abrasión si es _____.
   a. N.° 10 AWG o mayor
   b. N.° 8 AWG o mayor
   c. N.° 6 AWG o mayor
   d. N.° 4 AWG o mayor

2.0.0 Dimensionamiento de las cajas de paso y de conexiones

Tarea práctica

2. Seleccionar adecuadamente, instalar y apoyar cajas de paso y de conexiones de más de 100 pulgadas cúbicas (1,650 cm^3) de tamaño.

Objetivo

Determinar el tamaño de las cajas de paso y de conexiones.

a. Determinar el tamaño de las cajas de paso y de conexiones de sistemas de menos de 1,000 V.
b. Determinar el tamaño de las cajas de paso y de conexiones de sistemas de más de 1,000 V.

Conozca el código

Cajas de salida, de dispositivos, de paso y de conexiones; cajas de conductos; accesorios y cajas de registro.
Artículo 314 del NEC

Las cajas de paso deben ser lo más grandes posible. Los trabajadores necesitan espacio dentro de la caja para ambas manos. En caso de alambres de mayor tamaño, los trabajadores también necesitan espacio para que sus brazos alimenten el alambre. La *Sección 314.16 del NEC* especifica que las cajas de paso y de conexiones deben proporcionar el espacio y las dimensiones adecuadas para la instalación de los conductores nro. 6 o más pequeños.

Los tramos largos de conductores no deben hacerse en un solo tendido. Las cajas de paso, instaladas a intervalos adecuados, aliviarán gran parte de la tensión de los conductores. La duración del tendido suele dejarse al criterio de los trabajadores o de su supervisor y a las condiciones en que se instala la obra.

La instalación de cajas de paso puede parecer que causa mucho trabajo extra y molestias, pero ahorran una cantidad considerable de tiempo y trabajo duro a la hora de tender los conductores. Si se colocan correctamente, eliminan muchas curvas y codos y evitan tener que pescar en ambos extremos del conducto.

Si es posible, las cajas de paso deben instalarse en un lugar que permita a los electricistas trabajar con facilidad y comodidad. Por ejemplo, en una instalación en la que el conducto sube por una esquina de una pared y cambia de dirección en el techo, una caja de paso instalada demasiado alta obligará al electricista a subirse a una escalera para alimentar los conductores. Además, no deja espacio para soportar el peso del bucle de cables ni para las herramientas de tendido de cables.

A menos que los planos del contrato o el ingeniero del proyecto le indiquen lo contrario, es igual de fácil que las cajas de paso se coloquen a una altura conveniente que permita a los trabajadores estar de pie en el suelo con espacio suficiente tanto para el bucle de cables como para las herramientas.

En algunas instalaciones eléctricas, es necesario instalar varias cajas de conexiones para tender el conducto de la forma más corta y económica. El *NEC®* exige que todas las cajas de conexiones sean accesibles. Esto significa que una persona debe poder acceder a los conductores del interior de la caja sin quitar el yeso, el revestimiento de la pared ni ninguna otra parte de la construcción.

Las cajas de conexiones restan valor al esquema decorativo de un edificio. Cuando estas cajas se utilizan en zonas abiertas al público o resulten poco atractivas, deberán instalarse por encima de techos falsos, en armarios o, al menos, en las esquinas de la habitación o zona.

Las cajas de conexiones o de paso deben fijarse firmemente a las paredes o techos o suspenderse adecuadamente.

Aunque algunos tamaños de cajas construidas en fábrica están disponibles con orificios ciegos, puede ser necesario fabricarlas a medida para cumplir los requisitos del trabajo. Cuando no es posible prever con exactitud los requisitos de entrada de la canalización, puede ser necesario hacer los orificios ciegos que se requieren en la obra. En el caso de grandes cajas de paso y canaletas, los planos de taller deben prepararse antes de la construcción de estos elementos con todos los orificios ciegos necesarios indicados con precisión en relación con los requisitos del tendido de conductos.

2.1.0 Dimensionamiento de cajas de paso y de conexiones de sistemas de menos de 1,000 V

En el caso de canalizaciones y cables que contengan conductores nro. 4 o superiores y que operen a no más de 1,000 V, las dimensiones mínimas de las cajas de paso, cajas de conexiones y cajas de conductos deben cumplir los siguientes requisitos:

- En tendidos en línea recta, la longitud de la caja o **caja de conductos** no debe ser inferior a ocho veces el diámetro comercial de la canalización más grande o empalme.
- Cuando se hacen tendidos en ángulo o en U, la distancia entre cada entrada de canalización dentro de la caja o caja de conducto y la pared opuesta de la caja o caja de conducto no será menor de seis veces el diámetro comercial o DM de la canalización más grande de una fila. Esta distancia aumentará en entradas adicionales por la suma de los diámetros de todas las demás entradas de canalización en la misma fila y en la misma pared de la caja. Cada fila se calculará individualmente y se utilizará la fila que proporcione la distancia máxima.
- La distancia entre las entradas de la canalización que encierren el mismo conductor no será menor que seis veces el diámetro comercial o DM de la canalización más grande.
- Al transponer el tamaño del cable al tamaño de la canalización, se utilizará el tamaño mínimo comercial de canalización requerido para la cantidad y el tamaño de los conductores del cable.

Caja de conductos (*Conduit body*): componente de un sistema de conductos que proporciona acceso a través de una cubierta (o cubiertas) extraíble al interior del sistema en un punto de conexión o terminal. Las cajas como FS y FD o las cajas más grandes de fundición o lámina de metal no se clasifican como cajas de conductos.

La *Figura 14* muestra una caja de conexiones con varios tramos de conducto. Dado que se trata de un tendido recto, y que el conducto de 4" (MD 103) es el de mayor tamaño del grupo, la longitud mínima requerida para la caja puede determinarse mediante el siguiente cálculo, según la *Sección 314.28(A)(1) del NEC*:

Tamaño comercial del conducto × 8 = longitud mínima de la caja

Para conductos de 4", el cálculo es el siguiente:

4" conducto × 8 = 32" longitud mínima de la caja

Respecto al tamaño métrico MD 103, el resultado será en milímetros:

103 mm × 8 = 824 mm

Si bien el *NEC®* dicta la longitud de la caja de paso, su ancho solo necesita acomodar el tamaño de las tuercas de seguridad y los pasacables que se instalarán en los conectores que entran en ella. Sin embargo, hay que tener en cuenta que es muy difícil tender conductores en espacios reducidos. En caso de duda, aumente el tamaño.

Las cajas de conexiones o de paso en las que los conductores se tienden en ángulo (*Figura 15*) deben tener una longitud no inferior a seis veces el diámetro comercial del conducto más grande, según la *Sección 314.28(A)(2) del NEC*. Sin embargo, la distancia debe aumentarse para entradas de conductos adicionales según la suma de los diámetros de todos los demás conductos que entren en la caja por el mismo lado. La distancia entre las entradas de la canalización que encierran los mismos conductos no debe ser de menos de seis veces el diámetro comercial del conducto más grande.

Dado que el conducto de 4" (MD 103) es el de mayor tamaño en este caso, la longitud L_1 se determina de la siguiente manera:

$$L_1 = 6 \times 4" + (3" + 2") = 29"$$

El cálculo métrico de MD 103 es el siguiente:

$$L_1 = 6 \times 103 \text{ mm} + (78 \text{ mm} + 53 \text{ mm}) = 749 \text{ mm}$$

Puesto que los mismos tramos de conducto están situados en la pared adyacente de la caja, L_2 se calcula de la misma manera. Por lo tanto, L_2 es igual a L_1.

La distancia (*D*) que se muestra en la *Figura 15* se obtiene multiplicando por 6 el diámetro mayor del conducto. Como son 4", *D* debe ser de 24" como mínimo. Para el conducto MD 103, *D* debe ser de 618 mm como mínimo.

Al igual que el ancho, la profundidad de la caja solo tiene que ser de un tamaño suficiente para permitir que las contratuercas y los pasacables se instalen correctamente. En este caso, bastaría con una profundidad de caja de 6" (150 mm).

Los bloques de distribución de energía pueden instalarse en cajas de paso y conexiones con un volumen interior superior a 100 pulgadas^3 o 1,650 cm^3. Los bloques de distribución deben estar catalogados y la instalación debe cumplir la ***Sección 314.28(E) del NEC***. Esto requiere un espacio de flexión adecuado y protección frente a las piezas bajo tensión. Además, los terminales deben estar libres de obstáculos.

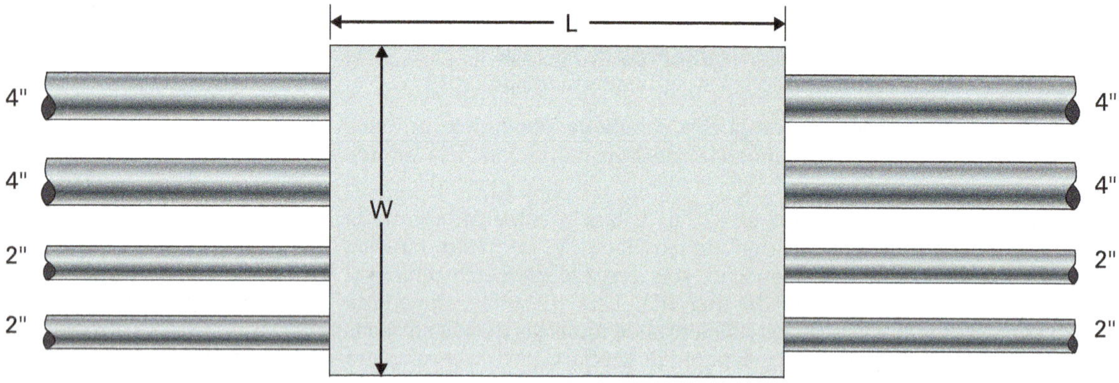

Figura 14 Caja de paso con tendidos de conductos rectos.

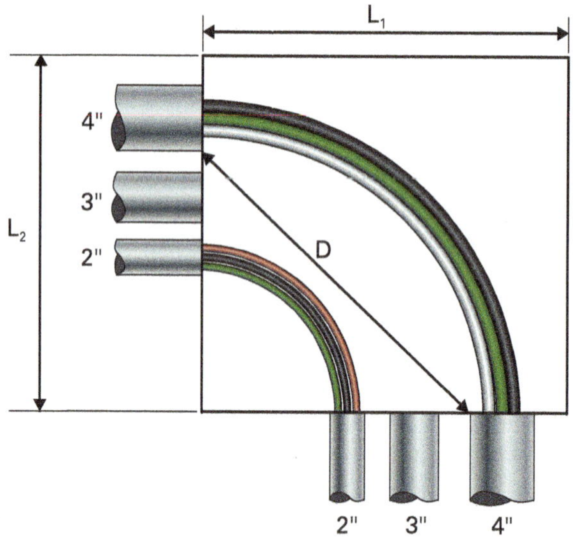

Figura 15 Caja de paso con tendidos de conductos que entran en ángulo recto.

2.2.0 Dimensionamiento de cajas de paso y de conexiones de sistemas de más de 1,000 V

Conozca el código

Cajas de salida, de dispositivos, de paso y de conexiones; cajas de conductos; accesorios y cajas de registro. ***Artículo 314 del NEC***

El ***Artículo 314 del NEC, parte III,*** abarca los requisitos de cajas de paso y conexiones, cajas de conductos y pozos de registro que se utilizan en sistemas de más de 1,000 V. Debido a que los conductores utilizados con estos sistemas son más grandes y más pesados que los utilizados en los sistemas de bajo voltaje, el *NEC*® requiere espacio adicional de tendido y flexión. Los requisitos del *NEC*® respecto a estos sistemas incluyen lo siguiente:

- Para tendidos rectos, la longitud de la caja debe ser al menos 48 veces el diámetro exterior (DE) del conductor blindado o cubierto de plomo más grande que entre en la caja. Consulte la ***Sección 314.71(A) del NEC***. Cuando el cable no está blindado, el multiplicador se reduce a 32.

- En el caso de tendidos en ángulo o en U, la distancia entre cada entrada de cable blindado o conductor dentro de la caja y la pared opuesta de la caja debe ser al menos 36 veces el DE, sobre cubierta, del cable o conductor más grande. Consulte la *Sección 314.71(B)(1) del NEC*. La distancia debe incrementarse con la suma de los diámetros exteriores, sobre cubierta, de todos los demás cables o conductores que entren por la misma pared de la caja. Cuando el cable no está blindado ni cubierto de plomo, el multiplicador puede reducirse a 24.
- La distancia entre la entrada y la salida de un cable o conductor debe ser al menos 36 veces el DE, sobre cubierta, de dicho cable o conductor. Consulte la *Sección 314.71(B)(2) del NEC*. Si el cable no está blindado ni cubierto de plomo, el multiplicador puede reducirse a 24.
- Además de una tapa adecuada, las cajas de paso que contengan conductores de más de 1,000 V deben disponer de al menos un lado extraíble, según la *Sección 314.71(C) del NEC*.
- De acuerdo con la *Sección 314.72(E) del NEC*, las cajas que alberguen conductores de más de 1,000 V deben estar completamente cerradas y marcadas de forma permanente como "PELIGRO - ALTO VOLTAJE - NO ENTRAR".

Uso de cajas de paso

Las cajas de paso facilitan la instalación de conductores. También pueden instalarse para evitar tener más de 360° de curvas en un solo tramo. Recuerde que si se utiliza una caja de paso, se considera el final del tendido a efectos de la regla de 360° del *NEC®*.

Etiquetado de cajas de conexiones

Es una buena idea etiquetar cada placa de una caja de conexiones con el número del circuito, el panel del que procede y su destino. La próxima persona que realice el mantenimiento de la instalación agradecerá esta ayuda adicional.

2.0.0 Repaso de la sección

1. Consulte la *Figura SR01*. Supongamos que un conducto de 2" se tiende junto a un conducto de 3" hasta una caja de conexiones con tendido en ángulo. Suponiendo que el sistema funciona a 600 V, la distancia mínima *D* entre las dos entradas de la canalización es _____.
   a. 14"
   b. 18"
   c. 20"
   d. 32"

2. Consulte la *Figura SR02*. Supongamos que un conducto de 4" se tiende junto a dos conductos de 1½" hasta una caja de conexiones con tendido en ángulo. Suponiendo que el sistema funciona a 600 V, la distancia mínima *D* entre estas dos entradas de la canalización es _____.
   a. 16"
   b. 23"
   c. 27"
   d. 34"

3. Un cable blindado con un OD de 2" entra en una caja de conexiones con tendido en ángulo. Suponiendo que el sistema funciona a 5,000 V, la longitud mínima de la caja es _____.
   a. 12"
   b. 16"
   c. 48"
   d. 72"

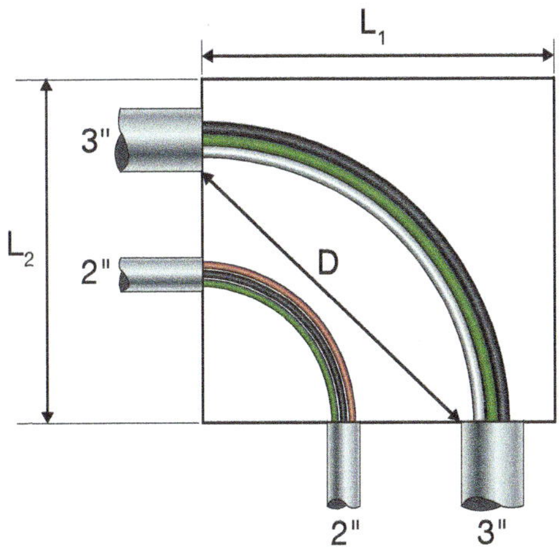

Figura SR01

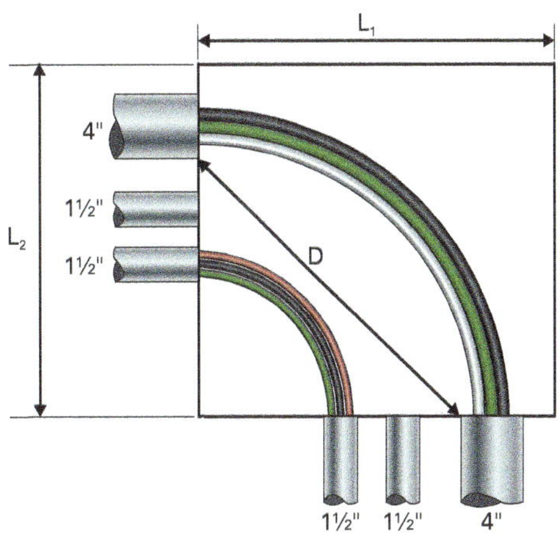

Figura SR02

3.0.0 Recintos especiales

Tarea práctica

3. Identificar varias cajas de conductos y accesorios.

Objetivo

Identificar recintos especiales.

a. Identificar cajas de conductos (*conduit*) y otros recintos fundidos.
b. Seleccionar e instalar pozos de registro.

Además de las tradicionales cajas de paso y conexiones de acero prensado, se utilizan otros tipos de cajas para proporcionar puntos de paso y conexión en los conductos. Entre ellos se incluyen cajas de conductos, cajas de tipo FS y FD, tipo Mogul (o mogules) y pozos de registro.

3.1.0 Cajas de conductos y otros recintos fundidos

Conozca el código

Definiciones
Artículo 100 del NEC

Conozca el código

Cajas de salida, de dispositivos, de paso y de conexiones; cajas de conductos; accesorios y cajas de registro.
Artículo 314 del NEC

Las cajas de conductos, también denominadas *condulets*, se definen en el ***Artículo 100 del NEC*** como una parte separada de un sistema de conductos o tuberías que proporciona acceso a través de una cubierta extraíble al interior del sistema en un punto de unión o terminal. Las cajas de conductos suelen utilizarse con RMC e IMC. El costo de las cajas de conductos, al ser de fundición en lugar de estampadas, es significativamente superior al de las cajas comunes de acero estampado.

Normalmente no se recomienda el empalme en cajas de conductos; sin embargo, se permite en determinadas condiciones, tal como se especifica en la ***Sección 314.16(C)(2) del NEC***. La tapa y la junta de los accesorios de la caja de conductos deben pedirse por separado. No asuma que estas piezas vienen con la caja del conducto cuando se pide.

Como aprendiz de electricista, oirá términos como LL, LR y combinaciones de letras similares para distinguir entre varios tipos de cajas de conductos. Para identificar determinadas cajas de conductos, un viejo truco del oficio consiste en sujetar la caja del conducto como si fuera una pistola (*Figura 16*). Al hacerlo, si la abertura ovalada de la caja del conducto está a su izquierda, se denomina LL: la primera L significa codo (*elbow*) y la segunda L, izquierda (*left*).

Si la apertura está a su derecha, se denomina LR: la R significa derecha (*right*). Si la abertura está orientada hacia arriba, este tipo de caja de conducto se denomina LB; la B significa parte trasera (*back*). Si hay una abertura a ambos lados, se denomina LRL (izquierda y derecha). Las otras formas populares reciben su nombre de las letras parecidas, es decir, T y X. La única excepción es la caja de conducto de tipo C. Analizaremos cada una de ellas en las secciones siguientes.

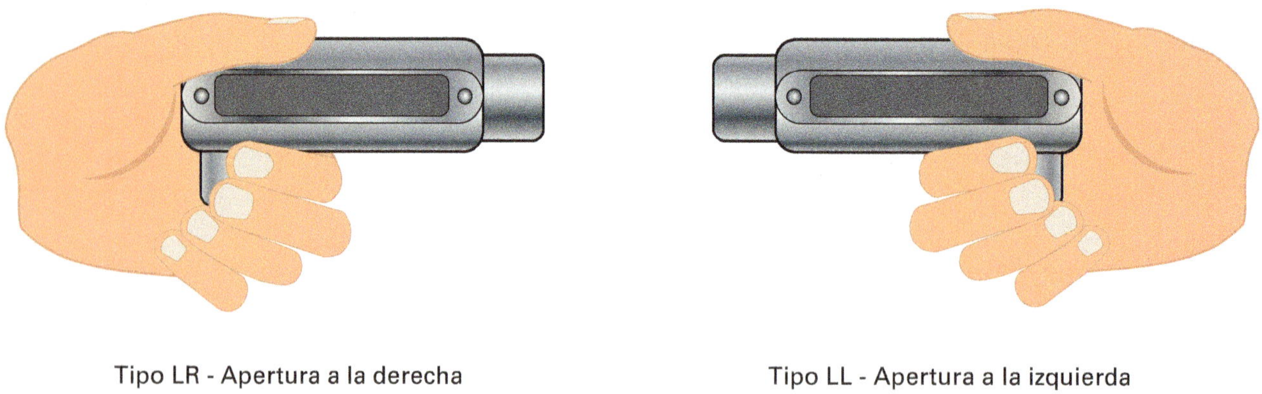

Figura 16 Cómo identificar cajas de conductos.

3.1.1 Cajas de conductos tipo C

Las cajas de conducto tipo C (*Figura 17*) se utilizan para proporcionar un punto de tracción en un tramo largo o un tendido con curvas que totalizan más de 360°. Consulte las *Secciones 342.24(B), 344.24(B), 352.24(B) y 358.24(B) del NEC.*

Figura 17 Caja de conducto tipo C.

3.1.2 Cajas de conductos tipo L

Una caja de conducto tipo L (*Figura 18*)se utiliza como punto de tendido de conductos que requieren un cambio de dirección de 90°. De nuevo, la letra L es la abreviatura de codo. Al usar una caja de conducto tipo L, se retira la tapa, se saca el cable y se enrolla en el suelo o en el piso y luego se vuelve a introducir en la otra abertura y se tira de él. Las cajas de conducto tipo L están disponibles con la tapa en la parte posterior (tipo LB), en los laterales (tipo LL o tipo LR) o en ambos lados (tipo LRL).

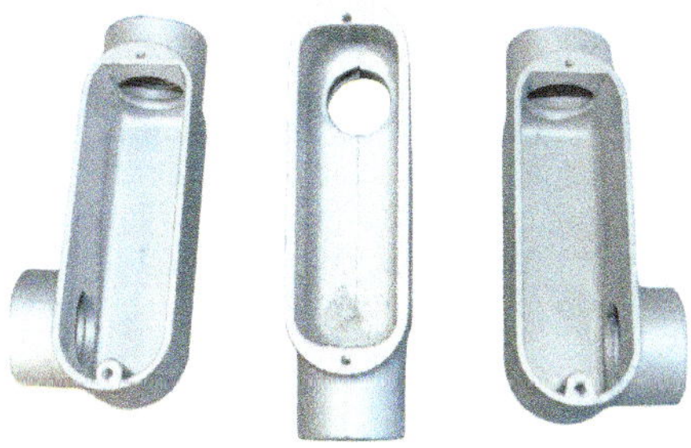

Figura 18 Cajas de conducto tipo L.

3.1.3 Cajas de conductos tipo T

Las cajas de conducto tipo T, también denominadas *te*, se usan para proporcionar un punto de unión para tres conductos que se cruzan y drenajes de punto bajo (*Figura 19*). Las tes se utilizan mucho en los sistemas de conductos rígidos. Sin embargo, el costo de una caja de conductos te es más del doble que el de una caja cuadrada estándar con tapa. Por lo tanto, el uso de cajas de conductos tipo T con EMT es limitado.

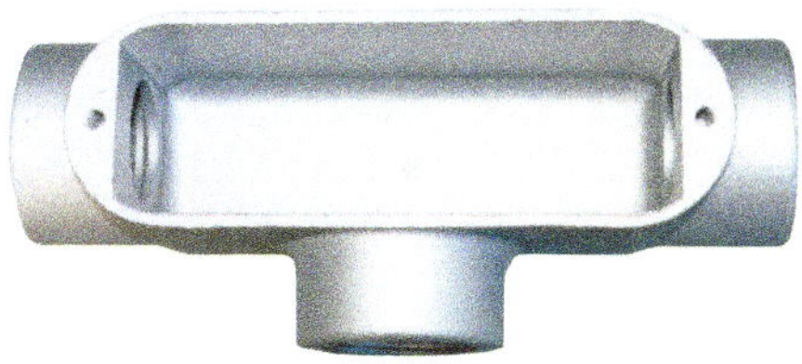

Figura 19 Caja de conducto tipo T.

3.1.4 Cajas de conductos tipo X

Las cajas de conducto tipo X se usan para proporcionar un punto de unión para cuatro conductos que se cruzan. La tapa desmontable permite acceder al interior de la caja de conductos para poder tirar y empalmar cables (*Figura 20*).

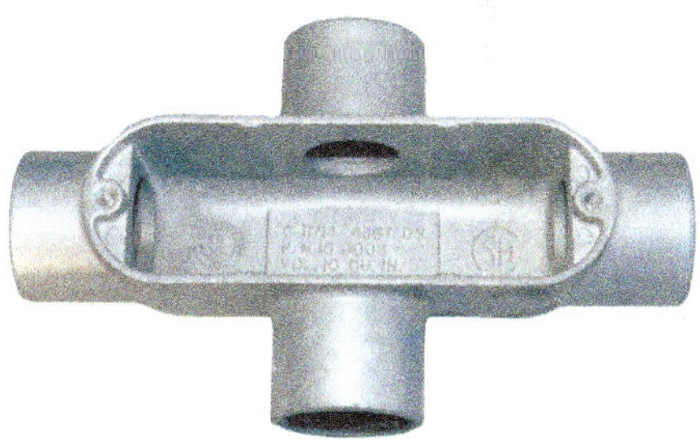

Figura 20 Caja de conducto tipo X.

3.1.5 Cajas FS y FD

Las cajas FS (*Figura 21*) son cajas de fundición disponibles en conFiguraciones de uno, dos y tres uniones. Están dimensionadas para permitir la instalación de interruptores y receptáculos. Las cubiertas de interruptores y receptáculos están disponibles para las cajas FS que tienen aberturas formadas muy similar a las placas de interruptores y receptáculos.

Las cajas FD son similares a las FS. Sin embargo, la letra D en FD indica que es una caja más profunda (unos $\frac{5}{8}$" o 16 mm, más profunda). El *NEC*® no considera las cajas FS ni FD como cajas de conductos.

Las cajas FS y FD pueden utilizarse en los entornos definidos por NEMA 1 (entornos secos y limpios), NEMA 3R (entornos exteriores y húmedos) y NEMA 12 (entornos polvorientos y aceitosos).

Las cajas FS y FD son cajas moldeadas con precisión con una tapa y una junta diseñadas para proporcionar un cierre hermético. Puesto que son más costosas que las cajas estándar, suelen utilizarse solo en entornos industriales en los que las cajas están expuestas a la humedad, la suciedad, el polvo y la corrosión.

Los ingenieros especifican cajas FS y FD y los electricistas las instalan por una razón. No modifique nunca estas cajas taladrándoles orificios de montaje. Para ello, la mayoría están provistas de anillas de fijación. Monte estas cajas solo como recomienda el fabricante.

Figura 21 Caja FS.
Fuente: iStock@Boonyarit

3.1.6 Argollas de tendido

Los codos de tracción, mostrados en la *Figura 22* (A), se utilizan exclusivamente para tender una cable en un punto de esquina de un tramo de conducto. El volumen de una argolla de tendido es demasiado bajo para permitir empalmes.

PRECAUCIÓN

Nunca haga empalmes dentro de una SLB. Los empalmes se pueden hacer en una caja de conducto que tenga el volumen marcado, pero nunca en una SLB. Consulte la ***Sección 314.16(C)(3) del NEC***.

NOTA

Al instalar las cajas de conductos, recuerde que el hecho de que la caja coincida con el tamaño del conducto no significa que coincida con el tamaño del conductor. Por ejemplo, si el relleno conductor está cerca del límite para un conducto específico, puede que no sea aceptable instalar la caja de conducto de tamaño correspondiente según la ***Sección 314.28 del NEC***. Si este es el caso, se instalaría una caja de conductos más grande, junto con el accesorio reductor adecuado para la conexión del conducto.

Mogul (Mogul): tipo de caja de conducto con una tapa elevada para proporcionar espacio adicional para conductores grandes.

Postes de iluminación

Aunque el *NEC*® establece que los cerramientos de pozos de registro se utilizan en sistemas subterráneos, los orificios de acceso de los postes de iluminación también se denominan pozos de registro. Los especialistas llaman "pozo de registro" a cualquier tapa de caja mecánica o eléctrica lo suficientemente grande como para meter las manos en ella.

3.1.7 Argollas de entrada (SLB)

Una argolla de entrada, o *SLB*, se construye con una desviación para que pueda fijarse directamente a la superficie que tendrá una penetración de conducto. Una tapa en la parte posterior de la SLB permite extraer el cable y volver a introducirlo en el conducto que penetra en la superficie de apoyo, como se muestra en la *Figura 22* (B).

3.1.8 Cajas tipo Mogul

Las cajas de conductos tipo **mogul** (término es el mismo en inglés) (*Figura 23*) están disponibles en los mismos tipos que las cajas de conducto estándar (tipo L, tipo T, etc.). Disponen de cubiertas elevadas para facilitar el acceso a conductores de gran tamaño durante el empalme, la instalación o el mantenimiento de los conductores. Los mogules también permiten realizar curvas en ángulo recto cuando se necesitan empalmes, tendidos y derivaciones en una cámara resistente a la intemperie. Al igual que las cajas normales, deben cumplir los requisitos de espacio de flexión de la ***Sección 314.28 del NEC***. Los mogules de mayor tamaño pueden llevar incorporados rodillos de tendido de cables para facilitar la instalación.

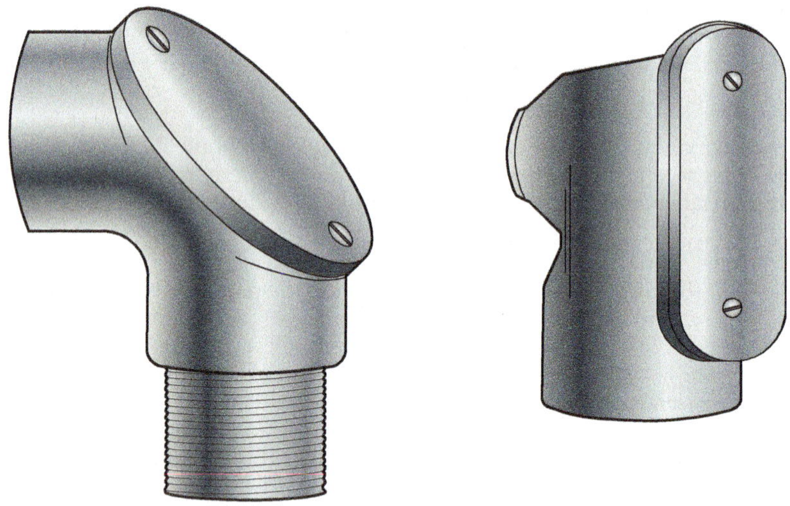

(A) Argolla de tendido (B) Argolla de entrada

Figura 22 Argollas de tendido y de entrada.

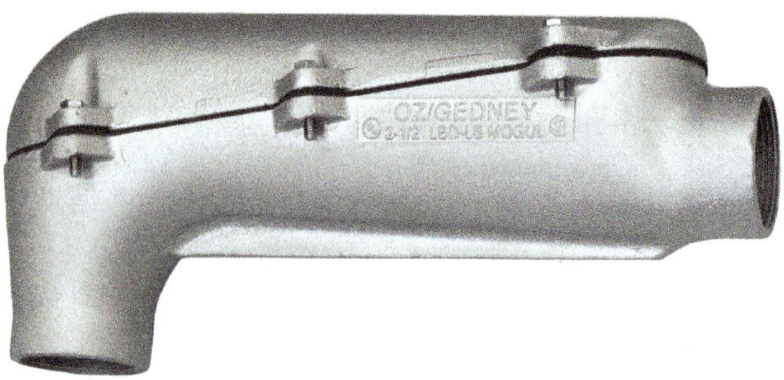

Figura 23 Mogul.
Fuente: Tim Ely

3.2.0 Pozos de registro

De acuerdo con el *Artículo 100 del NEC*, un **recinto de pozo de registro**, también llamado *pozo de registro* (*Figura 24*), es "un recinto para uso en sistemas subterráneos, provisto de un fondo abierto o cerrado, y dimensionado para permitir al personal introducir la mano, pero no entrar en él, con el fin de instalar, operar o mantener el equipo o el cableado o ambos". Los pozos de registro se utilizan, a menudo, con conductos de PVC subterráneos para la instalación de iluminación paisajística, postes de luz, semáforos y otras aplicaciones. Debido a que los pozos de registro están expuestos a diversos niveles de tráfico peatonal o carga de vehículos, es fundamental seleccionar el recinto correcto para la aplicación. La nota informativa de la *Sección 314.30 del NEC* remite a *ANSI/SCTE 77-2013, Especificación sobre la integridad de los recintos subterráneos*, para obtener información adicional sobre la carga de los recintos subterráneos. Algunos de los requisitos del *NEC*® de los pozos de registro son los siguientes:

- Al igual que las cajas y las cajas de conductos, los pozos de registro deben instalarse de forma que el cableado encerrado permanezca accesible sin necesidad de retirar ninguna parte del edificio, como los revestimientos de las paredes, o sin necesidad de excavar, como en el caso de las cajas que dan servicio a instalaciones de cableado subterráneo. Consulte la *Sección 314.29 del NEC*.
- De acuerdo con la *Sección 314.30(A) del NEC*, los recintos de pozos de registro deben dimensionarse de acuerdo con la *Sección 314.28(A) del NEC* de conductores que operan a 1,000 V o menos y de acuerdo con la *Sección 314.71 del NEC* para conductores que operan a más de 1,000 V.
- Las canalizaciones subterráneas y los conjuntos de cables que entren en un recinto de pozo de registro deben extenderse dentro de la caja, pero no es necesario que estén conectados mecánicamente al cerramiento según la *Sección 314.30(B) de NEC*.
- Todos los conductores dentro de un recinto y cualquier empalme o terminación, si los hay, deben estar catalogados como aptos para lugares húmedos según la *Sección 314.30(C) del NEC*.
- De acuerdo con la *Sección 314.30(D) del NEC*, las tapas de los recintos de pozos de registro deben tener una marca o logotipo que identifique de forma prominente la función del recinto, tal como ELÉCTRICO (*Figura 24*) o SEÑALES DE TRÁFICO (*Figura 25*). Para disuadir la entrada a personas no autorizadas, las tapas de los recintos de pozos de registro deben pesar más de 100 libras (45 kg) o requerir el uso de herramientas para abrirse. Las cubiertas metálicas y otras superficies conductoras expuestas deben tener unión equipotencial de acuerdo con las *Secciones 250.92 y 250.96(A) del NEC*.

Recinto de pozo de registro (Handhole enclosure): recinto utilizado con sistemas subterráneos para facilitar el acceso para la instalación y el mantenimiento.

Figura 24 Pozo de registro.
Fuente: Tim Ely

Figura 25 Pozo de registro que contiene el cableado de las señales de tráfico.

Historia de casos

Falla en pozo de registro

En julio de 2003, una niña de ocho años murió electrocutada al pisar la tapa de un pozo de registro en un estadio de béisbol de Ohio. Con el paso de los años, la caja sin soporte se hundió, haciendo que la tapa entrara en contacto con los conductores, uno de los cuales contenía un empalme dañado. El conductor expuesto energizó la tapa del pozo de registro. Cuando se instaló la caja, no existían normas de rendimiento para la construcción de recintos subterráneos y el *NEC*® no exigía la unión equipotencial.

Conclusión: Debido a este incidente y a otros similares relacionados con el tráfico peatonal sobre pozos de registro energizados, el *NEC*® exige ahora que los pozos de registro tengan una unión equipotencial efectiva y que estén diseñados para soportar la carga prevista.

Conozca el código

Puesta a tierra y unión equipotencial
Artículo 250 del NEC

PRECAUCIÓN

Algunos recintos utilizan materiales distintos para la caja y la tapa. Es probable que los materiales distintos tengan respuestas diferentes a las variaciones de temperatura y presión, lo que puede provocar grietas u otras fallas de funcionamiento.

3.2.1 Construcción de pozos de registro

Los recintos de pozos de registro pueden construirse con diversos materiales, como concreto de cemento Portland prefabricado, concreto polimérico prefabricado, termoplástico, resina reforzada con fibra de vidrio, acero y aluminio. El tipo de material seleccionado depende del entorno y de la carga prevista.

3.2.2 Requisitos ANSI/SCTE

De acuerdo con la norma *ANSI/SCTE 77-2013*, los recintos de pozos de registro deben construirse de forma que soporten todas las cargas que puedan imponerse y sigan siendo seguros y fiables para la aplicación prevista. Para cumplir la norma ANSI, las cajas deben superar diversas pruebas físicas, medioambientales y de protección interna de los equipos.

La norma ANSI define los requisitos de carga de los recintos en función de las cargas previstas y separa estos requisitos en varios niveles definidos por la aplicación. Algunos fabricantes marcan las designaciones de nivel en la tapa de la caja.

Aunque el *NEC®* no exige explícitamente el listado de terceros, algunos fabricantes de recintos han presentado productos a UL para sus pruebas. Los recintos que cumplen los requisitos de pruebas pueden obtener ahora la certificación UL conforme a la norma ANSI.

¡ADVERTENCIA!

Sin una base sólida, un pozo de registro puede hundirse y provocar una falla estructural. Una base sólida es esencial y debe ser diseñada por una persona calificada de acuerdo con las buenas prácticas de ingeniería. Consulte las instrucciones del fabricante para la correcta instalación de los recintos subterráneos.

3.0.0 Repaso de la sección

1. Lo *más* probable es que un receptáculo en un lugar húmedo se instale en un(a) _____.
   a. SLB
   b. pozo de registro
   c. mogul
   d. caja FS

2. Un recinto de pozos de registro *debe* estar _____.
   a. totalmente sellado por los cuatro lados, independientemente del tipo
   b. instalado de modo que sea necesario excavar para acceder a él
   c. reforzado con barras de refuerzo de hierro
   d. provisto con una cubierta que pese más de 100 libras (45 kg) o que requiera herramientas para abrirse

Módulo 26205-23 Preguntas de repaso

1. ¿En qué parte del *NEC®* encontrará más información sobre las cajas de paso y de conexiones?
   a. *Artículo 240 del NEC*
   b. *Artículo 250 del NEC*
   c. *Artículo 314 del NEC*
   d. *Artículo 320 del NEC*

2. El acoplamiento combinado de la *Figura RQ01* se utiliza para conectar _____.
   a. dos secciones de conducto flexible
   b. conducto flexible a EMT
   c. EMT a conducto rígido
   d. conducto flexible a conducto rígido

Figura RQ01
Fuente: Eaton's Crouse-Hinds Business

3. Al calcular el tamaño de la caja de paso para tendidos rectos en sistemas que funcionan a 1,000 V o menos, la longitud de la caja no *debe* ser inferior a _____.
   a. dos veces el diámetro comercial de la canalización más grande
   b. cuatro veces el diámetro comercial de la canalización más grande
   c. seis veces el diámetro comercial de la canalización más grande
   d. ocho veces el diámetro comercial de la canalización más grande

4. Si el mayor diámetro comercial de una canalización que entra en una caja de paso es de 3", y se trata de un tendido recto para un sistema que funciona a 1,000 V o menos, la longitud *mínima* de caja permitida es _____.
   a. 20"
   b. 24"
   c. 30"
   d. 36"

5. Para un tendido recto, la longitud de una caja de paso que aloja conductores no blindados que transportan más de 1,000 V *debe* ser _____.
   a. 24 veces el DE del conductor más grande
   b. 32 veces el DE del conductor más grande
   c. 36 veces el DE del conductor más grande
   d. 48 veces el DE del conductor más grande

6. Para un tendido recto, la longitud de una caja de paso que aloja conductores blindados que transportan más de 1,000 V *debe* ser _____.
   a. 24 veces el DE del conductor más grande
   b. 32 veces el DE del conductor más grande
   c. 36 veces el DE del conductor más grande
   d. 48 veces el DE del conductor más grande

7. Para un tendido en ángulo, la longitud de una caja de paso que aloja conductores blindados que transportan más de 1,000 V *debe* ser _____.
   a. 24 veces el DE del conductor más grande
   b. 32 veces el DE del conductor más grande
   c. 36 veces el DE del conductor más grande
   d. 48 veces el DE del conductor más grande

8. Una caja de conducto que tiene aberturas en cuatro lados diferentes más una abertura de acceso se denomina _____.
   a. Tipo X
   b. Tipo C
   c. Tipo T
   d. Tipo LL

9. ¿Cuál de las siguientes afirmaciones es *correcta* en relación con la instalación de cajas tipo FS?
   a. Se deben taladrar orificios en la parte posterior de la caja para los tornillos de montaje.
   b. Los orificios deben taladrarse solo en los lados de la caja para los tornillos de montaje.
   c. No se deben taladrar orificios en la caja para el montaje.
   d. Los orificios solo pueden taladrarse en instalaciones existentes.

10. ¿Cuál de las siguientes cajas es la *más* adecuada para empalmar conductores?
   a. Argolla de tendido
   b. SLB
   c. Caja de conducto sin marca de volumen
   d. Mogul

Las respuestas a las preguntas de repaso impares del módulo se encuentran en el *Apéndice A*.

Módulo 26205-23 Ejercicios suplementarios

1. Una caja de conducto tipo T se utiliza para proporcionar un punto de unión para _________ conductos que se cruzan.
2. Las cajas para uso en ubicaciones peligrosas deben estar clasificadas como _________.
3. Las instalaciones de cajas en losas de concreto se consideran ubicaciones _________.
4. Las cajas de conductos, también denominadas _________, permiten acceder al interior del sistema a través de una o varias tapas desmontables.
5. Para distinguir entre las cajas de conducto de tipo LL y de tipo LR, sujete el accesorio como si fuera una _________ y observe dónde está situada la tapa.
6. En el caso de tendidos rectos que usan conductores de 600 V, la longitud mínima de la caja debe ser al menos _________ veces el diámetro comercial de la canalización más grande.
7. La longitud mínima de una caja de conexiones en la que los conductores de 600 V se tienden en ángulo y que contiene dos conductos de 3" y un conducto de 4" entrando por cada lado es _________.
8. Puede ser necesaria una contratuerca _________ si se requieren puentes de conexión dentro de la caja o cerramiento.
9. La longitud mínima de una caja de conexiones con un conducto de 4" a cada lado en el que los conductores de 600 V se tienden rectos por la caja es _________.
10. Para dimensionar las cajas de paso o de conexiones de sistemas de más de 1,000 V, es necesario conocer el diámetro exterior (DE) de _________.

Las respuestas a los ejercicios suplementarios impares se encuentran en el *Apéndice B*.

Respuestas a las preguntas de repaso de la sección

Respuesta	Referencia de la sección	Objetivo
Sección 1.0.0		
1. d	1.1.2	1a
2. d	1.2.3	1b
Sección 2.0.0		
1. c	2.1.0	2a
2. c	2.1.0	2a
3. d	2.2.0	2b
Sección 3.0.0		
1. d	3.1.5	3a
2. d	3.2.0	3b

Cálculos del repaso de la sección

Sección 2.0.0

Pregunta 1

$(3" \times 6) + 2" = 20"$

La distancia requerida es **20"**.

Pregunta 2

$(4" \times 6) + 1\frac{1}{2}" + 1\frac{1}{2}" = 27"$

La distancia requerida es **27"**.

Pregunta 3

Para un tendido en ángulo, multiplique el DE del cable blindado por 36 para hallar la longitud mínima de la caja:

$2" \times 36" = 72"$

La longitud mínima es **72"**.

MÓDULO 26206-23

Instalaciones de conductores

Fuente: Ridge Tool Company

Objetivos

La exitosa finalización de este módulo lo prepara para realizar lo siguiente:

1. Explicar cómo instalar cables en sistemas de conductos.
   a. Identificar cómo planificar la instalación.
   b. Identificar un lugar de tendido y colocar los carretes de cable.
   c. Describir cómo preparar las canalizaciones para los conductores.
   d. Describir cómo instalar una línea de tendido.
   e. Describir cómo preparar los extremos de los cables para el tendido.
   f. Describir cómo seleccionar el equipo de tendido de cables.
2. Explicar cómo configurar un tendido de cable de gran fuerza.
   a. Describir cómo configurar el extremo de alimentación.
   b. Describir cómo sostener los conductores.
   c. Describir cómo tender cables en bandejas portacables.
3. Identificar las limitaciones del cable al tender.
   a. Calcular la tensión admisible en dispositivos de tendido.
   b. Calcular la tensión admisible en conductores.
   c. Calcular la carga lateral.

Tareas prácticas

Bajo supervisión, debería poder hacer lo siguiente:

1. Preparar múltiples conductores para tenderlos en un sistema de canalización.
2. Preparar múltiples conductores para tenderlos en un sistema de canalización.

Visión general

En la mayoría de los casos, la instalación de conductores en sistemas de canalizaciones es meramente rutinaria. Sin embargo, hay ciertas prácticas que pueden reducir la mano de obra y los materiales y ayudar a evitar daños en los conductores. En este módulo, se describe el proceso para preparar los conductos para los conductores. También se explica cómo preparar y realizar una operación de tendido de cables.

NOTA

Recursos digitales sobre electricidad

ESCANÉAME

Escanee este código con la cámara de su teléfono o dispositivo móvil para ver los recursos digitales relacionados con este oficio.

NCCER Credenciales reconocidas en la industria

Si se está capacitando a través de un patrocinador acreditado por el NCCER, puede ser elegible para obtener credenciales del NCCER. El número de identificación de este módulo es 26206-23. Tenga en cuenta que este módulo puede haber sido utilizado en otros planes de estudios del NCCER y se puede aplicara la realización de otros niveles. Comuníquese con el NCCER al 1.888.622.3720 o visite **www.nccer.org** para obtener más información.

También puede mostrar en línea sus credenciales reconocidas por el sector con las insignias digitales de NCCER. Transforme sus conocimientos, habilidades, y logros en insignias que puede compartir en tus redes sociales, enviar a su red y agregar a su currículum. Para obtener más información, visite **www.nccer.org**.

1.0.0 Instalación de cables en sistemas de conductos

Tareas prácticas

Bajo supervisión, debería poder hacer lo siguiente:

1. Preparar múltiples conductores para tenderlos en un sistema de canalización.
2. Preparar múltiples conductores para tenderlos en un sistema de canalización.

Objetivo

Explicar cómo instalar cables en sistemas de conductos.

a. Identificar cómo planificar la instalación.
b. Identificar un lugar de tendido y colocar los carretes de cable.
c. Describir cómo preparar las canalizaciones para los conductores.
d. Explicar cómo instalar una línea de tendido.
e. Describir cómo preparar los extremos de los cables para el tendido.
f. Describir cómo seleccionar el equipo de tendido de cables.

Cinta guía (*fish tape*): alambre metálico plano o cordón de fibra utilizado para tender conductores o una cuerda de tendido a través de un conducto.

Después de instalar el sistema de conductos, el siguiente paso es tender los conductores. El método más sencillo de instalación de cables es pasar una **cinta guía** firme y, a la vez, flexible por un conducto y utilizarla para tender los conductores.

Hay tres tipos de cinta guía: de acero, de nailon y de fibra de vidrio. También están disponibles en diferentes pesos para diversas aplicaciones. El tamaño y la longitud adecuados de la cinta guía, así como el material, deben ser una de las primeras consideraciones. Por ejemplo, si la mayoría de los tramos entre las salidas de los circuitos ramales son cortos, se puede usar una cinta guía más corta, que será más fácil de manipular que una cinta guía más larga.

Cuando haya tramos más largos, la longitud necesaria de la cinta guía debe incluirse en uno de los carretes de metal o plástico. De esta forma, la cinta guía puede rebobinarse en el carrete mientras se realiza el tendido para evitar tener una longitud excesiva de cinta tendida en el suelo o en la cubierta.

¡ADVERTENCIA!

Nunca tienda una cinta guía conductora a través o dentro de envolventes o canalizaciones que contengan un conductor energizado.

Las cintas guías metálicas pueden tener bordes afilados y rebabas. Cuando trabaje con estas cintas, use guantes para trabajo pesado para evitar lesiones.

Cuando hay varios dobleces en el sistema de canalización, la inserción de la cinta guía puede ser más fácil utilizando conductores de cinta guía flexibles en el extremo.

Después de insertar la cinta guía en el sistema de canalización, los conductores deben fijarse firmemente al extremo. En tramos cortos, donde solo hay unos pocos conductores, basta con pelar el aislamiento de los extremos de los cables, doblar los extremos alrededor del gancho de la cinta guía y fijarlos con cinta adhesiva.

Cuando haya que tender varios cables juntos, estos deberán alternarse y la cinta guía deberá pegarse firmemente en el punto de unión, de modo que el diámetro total no aumente más de lo absolutamente necesario.

La **malla tiracables** (*Figura 1*) viene en muchos tamaños para casi cualquier tamaño y combinación de conductores. Está diseñado para sujetar firmemente los conductores sin necesidad de pegarlos a la línea de tendido.

Malla tiracables (*basket grip*): cesta con malla de acero flexible que se utiliza en los extremos de cables y conductores para sujetar la cuerda de tendido. Cuanta más fuerza se ejerce en el tendido, más se aprieta la cesta alrededor del cable.

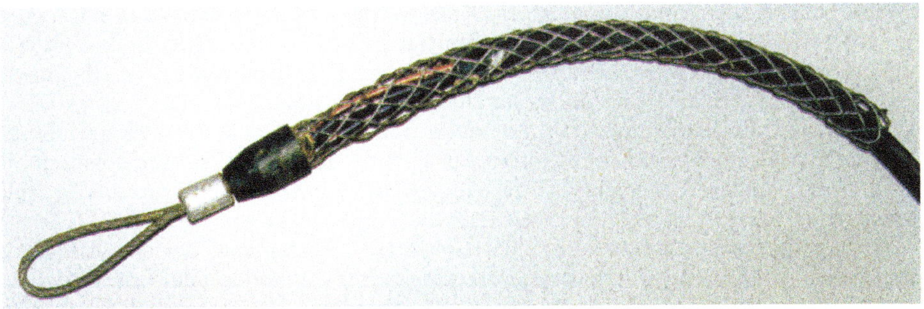

Figura 1 Malla tiracables

En todos los tramos, excepto los más cortos, los cables deben lubricarse con lubricante para cables antes y durante el tendido. También debe aplicarse lubricante en el interior del conducto. Siga siempre las recomendaciones del fabricante del cable cuando seleccione el lubricante. Muchos tipos de cables tienen ahora aislamiento sin lubricante y una superficie muy resbalosa que no requiere lubricación.

Los *dispensadores de cables* son una gran ayuda para mantener los conductores rectos y facilitar el tendido. Existen muchos tipos diferentes de dispensadores de cables para manejar prácticamente cualquier tamaño de bobina de alambres o cables. Algunos dispensadores son fijos, mientras que otros tienen ruedas que facilitan el traslado de bobinas pesadas al lugar de tendido (*Figura 2*). Los dispensadores con ruedas a veces se denominan *caddies de cables*.

(A) Carro de carretes de alambre **(B) Dispensador de carretes de alambre**

Figura 2 Carro y dispensador de cables
Fuente: Ridge Tool Company

Cinta guía no conductora

Cuando se pasan conductores en un conducto o una canalización que ya contiene conductores energizados (vivos), el método más seguro es apagar y bloquear y etiquetar las fuentes de alimentación de todos los conductores energizados. Sin embargo, en algunos casos poco frecuentes, puede ser inevitable pasar un conductor a través de un conducto o una canalización que contenga otros conductores electrizados. En este caso, solicite siempre la aprobación de su supervisor antes de proceder y utilice siempre una cinta guía no conductora de nailon o fibra de vidrio.

Fuente: Southwire

1.1.0 Planificación de la instalación

No está de más resaltar la importancia de planificar cualquier instalación de tendido de cables. Una planificación adecuada facilitará el trabajo y ahorrará mano de obra.

Los conductores de gran tamaño suelen transportarse en carretes, lo que implica un peso y un volumen considerables. En consecuencia, la preparación de estos carretes para el tendido, la medición de las longitudes de los tramos de cable y otros pasos preliminares similares implicarán a menudo una cantidad relativamente grande del tiempo total de instalación de los cables. Por lo tanto, se debe considerar el espacio de instalación del carrete, los equipos adecuados y el movimiento de los carretes de cable en su lugar.

En lo posible, los conductores deben tenderse directamente de los carretes de transporte. Por lo general, esto puede hacerse coordinando adecuadamente el pedido con los requisitos del trabajo. Aunque para ello es necesario revisar minuciosamente los planos y las mediciones en la obra, este esfuerzo adicional vale la pena.

Una vez que se determinen las longitudes de cable que se necesitan, se puede pedir la cantidad de cable por carrete de tal forma que la longitud total sea suficiente para las canalizaciones de varias longitudes. Luego, el proveedor puede etiquetar el carrete que corresponda a los tramos designados.

En la mayoría de los casos, los cables individuales de la longitud adecuada para un número determinado de tramos se enrollan por separado en dos o más carretes en la fábrica, dependiendo del número de conductores de los tramos.

Cuando se envían conductores individuales en carretes separados, es necesario preparar el mismo número de carretes que el número de conductores que se van a tender en un tramo determinado, como se muestra en la *Figura 3*. En esta figura también se muestra un equipo llamado *alimentador de cable*, que sirve como ayuda del malacate que está en el extremo opuesto del tramo.

Figura 3 Alimentador de varios cables
Fuente: Ridge Tool Company

Como precaución extra contra errores en el cálculo de las longitudes de los conductores implicados, es una buena idea medir todos los tramos con una cinta guía antes de empezar a tender los cables. Hay que añadir más pies a estas medidas para tener en cuenta la longitud necesaria para llegar a las terminaciones. También tendrá que desechar el cable conectado al manguito o envoltorio de tendido, ya que habrá sufrido un esfuerzo excesivo durante el tendido. Revise los totales finales y compárelos con los totales indicados en los carretes de cable.

Si las canalizaciones de los alimentadores se han instalado relativamente pronto durante la construcción del edificio, es posible esperar a pedir los cables hasta que se puedan medir las canalizaciones sin retrasar la instalación.

Cuando tienda los conductores directamente, reduzca los residuos en lo posible. Evite tomar una longitud final de cable del carrete demasiado corta para el tendido. El procedimiento básico para una operación de tendido de cables se muestra en la *Figura 4*. Las especificaciones del trabajo y la programación de otros trabajos pueden afectar al proceso, por supuesto.

Cinta métrica

Existe una cinta de poliéster impermeable con marcas permanentes en los carretes para utilizar en la medición de tramos de conductos y canalizaciones. Puede pescarse manualmente o con un sistema eléctrico de pesca.

Fuente: Ridge Tool Company

Calculadoras de tendido de cables

Hay aplicaciones que ayudan a calcular y planificar el tendido de cables. Una de estas aplicaciones, disponible tanto para computadoras de mesa como para dispositivos móviles, es *SIMpull®* Cable Pull Calculator. La aplicación puede calcular el tamaño del conducto y el porcentaje de ocupación, las tensiones de tracción, la presión lateral del cable, la probabilidad de atasco y la caída de voltaje, entre otros. Para obtener más información, visite Southwire en **www.southwire.com**.

Paso 1: Preparación para el tendido de cables
Medir el tramo
Inspeccionar visualmente el tramo
Pedir el cable
Pedir los equipos de tracción
Paso 2: Preparación de equipos
Recibir y descargar los equipos
Elegir los lugares de tendido y trasladar los equipos al lugar
Colocar y fijar los equipos de tracción
Paso 3: Preparación de los cables
Recibir y almacenar el cable
Trasladar al punto de montaje
Trasladar soportes de gato al punto de montaje
Preparar carretes e identificar y etiquetar cables
Preparar los extremos de los cables para el tendido
Instalar la cuerda de tendido en los extremos de los cables
Conectar la cuerda de tendido a los extremos de los cables
Paso 4: Instalación
Conectar el mandril al tramo justo antes de la instalación
Comprobar las comunicaciones
Si es necesario, aplicar lubricante a la entrada del conducto y a los extremos del cable
Fijar el cable de tendido al equipo de tracción
Tender el cable por el tramo
Aplicar cualquier equipo auxiliar
Desconectar la línea de tendido de los extremos del cable y del equipo
Paso 5: Detalles
Identificar permanentemente ambos extremos de los cables
Organizar los cables en cajas de paso y canaletas
Empalmar o conectar los cables
Revisar y probar que no haya daños en los cables
Desmontar y almacenar/devolver el equipo de tracción
Reciclar los carretes de cable vacíos
Repetir el proceso con varios tendidos de cables

Figura 4 Pasos básicos de una operación de tendido de cables

El uso adecuado de los equipos necesarios es crucial para el éxito de la instalación de cables. Los equipos necesarios para la mayoría de las instalaciones se muestran en la lista de comprobación de la *Figura 5*. Algunos proyectos pueden requerir todos estos elementos, mientras que otros pueden requerir solo algunos de ellos. Cada proyecto de tendido de cables debe planificarse individualmente y analizarse debidamente. Rara vez dos tendidos requerirán procedimientos idénticos.

Lista de verificación de equipos para la instalación de cables

- ☐ Generador eléctrico portátil
- ☐ Cables de extensión y protección GFCI
- ☐ Bomba, diafragma
- ☐ Ventilador y manguera de reposición
- ☐ Ganchos para tapas de bocas de inspección
- ☐ Banderas o letreros de advertencia
- ☐ Medidor electrostático de KV
- ☐ Mantas y abrazaderas de seguridad eléctrica
- ☐ Radios o teléfonos
- ☐ Guantes
- ☐ Lámparas de inundación
- ☐ Ventilador/aspirador para cinta guía o sarta
- ☐ Cuerda de mano
- ☐ Mandriles para limpieza de ductos
- ☐ Mandriles para prueba de ductos
- ☐ Malacate de cabrestante
- ☐ Polea pasteca
- ☐ Cuerdas cortas para amarres temporales
- ☐ Tubo flexible de guiado (mangas articulada)
- ☐ Varias eslingas de cable de acero de distintas longitudes
- ☐ Grilletes/horquillas de cable
- ☐ Conjunto de rodillos con radio efectivo de al menos 4'
- ☐ Cabrestantes manuales
- ☐ Polea de borde de boca de inspección
- ☐ Cuerda de tracción
- ☐ Rótulas
- ☐ Malacate con mallas tiracables
- ☐ Dinamómetro de 0-1/5/10 kip
- ☐ Anclaje de carrete
- ☐ Gatos de carrete
- ☐ Cortadores de cables
- ☐ Trapos sin pelusa
- ☐ Lubricante para tendido de cables
- ☐ Dispositivos de prelubricación
- ☐ Láminas de contrachapado
- ☐ Cinta de diámetro
- ☐ Cinta métrica de 50'
- ☐ Masilla de silicona (para sellar los extremos de los cables)

Figura 5 Lista de comprobación de equipos de tendido de cables

Piénselo

Varios carretes

¿Por qué es necesario preparar la instalación del tendido con varios carretes?

1.2.0 Preparaciones y ubicaciones de tendidos

Cada trabajo tendrá que juzgarse por separado en cuanto al mejor lugar para la instalación del tendido. El número de preparaciones debe reducirse al mínimo y planificarse para aprovechar la mejor dirección del tendido.

El lugar de tendido para un trabajo en particular viene determinado por el peso de los cables, la altura de tendido, la posibilidad de desplazar los equipos hasta el lugar de tendido, el número de configuraciones necesarias y el lugar de los dobleces. Además, es posible que se tenga que hacer un montaje separado en la parte superior de cada elevación, mientras que se podría hacer un montaje único en un lugar de la caja de paso de la planta baja desde la que se da servicio a varios alimentadores con el mismo tamaño y número de conductores.

Por lo general, el peso de los conductores más grandes es la consideración más importante en el momento de ubicar los equipos. Al tender el cable hacia arriba, el peso del cable trabaja en su contra. Sin embargo, si coloca el cable en la parte superior del tendido para que el peso trabaje a su favor, el frenado debe ser suficiente para detener el tendido cuando sea necesario.

La ubicación de los equipos de tendido determina el número de trabajadores necesarios para la tarea. Un equipo que cuatro trabajadores pueden trasladar e instalar en la primera planta en una hora puede requerir seis trabajadores durante dos horas si se instala en los sótanos o en los estacionamientos de los edificios. Por lo tanto, al planificar un tendido de cables, asegúrese de que haya suficientes trabajadores disponibles para manejar la instalación.

Cuando los carretes de cables llegan a la obra, es mejor trasladarlos directamente al lugar de instalación si es posible. Esto evita tener que manipularlos más de lo necesario. Sin embargo, si esto no es práctico, deben tomarse medidas para almacenarlos hasta que se necesiten los cables.

El método exacto de gestión de los carretes de cables depende de su tamaño y de las herramientas y los equipos disponibles. Es una operación sencilla para unos pocos trabajadores hacer rodar carretes de cable desde una plataforma de carga hasta una instalación en la primera planta, mientras que trasladarlos a plantas superiores implica más gestión y suele requerir una grúa u otros elevadores. Además, los gatos de los carretes tienen que trasladarse al punto de instalación cuando se hace un tendido hacia abajo.

En el caso de carretes de hasta 20″ (508 mm) de ancho × 40″ (1,016 mm) de diámetro, se puede utilizar un transportador o carro de carretes para transportarlos, como se muestra en la *Figura 6* y en la *Figura 2*. También actúa como dispensador durante la operación de tendido. Si resulta práctico, un montacargas es ideal para levantar y transportar carretes de cables grandes (*Figura 6*).

En el caso de carretes muy grandes (48″ o 1,219 mm de diámetro), suele ser necesaria una grúa o un aparato elevador similar para elevar los carretes sobre gatos apoyados en soportes para adquirir la altura necesaria. La *Figura 7* muestra un resumen de las formas correctas e incorrectas de transportar carretes de alambres o cables en la obra.

Figura 6 Dos métodos de transporte de carretes de cables

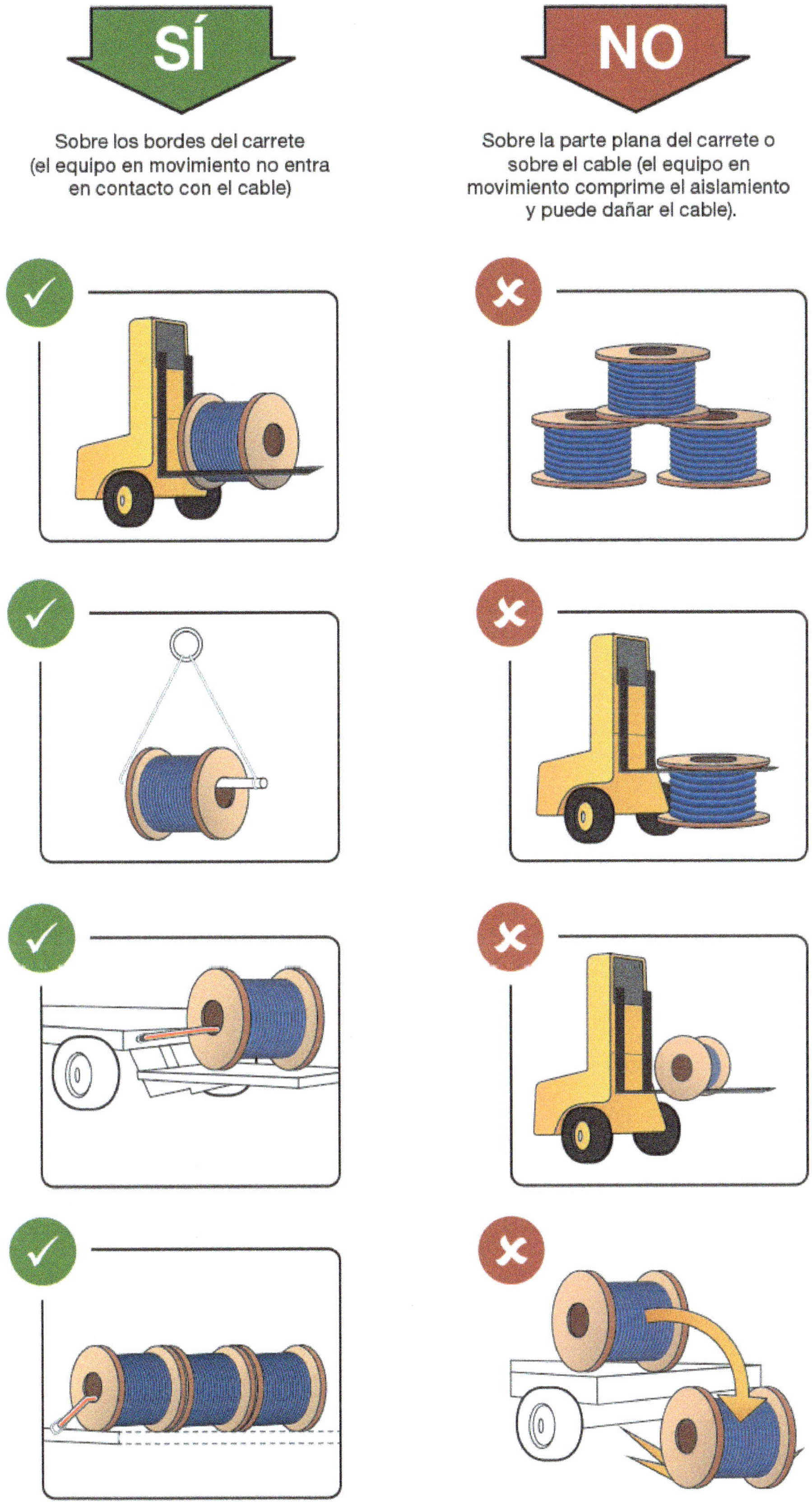

Figura 7 Formas adecuadas e inadecuadas de transportar carretes de cables

En la *Figura 8*, se muestra un portacarretes ajustable con un juego de gatos. Se necesita un conjunto de gatos y un eje para cada carrete. Los gatos de la figura se ajustan rápidamente con cualquier taladro inalámbrico. Los portacarretes y los gatos están disponibles en varios tamaños para alojar carretes hasta de 96" (2,438 mm) de diámetro y de 15,000 lb (6,804 kg) de peso.

Figura 8 Portacarretes ajustables
Fuente: Southwire

1.3.0 Preparación de canalizaciones

Otro paso preliminar antes de tender conductores en sistemas de canalización es inspeccionar la propia canalización. Pocas cosas hay más frustrantes que tender cuatro conductores de 1,000 kcmil a través de un esparcidor de lubricante y descubrir que el conducto está bloqueado o dañado. Esta situación suele requerir retirar los conductores, reparar la avería y volver a empezar.

Estos problemas no son tan graves con los bancos de conductos expuestos, ya que normalmente se pueden separar en la avería, corregir y volver a fijar a otro trozo de conducto, utilizando uniones si es necesario. Sin embargo, en los conductos subterráneos, especialmente en los de concreto, la situación puede tomar mucho tiempo y ser costosa.

Una prueba de tendido detectará cualquier obstrucción oculta en el conducto desde antes (*Figura 9*). Existen mandriles de acero y aluminio de paso/no paso para tender conductos antes de instalar cables. Los mandriles deben tener aproximadamente el 80 % del tamaño del conducto (el doble del factor de relleno del 40 %). Si se encuentra alguna obstrucción, puede corregirse para no perder tiempo en una instalación que podría provocar daños en los conductores y la posibilidad de tener que volver a tenderlos.

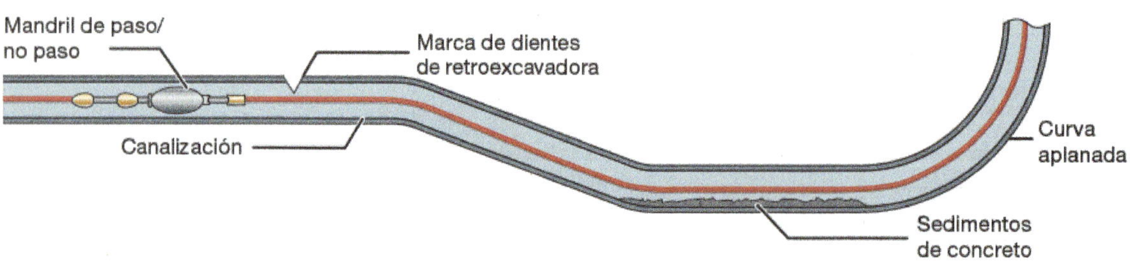

Figura 9 Fallos que pueden detectarse con un mandril de conductos

La Figura 10 muestra varios dispositivos utilizados para inspeccionar los sistemas de canalizaciones y para prepararlas para un tendido más fácil y seguro de los conductores. El escobillón del esparcidor de lubricante de la *Figura 10* puede utilizarse por delante de los conductores durante un tendido. Su objetivo principal es eliminar los residuos de la canalización y extender una película uniforme de compuesto de tendido en el interior del conducto para facilitar el tendido. El mandril flexible de la *Figura 10* también se utiliza para limpiar el conducto y revisar que no haya obstrucciones en el tramo. Los discos flexibles facilitan el tendido en dobleces estrechos.

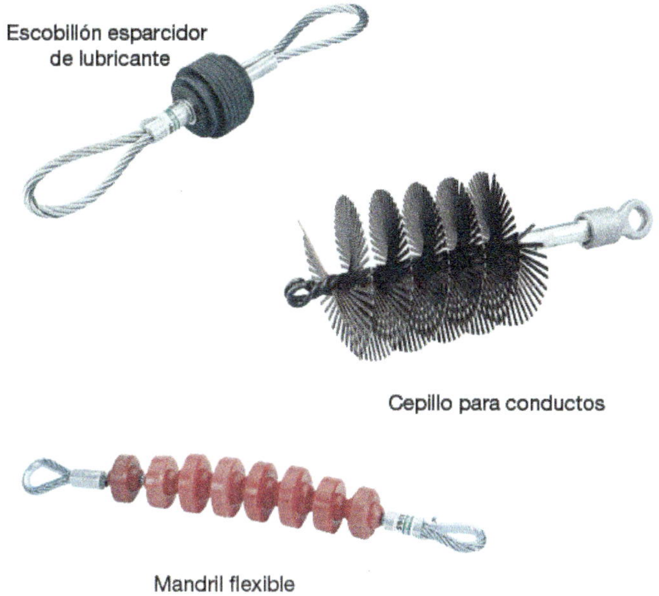

Figura 10 Dispositivos utilizados para inspeccionar, limpiar y lubricar sistemas de canalizaciones
Fuente: Ridge Tool Company

El cepillo para conductos de la *Figura 10* ayuda a limpiar y pulir el interior de los conductos antes de tender los cables. Estos cepillos eliminan la arena y otras obstrucciones ligeras. Observe que este cepillo tiene un ojo de tendido en un extremo y un ojo retorcido en el extremo opuesto, lo que permite empujarlo o halarlo a través del conducto.

Un último paso antes de empezar el tendido es medir la longitud de la canalización, incluidos todos los giros en cajas de conexiones y equipos similares. Se puede introducir una cinta guía a través del sistema de canalización y, una vez que se haya insertado por completo, colocar un trozo de cinta para marcar el extremo. Cuando se vuelva a retirar, se puede utilizar una cinta métrica para medir la longitud exacta. Sin embargo, una forma más sencilla es utilizar un sistema eléctrico de pesca para empujar o halar una cinta métrica a través del tramo de conducto. Los detalles de esta operación se explican más adelante en la *sección 1.4.0*.

Al medir la longitud del conductor, asegúrese de dejar espacio suficiente cuando las mediciones se realicen a través de una caja de paso. Los conductores deben entrar y salir de las cajas de paso de tal manera que permitan el mayor doblez de ángulo amplio posible para los conductores. Los conductores grandes son especialmente difíciles de doblar pero, con una planificación adecuada, se puede simplificar la alimentación de estos conductores de un conducto a otro.

Por ejemplo, si un tramo de conducto hace un doblez en ángulo recto a través de una caja de paso, el conducto para un alimentador determinado debe entrar en la caja por la esquina inferior izquierda y salir en diagonal opuesta por la esquina superior derecha, como se muestra en la *Figura 11*. Esto les da a los conductores el mayor doblez de ángulo amplio posible con la caja, eliminando los dobleces agudos y el consecuente daño al aislamiento de los conductores.

Los tramos también deben calcularse para tener en cuenta los empalmes y las terminaciones en cajas de conexiones, paneles de distribución, centros de control de motores, el cable desechado bajo el manguito o la envoltura de tendido y otros factores por los que se necesita aumentar la longitud del cable.

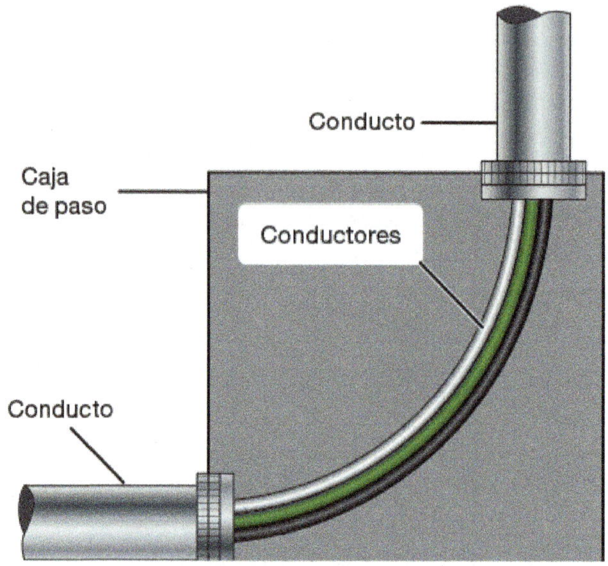

Figura 11 Obtención del mayor doblez de ángulo amplio posible de un conductor en una caja de paso

1.4.0 Instalación de una cuerda de tendido

Las cuerdas de tendido de cables han evolucionado mucho desde las cuerdas de cáñamo utilizadas por los electricistas hace un par de décadas. Las más comunes en el mercado son las siguientes:

- Nailon
- Polipropileno
- Poliéster múltiplex
- Compuesto de poliéster de doble trenzado

PRECAUCIÓN

Todo equipo asociado al tendido debe tener una capacidad de carga de trabajo superior a la fuerza que será aplicada. Todos los equipos deben utilizarse y sujetarse siguiendo estrictamente las instrucciones del fabricante.

El tipo de cable seleccionado dependerá principalmente de la carga de tendido; es decir, del peso del cable, de la longitud del tendido y de la resistencia total a la tracción. Los cables buenos de tendido son ligeros, tienen poca o ninguna tendencia al estiramiento y un coeficiente de fricción bajo. Las cuerdas vienen en varios diámetros, hasta de $\frac{3}{4}$" (19 mm) por lo común, y en longitudes de hasta 1,200'. Las cuerdas más resistentes tienen una resistencia a la rotura superior a 30,000 lb (133 kN). Sin embargo, la resistencia a la rotura no es lo mismo que la capacidad de carga de trabajo. La carga de trabajo nominal de las cuerdas de tendido es muy inferior a su resistencia a la rotura.

Debe tenerse cuidado al seleccionar la cuerda adecuada para el tendido y luego deben tomarse todas las precauciones para asegurarse de que la fuerza de tracción de los cables no supere la capacidad de la cuerda. Hay varias razones para ello, pero la principal es la seguridad. Por ejemplo, una cuerda de nailon típica pueden estirarse 40' (12.2 m) antes de romperse, liberando 200,000 pies-libra (271,164 Nm) de energía en el proceso. Piense en el daño que esta cantidad de energía podría causarle a un sistema de canalización y a los trabajadores cercanos si la cuerda se rompe.

Argollas de tendido

Los conductores más pequeños pueden requerir solo una argolla de tendido unida a la cinta de guía o a la cuerda de tendido. Para fijar la argolla de tendido, primero se pelan los conductores, dejando al descubierto un tramo de hilos desnudos. Estos se insertan a través de la argolla y se enroscan sobre sí mismos. A continuación, los hilos enroscados expuestos de los conductores se pueden envolver con alambre de cobre más pequeño para evitar que se desenrosquen. Luego se encintan con tres capas de cinta aislante, empezando por el aislamiento de los conductores, para evitar que se enganchen al pasar por los conductos.

Las cuerdas de tendido se pueden pasar manualmente con una cinta guía de acero, pero se puede ahorrar mucho tiempo utilizando un sistema de cinta guía con soplador y aspirador. En este tipo de sistema, un **pistón de conducto** reutilizable, a veces denominado *ratón* o *misil*, se sopla con aire a presión o se aspira a través del conducto. El pistón de espuma se ajusta al tamaño del conducto y tiene un bucle en ambos extremos.

En la mayoría de los casos, se fija una **cuerda pescadora** o cinta métrica al pistón mientras se sopla o aspira a través del tramo de conducto. La cinta métrica cumple dos funciones: permite una medición precisa del tramo de conducto y se utiliza para pasar la cuerda de tendido de cables dentro de este. En algunos casos, si el tramo es adecuado, el cable de tendido se fija directamente al pistón y se aspira dentro del tramo.

La *Figura 12* (C) muestra un sistema con soplador y aspirador que se utiliza para aspirar un ratón y una línea de tendido a través de un conducto, mientras que la *Figura 13* muestra el mismo aparato soplando el ratón y la línea a lo largo. La mayoría de estas unidades proporcionan presión suficiente para limpiar la suciedad o el agua del conducto durante la operación de pesca. La *Figura 14* (A) muestra varios pistones utilizados con el sistema. El de la derecha tiene paletas de guía de aire para evitar que el pistón gire dentro de los conductos de mayor tamaño.

Pistón de conducto (*conduit piston*): cilindro de gomaespuma que encaja en el interior del conducto y se impulsa con aire comprimido o aspirado para tender una línea, una cuerda o una cinta métrica. También se le suele llamar *ratón* o *misil*.

Cuerda pescadora (*fish line*): cordón ligero utilizado en sistemas eléctricos de pesca con aspirador y soplador que se acopla al pistón del conducto para empujarlo o halarlo a través de este. Luego, se sujeta una cuerda de tracción a la línea de pesca y se hace retroceder a través del conducto.

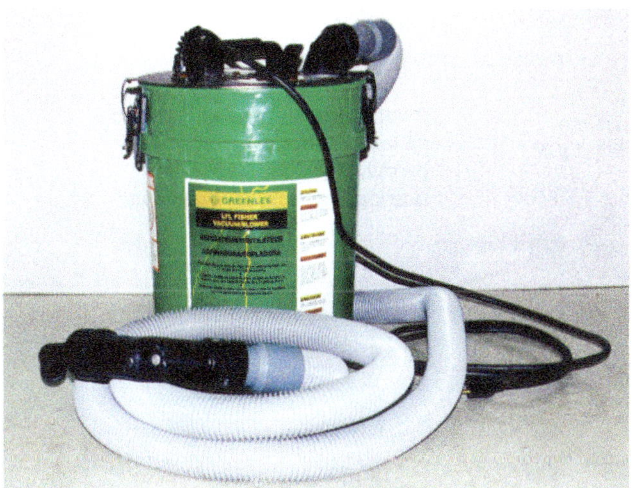

(A) Sistema de cinta guía con soplador/aspirador

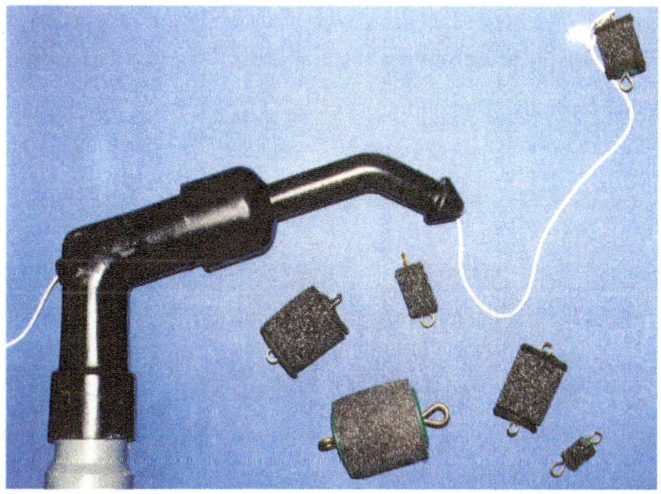

(B) Sistema de cinta guía con soplador/aspirador y ratones de conducto

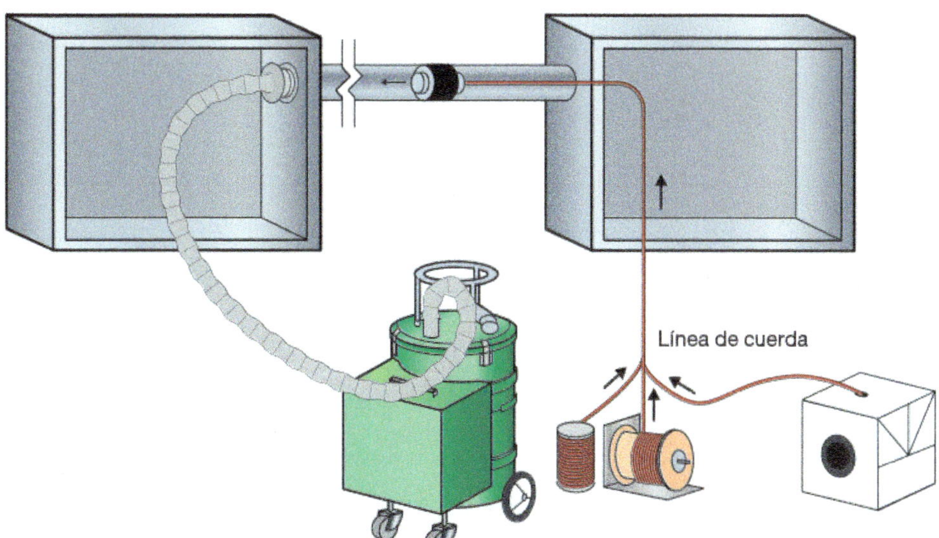

(C) Sistema en uso de cinta guía con soplador/aspirador

Figura 12 Sistema eléctrico de pesca

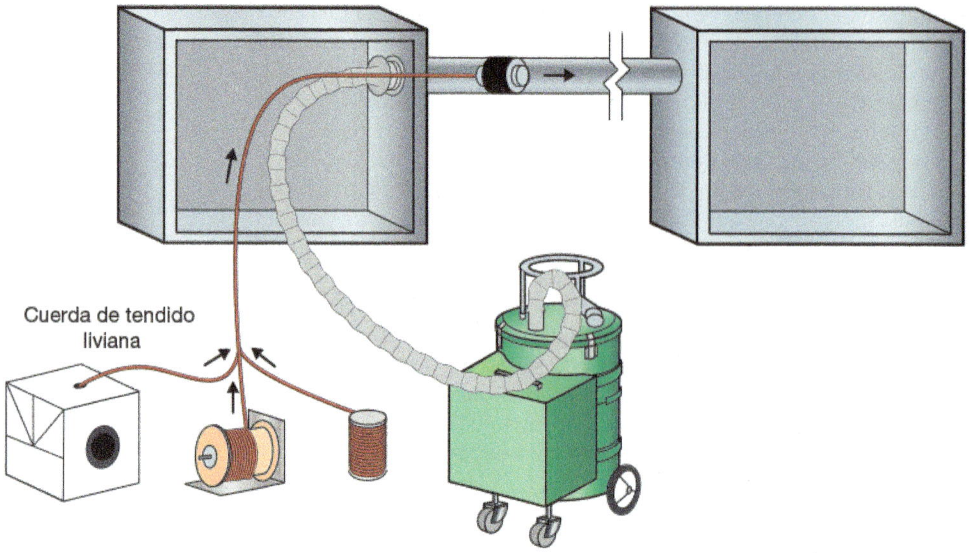

Figura 13 Sistema de cinta guía con soplador y aspirador que sopla una línea de tendido en un conducto

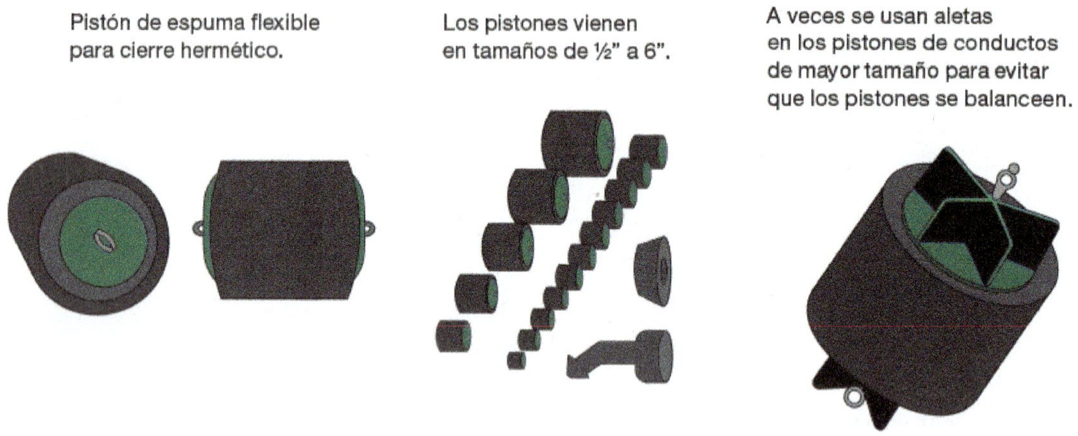

(A) Tipos de pistones

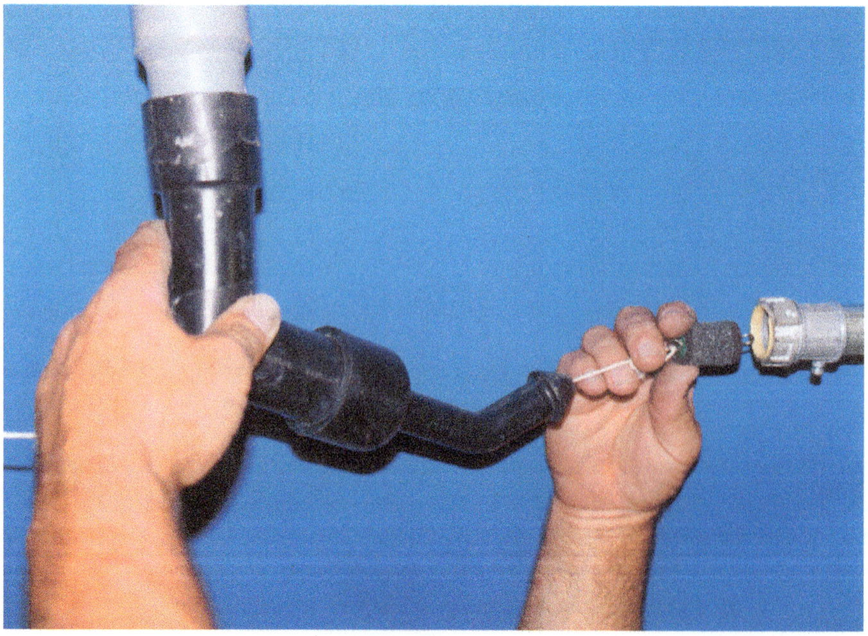

(B) Pistones conectados al sistema

Figura 14 Tipos de pistones de uso común

Hay que tomar ciertas precauciones cuando se utiliza un sistema eléctrico de cinta guía:

- Lea y comprenda todas las instrucciones y advertencias antes de utilizar la herramienta.
- Nunca pesque en tramos que puedan contener corriente.
- Esté preparado para lo inesperado. Asegúrese de que su posición y la de su cuerpo sean tales que no pierda el equilibrio en un evento inesperado.
- Utilice los sistemas del soplador y aspirador solamente para pesca ligera especificada y explorando el sistema de canalización.
- Nunca utilice alicates u otros dispositivos que no estén diseñados para halar una cinta guía. Pueden torcer o mellar la cinta, creando un punto débil.

Pértigas pescadoras

Pueden utilizarse pértigas pescadoras rígidas en áreas como techos falsos, donde la cinta guía tradicional podría engancharse en los conductos o en las rejillas de los techos. También existen pértigas pescadoras que brillan en la oscuridad.

Fuente: Ridge Tool Company

1.5.0 Preparación de los extremos de los cables

La línea o cuerda de tendido debe estar sujeta al cable o conductores para que no pueda desprenderse del cable durante el tendido. Dos métodos comunes son la conexión directa con los propios conductores del cable y la conexión mediante sujetadores de tendido o cestas colocadas sobre el cable o grupo de conductores.

Al usar el tipo adecuado de sujeción, el tendido será más fácil. En particular, en el tendido de cables largos, los trabajadores prefieren utilizar una **abrazadera** de tres o cuatro orificios con tornillos prisioneros que fijan cada conductor. La *Figura 15* muestra varios tipos de sujetadores de tendido.

Abrazadera (cable grip): dispositivo para fijar los extremos de los cables a una cuerda de tracción; algunos traen tornillos prisioneros para fijar el conductor a la abrazadera.

Las mallas tiracables son de uso fácil y de conexión rápida, en particular para los cables más pequeños. Tenga en cuenta que el aislamiento sin lubricante de algunos cables requiere pelar los hilos y aplicar la cesta a los conductores en lugar de al aislamiento. No obstante, en todos los casos, siga las orientaciones e instrucciones del fabricante del sujetacables.

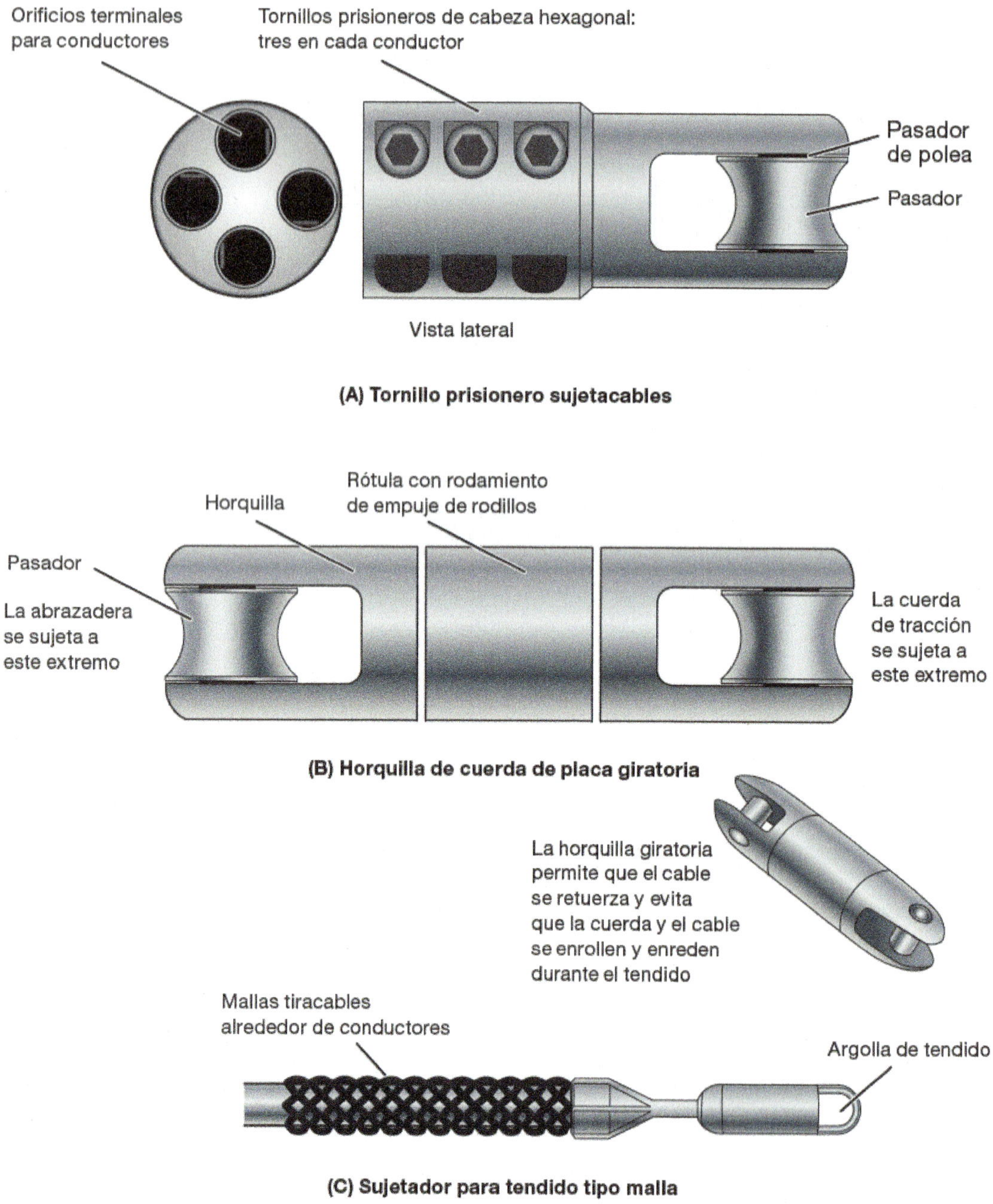

Figura 15 Varios sujetadores de tendido

Horquilla (*clevis*): dispositivo que conecta una cuerda de tracción a una abrazadera de cable.

La mayoría de los bloques de tendido tienen una **horquilla** de cuerda como parte integral. Sin embargo, cuando se utilizan sujetadores de cables para tendido o de cesta en conductos de 2" o mayores, normalmente se utiliza una horquilla de cable para conectar la cuerda de tendido al sujetacables. Actualmente se utilizan dos tipos: la *horquilla recta* y la *horquilla giratoria*. Cuando el tipo de sujetacables que se utiliza requiere pelar el aislamiento del extremo de los conductores, se utilizan métodos y herramientas de pelado comunes. Nunca debe utilizarse una navaja o herramienta similar para pelar cables.

En general, primero deben recortarse los extremos de los conductores como mínimo. Los cortadores de cables que pueden cortar conductores de 1,000 kcmil les ahorran tiempo a los trabajadores en comparación con el uso de una sierra para metales. También hay pelacables, ajustables desde 1/0 AWG hasta 1,000 kcmil, que se encargan de pelar el aislamiento de THHN, THWN, XHHW y similares en la mitad del tramo y en la terminación. Estas herramientas son excelentes para pelar conductores y utilizarlos en sujetadores de tendido de tipo abrazadera con tornillo prisionero.

Para utilizar una herramienta de pelado, marque primero la distancia necesaria desde los extremos de los conductores, utilizando el sujetador de tendido como calibre. Cierre las mordazas de la herramienta pelacables sobre el cable y gírelas. Estos dispositivos de autoalimentación garantizan una progresión positiva por el cable hasta cualquier posición deseada. Para detener el pelado, vuelva a aplicar presión al pelador hasta que se haya realizado un círculo completo.

Una vez pelados los extremos de los conductores, inserte un conductor a la vez en el sujetacables. Asegúrese de que el extremo del conductor desnudo esté firmemente en su lugar y luego apriete los tornillos prisioneros con una llave hexagonal. Continúe con los demás conductores hasta que todos estén asegurados en el sujetador de tendido.

Cuando utilice una herramienta de pelado por primera vez, asegúrese de leer y comprender todas las instrucciones y advertencias previamente. Además, cuando trabaje con terminadores de cable deberá tener en cuenta lo siguiente:

- Utilice protección ocular.
- Inspeccione las herramientas antes de utilizarlas y reemplace las partes dañadas, faltantes o desgastadas.
- Esté preparado para lo inesperado. Asegúrese de que su posición y la de su cuerpo sean tales que no pierda el equilibrio.
- El material debe coincidir con la capacidad indicada en cuanto a tipo y tamaño.
- No utilice la herramienta sobre o cerca de circuitos bajo tensión.

Sujetadores y elementos giratorios

Los conductores pueden fijarse a una cuerda de tendido utilizando varios métodos, incluidos los sujetadores de tornillos prisioneros o las mallas tiracables. Independientemente del método utilizado, inserte siempre un elemento giratorio de algún tipo entre la cuerda de tendido o la cinta guía y los conductores para evitar que estos últimos se retuerzan. Existen elementos giratorios de ruptura que se liberan a una tensión determinada para evitar daños en los conductores si se aplica una fuerza excesiva o si los conductores se enganchan durante el tendido.

Sujetador de tornillo prisionero

Sujetador de cesta

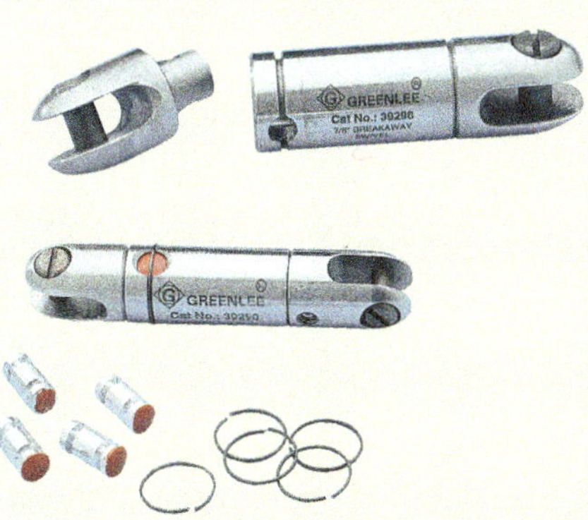

Placas giratorias

Fuente: Ridge Tool Company

1.6.0 Selección de equipos de tendido de cables

A menudo, los tendidos cortos y rectos pueden realizarse completamente insertando los conductores de forma manual. Sin embargo, se suelen usar cabrestantes manuales o motorizados para proporcionar la fuerza de tracción.

En general, los carretes de cables se colocan en un extremo del sistema de canalización y el extractor de cables en el extremo opuesto. Un extremo de la cuerda de tendido previamente instalada se sujeta a una horquilla, un sujetador de cesta u otro sujetacables al que se fijan los conductores. El otro extremo del cable (en el malacate de cables) se enrolla alrededor del **cabrestante** [tambor] giratorio (*Figura 16*).

Cabrestante (*capstan [drum]*): tambor giratorio de un malacate alrededor del cual se enrolla el cable. La fuerza de tracción aumenta junto con el número de vueltas.

Figura 16 Cabrestante en malacate de cable
Fuente: Ridge Tool Company

Asegúrese de revisar la clasificación de la cuerda de tendido

Muchas cuerdas de tendido disponibles hoy en día están hechas de materiales sintéticos diseñados para tendidos a mano o con un cabrestante. Sin embargo, si utiliza determinadas cuerdas sintéticas en cabrestantes por fricción, asegúrese de que la cuerda esté clasificada por el fabricante para este uso.

La cuerda debe tener capacidad para soportar el calor que se genera al deslizarse en el cabrestante. Durante las operaciones de tendido de gran fuerza, pueden producirse rápidamente daños por fusión y posibles averías de la cuerda sintética no clasificada durante los períodos de deslizamiento del cabrestante.

¡ADVERTENCIA!

Utilice siempre un lubricante para tendido de cables que sea compatible con el tipo de cables que se esté tendiendo. Si no lo hace, pueden producirse fuerzas de tracción inseguras y daños en los cables. Consulte las recomendaciones del fabricante del cable y póngase en contacto con el fabricante del lubricante para conocer la compatibilidad de los lubricantes con cables específicos. Consulte también las hojas de datos de seguridad (SDS) del producto para conocer los requisitos de seguridad aplicables.

El lubricante adecuado para tendido de cables, a menudo denominado *jabón*, se inserta en el conducto vacío y se limpia a fondo en la parte delantera del cable. Uno o varios operadores se encargan de alimentar el cable, mientras que en el extremo de tendido suele bastar con un trabajador.

El número de vueltas del cabrestante determina la cantidad de fuerza que se puede aplicar al tendido. El operador solo necesita aplicar 10 lb (0.04 kN) de fuerza a la cuerda de tendido en todos los casos. Con esta cantidad de fuerza aplicada y una vuelta alrededor del tambor giratorio, se aplicarán 21 lb (0.09 kN) de fuerza de tracción a la cuerda de tendido; dos vueltas pueden generar 48 lb (0.21 kN), y tres vueltas pueden generar 106 lb (0.47 kN). Más vueltas proporcionan más fuerza de tracción.

Este principio se conoce como *teoría del cabrestante*. Es el mismo principio que se aplica a los aparejos de poleas o al vaquero que enlaza y sujeta un potro salvaje grande enrollando su lazo alrededor de un poste. La *Tabla 1* indica la cantidad de fuerza de tracción con varios números de vueltas cuando el operador aplica solo 10 lb (0.04 kN) de fuerza de cola para un modelo específico de malacate.

TABLA 1 Ejemplo de fuerzas de tracción para vueltas en el cabrestante

Número de vueltas	Fuerza del operador (lb)	Fuerza de tracción (lb)
1	10	21
2	10	48
3	10	106
4	10	233
5	10	512
6	10	1,127
7	10	2,478

1.6.1 Seguridad en los tendidos

Cumpla las siguientes precauciones cuando utilice equipos de tendido de cables de alimentación:

- Lea y comprenda todas las instrucciones y advertencias antes de utilizar la herramienta.
- Utilice equipos compatibles; es decir, el malacate de cables con la clasificación correcta para el trabajo, junto con la cuerda y los accesorios adecuados.
- Siempre esté preparado para lo inesperado. Asegúrese de que su posición y la de su cuerpo sean tales que no pierda el equilibrio. Manténgase fuera de la línea directa de fuerza.
- Inspeccione las herramientas, la cuerda y los accesorios antes de utilizarlos. Reemplace las partes dañadas, faltantes o desgastadas.
- Inspeccione personalmente el montaje de tendido de cables, la cuerda y los accesorios antes de comenzar el tendido. Asegúrese de que todos los equipos estén debidamente montados.
- Asegúrese de que todas las conexiones eléctricas estén debidamente puestas a tierra y sean adecuadas para la carga.
- Utilice equipos de tendido de cables solo en áreas despejadas.
- Recuérdeles a todos los trabajadores que cualquiera puede detener el tendido si le parece inseguro.

PRECAUCIÓN

Asegúrese de que todos los equipos de comunicación funcionen bien antes del tendido. Coloque personal en puntos estratégicos con equipos de comunicación operables para detener e iniciar el tendido cuando las condiciones lo justifiquen. Cualquiera que participe en el tendido tiene autoridad para detenerlo a la primera señal de peligro para el personal o los equipos.

1.6.2 Tipos de malacates de cables

Los malacates de cables eléctricos están disponibles en varios tamaños y capacidades. Varían desde unidades ligeras que puede montar y utilizar una sola persona hasta unidades de gran resistencia para el tendido de cables de gran fuerza. La *Figura 17* muestra algunos ejemplos. El malacate de 1,000 lb que se muestra en la *Figura 17* (A) se acciona con una herramienta eléctrica inalámbrica, mientras que todos los demás extractores mostrados requieren una fuente de alimentación de 120 VCA.

PRECAUCIÓN

La tensión ejercida sobre el cable enrollado durante el tendido puede debilitar esta parte del cable. Asegúrese de desechar el cable enrollado después de realizar el tendido.

¡ADVERTENCIA!

Verifique que todos los equipos de tendido de cables estén debidamente anclados. Siga las recomendaciones del fabricante para el tipo de malacate utilizado.

La Figura 18 muestra el montaje básico para un tendido hacia abajo utilizando el malacate eléctrico. Para preparar el tendido, ajuste primero el codo y la pluma al ángulo correcto utilizando los pasadores fijados. El codo se fija al conducto mediante la perilla de traba. Esta unidad tiene un pestillo de conducto universal, de modo que se fija a todos los tamaños de conducto sin tener que cambiar los acoplamientos.

(A) Malacate de 1,000 lb

(B) Malacate de 2,000 lb

(C) Malacate de 6,000 lb

(D) Malacate de 10,000 lb

Figura 17 Malacates de cables
Fuente: Ridge Tool Company

Figura 18 Montaje de malacate para un tendido hacia abajo
Fuente: Ridge Tool Company

La Figura 19 muestra un montaje para un tendido hacia arriba. El montaje es similar a la instalación para el tendido hacia abajo, salvo que el codo se fija al conducto inferior en lugar de al conducto superior.

Figura 19 Montaje de malacate para un tendido hacia arriba
Fuente: Ridge Tool Company

1.6.3 Instrumentos de tendido de cables

Existen varios instrumentos útiles para las operaciones de tendido de cables. Los siguientes son ejemplos de instrumentos de tendido de cables que proporcionan información útil antes o durante un tendido:

- *Medidor de longitud de cable:* este medidor (*Figura 20*) está disponible para lectura directa en longitudes de 20,000' (6,096 m) o más. Para determinar la longitud de un conductor en un rollo, seleccione el tamaño y el material del cable, como cobre o aluminio. Luego, conecte los cables a cada extremo del cable y lea la pantalla. Estos instrumentos son ideales para determinar la longitud exacta de un conductor que queda en un carrete.

Figura 20 Medidor de longitud de cables
Fuente: Ridge Tool Company

- *Probador de circuitos/Clasificador de cables:* este instrumento (*Figura 21*) se usa para rastrear conductores en circuitos desenergizados. Uno de los cables del transmisor se pone a tierra, mientras que el otro se conecta al cable que se está rastreando. Luego se lleva el receptor al extremo opuesto del circuito, donde captará la señal intensa en el conductor rastreado. Luego, ese cable se marca. Los demás cables se rastrean de la misma manera.
- *Dinamómetro (medidor de fuerza):* Este aparato mide la fuerza de tracción durante el tendido de cables. Muchos están diseñados para instalarse en una herramienta específica de tendido de cables y se suministran como parte integral u opcional del tendido de cables. Cuando se integra en los controles del malacate, este se detiene automáticamente cuando se alcanza la fuerza máxima preestablecida. Las unidades portátiles pueden utilizarse con cualquier tipo de equipo de tendido de cable, pero sigue siendo necesario el control manual del malacate. Dichos instrumentos son muy valiosos para evitar daños en los conductores durante el tendido de cables con gran fuerza.

Figura 21 Probador de circuitos
Fuente: Ridge Tool Company

Historial de caso

Tendido de cables

Recientemente, en una gran obra comercial, los trabajadores iniciaron un trabajo complejo de tendido poco antes del final de la jornada. A las 5 p. m. se fueron, habiendo completado solo una parte de la operación de tendido. Al día siguiente, reanudaron el trabajo puntualmente a las 8 a. m., pero el lubricante de tendido se había secado en el conducto. Como resultado del exceso de fricción en el tendido, la cuerda se rompió, retrasando el trabajo y causando una extensa repetición.

Conclusión: No acepte un gran retraso en mitad de un trabajo de tendido.

Guía y lubricación de conductores

Al guiar conductores en un conducto o una canalización durante un tendido, es posible que tiendan a retorcerse, solaparse o cruzarse durante la operación de tendido, especialmente si se alimentan desde cajas en lugar de carretes. Las torsiones, superposición o cruces excesivos pueden provocar la unión de los conductores en las vueltas, crear obstrucciones y dañar el aislamiento.

Los operadores que están en el extremo de alimentación del tendido deben intentar mantener los conductores lo más rectos posible. Debe aplicarse mucho lubricante durante el tendido para que los conductores se deslicen fácilmente a través de ellos y unos sobre otros.

Fuente: Ridge Tool Company

1.0.0 Repaso de la sección

1. A la hora de pedir cable para una instalación, lo *mejor* es _____.
   a. adivinar la duración necesaria para evitar retrasos
   b. pedir el triple de la longitud prevista para tener en cuenta las terminaciones
   c. esperar a que se hayan instalado las canalizaciones para poder medirlas
   d. utilizar una fórmula estándar basada en los metros cuadrados de la instalación

2. La *mejor* manera de mover un carrete de alambre de 60" es utilizando un(a) _____.
   a. grúa
   b. elevador de tijera
   c. cazoleta
   d. camión canasta

3. Los mandriles de prueba deben dimensionarse al _____.
   a. 20 % del tamaño del conducto
   b. 40 % del tamaño del conducto
   c. 80 % del tamaño del conducto
   d. 100 % del tamaño del conducto

4. Un pistón de conducto *debe* _____.
   a. coincidir con el tamaño del conducto
   b. desecharse después de cada uso
   c. adjuntarse a los conductores
   d. ser el doble de ancho que el conducto

5. Los tendidos largos de grandes conductores requerirán probablemente el uso de _____.
   a. conexiones encintadas
   b. mallas tiracables
   c. abrazaderas de cables con tornillos prisioneros
   d. abrazaderas termorretráctiles

6. Tres vueltas en un cabrestante proporcionarán _____.
   a. 10 lb de fuerza de tracción
   b. 21 lb de fuerza de tracción
   c. 48 lb de fuerza de tracción
   d. 106 lb de fuerza de tracción

2.0.0 Tendido de cables de gran fuerza

Tareas prácticas

Esta sección no contiene tareas prácticas.

Objetivo

Describir cómo configurar un tendido de cable de gran fuerza.

a. Describir cómo configurar el extremo de alimentación.
b. Describir cómo sostener los conductores.
c. Describir cómo tender cables en bandejas portacables.

El tendido de cable de gran fuerza no suelen realizarse a diario, aunque un proyecto de gran envergadura puede requerir varios días consecutivos de tendidos de cables de gran fuerza. En realidad, es una pequeña parte de cualquier instalación de canalización eléctrica. Los trabajadores pueden tardar días, semanas o incluso meses en instalar todo el sistema de canalización. La operación de tendido de cables suele tardar menos tiempo.

Hay varios puntos a tener en cuenta durante el tendido de cables de gran fuerza:

- Deben estudiarse los planos del sistema de canalización y examinarse el sistema instalado para asegurarse de que está correctamente instalado y de que alojará los conductores. Los puntos por considerar incluyen el tamaño de los conductos, el número y tamaño de los conductores, el número de dobleces, suficientes cajas de paso del tamaño correcto y soportes adecuados para conductos y canalizaciones.
- Los conductores y la cuerda de tendido deben adaptarse al equipo de tendido.
- Determinar los mejores lugares para el tendido. En cuanto a la preparación del carrete, los conductores que se instalan hacia abajo deben alimentarse desde la parte superior del carrete, mientras que los conductores que se instalan hacia arriba deben alimentarse desde la parte inferior del carrete. De este modo, se minimizan las torceduras o los dobleces pronunciados en los conductores.
- El equipo de tendido elegido debe tener la capacidad adecuada para el trabajo. También es importante tener en cuenta el espacio disponible para los equipos, así como el tipo de montaje que pueda requerirse.
- Contar con suficientes trabajadores es fundamental, así que nunca se quede corto. Aquí es donde los trabajadores con experiencia se ganan el sueldo. En el tendido de cables de gran fuerza, la experiencia es la mejor maestra.
- La seguridad debe ser lo primordial en la mente de todos.

Al planificar el tendido de cables, asegúrese de tener a mano suficiente cable para el tramo. Los cables pueden verificarse aún en el carrete utilizando un medidor de longitud de cables. Por supuesto, ya se debería haber revisado la longitud del conducto, como se comentó anteriormente. No proceda hasta que todos estén seguros de tener a mano cable suficiente para todos los dobleces, dobleces de ángulo amplio en cajas de conexiones y otras necesidades. Si el cable se queda corto, tome medidas para corregir la situación antes de continuar.

Roldana (*sheave*): rueda o conjunto de ruedas consecutivas que giran libremente y se utiliza en los tiracables para reducir la fricción en los giros. A menudo se denomina *polea*.

Una **roldana** de alimentación para los equipos de tendido proporcionarán una guía suave para el cable. Además, tenga suficiente lubricante a mano y utilícelo tanto antes como durante el tendido.

Seleccione e instale las abrazaderas adecuadas en los extremos de los cables. La sujeción debe ser adecuada para soportar la fuerza impuesta.

Cuando los cables se tienden en un tramo horizontal, el trabajador de control simplemente reduce la cantidad de tensión mantenida contra el cabrestante para ralentizar y reducir la tensión del tendido del cable. Cuando el operador libera toda la tensión, se alivia toda la fuerza de tracción. Durante el tendido, asegúrese de que la cuerda permanezca libre y no se enrolle alrededor de ninguna parte del cuerpo. Al tender tramos verticales, la cuerda debe atarse después de detener el tendido para evitar que los cables se devuelvan por la canalización.

Toda la operación debe ser supervisada de principio a fin. Deben utilizarse equipos de comunicaciones en ambos extremos del tendido.

En la *Figura 22* se muestra un montaje típico de tendido de cables, que incluye carretes de cables, soportes de carretes, un sistema de conductos y otros accesorios necesarios para el tendido. Tenga en cuenta que el cable se está tendiendo hacia abajo a través del panel de distribución, por lo que está siendo alimentado desde la parte superior del carrete.

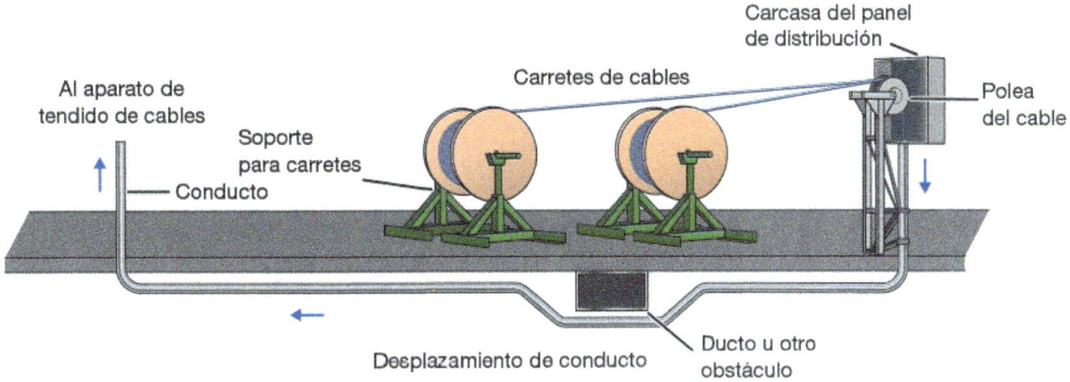

Figura 22 Montaje típico para un tendido de cables

Medir la fuerza de tendido

Para supervisar la velocidad, la fuerza de tracción y la distancia de tendido ya no es necesario que el operario del malacate o los supervisores estén sobre los controles del malacate. El sistema Smart Pull de Greenlee proporciona esta información a cualquier persona conectada a la aplicación de soporte. Los datos también se pueden guardar para documentar las condiciones en las que se tendió el cable.

Fuente: Ridge Tool Company

Fuente: Ridge Tool Company

Piénselo

Comunicaciones

¿Qué tipo de equipo de comunicaciones sería útil durante las operaciones de tendido de cables?

2.1.0 Extremo de alimentación del tendido

Al colocar el extremo de alimentación, la cuerda debe seleccionarse en función de la fuerza prevista del tendido. Seleccione una cuerda que tenga al menos cuatro veces la resistencia de la fuerza de tracción requerida. Por ejemplo, si la fuerza de tracción estimada es de 1,200 lb (5.3 kN), la cuerda debe tener una capacidad nominal no inferior a 4,800 lb (21.4 kN). Revise la cuerda cuidadosamente antes del tendido para ver si está desgastada o dañada. Recuerde que una cuerda es tan fuerte como su punto más débil.

El montaje de alimentación debe desenrollar el cable a lo largo de su curvatura natural, como se muestra en *Figura 23* (A), en la oposición a una curvatura en S inversa, como se muestra en la *Figura 23* (B). Los montajes de alimentación se muestran para bocas de inspección, conductos bajo suelo y bandejas portacables aéreas se muestran en la *Figura 24*. Observe el uso de equipos auxiliares en los planos, tales como carretes de cable, tubos guía y poleas.

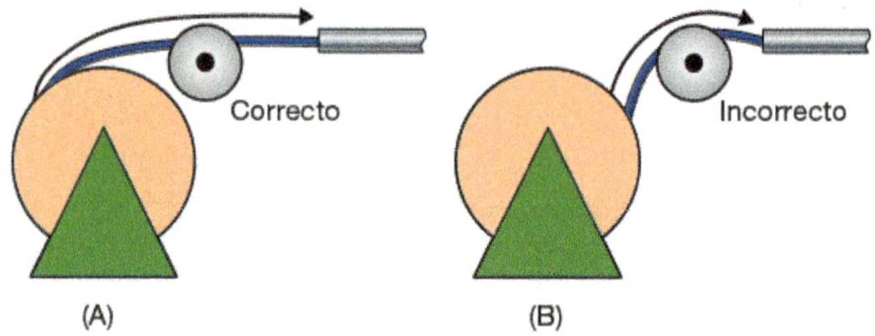

Figura 23 Desenrolle el cable a lo largo de su curvatura natural

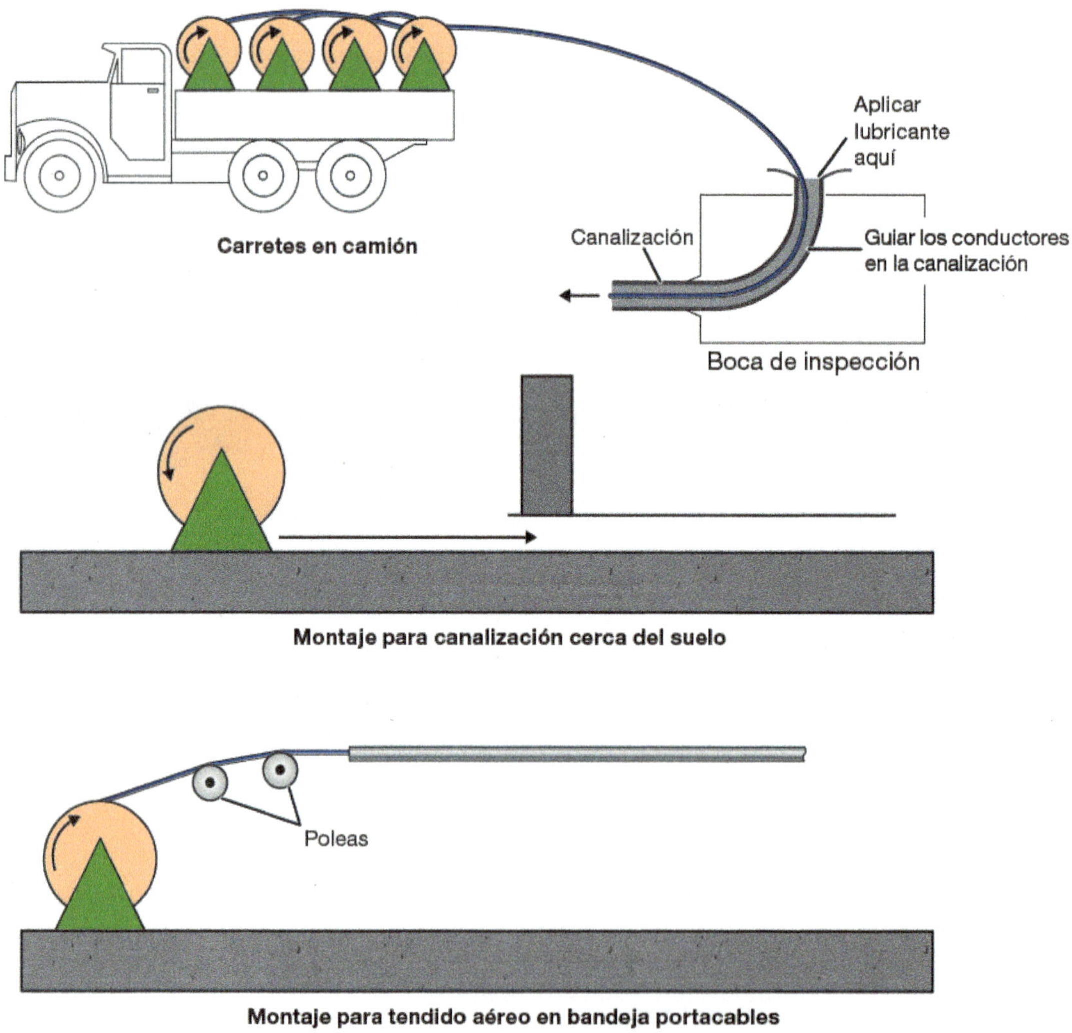

Figura 24 Montajes de alimentación de cables

Las poleas simples, como las que se muestran en la *Figura 25* (A), pueden utilizarse para guiar y sostener los cables en su recorrido. Deben colocarse varios bloques para mantener un radio de curvatura mínimo del cable siempre que este se desvíe. Para tendidos en dobleces, utilice un conjunto de poleas transportadoras de la serie de radios adecuada, como la que se muestra en la *Figura 25* (B).

(A) Poleas individuales **(B) Conjunto de poleas**

Figura 25 Poleas para cables
Fuente: Ridge Tool Company

Las poleas deben colocarse de modo que la curvatura sea suave y los cables se desvíen uniformemente en cada una de ellas. Nunca permita que se forme una curvatura en polígono, como se muestra en la *Figura 26*, colocando las poleas demasiado separadas.

PRECAUCIÓN

Considere el radio de la superficie de la polea sobre la que se dobla el cable, no el diámetro exterior o el tamaño comercial de la polea. Por ejemplo, una polea de cable de 10" suele tener un radio de curvatura de solo 3". Las poleas demasiado pequeñas o muy pocas harán que el radio de curvatura del conductor supere al recomendado.

¡Nunca organice las poleas de esta forma!

Figura 26 Evite formar un polígono al colocar las poleas muy separadas

Piénselo

Montajes de alimentación

¿Por qué no es deseable un montaje de curva en S?

2.2.0 Soporte de conductores verticales

Soporte de conductor (*conductor support*): se refiere al soporte físico que proporcionan los cables o conductores que se desplazan verticalmente.

Figura 27 Conductores sostenidos con cuñas

PRECAUCIÓN

Cuando instale conductores en canalizaciones verticales, instale el soporte adecuado para retirar el equipo de tendido o cortar los conductores en cada extremo.

Conozca el código

Requisitos generales sobre métodos y materiales de cableado
Artículo 300 del NEC

Los conductores de canalizaciones verticales deben sostenerse de acuerdo con la ***sección 300.19 del NEC***. En general, debe haber un **soporte de conductores** en la parte superior de la canalización vertical o tan cerca como sea viable. Los soportes intermedios a lo largo del tramo vertical deben estar separados a una distancia limitada según los valores indicados en la ***tabla 300.19(A) del NEC***. La separación se basa en el tamaño y el material (cobre o aluminio) del cable conductor.

El *NEC*® permite varios métodos diferentes de soporte de conductores en canalizaciones verticales. Los métodos típicos son los siguientes:

- Los conductores pueden sostenerse mediante cuñas aislantes insertadas en los extremos de los conductos, como se muestra en la *Figura 27*. Cuando la sujeción del aislamiento no soporta adecuadamente el conductor en su interior, el propio conductor también debe sujetarse.
- Los conductores pueden sostenerse insertando cajas a los intervalos requeridos en las que se instalen y fijen soportes aislantes de manera satisfactoria para soportar el peso de los conductores fijados a ellos. Las cajas deben tener tapas.
- Los cables pueden sujetarse en las cajas de conexiones desviándolos no menos de 90° y llevándolos horizontalmente a una distancia no inferior al doble del diámetro de los cables. Los cables se colocan sobre dos o más soportes aislantes y, si se desea, se fijan a ellos con alambres de atar. Cuando se utilice este método, los cables deben sostenerse a intervalos no superiores al 20 % de los valores mencionados en la ***tabla 300.19(A) del NEC***.
- Los cables pueden sostenerse con un método de igual efectividad.

Se fabrica una variedad de soportes específicamente para sostener cables en tendidos de conductos verticales Se pueden obtener muchas ideas en los catálogos de los fabricantes. Por ello, siempre que sea posible, revise las ofertas de los proveedores eléctricos y los representantes de los fabricantes. Los fabricantes de equipos eléctricos quieren que sus equipos se utilicen y han descubierto que una de las mejores formas de conseguirlo es proporcionar instrucciones fáciles de entender y ejemplos de aplicaciones prácticas. La mayoría de los fabricantes se toman grandes molestias para facilitar esta información, pero suele ser gratuita para quienes trabajan en la industria.

Deben tomarse varias medidas de precaución al tender cables en tramos verticales. Uno de los problemas son los *desbocamientos*, que son los cables que se caen por la canalización. Esto puede causar lesiones a los trabajadores en ambos extremos del tendido. Por consiguiente, deben utilizarse sistemas de frenado en todos los tendidos verticales largos de cables. Reciba instrucciones específicas de su supervisor antes de comenzar un tendido vertical.

¡ADVERTENCIA!

Protéjase contra los desbocamientos en todos los tendidos verticales. Asegúrese de utilizar el equipo de frenado adecuado para detener la caída de un conductor en caso de que ocurra un desbocamiento.

2.3.0 Tendido de cables en bandeja portacables

Cuando hay que instalar largos tramos de cables en bandejas portacables, es frecuente que surjan desafíos. Esto sucede en particular cuando el cable debe introducirse directamente en la bandeja y cuando cambia de dirección varias veces. Un sistema de tendido de cables debe planificarse e instalarse de tal modo que el cable pueda colocarse en las bandejas sin dañar el revestimiento y el aislamiento. También debe evitar dañar las bandejas portacables o los soportes colgantes.

Para realizar correctamente el tendido de la bandeja portacables, hay herramientas de instalación para tender cables de más de 1,000′ (305 m) de longitud. Estas herramientas incluyen rodillos de cable y poleas transportadoras. La *Figura 28* muestra un sistema de bandeja portacables parcial con una polea y un rodillo.

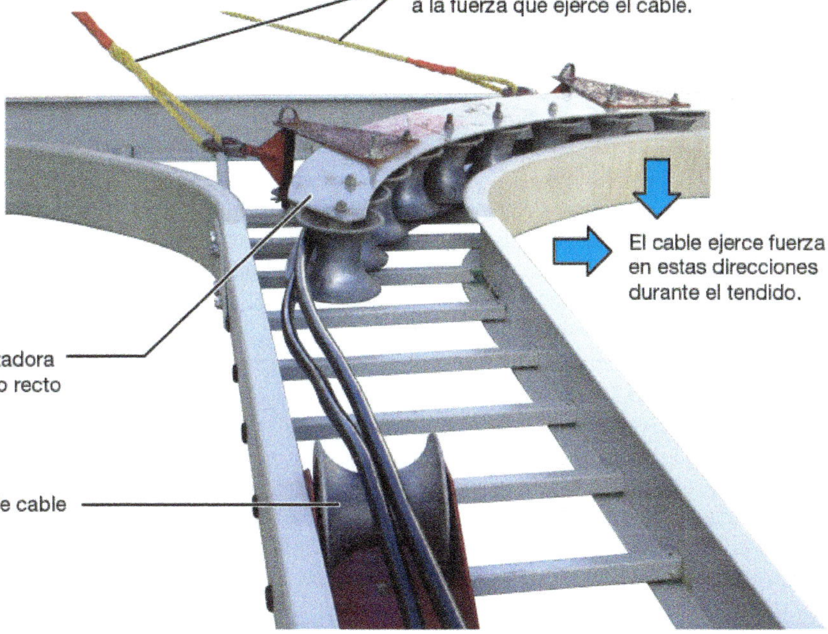

Figura 28 Disposición típica de tendido de cables en bandejas portacables
Fuente: Tim Dean

Pueden colocarse tramos cortos de cable sin herramientas o tenderlos con una malla tiracables. También pueden tenderse tramos largos de cable de diámetro pequeño con una malla tiracables. Los cables más grandes, sin embargo, deben ser halados por el conductor y la trenza o cubierta. Esto se hace con una argolla de tendido colocada en el cable en fábrica o fijando el conductor a una malla tiracables.

En general, la tracción ejercida sobre los cables con una malla tiracables no debe exceder las 1,000 lb (4.4 kN). En tendidos más pesados, debe utilizarse una argolla de tendido. Se debe tener cuidado de no estirar el aislamiento, la cubierta o la armadura más allá del extremo del conductor ni doblar la escalera, la canaleta o el canal de forma inadecuada.

El radio de doblez del cable nunca debe ser inferior a los valores recomendados por el fabricante. Por ejemplo, la limitación para un cable específico de 1" (25 mm) con aislamiento de goma sin blindaje o armadura es cuatro veces el diámetro, es decir 4" (102 mm). La *sección 320.24 del NEC* limita el radio de curvatura a cinco veces el diámetro para el cable con armadura (tipo AC) entrelazado. Los cables con características especiales de construcción, como los de alambre armado y los de alto voltaje, requieren un doblez de mayor radio.

Los mejores resultados se obtienen tendiendo el cable en una operación continua a una velocidad de 20' a 25' (6.1 m a 7.6 m) por minuto. Puede ser necesario frenar el carrete en ocasiones para reducir el pandeo de los cables entre rodillos y poleas.

El diámetro y la longitud del tendido dependerán del tendido que se vaya a realizar y de las herramientas y los equipos disponibles. El cabrestante y las unidades de alimentación deben ser de un tamaño adecuado para el trabajo y capaces de desarrollar la velocidad de tendido necesaria para obtener los mejores y más económicos resultados.

En general, se colocan bobinas para uno o varios cables en el fondo de las bandejas para proteger los cables al tenderlos. Se colocan poleas transportadoras en cada cambio de dirección, ya sea horizontal o verticalmente. Los rodillos inferiores pueden fijarse a los fondos de las bandejas excepto en los cambios verticales de dirección. Es necesario un soporte adicional en estos lugares para evitar daños o movimientos del sistema de bandejas.

Conozca el código

Cable armado: Tipo AC
Artículo 320 del NEC

NOTA

Si se van a instalar cables individuales, colóquelos siempre en el exterior de un doblez para dejar espacio en el interior de este para tender otros cables.

Las poleas deben apoyarse en la dirección opuesta al tendido. Por ejemplo, las poleas transportadoras en ángulo recto deben apoyarse en dos puntos, como se muestra en la *Figura 28*, para compensar el tendido de los cables.

PRECAUCIÓN

Los trabajadores que alimentan un cable de tendido deben inspeccionarlo cuidadosamente a medida que sale del carrete. Cualquier defecto visible en el cable en el extremo de alimentación justifica la detención del tendido.

¡ADVERTENCIA!

A la primera señal de cualquier problema que suponga un peligro para los trabajadores o el cable, se debe detener el tendido. Asegúrese de que todos los equipos de comunicaciones estén en buen estado antes de iniciar un tendido.

Los tendidos de cables eléctricos no deben detenerse a menos que sea absolutamente necesario. Sin embargo, cualquier persona asociada a la operación de tendido, una vez que observe evidencia de peligro para los cables o los trabajadores, puede detener dicha operación. Una comunicación clara es un factor importante cuando el proceso debe detenerse por un problema de seguridad.

Tendidos largos

Para tendidos muy largos, algunos contratistas utilizan un cabrestante auxiliar. Los cabrestantes eléctricos pueden superar sus límites de tensión preestablecidos y abortar el tendido, por lo que se instala un segundo cabrestante en un área de alta tensión del tendido en una sección recta de la bandeja. El segundo cabrestante se utiliza para tender un bucle de cable flojo y reducir la tensión en el cabrestante principal. De este modo, el cabrestante principal solo hala la longitud de cable flojo entre este y el cabrestante auxiliar.

Historial de caso

Tendido de cables en una bandeja

En una planta de fabricación de ropa de Nueva York, un electricista intentó tender cables en una bandeja ya parcialmente llena de cables energizados. Utilizó abundante lubricante, pero no poleas ni rodillos para aislar los cables nuevos de los existentes. Durante el tendido, el cable nuevo se atascó con los cables vivos y arrancó un cable energizado en un empalme. El cable energizado se conectó a tierra en la bandeja y formó un arco de 30' a lo largo de la bandeja y electrocutó al electricista.

Conclusión: Utilice poleas y rodillos al tender cables, especialmente cuando lo haga entre cables energizados existentes.

2.0.0 Repaso de la sección

1. Si la fuerza de tendido estimada es de 800 lb, la cuerda de tendido debe tener una capacidad nominal *no* inferior a _____.
   a. 800 lb
   b. 1,600 lb
   c. 2,400 lb
   d. 3,200 lb

2. Los requisitos para soportes de conductores intermedios se pueden encontrar en _____.
   a. *Tabla 310.15(B)(16) del NEC*
   b. *Capítulo 9, Tabla 8 del NEC*
   c. *Tabla 402.3 del NEC*
   d. *Tabla 300.19(A) del NEC*

3. El cable armado debe tener un radio de curvatura *no menor a* _____.
   a. dos veces su diámetro
   b. tres veces su diámetro
   c. cinco veces su diámetro
   d. ocho veces su diámetro

3.0.0 Limitaciones del cable al tender

Objetivo

Identificar las limitaciones del cable al tender.

a. Calcular la tensión admisible en dispositivos de tendido.
b. Calcular la tensión admisible en conductores.
c. Calcular la carga lateral.

Tareas prácticas

Bajo supervisión, debería poder hacer lo siguiente:

1. Preparar múltiples conductores para tenderlos en un sistema de canalización.
2. Preparar múltiples conductores para tenderlos en un sistema de canalización.

Deben considerarse las limitaciones físicas de un cable cuando se hala para colocarlo en posición. El tendido expone a los cables a una tensión extrema y puede dañar fácilmente un cable si se hace de forma inadecuada. Por ello, es importante que se tengan en cuenta las siguientes directrices:

- Mientras los carretes están almacenados, ya sea antes o después de un tendido, los extremos de los conductores deben sellarse para evitar que entre o se cuele humedad en los extremos de los cables.
- Las temperaturas ambiente mínimas de trabajo para las operaciones de tendido de cables dependen de los revestimientos de los cables. En climas fríos, los carretes de cables deben almacenarse en un área cálida durante la noche para que los revestimientos de los cables estén a la temperatura adecuada para el tendido al día siguiente.
- Calcule y respete la tensión máxima de tracción, la carga lateral máxima y los radios mínimos de curvatura de los cables.
- Asegúrese de que las juntas de la canalización estén alineadas y de que el espacio para el cableado sea suficiente.
- Evite arrastrar el cable por el borde de la canalización; utilice poleas para que entre suavemente. Evite también tender o arrastrar cables por el suelo.
- Si utiliza una malla tiracables, fíjela al cable con fleje de acero. Una vez que el cable esté en su lugar, córtelo después de la zona cubierta y deseche esa parte del cable.
- Asegúrese de que el alargamiento de la cuerda de tendido minimice los movimientos bruscos.
- Realice el tendido con cabrestante a una velocidad no superior a 40′ (12.2 m) por minuto.
- No detenga un tendido, a menos que sea absolutamente necesario, pero la seguridad es siempre lo primero.
- Nunca realice el tendido por el medio de los cables.
- Selle los extremos con masilla adecuada o masilla de silicona y envuelva con cinta hasta que los conductores estén terminados.

La tensión máxima de tracción no debe superar el menor de los siguientes valores:

- Tensión admisible en el dispositivo de tendido, como una malla tiracables.
- Tensión admisible en el conductor.
- Carga lateral admisible.

NOTA

Los valores métricos de la tensión de tracción se indican en newtons (N) o kilonewtons (kN) y se pueden encontrar en las hojas de datos del fabricante del conductor o dispositivo de tendido utilizado.

Ayudas de instalación

Otras herramientas disponibles para simplificar el tendido de cables son los rodillos en ángulo recto, los rodillos de cable en curva y los rodillos de cable en bastidor. Asegúrese de colocarlas en los lugares adecuados para evitar daños en los cables durante la instalación y para ayudar a que esta se realice lo más rápidamente posible a la tensión mínima necesaria.

Fuente: Ridge Tool Company

Fuente: Ridge Tool Company

Fuente: Ridge Tool Company

3.1.0 Tensión admisible en dispositivos de tendido

Resistencia a la tensión (*tensile strength*): fuerza de tracción necesaria para romper una cuerda, un cable o una viga estructural.

No sobrepase la carga de trabajo del fabricante de los dispositivos de tendido (argollas de tendido, cuerdas, anclajes, mallas tiracables u otros equipos). Si no hay información disponible de catálogo, trabaje con el 10 % de la **resistencia de tensión** nominal.

La tensión admisible de una malla tiracables no debe exceder el valor para los conductores, como se muestra en la *Tabla 2*, o 1,000 lb (4.4 kN), el que sea menor. Hay excepciones a esta regla, pero rara vez el valor supera las 1,250 lb (5.6 kN). Tenga en cuenta que debe conocer el área del conductor que se está tendiendo para aplicar los valores indicados en la *Tabla 2*.

TABLA 2 Limitaciones de tensión del cable

Material	Tipo de cable	Grado de dureza	Tensión
Cobre	Todos	Blando	0.008 lb/cmil
Aluminio	Energía	Duro	0.008 lb/cmil
Aluminio	Energía	$^3/_4$ duro	0.006 lb/cmil
Aluminio	Energía	AWM	0.005 lb/cmil
Aluminio	URD (sólido)	$^1/_2$ duro (blando)	0.003 lb/cmil
Todos	Termopar	—	0.008 lb/cmil

3.2.0 Tensión admisible en conductores

La parte metálica de los cables es el elemento resistente y debe soportar toda la fuerza de tracción. Nunca utilice cables de drenaje de protección o trenzas para realizar tendidos. La *Tabla 2* proporciona las tensiones de tracción admisibles de varios tipos de conductores. Cualquier cable o conductor se romperá si se estira más allá de su resistencia a la tracción. No supere nunca el valor de tensión calculado.

Reduzca la tensión máxima de tendido entre un 20 % y un 40 % si se está tendiendo simultáneamente de v arios conductores porque la tensión no siempre se distribuye uniformemente entre los conductores.

La tensión máxima para un cable específico puede encontrarse utilizando los datos del fabricante. En general, la tensión máxima de un cable monoconductor no debe superar las 6,000 lb (26.7 kN). La tensión máxima para dos o más conductores no debe superar las 10,000 lb (44.5 kN).

La tensión máxima de los cables con plomo no debe superar las 1,500 libras por pulgada cuadrada (psi) o 10.3 megapascales (MPa) de área de cubierta de plomo cuando se tienden con una malla tiracables. La tensión máxima de los cables sin plomo no debe superar los 1,000 psi (6.9 MPa) de área de aislamiento cuando se tira de ellos con una malla tiracables.

Para un tramo recto horizontal de canalización, la tensión de tracción es igual a la longitud del tramo de tubo multiplicada por el peso del cable y el coeficiente de fricción, que variará en función del tipo y la cantidad de lubricación utilizada. La ecuación es la siguiente:

$$T = L \times w \times f$$

Donde:

T = tensión total de tracción

L = longitud del tramo de canalización en pies o metros

p = peso del cable en libras por pie (lb/ft) o kilogramo por metro (kg/m)

f = coeficiente de fricción

En el caso de tubos con secciones curvas, se aplica la siguiente ecuación:

$$T_{AFUERA} = T_{ADENTRO} \times e^{fa}$$

Donde:

T_{AFUERA} = tensión del doblez

$T_{ADENTRO}$ = tensión dentro del doblez

f = coeficiente de fricción

e = logaritmo neperiano base 2.718

a = ángulo de los dobleces en radianes

Para ayudar a resolver la ecuación anterior, los valores de e^{fa} para ángulos de doblez y coeficientes de fricción específicos se indican en la *Tabla 3*. Para conocer valores más precisos, los fabricantes de cables proporcionan tablas.

PRECAUCIÓN

Cuando se tienden conductores más pequeños con conductores grandes, los conductores más pequeños se dañan más fácil.

Programas informáticos

Existen aplicaciones para calcular la tensión de tracción. Suelen calcular la tensión de tracción y las presiones laterales en función del tamaño del conductor utilizando sus propios datos sobre coeficientes de fricción. Estas aplicaciones también pueden determinar la ocupación del conducto, la configuración del conductor, las relaciones de atascamiento y la cantidad de lubricante necesaria para un tendido determinado.

TABLA 3 Coeficientes de fricción para varios dobleces

Ángulo de doblez (grados/radianes)	Valores de e^{fa} para coeficientes de fricción		
	f = 0.75	f = 0.50	f = 0.35
15°/0.2618	1.22	1.14	1.10
30°/0.5236	1.48	1.30	1.20
45°/0.7854	1.80	1.48	1.32
60°/1.0472	2.19	1.68	1.44
90°/1.5708	3.25	2.20	1.73

3.3.0 Carga lateral

Antes de calcular la tensión de tracción de un cable, debe tenerse en cuenta la carga lateral o la presión. La carga lateral es la fuerza radial ejercida sobre un cable que se tiende alrededor de un doblez de conducto o de una polea. Una carga lateral excesiva puede aplastar un cable y es, por tanto, uno de los factores más restrictivos en instalaciones con dobleces o tensiones altas.

La Figura 29 muestra una sección de un conducto con un doblez de 90°. Observe que la tensión de tracción se ejerce paralelamente a las paredes del conducto. Sin embargo, debido a la curva de 90°, también se ejerce una carga lateral contra la pared del conducto. y se reduce aumentando el radio de los dobleces.

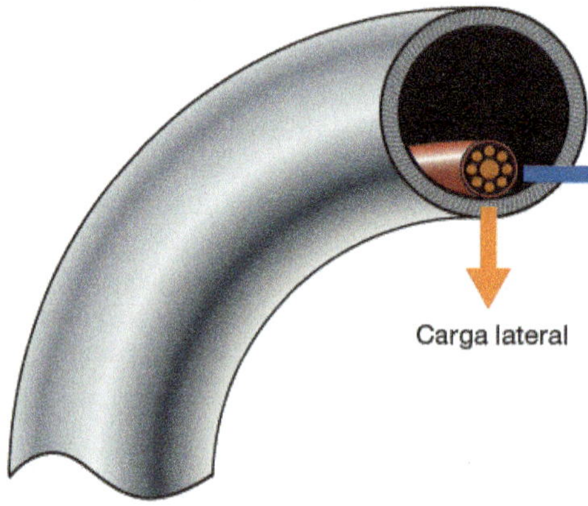

Figura 29 Carga lateral

En general, la carga lateral en cualquier tramo de canalización no debe superar las 500 lb/ft (744 kg/m) de radio de curvatura. Sin embargo, esta presión debe reducirse en algunos tipos de cables. Por ejemplo, la *Tabla 4* muestra las recomendaciones de un fabricante para las presiones laterales máximas permitidas para varios tipos de cables. Consulte siempre la guía del fabricante para el tipo de cable utilizado. La información que figura en la *Tabla 4* no es válida para su uso en campo.

TABLA 4 Presiones laterales máximas para distintos tipos de cables

Tipo de cable	Presión lateral del radio de curvatura
Control sin blindaje de 600 V	300 lb/ft
Potencia EP sin blindaje de 600 V y 1 kV	500 lb/ft
Potencia EP de 5 kV y 15 kV	500 lb/ft
Potencia de 25 kV y 35 kV	300 lb/ft
Cable con armadura entrelazado (todos los voltajes)	300 lb/ft

Por ejemplo, la *Figura 30* muestra un sistema de canalizaciones simple que contiene tres conductores de cobre con cubierta de plomo de 500 kcmil. Obsérvese el tramo recto de 300′ de A a B, la curva de 45° y el otro tramo recto de 100′ de C a D.

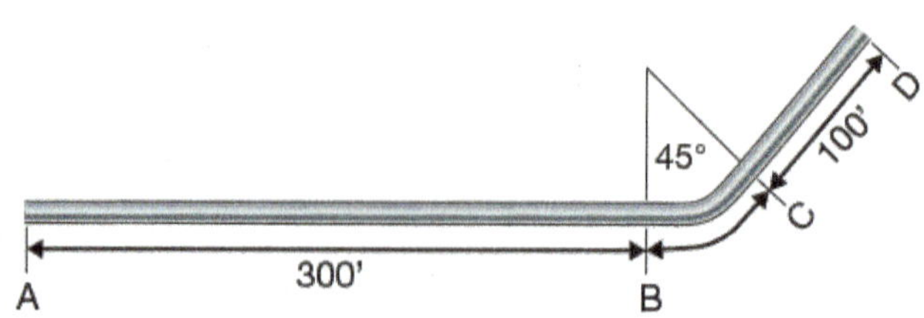

Figura 30 Tramo de conducto de muestra

Historial de caso

Tendido de cables

En junio de 2006, un electricista estaba colocando un cable de instrumentación en una cubierta de trabajo elevada. Al mismo tiempo, una cuadrilla estaba halando un conjunto en una bandeja portacables adyacente, pero no instaló señales de precaución ni controles de barrera. La cuadrilla inexperta tampoco supervisó la tensión del conjunto del tendido y este falló durante la operación. Debido a esto, el cable se devolvió a lo largo de la bandeja portacables dando un latigazo, se aferró a un rodillo de cable suelto y lo arrojó a gran velocidad hacia la víctima. El cable le amputó el brazo al electricista, le rompió las costillas y el fémur y le reventó varios órganos internos. El electricista falleció a causa de las lesiones.

Conclusión: Solo las personas calificadas pueden realizar un tendido de cables. Todos los equipos de tendido deben haber sido probados y certificados para la carga esperada, y el área debe estar asegurada con controles de precaución o barrera durante el tendido.

Para encontrar la tensión de tracción calculada de A a D, consulte los datos del cable del fabricante del producto. Suponga que este cable pesa 8 lb/ft y tiene una cubierta de plomo de 0.141″ de grosor. El diámetro exterior del conjunto de cables de tres conductores es de 3". Consulte de nuevo la *Figura 30* y utilice 0.5 como coeficiente de fricción y calcule la tensión de tracción de A a D de la siguiente manera:

Paso 1 Halle la tensión entre los puntos A y B.

Tensión en B (T_1) = $L_1 \times p \times f$

L_1 es la longitud entre los puntos A y B, cuando w es el peso del cable por pie y f es el coeficiente de fricción, que es 0.5. Sustituya los valores conocidos en la ecuación.

$T_1 = 300 \times 8 \times 0.5 = 1{,}200$ lb

Paso 2 Halle la tensión entre los puntos B y C.

Tensión en C = $T_1 \times e^{fa}$

Como la distancia entre B y C implica un ángulo, consulte la *Tabla 3* de este módulo. Al mirar en la columna izquierda de la tabla, vemos que 45° equivalen a 0.7854 radianes. Este valor multiplicado por el coeficiente de fricción (0.5) equivale a 0.3927.

NOTA

Los radianes de los ángulos también pueden encontrarse con calculadoras electrónicas de bolsillo si tienen funciones científicas. Siga las instrucciones del manual de la calculadora. Las pulsación de teclas exacta varían según la marca de la calculadora. Sin embargo, la mayoría requiere pulsar la tecla de grados, introducir el número correspondiente a los grados, pulsar la tecla de conversión y, por último, pulsar la tecla de radianes o RAD. Se mostrarán los radianes del ángulo.

Luego, halle el valor de e^{fa} localizando el ángulo de 45° de la curva en la columna izquierda de la *Tabla 3*. Lea a través de la fila hasta la columna con el coeficiente de fricción de 0.50. El número es 1.48.

$a = 45° = 0.7854$ radianes
$fa = 0.5 \times 0.7854 = 0.3927$
$e^{fa} = 1.48$

Sustituya estos valores en la ecuación para resolver C.

$T_1 \times e^{fa} = 1{,}200 \times 1.48 = 1{,}776$ lb

Por lo tanto, la tensión en C es de 1,776 lb.

Paso 3 Halle la tensión de los puntos C a D.

Tensión desde C a D (T_2) = $L_2 \times p \times f$

$T_2 = 100 \times 8 \times 0.5 = 400$ lb

Paso 4 Halle la tensión total de tracción sumando los valores de T_1 y T_2 que se obtuvo antes.

$T = T_2 + T_1 e^{fa} = 400$ lb + 1,776 lb

= 2,176 lb

Paso 5 Una malla tiracables que se usa en este tamaño de cable no debe superar una tensión de 1,900 lb. El resultado de 2,176 lb del *paso 4* supera esta cantidad. Por lo tanto, si el tendido se realiza desde el punto A hasta el punto D, será necesario utilizar una argolla de tendido en su lugar. Sin embargo, si el tendido se invierte (desde el punto D hacia el punto A), la tensión total de tracción se reducirá. Esto se debe a la distancia desde el punto D hasta el ángulo de 45° (punto C en la *Figura 30*) es tan solo un tercio la distancia desde el punto A hasta el ángulo de 45° (punto B).

Tensión en C = 400 lb

Tensión en B = 400 lb × 1.48

= 592 lb

Tensión total en A = 1,200 lb + 592 lb = 1,792 lb

Paso 6 En el análisis final, vemos que al tirar del cable desde el punto D hasta el punto A, se reduce la tensión de tracción necesaria. Como resultado, la tracción puede invertirse sin necesidad de herramientas adicionales, o bien debe utilizarse una argolla de tendido o una malla tiracables. Es importante señalar que la tensión se reduce alimentando el cable desde el extremo más cercano a la primera curva encontrada.

Instalaciones complejas

Los obreros y contratistas más expertos son los más indicados para realizar instalaciones complejas de tendido de cables. La figura muestra una pequeña parte de una instalación digna de un galardón que requirió más de 70,000 horas de trabajo.

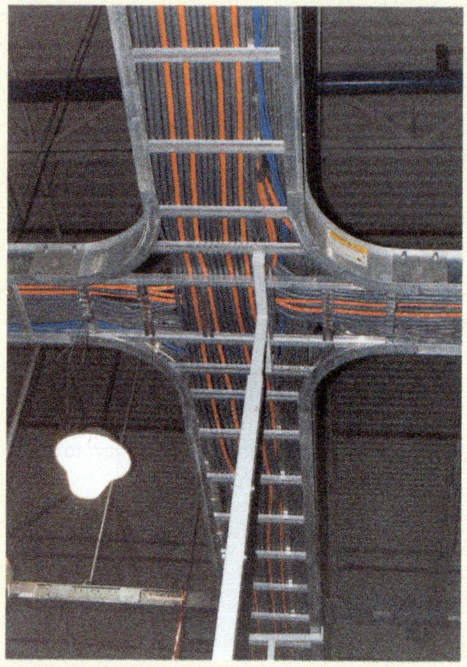

3.0.0 Repaso de la sección

1. Si no se dispone de información del catálogo de un dispositivo de tendido, *no* exceda el _____.
   a. 10 % de la resistencia nominal a la tracción
   b. 20 % de la resistencia nominal a la tracción
   c. 30 % de la resistencia nominal a la tracción
   d. 40 % de la resistencia nominal a la tracción

2. Si se están tendiendo simultáneamente varios conductores, debe reducir la tensión máxima de tendido al _____.
   a. 80 % a 90 %
   b. 60 % a 80 %
   c. 50 % a 60 %
   d. 20 % a 40 %

3. La presión lateral *máxima* del cable de alimentación de 5 kV es _____.
   a. 100 lb/ft de radio de curvatura
   b. 200 lb/ft de radio de curvatura
   c. 300 lb/ft de radio de curvatura
   d. 500 lb/ft de radio de curvatura

Módulo 26206-23 Preguntas de repaso

1. ¿Cuál de las siguientes afirmaciones sobre transporte o almacenamiento de carretes de cables es *incorrecta*?
   a. Guarde los carretes en posición vertical.
   b. Guarde los carretes en posición horizontal sobre un costado.
   c. Levante carretes pesados con una grúa o un montacargas.
   d. Al transportar carretes con un montacargas, asegúrese de que las horquillas no toquen el cable.

2. ¿Cuál de las siguientes afirmaciones sobre los instalaciones de conductores es *verdadera*?
   a. Todos los cables utilizan el mismo tipo de sujetador de tendido.
   b. Los sujetadores de tornillos prisioneros se aprietan fácilmente a mano.
   c. Los sujetadores de tornillos prisioneros se utilizan muy pocas veces en tendidos largos.
   d. Pele el aislamiento sin lubricación de los cables antes de colocarlos en una malla tiracables.

3. ¿Cuál es el *mejor* lugar para buscar información sobre un lubricante para tendido de cables que sea compatible con un tipo particular de aislamiento de cables?
   a. El fabricante del lubricante
   b. El fabricante del cable
   c. Tanto el fabricante del cable como el del lubricante
   d. El *NEC*®

4. ¿Cuál es la fuerza de tracción de un malacate de cable típico con cinco vueltas en el cabrestante y una fuerza aplicada por el operador de 10 lb?
   a. 48 lb
   b. 106 lb
   c. 233 lb
   d. 512 lb

5. ¿Quién tiene permiso para detener el tendido a la primera señal de peligro para el cable, el sistema de canalizaciones o el personal?
   a. Solo el supervisor del proyecto.
   b. Solo los trabajadores que están en el extremo de alimentación del tramo.
   c. Solo los trabajadores que están en el extremo de tendido del tramo.
   d. Cualquiera que participe en el tendido.

6. Se utiliza un dinamómetro durante el tendido para _____.
   a. medir la fuerza de tendido
   b. medir la velocidad de tendido
   c. determinar la longitud de un conductor
   d. determinar la ampacidad de un conductor

7. ¿Cómo debe realizarse el montaje de alimentación durante la instalación de un cable?
   a. El cable debe alimentarse con una curvatura en S inversa.
   b. No hay diferencia en la forma cómo se alimenta el cable.
   c. Solo es importante el extremo de tendido al tender el cable.
   d. El cable debe desenrollarse con su curvatura natural.

8. Al tender cables alrededor de dobleces, use _____.
   a. lubricación adicional
   b. montaje en polígono
   c. polea transportadora
   d. malacate manual

9. Si la fuerza de tendido estimada es de 1.000 lb, la cuerda de tendido debe tener una capacidad nominal *no* inferior a _____.
   a. 1,000 lb
   b. 2,000 lb
   c. 3,000 lb
   d. 4,000 lb

10. Es *más* probable que los sistemas de frenos se utilicen en largos _____.
    a. tendidos horizontales curvados
    b. tendidos rectos curvados
    c. tendidos verticales
    d. bandejas portacables

11. ¿Cuál de las siguientes opciones describe *mejor* la ubicación de los soportes de las poleas para tender cables en bandeja portacables?
    a. Deben proporcionar soporte en la dirección opuesta al tendido.
    b. Deben proporcionar soporte en la misma dirección de tendido.
    c. Deben proporcionar soporte solamente en el conjunto de bandeja.
    d. No es necesario ningún soporte adicional cuando las poleas se utilizan en bandejas portacables.

12. ¿Cuál de los siguientes métodos de tendido debe utilizarse cuando la tensión de tracción supera las 1,000 lb?
    a. Una malla tiracables por sí sola.
    b. Una argolla de tendido.
    c. Conductores doblados alrededor de un gancho y encintados.
    d. Conductores doblados alrededor de un gancho de serpiente que se dejan sin cinta.

13. Después de haber utilizado cierta longitud de conductor de un carrete de cables, ¿qué debe hacerse antes de guardar el carrete?
    a. Debe hacerse una prueba de tensión para ver si el cable se dañó.
    b. Debe realizarse una prueba de aislamiento con un megóhmetro.
    c. Los extremos de los conductores deben sellarse.
    d. El revestimiento del conductor debe calentarse.

14. ¿Cuál de las siguientes precauciones debe tomarse al hacer un tendido de cables en un clima extremadamente frío?
    a. El cable debe guardarse en un área cálida durante la noche.
    b. El cable debe guardarse al aire libre durante la noche.
    c. Debe mezclarse anticongelante con el lubricante para tendido.
    d. Deben utilizarse mantas calefactoras eléctricas durante el tendido.

15. La presión lateral *máxima* del cable de alimentación de 25 kV es _____.
    a. 100 lb/ft de radio de curvatura
    b. 200 lb/ft de radio de curvatura
    c. 300 lb/ft de radio de curvatura
    d. 500 lb/ft de radio de curvatura

Las respuestas a las preguntas de repaso impares de los módulos se encuentran en el *Apéndice A*.

Módulo 26206-23 Ejercicios suplementarios

1. Antes de instalar conductores en un tramo largo de conducto, es una buena idea utilizar _________ para revisar si hay obstrucciones ocultas.
    a. un mandril de paso/no paso
    b. cinta guía de $\frac{1}{4}$"
    c. una linterna
    d. un sistema de pistola de soplado

2. Cuando haya que tender varios cables juntos, estos deberán __________.
    a. alternarse
    b. cortarse al ras
    c. trenzarse
    d. torcerse

3. Cuando instale cables grandes que requieran más fuerza de tracción, seleccione una cuerda que tenga una resistencia nominal de al menos __________ veces la resistencia de la fuerza de tracción requerida.

4. ¿Verdadero o falso? Si no hay disponible lubricante comercial para cables, puede sustituirse por cualquier producto adecuado a base de petróleo.

5. Al tender tramos verticales, asegúrese de __________ la cuerda después de detener el tendido para evitar que los cables se devuelvan por la canalización.

6. ¿Verdadero o falso? Es más probable que se produzcan desbocamientos en los sistemas de canalización horizontal.

7. ¿Verdadero o falso? Al tender tramos largos de cable, detenerse regularmente permitirá que el cable se enfríe y evitará que se tense.

8. ¿Verdadero o falso? Se pueden utilizar medidores de longitud de cables para determinar la longitud de los conductores en los carretes antes de realizar un tendido.

9. Al aplicar la teoría del cabrestante a un malacate eléctrico, cada __________ multiplica por más del doble la fuerza de tracción.

10. ¿Qué tipo de dispositivo de tendido utiliza un sujetador de malla de acero flexible en los extremos del cable y se fija a la cinta guía o a la cuerda de tendido?
    a. Mandril
    b. Sujetador de tornillo prisionero
    c. Malla tiracables
    d. Argolla de tendido

Las respuestas a los ejercicios suplementarios impares se encuentran en el *Apéndice B.*

Respuestas a las preguntas de repaso de la sección

Respuesta	Referencia de la sección	Objetivo
Sección 1.0.0		
1. c	1.1.0	1a
2. a	1.2.0	1b
3. c	1.3.0	1c
4. a	1.4.0	1d
5. c	1.5.0	1e
6. d	1.6.0	1f
Sección 2.0.0		
1. d	2.1.0	2a
2. d	2.2.0	2b
3. c	2.3.0	2c
Sección 3.0.0		
1. a	3.1.0	3a
2. d	3.2.0	3b
3. d	3.3.0; *Tabla 4*	3c

MÓDULO 26207-23

Bandeja portacables

Fuente: fotografía de iStock@Goodvibes

Objetivos

La finalización exitosa de este módulo lo prepara para hacer lo siguiente:

1. Identificar los componentes de la bandeja portacables.
   a. Explicar el proceso para seleccionar accesorios de bandejas portacables.
   b. Identificar los componentes de soporte de las bandejas portacables.
2. Explicar cómo se determinan las cargas de las bandejas portacables.
   a. Determinar la carga aplicada a los soportes de las bandejas portacables.
   b. Identificar los tipos de falla que se producen bajo carga.
   c. Identificar los requisitos comunes de instalación de bandejas portacables.
3. Determinar las limitaciones de llenado de las bandejas portacables.
   a. Determinar el número de conductores permitidos en una bandeja portacables.
   b. Identificar los factores de reducción de potencia de los conductores de las bandejas de cables.

Tareas prácticas

Bajo supervisión, usted debería poder hacer lo siguiente:

1. Elaborar una lista de los materiales y componentes necesarios para un sistema de bandejas portacables.
2. Unir dos secciones rectas de bandeja portacables tipo escalera.

Descripción general

Las bandejas portacables comúnmente se usan de soporte de sistemas de cables en aplicaciones industriales. Este módulo abarca de los distintos tipos de bandejas portacables y sus sistemas de soporte. También explica cómo determinar la carga estructural aplicada a un sistema de bandejas portacables y calcular el relleno admisible según los requisitos del *NEC*®.

NOTA

NCCER Credenciales reconocidas en la industria

Si se está capacitando a través de un patrocinador acreditado por el NCCER, puede ser elegible para obtener credenciales del NCCER. El número de identificación de este módulo es 26207-23. Tenga en cuenta que este módulo puede haber sido utilizado en otros planes de estudios del NCCER y se puede aplicara la realización de otros niveles. Comuníquese con el NCCER al 1.888.622.3720 o visite **www.nccer.org** para obtener más información.

También puede mostrar en línea sus credenciales reconocidas por el sector con las insignias digitales de NCCER. Transforme sus conocimientos, habilidades, y logros en insignias que puede compartir en tus redes sociales, enviar a su red y agregar a su currículum. Para obtener más información, visite **www.nccer.org**.

Recursos digitales sobre Electricidad

ESCANÉAME

Escanee este código con la cámara de su teléfono o dispositivo móvil para ver los recursos digitales relacionados con este oficio.

1.0.0 Componentes de la bandeja portacables

Tareas práticas

1. Elaborar una lista de los materiales y componentes necesarios para un sistema de bandejas portacables.
2. Unir dos secciones rectas de bandeja portacables tipo escalera.

Objetivo

Identificar los componentes de la bandeja portacables.

a. Explicar el proceso para seleccionar accesorios de bandejas portacables.
b. Identificar los componentes de soporte de las bandejas portacables.

Conozca el código

Definiciones
Artículo 100 del NEC

Conozca el código

Bandejas portacables
Artículo 392 del NEC

Bandeja de escalera (*Ladder tray*): tipo de bandeja portacables que consta de dos canales laterales paralelos conectados por peldaños, similar en apariencia a una escalera.

Canaleta (*Trough*): tipo de bandeja portacables que tiene fondo ventilado o sólido.

Bandeja de cesta (*Basket tray*): bandeja portacables construida con alambre grueso, incluidos los rieles laterales.

Bandeja portacables de riel central (*Center-rail cable tray*): bandeja portacables sin rieles laterales, formada por un riel central con apéndices montados perpendicularmente al riel central a cada lado.

El *Artículo 100 del NEC* define un sistema de bandeja portacables como una unidad o conjunto de unidades y accesorios que forman un sistema estructural utilizado para sujetar o soportar de forma segura cables y canalizaciones. El *Artículo 392 del NEC* abarca las instalaciones de bandeja portacables, junto con los tipos de conductores que deben utilizarse en diversos sistemas. Siempre que surja una pregunta sobre la instalación de bandeja portacables, este es el artículo del *NEC®* que debe consultar.

Las bandejas portacables son medios comunes de soporte de sistemas de cables en aplicaciones industriales. Las propias bandejas estar formadas por un sistema de secciones ensambladas e interconectadas y sus accesorios asociados, todos ellos de metal o material incombustible. El sistema acabado forma un conjunto rígido continuo para sostener y transportar cables y canalizaciones eléctricas de un solo conductor, multiconductores o de otro tipo desde su origen hasta su punto de terminación, con frecuencia a distancias considerables.

Una bandeja portacables se fabrica tanto en aluminio como en acero. Algunos fabricantes ofrecen una bandejas portacables de aluminio recubiertas de PVC para instalaciones en ambientes cáusticos. También existen bandejas no metálicas ideales para utilizar en áreas corrosivas y que requieran aislamiento de voltaje.

Las bandejas portacables están disponibles en varias formas, como **bandeja de escalera** (*Figura 1*), **canaleta** (*Figura 2*) **bandeja de cesta** (*Figura 3*) y **bandeja portacables de riel central**. Todas pueden apoyarse lateralmente, excepto la bandeja de riel central, que debe apoyarse en el riel central. La bandeja de riel central también se denomina *bandeja monorriel* (*Figura 4*).

Sistemas de gestión de cables

Este sistema de gestión de cables ligero, flexible y no metálico se utiliza para dirigir el cableado a los grandes motores y cargas similares de una planta de fabricación.

Figura 1 Bandeja de escalera.
Fuente: fotografía de iStock@Goodvibes

Figura 2 Canaleta.
Fuente: iStock@vav63

Figura 3 Bandeja de cesta.
Fuente: iStock@Juan Ignacio Rodríguez Moronta

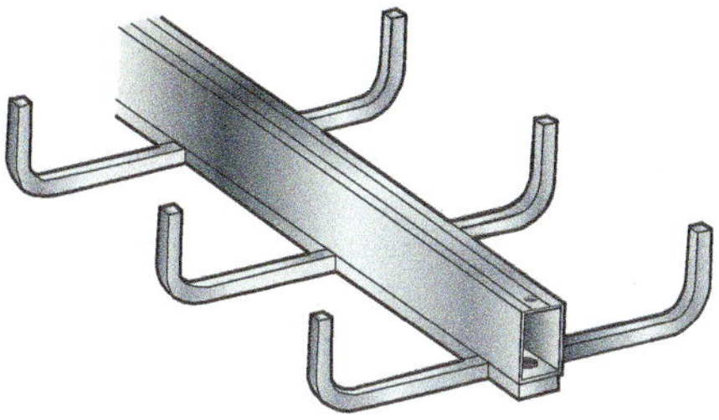

Figura 4 Bandeja de riel central o monorriel.

La bandeja de escalera consta de dos canales paralelos conectados por peldaños, similar en apariencia a una escalera. La bandeja de escalera ofrece una buena circulación de aire alrededor de los cables que ayuda a disipar el calor. Los peldaños son prácticos para atar conductores y no acumulan agua de lluvia, goteras ni condensación. La bandeja de canaleta consta de dos rieles laterales paralelos con fondo corrugado, ventilado o sólido.

En la *Figura 5,* se muestran varios tipos de bandejas y accesorios. Las bandejas de escalera y de canaleta suelen ser intercambiables; pueden conectarse y utilizarse en el mismo tendido cuando sea necesario.

La bandeja portacables generalmente se fabrica en longitudes de 12' y 24'. Las dimensiones métricas habituales de las bandejas portacables son 3 m y 6 m. Los anchos habituales de las bandejas van de 6" a 36" (150 mm a 900 mm) y las profundidades, hasta 6" (150 mm).

NOTA

Para consultar las conversiones métricas habituales, vea el *Apéndice 26207-23A.*

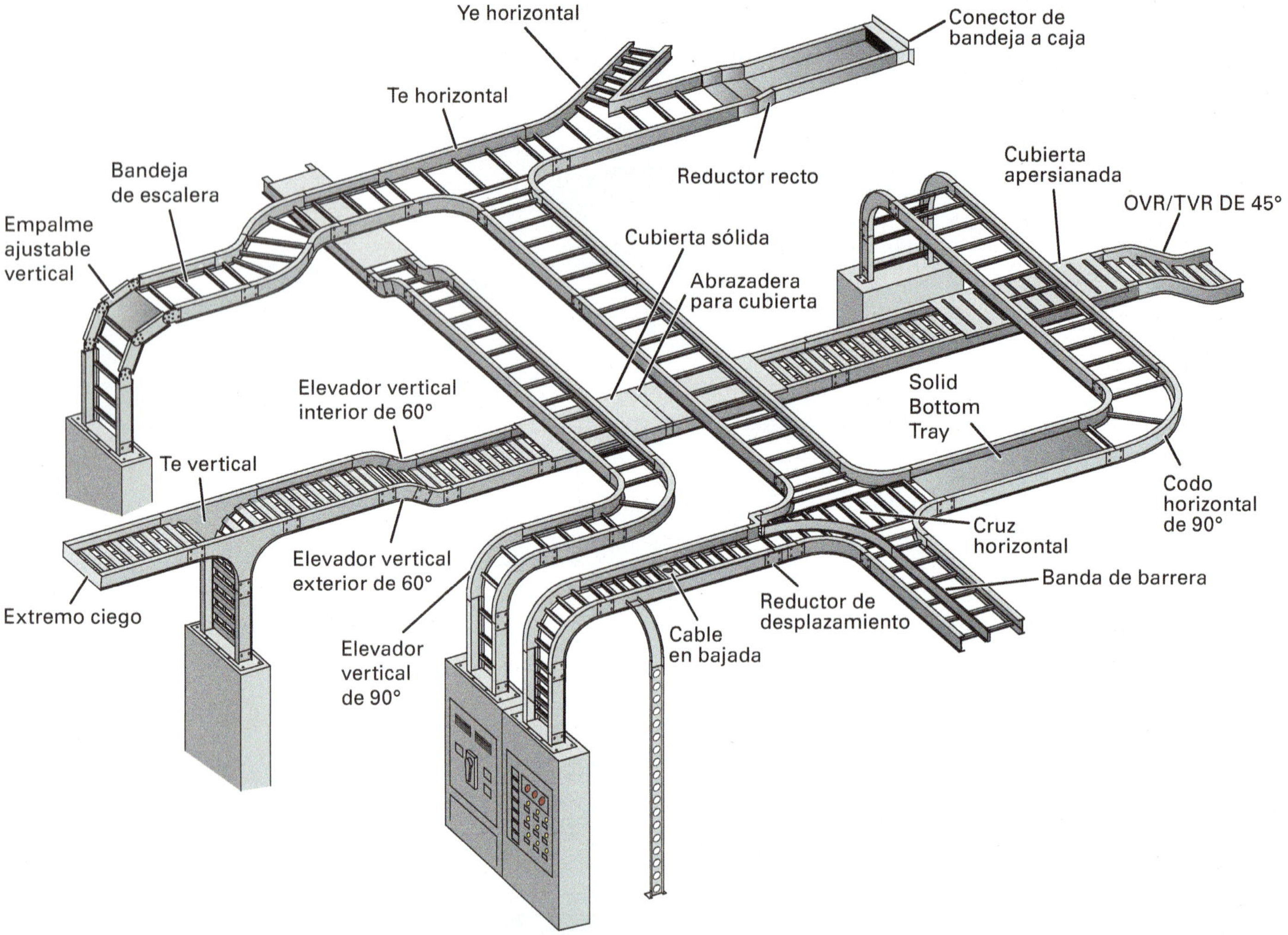

Figura 5 Ejemplo de sistema de bandejas portacables.

1.1.0 Accesorios de la bandeja portacables

Las secciones de la bandeja portacables se interconectan con varios tipos de accesorios. Estos también se utilizan para cambiar la dirección o la dimensión del sistema de la bandeja portacables. Los accesorios comunes incluyen los siguientes:

- **Te** horizontal y vertical
- **Ye**
- Curvatura horizontal y vertical
- **Cruz** horizontal
- Reductor
- **Serie de separadores**
- Tapa
- Placa de empalme
- Conector de caja

Te (*Tee*): sección de la bandeja portacables que proporciona un ramal de 90° de la sección principal.

Ye (*Wye*): sección de la bandeja portacables que se bifurca de la sección principal en un ángulo distinto de 90°, formando una Y.

Cruz (*Cross*): sección de la bandeja portacables de cuatro vías con cada ramal en un ángulo de 90°.

Serie de separadores (*Barrier strip*): banda metálica que divide la bandeja portacables en secciones para separar determinados tipos de cables.

El área de la sección transversal de una bandeja portacables que se usa para los cables se determina multiplicando el ancho (*W*) por la profundidad (*D*), como se muestra en la *Figura 6*. Sin embargo, las dimensiones totales de una bandeja portacables son mayores debido a los rebordes laterales y las juntas. Por lo tanto, las dimensiones, incluida el área útil, varían en función del tipo de bandeja. Los cables descansan en la parte inferior y se mantienen dentro del área de la bandeja mediante dos rieles laterales longitudinales (*Figura 7*).

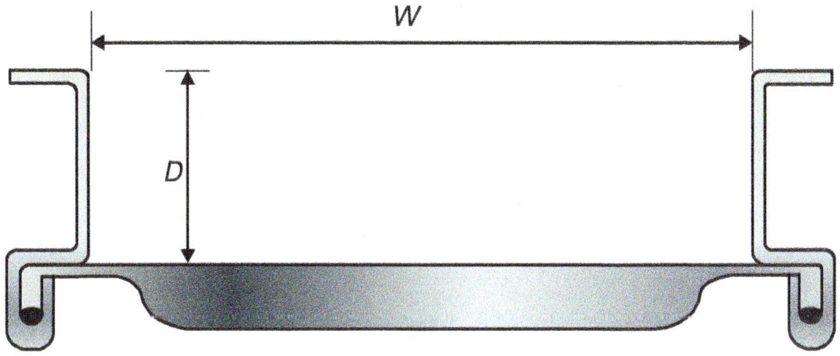

Figura 6 Dimensiones del área útil de la bandeja portacables.

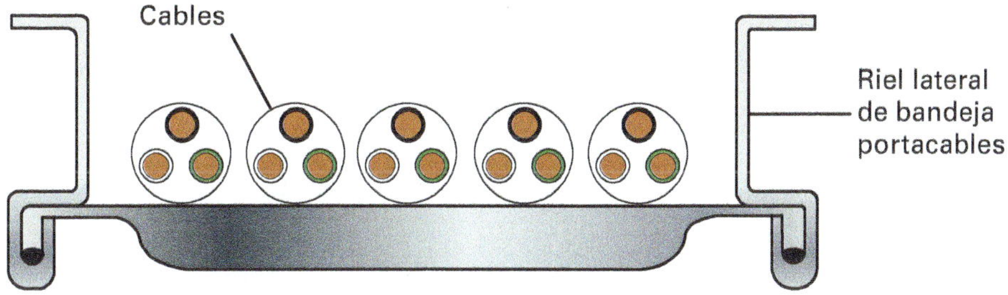

Figura 7 Los cables descansan en la parte inferior de la bandeja y se sujetan mediante rieles laterales.

Se utiliza un canal para llevar uno o más cables desde el sistema de bandeja principal hasta las proximidades de la terminación del cable (*Figura 8*). Luego se utiliza un conducto para terminar el tramo desde el canal hasta la terminación real.

Cuando se instalen bandejas portacables se deben seguir ciertos reglamentos del *NEC*® y de la *National Electrical Manufacturers Association* - NEMA (Asociación Nacional de Fabricantes Eléctricos). En consecuencia, prácticamente todos los proyectos de tamaño significativo tendrán planos detallados y especificaciones que los trabajadores deberán seguir. También podrán suministrarse planos de taller.

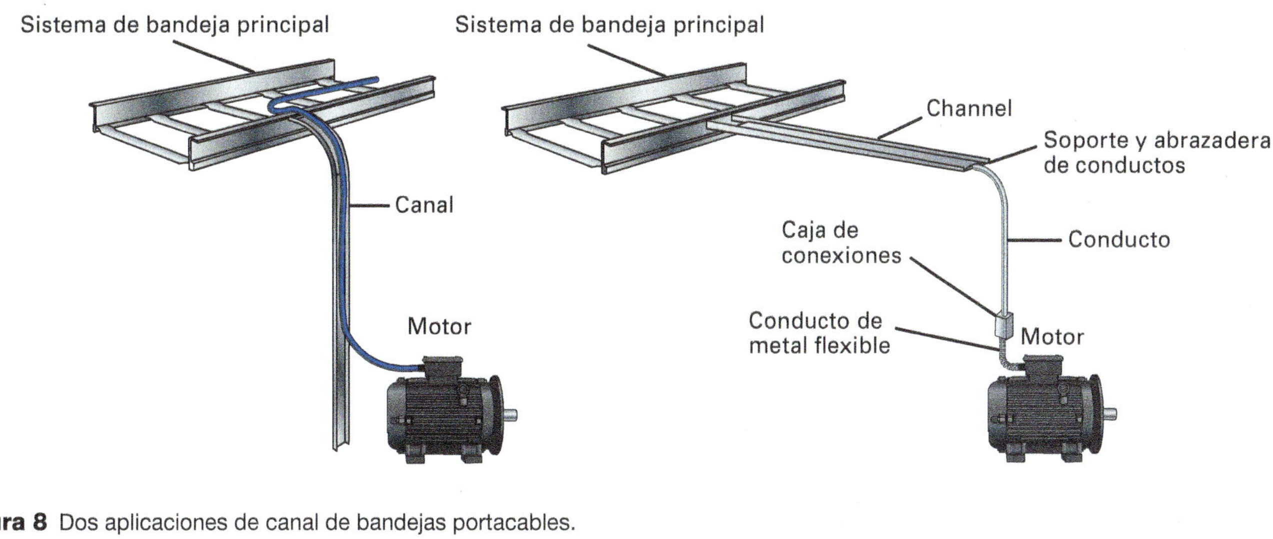

Figura 8 Dos aplicaciones de canal de bandejas portacables.

1.1.1 Entrada y salida de cables

Los cables se colocan en la bandeja tendiéndolos a lo largo de la longitud de ella o colocándolos por un lado. La *Figura 9* (A) muestra una polea transportadora que se utiliza para guiar el cable alrededor de una curva, mientras que la *Figura 9* (B) muestra un rodillo de bandeja portacables sujeto al costado de la bandeja.

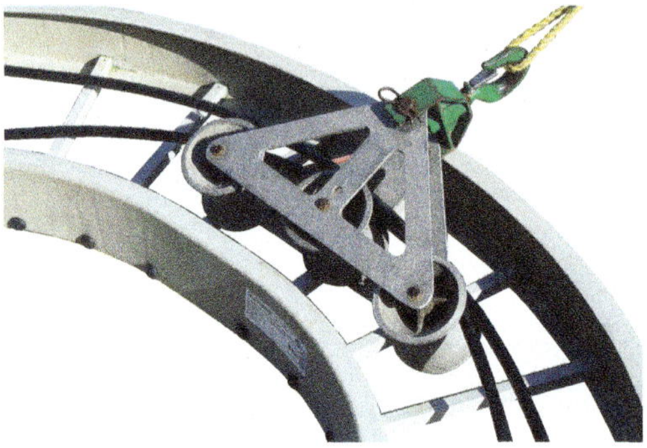

(A) Polea de cables

(B) Guía de rodillo

Figura 9 Dispositivos utilizados para facilitar la introducción del cable en una bandeja.
Fuentes: Tim Dean (9A); Ridge Tool Company (9B)

Cable en bajada (*Dropout*): punto en el que el cable abandona la bandeja portacables y desciende sin entrar en el conducto o en otra canalización.

Placa de cable en bajada (*Dropout plate*): placa de metal utilizada al final de una sección de bandeja portacables para proporcionar un radio de curvatura aceptable cuando el cable sale.

Conozca el código

Bandejas portacables
Artículo 392 del NEC

En la *Figura 10* se muestran diferentes formas en las que los cables pueden salir de una bandeja portacables. Aunque el *NEC®* aprueba todos estos métodos y están respaldados por la mayoría de los fabricantes de bandejas portacables, las especificaciones de algunos proyectos pueden prohibir el uso de algunos de ellos. Por ejemplo, las especificaciones del trabajo pueden prohibir que se añada un **cable en bajada** entre los peldaños o que se deje caer el cable desde el extremo de la bandeja sin utilizar una **placa de cable en bajada.** El radio de curvatura mínimo del cable puede ser demasiado corto para utilizarlo sin una placa de cable en bajada, que proporciona protección y soporte adicionales para el cable curvado.

La Sección 392.100(B) del NEC exige que las bandejas portacables tengan bordes lisos, para minimizar la posibilidad de que corten los cables. Sin embargo, los cables que se salen de la bandeja por un borde, a menudo, seguirán doblándose más a lo largo de ese borde con el paso del tiempo, lo que supone una tensión constante tanto para el aislamiento como para los conductores. También recordará que los cables tienen un radio de curvatura mínimo. Siempre hay que asegurarse de que no se supere el radio de curvatura mínimo y de que este se mantenga constante a lo largo del tiempo.

Una de las medidas que se toman para evitar estos problemas es un soporte adecuado para el cable que cae. Una placa de cable en bajada proporciona una superficie curva para que el cable la siga al pasar fuera de la bandeja, como se muestra en la *Figura 11*.

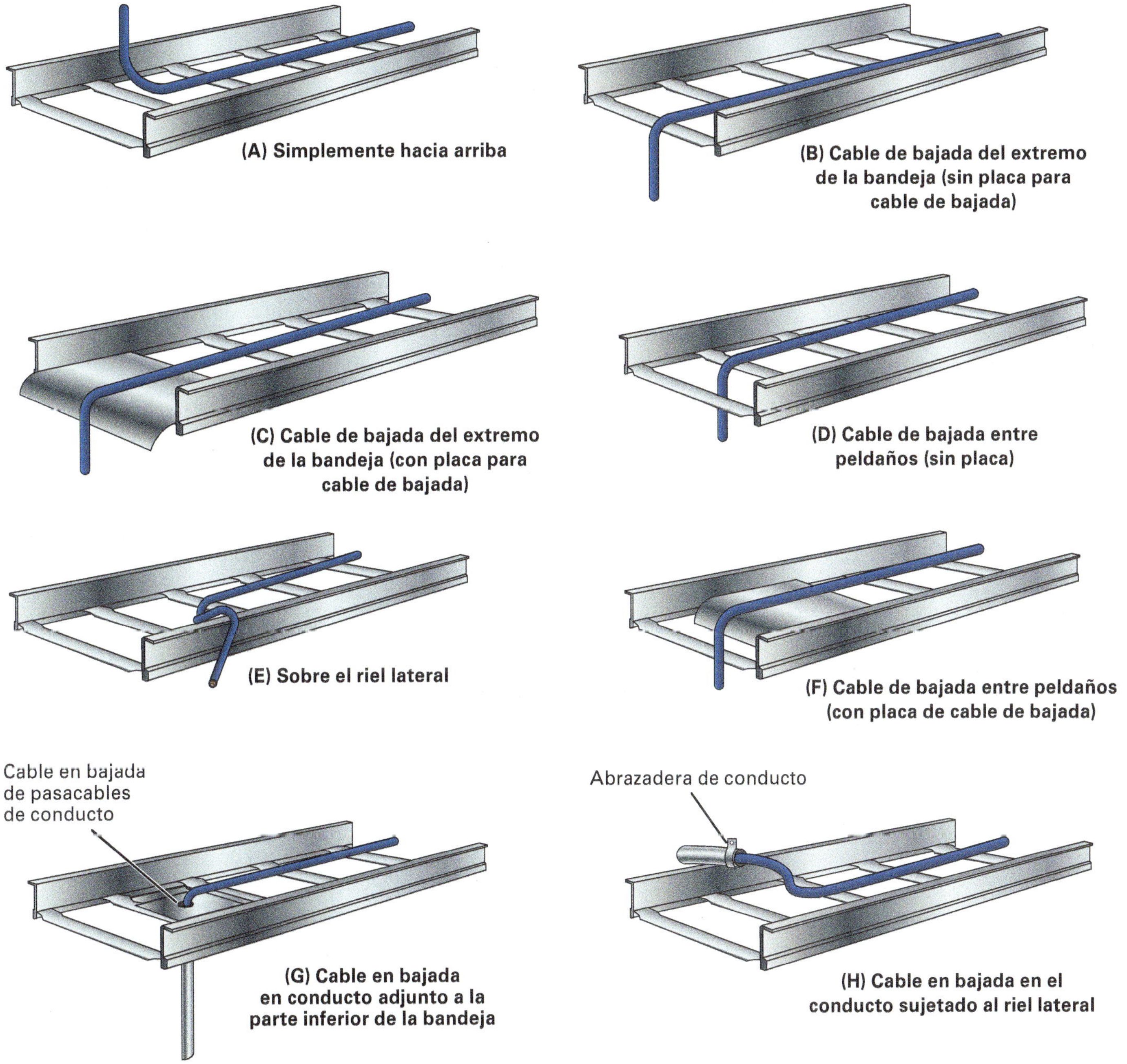

Figura 10 Ejemplos de métodos utilizados para que los conductores salgan de la bandeja.

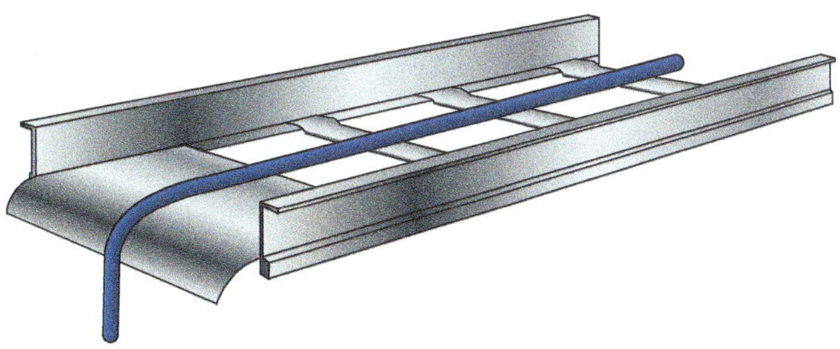

Figura 11 Una placa para cable en bajada proporciona una superficie curva para que el cable la siga al caer.

Cubierta de bandeja (*Tray cover*): pieza plana de metal, fibra de vidrio o plástico que proporciona protección a los conductores en la bandeja donde, de lo contrario, podrían producirse daños.

1.1.2 Cubiertas para bandejas portacables

Una **cubierta de bandeja** se utiliza principalmente por dos razones:

- Para proteger el aislamiento de los cables contra posibles daños causados por la caída de un objeto en la bandeja. Los riesgos incluyen herramientas y salpicaduras de soldadura.
- Para proteger ciertos tipos de aislamiento de cables de los efectos dañinos de la luz solar directa.

Cuando se desee la máxima protección, deben utilizarse cubiertas sólidas. Sin embargo, si se prevé una acumulación de calor de los cables, es mejor utilizar cubiertas ventiladas.

1.1.3 Soportes de cables en bandejas verticales

Se utiliza un codo para suspender cables en tramos verticales largos. Se debe tener cuidado de que el peso de la longitud suspendida de los cables no exceda la recomendación del fabricante para la tensión máxima permitida en los cables.

En tramos verticales cortos, el peso de los cables puede soportarlo el codo vertical ascendente exterior o la sección recta vertical cuando los cables están atados a ella. La *Figura 12* muestra un codo de bandeja portacables en un recorrido vertical con bridas por debajo para aliviar el peso del cable.

Figura 12 Soporte del cable mientras cae en un tramo vertical.
Fuente: Tim Dean

1.1.4 Protección de bordes de cables

El fondo sólido de la canaleta puede ser convexo, cóncavo o plano. Cuando dos secciones de bandeja se unen a tope, los fondos pueden quedar desalineados. Una tira de alineación, también conocida como *barra en H*, se coloca entre los fondos de las bandejas para alinear los bordes y proteger el cable de las rozaduras.

1.1.5 Placas de empalme

Hay varios tipos de placas de empalme disponibles, entre ellas placas *verticales*, *horizontales* y de *expansión*.

Placas de empalme de ajuste vertical

Las placas de empalme de ajuste vertical se utilizan para cambiar la elevación en un tramo de bandeja portacables, como una desviación en un conducto. Son útiles cuando el cambio de elevación es leve y no resulta práctico utilizar dos codos de 90°. No obstante, deben considerarse cuidadosamente cuando sea importante mantener un radio de curvatura del cable.

En general, se utilizan cuatro **placas giratorias** para crear una desviación en un sistema de bandejas portacables. Una vez calculados los ángulos adecuados, proceda de la siguiente manera:

Placas giratorias (*Swivel plates*): accesorios utilizados para realizar desviaciones verticales en bandejas portacables.

Paso 1 Atornille cuatro placas giratorias juntas en los ángulos adecuados, utilizando los orificios interiores como centro u orificio de pivote (*Figura 13*).

Paso 2 Utilizando una superficie plana, como un banco o una cubierta de concreto, separe dos placas giratorias a la distancia adecuada de centro a centro entre sí.

Paso 3 Mida y corte la cantidad de bandeja necesaria para completar y arme la desviación.

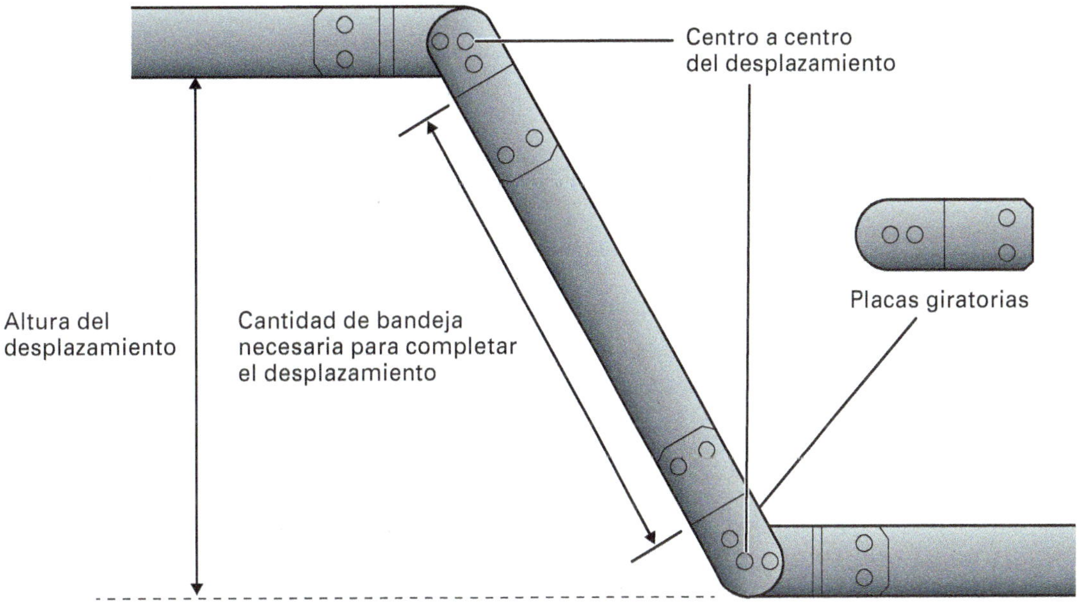

Figura 13 Fabricación de una bandeja portacables desviada con placas giratorias.

Placas de empalme de ajuste horizontal

Se utilizan, a veces, en lugar de los codos horizontales para cambiar la dirección en un tramo de bandeja portacables. Se utilizan cuando hay un espacio insuficiente o un ángulo inusual que impide el uso de un codo estándar.

Placas de empalme de expansión

Se usan **placas de empalme de expansión** a intervalos a lo largo de un tramo de bandeja portacables para permitir que se produzca la expansión o contracción térmica de la bandeja. En un tendido largo, los cambios significativos de temperatura alargan o acortan la bandeja, lo que genera una gran tensión en el sistema de soporte. También pueden colocarse cerca de juntas de expansión integradas en la estructura de soporte.

Placas de empalme de expansión (Expansion splice plates): placas utilizadas a intervalos a lo largo de un tramo recto de bandeja portacables para permitir que se produzca la expansión o contracción térmica de la bandeja.

Para que la placa de expansión funcione adecuadamente, debe permitirse que la bandeja portacables se mueva libremente sobre sus soportes. A todo dispositivo de sujeción de bandejas portacables utilizado en una instalación expuesta a expansión o contracción debe permitirse este movimiento. Un ejemplo de espacio necesario en los dispositivos de sujeción y el movimiento de las placas de expansión se muestra en la *Figura 14*.

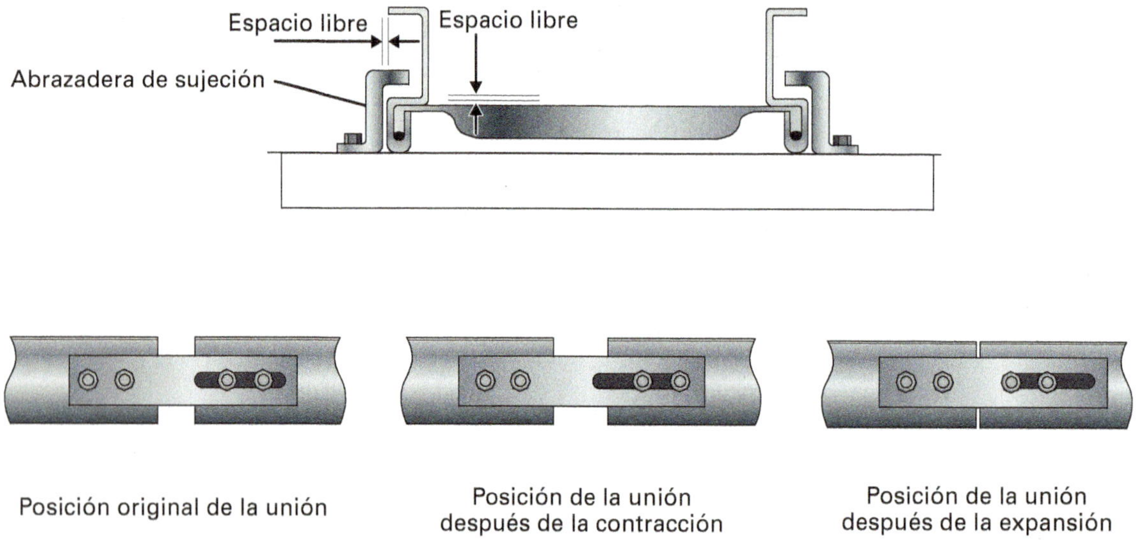

Figura 14 Sistema de fijación de placas de empalme de holgura y expansión.

1.1.6 Series de separadores

Las series de separadores o barrera se utilizan para separar determinados tipos de cables entre sí. Esto puede ser necesario por diversas razones. Estos son algunos ejemplos:

- Separar o aislar circuitos eléctricos
- Separar o aislar cables que funcionan a voltajes muy diferentes
- Evitar que el fuego o los daños por falla a tierra se propaguen a otros cables o alambres de la misma bandeja
- Promover el orden en la disposición de los cables

Los protectores de cables con series de barrera se utilizan para cubrir cualquier borde metálico en bruto por el que puedan pasar cables. Su objetivo es proteger el cable del borde fijo de la serie de barrera.

Contracción y expansión de una bandeja portacables

Las placas de expansión deben aplicarse correctamente al material con el que se construye la bandeja portacables. Por ejemplo, cuando hay una variación de temperatura de 100 °F (55 °C), una bandeja de acero requerirá una junta de expansión cada 128' (~39 m), mientras que una bandeja de aluminio requerirá una junta cada 65' (~20 m).

Debe determinar también el ajuste de la separación para la junta de acuerdo con la temperatura en el momento de la instalación. Los fabricantes de bandejas portacables disponen de tablas para establecer las distancias de separación.

1.2.0 Soporte de bandeja portacables

El soporte adecuado para las instalaciones de bandejas portacables es esencial. Independientemente del método utilizado, examine la estructura a la que se fijan los soportes colgantes y asegúrese de que la estructura tiene la resistencia adecuada para soportar el sistema de bandejas. La bandeja portacables suele sujetarse de una o varias de las siguientes maneras:

- **Suspensión de varilla directa**
- Montaje en pared
- **Montaje en trapecio**
- Soporte de colgado en el centro
- **Montaje en bastidor de tubo**
- Sistemas de riel central (monorriel)

Suspensión de varilla directa (*Direct rod suspension*): método utilizado para sujetar la bandeja portacables directamente con varillas roscadas. Un extremo de la varilla roscada se fija a una estructura aérea, mientras que el otro extremo se conecta a rieles laterales de la bandeja portacables con abrazaderas o herramientas.

Montaje en trapecio (*Trapeze mounting*): método de soporte de bandejas portacables que utiliza un canal de metal soportado por dos varillas roscadas, lo que da la apariencia de un trapecio.

Bastidor de tubo (*Pipe rack*): armazón estructural utilizado para soportar tramos de tuberías, normalmente utilizado en instalaciones industriales.

1.2.1 Suspensión de varilla directa

El método de suspensión de varilla directa para el soporte de bandejas portacables utiliza varillas roscadas y abrazaderas de colgado. La varilla roscada se conecta a la estructura aérea y a las abrazaderas de colgado que se fijan a los rieles laterales de la bandeja portacables, como se muestra en la *Figura 15* (A).

1.2.2 Montaje en pared

El montaje en pared se logra usando elementos estructurales fijados a la pared, como se muestra en la *Figura 15* (B). Este método de soporte se utiliza a menudo en túneles (operaciones mineras) y otras instalaciones subterráneas o protegidas en las que un gran número de conductores interconectan equipos separados por largas distancias.

1.2.3 Montaje en trapecio

El montaje en trapecio, que se muestra en la *Figura 15* (C), se basa en una parte de canal o ángulo de hierro colocado debajo de la bandeja para soportar el peso (*Figura 16*). La varilla roscada se conecta entonces a cada extremo del canal. La disposición resultante es similar a la de un trapecio. La bandeja portacables se fija al canal mediante pernos, pasadores de anclaje o abrazaderas en J. La parte inferior del canal también puede utilizarse para soportar conductos, suponiendo que la estructura superior sea lo suficientemente sólida como para soportar la carga adicional.

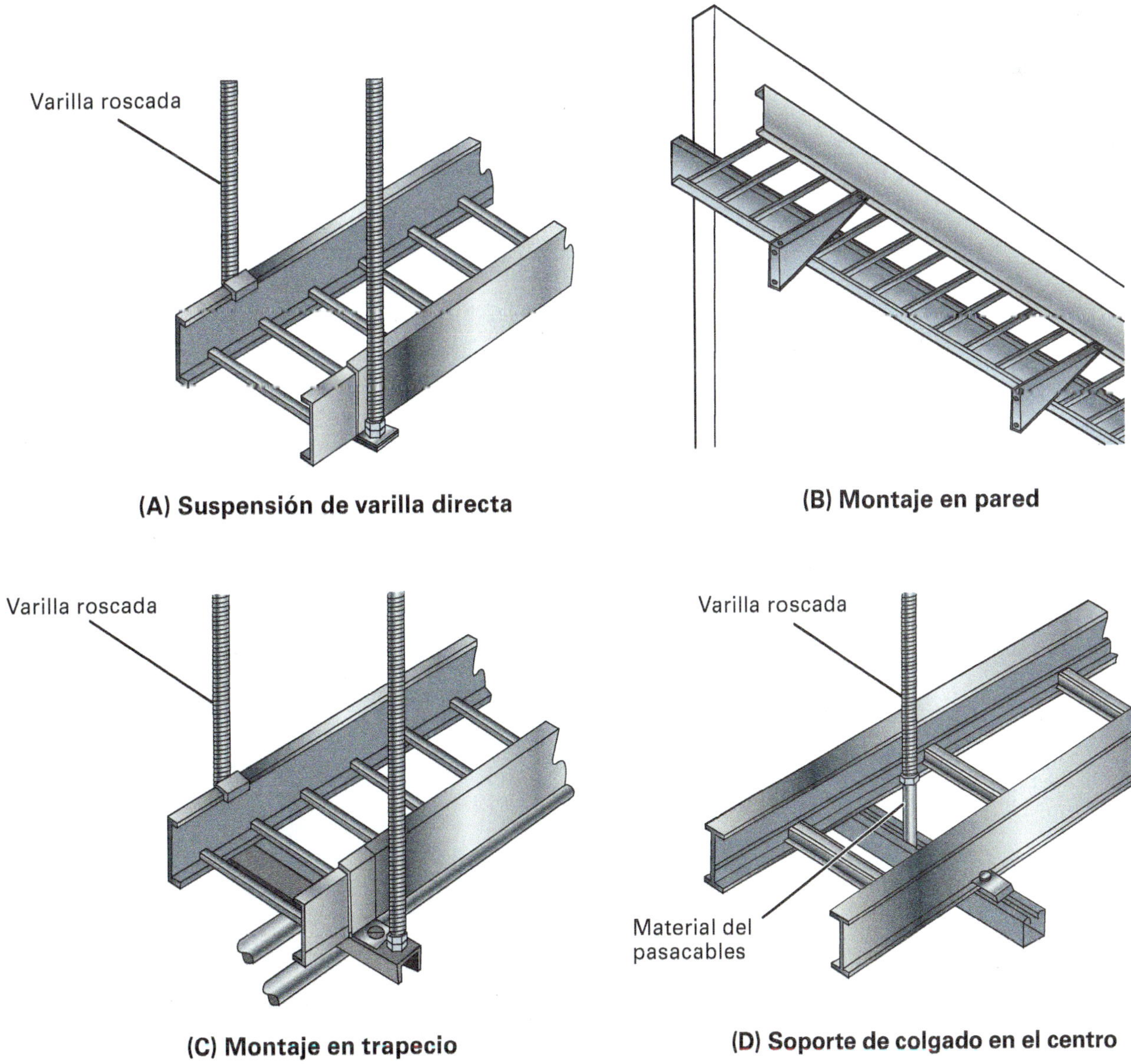

(A) Suspensión de varilla directa

(B) Montaje en pared

(C) Montaje en trapecio

(D) Soporte de colgado en el centro

Figura 15 Suspensión de la bandeja portacables.

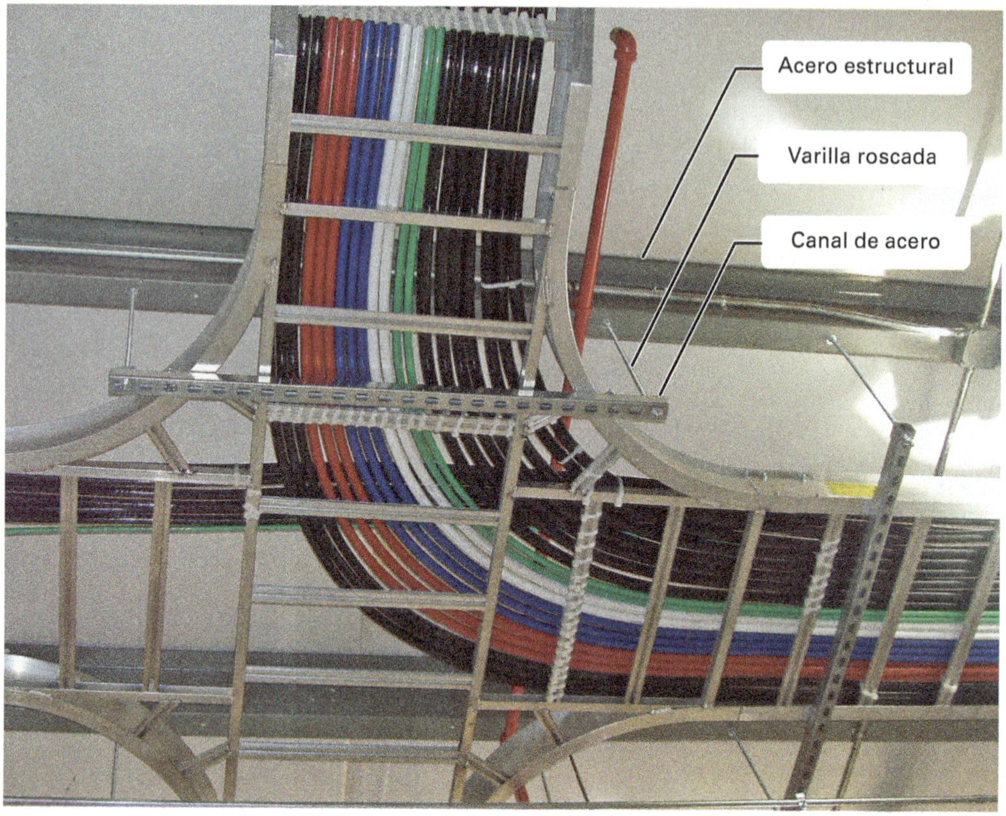

Figura 16 Montaje en trapecio mediante canal.
Fuente: Tim Dean

1.2.4 Soporte de colgado en el centro

El soporte colgado del centro, que se muestra en la *Figura 15* (D), se basa en una sola varilla en cada posición en lugar de dos. La única varilla se centra entre los rieles laterales de la bandeja portacables. Se puede colocar un manguito, como un trozo corto de tubo de PVC de diámetro pequeño, sobre la varilla central para proteger los conductores de las roscas de la varilla de suspensión.

Cuando la bandeja está colgada en el centro se debe tener cuidado de equilibrar su peso y contenido a ambos lados del colgador para evitar que se vuelque. La *Figura 17* muestra una instalación suspendida en el centro utilizando un estribo alrededor de la bandeja, aunque también hay otras formas de realizar la conexión. Se puede colocar una sección de canal debajo de la bandeja y fijarla con una sola varilla que penetre en el fondo de la bandeja.

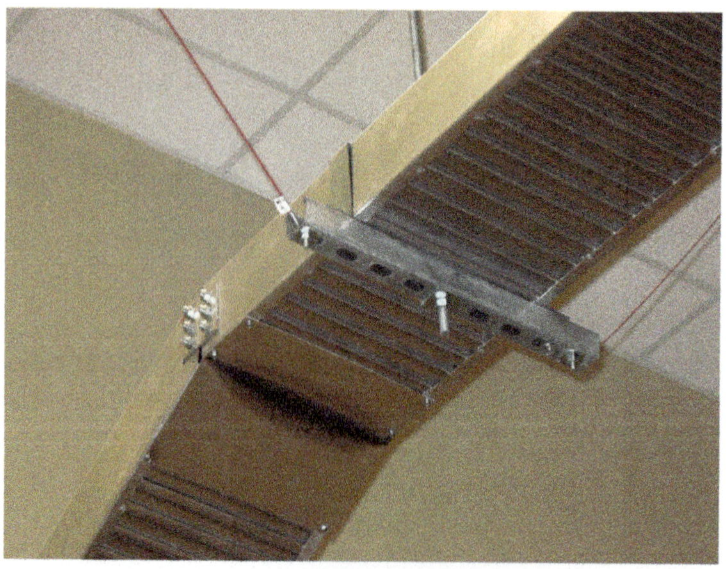

Figura 17 Ejemplo de bandeja portacables colgada en el centro.
Fuente: iStock@Graham Holland

1.2.5 Montaje en bastidor de tubos

Los bastidores de tubos son armazones estructurales utilizados para soportar tuberías en instalaciones industriales. A menudo, se reserva algo de espacio en el bastidor para conductos o bandejas portacables. El montaje de bandejas portacables en bastidores de tubos es común en plantas petroquímicas, donde el cableado de distribución de energía e instrumentación se tiende en largas distancias.

1.2.6 Sistemas de riel central

Los sistemas de bandejas portacables de riel central (monorriel) (consulte la *Figura 4*) son más ligeros que las bandejas de escalera y las canaletas. Son más fáciles de instalar y ofrecen laterales abiertos para facilitar el acceso al cambiar o añadir cables. Por supuesto, también suelen tener una capacidad de peso inferior a la de otros tipos de bandejas.

Por este motivo, la bandeja portacables de riel central se utiliza principalmente en aplicaciones ligeras como sistemas de sonido, teléfono y datos. Además de sus limitaciones de peso, no se pueden utilizar tiras de barrera, lo que limita la variación de tipos de cables de alimentación que se pueden instalar en la misma bandeja.

Bandeja portacables en sistemas de suelo elevado

La bandeja portacables también puede colocarse debajo de suelos elevados, como se muestra en la imagen. Los sistemas de suelo elevado son muy populares en las salas de computadoras, donde puede haber miles de cables de red y comunicación.

Los sistemas de suelo elevado también pueden encontrarse en zonas de oficinas, bibliotecas y laboratorios. La zona bajo el suelo también puede utilizarse como plénum de suministro o retorno de aire de sistemas de aire acondicionado.

Fuente: Tim Dean

1.0.0 Repaso de la sección

1. Lo *más* probable es que un cambio de 15° en la elevación de la bandeja portacables requiera el uso de _____.
   a. placas de empalme de ajuste horizontal
   b. placas de empalme de ajuste vertical
   c. un codo
   d. un elevador

2. Los cables que soportan sistemas de comunicación y datos son los que *más* probablemente se encuentren en una _____.
   a. bandeja portacables de riel central
   b. bandeja portacables de bastidor de tubos
   c. bandeja portacables montada en pared
   d. bandeja portacables montada en trapecio

2.0.0 Carga de las bandejas portacables

Tareas prácticas

1. Elaborar una lista de los materiales y componentes necesarios para un sistema de bandejas portacables.
2. Unir dos secciones rectas de bandeja portacables tipo escalera.

Objetivo

Explicar cómo se determinan las cargas de las bandejas portacables.

a. Determinar la carga aplicada a los soportes de las bandejas portacables.
b. Identificar los tipos de falla que se producen bajo carga.
c. Identificar los requisitos comunes de instalación de bandejas portacables.

El *NEC*® exige que las bandejas portacables tengan suficiente resistencia para soportar todo el cableado contenido y que se soporten a los intervalos indicados en las instrucciones de instalación del fabricante. La capacidad de carga de la bandeja portacables varía con cada fabricante y depende de los siguientes factores:

- Forma y grosor de los rieles laterales
- Forma y grosor de los elementos inferiores
- Volumen de la bandeja
- Material de construcción de la bandeja
- Distancia entre peldaños (si los hay)
- Método utilizado para soportar la bandeja
- Método utilizado para determinar la carga admisible
- Factor de seguridad aplicado

Tenga en cuenta que el diseñador del sistema determina la densidad del relleno. Los diseñadores deben consultar siempre los datos de carga del fabricante de la bandeja cuando planifiquen un sistema de bandejas portacables. Los cables muy juntos pueden reducir la eficacia de los conductores (*Figura 18*).

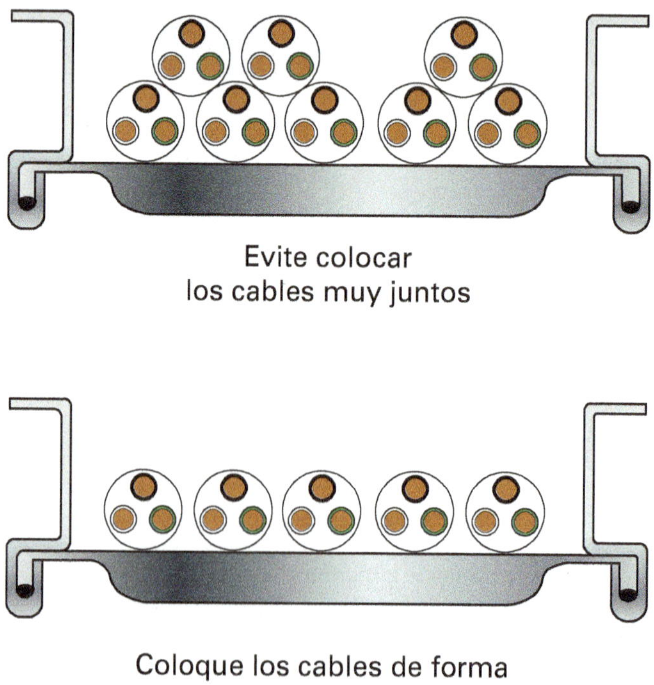

Figura 18 Los cables demasiado juntos pueden perjudicar la eficiencia.

Piénselo

Relleno de cables

¿De qué manera pueden perjudicarse mutuamente los cables instalados demasiado juntos?

2.1.0 Determinación de la carga en los soportes

Cada soporte debe ser capaz de soportar con seguridad aproximadamente 125 % del peso completo del cable y la bandeja en un tramo típico (*Figura 19*).

Considere el caso de una bandeja portacables simple que abarca solo dos soportes. El fondo de la bandeja se desvía hacia abajo por el peso de los cables, haciendo que los rieles laterales se inclinen hacia dentro. La cantidad de movimiento hacia adentro o hacia afuera de los rieles laterales es un factor fundamental en la capacidad de la bandeja para soportar una carga.

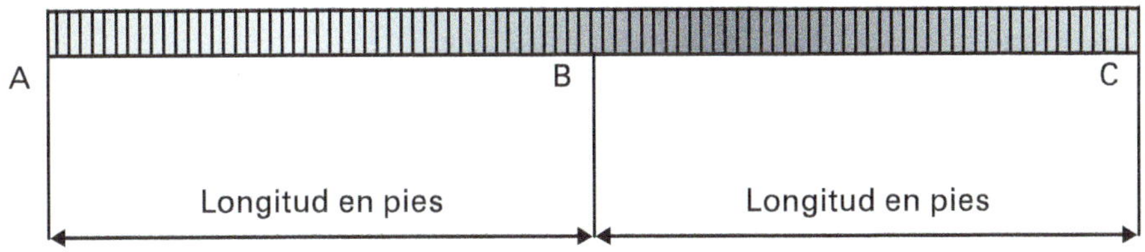

$$\text{Carga uniforme de bandeja y cable} = \frac{\text{Peso total de la bandeja y el cable}}{\text{Total de pies lineales}}$$

Figura 19 Cálculo del soporte de la bandeja.

2.2.0 Fallos bajo carga

Las bandejas portacables deben inspeccionarse periódicamente para detectar posibles daños. Hay dos tipos de fallos que pueden ocurrir con una bandeja portacables cargada,

Los fallos incluyen fallos transversales (peldaño o parte inferior) y fallos longitudinales (riel lateral). Los fallos transversales (*Figura 20*) se producen cuando la carga aplicada hace que el borde inferior (lado de tensión) del peldaño o peldaños se estire y se deforme permanentemente. Al mismo tiempo, el borde superior (lado de compresión) del peldaño queda aplastado permanentemente.

Los fallos longitudinales suelen manifestarse como flexión o pandeo del riel lateral. Los rieles laterales de la bandeja tienen poca resistencia al movimiento hacia dentro o hacia fuera cuando se someten a tensión.

Si no se colocan correctamente, los empalmes pueden crear puntos débiles en un sistema de bandejas portacables. La carga sobre la bandeja crea momentos de flexión a lo largo de los tramos. Por consiguiente, los empalmes deben situarse en puntos donde la tensión sea limitada. En la práctica, esto significa colocar los empalmes cerca de las suspensiones.

El punto de mayor tensión se encuentra en el punto central de la bandeja entre dos suspensiones. Si el empalme está situado a menos de un cuarto de la longitud del tramo desde una suspensión, estará protegido de gran parte de la tensión. Por ejemplo, si la luz entre suspensiones es de 8', los empalmes deben situarse a menos de 2' de ellas. Esto requiere ocasionalmente mano de obra adicional para que el instalador coloque las suspensiones en estas ubicaciones preferidas.

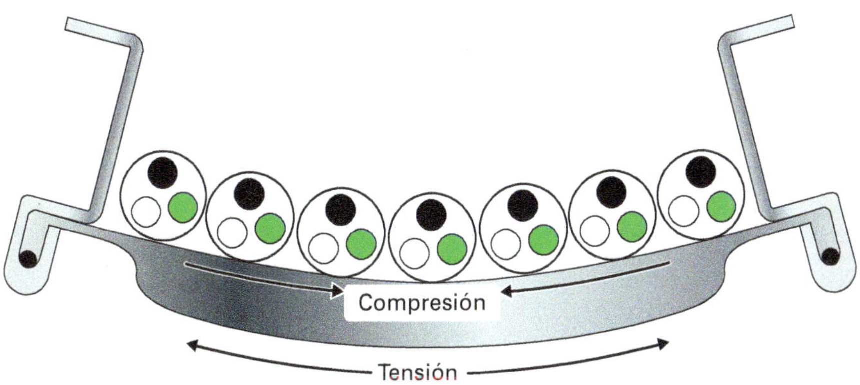

Figura 20 Fallo transversal de una bandeja cargada.

2.3.0 Requisitos de instalación

Conozca el código

Bandejas portacables
Artículo 392 del NEC

El *Artículo 392 del NEC* abarca los sistemas de bandejas portacables junto con las instalaciones de canalización relacionadas de alambres, cables y conductos. Las *Figuras 21, 22* y *23* resumen los requisitos del *NEC®* para las instalaciones de bandejas portacables. Para obtener información más detallada, consulte siempre el *NEC®*. Los fabricantes de bandejas portacables también proporcionan instrucciones de instalación detalladas y sus productos están diseñados para facilitar la instalación de acuerdo con los requisitos del *NEC®*.

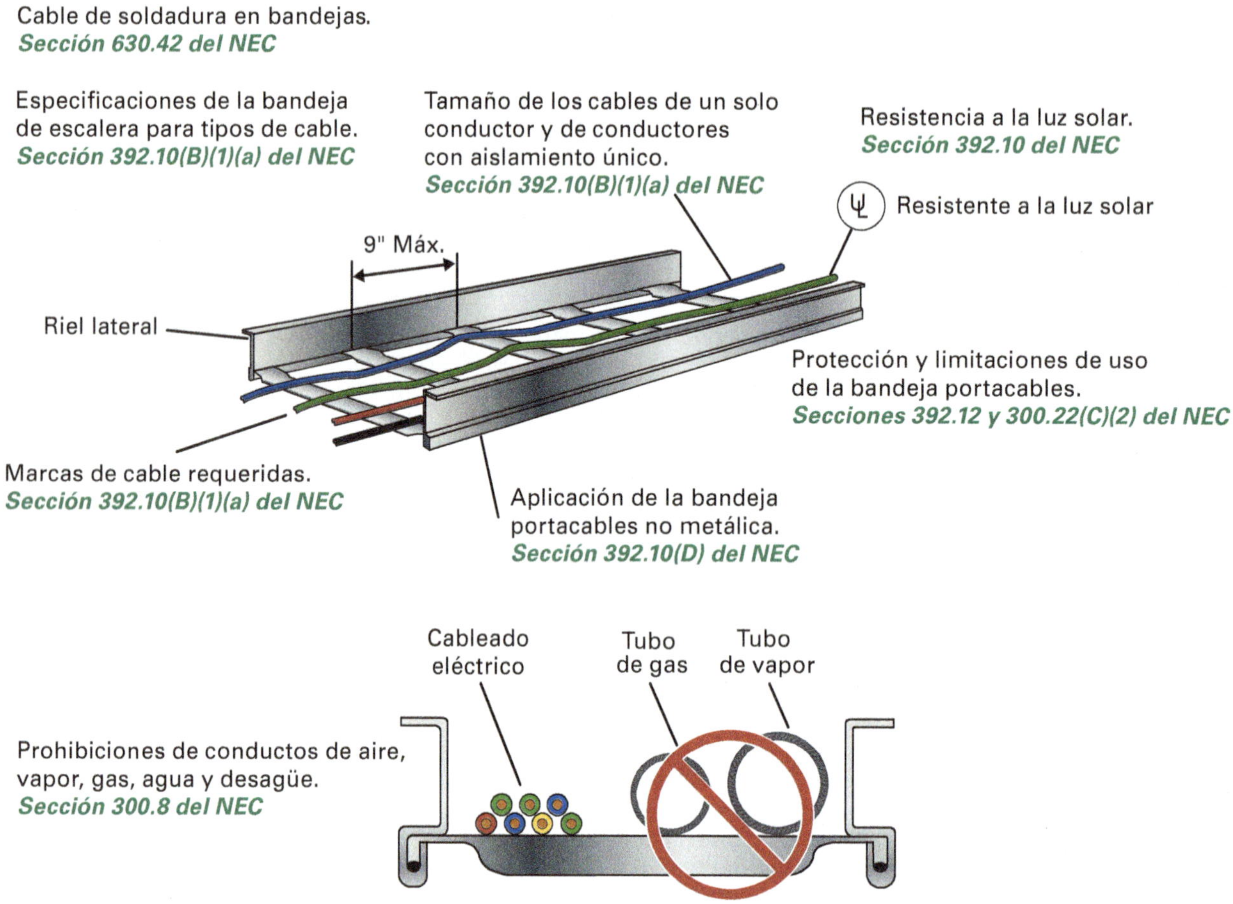

Figura 21 Reglamentos del *NEC®* que rigen el uso de bandejas portacables.

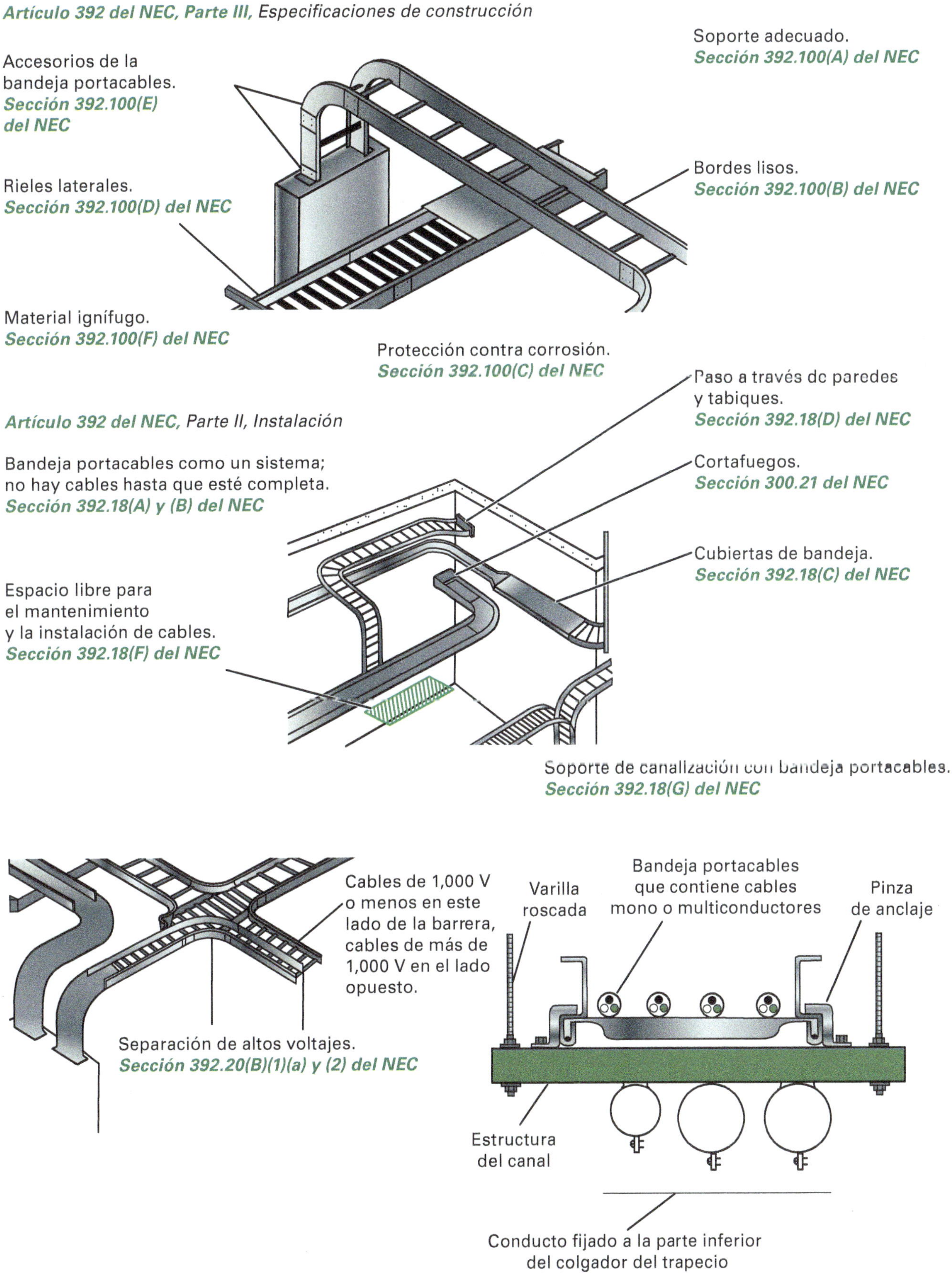

Figura 22 Reglamentos del *NEC*® que rigen la construcción e instalación de bandejas portacables.

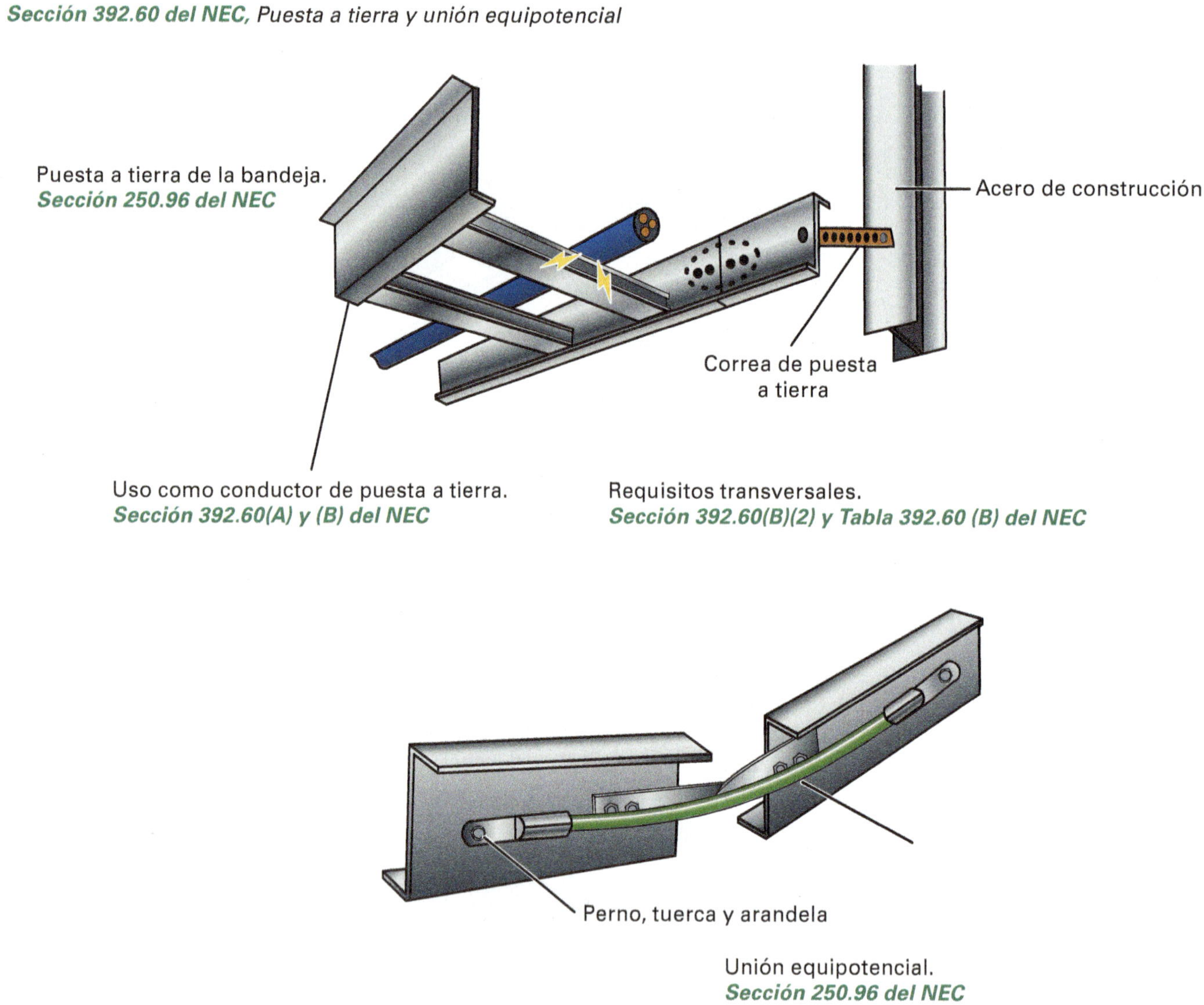

Figura 23 Reglamentos del *NEC*® que rigen la puesta a tierra de bandejas portacables.

Conozca el código

Bandejas portacables
Artículo 392 del NEC

Conozca el código

Puesta a tierra y unión equipotencial
Artículo 250 del NEC

2.3.1 Planos de bandeja portacables

Para una instalación segura y funcional, los ingenieros diseñan sistemas de bandejas portacables y especifican sus componentes. Debido a los peligros que entrañan, estas responsabilidades deben corresponder a profesionales altamente calificados que dedican mucho tiempo a considerar cada detalle. Por lo tanto, los planos y especificaciones deben facilitarse a los electricistas que ejecutarán el plan. Todos los electricistas implicados deben saber interpretar los dibujos y buscar orientación cuando algo no esté claro.

Los símbolos que aparecen en los planos de trabajo pueden variar, por lo que se recomienda consultar siempre la leyenda antes de iniciar una instalación. Estudie también los planos de taller o de detalles que puedan acompañar a los documentos de construcción.

Consulte el plano de planta de la *Figura 24*. El sistema de bandejas portacables de este proyecto se origina en varios paneles de alimentación y centros de control de motores para alimentar y controlar motores en otras partes del edificio. Las bandejas se dirigen desde los centros de control de motores. Las bandejas se desvían hacia las vigas y otros tramos de bandejas portacables y luego se ramifican hacia diversas partes del edificio.

Aunque los profesionales experimentados del oficio tendrán pocos problemas para leer la información de un plano, los nuevos electricistas pueden tener algunas dificultades para visualizar el sistema en tres dimensiones. Sin embargo, los planos de elevación y otros complementos ayudan a tener una imagen más clara del sistema. Incluso los nuevos trabajadores del sector pueden ver cómo debe instalarse el sistema.

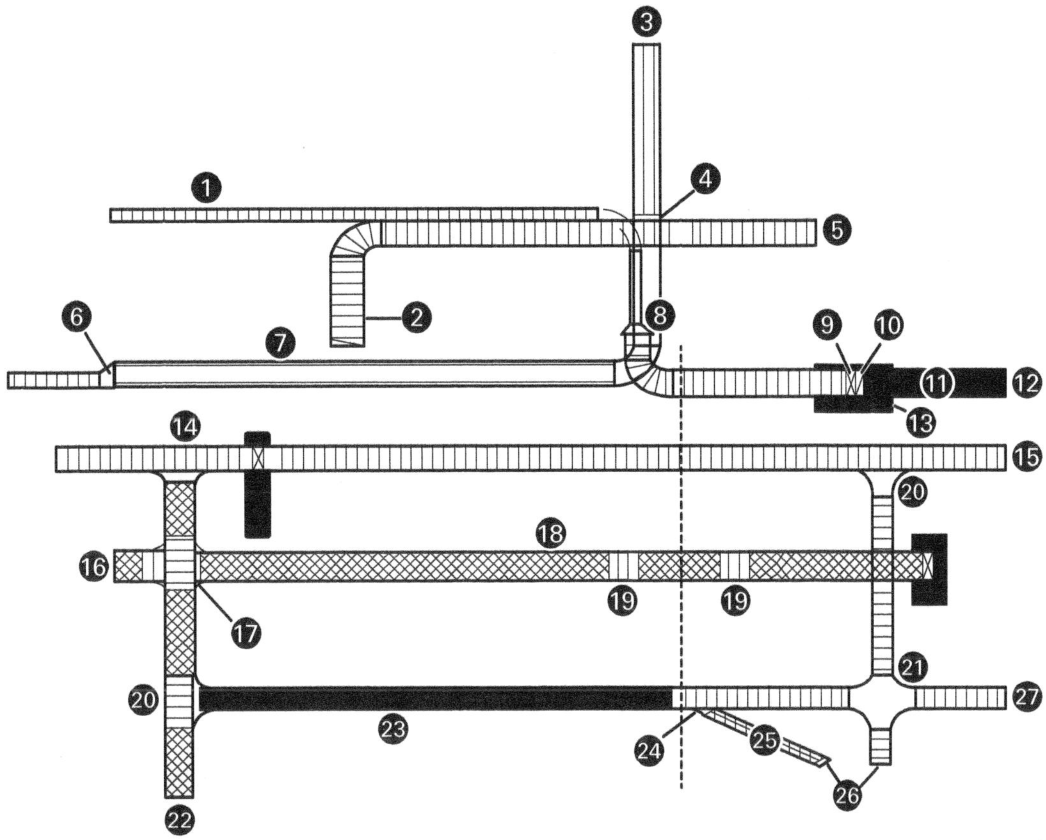

Consulte el cuadro de bandejas portacables en las especificaciones escritas del catálogo de bandejas de cables números de cada tipo de bandeja especificado

1. Bandeja de canal
2. Bandeja vertical exterior de 90° girada a 18" A.F.F.
3. Al taller de máquinas
4. Conector de bandeja a caja
5. A la sala de rotación
6. Reductor de desplazamiento
7. Bandeja de fondo sólido
8. Reductor recto
9. Bandeja hacia arriba
10. Girada hacia abajo
11. Cubierta sólida
12. A la recuperación de ácidos
13. Cruz vertical
14. Te horizontal
15. A la casa de bombas
16. Extremo ciego
17. Cruz horizontal
18. Canaleta
19. Dos elevadores de 30°; uno exterior, uno interior
20. Te horizontal
21. Cruz horizontal
22. A la empacadora
23. Cubierta sólida
24. Ye horizontal
25. Banda divisora
26. Cable en bajada
27. A la grúa N.° 2

Figura 24 Ejemplo de plan de sistema de bandeja portacables.

En la práctica, sin embargo, las empresas consultoras de ingeniería rara vez facilitan el plano isométrico y tan solo muestran el diseño en vista en planta. En consecuencia, las vistas en planta de los detalles constructivos de los sistemas de bandejas portacables deben estudiarse detenidamente durante la fase de planificación, antes de que comience el trabajo. Recuerde siempre que, en un proyecto de construcción, muchos oficios deben coordinar su trabajo entre sí para evitar conflictos costosos. Instalar una bandeja portacables o un sistema de conductos para luego tener que retirarlos y reubicarlos resulta frustrante, lento y costoso.

2.3.2 Precauciones de seguridad para la instalación de bandejas portacables

La instalación de bandejas portacables implica trabajar a alturas sobre el suelo. Por consiguiente, los trabajadores deben tomar las precauciones necesarias. En general, los trabajadores que instalan bandejas portacables utilizarán escaleras, andamios o elevadores, trabajarán desde el propio conjunto de las bandejas o una combinación de todos ellos.

Mantenga el área del conjunto de la bandeja despejado durante la instalación. Los trabajadores pueden tropezar fácilmente con las herramientas y los accesorios de las bandejas. Las herramientas y piezas también pueden caerse de la bandeja y lesionar a los trabajadores que se encuentran debajo. Para evitar estas lesiones, coloque barreras debajo del área de montaje de las bandejas. Si está trabajando en el suelo, nunca cruce ni mueva estas barreras hasta que haya terminado el trabajo anterior. Evite también colocar herramientas sobre la bandeja mientras trabaja. Lo mejor es colocarlas en el cinturón de herramientas o en un cordón para herramientas.

Aprenda a sujetar correctamente su línea de vida y asegúrese de que el arnés de cuerpo entero se ajuste adecuadamente (*Figura 25*). Un arnés demasiado grande puede resbalar y provocar lesiones graves o incluso la muerte.

Figura 25 El equipo de salvamento debe ajustarse correctamente y estar conectado a un anclaje sólido.
Fuente: ShutterStock@King Ropes Access

Bandeja de cesta

La bandeja de cesta ofrece muchas de las mismas ventajas que la bandeja de escalera. Es ligera y fácil de instalar mediante pinzas especiales que se fijan a varillas roscadas.

La bandeja de cesta se corta fácilmente utilizando cortapernos o un cortador de bandejas de cesta. Una ventaja adicional es que puede cortarse, doblarse y conectarse para crear tes, cruces y codos sin necesidad de accesorios separados.

Fuente: Tim Dean

Fuente: Jim Mitchem

2.0.0 Repaso de la sección

1. El peso previsto de un sistema de bandejas portacables instalado (incluido el cable) es de 400 libras. Cada soporte *debe* poder llevar _____.
   a. 300 lb
   b. 400 lb
   c. 500 lb
   d. 800 lb

2. Al inspeccionar una larga extensión de bandeja portacables, se descubre que la bandeja se está pandeando. Este es un tipo de _____.
   a. fallo transversal
   b. fallo del peldaño
   c. fallo del riel lateral
   d. fallo del empalme

3. La bandeja portacables *debe* llevar unión equipotencial de acuerdo con la _____.
   a. *Sección 250.96 del NEC*
   b. *Sección 300.21 del NEC*
   c. *Sección 300.96 del NEC*
   d. *Sección 392.60 del NEC*

3.0.0 Llenado de las bandejas portacables

Tareas prácticas

En esta sección no hay tareas prácticas.

Objetivo

Determinar las limitaciones de llenado de las bandejas portacables.

a. Determinar el número de conductores permitidos en una bandeja portacables.

b. Identificar los factores de reducción de potencia de los conductores de las bandejas de cables.

Conozca el código

Bandejas portacables
Artículo 392 del NEC

La *Sección 392.20 del NEC* abarca los requisitos generales de instalación de todos los conductores utilizados en los sistemas de bandeja portacables, como fijación y tendido de conductores en paralelo. También hay otras secciones relacionadas. Por ejemplo, según la *Sección 392.56 del NEC*, los empalmes de cables están permitidos en las bandejas portacables siempre que estén fabricados utilizando métodos aprobados por el *NEC®*. Los empalmes deben ser de fácil acceso y no deben sobresalir por encima de los rieles laterales de la bandeja donde podrían sufrir daños.

En la mayoría de los tramos horizontales, los cables pueden colocarse en la bandeja sin fijarlos. Sin embargo, en los tramos verticales o en cualquier tramo que no sea horizontal, los cables deben fijarse a los tramos de la bandeja portacables.

Los cables pueden entrar y salir de un sistema de bandeja portacables de varias maneras. En general, no se requiere una caja de conexiones cuando estos cables se instalan en conductos o tubos con bujes. Si se utilizan conductos o tubos, deben fijarse a la bandeja con los accesorios adecuados. Deben tomarse otras precauciones para evitar que el cable se doble bruscamente al entrar o salir del conducto o tubo.

3.1.0 Número de conductores permitidos en una bandeja portacables (2,000 V o menos)

Conozca el código

Conductores para cableado general
Artículo 310 del NEC

Cuando los cables de un solo conductor que comprenden cada conductor de fase, neutro o conectado a tierra de un circuito se conectan en paralelo como se permite en la *Sección 310.10(G) del NEC*, los conductores deben instalarse en grupos que consten de no más de un conductor por conductor de fase, neutro o conectado a tierra. Esto se hace para evitar un desequilibrio de corriente en los conductores en paralelo, así como movimiento excesivo debido a fuerzas magnéticas de corriente de falla.

El número de cables multiconductores clasificados a 2,000 V o menos que se permiten en una sola bandeja portacables no debe superar los requisitos de la *Sección 392.22(A) del NEC*, que se aplica tanto a conductores de cobre como de aluminio.

NOTA

Es importante tener en cuenta que la capacidad de la bandeja portacables para conductores de tamaño 4/0 y mayor se basa en el diámetro del conductor, mientras que la capacidad para conductores inferiores a 4/0 se basa en el área de la sección transversal.

3.1.1 Todos los conductores de tamaño 4/0 o mayor

Según la *Sección 392.22(A)(1)(a) del NEC*, cuando todos los cables instalados en bandeja de escalera o de canaleta ventilada sean de 4/0 o mayores, la suma de los diámetros de los cables no superará el ancho de la bandeja portacables. Los cables también deben instalarse en una sola capa. Por ejemplo, si una instalación de bandeja portacables debe contener tres cables multiconductores de 4/0 (cada uno de 1.5" de diámetro), dos cables multiconductores de 250 kcmil (cada uno de 1.85" de diámetro) y dos cables multiconductores de 350 kcmil (cada uno de 2.5" de diámetro), el ancho mínimo de la bandeja portacables se determina de la siguiente manera:

$$3(1.5) + 2(1.85) + 2(2.5) = 13.2''$$

El tamaño de bandeja portacables estándar más cercano que cumple o supera las 13.2" es de 18" (450 mm). Por lo tanto, este es el tamaño de bandeja requerido.

3.1.2 Todos los conductores menores de 4/0

Según la *Sección 392.22(A)(1)(b) del NEC*, cuando todos los cables sean menores de 4/0, la suma de las áreas de las secciones transversales de todos los cables no debe superar el área máxima de relleno de cables permitida como se especifica en la Columna 1 de la *tabla 392.22(A)(1) del NEC*. En la tabla se indica el ancho adecuado de la bandeja portacables. Sin embargo, para utilizar esta tabla, es necesario disponer de los datos del fabricante que indican las secciones transversales de los cables.

Los pasos que se deben seguir para determinar el tamaño de una bandeja portacables para cables multiconductores menores de AWG 4/0 son los siguientes:

Paso 1 Calcular el área transversal total de todos los cables utilizados en la bandeja. Obtener el área de cada uno a partir de los datos del fabricante.

Paso 2 Buscar en la Columna 1 de la *tabla 392.22(A)(1) del NEC* y encontrar el menor número que sea al menos tan grande como el número calculado.

Paso 3 Mirar el número situado a la izquierda de la fila seleccionada en el *Paso 2*. Este es el ancho mínimo de la bandeja portacables que puede utilizarse.

Por ejemplo, determine el ancho mínimo de la bandeja portacables requerido para los siguientes cables de conductores múltiples, todos los cuales son menores de AWG 4/0:

- Cuatro cables de 1.5″ de diámetro
- Cinco cables de 1.75″ de diámetro
- Tres cables de 2.15″ de diámetro

Paso 1 Determine el área total de la sección transversal de los cables con esta ecuación.

$$A = \frac{\pi \times D^2}{4}$$

Donde:

A = área

π = 3.14159

D = diámetro

- Halle el área de un cable de 1.5″.

$$\frac{(3.14159)(1.5^2)}{4} = 1.7671 \text{ in}^2$$

- Para hallar el área combinada de los cuatro cables de 1.5", multiplique por 4.

$$4 \times 1.7671 \text{ in}^2 = 7.0684 \text{ in}^2$$

- Halle el área de un cable de 1.75″.

$$\frac{(3.14159)(1.75^2)}{4} = 2.4053 \text{ in}^2$$

- Para hallar el área combinada de los cinco cables de 1.75", multiplique por 5.

$$5 \times 2.4053 \text{ in}^2 = 12.0265 \text{ in}^2$$

- Halle el área de un cable de 2.15″.

$$\frac{(3.14159)(2.15^2)}{4} = 3.6305 \text{ in}^2$$

- Para hallar el área combinada de los tres cables de 2.15", multiplique por 3.

$$3 \times 3.6305 \text{ in}^2 = 10.8915 \text{ in}^2$$

- Por lo tanto, puede hallar el área total de la sección transversal de los cables sumando los tres totales anteriores.

$$7.0684 \text{ in}^2 + 12.0265 \text{ in}^2 + 10.8915 \text{ in}^2 = 29.9864 \text{ in}^2$$

Paso 2 Busque en la Columna 1 de la *tabla 392.22(A)(1) del NEC* y encuentre el menor número que sea mayor que 29.9864 pulgadas^2. Ese número es 35 pulgadas^2 (22,500 mm^2).

Paso 3 Mire a la izquierda de 35 pulgadas^2 y encuentre el ancho interior de la bandeja de 30″ (750 mm), que es el ancho mínimo de bandeja que puede utilizarse para el grupo de conductores dado.

Cables de bajo voltaje

Las bandejas portacables actualmente se utilizan para transportar muchos conductores de bajo voltaje en los centros de comunicaciones. En un gran edificio comercial, miles de cables de telecomunicaciones se distribuyen en haces desde la sala de equipos hasta los bujes de cada piso.

Las bandejas portacables ofrecen un medio práctico de tender estos cables por el edificio y de permitir la expansión del sistema. El uso de conductos es demasiado restrictivo y laborioso para el número de cables necesarios.

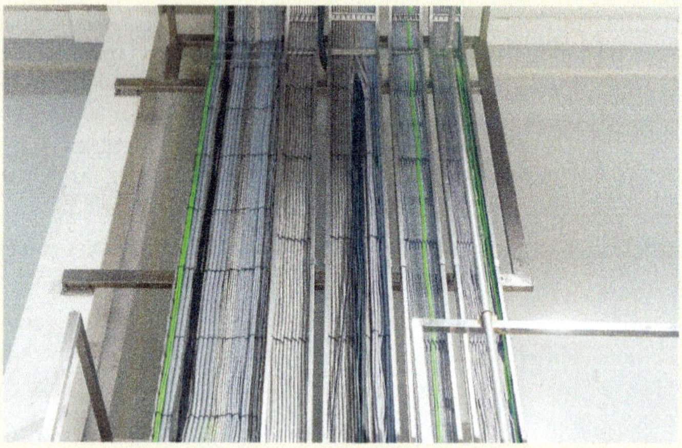

Fuente: iStock@pisittar

Conozca el código

Bandejas portacables
Artículo 392 del NEC

3.1.3 Combinación de cables

Según la *sección 392.22(A)(1)(c) del NEC*, cuando se instalen cables de 4/0 o mayores en la misma bandeja portacables de escalera o canaleta ventilada con cables menores que 4/0, la suma de las áreas de la sección transversal de todos los cables menores que 4/0 no debe superar el área de relleno máxima permitida de la Columna 2 de la *tabla 392.22(A)(1) del NEC* para el ancho de bandeja portacables apropiado. Los cables de 4/0 y mayores deben instalarse en una sola capa y no pueden colocarse otros cables sobre ellos.

Para determinar el tamaño de la bandeja para una combinación de cables como la comentada en el párrafo anterior, proceda de la siguiente manera:

Paso 1 Repita los pasos del procedimiento utilizado anteriormente para determinar el ancho mínimo de bandeja requerido para los cables multiconductores de tamaño 4/0 y mayores.

Paso 2 Repita los pasos del procedimiento utilizado anteriormente para determinar el área de la sección transversal de todos los cables multiconductores que tengan conductores menores de 4/0 AWG.

Paso 3 Multiplique el resultado del *Paso 1* por la constante 1.2 y sume este producto al resultado del *Paso 2*. Llame a esta suma A y busque en la Columna 2 de la *tabla 392.22(A)(1) del NEC* el menor número que sea al menos tan grande como la suma A. Mire a la izquierda en esa fila para determinar el tamaño mínimo de bandeja.

Para ilustrar estos pasos, suponga que necesita encontrar el ancho mínimo de una bandeja portacables de dos cables multiconductores, cada uno con un diámetro de 2.54" (conductores mayores de 4/0 o superior); tres cables con un diámetro de 3.30" (también mayores de 4/0) y ocho cables con un diámetro de 1.92" (menores de 4/0).

Paso 1 Halle la suma de los diámetros de los cables mayores que 4/0.

$2(2.54) + 3(3.30) = 14.98''$

Paso 2 Halle la suma de las áreas transversales de todos los cables menores de 4/0.

$$\frac{(8 \text{ cables})(3.14159)(1.92^2)}{4}$$

$= 23.1623 \text{ in}^2$

Paso 3 Multiplique el resultado del *Paso 1* por 1.2 y sume este producto tal área transversal total de los conductores más pequeños.

$(1.2 \times 14.98) + 23.1623$

$= 41.1383 \text{ in}^2$

Consulte la Columna 2 de la *tabla 392.22(A)(1) del NEC*. Encuentre el número más cercano a 41.1383 in^2 (pulgadas cuadradas). Es 42 in^2 (27,000 mm^2). El ancho de bandeja que corresponde a 42 in^2 es 36'' (900 mm). Por lo tanto, seleccione un ancho de bandeja portacables de 36''.

¿Qué está incorrecto en esta imagen?

Fuente: Tim Ely

3.1.4 Bandeja de fondo sólido

La Sección 392.22(A)(3)(a) a la (c) del NEC se aplica a bandejas portacables de fondo sólido contengan cables multiconductores de alimentación o alumbrado o cualquier combinación de cables multiconductores de alimentación, alumbrado, control y señal. En estos casos, el número máximo de cables debe ajustarse a lo siguiente:

- Cuando todos los cables sean de 4/0 o mayores, la suma de los diámetros de todos los cables no debe superar el 90 % del ancho de la bandeja y estos deben instalarse en una sola capa.
- Cuando todos los cables sean menores que 4/0, la suma de las áreas de las secciones transversales de todos los cables no debe superar el área máxima de relleno de cables en la Columna 3 de la *tabla 392.22(A)(1) del NEC* para el ancho de bandeja portacables apropiado.
- Cuando se instalen cables de 4/0 o más en la misma bandeja portacables menores que 4/0, la suma de las áreas de las secciones transversales de todos los cables menores no debe superar el área de relleno máxima resultante del cálculo de la Columna 4 de la *tabla 392.22(A)(1) del NEC* para el ancho de bandeja portacables apropiado. Los cables de 4/0 y mayores deben instalarse en una sola capa y no pueden colocarse otros cables sobre ellos.

Según la *Sección 392.22(A)(4) del NEC*, cuando una bandeja portacables de fondo sólido con una profundidad interior utilizable de 6'' (150 mm) o menos contenga únicamente cables multiconductores de control o de señal, la suma de las áreas de las secciones transversales de todos los cables no deberá superar el 40 % del área de la sección transversal interior de la bandeja portacables. Se utiliza una profundidad de 6″ para calcular el área permitida de cualquier bandeja portacables que tenga una profundidad útil superior a 6″.

En un ejemplo anterior, se determinó que el tamaño mínimo de bandeja para cables multiconductores que son de tamaño 4/0 o mayor era de 18" (450 mm). La suma de todos los diámetros de cable para este ejemplo fue de 13.2". Para ver si puede utilizarse una bandeja de fondo sólido de 18", multiplique el ancho de la bandeja por 0.9 (90 %):

$$18'' \times 0.9 = 16.2''$$

Por lo tanto, 16.2" es el ancho mínimo permitido para la bandeja de fondo sólido. Dado que estamos utilizando una bandeja de 18" (450 mm), esto cumple con los requisitos de la *Sección 392.22(A)(3)(a) del NEC*.

Cuando se trate de bandejas de fondo sólido y se utilice la *tabla 392.22(A)(1) del NEC*, utilice las Columnas 3 y 4 en lugar de las Columnas 1 y 2. Las Columnas 1 y 2 son exclusivamente para bandejas portacables de escalera y de canaleta.

Conozca el código

Bandejas portacables
Artículo 392 del NEC

3.1.5 Cables monoconductores

El cálculo del ancho de las bandejas portacables para cables monoconductores (2,000 V o menos) es similar a los cálculos que se utilizan para los cables multiconductores con las siguientes excepciones:

- Los conductores de 1,000 kcmil o más se tratan igual que los cables multiconductores con conductores de tamaño 4/0 o mayores.
- Los conductores de tamaño menor a 1,000 kcmil se tratan igual que los cables multiconductores con conductores de tamaño menor a 4/0.

La sección 392.22(B) del NEC trata de los detalles de la instalación de cables monoconductores con voltajes nominales menores a 2,000 V en sistemas de bandejas portacables.

3.2.0 Ampacidad de los conductores en bandeja portacables

La Sección 392.80 del NEC establece los requisitos para los cables utilizados en sistemas de bandejas con voltajes nominales de 2,000 V o menos. Los cables en bandeja portacables utilizan las mismas tablas de ampacidad que los demás cables, con una reducción adicional aplicada para las siguientes condiciones:

- *Construcción de la bandeja portacables:* la bandeja portacables puede ser abierta o cubierta, y sólida o ventilada (por ejemplo, bandeja de escalera). La bandeja cubierta no ventilada está sujeta a un ajuste de ampacidad.
- *Tipo(s) de cable:* el cable puede ser monoconductor o multiconductor. Los cables con más de tres conductores están sujetos a un ajuste de ampacidad.
- *Ampacidad:* a efectos de reducción de potencia, los cables se dividen en dos grupos: sistemas que transportan 2,000 V o menos y sistemas que transportan más de 2,000 V. Según la *Sección 392.80(B) del NEC*, los sistemas que transportan 2,001 V y más están sujetos a reducción de potencia.
- *Número de cables y configuración de los cables en la bandeja:* los conductores instalados en una sola capa y los dispuestos en configuraciones triangulares o cuadradas deben mantener los requisitos de espacio de aire libre de la *Sección 392.80(A)(2)(d) del NEC* y están sujetos a los ajustes de ampacidad enumerados en la *Sección 315.60(B) y (C) del NEC*.

Conozca el código

Conductores, cables, empalmes y terminaciones de cables de voltaje medio.
Artículo 315 del NEC

Piénselo

Reuniendo todo

Si es posible, examine el sistema de conductos de su lugar de trabajo o escuela. ¿Se utilizó algún tipo de bandeja portacables? Si no, ¿cuál cree que fue la razón?

3.0.0 Repaso de la sección

1. Una bandeja portacables tipo escalera contiene ocho cables 4/0 y cada cable tiene un diámetro de 1.5". El ancho *mínimo* de la bandeja portacables es _____.
   a. 6"
   b. 8"
   c. 10"
   d. 12"

2. ¿Cuál de las siguientes opciones es *menos* probable que dé lugar a una reducción de la ampacidad de los conductores en la bandeja portacables?
   a. Número de cables
   b. Estrecha configuración de los cables
   c. Bandeja cubierta
   d. Bandeja abierta

Módulo 26207-23 Preguntas de repaso

1. ¿En qué artículo del *NEC*® se abarca principalmente la instalación de bandejas portacables?
   a. ***Artículo 300 del NEC***
   b. ***Artículo 392 del NEC***
   c. ***Artículo 517 del NEC***
   d. ***Artículo 550 del NEC***

2. ¿Qué tipo de bandeja es la *más* adecuada para zonas y atmósferas corrosivas?
   a. Bandeja portacables de acero inoxidable
   b. Bandeja portacables de aluminio revestido
   c. Bandeja portacables no metálica
   d. Bandeja de cesta

3. Cuando una bandeja portacables tiene un fondo sólido, se denomina _____.
   a. bandeja de cesta
   b. bandeja de escalera
   c. canaleta
   d. canalización

4. Las bandejas portacables suelen fabricarse en _____.
   a. longitudes de 2′ y 4′
   b. longitudes de 6′ y 8′
   c. longitudes de 6′ y 12′
   d. longitudes de 12′ y 24′

5. Cuando un tramo de bandeja portacables se bifurca a 90°, el accesorio se denomina _____.
   a. ye
   b. te
   c. serie de divisores
   d. ele

6. ¿Cuál es el término que se utiliza para designar un accesorio de bandeja portacables de cuatro vías con cada rama en un ángulo de 90° con respecto a la otra?
   a. Ye
   b. Cruz
   c. Elevador vertical interior
   d. Cable en bajada

7. Cuando un cable sale hacia abajo de una bandeja sin placa para cable en bajada en su sitio, ¿cuál de las siguientes situaciones podría ocurrir?
   a. Picos de corriente
   b. Reducción del amperaje
   c. Picos de voltaje
   d. Tensión del aislamiento y del conductor

8. Para proteger un sistema de bandeja portacables de la caída de objetos que puedan dañar los cables, se utiliza un/a _____.
   a. bandeja de fondo sólido
   b. bandeja de tipo canaleta
   c. cubierta de bandeja
   d. extremo ciego

9. Los cables en bandejas verticales deben soportarse ______.
   a. según las recomendaciones del fabricante
   b. cada 6" a 8"
   c. cada 12"
   d. cada 24"

10. El objetivo *principal* de las placas de empalme de ajuste vertical es _____.
    a. aumentar la resistencia de una sección de bandeja portacables
    b. soportar el sistema de bandejas portacables
    c. cambiar la elevación de un tramo de bandeja portacables
    d. asegurar los cables dentro de la bandeja

11. Una serie de separadores o barrera es un/a_____.
    a. componente instalado en una canalización para separar ciertos tipos de cables
    b. banda utilizada para dar mayor soporte a una bandeja
    c. banda de vidrio utilizada como aislante de una bandeja portacables
    d. banda de metal utilizada únicamente para fines de puesta a tierra

12. ¿Cuál de las siguientes opciones describe *mejor* cómo se verán afectados los cables muy juntos en una bandeja cuando se energizan?
    a. Se aumentará su eficiencia.
    b. Se disminuirá su eficiencia.
    c. No habrá cambios.
    d. La temperatura operativa de cada cable será inferior.

13. ¿Cuál de las siguientes es una violación de la *Sección 300.8 del NEC*?
    a. Colocar una línea de agua en la misma bandeja con conductores eléctricos
    b. Espaciar los peldaños de una bandeja a una distancia de 9" o menos
    c. Colocar conductores individuales en bandejas que sean mayores que el tamaño 1/0
    d. Utilizar sistemas de bandejas no metálicas en áreas corrosivas

14. ¿Cuál de las siguientes afirmaciones sobre las caídas de cables es *verdadera*?
    a. Cuando se utilice un conducto para dejar caer el cable desde una bandeja, el conducto debe fijarse a la bandeja con los accesorios adecuados.
    b. Los cables solo pueden salir de una bandeja portacables a través de un conducto o canalización.
    c. Siempre es necesaria una caja de conexiones cuando se deja caer un cable desde una bandeja.
    d. Todo cable de tamaño inferior a 4/0 debe estar protegido por un conducto al salir de una bandeja portacables.

15. Encontrará información sobre la ampacidad de las bandejas portacables en la _____.
    a. *Sección 250.96 del NEC*
    b. *Sección 300.96 del NEC*
    c. *Sección 315.60 del NEC*
    d. *Sección 392.80 del NEC*

Las respuestas a las preguntas de repaso impares del módulo se encuentran en el *Apéndice A*.

Módulo 26207-23 Ejercicios suplementarios

1. Los soportes de cables deben ser capaces de resistir ________ veces el peso total de los cables y la bandeja.

2. Cuando las bandejas portacables de fondo sólido contengan cables multiconductores de alimentación o alumbrado, y todos los cables sean mayores que 4/0, la suma de los diámetros de todos los cables no debe superar ________ del ancho de la bandeja portacables.

3. Los dos tipos de fallo de bandejas portacables bajo carga son ________ y ________.

4. Una bandeja portacables se fabrica comúnmente en longitudes de ________ y ________.

5. Enumere las cuatro razones para utilizar una serie de barreras en cables.

   ____
   ____

6. Ubique empalmes dentro de ________ de la distancia del tramo al soporte más cercano.

7. ¿Verdadero o falso? La bandeja portacables puede requerir un ajuste de ampacidad en función de la construcción.

8. Enumere seis tipos de soportes para bandejas portacables.

   ____
   ____

9. ¿Verdadero o falso? Los tramos largos de cableado de instrumentación en plantas petroquímicas suelen soportarse mediante montaje en bastidores de tubos.

10. ¿Verdadero o falso? Las tuberías de agua pueden colocarse en bandejas portacables con conductores eléctricos.

Las respuestas a los ejercicios suplementarios impares se encuentran en el *Apéndice B*.

Respuestas a las preguntas de repaso de la sección

Respuesta	Referencia de la sección	Objetivo
Sección 1.0.0		
1. b	1.1.5	1a
2. a	1.2.6	1b
Sección 2.0.0		
1. c	2.1.0	2a
2. c	2.2.0	2b
3. a	2.3.0; *Figura 23*	2c
Sección 3.0.0		
1. d	3.1.1	3a
2. d	3.2.0	3b

Cálculos del repaso de la sección

Sección 2.0.0

Pregunta 1

400 lb × 1.25 = **500 lb**

Sección 3.0.0

Pregunta 1

8 cables × 1.5" = **12"**

Actualización de usuario

¿Ha encontrado un error? Para enviar una corrección, visite **https://www.nccer.org/olf** o escanee el código QR con su dispositivo móvil.

ESCANÉAME

MÓDULO 26208-23

Terminaciones y empalmes de conductores

Fuente: Ridge Tool Company

Objetivos

La finalización exitosa de este módulo lo prepara para hacer lo siguiente:

1. Explicar cómo pelar conductores y colocarlos de manera que no queden tensados.
   a. Explicar cómo pelar conductores pequeños.
   b. Explicar cómo pelar conductores grandes.
   c. Explicar cómo doblar conductores de cables y colocar conductores de manera que no queden tensados.
2. Explicar cómo completar las conexiones de los cables.
   a. Describir cómo se instalan los distintos conectores.
   b. Explicar cómo montar conexiones de aluminio.
   c. Explicar cómo instalar los cables de control y señal.
3. Describir cómo aislar las conexiones eléctricas fabricadas.
   a. Explicar cómo colocar cinta en las conexiones eléctricas.
   b. Explicar cómo instalar aislantes termorretráctiles.
   c. Describir cómo utilizar los kits de conexión del motor.

Tareas prácticas

Bajo supervisión, usted debería poder hacer lo siguiente:

1. Terminar conductores con terminales y conectores de enganche (o crimpado) y mecánicos seleccionados por el instructor.
2. Terminar conductores en una regleta de terminales.
3. Aislar tipos de empalmes de cables seleccionados por el instructor o instalar un kit de conexión de motor.

Visión general

Las personas que trabajen con sistemas eléctricos deben conocer los tipos de conectores y empalmes de cables. Varios factores determinan cómo deben fabricarse las conexiones y empalmes en el campo. Este módulo explica cómo preparar los cables para la terminación y el empalme y cómo fabricar conexiones eléctricas sólidas.

NOTA

NFPA 70®, *National Electrical Code®* y *NEC®* son marcas registradas de la National Fire Protection Association, Quincy, MA.

Recursos digitales sobre Electricidad

Escanee este código con la cámara de su teléfono o dispositivo móvil para ver los recursos digitales relacionados con este oficio.

ESCANÉAME

NCCER Credenciales reconocidas en la industria

Si se está capacitando a través de un patrocinador acreditado por el NCCER, puede ser elegible para obtener credenciales del NCCER. El número de identificación de este módulo es 26208-23. Tenga en cuenta que este módulo puede haber sido utilizado en otros planes de estudios del NCCER y se puede aplicara la realización de otros niveles. Comuníquese con el NCCER al 1.888.622.3720 o visite **www.nccer.org** para obtener más información.

También puede mostrar en línea sus credenciales reconocidas por el sector con las insignias digitales de NCCER. Transforme sus conocimientos, habilidades, y logros en insignias que puede compartir en tus redes sociales, enviar a su red y agregar a su currículum. Para obtener más información, visite **www.nccer.org**.

1.0.0 Pelado de conductores y guía de conductores

Tareas prácticas

1. Terminar conductores con terminales y conectores de enganche (o crimpado) y mecánicos seleccionados por el instructor.
2. Terminar conductores en una regleta de terminales.

Objetivo

Explicar cómo pelar conductores y colocarlos de manera que no queden tensados.

a. Explicar cómo pelar conductores pequeños.
b. Explicar cómo pelar conductores grandes.
c. Explicar cómo doblar conductores de cables y colocar conductores de manera que no queden tensados.

Las personas que trabajen con sistemas eléctricos deben conocer los conectores y **empalmes** de cables. Una conexión eléctrica correctamente elaborada debería durar tanto como el aislamiento del cable; por el contrario, una conexión mal hecha suele ser una fuente de problemas. Las malas conexiones suelen provocar calor excesivo, daños en el aislamiento y daños en el equipo o en el punto de conexión. La mayoría de las fallas eléctricas físicas se producen en las **terminaciones**.

Muchas de estas fallas son el resultado directo de terminaciones mal fabricadas, que, a menudo, se deben al uso de un conector incorrecto, a una mano de obra deficiente o a la falta de habilidad. Los requisitos básicos para una buena conexión eléctrica son los siguientes:

- Debe ser segura desde el punto de vista mecánico y eléctrico.
- Debe estar aislada tan bien o mejor que el aislamiento existente en los conductores.
- Estas características deben durar mientras el conductor esté en servicio.

Hay muchos tipos diferentes de conexiones eléctricas, y seleccionar el tipo adecuado para una aplicación determinada depende a menudo de cómo y dónde se utilice el empalme o la conexión. Las uniones eléctricas comúnmente se realizan con un **conector a presión** sin soldadura o un **borne** para ahorrar tiempo.

Antes de realizar cualquier conexión o empalme, los extremos de los conductores deben prepararse adecuadamente. Para garantizar una conexión de baja resistencia y evitar contaminar la terminación, limpie las zonas del cable donde se va a cortar y pelar. Retire cualquier compuesto de tracción, suciedad, aceite, grasa o agua para evitar contaminar el conductor expuesto.

El *pelado* se refiere a la eliminación del aislamiento del extremo del conductor. Los conductores solo deben pelarse utilizando una herramienta pelacables adecuada. Esto ayudará a evitar cortes y mellas en los cables, que pueden reducir el área del conductor y debilitarlo.

Los conductores pelados incorrectamente tienen mellas, rasguños o quemaduras. Cualquiera de ellas puede provocar tensiones en la zona dañada. El calor, los cambios bruscos de temperatura, las vibraciones mecánicas y los movimientos oscilatorios pueden agravar los daños y provocar fallas en los circuitos o incluso una falla total. Un **hilo** perdido es un problema porque reduce la sección transversal del conductor en la terminación. Si el hilo sobresale del **terminal** (término es el mismo en inglés), también supone un riesgo para la seguridad.

Empalmes (*Splices*): conexiones electromecánicas entre dos o más conductores.

Terminaciones (*Terminations*): conexiones de alambres o cables, debidamente preparados, a los terminales.

NOTA

Todos los empalmes son un punto de posible falla. Por lo tanto, el empalme no debe utilizarse como solución para tendidos largos de conductores. De hecho, algunas aplicaciones prohíben el uso de empalmes en zonas críticas.

Conector a presión (*Pressure connector*): conector que se aplica mediante presión para formar una conexión eléctrica firme entre el conductor y el conector.

Borne (*Lug*): componente utilizado para terminar un conductor, conectado al cable mediante diversos métodos y equipado con un medio para fijarlo a un terminal con herrajes como un tornillo de máquina o un perno.

Hilo (*Strand*): uno de los alambres más pequeños que conforman un conductor trenzado.

Terminal (*Terminal*): dispositivo que se utiliza para conectar alambres y cables.

Un pelado defectuoso también puede dañar el aislamiento. Esto puede provocar cambios en la rigidez dieléctrica y reducir la resistencia del conductor a la humedad y la abrasión. Las partículas de aislamiento suelen quedar atrapadas en las juntas de soldadura y engarce, reduciendo la calidad de la conexión.

Es un error común creer que un determinado calibre de conductor trenzado tiene el mismo diámetro que un conductor rígido. El tamaño real es una consideración muy importante a la hora de seleccionar pelacables. La *tabla 1* muestra el diámetro de varios calibres de alambre hasta el 4/0.

TABLA 1 Dimensiones de calibres de cables comunes

Tamaño (AWG)	Área (miles circulares)	Diámetro total	
		Sólido	Trenzado
18	1,620 kcmil	0.040"	0.046"
16	2,580 kcmil	0.051"	0.058"
14	4,130 kcmil	0.064"	0.073"
12	6,530 kcmil	0.081"	0.092"
10	10,380 kcmil	0.102"	0.116"
8	16,510 kcmil	0.128"	0.146"
6	26,240 kcmil	—	0.184"
4	41,740 kcmil	—	0.232"
3	52,620 kcmil	—	0.260"
2	66,360 kcmil	—	0.292"
1	83,690 kcmil	—	0.332"
1/0	105,600 kcmil	—	0.372"
2/0	133,100 kcmil	—	0.418"
3/0	167,800 kcmil	—	0.470"
4/0	211,600 kcmil	—	0.528"

1.1.0 Pelado de conductores pequeños

Existen muchos tipos de pelacables. En la *Figura 1* se muestra un tipo común de pelacables para conductores pequeños. Se puede utilizar para cortar, pelar y engarzar o crimpar cables desde el AWG nro. 22 hasta el AWG nro. 10.

Para pelar un conductor, inserte el conductor en la ranura de la hoja del calibre adecuado y, a continuación, apriete las asas de la herramienta. La herramienta corta a través del aislamiento del conductor, lo que permite arrancarlo fácilmente, liberándolo del aislamiento, sin aplastar el extremo pelado. La longitud del cable pelado se regula mediante la cantidad de alambre que sobresale de las hojas cuando se inserta en la ranura de la cuchilla.

La *Figura 2* muestra una herramienta de desmontaje de grado de producción, conocida como *pelacable automático*. La herramienta puede utilizarse para pelar conductores desde el AWG nro. 20 hasta el AWG nro. 10. Cuando se utiliza esta herramienta, el usuario no necesita tirar del conductor para liberarlo del pelacables. La herramienta agarra el conductor y tira de él como parte de la acción de pelado (*Figura 3*).

Al pelar conductores pequeños, como cables de control y señalización, es preferible utilizar una herramienta de corte de acción de tijera, en lugar de herramientas de corte con mordazas que hacen tope entre sí. Estas herramientas de tipo mordaza tienden a producir un extremo aplanado con forma de cincel en el conductor, especialmente cuando los filos de corte se desafilan (*Figura 4*). Esto dificulta la inserción del conductor en el cilindro de un terminal.

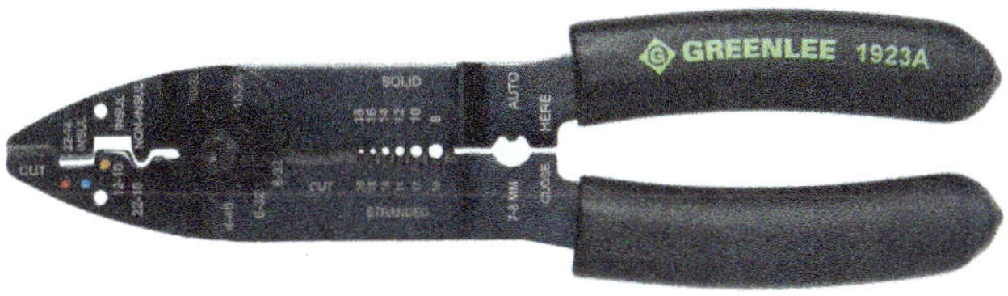

Figura 1 Combinación de pelacables y engarzadora.
Fuente: Ridge Tool Company

Figura 2 Pelacables automático.
Fuente: Ridge Tool Company

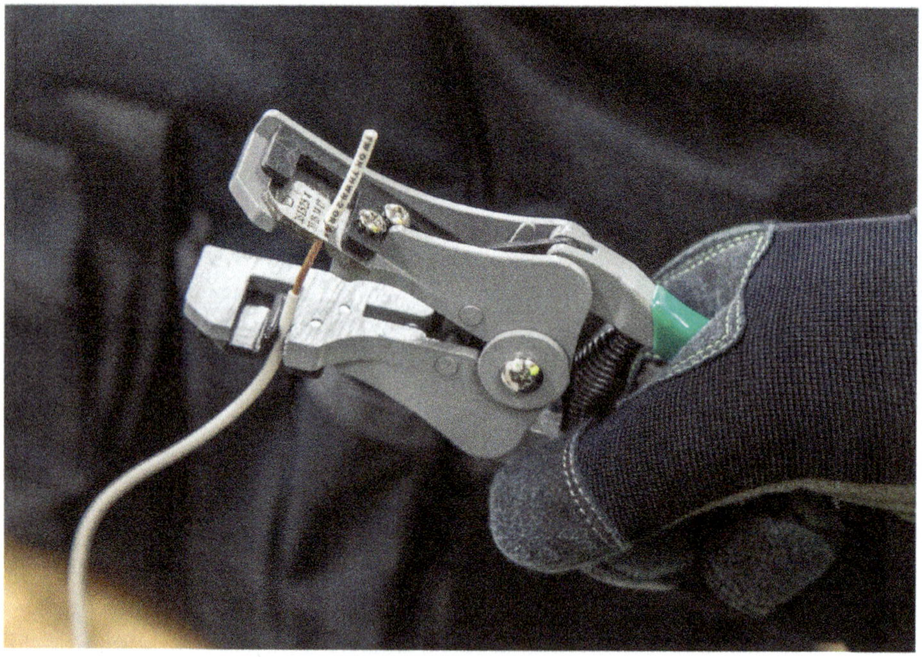

Figura 3 Uso de un pelacables automático.
Fuente: Ridge Tool Company

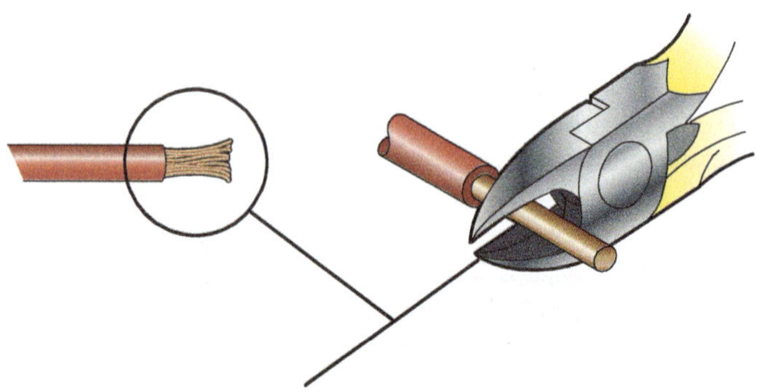

Figura 4 Punta de cincel no deseable en un conductor

Tenga en cuenta los siguientes puntos al pelar conductores:

- Retire la envoltura del cable utilizando pelacables con una hoja ajustable o un troquel diseñado para el calibre de cable. Consulte la *Figura 5* para ver las acciones básicas necesarias. El fabricante del terminal recomendará una longitud de pelado. Tenga mucho cuidado de no mellar o estirar el conductor o el aislamiento en un cable multiconductor. Si esto ocurre, es posible que se haya utilizado la ranura incorrecta de la herramienta de pelado. La herramienta también puede estar dañada o, simplemente, utilizarse de forma incorrecta. Pero es una habilidad fácil de aprender.
- Corte el aislamiento de forma que no queden trozos deshilachados que sobresalgan del punto de corte. Los trozos de aislamiento deshilachados suelen indicar que las hojas están desafiladas.
- Si es posible, no retuerza, separe ni mueva los hilos de su posición original en el cable. Retorcer o apretar la torsión de los hilos acabará dañándolos.
- Termine el cable pelado lo antes posible. Los hilos expuestos siempre se doblan y se extienden, dificultando la terminación. Un mínimo de gestión y almacenamiento después del pelado dará como resultado mejores terminaciones.

Haga coincidir el tamaño del alambre con la ranura de la cuchilla correcta.

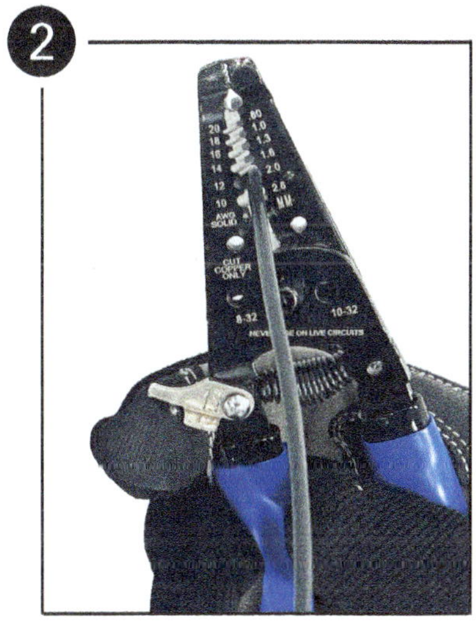

Apriete los mangos y sujételos con firmeza.

Tire del conductor en línea recta a través de las mordazas.

Inspeccione cuidadosamente el conductor. Vuelva a empezar si el conductor se daña.

Figura 5 Pelado de un conductor.

Consulte la *Figura 6* para ver un análisis de la longitud del pelado y cómo afecta a la instalación. El aislamiento del conductor debe estar dentro de la boca acampanada del terminal. Esto ayuda a aliviar la tensión en los hilos del cable y aumenta la resistencia de la conexión. Deje que los hilos conductores sobresalgan un poco del orificio de inspección, pero no más de $\frac{1}{32}$" (~1 mm). Cortar los hilos demasiado cortos reducirá la superficie de contacto.

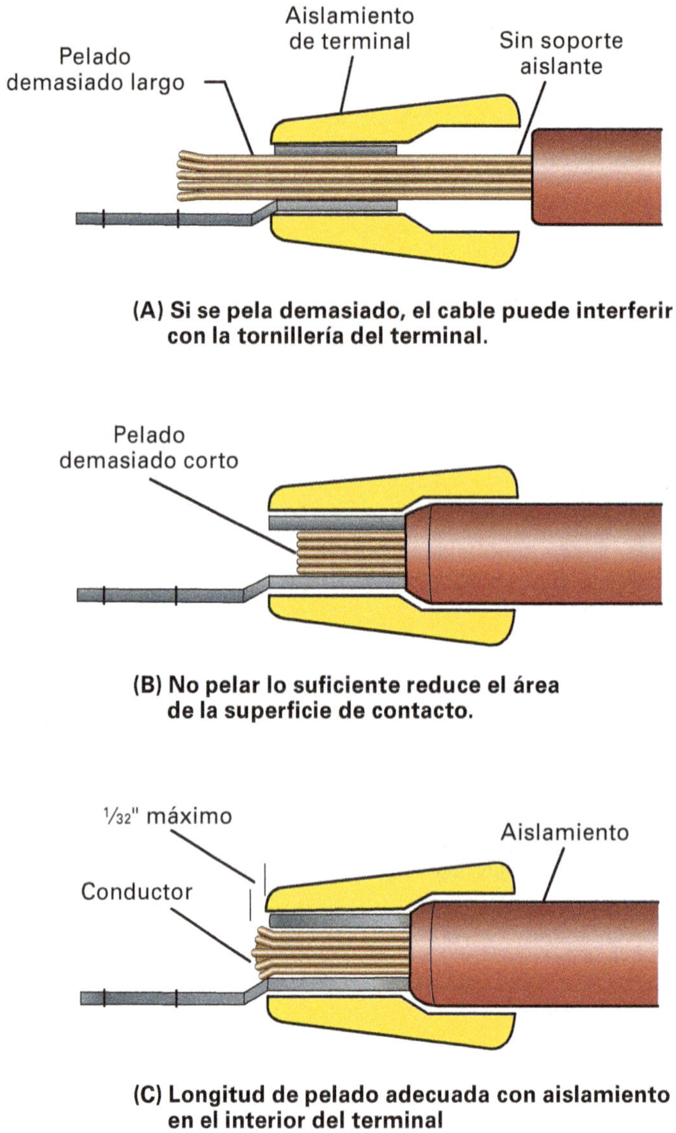

Figura 6 Longitud de pelado.

1.2.0 Pelado de conductores grandes

Los conductores y cables más grandes pueden cortarse con un cortacables manual de carraca. El cortador de cables que se muestra en la *Figura 7* puede utilizarse para cortar cables de hasta 1,000 kcmil. Las cortadoras de cable sin cable son muy populares para obtener una mayor producción con menos fatiga.

Los pelacables de alta resistencia se utilizan para pelar cables de alimentación de gran calibre. En la *Figura 8* se muestra un pelacables de alta resistencia utilizado para pelar cables de alimentación con diámetros exteriores comprendidos entre AWG 1/0 y 1,000 kcmil.

Los pelacables se pueden utilizar para quitar el aislamiento del extremo de un cable o para hacer cortes *tipo ventana* (*Figura 9*). Los cortes de ventana suelen utilizarse en cables blindados para conectar las tomas de tierra. Todas las herramientas pelacables deben utilizarse de acuerdo con las instrucciones del fabricante.

Consulte siempre las instrucciones completas del fabricante de la herramienta. Siga estas instrucciones básicas para utilizar el pelacables de alta resistencia que se muestra en la *Figura 8* para pelar el aislamiento del extremo de un cable.

¡ADVERTENCIA!

Mantenga los dedos alejados de la hoja cuando utilice cualquier herramienta de pelado y cámbiela cuando esté desafilada. Una hoja desafilada es peligrosa porque es más probable que ejerza más presión, haciendo que la herramienta resbale.

Paso 1 Gire el tornillo de ajuste de la hoja en sentido contrario a las agujas del reloj para retraer la hoja.

Paso 2 Gire el tornillo de mariposa de dimensionamiento del cable en sentido contrario a las agujas del reloj para retraer la abrazadera del cable.

Paso 3 Introduzca el cable en la abrazadera con el extremo del cable por debajo de la hoja.

Paso 4 Desenganche el bloqueo del ajuste de profundidad girándolo en sentido contrario a las agujas del reloj. Gire el regulador de profundidad hasta su posición y ajuste la profundidad de la hoja. Luego bloquee la profundidad girando el bloqueo de ajuste de profundidad en el sentido de las agujas del reloj.

Paso 5 Enganche la abrazadera del cable girando el tornillo de mariposa de dimensionamiento en el sentido de las agujas del reloj hasta que quede firmemente sujeto al cable. Evite apretar demasiado.

Paso 6 Ajuste el tornillo de ajuste de la hoja hasta que esta toque la cubierta del cable.

Paso 7 Ahora gire toda la herramienta alrededor del cable en el sentido de las agujas del reloj. Observe el corte para asegurarse de que la profundidad es correcta; ajuste la profundidad de la hoja según sea necesario con el tornillo de mariposa.

Paso 8 Una vez que el cable se haya pelado lo suficiente, suelte la abrazadera del cable y retire el pelacables del cable.

PRECAUCIÓN

No permita que la cuchilla entre en contacto con el conductor, ya que podría dañar el conductor o la cuchilla. Cambie la hoja cada vez que se desafile. Recuerde que una hoja desafilada es más peligrosa que una afilada, porque es más probable que ejerza una presión excesiva, provocando que resbale.

Figura 7 Cortacables con trinquete.
Fuente: Southwire

Figura 8 Pelacables de alta resistencia.
Fuente: Southwire

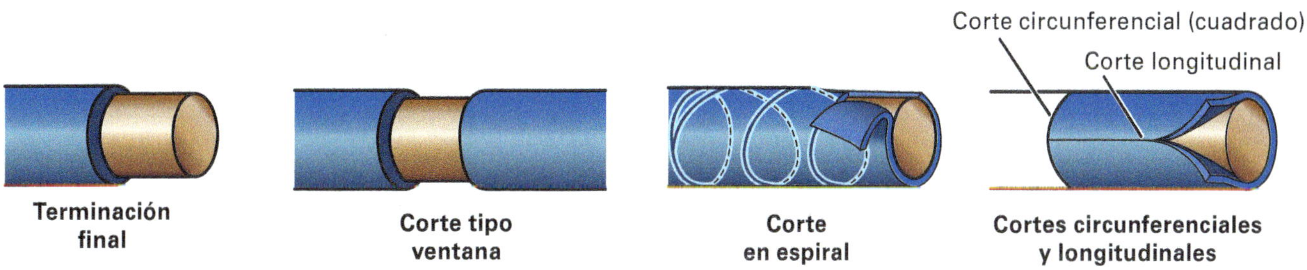

Figura 9 Tipos de pelado de cables.

Para realizar un corte de ventana a partir del extremo del conductor o cable, proceda de la siguiente manera:

Paso 1 Gire el tornillo de ajuste de la hoja en sentido contrario a las agujas del reloj para retraer la hoja.

Paso 2 Gire el tornillo de mariposa de dimensionamiento del cable en sentido contrario a las agujas del reloj para retraer la abrazadera del cable.

Paso 3 Inserte el cable en la abrazadera y coloque la hoja donde desee comenzar el corte.

Paso 4 Enganche la abrazadera del cable girando el tornillo de mariposa de dimensionamiento en el sentido de las agujas del reloj hasta que quede firmemente sujeto al cable. Evite apretar demasiado.

Paso 5 Ajuste el tornillo de ajuste de la hoja hasta que esta toque la cubierta del cable.

Paso 6 Ahora gire toda la herramienta alrededor del cable en el sentido de las agujas del reloj. Observe el corte para asegurarse de que la profundidad es correcta; ajuste la profundidad de la hoja según sea necesario con el tornillo de mariposa.

Paso 7 Una vez que el cable se haya pelado lo suficiente, suelte la abrazadera del cable y retire el pelacables del cable.

En la Figura 10, se muestra una herramienta de corte y anillado de cables redondos que puede utilizarse para pelar conductores sencillos o cables de varios conductores. Esta herramienta puede utilizarse para cortar alrededor del cable (un corte cuadrado) o cortar la longitud de la envoltura del cable (un corte longitudinal) para facilitar su extracción. La hoja de la herramienta es ajustable para adaptarse a diferentes espesores de envolturas.

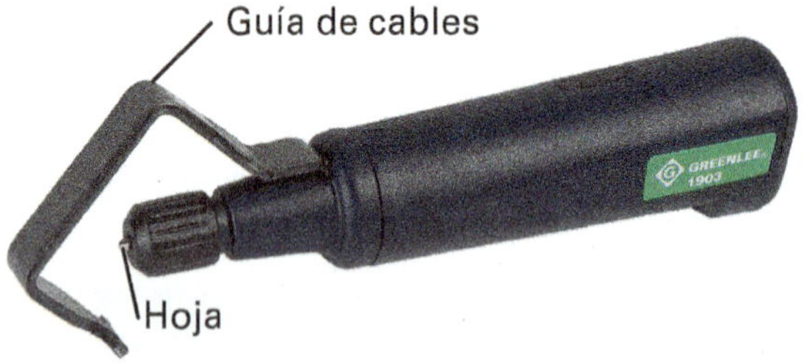

(A) Herramienta pelacables

(B) Herramienta pelacables en uso

Figura 10 Herramienta de corte y anillado para cables redondos
Fuente: Ridge Tool Company

Corte de cables de alimentación de gran calibre

Cuando corte cables de alimentación largos, puede facilitar el trabajo utilizando un cortador de cables inalámbrico como el que se muestra en la imagen. También hay disponibles cortadores de cable eléctricos e hidráulicos.

Fuente: Ridge Tool Company

Pelado de cables usando una herramienta eléctrica

El pelacables que se muestra en la imagen se acopla a un taladro inalámbrico y está equipado con un medidor de profundidad para realizar cortes precisos en una gran variedad de cables.

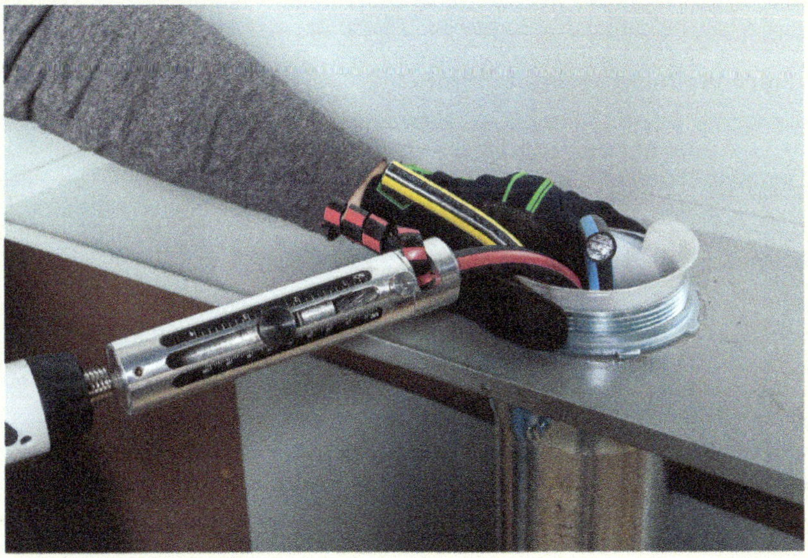

Fuente: Ridge Tool Company

1.3.0 Doblado de cables y guía de conductores

La guía del cable se refiere a su colocación cerca de una terminación de modo que el cable no quede bajo tensión. Cuando se instala un cable o un conductor de gran calibre, el objetivo es limitar la tensión para que las características físicas y eléctricas del cable se mantengan durante la vida útil prevista. Guiar los conductores, en lugar de simplemente doblarlos, también reduce la tensión en los bornes y conectores, lo que prolonga su vida útil.

Las consideraciones sobre el tendido y la inspección de cables y conductores son las siguientes:

- *Dobleces de cables:* para todos los tendidos de hilos y cables, utilice un radio de curvatura mínimo de tres veces el diámetro exterior del hilo o cable, a menos que el fabricante del cable especifique lo contrario.
- *Pulcritud del tendido:* deje espacio suficiente para el movimiento de las piezas mecánicas. Deje suficiente holgura en el cable para realizar el mantenimiento de enchufes y tableros de terminales. Sujete todos los cables para evitar tensiones en los conductores o terminales. La tensión puede provocar roturas en las terminaciones e inutilizar el sistema. Asegúrese de que los cables no crucen las aberturas de mantenimiento ni interfieran de otro modo con el funcionamiento normal y el reemplazo de componentes.
- *Protección de los hilos o cables:* deje espacio entre los conductores y cualquier componente que irradie calor para evitar que el aislamiento se deteriore por el calor. Proteja todos los cables contra la abrasión. No pase el cable por encima de tornillos afilados, bornes o aberturas. Utilice anillos protectores, empalmes roscados o medios similares para proteger el aislamiento cuando pase el cable a través de una división metálica.
- *Bucles de acometida:* deje suficiente holgura en la terminación de cada cable para permitir al menos una reparación, como cortar y reemplazar un terminal sobrecalentado.
- *Cables de puente:* no se permiten cables de puente descubiertos. Utilice únicamente cable aislado para los puentes.
- *Límites de doblado de terminales:* no doble los terminales más de 30 grados por encima o por debajo del punto de terminación (*Figura 11*).

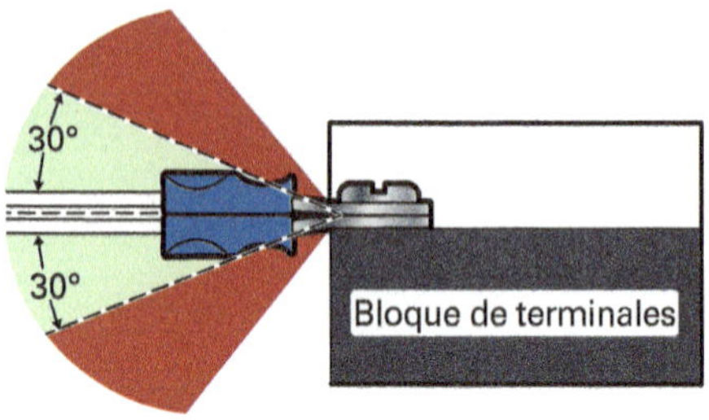

Figura 11 Radio de curvatura máxima de terminal.

Figura 12 Doblador de cables con trinquete.
Fuente: Ridge Tool Company

Figura 13 Kit de doblado hidráulico de cables.
Fuente: Ridge Tool Company

1.3.1 Radios de curvatura mínimo

Todas las curvas realizadas en el cable deben cumplir con el *NEC*®. El radio de curvatura mínimo viene determinado por el diámetro del cable y, algunas veces, por su fabricación.

Por ejemplo, la ***Sección 330.24 del NEC*** establece que los dobleces de los cables de tipo MC (con revestimiento metálico) deben realizarse de forma que el cable no sufra daños y que el radio de la curva del borde interior de un doblez no debe ser inferior a lo siguiente:

- *Cubierta lisa MC:* según la ***Sección 330.24(A) del NEC***, el radio de curvatura mínimo es 10 veces el diámetro externo de la cubierta metálica para cables de $^3/_4$" (19 mm) de diámetro o menos. Para cable de más de $^3/_4$", pero no más de $1^1/_2$" (38 mm) de diámetro, el radio debe ser al menos 12 veces el diámetro. Para cables de más de $1^1/_2$" de diámetro, el radio de curvatura mínimo es 15 veces el diámetro.
- *Armadura de tipo entrelazado o cubierta ondulada MC:* según la ***Sección 330.24(B) del NEC***, el radio de curvatura mínimo es 7 veces el diámetro de la cubierta metálica.
- *Conductores blindados:* según la ***Sección 330.24(C) del NEC***, el radio de curvatura mínimo es 12 veces el diámetro total de un conductor individual o 7 veces el diámetro del cable multiconductor, el que sea mayor.

Dos tipos habituales de herramientas para doblar cables son la *dobladora de trinquete* y la *dobladora hidráulica*. La dobladora de trinquete (*Figura 12*) dobla conductores de cobre o aluminio de hasta 500 kcmil. La dobladora hidráulica (*Figura 13*) está diseñada para cables de 350 kcmil a 1,000 kcmil. Además, la dobladora hidráulica es capaz de realizar dobleces de una sola vez de hasta 90° y descarga automáticamente el cable al terminar el doblado. Cualquiera de los dos tipos simplifica y agiliza la instalación de los cables.

Los conductores en terminales o los conductores que entran o salen de gabinetes, cajas de corte y otros recintos similares deben cumplir con ciertos requisitos del *NEC*®, muchos de los cuales se abarcan en el ***Artículo 312 del NEC***. Los radios de curvatura requeridos para los conductores que no entran ni salen de un recinto a través de la pared opuesta a la terminación se encuentran en la ***tabla 312.6(A) del NEC***. Tenga en cuenta que los AWG nro. 14 al nro. 10 no tienen especificación para esta aplicación.

Cuando utilice esta tabla del *NEC*® a la que se hace referencia, el espacio de doblado en los terminales debe medirse en línea recta desde el extremo del conector a la pared, barrera u obstrucción (*Figura 14*).

Un cable no blindado puede tolerar un doblez más pronunciado que un cable blindado. Esto es especialmente cierto en el caso de los cables con protección metálica helicoidal, como los MC. Si se dobla con demasiada fuerza, la armadura puede separarse o doblarse, y posiblemente cortar el aislamiento. El problema se agrava por el hecho de que estos cortes se producen debajo de la cubierta, lo que oculta los daños. Los cables dañados pueden superar inicialmente las pruebas de aceptación, pero, a menudo, fallan prematuramente en la interfaz blindaje/aislamiento.

Cuando los conductores entran o salen de un recinto a través de la pared opuesta a sus terminales (*Figura 15*), se aplica la ***tabla 312.6(B)(2) del NEC***. De nuevo, tenga en cuenta que los AWG nro. 14 al nro. 10 no tienen especificación para esta aplicación.

Cuando utilice esta tabla, el espacio de doblado en los terminales debe medirse en línea recta desde el extremo del borne o conector del cable en una dirección perpendicular a la pared del recinto. En el caso de los terminales de cable desmontables y empotrables destinados a un solo cable, el espacio de doblado de la tabla puede reducirse, de cierto modo, por lo valores que se muestran entre paréntesis.

Conozca el código

Armarios, cajas de conexiones y cajas de tomas de contadores
Artículo 312 del NEC

NOTA

Recuerde que las desviaciones de los cables se consideran curvas.

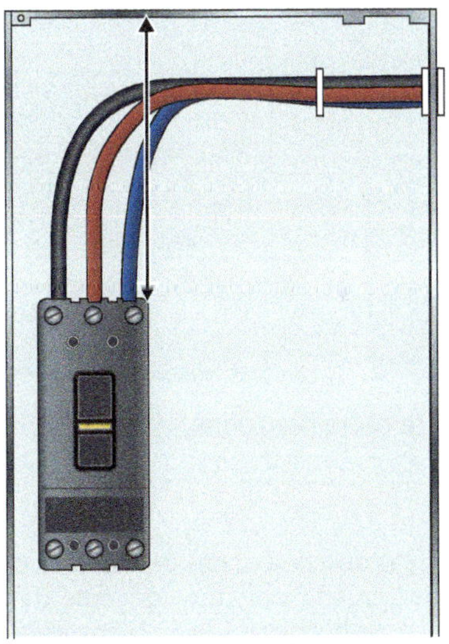

Cuando utilice la ***tabla 312.6(A) del NEC)***, el espacio de doblado en los terminales debe medirse en línea recta desde el extremo del borne o conector del cable (en la dirección en que el cable sale del terminal) hasta la pared, barrera u obstrucción.

Figura 14 El espacio de doblado en los terminales se mide en línea recta

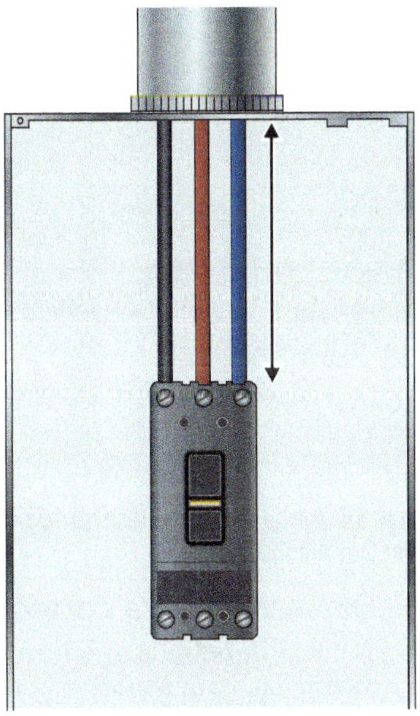

El espacio de doblado en los terminales debe medirse en línea recta desde el extremo del borne o conector del cable en una dirección perpendicular a la pared de la envolvente. Use los valores en la ***tabla 312.6(B)(2) del NEC.***

Figura 15 Conductores que entran en un recinto opuesto a los terminales del conductor

En la Figura 16 se muestran alimentadores procedentes de un tablero de distribución de 480 V que terminan en el compartimento de línea de entrada de solo bornes principales (MLO) de un centro de control de motores (MCC). Esta conexión se realiza directamente al sistema de barras horizontales que distribuye energía a las barras verticales en cada sección vertical del MCC.

En la *Figura 17* se muestra un interruptor de circuito y fusibles que sirven como seccionador principal y protección contra sobrecorriente para un MCC que se alimenta directamente del secundario de un transformador. También ilustra los requisitos del *NEC*® para conductores que entran en recintos y el uso de recintos para el tendido o derivación de conductores. El lado de carga del dispositivo de protección contra sobrecorriente está conectado al sistema de barras del MCC. Cuando la desconexión principal tenga una capacidad nominal de 400 A o menos, la conexión de la carga puede realizarse con **conexiones de derivación** a secciones de barras verticales que se conectan a la barra horizontal principal.

Conexiones de derivación (*Stab connections*): terminaciones realizadas insertando una sección recta de conductor sólido directamente en un terminal que agarra o aprieta el conductor para mantener una conexión segura.

Figura 16 Alimentadores entrantes conectados a la barra horizontal.
Fuente: Jim Mitchem

1.3.2 Refuerzo contra cortocircuitos

Todas las líneas de entrada a los bornes de línea o a las desconexiones principales deben estar arriostradas para soportar la fuerza mecánica creada por una corriente de falla alta. Si los cables no están suficientemente anclados o los bornes no están bien apretados, las conexiones se convierten en la parte más vulnerable de un panel de distribución o MCC cuando se produce una falla.

En la mayoría de los casos, cada compartimento del conducto de entrada está equipado con una *barra separadora* de dos piezas ubicada a cierta distancia de la entrada del conducto. Esta barra separadora debe utilizarse junto con el material de cordón adecuado para atar los cables entre sí cuando puedan agruparse y para mantenerlos separados cuando deban separarse. En otras palabras, primero hay que colocar los cables de la línea de entrada y luego anclarlos en su sitio.

Los fabricantes de paneles de distribución eléctrica y MCC normalmente proporcionan información detallada sobre los métodos recomendados de refuerzo contra cortocircuitos. Siga esta información al pie de la letra.

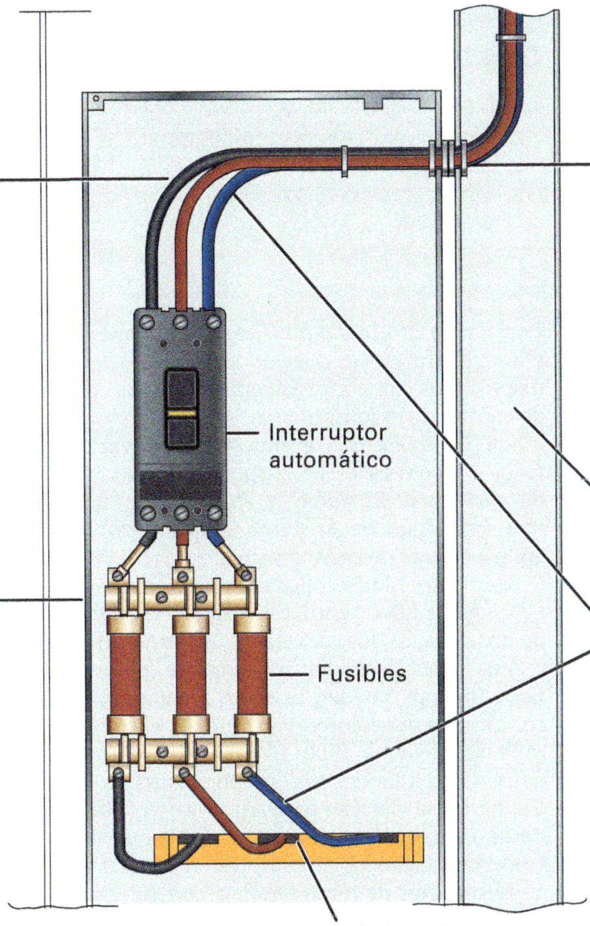

Figura 17 MCC alimentado directamente del secundario de un transformador.

1.0.0 Repaso de la sección

1. Al insertar un conductor en un cilindro de engaste, los hilos del conductor no deben sobresalir *más de* _____.
   a. $^1/_{32}$" (~1 mm)
   b. $^1/_{16}$" (~2 mm)
   c. $^1/_8$" (~3 mm)
   d. $^1/_4$" (~6 mm)

2. Al utilizar una herramienta de corte, un borde desafilado _____.
   a. es más seguro que un borde afilado
   b. es menos probable que cause daños en el conductor
   c. puede provocar resbalones
   d. es poco probable porque las herramientas se afilan a sí mismas

3. Colocar el cable de modo que *no* esté bajo tensión se conoce como _____.
   a. guiar
   b. doblar
   c. organizar
   d. crimpar o engarzar

2.0.0 Conexiones de cables

Tareas prácticas

1. Terminar conductores con terminales y conectores de enganche (o crimpado) y mecánicos seleccionados por el instructor.
2. Terminar conductores en una regleta de terminales.

Objetivo

Explicar cómo completar las conexiones de los cables.

a. Describir cómo se instalan los distintos conectores.
b. Explicar cómo montar conexiones de aluminio.
c. Explicar cómo instalar los cables de control y señal.

Conozca el código

Requisitos generales de las instalaciones eléctricas
Artículo 110 del NEC

Conector reductor (*Reducing connector*): Conector utilizado para unir un conductor más grande a otro más pequeño.

NOTA

Antes de empezar a trabajar en las conexiones de las líneas de entrada, consulte todos los planos y especificaciones correspondientes al proyecto en cuestión. Por lo general, se facilitan detalles de las terminaciones en las instalaciones más grandes.

La Sección 110.14 del NEC regula las conexiones eléctricas, incluidas las terminaciones y los empalmes. Las conexiones de cables se utilizan para conectar un alambre o cable a dispositivos con accionamiento eléctrico, como motores y bombas, así como a circuitos de control de todo tipo.

En la *Figura 18* se muestra una variedad de conectores para cable trenzado. Estos conectores están disponibles en varios calibres para adaptarse a los calibres de cable nro. 22 AWG y superiores. Pueden instalarse con tenazas engarzadoras que dispongan de un buril simple o doble. Normalmente, el rango está estampado en la lengüeta de cada terminal.

Hay disponibles conectores de compresión mecánica para alojar cables desde AWG nro. 8 hasta 1,000 kcmil. En la *Figura 19* se muestran los bornes de un orificio, los bornes de dos orificios, los conectores de perno dividido y otros tipos.

Los conectores de tipo engarce para cables de calibre inferior a AWG nro. 8 normalmente pueden aceptar al menos dos calibres de cable y, a menudo, están codificados por colores. Por ejemplo, el código de colores de un fabricante es rojo para el cable nro. 18 o nro. 20, azul para el cable nro. 16 o nro. 14 y amarillo para el cable nro. 12 o nro. 10. Los conectores de tipo engarce (o de crimpado) para alambres de calibre nro. 8 o superior se fabrican para admitir un calibre de conductor. **Los conectores reductores de tipo engarce** se utilizan para conectar dos cables de distinto calibre. Los conectores y bornes mecánicos de compresión se fabrican para admitir cables de distintos calibres.

El conector de toma paralela con cubierta aislada que se muestra en la *Figura 19* es un ejemplo de conector de compresión mecánica moldeado y previamente aislado. Hay varios tipos disponibles. Están disponibles en configuraciones de tornillo prisionero / placa de presión y de perforación del aislamiento para su uso en diversas aplicaciones de tomas y empalmes de alimentadores. Dado que están equipados con una cubierta aislante, se elimina la necesidad de encintar la unión.

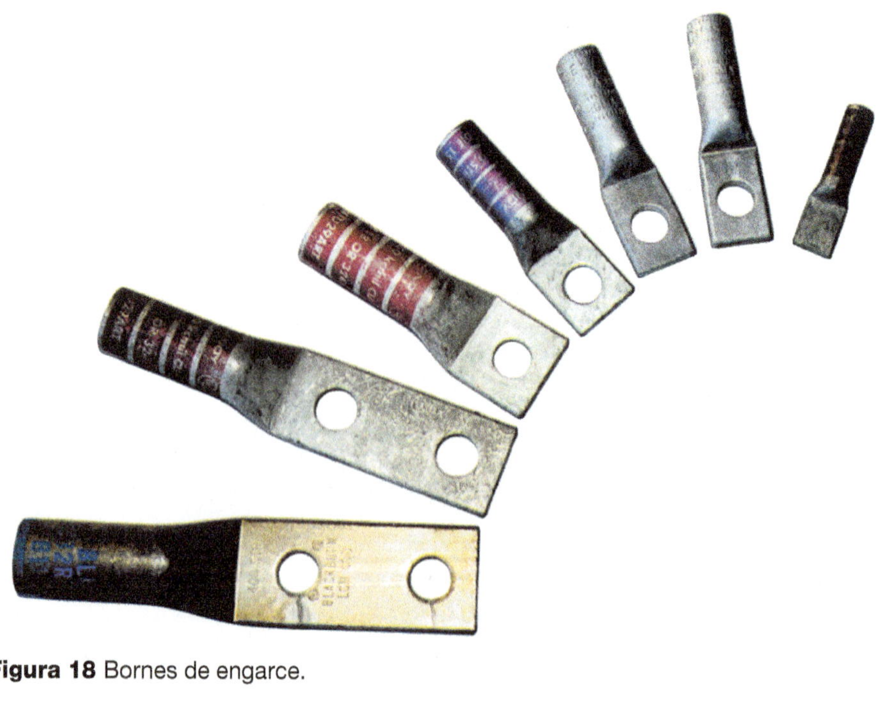

Figura 18 Bornes de engarce.

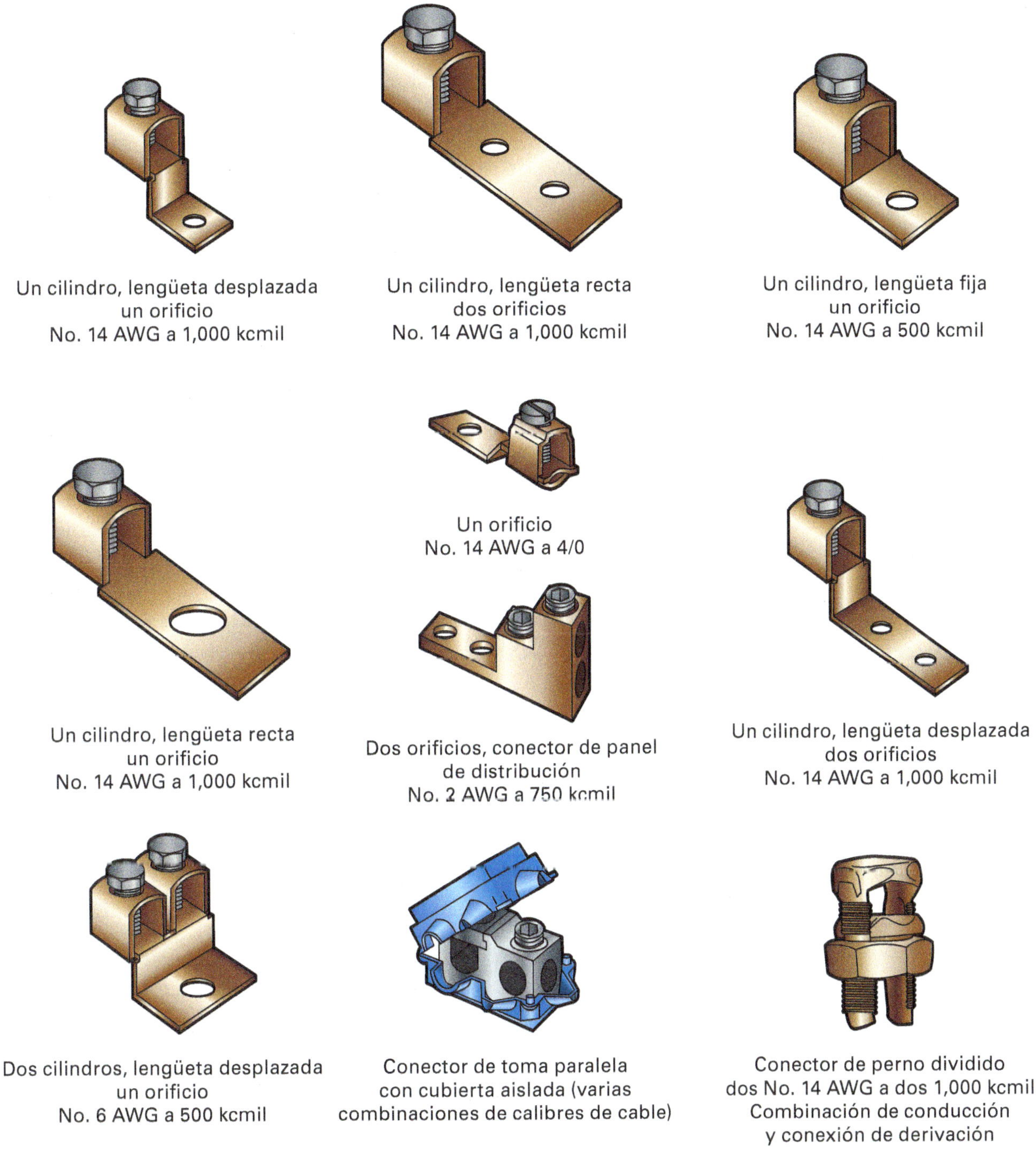

Figura 19 Ejemplos de conectores mecánicos de compresión.

Apriete de los tornillos y pernos de los conectores de compresión

Los conectores mecánicos de compresión deben apretarse al torque especificado con una herramienta aprobada por la *Sección 110.14(D) del NEC*. Un apriete excesivo puede cortar los cables o romper el accesorio, mientras que un torque insuficiente provoca una conexión floja. No adivine: utilice la herramienta adecuada con el torque correcto.

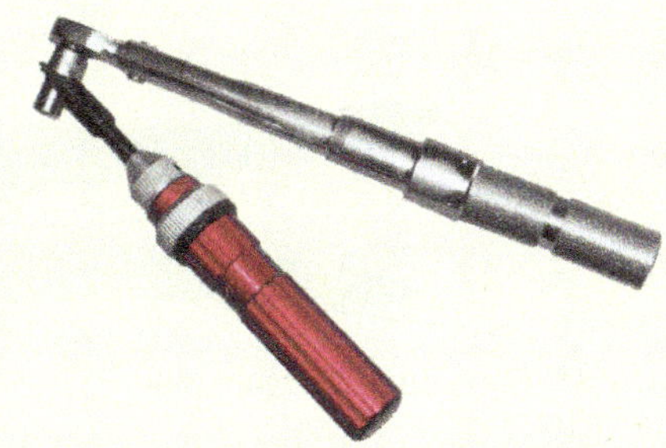

Piénselo

Conectores mecánicos de compresión

¿Puede pensar un uso para un conector de compresión con lengüeta de dos orificios?

2.1.0 Instalación de conectores

La tarea de fijar un conector a un cable requiere el uso del conector, la herramienta y el procedimiento adecuados. Utilice siempre la herramienta adecuada para el conector y siga las instrucciones de su fabricante.

2.1.1 Instalación de conectores de compresión

Se necesita una tenaza engarzadora para realizar conexiones de compresión aceptables. No intente realizar conexiones engarzadas con alicates normales o un martillo.

En la *Figura 20*, se muestra la relación entre la cantidad de fuerza de engarce aplicada y el rendimiento mecánico y eléctrico de la terminación. La resistencia mecánica máxima (A) se produce con una fuerza de engarce menor que el rendimiento eléctrico máximo (B). El punto de intersección (C) representa la fuerza de engarce ideal. El uso de una matriz de engarce demasiado grande produce un rendimiento eléctrico deficiente, y el uso de una matriz demasiado pequeña produce una conexión mecánica débil.

La herramienta de engarce manual simple (*Figura 21*) fue la primera herramienta de engarce desarrollada, y sigue utilizándose para operaciones de reparación e instalaciones sencillas. La fabricación de estas herramientas es similar a la de los alicates normales, con la diferencia de que las mordazas tienen una forma especial para crear una conexión fuerte. Las prensadoras sencillas suelen combinarse con cortadores y peladoras.

Se necesita mucha fuerza en el borne para hacer un buen engarce. Las herramientas que añaden palanca mediante una *acción compuesta* y una función de trinquete aumentan la fuerza manual aplicada. La fuerza manual típica para las operaciones repetitivas es de 75 lb o 334 newtons (N) para los hombres adultos y de 50 lb (222 N) para las mujeres adultas. La cantidad en que la herramienta multiplica la fuerza de la mano se conoce como **ventaja mecánica (MA)** de la herramienta.

Ventaja mecánica (MA - *Mechanical advantage*): multiplicador aplicado a la fuerza que un trabajador aplica manualmente a una herramienta de engarce para determinar la fuerza total aplicada.

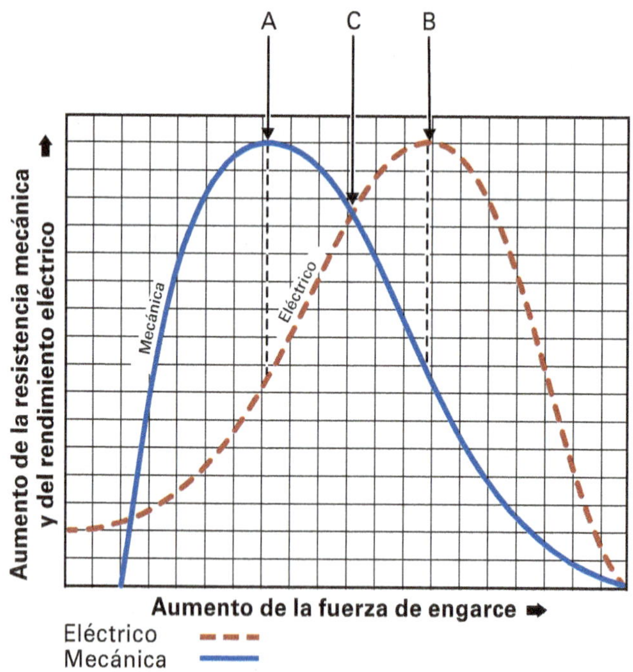

Figura 20 Resistencia mecánica frente a rendimiento eléctrico de un conector engarzado.

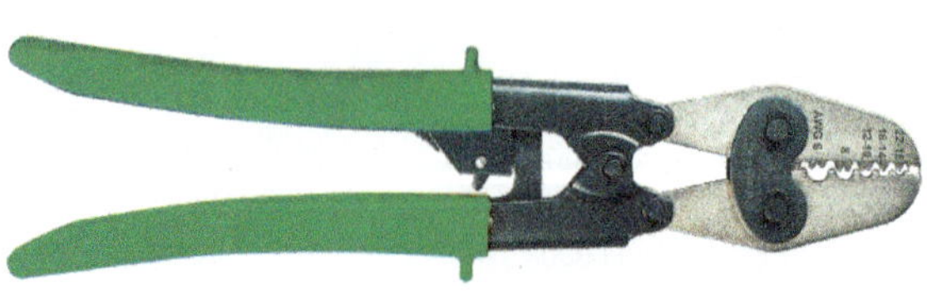

Figura 21 Engarzadoras manuales.
Fuente: Ridge Tool Company

Mediante el ajuste de los mecanismos de conexión o levas que conectan las asas a las matrices de engarce, se puede variar la MA para que sea baja al principio y alta al final de la carrera de engarce. Por lo tanto, cuando las asas comienzan a cerrarse desde la posición abierta y se está realizando poco o ningún engarce, la MA es baja. A medida que las asas se cierran más, las matrices de engarce comienzan a comprimir el terminal, y la MA aumenta. De esta forma, la MA se ajusta a la fuerza de engarce necesaria para que se consiga una MA elevada en la parte más importante del ciclo.

En la *Figura 22*, se muestra una herramienta de MA alta equipada con un control de trinquete. El mecanismo de trinquete impide abrir la herramienta y retirar el terminal engarzado antes de que el asa se haya cerrado totalmente y se haya completado el engarce. De este modo se consigue un engarce uniforme y fiable que cumple los requisitos del fabricante del terminal.

La *matriz de engarce* en la herramienta determina la forma de engarce realizada. Se utiliza una variedad de configuraciones, como el tipo de cuna y buril de la matriz simple y la matriz más complicada de cuatro muescas. Las matrices de engarce son intercambiables y pueden tener dos o tres posiciones para engarzar terminales de distintos tamaños.

La matriz de engarce se selecciona en función del tipo de terminal, así como del tipo y tamaño de los hilos que se van a alojar. Las matrices pueden codificarse por colores para utilizarlas con un borne terminal codificado por colores a fin de facilitar su identificación y garantizar una fuerza de engarce adecuada.

La *Figura 23* muestra otra herramienta de engarce manual que se utiliza para engarzar cables de AWG 8 a 750 kcmil. En este caso, la potencia procede realmente de la presión hidráulica. Al empujar la empuñadura hacia abajo, se genera presión hidráulica en el interior de la herramienta. Los conductores grandes pueden hacerse con herramientas manuales, pero hay formas más fáciles y rápidas.

PRECAUCIÓN

Algunos fabricantes diseñan herramientas engarzadoras especiales que debe utilizarse con sus conectores. Use la herramienta engarzadora y el procedimiento de instalación recomendado por el fabricante.

Figura 22 Herramienta engarzadora apalancada.
Fuente: Ridge Tool Company

Figura 23 Herramienta hidráulica de engarzado manual para conectores de gran tamaño.
Fuente: Ridge Tool Company

Las herramientas de engarce inalámbricas son ahora muy populares, sobre todo cuando hay que hacer muchos engarces. La *Figura 24* muestra un ejemplo de prensadora inalámbrica. Las herramientas inalámbricas ofrecen libertad de movimiento sin las molestias y peligros asociados a un cable. Aunque la mayoría requiere cambiar el cabezal de la matriz para cada tamaño de conector, también existen algunas herramientas de engarce universales.

Para realizar una conexión por prensado, haga lo siguiente:

AL-CU: Abreviación de aluminio y cobre, que suele aparecer en terminales y conectores eléctricos para indicar que el dispositivo es adecuado para su uso con conductores de aluminio o cobre.

Paso 1 Seleccione un conector de presión del calibre adecuado y del material apropiado para el calibre del cable que está utilizando. Los conectores de cobre deben utilizarse con cables de cobre y los conectores de aluminio con cables de aluminio. Los conectores **AL-CU** (término es el mismo en inglés) pueden utilizarse tanto con cobre como con aluminio.

Paso 2 Utilice un pelacables adecuado para quitar el aislamiento del extremo del cable. Tenga cuidado de no cortar el cable. Pele el aislamiento lo suficiente para que el conductor desnudo entre completamente en el conector. Asegúrese de no quitar demasiado aislamiento; debe quedar cerca del conector (o dentro de un conector aislado) cuando el cable esté completamente insertado.

Paso 3 Limpie la parte pelada del cable. Utilice un cepillo de alambre para alambres de calibre grande. Limpie también el terminal relacionado y la superficie a la que se fijará el conector.

Paso 4 Obtenga la herramienta engarzadora y las matrices diseñadas para el tipo y el calibre del conector que se va a engarzar.

Paso 5 Introduzca completamente el extremo pelado del cable en el conector. Coloque la herramienta engarzadora sobre el conector y utilícela para completar el engarce, tal y como se indica en las instrucciones del fabricante de la herramienta. Asegúrese de que las mordazas de la herramienta engarzadora cierren por completo, lo que indica que se ha realizado un engarce completo. Tenga en cuenta que algunas herramientas no liberan la presión hasta que se ha completado un ciclo completo de engarce. Si es necesario engarzar varias veces (*Figura 25*), engarce desde el extremo del terminal hacia el cable, girando la engarzadora según sea necesario alrededor del conector para evitar deformarlo.

Paso 6 Utilizando el herraje adecuado, fije el conector engarzado y el cable conectado al terminal correcto. Apriete el perno terminal y el par de apriete al nivel especificado por el fabricante del equipo. Un torque excesivo o insuficiente puede afectar negativamente el rendimiento de la conexión.

En la tabla 2 se presentan algunos valores de torque típicos de los utilizados para apretar tamaños comunes de pernos terminales de acero y aluminio. Aunque estos valores pueden ser típicos, consulte al fabricante del equipo o del terminal para conocer el valor de torque correcto.

TABLA 2 Torques de apriete recomendados para distintos tamaños de pernos

Herrajes de acero		Herrajes de aluminio	
Tamaño del tornillo y paso de rosca	**Torque recomendado (pulgadas-libras)**	**Tamaño del tornillo y paso de rosca**	**Torque recomendado (pulgadas-libras)**
¼"-20	80	½"-13	300
5⁄16"-18	180	⅝"-11	480
⅜"-16	240	¾"-10	650
½"-13	480	—	—
⅝"-11	660	—	—
¾"-10	1,900	—	—

Figura 24 Herramienta engarzadora inalámbrica.
Fuente: Ridge Tool Company

Figura 25 Engarces múltiples.
Fuente: Jim Mitchem

2.1.2 Terminales y conectores mecánicos

El procedimiento de instalación de los conectores mecánicos es básicamente el mismo que el descrito para los conectores de compresión, con las excepciones que se explican en los siguientes párrafos.

Antes de instalar el conector mecánico en el cable, aplique un compuesto inhibidor de óxido para uniones al conductor para evitar la formación de óxidos después de realizar la conexión. Aplique también el compuesto a la almohadilla del terminal. A continuación, instale el conector en el cable y apriete el perno o tornillo del conector con el valor del torque especificado por el fabricante del conector.

Es importante aplicar el torque adecuado. Un torque excesivo puede dañar los cables o romper el conector, mientras que un torque insuficiente puede provocar sobrecalentamiento y averías del terminal.

2.1.3 Conectores de cables especializados

Muchos cables requieren conectores especialmente diseñados, conocidos como *terminadores*, para fijarlos a los recintos de los equipos. Los conectores especializados se suministran normalmente con instrucciones de instalación. Esta sección le presentará un tipo de conector especializado diseñado para su uso con cables MC. Su fabricación e instalación, sin embargo, son típicas de muchos conectores especializados.

El cable de tipo MC es un conjunto de fábrica de uno o más conductores de circuito aislados con o sin elementos de fibra óptica. Está encerrado en una vaina metálica de cinta entrelazada o en un tubo liso u ondulado. El uso del cable de tipo MC en bandejas portacables y bastidores, en lugar del cable no blindado en conducto, es cada vez mayor. En los lugares adecuados, los cables se conducen desde las bandejas o bastidores y, a continuación, a lo largo de la estructura hasta varias cargas. El *Artículo 330 del NEC* rige la instalación de los cables de tipo MC. Existen varios tipos de conectores que pueden utilizarse con el cable de tipo MC. Todos los accesorios deben figurar en la lista según la *Sección 330.6 del NEC*. El conector específico que se utilice depende del calibre y tipo de cable y de la aplicación.

Conozca el código

Cable con revestimiento metálico: Tipo MC
Artículo 330 del NEC

Como ejemplo, se explica a continuación el procedimiento de instalación de un conector resistente a la intemperie de un fabricante diseñado para utilizarse con cable de tipo MC:

Paso 1 Seleccione el calibre de conector correcto. Normalmente, esto se hace comparando las dimensiones físicas del cable con una tabla de referencias cruzadas que se facilita en la documentación del producto del fabricante.

Paso 2 Pele la envoltura y la armadura del cable según sea necesario para cumplir los requisitos del equipo. Exponga aún más la armadura del cable pelando la envoltura del cable a prueba de intemperie a una distancia determinada (L), como se muestra en la *Figura 26*. Esta distancia se encuentra en las instrucciones de instalación del fabricante del conector.

Paso 3 Asegúrese de que la junta de la envoltura y el resorte de retención estén sin comprimir. Si es necesario, suelte el cuerpo del conector y la tuerca de compresión. No es necesario separar las piezas del conector.

Paso 4 Atornille el cuerpo del conector en el equipo o fíjelo con una contratuerca si tiene una entrada no roscada.

Paso 5 Pase el cable a través del conector hasta que la armadura choque con el tope final. Si no es posible que los cables aislados pasen a través del tope final, retírelo para que los cables puedan pasarlo y la armadura pueda chocar con el tope dentro del componente de entrada.

Paso 6 Apriete el cuerpo del conector para comprimir el resorte de retención y asegurar la armadura. Normalmente se aprieta a mano más de $1\frac{1}{2}$ vueltas completas.

Paso 7 Apriete la tuerca de compresión exterior para formar un sello en la envoltura del cable. Normalmente, se aprieta con la mano más una vuelta completa.

Paso 8 Si procede, termine los hilos individuales que contiene el cable mediante conectores de compresión o mecánicos.

Torque de apriete

Muchas terminaciones y tipos de equipos están marcados con la información del torque. En el caso de los equipos, la información del torque está marcada en el equipo o aparece en las instrucciones de instalación. Cuando se indiquen requisitos específicos de torque, siga siempre las recomendaciones del fabricante según la ***Sección 110.14(D) del NEC***.

En los casos en los que no están disponibles los requisitos de apriete, se pueden encontrar pautas para el apriete de conectores de compresión mecánica de tipo tornillo y perno en los comentarios del *Manual National Electrical Code® correspondientes* a la ***Sección 110.14(D) del NEC*** y las notas informativas relacionadas.

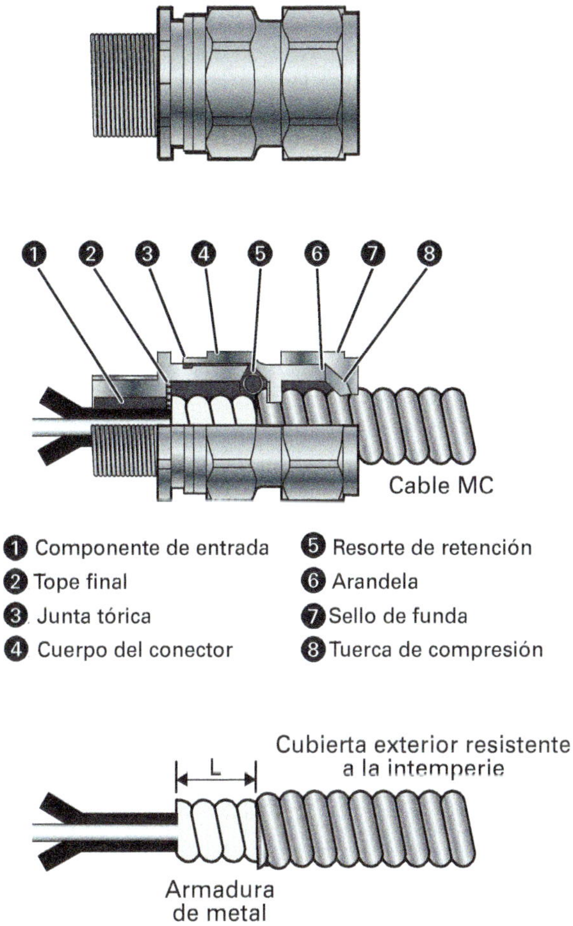

Figura 26 Conector resistente a la intemperie utilizado con cable de tipo MC.

2.2.0 Conexiones de aluminio

El aluminio tiene propiedades diferentes a las del cobre y deben tomarse precauciones especiales para garantizar conexiones fiables. Por ejemplo, el aluminio no se retrae al doblarse como lo hace el cobre y es más susceptible a la formación de óxido que este. El aluminio también tiene diferentes propiedades de dilatación térmica, que pueden afectar las terminaciones.

Debido a estas propiedades, los conectores de cobre estándar no pueden utilizarse con seguridad en cables de aluminio. La mayoría de los fabricantes diseñan sus conectores de aluminio con una mayor superficie de contacto para contrarrestar algunos de estos problemas. Las lengüetas y los cilindros de los conectores de aluminio son más grandes o profundos que los conectores de cobre similares.

La acción electrolítica entre el aluminio y el cobre puede controlarse recubriendo el aluminio con un metal neutro, normalmente estaño. El chapado impide que se produzca electrólisis y es más probable que la unión permanezca estanca. Los conectores también deben estar estañados. Se puede aplicar un compuesto inhibidor de óxido si se desea o especifica, pero el *NEC*® ya no lo requiere como antes.

NOTA

Los cambios en el *NEC®* con respecto a la gestión de terminaciones de aluminio son en gran parte el resultado de un cambio en el propio aluminio. Actualmente, se utiliza una aleación de aluminio denominada AA-8000 para los conductores. Consulte la ***Sección 310.3(B) del NEC***.

PRECAUCIÓN

Nunca utilice conectores diseñados estrictamente para conductores de cobre en conductores de aluminio. Los conectores homologados para ambos metales llevarán la marca AL/CU. Todos los conectores deben aplicarse e instalarse de la manera para la que están indicados y etiquetados.

Se puede eliminar cualquier película aislante de óxido de aluminio para crear una terminación de aluminio fiable. Sin embargo, el *NEC®* ya no exige que se cepille el conductor para eliminar el óxido. No obstante, sigue siendo una práctica razonable y puede parecer un paso necesario en las especificaciones de los puestos de trabajo.

La *Sección 110.14 del NEC* prohíbe que se entremezclen conductores de metales distintos (cobre y aluminio, cobre y aluminio revestido de cobre, o aluminio y aluminio revestido de cobre) en un terminal o conector de empalme a menos que el dispositivo esté identificado para tal fin. En general, se aplican las siguientes normas:

- Los conectores marcados únicamente con el calibre del cable sólo deben utilizarse con conductores de cobre.
- Los conectores marcados con AL y el calibre del cable solo deben utilizarse con conductores de aluminio.
- Los conectores marcados con AL/CU pueden utilizarse con seguridad tanto con cobre como con aluminio.

2.3.0 Cables de control y señal

Los electricistas instalan todos los cables de alimentación asociados y muchos de los cables de señal de los sistemas de instrumentación de las instalaciones industriales. Es necesario seleccionar el tipo y la calificación adecuados de los cables de control y señal para cumplir con los requisitos del *NEC®*, los códigos locales y los requisitos del fabricante del equipo para el sistema que se está instalando.

Excepto por los cables de fibra óptica o de comunicación que entran en una estructura y se terminan en un recinto a menos de 50' (15 m) de su entrada, el *NEC®* exige que los cables de control y señal se incluyan en una lista y se marquen con un código de clasificación adecuado. Los cables de control y señal se clasifican por tipo, se califican y se enumeran para su uso en diversas áreas de una estructura de acuerdo con los siguientes artículos del *NEC®*:

- *Artículo 335 del NEC, Cable de bandeja de instrumentación: Tipo ITC*
- *Artículo 722 del NEC, Cables para circuitos de potencia limitada y circuitos de potencia gestionados por fallas*
- *Artículo 724 del NEC, Circuitos de potencia limitada de clase 1 y circuitos de señalización y control remoto de potencia limitada de clase 1*
- *Artículo 725 del NEC, Circuitos de potencia limitada de clase 2 y clase 3*
- *Artículo 726 del NEC, Sistemas de alimentación gestionados por fallas de clase 4*
- *Artículo 760 del NEC, Sistemas de alarma contra incendios*
- *Artículo 770 del NEC, Cables de fibra óptica*
- *Artículo 800 del NEC, Requisitos generales de los sistemas de comunicaciones*

Los cables de alarma contra incendios, instrumentación y control transportan señales de bajo nivel que llevan menos corriente que los cables de alimentación. Los calibres de los conductores oscilan entre AWG nro. 12 y el AWG nro. 24, según los requisitos de los circuitos. Los conductores pueden ser estañados o desnudos, sólidos o trenzados, y torcidos o paralelos. **El blindaje**, si se utiliza, suele ser una película de Mylar® recubierta de aluminio con uno o múltiples **cables de drenaje** dentro de una envoltura. La envoltura y el aislamiento del conductor están calificados para el uso previsto. La *Figura 27* muestra un cable típico de alarma contra incendios e instrumentación.

Para que sean eficaces, los hilos de drenaje del blindaje deben estar puestos a tierra. Los diagramas de bucle de instalación o las instrucciones del equipo del sistema indicarán cómo y dónde se conectan y ponen a tierra los blindajes. Normalmente, sólo se pone a tierra un extremo, y el hilo de drenaje del otro extremo se aísla doblándolo hacia atrás y cubriéndolo con cinta adhesiva. Así se evita que el ruido eléctrico captado por el blindaje vuelva a circular por el sistema e interfiera en las señales de control.

Conozca el código

Cable de bandeja de instrumentación: Tipo ITC
Artículo 335 del NEC

Conozca el código

Condiciones especiales
Capítulo 7 del NEC

Conozca el código

Requisitos generales de los sistemas de comunicaciones
Artículo 800 del NEC

Blindaje (*Shielding*): revestimiento metálico de un cable que reduce los efectos del ruido electromagnético.

Cable de drenaje (*Drain wire*): cable que se une a un conector coaxial que proporciona una trayectoria a tierra desde el blindaje exterior.

2.3.1 Conectores de presión para terminales de tornillo

Los circuitos de control de bajo voltaje generalmente utilizan conectores de engarce de tipo compresión. Los conectores de tipo de compresión para circuitos de bajo voltaje pueden engarzarse fácilmente con herramientas manuales. Una acción de engarce adecuada cambia el tamaño y la forma del conector y deforma los hilos conductores lo suficiente como para proporcionar una buena conductividad eléctrica y resistencia mecánica.

La Figura 28 muestra la estructura básica de un conector de engarce. El cilindro de engarce recibe el cable y se engarza para asegurarlo en su lugar. Las V u hoyuelos en el interior del cilindro mejoran la conductividad del cable al terminal y aumentan la resistencia a la tracción del terminal. Muchos conectores de engarce tienen un aislamiento de nailon o vinilo que cubre el cuerpo para reducir la posibilidad de cortocircuito con los terminales adyacentes. El aislamiento está codificado por colores según la gama de cables del conector para reducir el problema de la falta de correspondencia entre cables y conectores.

En el extremo del cilindro de algunos conectores hay un orificio de inspección que permite comprobar visualmente la posición del cable. Para los calibres de cable más pequeños, se engarza un manguito sobre el aislamiento del conductor en el proceso de engarzado del cilindro, con lo que se alivia la tensión del conductor.

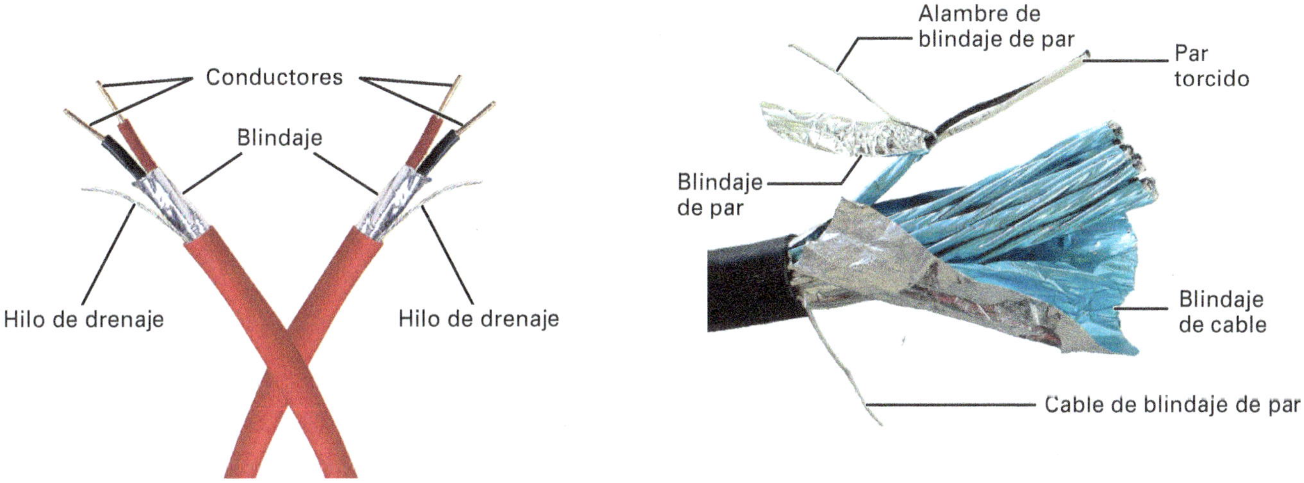

(A) Cable de Alarma de Incendios

(B) Cable de Instrumentación

Figura 27 Cable de alarma contra incendios e instrumentación.

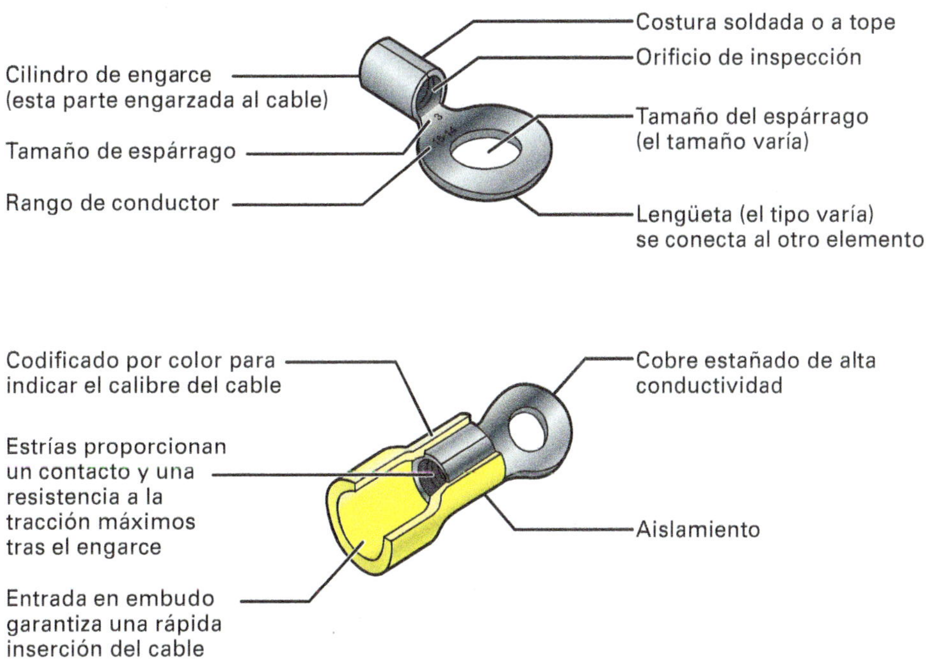

Figura 28 Estructura básica del conector de presión.

El cilindro se conecta a la lengüeta del terminal, que se usa para conectar el cable al punto de terminación. El fabricante generalmente estampa en la lengüeta información sobre el tamaño del conector y el rango del conductor. Los tipos de lengüeta varían en función de los requisitos de terminación. La *Figura 29* muestra algunos estilos de lengüeta comunes. Los tipos más utilizados son la lengüeta anular y la horquilla de bloqueo. Se prefieren estos tipos porque los terminales no se resbalan del terminal de tornillo a medida que se aprieta el tornillo. También son compatibles con muchos de los puntos de terminación suministrados por los proveedores.

La mayoría de los fabricantes codifican por colores el aislamiento del cilindro para facilitar su rápida identificación durante la instalación e inspección. Aunque los productos pueden variar, se han aceptado los colores estándar. Los códigos de color típicos son los siguientes:

- *Rojo:* tamaños de cable AWG nro. 22 al nro. 16
- *Azul:* tamaños de cable AWG nro. 16 al nro. 14
- *Amarillo:* tamaños de cable AWG nro. 12 al nro. 10

Las combinaciones de colores pueden variar para indicar la clase o el grado de un borne o empalme individual. Algunos fabricantes utilizan plástico transparente u otro aislamiento adecuado en el cilindro de engarce con una línea de color para indicar el rango de calibre del cable.

La terminación de cables y conductores empieza por organizarlos por destino. A continuación, se instala el conector adecuado en cada uno según sea necesario. Los cables o conductores deben formarse, apoyarse y prepararse a la longitud con la cantidad de holgura adecuada. Una vez logrado esto, los cables o conductores están correctamente etiquetados y terminados (*Figura 30*).

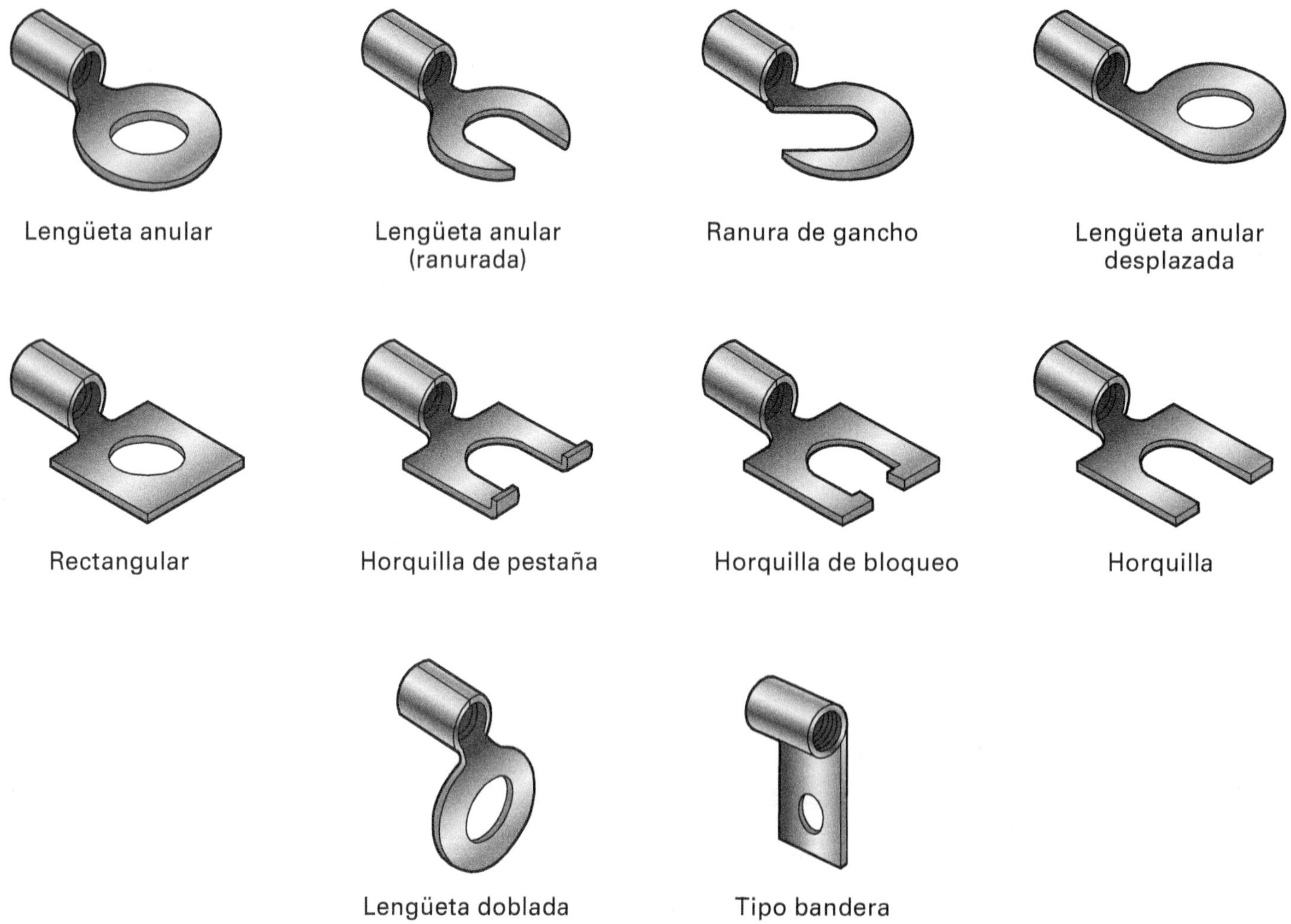

Figura 29 Tipos comunes de lengüetas de conectores engarzados.

Figura 30 Cable de control etiquetado y terminado.
Fuente: Jim Mitchem

2.3.2 Procedimiento de crimpado

Antes de realizar una conexión de engarce o crimpado, verifique los siguientes elementos:

- El calibre y tipo de cable son los correctos.
- Los materiales del conector y del cable son compatibles (compare las designaciones del cable y del borne para ver el tipo de material).
- Se están utilizando la herramienta engarzadora y la matriz correctas para el terminal seleccionado.
- La herramienta funciona correctamente.

Un conector de compresión debe instalarse de la siguiente manera:

Paso 1 Seleccione el terminal adecuado para el calibre del cable que va a terminar, según lo especificado por el fabricante del terminal. De este modo se garantiza el ajuste correcto y que su **capacidad de amperaje** sea igual a la del conductor.

Paso 2 Compruebe que el tamaño del espárrago del terminal coincida con el tamaño del terminal de tornillo.

Paso 3 Seleccione la tenaza engarzadora y matriz adecuadas para el terminal en uso.

Paso 4 Guíe los hilos del cable si están en abanico. La **limpieza** del conductor proporciona un ajuste adecuado en el cilindro de engarce.

Paso 5 Inserte el terminal en la cuna de la matriz adecuada. Algunos terminales aislados tienen rangos de cable mayores que se solapan con terminales de otros calibres, como un terminal que cubre los tamaños de cable AWG nro. 14 al AWG nro. 18. Cuando engarce este tipo de terminal, utilice el tamaño de cable central que admite el terminal para determinar la cuna correcta que debe utilizar. Por ejemplo, al engarzar un cable AWG nro. 18 en un terminal 14–18, utilice la cuna marcada *16–14* en la herramienta. Se producirá un exceso de engarce si el terminal se engarza en la cuna marcada *18–22*. Al engarzar un terminal no aislado, la parte superior del cilindro de engarce debe colocarse mirando hacia el buril. Esto producirá el mejor engarce y facilitará la inspección visual del engarce después de la conexión. Cuando engarce un terminal aislado, inserte el terminal en la matriz codificada por colores correspondiente al color del aislamiento.

Paso 6 Cierre ligeramente las asas de la herramienta engarzadora para sostener el terminal mientras introduce el conductor.

PRECAUCIÓN

Los conductores de metales diferentes no deben mezclarse en un borne terminal o conector de empalme a menos que el dispositivo esté homologado y etiquetado para este fin.

Capacidad de amperaje (*Amperage capacity*): la corriente máxima que un borne puede soportar con seguridad a su voltaje nominal.

Limpieza (*Grooming*): el acto de separar la trenza en un conductor coaxial.

Paso 7 Inserte el cable pelado en el cilindro del terminal hasta que el aislamiento tope firmemente contra el tope delantero. Asegúrese de que el aislante del cable no esté realmente en el cilindro. Los hilos del conductor deben poder verse claramente a través de la abertura de inspección (si la hay). Verifique que todos los hilos del conductor estén introducidos en el cilindro del terminal.

Paso 8 Complete el engarce cerrando las asas hasta que se haya completado el ciclo mecánico y se suelte el trinquete.

Paso 9 Retire la terminación de la herramienta y examínela para comprobar que esté bien engarzada.

2.3.3 Inspección de terminaciones

El último paso del procedimiento de engarce es inspeccionar la terminación para asegurarse de que esté en buenas condiciones eléctricas y mecánicas. Debe estar bien apretada, sin hilos sueltos ni conductores sin aislar. Inspeccione los terminales no aislados para comprobar la posición correcta, el centrado y la consistencia de la muesca de engarce. Asegúrese de que el calibre del cable del terminal estampado en cada terminal coincida con el conductor engarzado.

En la *Figura 31* se ilustra la posición aceptable e inaceptable de una muesca de engarce. El cilindro de engarce está diseñado para proporcionar la mejor resistencia mecánica cuando la muesca se coloca correctamente en la costura del cilindro. Una muesca en el lateral puede partir la costura del terminal, reduciendo las cualidades eléctricas y mecánicas de la terminación.

El centrado de una muesca de engarce es muy importante. Si se coloca un engarce sobre la boca acampanada o el orificio de inspección del terminal, se producirá una conexión deficiente (*Figura 32*). Un engarce sobre la boca acampanada comprimirá el aislamiento del conductor y provocará una continuidad eléctrica deficiente o nula. El engarce sobre el orificio de inspección reduce tanto la continuidad eléctrica como la capacidad de sujeción del borne.

El engarce con una matriz incorrecta modifica las cualidades eléctricas y mecánicas de la terminación. El cilindro de engarce no debe estar excesivamente deformado ni presentar grietas, roturas u otros daños en el metal de base.

La posición del conductor también es muy importante. Los terminales de lengüeta deben tener el extremo del conductor al ras y extenderse más allá del cilindro de engarce no más de $^1/_{32}$" (1 mm), como se muestra en la *Figura 33*. Los conductores que se extienden más de $^1/_{32}$" (1 mm) más allá del orificio de inspección pueden interferir con el terminal de tornillo. Si un conductor no se introduce lo suficiente, la conexión no proporcionará suficiente superficie de contacto para fijarlo.

Los bornes con boca acampanada deben tener el aislamiento del conductor a tope contra el borde cónico del cilindro de engarce, como se muestra en la *Figura 33*. Los bornes sin boca acampanada del terminal no deben mostrar ningún conductor expuesto. El aislamiento del conductor se coloca a tope con el terminal. Cualquier conductor expuesto reduce la resistencia global de la conexión.

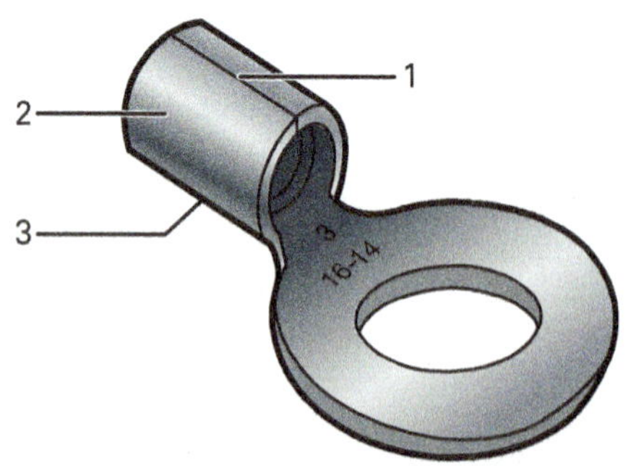

1 — Aceptable; muesca en la costura (Superior)
2 — Inaceptable; muesca en el lado
3 — Inaceptable; muesca en la parte inferior

Figura 31 Posición de la muesca.

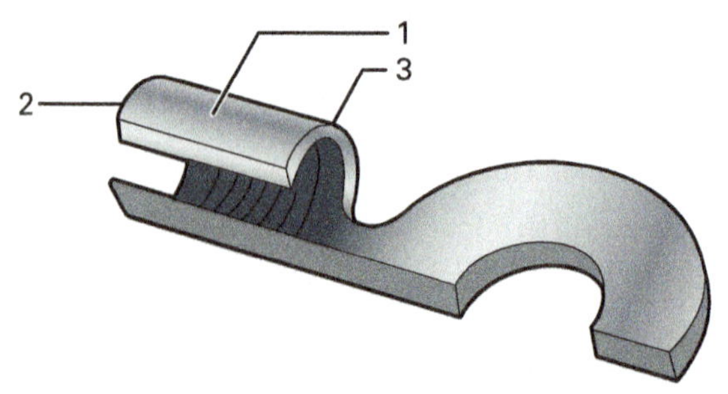

1 — Aceptable; centrado sobre estrías
2 — Inaceptable; sobre boca acampanada
3 — Inaceptable; sobre el orificio de inspección

Figura 32 Centrado del engarce.

Los terminales aislados deben inspeccionarse del mismo modo que los no aislados. Compruebe que la posición, el centrado y el tipo de engarce son correctos. Además, inspeccione el aislamiento de los terminales en busca de roturas, grietas, agujeros o cualquier otro daño. No se acepta ningún daño en el aislamiento. Al igual que con los terminales no aislados, inspeccione los terminales aislados para asegurarse de que el tamaño del terminal sea el adecuado para cada conductor individual.

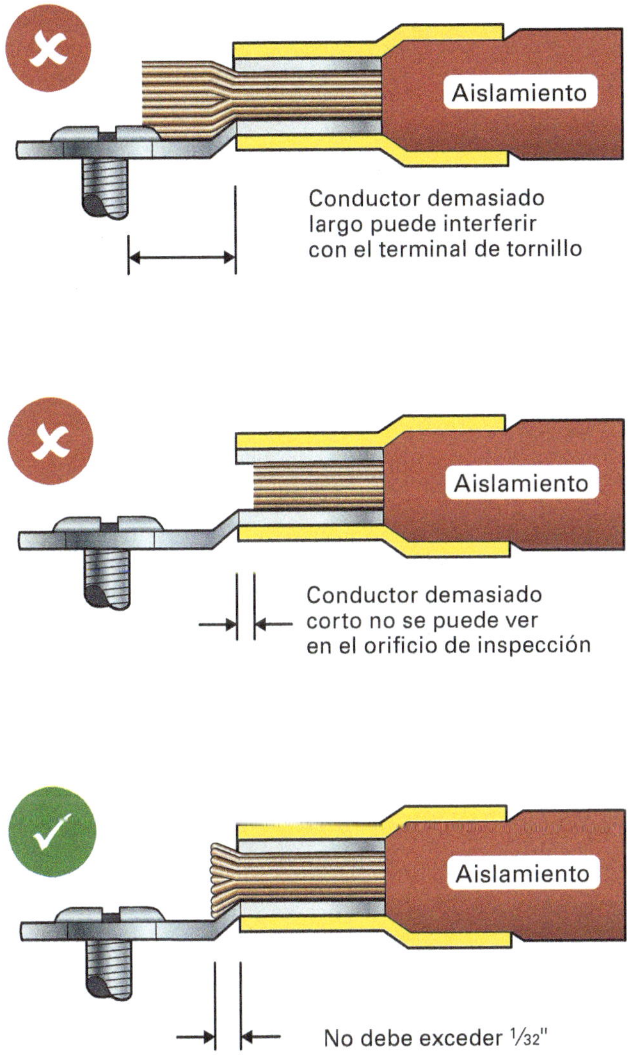

Figura 33 Colocación de conductores.

2.3.4 Conexiones de los bloques de terminales

Los tipos de bloques de terminales (*Figura 34*) varían según las preferencias de los fabricantes de equipos y su adecuación a la aplicación. A continuación, se describen tres tipos comunes de bloques de terminales:

- *Bloque de terminales con resorte:* para conectar el cable, suelte el contacto del resorte con un destornillador de punta plana e introdúzcalo en el orificio de la parte superior del bloque. Una vez introducido el cable, retire el destornillador. El cable está sujeto por el contacto del resorte.
- *Bloque de terminales tipo abrazadera:* para conectar el cable, introdúzcalo en el terminal con caja y apriete el tornillo para sujetar el cable.
- *Bloque de terminales tipo tornillo:* curve el cable alrededor del tornillo o instale un terminal que se inserte debajo del tornillo. Los conectores con anillas u horquillas están diseñados para este tipo de terminación.

NOTA

Cuando se instalan cables en un bloque de terminales de tornillo, solo se pueden conectar dos terminales en cada punto de terminal. Solo puede utilizarse un terminal de horquilla de pestaña debajo de un punto.

Cuando hay dos tipos de terminales en un mismo punto, el terminal inferior debe instalarse al revés. Esto facilitará la instalación y dará un aspecto más limpio.

Cuando trabaje con cables, pele la cubierta del cable hasta un punto lo más cercano posible a la primera terminación de un conductor que contenga. Coloque la etiqueta de identificación del cable en ese punto de la envoltura del cable y asegúrese de que pueda leerse con facilidad. A continuación, dirija los conductores a sus puntos de terminación (*Figura 35*).

Cuando se instalen varios cables, átelos de forma ordenada a un soporte sin bloquear el acceso a los bloques de terminales inferiores ni interferir en la gestión de otros cables.

Los cables individuales o multiconductores deben tenderse en paralelo o en ángulo recto con respecto al bastidor o los ductos. Evite los bordes afilados al tender cables y conductores. Coloque los cables blindados y coaxiales en el perímetro exterior de un haz de cables siempre que sea posible. Ensamble los haces de cables de forma que cada cable pueda despegarse limpiamente del grupo sin cruzarse con otros cables.

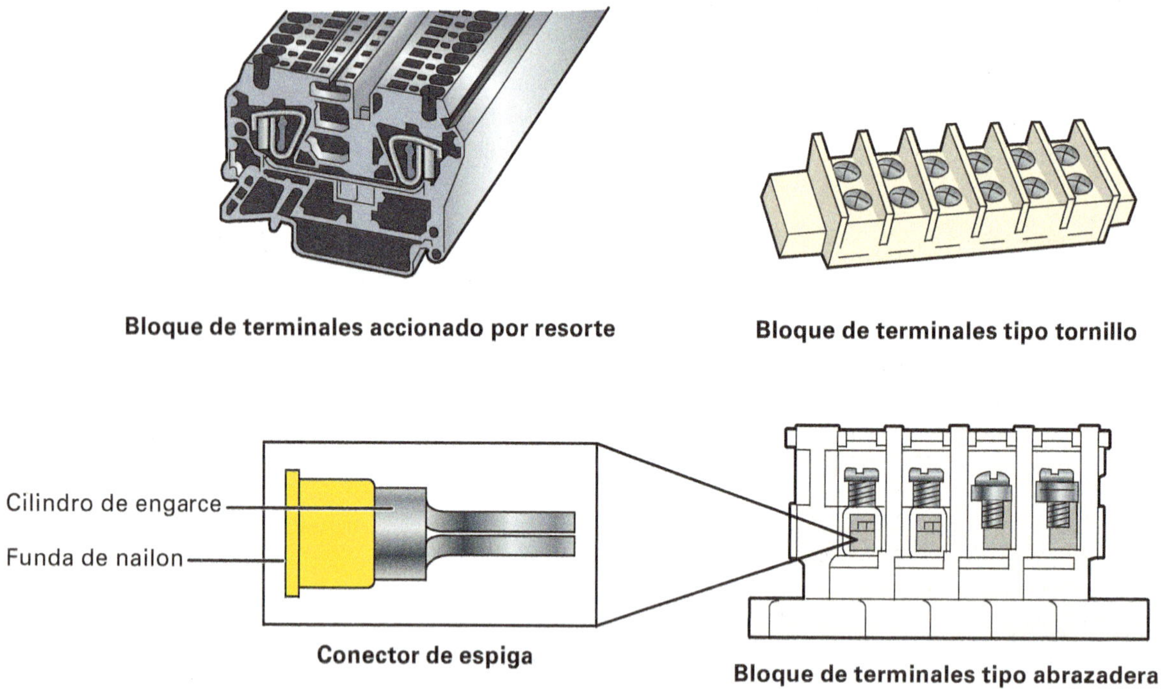

Figura 34 Bloques de terminales.

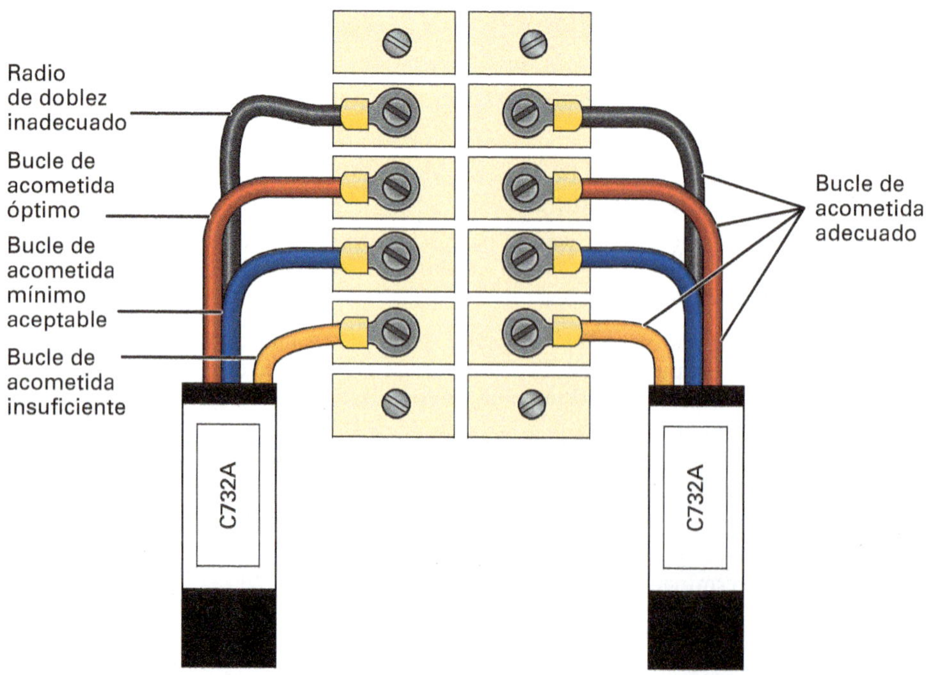

Figura 35 Tendido de cables.

2.0.0 Repaso de la sección

1. Las herramientas MA suelen tener una función de trinquete y aumentan la palanca mediante _____.
   a. potencia hidráulica
   b. alimentación por batería
   c. acción compuesta
   d. resortes pesados

2. Los conectores de aluminio están diseñados con una mayor superficie de contacto para contrarrestar la ______.
   a. expansión térmica
   b. electrólisis
   c. película de óxido de aluminio
   d. corrosión galvánica

3. El código de color común para un cilindro de engarce de AWG nro. 10 es ______.
   a. negro
   b. amarillo
   c. rojo
   d. azul

3.0.0 Reaislamiento de conexiones eléctricas

Objetivo

Describir cómo aislar las conexiones eléctricas fabricadas.

a. Explicar cómo colocar cinta en las conexiones eléctricas.
b. Explicar cómo instalar aislantes termorretráctiles.
c. Describir cómo utilizar los kits de conexión del motor.

Tarea práctica

3. Aislar tipos de empalmes de cables seleccionados por el instructor o instalar un kit de conexión de motor.

Después de realizar empalmes u otras terminaciones, la conexión eléctrica debe volver a aislarse para proporcionar el mismo grado de aislamiento que el conductor original. Entre los métodos habituales de reaislamiento se incluyen el encintado, los aislantes termorretráctiles y los kits de conexión de motores.

3.1.0 Encintado

Cuando no sea factible proteger una unión empalmada por otros medios, puede utilizarse cinta aislante para aislar la unión. Las uniones deben encintarse con cuidado para proporcionar la misma calidad de aislamiento sobre el empalme que sobre el resto de los conductores.

Existen varios tipos de **cinta aislante eléctrica** para satisfacer las exigencias de las aplicaciones eléctricas. Algunos materiales comunes son el vinilo, el caucho sin revestimiento, el caucho de silicona de alta temperatura y la tela de vidrio. Las cintas de plástico vinílico se utilizan ampliamente como aislamiento principal en uniones realizadas con cables aislados con termoplásticos. Se utilizan para empalmes de hasta 600 V y para empalmes de fijaciones y cables de hasta 1,000 V. Están clasificadas para uso en interiores, exteriores o ambos.

Cinta aislante eléctrica (*Electrical insulating tape*): cinta adhesiva fabricada con un material no conductor diseñada específicamente para cubrir uniones de cables energizados y partes expuestas.

La cinta de empalme de caucho sin revestimiento proporciona un aislamiento hermético, sin huecos y resistente a la humedad. Normalmente se utiliza como aislamiento principal en todos los cables dieléctricos sólidos de hasta 70 kV. Otras aplicaciones incluyen el revestimiento de empalmes y terminales de alto voltaje, el sellado contra la humedad de conexiones eléctricas, el aislamiento de barras colectoras y el sellado de extremos de cables de alto voltaje.

Las cintas de goma de silicona para altas temperaturas se utilizan como envoltura protectora cuando se termina cables de alto voltaje. Las cintas aislantes de tela de vidrio proporcionan un aislamiento termoestable para aplicaciones en zonas calientes, como controles de hornos y estufas, cables de motores e interruptores. También se utilizan para reforzar el aislamiento en lugares donde las cargas pesadas provocan un calor excesivo y la rotura del aislamiento, como en las alimentaciones de excitadores de control de motores. También hay disponibles cintas trenzadas totalmente metálicas. Se utilizan para continuar el blindaje electrostático a través de un empalme. Para encintar un empalme, empiece por seleccionar la cinta adecuada para el trabajo. Siga siempre las recomendaciones del fabricante de la cinta.

En la *Figura 36,* se muestra un procedimiento general que describe un método de encintado de un empalme o unión. En la *Figura 37,* se muestra un método para encintar un conector de perno dividido. Antes de encintar, asegúrese de que los bornes unidos estén bien sujetos con los herrajes adecuados. Utilice trozos de cinta de relleno o masilla adecuados para rellenar los huecos alrededor de los bornes y los herrajes y elimine los bordes afilados que podrían cortar la cinta. Esto ayuda a proporcionar una superficie consistente que facilita el encintado.

NOTA

Para todos los empalmes y uniones en los que sea probable que la cinta tenga que retirarse en el futuro, aplique una envoltura de cinta al revés (es decir, con el lado adhesivo hacia arriba) a la unión antes de aplicar las capas finales a la unión de la forma habitual. Esto mantendrá la zona libre de restos de cinta y facilitará el retiro de la cinta más adelante.

Figura 36 Método típico para encintar los cables del motor.

(A) Conector de perno dividido

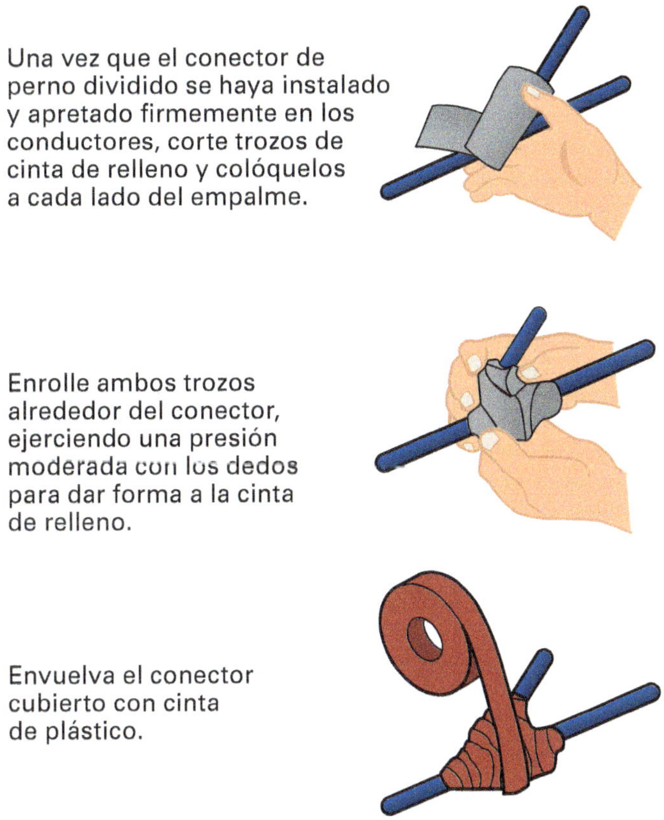

(B) Procedimiento de encintado

Figura 37 Método típico para encintar una conexión de perno dividido.

Cinta aislante

La mayoría de las personas que no son electricistas piensan que la cinta aislante es el simple vinilo negro que se encuentra en casi todas las cajas de herramientas domésticas. La cinta aislante está disponible en una amplia gama de colores y materiales para identificar varias terminaciones.

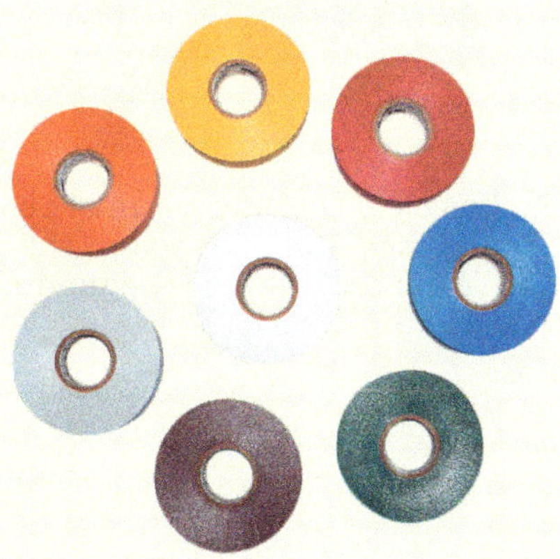

3.2.0 Aislantes termorretráctiles

Los aislantes termorretráctiles para conectores pequeños brindan una protección aislante hermética y son rápidos y fáciles de usar. Están diseñados para deslizarse sobre cables, clavijas cónicas, conectores, terminales y empalmes. Cuando se aplica calor, el aislamiento se contrae y luego se vuelve semirrígido para proporcionar un alivio positivo de la tensión en el punto de flexión del conductor. Una banda a prueba de vapor sella y protege el conductor contra la abrasión, productos químicos, polvo, gasolina, aceite y humedad.

Las temperaturas extremas, tanto frías como calientes, no influirán en el rendimiento de estos aislantes. La fuente de calor utilizada para retraer el material varía, pero lo más común es utilizar una pistola de calor especial (*Figura 38*). Es similar a un secador convencional de cabello.

Un aislante termorretráctil puede considerarse un tubo con memoria. Tras su manufactura inicial, se calienta y se expande mientras se calienta hasta alcanzar un diámetro predeterminado y, a continuación, se enfría. Tras una segunda aplicación de calor, el material "recuerda" su calibre original y se contrae. Esta propiedad le permite adaptarse a los contornos de una terminación o empalme.

Existen diversos tipos de tubos termorretráctiles, como los siguientes:

- *PVC:* se trata de un tubo económico de uso general muy utilizado en el sector de la electrónica. Proporciona una buena protección eléctrica y mecánica y es resistente a las grietas y roturas.
- *Poliolefina:* los tubos de poliolefina tienen una amplia gama de usos para el agrupamiento de cables, cableado, alivio de tensión y otras aplicaciones similares. Es ignífuga, flexible y está disponible en varios colores.
- *Doble pared:* el diseño de este tubo le confiere características de protección excepcionales. Es un tubo semirrígido con una pared interior que se funde y una pared exterior que se contrae para adaptarse a la zona fundida.
- *Teflon®:* el Teflon® es considerado por muchos como el mejor material en general, física, eléctrica y químicamente. Su alta temperatura nominal de 482 °F (250 °C) permite que la cinta de Teflon® se mantenga flexible a pesar de la exposición prolongada al calor. Tampoco admite la combustión.
- *Neopreno:* es un tubo muy duradero y flexible que brinda protección superior contra la abrasión.
- *Kynar®:* es un tubo transparente, semirrígido y de pared delgada con una excelente resistencia a la abrasión. Su transparencia permite inspeccionar fácilmente los componentes.

Está disponible en una amplia variedad de colores y configuraciones. Una guía de selección de tubos del fabricante puede ayudar a elegir el material más adecuado para cada aplicación. En la *tabla 3* se muestra una guía típica de selección de tubos.

Piénselo

Reuniendo todo

Examine las conexiones del cableado de su casa o lugar de trabajo. ¿Están bien hechas? ¿Puede determinar si alguna conexión puede fallar?

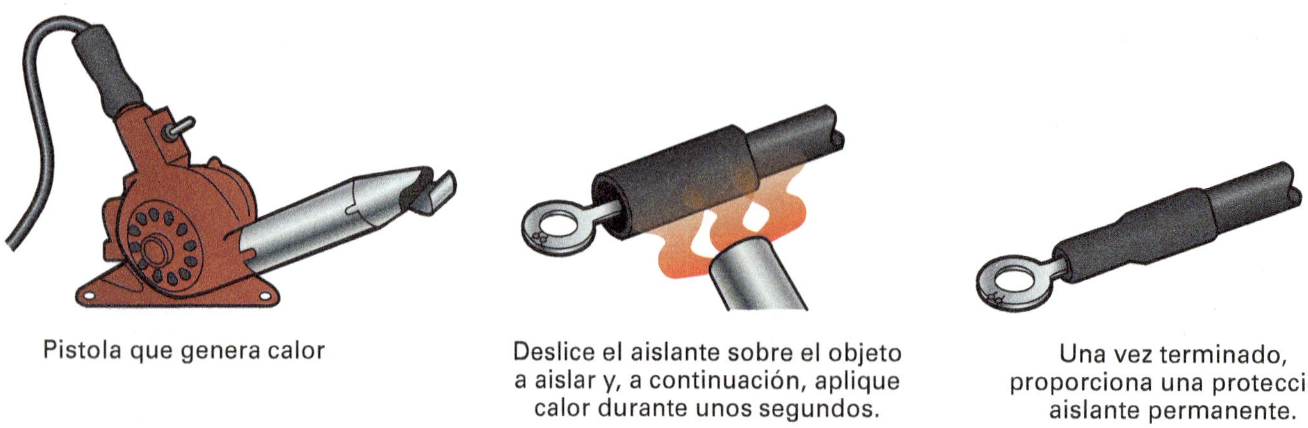

Figura 38 Instalación de aislantes termorretráctiles.

TABLA 3 Guía de selección de tubos

Tipo	Material	Rango de temperatura (°C)	Razón de contracción	Contracción longitudinal máxima	Resistencia a la tensión (psi)	Colores	Rigidez dieléctrica (voltios por mil de espesor)
No retráctil	PVC	+105 °C	—	—	2,700 psi	Blanco, rojo, transparente, negro	800 V/mil
Retráctil	PVC	–35 °C a +105 °C	2:1	10 %	2,700 psi	Transparente, negro	750 V/mil
No retráctil	Teflon®	–65 °C a +260 °C	—	—	2,700 psi	Transparente	1,400 V/mil
Retráctil	Poliolefina flexible	–55 °C a +135 °C	2:1	5 %	2,500 psi	Negro, blanco, rojo, amarillo, azul, transparente	1,300 V/mil
No retráctil	Teflon®	–65 °C a +260 °C	—	—	7,500 psi	Transparente	1,400 V/mil
Retráctil	Doble pared de poliolefina	–55 °C a +110 °C	6:1	5 %	2,500 psi	Negro	1,100 V/mil
Retráctil	Kynar®	–55 °C a +175 °C	2:1	10 %	8,000 psi	Transparente	1,500 V/mil
Retráctil	Teflon®	+250 °C	1.2:2	10 %	6,000 psi	Transparente	1,500 V/mil
Retráctil	Teflon®	+250 °C	1.5:1	10 %	6,000 psi	Transparente	1,500 V/mil
Retráctil	Neopreno	+120 °C	2:1	10 %	1,500 psi	Negro	300 V/mil

3.3.0 Kits de conexión de motores

Existen kits de conexión de motores para aislar las conexiones de empalme atornilladas, como las de las cajas de terminales de motores. Estos kits eliminan la necesidad de encintar y el uso de cinta de relleno o masilla. Para facilitar la reinserción de la unión durante la repetición del trabajo, el aislante se desprende fácilmente, dejando una zona de pernos limpia y eliminando la necesidad de retirar la cinta adhesiva y la masilla antiguas.

Los kits de conexión de motores están disponibles para conexiones por empalme (empalmes a tope) como se muestra en la *Figura 39*. Este estilo ocupa menos espacio que las conexiones en línea. También se fabrican para aislar conexiones de empalme en línea cuando el espacio lo permite. Estos kits contienen una masilla de alto voltaje que sella el empalme contra la humedad, suciedad y otros contaminantes.

Algunos kits de conexión del motor incluyen tubos termorretráctiles. Otro tipo de kit que se utiliza para aislar conexiones de derivación consiste en un capuchón aislante elastomérico que se aplica frío enrollándolo sobre el empalme de derivación. Los ejemplos de estos estilos se muestran en la *Figura 40*.

Siga siempre las recomendaciones del fabricante del kit cuando seleccione y use un kit. Normalmente, los kits se seleccionan según el tamaño de los conductores de alimentación del motor.

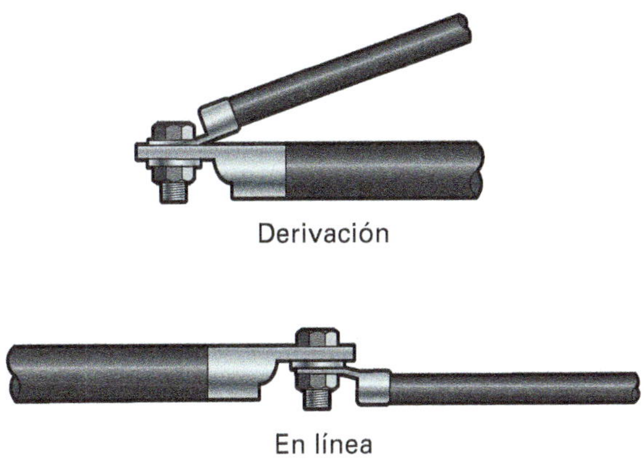

Figura 39 Conexiones de empalme de derivación y en línea.

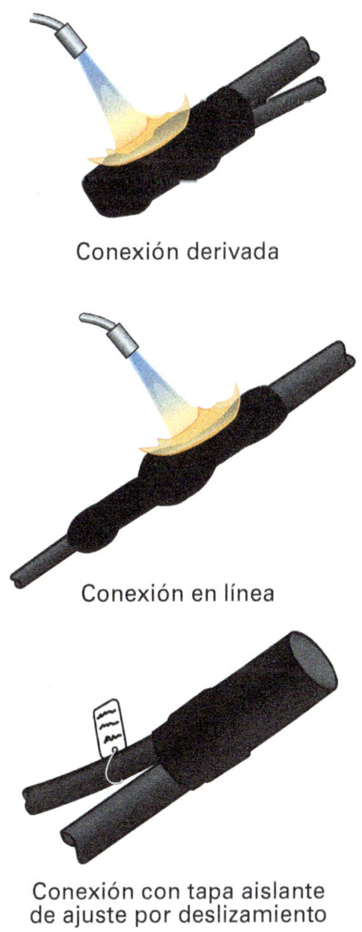

Figura 40 Kits de conexión de motores instalados en empalmes.

3.0.0 Repaso de la sección

1. El tipo de cinta aislante que se utiliza para proteger los cables de alto voltaje es _____.
   a. cinta de empalme de goma sin revestimiento
   b. cinta de goma de silicona de alta temperatura
   c. cinta de plástico vinílico
   d. cinta aislante de tela de vidrio

2. Un aislante termorretráctil transparente y semirrígido que ofrece una buena resistencia a la abrasión es _____.
   a. Neopreno
   b. Teflon®
   c. Kynar®
   d. PVC

3. Los kits de conexión de motores se seleccionan en función del tamaño de _____.
   a. los conductores del alimentación del motor
   b. la protección contra sobrecorriente
   c. los terminales del motor
   d. el amperaje a carga completa del motor

Módulo 26208-23 Preguntas de repaso

1. ¿Cuál de las siguientes afirmaciones sobre los empalmes es *verdadera*?
   a. Un empalme mal hecho es aceptable siempre que proporcione una vía para el flujo de corriente.
   b. Los empalmes deben proporcionar una conexión de alta resistencia.
   c. Las uniones eléctricas se realizan normalmente con conexiones soldadas.
   d. Un pelado defectuoso puede cambiar la rigidez dieléctrica de los conductores.

2. ¿Cuál de las siguientes opciones describe mejor el término *pelado* aplicado al empalme de conductores?
   a. Eliminación del aislamiento de los conductores
   b. Extracción del material de embalaje de la caja de cartón
   c. Eliminación de los hilos sobrantes de un empalme
   d. Retiro del anillo de tracción de los conductores de la funda de plomo

3. Al preparar el pelado de conductores pequeños, como los usados en el cableado de control y señalización, ¿cuál es la *mejor* herramienta para cortar el cable?
   a. Una herramienta con mordazas de corte que hagan tope entre sí
   b. Un pelador automático
   c. Una navaja de bolsillo
   d. Una herramienta de corte con acción de tijera

4. ¿Cuál de las siguientes opciones es *más* probable que se utilice para conectar una toma de tierra?
   a. Terminaciones finales
   b. Cortes tipo ventana
   c. Cortes en espiral
   d. Cortes de muescas

5. Según la ***Sección 330.24(A) del NEC,*** para MC de cubierta lisa de $\frac{3}{4}$" (19 mm) de diámetro o menos, el radio de curvatura *mínimo* es _____.
   a. 3 veces el diámetro exterior de la cubierta metálica del cable
   b. 5 veces el diámetro exterior de la cubierta metálica del cable
   c. 10 veces el diámetro exterior de la cubierta metálica del cable
   d. 12 veces el diámetro exterior de la cubierta metálica del cable

6. Según la *tabla 312.6(A) del NEC*, los radios de curvatura requeridos para un conductor nro. 12 que no entra ni sale de un recinto a través de la pared opuesta a la terminación es _____.
   a. 2″
   b. 3"
   c. 4″
   d. no figura en la lista

7. Según la *Sección 330.24(B) del NEC*, para una armadura de tipo entrelazado o cubierta ondulada MC, el radio de curvatura *mínimo* es _____.
   a. 4 veces el diámetro de la cubierta metálica
   b. 7 veces el diámetro de la cubierta metálica
   c. 10 veces el diámetro de la cubierta metálica
   d. 12 veces el diámetro de la cubierta metálica

8. El refuerzo contra cortocircuitos se utiliza para soportar la fuerza mecánica creada por _____.
   a. corriente de falla alta
   b. vibraciones durante el funcionamiento
   c. cambios rápidos de temperatura
   d. sobrecargas temporales

9. ¿Cuál de las siguientes opciones describe *mejor* la finalidad de un conector reductor?
   a. Conectar temporalmente un circuito
   b. Unir dos conductores de diferentes calibres
   c. Unir conductores del mismo calibre
   d. Hacer una curva de 90° en conductores paralelos

10. La información sobre el calibre de los conectores y el rango de los conductores se encuentra _____.
    a. estampada en la lengüeta del conector
    b. codificada por colores
    c. impresa en el aislamiento
    d. estampada en el cilindro del conector

11. Cuando utilice una herramienta engarzadora, aplique _____.
    a. la fuerza de engarce máxima posible
    b. una fuerza mecánica menor para lograr el máximo rendimiento eléctrico
    c. la mayor fuerza necesaria para la máxima resistencia mecánica
    d. una cantidad de fuerza entre el rendimiento mecánico y eléctrico óptimo

12. Usar una matriz de engarce *demasiado grande,* _____.
    a. destruirá el cilindro de engarce
    b. debilitará el conductor
    c. causará una conexión mecánica más fuerte
    d. provocará un rendimiento eléctrico deficiente

13. Los tipos de lengüetas que se utilizan con *mayor* frecuencia son _____.
    a. lengüeta anular y horquilla de bloqueo
    b. horquilla ranurada y de pestaña
    c. de gancho y rectangular
    d. horquilla y bandera

14. La muesca de engarce se coloca correctamente en _____.
    a. el lado derecho del cilindro
    b. el fondo del cilindro
    c. la costura del cilindro
    d. el lado izquierdo del cilindro

15. ¿Cuál de los siguientes tipos de cinta aislante es *mejor* para encintar la mayoría de las uniones para voltajes de hasta 600 V?
    a. Goma de silicona de alta temperatura
    b. Goma
    c. Tela de vidrio
    d. Plástico vinílico

Las respuestas a las preguntas de repaso impares del módulo se encuentran en el *Apéndice A.*

Módulo 26208-23 Ejercicios suplementarios

1. Los pelacables de alta resistencia se utilizan para pelar cables de alimentación con diámetros exteriores comprendidos entre ________ y ________.
2. Los empalmes y conexiones realizados correctamente deben durar ________.
3. El aluminio tiene algunas propiedades que difieren de las del cobre. Estas propiedades son ________, ________, ________ y ________.
4. La acción electrolítica entre el aluminio y el cobre puede controlarse mediante ________.
5. Los conectores marcados con AL solo deben utilizarse con cable ________.
6. ¿Verdadero o falso? Las mellas, rasguños o quemaduras en los conductores pueden provocar un fallo total con el paso del tiempo.
7. Casi todas las instalaciones de cable requieren que el cable se doble en las terminaciones y otros puntos a lo largo de la ruta del cable (estas curvas deben cumplir con el *NEC®*). Los radios mínimos de curvatura dependen de ________.
8. El radio de curvatura de los diversos calibres de conductores que entran o salen de gabinetes o cajas de corte y similares deben cumplir con ciertos requisitos del *NEC®*, muchos de los cuales se abarcan en ________.
9. Todas las líneas de entrada a los bornes de línea de entrada o a los seccionadores principales deben estar arriostradas para soportar la fuerza mecánica creada por una corriente de falla alta. Normalmente, ________ proporciona información detallada sobre los métodos recomendados para el refuerzo contra cortocircuitos.
10. Todas las uniones de cables que no estén protegidas por algún otro medio deben encintarse con cuidado para ________.

Las respuestas a los ejercicios suplementarios impares se encuentran en el *Apéndice B.*

Respuestas a las preguntas de repaso de la sección

Respuesta	Referencia de la sección	Objetivo
Sección 1.0.0		
1. a	1.1.0; *Figura 6*	1a
2. c	1.2.0	1b
3. a	1.3.0	1c
Sección 2.0.0		
1. c	2.1.1	2a
2. a	2.2.0	2b
3. b	2.3.1	2c
Sección 3.0.0		
1. b	3.1.0	3a
2. c	3.2.0	3b
3. a	3.3.0	3c

Actualización de usuario

NCCER

ESCANÉAME

¿Ha encontrado un error? Para enviar una corrección, visite **https://www.nccer.org/olf** o escanee el código QR con su dispositivo móvil.

MÓDULO 26209-23

Puesta a tierra y unión equipotencial

Fuente: Ridge Tool Company

Objetivos

La finalización exitosa de este módulo lo prepara para hacer lo siguiente:

1. Identificar y describir los requisitos y aplicaciones de la puesta a tierra.
   a. Identificar y describir la finalidad de la puesta a tierra y la unión equipotencial.
   b. Indicar los requisitos de puesta a tierra de varios sistemas.
2. Identificar y describir los métodos de puesta a tierra de la acometida.
   a. Explicar cómo dimensionar e instalar un conductor de electrodo de puesta a tierra.
   b. Explicar cómo seleccionar otros electrodos.
3. Explicar cómo dimensionar y seleccionar los conductores y componentes de puesta a tierra de los equipos.
   a. Explicar cómo dimensionar un conductor de puesta a tierra de un equipo.
   b. Explicar cómo conectar a tierra un recinto.
4. Explicar cómo hacer la unión equipotencial de los equipos de acometida.
   a. Explicar cómo dimensionar el puente de unión equipotencial principal.
   b. Describir la unión equipotencial de múltiples desconexiones de acometida.
   c. Explicar cómo hacer la unión equipotencial de recintos y equipos.
5. Explicar cómo conectar a tierra y hacer la unión equipotencial de sistemas derivados por separado.
   a. Explicar cómo conectar a tierra sistemas derivados por separado.
   b. Indicar los requisitos para la puesta a tierra de más de un edificio.
6. Explicar cómo probar puestas a tierra efectivas.
   a. Indicar cómo medir la resistencia de tierra utilizando el método de caída de potencial.
   b. Explicar cómo realizar una prueba de tres puntos.

Tareas prácticas

Bajo supervisión, usted debería poder hacer lo siguiente:

1. Dimensionar el conductor de electrodo de puesta a tierra mínimo requerido de una acometida de 200 A alimentado por conductores de cobre 3/0.
2. Conectar, utilizando los accesorios adecuados, un extremo de un conductor de electrodo de puesta a tierra de AWG nro. 4 a una longitud de tubería galvanizada de agua de $^3/_4$" (MD 21) y el otro extremo al terminal correcto en un panel de distribución.
3. Instalar dos tramos de cable tipo NM en una caja de interruptores utilizando abrazaderas de cable tipo NM de la siguiente manera:
   - Pele los extremos del cable de acuerdo con los requisitos del *NEC*®.
   - Asegure el cable en la caja de interruptores y apriete las abrazaderas del cable.
   - Conecte y fije los conductores de puesta a tierra del equipo de acuerdo con los requisitos del *NEC*® y fíjelos a la caja de interruptores con una pinza de puesta a tierra o un tornillo de puesta a tierra.

NOTA

NFPA 70®, *National Electrical Code*® y *NEC*® son marcas registradas de la National Fire Protection Association, Quincy, MA.

Recursos digitales sobre Electricidad

Escanee este código con la cámara de su teléfono o dispositivo móvil para ver los recursos digitales relacionados con este oficio.

ESCANÉAME

4. Dimensionar el conductor de puesta a tierra del equipo requerido en cada conducto de un alimentador de 400 A utilizando dos tramos paralelos de conductor de cobre 3/0.
5. Dimensionar el puente de unión equipotencial mínimo requerido de una tubería de cobre de agua cerca de un sistema derivado por separado (transformador) donde los conductores secundarios son de cobre de 500 kcmil.

Visión general

El sistema de puesta a tierra es una parte importante de un sistema eléctrico de CA. Su finalidad es proteger la vida y los equipos contra las diversas fallas eléctricas que pueden producirse. Este módulo explica los requisitos del *NEC*® relacionados con la puesta a tierra y la unión equipotencial. También explica cómo dimensionar los puentes de unión equipotencial principal y del sistema, así como el conductor del electrodo de puesta a tierra de diversos sistemas eléctricos de CA.

NCCER Credenciales reconocidas en la industria

Si se está capacitando a través de un patrocinador acreditado por el NCCER, puede ser elegible para obtener credenciales del NCCER. El número de identificación de este módulo es 26209-23. Tenga en cuenta que este módulo puede haber sido utilizado en otros planes de estudios del NCCER y se puede aplicara la realización de otros niveles. Comuníquese con el NCCER al 1.888.622.3720 o visite **www.nccer.org** para obtener más información.

También puede mostrar en línea sus credenciales reconocidas por el sector con las insignias digitales de NCCER. Transforme sus conocimientos, habilidades, y logros en insignias que puede compartir en tus redes sociales, enviar a su red y agregar a su currículum. Para obtener más información, visite **www.nccer.org**.

1.0.0 Requisitos de puesta a tierra

Tareas prácticas

En esta sección no hay tareas prácticas.

Objetivo

Identificar y describir los requisitos y aplicaciones de la puesta a tierra.

a. Identificar y describir la finalidad de la puesta a tierra y la unión equipotencial.
b. Indicar los requisitos de puesta a tierra de varios sistemas.

Conectado a tierra (*Grounded*): conectado directamente a la tierra o a un conductor que prolonga la conexión a tierra.

Puesta a tierra (*Ground*): se refiere a la tierra en sí o a una conexión conductora a la tierra.

Electrodo de puesta a tierra (*Grounding electrode*): objeto conductor a través del cual se establece una conexión eléctrica directa a tierra; a menudo, se denomina *varilla de puesta a tierra*.

El sistema de puesta a tierra es una parte importante de un sistema eléctrico. Es posible que aparezcan voltajes anormales en determinados puntos de un sistema eléctrico o en los equipos eléctricos conectados al sistema. El sistema de puesta a tierra proporciona una vía para la corriente desviada con el fin de proteger a las personas y los equipos de las fallas eléctricas.

Un circuito se **conecta a tierra** para limitar su voltaje y mejorar el funcionamiento general del sistema eléctrico. Cuando hablamos de **puesta a tierra**, nos referimos esencialmente a la tierra. Si un conductor está conectado a tierra o a algún componente conductor que prolonga la conexión a tierra, como un **electrodo de puesta a tierra** accionado o una tubería metálica de agua fría, se dice que el conductor está puesto a tierra.

Tamaño del conductor neutro

Se permite que el conductor neutro puesto a tierra sea más pequeño que los conductores de fase calientes no puestos a tierra solo cuando el conductor neutro esté dimensionado correcta y adecuadamente para soportar el desequilibrio de carga máximo calculado, según las *Secciones 220.61 y 230.42 del NEC*.

Cabe señalar que, según la *Sección 250.24(D)(1) del NEC*, el conductor de puesta a tierra no debe ser inferior al tamaño indicado en la *tabla 250.102(C)(1) del NEC*. El objetivo del conductor puesto a tierra no es solo transportar la carga desequilibrada, sino también proporcionar una vía de baja impedancia de vuelta a la fuente (compañía eléctrica) para completar un circuito y permitir que fluya suficiente corriente para abrir los dispositivos de protección contra sobrecorriente en condiciones de falla. Esto es importante cuando se tiene una acometida trifásica con pocas o ninguna carga neutra para utilizar como base para el dimensionamiento del conductor de puesta a tierra.

La *Sección 230.42 del NEC* describe el tamaño y ampacidad mínimos de los conductores de entrada de acometida y hace referencia al Artículo 220 del NEC acerca de los requisitos mínimos de clasificación y cálculo de tamaño. La *Sección 220.61 del NEC* establece que la carga neutra del alimentador debe ser el desequilibrio máximo de la carga, que es la carga neta máxima calculada entre el neutro y cualquier conductor sin puesta a tierra.

El **conductor neutro** de una acometida de tres o cuatro hilos, por ejemplo, se pone a tierra intencionalmente y, por lo tanto, se convierte en un **conductor puesto a tierra** (*Figura 1*). El cable utilizado para conectar conductores neutros a uno o varios electrodos de puesta a tierra se denomina **conductor de electrodo de puesta a tierra**. En el *Artículo 100 del NEC*, bajo la definición de *Conductor de puesta a tierra del equipo (EGC)*, nota informativa nro. 1 reconoce que el **conductor de puesta a tierra del equipo** también realiza la función de **unión equipotencial**.

Este módulo está diseñado para explicar qué es una puesta a tierra y presentar las técnicas adecuadas de puesta a tierra y unión equipotencial. Al finalizar este módulo, deberá tener una base sólida en estos principios. La puesta a tierra y la unión equipotencial son conceptos esenciales que hay que aprender, ya que están relacionados con la protección tanto de la vida como de la propiedad.

¿Qué está incorrecto en esta imagen?

Fuente: Mike Powers

Conductor neutro (*Neutral conductor*): conductor conectado al punto neutro de un sistema eléctrico destinado a transportar corriente en condiciones normales.

Conductor de puesta a tierra (*Grounded conductor*): conductor que se conecta a tierra intencionalmente.

Conductor del electrodo de puesta a tierra (*Grounding electrode conductor*): conductor que conecta el sistema o equipo eléctrico a un electrodo de puesta a tierra. También se conoce como *GEC*.

Conductor de puesta a tierra del equipo (*Equipment grounding conductor*): vía conductora proporcionada para que la corriente de falla a tierra viaje desde las partes metálicas no conductoras de corriente hasta el conductor de puesta a tierra del sistema, el conductor del electrodo de puesta a tierra o ambos. También se conoce como *EGC*.

Unión equipotencial (*Bonding*): consiste en conectar eléctricamente todos los elementos conductores expuestos que no estén diseñados para transportar electricidad para proteger contra descargas eléctricas, dejando todos los componentes conectados al mismo potencial eléctrico en caso de que se energicen.

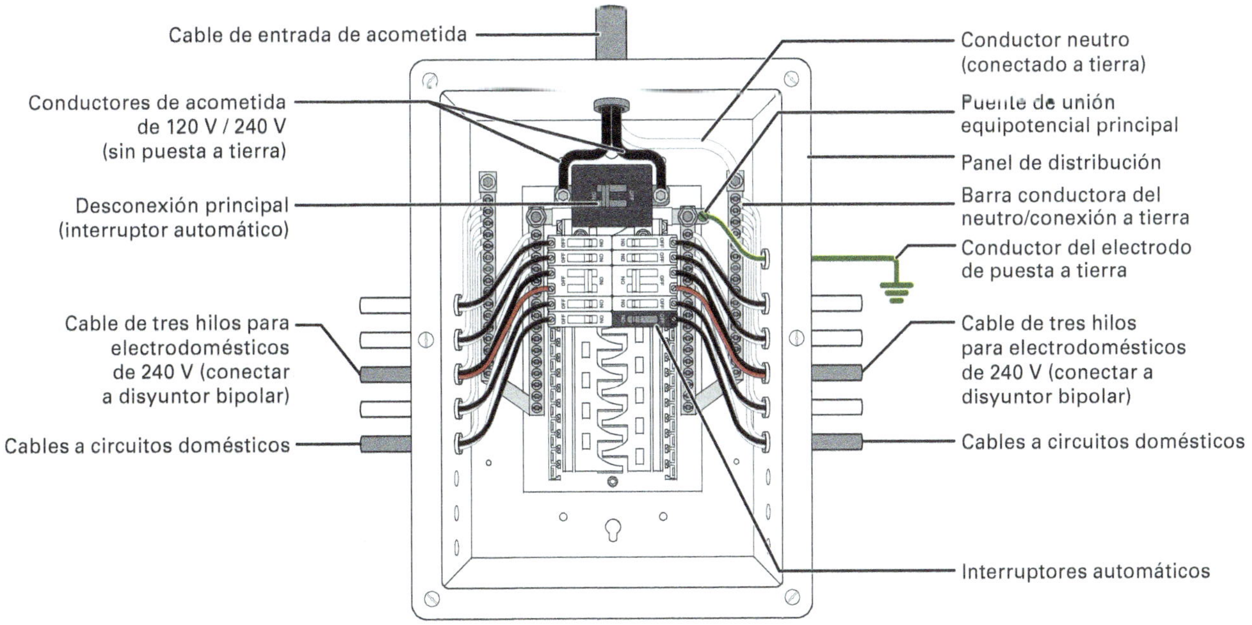

Figura 1 Panel de distribución que muestra los conductores de tierra y de puesta a tierra.

1.1.0 Puesta a tierra y unión equipotencial

Los sistemas deben estar sólidamente conectados a tierra para limitar el voltaje a tierra durante el funcionamiento normal y evitar voltajes excesivos debidos a rayos y sobrevoltajes en la línea. También se conectan a tierra para estabilizar el voltaje a tierra durante el funcionamiento normal. Los materiales conductores que encierran conductores o equipos eléctricos, o que forman parte de los equipos, se conectan a tierra para limitar el voltaje a tierra.

Los materiales conductores descritos anteriormente se *unen equipotencialmente* para establecer la continuidad eléctrica y la conductividad. Esto facilita el funcionamiento de los dispositivos de sobrecorriente durante una condición de falla a tierra.

El ***Artículo 250 del NEC*** es el principal artículo que rige la correcta aplicación de la puesta a tierra y la unión equipotencial. Este artículo abarca los requisitos generales para la puesta a tierra y la unión equipotencial de las instalaciones eléctricas. En él se presentan los siguientes requisitos específicos:

- Sistemas, circuitos y equipos que deben, pueden o no pueden conectarse a tierra
- Conductor del circuito a conectar a tierra en sistemas conectados a tierra
- Ubicación de las conexiones a tierra
- Tipos y dimensiones de los conductores y electrodos de puesta a tierra y de unión equipotencial
- Métodos de puesta a tierra y unión equipotencial
- Condiciones en las que los protectores, el aislamiento o el aislante pueden sustituir la puesta a tierra

Conozca el código

Puesta a tierra y unión equipotencial
Artículo 250 del NEC

La ***Sección 250.4(A)(5) del NEC*** exige que la vía a tierra de los circuitos, equipos y recintos metálicos tenga las siguientes características:

- Tener una impedancia suficientemente baja para facilitar el funcionamiento de los dispositivos de protección del circuito o detector de tierra para sistemas conectados a tierra de alta impedancia.
- Ser capaz de soportar con seguridad la máxima falla a tierra que se le pueda imponer.
- No depender por completo de la tierra como una vía efectiva de corriente de falla a tierra.

Las conexiones realizadas en la vía de tierra deben ser conformes a la ***Sección 250.8 del NEC***.

Los sistemas de puesta a tierra permanentes, fiables y continuos son vitales para la seguridad de los sistemas eléctricos. Las conexiones intermitentes son impredecibles y pueden provocar situaciones peligrosas. Dado que la corriente no fluye a través de los conductores de puesta a tierra la mayor parte del tiempo, es extremadamente importante disponer de buenas conexiones que resistan la prueba del tiempo. Los equipos seguirán funcionando, pero cuando se dañan, el recinto puede electrificarse y resultar peligrosa.

Puente de unión equipotencial del equipo (*Equipment bonding jumper*): conexión eléctrica entre dos o más partes de los conductores de puesta a tierra del equipo.

El conductor del electrodo de puesta a tierra, el **puente de unión equipotencial del equipo** y el conductor de puesta a tierra del equipo deben tener el tamaño adecuado para garantizar que haya suficiente capacidad para proteger el sistema. En este módulo se presentarán métodos para determinar el tamaño adecuado de estos conductores.

Es necesario un conductor de baja impedancia. Una impedancia elevada significa que existe una oposición significativa al flujo de corriente. La corriente debe fluir con la menor oposición posible para garantizar la protección del personal y los equipos en caso de falla.

1.1.1 Cortocircuitos

Los **cortocircuitos** y las fallas a tierra suelen entenderse mal. Ambos suelen deberse a una falla en la resistencia del aislamiento. Es importante tener una idea clara de estas dos condiciones.

Un cortocircuito (*Figura 2*) es una conexión conductora entre cualquiera de los conductores de un sistema eléctrico, ya sea de línea a línea o de línea a neutro (puesto a tierra).

La falla puede producirse de un conductor de fase a otro o de un conductor de fase a un neutro conectado a tierra. El valor máximo de la corriente de falla depende de la capacidad disponible que el sistema puede suministrar al punto de falla. El valor máximo de la corriente de cortocircuito de línea a neutro variará en función de la distancia de la fuente a la falla. La corriente de cortocircuito disponible está limitada además por la impedancia del arco donde se establece uno, más la impedancia de los conductores hasta el punto de cortocircuito.

Cortocircuitos (*Short circuits*): vías de baja resistencia por las que fluye la corriente alrededor, y no a través, de un componente o circuito.

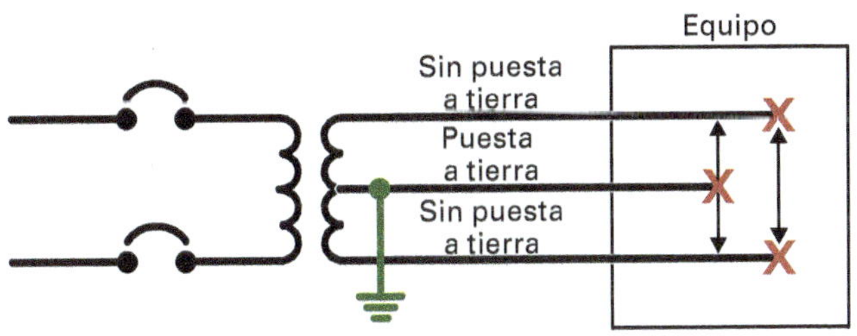

Figura 2 Ejemplos de cortocircuitos.

1.1.2 Fallo de conexión a tierra

Un fallo a tierra, tal y como se define en el *Artículo 100 del NEC*, es una conexión conductora de electricidad no intencional entre un conductor sin puesta a tierra de un circuito eléctrico y los conductores que normalmente no conducen corriente, los recintos metálicos, las canalizaciones metálicas, los equipos metálicos o la tierra.

Aunque no se especifica en el *NEC*®, una conexión conductora de electricidad no intencional entre un conductor *puesto a tierra* de un circuito eléctrico y los conductores normalmente no conductores de corriente, otros objetos metálicos o la tierra también se consideraría una falla a tierra. Mientras que el primer caso (un conductor sin puesta a tierra) puede dar lugar a que fluya una gran cantidad de corriente de falla en un sistema conectado a tierra correctamente instalado, el segundo puede dar lugar a que se formen vías paralelas entre el conductor puesto a tierra y el sistema de puesta a tierra. Estas vías paralelas darían lugar a un flujo de corriente no deseado en el sistema de puesta a tierra (*Figura 3*).

Conozca el código

Definiciones
Artículo 100 del NEC

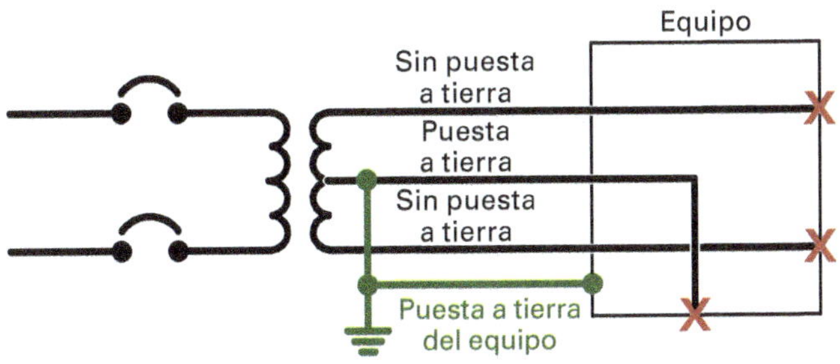

Figura 3 Ejemplos de fallas a tierra.

1.2.0 Tipos de sistemas de puesta a tierra

Puesta a tierra del sistema (*System grounding*): conexión intencional de los conductores de un circuito a un sistema de tierra.

Las dos clasificaciones generales de la puesta a tierra de protección son la **puesta a tierra del sistema** y la puesta a tierra del equipo.

La puesta a tierra y unión equipotencial del sistema se refieren al equipo de entrada de acometida y sus componentes relacionados. Es decir, un sistema conductor debe estar puesto a tierra para limitar los voltajes debidos a iluminación, sobrevoltajes de línea o contacto involuntario con líneas de voltaje superior y para estabilizar el voltaje a tierra durante el funcionamiento normal.

El conductor de puesta a tierra del equipo es la vía conductora utilizada para conectar las partes metálicas no conductoras de corriente del equipo, canalizaciones y otros recintos al conductor de puesta a tierra del sistema, al conductor del electrodo de puesta a tierra o a ambos. Los conductores de puesta a tierra del equipo se unen equipotencialmente al conductor de puesta a tierra del sistema para proporcionar una vía de baja impedancia para la corriente de falla que facilitará la operación de los dispositivos de sobrecorriente durante condiciones de falla a tierra. El *Artículo 250 del NEC* abarca los requisitos generales para la puesta a tierra y la unión equipotencial. *Las Secciones 250.20 y 250.21 del NEC* proporcionan requisitos específicos de puesta a tierra para sistemas de CA.

Conozca el código

Puesta a tierra y unión equipotencial
Artículo 250 del NEC

1.2.1 Puesta a tierra de sistemas monofásicos

Para entender mejor un sistema de puesta a tierra completo, examinaremos un comienzo residencial convencional en las líneas de alto voltaje y el transformador de la compañía eléctrica (*Figura 4*). El transformador montado en poste se alimenta con un sistema de dos hilos de 7,200 V que se transforma y reduce a una acometida eléctrica monofásica de tres hilos y 120/240 V adecuada para uso residencial. Un diagrama de cableado de las conexiones del transformador se muestra en la *Figura 5*. Tenga en cuenta que el voltaje entre el tramo A y el tramo B es de 240 V.

Sin embargo, al conectar un tercer cable neutro en el devanado secundario del transformador entre los otros dos, los 240 V se dividen para proporcionar 120 V entre el tramo A o el tramo B y el conductor neutro. En consecuencia, los 240 V están disponibles para electrodomésticos como estufas, calentadores de agua y cargas similares que consumen más energía. Los tramos de 120 V están disponibles para luces, receptáculos eléctricos y cargas más pequeñas.

Conductores no puestos a tierra (*Ungrounded conductors*): conductores de un sistema eléctrico que no están puestos a tierra intencionalmente.

Volviendo al diagrama de la *Figura 5*, los conductores A y B son **conductores sin conexión a tierra**, mientras que el neutro es un conductor de puesta a tierra. Si solo se conectaran cargas de 240 V, el conductor neutro o de tierra no conduciría corriente. Sin embargo, como hay cargas de 120 V, el neutro soportará la carga desequilibrada y se convertirá en un conductor de corriente.

Por ejemplo, si el tramo A soporta 60 A y el tramo B, 50 A, el conductor neutro solo soportaría 10 A (60 - 50 = 10). Esta es la razón por la que el *NEC*®, a veces, permite que el conductor neutro en una acometida eléctrica sea más pequeño que los conductores sin puesta a tierra.

Una entrada de acometida típica montada en poste incluye un cable mensajero con puesta a tierra (neutro) desde un punto del poste hasta un punto del edificio al que se presta el servicio, que termina en la bajada de acometida. Los conductores de entrada de acometida se tienden entre la caja del contador y el interruptor principal de la acometida o panel de distribución. Este es el punto en el que la mayoría de los sistemas están conectados a tierra: en la barra conductora del neutro del panel de distribución (*Figura 6*).

¡ADVERTENCIA!

Extreme las precauciones al desconectar un conductor de electrodo de puesta a tierra. Nunca toque al mismo tiempo un conductor de electrodo de puesta a tierra desconectado y cualquier cosa conectada a tierra, incluido el electrodo de puesta a tierra. Si se produce una corriente de falla, su cuerpo se convertirá en conductor de la corriente. Los resultados podrían ser fatales.

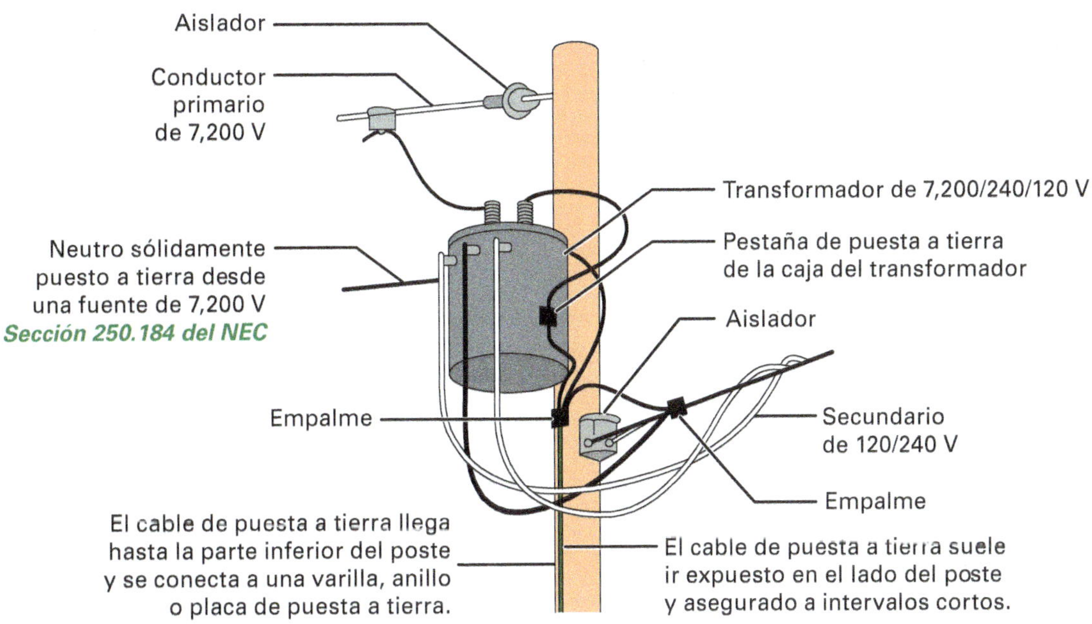

Figura 4 Transformador montado en poste.

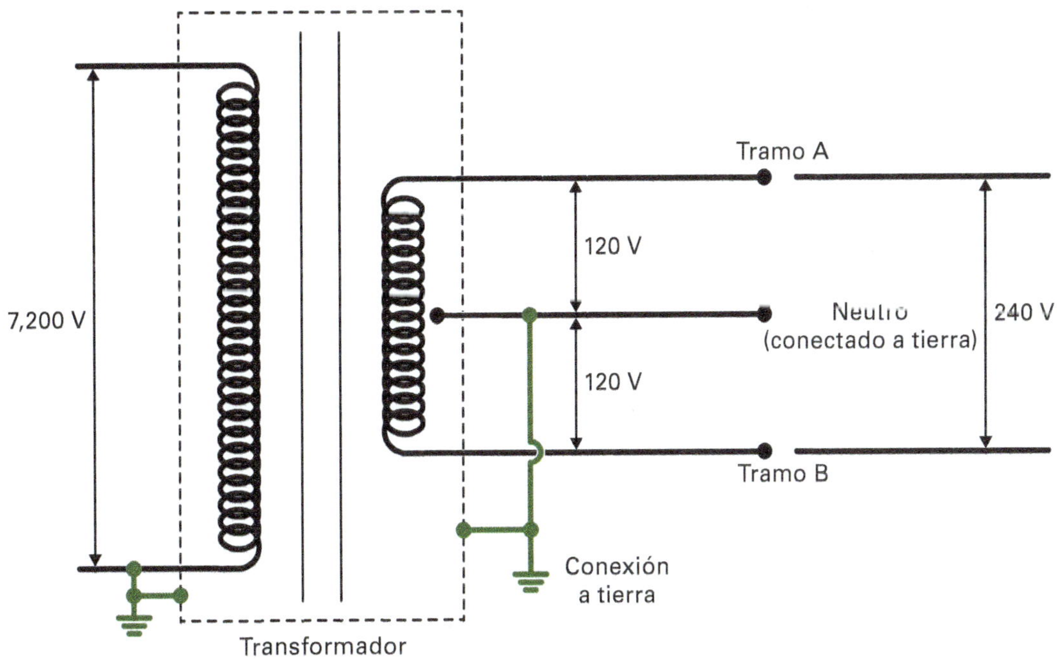

Figura 5 Diagrama de cableado de conexión de un transformador monofásico de 7,200 V a 120/240 V.

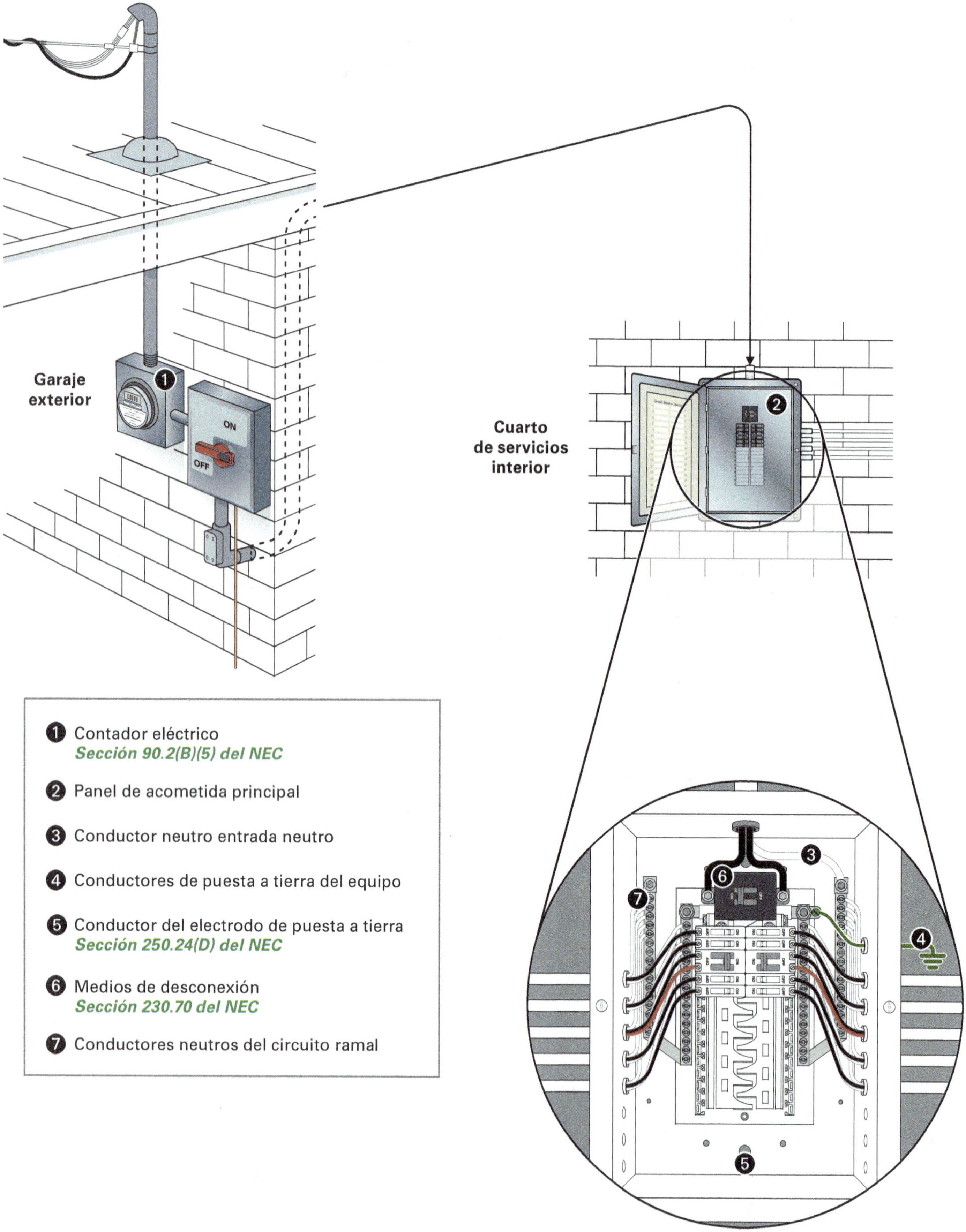

Figura 6 Entrada de acometida típica y equipo de acometida relacionado.

1.2.2 Puesta a tierra de sistemas menos de 50 V

El *Artículo 250.20(A) del NEC* exige la puesta a tierra de los sistemas de menos de 50 V en las siguientes situaciones (*Figura 7*):

- Si se alimenta mediante transformadores con un voltaje primario superior a 150 V a tierra.
- Si se alimenta con transformadores sin conexión a tierra
- Para conductores aéreos fuera del edificio

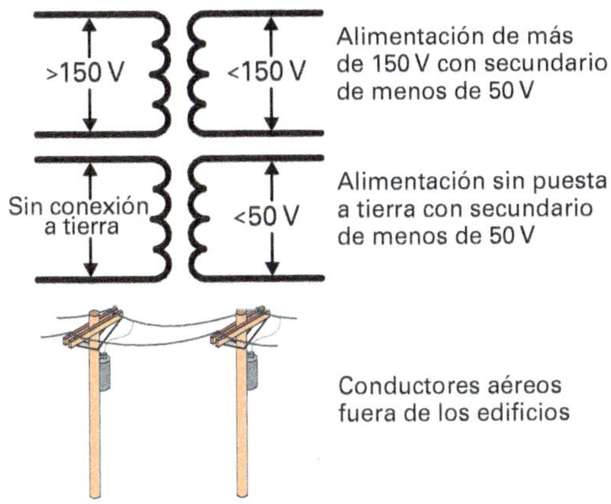

Figura 7 Sistemas de menos de 50 V que deben conectarse a tierra.

Conozca el código

Puesta a tierra y unión equipotencial
Artículo 250 del NEC

1.2.3 Puesta a tierra de sistemas de 50 V a 1,000 V

El *Artículo 250.20(B) del NEC* exige que los sistemas de CA de 50 V a 1 kV (1,000 V) que suministren energía a los sistemas de cableado de las instalaciones estén conectados a tierra en cualquiera de las siguientes condiciones:

- Si el sistema puede conectarse a tierra de forma que el voltaje máximo a tierra en los conductores no conectados a tierra no supere los 150 V.
- Si el sistema es trifásico, de cuatro hilos, conectado en estrella y el neutro se utiliza como conductor del circuito
- Si el sistema es trifásico, de cuatro hilos, conectado en delta y el punto medio de un devanado de fase se utiliza como conductor del circuito

La Figura 8 muestra ejemplos de aplicaciones de 50 V a 1 kV conectadas a tierra.

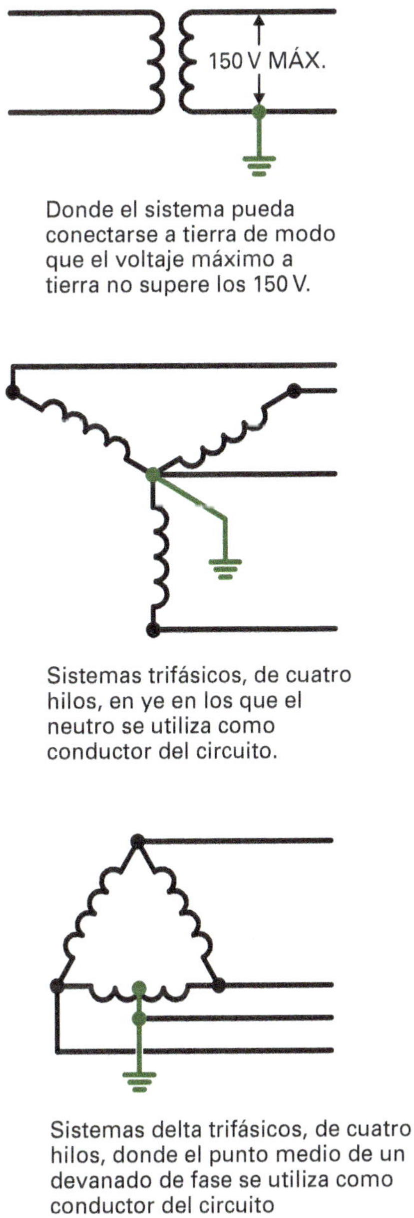

Figura 8 Sistemas de 50 V a 1,000 V que deben conectarse a tierra.

1.2.4 Puesta a tierra de sistemas de CA de más de 1 kV

El *Artículo 250, Parte X del NEC* abarca los requisitos de puesta a tierra de sistemas de más de 1 kV. También enumera requisitos adicionales de sistemas neutros derivados, sistemas neutros sólidamente puestos a tierra y sistemas neutros puestos a tierra por impedancia. Los sistemas de CA de más de 1 kV deben conectarse a tierra si alimentan equipos móviles o portátiles, tal como se contempla en la *Sección 250.188 del NEC*. Se permite (pero no se exige) que otros sistemas de CA de más de 1 kV estén conectados a tierra.

1.2.5 Circuitos que no pueden conectarse a tierra

Hay cinco tipos de circuitos que no deben conectarse a tierra. Tenga en cuenta que aquí la puesta a tierra no es opcional. En la *Figura 9* se muestran algunos ejemplos de estos circuitos. Los tipos de circuitos que no deben conectarse a tierra son los siguientes:

- Circuitos para grúas aéreas que funcionan sobre fibras combustibles en ubicaciones de Clase III, según lo dispuesto en la *Sección 503.155 del NEC.*
- En instalaciones de atención médica, aquellos circuitos de alimentación aislados en ubicaciones peligrosas (clasificadas) según lo dispuesto en las *Secciones 517.61 y 517.160 del NEC.*
- Circuitos para celdas electrolíticas según lo dispuesto en la *Sección 668.11* y *Sección 668.21 del NEC.*
- Circuitos secundarios de sistemas de iluminación según lo dispuesto en la *Sección 411.7 del NEC*
- Circuitos secundarios de los sistemas de iluminación de piscinas según lo dispuesto en la *Sección 680.23(A)(2) del NEC.*

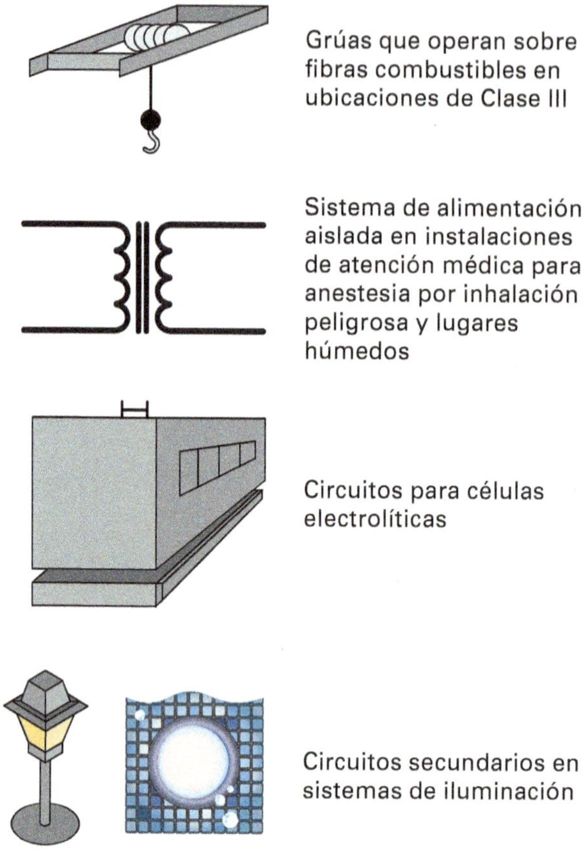

Figura 9 Circuitos que no deben conectarse a tierra.

1.0.0 Repaso de la sección

1. Supongamos que una conexión suelta tiene un conductor descubierto expuesto que entra en contacto con el borde de un recinto metálico.
   ¿Es un ejemplo de cortocircuito o de falla a tierra?
   a. Cortocircuito
   b. Falla de puesta a tierra

2. Un sistema monofásico tiene dos tramos, el tramo A y el tramo B.
   Si el tramo A transporta 50 A y el tramo B transporta 45 A, la corriente transportada por el neutro es _____.
   a. 5 A
   b. 45 A
   c. 50 A
   d. 90 A

2.0.0 Métodos de puesta a tierra de acometidas

Objetivo

Identificar y describir los métodos de puesta a tierra de la acometida.

a. Explicar cómo dimensionar e instalar un conductor de electrodo de puesta a tierra.

b. Explicar cómo seleccionar otros electrodos.

Tareas prácticas

1. Dimensionar el conductor de electrodo de puesta a tierra mínimo requerido de una acometida de 200 A alimentado por conductores de cobre 3/0.
2. Conectar, utilizando los accesorios adecuados, un extremo de un conductor de electrodo de puesta a tierra de AWG nro. 4 a una longitud de tubería galvanizada de agua de $^{3}/_{4}$" (MD 21) y el otro extremo al terminal correcto en un panel de distribución.

Conozca el código

Puesta a tierra y unión equipotencial
Artículo 250 del NEC

Todos los sistemas eléctricos deben estar conectados a tierra de la manera prescrita por el *NEC*® para proteger al personal y al equipo. Un sistema conectado a tierra debe limitar el voltaje en el sistema eléctrico y protegerlo de estas tres amenazas principales:

- Rayos
- Sobrevoltajes superiores a aquellos para los que está diseñado el circuito
- Aumento del potencial máximo a tierra debido a un voltaje anormal

Los requisitos para la puesta a tierra de las acometidas se encuentran en la ***Sección 250.24 del NEC***. Los métodos de puesta a tierra de una acometida eléctrica se abarcan en el ***Artículo 250, Parte III, del NEC***. En general, todos los electrodos siguientes que estén presentes deben estar unidos entre sí para formar el sistema de electrodos de puesta a tierra:

- Una tubería metálica subterránea de agua en contacto directo con la tierra a una distancia no inferior a 10' (3 m)
- La estructura metálica de soporte enterrada como se describe en la ***Sección 250.52(A)(2) del NEC.***
- Un electrodo recubierto por al menos 2" (50 mm) de concreto, situado dentro y cerca del fondo de una cimentación o zapata de concreto que esté en contacto directo con la tierra y que conste de al menos 20' (6 m) de uno de los siguientes elementos:
  - Barras o varillas de refuerzo de acero revestido, conductoras de electricidad, de al menos $^{1}/_{2}$" (13 mm) de diámetro
  - Conductor de cobre descubierto de AWG nro. 4 o superior
- Un anillo de tierra que rodee el edificio o la estructura, en contacto directo con la tierra, formado por al menos 20' (6 m) de cable de cobre descubierto de AWG nro. 2 o superior (*Figura 10*).
- Electrodos de varilla, tubo o placa
- Otros sistemas o estructuras subterráneas metálicas locales

Los sistemas de electrodos de puesta a tierra utilizados en edificios industriales usarán con frecuencia todos los métodos mostrados en la *Figura 10*, y los métodos utilizados superarán, a menudo, la cobertura del *NEC*®, dependiendo del proceso de fabricación y de los requisitos calculados establecidos por los ingenieros de la planta. La *Figura 11* muestra el plano de un sistema de puesta a tierra industrial típico.

El edificio de la *Figura 12* tiene una tubería de agua subterránea metálica en contacto directo con la tierra por más de 10' (3 m), por lo que es una fuente de puesta a tierra válida. El edificio también cuenta con un sistema de tuberías subterráneas metálicas de gas, pero estas no pueden utilizarse como electrodo de puesta a tierra según la ***Sección 250.52(B)(1) del NEC***. Sin embargo, la línea de gas debe estar conectada al sistema eléctrico si es probable que se energice, según la ***Sección 250.104(B) del NEC***.

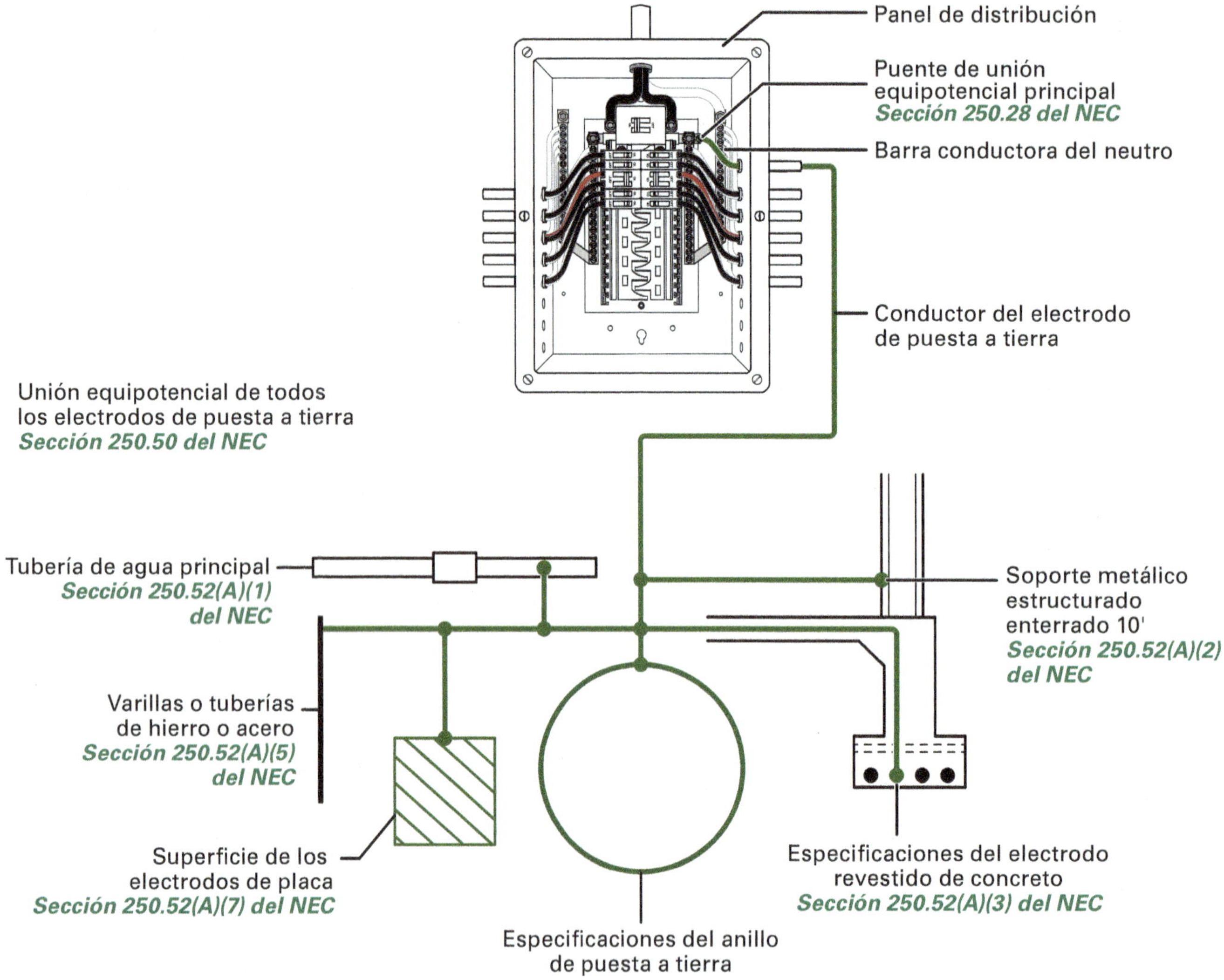

Figura 10 Electrodos de puesta a tierra aprobados.

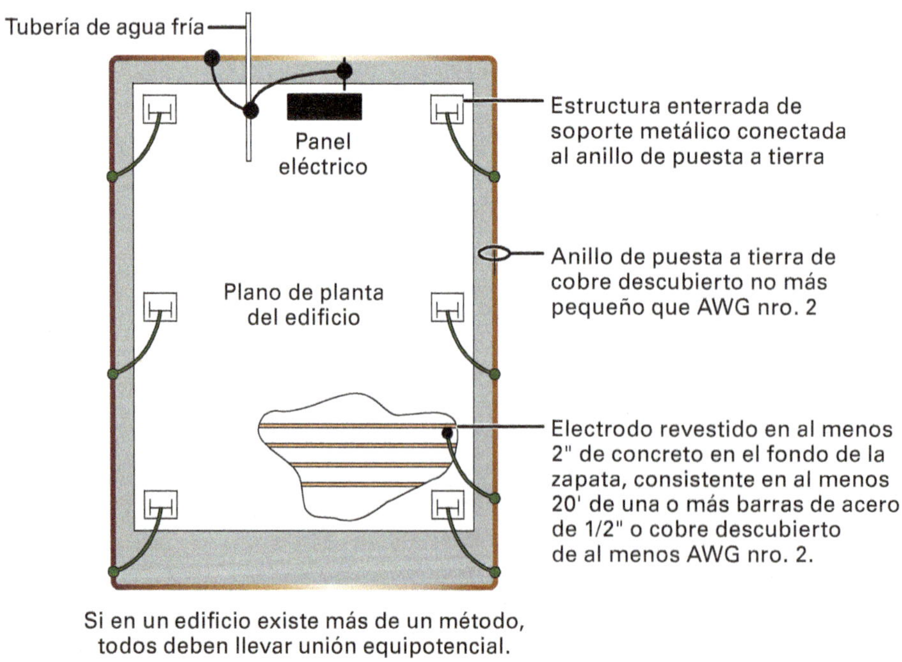

Figura 11 Plano de planta del sistema de puesta a tierra de un edificio industrial.

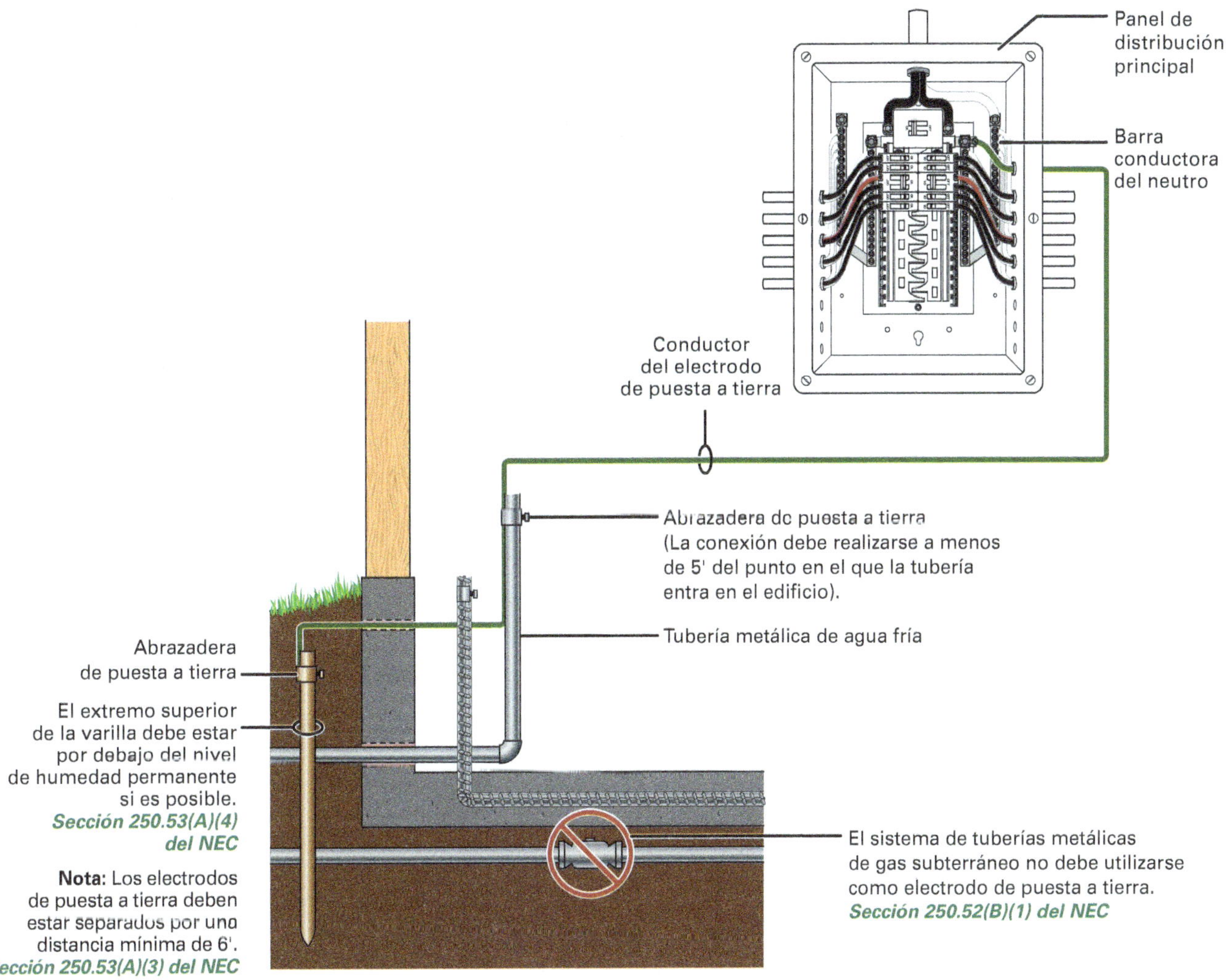

Figura 12 Requisitos de puesta a tierra de edificios no industriales.

La *Sección 250.53(D)(2) del NEC* establece además que la tubería subterránea de agua debe complementarse con un electrodo adicional de un tipo especificado en las *Secciones 250.52(A)(2) a 250.52(A)(8) del NEC* Dado que en esta aplicación no se dispone de una estructura metálica de soporte enterrada, un electrodo revestido de concreto o un anillo de tierra, debe utilizarse la *Sección 250.50 del NEC* para seleccionar el **electrodo suplementario**. En la mayoría de los casos, este electrodo suplementario consistirá en varillas accionadas (*Figura 13*) o electrodos de tubo, cuyas especificaciones son las siguientes:

- Debe ser capaz de soportar y disipar circuitos de sobrevoltaje repetidos.
- Debe ser resistente a la corrosión en diversos medios químicos del suelo para garantizar un rendimiento continuo que proteja la vida útil del equipo.
- Debe tener propiedades mecánicas resistentes para facilitar la conducción con el mínimo esfuerzo y daños en la varilla.

Electrodo suplementario (*Supplemental electrode*): electrodo adicional (normalmente una varilla o tubo accionado) necesario cuando el electrodo de puesta a tierra es una tubería metálica subterránea de agua en contacto directo con la tierra.

Los electrodos de placa ofrecen una alternativa al método de tubos o varillas. Cada electrodo de placa debe exponer al menos 2 pies^2 (0.186 m^2) de superficie a la tierra circundante. Las placas de hierro o acero deben tener un grosor mínimo de $\frac{1}{4}$" (6.4 mm), mientras que las de metales no ferrosos, como el cobre, solo necesitan un grosor de 0.06" (1.5 mm).

Los electrodos de varilla única, tubo y placa deben tener una resistencia a tierra de 25 ohmios (Ω) o menos, como se muestra en la *Figura 13*. En caso contrario, deberán complementarse con un electrodo adicional situado a una distancia mínima de 6' (1.8 m) del primero. Así se especifica en la *Sección 250.53(A)(2) del NEC*.

Muchos lugares requieren dos electrodos independientemente de la resistencia a tierra. El uso de dos electrodos no es un requisito del *NEC*®, pero lo exigen algunos servicios públicos y las ordenanzas locales en algunas ciudades y condados. Tenga siempre en cuenta los códigos locales que pueden superar los requisitos del *NEC*®.

Alrededor del mundo

El *NEC*® proporciona conversiones métricas de todas las medidas enumeradas y, por lo general, enumera los valores en unidades enteras. En algunos casos, sin embargo, el código proporciona conversiones métricas precisas, como en el caso de los electrodos de puesta a tierra. Consulte siempre la cita específica del *NEC*® al seleccionar electrodos y otros dispositivos y equipos eléctricos.

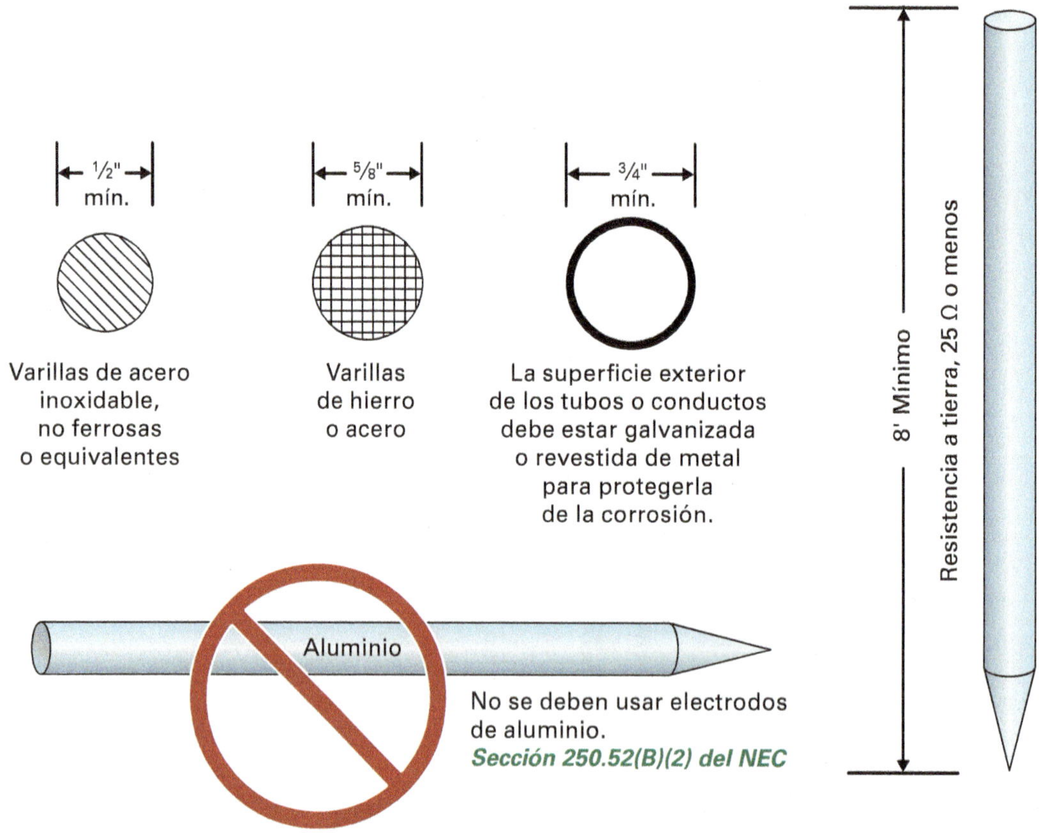

Figura 13 Requisitos de las varillas de tierra.

2.1.0 Conductor del electrodo de puesta a tierra

Conozca el código

Puesta a tierra y unión equipotencial
Artículo 250 del NEC

El conductor del electrodo de puesta a tierra es la única conexión entre el electrodo de puesta a tierra y el conductor del sistema puesto a tierra. En un sistema sin conexión a tierra, puede ser la única conexión entre el electrodo de puesta a tierra y el recinto del equipo de acometida. Consulte en la *Sección 250.64 del NEC* la instalación del conductor de electrodo de puesta a tierra.

Se requiere un conductor de electrodo de puesta a tierra común para poner a tierra tanto el conductor de puesta a tierra del circuito como el conductor de puesta a tierra del equipo. La *Figura 14* muestra la conexión común de este sistema.

2.1.1 Dimensionamiento del conductor del electrodo de puesta a tierra

El tamaño de los conductores del electrodo de puesta a tierra depende del tamaño del conductor de entrada de acometida más grande o su equivalente en conductores paralelos. La *tabla 250.66 del NEC* indica los tamaños adecuados de los conductores de electrodos de puesta a tierra para varios tamaños de acometidas eléctricas.

Conozca el código

Conductores para cableado general
Artículo 310 del NEC

El tamaño del conductor de entrada de acometida se determina a partir de la ampacidad de ese sistema. La *tabla 310.16 del NEC* se utiliza para determinar el tamaño del conductor de acometida a partir de su ampacidad. En el caso de acometidas de vivienda monofásicos, la *Sección 310.12(A) del NEC* permite un ajuste del 83%.

La mayoría de las aplicaciones utilizan conductores de cobre con una temperatura nominal de 167 °F (75 °C). Esta información es necesaria cuando se utiliza la *tabla 310.16 del NEC*. Por ejemplo, una aplicación de acometida comercial de 100 A requiere un conductor de servicio de cobre de AWG nro. 3.

Una vez conocido el tamaño de los conductores de acometida, el tamaño del conductor del electrodo de puesta a tierra puede determinarse a partir de la *tabla 250.66 del NEC*. Utilizando el AWG nro. 3 del ejemplo de acometida de 100 A, se puede determinar a partir de la tabla que se necesita un conductor de electrodo de puesta a tierra de cobre de AWG nro. 8.

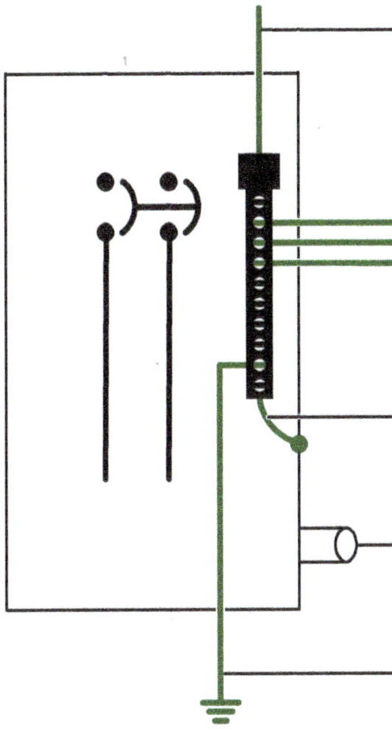

Figura 14 Conexión del electrodo de puesta a tierra de un sistema conectado a tierra.

Ahora, utilice los siguientes pasos para determinar el tamaño del conductor del electrodo de puesta a tierra de un sistema trifásico de 200 A y 208 V:

Paso 1 Determine el tamaño del conductor de acometida a partir de la *tabla 310.16 del NEC*. Es de cobre de AWG 3/0.

Paso 2 Baje por la columna izquierda de la *tabla 250.66 del NEC* y encuentre el 3/0.

Paso 3 Revise y encuentre el tamaño del conductor del electrodo de puesta a tierra. Para un electrodo de cobre, el tamaño requerido es un AWG nro. 4.

2.1.2 Instalación del conductor del electrodo de puesta a tierra

El conductor del electrodo de puesta a tierra debe ser de cobre, aluminio o aluminio revestido de cobre. El material seleccionado debe ser resistente a las condiciones corrosivas de la zona o debe estar convenientemente protegido contra la corrosión. El conductor puede ser sólido o trenzado, cubierto o descubierto, pero debe estar en una longitud continua sin empalme ni unión, excepto en las siguientes condiciones:

- Se permiten los empalmes en barras colectoras.
- Cuando una acometida conste de más de un recinto único, se permite conectar derivaciones al conductor del electrodo de puesta a tierra.
- Los puentes de unión equipotencial de los electrodos de puesta a tierra y los conductores de los electrodos de puesta a tierra pueden conectarse a una barra colectora de aluminio o cobre no inferior a ¼" × 2" (6 mm × 50 mm). Consulte la *Sección 250.64(F)(3) del NEC*.

NOTA

Recuerde que es el tamaño total del conductor de acometida el que determina el tamaño del conductor del electrodo de puesta a tierra.

¡ADVERTENCIA!

La soldadura exotérmica es un proceso peligroso que solo debe ser realizado por personal calificado. Consulte los procedimientos de seguridad de su compañía y las recomendaciones del fabricante antes de utilizar equipos de soldadura exotérmica.

- De acuerdo con la *Sección 250.64(C)(1) del NEC*, los conductores de electrodos de puesta a tierra de tipo alambre pueden empalmarse en cualquier lugar mediante conectores irreversibles de tipo compresión catalogados para tal fin o utilizando el proceso de soldadura exotérmica (*Figura 15*).

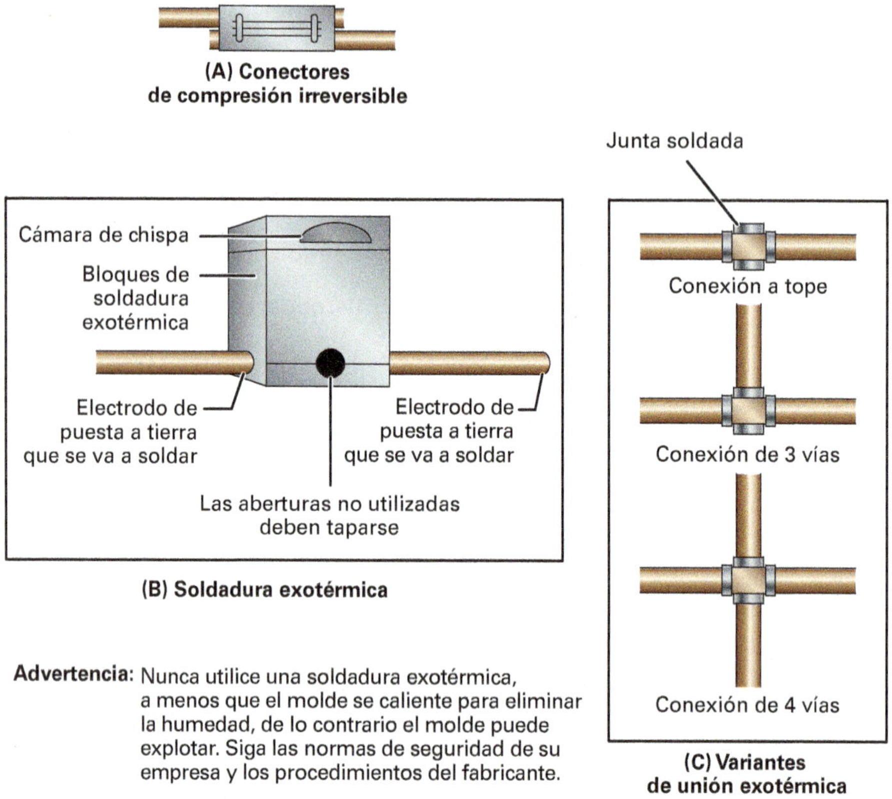

Figura 15 Métodos de empalme de conductores de puesta a tierra.

Piénselo

Dimensionamiento de conductores de electrodo

La *tabla 310.16 del NEC* muestra que el tamaño del conductor de acometida (alambre de cobre a 75 °C) para una acometida de 150 A es AWG de 1/0. ¿El AWG del conductor de cobre del electrodo necesario sería AWG nro. 4, 6 u 8?

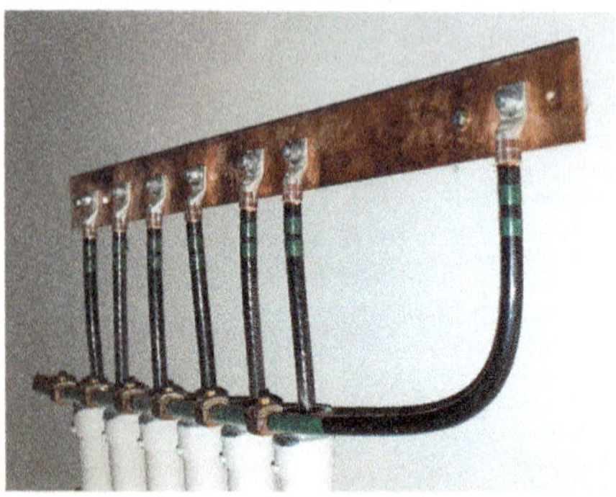

Figura 16 Conductores del electrodo de puesta a tierra.

La Sección 250.64(B) del NEC exige que el conductor del electrodo de puesta a tierra o su recinto estén firmemente sujetos a la superficie sobre la que se transportan.

Los conductores de AWG nro. 6 y superiores requieren protección cuando es posible que sufran daños físicos. Si no están expuestos a daños físicos, los conductores de AWG nro. 6 y superiores pueden tenderse a lo largo de la superficie del edificio y sujetarse firmemente. De lo contrario, el conductor debe protegerse mediante la instalación en conducto metálico rígido o intermedio, conducto no metálico rígido, EMT o armadura de cable. Los conductores más pequeños deben protegerse en conductos o armaduras. Consulte la *Sección 250.64(E) del NEC* para conocer los requisitos de conexión cuando se utiliza un recinto o una canalización ferrosa para cubrir un conductor de electrodo de puesta a tierra. La *Figura 16* muestra las distintas pautas de protección.

2.2.0 Otros electrodos

Conozca el código

Puesta a tierra y unión equipotencial
Artículo 250 del NEC

Cuando no hay un electrodo que cumpla los requisitos de la *Sección 250.50 del NEC*, se pueden utilizar otros electrodos (*Figura 17*). Puede tratarse de los electrodos de varilla y tubería comentados anteriormente, de otros electrodos catalogados, de electrodos de placa o de otros sistemas subterráneos metálicos locales, como tuberías y depósitos subterráneos. Las *Secciones 250.52(A)(4) a 250.52(A)(8) del NEC* proporcionan información sobre estos electrodos, mientras que la *Sección 250.53 del NEC* establece sus requisitos de instalación. Los requisitos específicos de otros electrodos son los siguientes:

- *Sistemas locales:* sistemas subterráneos metálicos locales como tuberías, depósitos, revestimientos metálicos de pozos, etc.

- *Electrodos de varilla y tubería:* los electrodos de tubería o conducto no deben tener menos de 8' (2.44 m) de longitud ni ser más pequeños que ¾" de tamaño de tubería (MD 21). Si es de hierro o acero, debe estar galvanizado o recubierto de metal para protegerlo de la corrosión. Los electrodos de varilla de acero inoxidable, acero revestido de cobre o acero revestido de zinc deben tener una longitud mínima de 8' (2.44 m) y un diámetro de ⅝" (15.87 mm), a menos que se indique lo contrario. Los electrodos de varilla y tubo deben instalarse de forma que al menos 2.44 m (8') de varilla o tubo estén en contacto con el suelo. Los electrodos de varilla y de tubo deben colocarse verticalmente, a menos que se encuentre una obstrucción de rocas. De acuerdo con la ***Sección 250.53(A)(4) del NEC***, si se encuentra una obstrucción, la varilla o tubo puede conducirse en un ángulo no superior a 45° para despejar la roca. Otra opción es enterrar la varilla en una zanja de al menos 30" (750 mm) de profundidad.
- *Electrodos de placa:* los electrodos de placa deben tener al menos 2 pies^2 (0.186 m^2) de superficie en contacto con el suelo exterior. Si es de hierro o acero, la placa tendrá un espesor mínimo de ¼" (6.4 mm). Si es de metal no ferroso, debe tener un grosor mínimo de 0.06" (1.5 mm).

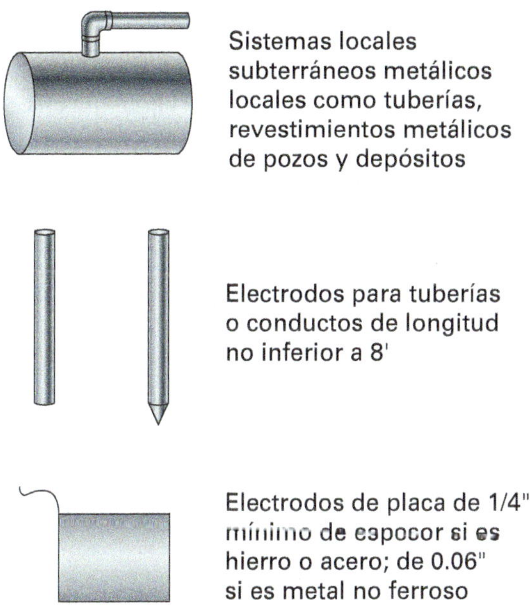

Figura 17 Otros electrodos.

Piénselo

Electrodos de placa

¿Por qué el *NEC*® requiere que las placas de electrodos hechas de hierro o acero sean de al menos ¼" (6.4 mm) de espesor, mientras que las placas de electrodos hechas de un metal no ferroso solo necesitan ser de 0.06" (1.5 mm) de espesor?

NOTA

Los sistemas subterráneos de tuberías metálicas de gas y los elementos estructurales de acero de refuerzo descritos en las ***Secciones 680.26(B)(1) y 680.26(B)(2) del NEC*** no pueden utilizarse como electrodos de puesta a tierra. Sin embargo, esto no elimina el requisito de que estos sistemas estén unidos.

Soldadura exotérmica

Las conexiones realizadas mediante soldadura exotérmica se consideran permanentes. Funcionan mejor que cualquier conexión engarzada o atornillada porque la unión cobre-cobre o cobre-acero es molecular, lo que elimina el riesgo de corrosión o aflojamiento de la unión. Las conexiones soldadas exotérmicas pueden transportar más corriente que el conductor, resisten corrientes de falla repetidas y no se deterioran con el tiempo.

2.0.0 Repaso de la sección

1. Suponiendo el uso de conductores de cobre de 75 °C, una acometida comercial de 200 A requeriría _____.
   a. conductores de acometida de 1/0
   b. conductores de acometida de 2/0
   c. conductores de acometida de 3/0
   d. conductores de acometida de 4/0

2. Una barra de tierra debe instalarse en un lugar costero y solo puede conducirse hasta la mitad antes de encontrarse con una plataforma rocosa. Una alternativa legítima es _____.
   a. unir y enterrar dos tramos de 4' (1.2 m) de varilla de tierra
   b. permitir que la sección de 4' (1.2 m) sobresalga del suelo
   c. enterrar la varilla en una zanja de al menos 30" (750 mm) de profundidad
   d. doblar la varilla en forma de U y clavar ambos extremos en el suelo

3.0.0 Puesta a tierra del equipo

Tareas prácticas

3. Instalar dos tramos de cable tipo NM en una caja de interruptores utilizando abrazaderas de cable tipo NM de la siguiente manera:
   - Pele los extremos del cable para cumplir los requisitos del *NEC*®.
   - Asegure el cable en la caja de interruptores y apriete las abrazaderas del cable.
   - Conecte y fije los conductores de puesta a tierra del equipo de acuerdo con los requisitos del *NEC*® y fíjelos a la caja de interruptores con una pinza de puesta a tierra o un tornillo de puesta a tierra.
4. Dimensionar el conductor de puesta a tierra del equipo requerido en cada conducto de un alimentador de 400 A utilizando dos tramos paralelos de conductor de cobre 3/0.

Objetivo

Explicar cómo dimensionar y seleccionar los conductores y componentes de puesta a tierra de los equipos.

a. Explicar cómo dimensionar un conductor de puesta a tierra de un equipo.
b. Explicar cómo conectar a tierra un recinto.

El *NEC*® describe las normas de puesta a tierra de la mayoría de los equipos que deben estar conectados a tierra, como se muestra en la *Figura 18*. Estos reglamentos del *NEC*® se aplican a todas las instalaciones, excepto en aplicaciones especiales como se indica. El *NEC*® también enumera los equipos específicos que deben conectarse a tierra independientemente del voltaje.

En todas las ocupaciones, los grandes electrodomésticos y muchos aparatos y herramientas manuales deben estar conectados a tierra. Los electrodomésticos incluyen neveras, congeladores, aires acondicionados, secadoras de ropa, lavadoras, lavavajillas, bombas de sumidero y equipos eléctricos para acuarios. Otras herramientas susceptibles de ser utilizadas al aire libre y en lugares húmedos o mojados deben estar conectadas a tierra o disponer de un sistema de doble aislamiento.

3.1.0 Conductor de puesta a tierra del equipo

El conductor de puesta a tierra del equipo se utiliza para interconectar y unir las partes metálicas no conductoras de corriente del equipo, canalizaciones y otros recintos al conductor puesto a tierra del sistema o al conductor del electrodo de puesta a tierra o a ambos.

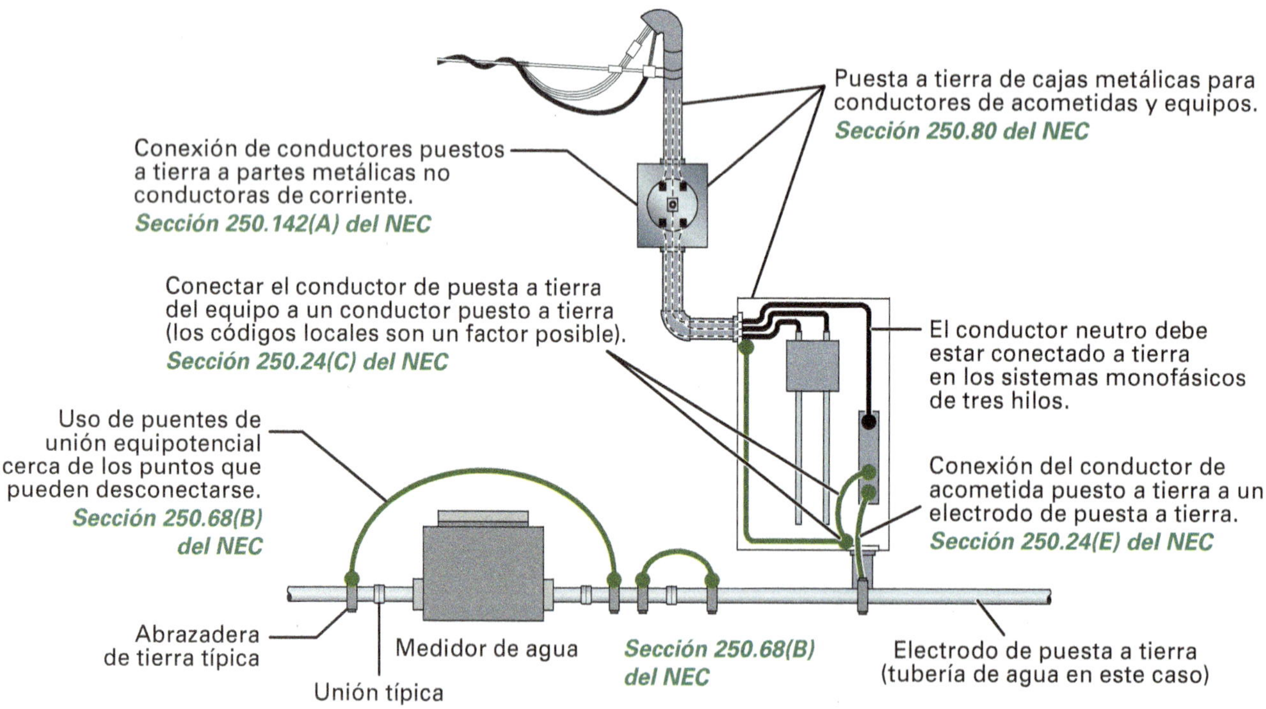

Figura 18 Resumen de puesta a tierra de equipos.

3.1.1 Sistemas con y sin puesta a tierra

El conductor o vía de puesta a tierra del equipo debe extenderse desde el punto más alejado del circuito hasta el equipo de acometida donde se conecta al conductor puesto a tierra. La *Figura 19* muestra un conductor de puesta a tierra de un equipo y su vía a tierra cuando se produce una falla a tierra. Es la vía por la que las fallas a tierra dentro del sistema vuelven a la fuente que completa el circuito, permitiendo que fluya suficiente corriente para garantizar que los dispositivos de sobrevoltaje se disparen.

3.1.2 Dimensionamiento del conductor de puesta a tierra del equipo

Los conductores de puesta a tierra de los equipos transportan la corriente de falla desde la carga hasta la barra terminal puesta a tierra del equipo de la acometida. El tamaño del conductor de puesta a tierra del equipo, determinado mediante la *tabla 250.122 del NEC*, se basa en el tamaño del dispositivo de sobrevoltaje que protege ese sistema.

Por ejemplo, si la ampacidad es de 400 A, el dispositivo de sobrevoltaje se ajusta a 400 A. Utilice la *tabla 250.122 del NEC* y baje por la columna de la izquierda hasta encontrar la ampacidad deseada o la siguiente más alta. Para el sistema de 400 A, el tamaño del conductor de puesta a tierra del equipo es de alambre de cobre nro. 3 o, alternativamente, de alambre de aluminio o revestido de cobre nro. 1.

Determine ahora el tamaño del conductor de puesta a tierra del equipo para una conexión de conducto metálico flexible a un motor alimentado con un circuito de 30 A mediante los pasos siguientes:

Paso 1 Usando las *Secciones 250.118(5)* y *348.60 del NEC*, verifique que se necesita un conductor de puesta a tierra del equipo.

Paso 2 Dado que se trata de una instalación que requiere flexibilidad, se requiere un conductor de puesta a tierra del equipo.

Paso 3 El circuito de 30 A tendrá un dispositivo de protección contra sobrecorriente de 30 A que alimente el circuito.

Paso 4 Encuentre 30 A en la *tabla 250.122 del NEC*.

Paso 5 Para el circuito de 30 A se requiere un conductor de puesta a tierra del equipo nro. 10 de cobre o nro. 8 de aluminio o revestido de cobre.

Conozca el código

Puesta a tierra y unión equipotencial
Artículo 250 del NEC

Conozca el código

Conducto metálico flexible (FMC)
Artículo 348 del NEC

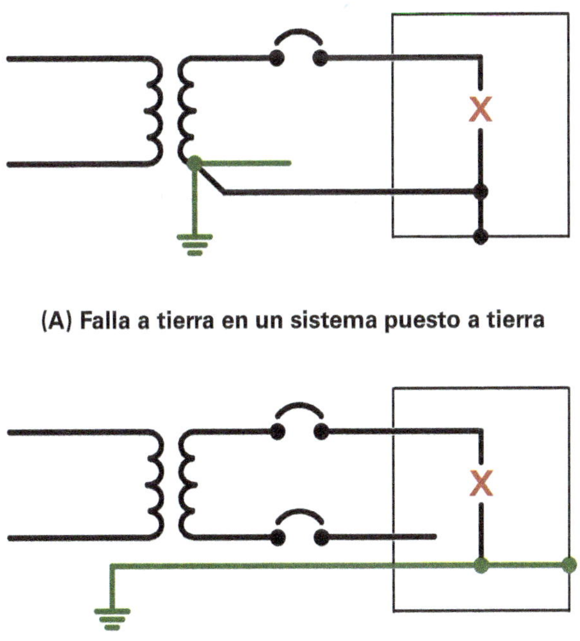

(A) Falla a tierra en un sistema puesto a tierra

(B) Falla a tierra en un sistema sin puesta a tierra

Figura 19 Vías efectivas de falla a tierra.

La Figura 20 muestra otros requisitos para utilizar conductos metálicos flexibles como puesta a tierra del equipo.

En la Figura 21, se detallan los requisitos para utilizar conductos flexibles herméticos como conductor de puesta a tierra del equipo. Después de determinar los requisitos y la ampacidad de esta aplicación, se necesitaría un conductor de puesta a tierra de equipos de cobre nro. 8.

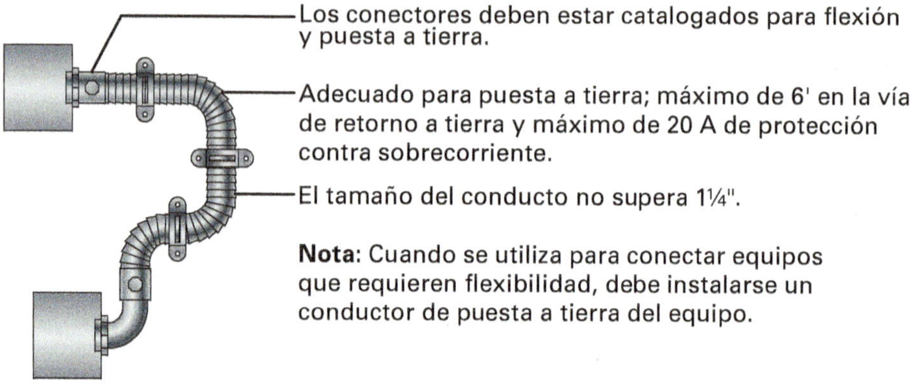

Figura 20 Requisitos de instalación del conducto metálico flexible.

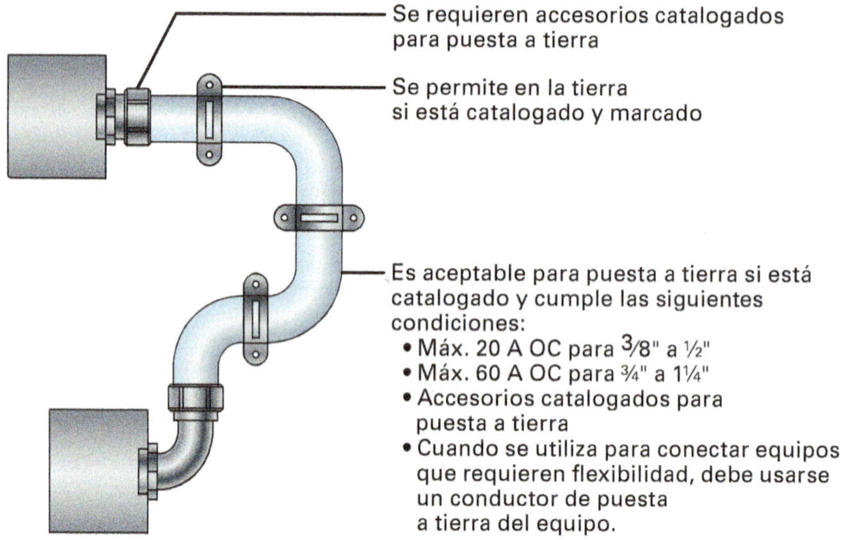

Figura 21 Requisitos de instalación del conducto metálico flexible hermético.

Historia de caso

Puestas a tierra mecánicas

Un técnico se electrocutó mientras realizaba el mantenimiento de una unidad de refrigeración de una cámara frigorífica. El aislamiento de uno de los conductores de alimentación dentro del conducto metálico flexible estaba dañado, lo que provocó un arco eléctrico en un conector del conducto de la caja de arranque del motor de la unidad. La conexión del conducto de la unidad a la caja de arranque estaba suelta, lo que desconectaba efectivamente la puesta a tierra mecánica de la unidad. Mientras el técnico realizaba el mantenimiento de la unidad, el termostato indicó al arrancador del motor que se activara, lo que a su vez activó las superficies de la propia unidad. El técnico recibió una descarga mortal.

Conclusión: Este accidente podría haberse evitado si se hubieran implementado uno o varios de los siguientes procedimientos:

- Comprobaciones de mantenimiento preventivo adecuadas de todo el cableado y las conexiones
- Procedimientos adecuados de bloqueo y etiquetado
- Instalación de un conductor de puesta a tierra del equipo junto con los conductores sin puesta a tierra de la fuente de alimentación

3.2.0 Puesta a tierra de un recinto

Como se ha mencionado anteriormente, la puesta a tierra del equipo cubre las partes metálicas no conductoras de corriente de un sistema eléctrico. Dichas piezas incluyen conductos metálicos, cajas de salida, recintos, y marcos de motores y otros equipos accionados eléctricamente. Estos elementos llevan unión equipotencial entre sí para garantizar el correcto funcionamiento de los dispositivos de sobrevoltaje en caso de falla a tierra.

Un conductor de puesta a tierra del equipo, descubierto o con aislamiento verde, suele estar conectado al marco metálico o al gabinete del equipo. Cuando se conecta al circuito, el conductor de puesta a tierra del equipo se une al sistema de puesta a tierra del equipo que, a su vez, estaba originalmente unido a la barra colectora neutra del sistema en el equipo de entrada de acometida. Cuando está correctamente conectado, si un cable vivo sin conexión a tierra toca el marco o el gabinete de un motor, electrodoméstico u otro objeto metálico del sistema, se producirá una falla a tierra y se abrirá el dispositivo de protección contra sobrevoltajes que protege el circuito. Por consiguiente, la puesta a tierra del equipo es uno de los mejores métodos para proteger la vida y la propiedad de una falla a tierra.

3.2.1 Puesta a tierra de cajas y dispositivos de salida

Todos los receptáculos utilizados en aplicaciones residenciales, comerciales o industriales deben ser del tipo de puesta a tierra, lo que significa que una de las aberturas del receptáculo conecta el conductor de puesta a tierra del equipo a la carga enchufada en un receptáculo.

La continuidad fiable del sistema de puesta a tierra del equipo a cada receptáculo se puede manejar de diferentes maneras, dependiendo del método de cableado utilizado. Por ejemplo, en la mayoría de los sistemas de cableado residencial, se utilizará cable de tipo NM. Si se utilizan cajas de dispositivos metálicas, el conductor de puesta a tierra del equipo, descubierto o con aislamiento verde, debe estar conectado a la caja. Para ello, utilice un **pasador de puesta a tierra**, como se muestra en la *Figura 22*, o un tornillo diseñado para este fin que se fija a la caja de salida. La *Sección 250.8 del NEC* enumera los métodos aceptables para conectar los conductores de puesta a tierra del equipo a los recintos.

Pasador de puesta a tierra (*Grounding clip*): pasador de resorte catalogado utilizado para asegurar un conductor de unión equipotencial a una caja de salida.

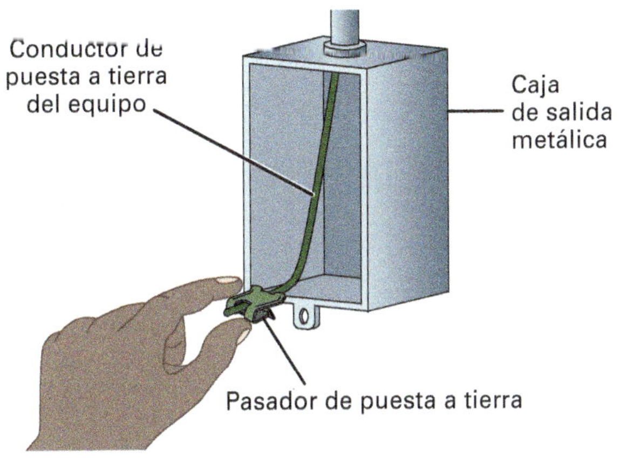

Figura 22 Pasador de puesta a tierra.

La Figura 23 muestra métodos para proporcionar un conductor de puesta a tierra del equipo a receptáculos dobles utilizando varios métodos de cableado. Si se utilizan cajas no metálicas con cable de tipo NM, no es necesaria ninguna conexión a la propia caja. No obstante, el conductor de puesta a tierra del equipo debe conectarse al terminal de puesta a tierra del receptáculo.

Si dos o más cables entran en la caja no metálica, cada uno de los conductores de puesta a tierra del equipo debe conectarse entre sí con un conector aprobado. A continuación, un conductor de puesta a tierra del haz debe conectarse al terminal de puesta a tierra del propio receptáculo. El terminal de tierra no puede contener más de un conductor de puesta a tierra del equipo.

Cuando se utilicen cajas metálicas, los conductores de puesta a tierra del equipo deben fijarse a la caja, junto con el receptáculo. Como se mencionó anteriormente, esto puede lograrse con un pasador de puesta a tierra o un tornillo de puesta a tierra, según la ***Sección 250.8 del NEC***. Consulte también la ***Sección 250.146 del NEC*** para obtener información adicional.

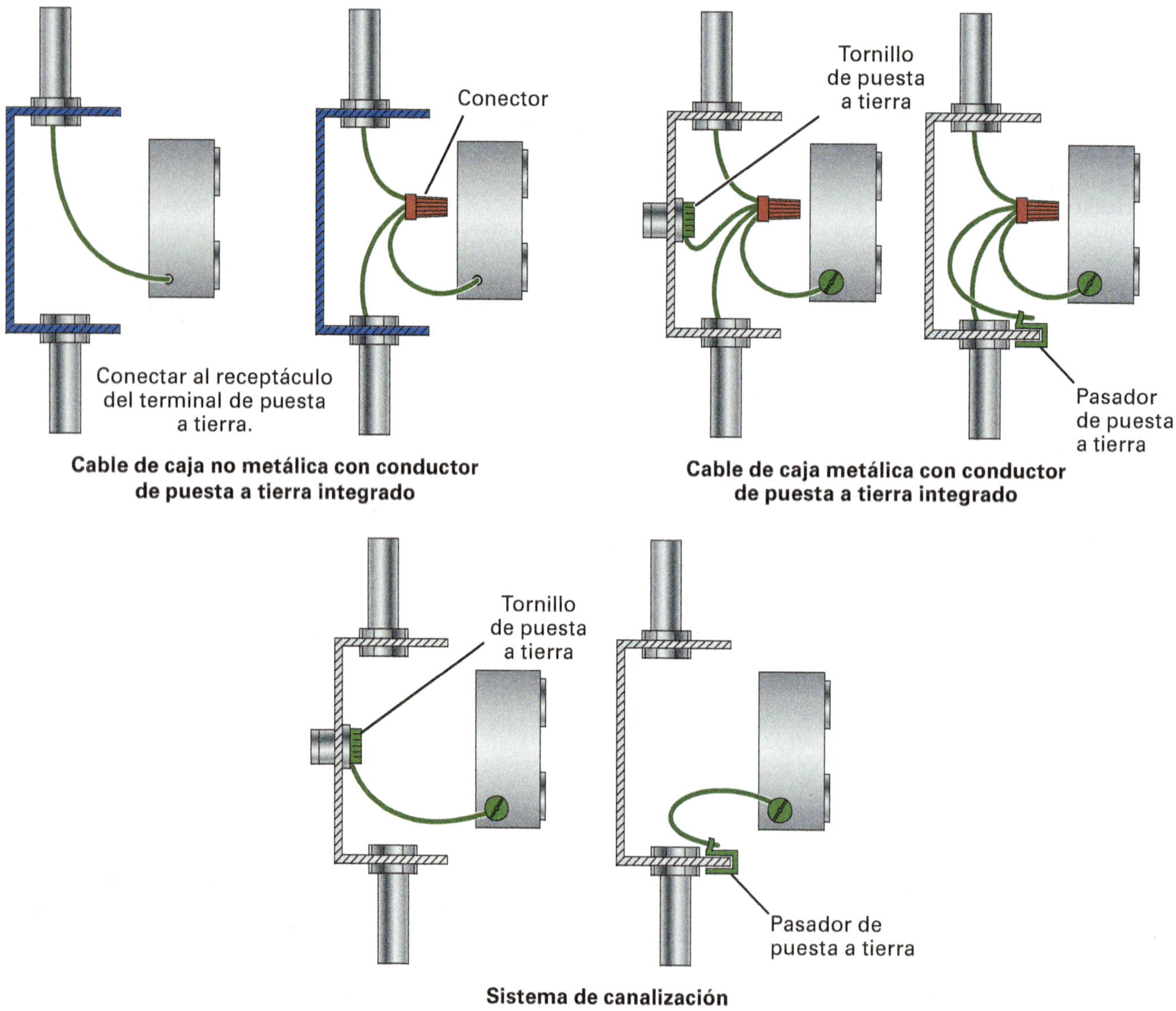

Figura 23 Enfoques para la puesta a tierra de receptáculos dobles.

3.2.2 Tipos de conductores de puesta a tierra de equipos

Cualquiera de los siguientes elementos está reconocido por la *Sección 250.118 del NEC* como adecuado para su uso como conductor de puesta a tierra de equipos:

- Un conductor de cobre u otro conductor resistente a la corrosión (sólido o trenzado; aislado, cubierto o descubierto; y en forma de cable o de barra colectora de cualquier forma).
- Conducto metálico rígido
- Conducto intermedio metálico
- Conducto metálico flexible hermético (LFMC)
- Tubería metálica eléctrica
- Tuberías y conductos metálicos flexibles catalogados según lo permitido por las *Secciones 250.118(5), 250.118(6) y 250.118(7)*
- Protección del cable Tipo AC
- Cubierta de cobre del cable con aislamiento mineral y cubierta metálica
- Cubierta metálica o combinación de cubierta metálica y conductores de puesta a tierra del cable de tipo MC
- Bandejas portacables según lo permitido en las *Secciones 392.60(A)* y *392.60(B) del NEC*
- Marco de barra conductora de cable según lo permitido en la *Sección 370.60 del NEC*
- Otras canalizaciones metálicas eléctricamente continuas catalogadas para puesta a tierra

Puentes de unión equipotencial

Utilice un puente de unión equipotencial para proporcionar continuidad eléctrica en las uniones de las bandejas portacables.

Conozca el código

Bandejas portacables
Artículo 392 del NEC

Conozca el código

Barra conductora de cable
Artículo 370 del NEC

Piénselo

Tornillos de láminas de metal

¿Por qué el *NEC*® enumera los tornillos de máquina como el único tipo de tornillo aceptable para conectar los conductores de puesta a tierra a los recintos? ¿Por qué no se pueden utilizar tornillos de lámina de metal en su lugar?

3.0.0 Repaso de la sección

1. El conductor de puesta a tierra del equipo para una conexión de conducto metálico flexible a un motor alimentado con un circuito de 20 A es _____.
   a. Cobre de AWG 8
   b. Cobre de AWG 10
   c. Cobre de AWG 12
   d. Cobre de AWG 14

2. Cuando se utilicen cajas no metálicas para receptáculos con cable tipo NM, el conductor de puesta a tierra del equipo _____.
   a. debe conectarse a la caja mediante un pasador de puesta a tierra
   b. debe conectarse a la caja mediante un tornillo de puesta a tierra
   c. debe conectarse a la caja mediante una contratuerca de puesta a tierra
   d. debe conectarse directamente al terminal de puesta a tierra en el receptáculo

4.0.0 Unión equipotencial del equipo de acometida

Tareas prácticas

En esta sección no hay tareas prácticas.

Objetivo

Explicar cómo hacer la unión equipotencial de los equipos de acometida.

a. Explicar cómo dimensionar el puente de unión equipotencial principal.
b. Describir la unión equipotencial de múltiples desconexiones de acometida.
c. Explicar cómo hacer la unión equipotencial de recintos y equipos.

La continuidad eléctrica es la clave para eliminar con éxito las corrientes de falla a tierra. Esta continuidad entre los equipos de acometida y los recintos se mantiene mediante la unión equipotencial. Los elementos que deben llevar unión equipotencial se enumeran en la *Sección 250.92(A) del NEC*. Estos son:

- Las canalizaciones de acometida, las bandejas portacables, el marco de la barra conductora de cables o la protección o cubierta del cable de acometida.
- Todos los recintos de equipos de acometida que contengan conductores de acometida, incluidos los accesorios de contadores, cajas, etc. interpuestos en la canalización o protección de acometida.

Conozca el código

Puesta a tierra y unión equipotencial
Artículo 250 del NEC

La Sección 250.92(B) del NEC define los métodos permitidos para garantizar la continuidad en los equipos de acometida. Estos métodos son los siguientes:

- Hacer la unión equipotencial del equipo al conductor de acometida de puesta a tierra de la manera establecida en la *Sección 250.8(A) del NEC*
- Las conexiones que utilicen acoplamientos roscados o bujes roscados catalogados en recintos si se realizan a llave
- Acoplamientos y conectores sin rosca si se hacen a llave
- Otros dispositivos aprobados, como las contratuercas de unión

La excepción a este requisito se encuentra en la *Sección 250.84(A) del NEC*. Esta establece que no es obligatorio que un cable de acometida subterránea que está conectado al conductor del sistema puesto a tierra en el lado de suministro esté conectado al conductor puesto a tierra en el edificio o estructura.

4.1.0 Puente de unión equipotencial principal

Cuando se instala un panel de distribución o tablero de distribución aprobado, el **puente de unión equipotencial principal** suministrado con el equipo está dimensionado para el tamaño de los conductores utilizados para la acometida. El tamaño adecuado del puente de unión equipotencial principal es verificado por la agencia de catalogadora y puede utilizarse sin calcular el tamaño.

Puente de unión equipotencial principal (*Main bonding jumper*): conexión realizada entre el conductor del circuito puesto a tierra y el conductor de puesta a tierra del equipo, el puente de unión equipotencial del lado de la alimentación, o ambos, en la acometida.

Dado que el puente de unión equipotencial principal debe transportar toda la corriente de falla a tierra del sistema de vuelta al conductor de acometida puesto a tierra, su tamaño está relacionado con el valor nominal de los conductores de acometida. La *tabla 250.102(C)(1) del NEC* se utiliza para determinar el tamaño del puente de unión equipotencial principal. La *Figura 24* muestra cómo calcular el tamaño del puente de unión equipotencial principal cuando se utilizan tramos paralelos.

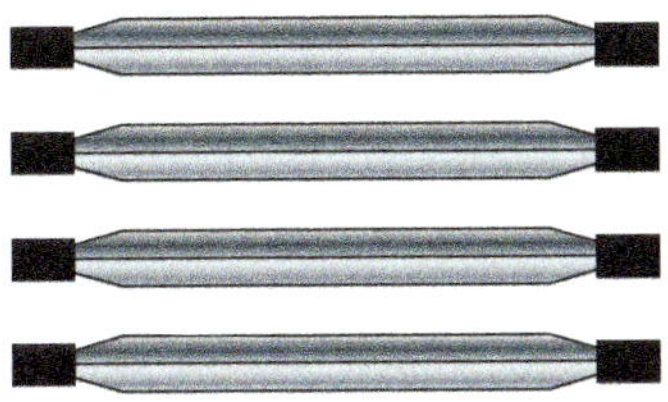

Tamaño del conductor de la acometida: Cuatro conductores de aluminio de 250 kcmil.
Sum of the Circular Areas: 4 x 250 = 1,000 kcmil
Por: *Tabla 250.102(C)(1) del NEC*
Tamaño del puente de unión equipotencial principal: Cobre de 2/0 o aluminio de 4/0

Figura 24 Cálculo del puente de unión equipotencial principal de tendidos en paralelo.

Cuando los conductores múltiples sean mayores que el máximo indicado en la *tabla 250.102(C)(1) del NEC*, el puente no podrá ser inferior al 12.5% del área en el conductor de fase mayor, según la primera nota de la *tabla 250.102(C)(1) del NEC*.

Ejemplo de tres conductores de cobre de 500 kcmil da un área total de 1,500 kcmil. Dado que es más grande que el de la *tabla 250.102(C)(1) del NEC*, tome el 12.5% de la superficie total. Sería 187.5 kcmil. Dado que esta medida no representa un conductor de tamaño estándar, consulte el *Capítulo 9, tabla 8 del NEC, Propiedades de los conductores.*

La tabla muestra que el siguiente tamaño de conductor más grande en mils circulares es 211,600 (un conductor de AWG 4/0).

4.2.0 Unión equipotencial de múltiples desconexiones de acometida

Los medios de desconexión múltiple pueden adoptar varias formas. En el *Artículo 230, Parte VI del NEC* se abarcan las distintas formas.

Dado que este puente de unión equipotencial se encuentra en el lado de alimentación de la desconexión de la acometida, la regla básica para dimensionar el **puente de unión equipotencial del lado de la alimentación** para conectar estas diversas conFiguraciones se encuentra en la *Sección 250.102(C) del NEC*. Esta sección requiere el uso de la *tabla 250.102(C)(1) del NEC* para seleccionar el tamaño.

Sin embargo, si el tamaño del conductor de acometida es superior a 1,100 kcmil de cobre o 1,750 kcmil de aluminio, el puente de unión equipotencial debe tener un área de sección transversal no inferior al 12.5% del conductor de fase más grande.

Cuando los conductores de acometida estén conectados en paralelo en dos o más canalizaciones, el puente de unión equipotencial del equipo debe tenderse en paralelo. El tamaño de cada puente de unión equipotencial se basa en el conductor de fase más grande de cada canalización o cable. La *tabla 1* muestra varios tamaños de puentes de unión equipotencial en función del tamaño del conductor de entrada de acometida.

TABLA 1 Unión equipotencial de medios de desconexión de acometidas múltiples

Conductor de entrada de acometida	Puente de unión equipotencial (cobre)
1,000 kcmil en el ducto	AWG de 2/0
500 kcmil en mástil de acometida	AWG de 1/0
300 kcmil	AWG nro. 2
AWG de 3/0	AWG nro. 4
AWG nro. 2	AWG nro. 8

Piénselo

Puesta a tierra y unión equipotencial

Cuando se mide el voltaje en un receptáculo doble puesto a tierra instalado en una caja de salida metálica, se miden 120 VCA entre los terminales caliente y neutro, 120 VCA entre los terminales caliente y de tierra y 120 VCA entre el terminal caliente y el recinto de la caja de salida. Usted también mide 0 VCA entre los terminales neutro y tierra. ¿Esto representa un cortocircuito o una falla a tierra?

Conozca el código

Tablas
Capítulo 9 del NEC

Conozca el código

Acometidas
Artículo 230 del NEC

Puente de unión equipotencial del lado de la alimentación (*Supply-side bonding jumper*): conductor que garantiza la conductividad eléctrica necesaria entre piezas metálicas que deben estar conectadas eléctricamente. Normalmente se instala en el lado de la alimentación de una acometida o dentro de los recintos de los equipos de acometida o para un sistema derivado por separado.

Centros de carga múltiple

En instalaciones en las que el panel de acometida principal esté situado a cierta distancia de zonas con muchos circuitos o una gran concentración de carga, se pueden instalar paneles secundarios cerca de estas cargas. De este modo, se acortan los tramos de cableado del circuito ramal y se reduce la caída de voltaje.

4.3.0 Unión equipotencial de recintos y equipos

Los requisitos de unión equipotencial de una instalación dependen del voltaje del sistema, el número de canalizaciones y el tipo de equipo utilizado.

4.3.1 Unión equipotencial de acometida de más de 250 V

La *Sección 250.97 del NEC* define los métodos que pueden utilizarse en circuitos de más de 250 V. Los métodos que se permiten para estos circuitos son los mismos que para las acometidas, con la excepción de que se utilizan los conductores de acometida puestos a tierra. Los ejemplos de estos métodos de unión se muestran en la *Figura 25*.

4.3.2 Unión equipotencial de múltiples sistemas de canalización

La *Sección 250.102(D) del NEC* permite el uso de un único conductor para unir dos o más conductos o cables cuando el puente de unión equipotencial esté dimensionado de acuerdo con la *tabla 250.122 del NEC* para el mayor dispositivo de sobrevoltaje que alimente a dichos circuitos. La *Figura 26* muestra la unión de múltiples canalizaciones.

Se puede instalar un puente de unión equipotencial de equipos individualmente desde cada canalización hasta los terminales de puesta a tierra del equipo. Esto se muestra en la *Figura 27*. Cada conductor de unión equipotencial está dimensionado según la *tabla 250.122 del NEC*.

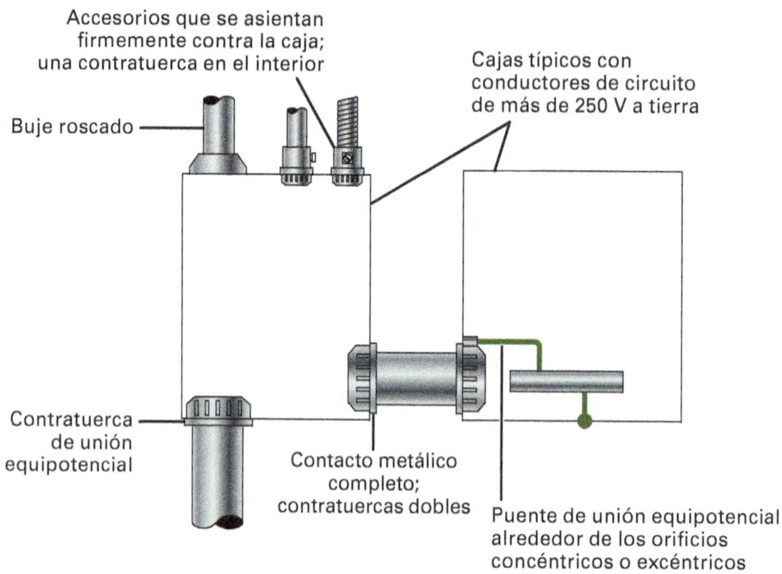

Figura 25 Unión equipotencial de circuitos de más de 250 V.

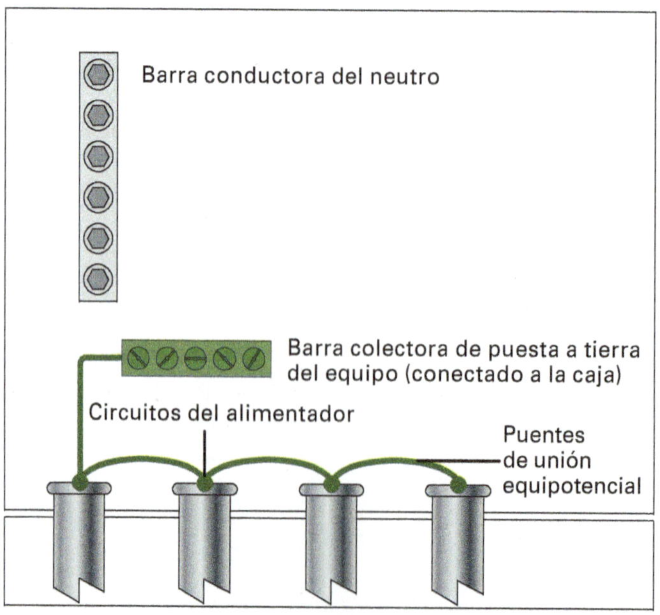

Figura 26 Unión equipotencial de múltiples canalizaciones.

4.3.3 Instalación del puente de unión equipotencial del equipo

Se permite instalar el puente de unión equipotencial del equipo dentro o fuera de una canalización o recinto. Cuando el puente se instala en el fuera, la longitud está limitada a 6' (1.8 m).

El puente de unión equipotencial también debe seguir la vía de la canalización. Esto es vital para mantener la impedancia del puente de unión equipotencial del equipo lo más baja posible. La *Figura 28* muestra un puente de unión equipotencial instalado dentro de un recinto no metálico.

NOTA

El puente de unión equipotencial del equipo debe estar dimensionado para el dispositivo de sobrevoltaje.

4.3.4 Creación de una ruta de puesta a tierra eficaz

Recuerde que para que los sistemas con y sin puesta a tierra se conecten correctamente a tierra, debe existir una **vía de falla a tierra efectiva,** permanente y continua. La vía debe estar dimensionada para conducir con seguridad cualquier corriente de falla que pueda producirse, y la impedancia de la vía debe ser lo suficientemente baja como para limitar el voltaje a tierra y facilitar el funcionamiento de los dispositivos de protección del circuito.

La baja impedancia en este caso significa que la vía de puesta a tierra y los conductores del circuito deben estar siempre dentro de la misma canalización o la propia canalización puede proporcionar la vía de puesta a tierra.

Vía efectiva de falla a tierra (*Effective ground fault path*): vía conductora de baja impedancia, permanente y construida intencionalmente, diseñada para transportar la corriente de falla a tierra desde el punto de una falla a tierra hasta la fuente de suministro eléctrico. Esto facilita el funcionamiento del dispositivo de protección contra sobrecorriente o de los detectores de fallas a tierra en un sistema conectado a tierra de alta impedancia.

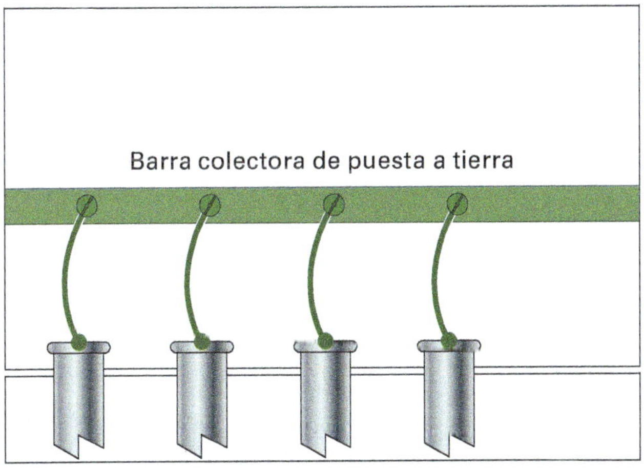

Protección contra sobrecorriente	Puente de unión equipotencial del equipo
400 Amperios	Cobre nro. 3 o aluminio nro. 1
300 Amperios	Cobre nro. 4 o aluminio nro. 2
225 Amperios	Cobre nro. 4 o aluminio nro. 2
125 Amperios	Cobre nro. 6 o aluminio nro. 4

Figura 27 Puentes de unión equipotencial individuales para canalizaciones.

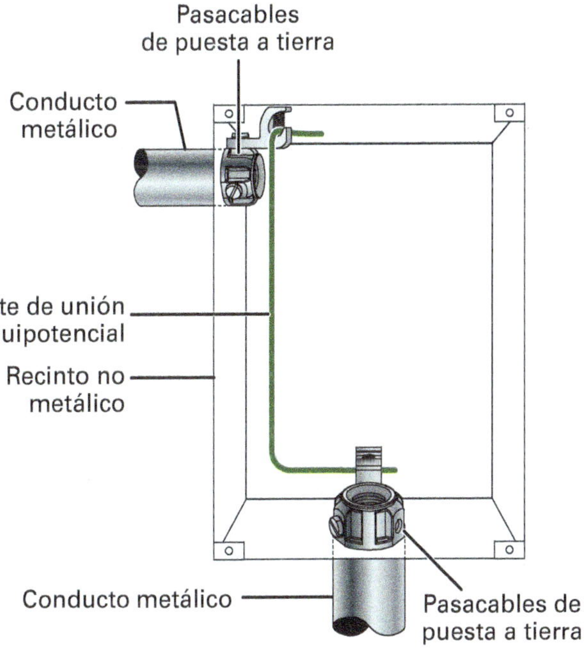

Figura 28 Puente de unión equipotencial en un recinto no metálico.

El conductor puesto a tierra o neutro en un sistema conectado a tierra sirve para dos propósitos principales:

- Permite el uso de energía con voltaje de línea a neutro. Esto permitirá que el conductor de corriente transporte cualquier corriente desequilibrada.
- Proporciona una vía de retorno de baja impedancia para el flujo de corriente de falla hacia la fuente para facilitar el funcionamiento de los dispositivos de sobrecorriente del circuito.

La Figura 29 muestra la vía de retorno de esta corriente de falla a tierra que incluye el conductor puesto a tierra de vuelta a la fuente. Si el neutro no es necesario para soportar cargas de 120 V, debe conducirse hasta la acometida y conectarse al conductor del electrodo de puesta a tierra y al conductor del electrodo de puesta a tierra del equipo en la acometida.

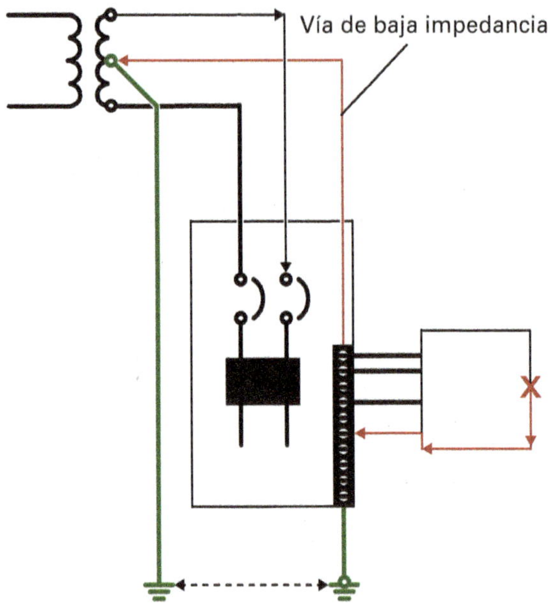

Figura 29 Tendido de conductor de acometida puesto a tierra a la acometida.

4.0.0 Repaso de la sección

1. El puente de unión equipotencial principal de conductores de acometida de 3/0 es _____.
   a. Cobre de AWG 8
   b. Cobre de AWG 6
   c. Cobre de AWG 4
   d. Cobre de AWG 2

2. Si va a hacer la unión equipotencial de varias desconexiones y el tamaño del conductor de acometida es de 1,000 kcmil en un ducto, el tamaño del puente de unión equipotencial es _____.
   a. Cobre de AWG 4
   b. Cobre de AWG 2
   c. Cobre de AWG 1/0
   d. Cobre de AWG 2/0

3. Cuando se instala un puente de unión equipotencial de un equipo fuera de una canalización, la longitud se limita a un *máximo* de _____.
   a. 2' (0.6 m)
   b. 4' (1.2 m)
   c. 6' (1.8 m)
   d. 8' (2.5 m)

5.0.0 Sistemas derivados independientes

Objetivo

Explicar cómo conectar a tierra y hacer la unión equipotencial de sistemas derivados por separado.

a. Explicar cómo conectar a tierra sistemas derivados por separado.

b. Indicar los requisitos para la puesta a tierra de más de un edificio.

Tarea práctica

5. Dimensionar el puente de unión equipotencial mínimo requerido de una tubería de cobre de agua cerca de un sistema derivado por separado (transformador) donde los conductores secundarios son de cobre de 500 kcmil.

Un **sistema derivado independiente** es un sistema de cableado cuya alimentación se deriva de una fuente de energía eléctrica o de un equipo distinto de un acometida. La *Figura 30* muestra un sistema derivado por separado de tipo transformador. Este sistema no tiene conexión eléctrica directa con la fuente primaria de energía eléctrica del edificio o lugar al que presta servicio. En la *Figura 30,* tenga en cuenta que el voltaje primario que sirve al transformador puede ser el mismo que el voltaje secundario o puede ser superior o inferior a este.

La Sección 250.30 del NEC analiza la puesta a tierra de un sistema derivado por separado. Cada nivel de voltaje que requiera puesta a tierra debe cumplir los requisitos de la *Sección 250.30(A)(1) del NEC*. Debe haber un puente de unión equipotencial que conecte los conductores de puesta a tierra del equipo del sistema derivado por separado al conductor puesto a tierra. El conductor del electrodo de puesta a tierra se conecta al conductor de puesta a tierra en el mismo punto donde se conecta el puente de unión equipotencial del sistema. Los conductores de puesta a tierra del equipo se encuentran en el panel de alimentación con los circuitos ramales alimentados por este sistema.

Sistema derivado independiente (*Separately derived system*): fuente de alimentación eléctrica distinta de la procedente de una acometida, sin conexión directa a los conductores del circuito de otra fuente eléctrica distinta de las establecidas mediante conexiones a tierra y de unión equipotencial.

Conozca el código

Puesta a tierra y unión equipotencial
Artículo 250 del NEC

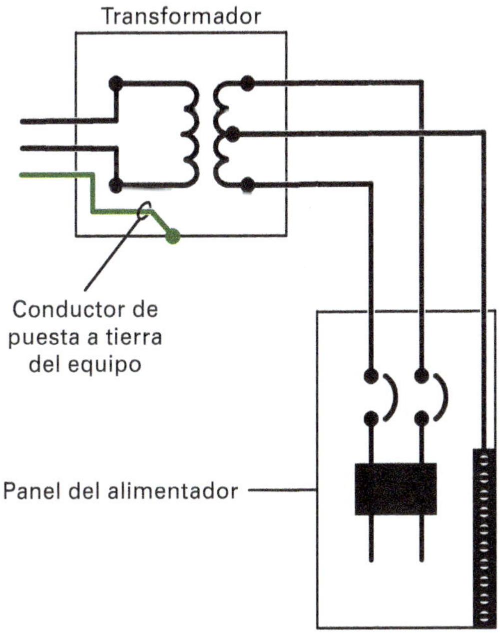

Figura 30 Sistema derivado por separado alimentado por transformador.

Sistema derivados independientes

Los requisitos de la *Sección 250.30 del NEC* relativos a la puesta a tierra de sistemas de CA derivados por separado se aplican con mayor frecuencia a transformadores de 480 Y/277 V que transforman un primario de 480 V en secundarios de 208 Y/120 V para cargas de iluminación y electrodomésticos. Los requisitos prevén una trayectoria de baja impedancia a tierra para que las fallas de línea a tierra en los circuitos alimentados por el transformador den lugar a un flujo de corriente suficiente para accionar los dispositivos de sobrecorriente.

5.1.0 Puesta a tierra de sistemas derivados independientes

Interruptor de transferencia (*Transfer switch*): dispositivo diseñado para transferir una o varias conexiones de conductores de carga de una fuente de energía a otra, como la transferencia de energía de una fuente de la red pública a un generador local. Un interruptor de transferencia puede ser automático o manual.

Los sistemas derivados independientes deben conectarse a tierra según lo especificado en la ***Sección 250.30 del NEC***.

Algunos ejemplos de sistemas derivados independientes son, entre otros, los siguientes:

- Transformadores sin conexión eléctrica directa entre los devanados primario y secundario
- Sistemas generadores que suministran energía cuando el neutro no está conectado a la red pública, como en el caso de ferias, trituradoras de rocas o plantas de cemento
- Sistemas generadores utilizados para emergencias, energía de reserva necesaria o energía de reserva opcional que tienen todos los conductores, incluido el neutro, aislados del conductor neutro o de tierra de otro sistema, normalmente mediante un **interruptor de transferencia.**
- Sistemas de CA o CC derivados de inversores o rectificadores

Para los sistemas derivados independientes que deban conectarse a tierra debe suministrarse un conductor de puesta a tierra del equipo con el circuito primario. Esto proporcionará una vía de corriente de falla de baja impedancia desde la caja del transformador hasta el recinto de protección de sobrecorriente del alimentador.

Junto con el conductor de puesta a tierra del equipo, la ***Sección 250.30(A)(1) del NEC*** exige que se instale un puente de unión equipotencial para un sistema derivado que deba conectarse a tierra. El puente de unión equipotencial puede colocarse en el recinto del transformador o en el panel, pero no en ambos. Instalarlo en ambas ubicaciones crearía una vía paralela con el conductor de puesta a tierra, lo que provocaría un flujo de corriente no deseado en el conductor de puesta a tierra del equipo.

A continuación, debe instalarse y conectarse un conductor de electrodo de puesta a tierra en el mismo punto. Cuando el puente de unión equipotencial se encuentra en el transformador, se coloca junto con los conductores de alimentación desde el transformador hasta la barra de puesta a tierra del equipo en el panel. Este puente de unión equipotencial del lado de la alimentación sigue siendo necesario si la unión se realiza en el panel de alimentación, pero terminará en la barra neutra. Esto se ilustra en la *Figura 31*.

El electrodo de puesta a tierra para los sistemas derivados por separado debe ser el sistema de puesta a tierra del edificio o de la estructura. Si la fuente de alimentación está situada fuera de la estructura servida, debe instalarse según se indica en la ***Sección 250.30(C) del NEC***.

En la *Figura 32* se muestra un sistema derivado independiente basado en un generador. La forma de determinar que un generador da servicio a un sistema derivado independiente es examinar el interruptor de transferencia. Si el neutro y todos los conductores de fase están conmutados, el sistema se deriva por separado. Si el neutro no está conmutado, sino sólidamente conectado, el sistema no se considera un sistema derivado por separado.

En un sistema derivado por separado o independiente, el puente de unión equipotencial puede instalarse en el generador o en cualquier punto intermedio. Debe conectarse un conductor de electrodo de puesta a tierra en el mismo punto que el puente de unión equipotencial del sistema.

Cuando el generador no es un sistema derivado por separado, el puente de unión equipotencial debe retirarse del generador y el neutro no debe conectarse a tierra. La puesta a tierra se consigue conectando el neutro del cableado del sistema a un electrodo de puesta a tierra.

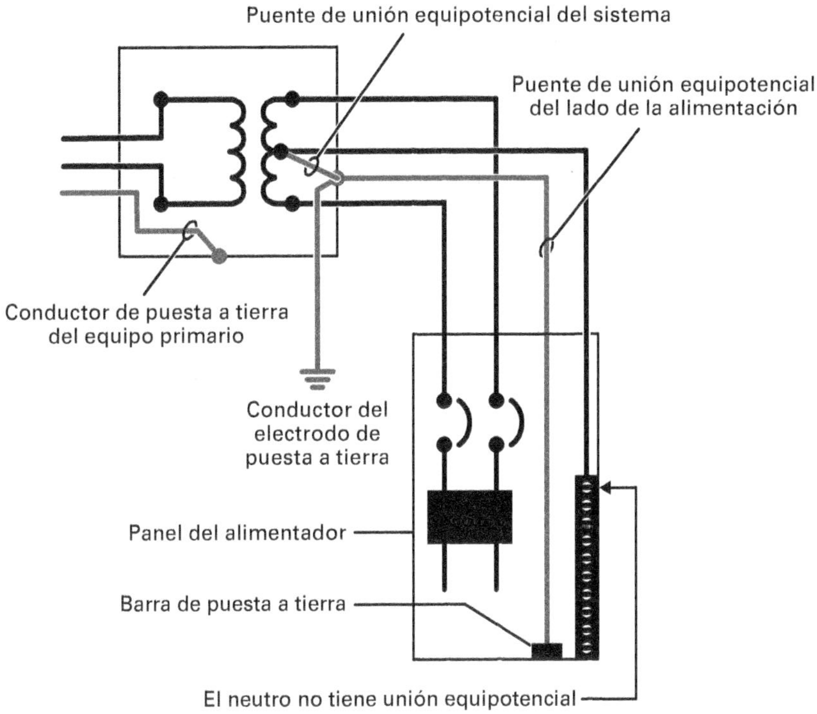

(A) Unión equipotencial y puesta a tierra del transformador

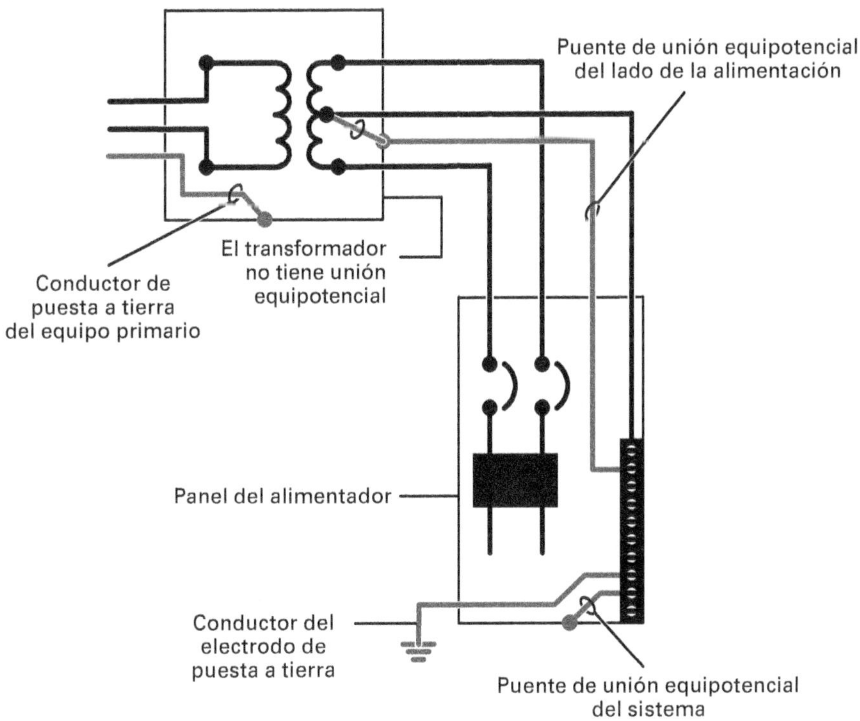

(B) Unión equipotencial y puesta a tierra del panel de distribución

Figura 31 Ubicaciones de unión y puesta a tierra del sistema derivado por separado.

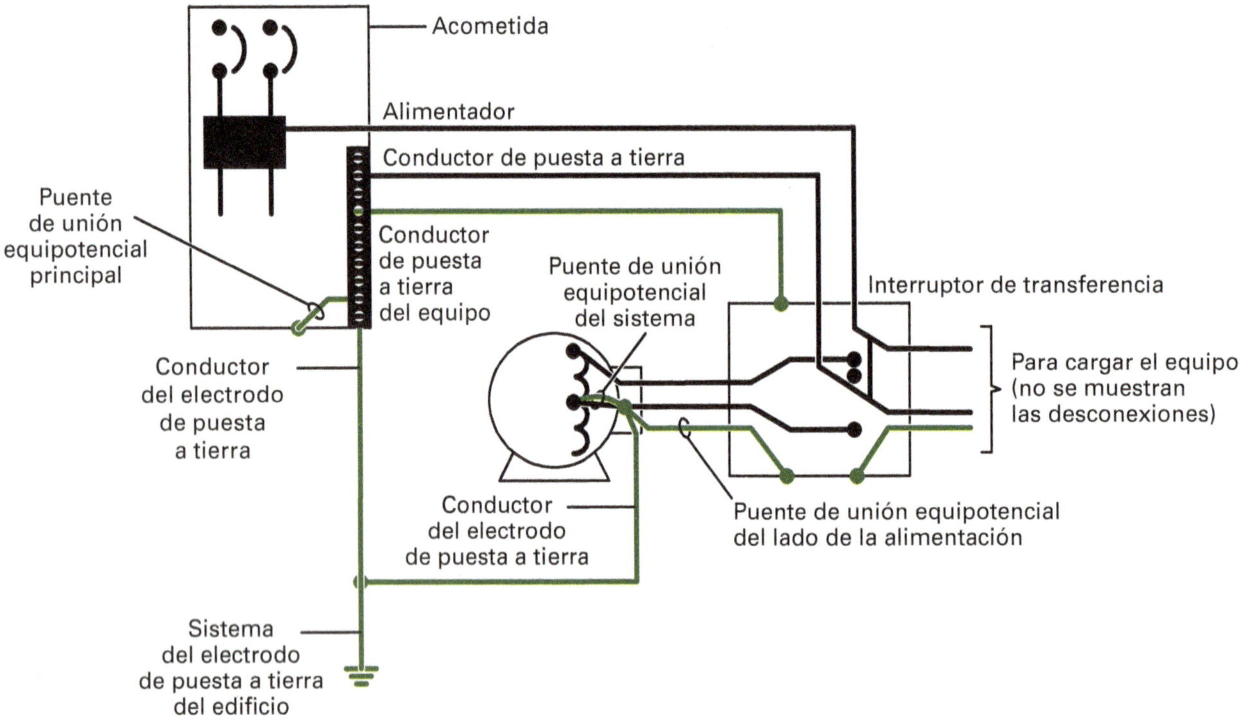

Figura 32 Un sistema derivado independiente basado en un generador.

5.2.0 Puesta a tierra en más de un edificio

La *Sección 250.32 del NEC* describe el método de puesta a tierra de los sistemas eléctricos en edificios adicionales de las instalaciones (*Figura 33*).

El conductor del circuito conectado a tierra y el conductor de puesta a tierra del equipo deben extenderse ambos hasta el segundo edificio. El conductor de puesta a tierra se termina en un bus aislado del gabinete metálico, mientras que el conductor de puesta a tierra del equipo procedente del edificio principal se termina en una barra conductora de puesta a tierra del equipo, conectado directamente al gabinete. El conductor de puesta a tierra del equipo se dimensionaría utilizando la *tabla 250.122 del NEC* en función del dispositivo de sobrecorriente que alimente a la segunda estructura.

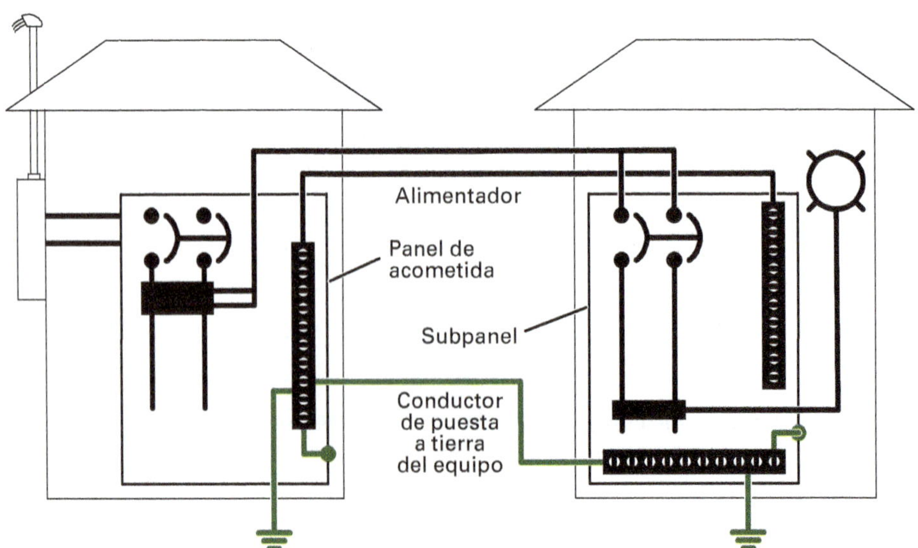

Figura 33 Puesta a tierra del neutro en el segundo edificio.

Todos los electrodos de puesta a tierra presentes en el segundo edificio se conectarían a la barra conductora de puesta a tierra. El conductor del electrodo de puesta a tierra de la segunda estructura se dimensiona utilizando la *tabla 250.66 del NEC* en función del tamaño de los conductores de alimentación. La *tabla* 2 muestra el número y tipo de conductores que deben llevarse desde la primera estructura hasta donde se encuentra la acometida en la segunda estructura.

TABLA 2 Número de conductores entre estructuras

Voltaje del sistema (CA)	Sin puesta a tierra	Puesta a tierra	Puesta a tierra del equipo
120 V	1	1	1
120/240 V	2	1	1
208/120 V	3	1	1
480/277 V	3	1	1

Si no hay electrodos de puesta a tierra en las estructuras remotas, debe instalarse un electrodo de puesta a tierra, a menos que la estructura esté alimentada por un circuito ramal único que incluya un conductor de puesta a tierra del equipo. Entre los posibles electrodos se encuentran las tuberías metálicas subterráneas, las estructuras metálicas de apoyo en el suelo o los electrodos revestidos de concreto. También pueden permitirse electrodos de varilla, tubo o placa, de acuerdo con la *Sección 250.52 del NEC*.

Como excepción, solo en instalaciones existentes, el *NEC*® permite un enfoque por el cual no se extiende la puesta a tierra del equipo al segundo edificio, según la Excepción nro. 1 de la *Sección 250.32(B)(1) del NEC*. En este caso, el conductor puesto a tierra se extiende y termina en una barra conductora terminal que está unido al equipo, de forma similar a la conexión realizada en el conductor puesto a tierra en el equipo de acometida. El sistema de puesta a tierra se conectará a todos los electrodos de puesta a tierra del segundo edificio. El conductor de puesta a tierra se dimensiona según las *Secciones 220.61* y *250.122 del NEC*.

Tenga en cuenta que este método solo puede utilizarse en las siguientes condiciones:

- Cuando no se instale un conductor de puesta a tierra del equipo con el suministro al segundo edificio
- Cuando no existan vías metálicas continuas conectadas al sistema de puesta a tierra en ambos edificios
- Cuando no se haya instalado la protección contra cortocircuitos a tierra en la acometida eléctrico común del primer edificio

Estas disposiciones adicionales evitan la posibilidad de vías de corriente paralelas entre los conductores puestos a tierra y de puesta a tierra, así como el disparo molesto de un dispositivo de protección contra fallas a tierra.

Conozca el código

Cálculos de cargas de circuitos ramales, alimentadores y acometidas
Artículo 220 del NEC

5.0.0 Repaso de la sección

1. ¿Cuál de los siguientes se considera un sistema derivado por separado o independiente?
   a. Un generador que suministra energía en el que el neutro está conectado al sistema de servicios públicos
   b. Un sistema de reserva de emergencia con neutro aislado
   c. Un transformador con conexión directa entre el primario y el secundario
   d. Un transformador con conductores de fase conmutados, pero neutro conectado

2. Cuando se realiza la puesta a tierra en más de un edificio, el conductor del electrodo de puesta a tierra del segundo edificio se dimensiona en función del tamaño de los conductores de alimentación utilizando la _____.
   a. *Tabla 250.66 del NEC*
   b. *Tabla 250.102(C)(1) del NEC*
   c. *Tabla 250.122 del NEC*
   d. *Tabla 310.16 del NEC*

6.0.0 Prueba de puesta a tierra eficaz

Tareas prácticas

En esta sección no hay tareas prácticas.

Objetivo

Explicar cómo probar puestas a tierra efectivas.

a. Indicar cómo medir la resistencia de tierra utilizando el método de caída de potencial.
b. Explicar cómo realizar una prueba de tres puntos.

NOTA

No se puede utilizar un óhmetro ordinario para medir la resistencia de un electrodo de puesta a tierra porque no proporciona niveles adecuados de corriente y voltaje.

Resistencia a tierra (*Ground resistance*): resistencia de la tierra al flujo de corriente; también puede referirse a la resistencia entre un electrodo de puesta a tierra y la tierra circundante.

Resistividad (*Resistivity*): resistencia eléctrica entre puntos, expresada en *ohmios por centímetro* u *ohmios por centímetro cúbico*.

Se puede utilizar un medidor de **resistencia de puesta a tierra** (*Figura 34*) para realizar mediciones de **resistividad** del suelo o para medir la resistencia entre un sistema de electrodos de puesta a tierra instalado y la tierra. El medidor que se muestra en la *Figura 34* (B) está diseñado para caer sobre la parte superior de un electrodo de puesta a tierra para realizar mediciones.

¡ADVERTENCIA!

Los medidores de resistencia de tierra pueden ser peligrosos tanto para el equipo como para el personal si se utilizan incorrectamente. Consulte siempre a su supervisor antes de utilizar un medidor de resistencia de tierra.

(A) Medidor avanzado de resistencia de tierra

(B) Medidor de resistencia de tierra con mordazas

Figura 34 Medidores de resistencia de puesta a tierra.
Fuentes: Reproducido con autorización, Fluke Corporation (34A); Ridge Tool Company (34B)

Estos medidores se utilizan a menudo para probar sistemas eléctricos una vez instalados, pero antes de aplicarles el voltaje normal. La prueba se realiza después de que todos los conductores, fusibles o interruptores automáticos, paneles de distribución, tomas de corriente, etc., estén colocados y conectados.

Los valores satisfactorios de resistencia del aislamiento varían en función de las condiciones del suelo y de la instalación. Se deben consultar las tablas suministradas con el instrumento para conocer el valor adecuado de una instalación en particular.

La puesta a tierra suele utilizarse como conductor eléctrico para los retornos del sistema. Aunque la resistividad de la tierra es alta en comparación con un conductor metálico, su resistencia global puede ser bastante baja debido a la gran superficie de la vía eléctrica.

Las conexiones a tierra pueden realizarse mediante uno o varios electrodos de puesta a tierra, una **malla de puesta a tierra** y una **estera de puesta a tierra**. La resistencia de estos dispositivos varía proporcionalmente con la resistividad de la tierra, que a su vez depende de la composición, compacidad, temperatura y contenido de humedad del suelo.

Un buen sistema de puesta a tierra limita la resistencia del sistema a tierra a un valor aceptablemente bajo. Esto protege al personal del alto voltaje peligroso durante una falla en el equipo. Además, los daños en los equipos pueden limitarse utilizando la **corriente de tierra** para accionar los dispositivos de protección.

Malla de puesta a tierra (*Ground grid*): sistema de electrodos de puesta a tierra interconectados por cables descubiertos enterrados para proporcionar una resistencia menor que un solo electrodo de puesta a tierra.

Estera de puesta a tierra (*Ground mat*): sistema de conductores descubiertos, sobre o bajo la superficie de la tierra, conectados a una puesta a tierra o a una malla de puesta a tierra para proporcionar protección frente a voltajes peligrosos.

Corriente de tierra (*Ground current*): corriente en la conexión de puesta a tierra.

Las pruebas de puesta a tierra también se utilizan para verificar la idoneidad de un sistema nuevo de puesta a tierra, detectar cambios en un sistema existente y determinar la presencia de **potencial de paso** peligroso y **potencial de contacto**.

Además de las consideraciones relativas a la seguridad del personal, las pruebas a tierra también proporcionan información para las clasificaciones de aislamiento de los equipos. Los equipos pueden resultar dañados por un sobrevoltaje que supere la capacidad nominal del sistema de aislamiento. La *Figura 35* representa un sistema mal conectado a tierra en el que la resistencia de tierra (R_1) es de 10 Ω y el resultado potencialmente mortal.

Potencial de paso (*Step potential*): diferencia de potencial entre dos puntos de la superficie terrestre que se encuentran aproximadamente a un paso humano normal, normalmente a unos 18" (0.5 m) de distancia.

Potencial de contacto (*Touch potential*): diferencia de potencial entre una estructura metálica conectada a tierra y un punto de la superficie terrestre que se encuentra a una distancia normal del alcance humano, normalmente a unos 3' (1 m) de distancia.

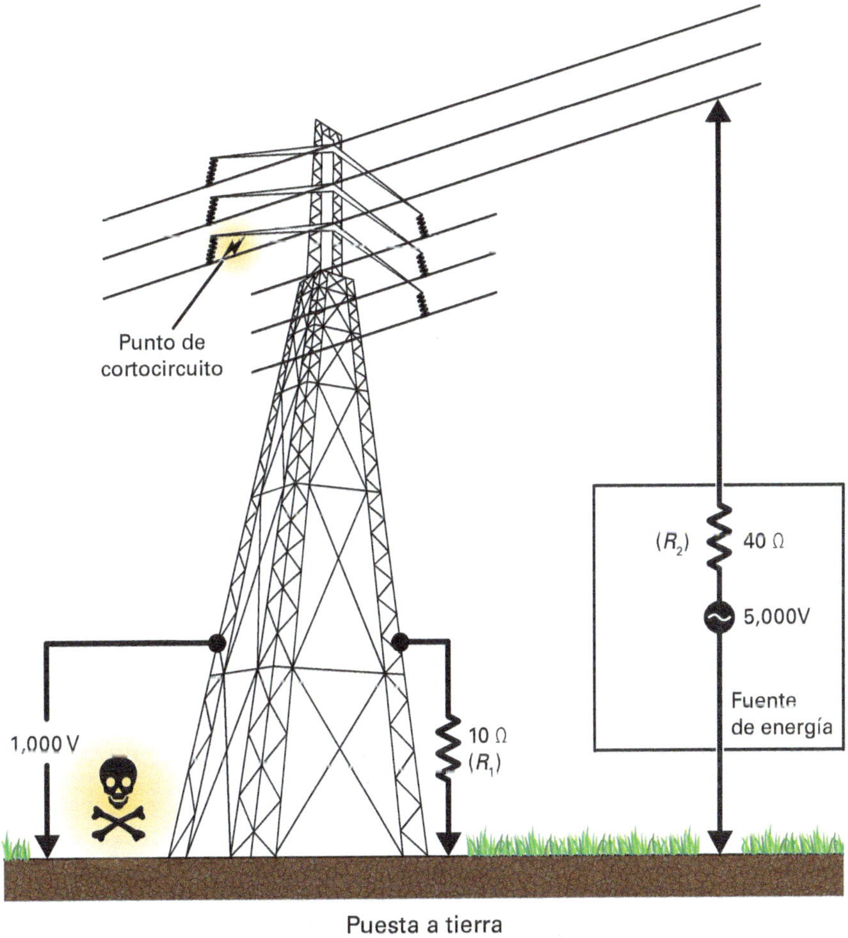

Figura 35 Sistema de puesta a tierra deficiente.

Historia de caso

Potencial de paso

En septiembre de 1999, se cree que un solo rayo mató a una manada de 56 alces en el monte Evans, en Colorado. Esto puede ocurrir cuando un rayo cae sobre la tierra y se dispersa en anillos concéntricos de igual potencial, creando *zonas equipotenciales*. Como la tierra tiene resistencia, el voltaje cae a medida que se aleja del punto de impacto.

El potencial de paso es la diferencia de potencial que existe cuando se pasa de una zona equipotencial a otra. En este caso, las patas traseras del alce estaban a un potencial diferente que las delanteras, lo que provocó un flujo de corriente mortal.

Conclusión: Durante la caída de un rayo o cualquier otra condición que cree zonas de diferente potencial, lo mejor es permanecer en un mismo sitio, agachado con los pies juntos y la cabeza inclinada hacia delante. Si tiene que moverse, salte con los pies juntos, moviéndose como lo hace un pájaro en un cable.

Fuentes: Biblioteca Central de la National Oceanic and Atmospheric Administration - NOAA (Administración Nacional Oceánica y Atmosférica); Oceanic and Atmospheric Research - OAR (Investigación Oceánica y Atmosférica)/Environmental Research Laboratories - ERL (Laboratorios de Investigación Medioambiental) / National Severe Storms Laboratory - NSSL (Laboratorio Nacional de Tormentas Severas). Fotógrafo: C. Clark

Suponiendo una resistencia de la fuente de alimentación (R_2) de 40 Ω, un cortocircuito entre la línea eléctrica con un voltaje (E) de 5,000 V y la torre de acero produciría 100 A de corriente de cortocircuito (I).

$$I = \frac{E}{R_1 + R_2} = \frac{5{,}000}{10 + 40} = 100 \text{ A de corriente de cortocircuito}$$

Una persona que tocara la torre estaría sometida al voltaje (E') desarrollado a través de la resistencia del suelo:

$$E' = IR_1 = 100 \times 10 = 1{,}000 \text{ V } 1{,}000 \text{ V entre alimentación y tierra}$$

Las estadísticas varían mucho en cuanto a lo que puede considerarse un voltaje peligroso. Esto depende en gran medida de la resistencia del cuerpo y de otras condiciones. Sin embargo, para limitar el potencial de contacto en esta situación a 100 V (sin duda más seguro que 1,000 V), la resistencia a tierra de la torre tendría que ser inferior a 1 Ω.

6.1.0 Medición de la resistencia de tierra

Electrodos auxiliares (*Auxiliary electrodes*): electrodos metálicos que se introducen en la tierra para establecer contacto eléctrico con el fin de realizar mediciones en otros electrodos de puesta a tierra o sistemas de redes de tierra.

Se utilizan varios métodos para medir la resistencia a tierra de un electrodo de puesta a tierra. Uno de los más comunes es el método de caída de potencial (*Figura 36*).

En este método, los **electrodos auxiliares** 1 y 2 se colocan a distancias suficientes del electrodo de puesta a tierra X. A continuación, se hace pasar una corriente (I) a través de la tierra entre el electrodo de puesta a tierra X y el electrodo de corriente auxiliar 2 mientras se mide con un amperímetro. La caída de voltaje (E) entre el electrodo de puesta a tierra X y el electrodo de potencial auxiliar 1 se indica en el voltímetro. Por lo tanto, la resistencia (R) puede calcularse de la siguiente manera:

$$R = \frac{E}{I}$$

Los siguientes problemas pueden surgir con el método de caída de potencial mostrado en la *Figura 36*:

- Las corrientes naturales en el suelo causadas por la acción electrolítica pueden hacer que el voltímetro marque un valor alto o bajo, según la polaridad.
- Las corrientes inducidas en el suelo, el instrumento o los cables eléctricos pueden provocar vibraciones en la aguja del medidor, interfiriendo en la legibilidad.
- La resistencia del electrodo auxiliar y de los cables eléctricos puede introducir errores en la lectura del voltímetro.

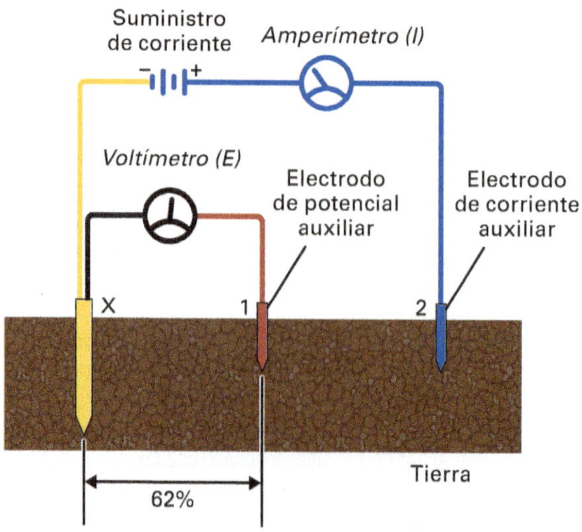

Figura 36 Método de prueba de la caída de potencial.

Por estas razones, muchos medidores de tierra utilizan un sistema de medición de *balance nulo*. A diferencia del método de voltímetro y amperímetro separados, este instrumento proporciona una lectura directamente en ohmios, eliminando así los cálculos. Aunque los sistemas integrados de los medidores de tierra son sofisticados, siguen realizando las funciones básicas de las pruebas de caída de potencial.

6.1.1 Circuito de alimentación de corriente

Como se muestra en el circuito simple de la *Figura 37*, el medidor de tierra también tiene un circuito de alimentación de corriente. Puede trazarse desde el electrodo de puesta a tierra X a través del terminal X, el potenciómetro R1, el secundario del transformador de potencia T1, el terminal 2 y el electrodo de corriente auxiliar 2. Esto produce una corriente que atraviesa la tierra entre los electrodos X y 2.

Cuando el interruptor S1 está cerrado, la batería B excita la bobina del vibrador V. La lengüeta del vibrador V1 empieza a oscilar, produciendo así una corriente alterna en los devanados primario y secundario de T1. El terminal negativo de la batería se conecta alternativamente a través de una y otra mitad del devanado primario.

6.1.2 Circuito del voltímetro

El circuito del voltímetro puede trazarse desde el electrodo de puesta a tierra X a través del terminal X, el secundario T2, el interruptor S2, las resistencias R2 y R3 (en paralelo con los contactos del medidor y V2), el condensador C, el terminal 1 y el electrodo de potencial auxiliar 1. La corriente en la tierra entre el electrodo de puesta a tierra X y el electrodo de corriente auxiliar 2 crea una caída de voltaje debida a la resistencia de la tierra. Con el electrodo auxiliar de potencial 1 colocado a cualquier distancia entre el electrodo de puesta a tierra X y el electrodo auxiliar de corriente 2, la caída de voltaje provoca una corriente en el circuito del voltímetro a través de las resistencias equilibradas R2 y R3. La caída de voltaje a través de estas resistencias hace que el galvanómetro M se desvíe de la escala central cero.

La lengüeta del vibrador V2 opera a la misma frecuencia que V1, funcionando así como un rectificador mecánico para el galvanómetro M. El vibrador está sintonizado para operar a 97.5 hercios (Hz), una frecuencia no relacionada con las frecuencias de las líneas eléctricas comerciales. Por lo tanto, las corrientes inducidas en la tierra por las líneas eléctricas son rechazadas por la mayoría de los comprobadores de tierra y prácticamente no afectan su precisión. El condensador C bloquea la corriente continua parásita directa en la tierra del circuito del voltímetro.

La corriente en el primario de T2 puede ajustarse con el potenciómetro R1. La corriente primaria en T2 induce un voltaje en el secundario de T2, que es opuesto en polaridad a la caída de voltaje causada por la corriente en el circuito del voltímetro.

Con R1 ajustado, los voltajes primario y secundario opuesto de T2 son iguales, la corriente en el circuito del voltímetro es cero y el galvanómetro marca cero. La resistencia del electrodo de puesta a tierra X puede leerse entonces en el dial calibrado del potenciómetro.

Sin corriente en el circuito del voltímetro, la resistencia del electrodo auxiliar de potencial 1 no influye en la precisión. Sin corriente, no hay caída de voltaje en los cables. La resistencia a tierra del electrodo de corriente solo provoca una reducción de la corriente y, en consecuencia, una pérdida de sensibilidad. Por lo tanto, solo es necesario introducir los electrodos auxiliares en la tierra de 6" a 8" (150 mm a 200 mm) para establecer un contacto suficiente. En algunos lugares donde el suelo está muy seco, puede ser necesario verter agua alrededor del electrodo de corriente para reducir la resistencia a un valor práctico.

Historia de caso

Potencial de contacto

Si un sistema no está conectado a tierra y las piezas metálicas se energizan, existirá una diferencia de potencial entre el sistema y tierra. Esto se conoce como *potencial de contacto*. Este es un ejemplo del peligro que esto representa.

Un niño de 10 años estaba nadando en una piscina comunitaria y salió de ella para comprar una merienda en una máquina expendedora. La clavija de puesta a tierra se había retirado del enchufe y el cable quedó aprisionado bajo la pata metálica de la máquina, dejando al descubierto el conductor y provocando que el marco metálico de la unidad se energizara. En cuanto tocó el gabinete metálico de la máquina, recibió una descarga mortal.

Conclusión: Asegúrese de que todo el sistema de puesta a tierra esté intacto en los equipos conectados con cable y enchufe. Cuando un cable está dañado, el conductor de puesta a tierra del equipo podría estar dañado y ser deficiente. Nunca retire la clavija de puesta a tierra de un enchufe de tres clavijas. Debido a este incidente y a otros similares, la ***Sección 422.5(A) (5) del NEC*** ahora exige la protección GFCI en máquinas expendedoras conectadas mediante cable y enchufe. ***En la Sección 422.5(B) del NEC*** se indican los lugares donde se puede colocar el GFCI.

Piénselo

Potencial de paso y contacto

¿Puede pensar en otros ejemplos en los que el potencial de paso o contacto pueda ser lo suficientemente importante como para causar daños?

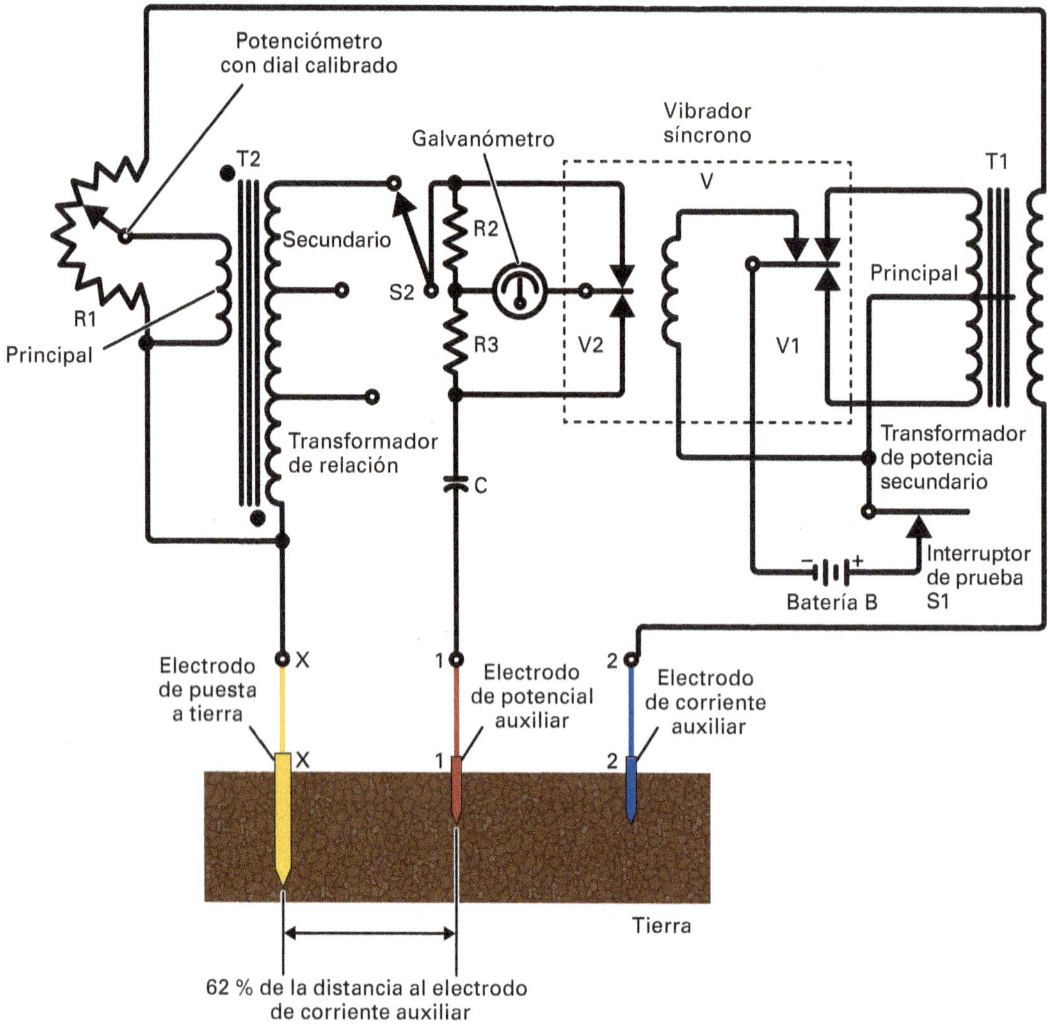

Figura 37 Prueba de tres puntos con un medidor de tierra.

6.1.3 Resistencia del electrodo de tierra

La corriente en un sistema de puesta a tierra viene determinada principalmente por el voltaje y la impedancia del equipo eléctrico. Sin embargo, la resistencia del sistema de puesta a tierra es muy importante para determinar el aumento de voltaje entre el electrodo de tierra y la tierra, así como los gradientes de voltaje que se producirán en las proximidades cuando haya corriente.

Tres componentes contribuyen a la resistencia de un sistema de puesta a tierra:

- Resistencia del conductor que conecta el electrodo de tierra
- Resistencia de contacto entre el electrodo de tierra y el suelo
- Resistencia de la masa de tierra que rodea inmediatamente al electrodo

La resistencia del conductor de conexión puede tratarse por separado, ya que es función de la sección y la longitud del conductor. La corriente de un electrodo de puesta a tierra fluye en todas direcciones a través de la tierra circundante. Es como si la corriente fluyera a través de una serie de conchas esféricas concéntricas de igual grosor. La resistencia de contacto suele ser insignificante si el electrodo está libre de pintura o grasa. Por lo tanto, la resistencia principal procede de la masa de tierra que rodea inmediatamente al electrodo.

La capa que rodea inmediatamente al electrodo tiene la sección transversal más pequeña y, por lo tanto, su resistencia es mayor. A medida que aumenta la distancia desde el electrodo, cada capa se hace más grande, mientras que la resistencia disminuye. Por último, se alcanza una distancia del electrodo en la que las conchas adicionales no añaden significativamente a la resistencia total.

Desde un punto de vista teórico, la resistencia total solo se incluye cuando la distancia es infinita. A efectos prácticos, solo hay que tener en cuenta el volumen que aporta la mayor parte de la resistencia. Esto se conoce como *área de resistencia efectiva* y depende del diámetro del electrodo y de la profundidad impulsada.

6.2.0 Prueba de tres puntos

Para medir la resistencia de un electrodo de puesta a tierra con la mayoría de los medidores de tierra, se necesita un electrodo de corriente auxiliar y un electrodo de potencial auxiliar. El electrodo de corriente se coloca a una distancia adecuada del electrodo de puesta a tierra sometido a prueba y, a continuación, el electrodo de potencial se coloca a un 62% de la distancia del electrodo de corriente.

Si el electrodo de corriente está demasiado cerca del electrodo de puesta a tierra, sus áreas de resistencia efectiva se solaparán, como se muestra en la *Figura 38*. Si se realiza una serie de mediciones con el electrodo de potencial conducido a varias distancias en línea recta entre el electrodo de corriente y el electrodo de puesta a tierra, las lecturas arrojarán una curva como la que se muestra en la *Figura 38*.

En la *Figura 39*, se traza una curva con el electrodo de corriente a una distancia suficiente del electrodo de puesta a tierra. Observe que la curva es relativamente plana entre los puntos B y C, que suelen considerarse a ±10' (3 m) con respecto al punto de 62%. En general, se establece una tolerancia para la desviación máxima admisible para la segunda y tercera lecturas en relación con la lectura inicial tomada con una separación del 62%. Esta tolerancia es un más o menos específico de la lectura inicial, como ±1%, ±2%, etc.

No se puede prever una distancia definitiva desde el electrodo de corriente, ya que la distancia óptima se basa en la homogeneidad de la tierra, la profundidad del electrodo de puesta a tierra, el diámetro del electrodo, etc. Sin embargo, como punto de partida de un único electrodo de puesta a tierra accionado, se puede calcular el radio efectivo del, hemisferio equivalente. La curva de la *Figura 40* puede utilizarse entonces para la colocación inicial de los electrodos auxiliares.

Utilizando el método práctico de mover el electrodo de potencial auxiliar 10' (3 m) a cada lado del punto de 62%, se puede trazar una curva para determinar si la separación de los electrodos de corriente es adecuada, como se representa por la curva que se aplana entre los puntos B y C en la *Figura 39*.

Por ejemplo, supongamos que un electrodo de puesta a tierra de 1" (25 mm) de diámetro está enterrado a 10' (3 m) de profundidad. El radio equivalente del hemisferio es de 1.7' (0.5 m). Utilizando la *Figura 40*, el electrodo de corriente se establecería a unos 90' (27 m) de distancia y el electrodo de potencial a unos 55' (17 m) de distancia para la lectura inicial. Los resultados obtenidos al desplazar el electrodo de potencial -a 45' (14 m) y luego a 65' (20 m)- determinarán si el electrodo de corriente, y en consecuencia el electrodo de potencial, deben espaciarse a una distancia mayor.

Suele ser aconsejable trazar una curva completa para cada estación del año (*Figura 41*). Estas curvas deben conservarse para su comparación. Las mediciones a intervalos establecidos en el futuro solo deberán realizarse en el punto del 62% y, si se desea, a 10' (3 m) a cada lado, siempre que no se produzcan desviaciones erráticas de la curva original. Una desviación grave, que no sea estacional, podría significar que la corrosión se ha comido parte del electrodo.

Piénselo

Conductividad deficiente del suelo

¿Qué se puede hacer para reducir la resistencia del electrodo a tierra cuando se introduce en un suelo de baja conductividad?

NOTA

El 62% se determinó a partir de datos empíricos recogidos por muchas autoridades en la medición de la resistencia del suelo y, en algunos casos, se ha calculado basándose en el análisis de un hemisferio equivalente. Las pruebas en sistemas grandes requieren asistencia de ingeniería para determinar los procedimientos de prueba adecuados y la separación entre electrodos.

Piénselo

Tamaño y profundidad del electrodo de puesta a tierra

¿Qué efecto tienen el diámetro y la profundidad de hincado de un electrodo de tierra sobre su resistencia?

NOTA

Los sistemas de tierra deben aplicarse de manera que se forme una zona de igual potencial en el área de trabajo. Esta zona equipotencial se forma cuando la corriente de falla es derivada alrededor de la zona de trabajo por conductores metálicos. Cuando se produce una falla a tierra, los conductores metálicos de baja resistencia del sistema de tierra proporcionan una derivación de corriente para cualquier persona que se encuentre en la zona.

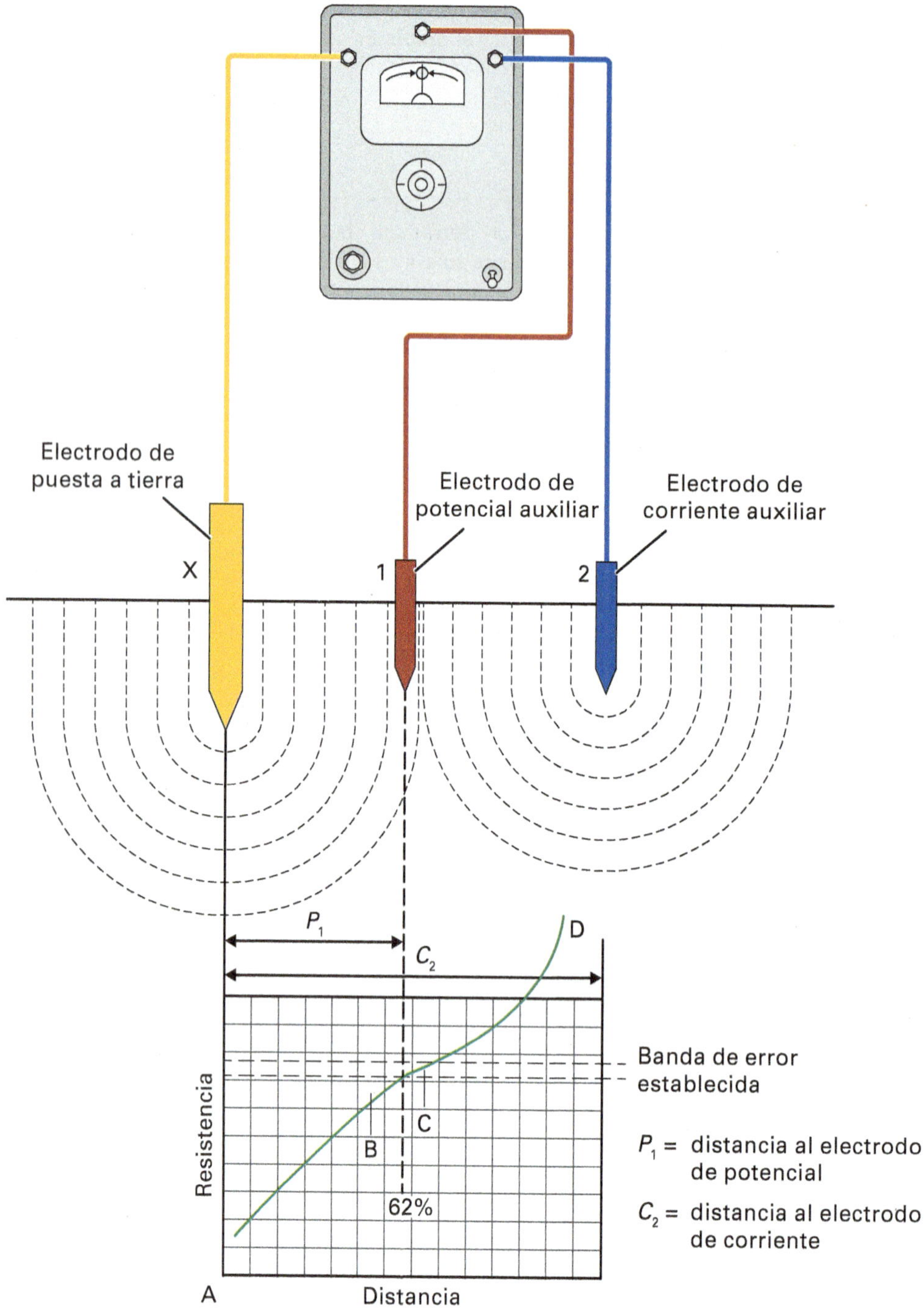

Figura 38 Curva trazada que muestra una separación insuficiente entre electrodos.

Piénselo

Todo reunido

Una puesta a tierra de baja impedancia es esencial para el funcionamiento de cualquier sistema de protección eléctrica. La puesta a tierra debe disipar los transitorios y los sobrevoltajes eléctricos para minimizar la posibilidad de daños o lesiones. Una puesta a tierra adecuada, que incluye la unión equipotencial a tierra y las conexiones, protege al personal del peligro de descarga eléctrica y a los equipos y edificios de voltajes peligrosos. Una puesta a tierra adecuada también reduce el ruido eléctrico y proporciona una referencia para que los conductores de los circuitos estabilicen su voltaje a tierra.

Examine el sistema de puesta a tierra de la acometida eléctrica de su casa o lugar de trabajo. ¿Es adecuado? En caso negativo, ¿qué cree que habría que hacer para cumplir los requisitos actuales del *NEC®*?

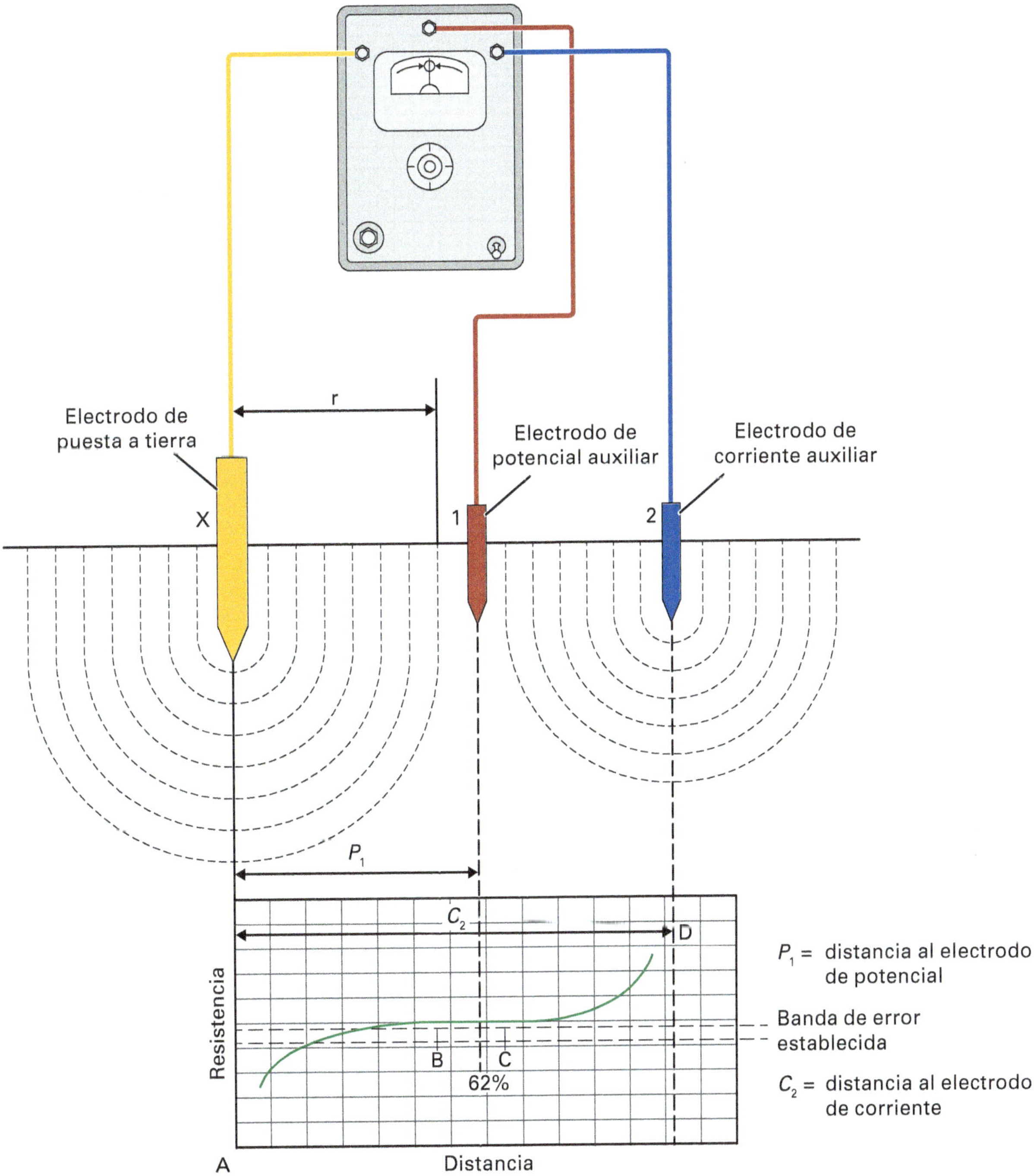

Figura 39 Curva trazada que muestra la separación adecuada entre electrodos.

Prueba de la tierra de una estación

Puede existir un potencial letal entre la tierra de una estación y una tierra remota si se produce una falla del sistema ligada a la tierra de la estación mientras se realizan las pruebas de resistencia de la tierra. Dado que uno de los objetivos de las pruebas en la tierra de una estación es establecer una ubicación efectiva tanto para los electrodos de corriente como para los de potencial, los cables de los electrodos deben tratarse como si pudiera existir una diferencia de potencial entre los cables de prueba y cualquier punto de la red de tierra de la estación.

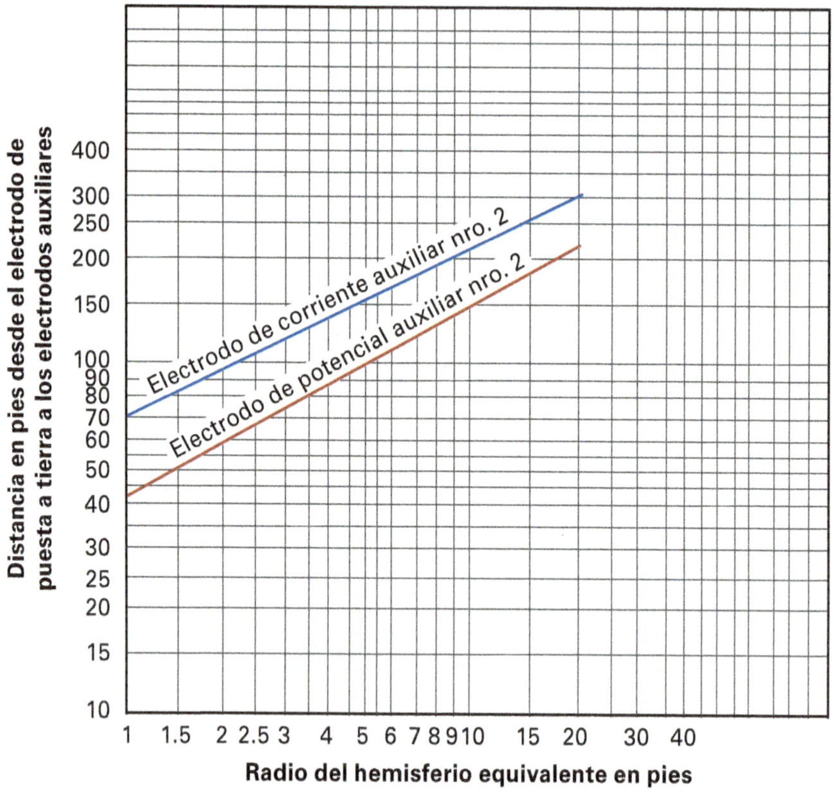

Figura 40 Diagrama de distancia/radios de los electrodos auxiliares.

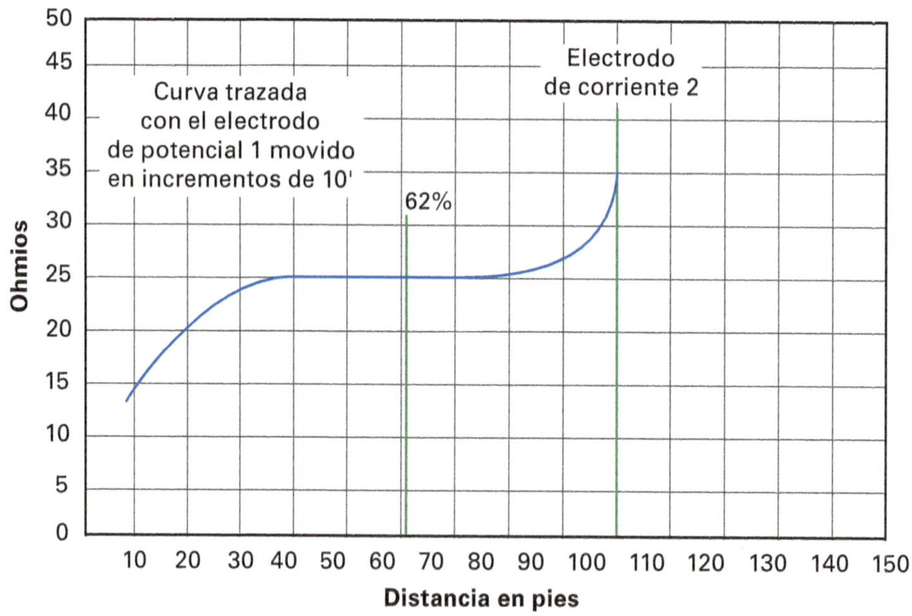

Figura 41 Curva típica de resistencia de puesta a tierra que debe registrarse y conservarse.

6.0.0 Repaso de la sección

1. Si la caída de voltaje entre un electrodo de puesta a tierra y un electrodo de potencial auxiliar es de 10 V y pasa una corriente de 10 A entre un electrodo de corriente auxiliar y el electrodo de puesta a tierra, la resistencia es _____.
   a. 1 Ω
   b. 10 Ω
   c. 100 Ω
   d. 1,000 Ω

2. Al realizar una prueba de tres puntos, el electrodo de potencial se coloca a _____.
   a. 31% de la distancia entre el electrodo de corriente y el electrodo de puesta a tierra
   b. 45% de la distancia entre el electrodo de corriente y el electrodo de puesta a tierra
   c. 62% de la distancia entre el electrodo de corriente y el electrodo de puesta a tierra
   d. 74% de la distancia entre el electrodo de corriente y el electrodo de puesta a tierra

Módulo 26209-23 Preguntas de repaso

1. El elemento B de la *Figura RQ01* representa un _____.
   a. conductor de puesta a tierra
   b. conductor no puesto a tierra
   c. conductor del electrodo de puesta a tierra
   d. puente de unión equipotencial principal

2. El elemento E de la *Figura RQ01* representa un _____.
   a. conductor de puesta a tierra
   b. conductor no puesto a tierra
   c. conductor del electrodo de puesta a tierra
   d. puente de unión equipotencial principal

3. El elemento C de la *Figura RQ01* representa un _____.
   a. conductor de puesta a tierra
   b. conductor no puesto a tierra
   c. conductor del electrodo de puesta a tierra
   d. puente de unión equipotencial principal

4. El elemento F de la *Figura RQ01* representa un _____.
   a. conductor de puesta a tierra
   b. conductor no puesto a tierra
   c. conductor del electrodo de puesta a tierra
   d. puente de unión equipotencial principal

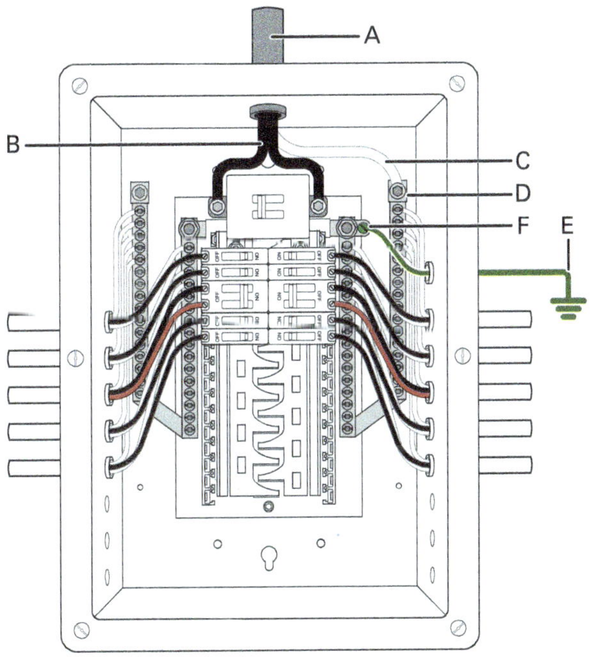

Figura RQ01

5. La conexión conductora, ya sea intencional o accidental, entre cualquiera de los conductores de un sistema eléctrico se conoce como _____.
   a. falla a tierra
   b. unión equipotencial
   c. conductor de puesta a tierra
   d. cortocircuito

6. ¿Qué conductor o conductores están conectados a tierra en un sistema monofásico, trifilar, de 120/240 V?
   a. Caliente
   b. Transportador de corriente
   c. Neutro
   d. Negro

7. Las acometidas eléctricas residenciales se ponen a tierra conectando el conductor de puesta a tierra a un electrodo de puesta a tierra en el/la_____.
   a. transformador montado en poste
   b. conexión de bajada de acometida
   c. barra colectora del neutro en el panel de distribución
   d. recinto del medidor

8. Un sistema monofásico tiene dos tramos, el tramo A y el tramo B. Si el tramo A transporta 35 A y el tramo B transporta 30 A, la corriente transportada por el neutro es _____.
   a. 5 A
   b. 30 A
   c. 35 A
   d. 65 A

9. Un electrodo revestido de concreto utilizado para la puesta a tierra de la acometida debe cubrirse con un *mínimo* de _____.
   a. ½" (13 mm) de concreto
   b. 1" (25 mm) de concreto
   c. 2" (50 mm) de concreto
   d. 4" (100 mm) de concreto

10. ¿Cuál de los siguientes elementos infringe el *NEC*® si se utiliza como electrodo de puesta a tierra?
   a. Tubería de agua fría de cobre
   b. Tubería galvanizada
   c. Línea de gas subterránea
   d. Anillo de puesta a tierra

11. La distancia *máxima* permitida por el *NEC*® para conectar un conductor de puesta a tierra a una tubería de agua después de que la tubería entre en el edificio es _____.
   a. 5' (1.5 m)
   b. 10' (3 m)
   c. 15' (4.5 m)
   d. 20' (6 m)

12. ¿Cuál de las siguientes opciones se utiliza para conectar una varilla de puesta a tierra con un conductor de tierra?
   a. Pasador de puesta a tierra
   b. Conector a tope y deslizante
   c. Tuerca para cable
   d. Abrazadera de puesta a tierra

13. Todos los siguientes son materiales adecuados para las varillas de puesta a tierra, *excepto* el _____.
    a. acero inoxidable
    b. acero galvanizado
    c. hierro
    d. aluminio

14. ¿Cuál de los siguientes AWG de cobre debe utilizarse para el conductor de puesta a tierra de una acometida de 200 A que utilice conductores de cobre de 3/0?
    a. N.º 2
    b. N.º 4
    c. N.º 6
    d. N.º 8

15. Suponiendo el uso de conductores de cobre de 75 °C, una acometida comercial de 230 A requeriría _____.
    a. conductores de acometida de 1/0
    b. conductores de acometida de 2/0
    c. conductores de acometida de 3/0
    d. conductores de acometida de 4/0

16. Cuando se utiliza una tubería de agua metálica como electrodo de puesta a tierra, ¿qué debe colocarse alrededor del contador de agua?
    a. Puente de unión equipotencial
    b. Desagüe del suelo
    c. Contratuerca de puesta a tierra
    d. Pasacables de puesta a tierra

17. El conductor de puesta a tierra del equipo para una conexión de conducto metálico flexible a un motor alimentado con un circuito de 15 A es _____.
    a. Cobre de AWG 8
    b. Cobre de AWG 10
    c. Cobre de AWG 12
    d. Cobre de AWG 14

18. El puente de unión equipotencial principal de conductores de acometida de 4/0 es _____.
    a. Cobre de AWG 8
    b. Cobre de AWG 6
    c. Cobre de AWG 4
    d. Cobre de AWG 2

19. Si va a unir varias desconexiones y el tamaño del conductor de entrada de acometida es de 3/0, el tamaño del puente de unión equipotencial es _____.
    a. AWG nro. 4 de cobre
    b. AWG nro. 2 de cobre
    c. De cobre de 1/0
    d. De cobre de 2/0

20. El potencial táctil está relacionado con una distancia de aproximadamente _____.
    a. 1' (300 mm)
    b. 2' (600 mm)
    c. 3' (1 m)
    d. 4' (1.2 m)

Las respuestas a las preguntas de repaso impares del módulo se encuentran en el *Apéndice A*.

Módulo 26209-23 Ejercicios suplementarios

1. Un cortocircuito es una conexión conductora, ya sea intencional o accidental, entre cualquiera de los _________ de un sistema eléctrico.
2. ¿Verdadero o falso? El conductor del neutro o de puesta a tierra es un sistema o conductor de circuito que se conecta a tierra intencionalmente.
3. Un conductor utilizado para conectar el equipo o el circuito puesto a tierra de un sistema de cableado a un electrodo de puesta a tierra se denomina conductor _________.
4. Los dos tipos de sistemas de puesta a tierra son la puesta a tierra del sistema y _________.
5. Si las cargas fueran solo de 240 V en un sistema monofásico de 240 V con un transformador de toma central, el conductor neutro transportaría _________ amperios.
6. Los sistemas de menos de 50 V deben conectarse a tierra si el voltaje de alimentación del transformador supera _________ a tierra.
7. Entre los circuitos que no pueden conectarse a tierra se incluyen determinados circuitos para grúas, celdas electrolíticas, circuitos secundarios en sistemas de iluminación y sistemas de alimentación aislados en _________.
8. Los sistemas están sólidamente conectados a tierra para limitar el _________ durante el funcionamiento normal y evitar voltajes excesivos debidos a rayos y sobrevoltajes en la línea.
9. Los métodos de puesta a tierra incluyen una tubería subterránea de agua en contacto directo con la tierra a una distancia no inferior a _________.
10. El tamaño del conductor del electrodo de puesta a tierra se basa en el tamaño de _________.
11. El tamaño del conductor de puesta a tierra del equipo viene determinado por _________.
12. Todos los receptáculos utilizados en aplicaciones residenciales deben ser del tipo _________.
13. La _________ eléctrica es la clave para eliminar con éxito las fallas a tierra.
14. El tamaño del puente de unión equipotencial en el lado de alimentación se basa en el tamaño de _________ en cada canalización.
15. Los dos objetivos principales del neutro en un sistema conectado a tierra son permitir la utilización de la energía a voltaje de línea a neutro y _________.

Las respuestas a los ejercicios suplementarios impares se encuentran en el *Apéndice B*.

Respuestas a las preguntas de repaso de la sección

Respuesta	Referencia de la sección	Objetivo
Sección 1.0.0		
1. b	1.1.2	1a
2. a	1.2.1	1b
Sección 2.0.0		
1. c	2.1.1; *Tabla 310.16 del NEC*	2a
2. c	2.2.0; *Sección 250.53 del NEC*	2b
Sección 3.0.0		
1. c	3.1.2; *Tabla 250.122 del NEC*	3a
2. d	3.2.1	3b
Sección 4.0.0		
1. c	4.1.0; *Tabla 250.102(C)(1) del NEC*	4a
2. d	4.2.0; *Tabla 1*	4b
3. c	4.3.3	4c
Sección 5.0.0		
1. b	5.1.0	5a
2. a	5.2.0	5b
Sección 6.0.0		
1. a	6.1.0	6a
2. c	6.2.0	6b

Cálculos del repaso de la sección

Sección 6.0.0

Pregunta 1

Use la ley de Ohm para hallar la resistencia (*R*).

$$R = \frac{E}{I} = \frac{10V}{10A} = 1\Omega$$

La resistencia es **1 Ω**.

Actualización de usuario

¿Ha encontrado un error? Para enviar una corrección, visite **https://www.nccer.org/olf** o escanee el código QR con su dispositivo móvil.

ESCANÉAME

MÓDULO 26210-23

Interruptores automáticos y fusibles

Fuente: Ridge Tool Company

NOTA

NFPA 70®, *National Electrical Code*® y *NEC*® son marcas registradas de la National Fire Protection Association, Quincy, MA.

Objetivos

La finalización exitosa de este módulo lo prepara para hacer lo siguiente:

1. Describir la función de los dispositivos de protección contra sobrecorriente.
   a. Describir diversas condiciones de sobrecorriente.
   b. Indicar los requisitos del *NEC*® para los dispositivos de protección contra sobrecorriente.
2. Identificar y describir los interruptores automáticos y sus características.
   a. Identificar los componentes de un interruptor automático.
   b. Describir los distintos tipos de interruptores automáticos y sus aplicaciones.
3. Explicar cómo dimensionar y seleccionar los fusibles.
   a. Describir los valores nominales de los fusibles y su significado.
   b. Identificar y describir las distintas formas, clases y marcas de los fusibles.
   c. Explicar cómo se dimensionan y seleccionan los fusibles.
   d. Explicar cómo se coordinan los dispositivos de protección contra sobrecorriente en un circuito.

Tarea práctica

Bajo supervisión, usted debería poder hacer lo siguiente:

1. Proporcione la siguiente información de al menos un interruptor automático y un fusible:
   - Número de polos
   - Capacidad de carga
   - Voltaje nominal
   - Capacidad de interrupción del amperaje

Visión general

Todos los circuitos eléctricos y sus componentes están sujetos a condiciones de sobrecorriente destructivas derivadas de una amplia variedad de causas. Los dispositivos de protección fiables evitan o minimizan los costosos daños en conductores, transformadores, motores y otros muchos componentes que forman un sistema eléctrico completo. Los interruptores automáticos y los fusibles son dos dispositivos de protección habituales en los circuitos eléctricos. Este módulo describe los principios de funcionamiento de los interruptores automáticos y fusibles y explica cómo se aplican en los sistemas eléctricos actuales.

Recursos digitales sobre Electricidad

Escanee este código con la cámara de su teléfono o dispositivo móvil para ver los recursos digitales relacionados con este oficio.

ESCANÉAME

1.0.0 Dispositivos de protección contra sobrecorriente

Tarea práctica

1. Proporcione la siguiente información de al menos un interruptor automático y un fusible:
   - Número de polos
   - Capacidad de carga
   - Voltaje nominal
   - Capacidad de interrupción del amperaje

Objetivo

Describir la función de los dispositivos de protección contra sobrecorriente.

a. Describir diversas condiciones de sobrecorriente.

b. Indicar los requisitos del *NEC*®para los dispositivos de protección contra sobrecorriente.

Protección contra sobrecorriente (*Overcurrent protection*): aplicación de componentes como interruptores automáticos y fusibles para desactivar de forma segura un circuito cuando la corriente supera un valor predeterminado.

Todos los circuitos eléctricos y sus componentes relacionados están sujetos a condiciones de sobrecorriente destructivas. Los entornos hostiles, el deterioro general, los accidentes, los daños por causas naturales y la sobrecarga de un circuito eléctrico son posibles causas. Para proteger los sistemas eléctricos de condiciones de funcionamiento anómalas y sus consecuencias, se necesita una **protección contra sobrecorriente** fiable que evite pérdidas costosas.

1.1.0 Condiciones de sobrecorriente

Una condición de sobrecorriente puede ser una corriente de sobrecarga, una corriente de cortocircuito o una falla a tierra. Una corriente de sobrecarga, a menudo, denominada simplemente *sobrecarga*, es una corriente excesiva en relación con una corriente de funcionamiento normal, pero que se limita a las vías conductoras normales.

Un cortocircuito (*Figura 1*) es una causa muy común de problemas eléctricos. Un cortocircuito es una vía de corriente no deseada que permite que la corriente eléctrica eluda la carga de un circuito. Suele tratarse de una conexión involuntaria entre dos conductores. Si se produce una conexión involuntaria entre un cable y un objeto conectado a tierra, como el marco metálico de un motor, se considera una falla a tierra.

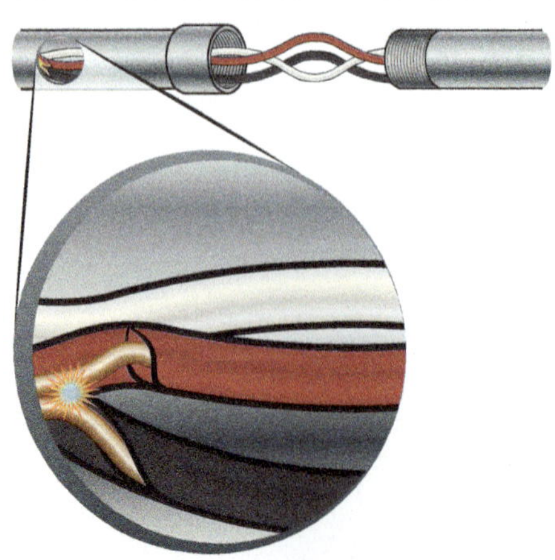

Figura 1 Cortocircuito.

Las sobrecargas suelen alcanzar entre una y seis veces el nivel de corriente normal. Suelen ser causadas por sobrecorrientes temporales inofensivas que se producen al arrancar motores o al activar transformadores. Dado que algunos son esperados y de muy corta duración, cualquier aumento de temperatura es trivial y no tiene efectos perjudiciales sobre los componentes del circuito. Por lo tanto, es importante que los dispositivos de protección no reaccionen ante esas condiciones momentáneas esperadas.

Las sobrecargas continuas pueden deberse a defectos del motor (como rodamientos desgastados), equipos sobrecargados o demasiadas cargas en un mismo circuito. Las sobrecargas sostenidas son destructivas y deben detenerse mediante dispositivos de protección antes de que dañen el sistema de distribución eléctrica o afecten las cargas del sistema. Sin embargo, dado que su magnitud es relativamente baja en comparación con los cortocircuitos, la interrupción de la corriente de sobrecarga en pocos segundos suele evitar daños importantes. Una corriente de sobrecarga sostenida provoca el sobrecalentamiento de los conductores, lo que puede dañar el aislamiento. Si no se evita, los daños en el aislamiento pueden provocar más cortocircuitos.

Los **fusibles** y los **interruptores automáticos** son dos dispositivos de protección contra sobrecargas que suelen utilizarse en los circuitos eléctricos para evitar daños por exceso de corriente.

La función de los interruptores automáticos y los fusibles puede compararse a la de una válvula de alivio de presión en una caldera de vapor. Si en una caldera de vapor se desarrollan presiones peligrosamente altas, la válvula limitadora de presión se abre para aliviar la presión, evitando así daños en la caldera. Del mismo modo, los interruptores automáticos y los fusibles actúan como válvulas de seguridad en un circuito eléctrico al abrir el circuito si se produce una situación peligrosa de sobrecorriente, evitando así daños en los componentes del circuito.

Fusibles (*fuses*): Dispositivos de protección contra sobrecorriente con componentes fusibles (fundibles) que se funden y, por lo tanto, se cortan por el paso de una corriente superior a su valor nominal.

Interruptores automáticos (*Circuit breakers*): dispositivos diseñados para abrir y cerrar un circuito manual o automáticamente cuando existe un nivel predeterminado de corriente, sin dañarse a sí mismos cuando se aplican correctamente.

1.2.0 Reglamentos del *NEC*®

Hay algunas secciones importantes del *NEC*® que debería conocer. Aunque aquí se resume parte de su contenido; recuerde que es importante consultar directamente el *NEC*® para obtener información precisa y completa. Los siguientes no son los únicos requisitos importantes del *NEC*® relacionados con la protección contra sobrecorriente, pero muchos los consideran los más importantes:

- *Sección 110.3(B) del NEC, Instalación y uso.* los equipos que estén catalogados, etiquetados o identificados para un uso particular deben instalarse y utilizarse de acuerdo con las instrucciones correspondientes.
- *Sección 110.9 del NEC, Capacidad de interrupción:* el equipo destinado a interrumpir eventos de sobrecorriente debe tener una capacidad de interrupción que sea al menos igual a la corriente disponible en los terminales de línea del equipo. Los equipos destinados a interrumpir corriente a niveles distintos de los de falla requieren un poder de interrupción no inferior a la corriente a interrumpir a su voltaje nominal.
- *Sección 110.10 del NEC, Impedancia del circuito, valores nominales de corriente de cortocircuito y otras características:* los dispositivos de protección contra sobrecorriente, la impedancia total, los valores nominales de corriente de cortocircuito de los componentes y otras características de un circuito que requiera protección deben seleccionarse y coordinarse para permitir que los dispositivos de protección funcionen sin daños importantes a los componentes del circuito. A estos efectos, se supone que la falla se produce entre dos o más conductores del circuito, o entre cualquier conductor del circuito y el conductor o conductores de puesta a tierra del equipo, tal como se permite en la *Sección 250.118 del NEC.*
- *Sección 240.1 del NEC, Alcance* (nota informativa nro. 1): la protección contra sobrecorriente se proporciona para abrir un circuito cuando la corriente podría causar un aumento de temperatura excesivo o peligroso en los conductores o en su aislamiento. Consulte también las *Secciones 110.9 y 110.10 del NEC* para conocer los requisitos adicionales relacionados con los valores nominales de interrupción y la protección contra una **corriente de falla**.
- *Artículo 100 del NEC, Definiciones (dispositivo de protección contra sobrecorriente, limitador de corriente)*: un dispositivo de protección contra sobrecorriente limitador de corriente es un dispositivo que reduce la corriente en un circuito con falla a un nivel sustancialmente menor que el posible si el dispositivo se sustituyera por un conductor sólido de impedancia similar.

Conozca el código

Requisitos generales de las instalaciones eléctricas
Artículo 110 del NEC

Conozca el código

Puesta a tierra y unión equipotencial
Artículo 250 del NEC

Conozca el código

Protección contra sobrecorriente
Artículo 240 del NEC

Conozca el código

Definiciones
Artículo 100 del NEC

Corriente de falla (*Fault current*): corriente que existe cuando se establece una vía no intencional entre un conductor sin puesta a tierra y tierra.

- *Sección 240.83(C) del NEC, Capacidad de interrupción:* todo interruptor automático con una capacidad de interrupción distinta de 5,000 A debe mostrar su capacidad de interrupción.
- *Sección 240.83(E) del NEC, Marcado de voltaje:* los interruptores automáticos deben estar marcados con un voltaje nominal igual o superior al voltaje nominal del sistema que refleje su capacidad para interrumpir corrientes de falla entre fases o entre una fase y una fuente de tierra.
- *Sección 240.85 del NEC, Aplicaciones:* un interruptor automático con un voltaje nominal específico, como 240 V, puede aplicarse en un circuito en el que el voltaje nominal no supere el voltaje nominal del interruptor. Además, un interruptor automático de **polo** tipo bipolar no puede utilizarse para proteger un circuito trifásico en delta con puesta a tierra en esquina, a menos que esté claramente marcado como adecuado para su uso en circuitos monofásicos y trifásicos.
- *Sección 250.4(A)(1) del NEC, Puesta a tierra del sistema eléctrico:* los sistemas eléctricos puestos a tierra deben conectarse a tierra de forma que se limiten los voltajes impuestos por los rayos, los sobrevoltajes de línea o el contacto involuntario con conductores a un voltaje superior, y que se estabilice el voltaje a tierra. Los conductores y los equipos conectados deben estar correctamente conectados al conductor de puesta a tierra del sistema para garantizar una respuesta adecuada de los dispositivos de protección contra sobrecorriente cuando sea necesario.

Polo (*Pole*): parte de un dispositivo asociada exclusivamente a una vía conductora de electricidad de un circuito o componente.

1.0.0 Repaso de la sección

1. Los cojinetes del motor desgastados o dañados pueden provocar _____.
   a. sobrecargas temporales
   b. sobrecargas sostenidas
   c. cortocircuito
   d. falla a tierra

2. ¿En qué parte del *NEC*® encontraría información sobre las aplicaciones de los interruptores automáticos?
   a. *Sección 240.85 del NEC*
   b. *Sección 250.4(A)(1) del NEC*
   c. *Sección 310.15 del NEC*
   d. *Sección 340.12 del NEC*

2.0.0 Dimensionamiento y selección de interruptores automáticos

Tarea práctica

1. Proporcione la siguiente información de al menos un interruptor automático y un fusible:
   - Número de polos
   - Capacidad de carga
   - Voltaje nominal
   - Capacidad de interrupción del amperaje

Objetivo

Identificar y describir los interruptores automáticos y sus características.

a. Identificar los componentes de un interruptor automático.
b. Describir los distintos tipos de interruptores automáticos y sus aplicaciones.

Un interruptor automático es un dispositivo utilizado para abrir y cerrar un circuito manual o automáticamente en caso de sobrecorriente. Más allá de los componentes que lo automatizan, se trata simplemente de un interruptor con uno o varios juegos de contactos. La conmutación puede hacerse manualmente colocando la empuñadura en la posición de encendido o apagado.

Sin embargo, un interruptor automático también está diseñado para abrir un circuito automáticamente a un valor predeterminado de sobrecarga o corriente de falla sin dañarse. Siempre que un interruptor automático se aplique dentro de su capacidad nominal, interrumpirá automáticamente una falla y se clasifica formalmente como un *dispositivo de protección de sobrecorriente inherentemente seguro.*

2.1.0 Componentes de los interruptores automáticos

La disposición interna de un interruptor automático se muestra en la *Figura 2*. Los *interruptores automáticos térmicos* contienen un elemento bimetálico cargado por resorte que abre los contactos del interruptor automático cuando una corriente excesiva sobrecalienta el elemento. Los *interruptores automáticos magnéticos* utilizan un campo magnético inducido por el flujo de corriente a través de una bobina de alambre para abrir los contactos y cortar el circuito. Algunos interruptores automáticos, denominados *interruptores termomagnéticos*, funcionan según ambos principios. Suelen utilizarse en aplicaciones de protección de motores.

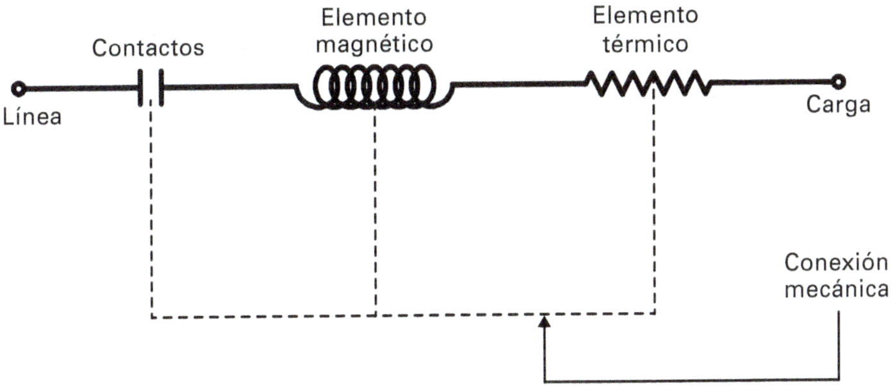

Figura 2 Disposición interna de un interruptor automático termomagnético.

Al detectar una sobrecarga, el interruptor automático abre sus contactos o se *dispara*. La pieza de equipo que funciona para señalar y restablecer el interruptor automático cuando se dispara se llama un *brazo de conmutación* o *mango*. En la *Figura 3*, se muestran las distintas posiciones del brazo de conmutación. Observe que el brazo de conmutación de un interruptor automático se parece al de un interruptor de palanca normal.

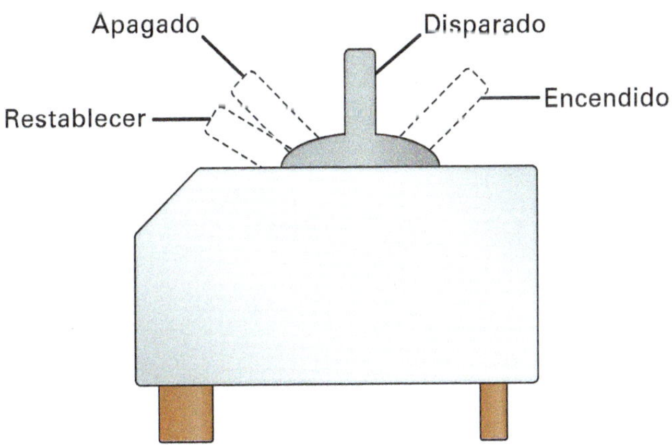

Figura 3 Posiciones del brazo de conmutación (mango) de un interruptor automático típico.

Cuando se dispara el interruptor, el mango salta a la posición central y suele mostrar una bandera roja en una ventanita. Para reajustarlo, mueva el mango hacia la posición de Apagado y empújelo hasta el tope. Para restablecer la alimentación del circuito, coloque el mango en la posición de encendido.

Un tipo común de interruptor automático es el **interruptor automático de caja moldeada** estándar. Suele contener los siguientes componentes:

- Un conjunto de contactos
- Un elemento de disparo magnético
- Un elemento de disparo térmico
- Terminales de línea y carga

Interruptor automático de caja moldeada (*Molded-case circuit breaker*): un interruptor automático encerrado en una carcasa aislante.

- La *barra conductora* se utiliza para conectar eléctricamente las piezas individuales anteriores
- Conexión mecánica para reposicionar los contactos
- Una carcasa de material aislante no conductor

El mango del interruptor automático abre y cierra manualmente los contactos. También se utiliza para restablecer los elementos de disparo automático. Algunos interruptores automáticos también contienen un mecanismo de prueba de pulsar para disparar de accionamiento manual.

Tamaño del marco (*Frame size*): método utilizado para clasificar los interruptores automáticos en función de los rangos de corriente.

Los interruptores automáticos se clasifican en grupos de amperios que corresponden a dimensiones físicas específicas. Estos números, comúnmente denominados **tamaño del marco** o *clasificación del marco,* son términos aplicados a grupos de interruptores automáticos de caja moldeada que son físicamente intercambiables de acuerdo con determinados rangos de corriente. Cada grupo se identifica por el mayor amperaje disponible en un determinado tamaño de marco. A continuación, se presentan los cinco grupos de clasificación:

- 10–100 A, clasificado como marco de 100 A
- 125–225 A, clasificado como marco de 225 A
- 250–400 A, clasificado como marco de 400 A
- 500–1,000 A, clasificado como marco de 1,000 A
- 1,200–2,000 A, clasificado como marco de 2,000 A

2.2.0 Tipos y clasificaciones de interruptores automáticos

El voltaje nominal establecido de un interruptor automático se basa en sus espacios libres entre superficies conductoras. Se refiere a la distancia que separa los contactos internos, así como la distancia que separa sus componentes eléctricos conductores y una fuente de tierra.

Los valores nominales de voltaje de los interruptores automáticos deben ser iguales o superiores al voltaje del sistema eléctrico en el que se utilizan. UL Solutions, anteriormente conocida como Underwriters Laboratories, Inc., solo reconoce los valores nominales de voltaje enumerados en la *tabla 1* para interruptores automáticos de caja moldeada.

TABLA 1 Valores nominales de interruptores automáticos de caja moldeada reconocidos por UL

Para corriente alterna	Para corriente continua
120 V	125 V
120/240 V	—
240 V	250 V
277 V	600 V
277/480 V	—
480 V	—
1,000 V	—

Un interruptor automático puede ser apto para aplicaciones de corriente alterna (CA), corriente continua (CC) o ambas. Los interruptores automáticos unipolares, con clasificación de 120/240 VCA o 125/250 VCC, pueden utilizarse por separado o por parejas en circuitos de tres hilos con neutro conectado al punto medio de la carga. Estos interruptores automáticos también pueden utilizarse por pares en un circuito de dos hilos conectado a los conductores sin puesta a tierra de un sistema de tres hilos.

Los interruptores automáticos bipolares, con clasificación de 120/240 VCA o 125/250 VCC, solo pueden utilizarse en un sistema de CC de tres hilos o en un sistema de CA monofásico con neutro conectado a tierra.

2.2.1 Valor nominal de corriente

Los interruptores automáticos tienen dos tipos de valor nominal de corriente. El primero y más utilizado es el *valor nominal de corriente continua*. El segundo es la *capacidad de interrupción de la corriente de falla*.

La corriente continua nominal de un aparato es la corriente máxima que puede soportar de forma continua sin sobrepasar sus límites especificados de aumento de temperatura. Los valores nominales de corriente continua de los interruptores automáticos se establecen basándose en los valores nominales de amperios UL estándar. Como se indica en la *tabla 240.6(A) del NEC*, oscilan entre 10 A y 6,000 A. El valor nominal del amperaje de un interruptor automático se encuentra en el mango del dispositivo, como se muestra en la *Figura 4*.

Por lo general, el valor nominal de corriente del interruptor automático debe ser igual o inferior a la capacidad de transporte de corriente del conductor del circuito de carga, es decir, su *ampacidad*.

La mayoría de los dispositivos de protección contra sobrecorriente están etiquetados con los siguientes valores nominales de corriente:

- Corriente nominal normal
- Valor nominal de interrupción

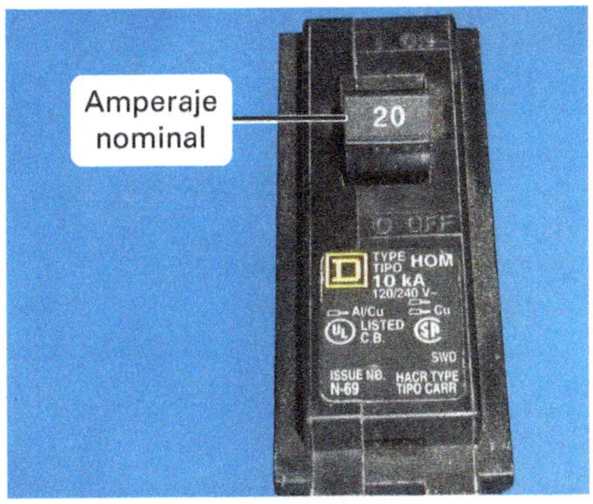

Figura 4 Valor nominal de corriente del interruptor automático
Fuente: Tim Dean

Conozca el código

Protección contra sobrecorriente
Artículo 240 del NEC

Interruptores automáticos

Los interruptores automáticos están disponibles en una amplia variedad de tamaños y tipos para adaptarse a diversas aplicaciones.

Clasificaciones 60 °C / 75 °C

Algunos interruptores automáticos pueden utilizarse con conductores de 60 °C y 75 °C. Otros solo pueden utilizarse con conductores de 75 °C. Asegúrese de comprobar la capacidad del interruptor automático seleccionado.

Por ejemplo, para utilizar conductores con una ampacidad nominal de 75 °C de tamaño nro. 1 o inferior, debe asegurarse de utilizar un interruptor automático con una ampacidad nominal de 75 °C. Para cumplir con la ***Sección 110.14(C) del NEC***, la terminación en el extremo de carga del mismo circuito también debe tener una temperatura nominal de 75 °C.

2.2.2 Valor nominal de la capacidad de interrupción

La capacidad de interrupción por amperaje (AIC) de un interruptor automático es la corriente máxima de cortocircuito a la que el interruptor interrumpirá el circuito de forma segura. La AIC se basa en el voltaje nominal y la frecuencia de alimentación.

La *Sección 110.9 del NEC* establece que los equipos destinados a interrumpir la corriente en niveles de falla deben tener un valor nominal de interrupción al menos igual a la corriente de falla disponible en los terminales de línea del equipo a su voltaje de circuito nominal.

Los equipos destinados a interrumpir la corriente a niveles distintos de los de falla deben tener un poder de corte al voltaje nominal del circuito no inferior a la corriente que debe interrumpirse.

Estas afirmaciones del *NEC*® significan simplemente que los fusibles y los interruptores automáticos deben tener una clasificación lo suficientemente alta como para soportar la corriente más alta a la que pueden estar expuestos sin sufrir daños. Esta sección del *NEC*® enfatiza la diferencia entre las corrientes de nivel de falla de desbroce y las corrientes de funcionamiento potencial de desbroce. Los dispositivos de protección, como los fusibles y los interruptores automáticos, están diseñados para eliminar las corrientes de falla y, por lo tanto, deben tener valores nominales de interrupción de cortocircuitos suficientes para los niveles de falla.

Los equipos como contactores e interruptores tienen valores nominales de interrupción para corrientes a niveles distintos de los niveles de falla. Por lo tanto, el grado de interrupción de los equipos eléctricos se divide en dos categorías:

- Niveles de corriente de falla (cortocircuito)
- Corriente en niveles operativos

Mucha gente conoce el amperaje normal de los fusibles e interruptores automáticos que transportan corriente. En un dispositivo de protección contra sobrecorriente de 20 A, a medida que la corriente se acerca a 20 A, el dispositivo se calienta más. Si la corriente supera ligeramente los 20 A, el interruptor automático se abrirá normalmente o el **eslabón fusible** de un **fusible de cartucho** se fundirá al cabo de un tiempo determinado con poca o ninguna formación de arco. Si se aplican instantáneamente 40 A de corriente al circuito, el dispositivo de protección contra sobrecorriente se abrirá más rápido, pero de nuevo con muy poco arco. Sin embargo, si se produce una corriente de falla que exponga repentinamente el dispositivo a 5,000 A, se produciría una explosión interna. Un simple indicio de esta explosión lo demuestra la ventana ennegrecida de un **fusible de enchufe** fundido.

Si la corriente de falla extrema supera la capacidad de interrupción de un fusible o interruptor automático, el dispositivo de protección puede resultar dañado o destruido. Demasiada corriente también puede provocar daños graves en los equipos y lesiones. Por lo tanto, es muy importante seleccionar dispositivos de protección contra sobrecorriente con la capacidad de interrupción adecuada.

Considere la siguiente analogía utilizando un arroyo represado como ejemplo de la capacidad de interrupción. Consulte la *Figura 5*. La capacidad del depósito representa la corriente de falla disponible en un circuito eléctrico. Las compuertas situadas aguas abajo de la presa representan el dispositivo de protección contra sobrecorriente del circuito con una capacidad nominal de 10,000 galones por minuto o *gpm*. Eléctricamente, representa la corriente de falla de 10,000 A.

La corriente de agua que fluye bajo la presa representa la corriente de carga normal. La *Figura 5* muestra un flujo normal de 100 gpm (100 A). Sin embargo, recuerde que la corriente de falla representada por el depósito siempre está ahí y podría liberarse en cualquier momento debido a un accidente.

Observe el puente aguas abajo de las compuertas. El puente representa los componentes del circuito aguas abajo o los equipos conectados al circuito que estarían sujetos a daños si el depósito (corriente de falla) se libera inesperadamente.

La *Figura 6* muestra que se ha producido una avería en la presa que permite que fluyan repentinamente 50,000 gpm (50,000 amperios de circuito de falla). El flujo destruye las compuertas (dispositivo de protección contra sobrecorriente) debido a su insuficiente capacidad de interrupción. Con las compuertas dañadas, la marejada de agua continúa río abajo, destrozando el puente. Del mismo modo, los componentes posteriores de un circuito eléctrico pueden no ser capaces de soportar el flujo excesivo de corriente.

Conozca el código

Requisitos generales
de las instalaciones eléctricas
Artículo 110 del NEC

NOTA

La Sección 240.83(C) del NEC requiere que los interruptores automáticos con un valor nominal de interrupción de corriente distinto de 5,000 A tengan el valor nominal claramente indicado en el interruptor automático. Por definición, los interruptores automáticos que no están marcados con un valor nominal de interrupción tienen un valor nominal de 5,000 A.

Conozca el código

Protección contra sobrecorriente
Artículo 240 del NEC

Eslabón fusible (*Fuse link*): parte fusible (fundible) de un cartucho fusible.

Fusible de cartucho (*Cartridge fuse*): fusible encerrado en un tubo aislante para confinar el arco que se produce cuando el fusible se abre bajo carga.

Fusible de enchufe (*Plug fuse*): fusible con cuerpo roscado, atornillado a un portafusibles para fijarlo.

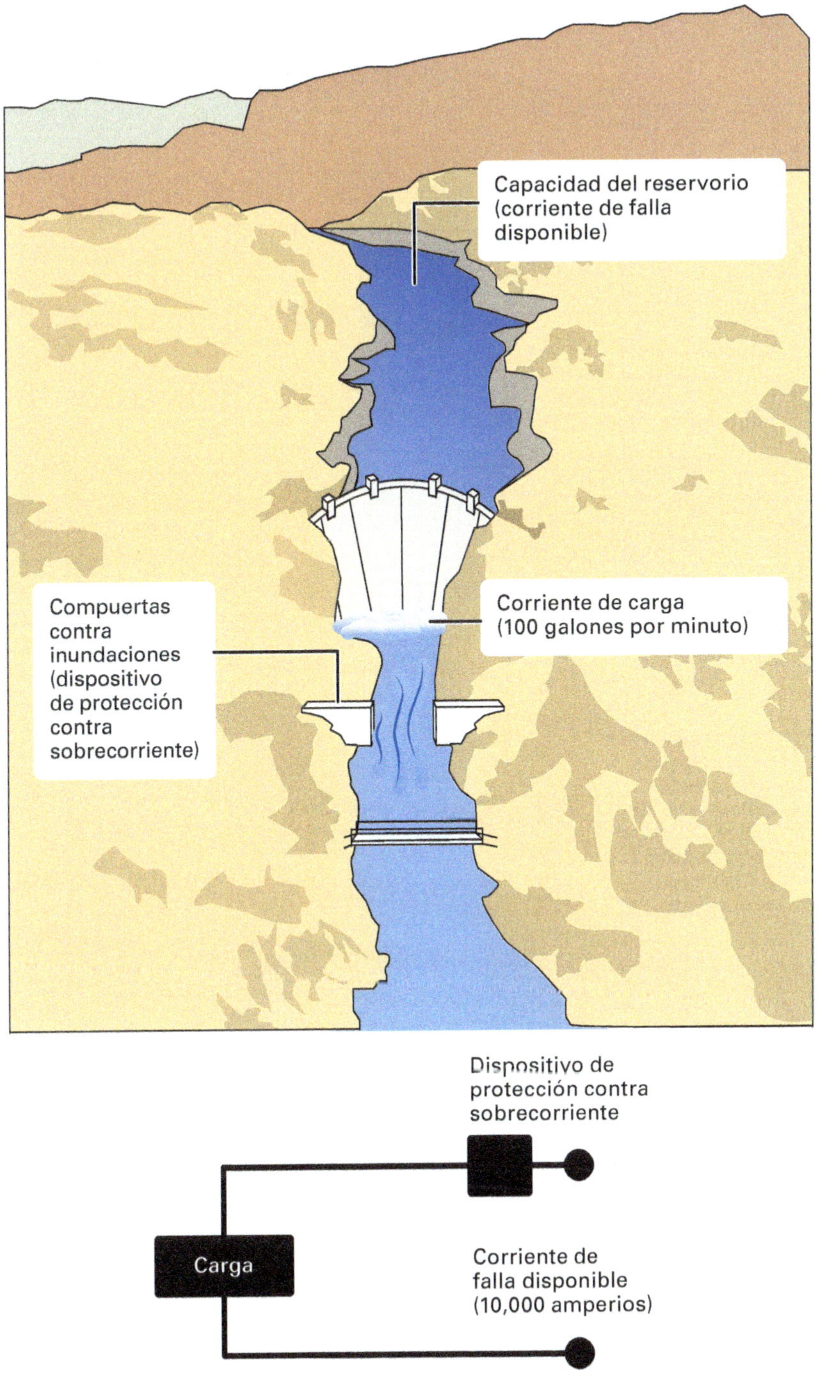

Figura 5 Representación del flujo normal de corriente eléctrica

La *Figura 7* muestra la misma situación, pero con una capacidad de interrupción adecuada. Observe que las compuertas han contenido la marejada de agua y restringido el caudal a un volumen que el puente y los demás componentes situados aguas abajo pueden manejar.

Hay varios factores que deben tenerse en cuenta al calcular la capacidad de interrupción necesaria de un dispositivo de protección contra sobrecorriente. La *Sección 110.10 del NEC* establece que los dispositivos de protección contra sobrecorriente, la impedancia total, los valores nominales de corriente de cortocircuito de los equipos y otras características del circuito deben seleccionarse y coordinarse para permitir que los dispositivos eliminen una falla sin causar daños importantes a los componentes del circuito. Se supone que la falla se producirá entre dos o más conductores del circuito o entre un conductor del circuito y el conductor o conductores de puesta a tierra del equipo permitidos por la *Sección 250.118 del NEC*.

Piénselo

Capacidad de interrupción de corriente

Al sustituir un interruptor automático, ¿es necesario tener en cuenta la capacidad de interrupción de corriente del interruptor de sustitución? Si es así, ¿por qué?

Conozca el código

Puesta a tierra y unión equipotencial
Artículo 250 del NEC

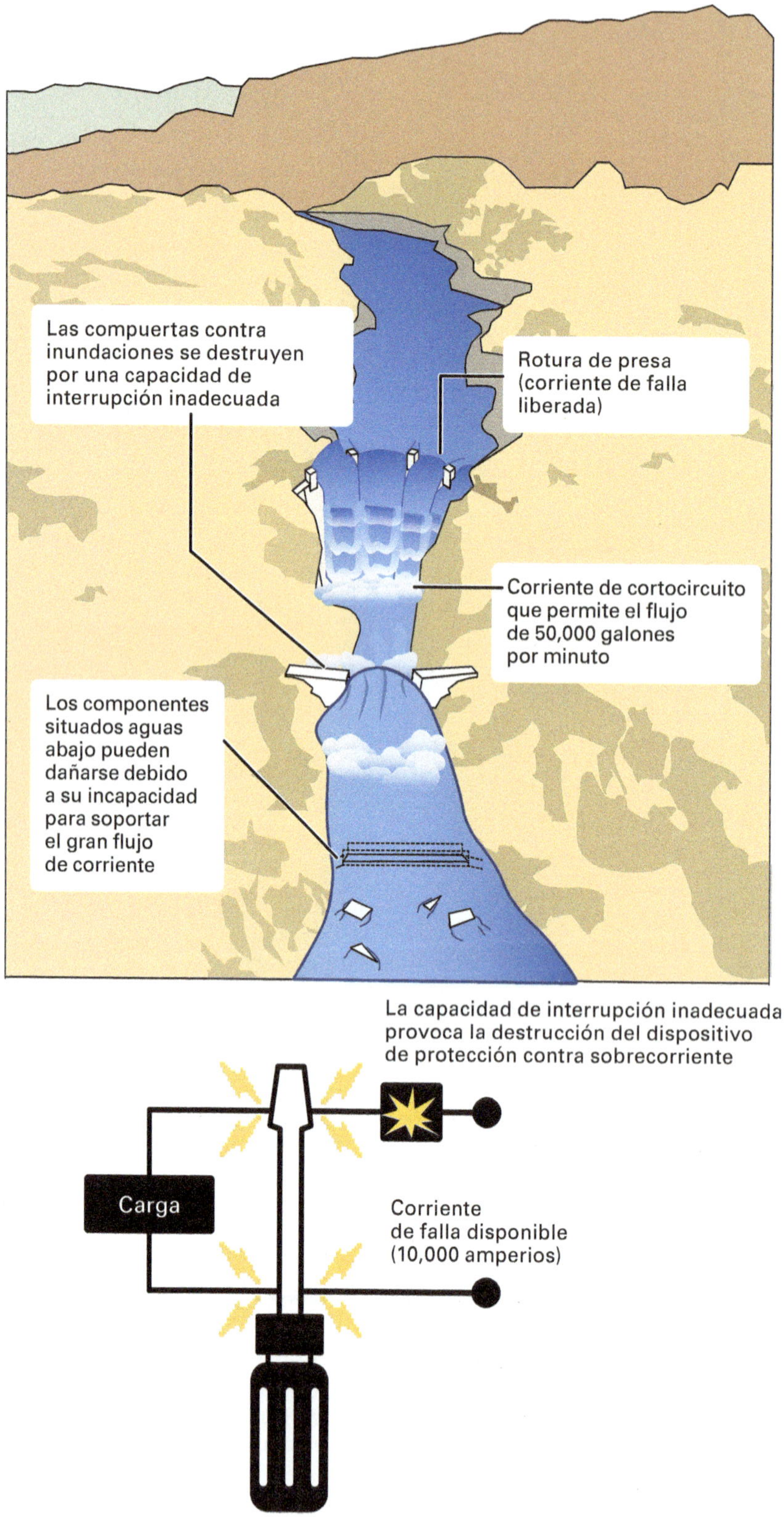

Figura 6 Representación de una capacidad de interrupción inadecuada.

El *valor nominal de cortocircuito de un componente* es un valor nominal de corriente que se asigna a conductores, interruptores, interruptores automáticos y otros componentes eléctricos. Si una corriente de falla excede estas clasificaciones, se producirían daños importantes en los componentes. Los daños por cortocircuito pueden ser consecuencia del calor o de la fuerza electromecánica de un campo magnético de alta intensidad. El valor nominal se expresa en términos de intervalos de tiempo o valores de corriente.

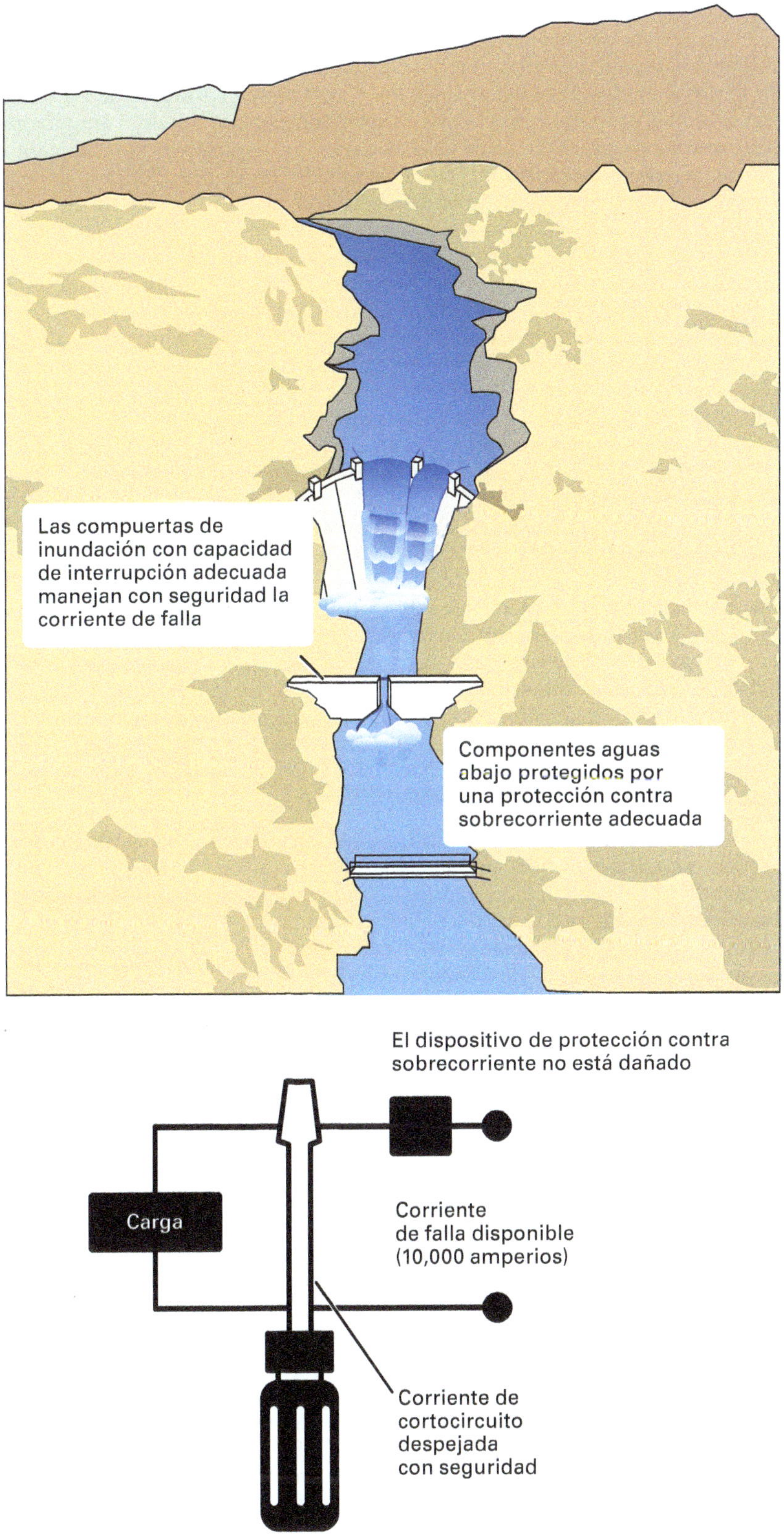

Figura 7 Representación de una capacidad de interrupción adecuada.

La intención del *NEC*® es garantizar que las corrientes de cortocircuito no puedan superar los valores nominales de corriente de cortocircuito de los componentes del sistema. Deben utilizarse dispositivos de protección contra sobrecorriente. Limitan el flujo de corriente a niveles dentro de los valores de resistencia de los componentes del sistema.

Conozca el código

Requisitos generales de las instalaciones eléctricas

Artículo 110 del NEC

NOTA

Es importante recordar que la NEMA no "cataloga" dispositivos. UL Solutions y la Asociación Canadiense de Normalización (CSA) son dos organizaciones que prueban y catalogan los dispositivos como seguros para un fin determinado.

En la mayoría de las grandes instalaciones comerciales e industriales, es necesario calcular la corriente de cortocircuito disponible en varios puntos de un sistema para determinar si el equipo cumple los requisitos de las *Secciones 110.9 y 110.10 del NEC.* Existen varios métodos para determinar los requisitos de cortocircuito en un sistema eléctrico. Algunos proporcionan valores aproximados; otros requieren amplios cálculos y arrojan resultados precisos. Debe seleccionarse un dispositivo de protección contra sobrecorriente con una capacidad de interrupción igual o superior a la corriente de cortocircuito disponible en el punto del circuito en el que se encuentra el dispositivo.

La capacidad de interrupción del interruptor se basa en las pruebas a las que se somete dicho interruptor. Existen dos pruebas de este tipo. Una la creó UL y la otra, la Asociación Nacional de Fabricantes Eléctricos (NEMA). Las pruebas de la NEMA son pruebas de autocertificación, mientras que los testigos imparciales certifican las pruebas de UL. Anteriormente, las pruebas de UL estaban limitadas a un máximo de 10,000 A, por lo que se hizo énfasis en las pruebas de la NEMA con valores nominales más altos. Ahora bien, dado que las pruebas de UL incluyen las pruebas de la NEMA, así como otras clasificaciones, se hace énfasis en las pruebas de UL.

UL exige que los interruptores automáticos de caja moldeada se abran en un tiempo determinado una vez que se inicie un evento de sobrecorriente. Por ejemplo, UL exige que un interruptor automático de caja moldeada de 240 V se dispare al 300% de su corriente continua nominal en 50 segundos. Un interruptor de 600 V debe dispararse en 70 segundos al 300% de su corriente nominal. Las corrientes entre 7 y 15 veces la corriente nominal (dependiendo del voltaje nominal y el tamaño del marco) son tratadas como eventos de sobrecorriente por el elemento de disparo térmico. Las corrientes superiores a este nivel activan el elemento de disparo magnético.

Como se ha indicó anteriormente, la capacidad de interrupción de un interruptor automático se basa en su voltaje nominal. Si un interruptor automático puede utilizarse con más de un voltaje, se mostrará la capacidad de interrupción de cada nivel de voltaje.

Las tres categorías principales de capacidad de interrupción son la *capacidad de interrupción estándar,* la *capacidad de interrupción alta* y la *limitación de corriente.* Aquí se presentan algunos detalles de estas categorías:

- *Interruptores automáticos de capacidad de interrupción estándar:* estos interruptores pueden identificarse por sus mangos de operación negros y sus etiquetas de capacidad de interrupción impresas en negro. El valor nominal de interrupción de un interruptor automático es tan importante como los valores nominales de voltaje y corriente. Deben tenerse en cuenta cada vez que se aplica un interruptor. En aplicaciones residenciales, la corriente de falla disponible rara vez es superior a 10,000 A. En la mayoría de los casos, la corriente de falla disponible es muy inferior. En estas aplicaciones se utilizan los interruptores de las series QO y A1 (10A-150A) con una capacidad de interrupción de 10,000 A. En caso necesario, se dispone de grados de interrupción superiores.
- *Interruptores automáticos de alta capacidad de interrupción:* si un interruptor automático requiere una capacidad de interrupción superior a los valores nominales estándar, está disponible el modelo FH (H significa alta capacidad de interrupción) (*Figura 8*). El interruptor automático tipo FH tiene una capacidad de interrupción de 65,000 A simétricos a 240 VCA. Los valores nominales de corriente continua son los mismos que los de las versiones estándar, pero la capacidad de interrupción se ha aumentado para satisfacer las necesidades. Este tipo de interruptor se aplica en instalaciones en las que existen corrientes de falla más elevadas, como las grandes plantas industriales. Estos interruptores también tienen un material de carcasa que resistirá los golpes más fuertes del calor y las fuerzas de interrupción. Los interruptores automáticos con alta capacidad de interrupción están disponibles en los estilos FH, KH, LH, MH, NH y PH. También hay disponibles tres amperajes (15 A, 20 A y 30 A) en los interruptores automáticos QH. Estos interruptores satisfacen las necesidades de los circuitos de alumbrado alimentados desde los interruptores automáticos de alta corriente de falla disponible.
- *Interruptores automáticos limitadores de corriente:* la necesidad de limitación de corriente es el resultado de las corrientes de falla disponibles cada vez más altas asociadas con el crecimiento y la interconexión de los sistemas eléctricos modernos. Para satisfacer esta necesidad se han desarrollado interruptores automáticos limitadores de corriente. Este tipo de interruptor responde extremadamente rápido para proporcionar protección aguas abajo para otros tipos de dispositivos de protección de sobrecorriente con tan solo 10,000 AIC en sistemas con 100,000 A de corriente de falla disponible.

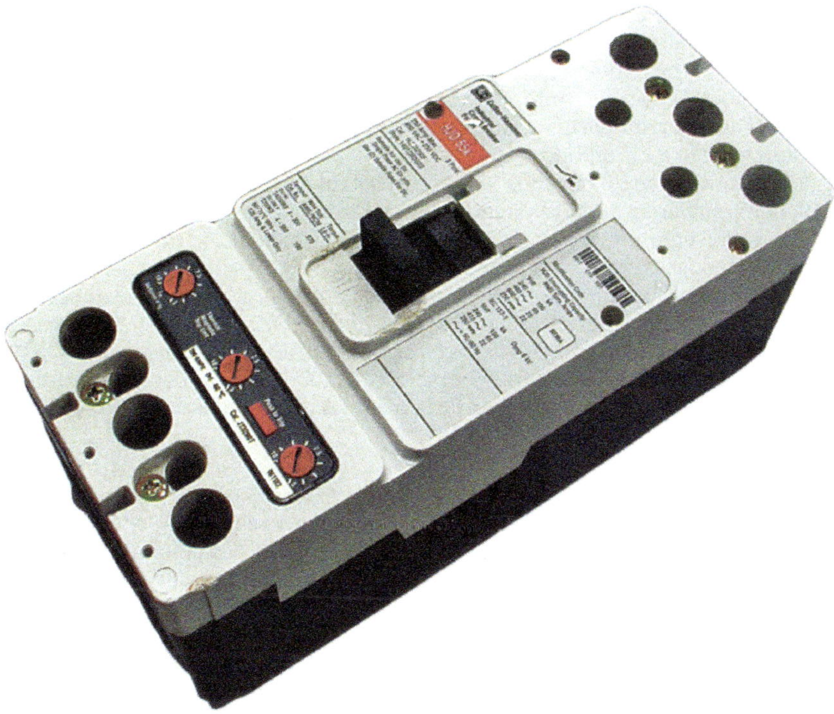

Figura 8 Interruptor automático de alta capacidad de interrupción.
Fuente: Tim Ely

Existen interruptores automáticos para casi todas las aplicaciones. Por ejemplo, en circuitos en los que el interruptor debe ser muy sensible a los cambios de corriente, pero está situado donde la temperatura cambia significativamente, se puede utilizar un interruptor automático con compensación ambiental. Su diseño le permite compensar las variaciones de temperatura.

Un interruptor automático limitador de corriente es básicamente un interruptor termomagnético convencional con una sección limitadora independiente en serie con cada polo. A efectos de explicación, cada limitador puede representarse por un conjunto de contactos en derivación por una resistencia transformable.

A corrientes inferiores a unos 1,000 A, el interruptor automático limitador de corriente funciona como un interruptor termomagnético convencional. En caso de sobrecarga o de corriente de falla menor, solo se abren los contactos de la sección del interruptor para interrumpir el circuito. Los contactos del limitador permanecen cerrados.

En los interruptores automáticos limitadores de corriente con marco de 100 A, el umbral de limitación de corriente se produce entre 1,000 A y 2,000 A. Por encima de este punto, los contactos del limitador se abren primero, iniciando la acción limitadora en 0.25 milisegundos (mseg). Se genera un voltaje de arco considerable a través de los contactos del limitador. La rápida generación de este voltaje de arco es esencial para limitar drásticamente la corriente de pico que se deja pasar por el circuito de falla.

El rápido aumento de la resistencia equivalente del arco a través de los contactos del limitador obliga a la corriente a transferirse a la vía alternativa proporcionada por la resistencia del limitador. Esta resistencia especial tiene un elevado coeficiente positivo de temperatura (PTC) de resistencia. Al transmitirle la corriente de falla, la temperatura de la resistencia aumenta rápidamente con el consiguiente aumento rápido de su resistencia. La resistencia disipa y limita la energía de paso y aumenta el factor de potencia de cortocircuito del circuito casi hasta la unidad, lo que da como resultado una interrupción más fácil, fiable y sin transitorios.

Durante el ciclo extremadamente corto de la sección del limitador, se activa el mecanismo de disparo del interruptor y sus contactos comienzan a abrirse. Una vez que el arco entre los contactos del limitador se ha extinguido y toda la corriente fluye a través de la resistencia del limitador, los contactos del interruptor interrumpen la corriente de falla, ahora drásticamente reducida. Como la corriente de falla y el voltaje del sistema están casi en fase en este punto, la interrupción completa del circuito se produce cerca del primer cero de voltaje de la onda sinusoidal de CA.

Conozca el código

Requisitos generales
de las instalaciones eléctricas
Artículo 110 del NEC

Conozca el código

Protección contra sobrecorriente
Artículo 240 del NEC

NOTA

La cobertura completa de los sistemas de distribución eléctrica de ingeniería con respecto a los requisitos del NEC® se presenta en el nivel eléctrico tres de NCCER y no se abarcará en profundidad en este módulo.

Cuando se dispara un interruptor automático limitador de corriente, puede restablecerse del mismo modo que un interruptor automático convencional de caja moldeada. Esto es así independientemente de la causa del disparo. Los contactos del limitador se cierran automáticamente tras la interrupción del circuito. Los contactos del interruptor se cierran de nuevo moviendo el mango a la posición extrema de Apagado y luego a Encendido.

El mantenimiento regular de los interruptores automáticos y sus cajas es necesario para obtener la mejor acometida y rendimiento. Dado que cada falla de un interruptor automático representa un peligro potencial, es difícil calcular los riesgos que conlleva prolongar las inspecciones de mantenimiento. Una de las principales causas de falla de los interruptores automáticos es el calor excesivo provocado por conexiones sueltas en el lado de carga del interruptor. Las cargas problemáticas también son una causa común de falla. Algunos ejemplos son los equipos eléctricos que se encienden y apagan con demasiada frecuencia, lo que a su vez provoca el sobrecalentamiento del interruptor automático. El calor excesivo es la causa de la mayoría de las fallas de los interruptores.

2.2.3 Sistemas clasificados en serie

Las *Secciones 110.22 y 240.86(A) del NEC* exigen marcas especiales para los sistemas clasificados en serie reconocidos por UL (*Figura 9*). Por ejemplo, la *Sección 110.22(B) del NEC* establece que las cajas de los equipos de interruptores automáticos o fusibles deben estar marcadas de forma legible en el campo según las indicaciones del ingeniero supervisor cuando se apliquen de acuerdo con los valores nominales de combinación en serie. Los valores nominales se determinan, con supervisión técnica, de acuerdo con la *Sección 240.86(A) del NEC*. Las marcas dirigidas indican que el equipo se ha aplicado con una clasificación de combinación en serie. Las marcas deben ser fácilmente visibles y leerse como se muestra en la *Sección 110.22 del NEC*, para incluir el valor nominal de corriente del sistema.

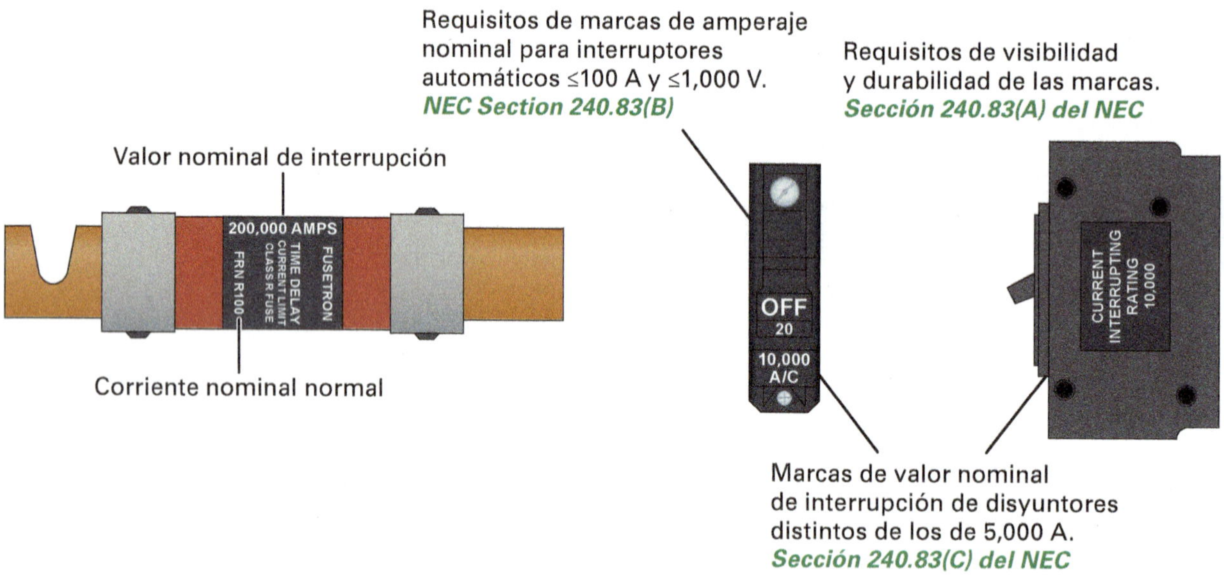

Figura 9 La mayoría de los dispositivos de protección contra sobrecorriente están etiquetados con dos valores nominales de corriente.

Interruptores automáticos clasificados en serie

El *NEC*® reconoce los interruptores automáticos clasificados en serie y exige que el equipo de uso final esté marcado con la clasificación de combinación en serie. Esta clasificación en serie de los dispositivos es específica de cada fabricante. Por esta razón, es especialmente importante consultar la información del listado o la documentación del producto para obtener detalles sobre cómo se ha obtenido un determinado valor nominal combinado, especialmente en el caso de instalaciones de reequipamiento.

2.2.4 Interruptores de circuito por falla a tierra

La protección contra corrientes de falla es extremadamente importante para cualquiera que utilice herramientas eléctricas y equipos similares. Recuerde que una corriente de falla existe cuando se establece una vía no intencional entre un conductor sin puesta a tierra y tierra. Esta situación puede producirse no solo en equipos eléctricos desgastados o defectuosos, sino también al hacer un uso accidental deficiente de equipos que, por lo demás, están en buen estado de funcionamiento.

¿Un fusible o un interruptor automático convencional detectará una corriente de falla y abrirá el circuito antes de que se produzca un daño irreparable? Antes de responder a esta pregunta, conviene estudiar los efectos de la corriente en el cuerpo humano.

La resistencia corporal mano a mano de un adulto oscila entre 1,000 Ω y 4,000 Ω, dependiendo de la humedad, la estructura muscular y el voltaje. El valor promedio es de 2,100 Ω a 240 VCA y 2,000 Ω a 120 VCA.

Utilizando la ley de Ohm, la corriente resultante de estos valores promedios de resistencia mano a mano es de 120 miliamperios (mA) a 240 VCA y de 60 mA a 120 VCA. Los efectos de la corriente alterna de 60 Hz en un adulto sano normal son los siguientes:

- *Alrededor de 5 mA:* descarga generalmente dolorosa.
- *Alrededor de 15 mA:* suficiente para provocar congelación (imposibilidad de romper el contacto) del circuito al 50% de la población.
- *Alrededor de 30 mA:* la respiración se vuelve difícil (posible asfixia).
- *De 50 mA a 100 mA:* posible fibrilación ventricular o contracciones muy rápidas y descoordinadas de los ventrículos del corazón que provocan la pérdida de sincronización entre el latido del corazón y el pulso. Una vez que se inicia la fibrilación ventricular, suele continuar y provocar la muerte en pocos minutos, a menos que se utilice un equipo especial de desfibrilación.
- *De 100 mA a 200 mA:* cierta fibrilación ventricular.
- *Más de 200 mA:* quemaduras graves y contracciones musculares. Es más probable que el corazón se detenga a que fibrile.

Un dispositivo de sobrecorriente convencional no abrirá un circuito para evitar daños corporales. La corriente que fluiría desde un taladro eléctrico defectuoso a través de la carcasa metálica y el cuerpo humano hasta tierra sería de 60 mA, calculada utilizando el valor anterior para 120 VCA. La corriente de 60 mA es inferior al 0.5% del valor nominal de un interruptor automático o fusible de 15 A y, sin embargo, se aproxima al nivel de corriente que puede iniciar una fibrilación ventricular. Obviamente, el interruptor automático o el fusible estándar no se activarán ni fundirán, por lo que no protegerán al trabajador que utilice el taladro.

Los interruptores de circuito por falla a tierra (GFCI) son dispositivos de protección de Clase A construidos de conformidad con la *norma UL nro. 943*. UL define un dispositivo de Clase A como aquel que se dispara cuando una corriente de falla a tierra es de 6 mA o más, pero no debe dispararse por debajo de 4 mA.

Existen dos tipos de receptáculos GFCI. El tipo de *alimentación continua* proporcionará protección GFCI al resto de las tomas de corriente de un circuito, de forma similar a un interruptor automático GFCI. El tipo de *alimentación no continua* solo ofrece protección en el punto de instalación. Ambos están disponibles en varios estilos.

Los GFCI de Clase A proporcionan un medio autónomo para comprobar su funcionamiento, tal y como exige UL. Para probarlo, basta con pulsar el botón de prueba, y el dispositivo responderá con una indicación de disparo. UL exige que la corriente generada por el circuito de prueba no supere los 9 mA. Además, exige que el dispositivo funcione al 85% de su voltaje nominal.

Historia de caso

Protección de circuitos GFCI

La electricidad utilizada para hacer funcionar las herramientas eléctricas portátiles en una obra de construcción se suministraba a través de una acometida temporal, cuya práctica era habitual. Una caja de panel en el poste tenía dos receptáculos dobles en cajas impermeables. Uno era un receptáculo normal y el otro era un receptáculo GFCI. El poste no había sido inspeccionado por la ciudad y no cumplía los requisitos del código. No estaba puesto a tierra.

Un trabajador utilizó extensiones enchufadas al receptáculo normal para alimentar una herramienta eléctrica. La obra estaba mojada, la humedad era alta y el trabajador sudaba. Al parecer, recibía descargas cada vez que utilizaba la herramienta. Sin que el trabajador lo supiera, la herramienta tenía una falla a tierra. Mientras bajaba al suelo utilizando una estructura metálica como escalera improvisada, recibió una descarga que lo hizo caer de la estructura a un charco de agua mientras seguía agarrando a la herramienta. Se electrocutó.

Conclusión: Este accidente podría haberse evitado si la acometida eléctrica provisional de la obra de construcción hubiera cumplido la normativa local y las normas de la OSHA, incluida la puesta a tierra correcta. La OSHA también exige que todos los receptáculos de 120 V, monofásicos de 15 A y 20 A de las obras de construcción que no formen parte del cableado permanente estén protegidos con GFCI.

Otro factor que contribuyó a este accidente fue el uso continuo de una herramienta eléctrica que debería haberse puesto fuera de servicio inmediatamente después de la primera descarga. Además, el trabajador debería haber utilizado una escalera aprobada, en lugar de la estructura para bajar al suelo, aunque puede que ello no hubiera cambiado el trágico resultado en este caso.

Interruptores automáticos de HACR

Los interruptores automáticos para calefacción, aire acondicionado y refrigeración (HACR) están catalogados por UL para su uso en aplicaciones de motor de grupo como las aplicaciones de HACR. Un interruptor de HACR tiene un retardo de tiempo incorporado que permite el paso momentáneo de una corriente superior a su valor nominal. Esto compensa la gran corriente de arranque que consumen estas cargas. El equipo que se protege debe estar marcado por el fabricante como adecuado para la protección con un interruptor de HACR.

Tenga en cuenta, sin embargo, que el *NEC*® ahora permite el uso de cualquier interruptor automático de tiempo inverso en equipos de HACR que comprenden instalaciones de motor de grupo.

La OSHA y otros códigos exigen el uso de GFCI en determinados circuitos, incluidas todas las obras de construcción en las que se proporciona una acometida temporal para herramientas eléctricas. También son necesarios para muchas otras aplicaciones. Por ejemplo, los receptáculos de los siguientes lugares deben estar protegidos por GFCI:

- Garajes residenciales y comerciales
- Baños residenciales, comerciales e industriales
- Todos los receptáculos de la encimera de la cocina y cualquier receptáculo montado a menos de 6' (1.8 m) de un fregadero
- Espacios entre pisos residenciales y sótanos sin terminar
- Espacios públicos exteriores
- Balnearios
- Azoteas de edificios
- Muelles

Además, se requiere protección GFCI para los siguientes circuitos:

- Circuitos para cubiertas eléctricas de piscinas
- Circuitos de alimentación e iluminación para piscinas, fuentes y aplicaciones similares
- Circuitos ramales de autotransformadores

Cuando se instalan correctamente, los interruptores automáticos GFCI controlan continuamente la corriente en los dos hilos conductores del circuito, tanto en el conductor con puesta a tierra (neutro) como en el conductor sin puesta a tierra. La corriente en estos dos conductores debe ser siempre igual. Si el GFCI detecta una diferencia de más de 6 mA en el flujo de corriente, asume que la diferencia se debe a una corriente de falla y abre automáticamente el circuito. La potencia se interrumpe en 25 mseg o menos, lo suficientemente rápido como para evitar lesiones a cualquier persona con condiciones normales de salud.

Tenga en cuenta que los conductores sin puesta a tierra y con puesta a tierra se controlan constantemente. Si el sensor detecta una diferencia de flujo de corriente entre estos conductores en cualquier momento, la diferencia se amplificará (*Figura 10*). La señal amplificada hace que el interruptor automático se abra y desenergice el circuito.

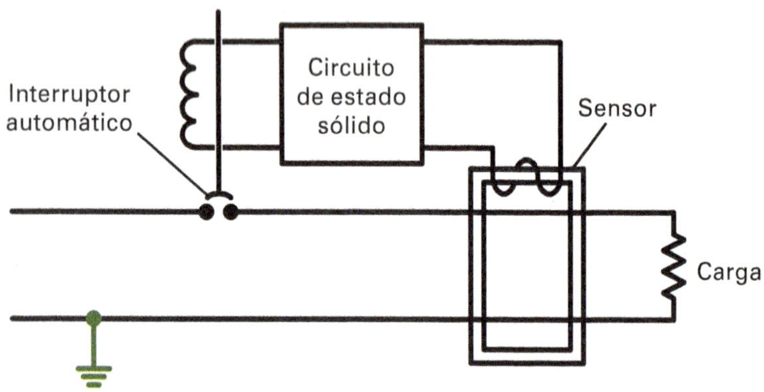

(A) Diagrama de un circuito GFCI que controla un circuito de dos hilos

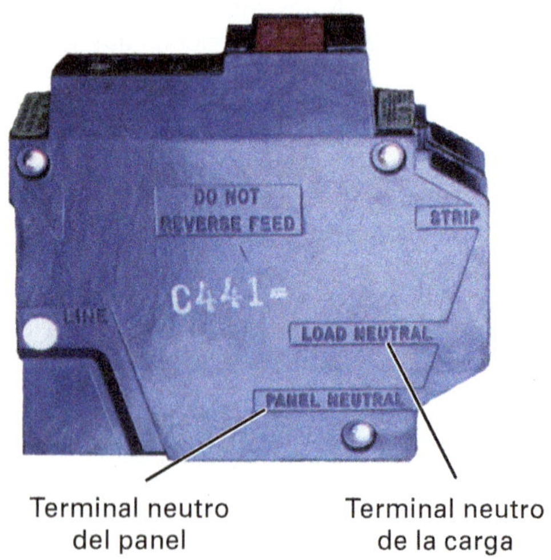

(B) Interruptor automático GFCI

Figura 10 Circuito de protección GFCI.

2.2.5 Otros tipos de interruptores automáticos

Aparte de los interruptores automáticos que protegen contra sobrecargas y sobrecorrientes, algunos tienen capacidades o funciones adicionales. A continuación, se presentan algunos ejemplos de estos interruptores y sus características:

- *Interruptor automático de disparo en derivación:* este interruptor añade una bobina eléctrica integrada que hace que abra los contactos del interruptor cuando la bobina es energizada por una fuente externa. Las fuentes típicas incluyen circuitos de supresión de incendios, pulsadores y circuitos de alarma.
- *Interruptor automático de arco eléctrico:* este tipo de interruptor incluye circuitos electrónicos para controlar el flujo de corriente dentro de él. Si detecta un patrón de pequeños sobrevoltajes o picos continuos en ese flujo de corriente, el interruptor abrirá el circuito. Este patrón de sobrevoltajes o picos es típico de las corrientes en un circuito de arco corto de alta resistencia, como un cable eléctrico deshilachado o una terminación suelta. La ***Sección 210.12(B) del NEC*** requiere que se utilicen estos tipos de interruptores para casi todos los circuitos ramales de 120 VCA, de 10 A a 20 A en residencias, utilizando cualquiera de los métodos descritos en las ***Secciones 210.12(A)(1) a 210.12(A)(6) del NEC***.
- *Interruptor GFCI:* incluye circuitos para controlar las corrientes en ambos conductores del circuito. Si hay un desequilibrio de esas corrientes de 6 mA o más, el interruptor abrirá el circuito como se ha descrito anteriormente. Los interruptores GFCI tienen diferentes rangos para enfatizar la protección de las personas, los equipos o ambos.
- *Interruptor neutro conmutado:* este interruptor desconecta el conductor neutro o puesto a tierra simultáneamente con todos los conductores no puestos a tierra. Los interruptores que conmutan los conductores puestos a tierra se utilizan en instalaciones tales como equipos dispensadores de combustible (***Sección 514.11 del NEC***).
- *Interruptor no automático:* no tiene dispositivos para proteger el circuito contra eventos de sobrecorriente. Se utiliza como medio para desconectar manualmente los circuitos accionando el mango, de forma similar a un interruptor de desconexión sin fusibles. También se conoce como *interruptor de caja moldeada*.

Conozca el código

Circuitos ramales de no más de 1000 voltios CA, 1500 voltios CC, nominal
Artículo 210 del NEC

Conozca el código

Instalaciones de distribución de combustibles de motor
Artículo 514 del NEC

Piénselo

Instalación de interruptores automáticos

Además de utilizar el tamaño correcto del interruptor automático (en términos de corriente de disparo y corriente de interrupción), ¿qué otros factores deben tenerse en cuenta al seleccionar e instalar un interruptor automático en un panel?

2.0.0 Repaso de la sección

1. Un fusible de 250 A tiene un tamaño de marco de _____.
   a. 250 A
   b. 300 A
   c. 350 A
   d. 400 A

2. A 300% de su corriente nominal, un interruptor automático de 600 V *debe* dispararse en ______.
   a. 7 milisegundos
   b. 0.7 segundos
   c. 7 segundos
   d. 70 segundos

3.0.0 Dimensionamiento y selección de fusibles

Tarea práctica

1. Proporcione la siguiente información de al menos un interruptor automático y un fusible:
   - Número de polos
   - Capacidad de carga
   - Voltaje nominal
   - Capacidad de interrupción del amperaje

Objetivo

Explicar cómo dimensionar y seleccionar los fusibles.

a. Describir los valores nominales de los fusibles y su significado.
b. Identificar y describir las distintas formas, clases y marcas de los fusibles.
c. Explicar cómo se dimensionan y seleccionan los fusibles.
d. Explicar cómo se coordinan los dispositivos de protección contra sobrecorriente en un circuito.

Un fusible es el dispositivo más sencillo para abrir un circuito eléctrico cuando fluye una corriente excesiva debido a una sobrecarga o a condiciones de falla. Un eslabón o eslabones fusibles encapsulados en un tubo y conectados a terminales de contacto describen los elementos fundamentales del fusible básico. La resistencia eléctrica del eslabón es tan baja que simplemente actúa como conductor.

Cada fusible debe conectarse en serie con cada conductor de fase, de modo que la corriente que circule por el conductor o hacia cualquier carga también deba pasar por el fusible. El valor nominal de corriente continua del fusible en amperios establece la cantidad máxima de corriente que el fusible soportará sin abrirse. Cuando el flujo de corriente del circuito supera este valor, el eslabón del fusible se funde debido al calor y abre el circuito.

3.1.0 Clasificaciones y marcas de fusibles

Los fusibles se fabrican en una amplia variedad de tipos, tamaños y voltajes nominales, tanto para circuitos de bajo voltaje (600 V e inferiores) como de voltaje medio (más de 600 V). En las secciones siguientes se ofrecen detalles sobre las clasificaciones esenciales.

3.1.1 Clasificación por voltaje

La mayoría de los fusibles de distribución de energía de bajo voltaje tienen valores nominales de 250 V o 600 V. Otros valores disponibles son 125 V y 300 V. El voltaje nominal de un fusible debe ser al menos igual al voltaje del circuito. Puede ser mayor, pero nunca menor.

Por ejemplo, un fusible de 600 V puede utilizarse en un circuito de 208 V. Utilizar un fusible dentro de su voltaje nominal garantiza que pueda suprimir el arco interno que se produce cuando se abre o "funde". Si se utiliza un fusible con un voltaje nominal inferior al voltaje del circuito, la supresión del arco se ve afectada y puede que el fusible no contenga el problema.

3.1.2 Clasificación por amperaje

Cada fusible tiene un amperaje específico. El tipo de carga y los requisitos del código deben tenerse en cuenta a la hora de seleccionar la ampacidad de un fusible.

Normalmente, el amperaje de un fusible no debe superar la capacidad de transporte de corriente de los conductores del circuito. Por ejemplo, si un conductor tiene una capacidad nominal de 20 A, se debe utilizar un fusible de 20 A en el circuito conductor. Sin embargo, hay algunas aplicaciones en las que el amperaje nominal puede ser superior a la capacidad de transporte de corriente de los conductores.

Un ejemplo es el circuito de un motor. Por lo general, un **fusible de doble elemento** puede tener un valor nominal del 175% del amperaje a plena carga (FLA) del motor, mientras que un fusible sin retardo de tiempo puede tener un tamaño de hasta el 300% del FLA.

Fusible de elemento doble (*Dual-element fuse*): fusible con dos características, que suele combinar un límite de sobrecorriente y un retardo de tiempo antes de la activación.

El amperio nominal de una combinación de fusible e interruptor suele seleccionarse al 125% de la corriente de carga. También en este caso hay excepciones, como cuando la combinación fusible-interruptor está aprobada para funcionamiento continuo.

Al igual que los interruptores automáticos, es importante que los fusibles elegidos sean capaces de soportar las mayores corrientes potenciales de cortocircuito y falla. La capacidad de interrupción de la mayoría de los interruptores automáticos de caja moldeada de circuitos ramales que se utilizan normalmente en aplicaciones residenciales es de 10,000 A. La clasificación suele expresarse como "10,000 AIC". Los interruptores automáticos más grandes y costosos pueden tener valores de 14,000 AIC o superiores.

En cambio, la mayoría de los fusibles limitadores de corriente tienen una capacidad de interrupción de 200,000 A y suelen utilizarse para proteger interruptores automáticos de menor potencia. La *Sección 110.9 del NEC* exige que los dispositivos de protección contra sobrecorriente tengan un valor nominal de interrupción al voltaje nominal del circuito igual o superior a la corriente de falla disponible.

Conozca el código

Requisitos generales
de las instalaciones eléctricas
Artículo 110 del NEC

Víctimas de huracanes e inundaciones

La Comisión para la Seguridad de los Productos de Consumo de Estados Unidos (CPSC) dio una advertencia a las víctimas de huracanes e inundaciones. Los interruptores automáticos, GFCI y fusibles que se hayan sumergido en agua deben sustituirse para evitar electrocuciones, explosiones e incendios. Esto también se aplica a los paneles y dispositivos eléctricos en general.

El agua de las inundaciones y los sedimentos atrapados en el interior de los dispositivos eléctricos pueden impedir su funcionamiento correcto. Además, el limo, la arena y la sal también pueden permitir el rastreo entre conductores, barras conductoras y puntos de conexión.

3.1.3 Clasificaciones por retardo de tiempo

La capacidad de retardo de tiempo de un fusible se establece mediante pruebas estándar de UL. Todos los fusibles tienen una *característica de corriente de tiempo inverso*. Es decir, el fusible se abrirá rápidamente en respuesta a una corriente muy alta. Para eventos de baja sobrecorriente, primero debe transcurrir el retardo de tiempo antes de que se abra el fusible.

Algunos tipos de fusibles tienen valores de retardo de tiempo específicos. Porejemplo, el requisito básicode UL respecto a los fusibles de clase RK-1, RK-15 y J marcados con "retardo de tiempo" es que el fusible debe ser capaz de absorber una corriente igual a cinco veces su capacidad nominal continua durante un período de al menos diez segundos. Tenga en cuenta que UL no ha desarrollado pruebas de retardo de tiempo para todas las clases de fusibles.

Algunos fusibles están diseñados para utilizarse cuando se necesita tanto un retardo de tiempo como una limitación de corriente para cortocircuitos de alto nivel. Siempre se debe consultar la documentación del fabricante para asegurarse de que cualquier función de retardo de tiempo es adecuada para las características de funcionamiento del circuito que se está protegiendo.

3.2.0 Formas y marcas de fusibles

Los fusibles para hogares y empresas suelen presentarse en tres formas diferentes. Por supuesto, también hay diferentes tipos de fusibles y clasificaciones dentro de esas tres formas.

Piénselo

Todo reunido

Examine la acometida eléctrica de su vivienda. ¿Utiliza fusibles o interruptores automáticos? ¿Cuáles son los amperajes indicados? ¿Hay interruptores dobles? ¿A qué dispositivos sirven? ¿Su caldera o sistema de calefacción, ventilación y aire acondicionado utiliza un fusible de desconexión adyacente a la unidad? Si los fusibles o interruptores no están etiquetados, tómese su tiempo para etiquetarlos ahora. ¿Puede visualizar los circuitos internos de su vivienda en función de las zonas que están conectadas al mismo interruptor?

3.2.1 Fusibles de enchufe

Los fusibles de enchufe existen desde hace muchos años, pero hoy en día son muy poco frecuentes. Normalmente solo se encuentran en los edificios más antiguos.

Los fusibles de enchufe tienen una base roscada para su instalación en un panel de distribución o en un portafusibles. Hay dos diseños de base estándar, como se muestra en la *Figura 11*. El fusible de enchufe con base Edison tiene un diámetro mayor que el fusible de tipo S y el cuerpo es metálico, ya que la parte roscada actúa como punto de contacto para el lado de carga del fusible. El contacto de la base está conectado al lado de línea del circuito. El tamaño de la rosca y el paso de la base Edison corresponden a la base de una lámpara incandescente de casquillo medio estándar.

La principal desventaja del fusible de enchufe Edison es que se fabrica en varias potencias hasta 30 A, todas con la misma base. Esto permite el acto inseguro de sustituir un fusible fundido por otro de mayor capacidad, disminuyendo la protección del circuito. Existen adaptadores que permiten utilizar un fusible de tipo S, en lugar de un fusible Edison, ya que el fusible de tipo S tiene un cuerpo más pequeño. Los fusibles Edison solo se permiten como sustitución en instalaciones existentes. Todos los trabajos nuevos que incluyan fusibles de enchufe, lo que, de nuevo, es poco frecuente actualmente, deben utilizar fusibles de tipo S de acuerdo con la *Sección 240.51(B) del NEC*.

La parte roscada del fusible tipo S es más delgada y no conductora. El contacto eléctrico superior es una fina cinta metálica en forma de muelle, como se muestra en la *Figura 11*. Los fusibles tipo S se crearon para reducir la posibilidad de sobrefusionar un circuito, lo que permitía la base Edison.

Existen 15 clasificaciones de fusibles de tipo S, de 0 A a 30 A. Cada clasificación de corriente tiene una base de tamaño diferente y el adaptador correspondiente. Una vez que un adaptador se enrosca en un portafusibles Edison, se bloquea en su sitio y no puede extraerse sin ser destruido. En consecuencia, solo se puede insertar un fusible tipo S cuyo tamaño coincida con el del adaptador.

Ambos tipos de fusibles de enchufe tienen una tira de metal fusible dentro de una pequeña caja de porcelana o cristal. El eslabón fusible es visible a través de una ventana en la parte superior del fusible. Si el eslabón está roto o la ventanilla está negra o descolorida, significa que el fusible se ha fundido y debe ser sustituido. Tenga en cuenta que el estado de la ventana puede indicar por qué se fundió el fusible. Si el elemento está roto, pero la ventana no está ennegrecida, indica que se ha producido una sobrecarga. Si la ventana está negra y descolorida, suele indicar que se ha producido un cortocircuito, lo que ha provocado un arco más importante.

También existen fusibles de enchufe con retardo de tiempo que dejan pasar un breve período de sobrecorriente, soportando las corrientes de irrupción típicas de los motores. De hecho, todos los fusibles tipo S son fusibles de retardo de tiempo. Sin embargo, los fusibles Edison pueden ser estándar o de retardo de tiempo.

Se permite el uso de fusibles de enchufe en circuitos de no más de 125 V entre fases, pero también pueden utilizarse cuando el voltaje entre cualquier conductor sin puesta a tierra y tierra no supere los 150 V.

Tenga en cuenta que los fusibles de enchufe son **fusibles no renovables** Es decir, una vez que el fusible ha abierto el circuito, no puede renovarse ni utilizarse de nuevo. Debe sustituirse por un fusible nuevo de la misma potencia y características.

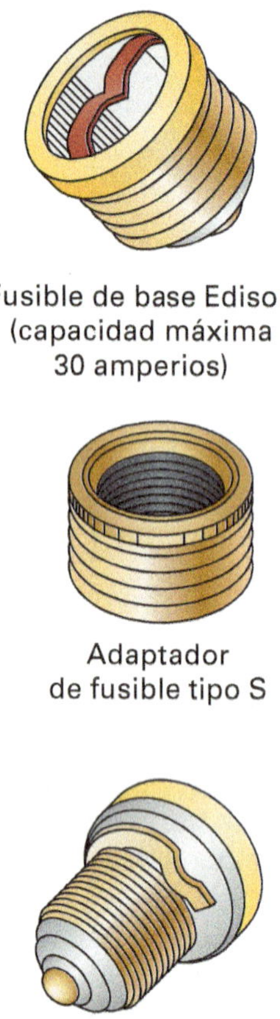

Figura 11 Fusibles de enchufe.
Fuente: Gazebo

Conozca el código

Protección contra sobrecorriente
Artículo 240 del NEC

Fusibles no renovables (*Nonrenewable fuses*): Fusibles que deben sustituirse después de interrumpir un circuito porque el eslabón fusible no puede sustituirse.

3.2.2 Fusibles de cartucho

Los fusibles de cartucho (*Figura 12*) son los más utilizados en las redes eléctricas. Ofrecen una amplia gama de tamaños y potencias. Los fusibles de cartucho antiguos solían ser renovables. Las tapas de los extremos podían retirarse y sustituir el eslabón fusible destruido, lo que permitía reutilizar el cuerpo del fusible. Sin embargo, presentaban un riesgo para la seguridad porque era demasiado fácil manipularlos y anular los dispositivos de seguridad incorporados. En consecuencia, se interrumpió la producción de fusibles de cartucho renovables. Todos los fusibles de cartucho son ahora desechables una vez fundidos.

Los fusibles de cartucho están disponibles con un elemento único o doble. Estos dos tipos se analizan con más detalle en las secciones siguientes.

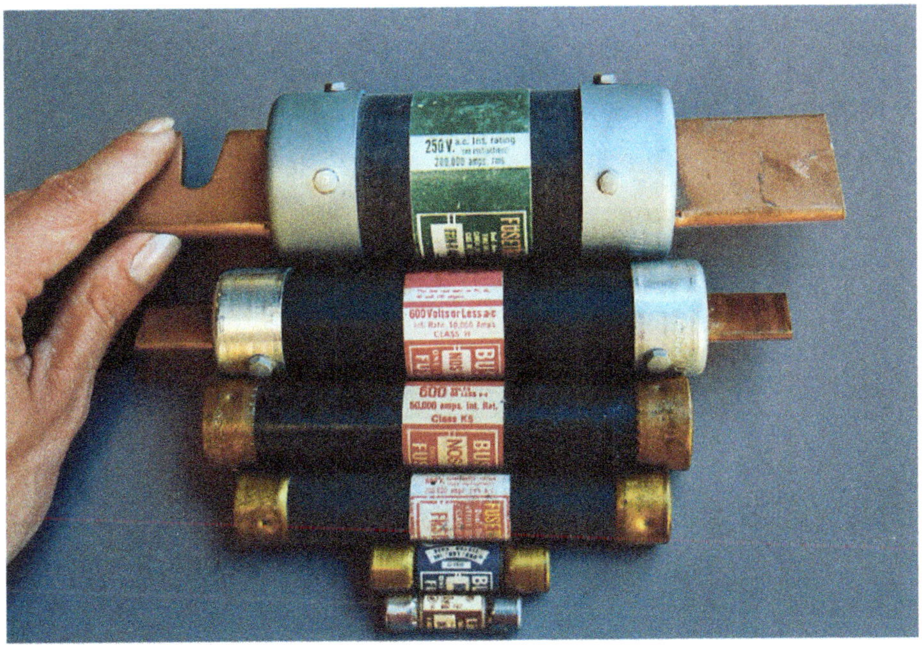

Figura 12 Fusibles de cartucho.

Fusibles de cartucho de elemento único

El componente básico del fusible de un elemento único es el eslabón fusible. A pesar de su nombre, un fusible de un elemento único puede tener más de un eslabón fusible. Están conectados eléctricamente a las *cuchillas* extremas o *casquillos* y encerrados en un cartucho redondo rodeado de un material de relleno que apaga el arco.

En condiciones normales de funcionamiento, cuando el fusible está en su amperaje nominal o cerca de él, funciona simplemente como un conductor. Sin embargo, si se produce un evento de sobrecorriente y persiste durante más de un breve intervalo, la temperatura del eslabón acaba alcanzando un nivel que provoca la fusión de un segmento restringido del enlace. Comienza a formarse un espacio y se produce un arco eléctrico a través de las porciones restantes.

A medida que el arco hace que el metal del enlace continúe ardiendo, la brecha se hace progresivamente más grande. La resistencia eléctrica a través del espacio finalmente alcanza un nivel que hace que el arco se extinga. El fusible interrumpe el paso de la corriente por el circuito. La supresión del arco también se ve acelerada por el material de relleno que lo rodea.

Los fusibles de elemento único responden muy rápidamente a los eventos de sobrecorriente. Proporcionan una excelente protección de los componentes contra cortocircuitos. Sin embargo, las sobrecargas temporales inofensivas o las sobrecorrientes pueden provocar aperturas molestas, a menos que los fusibles estén intencionalmente sobredimensionados. Por ello, se utilizan mejor en circuitos que no estén sometidos a fuertes sobrecorrientes transitorias ni a las sobrecargas temporales que provocan de forma natural las cargas inductivas, como motores y transformadores. Dado que los fusibles de elemento único responden rápidamente a las corrientes de cortocircuito, son muy adecuados para la protección de interruptores automáticos de baja capacidad de interrupción.

Fusibles de cartucho de elemento doble

A diferencia de los fusibles de elemento único, el fusible de elemento doble puede aplicarse en circuitos sometidos a sobrecargas temporales del motor y sobrecorrientes. Pueden proporcionar protección de alto rendimiento contra cortocircuitos y sobrecargas.

El fusible de elemento doble contiene dos tipos distintos de elementos en serie. Los eslabones fusibles, similares a los utilizados en el fusible de elemento único, realizan la función de protección contra cortocircuitos. El eslabón de sobrecarga proporciona protección contra eventos de sobrecorriente de bajo nivel o sobrecargas. El eslabón de sobrecarga soportará una sobrecarga 5 veces superior al amperaje nominal del fusible durante un mínimo de 10 segundos.

La sección de sobrecarga consta de un absorbedor de calor de cobre y un conjunto de gatillo accionado por resorte. La tira absorbente de calor está permanentemente conectada al primer eslabón de cortocircuito y al segundo eslabón de cortocircuito en el extremo opuesto del fusible mediante el conector en forma de S del conjunto de disparo. El conector une electrónicamente el único eslabón de cortocircuito con el absorbedor de calor en la sección de sobrecarga del fusible. Estos elementos se unen mediante una aleación de fusión calibrada.

Una corriente de sobrecarga provoca el calentamiento del eslabón de cortocircuito conectado al conjunto de disparo. La transferencia de calor del eslabón de cortocircuito al absorbedor de calor de la sección media comienza a aumentar la temperatura del absorbedor de calor. Si la sobrecarga se mantiene, la temperatura del absorbedor de calor permite finalmente que el muelle de disparo fracture la aleación de fusión calibrada y libere el conector. El eslabón de cortocircuito se desconecta eléctricamente del absorbedor de calor, se abre la vía de conducción a través del fusible y se interrumpe la corriente de sobrecarga. Una característica crítica de la aleación fusible es que conserva su característica original tras repetidas sobrecargas temporales sin degradarse.

Los fusibles de elemento doble pueden utilizarse en circuitos distintos de los que alimentan cargas inductivas, como los circuitos de alumbrado y los que alimentan cargas mixtas de alumbrado y potencia. La construcción de baja resistencia de los fusibles ofrece un funcionamiento más frío del equipo, lo que permite una mayor carga de fusibles en interruptores y cajas de paneles sin daños por calor ni molestas aperturas por exceso de calor ambiente.

3.2.3 Clases y marcas de fusibles

La mayoría de los fusibles se utilizan para la protección de circuitos ramales y alimentadores en sistemas que funcionan a 600 V o menos. Los fusibles de cartucho de esta categoría incluyen las clases UL H, K, G, J, R, T, CC y L. También hay muchos tipos de fusibles diversos utilizados para fines especiales o para la protección suplementaria de equipos eléctricos. Todos los fusibles han sido probados y catalogados por UL de acuerdo con las normas establecidas de construcción y rendimiento.

La Sección 240.60(C) del NEC exige que cualquier fusible de cartucho utilizado para protección de circuitos ramales o alimentadores esté claramente marcado, ya sea imprimiendo en el cilindro del fusible o pegando una etiqueta al cilindro que muestre lo siguiente:

- Amperaje nominal
- Voltaje nominal
- Capacidad de interrupción (si es distinto de 10,000 A)
- Limitación de corriente, si corresponde
- El nombre o la marca del fabricante

Conozca el código

Protección contra sobrecorriente
Artículo 240 del NEC

3.3.0 Dimensionamiento de fusibles

En las siguientes secciones se repasan las directrices generales para dimensionar los fusibles de la mayoría de los circuitos que encontrará. Algunas aplicaciones específicas requieren una reflexión adicional. En estos casos, deben tenerse en cuenta las características de la carga y las secciones apropiadas del *NEC®*. Las selecciones que se muestran en las siguientes secciones no son, en todos los casos, los valores máximos o mínimos de corriente que permite el *NEC®*. Tampoco se incluyen aquí los factores de demanda que permite el *NEC®*.

3.3.1 Dimensionamiento de fusibles de doble elemento con retardo de tiempo

Entre las consideraciones de aplicación de los fusibles de retardo de tiempo de elemento doble se incluyen las siguientes:

- *Acometida principal:* todos los conductores de entrada de acometida sin puesta a tierra deben tener un dispositivo de sobrecorriente en serie con una capacidad de amperios no superior a la del conductor. Las excepciones se pueden encontrar en la *Sección 230.90(A) del NEC, Conductor sin puesta a tierra*. Como se especifica en la *Sección 230.91 del NEC*, el dispositivo de sobrecorriente debe formar parte del aparato de desconexión de la acometida o estar situado junto a él.

Conozca el código

Acometidas
Artículo 230 del NEC

- *Circuito de alimentación sin carga de motor:* el tamaño del fusible debe ser de al menos el 125% de la carga continua, más el 100% de la carga no continua.
- *Circuito del alimentador con todas las cargas de motor:* para todos los motores conectados al mismo alimentador, seleccione el dispositivo de sobrecorriente del circuito ramal más grande y sume el 100% de la corriente a plena carga de los motores. Tenga en cuenta que el *NEC®* no permite aumentar el tamaño; debe reducirlo.
- *Circuito de alimentación con cargas mixtas:* seleccione el fusible de circuito ramal de motor más grande y sume el 100% de la corriente a plena carga de todos los demás motores. A continuación, sume el 125% de la carga continua no motorizada y el 100% de la carga no continua no motorizada para determinar el valor total.
- *Circuito ramal sin carga de motor:* el tamaño del fusible debe ser como mínimo el 125% de la carga continua más el 100% de la carga no continua.

Clases de fusibles

Los fusibles de cartucho están clasificados por UL según sus rangos máximos de voltaje y amperaje. Los valores típicos asignados para las clasificaciones comunes de fusibles son los siguientes:

- *Clase G:* 480 V, 1 A a 60 A, capacidad de interrupción de 100,000 rms simétricos; catalogado como limitador de corriente
- *Clase H:* 250/600 V, 1 A a 600 A, capacidad de interrupción de 10,000 rms simétricos
- *Clase J:* 600 V, 1 A a 600 A, capacidades de interrupción de 200,000 rms a 300,000 rms simétricos; catalogados como limitadores de corriente
- *Clase K:* 250/600 V, $\frac{1}{10}$A a 600 A, capacidades de interrupción de 50,000 rms a 200,000 rms simétricos
- *Clase L:* 600 V, 601 A a 6,000 A, capacidades de interrupción de 200,000 rms a 300,000 rms simétricos; catalogados como limitadores de corriente
- *Clase R:* 250/600 V, $\frac{1}{10}$A a 600 A, capacidad de interrupción de 200,000 rms simétricos; catalogado como limitador de corriente
- *Clase T:* 300/600 V, 1 A a 1,200 A, capacidad de interrupción de 200,000 rms simétricos; catalogado como limitador de corriente
- *Clase CC:* 600 V, $\frac{1}{10}$A a 30 A, capacidad de interrupción de 200,000 rms simétricos; catalogado como limitador de corriente

3.3.2 Dimensionamiento de fusibles sin retardo de tiempo

Entre las consideraciones de aplicación de los fusibles sin retardo de tiempo se incluyen las siguientes:

- *Acometida principal:* cada conductor de entrada de acometida sin puesta a tierra debe tener un dispositivo de protección contra cortocircuitos, ya sea en el lado de carga del interruptor de entrada de acometida o como parte del interruptor. Debe ser capaz de gestionar corrientes que superen su ajuste de disparo o punto de fusión hasta la corriente de falla disponible. Una opción aceptable es un fusible clasificado para acometida continua a no más de tres veces la ampacidad del conductor. También es una opción usar un interruptor automático con un ajuste de disparo no superior a seis veces la corriente admisible de los conductores.
- *Circuito alimentador sin carga de motor:* el fusible está dimensionado para al menos el 125% de la carga continua más el 100% de la carga no continua.
- *Circuito alimentador con todas las cargas de motor:* seleccione el dispositivo de sobrecorriente del circuito ramal más grande y, a continuación, sume el 100% de la corriente a plena carga de todos los demás motores del mismo alimentador. Recuerde que el *NEC®* no permite aumentar el tamaño, solo reducirlo.
- *Circuito de alimentación con cargas mixtas:* seleccione el fusible de circuito ramal de motor más grande y sume el 100% de la corriente a plena carga de todos los demás motores. A continuación, sume el 125% de la carga continua no motorizada y el 100% de la carga no continua no motorizada para alcanzar el total.
- *Circuito ramal sin carga de motor:* el tamaño del fusible debe ser como mínimo el 125% de la carga continua más el 100% de la carga no continua.

A la hora de dimensionar los fusibles para una aplicación determinada, es esencial disponer de un esquema del sistema. Estos planos no tienen por qué ser detallados; basta con un esquema de una sola línea, como el de la *Figura 13*.

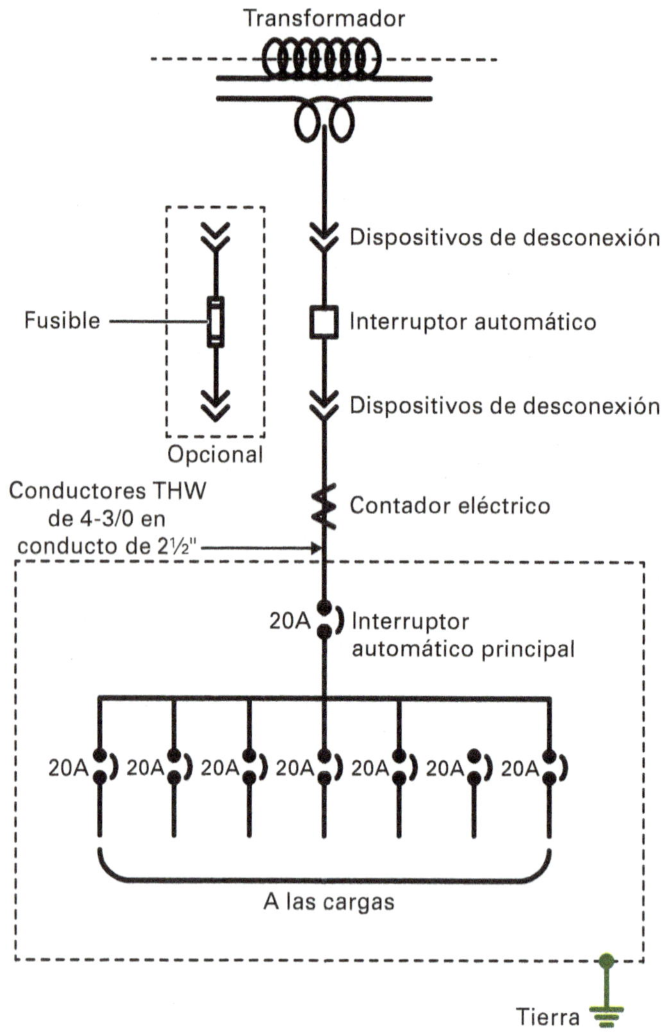

Figura 13 Diagrama esquemático típico de una línea que muestra los dispositivos de protección contra sobrecorriente.

Veamos un ejemplo. Supongamos que hay un motor de 25 hp en un circuito con la siguiente información:

- Motor de inducción de barras de CA
- Requiere arranque a pleno voltaje
- FLA de 31.6 A con un factor de servicio (SF) de 1.15
- Código NEMA letra F

Además, hay dos motores de 30 hp con la siguiente información:

- Motores de inducción de rotor bobinado de CA
- La corriente primaria nominal es de 36.4 A
- La corriente secundaria nominal es de 65 A a un aumento de 40 °C

Los motores están alimentados por una fuente de 460 V, 3ϕ, 60 Hz. La ampacidad del alimentador, la protección contra sobrecarga del motor, la protección contra cortocircuito y corriente de falla del circuito ramal y la protección del alimentador se determinan como sigue:

- *Ampacidad del alimentador:* la corriente a plena carga utilizada para determinar la ampacidad de los conductores del motor de 25 hp es de 34 A, según la ***Sección 430.6(A)(1) y la tabla 430.250 del NEC***. Una corriente a plena carga de 34 A × 1.25 = 42.5 A, según la ***Sección 430.22 del NEC***. Por lo tanto, el valor de corriente a plena carga utilizado para determinar la ampacidad de los conductores primarios de cada motor de 30 hp es de 40 A, según la ***Sección 430.6(A)(2) y la tabla 430.250 del NEC***. Una corriente primaria a plena carga de 40 A × 1.25 = 50 A, según la ***Sección 430.22 del NEC***. Una corriente secundaria a plena carga de 65 A × 1.25 = 81.25 A, según la ***Sección 430.23(A) del NEC***. Por lo tanto, la ampacidad del alimentador será (40 A × 1.25) + 40 A + 34 A = 124 A, según la ***Sección 430.24 del NEC***.
- *Sobrecarga:* cuando está protegido por un dispositivo de sobrecarga separado, un motor de 25 hp con un FLA de 31.6 A debe tener una protección de sobrecarga que no puede superar el 125% del FLA, o 39.5 A, según las ***Secciones 430.6(A)(2) y 430.32(A)(1) del NEC***. La protección contra sobrecargas de cada uno de los motores de 30 hp con una corriente primaria de 36.4 A no debe superar los 45.5 A, según la ***Sección 430.6(A) del NEC***. Si la protección contra sobrecarga no es suficiente para permitir el arranque del motor debido a la corriente de irrupción, puede aumentarse de acuerdo con la ***Sección 430.32(C) del NEC***. Se considera que los motores marcados como "protegidos térmicamente" tienen protección contra sobrecargas según las ***Secciones 430.7(A)(13) y 430.32(A)(2) del NEC***.
- *Cortocircuito del circuito ramal y corriente de falla:* si se trata de un fusible sin retardo de tiempo, el circuito ramal del motor de 25 hp debe tener una protección contra cortocircuito y corriente de falla no superior al 300%. Esto es 3 × 34 A FLA = 102 A, según la ***tabla 430.52(C)(2) del NEC***. El siguiente fusible estándar más pequeño es de 100 A. El tamaño del fusible puede aumentarse a 110 A, según la ***Sección 430.52(C)(1)(a) y la Sección 240.6 del NEC***. Si el valor máximo de la protección contra cortocircuitos y corrientes de falla no permite que el motor arranque debido a la corriente de irrupción, el valor del fusible sin retardo de tiempo puede aumentarse hasta el 400%, o cuatro veces el FLA, según la ***Sección 430.52(C)(1)(b) del NEC***. Si se va a utilizar un fusible de retardo de tiempo, revise la ***Sección 430.52(C)(1)(b)(2) del NEC***.
- *Circuito de alimentación:* la capacidad máxima del dispositivo de protección de alimentación se basa en la suma del dispositivo de protección del circuito ramal más grande (en este caso, un fusible de 110 A) más la suma de las corrientes a plena carga de los demás motores. La suma de las corrientes a plena carga de los demás motores es igual a 80 A. Por lo tanto, la potencia nominal total es de 80 A + 110 A = 190 A. El fusible estándar más cercano que no supera este valor es 175 A, seleccionado según la ***Sección 430.62(A) del NEC***. Aunque el número se acerca más al tamaño común de fusible de 200 A, recuerde que no puede aumentar el tamaño.

Conozca el código

Motores, circuitos de motores y controladores

Artículo 430 del NEC

Fusibles limitadores de corriente

Los fusibles limitadores de corriente tienen una respuesta mucho más rápida a las corrientes de cortocircuito y se suelen utilizar para proporcionar protección a redes, alimentadores, interruptores automáticos y otros componentes que carecen de una capacidad de interrupción adecuada.

3.4.0 Coordinación de dispositivos de protección contra sobrecorriente

Coordinación es el término asignado a la relación tiempo-corriente entre dispositivos de protección contra sobrecorriente conectados en serie. Incluye los fusibles del alimentador principal, los alimentadores secundarios y los circuitos ramales.

La seguridad es la consideración primordial en el funcionamiento de los fusibles. Sin embargo, la coordinación de sus características también es una consideración esencial. Cada fusible correctamente seleccionado y clasificado para su aplicación sigue sin maximizar la seguridad. Aún es posible que una falla en un alimentador abra el fusible de acometida principal antes de que se abra el fusible del alimentador. Una falla en un circuito ramal puede abrir el fusible del alimentador antes de que se abra el dispositivo del circuito ramal.

Se dice que estas aplicaciones *no están coordinadas* o *no son selectivas*, lo que significa que el fusible más cercano a la falla no es más rápido que el más alejado de ella. Cuando una falla en un alimentador abre el fusible de la acometida principal, en lugar del fusible del alimentador, todo el sistema eléctrico queda fuera de servicio en lugar de solo el alimentador averiado. Una coordinación eficaz minimiza el alcance de los cortes eléctricos cuando se produce una falla. Así se minimizan las pérdidas de producción, la interrupción de procesos críticos o la pérdida de acometidas vitales de las instalaciones.

La *coordinación selectiva* es la selección de dispositivos de sobrecorriente con características de tiempo e intensidad que garantizan la eliminación de una falla o cortocircuito mediante el dispositivo más cercano a la falla en el lado de la línea. Una falla en un circuito ramal es eliminada por el dispositivo de circuito ramal. Los dispositivos de sobrecorriente del alimentador secundario, alimentador y acometida principal no deben responder. Con la coordinación selectiva, solo se pone fuera de servicio la parte averiada del sistema para minimizar la interrupción.

Cada dispositivo coordinado selectivamente está dimensionado para la corriente de falla máxima a la que puede estar expuesto. La coordinación se consigue estudiando las curvas tiempo/corriente del dispositivo. La selección se hace entonces de modo que el dispositivo más cercano a cualquier carga sea más rápido que todos los dispositivos más cercanos a la alimentación principal. Cada dispositivo que retroceda hacia la entrada de acometida debe ser más rápido que los dispositivos más cercanos al suministro. Los fusibles de la acometida principal deben tener el mayor tiempo de apertura para permitir que los demás, situados aguas abajo, respondan primero.

La protección contra sobrecorriente es una parte esencial de cualquier sistema eléctrico. A continuación, se indican algunas medidas de precaución importantes que deben tenerse en cuenta al trabajar con dispositivos e instalaciones de protección contra sobrecorriente:

- Asegúrese de que el interruptor o interruptor automático esté abierto antes de realizar cualquier inspección o cambio en un dispositivo de sobrecorriente o en el circuito que protege. Respete siempre los procedimientos de bloqueo y etiquetado (LOTO) adecuados.
- Asegúrese de que todos los componentes son compatibles entre sí y con el sistema en el que se utilizan. Hay muchos factores que deben tenerse en cuenta cuando intervienen varios dispositivos.
- Cuando un dispositivo de protección contra sobrecorriente abre un circuito, determine el motivo antes de limitarse a cambiar los fusibles o restablecer un interruptor automático. Es posible que una falla grave no dañe el circuito o el equipo la primera vez, pero la exposición repetida a una corriente de irrupción elevada acabará pasando factura.
- Asegúrese de que los interruptores automáticos ajustables están calibrados con precisión. Consulte los detalles de calibración en las instrucciones del fabricante. Un ajuste impreciso del interruptor automático es uno de los errores más peligrosos relacionados con la corriente de falla.
- Cuando realice pruebas, utilice el interruptor de prueba para disparar los dispositivos de una fase cada vez.
- Nunca sustituya un fusible ni un interruptor automático que tenga una capacidad nominal superior a la de los conductores del circuito hacia abajo (downstream).

Piénselo

Retiro del fusible de cartucho

Una vez que el mango de encendido y apagado de un interruptor general está en la posición apagado y se ha abierto la puerta, ¿existe algún peligro al retirar o instalar los fusibles de cartucho?

3.0.0 Repaso de la sección

1. ¿Cuál de las siguientes es una combinación aceptable?
   a. Fusible de 30 A utilizado para proteger un circuito no motorizado de 20 A
   b. Fusible de 45 A utilizado para proteger un circuito no motorizado de 10 A
   c. Fusible de 30 A sin retardo de tiempo utilizado para proteger un motor de 15 A
   d. Fusible de elemento doble de 45 A utilizado para proteger un motor de 15 A

2. Los fusibles con base Edison se siguen utilizando en la construcción de viviendas unifamiliares nuevas.
   a. Verdadero
   b. Falso

3. Cuando se dimensiona un fusible sin retardo de tiempo para un circuito ramal sin carga de motor, el tamaño del fusible debe ser de *al menos* ______.
   a. 125% de la carga continua más 100% de la carga no continua
   b. 150% de la carga continua
   c. 100% de la carga continua más 100% de la carga no continua
   d. 200% de la carga no continua

4. La coordinación selectiva se utiliza en sistemas complejos para ______.
   a. apagar todo el sistema si se produce una falla en un alimentador
   b. garantizar que el dispositivo más cercano a cualquier carga sea más rápido que todos los dispositivos más cercanos a la alimentación
   c. permitir que las fallas de los circuitos ramales disparen tanto los dispositivos de sobrecorriente del alimentador como los de acometida
   d. garantizar que los fusibles de la acometida principal tengan el tiempo de apertura más corto posible en caso de falla en un ramal o alimentador

Módulo 26210-23 Preguntas de repaso

1. Cada interruptor automático debe tener su capacidad de interrupción indicada en el interruptor automático, *a menos que* esté clasificado para _____.
   a. 1,000 A
   b. 5,000 A
   c. 10,000 A
   d. 65,000 A

2. Cuando se dispara un interruptor automático común, ¿en qué posición estará el mango de accionamiento?
   a. En la posición intermedia
   b. En la posición de encendido
   c. En la posición de apagado
   d. En la posición de restablecimiento

3. ¿Cuál es el valor nominal de voltaje *más alto* que UL reconoce para los interruptores automáticos de caja moldeada utilizados en sistemas de CC?
   a. 240 V
   b. 277 V
   c. 480 V
   d. 600 V

4. ¿Dónde se indica normalmente el amperaje en los interruptores automáticos?
   a. En el lateral de la caja moldeada
   b. En el mango
   c. Debajo del borne terminal
   d. En la parte inferior de la caja moldeada

5. ¿Cuál de las siguientes es la consideración *más* importante al trabajar con dispositivos de protección contra sobrecorriente?
   a. El nombre de la marca
   b. El tipo de proyecto
   c. La capacidad de interrupción correcta
   d. La edad del dispositivo

6. ¿Cuál es normalmente la corriente de cortocircuito *más alta* en aplicaciones residenciales?
   a. 10,000 A
   b. 30,000 A
   c. 50,000 A
   d. 100,000 A

7. ¿Cuál de las siguientes opciones describe *mejor* los casos en los que el *NEC*® permite el uso de fusibles con base Edison?
   a. Solo en instalaciones nuevas
   b. En circuitos clasificados por encima de 40 A
   c. En circuitos clasificados por debajo de 40 A
   d. Para sustituciones en instalaciones existentes

8. ¿Qué *debe* utilizarse junto con los fusibles de enchufe de tipo S cuando se instalan en un portafusibles Edison?
   a. Un adaptador tipo S
   b. Un centavo de cobre
   c. Un interruptor automático conectado en serie
   d. Un dispositivo de sujeción de tornillo prisionero

9. El eslabón de sobrecarga de un fusible de cartucho de elemento doble está diseñado para sostener temporalmente una corriente que es _____.
   a. 2 veces superior a su valor nominal de corriente
   b. 5 veces superior a su valor nominal de corriente
   c. 10 veces superior a su valor nominal de corriente
   d. 15 veces superior a su valor nominal de corriente

10. ¿Cuál de las siguientes opciones describe *mejor* un fusible de elemento doble?
   a. Un fusible con un límite de sobrecorriente y un retardo de tiempo antes de la activación
   b. Un fusible con dos puntos de fijación
   c. Un fusible con dos casquillos en cada extremo
   d. Un fusible con dos barriles

Las respuestas a las preguntas de repaso impares del módulo se encuentran en el *Apéndice A*.

Módulo 26210-23 Ejercicios suplementarios

1. ¿Cuál de los siguientes elementos contiene un interruptor automático estándar?
   a. Un conjunto de contactos
   b. Un elemento térmico
   c. Un elemento magnético
   d. Todas las anteriores

2. El interruptor automático estándar más pequeño es de ________.
   a. 5 A
   b. 10 A
   c. 15 A
   d. 20 A

3. ¿Qué es la capacidad de interrupción de amperaje (AIC)?

   ____

   ____

4. Un interruptor automático limitador de corriente proporciona protección hacia abajo (downstream) para ________.

5. Un interruptor de circuito por falla a tierra se disparará cuando la corriente de falla ________.
   a. sea 1 A o más
   b. sea 2 mA
   c. sea 6 mA o más
   d. alcance la ampacidad nominal del circuito

6. Un fusible de elemento doble puede aplicarse en circuitos para proporcionar protección contra cortocircuitos y ________.

7. Una condición de sobrecorriente puede definirse como ________.
   a. una corriente de sobrecarga
   b. una corriente de cortocircuito
   c. una corriente de sobrecarga o de cortocircuito

8. Cada conductor de entrada de acometida sin puesta a tierra tendrá ________ en serie con un amperaje no superior al del conductor.

9. Coordinación es el nombre que recibe ________.
   a. el dimensionamiento de todos los dispositivos de sobrecorriente desde la acometida hasta el circuito ramal
   b. el dimensionamiento de los paneles de distribución para alojar los interruptores automáticos adecuados
   c. el dimensionamiento de los fusibles tipo S
   d. la relación tiempo-corriente de dispositivos de sobrecorriente conectados en serie

10. ¿Verdadero o falso? Los fusibles de base Edison son obsoletos y no deben utilizarse en instalaciones nuevas.

Las respuestas a los ejercicios suplementarios impares se encuentran en el *Apéndice B*.

Respuestas a las preguntas de repaso de la sección

Respuesta	Referencia de la sección	Objetivo
Sección 1.0.0		
1. b	1.1.0	1a
2. a	1.2.0	1b
Sección 2.0.0		
1. d	2.1.0	2a
2. d	2.2.2	2b
Sección 3.0.0		
1. c	3.1.2	3a
2. b	3.2.1	3b
3. a	3.3.2	3c
4. b	3.4.0	3d

Actualización de usuario

¿Ha encontrado un error? Visite **https://www.nccer.org/olf** o escanee el código QR con su dispositivo móvil.

ESCANÉAME

MÓDULO 26211-23

Sistemas de control y conceptos fundamentales

Fuente: iStock@ampols

Objetivos

La exitosa finalización de este módulo lo prepara para realizar lo siguiente:

1. Identificar y explicar el cableado de los contactores magnéticos y mecánicos.
   a. Describir los contactores y relés y su aplicación a los circuitos de iluminación.
   b. Explicar cómo completar las conexiones del contactor del motor de avance y retroceso.
   c. Explicar cómo seleccionar contactores de sujeción mecánica.
2. Identificar y explicar cómo resolver problemas en diversos relés.
   a. Identificar y describir los relés de control.
   b. Identificar y describir los relés de estado sólido.
   c. Identificar y describir los relés de sobrecarga y sus clasificaciones.
   d. Explicar cómo resolver problemas en los relés.
3. Describir los sistemas de control de iluminación de bajo voltaje y sus requisitos de instalación.
   a. Identificar los componentes de los sistemas de iluminación y las características operativas.
   b. Describir cómo planificar e instalar un sistema básico de control de iluminación de bajo voltaje.

Tarea práctica

Bajo supervisión, usted debería poder hacer lo siguiente:

1. Montar y conectar un contactor de iluminación de 120 V con un control de pulsador de tres hilos.

Visión General

Los contactores se utilizan para establecer y romper el circuito eléctrico que da servicio a cargas de alta corriente, como los motores. Sin embargo, cuando se utiliza en la mayoría de los circuitos de motor, debe añadirse una protección contra sobrecarga del motor para crear lo que se conoce como *arrancador de motor*. Los relés son dispositivos electromagnéticos que se utilizan para proporcionar control adicional sobre arrancadores de motor, contactores, solenoides, temporizadores y otras cargas de baja corriente. Este módulo describe los principios de funcionamiento de los contactores, los arrancadores de motor y los relés, y explica cómo instalar y resolver problemas en circuitos de control sencillos.

NOTA

Recursos digitales sobre electricidad

ESCANÉAME

Escanee este código con la cámara de su teléfono o dispositivo móvil para ver los recursos digitales relacionados con este oficio.

NCCER Credenciales reconocidas en la industria

Si se está capacitando a través de un patrocinador acreditado por el NCCER, puede ser elegible para obtener credenciales del NCCER. El número de identificación de este módulo es 26211-23. Tenga en cuenta que este módulo puede haber sido utilizado en otros planes de estudios del NCCER y se puede aplicara la realización de otros niveles. Comuníquese con el NCCER al 1.888.622.3720 o visite **www.nccer.org** para obtener más información.

También puede mostrar en línea sus credenciales reconocidas por el sector con las insignias digitales de NCCER. Transforme sus conocimientos, habilidades, y logros en insignias que puede compartir en tus redes sociales, enviar a su red y agregar a su currículum. Para obtener más información, visite **www.nccer.org**.

1.0.0 Contactores magnéticos y mecánicos

Tareas Prácticas

Esta sección no contiene tareas prácticas.

Objetivo

Identificar y explicar el cableado de los contactores magnéticos y mecánicos.

a. Describir los contactores y relés y su aplicación a los circuitos de iluminación.
b. Explicar cómo completar las conexiones del contactor del motor de avance y retroceso.
c. Explicar cómo seleccionar contactores de sujeción mecánica.

Un contactor es un dispositivo de control electromagnético diseñado para manejar corrientes relativamente altas. El contactor tradicional es idéntico en apariencia, construcción y capacidad de transporte de corriente al arrancador de motor magnético de tamaño equivalente de la Asociación Nacional de Fabricantes Eléctricos (NEMA). El conjunto del imán y la bobina, los contactos, el enclavamiento del circuito de retención y otras características estructurales son básicamente los mismos. La diferencia principal es que un contactor no proporciona protección inherente contra sobrecargas, mientras que un arrancador de motor completo sí lo hace.

Establecer (*make*): cerrar un conjunto de contactos eléctricos abiertos.

Interrumpir (*break*): abrir un conjunto de contactos cerrados.

Los contactores se utilizan solos para **establecer** o **interrumpir** el circuito eléctrico a cargas resistivas de alta corriente y a algunas cargas inductivas de alta corriente. Sin embargo, en motores más grandes suele ser necesario un arrancador de motor, con una forma externa de protección contra sobrecargas interconectada con un contactor.

El contactor magnético típico (*Figura 1*) contiene una bobina de alambre enrollada alrededor de un núcleo de hierro y un inducido. La bobina actúa como un electroimán y, cuando se aplica la corriente eléctrica adecuada, tira del inducido hacia ella. Dado que los contactos eléctricos móviles están unidos al inducido, cuando este se mueve hacia la bobina, los contactos móviles la siguen. A continuación, entran en contacto con un juego de contactos fijos para establecer y completar un circuito. En la *Figura 2* se muestra una ilustración básica de la estructura de la bobina y el inducido.

Cuando se aplica corriente a la bobina, se dice que el contactor está *energizado*. Cuando no se aplica corriente, se dice que está *desenergizado*. La posición desenergizada también se denomina posición *normal*. Esto se aplica a todos los relés y componentes similares, así como a los contactores. Cuando la bobina está desenergizada, uno o varios muelles devuelven el inducido a su posición original. Todos los juegos de contactos vuelven entonces a su posición normal, desenergizados.

Contactos normalmente cerrados (NC – *normally closed contacts*): juego de contactos eléctricos que se cierran cuando el relé o contactor que los encierra está desenergizado.

Contactos normalmente abiertos (NO – *normally open contacts*): juego de contactos eléctricos que se abren cuando el relé o contactor que los encierra está desenergizado.

Cuando la bobina de un contactor o de un relé se excita, puede abrir algunos contactos, cerrar otros o ambos. En la condición desenergizada, un juego determinado de contactos está abierto o cerrado. Los contactos que se cierran cuando la bobina está desenergizada se denominan **contactos normalmente cerrados (NC)**. Los contactos que están abiertos cuando la bobina está desenergizada se denominan **contactos normalmente abiertos (NA)**.

De este modo, el movimiento de un contactor o relé energizado junta o separa un juego de contactos, dependiendo de su posición normal. La mayoría de los contactores cierran varios juegos de contactos al mismo tiempo cuando están energizados. Para que un motor arranque y funcione, por ejemplo, se necesitan varios tramos de potencia simultáneamente.

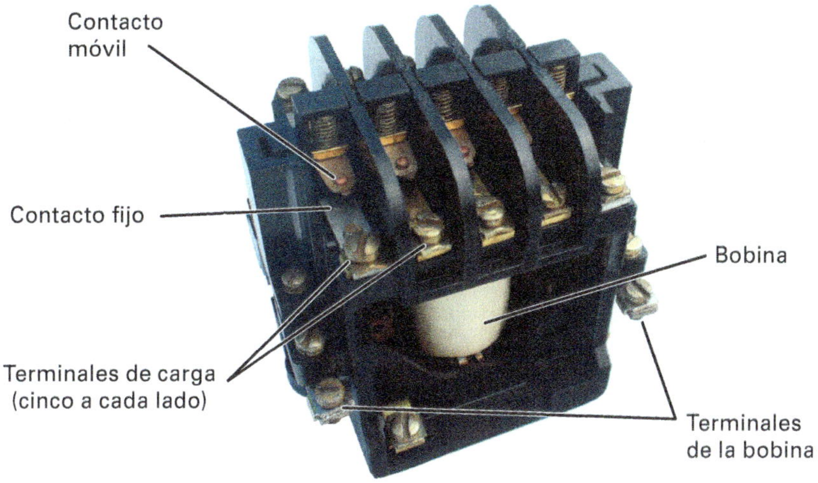

Figura 1 Un contactor magnético.
Fuente: iStock@aquatarkus

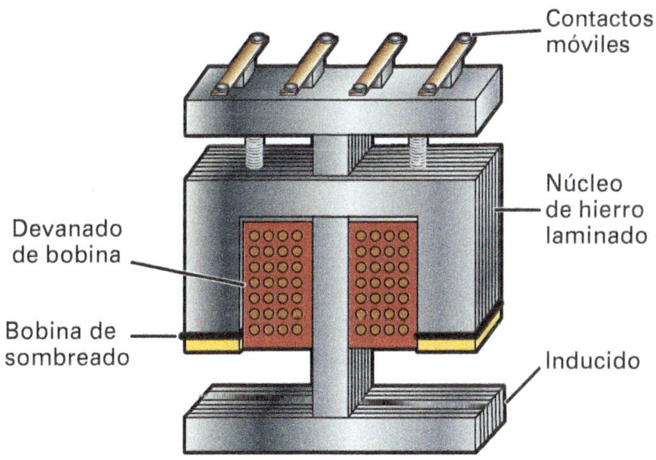

Figura 2 Estructura de la bobina y el inducido del contactor.

Bobina de sombreado (*Shading coil*): una vuelta de cable en cortocircuito que rodea una parte del polo de un electroimán de corriente alterna y produce un retraso en el cambio del campo magnético en esa parte. De este modo se evitan las vibraciones de los contactos y se reducen los zumbidos.

Observe que en la *Figura 2* se muestra una **bobina de sombreado** en el núcleo de hierro. Las bobinas de sombreado se utilizan con relés de CA para evitar la vibración de los contactos y los zumbidos audibles. Funcionan del mismo modo que en un motor de polos sombreados. En general, la bobina de sombreado proporciona un flujo magnético continuo al inducido cuando el voltaje de la onda de CA es cero.

En cambio, los relés suelen tener varios juegos de contactos que se mueven en direcciones opuestas y controlan más de un circuito. Un relé puede tener dos contactos NO y un juego de contactos NC, por ejemplo. También pueden tener juegos de contactos con un polo común emparejado con un contacto NO y un contacto NC. También hay relés de muchas formas y tamaños.

Los relés electromecánicos (*Figura 3*) funcionan según el principio del solenoide, como los contactores. Esto significa que convierten la energía eléctrica en movimiento lineal (*Figura 4*). En este ejemplo, una bobina de alambre está enrollada alrededor de un núcleo de hierro. Cuando la corriente circula por la bobina, se desarrolla un campo magnético en el núcleo de hierro. El campo magnético del núcleo de hierro atrae el inducido, tirando de él hacia la bobina. Cuando el inducido se mueve, el contacto móvil establece o rompe una conexión con un contacto fijo.

Figura 3 Un relé electromecánico simple.

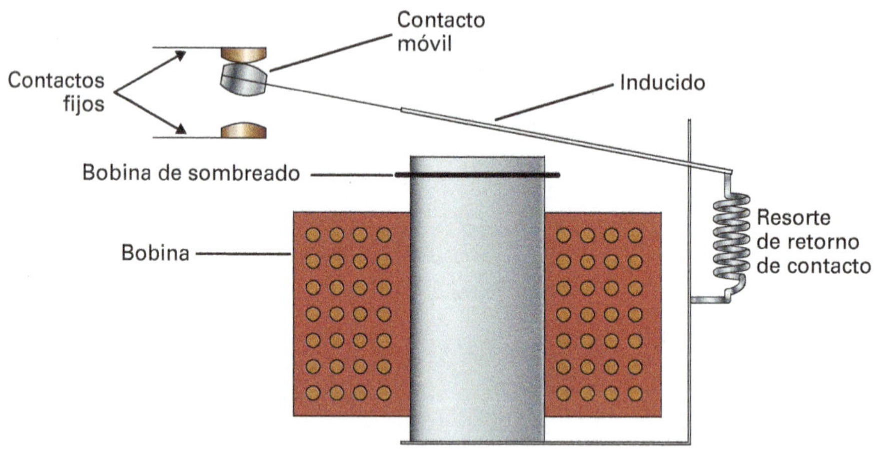

Figura 4 Relé que funciona según el principio de solenoide.

En la *Figura 4*, el relé se muestra desenergizado. El contacto móvil está tocando el contacto estacionario superior; este juego de contactos está NC. Cuando la bobina del relé está energizada y el inducido se mueve hacia ella, el contacto móvil rompe la conexión con el contacto estacionario NC y establece la conexión con el contacto estacionario NO situado debajo de él. En un diagrama de cableado, el contacto móvil sería el terminal común y los terminales de los contactos fijos se etiquetarían como NO y NC. Un relé con un juego de dos contactos fijos y un contacto móvil que funciona de esta forma se denomina *relé unipolar de dos vías (SPDT)*. La *Figura 4* es un ejemplo de relé SPDT.

1.1.0 Contactores de iluminación

Las lámparas de filamento (por ejemplo, las de tungsteno, infrarrojos y cuarzo) tienen corrientes de irrupción aproximadamente 15 a 17 veces superiores a sus corrientes de funcionamiento normales. Se trata de un aumento mucho mayor que el que se produce cuando arranca un motor. Para evitar que los contactos se suelden entre sí debido a la corriente extrema, los contactores estándar utilizados normalmente para motores deben reducirse cuando se utilizan en estos sistemas de iluminación. En otras palabras, hay que reducir la capacidad de corriente indicada por el fabricante.

Piénselo

Sombreado de bobina

¿Por qué el sombreado de la bobina impide que los contactos de un contactor vibren?

En la Tabla 1A y la *Tabla 1B* figuran los valores eléctricos nominales de los contactores y arrancadores magnéticos de CA. Como se muestra, un contactor NEMA de tamaño 1 tiene un valor nominal de corriente continua de 27 A. Pero si se utiliza para conmutar determinadas cargas de iluminación, debe reducirse a 15 A. Sin embargo, no es necesario reducir la potencia de un contactor estándar para cargas resistivas o iluminación fluorescente, ya que no presentan una irrupción significativa de corriente cuando se energizan por primera vez.

A diferencia de los contactores estándar, los contactores de iluminación no se clasifican por potencia ni por tamaño NEMA. Se clasifican por su amperaje nominal. Tenga en cuenta que los contactores de iluminación dedicados son especializados y no deben utilizarse para controlar cargas de motor.

En la *Figura 5,* se muestra un circuito básico que utiliza un contactor de alumbrado para controlar una lámpara de alta corriente. La disposición permite al usuario controlar la lámpara desde dos lugares, quizá desde extremos opuestos de una gran superficie. El símbolo circular estándar se utiliza para representar la bobina del relé R1. Los contactos de relé R1-1 y R1-2 están representados por dos líneas verticales paralelas. Esto también indica que están en su posición desenergizada, NO.

En un diagrama de escalera como el de la *Figura 5,* los contactos se colocan en el circuito para indicar su función y no su ubicación física. Físicamente, están justo al lado de la bobina dentro del conjunto del relé.

Al cerrar uno de los pulsadores NO se energiza la bobina del relé R1 y se cierran los juegos de contactos R1-1 y R1-2. Los contactos R1-2 cierran el circuito para encender la lámpara. Los contactos R1-1 actúan como circuito de retención o *enclavamiento* de la bobina del relé. De otra forma, el circuito se abriría en cuanto soltara el pulsador.

La lámpara permanecerá energizada hasta que se pulse momentáneamente cualquiera de los pulsadores NC. Al pulsar cualquiera de ellos, se abre el circuito a la bobina del relé. El relé se desenergizará y los contactos R1-1 y R1-2 volverán a su posición NO. El circuito a través de la lámpara se abre y la lámpara queda desenergizada.

Tenga en cuenta que no siempre es necesario un enclavamiento del circuito de retención, como el representado por los contactos R1-1 en la *Figura 5.* Cuando un contactor de alumbrado está controlado por un simple dispositivo piloto de dos hilos, como un reloj horario o un relé fotoeléctrico, no es necesario un circuito de retención.

Otra aplicación para un relé de control es un circuito de iluminación de emergencia. Las lámparas de un circuito de este tipo deben encenderse instantáneamente cuando falla la alimentación principal.

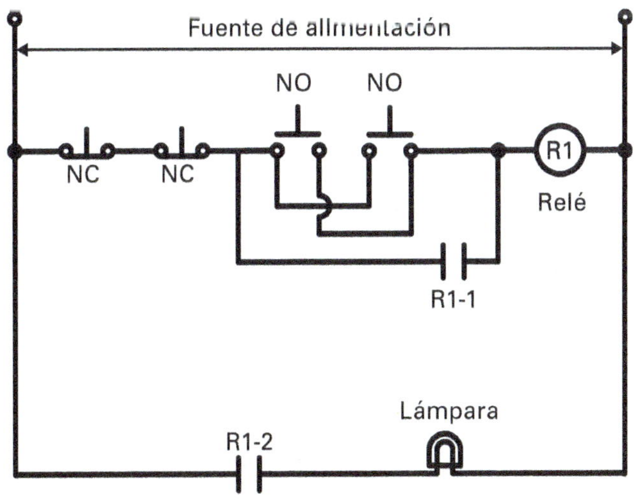

Figura 5 Circuito de control por pulsador con relé magnético.

Reemplazo de contactores

Tenga cuidado al seleccionar los contactores de repuesto porque están clasificados para diferentes usos. Algunos están diseñados para cargas inductivas, otros para cargas resistivas y otros para ambos tipos de cargas.

TABLA 1A Valores eléctricos nominales de los contactores y arrancadores magnéticos de CA (1 de 2)

Tamaño NEMA	Voltios	Valor nominal máximo de caballos de fuerza - Servicio sin conexión y sin desplazamiento		Valor nominal máximo de caballos de fuerza - Servicio de enchufado y de desplazamiento		Capacidad continua (A) - 600 V máximo	Corriente nominal límite de servicio (A)	Carga de lámpara de tungsteno e infrarrojos (A) - 250 V máximo	Cargas de calefacción resistiva (kW) - distintas de las lámparas de infrarrojos		Capacidad KVA para primarios de transformadores de conmutación a 50-60 ciclos		Capacidad trifásica de los condensadores de conmutación
		Monofase	Polifase	Monofase	Polifase				Monofase	Polifase	Monofase	Polifase	Kvar
00	115	1/3	—	—	—	9	11	5	—	—	—	—	—
	200	—	1 1/2	—	—	9	11	5	—	—	—	—	—
	230	1	1 1/2	—	—	9	11	5	—	—	—	—	—
	380	—	1 1/2	—	—	9	11	—	—	—	—	—	—
	460	—	2	—	—	9	11	—	—	—	—	—	—
	575	—	2	—	—	9	11	—	—	—	—	—	—
0	115	1	—	1/2	—	18	21	10	—	—	0.9	1.2	—
	200	—	3	—	1 1/2	18	21	10	—	—	—	1.4	—
	230	2	3	1	1 1/2	18	21	10	—	—	1.4	1.7	—
	380	—	5	—	1 1/2	18	21	—	—	—	—	2	—
	460	—	5	—	2	18	21	—	—	—	1.9	2.5	—
	575	—	5	—	2	18	21	—	—	—	1.9	2.5	—
1	115	2	—	1	—	27	32	15	3	5	1.4	1.7	—
	200	—	7 1/2	—	3	27	32	15	—	9.1	—	3.5	—
	230	3	7 1/2	2	3	27	32	15	6	10	1.9	4.1	—
	380	—	10	—	5	27	32	—	—	16.5	—	4.3	—
	460	—	10	—	5	27	32	—	12	20	3	5.3	—
	575	—	10	—	5	27	32	—	15	25	3	5.3	—
1P	115	3	—	1 1/2	—	36	42	24	—	—	—	—	—
	230	5	—	3	—	36	42	24	—	—	—	—	—
2	115	3	—	2	—	45	52	30	5	8.5	1	4.1	—
	200	—	10	—	7 1/2	45	52	30	—	15.4	—	6.6	11.3
	230	7 1/2	15	5	10	45	52	30	10	17	4.6	7.6	13
	380	—	25	—	15	45	52	—	—	28	—	9.9	21
	460	—	25	—	15	45	52	—	20	34	5.7	12	26
	575	—	25	—	15	45	52	—	25	43	5.7	12	33

Fuente: National Electrical Manufacturers Association

TABLA 1B Valores eléctricos nominales de los contactores y arrancadores magnéticos de CA (2 de 2)

Tamaño NEMA	Voltios	Valor nominal máximo de caballos de fuerza - Servicio sin conexión y sin desplazamiento		Valor nominal máximo de caballos de fuerza - Servicio de enchufado y de desplazamiento		Corriente continua nominal, amperios - 600 V máximo	Corriente límite de servicio, amperios	Carga de lámpara de tungsteno e infrarrojos, amperios - 250 V máximo	Cargas de calefacción por resistencia, kW - distintas de las cargas de lámparas de infrarrojos		Capacidad KVA para primarios de transformadores de conmutación a 50-60 ciclos		Capacidad trifásica de los condensadores de conmutación
		Monofase	Polifase	Monofase	Polifase				Monofase	Polifase	Monofase	Polifase	Kvar
3	115	$7\frac{1}{2}$	—	—	—	90	104	60	10	17	4.6	7.6	—
	200	—	25	—	15	90	104	60	—	31	—	13	23.4
	230	15	30	—	20	90	104	60	20	34	8.6	15	27
	380	—	50	—	30	90	104	—	—	56	—	19	43.7
	460	—	50	—	30	90	104	—	40	68	14	23	53
	575	—	50	—	30	90	104	—	50	86	14	23	67
4	200	—	40	—	25	135	156	120	—	45	—	20	34
	230	—	50	—	30	135	156	120	30	52	11	23	40
	380	—	75	—	50	135	156	—	—	86.7	—	38	66
	460	—	100	—	60	135	156	—	60	105	22	46	80
	575	—	100	—	60	135	156	—	75	130	22	46	100
5	200	—	75	—	60	270	311	240	—	91	—	40	69
	230	—	100	—	75	270	311	240	60	105	28	46	80
	380	—	150	—	125	270	311	—	—	173	—	75	132
	460	—	200	—	150	270	311	—	120	210	40	91	160
	575	—	200	—	150	270	311	—	150	260	40	91	200
6	200	—	150	—	125	540	621	480	—	182	—	79	139
	230	—	200	—	150	540	621	480	120	210	57	91	160
	380	—	300	—	250	540	621	—	—	342	—	148	264
	460	—	400	—	300	540	621	—	240	415	86	180	320
	575	—	400	—	300	540	621	—	300	515	86	180	400
7	230	—	300	—	—	810	932	720	180	315	—	—	240
	460	—	600	—	—	810	932	—	360	625	—	—	480
	575	—	600	—	—	810	932	—	450	775	—	—	600
8	230	—	450	—	—	1215	1400	1080	—	—	—	—	360
	460	—	900	—	—	1215	1400	—	—	—	—	—	720
	575	—	900	-	—	1215	1400	—	—	—	—	—	900

Fuente: National Electrical Manufacturers Association

En la *Figura 6* se muestra un sistema sencillo de iluminación de emergencia que controla una lámpara. La alimentación principal se suministra a través de los terminales de alimentación a la bobina del relé. El relé tiene un juego de contactos NO y otro de contactos NC. Mientras la alimentación principal esté disponible, la bobina del relé permanecerá energizada. Esto mantiene los contactos R1-1 cerrados y los contactos R1-2 abiertos. Recuerde que los dibujos como este siempre muestran un circuito de control desenergizado, a menos que se especifique lo contrario.

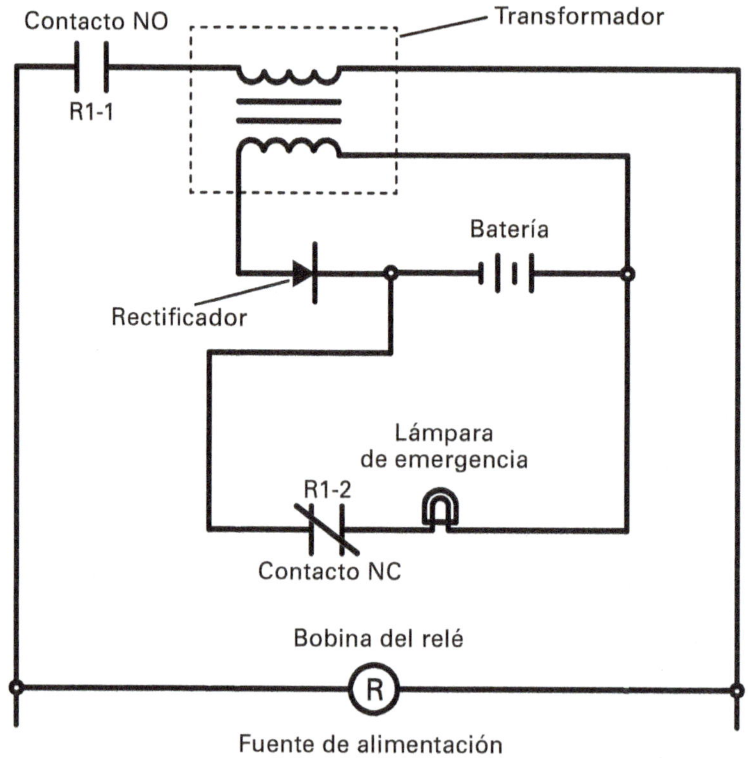

Figura 6 Circuito de alumbrado de emergencia con un relé de control.

El transformador también permanece energizado mientras la alimentación principal está disponible, ya que los contactos R1-1 permanecen cerrados. El secundario del transformador mantiene cargada la batería a través del rectificador. Como los contactos R1-2 se mantienen abiertos, la lámpara de emergencia permanece apagada.

Cuando falla la alimentación principal, la bobina del relé queda desenergizada. Los contactos R1-1 se abren y los contactos R1-2 se cierran. Esto permite que la energía de la batería ilumine la lámpara. Esta disposición de control se utiliza con frecuencia en las luces de emergencia que se encuentran en edificios públicos de todo tipo.

El siguiente ejemplo muestra cómo un relé y un interruptor de palanca unipolar de 15 A pueden utilizarse para controlar 60 A de iluminación.

La *Figura 7* muestra un esquema de un contactor de alumbrado controlado por un interruptor unipolar. El contactor tiene seis juegos de contactos, cada uno de los cuales controla la alimentación de uno de los seis circuitos de iluminación. Cada uno de los seis circuitos representa una carga de 1,200 W (10 A). Cuando el interruptor se gira a la posición de encendido, cerrando los contactos, todos los contactos se cierran simultáneamente, energizando las seis lámparas de 200 W de cada circuito. La corriente total que pasa por los contactos del relé es de 60 A, pero el interruptor solo soporta la carga de la bobina del solenoide del relé. Esto elimina la necesidad de seis interruptores individuales, aunque también se podrían añadir más interruptores al circuito para obtener un nivel de control aún mayor.

¿Sabías qué?

Circuitos de alimentación de emergencia

Un circuito de alimentación de emergencia típico utiliza un interruptor de transferencia automática. Un transformador de potencial en el interruptor de transferencia detecta la reducción significativa o la ausencia de energía principal y pone en marcha un generador de emergencia. Cuando detecta que el generador está produciendo energía, el interruptor de transferencia cambia de posición y desplaza la carga eléctrica al generador.

1.2.0 Conexiones del contactor del motor de avance y retroceso

En algunos procesos es necesario invertir el sentido de giro del motor. Los motores trifásicos de barra pueden invertirse fácilmente intercambiando dos de las tres conexiones de alimentación del motor. La reconexión de los cables puede automatizarse mediante un par de contactores, lo que permite cambiar el sentido de giro con una entrada de control.

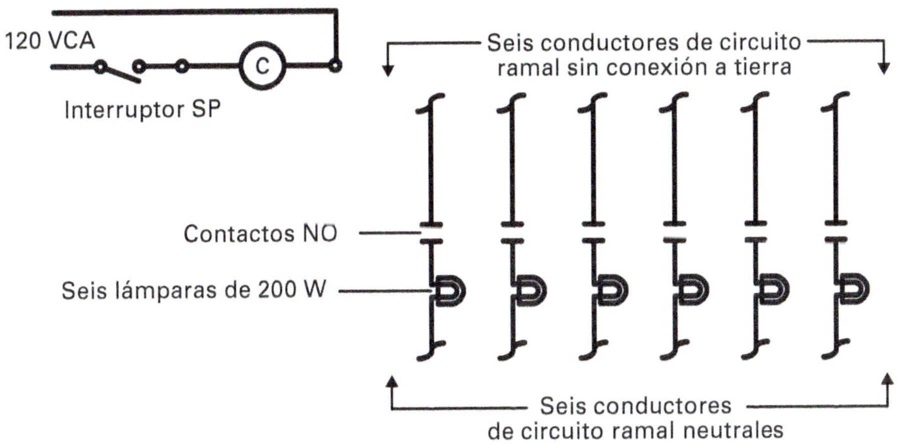

Figura 7 Varios circuitos de iluminación controlados por un contactor.

Como se ve en el circuito de potencia de la *Figura 8*, los contactos (F) del contactor de avance, cuando están cerrados, conectan las líneas L1, L2 y L3 a los terminales del motor T1, T2 y T3, respectivamente. Mientras los contactos de avance estén cerrados, los enclavamientos mecánicos y eléctricos impiden que el contactor de retroceso sea energizado.

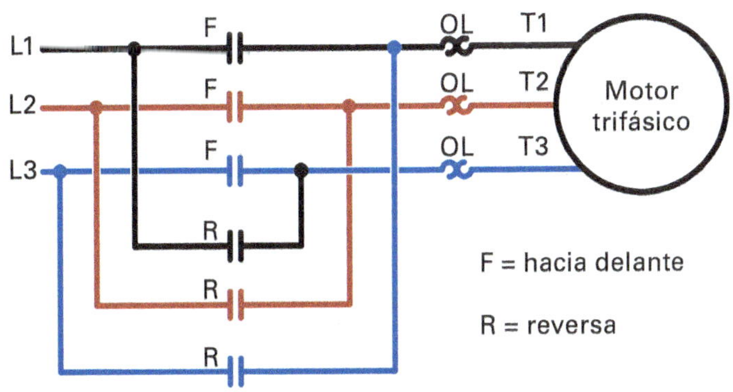

Figura 8 Diagrama de conexión tripolar de inversión del motor.

Cuando el contactor de avance está desenergizado, el segundo contactor puede ser energizado, cerrando sus contactos (R), que reconectan las líneas al motor en una configuración diferente. Observe que al pasar por los contactos inversos, L1 está ahora conectado al terminal T3 del motor, y L3 está ahora conectado al terminal T1 del motor. El motor funcionará ahora en sentido contrario.

Tanto si funciona a través del contactor de avance como del de retroceso, la corriente pasa a través de un *conjunto de relé de sobrecarga*, que proporciona protección contra la sobrecarga del motor. Un *conjunto de arrancador inversor magnético* consta de un juego de contactores y el relé de sobrecarga. Los enclavamientos eléctricos o mecánicos impiden que los dos contactores estén energizados al mismo tiempo.

También pueden utilizarse arrancadores manuales inversores. Al igual que en la versión magnética, los mecanismos de conmutación de avance y retroceso están enclavados mecánicamente, pero no hay enclavamientos eléctricos.

Relés con muchos contactos

Un ejemplo común de un relé que controla muchos circuitos es el control de descongelación en una unidad de refrigeración grande, como una cámara frigorífica. Cuando un relé temporizado cierra el circuito de desescarche, un juego de contactos NC se abre para apagar los ventiladores, otro juego de contactos NC se abre para apagar el compresor y un juego de contactos NO se cierra para energizar los calentadores. Los relojes de registro horario suelen estar equipados con varios juegos de contactos SPDT para mayor flexibilidad.

Relé de retención mecánica (*mechanically held relay*): relé cuya posición se mantiene mediante el accionamiento de una pieza mecánica para mantener físicamente su posición, incluso después de haber sido desenergizado. La parte mecánica, o pestillo, se desactiva cuando se energiza momentáneamente una bobina de desbloqueo.

Bobina de pestillo (*latch coil*): bobina de un relé de enclavamiento que, cuando está energizada, hace que el relé se enclave o se mantenga en la nueva posición.

Bobina de desbloqueo (*unlatch coil*): bobina de un relé de enclavamiento que, cuando está energizada, hace que el relé adopte su posición de desbloqueo.

1.3.0 Contactores mecánicos

En un contactor convencional, el flujo de corriente a través de la bobina crea un campo magnético para atraer el inductor y cerrar los contactos. Cualquier contacto NO se cerrará mientras que cualquier contacto NC se abrirá. Dado que la acción depende del flujo de corriente a través de la bobina, el contactor puede describirse como *retenido eléctricamente*. Cuando la bobina está desenergizada, los contactos vuelven a su posición inicial.

En algunas aplicaciones también se utilizan versiones de **relé de retención mecánica** y contactor. La acción se realiza mediante dos bobinas y un mecanismo de enclavamiento. Al energizar una bobina, llamada **bobina de pestillo**, mediante una señal momentánea, los contactos conmutan, y un enclavamiento mecánico mantiene los contactos en esta posición incluso después de retirar la señal de iniciación. La bobina se desenergiza mientras el contactor permanece en su posición. Para devolver los contactos a su posición inicial, se energiza momentáneamente una segunda bobina, denominada **bobina de desbloqueo**. Esto libera el contactor, permitiendo que se abra.

Los relés y contactores retenidos mecánicamente se utilizan donde el zumbido de un dispositivo mantenido eléctricamente sería inoportuno, como en auditorios, hospitales e iglesias.

1.0.0 Repaso de la sección

1. Debido a la extrema corriente de irrupción, la *máxima* corriente de carga de tungsteno o infrarrojos de un contactor magnético NEMA de tamaño 0 es _____.
   a. 5 A
   b. 10 A
   c. 18 A
   d. 21 A

2. Un arrancador manual inversor utiliza _____.
   a. un enclavamiento mecánico
   b. un enclavamiento eléctrico
   c. dos bobinas separadas
   d. una sola bobina

3. Lo *más* probable es que se utilicen relés mecánicos en un(a) _____.
   a. tienda de comestibles
   b. cafetería
   c. estadio deportivo
   d. hospital

2.0.0 Relés

Tareas Prácticas

Esta sección no contiene tareas prácticas.

Objetivo

Identificar y explicar cómo resolver problemas en diversos relés.

a. Identificar y describir los relés de control.
b. Identificar y describir los relés de estado sólido.
c. Identificar y describir los relés de sobrecarga y sus clasificaciones.
d. Explicar cómo resolver problemas en los relés.

Un relé de control es un dispositivo electromagnético que se utiliza para controlar diversos circuitos. Los contactores se utilizan para conmutar circuitos de potencia con cargas de corriente elevadas, como los circuitos que dan servicio a motores grandes. Los relés se utilizan en circuitos de control para conmutar cargas de corriente relativamente baja. Por lo tanto, sus valores eléctricos de contacto reflejan la diferencia. Es habitual una carga de corriente máxima de 15 A a 600 VCA, aunque hay algunas excepciones. Algunos relés también tienen valores nominales mucho más bajos.

Los contactores suelen tener de uno a cinco polos, todos ellos conectados a juegos individuales de contactos normalmente abiertos. Aunque los relés también pueden tener varios polos, los que solo tienen uno o dos son muy comunes. Sin embargo, los relés son mucho más propensos que los contactores a tener polos con múltiples posiciones, como uno o más juegos de contactos SPDT.

Contactos auxiliares

Además de los juegos de contactos integrados en un contactor que pueden soportar cargas eléctricas importantes, algunos contactores incluyen o pueden admitir la adición de contactos auxiliares.

Por ejemplo, el contactor tetrapolar que se muestra en la imagen incluye tres juegos de contactos de alta corriente utilizados para conmutar un motor trifásico, mientras que el cuarto juego de contactos tiene una intensidad nominal mucho menor. Se utiliza para provocar otra acción al mismo tiempo que se energiza el motor, como iluminar una lámpara en un panel de control o energizar un segundo contactor para arrancar otro motor. Los juegos de contactos auxiliares también pueden instalarse en el lateral de algunos contactores como accesorio para ampliar su capacidad.

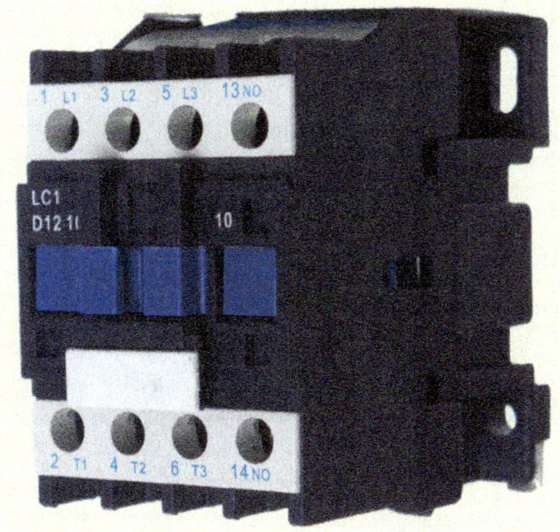

Fuente: VladaKela/Shutterstock.com

Los relés se utilizan en los circuitos de control de arrancadores magnéticos, contactores y muchos otros dispositivos. Hay cientos, si no miles, de formas y estilos de relés. El relé magnético tradicional sigue siendo muy común, aunque el uso de relés de estado sólido sigue aumentando.

Algunos relés están diseñados para proteger circuitos y equipos. Por ejemplo, los *relés de sobrecarga térmica* protegen motores, controladores y conductores de circuitos ramales contra el calor excesivo. Estos relés detectan la corriente del motor convirtiendo la corriente en calor en un elemento resistivo. Cuando la temperatura del elemento resistivo alcanza un punto predeterminado, el relé abre el circuito de control a la bobina del contactor, desenergizando el motor.

Otros tipos de relés de protección eléctrica son los siguientes:

- Protección contra sobrecorriente (retardada e **instantánea**)
- Protección contra sobrevoltaje y subvoltaje
- Protección contra sobrecorriente direccional
- Protección diferencial porcentual

Instantáneo (*Instantaneous*): inmediato; que ocurre instantáneamente.

Las características de funcionamiento de estos relés de protección son todas similares y se abarcan en este módulo. Sin embargo, sus funciones individuales de detección, ajuste y accionamiento son muy diferentes y quedan fuera del alcance de este módulo. Para obtener instrucciones específicas, consulte siempre la documentación del fabricante.

2.1.0 Relés de control

Los relés de control son dispositivos electromagnéticos que manejan cargas de corriente relativamente pequeñas y pueden utilizarse como dispositivo piloto para controlar contactores que manejan cargas mayores. Los relés se diferencian por su voltaje nominal, corriente nominal, número de contactos, convertibilidad de los contactos, accesibilidad de los contactos y muchas otras características. Los relés también pueden "amplificar" la capacidad de contacto cuando se aplican correctamente.

Los relés de control estándar están limitados a 600 VCA, debido a la dificultad de mantener internamente una distancia suficiente entre los componentes conductores para evitar la formación de arcos. Existen relés que manejan voltajes más altos, pero es muy raro encontrarlos.

Los diagramas de cableado de la *Figura 9* y la *Figura 10* demuestran cómo un relé amplifica la capacidad de los contactos. La *Figura 9* representa una amplificación actual. Los voltajes del relé y de la bobina de arranque del motor son iguales, pero la corriente nominal de los contactos del termostato es demasiado baja para manejar incluso la corriente consumida por la bobina de arranque del motor (M). Por lo tanto, se conecta un relé de control (CR) entre el termostato y la bobina de arranque. La corriente que consume la bobina del relé CR es muy pequeña y está dentro de la capacidad nominal del termostato. Los contactos del relé CR tienen una corriente nominal más alta que puede gestionar la corriente absorbida por la bobina de arranque. El arrancador de motor amplifica aún más la corriente nominal, ya que sus contactos están preparados para soportar cargas importantes.

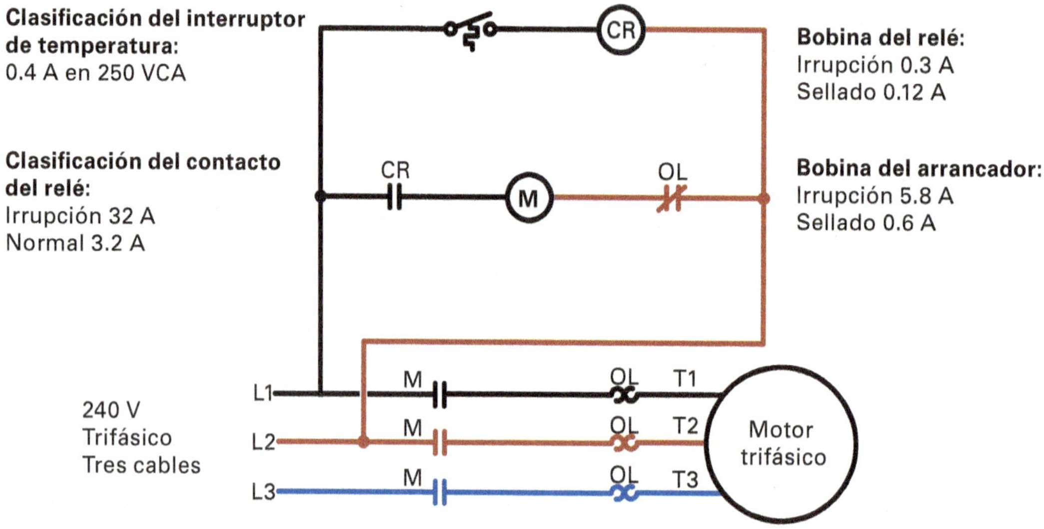

Figura 9 Relé utilizado para amplificar la capacidad de corriente.

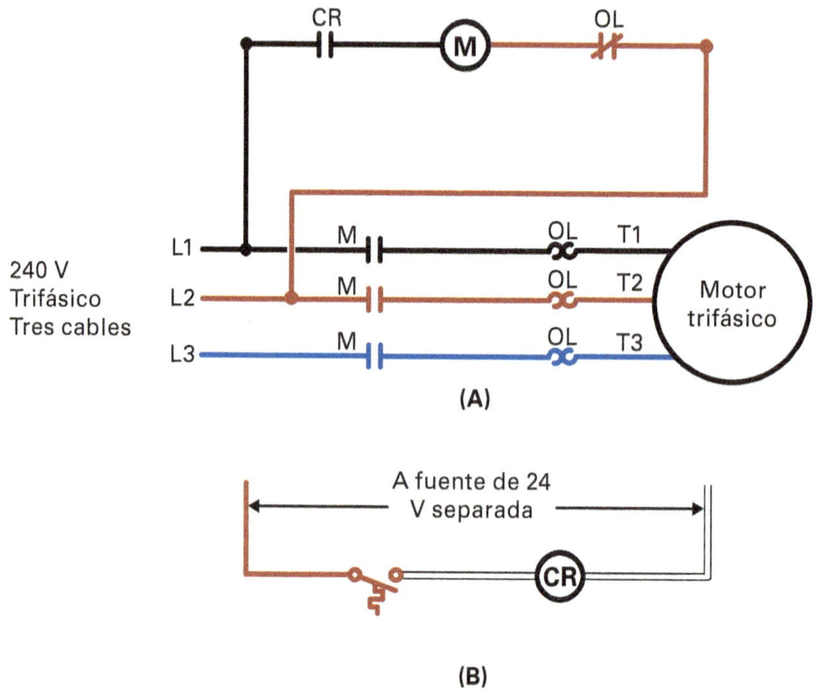

Figura 10 Relé utilizado para la amplificación del voltaje.

La *Figura 10* representa una aplicación de amplificación de voltaje. Puede ocurrir el caso de que el voltaje nominal del termostato sea demasiado bajo para permitir su uso directo en un circuito de control de arranque que funcione a un voltaje superior. En esta aplicación, la bobina del relé de interposición y el dispositivo piloto están conectados a una fuente de alimentación compatible. El contacto del relé, preparado para funcionar a un voltaje superior, se utiliza entonces para controlar el funcionamiento del arrancador.

El interruptor de la *Figura 9* se cierra al bajar la temperatura. La parte enrollada del símbolo representa un componente bimetálico que se dobla en un sentido u otro al cambiar la temperatura a su alrededor. Se contrae cuando se enfría, lo que haría caer la barra de conmutación. En la *Figura 10*, la forma en que está dibujado el símbolo representa un interruptor que se cierra al aumentar la temperatura.

¿Sabías qué?

Símbolos del interruptor termostático

La Figura 9 muestra un interruptor termostático en la parte superior del diagrama. Observe que la barra del interruptor está inclinada hacia arriba, con la parte enrollada debajo.

Ahora observe el interruptor termostático en la parte inferior del diagrama de la *Figura 10*. Observe que la barra del interruptor está inclinada hacia abajo. La diferencia entre ambos es importante para la secuencia de funcionamiento.

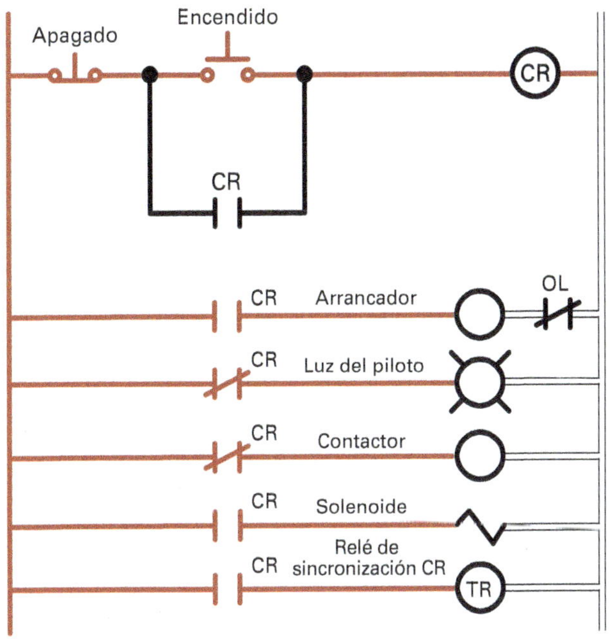

Figura 11 Relé utilizado para multiplicar las funciones de conmutación de un dispositivo piloto.

La *Figura 11* muestra un relé de control que se utiliza para multiplicar las funciones de conmutación de un interruptor pulsador. En este circuito, un contacto de pulsador unipolar puede controlar el funcionamiento de varias cargas diferentes, gracias a un relé interpuesto de seis polos. El contacto NO superior en negro es un circuito de retención para mantener energizada la bobina del relé CR después de que el usuario suelte el botón de encendido.

Los relés también suelen utilizarse con controladores complejos para secuenciar y controlar muchas operaciones interrelacionadas. Los controladores programables supervisan y proporcionan la lógica, mientras que los relés dirigen el tráfico eléctrico y realizan las conexiones necesarias.

Al seleccionar un relé para una aplicación, uno de los primeros pasos debe ser determinar el voltaje de control que se va a utilizar. Una vez que se conoce el voltaje, se pueden revisar y seleccionar los relés que funcionan a ese voltaje para proporcionar el número necesario de juegos de contactos y la capacidad de corriente.

La *Figura 12* muestra algunos ejemplos de relés enchufables, populares y flexibles en su aplicación. Están disponibles en una amplia variedad de voltajes de funcionamiento y configuraciones de contactos. Tenga en cuenta que algunos tienen pasadores redondos mientras que otros tienen pasadores planos pequeños. Los relés enchufables facilitan en gran medida la resolución de problemas y la sustitución. En lugar de tener que conectar y desconectar el cableado, basta con introducir un nuevo relé en el zócalo.

2.1.1 Relés de sincronización

Un relé de sincronización tiene contactos que se reposicionan en un intervalo de tiempo específico después de que la bobina esté energizada o desenergizada. Un *retardo en la conexión* se refiere a un retardo en el movimiento del contacto después de que la bobina del relé esté energizada. Un *retardo a la desconexión* se refiere a un retardo en el movimiento del contacto después de que la bobina del relé esté desenergizada.

La función de sincronización es útil en aplicaciones como el sistema de lubricación de una turbina generadora de energía, en la que una bomba de aceite debe suministrar lubricante a los cojinetes durante un tiempo determinado antes de que la turbina empiece a girar. Los hornos de combustible fósil también incorporan retardos del ventilador para evitar que entre aire frío en el espacio cuando se pone en marcha el sistema. Esto da tiempo a que el intercambiador de calor se caliente primero.

Los relés de sincronización pueden accionarse mediante un mecanismo de tipo reloj, pero también son muy comunes los dispositivos de sincronización de estado sólido.

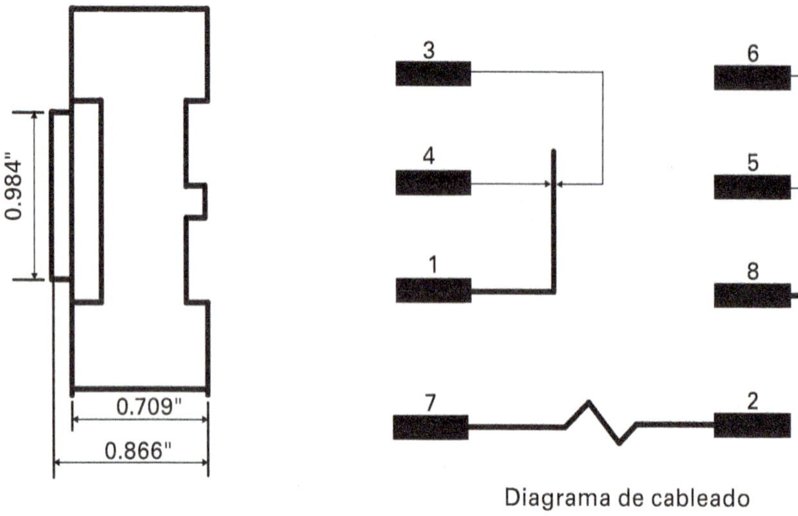

(A) Dimensiones comunes y esquema de ejemplo

(B) Ejemplos de relés de enchufar y bases

Figura 12 Relés enchufables.

2.2.0 Relés de estado sólido

Relé de estado sólido (*Solid-state relay*): dispositivo de conmutación electrónica sin partes móviles ni contactos.

Un **relé de estado sólido** (*Figura 13*) es otra opción en aplicaciones de conmutación. Los relés de estado sólido están disponibles en diferentes estilos y potencias, incluidas las versiones con retardo de tiempo.

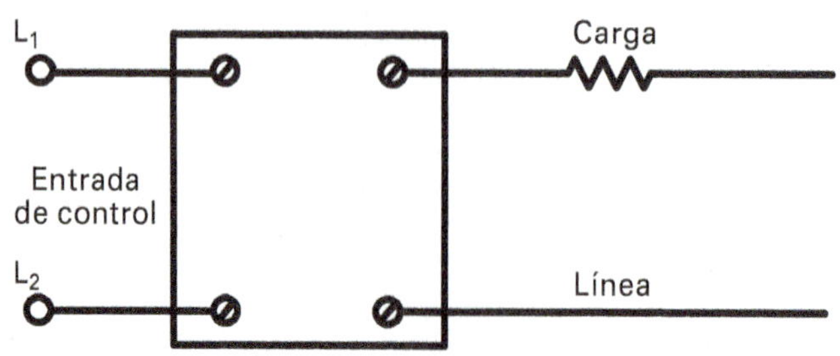

Figura 13 Relé de estado sólido básico.

Un uso habitual de un relé de estado sólido es la vía de entrada/salida (E/S) de un controlador programable. Se puede utilizar un relé de estado sólido para conmutar una señal de 120 V CA a una señal de 5 VCC.

Las ventajas de los relés de estado sólido son las siguientes:

- Piezas no movibles
- Resistencia a golpes y vibraciones
- Sellado adecuado contra la suciedad y la humedad
- El voltaje de entrada de control puede aislarse del circuito controlado por relé

A continuación, se muestran algunos circuitos típicos de control de relés de estado sólido (consulte la *Figura 14*):

- *Transistores de potencia para cargas de CC:* como se muestra en la *Figura 14* (A), se utiliza un transistor de potencia para conectar la carga a la línea. Se trata de un *relé optoaislado* con un diodo emisor de luz (LED) conectado al voltaje de entrada o control. Es una disposición de circuito común en los relés de estado sólido, y los que utilizan este método de acoplamiento se denominan *optoaislados* porque el lado de carga del relé está aislado ópticamente del lado de control del relé. Dado que se utiliza un haz de luz para controlar el relé, no se pueden transmitir al lado de control del relé picos de voltaje ni ruido eléctrico producidos en el lado de carga del relé. Cuando el LED se activa por el voltaje de entrada, un fotodetector conectado a la base del transistor energiza el transistor y conecta la carga a la línea a través de este acoplamiento óptico.
- *Relés de CA controlados por triac:* en la *Figura 14* (B), se conecta un triac a la carga, en lugar de un transistor de potencia. Este circuito también utiliza un LED como dispositivo de control. Cuando el fotodetector "ve" el LED, activa la puerta del triac y conecta la carga a la línea.
- *Relés de CA controlados por lengüetas:* como se muestra en la *Figura 14* (C), usted puede controlar relés de estado sólido en circuitos de CA utilizando un pequeño relé de lengüetas para controlar la salida. En este circuito, juegos pequeños de contactos de lengüetas están conectados a la puerta del triac y el circuito de control está conectado a la bobina del relé de lengüeta. Cuando el voltaje de control envía una corriente a través de la bobina, el campo magnético producido alrededor de la bobina del relé cierra los contactos de lengüeta y activa el triac. A diferencia de los relés optoaislados, este tipo utiliza un campo magnético para aislar el circuito de control del circuito de carga.

NOTA

Los relés de estado sólido son mucho más sensibles a las cargas excesivas que los dispositivos mecánicos equivalentes. Siga siempre las instrucciones de aplicación del fabricante.

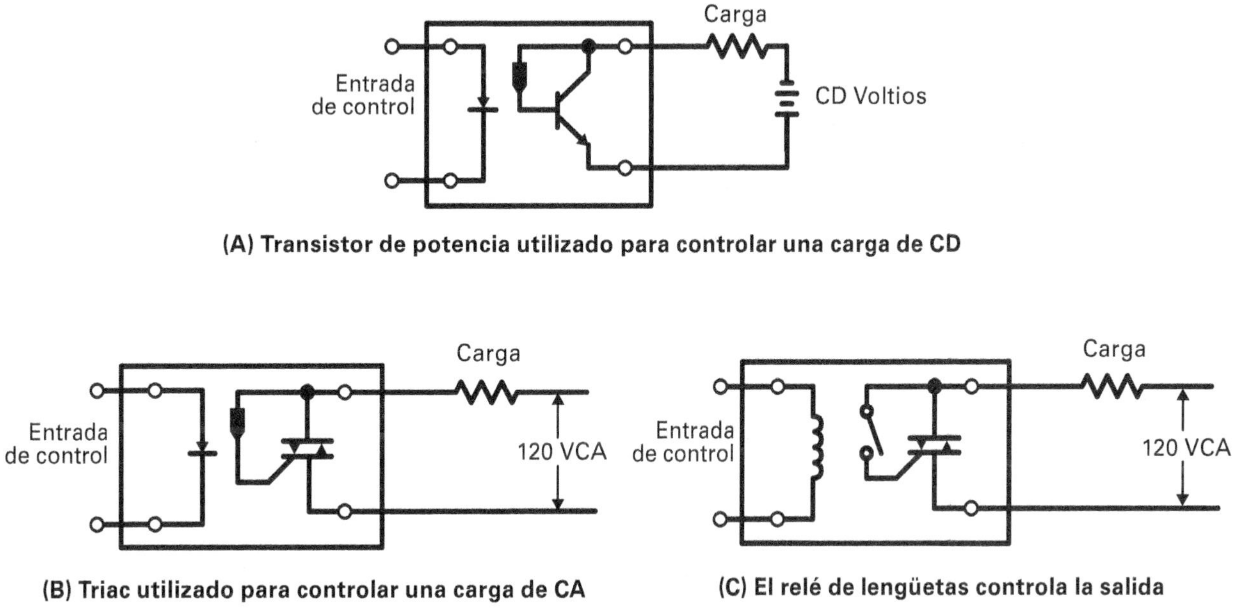

Figura 14 Circuitos de relés de estado sólido.

El voltaje de control de la mayoría de los relés de estado sólido oscila entre 3 V y 32 V. Los relés controlados por triac suelen tener valores nominales de voltaje de carga de 120 VCA a 240 VCA, con valores nominales de corriente de entre 5 A y 25 A.

Algunos relés de estado sólido incorporan una función de *conmutación por cero*. Esto significa que, si el relé está programado para apagarse cuando el voltaje de CA está en la mitad de un ciclo, seguirá conduciendo hasta que el voltaje de CA vuelva a cero antes de abrir el circuito. Por supuesto, el retraso de tiempo necesario para que esto ocurra es imperceptible.

2.3.0 Relés de sobrecarga

Para proteger un motor y sus circuitos relacionados de sobrecargas accidentales o prolongadas, el arrancador o el motor deben estar equipados con dispositivos de protección automáticos que abran el circuito. Esta protección puede proporcionarse mediante fusibles, interruptores automáticos, relés de sobrecarga o una combinación de dispositivos.

Todos los circuitos de motor deben estar protegidos contra sobrecorriente, pero la mejor forma de proporcionar protección adicional es mediante relés magnéticos de sobrecarga. Se utilizan en arrancadores de motor manuales y automáticos.

2.3.1 Relés de sobrecarga bimetálicos

La *Figura 15* muestra un relé de sobrecarga bimetálico simplificado. La corriente de carga pasa a través de un elemento calefactor reemplazable en el relé de sobrecarga. Cuando la corriente supera un determinado valor, el calor irradiado por el elemento hace que la banda bimetálica se doble, accionando los contactos del relé de sobrecarga. Tenga en cuenta que el símbolo del interruptor bimetálico termostático indica que el interruptor se abre al aumentar la temperatura.

El elemento calefactor se dimensiona en función de la corriente a plena carga del motor. La resistencia se adapta cuidadosamente a un rango de corriente que produce una cantidad específica de calor. Más corriente genera más calor, lo que provoca la apertura del relé de sobrecarga.

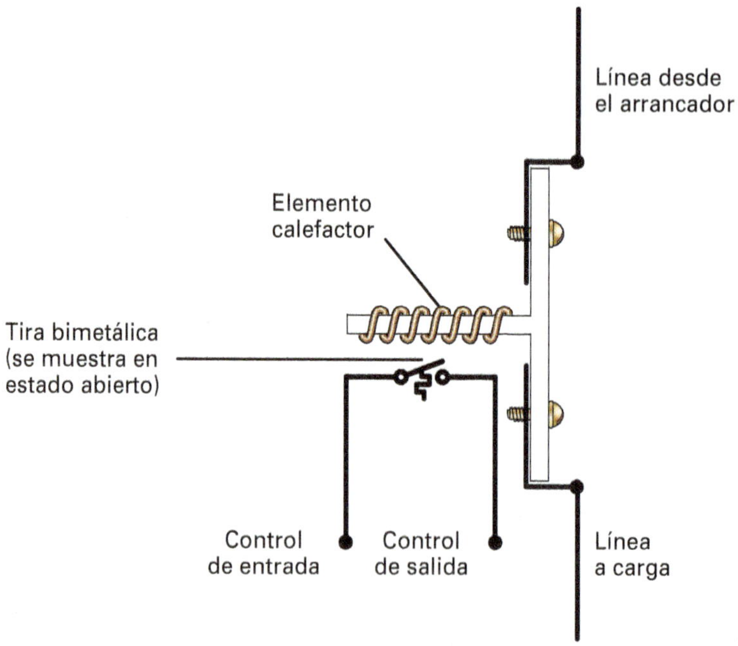

Figura 15 Relé de sobrecarga bimetálico simplificado.

La mayoría de los relés de sobrecarga modernos funcionan térmicamente y constan de dos tiras de metal unidas entre sí. Ambos tienen un índice de dilatación térmica diferente. Cuando la banda bimetálica se calienta y se desvía lo suficiente, abre mecánicamente los contactos del relé de sobrecarga. Esto a su vez desenergiza la bobina del contactor y el motor se desenergiza. La naturaleza del relé le permite proporcionar un breve retardo de tiempo, lo que impide que el circuito se abra por corrientes de arranque elevadas y sobrecargas de corta duración. Al mismo tiempo, protege el motor de sobrecargas prolongadas.

Los motores pueden sobrecargarse debido a un problema con la maquinaria accionada, como la falla de un cojinete en un compresor. Un cojinete defectuoso en el propio motor también puede ser la causa. Un motor también puede superar su corriente nominal debido a un bajo voltaje de línea o a la pérdida de una fase en un sistema trifásico. A menudo, esto se denomina "pérdida de fase de un motor".

En cualquier condición de sobrecarga, la corriente excesiva provoca un aumento de la temperatura del motor. Dado que el aislamiento del bobinado del motor se deteriora cuando se sobrecalienta, existen límites establecidos para las temperaturas de funcionamiento del motor. Para proteger un motor del sobrecalentamiento, se utilizan relés de sobrecarga que controlan la corriente de funcionamiento y abren el circuito cuando la corriente es excesiva.

2.3.2 Operación del relé de sobrecarga

En la *Figura 16* se muestra el esquema de un arrancador de motor básico. En un arrancador manual, los elementos térmicos sobrecalentados disparan un pestillo mecánico, forzando la apertura de los contactos del arrancador y desconectando el motor de la línea.

Sin embargo, con los arrancadores magnéticos, el elemento térmico sobrecalentado abre un juego de contactos en serie con la bobina de arranque. Si se rompe el circuito de control del motor de arranque, los contactos de este se abren y el motor se desenergiza. Por supuesto, se pueden incluir muchos otros controles primarios y de seguridad en el circuito de control externo.

Protección del motor

Algunos motores tienen un dispositivo de conmutación bimetálico integrado en el bobinado del estator. El interruptor se abre cuando se sobrecalienta, creando un circuito abierto en el propio bobinado. Aunque se siga aplicando corriente a los terminales del motor, este no funcionará debido al devanado abierto. Muchos compresores de aire acondicionado residenciales están provistos de este tipo de protección.

Una vez que el interruptor se enfría, se cierra, permitiendo que la corriente fluya a través del devanado. Si, por ejemplo, el motor tiene el rotor bloqueado y no puede girar, volverá a sobrecalentarse muy rápidamente. Este patrón puede repetirse muchas veces hasta que un electricista o técnico intervenga para ver por qué el motor no funciona.

Este escenario está relacionado principalmente con los motores monofásicos. Los motores trifásicos suelen tener dispositivos de seguridad más elaborados, independientemente de la existencia de un dispositivo térmico en los devanados del motor.

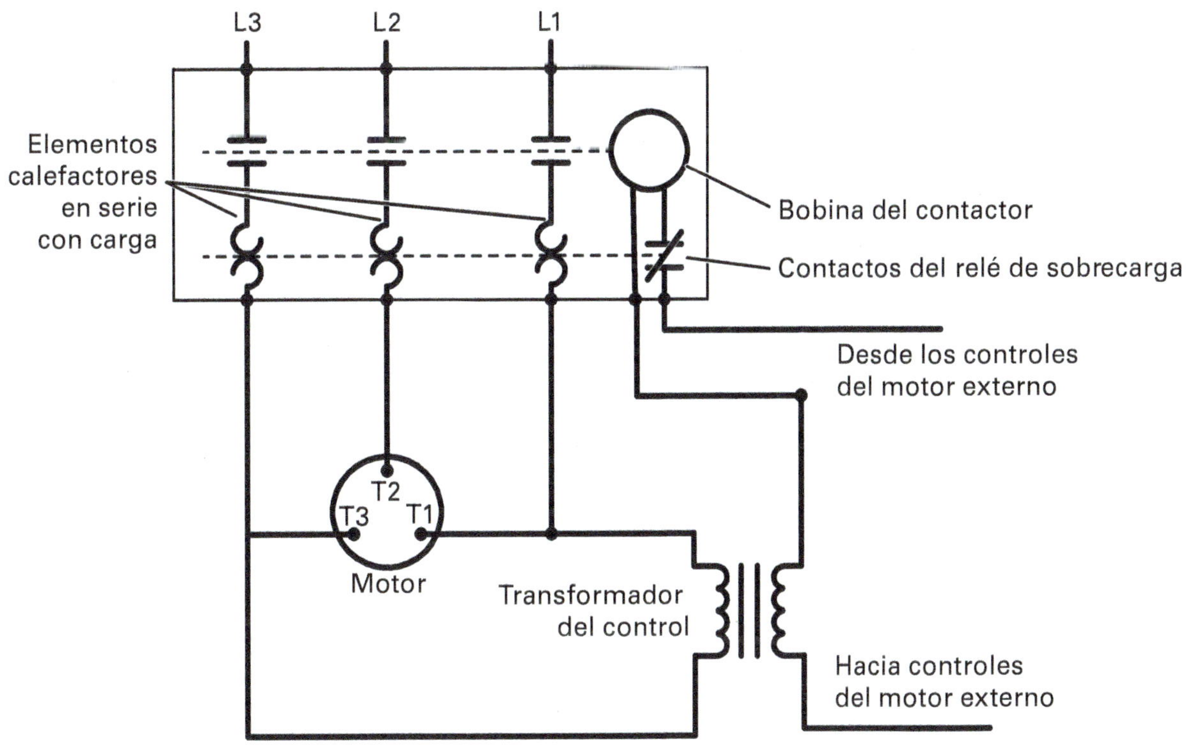

Figura 16 Arrancador de motor básico con protección contra sobrecarga.

2.3.3 Fusibles y relés de sobrecarga

Los fusibles no son la mejor opción para proporcionar protección contra sobrecargas. Su función básica es proteger contra los cortocircuitos. Los motores consumen una elevada corriente de arranque y los fusibles convencionales de elemento único no tienen forma de distinguir entre esta corriente de arranque temporal e inofensiva y una sobrecarga perjudicial. Si se elige un fusible sin retardo de tiempo basado únicamente en el FLA (amperaje a carga plena) del motor, se fundiría cada vez que el motor arrancara. Por otro lado, si se utiliza un fusible lo suficientemente grande como para pasar fácilmente la corriente de arranque, puede que no proporcione la protección adecuada.

Los relés de sobrecarga tienen algunas características interesantes. Una de ellas es la denominada función de *tiempo de disparo inverso*, que les permite mantener la carga de corriente mientras el motor arranca y acelera, pero proporciona protección incluso si se mantiene una sobrecorriente pequeña. Los fusibles de elemento doble o de retardo de tiempo proporcionan una medida de protección contra la sobrecarga del motor, pero no son renovables. Un arrancador de motor se restablece fácilmente después de dispararse.

2.3.4 Clasificaciones de relés de sobrecarga

Los relés de sobrecarga pueden clasificarse en térmicos o magnéticos. Los relés magnéticos de sobrecarga solo reaccionan ante los excesos de corriente y no resultan afectados por la temperatura. Como ya se comentó en la *Sección 2.0.0*, los relés térmicos de sobrecarga se basan en el aumento de temperatura provocado por el exceso de corriente para disparar el mecanismo de sobrecarga. Sin embargo, los relés térmicos de sobrecarga pueden subdividirse en dos tipos: de *aleación fundida* (o eutécticos) y *bimetálicos*. Los tipos bimetálicos han sido el centro del debate hasta ahora.

Los relés de sobrecarga de aleación fundida y bimetálicos están diseñados para aproximarse al calor que se genera en el motor. A medida que la temperatura del motor aumenta junto con la corriente de funcionamiento, también lo hace la temperatura del elemento calefactor. Las curvas de calentamiento del motor y del relé de sobrecarga muestran esta relación.

La *Figura 17* muestra un elemento calefactor de aleación fundida y un soldador. La corriente de carga del motor pasa a través del elemento calefactor. Cuando produce demasiado calor, funde una aleación dentro del soldador. El eje de la rueda de trinquete que pasa a través puede entonces girar libremente en el baño de fusión, permitiendo que los contactos del relé de sobrecarga se abran y desenergicen el motor. Es necesario un período de enfriamiento para que el baño de soldadura se endurezca antes de que el relé de sobrecarga pueda rearmarse y el motor pueda arrancar de nuevo.

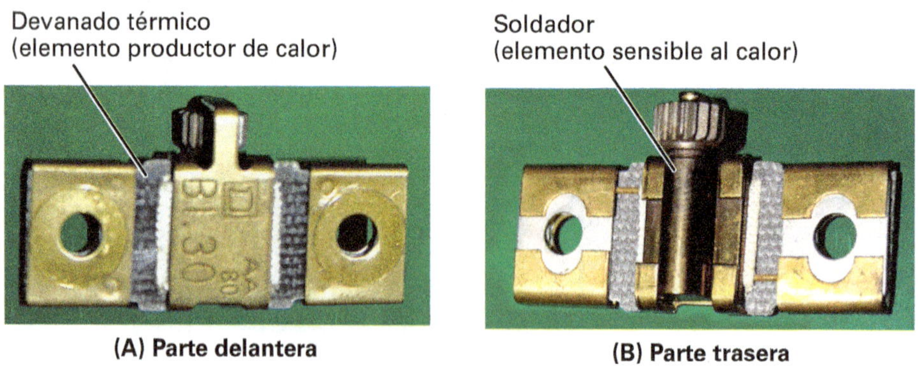

Figura 17 Unidad térmica de aleación de fusión.
Fuente: Tim Dean

Las unidades térmicas de aleación fundida son intercambiables y ofrecen una construcción de una sola pieza. Esto garantiza una relación constante entre el elemento calefactor y el soldador y permite la calibración en fábrica. Son prácticamente inviolables en el campo. Hay disponibles muchos tipos de unidades térmicas intercambiables para proporcionar una protección precisa contra sobrecargas de cualquier corriente a plena carga.

Sin embargo, los relés de sobrecarga bimetálicos tienen dos ventajas principales. En primer lugar, es conveniente disponer de una función de restablecimiento automático cuando los dispositivos se montan en lugares de difícil acceso. En segundo lugar, los relés bimetálicos pueden ajustarse en el campo para dispararse dentro de un rango del 85% al 115% del valor nominal de disparo de la unidad calefactora. Esta función permite ajustar el funcionamiento para proteger mejor el motor y evitar interrupciones innecesarias.

La **temperatura ambiente** afecta los elementos calefactores de los relés de sobrecarga. Los relés de sobrecarga bimetálicos con *compensación ambiental* se diseñaron para abordar este problema. Los arrancadores de motor con relés de sobrecarga suelen instalarse en un entorno distinto al de los motores que controlan. Si la temperatura ambiente alrededor del relé de sobrecarga varía demasiado y suele ser más caliente o más fría que la del entorno del motor, un diseño de sobrecarga térmica estándar no responderá de forma coherente.

Temperatura ambiente (*ambient temperature*): temperatura del aire en un área localizada, que afecta la capacidad de los dispositivos eléctricos para disipar el calor.

Para compensar las variaciones de temperatura entre el motor y el entorno del relé de sobrecarga, se utiliza un relé de sobrecarga con compensación ambiental. Su punto de activación no se ve afectado por la temperatura ambiente, lo que permite un funcionamiento más fiable y constante.

Relés electrónicos de sobrecarga

Los arrancadores de motor más recientes suelen estar equipados con relés electrónicos de sobrecarga. Los modelos electrónicos ofrecen una gama más amplia de ajustes y una mayor versatilidad.

Los relés electrónicos de sobrecarga dependen de transformadores de corriente para controlar la corriente y responder en consecuencia. La corriente que circula por un conductor induce corriente en un devanado que lo rodea. El nivel de corriente inducida refleja el flujo de corriente real, informando al relé de sobrecarga de las condiciones de funcionamiento.

Los modelos electrónicos identifican con mayor precisión los excesos de corriente y las pérdidas de fase y reaccionan consistentemente con mayor rapidez y fiabilidad que los modelos tradicionales. Muchos también son capaces de comunicar externamente las condiciones de funcionamiento e incluso pueden programarse desde una ubicación remota.

2.3.5 Selección del relé de sobrecarga

Al seleccionar los relés térmicos de sobrecarga, se tienen en cuenta los siguientes factores:

- Corriente a plena carga del motor
- Tipo de motor
- Diferencia de temperatura ambiente entre el motor y el controlador

No todos los motores de la misma potencia y velocidad tienen el mismo FLA. Siempre se debe verificar la placa de características del motor que se va a proteger para obtener su FLA específico. Este es el factor más importante a la hora de seleccionar los elementos calefactores.

Las tablas de selección de unidades térmicas se basan generalmente en el FLA de motores de servicio continuo con un factor de servicio de 1.15 y funcionando en condiciones normales. Las tablas correspondientes figuran en los catálogos de los fabricantes y en las páginas web. También pueden encontrarse en el interior de la puerta o la cubierta del arrancador del motor.

En general, las tablas suponen que la temperatura ambiente en el relé de sobrecarga es la misma que la temperatura en el motor. Cuando ese no es el caso, o si el factor de acometida del motor es algo menor que 1.15, las instrucciones de la tabla describen un procedimiento especial utilizado para seleccionar la unidad térmica adecuada para las condiciones.

Los contactos del relé de sobrecarga estándar están cerrados en condiciones normales y se abren cuando el relé se dispara. A veces, se requiere una señal de alarma en una planta para indicar cuando un motor se ha parado debido a una condición de sobrecarga. Además, puede ser necesario apagar simultáneamente otros equipos para evitar más problemas derivados de la falla del motor. Los enclavamientos eléctricos adicionales con el relé de sobrecarga pueden gestionarse mediante el uso de contactos auxiliares accesorios. Pueden ser NO o NC según sea necesario. Estos contactos adicionales suelen denominarse *contactos de alarma*.

2.4.0 Resolución de problemas relacionados con los relés

El funcionamiento satisfactorio de un relé electromecánico depende de que se mantenga la interacción adecuada entre su bobina y sus elementos mecánicos, incluidos los contactos eléctricos.

La bobina magnética suele estar diseñada para funcionar mientras el voltaje se mantenga entre el 80% y el 110% de su voltaje nominal. Esto le permite compensar las variaciones habituales del voltaje. A menor voltaje, el campo magnético puede no ser lo suficientemente fuerte como para mover el inducido. A voltajes más elevados, la bobina puede sobrecalentarse si recibe corriente durante un período prolongado.

Cuando se aplica un voltaje suficiente a la bobina, el campo magnético aumenta rápidamente y el inducido se cierra con un chasquido. A continuación, los contactos también se reposicionan bruscamente. Los atascos internos debidos al desgaste pueden hacer que un relé o contactor se establezca y rompa con lentitud. Esto puede ocurrir en relés que raramente funcionan. Lo mejor es realizar pruebas periódicas para garantizar que funcionen correctamente cuando sea necesario.

Los contactos dañados también pueden causar problemas de funcionamiento. Un flujo excesivo de corriente a través de los contactos puede hacer que se quemen o incluso que se suelden. Los contactos soldados no se separan, mientras que los quemados pueden adherirse y crear una conexión eléctrica deficiente.

Los cuadros de resolución de problemas se presentan en la *Tabla 2A* y *Tabla 2B*. Reconocer los síntomas y asociarlos a las causas probables debería ayudarlo a diagnosticar y resolver la mayoría de los problemas de contactores y relés.

TABLA 2A Cuadro de resolución de problemas de contactores y relés (1 de 2)

Síntomas	Causa probable	Acción o elementos que se deben verificar
No funciona	O no hay voltaje o hay bajo voltaje en los terminales de la bobina	Fusible fundido, interruptor de línea abierto, rotura de cableado
		Voltaje de línea por debajo de lo normal
		Relé de sobrecarga abierto o juego demasiado bajo
		Palanca de disparo (interruptores no automáticos) sucio
		Nivel de control o botón de inicio en posición de apagado
		Circuito de entrada abierto, cortocircuitado o puesto a tierra
		Contactos en el circuito de protección o control abiertos o una de sus conexiones flexibles rota
	Bobina de operación abierta o conectada a tierra	Inspeccionar y probar la bobina
	Cable de la bobina flojo o desconectado	Inspeccionar y corregir
	Separación excesiva del imán, alineación interna incorrecta	Inspeccionar y corregir
	Inducido obstruido o depósitos de goma entre el inducido y la cara del polo	Inspeccionar y corregir
	Atoramiento causado por una bisagra deformada o gomosa	Cambiar si está doblada; desengrasar si está gomosa
	Fuerza excesiva del muelle del inducido	Disminuir la fuerza del muelle
	Contactos normalmente cerrados soldados	Cambiar los contactos
Falla del equipo al arrancar con contactor cerrado	Uno o más juegos de contactos no se cierran	Cambiar el juego de contactos
	Contactos quemados	Cambiar
	Conexión de contacto flexible rota	Cambiar
Falla de salida	La bobina de operación está energizada	Contactos de los circuitos de control o de disparo de protección cerrados, en cortocircuito o en derivación
		Dispositivos de disparo defectuosos, como pulsadores de disparo por sobrecarga que no accionan el desbloqueo, el émbolo del relé de mínimo voltaje está atascado o desajustado, el botón de parada está defectuoso o el mecanismo de escape de retardo de tiempo está defectuoso (respiradero cerrado)
		Corriente suministrada por una vía no intencionada debido a masa, aislamiento defectuoso, marcas de lápiz, humedad o laca desprendida de la base del relé
	Magnetismo residual excesivo debido a que el inducido está cerrado herméticamente contra la cara del polo	Ajustar o cambiar
	Inducido obstruido o depósitos de goma entre el inducido y la cara del polo	Retirar la obstrucción y limpiar
	Atoramiento causado por una bisagra deformada o gomosa	Cambiar o desengrasar
	Muelle de presión de contacto o muelle de inducido demasiado débil o mal ajustado	Cambiar o ajustar
	Posición de montaje incorrecta (bocabajo)	Montar correctamente
	Contactos normalmente abiertos soldados	Cambiar los contactos

TABLA 2B Cuadro de resolución de problemas de contactores y relés (2 de 2)

Síntomas	Causa probable	Acción o elementos que se deben verificar
Los relés de retardo de tiempo funcionan demasiado rápido	El aire se escapa demasiado libremente, debido a agujeros en los fuelles o al respiradero abierto	Mecanismo de escape defectuoso
	Calce no magnético en el entrehierro demasiado grande o muelle del inducido demasiado fuerte	Émbolo del amortiguador desgastado, aceite del amortiguador demasiado fino
		Ajustar o cambiar
	Imanes desajustados	Ajustar
Contactos picados o descoloridos	Contactos sobrecalentados por sobrecarga	Reducir la carga y cambiar los contactos
	Los contactos no encajan adecuadamente	Volver a encajarlos
	Barreras rotas por un uso brusco o martillos que se cierran con demasiada fuerza	Cambiar las barreras; verificar si hay alto voltaje
	La acción de barrido de los contactos al cerrarse es insuficiente	Ajustar
	Vibración o zumbido excesivos	Verificar las causas enumeradas a continuación
	Exposición a la intemperie, goteo de agua, aire salado o vibraciones	Utilizar un recinto NEMA adecuado
Vibración o zumbido excesivos	Vibración de los dispositivos circundantes comunicada al relé	Organizar de forma diferente
	Relé de recepción de señales contradictorias	Corregir
	Rebote de los contactos de control o de protección	Ajustar
	Voltaje de línea fluctuante o insuficiente	Considerar el uso de transformadores reductores-elevadores
	Resistencia excesiva del circuito de la bobina	Disminuir la resistencia
	Resorte del inducido o resorte de presión de contacto demasiado fuerte	Disminuir
	Caída excesiva del voltaje de la bobina al cerrarse	Ajustar
	Falta la bobina de sombreado	Cambiar el contactor
	Ubicación incorrecta de la clavija anticongelante	Colocar en la posición correcta
	Movimiento libre del inducido obstaculizado por piezas deformadas o suciedad	Limpiar y cambiar las piezas adecuadas
Temperatura excesiva de la bobina	Corriente o voltaje excesivos	Reducir la carga o ajustar las tomas del transformador
	Cortocircuito en la bobina	Cambiar la bobina

2.0.0 Repaso de la sección

1. Se puede utilizar un contacto de pulsador unipolar para controlar varias cargas mediante un _____.
   a. relé unipolar
   b. relé amplificador de corriente
   c. relé amplificador de voltaje
   d. relé multipolar

2. Un tipo de relé controlado por un campo magnético es un _____.
   a. relé optoaislado
   b. transistor de potencia
   c. triac
   d. relé de lengüetas

3. El tipo de dispositivo de sobrecarga que requiere un período de enfriamiento antes de poder restablecerse es un _____.
   a. fusible de retardo de tiempo
   b. fusible de elemento doble
   c. relé de aleación fundida
   d. eslabón fusible

4. La bobina de un relé suele estar diseñada para funcionar correctamente a _____.
   a. 80% al 110% del voltaje nominal
   b. 90% al 100% del voltaje nominal
   c. 95% al 105% del voltaje nominal
   d. 100% del voltaje nominal únicamente

3.0.0 Sistemas de control de bajo voltaje

Objetivo

Describir los sistemas de control de iluminación de bajo voltaje y sus requisitos de instalación.

a. Identificar los componentes de los sistemas de iluminación y las características operativas.

b. Describir cómo planificar e instalar un sistema básico de control de iluminación de bajo voltaje.

Tarea práctica

1. Montar y conectar un contactor de iluminación de 120 V con un control de pulsador de tres hilos.

Cuando los sistemas de iluminación deben controlarse desde varios puntos y se requieren disposiciones complejas, se aplican sistemas de control remoto de bajo voltaje. Estos sistemas utilizan un transformador de control de bajo voltaje para alimentar los relés que, a su vez, controlan los circuitos de voltaje de línea y los dispositivos de conmutación.

Dado que el cableado de control no transporta la corriente o el voltaje de la carga, se puede utilizar un cable pequeño y ligero para el control. A menudo, puede instalarse en el sitio y la manera que convenga, por ejemplo, detrás de molduras, grapado a la carpintería, enterrado en canales de yeso poco profundos o a través de agujeros taladrados en los montantes de la pared. La conmutación por bajo voltaje es especialmente útil en edificios existentes, porque los pequeños cables son tan fáciles de tender como el cableado telefónico.

La *Figura 18* muestra un sistema básico de conmutación por control remoto. En ambos circuitos, el relé permite un control positivo para conmutar la carga. Puede situarse cerca de la carga o instalarse en cuadros de distribución centralizados, en función de las necesidades.

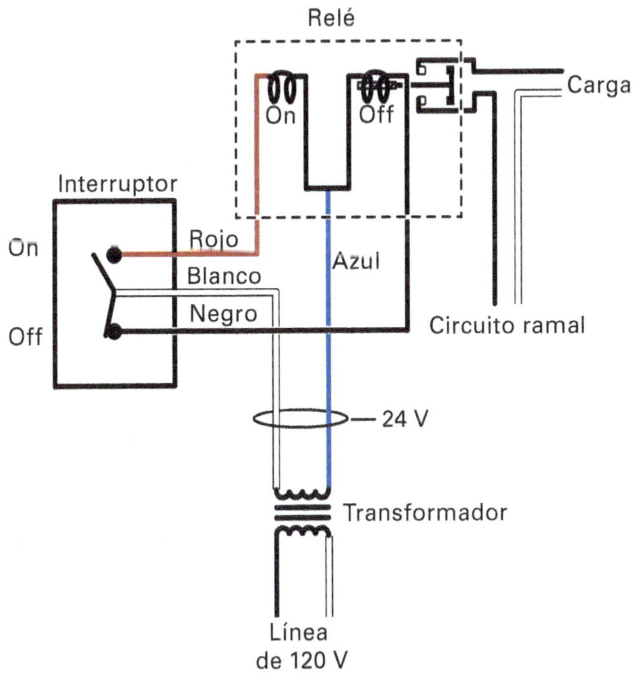

Figura 18 Sistema básico de conmutación por control remoto.

Puesto que los circuitos ramales van directamente a las cargas en este tipo de sistema, no se requieren patas de conmutación de voltaje de línea. Esto ahorra costosos tendidos de conductores más grandes a través de todos los interruptores, así como mano de obra y materiales de instalación.

En determinadas condiciones, el *NEC®* permite el paso de conductores de bajo voltaje en espacios abiertos por encima de techos y a través de tabiques de pared sin más protección. No siempre es necesaria una caja de toma de corriente en las ubicaciones de los interruptores. Cuando los electricistas instalan el cableado, se limitan a colocar un anillo de yeso de la profundidad adecuada en cada interruptor y suelen enrollar el cable de bajo voltaje alrededor de un clavo clavado detrás de la placa. El interruptor u otro mando se instala después de terminar la pared.

Transformadores reductores

Los transformadores reductores, como el de la imagen, pueden proporcionar una fuente de alimentación de bajo voltaje a los circuitos de conmutación. Aunque suelen encontrarse en el interior de recintos de equipos, algunas aplicaciones sencillas permiten fijar algunos transformadores directamente a una caja de conexiones, donde el voltaje de línea se conecta al devanado primario. También puede ver estos transformadores montados en una placa de cubierta de caja J.

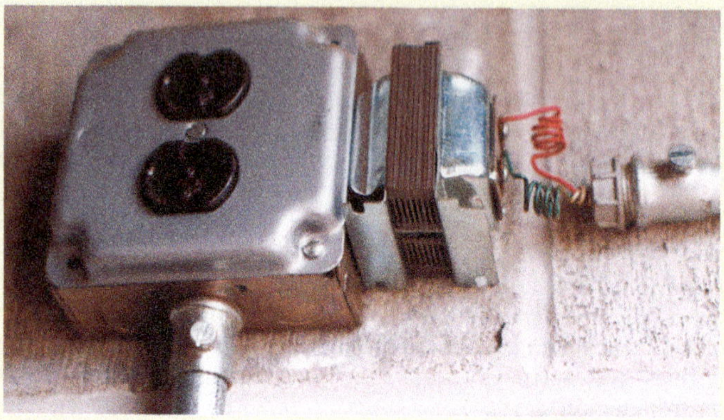

La *Figura 19* muestra varios tipos de circuitos de control para iluminación, pero, a menudo, pueden aplicarse también a otras necesidades de control. En los circuitos mostrados, se puede conectar cualquier número de interruptores para proporcionar control desde muchos puntos remotos. En una instalación típica, las luces exteriores podrían controlarse desde cualquier zona del edificio sin necesidad de instalar cables más grandes aptos para voltaje de línea en todo el edificio. El control de bajo voltaje también representa un sistema más seguro tanto para los usuarios como para los electricistas.

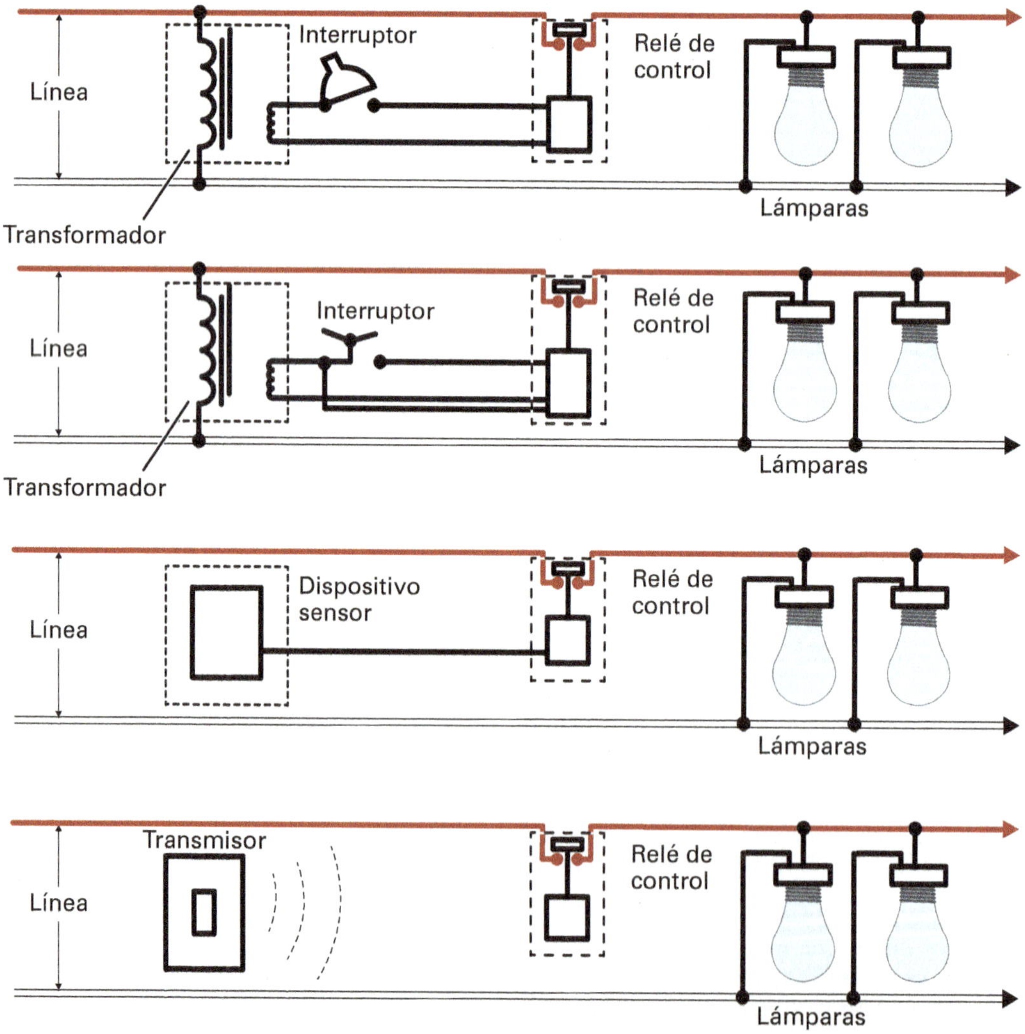

Figura 19 Ejemplos de sistemas de control de iluminación.

3.1.0 Componentes del sistema y características operativas

El relé de control que se representa en la *Figura 19* es una parte importante del sistema. En la *Figura 20* se muestra un relé de este tipo montado en una caja de salida.

El relé tiene una bobina de solenoide dividida para mover la armadura del contacto de voltaje de línea a la posición de encendido o *enclavada* (*Figura 21*). Cuando se energiza, la bobina de encendido desarrolla un campo magnético que arrastra el inducido hacia arriba, cerrando los contactos del relé. El inducido se bloquea en la posición de encendido y permanecerá así hasta que se energice la bobina de apagado, llevando el inducido a la posición de apagado.

3.1.1 Fuentes de alimentación

Los transformadores utilizados en muchos sistemas de control suministran alimentación de 24 VCA, que es un voltaje de CA seguro y común para estos controles. La mayoría de los sistemas de control HVACR funcionan con el mismo voltaje, aunque, a menudo, se utiliza corriente continua para la señalización y la comunicación entre dispositivos.

La CA y la CC se utilizan, a menudo, en el mismo esquema de control. La *Figura 22* muestra un transformador de 24 VCA que suministra energía a dispositivos electrónicos. Estos dispositivos suelen tener sus propios rectificadores incorporados para alimentar únicamente los componentes internos de estado sólido. La misma fuente de alimentación de 24 VCA también puede alimentar un rectificador autónomo que alimente los componentes del sistema que no estén equipados con su propio rectificador.

El devanado primario del transformador de control puede alimentarse con cualquier voltaje de CA convencional. Recuerde que muchos transformadores de control son *multitoma*, lo que significa que un solo transformador puede aceptar una variedad de voltajes primarios.

3.1.2 Interruptores

Los interruptores basculantes y de dos botones que proporcionan una acción SPDT momentánea se utilizan habitualmente para el control manual. Con los relés de enclavamiento, no es necesario que el interruptor que inicia la acción permanezca cerrado; basta con un cierre momentáneo para que la acción se ponga en marcha. Este enfoque permite conectar en paralelo cualquier número de interruptores similares.

3.1.3 Secuenciador maestro

Un *secuenciador maestro* programable permite controlar los relés como un grupo sin dejar de permitir opciones de control manual individual (*Figura 23*). Cuando se enciende un interruptor maestro externo, el secuenciador puede activar sus propias salidas de relé de encendido de forma secuencial. En los sistemas de iluminación que consumen mucha corriente, escalonar el arranque de los paneles de iluminación puede reducir la carga eléctrica instantánea del sistema. Un interruptor local puede seguir controlando una salida individual (un panel de iluminación) sin afectar a ninguna otra.

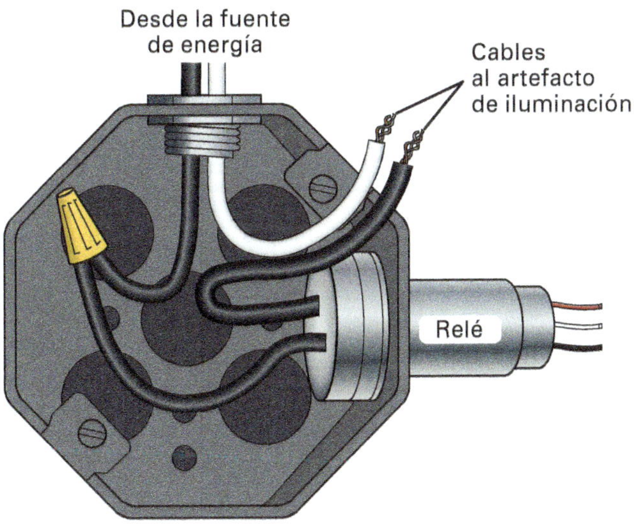

Figura 20 Relé instalado en una caja de salida.

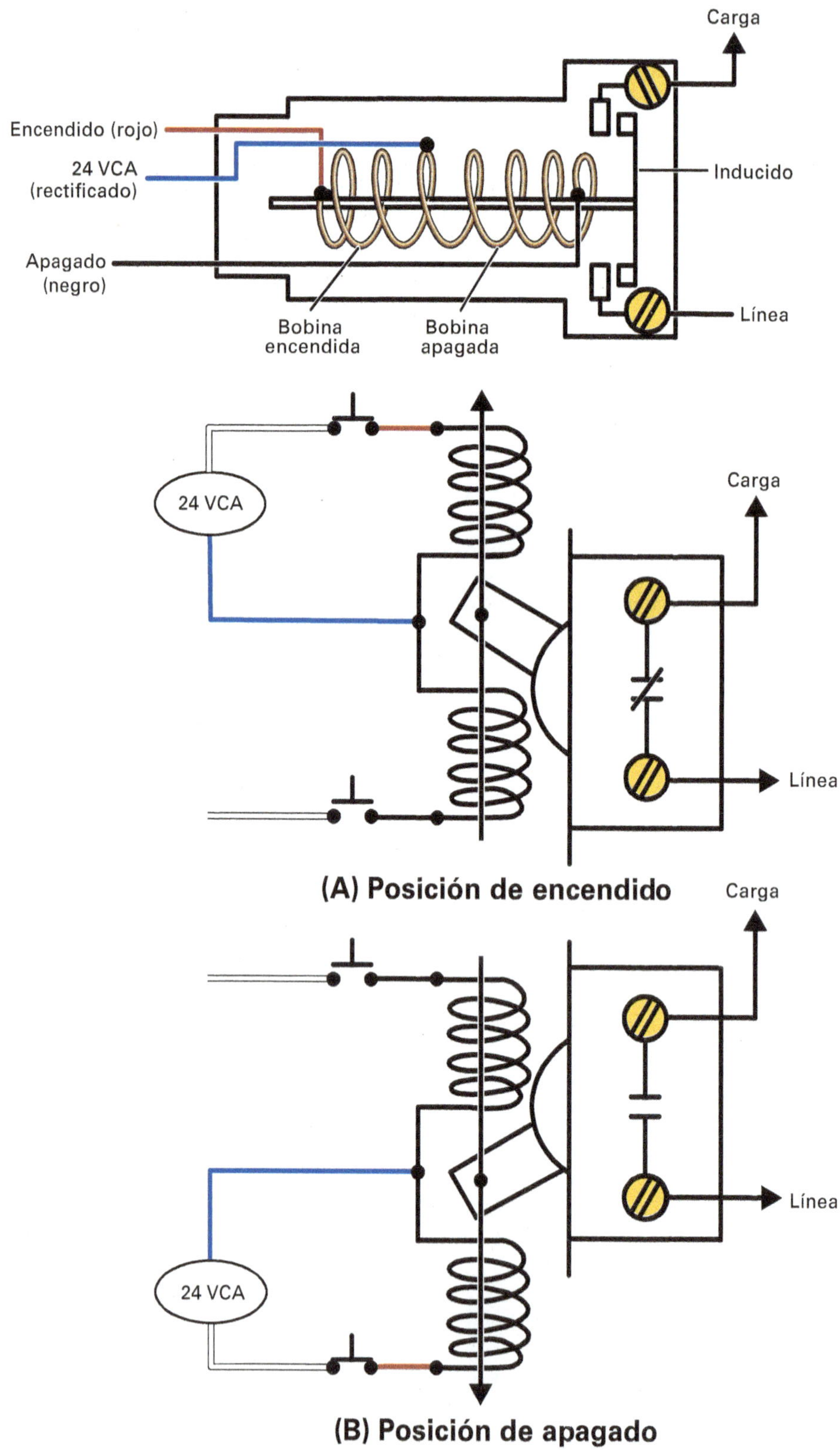

Figura 21 Funcionamiento del relé.

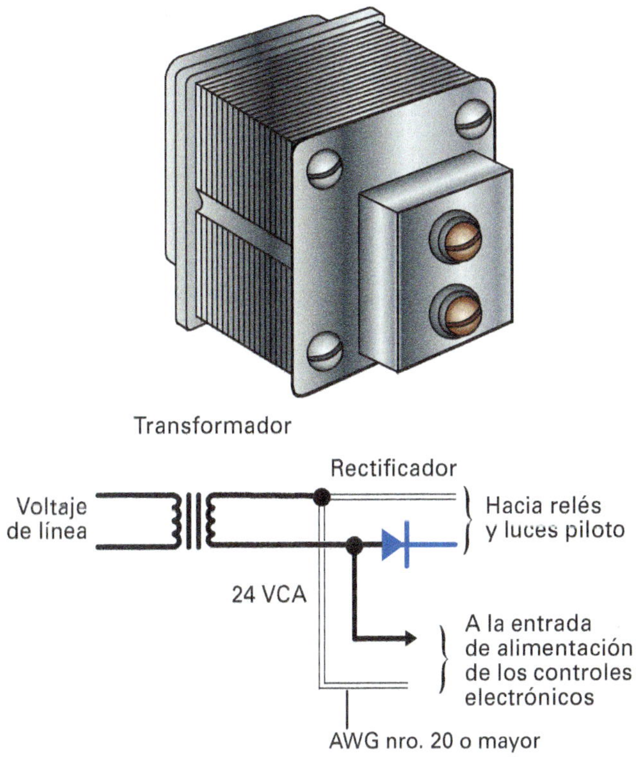

Figura 22 Ejemplo de distribución de energía con transformador de control.

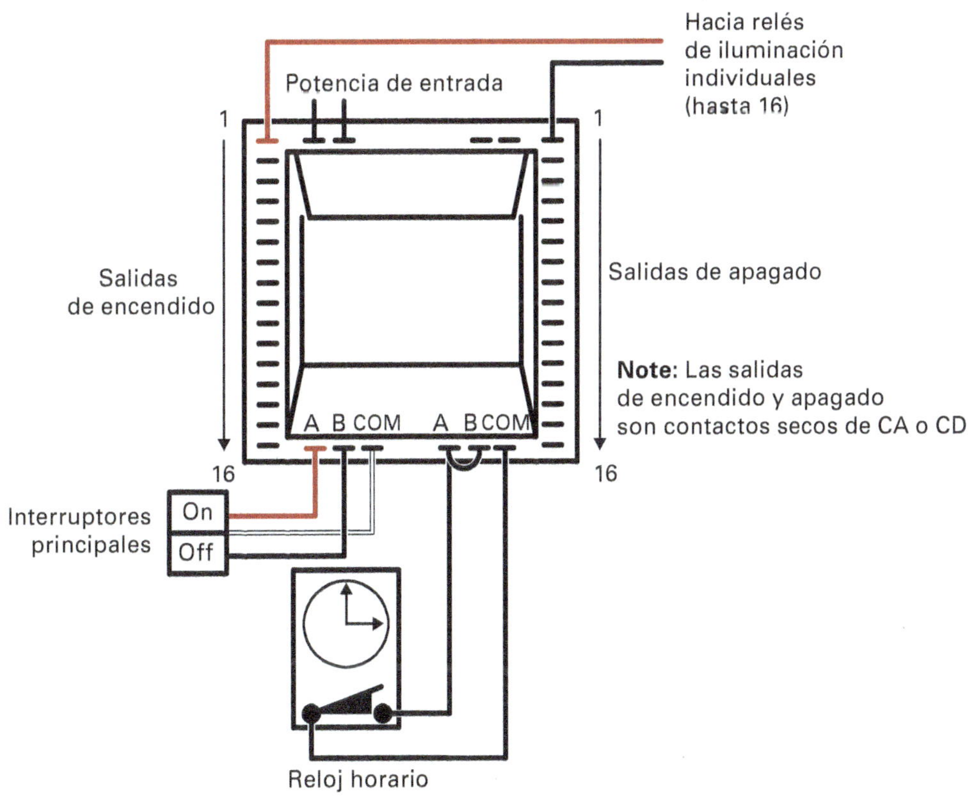

Figura 23 Ejemplo de aplicación de un secuenciador maestro.

Dos o más canales de entrada al secuenciador maestro permiten que relojes programadores, salidas de sistemas de automatización de edificios, fotoceldas y dispositivos similares controlen también el secuenciador. Este enfoque ofrece una cómoda automatización combinada con la activación local de los distintos grupos de iluminación.

3.2.0 Planificación del sistema de control de iluminación

Los sistemas de control de iluminación de bajo voltaje pueden instalarse en todos los entornos. Por supuesto, el tamaño y el alcance de los sistemas instalados en cada lugar pueden diferir considerablemente.

El primer paso en el procedimiento de instalación, tanto si el edificio es residencial como comercial, es elaborar un plan. Cuando se diseña un sistema de control para un edificio, se utilizan símbolos de plano como los que se muestran en la *Figura 24* para identificar los distintos componentes. Tenga en cuenta que los símbolos suelen variar en función del juego de símbolos utilizado por el diseñador. Por eso, siempre es importante comprobar la leyenda de los propios planos.

El plano puede ser sencillo y requerir únicamente la siguiente información:

- La ubicación de cada mando de bajo voltaje con una línea discontinua trazada desde el interruptor hasta la toma de corriente que debe controlarse.
- Un diagrama de cableado esquemático que muestre los componentes y su relación eléctrica

Los planos y especificaciones suelen contener una nota similar a la siguiente:

Suministre e instale un sistema completo de cableado de control remoto para el control de la iluminación y otros equipos, tal y como se indica en los planos, diagramas y cuadros. El sistema se completará con transformadores, rectificadores, relés, interruptores, interruptores maestros-selectores, placas de pared y cableado. Todos los componentes del cableado de control serán del mismo tipo y se instalarán de acuerdo con las recomendaciones del fabricante. Salvo que se indique lo contrario, todo el cableado de control se instalará de acuerdo con el ***Artículo 725 del NEC, Clase 2****.*

Conozca el código

Circuitos de potencia limitada de Clase 2 y Clase 3
Artículo 725 del NEC

Muchas veces, los arquitectos proporcionan los conceptos de funcionamiento del sistema de control de la iluminación. A continuación, un ingeniero o diseñador eléctrico debe diseñar e instalar el sistema para cumplir esos conceptos. Cuando se produzca esta situación, trabaje a partir del conjunto de planos y utilice el siguiente procedimiento general:

Paso 1 Asigne a cada luz o receptáculo un relé de control específico. Esto se puede conseguir utilizando las letras R1 para el relé 1, R2 para el relé 2, y así sucesivamente.

Paso 2 Agrupe todas las luces y tomas de corriente que deban conmutarse juntas.

Paso 3 Determine el número de relés que puede controlar cada módulo de control.

Paso 4 Divida el número de relés por el número determinado en el *Paso 3*. Este es el número de módulos de control necesarios para controlar los relés.

Paso 5 Identifique la ubicación de los puntos de conmutación en los planos del edificio.

Paso 6 Indique qué luces y receptáculos están siendo controlados por cuál relé. Este paso puede realizarse indicando los grupos de iluminación en el plano. Sin embargo, es más fácil si se utiliza un *cuadro de conmutación*.

Paso 7 Revise los planos eléctricos y el cuadro de conmutación para determinar el número y el tamaño de las estaciones de conmutación.

La *Figura 25* muestra el plano de planta de una vivienda. Los símbolos se utilizan para mostrar la ubicación de todos los artefactos de iluminación e interruptores de pared convencionales. Los circuitos de voltaje de línea que alimentan los artefactos de iluminación se indican con líneas continuas que salen de los interruptores convencionales, identificados con el símbolo S.

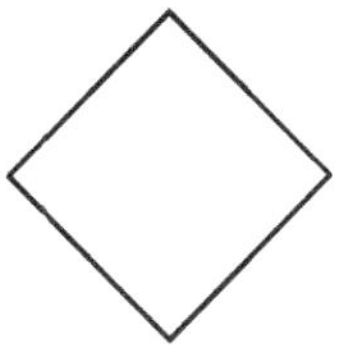

El diamante es un símbolo ampliamente reconocido que se utiliza para denotar bajo voltaje.

— · · — · ·	Cable de bajo voltaje del control remoto	S_T	Interruptor de bajo voltaje para soporte intercambiable
T	Transformador de bajo voltaje	S_X	Receptáculo del interruptor de extensión
	Rectificador o conjunto rectificador	MS, 8	Interruptor de botón selector principal; 8 posiciones
C, A	Gabinete de componentes; A se refiere al primer gabinete	MS_P, 8	Interruptor de botón selector principal con luces piloto; 8 posiciones
R, 1	Relé, tipo estándar, espec. Grado; 1 se refiere al número de relés	M M, R	Motor principal; rojo de encendido
R_P, 2	Relé con interruptor piloto, espec. Grado; 2 se refiere al número de relés	M M, B	Motor principal; negro de apagado
S	Interruptor de bajo voltaje, espec. Grado, tipo estándar	P_L	Luz del piloto separada
S_P	Interruptor de bajo voltaje, espec. Grado, con luz del piloto	**NOTA:** En los receptáculos controlados (de techo o de pared) utilice un relé estándar (por ejemplo, RA6, etc. que designa el gabinete de componentes A, relé nro. 6).	

Figura 24 Símbolos comunes de planos de bajo voltaje.

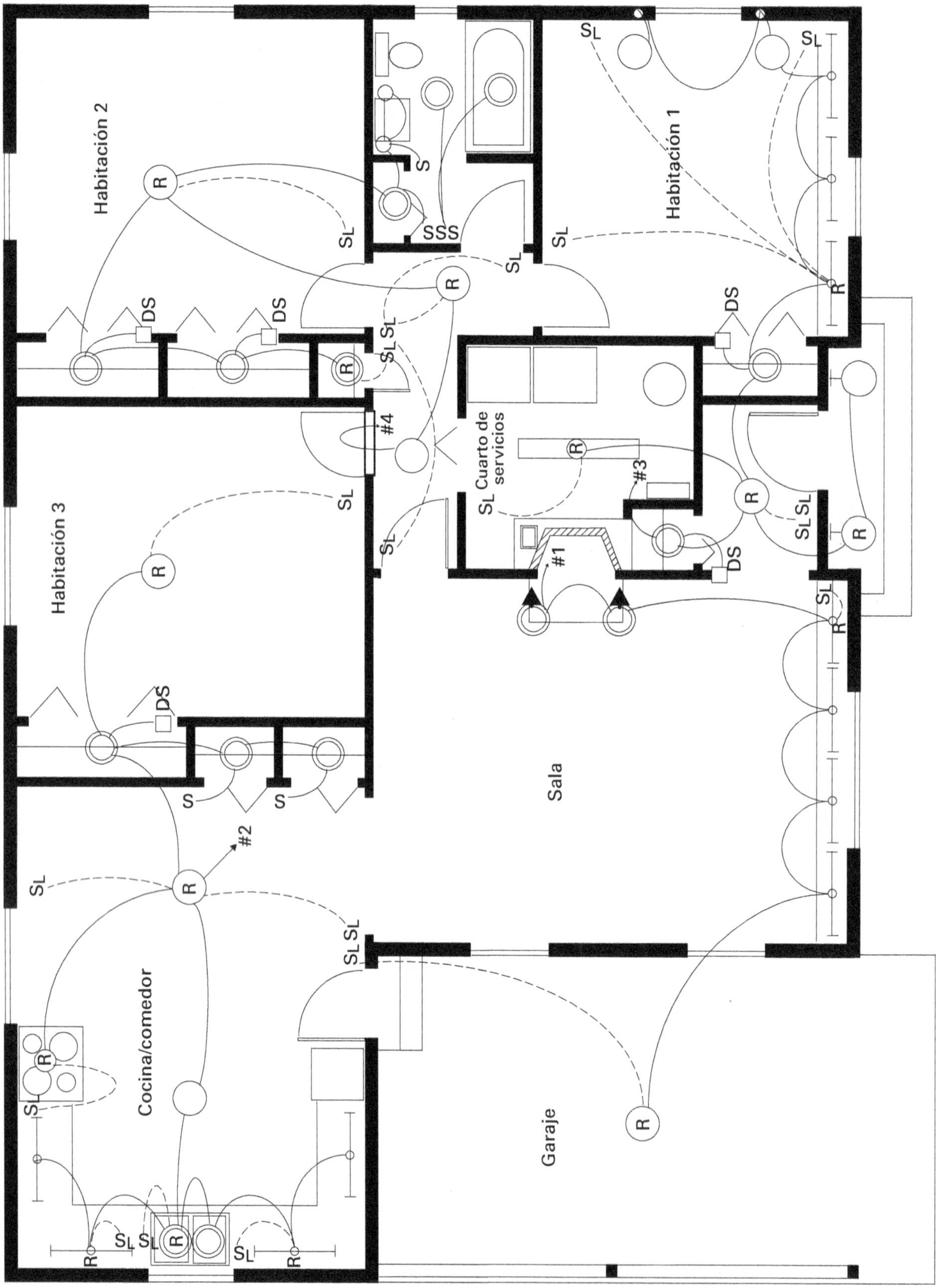

Figura 25 Plano de planta de una residencia con controles de iluminación convencionales y de bajo voltaje.

Sin embargo, todos los interruptores de bajo voltaje se indican con el símbolo S_L. Las líneas de estos interruptores a los artefactos de iluminación que controlan se muestran con líneas discontinuas. Observe que los interruptores de las puertas que controlan las luces del armario utilizan interruptores convencionales. Cuando un interruptor de puerta se abre y se cierra con una puerta, no es momentáneo: se mantiene una vía continua a través del interruptor hasta que la puerta cambia de posición. Esto puede crear un problema en un sistema que depende de relés de iluminación de bajo voltaje que se activan en respuesta a un interruptor de contacto momentáneo.

El diagrama del esquema del cableado de la *Figura 26* muestra la relación eléctrica entre los componentes y los diagramas de cableado unifilar. Esto ayuda al electricista proporcionándole una representación gráfica simplificada de la secuencia de funcionamiento.

Una vez elaborado el plan de trazado y adquiridos los materiales, puede comenzar la instalación. Las instrucciones de tendido presentadas en las secciones siguientes son solo un ejemplo. Siga siempre las recomendaciones del fabricante, como exige el *NEC*®, así como las especificaciones del trabajo.

3.2.1 Recintos

Los recintos de control deben colocarse donde sean fácilmente accesibles, pero ocultos a la vista. Los paneles de control suelen estar precableados internamente. Por supuesto, hay que instalar los cables de interconexión.

Puesto que los módulos de control producen calor, se suelen colocar rejillas de ventilación alrededor del recinto para permitir el paso del aire. La ubicación elegida para el recinto no debe obstruir estas rejillas de ventilación. El panel también puede tener limitaciones de temperatura que impidan instalarlo en lugares calurosos, como un ático.

El fabricante puede colocar los terminales de alto voltaje del panel de control en una esquina, mientras que los terminales de bajo voltaje se encuentran en el lado opuesto. Esto se debe al requisito del *NEC*® de mantener los conductores de bajo voltaje separados de los conductores de voltaje de línea. El panel debe montarse a la altura de los ojos, entre dos montantes.

Si el panel no está equipado con una fuente de alimentación (transformador), normalmente se monta junto al panel. El número de transformadores necesarios para un sistema dependerá del tamaño del mismo y de la capacidad de corriente de los transformadores elegidos.

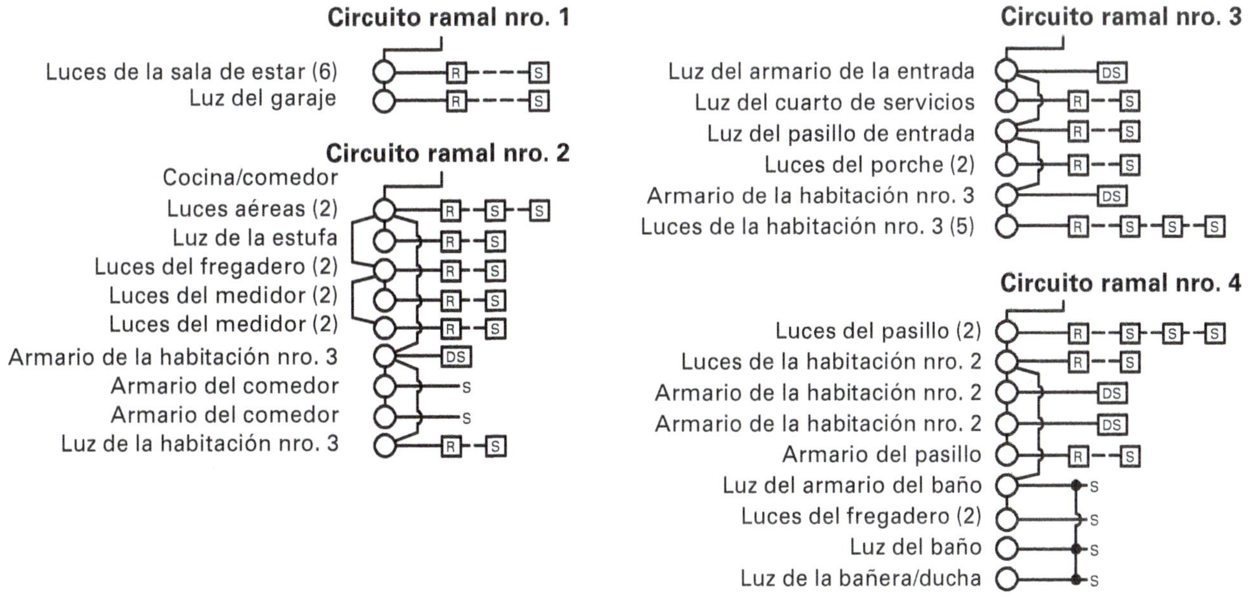

Figura 26 Diagrama esquemático de cableado de circuitos de iluminación.

Piénselo

Todo reunido

Imagine que está diseñando la casa de sus sueños. ¿Qué sistemas desea poder controlar desde una ubicación central? ¿Qué tipos de dispositivos se necesitarían para este sistema?

Conozca el código

Requisitos generales sobre métodos y materiales de cableado
Artículo 300 del NEC

3.2.2 Interruptores

Empiece marcando la ubicación de los interruptores de bajo voltaje en las paredes o en los montantes de la pared. A continuación, monte un anillo de yeso o una caja no metálica. En la mayoría de las casas con estructura, no suele ser necesaria una caja en J para el cableado de bajo voltaje.

Los preparativos para tender el cableado de bajo voltaje son los mismos que para tender el cableado de 120 V. Según la ***Sección 300.4(A) del NEC***, si el borde del orificio está a menos de 1¼" (32 mm) del montante más cercano, se debe utilizar una placa o pasacables de clavos de acero de 1⁄16" (1.6 mm) para proteger el cable de futuros daños causados por clavos o tornillos.

A continuación, se tienden los cables desde los interruptores hasta el recinto del panel de control. Estos deben entrar en el panel por la abertura designada por el fabricante. Debe quedar aproximadamente de 10" a 12" (250 mm a 300 mm) de cable adicional en cada ubicación de interruptor y de 12" a 18" (300 mm a 450 mm) en el panel de control. El cable adicional es necesario para asegurarse de que hay suficiente para hacer las terminaciones finales.

Los cables multiconductores se utilizan habitualmente para trabajos de bajo voltaje. Es esencial que los cables estén claramente marcados para identificar los circuitos de control individuales. Recuerde que los colores del cableado de control de CA de bajo voltaje no deben ser los mismos que los utilizados para los conductores de CC y de voltaje de línea. Los cables e hilos tendidos y marcados deben protegerse con una bolsa de plástico y meterse detrás del anillo de yeso o enrollarse dentro de la caja de plástico. Así evitará que las marcas queden cubiertas por la pintura o el yeso al terminar las paredes.

El cableado de bajo voltaje debe mantenerse separado del cableado de alto voltaje siempre que sea posible. Si los cables de bajo voltaje y de voltaje de línea deben colocarse en tramos paralelos, deben separarse al menos 6" (150 mm). De lo contrario, el ruido generado por los conductores de voltaje de línea podría interferir en el funcionamiento del sistema de bajo voltaje.

La terminación de los conductores debería ser ahora una tarea sencilla y satisfactoria. Después de tender muchos conductores por un edificio, terminarlos es una señal para el instalador de que todo el trabajo está dando sus frutos. Siga atentamente todos los diagramas y asegúrese de que los cables y conductores quedan claramente marcados.

Las placas de pared se instalan una vez finalizados todos los acabados de la pared. Algunas placas de pared utilizadas con interruptores de luz de bajo voltaje se colocan simplemente a presión, sin necesidad de herrajes.

3.0.0 Repaso de la sección

1. Un dispositivo que permite controlar los relés de iluminación en grupos sin dejar de permitir el control individual de los interruptores se denomina _____.
   a. interruptor piloto
   b. secuenciador maestro
   c. interruptor de tres vías
   d. rectificador

2. Cuando sea necesario tender cables de bajo voltaje junto a cables de voltaje de línea, ambos deben estar separados por una distancia *mínima* de _____.
   a. 4" (100 mm)
   b. 6" (150 mm)
   c. 8" (200 mm)
   d. 12" (300 mm)

Módulo 26211-23 Preguntas de repaso

1. La función de una bobina de sombreado en un contactor es _____.
   a. mantener la luz ultravioleta alejada de los contactos
   b. evitar la vibración del contacto
   c. actuar como circuito de retención para mantener el contactor energizado cuando se corta la alimentación
   d. ayudar a los contactos a volver a su posición normal cuando el contactor queda desenergizado

2. ¿Cuál es la diferencia principal entre un contactor y un arrancador de motor?
   a. Los contactores son siempre más grandes que los arrancadores de motor para la misma capacidad de corriente.
   b. Todos los contactores son adecuados para cargas de iluminación a plena carga; los arrancadores no.
   c. Un contactor siempre tiene una desconexión, mientras que un arrancador no.
   d. Un arrancador de motor proporciona protección contra sobrecargas, mientras que un contactor no.

3. ¿La corriente de irrupción aproximada de las lámparas tipo filamento es cuántas veces la corriente de funcionamiento normal?
   a. 15 a 17
   b. 20 a 30
   c. 30 a 40
   d. 50 a 60

4. La *máxima* corriente de carga de tungsteno o infrarrojos de un contactor magnético NEMA de tamaño 2 a 230 V es _____.
   a. 11 A
   b. 15 A
   c. 24 A
   d. 30 A

5. La *máxima* corriente de carga de tungsteno o infrarrojos de un contactor magnético NEMA de tamaño 00 a 230 V es _____.
   a. 5 A
   b. 9 A
   c. 11 A
   d. 18 A

6. ¿Cuál de las siguientes opciones describe *mejor* un relé de control?
   a. Un dispositivo diseñado para manejar corrientes relativamente altas
   b. Un fusible con dos puntos de fijación
   c. Un dispositivo electromagnético utilizado en circuitos de control
   d. Un fusible con dos barriles

7. ¿Cuál de las siguientes opciones describe *mejor* un relé que se utiliza para la protección de motores?
   a. Relé amplificador
   b. Relé de sobrecarga térmica
   c. Solenoide
   d. Contactor

8. El amperaje *máximo* común de los relés de control a 600 VCA es _____.
   a. 15 A
   b. 20 A
   c. 30 A
   d. 65 A

9. El voltaje nominal *más alto* para los relés magnéticos estándar es _____.
   a. 240 V
   b. 277 V
   c. 480 V
   d. 600 V

10. Al seleccionar relés de sobrecarga para motores, ¿cuál de las siguientes opciones *debe* tenerse en cuenta?
   a. El fabricante del motor
   b. El costo del motor
   c. El tiempo que el motor ha estado en uso
   d. La corriente de carga completa del motor

11. Los transformadores de sistemas de conmutación por control remoto normalmente suministran _____.
   a. 24 VCA
   b. 60 VCC
   c. 120 VCA
   d. 208 VCA

12. En los planos eléctricos, el símbolo utilizado para indicar dispositivos de bajo voltaje es un _____.
   a. cuadrado
   b. círculo
   c. triángulo
   d. diamante

13. Las letras R_P aparecen en forma de diamante en un diagrama esquemático. Esto indica _____.
   a. potencia del relé
   b. potencia del rectificador
   c. relé con piloto
   d. potencia del receptáculo

14. El recinto de un sistema de conmutación de bajo voltaje en una instalación residencial debe _____.
   a. ser fácilmente accesible y estar a la vista
   b. ser fácilmente accesible, pero oculto a la vista
   c. estar oculto tras paneles de yeso
   d. estar en un ático o un entrepiso

15. Al codificar por colores los sistemas de conmutación por control remoto de bajo voltaje, _____.
   a. utilice los mismos colores para todo el cableado
   b. utilice el mismo color para todos los conductores de bajo voltaje
   c. utilice un color diferente para los cables de voltaje de línea; todos los demás pueden ser del mismo color
   d. utilice colores diferentes para el cableado de control de CA y CC de bajo voltaje

Las respuestas a las preguntas de repaso impares de los módulos se encuentran en el *Apéndice A*.

Módulo 26211-23 Ejercicios suplementarios

1. ¿A qué se refiere la palabra *normalmente* en relación con los contactos de relé?
   a. La colocación de los contactos cuando el circuito está energizado
   b. La colocación de los contactos cuando el circuito está desenergizado
   c. La forma en que está el contacto la mayoría de las veces
   d. La manera en que está el contacto cuando funciona

2. Debido a que las lámparas de filamento tienen grandes corrientes de irrupción, los contactores de control de motor estándar deben ser ________ si se utilizan para controlar este tipo de carga.

3. Si se utiliza un relé de estado sólido para controlar un circuito de CC, se utiliza un ________ para conectar la carga a la línea.

4. Los relés de CA de estado sólido pueden controlarse mediante triacs o ________.

5. Un(a) ________ se usa para proporcionar un flujo magnético continuo al inducido cuando el voltaje de la onda de CA es cero.

6. Los relés y contactores de retención mecánica utilizan dos bobinas y un mecanismo ________ para proporcionar un funcionamiento silencioso del circuito.

7. ¿Verdadero o falso? La mayoría de los relés de sobrecarga utilizados en los arrancadores de motor modernos funcionan térmicamente.

8. Si el equipo no arranca con el contactor cerrado, las causas probables serían un contacto que no cierra, contactos quemados o un ________ roto.

9. A diferencia de los contactores, que suelen utilizarse para conmutar circuitos de potencia en cargas de corriente relativamente alta, los relés se utilizan normalmente en circuitos de baja corriente ________.

10. Según la ***Sección 300.4(A) del NEC***, si el borde del orificio está a menos de $1\frac{1}{4}$" (32 mm) del borde más cercano del montante, el cable debe protegerse con ________ o ________.

Las respuestas a los ejercicios suplementarios impares se encuentran en el *Apéndice B*.

Respuestas a las preguntas de repaso de la sección

Respuesta	Referencia de la sección	Objetivo
Sección 1.0.0		
1. b	1.1.0; *Tabla 1A*	1a
2. a	1.2.0	1b
3. d	1.3.0	1c
Sección 2.0.0		
1. d	2.1.0	2a
2. d	2.2.0	2b
3. c	2.3.4	2c
4. a	2.4.0	2d
Sección 3.0.0		
1. b	3.1.3	3a
2. b	3.2.2	3b

Actualización de usuario

ESCANÉAME

¿Ha encontrado un error? Para enviar una corrección, visite **https://www.nccer.org/olf** o escanee el código QR con su dispositivo móvil.

APÉNDICE A HOJA DE RESPUESTAS A LAS PREGUNTAS DE REPASO

MÓDULO 26201-23

Respuesta	Referencia de la sección
1. b	1.0.0
3. d	1.1.6
5. b	2.1.0
7. c	2.2.1
9. b	2.2.3
11. d	2.3.2
13. c	2.3.2
15. d	2.4.0
17. b	3.4.0
19. c	4.1.2

MÓDULO 26201-23 CÁLCULOS

Pregunta 3

Use la ecuación del valor eficaz para hallar el valor de pico:

Valor de rms = 0.707 × valor máximo

Valor pico = valor de rms ÷ 0.707

Valor pico = 120 VCA ÷ 0.707

Valor pico = 169.7 V o 170 V redondeado

El voltaje pico en un circuito cuyo valor eficaz es de 120 VCA es de **170 V**.

Pregunta 5

Use la ley de Ohm para encontrar el amperaje (I) de un circuito de CA puramente resistivo:

$$I = \frac{E}{R} = \frac{240V}{10\Omega} = 24A$$

El amperaje es **24 A**.

Pregunta 11

Sume los valores de capacitancia para hallar su capacitancia combinada en paralelo:

$C_T = C_1 + C_2$

$C_T = 15\mu F + 15\mu F$

$C_T = 30\mu F$

La capacitancia total es **30μF**.

Pregunta 13

$C_T = C_1 + C_2 + C_3$

$C_T = 5\mu F + 5\mu F + 10\mu F$

$C_T = 20\mu F$

La capacitancia total es **20μF**.

Pregunta 17

Utilice la fórmula del factor de potencia de un circuito en serie para encontrar el factor de potencia:

$$pf = \cos(\phi) = \frac{R}{Z}$$

$$pf = \cos(\phi) = \frac{50\Omega}{100\Omega} = 0.5$$

El factor de potencia es **0.5**.

MÓDULO 26202-23

Respuesta	Referencia de la sección
1. d	1.1.1
3. c	1.1.5
5. a	2.1.0
7. b	2.2.1
9. d	2.3.2
11. a	2.4.6
13. a	3.3.1
15. b	4.1.0
17. c	4.2.1
19. c	4.3.4
21. b	4.3.8
23. b	6.1.0; *Figura 67*
25. d	6.2.1

MÓDULO 26203-23

Respuesta	Referencia de la sección
1. c	1.2.2
3. a	2.1.1
5. b	2.1.3
7. d	2.2.1
9. b	2.2.6
11. a	3.3.2
13. d	3.3.3
15. c	3.3.5

MÓDULO 26204-23

Respuesta	Referencia de la sección
1. d	1.0.0
3. d	1.2.0
5. c	1.2.0
7. c	2.1.0
9. a	2.2.3; *Tabla 2*
11. d	4.2.4
13. b	4.2.6
15. a	5.2.0

MÓDULO 26204-23 CÁLCULOS

Pregunta 11

Radio del primer doblez = 16"

DE del primer conducto = 2"

Espaciado entre tendidos = 3"

Radio del segundo tubo = 16" + 2" + 3" = **21"**

MÓDULO 26205-23

Respuesta	Referencia de la sección
1. c	1.1.0
3. d	2.1.0
5. b	2.2.0
7. c	2.2.0
9. c	3.1.5

MÓDULO 26206-23

Respuesta	Referencia de la sección
1. b	1.2.0; *Figura 7*
3. c	1.6.0
5. d	1.6.1
7. d	2.1.0
9. d	2.1.0
11. a	2.3.0
13. c	3.0.0
15. c	3.3.0; *Tabla 4*

MÓDULO 26207-23

Respuesta	Referencia de la sección
1. b	1.0.0
3. c	1.0.0
5. b	1.1.0
7. d	1.1.1
9. a	1.1.3
11. a	1.1.6
13. a	2.3.0; *Figura 21*
15. d	3.2.0

MÓDULO 26208-23

Respuesta	Referencia de la sección
1. d	1.0.0
3. d	1.1.0
5. c	1.3.1
7. b	1.3.1
9. b	2.0.0
11. d	2.1.1
13. a	2.3.1
15. d	3.1.0

MÓDULO 26209-23

Respuesta	Referencia de la sección
1. b	1.0.0; *Figura 1*
3. a	1.0.0; *Figura 1*
5. d	1.1.1
7. c	1.2.1
9. c	2.0.0
11. a	2.0.0; *Figura 12*
13. d	2.0.0; *Figura 13*
15. d	2.1.1; *Tabla 310.16 del NEC*
17. d	3.1.2; *Tabla 310.16 del NEC*
19. a	4.2.0; *Tabla 1*

MÓDULO 26210-23

Respuesta	Referencia de la sección
1. b	1.2.0
3. d	2.2.0; *Tabla 1*
5. c	2.2.2
7. d	3.2.1
9. b	3.2.2

MÓDULO 26211-23

Respuesta	Referencia de la sección
1. b	1.0.0
3. a	1.1.0
5. a	1.1.0; *Tabla 1A*
7. b	2.0.0
9. d	2.1.0
11. a	3.1.1
13. c	3.2.0; *Figura 24*
15. d	3.2.2

APÉNDICE B HOJA DE RESPUESTAS DE LOS EJERCICIOS SUPLEMENTARIOS

MÓDULO 26201-23

Pregunta 1

en fase

Referencia de la sección 2.1.0

Pregunta 3

verdadero; aparente

Referencia de la sección 3.4.0

Pregunta 5

corriente

Referencia de la sección 2.4.3

Pregunta 7

transformador de aislamiento

Referencia de la sección 4.4.1

Pregunta 9

fuente de voltaje

Referencia de la sección 4.1.0

Pregunta 11

carga

Referencia de la sección 4.1.2

Pregunta 13

reactivo

Referencia de la sección 3.5.0

Pregunta 15

0.637

Referencia de la sección 1.1.5

MÓDULO 26202-23

Pregunta 1

inducido

Referencia de la sección 1.2.2

Pregunta 3

Clase B

Referencia de la sección 4.3.6

Pregunta 5

motor en serie; motor de derivación

Referencia de la sección 1.2.0

Pregunta 7

Un rotor de barras

Referencia de la sección 2.2.1

Pregunta 9

Cambiando el número de polos conectados

Referencia de la sección 2.4.6

MÓDULO 26203-23

Pregunta 1

absorbido; refractado; reflejado

Referencia de la sección 1.2.2

Pregunta 3

Falso

Referencia de la sección 2.1.1

Pregunta 5

Verdadero

Referencia de la sección 2.2.3

Pregunta 7

controlador

Referencia de la sección 2.2.6

Pregunta 9

Verdadero

Referencia de la sección 3.3.1

Pregunta 11

3" (75 mm)

Referencia de la sección 3.3.2; Figura 36

Pregunta 13

Falso

Referencia de la sección 3.3.4

MÓDULO 26204-23

Pregunta 1

b

Referencia de la sección 1.1.0

Pregunta 3

b

Referencia de la sección 1.2.0

Pregunta 5

No

Referencia de la sección 3.0.0

Pregunta 7

El tendido de cables se vuelve más difícil y el aislamiento de los conductores puede dañarse

Referencia de la sección 1.1.0

Pregunta 9

a

Referencia de la sección 3.0.0

Pregunta 11

2"

Referencia de la sección 4.1.3

Pregunta 13

d

Referencia de la sección 4.2.3

Pregunta 15

b

Referencia de la sección 4.2.1

MÓDULO 26205-23

Pregunta 1

tres

Referencia de la sección 3.1.3

Pregunta 3

húmedo

Referencia de la sección 1.1.1

Pregunta 5

pistola

Referencia de la sección 3.1.0

Pregunta 7

(4" × 6) + 3" + 3" = 30"

Referencia de la sección 2.1.0

Pregunta 9

4" × 8 = 32"

Referencia de la sección 2.1.0

MÓDULO 26206-23

Pregunta 1

a

Referencia de la sección 1.3.0

Pregunta 3

cuatro

Referencia de la sección 2.1.0

Pregunta 5

amarre

Referencia de la sección 2.0.0

Pregunta 7

Falso

Referencia de la sección 2.3.0

Pregunta 9

envoltura adicional

Referencia de la sección 1.6.0

MÓDULO 26207-23

Pregunta 1

1.25

Referencia de la sección 2.1.0

Pregunta 3

longitudinal; transverso

Referencia de la sección 2.2.0

Pregunta 5

Separar o aislar circuitos eléctricos

Separar o aislar cables de diferentes voltajes

Separar los cables para evitar la propagación de incendios o fallas a tierra

Promover el orden en la disposición de los cables

Referencia de la sección 1.1.6

Pregunta 7

Verdadero

Referencia de la sección 3.2.0

Pregunta 9

Verdadero

Referencia de la sección 1.2.5

MÓDULO 26208-23

Pregunta 1

1/0 AWG; 1,000 kcmil

Referencia de la sección 1.2.0

Pregunta 3

no se recupera al doblarse; más susceptible a la formación de óxido; diferentes propiedades de dilatación térmica; formación de una película de óxido en la superficie del metal

Referencia de la sección 2.2.0

Pregunta 5

aluminio

Referencia de la sección 2.2.0

Pregunta 7

el diámetro del cable y, algunas veces, por su fabricación

Referencia de la sección 1.3.1

Pregunta 9

fabricantes de paneles de distribución y MCC

Referencia de la sección 1.3.2

MÓDULO 26209-23

Pregunta 1

conductores

Referencia de la sección 1.1.1

Pregunta 3

electrodo de puesta a tierra

Referencia de la sección 1.0.0

Pregunta 5

0

Referencia de la sección 1.2.1

Pregunta 7

centros de atención médica

Referencia de la sección 1.2.5

Pregunta 9

10' (3 m)

Referencia de la sección 2.0.0

Pregunta 11

tamaño del dispositivo de sobrecorriente que protege el sistema

Referencia de la sección 3.1.2

Pregunta 13

continuidad

Referencia de la sección 4.0.0

Pregunta 15

proporciona una vía de retorno de baja impedancia para el flujo de corriente de falla hacia la fuente para facilitar el funcionamiento de los dispositivos de sobrecorriente del circuito

Referencia de la sección 4.3.4

MÓDULO 26210-23

Pregunta 1

d

Referencia de la sección 2.1.0; Figura 2

Pregunta 3

La corriente máxima de cortocircuito a la que el disyuntor interrumpirá el circuito de forma segura

Referencia de la sección 2.2.2

Pregunta 5

c

Referencia de la sección 2.2.4

Pregunta 7

c

Referencia de la sección 1.1.0

Pregunta 9

d

Referencia de la sección 3.4.0

MÓDULO 26211-23

Pregunta 1

b

Referencia de la sección 1.0.0

Pregunta 3

transistor de potencia

Referencia de la sección 2.2.0

Pregunta 5

bobina de sombreado

Referencia de la sección 1.0.0

Pregunta 7

Verdadero

Referencia de la sección 2.3.1

Pregunta 9

control

Referencia de la sección 2.0.0

APÉNDICE 26203-23A

Resumen de símbolos de luminarias

	Luminaria; fuente puntual, montada en superficie (dibujada a escala o lo suficientemente grande para mayor claridad)
	Luminaria; fuente extendida, montada en superficie (dibujada a escala)
	Luminaria; tipo tira (longitud dibujada a escala)
	Luminaria; tipo reflector
	Fuente lineal; es decir, tira de bajo voltaje, neón, fibra óptica, etc. (Longitud dibujada a escala)
	Señal de salida; montaje, número de caras y flechas como se muestra
	Empotrada
	Montado en la pared
	Colgante, montado en cadena o en vástago
	Montado en poste con brazo
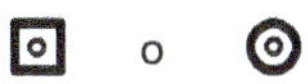	Montado en poste en la parte superior
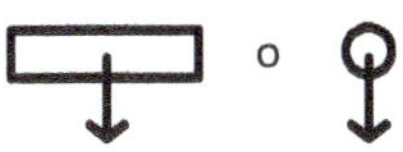	Realzadora/flecha direccional (Dibujado desde el centro fotométrico en dirección óptica u orientación fotométrica)
	Línea de mira direccional (Dibujado desde el centro fotométrico hasta el punto de mira real)
	Montado sobre rieles; longitud, tipos de luminarias y cantidades como se muestra (Longitud de rieles dibujada a escala)
	Luminaria que proporciona iluminación de emergencia (Llenado)
	Línea doble para luminarias indirectas
	Celosías

Fuente: Hubbell Incorporated

Empotrada; 2' X 4', de emergencia

Empotrada; realzadora o arandela de pared

Tira de luces suspendida con cadena

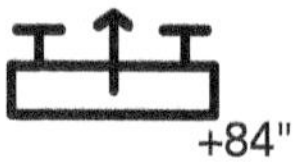

Arandela de pared montada en pared a 84"
AFF al centro de iluminación

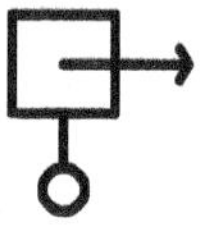

Montado en poste con orientación fotométrica
hacia un lado

Montado en la pared, indirecto

Reflectores montados en postes

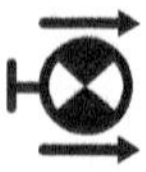

Salida de doble cara montada en la pared con flechas

Luminaria de superficie de 2' X 4' con celosía
controlada mediante interruptores a y b

Pista con reflectores y luces realzadoras y focales

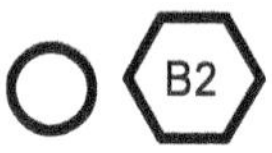

Fuente puntual montada en superficie, tipo B2

Empotrada; 2' X 2' controlada por interruptor a, tipo C

Reflector montado en la pared a 96" con línea de mira

Colgante suspendido, 1' X 4', indirecto, tipo D2
en el circuito 3 controlado por el interruptor b

Altura de montaje

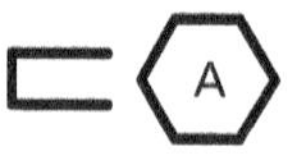

Identificador de luminaria; consulte el programa
de luminarias (o use el subíndice como se muestra
a continuación)

Los subíndices adyacentes a la luminaria se utilizan
para identificación adicional, como por ejemplo:
- 1, 2, 3, etc. - Número de circuito o programa de mira
- a, b, c, etc. - Identificación del interruptor
- A, B1, C2, etc. - Identificador de la luminaria

Luz de noche

Luminaria de carretera - Cobra Head

Fuente: Hubbell Incorporated

APÉNDICE 26203-23B

Procedimiento de prueba y lista de verificación

Procedimientos de prueba eléctrica

Precaución: Se requieren altos voltajes, corrientes y temperaturas para operar las lámparas. Por lo tanto, existen riesgos de descargas eléctricas y quemaduras, y las pruebas o evaluaciones de artefactos o componentes deben ser realizadas únicamente por personas calificadas.

A. Pruebas de lámparas

El método más sencillo para solucionar problemas de un artefacto es probar una lámpara que **se sabe** que está en buen estado en el artefacto que no funciona. Si la lámpara que se reemplaza presenta cualquiera de las siguientes condiciones, reemplácela con una nueva.

1. **Lámpara con fuga de sodio**: tendrá una capa marrón o dorada en el interior de la envoltura de la lámpara, excepto en la base.
2. **Lámpara con fuga de amalgama**: la envoltura de la lámpara tendrá una apariencia de bronce ahumado en su interior.
3. **Sello defectuoso entre la base y la envoltura de la lámpara**: aparecerá una sustancia en polvo blanco en la base de la lámpara donde se filtró el oxígeno dentro de ella.
4. **Fin de la vida útil de la lámpara**: el tubo de arco estará negro en ambos extremos o toda la longitud del tubo de arco estará negra.
5. **Soldaduras rotas o soportes de tubo de arco**: ocasionalmente, se producen roturas mecánicas debido a un manejo brusco o tensiones térmicas internas. Las soldaduras rotas en lámparas de vacío (HPS) también pueden crear un problema conocido como conmutación en vacío. Se producen sobrevoltajes extremadamente altos en el circuito de la lámpara

   si la soldadura se abre mientras la lámpara está en funcionamiento. Puede ocurrir que la bobina secundaria se rompa, se produzca un arco en el encendedor y en el casquillo.

   Es posible que se vuelva a soldar y que la lámpara **parezca** que está bien; sin embargo, si se deja en funcionamiento, es probable que falle el balasto o el encendedor.

B. Encendedores/arrancador

El arrancador proporciona el voltaje y la energía necesarios para iniciar el arco en la lámpara. La forma más sencilla de comprobar el encendedor en unidades HPS de 35 W a 150 W es instalar una lámpara incandescente de 120 V en el artefacto. Si la lámpara incandescente funciona, pero una lámpara HPS en buen estado no se enciende, reemplace el arrancador. En artefactos HPS de 200 W a 1000 W, instale una lámpara de mercurio de potencia similar. Si la lámpara de mercurio se enciende y la lámpara HPS no, reemplace el arrancador.

No opere lámparas incandescentes o de mercurio utilizadas para verificar el arrancador durante períodos prolongados (más de V: hora).

C. Condensadores

Las pruebas de condensadores se pueden realizar mediante:

1. **Inspección visual de condensadores hinchados.** Si el condensador está hinchado o abultado en los lados o en la parte superior donde se encuentran los terminales, retírelo y reemplácelo por uno nuevo.
2. **Comprobación de que el valor nominal de microfaradios** especificado en la etiqueta de identificación del balasto es correcto.
3. **Uso de un óhmetro para comprobar los condensadores:**
   - Condensador de descarga por cortocircuito entre el terminal
   - Desconecte el condensador del circuito
   - Elimine la resistencia a la descarga
4. **Colocación del óhmetro en la escala de resistencia más alta** y conexión de los cables a los terminales del condensador.
   - si la resistencia empieza baja y aumenta gradualmente, el condensador está bueno.
   - si la resistencia comienza baja y no aumenta, el condensador está en cortocircuito y debe ser reemplazado.
   - si la resistencia es alta y se mantiene relativamente igual, el condensador está abierto y debe reemplazarse.

D. Balasto

La inspección visual de la bobina en busca de devanados quemados o carbonizados es el método más sencillo para comprobar el balastro. Si las lámparas, los encendedores y los condensadores dan buenos resultados, reemplace el balastro. Probar el voltaje en el enchufe es otro método para verificar el balastro. Sin embargo, para utilizar este procedimiento debe conocer los requisitos de amperaje y voltaje específicos del balasto o lámpara. La ayuda de arranque (si está presente) debe desconectarse antes de probar el voltaje en el enchufe. No retirar la ayuda de arranque podría dañar el equipo de prueba.

Fuente: Hubbell Incorporated

Lista de verificación de la acometida fluorescente

(Identifique el problema y pruebe la causa en secuencia numérica).

PROBLEMA	Fin de vida útil del LP	Incorr. Lámp.	Defect. Bist.	Incorr. Bist.	Voltaje de sumin. Incorr.	Sin volt. de sumin.	Incomp. Asientos de lamp.	(B) Lámp. sucias	Incorr. Artefacto Cableado	Conex. de enchufe suelta.	(C) Temp. ambiente baja	Temp. ambiente alta
Falla de arranque (A)	1	5	4	10	6	7	8	2	9	11	3	
Arranque lento		3			4			2			1	
Apagado y encendido intermitentes - Ciclos de muy corta duración	1				2					4	3	
Ciclos de larga duración - de varios minutos a horas (D)		3	2		4				5			1
Vida útil corta de la lámpara		2	1	3	4		5		6		7	
Ennegrecimiento del extremo de la lámpara - Un solo extremo (A)			4				1		2	3		
Ennegrecimiento del extremo de la lámpara - Ambos extremos (A)	1	2	3	6	7		4		5			
Solo extremos de lámpara encendidos		1	2	3					4			

A. Generalmente indica que falta calor en el cátodo de la lámpara. Debe identificarse y corregirse el origen del problema.
B. En climas húmedos o cuando los sistemas de aire acondicionado funcionan solo durante las horas de trabajo, el polvo en las lámparas puede acumular condensación e impedir un arranque fiable. Las lámparas y los artefactos deben limpiarse y encerarse con una buena cera de silicona.
C. Las combinaciones de lámpara de bajo consumo y balasto no arrancarán de forma fiable cerca o por debajo de 60 °F; todas las demás a 50 °F, a menos que se utilicen sistemas de baja temperatura.
D. Indica que el protector térmico del balasto está en ciclo. Puede ser el resultado de una temperatura ambiente elevada, una aplicación incorrecta del artefacto o una circulación de aire restringida. Con las luminarias empotradas, compruebe que no se ha colocado aislamiento directamente sobre el cuerpo del artefacto empotrado. En el caso de las luminarias de superficie montadas contra techos aislados, asegúrese de que están calificadas para este tipo de aplicaciones.

Todas las listas de verificación de acometidas detallan las causas más probables de los problemas. Es importante tener en cuenta que pueden intervenir otros elementos o estar presentes más de una causa. Todo trabajo de acometida eléctrica debe comenzar con una evaluación cuidadosa y detallada del problema y una inspección minuciosa de todos los componentes, prestando especial atención a todas las conexiones del cableado.

La capacidad de probar balastos en el campo es muy limitada. La verificación normal consiste en reemplazar un balasto que se sepa que está bueno en el artefacto problemático.

Solo en los sistemas de arranque rápido, el voltaje del calentador catódico puede verificarse mediante la lectura de voltaje entre **los contactos de cada toma** (un voltaje de 3.5 a 5 se considera normal).

Precaución: puede haber voltajes superiores a 500 V entre las piezas del portalámparas y tierra.

Fuente: Hubbell Incorporated

Lista de verificación de la acometida de vapor de mercurio y halogenuros metálicos

Identificar el problema y comprobar la causa en secuencia numérica.

PROBLEMA	A Fin de vida útil de la lámp.	B Lámp. Incorr.	C Abrir conden.	D Defec. Arranc. (si corresp.)	E Volt. de sumin. Incorr.	F Foto-control	G Reemp. Lámp. nueva	H Caídas de volt. en la línea	I Conden. en corto-circuito	J Devanados del balasto Quemado	K Balasto incorrect.
FALLA DE FUNCIONAMIENTO	1	5	3	4	2						6
CICLO DE LA LÁMPARA		1			2	3					
CAMBIO DE COLOR							1	2			
SALIDA DE LUZ BAJA		2			1						
DISYUNTOR DISPARADO O FUSIBLE FUNDIDO									1	2	3

A. Fin de vida útil de la lámpara

Al final de la vida útil de una lámpara, los requisitos de voltaje de la lámpara superan la capacidad de salida del balasto. El modo de falla habitual del mercurio es la baja potencia luminosa seguida de la falla de funcionamiento, y en el caso de los halogenuros metálicos, los bajos niveles de luz, los cambios de color y la inestabilidad del funcionamiento de la lámpara (ciclo). Reemplace la lámpara al final de su vida útil, según el procedimiento de verificación de lámparas.

B. Lámpara incorrecta

La potencia, el voltaje, la posición de encendido y el tipo de lámpara deben comprobarse con la etiqueta de la luminaria para asegurarse de que se ha instalado la lámpara adecuada.

C. Condensador abierto

Es el resultado habitual de una falla eléctrica o de un daño mecánico. Muy a menudo, el condensador estará abombado o deformado. Si el condensador se utiliza en serie con la lámpara, esta no funcionará. Consulte las pruebas de los condensadores o reemplácelos por condensadores en buen estado.

D. Arrancador defectuoso

La función del arrancador es proporcionar un impulso de alto voltaje para encender la lámpara. Para realizar la prueba, reemplace por una lámpara en buen estado. (Consulte también el procedimiento de comprobación del encendedor/arrancador)

E. Voltaje de suministro incorrecto

Cuando se investigan problemas de baja salida luminosa o ciclos, primero deben tomarse lecturas de voltaje en el artefacto para identificar correctamente los problemas de distribución de energía. En el caso de balastos de alimentación múltiple, se recomienda comprobar que el voltaje de alimentación está conectado al cable de entrada adecuado.

F. Fotocontrol

Los problemas pueden deberse a una falla eléctrica, a un cableado incorrecto o a una cantidad incorrecta de luz que llega a la célula. Cubra primero el ojo de la célula con cinta aislante para verificar el funcionamiento del artefacto y de la célula. Si el artefacto no funciona, es necesario puentear eléctricamente la célula para identificar la fuente del problema. Los problemas de cantidad incorrecta de luz suelen resolverse cambiando la posición del artefacto o utilizando tapas de celdas para regular el nivel de luz.

G. Reemplazo de lámpara nueva

Las lámparas nuevas, cuando se instalan, pasan por un período de rodaje o curado que puede prolongarse durante 100 horas o más. El resultado habitual es una variación notable de color entre lámparas. Aunque las lámparas de halogenuros metálicos se caracterizan por esto, el sistema se estabilizará cuando finalice el período de rodaje. Es importante comprender que pueden observarse algunas variaciones de color entre los distintos fabricantes de lámparas o entre lámparas antiguas y nuevas.

H. Caídas de voltaje en la línea

Al investigar las caídas de voltaje, es importante identificar la carga del sistema de distribución. La causa habitual es el arranque de motores grandes o el uso de equipos de soldadura eléctrica. Los registradores de voltaje de línea suelen identificar el problema. Es importante entender que las caídas leves causarán un cambio de color, mientras que las caídas graves harán que la lámpara se apague. La tolerancia de la caída depende del tipo de lámpara, su antigüedad y el tipo de balasto.

I. Condensador en cortocircuito

Es el resultado directo de una falla eléctrica o de un daño mecánico. El resultado más común de un condensador en cortocircuito es la falla del balastro. En todos los casos de condensadores en cortocircuito, se deben reemplazar tanto el condensador como el transformador. Consulte las pruebas de los condensadores o reemplácelos por condensadores en buen estado.

J. Bobinas de balasto quemadas

1. Bobinas primarias quemadas

Este es el resultado habitual de la conexión del artefacto a un voltaje de suministro incorrecto. Las fallas repetidas, a menudo, junto con la falla del condensador, pueden indicar picos de alto voltaje de corta duración en el sistema de distribución. Generalmente, se requiere el uso de un osciloscopio junto con la asistencia de la compañía eléctrica para identificar estos picos. Igualmente importante como causa de falla es un condensador en cortocircuito (Sección "1" anterior - Condensador en cortocircuito). Consulte las pruebas de balastros en la página anterior y reemplácelos si es necesario.

2. Bobinas secundarias quemadas

Puede deberse a un cortocircuito en el cableado del circuito de la lámpara o a una falla mecánica en la lámpara. Inspeccione cuidadosamente todo el cableado del circuito de la lámpara. Consulte las pruebas de balastos en la página anterior y reemplácelo si es necesario. En todos los casos, reemplace la lámpara.

K. Balasto incorrecto

Requiere verificar solo un artefacto nuevo o si se encuentra un problema recurrente. Compare cuidadosamente los detalles del transformador con la etiqueta del artefacto y la lámpara utilizada en el circuito. Cambie los componentes según sea necesario.

Fuente: Hubbell Incorporated

Lista de verificación de la acometida de sodio a alta presión

Identifique el problema y compruebe la causa en secuencia numérica.

PROBLEMA	A Fin de vida útil de la lámp.	B Suminis. Incorr. Voltaje	C Lámp. Incorr.	D Conden. en cortocircuito	E Foto control	F Voltaje de línea Caída	G Lámp. Defec.	H Arranc. Defect.	I Conden. abierto	J Devanados del balasto quemados
ARTEFACTO ÚNICO DE LÁMPARA EN CICLO	1	3	2		4					
GRUPO DE ARTEFACTOS ÚNICOS DE LÁMPARA EN CICLO					2	1				
FALLA DE ARRANQUE	2	3					4	1	5	6
SALIDA DE LUZ BAJA		2	3	1			4			

A. Fin de vida útil de la lámpara

Al final de la vida útil de una lámpara, los requisitos de voltaje de funcionamiento de la lámpara superan la capacidad de salida del balasto. Esto hace que la lámpara se apague y se encienda cíclicamente. Es importante entender que en las primeras fases de falla, la lámpara puede funcionar durante varias horas antes de apagarse. A medida que la lámpara se acerca a la falla total, el tiempo de encendido disminuirá hasta que la lámpara no se encienda en absoluto. Las lámparas cíclicas deben sustituirse inmediatamente para evitar daños en la ayuda de arranque. Consulte las pruebas de la lámpara o reemplácela por una lámpara en buen estado.

B. Voltaje de suministro incorrecto

Cuando se investigan problemas de baja salida luminosa, ciclos o fallas de encendido, deben tomarse lecturas de voltaje *en el artefacto* para identificar correctamente los problemas del sistema de distribución. En el caso de los balastos de tipo de alimentación múltiple, debe verificarse la conexión correcta de los conductores.

C. Lámpara incorrecta

La potencia, el voltaje, la posición de encendido y el tipo de lámpara deben comprobarse con la etiqueta de la luminaria para asegurarse de que se ha instalado la lámpara adecuada en el artefacto.

D. Condensador en cortocircuito

Es el resultado directo de una falla eléctrica o de un daño mecánico. El resultado más común es una baja salida luminosa; también pueden producirse ciclos.

E. Fotocontrol

Los problemas pueden deberse a una falla eléctrica o a una cantidad incorrecta de luz que llega a la célula. Cubra primero el ojo de la célula con cinta aislante para verificar el funcionamiento del artefacto y de la célula. Si el artefacto no funciona, es necesario puentear eléctricamente la célula para identificar la fuente del problema.

Los problemas de cantidad incorrecta de luz suelen resolverse cambiando la posición del artefacto o utilizando tapas de celdas para regular el nivel de luz. Ocasionalmente, la célula verá la luz del artefacto reflejada en un objeto cercano y se apagará. Es posible que sea necesario reposicionar la célula o el objeto reflectante.

F. Caídas de voltaje en la línea

Al investigar las caídas de voltaje, es importante identificar la carga del sistema de distribución. La causa habitual es el arranque de motores grandes o el uso de equipos de soldadura eléctrica. Los registradores de voltaje de línea suelen identificar el problema. Es importante tener en cuenta que las lámparas próximas al final de su vida útil son más sensibles a las caídas de voltaje que las lámparas nuevas, y que las lámparas que funcionan con balastos de reactancia son más sensibles a las caídas de voltaje que las que funcionan con balastos reguladores.

G. Lámpara defectuosa

Normalmente, es el resultado de alguna falla mecánica en la lámpara. Esto puede determinarse, a menudo, por el revestimiento marrón o plateado de la cubierta exterior de la lámpara o por depósitos en su base. Consulte los procedimientos de comprobación de la lámpara o reemplácela por una en buen estado.

H. Arrancador defectuoso

La función del arrancador es proporcionar un impulso de alto voltaje para encender la lámpara. La falla en el funcionamiento suele deberse a una falla eléctrica en el arrancador. Consulte las pruebas de los arrancadores o reemplácelos por un arrancador en buen estado.

I. Condensador abierto

Generalmente, se debe a una falla eléctrica o a un daño mecánico. Muy a menudo, el condensador estará abombado o deformado. Si se utiliza el condensador en el circuito secundario (lámpara), el artefacto no funcionará. Consulte las pruebas de los condensadores o reemplácelos por condensadores en buen estado.

J. Devanados del balasto quemados

A menudo, este es el resultado de la conexión del artefacto a un voltaje de suministro incorrecto. Las fallas repetidas en el devanado primario, a menudo, junto con las fallas del condensador, pueden indicar picos de alto voltaje de corta duración en el sistema de distribución. Generalmente, se requiere el uso de un osciloscopio junto con la asistencia de la compañía eléctrica para identificar estos picos. Consulte las pruebas de balastros y reemplácelos si es necesario.

Fuente: Hubbell Incorporated

APÉNDICE 26207-23A

Tabla de conversión métrica

Tabla de conversión métrica

Pulgadas		Métrico	Pulgadas		Métrico	Pulgadas		Métrico
Fraccional	Decimal	(mm)	Fraccional	Decimal	(mm)	Fraccional	Decimal	(mm)
.	0.0039	0.1000	.	0.5512	14.0000	.	1.8898	48.0000
.	0.0079	0.2000	9/16	0.5625	14.2875	.	1.9291	49.0000
.	0.0118	0.3000	.	0.5709	14.5000	.	1.9685	50.0000
1/64	0.0156	0.3969	37/64	0.5781	14.6844	2	2.0000	50.8000
.	0.0157	0.4000	.	0.5906	15.0000	.	2.0079	51.0000
.	0.0197	0.5000	19/32	0.5938	15.0813	.	2.0472	52.0000
.	0.0236	0.6000	39/64	0.6094	15.4781	.	2.0866	53.0000
.	0.0276	0.7000	.	0.6102	15.5000	.	2.1260	54.0000
1/32	0.0313	0.7938	5/8	0.6250	15.8750	.	2.1654	55.0000
.	0.0315	0.8000	.	0.6299	16.0000	.	2.2047	56.0000
.	0.0354	0.9000	41/64	0.6406	16.2719	.	2.2441	57.0000
.	0.0394	1.0000	.	0.6496	16.5000	2 1/4	2.2500	57.1500
.	0.0433	1.1000	21/32	0.6563	16.6688	.	2.2835	58.0000
3/64	0.0469	1.1906	.	0.6693	17.0000	.	2.3228	59.0000
.	0.0472	1.2000	43/64	0.6719	17.0656	.	2.3622	60.0000
.	0.0512	1.3000	11/16	0.6875	17.4625	.	2.4016	61.0000
.	0.0551	1.4000	.	0.6890	17.5000	.	2.4409	62.0000
.	0.0591	1.5000	45/64	0.7031	17.8594	.	2.4803	63.0000
1/16	0.0625	1.5875	.	0.7087	18.0000	2 1/2	2.5000	63.5000
.	0.0630	1.6000	23/32	0.7188	18.2563	.	2.5197	64.0000
.	0.0669	1.7000	.	0.7283	18.5000	.	2.5591	65.0000
.	0.0709	1.8000	47/64	0.7344	18.6531	.	2.5984	66.0000
.	0.0748	1.9000	.	0.7480	19.0000	.	2.6378	67.0000
5/64	0.0781	1.9844	3/4	0.7500	19.0500	.	2.6772	68.0000
.	0.0787	2.0000	49/64	0.7656	19.4469	.	2.7165	69.0000
.	0.0827	2.1000	.	0.7677	19.5000	2 3/4	2.7500	69.8500
.	0.0866	2.2000	25/32	0.7813	19.8438	.	2.7559	70.0000
.	0.0906	2.3000	.	0.7874	20.0000	.	2.7953	71.0000
3/32	0.0938	2.3813	51/64	0.7969	20.2406	.	2.8346	72.0000
.	0.0945	2.4000	.	0.8071	20.5000	.	2.8740	73.0000
.	0.0984	2.5000	13/16	0.8125	20.6375	.	2.9134	74.0000
7/64	0.1094	2.7781	.	0.8268	21.0000	.	2.9528	75.0000
.	0.1181	3.0000	53/64	0.8281	21.0344	.	2.9921	76.0000
1/8	0.1250	3.1750	27/32	0.8438	21.4313	3	3.0000	76.2000
.	0.1378	3.5000	.	0.8465	21.5000	.	3.0315	77.0000
9/64	0.1406	3.5719	55/64	0.8594	21.8281	.	3.0709	78.0000
5/32	0.1563	3.9688	.	0.8661	22.0000	.	3.1102	79.0000
.	0.1575	4.0000	7/8	0.8750	22.2250	.	3.1496	80.0000
11/64	0.1719	4.3656	.	.8858	22.5000	.	3.1890	81.0000
.	0.1772	4.5000	57/64	.89063	22.6219	.	3.2283	82.0000
3/16	0.1875	4.7625	.	.9055	23.0000	.	3.2677	83.0000
.	0.1969	5.0000	29/32	.90625	23.0188	.	3.3071	84.0000
13/64	0.2031	5.1594	59/64	.92188	23.4156	.	3.3465	85.0000
.	0.2165	5.5000	.	.9252	23.5000	.	3.3858	86.0000
7/32	0.2188	5.5563	15/16	.93750	23.8125	.	3.4252	87.0000
15/64	0.2344	5.9531	.	.9449	24.0000	.	3.4646	88.0000
.	0.2362	6.0000	61/64	.95313	24.2094	3 1/2	3.5000	88.9000
1/4	0.2500	6.3500	.	.9646	24.5000	.	3.5039	89.0000
.	0.2559	6.5000	31/32	.96875	24.6063	.	3.5433	90.0000
17/64	0.2656	6.7469	.	.9843	25.0000	.	3.5827	91.0000
.	0.2756	7.0000	63/64	.98438	25.0031	.	3.6220	92.0000
9/32	0.2813	7.1438	1	1.000	25.40	.	3.6614	93.0000
.	0.2953	7.5000	.	1.0039	25.5000	.	3.7008	94.0000
19/64	0.2969	7.5406	.	1.0236	26.0000	.	3.7402	95.0000
5/16	0.3125	7.9375	.	1.0433	26.5000	.	3.7795	96.0000
.	0.3150	8.0000	.	1.0630	27.0000	.	3.8189	97.0000
21/64	0.3281	8.3344	.	1.0827	27.5000	.	3.8583	98.0000
.	0.3346	8.5000	.	1.1024	28.0000	.	3.8976	99.0000
11/32	0.3438	8.7313	.	1.1220	28.5000	.	3.9370	100.0000
.	0.3543	9.0000	.	1.1417	29.0000	4	4.0000	101.6000
23/64	0.3594	9.1281	.	1.1614	29.5000	.	4.3307	110.0000
.	0.3740	9.5000	.	1.1811	30.0000	4 1/2	4.5000	114.3000
3/8	0.3750	9.5250	.	1.2205	31.0000	.	4.7244	120.0000
25/64	0.3906	9.9219	1 1/4	1.2500	31.7500	5	5.0000	127.0000
.	0.3937	10.0000	.	1.2598	32.0000	.	5.1181	130.0000
13/32	0.4063	10.3188	.	1.2992	33.0000	.	5.5118	140.0000
.	0.4134	10.5000	.	1.3386	34.0000	.	5.9055	150.0000
27/64	0.4219	10.7156	.	1.3780	35.0000	6	6.0000	152.4000
.	0.4331	11.0000	.	1.4173	36.0000	.	6.2992	160.0000
7/16	0.4375	11.1125	.	1.4567	37.0000	.	6.6929	170.0000
.	0.4528	11.5000	.	1.4961	38.0000	.	7.0866	180.0000
29/64	0.4531	11.5094	1 1/2	1.5000	38.1000	.	7.4803	190.0000
15/32	0.4688	11.9063	.	1.5354	39.0000	.	7.8740	200.0000
.	0.4724	12.0000	.	1.5748	40.0000	8	8.0000	203.2000
31/64	0.4844	12.3031	.	1.6142	41.0000	.	9.8425	250.0000
.	0.4921	12.5000	.	1.6535	42.0000	10	10.0000	254.0000
1/2	0.5000	12.7000	.	1.6929	43.0000	20	20.0000	508.0000
.	0.5118	13.0000	.	1.7323	44.0000	30	30.0000	762.0000
33/64	0.5156	13.0969	1 3/4	1.7500	44.4500	40	40.0000	1016.000
17/32	0.5313	13.4938	.	1.7717	45.0000	60	60.0000	1524.000
.	0.5315	13.5000	.	1.8110	46.0000	80	80.0000	2032.000
35/64	0.5469	13.8906	.	1.8504	47.0000	100	100.0000	2540.000

PARA CONVERTIR A MILÍMETROS, MULTIPLIQUE LAS PULGADAS POR 25.4
PARA CONVERTIR A PULGADAS, MULTIPLIQUE LOS MILÍMETROS POR 0.03937*
*PARA UNA MAYOR PRECISIÓN EN LA CONVERSIÓN A PULGADAS, DIVIDA LOS MILÍMETROS POR 25.4

RECURSOS ADICIONALES

26201-23 Corriente alterna

Principles of Electric Circuits. Thomas L. Floyd. Última edición. Nueva York, NY: Prentice Hall.

26202-23 Motores: teoría y aplicación

Electric Motors and Drives: Fundamentals, Types, and Applications. Austin Hughes and Bill Drury. 5.a edición. Waltham, MA: Newnes.

Manual del National Electrical Code®, última edición. Quincy, MA: National Fire Protection Association.

26203-23 Iluminación eléctrica

Lighting Handbook. Última edición. New York: Illuminating Engineering Society of North America (IESNA).

Manual del National Electrical Code® . Última edición. Quincy, MA: National Fire Protection Association.

26204-23 Doblado de conductos

Benfield Conduit Bending Manual, 2.a edición. Overland Park, KS: EC&M Books.

Manual del National Electrical Code®, última edición. Quincy, MA: National Fire Protection Association.

Paquete de doblado de conductos de Tom Henry (incluye video, libro y tabla de doblado). Winter Park, FL: Code Electrical Classes, Inc.

26205-23 Cajas de paso y de conexiones

Manual del National Electrical Code®, última edición. Quincy, MA: National Fire Protection Association.

26206-23 Instalaciones de conductores

Cable Installation Manual, última edición. New York: Cablec Corp.

Manual del National Electrical Code®, última edición. Quincy, MA: National Fire Protection Association.

26207-23 Bandeja portacables

Metal Cable Tray Systems, NEMA VE 1-2017. **www.nema.org**.

Manual del *National Electrical Code®*, última edición. Última edición. Quincy, MA: National Fire Protection Association.

Safely Installing, Maintaining and Inspecting Cable Trays. Safety and Health Information Bulletin. **www.osha.org**.

26208-23 Terminaciones y empalmes de conductores

ANSI C119.6-2018, American National Standard for Electric Connectors-Non-Sealed, Multiport Connector Systems Rated 600 Volts or Less for Aluminum and Copper Conductors (Norma nacional de los EE. UU. para conectores eléctricos, sistemas de conectores multipuerto no sellados, de 600 voltios o menos para conductores de aluminio y cobre). **www.ansi.org**.

Manual del National Electrical Code® , última edición. Última edición. Quincy, MA: National Fire Protection Association.

26209-23 Puesta a tierra y unión equipotencial

Manual del National Electrical Code® , última edición. Última edición. Quincy, MA: National Fire Protection Association.

Ugly's Electrical Desk Reference. Última edición. Burlington, MA: Jones and Bartlett Learning.

26210-23 Interruptores automáticos y fusibles

Protección del circuito de alimentación (PDF). Disponibles de Cooper Industries en **www.cooperindustries.com**.

Manual del National Electrical Code® . Última edición. Quincy, MA: National Fire Protection Association.

26211-23 Sistemas de control y conceptos fundamentales

Lessons in Electric Circuits, Volume IV—Digital Circuits (libro de texto gratuito en Internet). **www.allaboutcircuits.com/textbook**.

Manual del National Electrical Code®, última edición. Quincy, MA: National Fire Protection Association.

GLOSARIO

Abrazadera (*Cable grip*): dispositivo para fijar los extremos de los cables a una cuerda de tracción; algunos traen tornillos prisioneros para fijar el conductor a la abrazadera.

Absorción (*Absorption*): proceso por el que la materia absorbe la luz y la convierte en energía.

AL-CU: abreviación de aluminio y cobre, que suele aparecer en terminales y conectores eléctricos para indicar que el dispositivo es adecuado para su uso con conductores de aluminio o cobre.

A prueba de explosiones (*Explosion proof*): diseñado y construido para resistir una explosión interna sin crear una explosión externa o un incendio.

A prueba de intemperie (*Weatherproof*): construido o protegido de manera que la exposición a la intemperie no interfiera en su buen funcionamiento.

Autoinductancia (*Self-inductance*): un campo magnético inducido en el conductor que transporta la corriente.

Balasto (*Ballast*): componente eléctrico de las luminarias fluorescentes y de descarga de alta intensidad (HID) que proporciona el aumento de voltaje que se necesita en el arranque y controla el flujo de corriente posterior a través de la lámpara durante el funcionamiento.

Bandeja de cesta (*Basket tray*): bandeja portacables construida con alambre grueso, incluidos los rieles laterales.

Bandeja de escalera (*Ladder tray*): tipo de bandeja portacables que consta de dos canales laterales paralelos conectados por poldaños, similar en apariencia a una escalera.

Bandeja portacables de riel central (*Center-rail cable tray*): bandeja portacables sin rieles laterales, formada por un riel central con apéndices montados perpendicularmente al riel central a cada lado.

Bastidor de tubo (*Pipe rack*): armazón estructural utilizado para soportar tramos de tuberías, normalmente utilizado en instalaciones industriales.

Blindaje (*Shielding*): revestimiento metálico de un cable que reduce los efectos del ruido electromagnético.

Bobina de desbloqueo (*Unlatch coil*): bobina de un relé de enclavamiento que, cuando está energizada, hace que el relé adopte su posición de desbloqueo.

Bobina de pestillo (*Latch coil*): bobina de un relé de enclavamiento que, cuando está energizada, hace que el relé se enclave o se mantenga en la nueva posición.

Bobina de sombreado (*Shading coil*): una vuelta de cable en cortocircuito que rodea una parte del polo de un electroimán de corriente alterna y produce un retraso en el cambio del campo magnético en esa parte. De este modo se evitan las vibraciones de los contactos y se reducen los zumbidos.

Borne (*Lug*): componente utilizado para terminar un conductor, conectado al cable mediante diversos métodos y equipado con un medio para fijarlo a un terminal con herrajes como un tornillo de máquina o un perno.

Caballos de fuerza (*Horsepower*): unidad de medida de la potencia que se usa para evaluar la capacidad de salida de los motores. Se basa en el torque máximo, que es el mayor par que puede desarrollar un motor sin que se produzca una caída brusca de la velocidad. Un caballo de potencia (hp) equivale a 550 pies-libra de par por segundo, o 745.7 vatios (a menudo redondeado a 746 vatios para los cálculos).

Cable de drenaje (*Drain wire*): cable que se une a un conector coaxial que proporciona una trayectoria a tierra desde el blindaje exterior.

Cable en bajada (*Dropout*): punto en el que el cable abandona la bandeja portacables y desciende sin entrar en el conducto o en otra canalización.

Cabrestante (*Capstan*): tambor giratorio de un malacate alrededor del cual se enrolla el cable. La fuerza de tracción aumenta junto con el número de vueltas.

Caja de conductos (*Conduit body*): componente de un sistema de conductos que proporciona acceso a través de una cubierta (o cubiertas) extraíble al interior del sistema en un punto de conexión o terminal. Las cajas como FS y FD o las cajas más grandes de fundición o lámina de metal no se clasifican como cajas de conductos.

Caja de conexiones (*Junction box*): gabinete o recinto donde entran una o más canalizaciones o cables y en el cual los conductores eléctricos se pueden empalmar.

Caja de paso (*Pull box*): gabinete o recinto con forma de caja de lámina de metal que se usa en tramos de conductos para facilitar la extracción de cables de un punto a otro en tramos largos, permitir la instalación de pasacables de soporte de conductos necesarios para soportar el peso de cables verticales largos y proporcionar giros en múltiples tramos de conductos.

Canaleta (*Trough*): tipo de bandeja portacables que tiene fondo ventilado o sólido.

Capacidad de amperaje (*Amperage capacity*): la corriente máxima que un borne puede soportar con seguridad a su voltaje nominal.

Capacitancia (*Capacitance*): almacenamiento de electricidad en un condensador; la capacitancia produce una oposición al cambio de voltaje. La unidad de medida de la capacitancia es el faradio (F) o el microfaradio (μF).

Cinta aislante eléctrica (*Electrical insulating tape*): cinta adhesiva fabricada con un material no conductor diseñada específicamente para cubrir uniones de cables energizados y partes expuestas.

Cinta guía (*Fish tape*): alambre metálico plano o cordón de fibra utilizado para tender conductores o una cuerda de tendido a través de un conducto.

Circuitos ramales (*Branch circuits*): conductores del circuito entre el dispositivo final de sobrecorriente que protege los conductores y la(s) salida(s).

Codo (*Elbow*): doblez de 90° u otro ángulo; a menudo, en inglés se abrevia y pronuncia *ell*.

Condensador (*Capacitor*): dispositivo pasivo de almacenamiento de energía eléctrica que contiene dos placas metálicas separadas por un material aislante (dieléctrico).

Conducto (*Conduit*): productos para tubería diseñados para contener y proteger conductores eléctricos.

Conductor de puesta a tierra (*Grounded conductor*): conductor que se conecta a tierra intencionalmente.

Conductor de puesta a tierra del equipo (*Equipment grounding conductor*): vía conductora proporcionada para que la corriente de falla a tierra viaje desde las partes metálicas no conductoras de corriente hasta el conductor de puesta a tierra del sistema, el conductor del electrodo de puesta a tierra o ambos. También se conoce como *EGC*.

Conductor del electrodo de puesta a tierra (*Grounding electrode conductor*): conductor que conecta el sistema o equipo eléctrico a un electrodo de puesta a tierra. También se conoce como *GEC*.

Conductores no puestos a tierra (*Ungrounded conductors*): conductores de un sistema eléctrico que no están puestos a tierra intencionalmente.

Conductor neutro (*Neutral conductor*): conductor conectado al punto neutro de un sistema eléctrico destinado a transportar corriente en condiciones normales.

Conector a presión (*Pressure connector*): conector que se aplica mediante presión para formar una conexión eléctrica firme entre el conductor y el conector.

Conector reductor (*Reducing connector*): conector utilizado para unir un conductor más grande a otro más pequeño.

Conexiones de derivación (*Stab connections*): terminaciones realizadas insertando una sección recta de conductor sólido directamente en un terminal que agarra o aprieta el conductor para mantener una conexión segura.

Conmutador (*Commutator*): componente de los motores o generadores eléctricos que sirve para invertir una corriente unidireccional.

Contactos normalmente abiertos (NO – *Normally open contacts*): juego de contactos eléctricos que se abren cuando el relé o contactor que los encierra está desenergizado.

Contactos normalmente cerrados (NC - *Normally closed contacts*): juego de contactos eléctricos que se cierran cuando el relé o contactor que los encierra está desenergizado.

Control (*Controller*): dispositivo que sirve para regular, de forma predeterminada, la potencia eléctrica suministrada al aparato al que está conectado.

Controlador (*Driver*): componente del circuito de iluminación LED que toma la energía entrante y la convierte en el voltaje y la corriente estables que se necesitan para el LED.

Corriente de falla (*Fault current*): corriente que existe cuando se establece una vía no intencional entre un conductor sin puesta a tierra y tierra.

Corriente de tierra (*Ground current*): corriente en la conexión de puesta a tierra.

Cortocircuitos (*Short circuits*): vías de baja resistencia por las que fluye la corriente alrededor, y no a través, de un componente o circuito.

Cruz (*Cross*): sección de la bandeja portacables de cuatro vías con cada ramal en un ángulo de 90°.

Cubierta de bandeja (*Tray cover*): pieza plana de metal, fibra de vidrio o plástico que proporciona protección a los conductores en la bandeja donde, de lo contrario, podrían producirse daños.

Cuerda pescadora (*Fish line*): cordón ligero utilizado en sistemas eléctricos de pesca con aspirador y soplador que se acopla al pistón del conducto para empujarlo o halarlo a través de éste. Luego, se sujeta una cuerda de tracción a la línea de pesca y se hace retroceder a través del conducto.

Desvío (*Kick*): doblez con un ángulo inferior a 90° para cambiar la dirección del conducto.

Diámetro exterior - DE (*Outside diameter - OD*): tamaño del conducto medido de pared exterior a pared exterior pasando por el centro. El diámetro exterior de un determinado tamaño de conducto varía según el tipo de conducto utilizado.

Diámetro interior - DI (*Inside diameter - ID*): el tamaño del conducto medido de pared interior a pared interior pasando por el centro. Todo el tamaño de los conductos eléctricos se basa en el diámetro interior nominal.

Doblez concéntrico (*Concentric bending*): proceso de realización de dobleces de 90° en tramos paralelos de conductos, que requiere aumentar el radio de cada doblez sucesivo a partir del primer doblez interior y hacia el exterior.

Doblez de ángulo amplio (*Sweep bend*): doblez de 90° con un radio mayor que el producido por una zapata estándar de un solo paso.

Doblez desplazado (*Offset*): dos dobleces iguales realizados para evitar una obstrucción que bloquea el tendido de un conducto.

Doblez en paralelo (*Back-to-back bend*): doblez formado por dos codos de 90° con una sección recta de conducto entre los codos.

Doblez segmentado (*Segmented bend*): doblez más grande formado por una serie de dobleces más pequeños de unos pocos grados cada uno, en lugar de un único doblez de un solo paso.

Eficacia (*Efficacy*): la potencia luminosa visible de una fuente de luz dividida por la potencia total de entrada a esa fuente. Se expresa en *lúmenes por vatio (LPW)*. La eficacia máxima teórica es de 683 LPW a 540 nm, lo que produce una luz de color verde.

Electrodo de puesta a tierra (*Grounding electrode*): objeto conductor a través del cual se establece una conexión eléctrica directa a tierra; a menudo, se denomina *varilla de puesta a tierra*.

Electrodos auxiliares (*Auxiliary electrodes*): electrodos metálicos que se introducen en la tierra para establecer contacto eléctrico con el fin de realizar mediciones en otros electrodos de puesta a tierra o sistemas de redes de tierra.

Electrodo suplementario (*Supplemental electrode*): electrodo adicional (normalmente una varilla o tubo accionado) necesario cuando el electrodo de puesta a tierra es una tubería metálica subterránea de agua en contacto directo con la tierra.

Elevación (*Rise*): longitud de la sección doblada del conducto medida desde la parte inferior, la línea central o la parte superior de una sección recta hasta el extremo de la sección doblada.

Empalmes (*Splices*): conexiones electromecánicas entre dos o más conductores.

Escobilla (*Brush*): conductor entre las partes fijas y giratorias de un motor. Por lo general, es de carbón.

Eslabón fusible (*Fuse link*): la parte fusible (fundible) de un cartucho fusible.

Establecer (*Make*): cerrar un conjunto de contactos eléctricos abiertos.

Estera de puesta a tierra (*Ground mat*): sistema de conductores descubiertos, sobre o bajo la superficie de la tierra, conectados a una puesta a tierra o a una malla de puesta a tierra para proporcionar protección frente a voltajes peligrosos.

Frecuencia (*Frequency*): número de ciclos que experimenta una corriente eléctrica alterna, una onda sonora o un objeto vibrante por segundo.

Fusible de cartucho (*Cartridge fuse*): fusible encerrado en un tubo aislante para confinar el arco que se produce cuando el fusible se abre bajo carga.

Fusible de doble elemento (*Dual-element fuse*): fusible que suele combinar dos un límite de sobrecorriente y un retardo de tiempo antes de la activación.

Fusible de enchufe (*Plug fuse*): fusible con cuerpo roscado, atornillado a un portafusibles para fijarlo.

Fusibles: dispositivos de protección contra sobrecorriente con componentes fusibles (fundibles) que se funden y, por lo tanto, se cortan por el paso de una corriente superior a su valor nominal.

Fusibles no renovables (*Nonrenewable fuses*): fusibles que deben sustituirse después de interrumpir un circuito porque el eslabón fusible no puede sustituirse.

Ganancia (*Gain*): cantidad de tubo que se ahorra al doblarlo en un radio, en lugar de en un ángulo agudo.

Hercio (Hz) (*Hertz*): unidad de frecuencia; un hercio (Hz) es igual a un ciclo por segundo (cps).

Hilo (*Strand*): uno de los alambres más pequeños que conforman un conductor trenzado.

Horquilla (*Clevis*): dispositivo que conecta una cuerda de tracción a una abrazadera de cable.

Impedancia (*Impedance*): Oposición al flujo de corriente en un circuito de CA. La impedancia incluye resistencia (R), reactancia capacitiva (X_C) y reactancia inductiva (X_L). La impedancia se mide en ohmios (Ω).

Impermeable a la lluvia (*Raintight*): construido o protegido de forma que la exposición a una lluvia torrencial no provoque la entrada de agua en las condiciones de ensayo especificadas.

Impermeable al agua (*Watertight*): construido para que el agua no entre en la caja en las condiciones de prueba especificadas.

Incandescencia (*Incandescence*): emisión de energía radiante visible de un cuerpo luminoso al alcanzar más de 750 K de temperatura. Suele producirse cuando se hace pasar una corriente eléctrica por el filamento de una lámpara incandescente.

Índice de reproducción cromática (CRI - *Color rendering index*): medida de la forma en que una fuente de luz reproduce el color, que va de 0 a 100. Cuanto mayor sea el número del índice, más se acercarán los colores a la apariencia de un objeto a plena luz del sol o con luz incandescente.

Inducido (*Armature*): devanados giratorios de un motor de CC.

Inductancia (*Inductance*): creación de un voltaje debido a una corriente que cambia con el tiempo. También, la oposición resultante al cambio de corriente, que hace que los cambios de corriente se retrasen con respecto a los cambios de voltaje. La unidad de medida de la inductancia es el henrio (H).

Instantáneo (*Instantaneous*): Inmediato; que ocurre instantáneamente.

Interrumpir (*Break*): abrir un conjunto de contactos cerrados.

Interruptor automático (*Circuit breaker*): dispositivo diseñado para abrir y cerrar un circuito manualmente y para abrir el circuito automáticamente a un valor de corriente predeterminado sin dañarse cuando se aplica correctamente dentro de su capacidad nominal.

Interruptor automático de caja moldeada (*Molded-case circuit breaker*): interruptor automático encerrado en una carcasa aislante.

Interruptor de transferencia (*Transfer switch*): dispositivo diseñado para transferir una o varias conexiones de conductores de carga de una fuente de energía a otra, como la transferencia de energía de una fuente de la red pública a un generador local. Un interruptor de transferencia puede ser automático o manual.

Limpieza (*Grooming*): el acto de separar la trenza en un conductor coaxial.

Longitud de la curva (*deducción*) (Take-up (deduct)): cantidad que debe restarse de la longitud de codo deseada para que el doblado salga correctamente utilizando un punto de referencia en la dobladora o la zapata de doblado.

Longitud de tramo (*Leg length*): distancia desde el extremo de la sección recta del conducto hasta el doblez, medida hasta la línea central, dentro de la superficie, o fuera de la superficie del material según la aplicación.

Longitud desarrollada (*Developed length*): cantidad de tubo recto necesaria para completar un doblez con un radio determinado; la longitud real del conducto que se va a doblar.

Lumen (lm): medida básica de la luz. La medición se realiza con una fuente luminosa de una candela situada en el centro de una esfera de un pie de radio. Un lumen equivaldría a la cantidad de luz proyectada sobre un pie cuadrado de la superficie interior de la esfera.

Luminancia (*Luminance*): medida de la intensidad de la luz que viaja en una dirección determinada desde cualquier superficie. Se mide en candelas por metro cuadrado (cd/m^2). El término se utiliza comúnmente para expresar el brillo.

Luminaria (*Luminaire*): unidad de iluminación completa formada por una fuente de luz, como una lámpara, y las piezas diseñadas para colocar y proteger la fuente y distribuir la luz. También puede incluir componentes que modifican la fuente de alimentación para satisfacer las necesidades de la fuente de luz.

Luz incidente (*Incident light*): luz que incide sobre una superficie o un objeto. Incluye la luz procedente de cuerpos luminosos, como el sol o la luz eléctrica, así como la luz reflejada.

Luz reflejada (*Reflected light*): toda luz procedente de una superficie que no es un cuerpo luminoso.

Lúmenes por vatio (LPW) (*Lumens per watt*): medida de la eficacia de una fuente de luz. La eficacia se calcula dividiendo la potencia luminosa de una lámpara por la potencia de entrada. Por ejemplo, una lámpara de 100 W que produce 1,750 lúmenes tiene una eficacia de 17,5 lúmenes por vatio.

Malla de puesta a tierra (*Ground grid*): sistema de electrodos de puesta a tierra interconectados por cables descubiertos enterrados para proporcionar una resistencia menor que un solo electrodo de puesta a tierra.

Malla tiracables (*Basket grip*): cesta con malla de acero flexible que se utiliza en los extremos de cables y conductores para sujetar la cuerda de tendido. Cuanta más fuerza se ejerce en el tendido, más se aprieta la cesta alrededor del cable.

Mantenimiento del lumen (*Lumen maintenance*): medida de cómo una lámpara mantiene su potencia luminosa con el paso del tiempo. Puede expresarse numéricamente o como un gráfico de la potencia luminosa en función del tiempo. Un valor bastante utilizado es L70, el número de horas antes de que la potencia de la lámpara descienda al 70 % de su valor inicial.

Micro (μ): prefijo que designa la millonésima parte de una unidad. Por ejemplo, un microfaradio es una millonésima parte de un faradio.

Mogul (*Mogul*): tipo de caja de conducto con una tapa elevada para proporcionar espacio adicional para conductores grandes.

Montaje en trapecio (*Trapeze mounting*): método de soporte de bandejas portacables que utiliza un canal de metal soportado por dos varillas roscadas, lo que da la apariencia de un trapecio.

Motor conectado en delta (*Delta-connected motor*): disposición de los terminales del motor en la que se conectan tres juegos de dos bobinas cada uno.

Motor conectado en estrella o en ye (Y) (*Wye-connected motor*): disposición de los terminales del motor en la que tres bobinas están conectadas y otras tres aisladas.

Osciloscopio (*Oscilloscope*): instrumento utilizado para visualizar y analizar formas de onda.

Pasador de puesta a tierra (*Grounding clip*): pasador de resorte catalogado utilizado para asegurar un conductor de unión a una caja de salida.

Pasos de doblado (*Bending shots*): se refiere al número de veces que se reposiciona una dobladora y se realiza un movimiento de doblez para completar una doblez. Una dobladora de un solo paso, por ejemplo, solo requiere una posición y un movimiento de doblez para completar un doblez.

Pistón de conducto (*Conduit piston*): cilindro de gomaespuma que encaja en el interior del conducto y se impulsa con aire comprimido o aspirado para tender una línea, una cuerda o una cinta métrica. También se le suele llamar *ratón* o *misil*.

Placa de cable en bajada (*Dropout plate*): placa de metal utilizada al final de una sección de bandeja portacables para proporcionar un radio de curvatura aceptable cuando el cable sale.

Placas de empalme de expansión (*Expansion splice plates*): placas utilizadas a intervalos a lo largo de un tramo recto de bandeja portacables para permitir que se produzca la expansión o contracción térmica de la bandeja.

Placas giratorias (*Swivel plates*): accesorios utilizados para realizar desviaciones verticales en bandejas portacables.

Plafones (*Troffers*): luminarias empotradas instaladas con la abertura a ras con el cielorraso.

Polo (*Pole*): parte de un dispositivo asociada exclusivamente a una vía conductora de electricidad de un circuito o componente.

Polos de campo (*Field poles*): partes fijas de un motor de CC que producen el campo magnético.

Potencial de contacto (*Touch potential*): diferencia de potencial entre una estructura metálica conectada a tierra y un punto de la superficie terrestre que se encuentra a una distancia normal del alcance humano, normalmente a unos 3' (1 m) de distancia.

Potencial de paso (*Step potential*): diferencia de potencial entre dos puntos de la superficie terrestre que se encuentran aproximadamente a un paso humano normal, normalmente a unos 18" (0.5 m) de distancia.

Protección contra sobrecorriente (*Overcurrent protection*): aplicación de componentes como interruptores automáticos y fusibles para desactivar de forma segura un circuito cuando la corriente supera un valor predeterminado.

Protector térmico (*Thermal protector*): dispositivo de protección que forma parte integrante de un motor o compresor y que protege el motor contra un sobrecalentamiento peligroso debido a una sobrecarga o a una falla de arranque.

Puente de unión equipotencial del equipo (*Equipment bonding jumper*): conexión eléctrica entre dos o más partes de los conductores de puesta a tierra del equipo.

Puente de unión equipotencial del lado de la alimentación (*Supply-side bonding jumper*): conductor que garantiza la conductividad eléctrica necesaria entre piezas metálicas que deben estar conectadas eléctricamente. Normalmente se instala en el lado de la alimentación de una acometida o dentro de las cajas de los equipos de acometida o para un sistema derivado por separado.

Puente de unión equipotencial principal (*Main bonding jumper*): conexión realizada entre el conductor del circuito puesto a tierra y el conductor de puesta a tierra del equipo, el puente de unión equipotencial del lado de la alimentación, o ambos, en la acometida.

Puesta a tierra del sistema (*System grounding*): conexión intencional de los conductores de un circuito a un sistema de tierra.

Puesta a tierra (*Grounded*): conectado directamente a la tierra o a un conductor que prolonga la conexión a tierra.

Radio (*Radius*): distancia desde el centro de un círculo hasta el borde externo o *circunferencia*. En doblado de conductos, se refiere a la distancia desde el centro de un círculo imaginario a la línea central del conducto doblado.

Radián (*Radian*): ángulo formado en el centro de un círculo por un arco opuesto del círculo de longitud igual al radio.

Raíz de la media cuadrática (rms – *Root-mean-square*): multiplicación de la raíz cuadrada del valor medio (promedio) por la función al cuadrado de los valores instantáneos a lo largo del período. El valor rms de un voltaje de CA o corriente es el valor efectivo del voltaje o la corriente.

Reactancia (*Reactance*): oposición a la CA debida a la capacitancia (X_C) y/o inductancia (X_L).

Recinto de pozo de registro (*Handhole enclosure*): recinto utilizado con sistemas subterráneos para facilitar el acceso para la instalación y el mantenimiento.

Recorrido aproximado del pistón (*Approximate ram travel*): distancia que recorre el pistón de una dobladora hidráulica para hacer un doblez. En muchas operaciones de doblado, el grado de doblez puede convertirse en pulgadas de recorrido del pistón.

Recuperación elástica (*Springback*): grado en que una sección doblada de un conducto tiende a enderezarse después de liberar la presión. Por ejemplo, un doblez de 90°, después de liberar la presión, se recuperará unos 2°.

Reflexión (*Reflection*): rebote de las ondas o rayos luminosos en una superficie.

Refracción (*Refraction*): curvatura de una onda o rayo luminoso al atravesar medios de distinta densidad o capas de distinta densidad en un mismo medio.

Relé de estado sólido (*Solid-state relay*): dispositivo de conmutación electrónica sin partes móviles ni contactos.

Relé de retención mecánica (*Mechanically held relay*): relé cuya posición se mantiene mediante el accionamiento de una pieza mecánica para mantener físicamente su posición, incluso después de haber sido desenergizado. La parte mecánica, o pestillo, se desactiva cuando se energiza momentáneamente una bobina de desbloqueo.

Resistencia a la tensión (*Tensile strength*): fuerza de tracción necesaria para romper una cuerda, un cable o una viga estructural.

Resistencia a tierra (*Ground resistance*): resistencia de la tierra al flujo de corriente; también puede referirse a la resistencia entre un electrodo de puesta a tierra y la tierra circundante.

Resistividad (*Resistivity*): resistencia eléctrica entre puntos, expresada en *ohmios por centímetro* u *ohmios por centímetro cúbico*.

Revoluciones por minuto (rpm – *Revolutions per minute*): número de rotaciones del eje por minuto, que se prevé que será la velocidad aproximada a plena carga de un motor a la frecuencia de potencia nominal. La velocidad de un motor viene determinada por el número de polos del devanado.

Roldana (*Sheave*): rueda o conjunto de ruedas consecutivas que giran libremente y se utiliza en los tiracables para reducir la fricción en los giros. A menudo se denomina *polea*.

Serie de separadores (*Barrier strip*): banda metálica que divide la bandeja portacables en secciones para separar determinados tipos de cables.

Servicio (*Duty*): describe la duración de operación. Hay cuatro designaciones para el régimen de servicio de un circuito: *continuo*, *periódico*, *intermitente* y *variable*.

Servicio continuo (*Continuous duty*): funcionamiento a una carga prácticamente constante durante un tiempo indefinidamente largo.

Servicio intermitente (*Intermittent duty*): funcionamiento durante intervalos que alternan de (1) carga y sin carga, (2) carga y parada, o (3) carga, sin carga y parada.

Servicio periódico (*Periodic duty*): funcionamiento intermitente en condiciones de carga prácticamente constantes durante un tiempo breve y definido.

Servicio variable (*Varying duty*): funcionamiento a distintas cargas o durante distintos intervalos de tiempo.

Sistema derivado independiente (*Separately derived system*): fuente de alimentación eléctrica distinta de la procedente de una acometida, sin conexión directa a los conductores del circuito de otra fuente eléctrica distinta de las establecidas mediante conexiones a tierra y de unión equipotencial.

Sobrecarga (*Overload*): funcionamiento de un equipo o un conductor eléctrico por encima de su capacidad nominal, lo que acabará provocando daños o un sobrecalentamiento peligroso.

Sobrecorriente (*Overcurrent*): cualquier corriente que supere la corriente nominal de un equipo o la ampacidad de un conductor. Puede deberse a una sobrecarga, un cortocircuito o una falla a tierra.

Soporte de conductor (*Conductor support*): se refiere al soporte físico que proporcionan los cables o conductores que se desplazan verticalmente.

Subida (*Stub-up*): otro nombre para la *elevación* en una sección de un conducto.

Suspensión de varilla directa (*Direct rod suspension*): método utilizado para sujetar la bandeja portacables directamente con varillas roscadas. Un extremo de la varilla roscada se fija a una estructura aérea, mientras que el otro extremo se conecta a rieles laterales de la bandeja portacables con abrazaderas o herramientas.

Tamaño del marco (*Frame size*): método utilizado para clasificar los interruptores automáticos en función de los rangos de corriente.

Te (*Tee*): sección de la bandeja portacables que proporciona un ramal de 90° de la sección principal.

Temperatura ambiente (*Ambient temperature*): temperatura del aire en un área localizada, que afecta la capacidad de los dispositivos eléctricos para disipar el calor.

Terminaciones (*Terminations*): conexiones de alambres o cables, debidamente preparados, a los terminales.

Terminal (*Terminal*): dispositivo que se utiliza para conectar alambres y cables.

Tierra (*Ground*): se refiere a la tierra o una conexión conductora a la tierra.

Tolerancia a las caídas de voltaje (*Dip tolerance*): capacidad de una lámpara HID o de un circuito de luminaria para tolerar fluctuaciones de voltaje sin que la lámpara se apague y se enfríe.

Transportador de doblado (*Bending protractor*): herramienta diseñada para su uso con dobladoras montadas en mesas de doblado. Se utiliza para medir el ángulo de doblez.

Unión equipotencial (*Bonding*): consiste en conectar eléctricamente todos los elementos conductores expuestos que no estén diseñados para transportar electricidad para proteger contra descargas eléctricas, dejando todos los componentes conectados al mismo potencial eléctrico en caso de que se energicen.

Velocidad síncrona (*Synchronous speed*): velocidad del campo giratorio del estator de un motor, que depende de la frecuencia de alimentación y del número de polos del bobinado del estator.

Ventaja mecánica (MA – *Mechanical advantage*): multiplicador aplicado a la fuerza que un trabajador aplica manualmente a una herramienta de engarce para determinar la fuerza total aplicada.

Voltaje pico (*Peak voltage*): nivel de voltaje máximo alcanzado en una forma de onda de corriente alterna (CA) tanto en dirección positiva como negativa. Es el punto más alejado del voltaje cero en una forma de onda de CA.

Vía efectiva de falla a tierra (*Effective ground fault path*): vía conductora de baja impedancia, permanente y construida intencionalmente, diseñada para transportar la corriente de falla a tierra desde el punto de una falla a tierra hasta la fuente de suministro eléctrico. Esto facilita el funcionamiento del dispositivo de protección contra sobrecorriente o de los detectores de fallas a tierra en un sistema conectado a tierra de alta impedancia.

Ye (*Wye*): sección de la bandeja portacables que se bifurca de la sección principal en un ángulo distinto de 90°, formando una Y.

Zapata de segmento (*Segment shoe*): zapata de doblado más pequeño diseñada específicamente para fabricar dobleces segmentados.

Zapata de un solo paso (*One-shot shoe*): zapata de doblado grande que está diseñada para hacer dobleces de 90° en un movimiento.

GLOSARIO DE INGLÉS

Absorption: The process through which light is absorbed by matter and converted into energy.

AL/CU: An abbreviation for aluminum and copper, commonly marked on terminals and electrical connectors to indicate that the device is suitable for use with either aluminum or copper conductors.

Ambient temperature: The temperature of the air in a localized area, which affects the ability of electrical devices to dissipate heat.

Amperage capacity: The maximum current that a lug can safely handle at its rated voltage.

Approximate ram travel: The distance the ram of a hydraulic bender travels to make a bend. In many bending operations, the degree of bend can be converted to inches of ram travel.

Armature: The rotating windings of a DC motor.

Auxiliary electrodes: Metallic electrodes pushed or driven into the earth to provide electrical contact for the purpose of performing measurements on other grounding electrodes or ground grid systems.

Back-to-back bend: Any bend formed by two 90° bends with a straight section of conduit between the bends.

Ballast: An electrical component in fluorescent and high-intensity discharge (HID) luminaires that provides the required voltage surge at startup and then controls the subsequent flow of current through the lamp during operation.

Barrier strip: A metal strip that divides cable tray into sections to separate certain types of cable.

Basket grip: A flexible steel mesh basket that is used on the ends of cable and conductors for attaching the pulling rope. The more force exerted on the pull, the tighter the basket wraps around the cable.

Basket tray: Cable tray constructed from thick wire, including the side rails.

Bending protractor: Tool designed for use with benders that are mounted on bending tables. It is used to measure bend angle.

Bending shots: Refers to the number of times a bender is repositioned and a bending motion is made to complete a bend. A one-shot bender, for example, requires only one position and one bending motion to complete a bend.

Bonding: Electrically connecting all exposed conductive items not designed to carry electricity to protect against electric shock, leaving all the connected components at the same electrical potential should they become energized.

Branch circuits: Circuit conductors between the final overcurrent device protecting the conductors and the outlet(s).

Break: To open a set of closed contacts.

Brush: A conductor between the stationary and rotating parts of a motor. It is usually made of carbon.

Cable grip: A device used to secure the ends of cables to a pulling rope, some of which are equipped with setscrews to secure the conductor to the grip.

Capacitance: The storage of electricity in a capacitor; capacitance produces an opposition to voltage change. The unit of measurement for capacitance is the farad (F) or microfarad (μF).

Capacitor: A passive electrical energy storage device containing two metal plates separated by an insulating (dielectric) material.

Capstan: The rotating drum of a cable puller around which the rope is wound. The pulling force increases as the number of wraps increases.

Cartridge fuse: A fuse enclosed in an insulating tube to confine the arc that occurs as the fuse opens under load.

Center-rail cable tray: Cable tray without side rails, comprised of a central rail with appendages mounted perpendicular to the central rail on each side.

Circuit breaker: A device designed to open and close a circuit manually and to open the circuit automatically at a predetermined current value without damaging itself when properly applied within its rating.

Clevis: A device used to connect a pulling rope to a cable grip.

Color rendering index (CRI): A measurement of the way a light source reproduces color, ranging from 0 to 100. The higher the index number, the closer colors are to how an object appears in full sunlight or incandescent light.

Commutator: A component of electric motors or generators designed to reverse a unidirectional current.

Concentric bending: The process of making 90° bends in parallel runs of conduit, which requires increasing the radius of each successive bend from the first inside bend and working outward.

Conductor support: Refers to physical support provided for cables or conductors traveling vertically.

Conduit: Piping products designed to contain and protect electrical conductors.

Conduit body: A component of a conduit system that provides access through a removable cover (or covers) to the interior of the system at a junction or terminal point. Boxes such as FS and FD or larger cast or sheet metal boxes are not classified as conduit bodies.

Conduit piston: A foam rubber cylinder that fits inside the conduit and is propelled by compressed air or vacuumed through to pull a light line, rope, or measuring tape. It is also commonly called a *mouse* or *missile*.

Continuous duty: Operation at a substantially constant load for an indefinitely long time.

Controller: A device that serves to govern, in a predetermined manner, the electric power delivered to the apparatus to which it is connected.

Cross: A four-way section of cable tray with each branch at a 90° angle.

Delta-connected motor: A motor terminal arrangement in which three sets of two coils each are connected.

Developed length: The amount of straight pipe needed to complete a bend at a given radius; the actual length of the conduit that will be bent.

Dip tolerance: The ability of an HID lamp or luminaire circuit to tolerate voltage variations without the lamp extinguishing and cooling down.

Direct rod suspension: A method used to support cable tray directly with threaded rods. One end of the threaded rod is secured to an overhead structure, while the other end is connected to cable tray side rails with clamps or hardware.

Drain wire: A wire that is attached to a coaxial connector to provide a path to ground from the outer shield.

Driver: The circuit component in LED lighting that takes incoming power and converts it to the required stable voltage and current for the LED.

Dropout: A point where cable leaves the cable tray and drops down without entering conduit or another raceway.

Dropout plate: A metal plate used at the end of a cable tray section to provide an acceptable cable bend radius as the cable drops out.

Dual-element fuse: A fuse having two fuse characteristics, typically combining an overcurrent limit and a time delay before activation.

Duty: Describes the length of operation. There are four designations for circuit duty: *continuous*, *periodic*, *intermittent*, and *varying*.

Effective ground fault path: An intentionally constructed, permanent, low-impedance electrically conductive path designed to carry ground fault current from the point of a ground fault to the electrical supply source. This facilitates the operation of the overcurrent protective device or ground fault detectors on a high-impedance grounded system.

Efficacy: The visible light output of a light source divided by the total power input to that source. It is expressed in *lumens per watt (LPW)*. The theoretical maximum efficacy is 683 LPW at 540 nm, resulting in a green-colored light.

Elbow: A 90° or other angled bend; often abbreviated and spoken as *ell*.

Electrical insulating tape: Adhesive tape that has been manufactured from a nonconductive material and is specifically designed for covering energized wire joints and exposed parts.

Equipment bonding jumper: The connection between two or more portions of the equipment grounding conductor.

Equipment grounding conductor: The conductive path provided for ground fault current to travel from noncurrent-carrying metal parts to the system grounding conductor, the grounding electrode conductor, or both. Also referred to as *EGC*.

Expansion splice plates: Plates used at intervals along a straight run of cable tray to allow for thermal expansion and contraction of the tray.

Explosion proof: Designed and constructed to withstand an internal explosion without creating an external explosion or fire.

Fault current: The current that exists when an unintended path is established between an ungrounded conductor and ground.

Field poles: The stationary portions of a DC motor that produce the magnetic field.

Fish line: Light cord used in vacuum/blower power fishing systems that is attached to a conduit piston and pushed or pulled through the conduit. Once through, a pulling rope is attached to the fish line and drawn back through the conduit.

Fish tape: A flat metal wire or fiber cord used to pull conductors or a pulling rope through conduit.

Frame size: A method used to classify circuit breakers according to current ranges.

Frequency: The number of cycles an alternating electric current, sound wave, or vibrating object undergoes per second.

Fuse link: The fusible (meltable) part of a cartridge fuse.

Fuses: Overcurrent protective devices with fusible (meltable) components that melt and are thereby severed by the passage of current beyond their rating.

Gain: The amount of pipe saved by bending on a radius as opposed to bending at a sharp angle.

Grooming: The act of separating the braid in a coaxial conductor.

Ground: Refers to the earth or a conductive connection to the earth.

Ground current: Current in the earth or grounding connection.

Ground grid: A system of grounding electrodes interconnected by bare cables buried in the earth to provide a lower resistance than a single grounding electrode.

Ground mat: A system of bare conductors, on or below the surface of the earth, connected to a ground or ground grid to provide protection from hazardous voltages.

Ground resistance: The resistance of the earth to current flow; also can refer to the resistance between a grounding electrode and the surrounding earth.

Grounded: Connected directly to ground (earth) or to a conductor that extends the ground connection.

Grounded conductor: A conductor that is intentionally grounded.

Grounding clip: A listed spring clip used to secure a bonding conductor to an outlet box.

Grounding electrode: A conductive object through which a direct electrical connection to earth is established; often referred to as a *ground rod*.

Grounding electrode conductor: A conductor that connects the electrical system or equipment to a grounding electrode. Also referred to as *GEC*.

Handhole enclosure: An enclosure used with underground systems to provide access for installation and maintenance.

Hertz (Hz): A unit of frequency; one hertz (Hz) equals one cycle per second (cps).

Horsepower: A unit of measure for power used to rate the output capacity of motors. It is based on breakdown torque, which is the maximum torque a motor will develop without an abrupt drop in speed. One horsepower (hp) equals 550 foot-pounds of torque per second, or 745.7 watts (often rounded to 746 watts for calculations).

Impedance: The opposition to current flow in an AC circuit. Impedance includes resistance (R), capacitive reactance (X_C), and inductive reactance (X_L). Impedance is measured in ohms (Ω).

Incandescence: The self-emission of visible radiant energy from an object heated above 750 K. It typically occurs when an electric current is passed through the filament of an incandescent lamp.

Incident light: Light that hits a surface or object. It includes light from self-luminous objects, such as the sun or electric light, as well as reflected light.

Inductance: The creation of a voltage due to a current that changes over time. Also, the resulting opposition to current change, which causes the current changes to lag behind the voltage changes. The unit of measure for inductance is the henry (H).

Inside diameter (ID): The size of conduit measured from inside wall to inside wall through the center. All electrical conduit sizing is based on the nominal inside diameter.

Instantaneous: Immediate; occurring instantly.

Intermittent duty: Operation for alternate intervals of (1) load and no load, (2) load and rest, or (3) load, no load, and rest.

Junction box: An enclosure where one or more raceways or cables enter, and in which electrical conductors can be spliced.

Kick: A bend at less than a 90° angle made to change the direction of the conduit.

Ladder tray: A type of cable tray that consists of two parallel side channels connected by rungs, similar in appearance to a ladder.

Latch coil: The coil of a latching relay that, when energized, causes the relay to be latched or held in the new position.

Leg length: The distance from the end of a straight section of conduit to the bend, measured to the centerline, inside surface, or outside surface of the material depending on the application.

Lug: A component used to terminate a conductor, connected to the wire through various methods and equipped with a means of attaching it to a terminal with hardware such as a machine screw or bolt.

Lumen (lm): The basic measurement of light. The measurement involves a light source of one candela located at the center of a sphere with a radius of one foot. One lumen would be equal to the amount of light cast on one square foot of the inner surface of the sphere.

Lumen maintenance: A measure of how a lamp maintains its light output over time. It may be expressed either numerically or as a graph of light output versus time. A commonly used value is L70, the number of hours before the lamp output drops to 70% of its initial value.

Lumens per watt (LPW): A measure of the efficacy of a light source. The efficacy is calculated by dividing the lumen output of a lamp by the input wattage. For example, a 100W lamp producing 1,750 lumens has an efficacy of 17.5 lumens per watt.

Luminaire: A complete lighting unit consisting of a light source such as a lamp, and the parts designed to position and protect the light source and distribute the light. It may also include components to modify the power source to meet the needs of the light source.

Luminance: A measure of the intensity of light traveling in a given direction from any surface. It is measured in candela per square meter (cd/m^2). The term is commonly used to express brightness.

Main bonding jumper: The connection made between the grounded circuit conductor and either the equipment grounding conductor, the supply side bonding jumper, or both of these, at the service.

Make: To close a set of open electrical contacts.

Mechanical advantage (MA): A multiplier applied to the force a worker manually applies to a crimping tool to determine the total force applied.

Mechanically held relay: A relay whose position is maintained by the actuation of a mechanical part to physically maintain its position, even after it is de-energized. The mechanical part, or latch, is disabled when an unlatch coil is momentarily energized.

Micro (μ): Prefix designating one-millionth of a unit. For example, one microfarad is one-millionth of a farad.

Mogul: A type of conduit body with a raised cover to provide additional space for large conductors.

Molded-case circuit breaker: A circuit breaker enclosed in an insulating housing.

Neutral conductor: The conductor connected to the neutral point of an electrical system that is intended to carry current under normal conditions.

Nonrenewable fuses: Fuses that must be replaced after they interrupt a circuit because the fusible link cannot be replaced.

Normally closed (NC) contacts: A set of electrical contacts that are closed when the enclosing relay or contactor is de-energized.

Normally open (NO) contacts: A set of electrical contacts that are open when the enclosing relay or contactor is de-energized.

Offset: Two equal bends made to avoid an obstruction blocking a conduit run.

One-shot shoe: A large bending shoe that is designed to make 90° bends in one motion.

Oscilloscope: An instrument used to display and analyze waveforms.

Outside diameter (OD): The size of conduit measured from outside wall to outside wall through the center. The outside diameter of a given conduit size varies with the type of conduit used.

Overcurrent: Any current exceeding the rated current of equipment or the ampacity of a conductor. It may result from an overload, short circuit, or ground fault.

Overcurrent protection: The application of components such as circuit breakers and fuses to safely de-energize a circuit when the current exceeds a predetermined value.

Overload: Operation of equipment or an electrical conductor beyond rated capacity, which will eventually cause damage or dangerous overheating.

Peak voltage: The maximum voltage level reached in an alternating current (AC) waveform in both the positive and negative direction. It is the farthest point from zero voltage on an AC waveform.

Periodic duty: Intermittent operation at a substantially constant load for a short and defined time.

Pipe rack: A structural frame used to support piping runs, typically used in industrial facilities.

Plug fuse: A fuse with a threaded body, screwed into a fuse holder to secure it.

Pole: A portion of a device associated exclusively with one electrically conductive path of a circuit or component.

Pressure connector: A connector applied using pressure to form a firm electrical connection between the conductor and the connector.

Pull box: A sheet metal box-like enclosure used in conduit runs to facilitate the pulling of cables from point to point in long runs, provide for the installation of conduit support bushings needed to support the weight of long riser cables, and provide for turns in multiple-conduit runs.

Radian: An angle formed at the center of a circle by an opposite arc of the circle that is equal in length to the radius.

Radius: The distance from the center of a circle to the outer edge, or *circumference*. In conduit bending, refers to the distance from the center of an imaginary circle to the centerline of the bent conduit.

Raintight: Constructed or protected so that exposure to a beating rain will not result in the entrance of water under specified test conditions.

Reactance: The opposition to AC due to capacitance (X_C) and/or inductance (X_L).

Reducing connector: A connector used to join a larger conductor to a smaller one.

Reflected light: Any light that comes from a surface that is not self-illuminating.

Reflection: The bouncing of light waves or rays away from a surface.

Refraction: The bending of a light wave or ray as it passes through mediums of different density, or layers of different density in the same medium.

Resistivity: The electrical resistance between points, expressed in *ohms per centimeter* or *ohms per cubic centimeter*.

Revolutions per minute (rpm): The number of shaft rotations made each minute, expected to be the approximate full-load speed of a motor at the rated power frequency. The speed of a motor is determined by the number of poles in the winding.

Rise: The length of the bent section of conduit measured from the bottom, centerline, or top of a straight section to the end of the bent section.

Root-mean-square (rms): The multiplication of the square root of the mean (average) value by the squared function of the instantaneous values throughout the period. The rms value of an AC voltage or current is the effective value of the voltage or current.

Segment shoe: A smaller bending shoe designed specifically for fabricating segmented bends.

Segmented bend: A larger bend formed by a series of smaller bends of a few degrees each rather than a single, one-shot bend.

Self-inductance: A magnetic field induced in the conductor carrying the current.

Separately derived system: An electrical power supply other than that from a service, with no direct connection to circuit conductors of another electrical source other than those established through grounding and bonding connections.

Shading coil: A shorted turn of wire that surrounds a portion of the pole on an AC electromagnet and produces a delay in the change of the magnetic field in that portion. This serves to prevent chattering contacts and reduce audible hum.

Sheave: A wheel or assembly of consecutive free-spinning wheels used in cable pulls to reduce friction around turns. Often referred to as a *pulley*.

Shielding: The metal covering of a cable that reduces the effects of electromagnetic noise.

Short circuits: Low-resistance paths through which current flows around, rather than through, a component or circuit.

Solid-state relay: An electronic switching device with no moving parts or contacts.

Splices: Electromechanical connections between two or more conductors.

Springback: The degree to which a bent section of conduit tends to straighten after pressure is released. For example, a 90° bend, after pressure is released, will spring back about 2°.

Stab connections: Terminations made by inserting a straight section of solid conductor directly into a terminal that grips or bites the conductor to maintain a secure connection.

Step potential: The potential difference between two points on the earth's surface that are about one normal human step apart, typically about 18" (0.5 m) away.

Strand: One of a group of smaller wires comprising a stranded conductor.

Stub-up: Another name for the rise in a section of conduit.

Supplemental electrode: An additional electrode (commonly a driven rod or pipe) required where the grounding electrode is an underground metal water pipe in direct contact with the earth.

Supply-side bonding jumper: A conductor that ensures the required electrical conductivity between metal parts that must be electrically connected. Typically installed on the supply side of a service or within service equipment enclosures, or for a separately derived system.

Sweep bend: A 90° bend with a radius larger than that produced by a standard one-shot shoe.

Swivel plates: Fittings used to make vertical offsets in cable tray.

Synchronous speed: The speed of the revolving field of a motor stator, which is dependent on the supply frequency and number of poles in a stator winding.

System grounding: The intentional connection of circuit conductors to a ground system.

Take-up (deduct): The amount that must be subtracted from the desired stub length to make the bend come out correctly, using a point of reference on the bender or bending shoe.

Tee: A section of cable tray that provides a 90° branch from the main section.

Tensile strength: The pulling force required to break a rope, wire, or structural beam.

Terminal: A device used for connecting wires and cables.

Terminations: Connections of properly prepared wire or cable to terminals.

Thermal protector: A protective device that is an integral part of a motor or compressor that protects the motor against dangerous overheating due to overload or failure to start.

Touch potential: The potential difference between a grounded metallic structure and a point on the earth's surface that is within the normal human reach apart, typically about 3' (1 m) away.

Transfer switch: A device designed to transfer one or more load conductor connections from one power source to another, such as transferring power from a utility source to a local generator. A transfer switch may be automatic or manually operated.

Trapeze mounting: A method of supporting cable tray using metal channel supported by threaded rods, giving the appearance of a trapeze.

Tray cover: A flat piece of metal, fiberglass, or plastic that provides protection for the conductors in the tray where damage might otherwise occur.

Troffers: Recessed luminaires installed with the opening flush with the ceiling.

Trough: A type of cable tray that has a ventilated or solid bottom.

Ungrounded conductors: Conductors in an electrical system that are not intentionally grounded.

Unlatch coil: The coil of a latching relay that, when energized, causes the relay to assume its unlatched position.

Varying duty: Operation at varying loads and/or intervals of time.

Watertight: Constructed so that water will not enter the enclosure under specified test conditions.

Weatherproof: Constructed or protected so that exposure to weather will not interfere with successful operation.

Wye: A section of cable tray that branches off the main section at an angle other than 90°, forming a Y shape.

Wye-connected motor: A motor terminal arrangement in which three coils are connected, and three coils are isolated.